D1698407

Gerhard Girmscheid

Baubetrieb und Bauverfahren im Tunnelbau

Ernst & Sohn
A Wiley Company

Gerhard Girmscheid

Baubetrieb und Bauverfahren im Tunnelbau

Verfasser:

Prof. Dr.-Ing. Gerhard Girmscheid
Institut für Bauplanung und Baubetrieb
ETH Zürich
CH-8093 Zürich

Titelbilder:

Links oben: Teilschnittmaschine
Quelle: Voest-Alpine Bergtechnik GmbH, A-8740 Zeltweg, Steiermark, Postfach

Rechts oben: Mixschild, Zürich-Thalwil
Quelle: Herrenknecht AG, D-77963 Schwanau

Links unten: Konventioneller Vortrieb, Fäsenstaubtunnel
Quelle: Zschokke Locher AG, Pelikanplatz 5, CH-8001 Zürich

Rechts unten: Engelbergtunnel, Stuttgart
Quelle: Institut für Bauplanung und Baubetrieb, ETH Hönggerberg, CH-8093 Zürich

Dieses Buch enthält 534 Abbildungen und 118 Tabellen

Die Deutsche Bibliothek – CIP-Einheitsaufnahme
Ein Titeldatensatz für diese Publikation ist bei
Der Deutschen Bibliothek erhältlich

ISBN 3-433-01350-0

Satz: TypoDesign Hecker GmbH, Leimen
Druck: betz-druck GmbH, Darmstadt
Bindung: Osswald & Co., Neustadt (Weinstraße)

Printed in Germany

Meiner Tochter Gérardine gewidmet

Vorwort

Es ist ein Anliegen des Verfassers, angehenden Bauingenieuren ein solides Grundwissen über die verschiedenen Verfahren des Tunnelbaus zu vermitteln, denn die richtige Wahl ist entscheidend für den technischen und wirtschaftlichen Erfolg des zu planenden und auszuführenden Bauwerks und nicht zuletzt des künftigen Ingenieurs.

Das Buch gibt einerseits einen Überblick und andererseits eine weitgehend vertiefte Einsicht in den Baubetrieb und die Bauverfahren; ihm liegen Aufbau und Struktur meiner Vorlesungen an der ETH Zürich zugrunde. Während des Schreibens gelangte ich zu der Auffassung, dass das Werk auch bei bereits längere Zeit in der Praxis tätigen Bau- bzw. Projektleitern Interesse finden und ihnen eine willkommene Möglichkeit bieten könnte, ihre Kenntnisse über die verschiedenen Tunnelbauweisen aufzufrischen oder es als umfangreiches Nachschlagewerk zu benutzen.

Ich habe mich bemüht, durch eine übersichtliche Gliederung und ausführliche Darstellung der einzelnen Themenbereiche dem Leser ein rasches Auffinden bestimmter Einzelaspekte zu ermöglichen. Ziel ist jedoch, das Buch als Grundlagenwerk nutzen zu können.

Das Buch ist so aufgebaut, dass der Studierende und Praktiker systematisch von den geologischen, hydrologischen und petrographischen Gegebenheiten und den daraus abgeleiteten Gefährdungsbildern zu den spezifischen Bauverfahren des Vortriebs, der Sicherungstechnik und des Ausbaus geführt wird. Dabei wird besonderer Wert auf die systematische Beziehung Ursache-Wirkung-Lösung gelegt. Das Buch versucht, den Baubetrieb und die Bauverfahren interaktiv in die Nachbardisziplinen wie Geologie, Geotechnik, Maschinenbau und Materialtechnologie einzubinden und deren interdisziplinäres Zusammenwirken zur Lösung einer komplexen Bauaufgabe aufzuzeigen. Dazu wurden neben praktischen Erfahrungen auch die neuesten Veröffentlichungen berücksichtigt.

Nichts ist perfekt – der Autor erwartet von der Leserschaft konstruktive Anregungen, um das Buch weiterzuentwickeln.

Für den Autor eines Buchs über Bauverfahrenstechnik ist es unerlässlich, den Gedankenaustausch mit kompetenten Fachleuten aus der Praxis zu pflegen. Besonderer Dank gebührt für fachlichen Rat und Korrektur Herrn Dipl. Ing. ETH/SIA Walter Krebs, ehemals Leiter Tunnelbau der STUAG und BATIGROUP, und Herrn Dipl. Ing. ETH/SIA Paul Meili. Dank schulde ich auch Herrn Dipl. Ing. ETH/SIA Daniel Spring für seine Beiträge zum Thema Injektionen und Herrn Dipl. Ing. ETH/SIA Jürg Zwahlen für seine Beiträge zum Thema Abdichtung. Besonders möchte ich mich bei den Tunnelbauunternehmen, Ingenieurbüros, Maschinenherstellern und Baustoffunternehmen für ihre breite Unterstützung bei der Erstellung des Buches bedanken. Nicht zuletzt danke ich auch aufrichtig meinen Mitarbeitern und Hilfsassistenten des Instituts für Bauplanung und Baubetrieb der ETH Zürich für die Herstellung von Bildern und Grafiken sowie das Korrekturlesen.

Januar 2000 Gerhard Girmscheid

Kurzübersicht

1 Einleitung 1
2 Geologische Vorerkundung 5
3 Beurteilung des Gebirges / Gebirgs- und Ausbruchsklassifizierung 35
4 Untertagebauwerke und ihre Ausbrucharten 53
5 Vortriebsmethoden 67
6 Ausbruch durch Sprengvortrieb 71
7 Mechanischer Vortrieb mittels Bagger, Rippergeräten und Teilschnittmaschinen (TSM) 131
8 Sicherungsmassnahmen 153
9 Vortrieb mittels Schirmgewölbesicherungen 223
10 Transport des Ausbruchmaterials aus dem Tunnel 259
11 Temporäre Entwässerungs- und Absperrmassnahmen 289
12 Permanente Hauptabdichtung von Tunnelbauwerken 337
13 Hohlraumauskleidung 361
14 Arten von Tunnelvortriebsmaschinen 389
15 Tunnelbohrmaschinen (TBM) 395
16 Tunnelvortrieb mittels Hinterschneidtechnik 435
17 Wiederverwendung von Tunnelausbruchmaterial 439
18 Schildvortriebsmaschinen 447
19 Tübbingauskleidung 509
20 Steuerung von Vorschubpressenkräften und Setzungen sowie Vortriebsrichtung 523
21 Baulüftungen von Untertagebauwerken 547
22 Vorbereitung und Logistik einer Tunnelbaustelle 565
23 Sicherheitsmanagement im Untertagebau 601
24 Projektabwicklungsformen als Schlüssel zu Innovation, Risikomanagement sowie Kostenoptimierung 615
Literaturverzeichnis 635
Stichwortverzeichnis 645

Inhaltsverzeichnis

1 **Einleitung** 1

2 **Geologische Vorerkundung** 5
2.1 Geologische Begriffe 5
2.2 Problem- und Störzonen im Tunnelbau 6
2.3 Phasen der Gebirgsvorerkundung 8
2.4 Bohrerkundungen 11
2.4.1 Rammsondierungen 11
2.4.2 Bohrverfahren 11
2.4.3 Planung der Ausführung der Bohrungen 16
2.5 Geophysikalische Gebirgsvorerkundung 17
2.5.1 Einsatz geophysikalischer Methoden zur Ergänzung von singulären, bodenmechanischen Aufschlüssen 17
2.5.2 Geophysikalische Verfahren und mögliche Einsatzgebiete 18
2.5.3 Seismische Verfahren von der Erdoberfläche 20
2.6 Flachwasserseismik 22
2.6.1 Baubegleitende, seismische Vorerkundung an der Ortsbrust 25
2.6.2 Bohrlochkalibrierungsverfahren 27
2.6.3 Interpretation von geophysikalischen Messergebnissen 27
2.6.4 Ausblick 27
2.7 Hydrologische Vorerkundung 28
2.8 Beschreibung der geologischen und hydrologischen Ergebnisse 30

3 **Beurteilung des Gebirges / Gebirgs- und Ausbruchklassifizierung** 35
3.1 Klassifizierungssysteme 35
3.2 Klassifizierung nach dem Phänomen des Gebirgsverhaltens 36
3.2.1 Gefährdungsbilder im Lockergestein 37
3.2.2 Gefährdungsbilder im Fels 39
3.3 Klassifizierung nach der Stehzeit des Gebirges 42
3.4 Klassifizierung nach Ausbruch- bzw. Vortriebsklassen 46
3.4.1 Allgemeines 46
3.4.2 Klassifizierung nach Sicherungsmassnahmen und Ausbrucharten 46
3.5 Interdisziplinäre Zusammenarbeit 51

4 **Untertagebauwerke und ihre Ausbrucharten** 53
4.1 Arten von Untertagebauwerken 53
4.2 Wahl der Ausbrucharten 54
4.3 Vollausbruch 56
4.3.1 Vollausbruch mit ebener Ortsbrust 56
4.3.2 Stufenausbruch 58
4.4 Teilausbruch 58
4.4.1 Kalottenvortriebe 59

4.4.2 Paramentvortrieb – Spritzbetonkernbauweise 60
4.4.3 Weitere Ausbrucharten 62
4.4.4 Sohl-, Mittel- oder Firststollen zur Vorerkundung des Gebirges 62
4.4.5 Festlegung der Baumethode 65

5 Vortriebsmethoden 67

6 Ausbruch durch Sprengvortrieb 71
6.1 Allgemeines 71
6.2 Bohren 73
6.2.1 Die Bohrer 73
6.2.2 Bohrmaschinen (Bohrhämmer) 74
6.2.3 Bohrwagen 75
6.2.4 Die Entwicklung der Bohrtechnik 78
6.2.5 Teilrobotisierung der Bohrtechnik mittels Elektronik und Computerunterstützung 78
6.3 Sprengen 79
6.3.1 Allgemeines 79
6.3.2 Sprengstoffe 80
6.3.3 Zündmittel 84
6.3.4 Laden, Verdämmen 92
6.3.5 Zündvorgang 94
6.3.6 Sprengwirkung 94
6.3.7 Sprengschemata im Tunnelbau 96
6.3.8 Einbruchtechniken der Ortsbrust 97
6.3.9 Profilgenaues und schonendes Sprengen 123
6.4 Schuttern 125
6.4.1 Allgemeines 125
6.4.2 Ladegeräte 126
6.4.3 Übergabegeräte 128

7 Mechanischer Vortrieb mittels Bagger, Rippergeräten und Teilschnittmaschinen (TSM) 131
7.1 Ausbruch durch Bagger 131
7.2 Rippern 131
7.3 Aufbau einer TSM 132
7.4 TSM – Einsatzbereich 134
7.5 TSM – Längs- und Querschneidkopf 134
7.6 TSM – Schrämkopfmeissel 135
7.7 TSM – Schrämarm mit Schwenkwerk 138
7.8 TSM – Ladevorrichtungen 139
7.9 TSM – Trägergerät 140
7.10 TSM – Sonderausführung 142
7.11 TSM – Vortriebssequenzen und Baustellenlogistik 142
7.12 TSM – Entstaubungsmassnahmen 144
7.13 Automatisierte Steuerung der Teilschnittmaschinen 145
7.14 Leistungsberechnung von TSM 146
7.15 Neueste Entwicklungen bei TSM 151
7.16 TSM – Vor- und Nachteile 152

8 Sicherungsmassnahmen 153
8.1 Allgemeines 153
8.2 Spritzbeton 153

8.2.1 Allgemeines 153
8.2.2 Spritzverfahren 155
8.2.3 Spritzbetonsysteme 167
8.2.4 Ausgangsstoffe des Spritzbetons 169
8.2.5 Optimierung des Spritzbetoneinsatzes 180
8.2.6 Rückprall 184
8.2.7 Staubentwicklung 189
8.2.8 Festigkeit, Dichtigkeit und Dauerhaftigkeit 192
8.2.9 Festigkeit des jungen Spritzbetons 192
8.2.10 Schwindverhalten und Nachbehandlung von Spritzbeton 193
8.2.11 Verhalten von Spritzbeton unter hohen und tiefen Temperatureinwirkungen 194
8.2.12 Stahlfaserspritzbeton 195
8.2.13 Ausführung von Spritzbeton in druckhaftem Gebirge 197
8.2.14 Arbeitssicherheit 198
8.2.15 Maschinentechnik 199
8.2.16 Spritzbetonroboter 200
8.2.17 Herstellungsbedingte Fehler im Spritzbeton 204
8.3 Anker 208
8.3.1 Tragwirkung 208
8.3.2 Ankersysteme 209
8.3.3 Setzen von Ankern 215
8.3.4 Ankersetztechnik bei Systemankerung 218
8.4 Einbaubogenversetz- und Betonstahlmattenverlegegeräte 219
8.5 Ausbaubögen bzw. Einbaubögen 220

9 Vortrieb mittels Schirmgewölbesicherungen 223
9.1 Arten der vorauseilenden Gewölbesicherungen 223
9.2 Vorpfändung mittels Verzugsblechen und Kanaldielen 223
9.2.1 Sichern mit Verzugsblechen 223
9.2.2 Sichern mit Pfandblechen und Kanaldielen 224
9.3 Sicherung mittels Spiessen 225
9.3.1 Herstellung und Vortrieb 225
9.3.2 Baustelleneinrichtung 228
9.4 Rohrschirmgewölbe 228
9.4.1 Herstellung und Vortrieb 228
9.4.2 Baustelleneinrichtung zur Herstellung des Schirmgewölbes 233
9.5 Injektionstechnik im Tunnelbau 233
9.5.1 Einsatz und Verfahrensauswahl 233
9.5.2 HDI-Technik 235
9.5.3 HDI-Gewölbeschirm im Lockergestein 239
9.5.4 Kombiniertes Rohr- und HDI-Schirmgewölbe 243
9.6 Injektionsstabilisierung 248
9.6.1 Ortsbruststabilisierung 248
9.6.2 Injektionszwiebeltechnik zur Durchörterung von grundwasserführenden Störzonen 250
9.6.3 Soilfracturing im Tunnelbau zum Ausgleich von Setzungen 253
9.7 Gefrierschirme 257

10 Transport des Ausbruchmaterials aus dem Tunnel 259
10.1 Transportsysteme 259
10.2 Stetigförderer 259
10.3 Gleisbetrieb 268
10.3.1 Schutterzüge 268

10.3.2 Bunker- und Förderbandzüge (Hägglunds) 270
10.3.3 California-Weiche 271
10.3.4 Vor- und Nachteile des Gleisbetriebs 271
10.4 Pneu-Radgebundener Transport 271
10.4.1 Muldenkipper- bzw. Dumpertransporte 271
10.4.2 Fahrladerbetrieb 272
10.5 Entwicklungen in der Schuttertechnik 273
10.6 Leistungsberechnung des Schutter- und Transportbetriebs 273
10.6.1 Leistungsbegriffe 273
10.6.2 Bestimmen von Leistungswerten 276
10.6.3 Leistung von Produktionsketten 277
10.6.4 Allgemeine Leistungsberechnung von Lösegeräten 277
10.6.5 Ermittlung der Anzahl erforderlichen Lösegeräte 278
10.6.6 Hydraulikbagger 278
10.6.7 Rad- und Fahrlader 279
10.6.8 Kettenlader 279
10.6.9 LKW, SKW, Dumper 280
10.6.10 Gleisförderung 283
10.6.11 Bandförderung 287

11 Temporäre Entwässerungs- und Absperrmassnahmen 289
11.1 Wasserhaltung der Baustelle 289
11.1.1 Allgemeines 289
11.1.2 Drainagemassnahmen 290
11.1.3 Grundwasserabsenkung und Grundwasserabsperrung 292
11.2 Injektionsverfahren zur temporären und permanenten Absperrung von Grundwasser 292
11.2.1 Injektionsmittel 292
11.2.2 Injektionen mit Zementen 293
11.2.3 Injektionen mit reaktiven Kunstharzen 296
11.2.4 Zweck der Injektion 297
11.2.5 Baubetrieb und Kosten 301
11.2.6 Checklisten zur Injektionsauswahl 303
11.2.7 Injektionsverfahren zur Absperrung von Berg- und Grundwasser 303
11.2.8 Konventionelle Injektionsverfahren 308
11.2.9 Hochdruckinjektionsverfahren (HDI) 319
11.2.10 Beispiele für HDI-Abdichtungen im Lockergestein 323
11.2.11 Folgerungen 324
11.3 Gefrierverfahren 328
11.3.1 Allgemeines 328
11.3.2 Technologie und Physikalisches Prinzip 328
11.3.3 Grundlagen der Bemessung 330
11.3.4 Festigkeit 334
11.3.5 Dichtigkeit und Kontrolle 334
11.3.6 Baustelleneinrichtung 335

12 Permanente Hauptabdichtung von Tunnelbauwerken 337
12.1 Hauptabdichtungsarten 337
12.2 Einflussfaktoren auf Art und Anordnung der Abdichtung 341
12.2.1 Interaktion – Gebirge, Bauwerk und Bauweise 341
12.2.2 Einfluss des Gebirgswassers 342
12.2.3 Einfluss der Tunnelnutzung 343
12.3 Anforderungen an Tunnelabdichtungen 344

12.4 Dichtungskonzepte 346
12.5 Dichtungselemente und Dichtungsmaterialien 347
12.5.1 Wasserundurchlässiger Beton 347
12.5.2 Kunststoffmodifizierte Mörtel und Betone 348
12.5.3 Folienabdichtung 349
12.5.4 Aufgespritzte Abdichtung 352
12.5.5 Metallabdichtung 353
12.5.6 Injektionen 353
12.6 Drainage 353
12.7 Verlegetechnik von Abdichtungsfolien bei bergmännischen Tunneln 356
12.7.1 Isolierungsaufbau 356
12.7.2 Folienbefestigung 358
12.7.3 Folienverlegung 359
12.8 Material- und Leistungskennwerte 360
12.9 Sicherheit / Brandschutz 360

13 Hohlraumauskleidung 361
13.1 Problemstellung 361
13.2 Stollen-Auskleidungen 362
13.2.1 Verwendungszweck von Stollen 362
13.2.2 Stollenschalungen 363
13.2.3 Betonieren von Stollen 369
13.3 Tunnel-Auskleidungen 371
13.3.1 Arbeitsabläufe 371
13.3.2 Ortbetontunnelsohle 371
13.3.3 Tunnelauskleidung des Parament- und Kalottenbereichs 374
13.3.4 Tunnelzwischendecken und Trennwand 378
13.4 Erforderliche Schalungslänge 379
13.5 Kavernen-Auskleidung 381
13.6 Bemessung der Schalungen 381
13.7 Schalungskosten 381

14 Arten von Tunnelvortriebsmaschinen 383
14.1 Einsatzbereiche 383
14.2 Einteilung der Tunnelvortriebsmaschinen 386
14.3 Tunnelbohrmaschinen (TBM) 389
14.4 Schildmaschinen 390
14.5 Sonderformen von Schildmaschinen 393

15 Tunnelbohrmaschinen (TBM) 395
15.1 Einsatz von Tunnelbohrmaschinen 395
15.2 Gripper-TBM 397
15.2.1 Aufbau der Gripper-TBM 397
15.2.2 Bohrkopf 399
15.2.3 Bohrkopfantrieb und Hauptlager 400
15.2.4 Bohrkopfmantel 403
15.2.5 Innen- und Aussenkelly mit Verspann- und Vorschubeinrichtung 403
15.2.6 Mechanische Hilfseinrichtung 404
15.2.7 Arbeits-und Unterhaltszyklen einer Gripper-TBM 405
15.3 Aufweitungs-TBM 406
15.4 Schild-TBM 408
15.5 Teleskopschild-TBM 409

15.6 Berechnung der Vorschubpressenkräfte während des Vortriebszyklus 412
15.7 Abbauwerkzeuge 414
15.8 Berechnung der Nettovortriebsleistung 418
15.9 Nachläufer 424
15.10 Schutterung 430
15.11 Steuerung 431
15.12 TBM Planungsaspekte sowie Vor- und Nachteile 433

16 Tunnelvortrieb mittels Hinterschneidtechnik 435
16.1 Einsatzbereich und Leistungen 435
16.2 Wirkprinzip 436
16.3 Maschinenkonzept 437

17 Wiederverwendung von Tunnelausbruchmaterial 439
17.1 Tunnelausbruchmaterial als Baustoff 439
17.2 Technische Einflüsse auf die Qualität des Ausbruchmaterials 440
17.3 Beurteilung des Ausbruchmaterials 440
17.3.1 Erstellung eines Materialbewirtschaftungskonzeptes 440
17.3.2 Prüfverfahren zur Beurteilung des Ausbruchmaterials 442
17.4 Aufbereitung von geeignetem TBM-Ausbruchmaterial 444

18 Schildvortriebsmaschinen 447
18.1 Einsatz und Arten von Schildmaschinen 447
18.2 Abbaueinrichtungen von Schildmaschinen 450
18.2.1 Teilschnittabbaueineinrichtung und Antrieb 450
18.2.2 Schneidrad und Antrieb 451
18.2.3 Schneidradlagerung und -antrieb 453
18.2.4 Abbauwerkzeuge 454
18.3 Schild 456
18.3.1 Schildmantel 456
18.3.2 Schildschwanzdichtung 456
18.3.3 Ringspaltverpressung 458
18.4 Vorschub- und Steuerpressen 460
18.5 Erddruckschilde 462
18.6 Flüssigkeitsschilde 465
18.7 Druckluftschilde 469
18.8 Fördertechnik 470
18.8.1 Allgemeines 470
18.8.2 Trockenförderung 471
18.8.3 Dickstoffförderung 472
18.8.4 Flüssigkeitsförderung 473
18.8.5 Separationstechnik 475
18.9 Tübbingerektor 479
18.10 Bohrtechnik für die punktuelle Vorauserkundung und zur Herstellung von Injektionsschirmen 479
18.11 Nachläufersysteme 481
18.11.1 Konzeptioneller Aufbau eines Nachläufers für Flüssigkeitsschilde 481
18.11.2 Konzeptioneller Aufbau eines Erdschild-Nachläufers 487
18.12 Spezialschildkonstruktionen 489
18.12.1 Universal- bzw. Kombinationsschilde 489
18.12.2 Multiface-Schild 492
18.12.3 Messerschilde 493

18.13 Start-, Ziel- und Zwischenbaugrube 499
18.14 Sicherheitsanforderungen 504
18.15 Entwicklungstendenzen 506
18.16 Fehlerquellen beim Tunnelvortrieb mittels Schildmaschine 507

19 Tübbingauskleidung 509
19.1 Berechnung von Tunnelröhren mit Tübbingauskleidung 509
19.2 Konstruktive Ausbildung der Tübbinge 514
19.3 Herstellung von Tübbingen 516
19.4 Versetzen der Tübbinge im Tunnel 521

20 Steuerung von Vorschubpressenkräften und Setzungen sowie Vortriebsrichtung 523
20.1 Nachweis der Ortsbruststabilität 523
20.1.1 Einführung 523
20.1.2 Nachweise zur Berechnung des notwendigen Stützdrucks sowie der Aufbruch- und Ausbläsersicherheit der Ortsbrust 525
20.2 Ermittlung der erforderlichen Vorpresskräfte 525
20.2.1 Allgemeines 525
20.2.2 Einwirkungen 526
20.2.2.1 Vertikaler Erddruck im Lockergestein 530
20.2.2.2 Seitlicher Erddruck im Lockergestein 531
20.2.2.3 Wasserdruck, Verkehrslasten und ständige Zusatzlasten 532
20.2.2.4 Stützung der Ortsbrust 532
20.2.3 Mantelreibung am Schildmantel 535
20.2.3.1 Ermittlung des Mantelreibungswiderstandes 535
20.2.3.2 Ermittlung der Mantelreibung 535
20.2.3.3 Reduktion der Mantelreibung 537
20.2.4 Brustwiderstand 538
20.2.4.1 Allgemeines 538
20.2.4.2 Schneidschuhwiderstand 538
20.2.4.3 Schneidrad- und Stützmediumwiderstand 539
20.2.5 Aufnehmbare Vorpresskräfte 542
20.3 Setzungen und Hebungen 543
20.4 Vermessung und Steuerung 544
20.4.1 Überblick 544
20.4.2 Vermessungstechnische Methoden zur Kontrolle der Fahrt 544
20.4.3 Messsysteme für die Kontrolle der Fahrt 545

21 Baulüftungen von Untertagebauwerken 547
21.1 Allgemeines 547
21.2 Lüftungssysteme 548
21.3 Lüftungs- und Entstaubungsmassnahmen beim Einsatz von TSM und TBM 551
21.3.1 Lüftungsanlagen 551
21.3.2 Entstaubungsanlagen 553
21.4 Installation in der Vortriebszone 556
21.4.1 Blasende Belüftung 556
21.4.2 Saugende Belüftung 556
21.5 Installation der Baulüftung im Portalbereich 557
21.6 Lutten 557
21.6.1 Luttentypen und Luttenmaterial 557
21.6.2 Installation der Lutte 557

21.7 Ventilatoren 559
21.8 Dimensionierung der Lutte und des Ventilators 560
21.9 Instandhaltung 563

22 Vorbereitung und Logistik einer Tunnelbaustelle 565
22.1 Arbeitsvorbereitung 565
22.2 Einrichtung einer Baustelle 568
22.2.1 Allgemeines 568
22.2.2 Baustelleneinrichtungsplan / Installationplan 568
22.2.3 Planung der Baustelleneinrichtung 571
22.2.4 Versorgungseinrichtungen 574
22.2.4.1 Verkehrserschliessung 574
22.2.4.2 Wasserversorgung 575
22.2.4.3 Abwasserversorgung 576
22.2.4.4 Stromversorgung 577
22.2.4.5 Beleuchtung 577
22.2.4.6 Kommunikationssysteme im Tunnelbau 577
22.2.4.7 Druckluftversorgung 581
22.2.4.8 Baulüftungsinstallationen 581
22.2.5 Bauten der Baustelle 581
22.2.5.1 Büros, Werkstätten, Magazine 582
22.2.5.2 Baustellenwerkstatt 582
22.2.5.3 Magazin 582
22.2.5.4 Unterkünfte 582
22.2.5.5 Tagesunterkünfte 582
22.2.5.6 Wohn- und Schlafräume in Baubaracken 582
22.2.5.7 WC- und Duscheinrichtungen 583
22.2.5.8 Sanitätscontainer 583
22.2.5.9 Baustellenkantine 583
22.2.5.10 Dimensionierung von Sozialeinrichtungen der Baustelle 583
22.2.6 Lager- und Bearbeitungsanlagen 583
22.2.6.1 Lager 583
22.2.6.2 Zimmermannsplatz 583
22.2.6.3 Betonstahlbearbeitungsflächen 584
22.2.6.4 Beton-Mischanlage 584
22.2.7 Transportgeräte auf der Baustelle 585
22.2.7.1 Hebezeuge 585
22.2.7.2 Krane 586
22.2.7.3 Bauaufzüge 588
22.3 Energieumsetzung auf der Baustelle 589
22.3.1 Elektrische Energie 589
22.3.2 Ermittlung des elektrischen Leistungsbedarfs 590
22.3.2.1 Leistungsaufnahme der einzelnen Verbraucher 590
22.3.2.2 Elektrisches Installationskonzept 591
22.3.3 Verbrennungsmotoren 593
22.3.4 Ermittlung des Druckluftbedarfes 594
22.3.5 Hydraulik 594
22.3.6 Dampfenergie 595
22.4 Baustelleneinrichtungen des konventionellen Vortriebs 595
22.4.1 Installationen über Tag 595
22.4.1.1 Allgemeine Infrastruktur 595
22.4.1.2 Technische Ausseninstallationen 596

22.4.2 Installationen unter Tage 596
22.5 Baustelleneinrichtungen des TBM-Vortriebs 597
22.5.1 Installations-Übersicht 597
22.5.2 Installationen über Tag 597
22.5.3 Installationen unter Tag 597
22.6 Gesamtinstallationen beim Schildvortrieb 598
22.6.1 Ausseninstallationen 598
22.6.2 Schachtinstallationen 600
22.6.3 Im Tunnel: Abbau und Transportgeräte sowie Unterstützungseinrichtungen 600
22.7 Zusammenfassung 600

23 Sicherheitsmanagement im Untertagebau 601
23.1 Einleitung 601
23.2 Der Integrale Sicherheitsplan der Schweizer Bauindustrie 602
23.2.1 Begriff und Ziele 602
23.2.2 Konzept der Integralen Sicherheit 604
23.2.2.1 Sicherheitsplanung 604
23.2.2.2 Umsetzung der Sicherheitsplanung 604
23.2.2.3 Aufgaben und Verantwortung der Beteiligten 605
23.2.3 Integraler Sicherheitsplan nach SIA 465 für die Bauphase 605
23.2.3.1 Ziel und Zweck 605
23.2.3.2 Baustelle und Bauvorgänge als System 606
23.2.3.3 Gefahrenübersicht 607
23.2.3.4 Arbeitssicherheit bei Untertagearbeiten 607
23.2.3.5 Gefährdungsbilder und Sicherheitsmassnahmen 608
23.2.4 Eingegangene Risiken 608
23.2.5 Sicherheitsorganisation und Notmassnahmen 609
23.3 Der SIGEPLAN der deutschen Bau-Berufsgenossenschaften 610
23.3.1 Einleitung 610
23.3.2 Sicherheitplanung 610
23.3.3 Umsetzung des Sicherheitsplans 613
23.4 Zusammenfassung 613

24 Projektabwicklungsformen als Schlüssel zu Innovation, Risikomanagement sowie Kostenoptimierung 615
24.1 Bauwirtschaftliche Veränderungen 615
24.2 Einflüsse und Grundvoraussetzungen für die richtige Wahl der Vertragsform zur schnellen und kostenoptimalen Realisierung von Projekten 616
24.2.1 Projektabwicklungsformen 616
24.2.2 Die Einzelleistungsträgerorganisation 618
24.2.3 Gesamtleistungsträgerorganisation mit Ausschreibung auf der Basis einer eingeschränkten Funktionalausschreibung 621
24.2.4 Totalleistungsträgerorganisation mit Ausschreibung auf der Basis einer Funktionalauschreibung 623
24.2.5 Zusammenfassung 626
24.3 Gestaltung der Ausschreibung und Risikomanagement als Schlüssel zur konfliktarmen Abwicklung von Projekten 626
24.3.1 Risikomanagement 626
24.3.1.1 Verteilung von Genehmigungs- und Baugrundrisiko 626
24.3.1.2 Genehmigungsrisiko 627
24.3.1.3 Baugrundrisiko 628
24.3.2 Ausschreibungsgestaltung 629

24.3.3 Vertragsgestaltung 631
24.3.4 Entscheidungskonzept vor Ort 631
24.3.5 Zusammenfassung 632
24.4 Kooperationen zur Entfaltung von Innovation und Synergien zwischen Planung und Ausführung zwecks Kostenoptimierung des Projekts 632
24.4.1 Neue Anforderungen erfordern neues Denken 632
24.4.2 Kooperation zum Aufbau von Systemangeboten im Tunnelbau 632
24.5 Zusammenfassung 633

Literaturverzeichnis 635

Stichwortverzeichnis 645

1 Einleitung

Der Tunnelbau gehört zu den faszinierendsten, interessantesten, aber auch schwierigsten Aufgaben des Bauingenieurs. Im Tunnelbau bestehen zwischen Gebirge, Konstruktion und Bauvorgang direkte Beziehungen.

Das Gebirge wirkt als tragendes Element und als Belastung; gleichzeitig dient es als Baustoff. Durch zahlreiche Einflüsse und Wechselwirkungen zwischen Gebirge und Hohlraumbauwerk unterscheidet sich der Tunnelbau massgeblich von anderen Baukonstruktionen.

Im Tunnelbau sind die Kenntnisse über Belastung und Materialparameter weiten statistischen Streuungen unterworfen. Meist gibt es nur wenig Aufschlüsse entlang der zukünftigen Tunnelachse. Mit Hilfe dieser Aufschlüsse sowie geologischen und heute zum Teil geophysikalischen Voruntersuchungen wird dann die Klassifizierung des Gebirges vorgenommen.

Da die meisten Gebirgsformationen, bedingt durch ihre tektonische Entstehungsgeschichte, heterogen geschichtet und gefaltet sind, sollte man bei Vorberechnungen die Streuung der geologischen und gebirgsmechanischen Parameter berücksichtigen. Damit kann die Bandbreite der Bauverfahren, Sicherungs- und Ausbaumassnahmen anschaulich für den Bauleiter und den Geologen unter klarer Definition der hydrologischen wie auch der petrographischen Annahmen vor Ort festgelegt werden. Besonders klar sollte dargelegt werden, wie sich die ändernden geologischen Verhältnisse auf die Berechnungsergebnisse und somit auf die zu treffenden Massnahmen auswirken.

Bild 1-1 Belgische Bauweise nach Rziha [1-1]

Die Bauverfahren und Sicherungsmassnahmen müssen den weiten Variationsbreiten der geologischen und petrographischen Parameter des Projektes Rechnung tragen. Die Adaptionsfähigkeit der jeweiligen Bauverfahren wie auch der Sicherungsmassnahmen ist für den wirtschaftlichen Erfolg der Projektabwicklung entscheidend.

Das Risikopotential bezüglich der Arbeitssicherheit und der bauverfahrenstechnischen Konsequenzen aus den geologischen und petrographischen Parametern, die man aufgrund der wechselnden Gebirgsverhältnisse antrifft, ist sehr hoch. Damit sind erhebliche Projektrisiken in bezug auf Termin- und Kostentreue verbunden. Für jeden Tunnelbauer ist die richtige Wahl des Bauverfahrens auf der Grundlage der Streubreite der geologischen und petrographischen Parameter sowie des Querschnittes Voraussetzung für den technischen und wirtschaftlichen Erfolg.

Durch diese Merkmale unterscheidet sich der Tunnelbau von den anderen anspruchsvollen Bauingenieurdisziplinen wie Brücken-, Tief-, Industrie- und allgemeinem Hochbau. Die materialtechnischen Parameter wie auch die probabilistischen Werte für die Belastungen unterliegen hier nur engen statistischen Streuungen. Das liegt daran, dass die künstlich hergestellten Baumaterialien strengen Qualitätssicherungsmassnahmen unterliegen und die Belastungen, z. B. im Brückenbau, auf-

Bild 1-2 Deutsche Bauweise nach Rziha [1-1]

grund der Maximalgewichte pro Fahrzeug und der statistischen Verteilung sehr genau bekannt sind.

Das sieht beim Gebirge, das durch natürliche geologische und tektonische Vorgänge entstanden ist, ganz anders aus. Noch immer gilt der Ausspruch der Tunnelbauer: „Vor der Ortsbrust ist es schwarz".

Prof. Maidl formuliert kurz und treffend [1-2] die Bedeutung des Tunnelbaus wie folgt: „Der Tunnelbau vereinigt Theorie und Praxis zu einer eigenen Ingenieurbaukunst. Bei Wichtung der vielen Einflüsse steht je nach dem Stand der eigenen Kenntnisse einmal die Praxis, das andere Mal mehr die Theorie im Vordergrund. Der Ingenieurtunnelbau wird heute weitgehend von Bauingenieuren betrieben, doch sollte sich jeder bewusst sein, dass Statik- und Massivbaukenntnisse allein nicht ausreichen. Geologie, Geomechanik, Maschinentechnik und insbesondere Bauverfahrenstechnik gehören gleichwertig dazu."

Die Bauverfahrenstechnik im Tunnelbau ist ein interaktives Fach, das die Einflüsse der Ausführung auf die Konstruktion mit der Erfassung der Bauzustände berücksichtigen muss.

Der Untertagebau ist eng mit der Entwicklung der Kulturvölker verbunden (Bild 1-3). Schon in der Vergangenheit wurden unterirdische Stollen und Verteidigungssysteme gebaut. Ferner wurde von alters her Bergbau betrieben. Der Tunnelbau hat seine Wurzeln im Bergbau. Die Abbautechnik, Maschinentechnik und Sicherungsmassnahmen des Hohlraums waren lange Zeit dem Bergbau entliehen. Noch heute ist das Abbauvolumen im Bergbau um Zehnerpotenzen höher als im Ingenieurverkehrstunnelbau. Zwischen beiden besteht eine technologische Wechselbeziehung, die auch in Zukunft im Rahmen des Know-how-Transfers intensiv genutzt werden sollte. Der Untertagebau ist jedoch erst in neuer Zeit eine Ingenieurdisziplin geworden.

Nachfolgend sollen chronologisch die wichtigsten Untertagebauwerke aufgelistet werden.

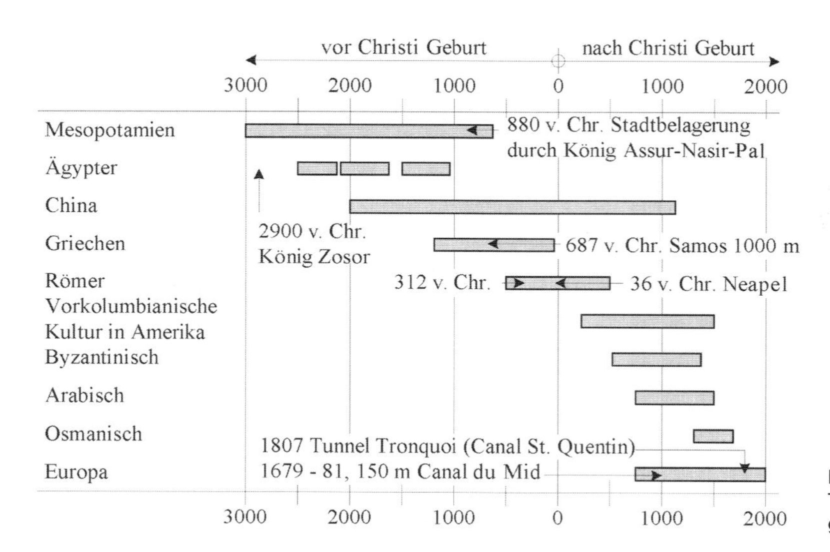

Bild 1-3 Tunnelbau in den vergangenen 5000 Jahren

2500 v. Chr.	Die Königin Semiramis soll in Babylon unter dem Euphrat einen 1 km langen Tunnel vom Königspalast zum Baalstempel errichtet haben
1200 v. Chr.	Mykene: Stollen von der Quelle in die Stadt
1000 v. Chr.	Jubsiter leiten die Quelle von Gihon unter die Stadt Jerusalem
700 v. Chr.	Wasserversorgungsstollen in Jerusalem; Länge 540 m, Volumen 20'000 m^3 (mit Schlägel und Eisen gelöst!)
600 v. Chr.	1.6 km langer Trinkwasserstollen auf Samos
700 – 550 v. Chr.	Die Etrusker bauen unter ihren Städten ganze Stollensysteme zur Wasserversorgung und Kanalisation, aber auch Bergwerke
36 v. Chr.	Vom römischen Kaiser Octavian werden die ersten Strassentunnel bei Cumae und zwischen Neapel und Puteoli (Pozzuoli) durch Felsrücken, die bis zum Meer reichen, gebaut (690 m lang, 9 m breit und 25 m hoch; sie können heute noch benutzt werden)
Nach Chr.	Katakombenbauten in Rom
Im Mittelalter	Stollen für Verteidigungszwecke und Bergwerke zur Salz- und Metallgewinnung; in der Schweiz z. B. das Silberbergwerk in Obersaxen
1679	Tunnel am Languedoc-Kanal, wo zum ersten Mal Schiesspulver im Tunnelbau angewendet wurde (im Bergbau schon 1627)
1708	Tunnel Urner Loch bei Andermatt: Pietro Morettini hatte die Felswand mit dem Meissel durchschlagen, um die schwankende Brücke durch einen sicheren Weg zu ersetzen. Damit begann die Durchbohrung des Gotthards

Der Tunnelbau erlebte als Verkehrstunnelbau seine erste grosse Blüte in der Neuzeit durch den Beginn des Eisenbahnbaus. In Europa und der Schweiz entstanden bis heute die folgenden wichtigen Bauwerke:

1826	Erster Eisenbahntunnel auf der Strecke Liverpool-Manchester
1857 – 1870	Mont-Cenis-Tunnel: Eisenbahntunnel durch die Alpen zwischen Frankreich und Italien. Zuerst wurden noch Bohrlöcher in Handarbeit hergestellt, dann wurden hydraulische und zuletzt pneumatische Bohrmaschinen verwendet. Sprengung mit Schwarzpulver
1864	Erfindung des Dynamits (Nobel)
1872 – 1878	St. Gotthard-Eisenbahntunnel, Länge 14990 km, Ausbruch 1110000 m^3
1898 – 1905	Simplon-Tunnel I, mit Parallelstollen, Länge: 19110 km
1908 – 1913	Lötschberg-Tunnel, Länge 14605 km
1912 – 1921	Simplon-Tunnel II, Länge 19110 km

Dies setzt sich durch die neuen Eisenbahntechniken bis in die Gegenwart fort: Bahn 2000, Hochgeschwindigkeitsverbindungen zwischen Städten usw.

Das Arbeitsfeld des Bauingenieurs im Tunnelbau ist nicht auf den Eisenbahnbau beschränkt, sondern zu seinen Untertageaufgaben gehören auch Stollen und Kavernen beim Bau von Wasserkraftanlagen, besonders nach dem 2. Weltkrieg, wie z. B.:

1955 – 1960	Kraftwerk Grande Dixance, 150 km Stollenlänge, 1500000 m^3 Ausbruch
1950 – 1958	Kraftwerk Niagara-Fälle, 3350000 m^3 Ausbruch
1961 – 1964	Pumpspeicherwerk Vianden, Luxemburg, Kavernenzentrale, 160000 m^3 Ausbruch

und einige Strassentunnel:

1961 – 1967	San Bernardino-Tunnel, 6600 km
1969 – 1980	St. Gotthard-Strassentunnel, 16322 km
1974 – 1978	Arlberg-Strassentunnel, 13972 km, 1450000 m^3 Ausbruch

Das Zusammenwachsen Europas zu einem gemeinsamen Wirtschaftsraum erfordert die Verknüpfung der nationalen Verkehrsnetze zu einem transkontinentalen Netz (West-Ost und Nord-Süd). Für diese

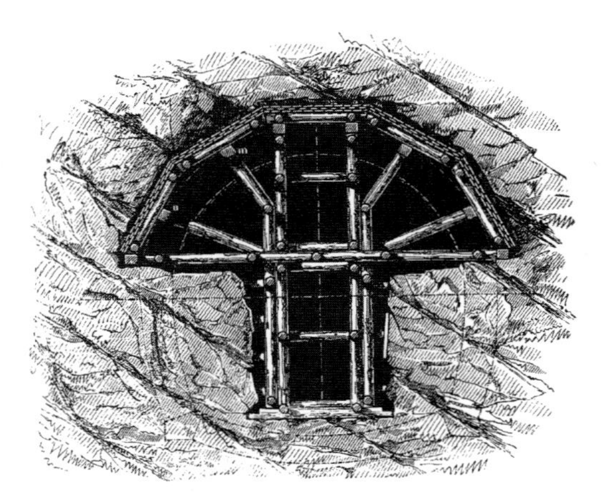

Bild 1-4 Oesterreichische Bauweise nach Rziha (Querschnitt) [1-1]

Netze der Strassen und Schnellbahnen sind in den nächsten zwanzig Jahren Investitionen in Höhe von 350 bis 600 Milliarden sFr. (ca. 220 bis 375 Milliarden €) vorgesehen. Bei den Hochgeschwindigkeitsstrecken der Bahnen sind nur geringe Steigungen und grosse Kurvenradien möglich. Das erfordert auch in den Mittelgebirgsregionen sehr viele Tunnelbauwerke. Zur Verbesserung des Güter- und Personentransports werden im Rahmen des Ausbaus der europäischen Nord- und Südverbindungen wie auch zur Verminderung der Umweltbelastung zahlreiche Tunnelbauwerke in der Schweiz realisiert bzw. projektiert.

Der bergmännische Tunnelbau wird weltweit, besonders in den sich entwickelnden Ländern Asiens und Südamerikas, im Rahmen der Verbesserung der Infrastruktur ein sehr grosses Volumen einnehmen. Für die Städte Bangkok, Taipeh, Manila, Kuala Lumpur sowie die Städte Indiens und Chinas wird dies von zentraler Bedeutung sein, um die gewaltigen Verkehrsprobleme wirtschaftlich zu lösen. Möglicherweise wird der Personenverkehr (Pendler, Geschäftsbesprechungen) mittelfristig durch die neuen zentrumslosen Informations- und Kommunikationsmittel sowie die mögliche Telearbeit in virtuellen Unternehmen abnehmen und sich damit umwelt- und energieschonend entwickeln.

Dieses Fachbuch befasst sich mit der Planung des Herstellungsprozesses von Tunnelbauwerken in Locker- und Festgestein unter Beachtung folgender Aspekte:

- Ausbruch- und Sicherungsmethoden in Abhängigkeit von geologischen und hydrologischen Randbedingungen, der Abbaubarkeit des Gesteins und der Umweltauswirkungen
- Schutter- und Transportsysteme
- Personal- und Geräteeinsatz
- Leistungsermittlung
- Baustelleneinrichtung und Logistik

Diese oben genannten Aspekte dienen gleichzeitig als Grundlage zur Ermittlung der Kosten der Untertagebauwerke.

Bild 1-5 Oesterreichische Bauweise nach Rziha (Längsschnitt) [1-1]

2 Geologische Vorerkundung

2.1 Geologische Begriffe

Der Tunnel wird wie kein anderes Ingenieurbauwerk in seiner Bauvorbereitung, -ausführung und -überwachung durch das Gebirge bestimmt. Um diese komplexe Aufgabe unter dem Gesichtspunkt der Risikominimierung in bezug auf eine technisch und wirtschaftlich erfolgreiche Projektumsetzung zu lösen, ist eine interdisziplinäre Zusammenarbeit zwischen Planenden (Projektverfassern, Geologen, Geotechnikern, Geophysikern, Messtechnikern etc.) und Ausführenden (Bauunternehmern, Maschinenherstellern, Materialherstellern) unumgänglich. Der Projektverfasser muss die Ergebnisse dieser interdisziplinären Zusammenarbeit zusammenfassen.

Die Kenntnisse der Geologie sind ganz entscheidend für die Klassifizierung des Gebirges und die Bestimmung der Ausbruchklassen. Der Bauingenieur sollte die Entstehung des Gebirges und deren Auswirkung auf petrographische Eigenschaften kennen. Dies ist Voraussetzung für eine Kommunikation mit den Geologen sowie für die eigene phänomenologische Deutung.

Die Gesteine unterscheidet man nach den gebirgsbildenden Vorgängen [2-1] wie folgt:

- **Magmatite** oder magmatische Gesteine entstehen aus schmelzflüssigem Magma durch Erstarrung. Ihre Struktur ist durchgehend kristallin und gleichmässig körnig.
- **Metamorphite** oder metamorphe Gesteine entstehen durch Umwandlung aus anderen Gesteinen.
- **Sedimente** (unverfestigt oder verfestigt) entstehen durch Ablagerungen von durch Verwitterung zerstörtem Gestein und/oder organische Ablagerungen (im Meer). Die Verfestigung und Verklebung erfolgt meist durch tektonische Bewegungen der Erdkruste.

Sedimente bedecken rund 75 % der Erdoberfläche, und nur 25 % sind Magmatite und metamorphe Gesteine, obwohl die Erdkruste insgesamt nur zu 5 % aus Sedimenten besteht (unverfestigt ≈ Lockergestein, verfestigt ≈ Sedimentgestein).

Die **Geologie** befasst sich mit dem Aufbau der Erdkruste. Die **Petrographie** befasst sich mit dem Aufbau, der Zusammensetzung und der Klassifikation der Gesteine.

Die wichtigsten gesteinsbildenden **Mineralien** sowie deren Anteile in der Erdkruste sind die folgenden (Bild 2.1-1):

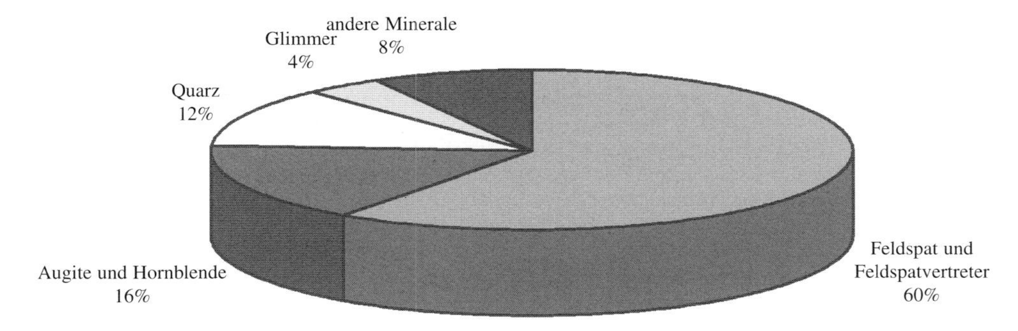

Bild 2.1-1 Verteilung der Minerale in der Erdkruste [2-1]

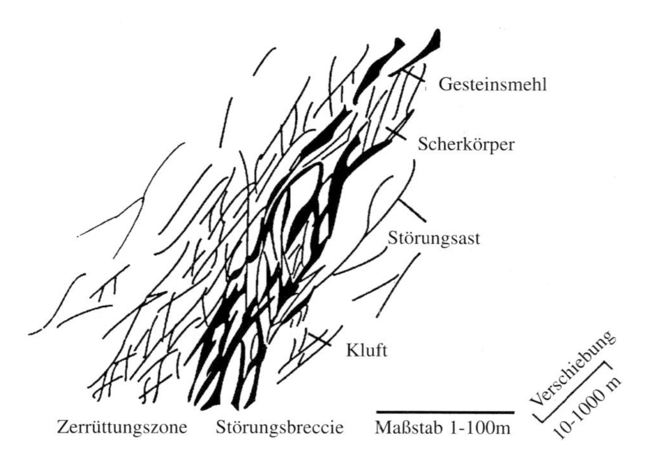

Bild 2.2-1
Strukturelemente und Homogenbereiche in kataklastischen Störzonen [2-2]

- Die **Feldspäte** zeichnen sich durch ihre vollkommene Spaltbarkeit aus und sind im wesentlichen kristallin. Diese Mineralien findet man in Granit, Porphyr, etc.
- Die **Hornblende** ist ein dunkles Mineral.
- Die **Quarzite** sind meist klar und durch das Fehlen der Spaltbarkeit charakterisiert. Man findet Quarzite in Magmatiten, Metamorphiten sowie in Sedimenten.
- Die **Glimmerminerale** zeichnen sich durch eine sehr vollkommene Spaltbarkeit aus. Diese Mineralien sind u. a. in Gneisen, Glimmerschiefern etc. vorhanden.

2.2 Problem- und Störzonen im Tunnelbau

Durch gebirgsbildende Prozesse und Erosion gelangen Sedimentgesteine, Metamorphite und Magmatite wieder an die Erdoberfläche. Dadurch verändern sich die Gesteine bzw. ihre Eigenschaften [2-2], die sich durch:

- primäre gesteinsbildende Prozesse
- sekundäre tektonische Veränderungen

ausgebildet haben. Dabei besitzen einige Gesteine problematische Eigenschaften für den Tunnelbau (Tabelle 2.2-1). Geologische Problemzonen im Tunnelbau lassen sich jedoch nicht nur auf die Gesteine mit kritischen primären und sekundären Eigenschaften zurückführen, sondern folgende Faktoren sind zudem ausschlaggebend:

- Überlagerung
- Geländetopographie
- Tiefenlage der Felsoberfläche
- Primärspannungen
- Orientierung der Trennflächen und Schichtgrenzen zur Tunnelachse
- Vortriebsmethode

Im Gebirgstunnelbau haben Lockergesteinszonen oft nur eine untergeordnete Bedeutung. Ausnahmen bilden glazial übertiefe quartäre Erosionsrillen.

Störzonen sind durch Deformationen des Gebirges entstanden (Bild 2.2-1). Die Gesteine in den Störzonen sind durch die tektonischen Deformationen zerbrochen und zerschert. Die Gesteinsfragmentierung kann so weit gehen, bis nur noch feinkörniges Gesteinsmehl vorliegt. Man bezeichnet solche Gesteinsfragmente in den Störzonen als:

- Kakirite
  - kohäsionsloses Gesteinsmehl
  - kohäsionslose Brekzien (grobe, kantige Komponenten)
- Kataklasite
  - kohäsives Gesteinsmehl
  - kohäsive, tektonische Brekzien

Diese Störzonen können eine Mächtigkeit von einigen Dezimetern bis zu 100 Metern aufweisen. Aus der Mächtigkeit, dem Einfallwinkels zur Tunnelachse, der Häufigkeit und Art der Gesteinsfragmente und deren Verkittung sowie den hydrologischen Verhältnissen ergibt sich die Problematik für den Tunnelbau.

2.3 Phasen der Gebirgsvorerkundung

Die ingenieurgeologischen, fels- und bodenmechanischen Erkundungen [2-3] sind um so umfangreicher und sorgfältiger durchzuführen,

Tabelle 2.2-1 Gesteinstypen mit kritischen Eigenschaften im Tunnelbau [2-2]

Gesteinstypen mit kritischen primären Gesteinseigenschaften			
Gesteinsgruppe	**Problematische Gesteine**	**Kritische Gebirgseigenschaften**	**Tunnel-Beispiel**
Feinkörnige (bindige) Lockergesteine	Ton Seebodenlehm Seekreide	Quelleigenschaften Strukturkollaps Festigkeit Verformbarkeit	Les Vignes
Grobkörnige Lockergesteine	Flusskies Gehängeschutt Blocksturz Moräne	Wassergehalt Durchlässigkeit Festigkeit Heterogenität	N3-Habsburgtunnel Grauholztunnel BLS Lötschbergtunnel
Klastische Sedimentgesteine	Tonstein Mergel „Sandsteine" (Flysch)	Festigkeit Verformbarkeit Quelleigenschaften Heterogenität	Hauenstein-Basistunnel N3-Bötzbergtunnel
Chemische Sedimentgesteine	Gips Anhydrit Steinsalz	Löslichkeit Quelleigenschaften aggressive Bergwässer	Hauenstein-Basistunnel N2-Belchentunnel N3-Bötzbergtunnel
Metamorphite	Dolomit-Marmor Ton/Kalkschiefer Rauhwacke	Festigkeit Wassergehalt Durchlässigkeit	Garegna-Stollen N2-Gotthardtunnel Engadiner Kraftwerke Vereinatunnel
Vulkanite	Pyroklastit (Tuff)	Festigkeit, Heterogenität	

Überprägung und kritische sekundäre Gesteinseigenschaften			
Ereignis	**Phänomen**	**Kritische Eigenschaft**	**Tunnel-Beispiel**
Spröde tektonische Überprägung: grossräumig kleinräumig	Klüftung, Gebirgsdurchtrennung Kataklastische Störzonen	Teilbeweglichkeit der Kluftkörper Festigkeit Verformbarkeit Durchlässigkeit	Vereinatunnel Umfahrung Locarno Simplontunnel N3-Bötzbergtunnel N2-Gotthardtunnel Furka-Basistunnel
Lösungsphänomene: Oberflächenwasser Tiefenwässer	Gips-Kalk Kalk-Karst hydrothermale Lösung	Festigkeit Durchlässigkeit Wassergehalt	KW Vorderrhein Weissensteintunnel Simplontunnel Furka-Basistunnel N2-Gotthardtunnel
Oberflächeneffekte: mechanische und chemische Verwitterung Talerosion, Gletscherrückzug Hangstabilität	Bodenbildung Entlastungsklüftung Hakenwurf Sackung	Teilbeweglichkeit Festigkeit Verformbarkeit Durchläsigkeit Wassergehalt	Adlertunnel Stollen KW Oberhasli Furka-Basistunnel SBB-Gotthardtunel SBB-Lötschbergtunnel Stollen Obergestein

- je komplizierter die zu erwartenden geologischen und hydrologischen Verhältnisse sind,
- je tiefer liegender und länger der geplante Tunnel ist,
- je weniger Informationen über die geologischen, geotechnischen und hydrologischen Verhältnisse vorliegen,
- je höher die technischen und wirtschaftlichen Risiken des Projektes sind.

Die Aufgabenbereiche der geotechnischen Untersuchungen sind in Tabelle 2.3-1 zusammengestellt; Tabelle 2.3-2 zeigt die verschiedenen ingenieurgeologischen Untersuchungsmethoden. Im Rahmen des Risikomanagements muss je nach Projektumfang die interdisziplinäre Zusammenarbeit der Fachleute in den verschiedenen Projektphasen erfolgen.

In der **Vorprojektphase** ist eine technische und wirtschaftliche Prognose abzugeben, ob der Tunnelbau machbar ist. Sie besteht aus folgenden Teilen:

- geologisch-stratigraphischer Teil
- tektonischer Teil
- ingenieurgeologisch-hydrologischer Teil
- hydromechanischer Teil
- geomechanischer Teil

Dabei sind insbesondere die geomorphologischen, petrographischen, stratigraphischen, tektonischen und hydrologischen Verhältnisse im Bereich und dem näheren Umfeld der Tunnelachse zu untersuchen. Es ist wichtig, die Lagerungsverhältnisse, die Wasserführung, die Aggressivität des Wassers, den geologischen Bau, die Gebirgsklassen, die chemischen und dynamischen Prozesse, die Schichtung, die Klüftigkeit, die Gesteinseigenschaften etc. zu bestimmen. Ferner sollten Rutschgebiete und Erdbebengefährdung erkannt werden.

Für die Machbarkeitsprognose im Rahmen der Vorprojektphase werden oft

- geologische Übersichts- und Spezialkarten und ingenieurgeologische Karten, Lagerstättenkarten, topographische Karten, Luft- und Satellitenbildaufnahmen und Vermessungspläne,
- Erfahrungen bei benachbarten Bauwerken mit einem weitmaschigen geotechnischen und geophysikalischen Untersuchungsnetz,

Tabelle 2.3-1
Aufgaben der geotechnischen Untersuchungen in Abhängigkeit der Projektphase

Bearbeitungsphase	Aufgabenbereich der geotechnischen Untersuchungen
Vorprojektphase	Interpretation der geotechnischen Situation hauptsächlich aus Karten etc., als Voraussetzung für Variantenuntersuchungen und prognostische Darstellung der • geologischen, stratigraphischen und tektonischen Verhältnisse • ingenieurgeologischen und hydrologischen Situation • geomechanischen Aussagen
Bauprojektphase / Tunnelentwurf	Detaillierte Untersuchungen zur Vertiefung der geotechnischen Erkenntnisse, Ergänzung der Tunnelvorhersage durch Erhöhung des Untersuchungsaufwandes: • Durchführung von Kernbohrungen und Laborversuchen • Auffahren von Sondierstollen • Bestimmung von Ausbruchart und Sicherungsmethode (Ausbruchklasse) sowie der Abbaufähigkeit des Materials
Ausführungsphase	Bestimmung der örtlich vorgefundenen Gesteins- und Gebirgsverhältnisse und Vergleiche mit den Annahmen aus der Entwurfsphase, ggf. Korrektur und Anpassung des Vortriebs an die Gebirgssituation. Dokumentation und Bewertung der geotechnischen Verhältnisse: • Störfälle und Bestätigung der Klassifikationsmerkmale • Abrechnung nach Gebirgsklassen, Nachkalkulation • Erfassung wichtiger technologischer Kennwerte (Abschlagtiefe, Mehrausbruch u. ä.) • Vergleich der Dokumentation mit den Entwurfsparametern

- Aufschlüsse mit stichprobenartiger Bestimmung der Kenngrössen und Eigenschaften des Gesteins

ausgewertet.

Heute werden die ergänzenden geotechnischen Voruntersuchungen meist grossräumig mit den modernen Methoden der Geophysik durchgeführt, um ein grobes, möglichst räumliches Baugrundmodell im Projektgebiet zu erhalten. Dabei muss darauf hingewiesen werden, dass die geophysikalischen Verfahren (Elektromagnetik, Seismik etc.) aus der Sicht des Bauingenieurs verbessert werden müssen, und zwar hinsichtlich der Kalibrierung an bodenmechanischen Aufschlüssen sowie der ingenieurmässigen Darstellung.

Die geophysikalischen Untersuchungen müssen durch relevante Aufschlussbohrungen ergänzt werden, um die geophysikalischen an den boden- und felsmechanischen Parametern zu kalibrieren. Die Bohrungen müssen so gewählt werden, dass die wichtigen Gesteinsformationen für die Baumassnahmen angeschnitten werden.

Den Umfang der Voruntersuchungen sollten wirtschaftliche Gründe bestimmen, wobei Risikoüberlegungen jedoch im Vordergrund stehen müssen. Ergebnis des Untersuchungsaufwands sollte ein Gesamtkostenminimum sein. Es ist im allgemeinen wirtschaftlich günstiger, die Vorerkundungen etwas umfangreicher zu gestalten und so möglichst zuverlässige und aussagefähige Daten zu erhalten. Jede nicht erkannte Anomalie oder Störzone kann Störfälle im Bauablauf verursachen bzw. Änderungen der Bauverfahrenstechnik erzwingen. Die daraus resultierenden Termin- und Kostenüberschreitungen sind meist weit teurer als zusätzliche Erkundungen. Daher sollte eine solide, dem Projekt angepasste, ausreichende Vorerkundung vorausgehen.

Durch diese Voruntersuchung kann man feststellen, ob das geplante Tunnelbauwerk am vorgesehenen Standort unter Beachtung der technischen und wirtschaftlichen Belange erstellt werden kann. Weiterhin sollen die Voruntersuchungen Hinweise darauf geben, welche Baugrundeigenschaften besondere Bedeutung besitzen und in welcher Art und welchem Umfang die weiteren Aufschlüsse in der folgenden Projektphase erfolgen sollen. Zudem muss geklärt werden, welche Wechselwirkung zwischen Gebirge und Bauwerk besteht (z. B. Grundwasserbeeinflussung, Aggressivität des Bergwassers, etc.).

Auf die mögliche Aggressivität des Bergwassers wird im Abschnitt 2.7 hingewiesen. Diese Aggressivität kann die Dauerhaftigkeit der Sicherungs- und Ausbaumassnahmen stark beeinflussen. In diesem Fall sind besondere konstruktive und materialtechnische Massnahmen notwendig.

Einen wesentlichen Teil des Vorprojektes bilden die Variantenstudien über Trassen- und Gradientenverlauf sowie Querschnittsform und -grösse.

In der **Projektphase** sind während des Entwurfs- und Ausführungsstadiums die Vorerkundungen zu ergänzen. Die wichtigsten Untersuchungsverfahren sind:

- Bohrverfahren, wie z. B. Kernbohrungen, etc.
- Auffahren von Untersuchungsschächten und Sondierstollen (hoher Kostenaufwand)

Durch die oben genannten „in situ“-Versuche können die Eigenschaften und das Verhalten der Gesteine als Gebirge ermittelt sowie das gewählte Bauverfahren auf seine Zweckmässigkeit geprüft werden.

Bei der Durchführung der **„in situ“-Prüfung** ist u. a. auf folgendes zu achten:

- richtige Wahl des Versuchsortes
- ausreichende Anzahl von Versuchen
- genügend Versuche in Abhängigkeit vom Kluftabstand

Zudem sollte das geophysikalische Erkundungsnetz unter dem Gesichtspunkt der Risikominimierung verdichtet und detailliert an den „in situ“-Aufschlüssen kalibriert werden, um das räumliche Baugrundmodell im Projektgebiet zu gestalten. Je besser die Kenntnisse darüber sind, um so gezielter und wirtschaftlicher können Bauverfahrenstechnik, Sicherungsmassnahmen und Ausbau geplant werden. Zudem können zu erwartende Störfälle in die oben geschilderten Massnahmen einbezogen werden. Damit lassen sich die Projekte termingerecht und innerhalb des geplanten Budgets verwirklichen.

Leider ist das im Tunnelbau jedoch noch nicht der Regelfall. Dies muss in Zukunft gezielt verbessert werden. Eine durchdachte, stufenweise verdichtete, systemanalytische Vorgehensweise, in der die Erfahrungen der Praxis berücksichtigt werden, ist notwendig.

Die geologischen, hydrogeologischen und geotechnischen Abklärungen sind in jeder Projektphase

Tabelle 2.3-2 Ingenieurgeologische Untersuchungsmethoden

Verfahren	Beschreibung	Anwendungsgebiet	Informationsgehalt	Vorteile / Nachteile
1. Auswertung geologischer und hydrologischer Karten	Zusammenstellung aller vorhandener Informationen	Übersicht zur generellen Linienwahl des Projektes	Globale Information über Geologie und Hydrologie Verbindung zur Projektumgebung	Geringe Kosten Grundvoraussetzung Weitere Erkundungen Keine Details
2. Geländebegehung, Luftbild	Natürlich freigelegter Fels	Kartierung, Kluftmessung	Oft einseitig, da Felseigenschaften durch Verwitterung verändert	Geringe Kosten, aber allein meist nicht ausreichend
3. Schlagsondierung	Rammsonde, Messung des Schlagwiderstandes	Feststellung von Schichtgrenzen im Lockergestein	Verlässlich bei dichtem Bohrnetz und bekannter Schichtung	Rasch und billig, aber geringer Informationsgehalt
4. Schlag- Zertrümmerungsbohrungen	Vollbohrkopf, zertrümmert das Material	Hydrologische Untersuchung zur Bestimmung der Schichtgrenzen mit Bohrlochsondierverfahren	Geringe Informationen Aus Bohrparametern lassen sich indirekt Festigkeiten und Abbauverhalten ermitteln	Kostengünstig Geringer, indirekter Informationsgehalt
5. Schneckenbohrverfahren	Mit Hilfe der Schnecke können gestörte Bodenproben gewonnen werden	Nur im Lockergestein	Schichtgrenzen, Körnung, Abbaufähigkeit	Keine Angaben über Festigkeiten und Lagerungsart
6. Ultraschall Bohrlochsondierung	Aufnahme der Bohrlochwandung und Richtungsbestimmung mit Kreiselkompass während des Tiefergleitens	Vorwiegend Festgestein, praktisch unbegrenzte Tiefe	Eingehendes Detailstudium, Einmessen von Klüften, Wassereintritten Grundwasserströmungen	Vollständige Bilddokumentation in Farbe, aber Zeitverlust zwischen Aufnahme und Auswertung, nur lokal
7. Rotationsbohrungen mit Kerngewinnung (Seilkernbohrungen)	Herstellung von zylinderförmigen Bohrkernen	Probegewinnung, Ermittlung von Gesteinsart und -wechsel, Wasserabpressversuche	Gesteinsart und -wechsel, Hinweise auf Klüfte und Schwächezonen	Grosse Tiefen erreichbar, aber teuer, lohnende Sondierung
8. Sondierstollen und -schächte	Bergmännisch hergestellte Aufschlüsse zur Erkundung tiefliegender Bereiche	Bergwassermessungen, geologische Aufnahme, Kluftmessung, Probenahme etc.	Umfassende 3D-Informationen speziell auch über tunnelbautechnische Eigenschaften	Sehr grosser Informationsgehalt, aber teuer, können später baulich verwendet werden
9. Baugrundseismik	Messung der Geschwindigkeit von Longitudinal- und Transversalwellen im Gestein	Feststellung von Schichtgrenzen im Fest- und Lockergestein u. dynamischer E-Modul	kein Detail, aber guter grossräumiger Überblick über den Schichtverlauf wenn einfach	Billig, relativ schnell, unabhängig von örtlichen Zufälligkeiten, aber relativ ungenau *
10. Geoelektrik	Messung elektrischer Bodenkonstanten (v.a. Widerstand)	Feststellung von Schichtgrenzen, GW-Spiegel u. Felslinie	wie Baugrundseismik	Billig, schnell, nur brauchbar bei einfachem Schichtverlauf *

*benötigt Kalibrierung an Bohrung

Tabelle 2.4-1
Beurteilung der Lagerungsdichte bzw. der Konsistenz bei der VAWE-SONDE

Anzahl der Schläge pro 20 cm Eindringung	Lagerungsdichte bzw. Konsistenz
< 8	sehr locker (sehr weich)
8 - 16	locker (weich)
16 - 33	mitteldicht (mittelhart)
33 - 83	dicht (hart)
> 83	sehr dicht (sehr hart)

stufengerecht vorzunehmen und auf die Ausführung und Nutzung des Bauwerks auszurichten.

2.4 Bohrerkundungen

2.4.1 Rammsondierungen

Die Sondierung erfolgt durch Einrammen eines mit einer konischen Spitze versehenen Gestänges in den Boden (dynamische Eindringung). Man unterscheidet Geräte ohne und mit Verrohrung (Mantelrohr). Der Eindringungswiderstand wird an der Arbeit des Fallbärs gemessen. Bei Verwendung einer Verrohrung können der Spitzenwiderstand und die seitliche Reibung getrennt gemessen werden. In der Schweiz ist die unverrohrte VAWE-RAMMSONDE gebräuchlich. Eine Eisenstange (2.2 cm) mit einer konischen Spitze (3,56 cm = 10 cm^2 Querschnitt) wird mit einem Rammbär (Gewicht 30 kg, Fallhöhe 20 cm) in den Boden getrieben. Es wird die Anzahl der Schläge für 20 cm Eindringung gezählt.

Anwendungsmöglichkeiten

Die Anwendung ist auf Lockergestein ohne Blöcke oder verkittete Schichten beschränkt. Die übliche Tiefe für die gebräuchlichen Geräte beträgt 10 – 15 m. Es ist empfehlenswert und oft sogar unumgänglich, eine Anzahl Rammsondierungen mit Bohrungen zu kombinieren, besonders wenn man über eine grössere Fläche die Abgrenzung von Schichten mit unterschiedlichen Lagerungsdichten feststellen will. Rammsondierungen allein sagen nicht viel aus; man sollte sich davor hüten, eine Baugrundbeurteilung nur aufgrund von Rammsondierungen vorzunehmen.

Das Grundwasser hat einen Einfluss auf die Sondierergebnisse. In nicht bindigen Böden ergeben die Sondierungen unter dem Wasserspiegel einen geringeren Eindringungswiderstand. Bei bindigen Böden ist der Einfluss des Grundwassers nur selten zu erkennen, da diese Böden auch oberhalb nahezu wassergesättigt sind. Bei ausgetrockneten, bindigen Böden macht sich dagegen eine starke Zunahme des Eindringungswiderstandes bemerkbar.

Vorteile

Es handelt sich um ein rasches Verfahren zum Lokalisieren von Schichten mit unterschiedlichem Eindringungswiderstand.

Nachteile

Rammsondierungen ergeben keine Proben und keine Auskunft über die Art des Bodens. Es besteht die Gefahr der falschen Interpretation im Hinblick auf das Vorhandensein von Steinen und Blöcken und von Grundwasser.

2.4.2 Bohrverfahren

Die Bohrerkundung ist die traditionelle Erkundung des Baugrundes, die in bezug auf Aussagefähigkeit und Kosten von keinem anderen Verfahren übertroffen wird; erfolgt sie vertikal, stellt sie einen singulären Untersuchungspunkt innerhalb einer Tunnelstrecke dar. Daher müssen die Bohrpunkte sehr sorgfältig durch Vorstudien aufgrund von geologischen Karten und Feldaufnahmen sowie geophysikalischen Voruntersuchungen bestimmt werden.

Bei der Bohrtechnik im Lockergestein kann man folgende Bohrverfahren unterscheiden:

- Schneckenbohrverfahren
- Kernbohrverfahren
- Rammkernbohrverfahren
- Greiferbohrungen

Die Anwendungsbereiche sowie die Eignung der Bohrverfahren in bezug auf die Bodenarten sind in [2-4] sowie in DIN 4020 und 4021 [2-5, 2-6] dargestellt.

Im folgenden soll nur das Rammkernbohrverfahren für Lockergestein erläutert werden. Der Kern wird durch Einrammen eines rohrförmigen Entnahmegerätes mit Schneide (Rammkernrohr) gewonnen. Nach diesem Prinzip arbeitet z. B. die Schlagschlappe, welche vor allem in Kies, Sand und Silt eine besonders hohe Bohrqualität ermöglicht. Rammkernbohrungen können bis zu einer Tiefe von 40 m wirtschaftlich abgeteuft werden. Die üblichen Bohrdurchmesser liegen zwischen 100 und 300 mm. Die eingesetzten Bohrgeräte sind mit einer pneumatischen Schlagvorrichtung versehen. Die Futter- und Kernrohre müssen grössere Wandstärken aufweisen als beim Rotationskernbohrverfahren. Dies ergibt sich aus der grösseren Beanspruchung des Rohres durch den Rammvorgang. Das Rammkernbohrverfahren liefert in Kies- und Sandschichten gute und lückenlose Ergebnisse. Zudem kann es unter diesen Bedingungen seine Wirtschaftlichkeit entfalten.

Bei der Bohrtechnik im Festgestein kann man folgende Bohrverfahren unterscheiden:

- Zertrümmerungsbohrverfahren mit vollflächiger Bohrkrone
- Kernbohrverfahren

Ferner muss man zwischen unverrohrten und verrohrten Bohrungen unterscheiden.

Bei den Zertrümmerungsbohrverfahren, z. B. Rotary-Spülbohrungen, wird das Bohrloch mittels einer Vollbohrkrone hergestellt. Dabei wird das Gestein in seiner Lagerungsstruktur zerstört und das Bohrklein meist durch Wasserspülung gefördert. Durch diese Bohrtechnik können nur indirekte Parameter von hauptsächlich maschinentechnischer Art gewonnen werden, die approximative Werte ergeben und nur in Verbindung mit der Bohrleistung und dem Verschleiss der Bohrwerkzeuge zu interpretieren sind. Man kann Rückschlüsse auf die Abbaufähigkeit und Bohrbarkeit des Gesteins ziehen, jedoch keine boden- oder felsmechanischen Parameter für die Bemessung gewinnen. Zudem kann man meist keine Aussagen über den Durchtrennungsgrad des Gebirges machen oder Schichtgrenzen feststellen. Die Kernzertrümmerungsbohrungen sind die einfachsten und kostengünstigsten Verfahren, mit denen sich jedoch keine ungestörten Bodenproben gewinnen lassen. Diese Verfahren eignen sich, um:

- Wasservorkommen zu ermitteln,
- über den Bohrfortschritt Rückschlüsse auf die Gesteinshärte zu ziehen.

Das standsichere Bohrloch kann mittels Puls-Echo-Ultraschallmessungen (ultrasonic borehole imaging) kostengünstig nach folgenden Aspekten untersucht werden:

- Schichtenaufbau im Bohrloch
- Durchtrennungsgrad des Gesteins
- lithologische Charakteristiken

Dieses Verfahren erzeugt ein Image der Bohrlochwand. In das Bohrloch wird ein rotierender Ultraschallsender mit Empfänger eingeführt. Die Reflexionszeit der ausgesandten Wellen wird an jedem Punkt gemessen. Aus der Reflexionszeit und der Amplitude der Reflexion kann man über repräsentative Kalibrierungen Rückschlüsse auf die Gesteinsparameter ableiten.

Diese Daten lassen meist nur phänomenologische Deutungen zu. Man kann diese relativ kostengünstigen Zertrümmerungsbohrverfahren einsetzen, um Kernbohrungen in einem Erkundungsbereich zu verdichten.

Damit eine Sondierbohrung mit allen vorgesehenen Bohrlochversuchen ohne Verzögerungen und vom Bohrmeister selbständig ausgeführt werden kann, ist es notwendig, vor Beginn der Bohrarbeiten das Bohrprogramm, d. h. den Umfang der Bohrung und der Bohrlochversuche, festzulegen. Ein ausführliches Bohrprogramm, welches die Pflicht des begleitenden Geologen/Geotechnikers ist, sollte möglichst frühzeitig vorliegen, um das erforderliche Material bereitstellen zu können. Das Bohrprogramm sollte dabei folgende Angaben enthalten:

- Bohrtiefe und -durchmesser
- Länge und Art der Wasserversorgung (Hydrant/Pumpe/Wassertank)
- Anzahl und Art der Bohrlochversuche mit Angabe der Tiefe
- Kontaktmöglichkeiten mit der Bauleitung (Telefon)
- Material (Filterrohre, Filterkies, Tondichtungen usw.)

Die folgenden Kernbohrverfahren sind die wesentlichen Erkundungsbohrverfahren zur Gewinung von ungestörten Proben im Festgestein:

- Rotationskernbohrverfahren mit Einfachrohr
- Rotationskernbohrverfahren mit Seilkernrohr (Seilkernbohrung)

Bild 2.4-1
Rotationskernbohrung mit Futterrohr und Kernrohr [2-7]

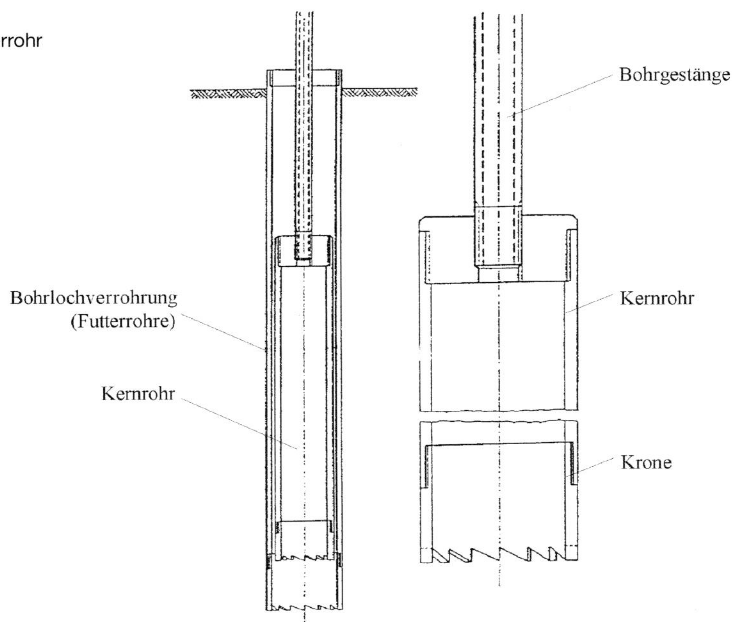

Das Rotationsbohrverfahren mit Einfachrohr und Vollkerngewinnung wird bis zu Tiefen von ca. 50 – 100 m angewendet. Das Bohrrohr ist mit einer Kernbohrkrone ausgerüstet. Bei Rotationskernbohrungen wird durch ein rotierendes Werkzeug (Bohrkrone) ein ringförmiger Schlitz aus dem Erdmaterial gefräst. Der dadurch entstehende zylinderförmige Kern gleitet in ein Rohr, das sogenannte Kernrohr. Das Kernrohr wird von der Maschine aus über ein Bohrgestänge angetrieben.

Der im Kernrohr befindliche Bohrkern wird durch das Ausbauen des Kernrohres zutage gefördert. Während dieses Vorgangs wird das Rohr gemäss den Abschnittslängen zurückgezogen und vom Bohrgestänge abgeschraubt. Dabei wird abschnittsweise der Bohrkern gewonnen. Das Fixieren des Bohrkerns während des Zurückziehens erfolgt durch ein Federsystem im Rohr, das den Kern im Rohr gegen Herauslösen sichert.

Im Gegensatz zu anderen Bohrverfahren erhält man bei Rotationskernbohrungen lückenlosen Aufschluss über das vorhandene Material, d. h. alle Korngrössen sind noch vorhanden. Heute zählt das Rotationskernbohrverfahren zu den meistangewandten Bohrverfahren sowohl im Locker- als auch im Felsgestein.

Bei Rotationskernbohrungen im Lockergestein wird das Bohrloch immer verrohrt. Die Futterrohre (Bild 2.4-1) sind ebenfalls mit einer Bohrkrone versehen und werden durch Nachbohren eingebracht. Bei tiefen Bohrungen müssen die Futterrohre teleskopiert werden.

Die heute üblichen Bohrdurchmesser bewegen sich zwischen 65 und 250 mm. Damit der aus Lockergestein bestehende Bohrkern im Kernrohr bleibt, muss „trocken", d. h. ohne Spülwasser gebohrt werden. Oft muss sogar zur Kerngewinnung die Bohrkrone durch längeres Drehen „an Ort" erhitzt werden, womit sich im Kernrohr ein Zapfen bildet, der das Herausfallen des Kerns erschwert.

Kerntouren sind im Lockergestein kürzer als im Fels, der Bohrfortschritt ist kleiner und es müssen mehr Futterrohre gesetzt werden. Deshalb sind Kernbohrungen im Lockergestein in der Regel teurer als im Fels.

Bei Blöcken oder verkitteten Böden muss die Bohrkrone mit Spülwasser gekühlt werden. Dabei werden aber Feinanteile ausgewaschen. Die Verwendung eines Doppelkernrohrs reduziert die Gefahr des Auswaschens. Als Alternative kann eine Kombination von Rotation und Perkussion mit Aussenhammer den Spülbedarf wesentlich reduzieren.

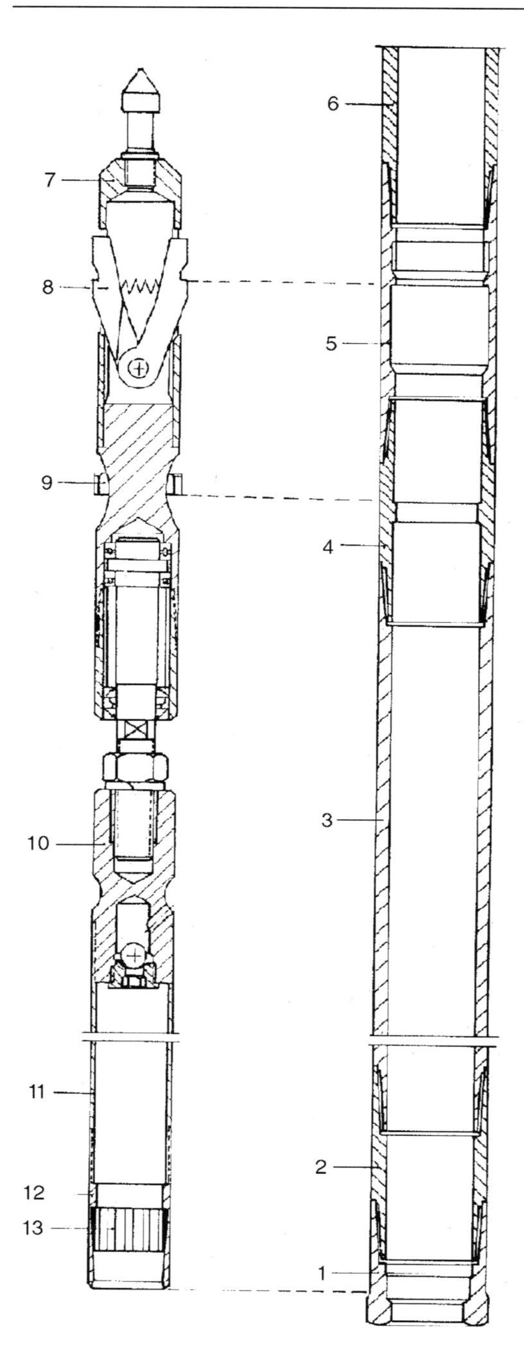

1 – 6	Aussenrohr	10	Rückschlagventil
7	Kernrohrkopf	11	Innenkernrohr
8	Arretierklinken	12	Kernfanghülse
9	Landenocken	13	Kernfangfeder

Bild 2.4-2
Seilkernsystem [2-11]

Kernbohrkronen

Die meisten Kernbohrkronen sind entweder mit Hartmetall-Prismen oder aber mit Diamanten bestückt. Im Lockergestein werden vorwiegend Hartmetallkronen eingesetzt, Blöcke müssen allerdings mit Diamantkronen durchbohrt werden, die ca. fünfmal mehr als Hartmetallkronen kosten.

Doppelkernrohr

Das Doppelkernrohr wird wie das Einfachkernrohr von der Maschine aus über das Bohrgestänge angetrieben. Um den Bohrkern vor der Drehbewegung und dem Spülwasser zu schützen, werden zwei voneinander unabhängig drehbare Rohre zu einem Doppelkernrohr zusammengefügt. Am äusseren Rohr, das beim Bohren dreht, ist die Bohrkrone befestigt. Das innere Rohr dreht während des Bohrens nicht und schützt somit den Bohrkern. Das Spülwasser wird der Bohrkrone zwischen dem inneren und äusseren Rohr zugeführt.

Das Seilkernbohrverfahren (Bild 2.42) wird in Tiefen von ca. 100 – 2000 m und mehr eingesetzt und erlaubt eine diskontinuierliche Entnahme von Kernen fast über die gesamte Bohrstrecke. Das Seilkernbohrsystem [2-8] besteht aus einem Aussenrohr, dem eigentlichen Bohrstrang mit Bohrkrone und einem Innenrohrsystem von ca. 9 m Länge, das verlängert werden kann. Das Innenrohrsystem setzt sich aus einem Innenkernrohr mit Kernfanghülse und Kernfangfeder zusammen. Oberhalb des Innenkernrohrs befindet sich ein Ventilstück zur Leitung des Spülmittels während der Kernentnahmephase. Zwischen der unteren Kernfangeinrichtung und der oberen Arretierungseinrichtung ist ein achsiales Drehgelenk angeordnet. Die Aufgabe des Drehgelenkes ist es, die Rotation der Arretierungseinrichtung mit dem Aussenrohr zu ermöglichen, ohne die Kernfanghülse mit dem Kern zu drehen. Dies erlaubt, relativ ungestörte Kerne zu entnehmen.

Oberhalb des Drehgelenkes am oberen Ende des Innenrohrsystems befindet sich die Arretierungseinrichtung des Innenrohrsystems an der Innenseite des Aussenrohres sowie ein Drehkopf (Swifel) zur Befestigung des Führungs- und Zugseiles. Die Arretierungseinrichtung besteht aus einer Arretierschere, die an dem entsprechenden Arretierring an der Innenseite des Aussenrohres einrastet. Ferner ist unterhalb der Arretierschere der Landering (auch Landenocke genannt) angebracht. Im Aussenrohr befindet sich eine entsprechende Ringnocke. Der Aussenbohrstrang ist neben der Bohrkrone mit zwei Spezialrohrstücken für die Führung und Arretierung des Innenrohrsystems ausgestattet.

Zudem werden zur räumlichen Orientierung der Bohrprobe Hochgeschwindigkeits-Kreiselkompasssysteme oder Magnetkompasse mit antimagnetischen Innen- und Aussenrohrelementen mit digitaler Datenübertragung verwendet [2-9, 2-10]. Um die Kernorientierung mit den Messsystemen auch nach der Entnahme zu gewährleisten, befinden sich in der Kernfanghülse drei Ritzmesser, die mit dem Kreiselkompasssystem starr verbunden sind. Somit lässt sich die Probe nach dem Ziehen durch das Aussenbohrrohr im Koordinatensystem orientieren, obwohl sich das Innenrohr während des Ziehvorgangs beliebig um die eigene Achse dreht.

Der Aussenbohrstrang bleibt während des Bohrvorgangs bis zum Wechsel der Bohrkrone in der Bohrung. Nur das mit dem Kern gefüllte Innenrohr wird mit Hilfe einer an einem Seil befindlichen Fangvorrichtung ausgebaut. Als Spülmedium während des Bohrvorgangs werden Bentonitsuspension, Wasser und/oder Luft verwendet. Die Flüssigkeit kann auch beim Rückzug des Bohrstrangs zum Wechseln der Krone als Stützmittel dienen. Bei einer Standardlänge des Innenrohrs von ca. 9 m lassen sich je nach Gebirgsverhältnissen Kerne bis zu 6 m gewinnen.

Die Bohrkrone schneidet den Bohrkern aus dem Gebirge, wobei ihr Innendurchmesser so konstruiert ist, dass der Bohrkern vom Innenrohr aufgenommen werden kann. Nach dem Abbohren des Kerns, der sich in die Kernfanghülse schiebt, wird dieser gezogen. Er wird mit Hilfe einer konisch gearbeiteten, aus Kernfangring und Kernfanghülse bestehenden Kombination mit Sitz am unteren Ende des Innenrohrs durch Ziehen aus dem Gebirgsverbund gelöst und während des Transports vom Bohrlochtiefsten nach oben gegen Herausfallen gesichert.

Das auch als Bohrgestänge bezeichnete Aussenbohrrohr muss aus einem Spezialstahl wie z. B. API-Grad E bestehen und mit einem verschleissarmen, robusten, konischen Gewinde ausgerüstet sein, um den extremen Beanspruchungen während des Bohrvorgangs standzuhalten. Je nach Bohr-

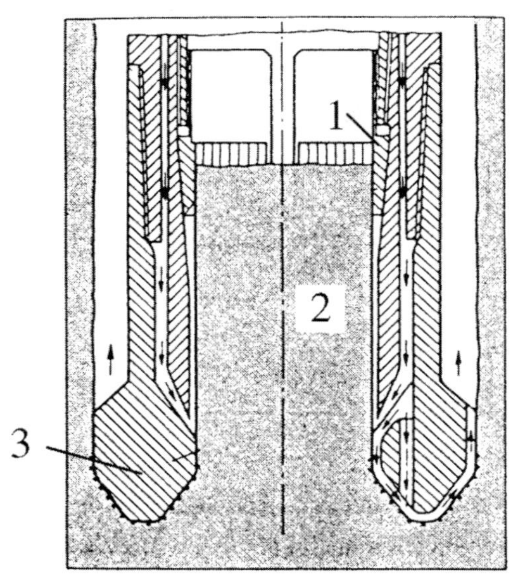

1 Kernfänger 2 Bohrkern 3 Bohrkrone

Bild 2.4-3 Schematische Darstellung der Bohrkrone [2-8]

rohrdurchmesser und Tiefe der Bohrung werden Rohrwandstärken zwischen 6,4 und 25,4 mm verwendet.

Das Seilkernsystem lässt sich auch für fast horizontale Bohrungen einsetzen. Dann kann jedoch das Innenrohrsystem zur Gewinnung des Kerns am Bohrkopf nicht mehr mit der Schwerkraft abgesenkt werden. Das Innenrohrsystem muss mit Spülmanschetten ausgerüstet werden, damit es mit dem Spülmedium mit hohem Druck zum Bohrkopf getrieben werden kann. Es wurden bereits Horizontalbohrungen bis zu 1700 m durchgeführt.

Die Ausbildung der Bohrkrone mit Kernfang-Innenrohrsystem ist in Bild 2.4-3 dargestellt. Die kritischen, qualitätsbestimmenden Grössen bei der Kerngewinnung sind:

- Bohrkronentyp
- Geometrie der Bohrkrone
- Innenkernrohr mit Kernfangfedern und Spülkanalführung
- durchgesetzte Spülmenge
- Pumpendruck
- Reinigungsgrad der Bohrspülung
- Drehzahl
- Anpressdruck

Besonders bei strukturempfindlichen Böden reicht oft die Bohrzeit nicht aus, um sämtliche Parameter beim erneuten Anbohren wieder zu optimieren. Dies liegt daran, dass das Material sehr schnell den natürlichen Zusammenhalt verliert und der Kernklemmer seine Wirksamkeit einbüsst. Der Winkel zwischen Bohrachse und Schieferung des Gebirges ist für die Kernqualität und den Kerngewinn von entscheidender Bedeutung. Je spitzer der Winkel zwischen Bohrachse und Schieferungsebene wird, desto grösser ist die Tendenz in einer solchen Lithologie, dass der Kern frühzeitig zerfällt. Dieses Problem tritt auch bei wenig verfestigten Sandsteinen auf. In diesen Fällen sind zeitraubende Kernmärsche mit nutzbaren Kernlängen von nur 50 cm notwendig, die den Einsatz technisch optimierter Kernfangeinrichtungen erfordern. Zudem leisten in diesen Fällen die Geometrie der Bohrkrone und die Gestaltung der Spülkanäle einen besonderen Beitrag zum Erfolg solcher Bohrungen. Neben den geologischen Gründen werden solche Kernverluste durch folgende Ursachen beeinflusst:

- Die Spülung fliesst im unteren Bereich der Kernfanghülse am Kern vorbei und erodiert den abgebohrten Kern oder spült ihn aus.
- Der Kernfangring kann den Kern nicht ausreichend fassen, daher sollten die Spüllöcher in der Kronenlippe angeordnet werden.

Die folgenden Faktoren wirken auf die Qualität des Kerngewinns ein:

- Bohrlocheinflüsse wie:
  - Gesteinsart und Gesteinsgefüge
  - Bohrlochzustand
- Kernbohrtechnik wie:
  - Spülart
  - Bohrstrangverhalten
  - Kernbohrvorgang und Kernbehandlung
- Kernbohrkonstruktion:
  - Kernaufnahmerohr
  - Kernfangsystem
  - Bohrwerkzeug

Mit dem Einsatz eines robusten und wirtschaftlichen Seilkernsystems steht eine deutlich erhöhte Gesamtbohrzeit zur Verfügung. Es werden im allgemeinen gute Kernqualitäten erzielt. Ein weiterer Vorteil des Seilkernsystems liegt darin, dass die Bohrungen während des gesamten Bohrvorgangs verrohrt und geschützt sind.

Die Bohrlochstandsicherheit ist von folgenden Faktoren abhängig:

- Grundspannungszustand des Gebirges
- Festigkeits- und Verformungsverhalten des Gebirges
- geohydrostatische und -hydrodynamische Verhältnisse
- Temperaturbedingungen entlang der Bohrung
- Bohrlochtechnologie: Wechselwirkung zwischen Bohrwerkzeug und Gestein
- Bohrspülung: Wechselwirkung zwischen Spülung und Gebirge

Das Durchörtern von Hang- und Bergsturzgebieten verursacht meist grösste Probleme in bezug auf die Standfestigkeit des Bohrlochs, besonders wenn das Gestänge bei sehr tiefen Bohrungen zur Erneuerung der Bohrkrone zurückgezogen werden muss. In solchen Fällen muss die Verrohrung in diesen Bereichen teleskopartig erfolgen. Dazu wird in diesen Zonen ein grösseres Produktrohr mittels Imloch-Hammer (siehe Kapitel 9: Schirmgewölbe) eingeführt. Durch dieses Schutzrohr wird dann das Seilbohrgestänge für das Abteufen der Tiefenbohrung eingebracht.

2.4.3 Planung der Ausführung der Bohrungen

Die folgenden Randbedingungen bestimmen das technisch richtige und wirtschaftlich günstigste Bohrverfahren:

- Bohrlochzweck
- Bohrlochendteufe
- Bohrdurchmesser
- geologisches und hydrologisches Profil
- Lagerstättendruck (primärer Spannungszustand)
- Neigung der Bohrachse
- Arten der Proben

Für Flachbohrungen gibt es eine Vielzahl von Bohrverfahren und Gerätschaften [2-4]. Mit zunehmender Teufentiefe wachsen die geologischen Anforderungen an die Bohrverfahren. Im gleichen Mass nehmen die Bohrkosten zu. Daher ist besonders bei tieferen Bohrungen eine sorgfältige Vorplanung der Erkundungsbohrungen erforderlich. Bei solchen Bohrungen sollten folgende Kriterien bei der Wahl des Bohrverfahrens und der Unternehmung beachtet werden, um das Risiko des Scheiterns und der damit verbundenen Mehrkosten zu vermindern:

- Einsatz ausgereifter und erprobter Bohrtechnik
- Auswahl leistungsfähiger Geräte mit Reserven

- Qualifikation und Erfahrung des Bohrpersonals

Die Wiederholung erfolgloser Bohrungen oder der Verzicht auf geotechnische Aufschlüsse durch Verlust von Kernstücken erhöht die Kosten und verzögert die Sondierung oder gefährdet die Beschaffung der für die risikoreduzierte Planung und Durchführung des Projektes notwendigen Informationen. Daher müssen bei der Bewertung der Angebote und Auswahl der Unternehmen folgende Mindestanforderungen überprüft werden:

- Hakenlasten bzw. Hakenzugkraft
- Kronenlasten (Sicherheitszuschlag)
- Drehmoment
- Teufenkapazität des Gestänges
- Wandstärke und Materialgüte des Bohrgestänges
- Verbindungselemente der Bohrrohre (Robustheit)
- Sicherheitssysteme (Preventer)
- Pumpenkapazität (Druck, Fördermenge)
- Spülarten je nach Lithologie
- Antriebsart und Leistung der Komponenten
- Qualifikation von Bohrmeister und Schichtführer
- Referenzen

Zur Risikominimierung gegenüber geologischen Imponderabilien während des Bohrvorgangs können folgende Vorsichtsmassnahmen getroffen werden:

- Einplanung eines Reservedurchmessers, um bei Problemen mit einem kleineren Durchmesser innerhalb des Aussencassings (Futterrohrs) weiter zu bohren
- Einplanung der Reserveverrohrung
- Ausführung des Bohrschemas und Einsatz von Werkzeugen sowie Bohrlocheinbauten gemäss erprobten Normen
- Vorhalten von Fangwerkzeugen, um beim Rückzug bzw. der Neueinfädelung des Bohrgestänges ein unkontrolliertes Durchrutschen des Bohrgestänges zu verhindern
- Vorhalten von verschiedenen Spülzusätzen für die Bohrspülung

Der ungefähre Nettozeitbedarf zum Bohren und Gewinnen von Kernen in Abhängigkeit von verschiedenen Tiefen kann aus Bild 2.4-4 entnommen werden.

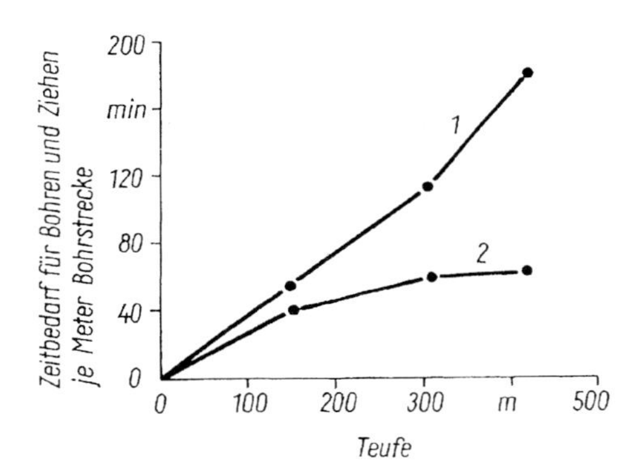

Bild 2.4-4 Nettozeitbedarf zum Bohren und Gewinnen von Kernen in Abhängigkeit von verschiedenen Tiefen [2-8]
Legende: 1 = Doppelkernrohr; 2 = Seilkernrohr

2.5 Geophysikalische Gebirgsvorerkundung

2.5.1 Einsatz geophysikalischer Methoden zur Ergänzung von singulären, bodenmechanischen Aufschlüssen

Der umgebende Baugrund eines Tunnels ist für die Standfestigkeit von ausschlaggebender Bedeutung. Dabei liegen meist nur geringe Informationen über die stoffliche Charakteristik sowie die Verteilung der materialspezifischen Parameter des Baugrundes vor.

Die notwendigen geotechnischen Untersuchungen in den einzelnen Phasen der Projektbearbeitung sowie während des Baus sind in Tabelle 2.3-1 dargelegt. Da sich die traditionellen geotechnischen und bodenmechanischen Erkundungen meist nur auf einzelne Bohrungen abstützen, ergeben sich nur punktförmige Kenntnisse des Baugrundes, die dann mittels praktischer und geologischer Erfahrung und Intuition zu einem ebenen bzw. räumlichen Bild zusammengefasst werden. Naturgemäss sind solche Interpretationen und Interpolationen in sehr heterogenen Böden und Gebirgen, besonders im Moränenbereich der eiszeitlichen Gletscher und in Störzonen, relativ ungenau. Für die Auswahl der Tunnelstrecke wie auch für die Auswahl des Bauverfahrens sind möglichst genaue Informationen über Schichtenfolge, Schichtenverwerfungen, Grösse und Ausdehnungen von Störzonen und Geröllfeldern sowie Findlingkonzentrationen, wassergefüllte Sandlinsen innerhalb von Tonschichten etc. notwendig, um eine technisch wie auch wirtschaftlich optimale Lösung zu finden.

Daher ist es unbedingt erforderlich, zur Eingrenzung von Risiken hinsichtlich von Sicherheitsaspekten wie auch der Kosten alle modernen Erkundungsmethoden einzusetzen, um die Transparenz des Baugrunds zu verbessern. Die singulären, bodenmechanischen Aufschlüsse sollten durch flächendeckende, geophysikalische Untersuchungen ergänzt werden. Die geophysikalischen Vorerkundungen [2-12] vervollständigen und verdichten den Raster der Bohrung und werden an diesem kalibriert.

Mittels der flächendeckenden und geophysikalischen Vorerkundung können in der Planungsphase die optimale Lage des Tunnels gefunden und die wirtschaftlichsten Bauverfahrenstechniken gewählt werden. Noch immer gilt: „Vor der Ortsbrust ist es schwarz". Daher ist es besonders wichtig, baubegleitende geophysikalische Vorauserkundungen durchzuführen, um Probleme vor der Ortsbrust möglichst frühzeitig zu erkennen.

Somit können Massnahmen (Schirminjektionen, Verfestigungsinjektionen, Schneidraddrehgeschwindigkeit, Überschnitt, Polymereinmischungen etc.) getroffen werden, um Sicherheitsrisiken, Stillstandzeiten und Reparaturarbeiten zu verhindern bzw. zu minimieren.

Die geophysikalischen Methoden wurden bis heute hauptsächlich zur Erdöl-, Erdgas- und Hohlraumexploration sowie zur Vermessung des Meeresgrundes angewendet. Die ersten Einsätze bei Ingenieurprojekten erfolgten in Berlin im Bereich des neuen Regierungsviertels und beim Vereina-Tunnel (Schweiz). Im Zuge des Baus der 4. Röhre des Elbtunnels wird eine baubegleitende Erkundung zur Risikominimierung stattfinden [2-13]. Empfehlenswert wären folgende Massnahmen:

- vor Baubeginn des Tunnels:
  Entwicklung eines realistischen räumlichen Boden- und Gebirgsmodells entlang der Vortriebsspur
- während des Vortriebs:
  detaillierte Hindernis- und Störzonenentdeckung sowie Überprüfung und Verbesserung des Baugrund- und Gebirgsmodells

Dabei besteht das Problem darin, dass sich die geophysikalischen Erkundungsmethoden aus ingenieurmässiger Sicht noch in der Entwicklungsphase befinden hinsichtlich:

- der Anwendungsgebiete einzelner Verfahren bezüglich unterschiedlicher Boden- und Gebirgsarten unter Berücksichtigung der jeweiligen Variationsbreite bodenmechanischer und petrografischer Parameter,
- der Tiefenwirkung einzelner Verfahren,
- der optimalen Kombinationen von geophysikalischen Verfahren zur Verbesserung der Auswertung,
- der Verbesserung der graphischen und numerischen Aufarbeitung der Ergebnisse und der ingenieurmässigen Darstellung.

Die physikalischen Grundlagen der Verfahren sind ausreichend erforscht, jedoch bedarf die baupraktische, ingenieurmässig verwertbare Nutzung noch intensiver Forschungs- und Kalibrierungsanstrengungen.

2.5.2 Geophysikalische Verfahren und mögliche Einsatzgebiete

Die geophysikalischen Verfahren basieren auf der Ausbreitung von magnetischen, elektrischen und seismischen Wellen im Untergrund. Die Verfahren können wie folgt gegliedert werden:

- Potentialverfahren: geomagnetische, geoelektrische, geoelektromagnetische Verfahren, Bodenradar etc.
- Seismische Verfahren: Flachwasserseismik, Luftschallseismik, Körperschallseismik etc.
- Bohrlochkalibrierungsverfahren: Gammastrahlverfahren, Full-Wave-Sonic

Jedes einzelne Verfahren hat spezielle Anwendungsbereiche zur Erkundung im Fels- und Lockergestein. Die Vorteile der einzelnen Verfahren, ihre schichtspezifischen Anwendungsgrenzen und die Interpretation der Kennwerte müssen noch besser mit den bodenmechanischen und petrographisch notwendigen Aussagen kalibriert werden. Die wirksamsten geophysikalischen Potentialverfahren [2-14, 2-15, 2-16] sind folgende:

Gravimetrie

Bei der Gravimetrie wird das Gravitationsfeld (Potential) ausschliesslich durch natürliche Quellen verursacht. Die Quellstärke hängt von der Dichte des geologischen Körpers ab (Fels, Lockergestein etc.).

Tabelle 2.5-1 Anwendung von Seismik und Georadar zur Vorerkundung im Lockergestein [2-18]

H Hinderniserkennung (Findlinge)
S Schichtenunterschiede (Schichtung, Dichte)
+++ hohe Erfolgsaussichten
++ mittlere Erfolgsaussichten
+ niedrige Erfolgsaussichten
∅ unklare Erfolgsaussichten
- keine Erfolgsaussichten

		Physikalische Methode			Verfahren/Anwendung					
		Reflexion	Refraktion	Radar	Erdoberflächenseismik	Flachwasserseismik	Seismische Tomographie	SSP	Georadar Tomographie	Reflexion Georadar
Land	H	++	-	++	++	-	+++	-	++	++
	S	+++	++	+++	+++	-	+++	-	-	-
Fluss	H	+++	-	-	-	+++	+	-	-	-
	S	+++	-	-	-	+++	+	-	-	-
aus dem	H	+++	-	+	-	-	++	+++	++	∅
Schneidrad	S	++	+	+	-	-	++	+	++	∅

Geomagnetik

Bei der Geomagnetik werden die Intensitätsanomalien im natürlichen Magnetfeld von Störkörpern gemessen. Das Verfahren ist sehr wirksam, z. B. bei vulkanischen Schloten, die das Deckenmaterial durchstossen haben, oder beim Aufsuchen von Rohrleitungen, Tanks etc.

Geoelektrik

Die Quellen des Potentials der Geoelektrik bilden die Gleich- oder Niederfrequenzströme, die künstlich in den Untergrund eingeleitet werden. Dieses elektrische Feld wird mittels Stromelektroden aufgeprägt. Die Spannung, die entlang der Oberfläche verläuft, wird durch Spannungssonden empfangen. Da die Anordnung der Quellen bekannt ist, liegt die Aufgabe in der Ermittlung der Verteilung des spezifischen Widerstandes. Je weiter die Elektroden voneinander entfernt sind, desto grösser ist die Tiefenwirkung.

Elektromagnetik

Die Elektromagnetik arbeitet mit elektromagnetischen Wechselfeldern, deren Ausbreitung im Untergrund als Diffusionsvorgang beschrieben werden kann. Die Wechselfelder werden mittels elektromagnetischer Spulen in den Boden eingespeist. Der Empfang erfolgt durch Empfangsspulen. Der Diffusionsvorgang wird durch die spezifische Leitfähigkeit – den Kehrwert des spezifischen Widerstandes der geologischen Schichten (Körper) – beeinflusst. Das Verfahren eignet sich gut zum Kartieren von gut leitenden Körpern.

Die Reichweite der elektrischen und magnetischen Verfahren ist hinsichtlich der Tiefenwirkung auf 2 – 10 m begrenzt. Der wesentliche Vorteil der Potentialverfahren liegt in der effizienten Grundrissabbildung und Kartierung von geologischen Zonen sowie der Ortung von Rohrleitungen, Kanälen, Fundamenten etc. Die magnetischen Verfahren unterliegen stark den Störeinflüssen metallischer Gegenstände.

Zur Erstellung von vertikalen Bodenprofilen sowie räumlichen Baugrundmodellen eignen sich besonders die seismischen Verfahren und das Georadar (Tabelle 2.5-1). Das Radarverfahren [2-17] ist besonders in festen Gesteinen wie Granit, Salzen etc. von Vorteil. Im Vergleich mit allen anderen geophysikalischen Oberflächen- und Bohrlochverfahren zeichnet sich das Radarverfahren durch seine hohe Auflösung aus. Es können folgende zwei Messmodi unterschieden werden:

- Reflexionsmethode
- Durchstrahlungsmethode (Tomographie)

Bei der Reflexionsmessung befinden sich z. B. Empfänger und Sender in einem Bohrloch und werden schrittweise versetzt. An jedem Haltepunkt wird vom Sender ein elektromagnetischer Impuls ausgestrahlt. Elektrische Diskontinuitäten im Gestein, Klüfte, Schichtgrenzen, Hohlräume etc. reflektieren einen Teil der Energie des elektromagnetischen Impulses. In Analogie zur Seismik werden die Laufzeiten des Signals aufgezeichnet.

Die Erkundungstiefe wird durch den elektrischen Widerstand und die Dielektrizitätskonstante des Bodens bestimmt. Die Richtwerte sind wie folgt:

- toniges, schluffiges Material (meist keine Auflösung) +/– 0 m
- normal geklüftetes Gestein 10 – 40 m
- massives Gestein 40 – 150 m

Bei der Durchstrahlungsmethode befinden sich Sender und Empfänger in zwei separaten Bohrlöchern. In jeder Sender- und Empfängerposition werden die Laufzeit und die Amplitude des Signals aufgezeichnet. Mittels Inversionsrechnung wird dann aus der grossen Anzahl von Daten ein kontinuierliches Bild der Verteilung der Geschwindigkeiten und der Dämpfung berechnet. Die Effektivität des Radarverfahrens geht verloren, wenn tonige oder schluffige Böden angetroffen werden. Die Messungen aus dem Schild bei Verwendung konduktiver Stützflüssigkeiten (Bentonitsuspension) im Bereich der Ortsbrust sind nicht möglich, da das Material als Dämpfer wirkt, wenn nicht zeitraubende verrohrte Bohrungen durch den Bentonitbrei in die Ortsbrust gebracht werden. Die Energie der Radarwellen wird grösstenteils in Wärme umgesetzt (Mikrowelleneffekt). Solch konduktive Materialien reflektieren nicht. Für die Zwecke des schildvorgetriebenen Tunnelbaus sind im wesentlichen nur die seismischen Verfahren geeignet. Die anderen Verfahren dienen oft nur zur Abrundung der Ergebnisse.

2.5.3 Seismische Verfahren von der Erdoberfläche

2.5.3.1 Reflexionsseismik

Die Reflexionsseismik [2-19] hat ein sehr hohes vertikales und laterales Auflösungsvermögen und zeichnet sich damit gegenüber anderen geophysikalischen Methoden durch eine hohe Detailfülle aus. Die Anwendung der Reflexionsseismik [2-20, 2-21] führt (neben bzw. zusammen mit potentialgeophysikalischen Messungen) zu einer Optimierung und Reduzierung des Bohraufwandes bei der Baugrunderkundung. Zur Anregung auf der Erdoberfläche werden folgende Erreger benutzt:

- Lautsprecher
- Hammerschlag
- Fallgewichte
- leichte Sprengungen
- elektromechanische Schallgeber

Zum Empfang der Reflexionswellen der nahseismischen Messungen werden Geophone mit Eigenfrequenzen von 40 – 100 Hz benutzt. Bei der Auswahl der Eigenfrequenz sind das Spektrum der Quellen und die Ausbreitungsbedingungen zu berücksichtigen; ausserdem sind die durch Oberflächenwellen hervorgerufenen niederfrequenten Störwellen optimal auszufiltern.

Die niederfrequenten Wellen (Bässe) werden aufgrund der grösseren Wirkungstiefe zur Erkundung grosser Tiefen eingesetzt, wobei jedoch eine geringe Auflösung erzielt wird. Die hochfrequenten Wellen (Höhen) dagegen werden mit guter Auflösung zur Erkundung geringer Tiefen verwendet. Die Signale werden mit Hilfe von Seismographen von hoher Dynamik und niedrigem instrumentellem Rauschen aufgenommen, wobei mit bis zu 120 Kanälen aufgezeichnet wird, um die hohe Empfangsdichte abzudecken. Für die Seismographen ist eine hohe Auflösung bzw. Dynamik erforderlich, da das meist schwache Nutzsignal teilweise von sehr intensiven Störwellen (ground roll) überlagert wird und die hohen Frequenzen des Nutzsignals einer besonders starken Dämpfung bei der Ausbreitung in den quellennahen Lockersedimentböden unterworfen sind. Die hohe Genauigkeit wird durch 24-Bit- Seismographen gewährleistet.

Die Auswertungssoftware ist in ständiger Entwicklung, um Informationen aussagekräftiger zu verarbeiten, Störungen herauszufiltern, das Nutz-/Störverhältnis zu verbessern und die graphische, ingenieurmässige Lesbarkeit zu erhöhen.

Zur Interpretation seismischer Zeit- und Tiefenschnitte ist die Einbeziehung der Bohrergebnisse zur Kalibrierung unerlässlich (Bild 2.5-1).

2.5.3.2 Refraktionsseismik

Der Nachteil dieser Methode besteht darin, dass die geologische Interpretation auf einem Modell [2-22] beruht, das aus Laufzeitkurven iterativ abgeleitet wird und eine inhärente Mehrdeutigkeit besitzt. Die Aussagefähigkeit der refraktionsseismischen Messungen wird gesteigert durch:

- moderne Ingenieurseismographen mit bis zu 120 Kanälen und speziellen Schaltungen, um das Grundrauschen (intensive Störwellen) des Erregers abzuschwächen, was das Nutz-/Stör-

Bild 2.5-1
Prinzip reflexionsseismischer Messungen [2-18]

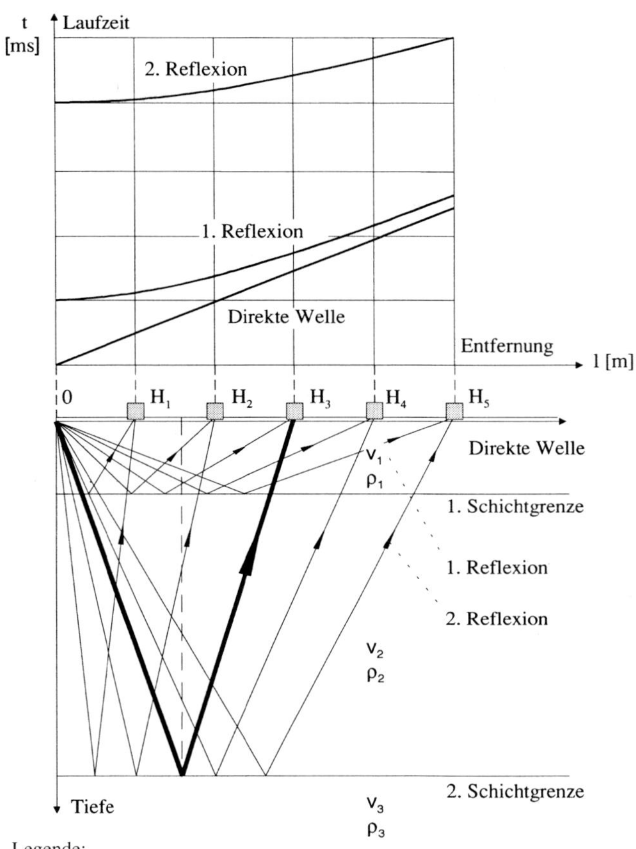

Legende:

H_1	Geo-/Hydrophon, bei Einkanalseismik
H_1 - H_5	Geo-/Hydrophonkette (Streamer), bei 2D-Mehrkanalseismik
v_1 - v_3	Seismische Geschwindigkeiten in den Schichten 1 bis 3
ρ_1 - ρ_3	Dichten der Schichten 1 bis 3
t_{ij}	Laufzeit
i	Schichtgrenze
j	Geo-/Hydrophone
E	Steifemodule des Bodens
G	Schubmodul des Bodens
l_j	Entfernung des Hydrophons vom Nullpunkt

$$v_{iL} = \sqrt{\frac{E_S}{\rho}}$$ Longitudinalwellengeschwindigkeit

$$v_{iT} = \sqrt{\frac{G}{\rho}}$$ Transversalwellengeschwindigkeit

$$d_i = \frac{1}{2} \times \sqrt{\left(v_{iT} \times t_{ij}\right)^2 - l_j^2}$$ Schichttiefe

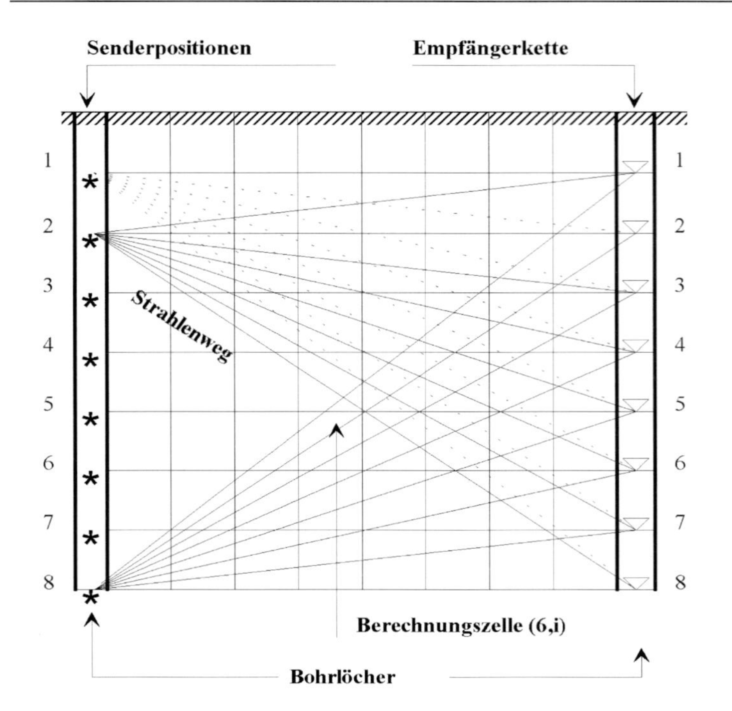

Bild 2.5-2
Prinzip tomographischer Messungen [2-18]

verhältnis erhöht. Die Genauigkeit wird durch 24-Bit-Seismographen gewährleistet;

- die interaktive „Generalized Reciprocal Method (GRM)“ und die Auswertung mittels EDV.

Die Mehrdeutigkeit steigt mit zunehmendem geologischem Schwierigkeitsgrad. Aus diesem Grunde müssen in geologisch komplexen Strukturen die refraktionsseismischen Aussagen durch Aufschlussbohrungen kalibriert werden.

2.5.3.3 Seismische Tomographie

Die Tomographie [2-21] basiert auf mathematisch-physikalischen Grundprinzipien. Diese Prinzipien gehen davon aus, dass sich jedes zweidimensionale Gebiet durch eine endliche Folge eindimensionaler Projektionen eindeutig rekonstruieren lässt. Tomographische Prinzipien lassen sich deshalb überall dort anwenden, wo Messergebnisse als Linienintegrale im zweidimensionalen Wertefeld aufgefasst werden können (Bild 2.5-2).

Das Ergebnis ist eine diskretisierte Geschwindigkeits- oder Absorptionsverteilung der Kompressionswellen in der durchschallten Ebene. Mathematisch wird die Ebene durch die Geschwindigkeits- und Belegungsdichtematrix beschrieben, die in finite Felder (v_{ij}-Elementarflächen) unterteilt ist, welche durch ihre Zeilen- und Spaltenziffern lageweise identifiziert werden können. Die Belegungsdichtematrix enthält die Summen aller Laufwege pro Element. Zur Lösung der tomographischen Inversion wird die modifizierte „Simultaneous Interactive Reconstruction-Technique“ eingesetzt. Mittels Tomographie lassen sich Ergebnisse mit sehr hoher Aussagekraft erzielen.

2.6 Flachwasserseismik

Bei reflexionsseismischen Verfahren werden Schallimpulse im Wasser erzeugt. Diese dringen in den Untergrund ein und werden an Schichtgrenzen oder Hindernissen, an denen die seismischen Eigenschaften diskontinuierlich sind (Änderung der seismischen Materialeigenschaften wie Geschwindigkeit der elastischen Wellen, Dichte), teilweise reflektiert. Die reflektierten Wellen laufen zurück und werden von einem oder mehreren druckempfindlichen Hydrophonen dicht unter der Wasseroberfläche oder an der Gewässersohle empfangen. Zur Erzeugung der Schallimpulse [2-23] werden zwei Arten von Energiequellen verwendet:

- Resonanzquellen: Sonar, Chrip Sonar
- Impulsquellen: Boomer, Plasmagun, Sparker, Watergun, Airgun etc.

Die **Resonanzquellen** funktionieren auf piezoelektrischer Basis. Die Druckwelle hat einen sinusförmigen Verlauf. Die Frequenz der Erregung ist durch die Eigenfrequenz eines piezometrischen Kristalls festgelegt. Die Schallwelle entsteht durch Ausdehnen und Zusammenziehen der Kristalle. Die maximale Stärke des Signals ist begrenzt durch die Kavitation der Wassermoleküle. Diese Methode wird daher in der Sonartechnik im Seeverkehr und zur Kartierung der Profilierung der See verwendet und wegen ihrer geringen Energie weniger für geophysikalische Zwecke benutzt.

Die **Impulsquellen** geben ihre Energie durch einen kurzen Schlag ab. Der Impuls sollte bezüglich seines Frequenzspektrums und der Amplitude exakt wiederholbar sein. Zur einfacheren Auswertung ist ein möglichst geringes Frequenzspektrum anzustreben. Der ideale Impuls sollte zur besseren Auswertung die Form einer mathematischen Funktion aufweisen. Dies wird aber gerätetechnisch praktisch nicht erreicht. Signale, die durch eine Impulsquelle erzeugt werden, sind charakterisiert durch eine Frequenzbandbreite. Die gebräuchlichsten Impulsquellen für den „Schuss“ sind auf Druckluft oder elektrischer Entladung aufgebaut (z. B. Boomer = Platte mit elektrischer Spule/Knallfrosch; Sparker = Stromüberschlag durch zwei Elektroden).

Der grosse Vorteil dieser Impulsquelle ist die Bandbreite. Der Nachteil liegt in der Schwierigkeit, das schwache Nutzsignals in Gegenwart von anderen Störquellen (Geräuschen) zu erkennen.

Die grosse Bandbreite bezüglich des Frequenzinhalts kann im Prinzip eine Auflösung von Untergrundstrukturen bis in den Dezimeterbereich ermöglichen. Das qualitative Eindringvermögen der seismischen Wellen eines Boomers ist in Bild 2.6-1 dargestellt. Als **Empfänger** für die aus dem Untergrund reflektierten Wellen dienen Hydrophone.

Zur Realisierung einer flachwasserseismischen Untersuchung gibt es folgende mögliche Messanordnungen:

- Einkanalvermessung: Die seismische Quelle und ein Hydrophon werden entlang paralleler Profillinien geschleppt.
- 2D-Vermessung: Die seismische Quelle und mehrere Hydrophone werden als Aufnehmerkette entlang paralleler Profillinien geschleppt.
- 3D-Vermessung: Bei der 3D-Vermessung werden die Hydrophone in parallelen Strängen aus-

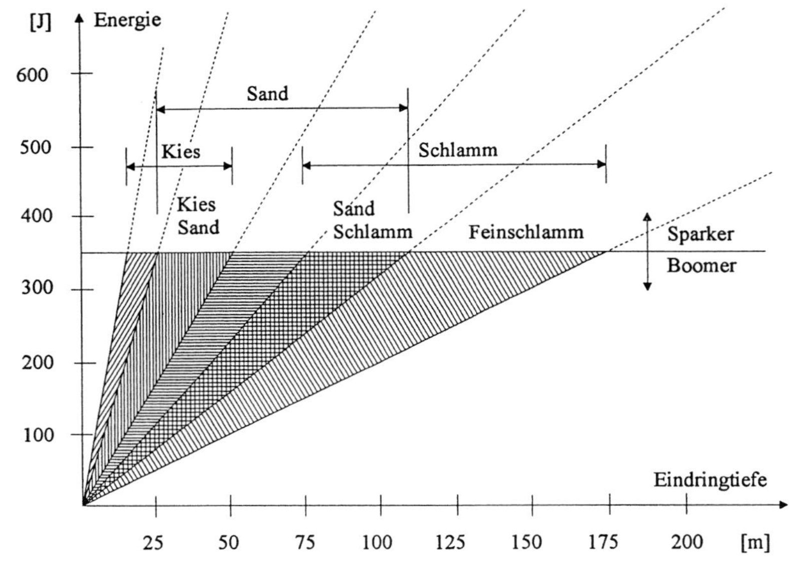

Bild 2.6-1
Qualitatives Eindringvermögen der akustischen Wellen von Boomer und Sparker [2-18]

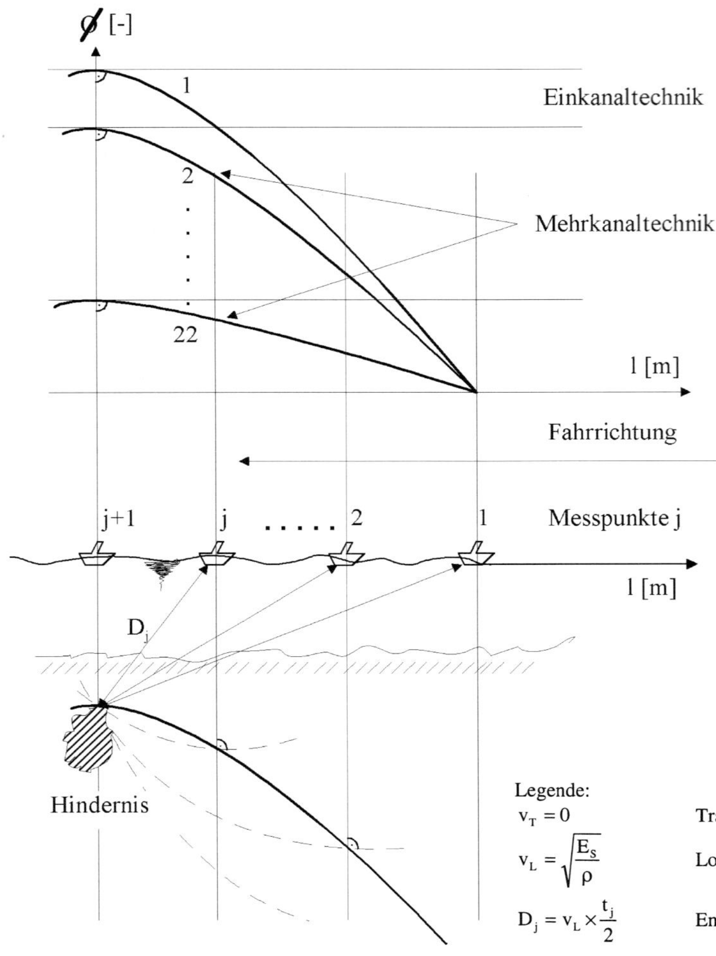

Bild 2.6-2
Flachwasserseismik – Auswirkung der Anzahl der Empfangskanäle auf die genaue Lokalisierung von Findlingen [2-18]

gelegt, so dass ein ebenes Raster von Empfängern vorliegt. Die seismische Schallquelle wird nun über dem Raster an diskreten Punkten angeregt (Schusspunkte).

Die Entfernung zwischen der Schallquelle und den Hydrophonen sollte im Verhältnis zur signifikanten Wellenlänge kurz sein.

Zur Ankoppelung an das Medium Wasser sollte die seismische Quelle wie auch der Empfänger bzw. die Empfängerkette direkt unterhalb der Wasseroberfläche angeordnet werden, um die Geisterreflexion der Wasseroberfläche und deren Überlagerung mit den Untergrund-Reflexionswellen gering zu halten.

Bei geringen Tiefen der Erkundung bis 50 – 60 m hat das Einkanalsystem grosse, wirtschaftliche Vorteile gegenüber den 3D- bzw. 2D-Erkundungsverfahren:

- Aufwand und Datenmenge sind geringer.
- Bei erhöhter Anzahl von Schusspunkten ist die Anzahl von Primärdaten meist geringer als bei der 2D-Erkundung.
- Hindernisse (Findlinge) lassen sich gut als Hyperbeln abbilden (Bild 2.6-2). Mehrkanal-

systeme haben keine gute Auflösung von Hindernissen, da die Hyperbeln sehr flach werden. Die Findlingsortung erfolgt mit einem speziellen Algorithmus.

Schallwellen breiten sich im Wasser wegen ihrer geringen Dämpfung über grosse Entfernungen aus. Zudem sind die Hydrophone an das Übertragungsmedium ausgezeichnet angekoppelt. Die Qualität der Reflexionswellen von Impulsschallquellen ist oft durch die Gegenwart von Störgeräuschen stark reduziert. Bei unkonsolidierten Ton- oder Sedimentschichten können die Reflexionssignale meist nicht aus den Störgeräuschen herausgefiltert werden. Bei Schlickansammlungen wirkt der Gasanteil im Sediment störend. In solchen Fällen sollte zuerst der Einfluss von Störgeräuschen überprüft werden.

Folgende Störgeräuschgruppen [2-24] können u. a. auftreten:

- elektrische Störgeräusche durch elektrische Leitungen und Geräte im Schiff (Pumpen, Funkgeräte, etc.), welche die Signalleitungen beeinflussen,
- Schiffsgeräusche: Motor, Antriebsschrauben, Wasserfahrgeräusche etc.,
- Seewellengeräusche: besonders bei stürmischem Wetter.

Die Störgeräusche sollten auf ein Minimum reduziert werden, um eine aussagekräftige Messung zu erhalten. Die Ausschaltung von Störgeräuschen ist eine „trial and error"- Angelegenheit.

Durch diese flächenhafte Erkundung entlang paralleler Profillinien, deren Lage mittels GPS (Global Positioning System) während jedes Schusses ermittelt wird, erhält man somit ein Bodenmodell. Dieses besteht aus parallelen, vertikalen Ebenen. Die einzelnen Ebenen können durch Querinterpolationen zu einem räumlichen Bodenmodell zusammengefasst werden. So ist es möglich, die Kontur des Bauwerks in das räumliche Bodenmodell zu legen und somit die möglichen Probleme während des Vortriebs zu verdeutlichen.

Zur Verarbeitung und Auswertung der gesammelten Daten [2-25] werden ähnliche Softwarealgorithmen und Programme verwendet, wie sie bei der Reflexionsseismik beschrieben wurden.

2.6.1 Baubegleitende, seismische Vorerkundung an der Ortsbrust

Der Wunsch des Bauingenieurs, mit einem „sehenden" Schild den Tunnel aufzufahren, kann auch von den geophysikalischen Methoden bis heute

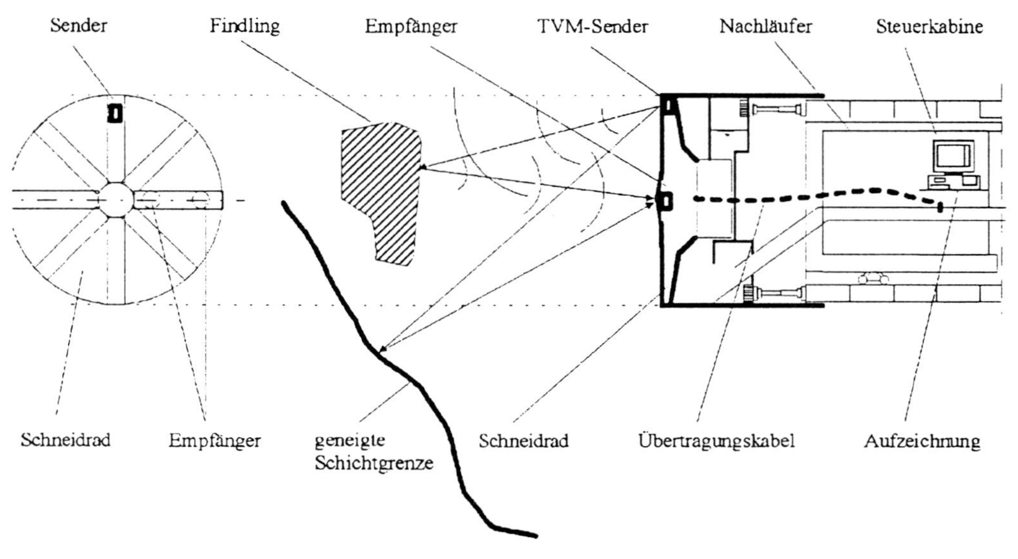

Bild 2.6-3 Schneidradintegriertes seismisches Messverfahren [2-26]

noch nicht erfüllt werden. Zur Verdichtung und Detaillierung des erstellten Baugrundmodells mittels geotechnischer, bodenmechanischer und geophysikalischer Methoden dient das von Amberg [2-26] entwickelte, baubegleitende, schneidradintegrierte Sonic Soft Ground Probing (SSP) System (Bild 2.6-3). Das SSP-Verfahren basiert auf der seismischen (akustischen) Reflexionsmessung. Mit Hilfe dieses Verfahrens sollen der Mannschaft vor Ort im voraus möglichst konkrete Informationen über Problemzonen vor dem Schild vermittelt werden, wie z. B.:

- Lage von Findlingen und anderen Hindernissen
- schräge oder vertikale Schichtgrenzen sowie schräge, nach oben verlaufende Grobkiesschichten
- Geröllfelder (grober Kies, Steine) sowie wassergefüllte Sandlinsen im Ton

Dadurch erhält die Vortriebsmannschaft Vorlaufzeit, um adäquate Massnahmen zur Minimierung und Verhinderung von Risiken vorzubereiten, die möglicherweise Störfälle mit Stillstandszeiten, Reparatur- und Korrekturmassnahmen verursachen könnten. Aufgrund des in der Planungsphase aufgestellten Bauwerkmodells lassen sich bereits Problem- und Störfallkataloge aufstellen. Bereits zu diesem Zeitpunkt können dann Problem-, Störfallverhinderungs- und Störfallbehebungsmassnahmen, die auf das Vortriebsmaschinenkonzept abgestimmt sind, schriftlich konzipiert werden. Dadurch werden die Störfallüberraschungen drastisch verringert und ein terminlich wie kostenmässig kontrollierter Ablauf weitgehend gesichert. Das System besteht aus einem elektrodynamischen Schallsender mit Frequenzen von 100 – 5000 Hz. Als Empfängergruppe dienen mindestens zwei Geophone, die gegenüber dem Sender um 90° versetzt werden. Der Sender wie auch die Empfänger werden in die Speichen des Schneidrades integriert. Die beiden akustischen Gerätegruppen sind jeweils getrennt in einem Gehäuse mit Anschlussflansch untergebracht, um unter den rauhen Vortriebsbedingungen ausreichend geschützt zu sein. Diese Gehäuse werden in die vorbereiteten Öffnungen der Speichen zur Ortsbrust hin mittels Flansch befestigt. Sender- und Empfängergehäuse bilden mit dem Schneidrad eine ebene Oberfläche zur Ortsbrust. Die Resonanzplatten, deren Durchmesser ca. 20 – 30 cm beträgt, müssen relativ dünn sein und daher aus hochfesten bzw. veredelten Stählen bestehen, um die Schwingung auf das Erdreich zu übertragen bzw. die Reflexionen aufzunehmen und gleichzeitig den extremen Verschleiss- und Stossbedingungen zu widerstehen. Das Gehäuse und die Schneidradspeiche müssen durch eine dämpfende Dichtung im Bereich des Flansches getrennt werden, um Geisterwellen von Reflexionen aus der Maschine zu unterdrücken.

Durch diese Anordnung wird ein ausreichender Kontakt zum Boden vor der Ortsbrust hergestellt. Dabei bildet die Bentonitsuspension wie auch das Grundwasser vor der Ortsbrust eine optimale akustische Ankoppelung. Die horizontalen Schichtgrenzen lassen sich nicht gut oder gar nicht abbilden, wenn die Konvergenzwinkel zwischen ausgesandten und reflektierenden Schallwellen annähernd parallel verlaufen.

Die elektrischen Steuersignale für die elektrodynamische Schallquelle wie auch die akustischen Empfängersignale werden zur ersten groben Auswertung über geschützte Kabel und einen Zentrumsschleifring in der Hauptachse der Vortriebsmaschine zu einem Speicher und einem PC in der Steuerkabine übertragen. Mittels spezieller Auswertungssoftware können Hindernisse, Findlinge etc. durch Hyperbelverfahren gefiltert sowie separat planare Schichten in relativ vertikaler Richtung lokalisiert werden. In einem bereits ausgeführten Projekt (Züblin Taipei) wurde die Messung in den Ringbaupausen durchgeführt, um die Störquellengeräusche der Vortriebsmaschine durch Bodenschäl- und Maschinenvibrationsgeräusche, Hydraulikmotorengeräusche etc. auszuschalten. Dabei wird das Speichenrad mehrmals im Uhrzeigersinn um äquidistante Rotationswinkel gedreht. In jeder Messposition werden einzelne Messebenen um die Tunnelspur erzeugt. Durch Interpolation zwischen den Aufzeichnungsebenen erhält man ein räumliches Bild. Zu diesem Zweck muss die Speichenposition z. B. in den Achtelspunkten des Kreisringes im Raum lokalisiert werden. Die Messungen dauern ca. 20 – 30 Minuten während der Ringbauzeit. Um die Datendichte – und dadurch die Interpretation – zu verbessern, wird versucht, eine möglichst permanente Messung während des Vortriebs vorzunehmen. Um dies zu ermöglichen, müssen effiziente Methoden gefunden werden, um die Störquellen als Spektrum zu identifizieren und dann aus den akustischen Empfangswellen zu filtern.

Ein ähnliches System wurde zur Anwendung im Felsbau entwickelt [2-27, 2-28].

2.6.2 Bohrlochkalibrierungsverfahren

Zur Kalibrierung der gewonnenen physikalischen Parameter sind Bohrlochaufschlüsse unumgänglich. Folgende Messungen und Ergebnisse können zur Parameterbestimmung der geophysikalischen Oberflächenverfahren genutzt werden:

- Bodenmechanische und geologische / petrographische Auswertung der schichtweise gewonnenen Bohrproben in bezug auf Klassifizierung der Boden- und Felsschichten, Lage der Schichtgrenzen, labormässige Bestimmung bodenmechanischer und geologischer Parameter.
- Bestimmung des Tonanteils im Boden mittels Gammaverfahren. Die Tonhaltigkeit kann jedoch auch aus den Bohrproben bodenmechanisch bestimmt werden.
- Beim Full-Wave-Verfahren wird ein Ultraschallsender verwendet. Die horizontal reflektierenden Signale werden von zwei Empfängern aufgezeichnet. Mittels dieser Messung lassen sich die elastischen Parameter, z. B. die Schallgeschwindigkeit der einzelnen Boden- und Gebirgsschichten, vorab bestimmen, um später die Mehrdeutigkeit der Refraktionsmessungen zu kalibrieren. Auch hier muss man sicherstellen, dass die Lage der Schichtgrenzen durch die bodenmechanischen und geologischen Aufschlüsse bekannt ist. Die Messungen werden beim Ziehen des jeweiligen Sensors aus dem Bohrloch kontinuierlich registriert. Die Auflösung und die Genauigkeit der physikalischen Parameter sind meist um mehrere Grössenordnungen besser als bei den Oberflächenverfahren. Die physikalischen Parameter der Böden werden (abgesehen von den tomographischen Verfahren) nur entlang des Bohrlochs und nicht flächenhaft ermittelt.

2.6.3 Interpretation von geophysikalischen Messergebnissen

Kennwertbestimmung – Korrelierbarkeit

Die geophysikalischen Kennwerte sind nicht identisch mit bodenmechanischen oder petrographischen Kenngrössen, daher müssen funktionale und/oder statistische Zusammenhänge ermittelt werden. Als Beispiel seien die Beziehungen zwischen dynamischen und statischen Elastizitätsmoduli genannt. Für die Korrelation zwischen geophysikalischen und bodenmechanischen/petrographischen Kennwerten sind noch wichtige grundsätzliche Forschungsarbeiten notwendig.

Strukturerkundung

Geophysikalische Grenzflächen müssen mit geologischen Strukturen korreliert werden. Hier ist es wichtig, dass der Geophysiker erkennt, welche Informationen für die Ingenieuraufgabe bereitgestellt werden müssen.

Kontrast

Für die Strukturerkundung müssen sich die geologischen Schichten hinsichtlich geophysikalischer Parameter unterscheiden. Geringe Schallhärtenänderungen (wenige Prozent) ergeben bei seismischen Verfahren deutliche seismische Reflektoren. Gesteine oder Bodenschichten jedoch, die sich in keiner petrophysikalischen Eigenschaft unterscheiden, lassen sich nur schwierig identifizieren, wenn sie in ähnlicher Textur, Lagerungsform etc. benachbart vorkommen.

Objektgrösse und Beobachtungsdistanz

Die geophysikalische Auflösbarkeit von Objekten wird z. B. durch die seismische Wellenlänge sowie den Abstand der Beobachtungspunkte zum Messpunkt beeinflusst. Die methodisch erreichbaren Grenzen verschieben sich durch die Entwicklung immer weiter, jedoch werden die ingenieurmässig erwarteten Informationen wie auch die Auflösungen zumeist nicht in der erhofften Präzision gewonnen. Nach dem heutigen Stand der Technik ermöglichen die Reflexionsseismik sowie die seismische und elektromagnetische (Radar-) Tomographie die höchste Auflösung.

2.6.4 Ausblick

Die Weiterentwicklung der geophysikalischen Boden- und Gebirgserkundung als Ergänzung zu den konventionellen bodenmechanischen und geologischen Aufschlüssen zur Erstellung eines dreidimensionalen Baugrund- und Gebirgsmodells ist eine der wichtigen Voraussetzungen für die richtige und realistische Beurteilung der Probleme, die in den anstehenden heterogenen Böden und Gebirgen zu erwarten sind. Aufgrund dieses Modells, in dem möglichst alle wichtigen, komplexen, heterogenen Verhältnisse aufgezeigt werden, kann dann das wirtschaftliche, baubetriebliche wie auch das

Tabelle 2.7-1 Einteilung der Bergwässer [2-29]

Art	Vorkommen	Alter	Gesamt-mineralisation mg/l	Wasserart
Oberflächenwasser	Vorwiegend im Tunnelportal, grössere Mengen	Stunden bis Tage	bis 200	
Weiches Wasser	Granitgestein, Südschweiz, Alpenraum	ca. 100 Jahre	bis 200	
Mineral- und Sulfatwässer	Jura, Mittelland z.T. Alpen	< 10'000 Jahre	bis 10'000	$NaSO_4$, Ca SO_4
Tiefengrundwässer	Jura, Mittelland z.T. Alpen	> 10'000 Jahre	bis 30'000	stark NaCl-haltig
Kohlensaure Wässer	Südschweiz, Graubünden		bis 10'000	gelöstes CO_2

maschinelle, technische Konzept der Vortriebsanlage und der Abbauwerkzeuge abgeleitet werden.

Der jetzige Stand der geophysikalischen Methoden ist aus der Sicht des Bauingenieurs noch nicht befriedigend. Daher müssen sie, insbesondere die Kalibrierung an den bodenmechanisch relevanten Parametern, einschliesslich der Anwendungsgrenzen der Verfahren aus boden- und felsmechanischer Sicht systematisch weiter erforscht werden. Ferner ist die Aufbereitung der Ergebnisse mittels EDV den Darstellungsgewohnheiten des Bauingenieurs anzugleichen.

2.7 Hydrologische Vorerkundung

Die hydrologischen Vorerkundungen dienen dazu, die quantitativen, fliesstechnischen und chemischen Einwirkungen auf das Bauwerk und auf den Bauvorgang zu bestimmen. Ferner muss daraus in umgekehrter Betrachtungsweise der Einfluss der Baumethode und des Bauwerks auf die Umwelt geprüft und abgestimmt werden.

In der nachfolgenden Betrachtung sollen die Einflüsse des Bergwassers auf die Dauerhaftigkeit von Bauwerken erläutert werden, da diese besonders im alpinen Tunnelbau unzureichend berücksichtigt wurden. Die Betrachtung dieser Einflüsse dient auch zur Beurteilung von bestehenden Bauwerken sowie zur Ermittlung der Instandsetzungsmassnahmen.

Bergwasser hat auf die Dauerhaftigkeit aller Untertagebauwerke einen entscheidenden Einfluss. Die genaue Kenntnis der Art und Menge kann für das Gelingen eines Projektes ausschlaggebend sein. Bekannt sind seit langer Zeit die sulfathaltigen Wässer wegen der Betonaggressivität und der möglichen hohen Quelldrücke im Tongestein.

In der Schweiz [2-29] ist das Vorkommen von stark mineralisierten Bergwässern (sogenannten Tiefengrundwässern) bekannt (Tabelle 2.7-1). In verschiedenen Bohrtiefen stösst man auf eine geordnete Reihe von Wassertypen mit unterschiedlicher Mineralisation und unterschiedlichem Alter. Die Bandbreite variiert dabei von jungem, schwach mineralisiertem Niederschlagswasser bis zu altem Natriumsulfat- und Natriumchlorid-Tiefengrundwasser. Dieses stammt vorwiegend aus der Meeresmolasse.

Bergwässer mit einem Sulfatgehalt von 600 bis 3000 mg/l sind betonangreifend, darüber sehr stark betonangreifend [2-30].

Anreicherungsmechanismus

Regenwasser sickert in den Boden; durch Klüfte und Spalten gelangt es allmählich ins Felsgestein. Allgemein darf gesagt werden: je länger die Verweilzeit und je geringer die Fliessgeschwindigkeit des Wassers im Gestein, desto mehr reichert es sich mit den Mineralien des Umgebungsgesteins an (Bild 2.7-1).

So sind Wässer im Jura und im Mittelland stark calcium- und sulfathaltig („Hartes Wasser“).

Tiefengrundwässer stammen vorwiegend aus der Meeresmolasse. Aus der extrem langen Verweilzeit

Wasserinduzierte Mineralsalzanreicherung in der Auskleidung

Die Schadstoffanreicherung erfolgt durch einen jahrzehntelangen, gleichgerichteten Feuchtigkeitsstrom durch das Bauteil.

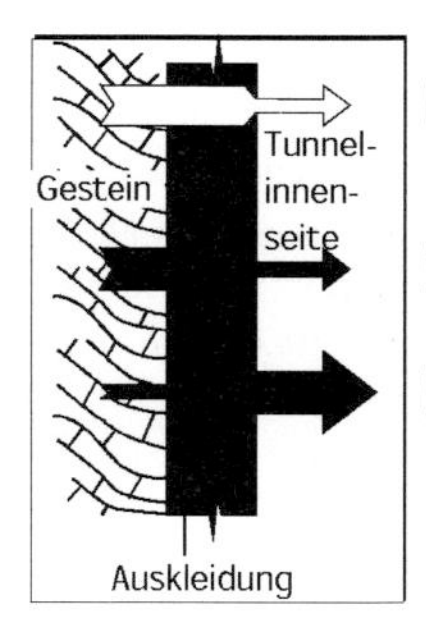

Bild 2.7-1 Mechanismus der Schadstoffanreicherung [2-29]

(5000 – > 10000 Jahre) und der dadurch starken Wasser-Gesteins-Interaktion resultieren Bergwässer mit ausserordentlich hoher Mineralisation.

Verschiedene jüngere Bauvorhaben im In- und Ausland haben gezeigt, dass gerade diese alten, stark mineralisierten Tiefengrundwässer entlang von Bruchzonen und Aufschiebungen im Gestein aufzusteigen vermögen und dabei Höhen erreichen, die weit über dem Vorflutniveau der umgebenden Täler liegen.

Die Schadstoffanreicherung wird durch höhere Temperaturen, höheren Bergwasserdruck, durchlässigere Auskleidung und Zugluft im Tunnel gefördert.

Schäden

Schäden entstehen durch die wasserinduzierte Salzanreicherung im Beton, d.h. das anstehende Bergwasser sickert durch die Betonverkleidung. Die Verdunstung an der Innenseite des Tunnelbauwerks bewirkt eine allmähliche, schädigende Anreicherung mit Mineralien im Beton.

Der jahrzehntelange Feuchtigkeitsstrom durch die Auskleidung bewirkt eine starke Anreicherung des Zementsteins mit Mineralsalzen. Dies bewirkt die in Tabelle 2.7-2 dargestellten Schäden.

Besonders gefährdet sind dünnwandige Bauteile, die einseitig dem Bergwasser ausgesetzt sind (hoher Wassertransport/m^2, geringeres Porenvolumen zur Aufnahme der auskristallisierten Salze, z. B. Spritzbetonschalen bei Tunnelsanierungen).

Maßnahmen

Die Dauerhaftigkeit des Bauwerks gegenüber aggressiven Bergwässern kann wie folgt verbessert werden:

- durch homogenen, dichten Beton, der das Durchsickern der Bergwässer ebenso erschwert wie eine dicke Auskleidung (Einsatz von Silikafume, um Betondichtigkeit zu verbessern), saubere Fugen, Aussparungen usw.,
- durch eine konstruktiv sinnvolle und sauber ausgeführte (Voll-) Abdichtung des Bauwerks,
- durch Tunneldrainagen in Längs- und Querrichtung.

Versinterungsproblematik

Bei Eintritt von Bergwasser mit einem hohen Gehalt an gelösten Mineralstoffen oder unter Druck

Tabelle 2.7-2 Schäden und Schadensursachen an Betonauskleidungen [2-29]

Angriff	Gruppe	Schaden
Treibend	Sulfate (SO_4)	Reaktion des Zementsteins mit dem eingedrungenen Bergwasser bewirkt eine Volumenausdehnung derselben, ⇒ Zerstörung des Betons (Gipsbildung). Vor allem Mg- und $CaSO_4$
Kristallisation	Salze (NaCl)	Absprengen des Betons in dünnen Schichten. Zudem Angriff von Armierungsstahl
Lösend	Kohlensaures Wasser	Langsames Auflösen der Zementmatrix (Bildung von wasserlöslichem Calciumbicarbonat) Schnellere Karbonatisierung des Betons ⇒ Aufhebung des basischen Schutzes der Armierung ⇒Korrosion

Tabelle 2.7-3 Bergwassermessungen und -bestimmungen vor Ort und im Labor [2-29]

Messung vor Ort:	Elektrische Leitfähigkeit µS/cm ~ mg/l Mineralien	Temperatur	pH - Wert	Wassermenge abschätzen
Messung im Labor:	Mineraliengehalt wie Na, Ca, Mg	Isotopenanalyse (Altersbestimmung)	Bestimmung Wasserhärte	

stehendem, kohlensäurehaltigem Bergwasser in einen Tunnel kommt es zu Ablagerungen in den Entwässerungsleitungen. Dadurch wird das Calcium-Kohlensäure-Gleichgewicht des Bergwassers verändert (in der Schweiz meistens Calciumcarbonat $CaCO_3$). Alkalische Baustoffe, z. B. Gunitschalen, verstärken durch Erhöhung des pH-Wertes des eintretenden Bergwassers den Trend zur Ablagerungsbildung. Dadurch entgast das im Grund- und Bergwasser gelöste CO_2, und es kommt zu harten, meist schneeweissen Kalkablagerungen. Werden diese Ablagerungen nicht regelmässig aus der Entwässerungsleitung entfernt, können sie den Querschnitt reduzieren oder gar ganz verschliessen. Einmal verschlossene Entwässerungsleitungen sind vor allem bei kleinem Rohrdurchmesser nur noch mühsam aufzufräsen (N2 Belchentunnel) oder müssen manchmal gar ganz stillgelegt werden (N1 Milchbucktunnel, Zürich: Ersatz durch Entlastungsbohrungen im Lüftungskanal). Kommt es zu einem Verschluss der Entwässerungsleitung, kann der Tunnel streckenweise unter Wasserdruck stehen. Dies führt zu einer hohen statischen Zusatzbelastung des Gewölbes.

Mechanische Entfernung der Kalkablagerungen

Traditionelle Methode: Sobald sich dicke und harte Ablagerungen gebildet haben, werden diese mit Hochdruckreinigung oder mit schlagenden Geräten entfernt. Diese Arbeiten sind aufwendig, bedingen längere Streckensperrungen und können die Entwässerungsrohre beschädigen.

Wasserkonditionierung

Die Zugabe von Härtestabilisatoren und/oder Dispergatoren in geringsten Mengen zum Bergwasser hat sich in zahlreichen Bauwerken im In- und Ausland bewährt. Diese Mittel basieren auf Proteinen (Polyaspariginsäuren) und verhindern, dass die gelösten Wasserinhaltsstoffe ausfällen und ablagern (Wassergefährdungsklasse 0).

Ein Beispiel ist der SBB Alte Hauensteintunnel: die Wassermenge am Portal beträgt 30 l/s, die benötigte Menge des hinzugetropften Konditionierungsmittels 1 m^3/Jahr. Die Ökobilanz ist gut: in diesem Tunnel konnte die Ablagerung von rund 30 Tonnen Kalk jährlich verhindert werden.

Durch Einsatz glattflächiger Materialien für die Entwässerungssysteme, Drainagerohre mit ausreichendem Rohrdurchmesser, Einsatz der Härtestabilisation oder Planung einer Vollabdichtung lassen sich die Auswirkungen der Versinterungen reduzieren oder sogar vermeiden.

Wasserprobenentnahmen

Schon während der Projektierung eines Tunnels sind die Geologie und Hydrologie eingehend zu studieren und entsprechende Fachleute zu konsultieren. Während der Bauphase sollen zwei- bis dreimal pro Woche Wasserproben entnommen werden, in der Betriebsphase einmal alle zwei bis fünf Jahre (Tabelle 2.7-3).

Anhand dieser Messungen sind die richtigen Massnahmen während der Bauzeit zu treffen.

Sie werden dokumentiert (Serviceheft); periodische Nachmessungen liefern die Grundlagen zur Beurteilung des Bauwerkszustands und helfen, das Bauwerk richtig zu bewirtschaften.

2.8 Beschreibung der geologischen und hydrologischen Ergebnisse

Die Ergebnisse dieser geologischen, petrographischen und hydrologischen Untersuchungen werden graphisch (Bild 2.8-1, Bild 2.8-2) dargestellt. Die Beschreibung und Darstellung dieser Verhältnisse bildet die Grundlage für die Beurteilung des Gebirges und die Formulierung möglicher Gefährdungsbilder. Das Ziel der Beschreibung des Gebirges ist die Ausarbeitung eines geologischen Modells, das als Basis für die Beurteilung des Gebirges hinreichend ist und die Erarbeitung von Baugrundmodellen erlaubt. Es muss klar zwischen Beschreibung und Beurteilung des Gebirges unterschieden werden.

In dieser Darstellung der geologischen Verhältnisse werden die bautechnischen Eigenschaften des Gebirges erfasst. Die Baugrundbeschreibung für Lockergestein und Fels [2-5, 2-6, 2-31, 2-32] verschafft dem Ingenieur Hinweise auf das mutmassliche Verhalten des Gebirges. Sie soll Rückschlüsse auf das bautechnische Verhalten des Gebirges geben und mögliche Beziehungen zu den Bauverfahren aufzeigen. Diese Klassifizierung wird in der Regel vom Geologen vorgenommen und ist Bestandteil der geologisch-geotechnischen Prognose.

Die geologische Übersicht soll den geologischen und tektonischen Rahmen für das Bauwerk erläutern. Bei Lockergestein ist die Genese der verschiedenen geologischen Einheiten und deren Verteilung, beim Festgestein sind die Genese, Zusammensetzung und Bezeichnung der geologischen Einheiten sowie deren Verteilung zusammenfassend zu beschreiben.

Jede geologisch abgegrenzte Zone ist für sich zu beschreiben und zu klassifizieren. Die Beschreibung erfolgt qualitativ und wird durch quantitative Angaben ergänzt.

Beim Locker- sowie beim Felsgestein sollen die lokalen und regionalen Wasserverhältnisse beschrieben werden (Mächtigkeit, Ausdehnung, Lage, Quellschüttung). Zu berücksichtigen sind die Nutzung des Grundwassers und Schutzzonen. Die hydrologische Beschreibung soll folgende Auswirkungen verdeutlichen:

- Auswirkungen des Bauwerks auf die hydrologischen Verhältnisse (quantitativ, qualitativ)
- Auswirkungen des Grundwassers auf das Bauwerk (Aggressivität, Druck, Strömung, Menge)

Das Auftreten von potentiellen Gasmuttergesteinen und Gasreservoirgesteinen sowie möglichen Migrationswegen ist abzuklären. Die im Untertagebau relevanten Gase sind:

- Methan
- Kohlendioxid
- Schwefelwasserstoff

Weitere projektspezifische Angaben sind möglicherweise erforderlich, um die damit verbundenen Gefahren abzuklären. Je nach Auftretenswahrscheinlichkeit können dies die folgenden Angaben sein:

- Körperschallübertragung bei geringer Überdeckung und Überbauung
- kontaminierte Grundwasserleiter
- Gebirgstemperatur
- Erdbebengefährdung
- Radioaktivität

Beim **Lockergestein** erfolgt die Gesteinsbeschreibung nach den Normen. Sie enthält die Struktur und deren Besonderheiten sowie Lagerungsdichte, Sättigungsgrad und Verhalten bei Wasserzutritt. Zu diesem Zweck wird das geologische Längsprofil abschnittsweise in geologische Einheiten unterteilt. Die Lage der Formations- und Abschnittsgrenzen wird bestimmt. In diesen Abschnittsgrenzen können die Eigenschaften des Lockergesteins wie folgt unterteilt werden [2-31]:

Lockergesteinsbeschreibung

A Geologische Einheiten mit Beschreibung und Kurzbezeichnung
B Gesteinstypenverteilung

Lockergesteinscharakteristik
(erdbautechnische Kennziffern)

C Feuchtraumgewicht [kN/m^3]
D Lagerungsdichte [t/m^3]
E Steifigkeitsmodul [N/mm^2]
F Winkel der inneren Reibung [Grad]
G Kohäsion [N/mm^2]
H Wassergehalt [%]
I Verhalten bei Wasserzutritt

Gebirgscharakteristik

J Einlagerung von Blöcken, Findlingen (Grösse, Häufigkeit)
K Andere Einflüsse (z. B. wassergesättigte Sand- oder Siltlinsen, Torf, Baumstämme etc.)

Hydrologie

L Durchlässigkeit nach Darcy [m/s]
M Grundwasserströmung
N Wasserdruckniveau an der Bauwerkssohle [m]

Die Eigenschaften der Lockergesteine werden aufgrund ihrer Inhomogenität nicht in Bewertungsstufen von schlecht bis gut eingeteilt.

Beim **Festgestein** ist zwischen der Gesteinsbeschreibung an Handstücken und der Gebirgsbeschreibung zu unterscheiden. Zu diesem Zweck

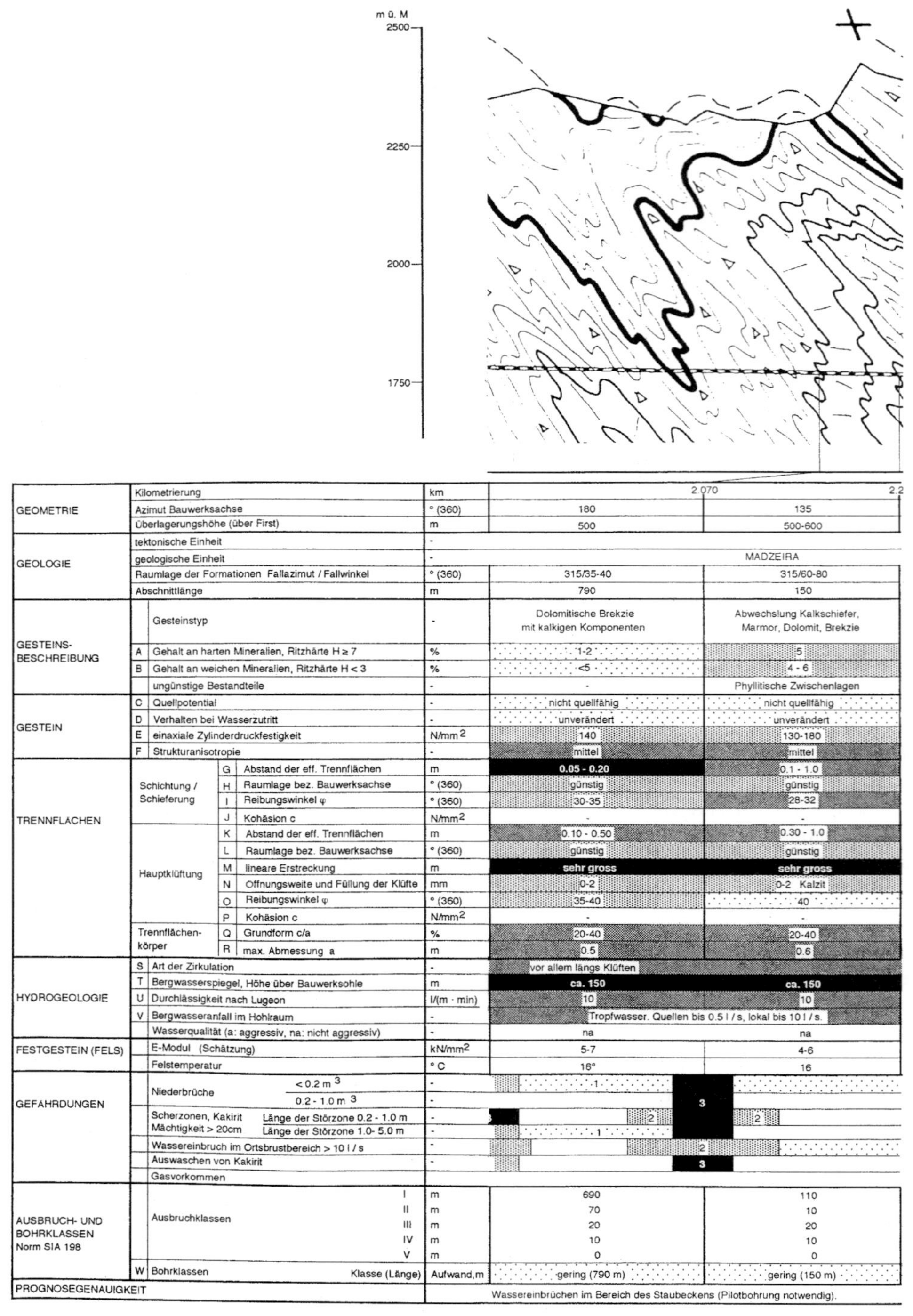

Gruppe	Merkmal	Einheit	Abschnitt 1	Abschnitt 2
GEOMETRIE	Kilometrierung	km	2.070	2.2
	Azimut Bauwerksachse	° (360)	180	135
	Überlagerungshöhe (über First)	m	500	500-600
GEOLOGIE	tektonische Einheit	-		
	geologische Einheit	-	MADZEIRA	MADZEIRA
	Raumlage der Formationen Fallazimut / Fallwinkel	° (360)	315/35-40	315/60-80
	Abschnittlänge	m	790	150
GESTEINS-BESCHREIBUNG	Gesteinstyp	-	Dolomitische Brekzie mit kalkigen Komponenten	Abwechslung Kalkschiefer, Marmor, Dolomit, Brekzie
	A Gehalt an harten Mineralien, Ritzhärte H ≥ 7	%	1-2	5
	B Gehalt an weichen Mineralien, Ritzhärte H < 3	%	<5	4 - 6
	ungünstige Bestandteile	-	-	Phyllitische Zwischenlagen
GESTEIN	C Quellpotential	-	nicht quellfähig	nicht quellfähig
	D Verhalten bei Wasserzutritt	-	unverändert	unverändert
	E einaxiale Zylinderdruckfestigkeit	N/mm²	140	130-180
	F Strukturanisotropie	-	mittel	mittel
TRENNFLÄCHEN	Schichtung / Schieferung: G Abstand der eff. Trennflächen	m	0.05 - 0.20	0.1 - 1.0
	Schichtung / Schieferung: H Raumlage bez. Bauwerksachse	° (360)	günstig	günstig
	Schichtung / Schieferung: I Reibungswinkel φ	° (360)	30-35	28-32
	Schichtung / Schieferung: J Kohäsion c	N/mm²	-	-
	Hauptklüftung: K Abstand der eff. Trennflächen	m	0.10 - 0.50	0.30 - 1.0
	Hauptklüftung: L Raumlage bez. Bauwerksachse	° (360)	günstig	günstig
	Hauptklüftung: M lineare Erstreckung	m	sehr gross	sehr gross
	Hauptklüftung: N Öffnungsweite und Füllung der Klüfte	mm	0-2	0-2 Kalzit
	Hauptklüftung: O Reibungswinkel φ	° (360)	35-40	40
	Hauptklüftung: P Kohäsion c	N/mm²	-	-
	Trennflächenkörper: Q Grundform c/a	%	20-40	20-40
	Trennflächenkörper: R max. Abmessung a	m	0.5	0.6
HYDROGEOLOGIE	S Art der Zirkulation	-	vor allem längs Klüften	vor allem längs Klüften
	T Bergwasserspiegel, Höhe über Bauwerksohle	m	ca. 150	ca. 150
	U Durchlässigkeit nach Lugeon	l/(m · min)	10	10
	V Bergwasseranfall im Hohlraum	-	Tropfwasser. Quellen bis 0.5 l / s, lokal bis 10 l / s.	Tropfwasser. Quellen bis 0.5 l / s, lokal bis 10 l / s.
	Wasserqualität (a: aggressiv, na: nicht aggressiv)	-	na	na
FESTGESTEIN (FELS)	E-Modul (Schätzung)	kN/mm²	5-7	4-6
	Felstemperatur	° C	16°	16
GEFÄHRDUNGEN	Niederbrüche < 0.2 m³	-	1	
	Niederbrüche 0.2 - 1.0 m³	-	3	
	Scherzonen, Kakirit Mächtigkeit > 20cm: Länge der Störzone 0.2 - 1.0 m	-	2	2
	Scherzonen, Kakirit Mächtigkeit > 20cm: Länge der Störzone 1.0- 5.0 m	-	1	
	Wassereinbruch im Ortsbrustbereich > 10 l / s	-	2	
	Auswaschen von Kakirit	-	3	
	Gasvorkommen			
AUSBRUCH- UND BOHRKLASSEN Norm SIA 198	Ausbruchklassen I	m	690	110
	Ausbruchklassen II	m	70	10
	Ausbruchklassen III	m	20	20
	Ausbruchklassen IV	m	10	10
	Ausbruchklassen V	m	0	0
	W Bohrklassen Klasse (Länge)	Aufwand,m	gering (790 m)	gering (150 m)
PROGNOSEGENAUIGKEIT			Wassereinbrüchen im Bereich des Staubeckens (Pilotbohrung notwendig).	

Bild 2.8-1 Plandarstellung der Geotechnik nach SIA 199 für Fels [2-31]

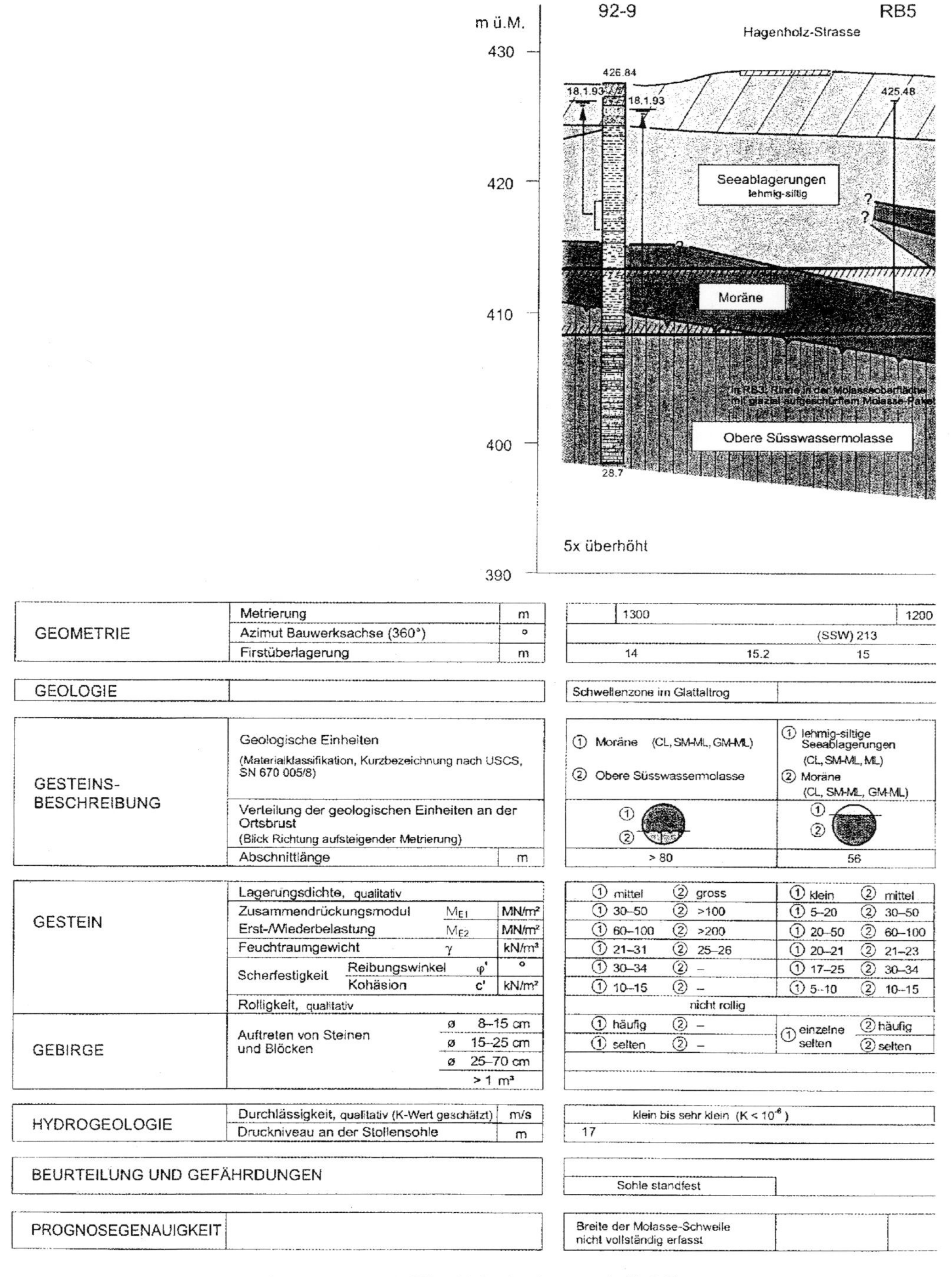

GEOMETRIE	Metrierung	m	1300	1200
	Azimut Bauwerksachse (360°)	°	(SSW) 213	
	Firstüberlagerung	m	14 15.2	15
GEOLOGIE			Schwellenzone im Glattaltrog	
GESTEINS-BESCHREIBUNG	Geologische Einheiten (Materialklassifikation, Kurzbezeichnung nach USCS, SN 670 005/8)		① Moräne (CL, SM-ML, GM-ML) ② Obere Süsswassermolasse	① lehmig-siltige Seeablagerungen (CL, SM-ML, ML) ② Moräne (CL, SM-ML, GM-ML)
	Verteilung der geologischen Einheiten an der Ortsbrust (Blick Richtung aufsteigender Metrierung)		① ②	① ②
	Abschnittlänge	m	> 80	56
GESTEIN	Lagerungsdichte, qualitativ		① mittel ② gross	① klein ② mittel
	Zusammendrückungsmodul Erst-/Wiederbelastung M_{E1}	MN/m²	① 30–50 ② >100	① 5–20 ② 30–50
	M_{E2}	MN/m²	① 60–100 ② >200	① 20–50 ② 60–100
	Feuchtraumgewicht γ	kN/m³	① 21–31 ② 25–26	① 20–21 ② 21–23
	Scherfestigkeit: Reibungswinkel φ'	°	① 30–34 ② –	① 17–25 ② 30–34
	Scherfestigkeit: Kohäsion c'	kN/m²	① 10–15 ② –	① 5–10 ② 10–15
	Rolligkeit, qualitativ		nicht rollig	
GEBIRGE	Auftreten von Steinen und Blöcken	ø 8–15 cm	① häufig ② –	① einzelne selten ② häufig
		ø 15–25 cm	① selten ② –	② selten
		ø 25–70 cm		
		> 1 m³		
HYDROGEOLOGIE	Durchlässigkeit, qualitativ (K-Wert geschätzt)	m/s	klein bis sehr klein ($K < 10^{-6}$)	
	Druckniveau an der Stollensohle	m	17	
BEURTEILUNG UND GEFÄHRDUNGEN			Sohle standfest	
PROGNOSEGENAUIGKEIT			Breite der Molasse-Schwelle nicht vollständig erfasst	

Bild 2.8-2 Plandarstellung der Geotechnik nach SIA 199 für Lockergestein [2-31]

wird das geologische Längsprofil in tektonische und geologische Einheiten unterteilt. Die Lage der Formations- und Abschnittsgrenzen wird bestimmt. In diesen Abschnittsgrenzen können die Eigenschaften des Gebirges wie folgt unterteilt werden [2-31]:

Gesteinseigenschaften (Petrographie):

A Gehalt an harten Mineralien [%]
B Gehalt an weichen Mineralien [%]
C Quellpotential
D Verhalten bei Wasserzutritt und Feuchtigkeit
E Anisotropie in bezug auf Festigkeit, Verformung, Durchlässigkeit, Quellfähigkeit
F Einachsiale Zylinderdruckfestigkeit [N/mm^2]

Gebirgsbeschreibung (Trennflächen):
Schichtung und Schifferung

G Abstand der Trennflächen [m]
H Lage bezüglich Tunnelachse [Grad]
I Reibungswinkel in der Schicht- bzw. Schieferungsfläche [Grad]
J Kohäsion in der Schicht- bzw. Schieferungsfläche [N/mm^2]

Hauptklüftung

K Abstand der Hauptklüfte [m]
L Lage zur Tunnelachse [Grad]
M Linearer Durchtrennungsgrad [%/10m]
N Öffnungsweite und Füllung der Klüfte [mm]
O Reibungswinkel in der Kluftfläche [Grad]
P Kohäsion in der Kluftfläche [N/mm^2]

Trennflächenkörper

Q Grundform der Trennflächenkörper [%]
R Maximale Abmessungen der Trennflächenkörper [m]

Wasserverhältnisse:

S Art der Zirkulation
T Wasserspiegel
U Durchlässigkeit nach Lugeon
V Wasserandrang im Hohlraum

Abbaufähigkeit (Bohr- und Schrämklassen):

W Bohrklassen
X Schrämklassen.

Die Beurteilung der Eigenschaften kann in vier Qualitätsstufen erfolgen. Die Stufe 1 ist die günstigste, die Stufe 4 erfasst den ungünstigsten Wertebereich.

Auf Störzonen, in denen das Festgestein aufgrund tektonischer Vorgänge mechanisch zu Lockergestein (Kakirite) umgewandelt wurde, und auf Verkarstungszonen wird speziell hingewiesen. Die Grösse der Störzone sowie ihre Lage und Richtung zur Tunnelachse soll angegeben werden.

Diese Ergebnisse als Teil des geologisch-geotechnischen Berichts dienen insgesamt als Grundlage für die Entwicklung und Ausarbeitung des Projekts. Zur Beurteilung der Qualität der geologisch-geotechnischen Prognose in bezug auf die Risiko- und Störfallanalyse für den Vortrieb sollte die Bandbreite möglicher Abweichungen mit angegeben werden. Zudem sollten im Bericht Anzahl und Art der Aufschlüsse sowie ihre räumliche Beziehung zur Tunnelachse erwähnt werden.

Der geologisch-geotechnische Bericht wird in Umfang und Detaillierung der wirtschaftlichen Bedeutung des Projekts und den zu erwartenden Imponderabilien angepasst. Er wird zudem oft gemäss den Projektstufen erweitert und ergänzt.

Während des Vortriebs (Ausführung) sind die geotechnischen Prognosen baubegleitend zu überprüfen. Je nach Bauverfahren und Baugrund gehören hierzu z. B. Kartierung der Ortsbrust und der Tunnelwandungen, das Messen von Verformungen, Spannungen, Erschütterungen im Baugrund und am Bauwerk sowie ergänzende geotechnische Untersuchungen einschliesslich chemischer und physikalischer Grundwasserbeobachtungen.

Werden Veränderungen gegenüber der Prognose erkannt, müssen ihre Auswirkungen auf die geplanten Sicherungs- und Ausbaumassnahmen überprüft werden; diese Massnahmen sind dann an die vorhandenen Gebirgsverhältnisse anzupassen. Dabei sollte eine Verdichtung des geophysikalischen Netzes vorgenommen werden, u. a. durch seismische Vorerkundung der Ortsbrust. Das von der Firma Amberg entwickelte Verfahren ist sehr vielversprechend, im besonderen zur Erkennung von Störzonen bis hin in den Dezi-/Zentimeterbereich.

Eine ausreichende Dokumentation aller Untersuchungen und Ergebnisse ist erforderlich. Dies ist besonders wertvoll für Folgeprojekte.

3 Beurteilung des Gebirges/Gebirgs- und Ausbruchklassifizierung

3.1 Klassifizierungssysteme

Basierend auf der **Beschreibung** (Bild 3.1-1) und Darstellung der geologischen, hydrologischen und geotechnischen Verhältnisse erfolgt die **Beurteilung** des Gebirges und dessen Unterteilung in Abschnitte ähnlicher Charakteristik. Zur Beurteilung des Gebirges gehört die Zuordnung von Gefährdungsbildern zu den jeweiligen Eigenschaften des Gebirges. Aufgrund der verschiedenen Gefährdungsbilder erfolgt dann die geomechanische Berechnung des Bauwerks. Die Berechnungsmodelle werden so gewählt, dass die Wirkung der einzelnen Gefährdungen auf die Ausbruchsicherung und Auskleidung wirklichkeitsnah simuliert werden kann. Dazu eigenen sich u. a. folgende Berechnungsverfahren:

- Kontinuumsmodelle (bei relativ homogenen Gebirgsstrukturen)
- Diskontinuumsmodelle (zur Erfassung von Starrkörperbewegungen von Gesteinsblöcken)
- Kluftkörpermodelle (Verhalten von Kluftkörpersystemen)
- Stabstatik (Bemessung von Innenschalen, Stahleinbauten)
- Kennlinienverfahren (Zusammenhang zwischen Gebirgsdeformation und Ausbau)

Aufgrund der geomechanischen Berechnungen und der Festlegung der erforderlichen Stützmittel unter Berücksichtigung von Parameterstreuungen werden die Ausbruchsicherungen für die Teilabschnitte festgelegt und in **Vortriebs- bzw. Ausbruchklassifizierungen** eingeordnet.

Zur Beurteilung des Gebirges hat man Klassifizierungssysteme entwickelt. Zur Klassifizierung des Gebirges und dessen Verhalten nach dem Ausbruch gibt es verschiedene Möglichkeiten. Dabei sind die folgenden drei Klassifizierungssysteme (Bild 3.1-2) für den Gebrauch im Tunnelbau sehr geeignet:

- Klassifizierung nach dem Phänomen des Gebirgsverhaltens nach dem Ausbruch (Gefährdungsbilder)
- Klassifizierung nach dem Phänomen der Stehzeit des Gebirges nach dem Ausbruch
- Klassifizierung nach den notwendigen Sicherungsmassnahmen, um den Hohlraum im Sollzustand zu stabilisieren

Diese Klassifizierungssysteme können durch die drei **W** „Wie, Wann, Was“ wie folgt dargestellt werden:

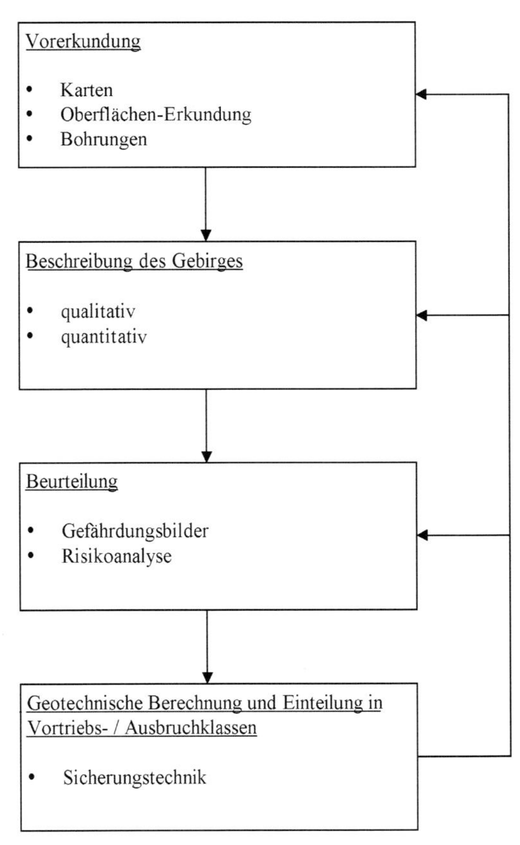

Bild 3.1-1 Ablauf der Ausbruchklassifizierung

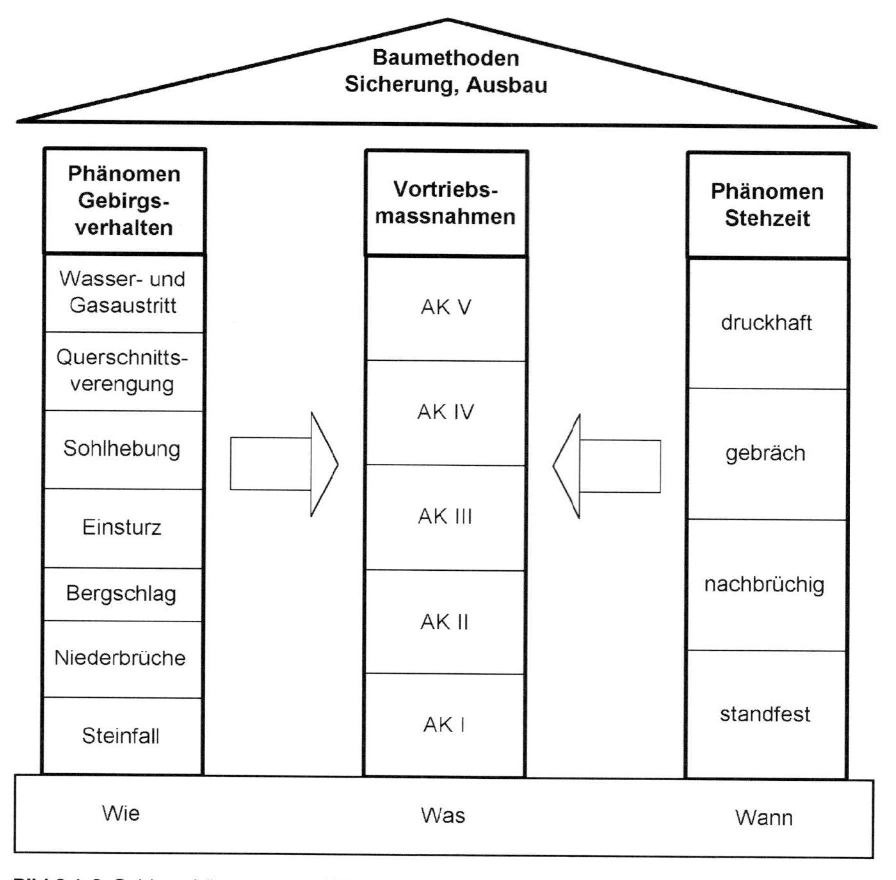

Bild 3.1-2 Gebirgsphänomene und Vortriebsklassifizierungssysteme

- Das Gebirgsverhalten nach dem Ausbruch beschreibt, **wie** das Gebirge auf den Ausbruch reagiert.
- Die Stehzeit des Gebirges nach dem Ausbruch des Hohlraumes beschreibt, **wann** das Gebirge in bezug auf Nachbruch reagiert.
- Die Einordnung des Gebirges nach den erforderlichen Sicherungsmassnahmen beschreibt, **was** an Sicherung und Ausbau erforderlich ist.

Dabei sind die ersten beiden Klassifizierungen (Verhalten/Gefährdungsbilder und Stehzeit) in die Gruppe der Phänomene einzuordnen und die dritte Klassifizierung in die zu treffenden Massnahmen.

3.2 Klassifizierung nach dem Phänomen des Gebirgsverhaltens

Die Beurteilung des Gebirges dient der Prognose der Beschaffenheit und des Verhaltens des Gebirges während der Ausführung und Nutzung von Untertagebauwerken. Bei der Beurteilung des Gebirges in der Projektphase steht das Erkennen und Bewerten von Gefährdungsbildern, welche sich während des Baus und der Nutzung des Bauwerks ergeben können, im Vordergrund. Dies entspricht dem neuen Konzept, Entscheidungsfindungen zu systematisieren, um mittels:

- Gefährdungsbildern: Massnahmen zur Gewährleistung der Sicherheit

Bild 3.2-1 Gefährdungspotential

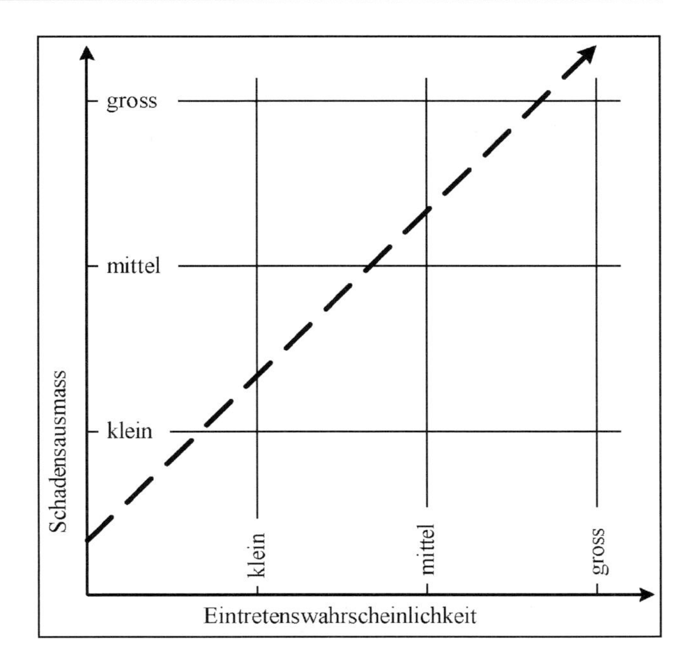

- Nutzungszuständen: Massnahmen zur Gewährleistung der Gebrauchstauglichkeit

zu planen.

Der Begriff Gefährdungsbild umfasst das Ermitteln und Durchdenken kritischer Situationen für Bauwerk, Belegschaft, Geräte, Umwelt und Benutzer, um Massnahmen planen zu können, welche die Sicherheit gewährleisten und unerwünschte Ereignisse verhindern sollen. Das Denken in Gefährdungsbildern führt somit von der Gefahrenerkennung über die Gefahrenbewertung zur Massnahmenplanung. Die Definition von Gefährdungsbildern ermöglicht es, die verschiedenen Ausbruchsicherungstypen unterschiedlichen geotechnischen Verhältnissen logisch zuzuordnen. Die Gefährdungen werden durch folgende charakteristische Eigenschaften des Gebirges bestimmt:

- Gesteinsart
- Überlagerungshöhe
- Strukturgeologie (Klüftung, Bankung, Schichtung, Schieferung)
- Wasservorkommen
- andere Einwirkungen wie Gas, Erdbeben etc.

Mit Hilfe der Geologie und dem phänomenologischen Verhalten des Ausbruchquerschnitts werden für die Fels- und die Lockergesteinsstrecken verschiedene Gefährdungsbilder erarbeitet. Mit einem Gefährdungsbild wird das Ausmass eines unerwünschten Ereignisses untersucht. Das Gefährdungspotential hängt von zwei Faktoren (Bild 3.2-1) ab:

- Schadensausmass
- Eintretenswahrscheinlichkeit

Die Gefährdungsbilder dienen als Grundlage für die Erarbeitung des Vortriebskonzeptes. Sie ermöglichen die Übertragung von geologischen Erkenntnissen auf ingenieurmässige Phänomene. Aus diesen Gefährdungsbildern lassen sich dann Ausbruchart und -methode, Sicherungsmassnahmen und Ausbau bestimmen. Die verschiedenen phänomenologischen Gefährdungsbilder und die Zuordnung zum Locker- und Felsgesteinsvortrieb sind in Tabelle 3.2-1 dargestellt.

3.2.1 Gefährdungsbilder im Lockergestein

Die Gefährdungsbilder für Lockergestein sind in Bild 3.2-2 dargestellt. Im folgenden werden diese kurz als Störfallszenarien beschrieben und exemplarisch einige mögliche Sicherungsmassnahmen genannt.

Tabelle 3.2-1 Übersicht der Gefährdungsbilder

Kategorie	Gefährdungsbild	Lockergestein	Fels
Auflockerungsdruck	Lockermaterialeinbruch	X	X
	Ortsbrustinstabilität	X	X
	Gesteinsablösung, Niederbruch	X	X
	Tagbruch	X	(X)
	Setzungen	X	(X)
	Grundbruch Kalottenfuss	X	(X)
	Strossenabbauinstabilität	X	X
Wasser	Wasserführende Kluftsysteme		X
	Grundwasser	X	
sonstige Ereignisse	Sandlinsen	X	
	Gase		X

Lockermaterialeinbruch

Beschreibung: Kleinere Steine bis ganze Schichtmassen können sich vor allem in der Tunnelfirste lösen und einbrechen, was auf einer lokalen Inhomogenität basiert.

Schadensart: Der Vortrieb kann behindert werden. Zusätzlich sind Menschen und Maschinen den niederfallenden Gesteinen ausgesetzt.

Massnahmen: Abhilfe schaffen Gitterträger in Kombination mit Netzen, welche mit Spritzbeton eingedeckt werden. Eine weitere Möglichkeit wären vorauseilende Sicherungsmassnahmen.

Ortsbrustinstabilität

Beschreibung: Die Gefahr der Instabilität der Ortsbrust kommt in der ganzen Lockergesteinsstrecke vor, u. a. bei geringer Kohäsion. In diesem Fall ist nur eine kleine Ausbruchfläche ohne Stützmassnahmen stabil. Bei allfälligem Zutritt von Hangwasser wird die Situation noch zusätzlich verschlechtert.

Schadensart: Es werden Menschen und Maschinen gefährdet. An der Oberfläche muss mit Setzungen gerechnet werden.

Massnahmen: Diesem Umstand wird mit vorauseilenden Massnahmen (Rohrschirm, Jetting) begegnet. Die Ortsbruststabilität kann durch Versetzen von GFK-Ankern und -Bändern, horizontalen Jetpfählen von der Ortsbrust aus oder vertikalen HDI-Pfählen von der Oberfläche aus vergrössert werden.

Tagbruch

Beschreibung: Der Tagbruch ist eine Fortsetzung der Ortsbrustinstabilität bis an die Oberfläche.

Schadensart: Er hat einschneidende Folgen für die Vortriebsleistung mit Stillständen bis zu einigen Wochen. Zusätzlich hat er negative Auswirkungen auf die natürliche und bebaute Oberfläche (Schäden).

Massnahmen: Mit kleinen Abschlagslängen kann das Risiko des Tagbruchs vermindert werden. Vorauseilende Massnahmen (Jetting, Rohrschirm, Injektionen) können die Stabilität verbessern.

Setzungen

Beschreibung: Der Ausbruch des Hohlraumes kann an der Oberfläche Setzungen hervorrufen, was vor allem dann Auswirkungen hat, wenn die Oberfläche bebaut ist. Auch kann ein Vortrieb an schon bestehenden Tunnelobjekten Setzungen hervorrufen.

Schadensart: Setzungen, Risse, Instabilitäten, Beeinträchtigung des Lichtraumprofiles des bestehenden Tunnels, Niederbrüche.

Massnahmen: Es muss setzungsarm gebaut werden, was mit dem schnellen Einbau eines Ausbauwiderstandes und durch Bodenstabilisierungen unter den beeinflussten Bauwerken erreicht werden kann.

Sandlinsen

Beschreibung: Im Lockergestein können lokal Sandlinsen vorhanden sein, die zusätzlich mit Hangwasser gesättigt sind.

Schadensart: Das Auslaufen dieser Linsen bewirkt eine Erhöhung der Ortsbrustinstabilität, was zu weiterem Nachbrechen des anstehenden Lockergesteins führen kann.

Massnahmen: Sind die Sandlinsen tatsächlich mit Wasser gesättigt, müssen sie lokal entspannt und entwässert werden. Möglicherweise sind vorauseilende Sicherungsmassnahmen notwendig.

Grundbruch Kalottenfuss

Beschreibung: Die Gewölbewirkung der vorauseilenden Sicherungsmassnahmen oder der schon erstellten Tunnelschale erzeugt am Kalottenfuss lokal erhöhte Pressungen, die über dem zulässigen Wert liegen können.

Schadensart: Dies kann zu Setzungen und sogar zum Verkippen des ganzen Tunnelgewölbes führen (Beeinträchtigung des Lichtraumprofils (LRP)). Werden die Setzungen zu gross, können sogar Risse im Gewölbe entstehen, was im Kollaps der ganzen Konstruktion enden kann.

Massnahmen: Dem Grundbruch kann mit verbreiterten Kalottenfüssen entgegengetreten werden. Reicht diese Massnahme nicht aus, kann die ganze Tunnelschale mit Mikropfählen oder vertikalen Jetpfählen unterfangen werden. Zusätzlich sind horizontale GFK-Anker möglich, welche die resultierende Kraftkomponente aufnehmen und so die Stabilität erhöhen.

Strossenabbau

Beschreibung: Bei einem Kalottenvortrieb entsteht in der zweiten Phase, dem Strossenabbau, ein ungesicherter Bereich zwischen Kalotte und Sohle. Dieser Übergang steht unter einer gewissen Neigung und öffnet zwischen den beiden oben aufgeführten Elementen ein Fenster, welches über eine Gewölbewirkung in Längsrichtung abgetragen werden muss. Zusätzlich besteht die Gefahr des seitlichen Einbrechens der ungesicherten Strosse.

Schadensart: vgl. Ortsbrustinstabilität.

Massnahmen: Kurze Abbaulängen, seitliche Stabilisation mittels Mikro- oder HDI-Pfählen.

3.2.2 Gefährdungsbilder im Fels

Die phänomenologischen Gefährdungsbilder für Felsgestein sind in Bild 3.2-3 dargestellt. Im folgenden werden diese kurz als Störfallszenarien beschrieben und exemplarisch einige mögliche Sicherungsmassnahmen genannt.

Niederbrechen von Steinen

Beschreibung: Bedingt durch lokale Auflockerung können sich Steine lösen und herunterfallen. Der Steinfall tritt meist im Firstbereich auf.

Schadensart: Menschen können verletzt oder gar getötet und Maschinen beschädigt werden.

Massnahmen: Einbau von Netzen, welche mit Spritzbeton eingedeckt werden.

Lockergestein			
Ereignis	**Gefahr**	**Massnahme**	**Skizze**
Locker-materialeinbruch	Verschütten von Mensch und Maschinen	Gitterträger, Netz, Spritzbeton	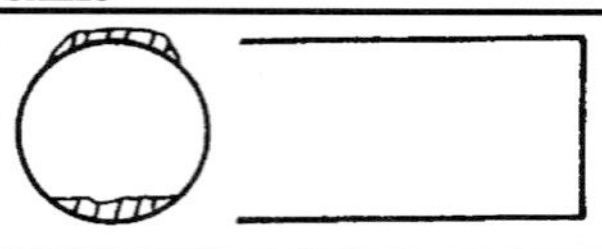
Ortsbrust-instabilität	Verschütten von Mensch und Maschinen	Vorauseilende Sicherungs-massnahmen	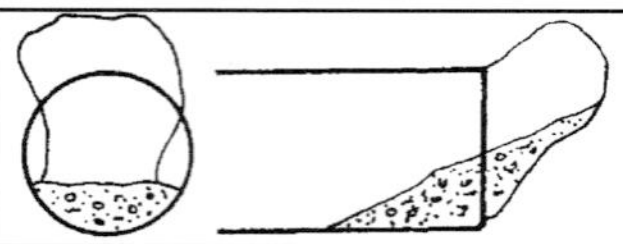
Tagbruch	Stillstand des Vortriebes, grosse Auswirkung auf die Oberfläche	Kombination der oben genannten Massnahmen	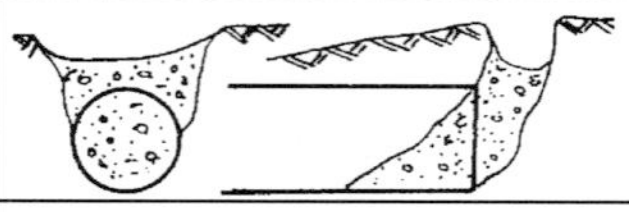
Setzungen	Oberfläche: Risse in Gebäuden Tunnel: Niederbrüche, Risse	Schneller Einbau eines Ausbau-widerstandes	
Sandlinsen	Gefährdung von Mensch und Maschinen, nachfolgende Instabilitäten	Entspannung, Spritzbeton Injektionen	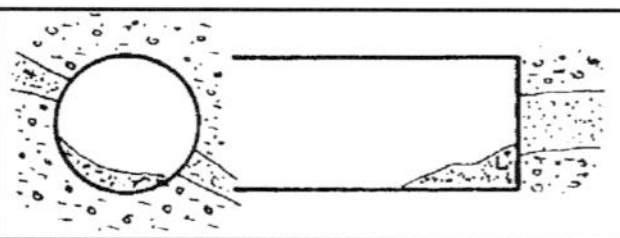
Grundbruch Kalottenfuss	Setzungen, Beeinträchtigung des späteren LRP, Gewölbebruch	Mikropfähle, HDI-Pfähle, GFK-Anker	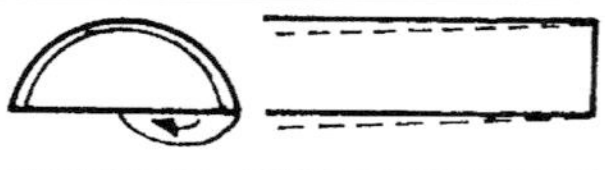
Strossenabbau	Gefährdung von Mensch und Maschinen, nachfolgende Instabilitäten	kurze Abbaulängen	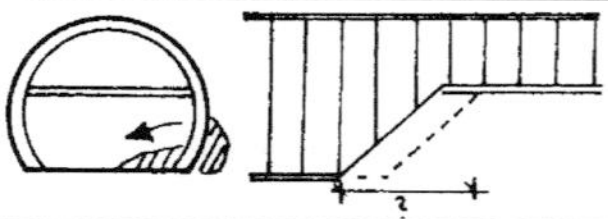

Bild 3.2-2 Gefährdungsbilder im Lockergestein

Niederbrechen von Kluftkörpern

Beschreibung: Niederbrechen von Kluftkörpern mit einem Ausmass von vielen Kubikmetern

Schadensart: Menschen können verletzt oder gar getötet und Maschinen erheblich beschädigt oder zerstört werden.

Massnahmen: Kluftkörper- und Systemankerung mit Netzen und Spritzbeton.

Echter Gebirgsdruck

Beschreibung: Der zuvor ausgebrochene Querschnitt verengt sich allmählich innerhalb von Tagen, Wochen und Monaten durch grosse Verformungen. Solche Verformungen bzw. solch grosser Gebirgsdruck treten in Gesteinsarten geringerer Festigkeit und hoher Verformbarkeit auf. Der Gebirgsdruck nimmt mit zunehmender Verformung ab.

Schadensart: Es kommt zu Abplatzungen von ganzen Gesteinsschichten sowie zur Beschädigung und Zerstörung von Einbauten durch Querschnittsverengungen. Im Extremfall kann der Querschnitt weitgehend zuwachsen.

Massnahmen: Überprofil ausbrechen und nachgiebige Sicherungen einbauen; warten, bis die Gebirgsverformungen konvergieren, eventuell Querschnitt nachprofilieren; genügend grossen Ausbauwiderstand einbauen.

Bergschlag (Sprödbrüche)

Beschreibung: Explosionsartige Ablösung von Gesteinsschalen:

- bei tiefliegenden Tunneln mit hoher Überdeckung
- im Bereich steiler Talflanken
- Auftreten bei massigen, wenig durchtrennten, spröden Gesteinen (Granit, Granodiorit).

Schadensart: Unterbrechung der Arbeiten, Gefährdung von Menschen und Geräten, siehe Niederbrechen von Kluftkörpern.

Massnahmen: Systemankerung, Bögen, siehe Niederbrechen von Kluftkörpern.

Wassereinbruch

Beschreibung: Es werden wasserführende Kluftsysteme angefahren.

Schadensart: Behinderung der Arbeiten, Verunreinigung und Verschlammung der Sohle, Überflutung der Maschinen und Geräte, Stillstand des Vortriebs.

Massnahmen: Bei fallendem Vortrieb ausreichend Pumpkapazität und Pumpensümpfe an der Ortsbrust vorhalten. Bei steigendem Vortrieb sind seitliche Rigolen anzuordnen und, wenn erforderlich, Pumpen vorzuhalten.

Gasaustritt

Beschreibung: Austreten von Gasen aus Kluftspalten.

Schadensart: Erstickungsgefahr. Explosionen zerstören Maschinen und Geräte und verletzen oder töten Menschen.

Massnahmen: Gasdektierende Messgeräte einbauen. Mit einer ausreichend bemessenen Lüftung kann die Konzentration auf die gesetzlich vorgeschriebenen MAK-Werte reduziert werden.

Fels			
Ereignis	**Gefahr**	**Massnahme**	**Skizze**
Niederbrechen von Steinen	Gefährdung von Mensch und Maschinen	Spritzbeton, Netze	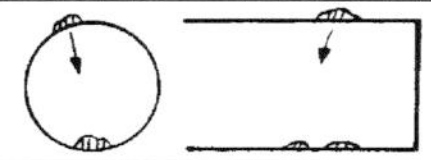
Niederbrechen von Kluftkörpern	Verschüttung von Mensch und Maschinen	Systemankerung, Betongewölbe, Gitterträger, Netze	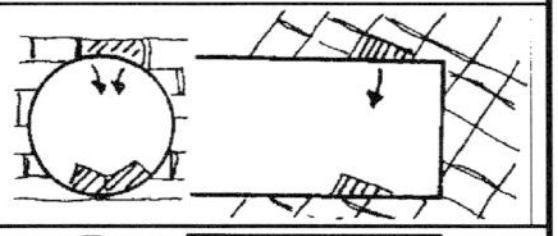
Echter Gebirgsdruck	Querschnittsverengung durch Plastifizierung	Überprofil, verformen lassen, Ausbauwiderstand	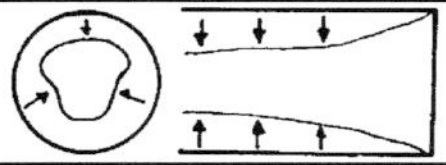
Quelldruck durch Anhydrite	Querschnittsverengung	Fernhalten von Wasser, Ausbauwiderstand erhöhen	wie oben
Wassereinbruch durch offene Klüfte	Scherkraftreduktion, Wasserschäden	Ausreichende Rigolenbemessung, Pumpen	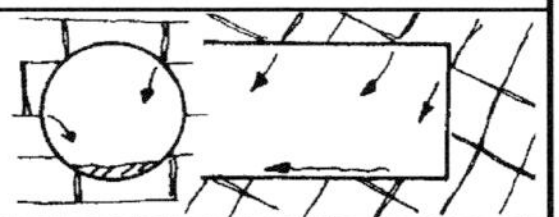
Gasaustritt	Explosion, toxische Eigenschaften	Gasmessgeräte, ausreichende Belüftung	

Bild 3.2-3 Gefährdungsbilder im Fels

Die Einteilung in Ausbruchklassen ist von den Sicherungs- und Ausbaumassnahmen abhängig. Die Sicherungs- und Ausbaumassnahmen werden gegen folgende phänomenologische Gefährdungsbilder eingesetzt:

- Steinfall
- Auflockerung im Firstbereich
- Niederbruch von
  - Kluftkörpern
  - Schichtpaketen (Sargdeckel)
  - kaminartigen Störzonen
  - Tagbrüchen
  - Bergschlag
- unzulässige Querschnittsverengungen
- unzulässige Oberflächensetzungen
- Instabilität der Ortsbrust
- Wasserzutritt
- Gaszutritt, Erdbeben etc.

Diese Erscheinungen (Steinfall, Niederbruch, Querschnittsverengungen, Oberflächensetzungen, Wasserzutritt etc.) treten auf, weil die stützende Wirkung des Kerns durch den Ausbruch entfällt. Aus vereinfachten statischen Überlegungen wird aus einer homogenen Scheibe eine Scheibe mit Loch. Beim Vollausbruch wird die Scheibe nur einmal verändert, beim Teilausbruch hingegen mehrfach.

Bei den Sicherungs- und Ausbaumassnahmen unterscheidet man wie folgt:

- Sicherungsmassnahmen sind sofortige Massnahmen, welche die Tragfähigkeit des Gebirges um den Ausbruch sichern und die Deformationen in den zulässigen, festgelegten Grenzen halten, bis der endgültige Ausbau erfolgt.
- Ausbaumassnahmen dienen mit dem Gebirge zusammen zur endgültigen Stützung des Hohlraums und beinhalten die gesamte Infrastruktur. Sie bilden den gebrauchsfähigen Abschluss des Tunnelinneren.

Diese Sicherungs- und Ausbaumassnahmen des Ausbruchs werden durch folgende Einwirkungen belastet:

- Auflockerungsdruck
- echter Gebirgsdruck
- Quelldruck
- hydrostatischer oder hydrodynamischer Druck
- Erdbebeneinwirkung

Diese Einwirkungen stellen die Reaktion zwischen Gebirge und Sicherung/Ausbau dar, d. h. sie aktivieren den Ausbauwiderstand.

Der **Auflockerungsdruck** entsteht wie folgt:

- Nach dem Ausbruch des Hohlraumes bilden sich im Lockergestein Gleitlinien.
- Im Fels hingegen breiten sich Bruchflächen durch Klüfte und Schichtfugen aus.
- Es entstehen ganze Bruchkörper.

Setzt man diesen Vorgängen nun eine Sicherung oder einen Ausbau entgegen (Ausbauwiderstand), entsteht der Auflockerungsdruck. Er ist demzufolge als Reaktion zwischen Gebirge und Ausbau zu verstehen. Ganz charakteristisch ist dabei sein schnelles, ja manchmal sogar plötzliches Auftreten.

Der **echte Gebirgsdruck** entsteht bei grossem Überlagerungsdruck und macht sich wie folgt bemerkbar:

- Nach dem Ausbruch des Hohlraumes kommt es zu massiven Spannungsumlagerungen im umgebenden Gebirge.
- Dies führt lokal zu hohen Beanspruchungen, so dass der Fels zu fliessen beginnt und sich plastisch verformt.
- Der eben erst geschaffene Hohlraum verengt sich wieder, er wächst langsam zu.

Dieser Vorgang dauert Tage oder Wochen, bis er abgeklungen ist. Versucht man nun, die Bewegung des Gebirges mit einer Sicherung oder einem Ausbau zu stoppen, entsteht, als Reaktion zwischen Berg und Ausbau, der echte Gebirgsdruck. Der echte Gebirgsdruck hat eine ausgeprägte längere zeitliche Entwicklung.

Der **Quelldruck** entsteht durch Wasseraufnahme von ton- und anhydrithaltigem Gestein. Zu beobachten ist meist eine Sohlhebung. Von entscheidender Bedeutung ist das Vorhandensein von Wasser. Wenn der Wasserzutritt gestoppt werden kann, wird auch das Quellen unterbrochen. Auch der Quelldruck kann über Wochen und Monate eine ausgeprägte zeitliche Entwicklung entfalten, bis der Vorgang abgeschlossen ist.

3.3 Klassifizierung nach der Stehzeit des Gebirges

Die Beurteilung des Gebirges nach Gefährdungsbildern wird heute als das geeignetste Klassifizierungssystem in bezug auf die Beschreibung der Phänomene und die daraus ableitbaren Massnahmen betrachtet. Dagegen stellt die Klassifizierung nach Stehzeit eine theoretische, logische Phäno-

Gebirgsklassen	Phänomenologische Standfestigkeit	Sicherung
A	Standfest	Ohne Sicherung / Kopfschutz
B	Nachbrüchig	Kopfschutz
C	Sehr nachbrüchig	Firstsicherung
D	Gebräch	Leichte Sicherung
E	Sehr gebräch	Mittelschwere Sicherung
F	Druckhaft	Schwere Sicherung
G	Sehr druckhaft	Schwere Sicherung mit Brustverzug

Tabelle 3.3-1
Gebirgsklassen nach H. Lauffer [3-2]

menerklärung in bezug auf die Standfestigkeit des Gebirges dar, praktisch jedoch ist es unmöglich, reale Stehzeiten eines Gebirges anzugeben. Ferner kann aus der Stehzeit nicht von der Ursache auf das Versagensverhalten des Gebirges geschlossen werden. Da aber die mit der Stehzeit verbundenen Begriffe und Klassifizierungen in der Praxis noch weitgehend verwendet werden, wird diese Klassifizierung erläutert.

Die Bedeutung des Zeitfaktors hat Rabcewicz [3-1] mit dem Begriff der „Stehzeit" als Kennwert für die Gebirgsbeschaffenheit eingeführt. Die Stehzeit ist eine sehr eingeschränkte, phänomenologische Betrachtung des ausgebrochenen Tunnelquerschnittes. Diese Art der Klassifizierung fokussiert auf den zeitlichen Faktor zwischen dem Ausbruch und dem zu erwartenden Niederbruch, nicht aber auf die Ursache und die Wirkung. Die anderen Phänomene des Gebirgsverhaltens werden zur Klassifizierung nicht verwendet. Die Stehzeit ist somit jene Zeit, die zur Verfügung steht, um die erforderlichen Sicherungsarbeiten in einem ungesicherten Stollen, Tunnel etc. durchzuführen. Diese Klassifizierung stützt sich direkt auf die Eigenschaften des Gebirges ab. Aus diesen Eigenschaften des Gebirges bei der Herstellung des Hohlraums erfolgt die Wahl von Sicherungsmassnahmen (Tabelle 3.3-1).

Lauffer hat daraus einen zweiten Kennwert der „freien Stützweite L" in Abhängigkeit von der Standzeit empirisch ermittelt (Bild 3.3-1). Dabei definiert die freie Länge die richtungsmässig unabhängige Stützweite des ungesicherten Tunnels. In Bild 3.3-1 sind die freie Länge L und die Stehzeit im doppeltlogarithmischen Diagramm aufgetragen. Das Gebirge ist in sieben Klassen eingeteilt: von standfest, nachbrüchig und gebräch bis zu druckhaft. Die im Tunnelbau am häufigsten vorkommenden Werte liegen im schraffierten Bereich. Mit abnehmender Standfestigkeit nimmt die Empfindlichkeit des Gebirges gegenüber einer Vergrösserung des Hohlraumes zu. In Tabelle 3.3-2 sind die Bandbreiten möglicher Sicherungsmassnahmen gemäss dieser Klassifizierung als Anhaltswerte aufgelistet.

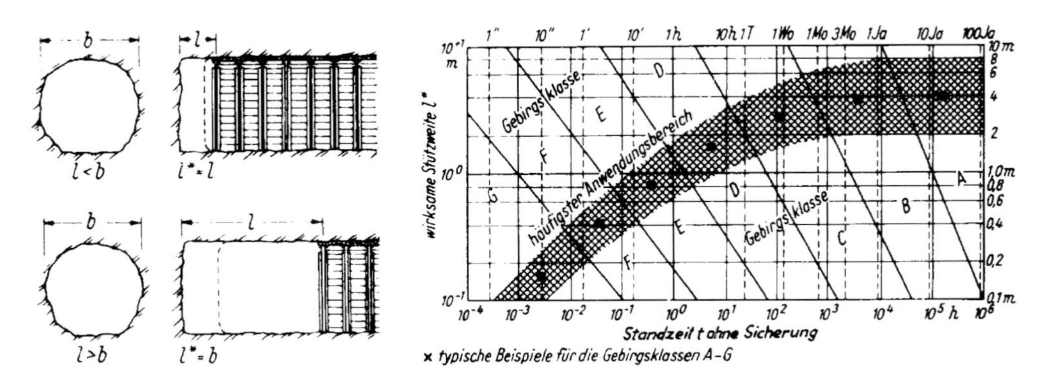

Bild 3.3-1 Wirksame Stützweite und Klassifizierungsdiagramm nach H. Lauffer [3-2]

Tabelle 3.3-2 Bandbreite der möglichen Sicherungsverfahren nach H. Lauffer [3-2]

Gebirgsklassen und übliche Einbauten		**Standzeit für ungesicherte Spannweite**	**Spritzbeton**	**Ankerausbau**	**In der Auskleidung verbleibender Stahleinbau**
A	**Standfest**	20 a 4 m	Nicht erforderlich	Nicht erforderlich	Nicht erforderlich
B	**Nachbrüchig** Kopfschutz	0,5 a 4 m	2 bis 3 cm Nur für die Kalotte	Ankerabstände 1,5 bis 2 m Nur für die Kalotte mit Drahtnetz	Anwendung unwirtschaftlich
C	**Leicht gebräch** Firstsicherung	7 d 3 m	3 bis 5 cm Nur für die Kalotte	Ankerabstände 1,0 bis 1,5 m Nur für die Kalotte mit Drahtnetz oder nachträglichem Spritzbetonauftrag	Anwendung unwirtschaftlich
D	**Gebräch** Leichte Sicherung	5 h 1,5 m	5 bis 7 cm Hauptsächlich für die Kalotte mit Baustahlgewebe	Ankerabstände 0,7 bis 1,0 m Hauptsächlich für die Kalotte mit Drahtnetz und nachträglichem Spritzbetonauftrag	Fallweise wie für E
E	**Sehr gebräch** Mittelschwere Sicherung	20 min 0,8 m	7 bis 15 cm Mit Baustahlgewebe	Nur wenn die Ankerköpfe halten und nach provisorischer Abstützung der Kalotte. Ankerabstände 0,5 bis 1,2 m mit sofortigem Spritzbetonauftrag	Stahlbögen
F	**Druckhaft** Schwere Sicherung ohne Brustverzug	2 min 0,4 m	15 bis 20 cm mit Dilitationsschlitzen, Baustahlgewebe und Stahlbögen, fallweise Brustsicherung durch Spritzbeton	Systemanker in den Spritzbetonschalen zwischen den Dilitationsschlitzen (Anker prüfen)	ausgesteifte Stahlbögen mit nachträglichem Spritzbetonauftrag
G	**Sehr druckhaft** Schwere Sicherung mit Brustverzug	10 s 0,15 m	Nicht ausführbar	Nicht ausführbar	Vorauseilende Sicherung, ausgesteifte Stahlbögen und nachträglichem Spritzbetonauftrag

Tabelle 3.3-3 Gebirgsdruckerscheinungen nach Stini [3-2]

Gebirgs-klassen	Phänomenologische Standfestigkeit	Repräsentative Gebirgsarten	Fiktive Höhe des Bruch-körpers in m	Anmerkung: Sicherungen / Gebirgsverhalten
A	standfester und sehr fester Fels		0...0,5	
A/B	leicht nachbrüchig/ befriedigend standfester Fels	glimmerreiche Glimmerschiefer, stark verschieferte Gneise	0,5...1	Nachbrüche nur durch Auflockerung beim Ausbruch, sehr geringe Nachbrüche im Laufe der Zeit
B	nachbrüchig/ leicht gebrächer Fels	kräftig durchbewegte und zerhackte Quarzphyllite, Chloritschiefer, glimmerreiche blättrige Kalkglimmerschiefer	1...2	leichte Nachbrüche
C	sehr nachbrüchig/ mässig gebrächer Fels	stark zerhackte Dolomite in Störungsstreifen	2...4	nach anfänglicher Standfestigkeit Nachbrüche nach Monaten
D	gebrächer Fels	Tonmergel, manche dünnschichtigen, mürben Sandsteine, Quetschdolomite	4...10	beim Ausbruch standfest, später kräftige Nachbrüche
E	sehr gebrächer Fels	dünnschichtige, besonders mergelige Sandsteine, glimmerreiche Phyllite, manche Hartmergel, Kalkblätterschiefer, Ufermoränen	10...15	beim Ausbruch starke Auflockerung, örtlich begrenzte Firstbrüche
E/F	leicht druckhaft/ sehr gebräch	Schwarzschiefer, wenig durchbewegte Blätterschiefer, glimmerreiche Seidenquarzschiefer, Hartgestein mit engständigen, tonreichen Zwischenschichten, Gesteine von mittleren Zerrüttungsstreifen, viele Mergelschiefer, bergfeuchter Ton feuchte Grundmoräne	15...25	mittlere bis schwere Sicherung
F	mittlere Druckhaftigkeit	mürbe, dünnblättrige Seidenschiefer, Blätterschiefer, weiche Mergel, graphitische Schiefer, nasser Ton	24...40	sehr dichte und schwere Sicherung
G	sehr druckhaft	Schiefertone, mürbe Mergel, Quetschgesteine schwere Zerrüttungsstreifen	40...60	vorauseilende Sicherung

Die Tabelle 3.3-3 gibt einen Überblick über das mögliche Ausmass des Bruchkörpers oberhalb des Tunnelscheitels, bezogen auf die sieben Gebirgsklassen.

3.4 Klassifizierung nach Ausbruch- bzw. Vortriebsklassen

3.4.1 Einleitung

Die Klassifizierung der Vortriebsarbeiten erfolgt auf der Grundlage der geotechnischen Untersuchungen und deren tunnelbautechnischer Beurteilung. Zur tunnelbautechnischen Beurteilung dienen heute die Gefährdungsbilder. Der Ausbruch eines Tunnels wird durch die Gefährdungsbilder und folgende Einflüsse charakterisiert:

- Gebirgsfestigkeit
- Schichtung und Klüftung
- Wasser und Gas
- freie Stützweite im Quer- und Längsschnitt
- Grösse und Richtung des primären Gebirgsdrucks
- zeitliches Verhalten des Gebirges
- Form des Querschnitts
- Vortriebs- und Anisotropierichtung.
- Überlagerungshöhe

Diese Einflüsse wirken sich auf das phänomenologische Verhalten des Gebirges beim Auffahren des Tunnels, ausgedrückt durch die Gefährdungsbilder und die Standzeit, aus. Daraus erfolgen die tunnelbautechnische Beurteilung und die geotechnischen bzw. felsmechanischen Berechnungen der Sicherungs- und Ausbaumassnahmen mit der anschliessenden Zuordnung zu den **Vortriebsklassen** [3-3] bzw. Ausbruchklassen [3-4], [3-5]. Die Einordnung des verschiedenartigen, felsmechanischen Verhaltens in bezug auf die oben angeführten charakteristischen und phänomenologischen Einflüsse auf den Ausbruch erfolgt international in Klassifizierungssysteme. Unter Klassifizierung der Ausbrucharbeiten wird die Festlegung und Anwendung eines Schemas verstanden, in dem die leistungsbestimmenden Arbeiten des Ausbrechens, Sicherns und Ausbauens gemäss den Erschwernissen obiger Einflüsse systematisch eingestuft werden. Diese Methode entspricht den Bedürfnissen der Unternehmer, die Ausbrucharbeiten unter Tage nach dem Grad der Ausführungsschwierigkeiten vergütet zu bekommen.

Die **Ausbrucharten** definieren, in welcher geometrischen Form der Querschnitt aufgefahren wird, und werden in Voll- und Teilausbrüche unterteilt. Die **Ausbruchsicherungsklassen** definieren den Umfang und den Einbauort der Ausbruchsicherungen. Daher kann man die Kombination von Ausbruchsicherungsklasse und Ausbruchart als **Vortriebs-**oder **Ausbruchklasse** bezeichnen.

Die **Klassifizierung des Vortriebs** umfasst im Rahmen der Planung und der Ausführung eines Tunnelbauwerkes folgende Schritte:

- Einteilung in Ausbruchsicherungsklassen und Ausbrucharten
- Prognose der Anteile der verschiedenen Ausbruchklassen
- Festlegung der jeweils tatsächlich zutreffenden Ausbruchklassen während des Ausbruchs

Die Klassifizierung in Ausbruch- bzw. Vortriebsklassen dient:

- vor der Bauausführung zur Planung der Vortriebsklassen und zur leistungsgerechten Preisbildung für den Vortrieb in unterschiedlichem Baugrund,
- während der Ausführung zur gebirgsgerechten Auswahl der Ausbruchart und der Sicherungsmassnahmen vor Ort,
- nach der Ausführung als Abrechnungsgrundlage sowie zur Vergleichbarkeit für nachfolgende Tunnelprojekte.

3.4.2 Klassifizierung nach Sicherungsmassnahmen und Ausbrucharten

Die generelle Einteilung in **Vortriebs- bzw. Ausbruchklassen** dient als Grundlage für die konkrete, projektspezifische Klassifizierung eines Tunnelbauwerks. Voraussetzung für die generelle Klassifizierung der Vortriebsarbeiten ist die Festlegung der Art des Lösens, Sicherns und Ausbaus des Hohlraums. Bei Schildmaschinen spielt darüber hinaus die Art der Stützung der Ortsbrust eine massgebliche Rolle. Das Lösen und das Sichern/Ausbauen sowie gegebenenfalls das Stützen der Ortsbrust sind die leistungsbestimmenden Arbeiten im Vortrieb.

Für die Ausführung benötigt man für die verschiedenen Gebirgsklassen nach Stehzeit und Gefährdungsbildern eine klare Zuordnung zu den Sicherungsmassnahmen und Ausbrucharten, um die Bauarbeiten durchzuführen. In diesem Klassifizierungsschema werden die Auswirkungen der Sicherungsmassnahmen und der Ausbruchart auf den Vortrieb kategorisiert. Diese Klassifizierung bezieht sich auf die Massnahmen im Vortrieb, um den Gebirgsphänomenen mit konstruktiven und baubetrieblichen Massnahmen zu begegnen. Die Erschwernisse durch Wassereinfluss werden jedoch getrennt berücksichtigt.

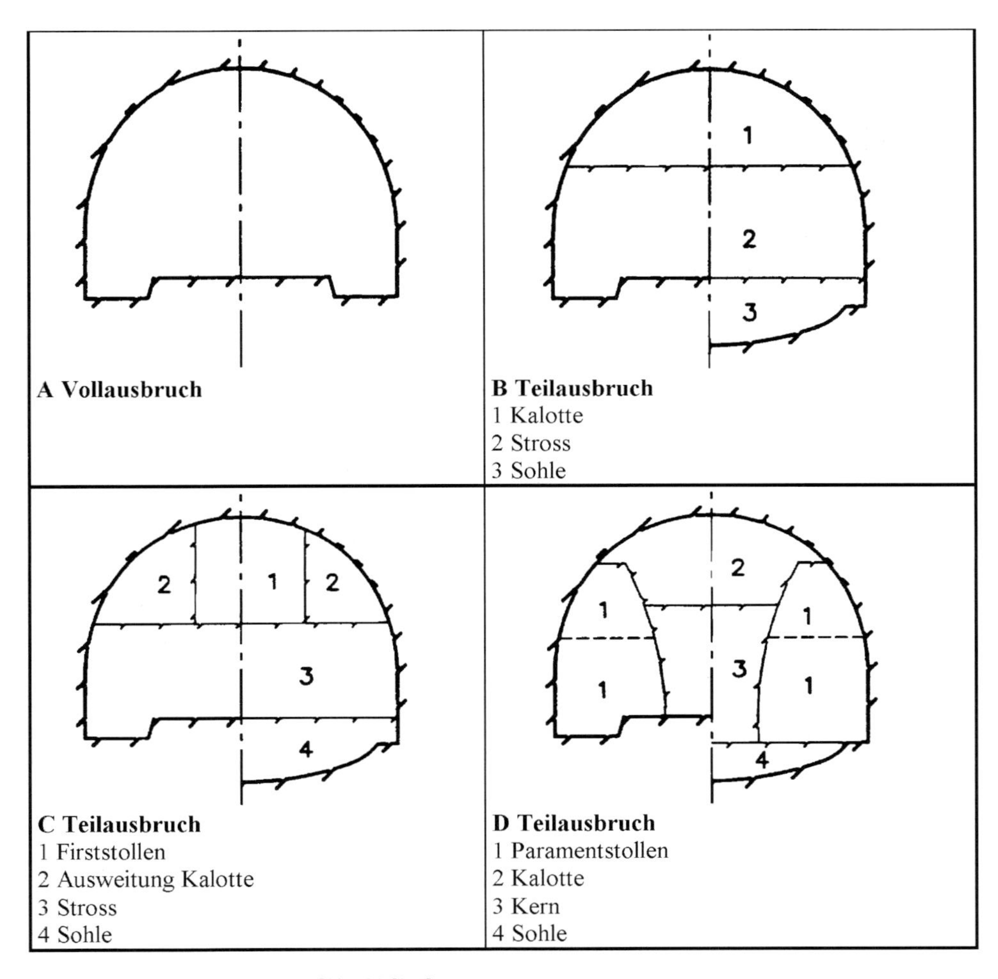

Bild 3.4-1 Ausbrucharten nach SIA 198 [3-4]

Dieses Klassifizierungsschema dient der generellen Einteilung und als Grundlage der projektbezogenen Klassifizierung. Die generellen Vortriebsklassen werden wie folgt unterteilt:

- für universellen Vortrieb mittels Sprengen, Baggern und Teilschnittmaschinen (TSM)
- für Tunnelbohrmaschinen (TBM)
- für Schildmaschinen im Lockergestein

Die Ausbruchklassen gelten im allgemeinen für Fest- und Lockergesteine.

Vortriebsklassifizierung des universellen Vortriebs

Die Vortriebsklassifizierung für den universellen Vortrieb erfolgt nach Ausbruchart und Ausbruchsicherungsklasse (Sicherungsaufwand). Der TSM-Vortrieb wird noch zusätzlich in Schrämklassen und der TBM-Vortrieb in Bohrklassen eingeteilt.

Ausgehend von der Klassifikation für den Untertagebau der SIA Norm 198 [3-4] und ETB [3-3] werden für Tunnelbauwerke folgende Ausbrucharten unterschieden (Bild 3.4-1):

Tabelle 3.4-1 Ausbruchklassen nach SIA 198 [3-4]

AK I	Die Ausbruchsicherung verursacht eine unbedeutende Behinderung des Vortriebzyklus bzw. der Vortriebsleistung
AK II	Die Ausbruchsicherung verursacht eine leichte Behinderung der Vortriebsleistung
AK III	Die Ausbruchsicherung verursacht eine erhebliche Behinderung der Vortriebsleistung
AK IV	Die Ausbruchsicherung verursacht eine erhebliche Verlängerung des Vortriebszyklus (sofortige Sicherung nach jeder Ausbruchetappe)
AK V	Die Ausbruchsicherung erfolgt laufend mit dem Ausbruch und bedingt eine sofortige Stützung der Brust oder eine Voraussicherung

- A: Vollausbruch
- B: Kalottenausbruch und nachträglicher Strossenabbau
- C: Kalottenausbruch unterteilt und nachträglicher Strossenabbau
- D: Paramentstollenausbruch und nachträglicher Ausbruch von Kalotte, Kern und Sohle

Für die Einteilung in Vortriebs- bzw. Ausbruchklassen (Tabelle 3.4-1) sind Umfang und Einbauort der Ausbruchsicherung entscheidend.

Diesen Ausbruchklassen kann man in etwa folgende **Abschlagslängen** zuordnen:

- AK I + II: keine Beschränkung
- AK III: maximal 3 – 4 m
- AK IV: maximal 2 – 3 m
- AK V: die Länge wird durch die Sicherung während des Vortriebs bestimmt (ca. 1 m)

Massgebend für die Einstufung in die verschiedenen Ausbruchklassen sind nicht nur Art und Umfang der Sicherungsmassnahmen, sondern auch der **Ort** der Durchführung und damit die Zeitspanne, die zwischen Ausbruch und Sicherung im Normalfall verstreicht. Dazu werden verschiedene **Arbeitsbereiche** (Tabelle 3.4-2) definiert:

- L1 Brustbereich
- L2 Vortriebsbereich
- L3 rückwärtiger Bereich

Damit ergibt sich die Matrix der Vortriebsklassen für den universellen Vortrieb (Tabelle 3.4-3).

Wird eine Teilschnittmaschine (TSM) eingesetzt, muss die Vortriebsklassifizierung um die **Schrämklassen** erweitert werden. Dies erfolgt nach den charakteristischen Gesteins- und Gebirgskennwerten (Härte, Quarzgehalt etc.) hinsichtlich des Werkzeugverschleisses und der Abbauleistung. Damit erhält man eine dreidimensionale Klassifizierung nach Ausbruchart, Ausbruchsicherungs- und Schrämklasse.

Die ETB [3-3] unterteilt den universellen Vortrieb in elf Vortriebsklassen von 1 bis 7 A. Diese sind vergleichbar mit der SIA 198[3-4].

Vortriebsklassifizierung für TBM-Vortrieb

Erfolgt der Abbau mit einer TBM, werden die Vortriebsarbeiten nach einem analogen Schema in

Tabelle 3.4-2 Richtwerte für die Arbeitsbereiche L1, L2 und L3 (SIA 198) [3-4]

Ausbruchbreite [m]	3	6	10	15
Länge L1 [m]	2	3	5	5
Länge L2 [m]	15	20	25	35
Länge L3 [m]	150	200	250	300
Anzahl Anker am Profilumfang pro Laufmeter Tunnel	2	4	5	9

Tabelle 3.4-3 Matrix der Ausbrucharten und Ausbruchklassen (Tabelle 6 SIA 198) [3-4]

Universelle Vortriebsklassen					
Ausbruchart	**Ausbruchklassen**				
	I	II	III	IV	V
A: Vollausbruch	A I	A II	A III	A IV	A V
B: Kalottenausbruch und nachträglicher Strossenabbau	B I	B II	B III	B IV	B V
C: Kalottenausbruch unterteilt und nachträglicher Strossenabbau			C III	C IV	C V
D: Paramentstollenausbruch			D III	D IV	D V

Ausbruch- und Bohrklassen eingeteilt. In den Ausbruchklassen I – V wird der Einfluss der Sicherungsarbeiten bei offenen Tunnelbohrmaschinen auf die Vortriebsarbeit berücksichtigt.

Diesen Ausbruchklassen werden in der Praxis wahrscheinliche Vorschublängen zugeordnet, die mit der Stehzeit des Gebirges korrelieren. In der SIA 198 erfolgt die Unterteilung des Einbringens der Sicherungen nach den Erschwernissen und Auswirkungen auf den Bohrfortschritt der TBM in den verschiedenen Arbeitszonen der TBM und des Nachläufers. Die Arbeitszonen werden wie folgt unterteilt:

- L1: Maschinenbereich
- L2: Nachläuferbereich
- L3: rückwärtiger Bereich bis 200 m hinter dem Nachläufer

Der aufgrund der Gebirgsverhältnisse in den einzelnen Arbeitszonen notwendige Einbau der verschiedenen Arten und Mengen an Sicherungselementen führt dann zur Einordnung in die Ausbruchklassen.

In den Bohrklassen wird der Einfluss der Bohrbarkeit, d. h. der möglichen Nettobohrgeschwindigkeit, auf die Vortriebsarbeit berücksichtigt. Die Penetration wird als Mass für die Bohrbarkeit festgelegt. Projektspezifisch können z. B. folgende Bohrklassen definiert werden:

- Bohrklasse A: Penetration > 8 mm/TBM-Umdrehung
- Bohrklasse B: Penetration 5 – 8 mm/TBM-Umdrehung
- Bohrklasse C: Penetration 3 – 5 mm/TBM-Umdrehung
- Bohrklasse D: Penetration 2 – 3 mm/TBM-Umdrehung
- Bohrklasse E: Penetration 1 – 2 mm/TBM-Umdrehung

Als massgebende Penetration gilt die bei Ausnutzung von 80 – 85 % der Vorschubkraft und Drehzahl erreichbare Penetration. Die Penetration muss täglich auf der Baustelle ermittelt werden.

Zudem kann der Einfluss der Festigkeit, Zähigkeit und Abrasivität des Gesteins zur separaten Vergütung der Werkzeugkosten in **Verschleissklassen** eingeteilt werden. Die Einteilung in Verschleissklassen wird im Abschnitt für Tunnelbohrmaschinen vorgenommen.

In der ETB [3-3] erfolgt die Einteilung für den TBM-Vortrieb in die Klassen TBM 1 – TBM 5. Diese Einteilung ist durch die Art und den Umfang sowie den Einbauort der Sicherungen und die daraus resultierende Behinderung untergliedert.

Die SIA 198 ist speziell für den Felstunnelbau ausgelegt. In diesem Anwendungsbereich werden jedoch weitreichendere Klassifizierungshinweise gegeben, um die Einteilung nach der Art und Konzentration der Sicherungselemente für unterschiedliche Projekte nach gleichem Massstab projektspezifisch umzusetzen.

Vortriebsklassen für Schildmaschinen im Lockergestein

Die ETB [3-3] berücksichtigt ferner noch Vortriebsklassen für Schildmaschinen im Lockergestein. Die Einteilung erfolgt nach der Art der Ortsbruststützung, dem nichtbehinderten bzw. behinderten Lösen des Bodens und dem Einbringen des vorläufigen und endgültigen Ausbaus.

Tabelle 3.5-1
Matrix der interdisziplinären Zusammenarbeit und Zuordnung der Aufgaben bei der Planung und Ausführung von Tunnelbauten

■ = Hauptaufgabe
● = beratende Mitwirkung
▲ = eventuell Beiziehen

		Geologe Geo-technik	Projekt-verfasser	Bau-leitung	Spezial-firma, Baufirma
Voruntersuchungen					
a	allg. geol. Situation	■	●		
b	geotechnische Prognose auf Grund von a und Erfahrung	■	●		
c	Aufschluss-Programm	■	●		
d	Aufschluss-Durchführung	■			●
e	geotechnische Untersuchungen	■	●		
f	geologische Interpretation	■	●		
g	geotechnische Interpretation	■	●		
h	Gutachten / Plandarstellung	■	●		
i	Projekt	●	■		●
Ausführung					
k	Bauausführung	●	●	■	■
l	weitere geolog. Vorauserkundung	■	●	●	●
m	geotechnische Überwachung	■	●	●	▲
n	Projektanpassung	●	■	●	●
o	geologischer Schlussbericht	■		●	●

Unabhängig von der Gebirgsklasse wird die Wasserhaltung zu besonderen Preispositionen entschädigt (nach SIA Norm 198, Art. 5.14.1 [3-4], ETB [3-3]).

Diese Einteilung entspricht dem Bedürfnis, die Leistung des Unternehmers für Ausbrucharbeiten unter Tage nach dem Grad der Schwierigkeit der Arbeiten zu vergüten. In der Praxis hat sich diese Methode zur Definition von Art und Umfang der erforderlichen Sicherungsmassnahmen bewährt. Zudem lassen sich die Grenzen zwischen den einzelnen Klassen einfach bestimmen.

Projektbezogene Klassifizierung

Bei der Planung eines Tunnelbauwerks ist auf der Basis des hier vorgestellten Vortriebsklassifizierungssystems ein spezifisches projektbezogenes Klassifizierungsschema zu erstellen. Durch Einteilung in Unterklassen kann eine Verfeinerung durch Berücksichtigung weiterer Besonderheiten, die zu Leistungserschwernissen führen, erreicht werden. Nach der Einteilung in projektbezogene Vortriebsklassen ist die Prognose über die Anteile der verschiedenen Vortriebs- bzw. Ausbruchklassen entlang der Tunnelachse zu erstellen. Es ist erforderlich, überschaubare unterschiedliche Gebirgsverhältnisse abzugrenzen. Die Klassifizierung wird im Rahmen der Planung vom Bauherrn vorgenommen. Bei Sondervorschlägen kann der Bieter projektbezogen eine eigene Unterteilung auf der Grundlage der generellen Klassifikation der Vortriebsarbeiten unter Berücksichtigung der geologischen Untersuchungen vorschlagen.

Die Vortriebs- bzw. Ausbruchklassen werden vor dem jeweiligen Ausbruchvorgang auf der Grundlage der genehmigten Sicherungs-Ausführungspläne vor Ort zwischen Bauherr und Auftragnehmer festgelegt. Die ausgeführten Vortriebs- bzw. Ausbruchklassen werden in einem Bestandsplan mit der angetroffenen Geologie festgehalten.

3.5 Interdisziplinäre Zusammenarbeit

Im Tunnelbau ist bei der Planung und Bauausführung die interdisziplinäre Zusammenarbeit notwendig, um die komplexen Zusammenhänge durch hochspezialisierte Fachkräfte auf sehr unterschiedlichen Gebieten wie:

- Verkehrsplanung
- Geologie, Hydrologie, etc.
- Konstruktion, statische Berechnung
- Bauausführung, Logistik, Kosten, Termine
- Messtechnik

zusammenzuführen.

Der projektierende Ingenieur ist für die gesamten Planungsarbeiten zuständig. Seine Aufgabe ist es primär, die richtigen Fachleute für das spezifische Projekt heranzuziehen. Ferner muss er das Team führen und teilweise spezielle Ergebnisse in eine bautechnische und aussagekräftige Form bringen und innerhalb des Planungsteams bekanntmachen. In seiner Verantwortung liegt es, zur Vertiefung und Detaillierung der Vorerkundungen und zur Abschätzung der möglichen Auswirkungen der Restrisiken auf die Bauausführung wirtschaftliche Risikoabwägungen zu treffen.

Die Schlüsselfachleute bei der Planung und Ausführung von Tunnelbauwerken sind:

- Projektverfasser
- Geologe / Geophysiker
- Geotechniker
- Messtechniker
- Bauausführungsunternehmung
- Baumaschinenhersteller

Die Schlüsselaufgaben der einzelnen Fachleute für die jeweiligen Projektphasen sind in Tabelle 3.5-1 dargestellt. Innerhalb dieses Teams legt man die Gebirgsprognose und die Verteilung der Ausbruchklassen fest. Damit werden dann die Ausbruchart, die Sicherungsmassnahmen und der Ausbau des Bauwerks bestimmt. Während der Bauzeit werden die Sicherungsmassnahmen und manchmal sogar auch der Ausbau den realen Gebirgsverhältnissen angepasst (nicht bei Tübbingauskleidung mittels Schildvortrieb). Die Wahl der Sicherungsmassnahmen ist von den zu erwartenden Gebirgsdruckverhältnissen abhängig und hat einen entscheidenden Einfluss auf die Effizienz der Linienbaustelle des Tunnels.

Die Bandbreite der Sicherungsmassnahmen sollte der realistischen Streubreite der Gebirgsverhältnisse Rechnung tragen. Dies ist notwendig, um den Herstellungsprozess flexibel auf nicht abschätzbare Behinderungen vorzubereiten. Eine plötzliche, unerwartete Änderung des geplanten Herstellungsprozesses durch nicht prognostizierte Gebirgsverhältnisse kann den Zyklus von ineinandergreifenden Takten sowie die notwendige gerätetechnische Ausrüstung der Baustelle erheblich verändern. Solche Störfälle führen in der Regel zu erheblichen Termin- und Kostenüberschreitungen.

4 Untertagebauwerke und ihre Ausbrucharten

4.1 Arten von Untertagebauwerken

Der Tunnelbau ist historisch aus dem Bergbau hervorgegangen und wurde von Bauingenieuren im Bereich des Verkehrs- und Versorgungsbaus übernommen und weiterentwickelt. Daher entsprechen viele Begriffe und Bezeichnungen denen aus dem Bergbau. Die Terminologie ist im deutschsprachigen Raum noch immer nicht identisch. Zum Verständnis der Beteiligten im Untertagebau ist die Kenntnis der wichtigsten Fachausdrücke und -bezeichnungen unerlässlich. Im folgenden werden wir die Klassifizierung der Bauwerke vornehmen:

- Tunnel sind langgestreckte, horizontal oder nur wenig geneigt verlaufende, unterirdische Hohlräume mit Ausbruchquerschnitten von in der Regel über 25 m^2 (Einspur-Eisenbahntunnel). Sie dienen vorwiegend dem Strassen- und Eisenbahnverkehr. Tunnel haben jeweils zwei Öffnungen zur Tagesoberfläche.

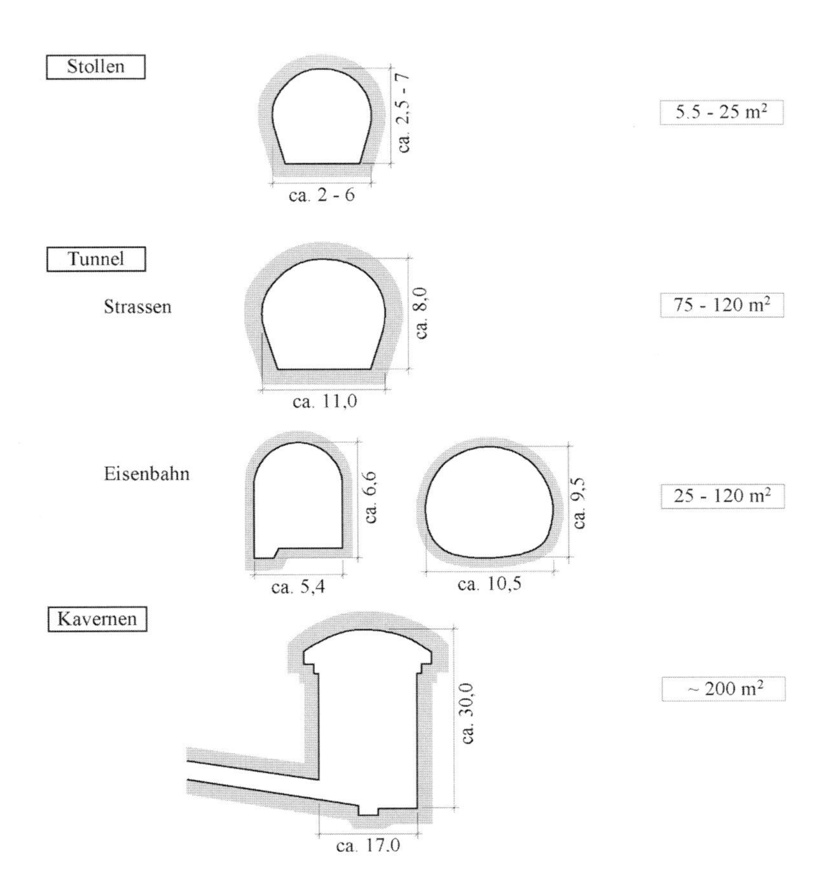

Bild 4.1-1 Übersicht Untertagebauten

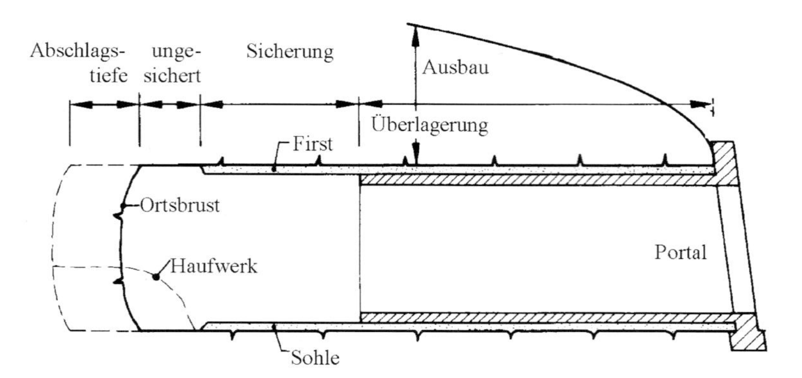

Bild 4.1-2
Bezeichnungen im Längsschnitt [4-1]

- Stollen sind langgestreckte, horizontale oder weniger als 20 % zur Horizontalen geneigte Untertagehohlräume mit kleinen Ausbruchflächen bis zu 25 m^2. Als Hauptbauwerk werden sie als Freispiegelstollen, Druckwasserstollen, Zugangs- und Lüftungsstollen für Kavernen, zur Aufnahme von Rohr- und Kabelleitungen sowie als Verbindungswege genutzt. Für baubetriebliche Zwecke dienen sie als Hilfsbauwerke, wie Fensterstollen für Zwischenangriffe, Erkundungs-, Lüftungs- und Injektionsstollen während der Bauausführung. Stollen besitzen vielfach nur eine Öffnung zur Tagesoberfläche.
- Schächte sind langgestreckte, unterirdische, lotrecht oder schräg (mehr als 20 % zur Horizontalen) verlaufende Hohlräume zur Überwindung von Höhenunterschieden. Sie dienen ähnlichen Aufgaben wie Stollen. Als Hauptbauwerk werden sie als Zugänge, Lüftungsbauwerke, Druckschächte, Wasserschlösser etc. verwendet. Ferner können sie auch als Hilfsbauwerke dienen, z. B. als Schutterschächte, zum Transport von Materialien und für Lüftungszwecke.
- Unterirdisch hergestellte Leitungen werden aufgeteilt in begehbare und nichtbegehbare Querschnitte. Sie dienen dem Transport von Flüssigkeiten, Wärme oder Gasen oder der Aufnahme von Kabeln. Ihre Herstellung wird hier nicht behandelt.
- Kavernen sind Felshohlräume mit grossen Querschnitten und relativ geringer Länge. Sie dienen der Lagerung fester, flüssiger oder gasförmiger Güter, der Aufnahme von Maschinen und Fahrzeugen und der Unterbringung von unterirdischen Erzeugungsanlagen, Fabrikationsräumen und militärischen Anlagen. Die Verbindung zur Erdoberfläche erfolgt durch andere Felshohlräume wie Tunnel, Stollen oder Schächte.
- Kammern sind kleinere, gedrungene Felshohlräume. Sie dienen zur Lagerung von Gütern während der Bauausführung oder zur dauernden Nutzung (Apparate- oder Schieberkammern in Wasserkraftwerken, Sprengstoffkammern).

Die Bezeichnung der Querschnitte und Teile der Sicherung können Bild 4.1-2 und Bild 4.1-3 entnommen werden.

Weitere Begriffe sind in der SIA 198 [4-2] und in ETB [4-3] festgelegt.

4.2 Wahl der Ausbrucharten

Die nach den klassischen Bauweisen aufgefahrenen Tunnel, beginnend mit dem Eisenbahntunnel des letzten Jahrhunderts, sind in ihrer Kühnheit mit den heutigen Tunnelbauten vergleichbar. Die klassischen Bauweisen beruhen auf den Erfahrungen des Bergbaus. Die Grundsätze des heutigen Tunnelbaus waren bereits um die Jahrhundertwende bekannt. Bedingt durch die damals vorhandenen Materialien, wie:

- Holzzimmerung zur Sicherung
- Bruchsteinmauerwerk für den Ausbau

konnten jedoch die schon damals bekannten felsmechanischen Grundsätze des Tunnelbaus wegen des nur sehr unvollkommenen Kontakts der Sicherungs- und Ausbaukonstruktion mit dem Gebirge nicht voll umgesetzt werden. Später wurde das Holz teilweise durch Stahl und das Mauerwerk durch Beton ersetzt.

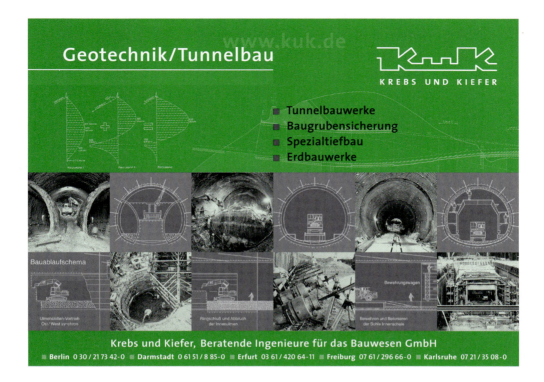

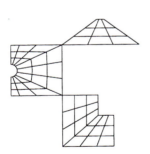

Bild 4.1-3 Bezeichnung der Querschnitte und der Teile davon nach SIA 198 [4-2]

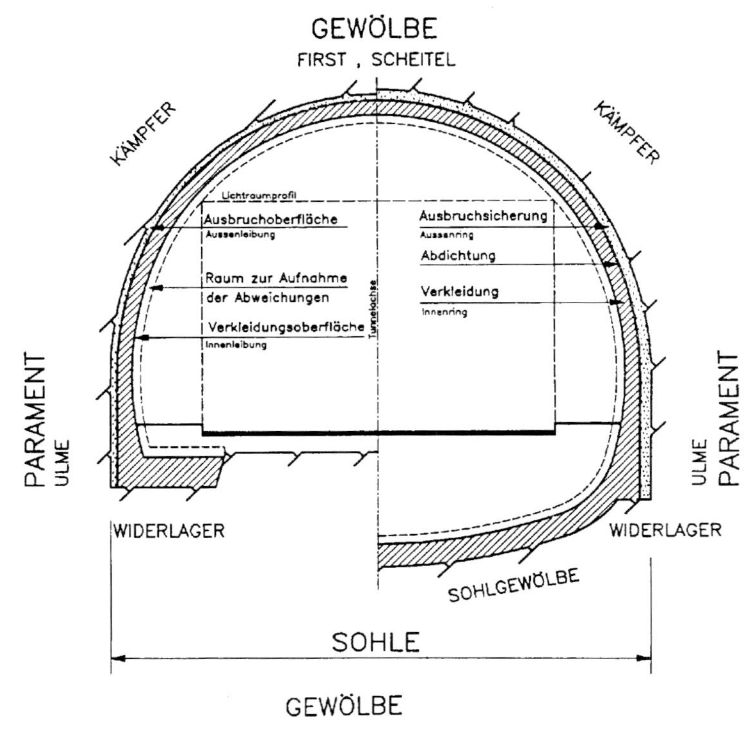

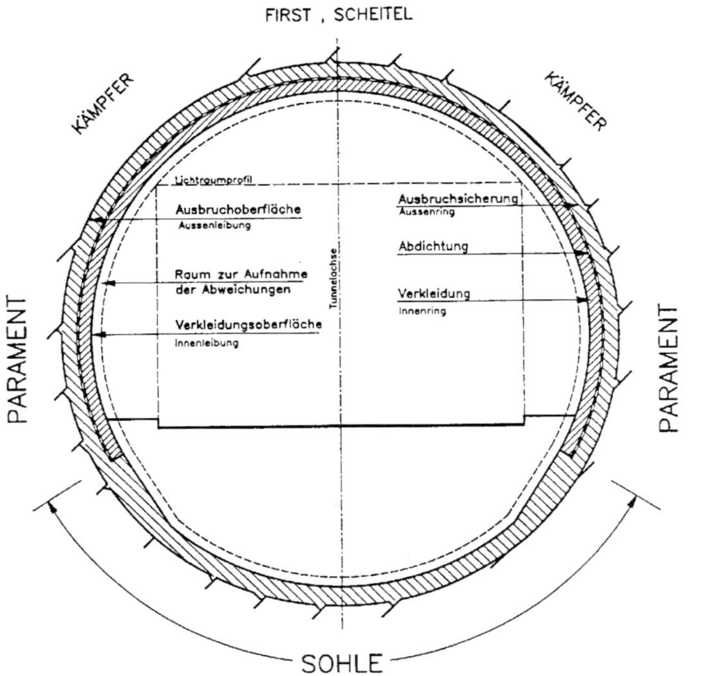

Bedingt durch diese beschränkten technischen Möglichkeiten ergaben sich damals verstärkte Auflockerungen im Gebirge durch:

- die relativ weiche Holzzimmerung zur Sicherung
- den Ausbau der Sicherung zum Einbau der Mauerwerksauskleidung
- die Hinterfüllung der Ausmauerung mit losem Steinmaterial (entfiel beim Betoneinbau)
- das Ausspülen der Fugen beim Mauerwerk

Die **Neuerungen** des heutigen Tunnelbaus sind geprägt durch folgende Faktoren:

- Einsatz neuer Materialien wie Spritzbeton, Stahlfaserspritzbeton, Tübbinge, hochwertige und hochfeste Stähle und Kunststoffe für Anker
- Weiterentwicklung und Leistungssteigerung der Bohrtechnik hinsichtlich hochfester, zäher Bohrer, Mechanisierung und Roboterisierung der Bohrgeräte
- Weiterentwicklung der Sprengtechnik in bezug auf Sprengstoffe, elektronische Zünder und Zündeinrichtungen, Sprengmethoden (smooth blasting etc.)
- leistungsfähige, schwere Teilschnittmaschinen und hydraulische Tieflöffelbagger
- neue und neueste Entwicklungen von Tunnelbohrmaschinen, Schildmaschinen mit hochmechanisiertem und teilroboterisiertem Betrieb
- hochmechanisierte Schuttertechnik im Bereich des „Universellen Vortriebs“
- hochleistungsfähige Fördertechnik mittels Stetigförderer (Band- und Schneckenförderer), Zugbetrieb bzw. Pneufahrzeugen, Flüssigkeitsförderung (Dünn- und Dickstrom)
- Abdichtungstechnik
- Schalungstechnik für den Innenausbau
- Entwicklung neuer Messtechniken zur:
  - Ermittlung von Gebirgsverformungen und Spannungen
  - Durchführung der Trassenvermessungen

Durch diese Weiterentwicklungen und Neuerungen lassen sich die Bewegungen des Gebirges durch den Ausbruch klein halten. Somit können die bekannten Grundsätze des Tunnelbaus unter Anwendung der neuen Sicherungs-, Mess-, Abbausowie Schutter- und Fördertechniken systematisch und wirtschaftlich im Baubetrieb umgesetzt werden.

Der universelle Vortrieb mit Spritzbeton, Anker und Bogenausbau ist besonders durch seine Adaptionsfähigkeit im Hinblick auf eine Variationsbreite von Gebirgs- und Vortriebsklassen im Rahmen derselben Baustelle gekennzeichnet. Diese Bauweise wird auch als NÖT oder Spritzbetonbauweise bezeichnet.

Neben diesem adaptiven Bauverfahren hat der Einsatz von Tunnelvortriebsmaschinen im Tunnelbau zur Entwicklung von systemintegrierten, hochmechanisierten und teilroboterisierten Ausbruch-, Förder- und Ausbauverfahren geführt. Die Untertage- bzw. Tunnelbauverfahren sind nach Ausbruchart, Ausbruchmethode und Sicherungen in Bild 4.2-1 dargestellt.

Die zu wählende Ausbruchart steht in enger Abhängigkeit von folgenden Einflüssen:

- Gebirgsverhalten (standfest, nachbrüchig, gebräch oder druckhaft)
- Hohlraumgrösse und -form
- Abbaumethode sowie Effizienz der eingesetzten Maschinen und der Installationen
- Sicherungsmassnahmen

Man unterscheidet die Ausbrucharten nach Vollausbruch und den verschiedenen Teilausbrucharten des Querschnitts.

4.3 Vollausbruch

4.3.1 Vollausbruch mit ebener Ortsbrust

Der Vollausbruch wird mittels universeller wie auch mit der Schildvortriebsmethode durchgeführt. Die Entscheidung für den Vollausbruch ergibt sich u. a. aus den nachfolgend aufgeführten Gründen.

Universeller Vortrieb

Die Entscheidung für einen Vollausbruch des Profils ist abhängig von:

- der Standfestigkeit bzw. Stehzeit des Gebirges in Abhängigkeit von Querschnittsform und -grösse, d. h. von der Qualität des anstehenden Gebirges;
- dem Zeitbedarf vom Einbau bis zum Erreichen der Tragfähigkeit der Sicherung. Bei standfestem Gebirge kann auf eine Sicherung verzichtet werden, meist ist jedoch ein Kopfschutz im Firstbereich zur Arbeitssicherheit für die Mannschaft und als Geräteschutz notwendig;
- der Grösse, dem Raumbedarf und der Leistungsfähigkeit der Baumaschinen, die den Vollquerschnitt bestreichen müssen (Bohrwa-

Bild 4.2-1 Verfahren nach Ausbruchart, Ausbruchmethode und Sicherung

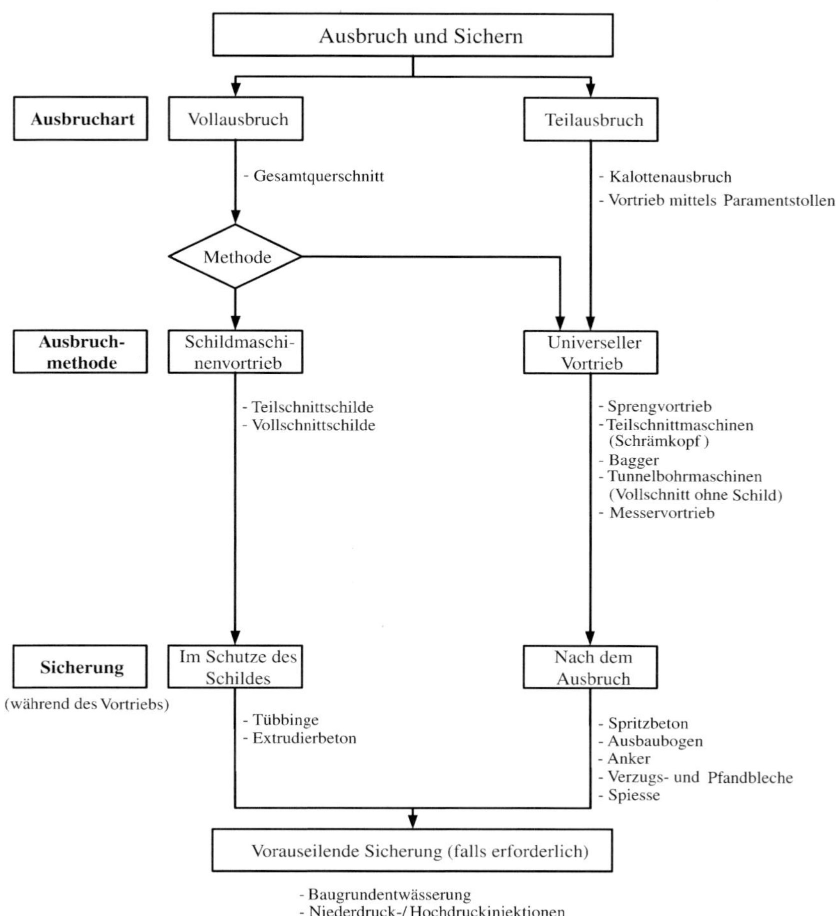

gen, Teilschnittmaschinen, Bagger) sowie den Einrichtungen zum Schuttern und Fördern.

TBM- und Schildvortrieb

Beim TBM- und Schildvortrieb sind aus maschinentechnischen Gründen nur kreisförmige Vollquerschnitte möglich. Beim TBM-Vortrieb ohne Schild erfolgen die Sicherung und der Ausbau hinter dem Bohrkopf im Nachläuferbetrieb. Die Standzeit des Gebirges muss für den Ausbau der Sicherung hinter dem Staubschild des Bohrkopfes ausreichen. Beim TBM-Vortrieb mit Schild können durch das Konzept „Ausbruch und Sichern" im Schutze des Schildes auch Ausbruchklassen mit geringeren Stehzeiten aufgefahren werden.

Vorteile des Vollausbruchs

- gebirgsschonend, keine mehrmaligen Spannungsumlagerungen,
- vollflächiger Arbeitsraum für hochmechanisierten Linienbaubetrieb (Abbau-, Sicherungs-, Schutter- sowie Fördertechnik und Ausbau),
- meist kürzere Bauzeit als beim Teilausbruch.

Nachteile des Vollausbruchs

- nicht oder nur schwierig anpassungsfähig an unerwartete schlechte Gebirgsverhältnisse;
- beim universellen Vortrieb können bei sich plötzlich verschlechternden Gebirgsverhältnissen Gefahren- und Störfallsituationen auftreten.

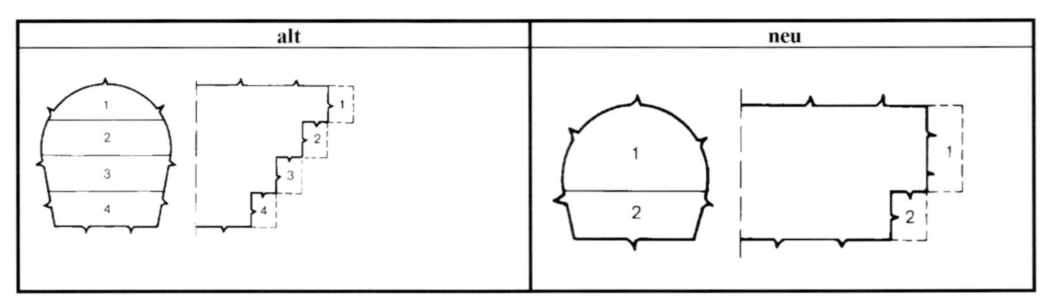

Bild 4.3-1 Stufenausbruch mit abgetreppter Ortsbrust heute und früher [4-1]

Der Vollausbruch ist auch bei geringen Stehzeiten des Gebirges aufgrund der nur einmaligen Spannungsumlagerung im Gebirge und der daraus resultierenden geringeren Auflockerung dem Teilausbruch vorzuziehen. Dies hat aber zur Folge, dass nur geringe Abschlagslängen realisiert werden können, da der Ringschluss der Sicherung sofort nachgezogen werden muss. In der Praxis wurde dies bereits mehrmals realisiert. Verglichen mit den Teilausbrucharten bedingt der Vollausbruch meist einen höheren baubetrieblichen Aufwand und wird darum bei schwierigen Gebirgsverhältnissen seltener angewendet. Dies sollte jedoch von Fall zu Fall projektbezogen überprüft werden.

4.3.2 Stufenausbruch

Der Stufenausbruch (Bild 4.3-1) wurde früher aus arbeitstechnischen Gründen bei grossen Querschnitten, die im Vollausbruch aufgefahren werden konnten, gewählt. Die Arbeiter konnten wie auf verschiedenen Bühnen den Gesamtquerschnitt vortreiben.

4.4 Teilausbruch

Die Ausbruchart bzw. die einzelnen Ausbruchvorgänge sind so zu wählen, dass keine unkontrollierten Bruchmechanismen entstehen. Folgende Massnahmen können bei Gebirge mit geringer Standfestigkeit bzw. Stehzeit zur Erhöhung der Standsicherheit der freien Länge getroffen werden:

- Reduzierung der Abschlagslänge
- stufenweise Abtreppung der Ortsbrust
- Aufgliederung des Querschnitts in Teilquerschnitte
- Anwendung der Paramentbauweise (zentraler Gebirgskern als Stützkeil)
- Anwendung von Sonderbaumassnahmen (Schirmgewölbe etc.)

Bild 4.4-1 Belgische Tunnelbauweise und Kalottenvortrieb

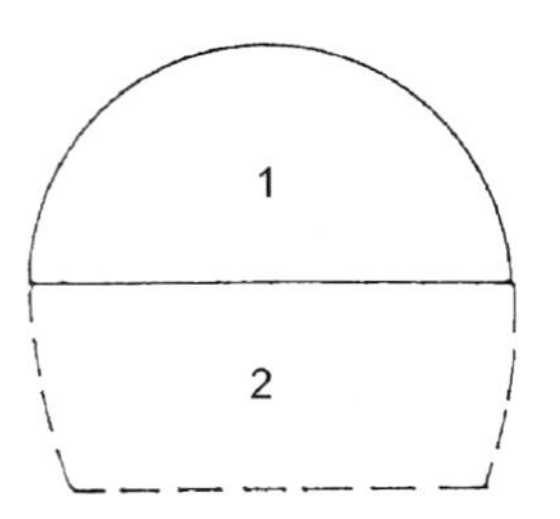

Kalottenvortrieb
für Tunnel und Stollen mit mittelgrossen bis grossen Querschnitten

Die Teilausbrucharten werden nur bei Spreng- und maschinellem Vortrieb mittels Teilschnittmaschinen, Schrämbaggern etc. angewandt. Die Aufteilung in mögliche Teilausbrüche richtet sich nach dem wirtschaftlichsten Maschineneinsatz in bezug auf die Stehzeit des Gebirges.

Bei dieser Ausbruchart muss die vorübergehende Sicherung jeweils in Teilen eingebracht werden, was die Projektkosten erhöht und die Bauzeit verlängert. Durch die sukzessive Umlagerung der Lasten und der sich räumlich verändernden Tragwerksstruktur im Gebirge – bedingt durch den Baufortschritt der Teilausbrüche – ergeben sich stärkere Auflockerungen im Gebirge.

Für die Wahl des Ausbruchs in Teilen sind folgende Gründe massgebend:

- Der Zeitbedarf zum Auffahren und Sichern des gesamten Querschnitts ist grösser als die Stehzeit des Gebirges.
- Die Grösse und Leistungsfähigkeit der Baumaschinen reichen nicht zur Erfassung des gesamten Querschnitts.

Die Standfestigkeit bzw. die Stehzeit des Gebirges einerseits und die vom Unternehmer vorgesehene Ausbruchart und die Installationen andererseits führen zur Wahl der optimalen Teilausbruchlösung. Dies muss immer unter dem Gesichtspunkt erfolgen: „Man(n) muss das Gebirge unter Anwendung der wirtschaftlichsten Lösung im Griff haben."

4.4.1 Kalottenvortriebe

Der Kalottenvortrieb hat sich aus der Belgischen Bauweise (Unterfangungsbauweise) entwickelt. Diese Vortriebsart ist weit verbreitet (Bild 4.4-1).

Früher hat man zuerst die Kalotte bzw. den Firststollen aufgefahren und gesichert und dann durch die Unterfangungsbauweise alternierend die Paramentstollen oder Schächte quer aufgefahren und das Kalottengewölbe bis zum Widerlager ergänzt. Mit dieser Bauweise wurden einige grosse Alpentunnel wie Mont Cenis (12,5 km) und der St. Gotthard-Bahntunnel (15 km) mit Erfolg aufgefahren. Bedingt durch die neuen Sicherungsmaterialien und die neue Maschinentechnik wird der Kalotten- oder Firstvortrieb als Linienbaustelle nur noch in Längsrichtung aufgefahren; die Querstollen entfallen (Bild 4.4-2).

Bevor ein Profil auf die volle Höhe aufgeweitet wird, lassen sich beim Kalottenvortrieb die gesamten Sicherungsmassnahmen im Kalottenbereich ohne Spezialinstallationen (in bezug auf die Höhe) ausführen. Oft wird ein Kalottenvortrieb auf die gesamte Bauloslänge durchgezogen und erst anschliessend der Stross abgebaut, wenn die Geologie es erlaubt und nicht ein früherer Ringschluss erforderlich ist. Dies wird vorzugsweise bei kürzeren

Bild 4.4-2 Bauablauf beim Kalottenausbruch mit Spritzbetonsicherung [4-4]

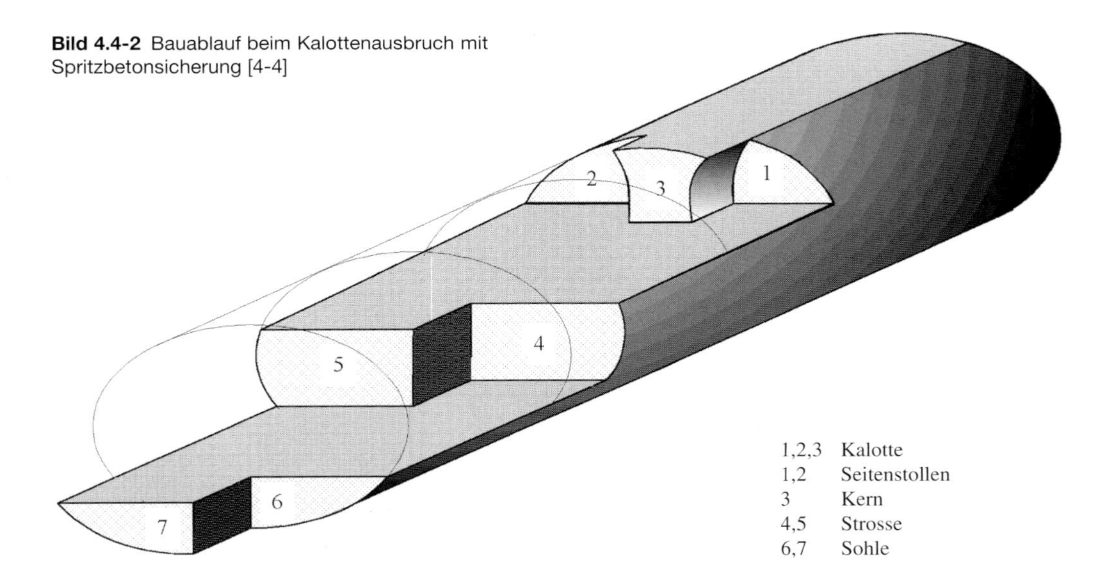

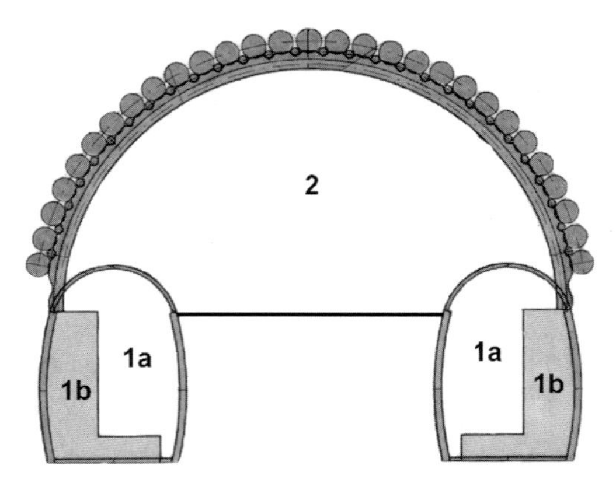

1a Paramentstollen
1b Widerlager (für temporären und Endausbau)
2 Kalottenvortrieb mit Rohr-HDI-Schirm

Bild 4.4-3 Vortrieb mit Paramentstollen schematisch, Tunnel St. Aubin-Sauges (CH)

Tunneln durchgeführt. Bei schlechter Geologie wird oft noch zusätzlich ein Firststollen als Sondierstollen gewählt.

Vorteile

- meist gute baubetriebliche Anpassungsmöglichkeiten an wechselnde Gebirgsverhältnisse;
- Gliederung als Linienbaustelle mit Taktplanung;
- günstig bei grossen Tunnelquerschnitten zur Nutzung von Standardmaschinen auf zwei Ebenen (Kalotte/Stross);
- frühzeitiges Sichern des Firstes, um Auflockerungen zu verhindern;
- falls ein Firststollen aufgefahren wird, kann dieser als Gebirgsvorerkundungsstollen genutzt werden.

Nachteile

- Die Kalotte muss in vielen Fällen im Fusspunktbereich durch ausreichende Anker gesichert werden.
- Der Sohlschluss erfolgt sehr spät, daher ist der Querschnitt empfindlich gegen Seitendruck.
- Die Kalotte kann beim Sprengvortrieb der Strosse beschädigt werden.

4.4.2 Paramentvortrieb – Spritzbetonkernbauweise

Der Paramentvortrieb hat sich aus der Deutschen Bauweise (Kernbauweise) entwickelt. Die klassische Verfahrensweise ist in Bild 4.4-3 und Bild 4.4-4 dargestellt.

Diese Bauweise entwickelte sich gemäss den technologischen Fortschritten wie folgt:

- Sicherung mittels Holzzimmerung/Ausbau mittels Mauerwerk
- Sicherung mittels Stahlrahmen und -spriessen bzw. -lanzen, Ausbau mittels Stahlbeton

Bild 4.4-4 Vortrieb mit Paramentstollen

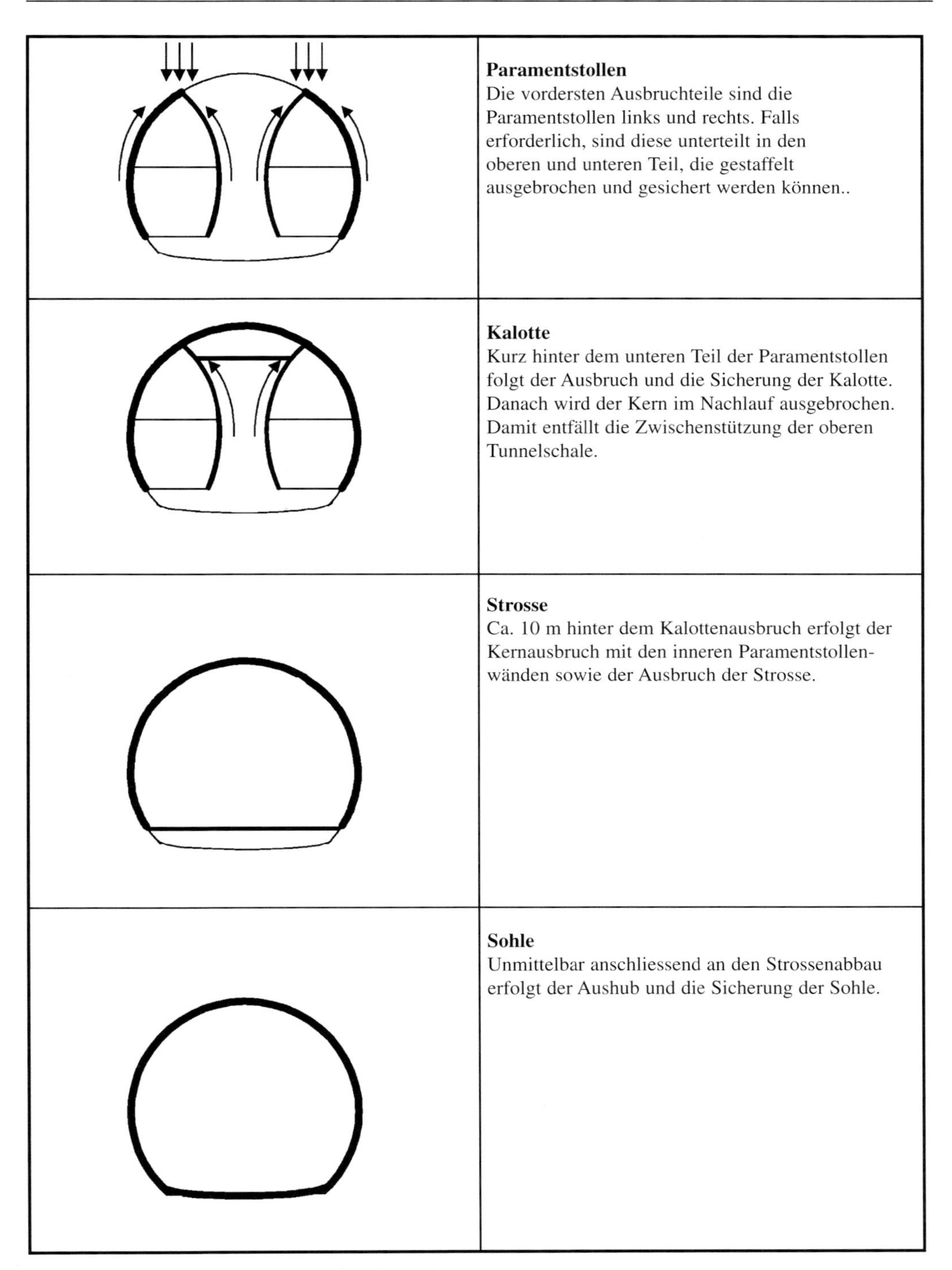

	Paramentstollen Die vordersten Ausbruchteile sind die Paramentstollen links und rechts. Falls erforderlich, sind diese unterteilt in den oberen und unteren Teil, die gestaffelt ausgebrochen und gesichert werden können..
	Kalotte Kurz hinter dem unteren Teil der Paramentstollen folgt der Ausbruch und die Sicherung der Kalotte. Danach wird der Kern im Nachlauf ausgebrochen. Damit entfällt die Zwischenstützung der oberen Tunnelschale.
	Strosse Ca. 10 m hinter dem Kalottenausbruch erfolgt der Kernausbruch mit den inneren Paramentstollenwänden sowie der Ausbruch der Strosse.
	Sohle Unmittelbar anschliessend an den Strossenabbau erfolgt der Aushub und die Sicherung der Sohle.

Bild 4.4-5 Arbeitsfolge der Spritzbetonkernbauweise

- Sicherung mittels Spritzbeton, Ankern, Bögen etc./Ausbau mittels Stahlbeton, Stahlfaserspritzbeton etc.

Der Paramentvortrieb mit Spritzbetonsicherung wird als Spritzbetonkernbauweise bezeichnet. Deren Arbeitsfolge ist in Bild 4.4-5 dargestellt (vgl. dazu Bild 4.4-6). Diese Bauweise wird unter Verwendung von Spritzbeton, Bögen und Systemankern unter schwierigen und schlechten Gebirgsverhältnissen erfolgreich eingesetzt.

Bei stark gebrächem Material, Lockermaterial, Moränen, Gehängeschutt o.ä., wie es in den Alpen auf einer Länge von 50 bis 200 m vor der eigentlichen Felsstrecke eines Bauloses sehr häufig anzutreffen ist, wird oft nach der Deutschen Bauweise gearbeitet (Bild 4.4-4). Ferner wird diese Bauweise bei geringer Überdeckung angewandt. Man treibt – meist zeitlich parallel – zwei seitliche Sohlstollen vor. In diesen Stollen schafft man sich z. B. durch Stahlbeton oder Spritzbetonauskleidung die definitiven Widerlager, auf welche beim Vortrieb der Kalotte (oder des Firststollens mit Ausweitung) die Stützelemente der Sicherungsmassnahmen abgestützt werden. Erst am Schluss wird der Kernbereich ausgebrochen. Ist auch hier ein Erkundungsstollen erforderlich, kann einer der Sohlstollen als Erkundungs- und Entwässerungsstollen vorangetrieben werden. Bei schwierigeren geologischen Verhältnissen wird die Deutsche Bauweise oft der Belgischen vorgezogen.

Vorteile

- Ausbruch und Sicherung in Seitenstollen, Kalotte und Strosse sind baubetrieblich gut beherrschbar.
- Der Scheitel des Spritzbetongewölbes der Paramentstollen dient als kraftschlüssige Verbindung zur Kalottensicherung während der Auffahr- und Sicherungsphase des Kalottenausbruchs.
- Geringe Setzungen während des Kalottenausbruchs, da das Kalottengewölbe im Bauzustand durch den Paramentscheitel zum Kern ausgesteift wird.
- Nach Abschluss der Sicherungsmassnahmen von Paramentstollen und Kalotte kann der Kern (Zwischenaussteifung) entfernt werden.
  Die Paramentstollen können als Gebirgsvorerkundungsstollen genutzt werden.

Nachteile

- Spannungsumlagerung im Gebirge während der hintereinander laufenden Bauabschnitte, womit mögliche Gebirgsauflockerungen verbunden sind.

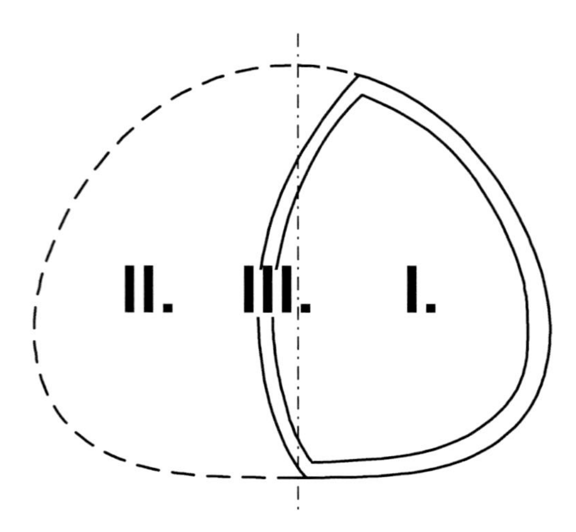

Bild 4.4-6 Variante mit einseitigem Paramentstollen

- Relativ später Sohlschluss, wenn dieser dem Kernabbau nicht sofort folgt; dadurch ist der Querschnitt seitendruckempfindlich.
- Der Tunnelquerschnitt muss ausreichend gross sein, um die einzelnen Ausbruchabschnitte wirtschaftlich mit den nötigen Geräten aufzufahren.
- Der Zeit- und Geräteaufwand ist grösser.

4.4.3 Weitere Ausbrucharten

Einige weitere klassische Ausbruchmethoden, wie die

- ältere Österreichische Bauweise
- Englische Bauweise
- Italienische Bauweise

werden wegen ihrer heute nur noch historischen Bedeutung hier nicht behandelt.

4.4.4 Sohl-, Mittel- oder Firststollen zur Vorerkundung des Gebirges

Oft ist eine Vorauserkundung des Gebirges notwendig, besonders dann, wenn schlechte geologische Gebirgszonen zu erwarten sind. Ein Sohl-, Mittel- oder Firststollen kann als integrierter oder zeitlich vorauseilender Bauvorgang genutzt werden. Zu berücksichtigen ist jedoch der Zeitfaktor, da der Sohl-, Mittel- bzw. Firststollen und die Ausweitung nicht gleichzeitig zu bewältigen sind. Eine verlängerte Bauzeit ist das Resultat.

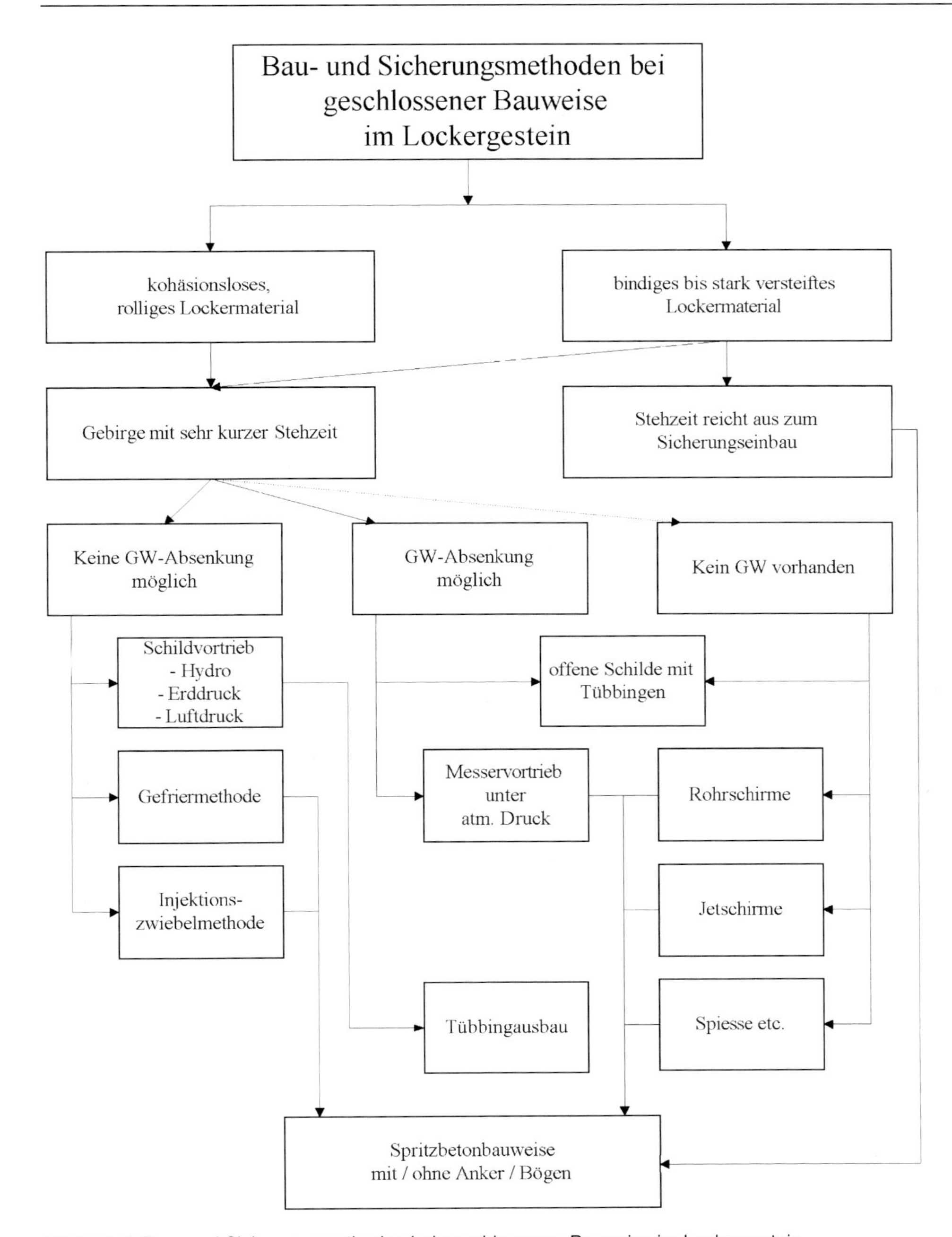

Bild 4.4-7 Bau- und Sicherungsmethoden bei geschlossener Bauweise im Lockergestein

Bild 4.4-8
Vortriebsmethoden im Fels

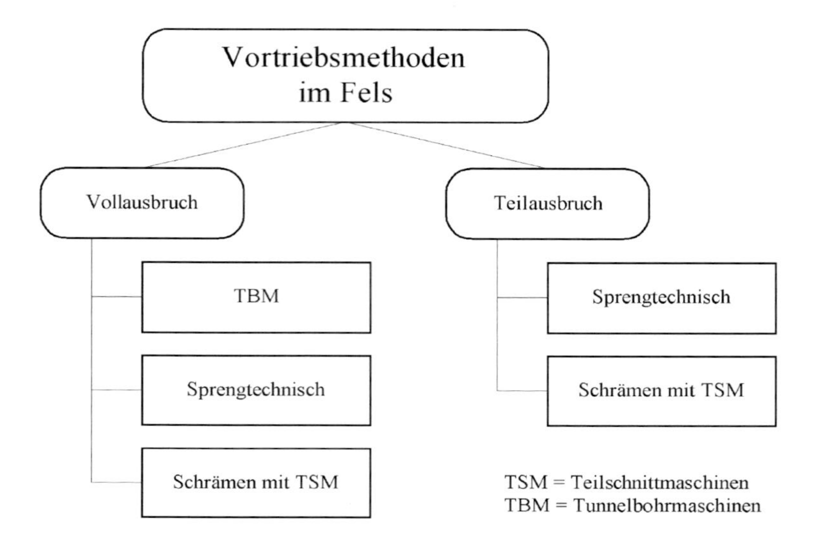

Bild 4.4-9
Sicherungsarten in Lockergesteinsstrecken

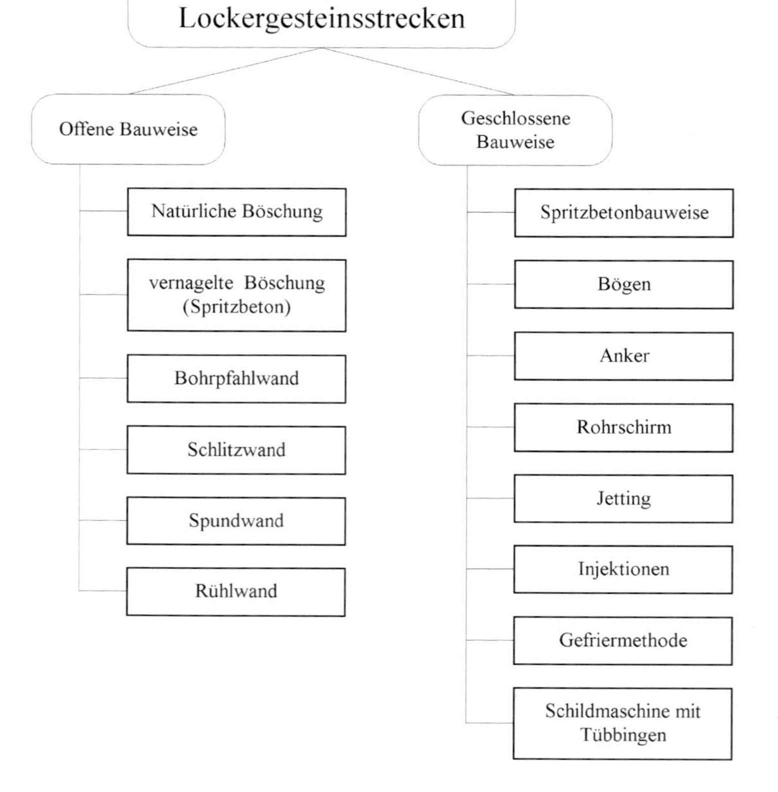

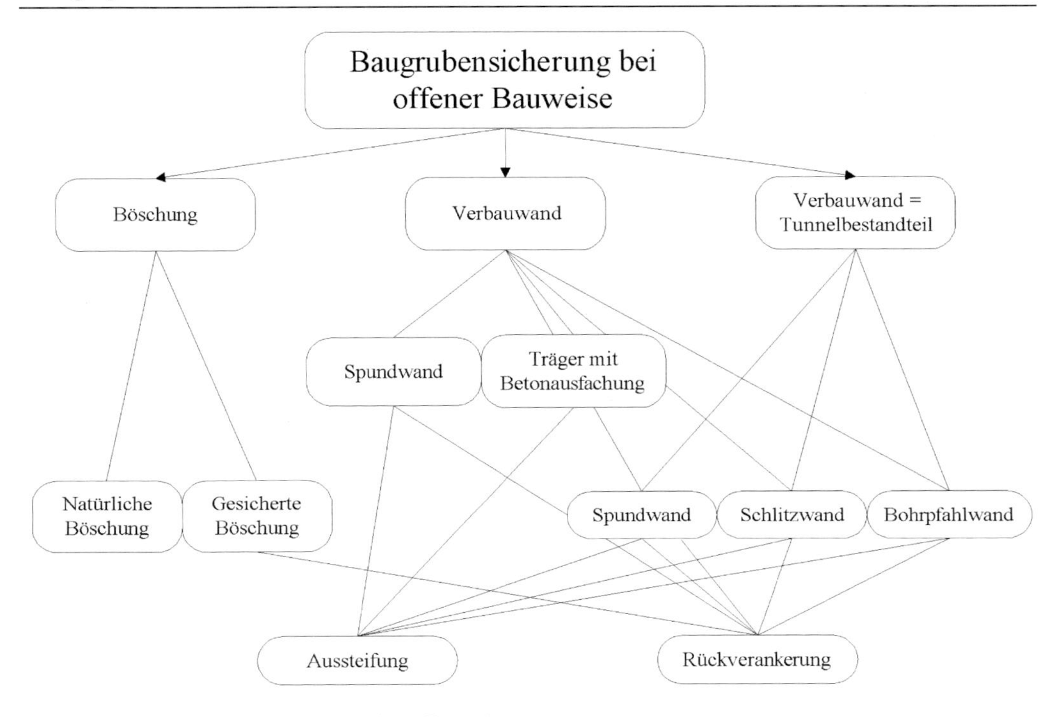

Bild 4.4-10 Baugrubensicherung bei offener Bauweise

Im Falle des Firststollens lässt sich bereits der zentrale Mittelteil der Kalotte abschliessend sichern, was meist kostengünstiger ist. Die Lösung mit Firststollen wird vorwiegend dann gewählt, wenn es bei geringen Überlagerungen um die abschliessende Beurteilung der Geologie in der Firstpartie und damit um die Bestimmung der richtigen Sicherungsmassnahmen geht.

First- und Paramentstollenbauweise eignen sich für integrierte Vorerkundungsmassnahmen besonders gut. Der Mittelstollen wird beim Einsatz einer Aufweitungs-TBM erforderlich.

4.4.5 Festlegung der Baumethode

Sowohl der Projektverfasser wie auch der ausführende Unternehmer haben eine eingehende Analyse der Unterlagen vorzunehmen. Aus der Beurteilung der geologischen, geotechnischen und hydrologischen Verhältnisse, der Profilgrösse und Trassierungsparameter erfolgt die Abstimmung des baubetrieblichen Konzepts zur optimalen wirtschaftlichen Lösung unter Berücksichtigung der jeweiligen Projektrandbedingungen. Jedes Objekt hat eigene Kriterien, die es zur Sicherstellung der projektspezifischen Lösung zu beachten gilt.

Die Ablaufdiagramme (Bild 4.4-7 bis Bild 4.4-10) sollen bei der Bestimmung der jeweiligen Vortriebsarten und Sicherungsmassnahmen hilfreich sein.

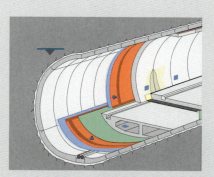

5 Vortriebsmethoden

Der Baugrund ist als Teil des Tragwerks anzusehen. Vertraglich unterliegt der **Baugrund** der besonderen Verantwortung des Bauherrn, da er als vom Bauherrn beigestelltes Material betrachtet werden kann. Der Auftragnehmer ist zur sachgerechten Behandlung des Baugrundes verpflichtet. Der ausführende Unternehmer sollte daher im Regelfall die **Bauweise** und das **Bauverfahren** mit dem Auftraggeber abstimmen (Bild 5-1). Bei der Verteilung der Risiken auf die Vertragspartner sollte das Baugrundrisiko beim Bauherrn bleiben; die Risiken der Bauausführung zur richtigen Behandlung des Baugrundes sollten bei der Bauunternehmung liegen, die aufgrund der Baugrundrisikoanalyse mit den dazugehörigen Gefährdungsbildern die technisch und wirtschaftlich adäquaten Baumethoden wählen sollte.

Die gesamten Ausbruchmethoden des Vortriebes sind in bezug auf den Bauablauf des Ausbruchs, der Sicherung und des Schutterns sequentiell gegliedert und erhalten dadurch einen repetitiven Takt. Die Ausbruchmethode soll

- den wirtschaftlichen und zügigen Abbau des Gebirges für das jeweilige Projekt ermöglichen,
- unerwünschte Entfestigung des Gebirges verhindern,
- erschütterungsarm im Bereich zivilisatorischer Einrichtungen sein,
- möglichst umweltschonend sein,
- den Ausbau wirtschaftlich beeinflussen.

Die Wahl des effizientesten Vortriebsverfahrens wird aufgrund folgender Parameter bestimmt (Bild 5-2):

- Ausbruchklassifizierung mit den dazugehörigen Sicherungsmassnahmen
- Querschnitt, Länge und Gefälle des Tunnels
- Abbaufähigkeit und Abrasivität des Gesteins, bezogen auf die Abbaugeräte
- hydrologische Verhältnisse
- andere Parameter (z. B. erforderliche Vortriebsgeschwindigkeit)

Für ein bestimmtes Vortriebsverfahren sind festzulegen:

- Ausbruchsart
- Ausbruchsicherung
- Entwässerungs-, Abdichtungs- und Stabilisierungsmethoden

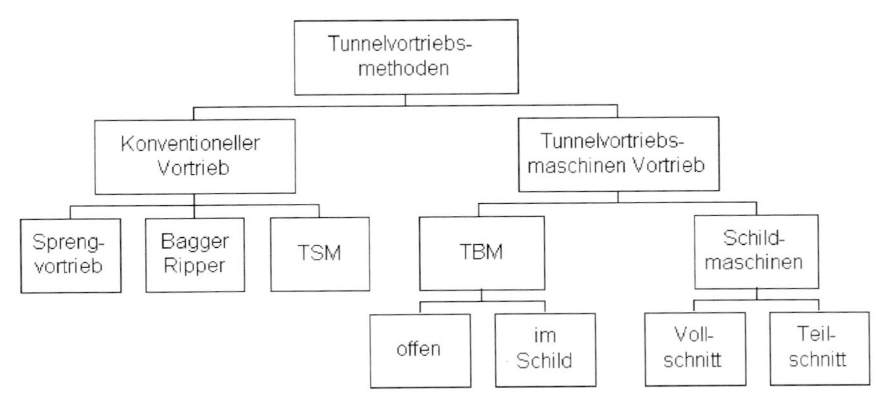

Bild 5-1 Tunnelvortriebsmethoden

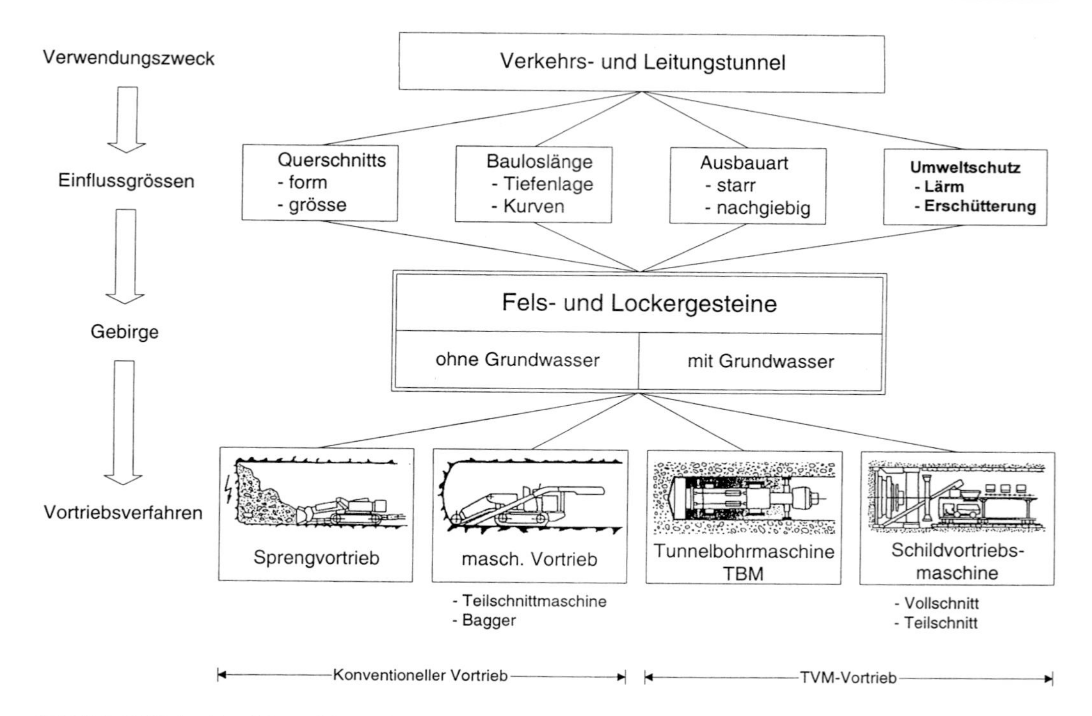

Bild 5-2 Wahl des Vortriebsverfahrens [5-1]

- Gerätewahl, Gerätekonfigurationen und Logistik der Linienbaustelle
- Kontrollmessungen

Diese Elemente sind interaktiv abhängig vom Bauverfahren und beeinflussen die Sicherheit und Dauerhaftigkeit des Bauwerkes.

Die Vortriebsverfahren werden heute in folgende Gruppen unterteilt:

- konventioneller Vortrieb
- Vortrieb mittels Tunnelvortriebsmaschinen

Zu den konventionellen Vortriebsverfahren (Bild 5-2) gehören:

- Sprengvortrieb
- maschineller Vortrieb mittels Teilschnittmaschine, Bagger, Rippergeräten

Zu den Vortriebsarten mittels Tunnelvortriebsmaschinen (TVM) gehören:

- offene Tunnelbohrmaschinen (TBM)
- Schildmaschinen

Zum Schildvortrieb (Bild 5-2) gehören geschlossene Systeme, bei denen Ausbruch und Sicherung im Schutze des „Schildes" durchgeführt werden. Dazu zählen:

- Schildbohrmaschinen
- Hydro- und Erddruckschilde
- Druckluftschilde usw.

Diese Geräte arbeiten als Teil- oder Vollschnittmaschinen.

Während beim konventionellen Vortrieb die Form und Grösse des Querschnitts beliebig sein und sogar innerhalb der Vortriebsstrecke wechseln kann, ist diese Flexibilität bei der Anwendung von Tunnelvortriebsmaschinen im allgemeinen nicht gegeben. Mit den meisten Tunnelvortriebsmaschinen lassen sich funktionsbedingt nur kreisförmige Querschnitte auffahren.

In der Vergangenheit hat man die Vortriebe, die mittels Spritzbeton, Anker, Bögen etc. hinter der Ortsbrust gegen das sichtbare Gebirge gesichert wurden, auch als universellen Vortrieb bezeichnet. Zum universellen Vortrieb zählen wir:

- Sprengvortrieb
- maschinellen Vortrieb mittels Teilschnittmaschine, Bagger, Rippergeräten
- offene Tunnelbohrmaschinenvortrieb (TBM)

Die Geräte für die jeweiligen Bauverfahren müssen in technischer Hinsicht (Bild 5-3) die Sicherheitsbedingungen erfüllen und den Anforderungen des vereinbarten Verfahrens entsprechen. Zudem sollte das gewählte Bauverfahren mit den dazu notwendigen Geräten hinsichtlich der möglichen Streubreite der geologischen oder hydrologischen Prognosen anpassungsfähig sein.

In Gebirgsverhältnissen, bei denen alle drei Vortriebsverfahren – Spreng-, TSM- und TBM-Vortrieb – technisch einsetzbar sind, ergeben sich die wirtschaftlichen Einsatzbereiche qualitativ aus der Projektlänge, wie in Bild 5-4 dargestellt. Aufgrund von geologischen, petrographischen und geometrischen Verhältnissen kann sich der optimale Einsatzbereich der Verfahren stark verschieben. Dies kann beispielsweise auftreten:

- bei hoher Gesteinshärte und Abrasivität (zu hart für TSM),
- bei zwingender Abweichung des geometrischen Tunnelquerschnitts vom Kreisquerschnitt (Einsatz TBM unmöglich).

Die Wahl des Vortriebsverfahrens sollte man bei einer Ausschreibung weitgehend dem Auftragnehmer überlassen. Damit der Unternehmer diesen Rahmen optimal nutzen kann, sollten ihm die entscheidungsrelevanten geologischen und umweltbeeinflussenden Parameter vorgegeben werden. Die Bauunternehmung kann dann in einem ingenieurökonomischen Wettbewerb ihr Know-how einsetzen sowie ihre optimalen Geräte und Bauablaufkonfigurationen planen und das Logistikkonzept für die Baustelle aufbauen, damit die wirtschaftlichste Lösung zum Tragen kommt.

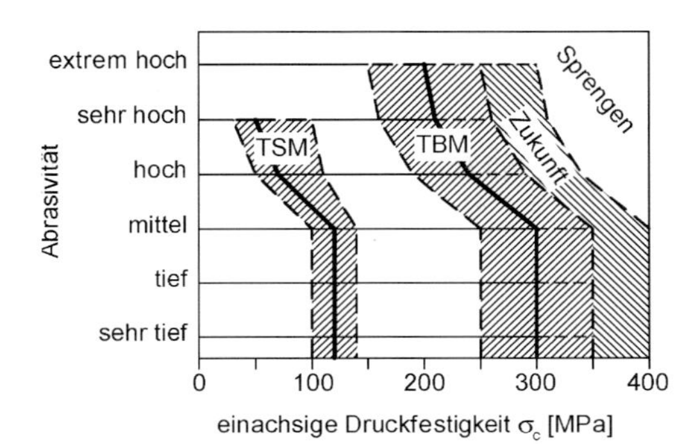

Bild 5-3 Eignung verschiedener Vortriebsarten im Felsgestein in Abhängigkeit der Geologie [5-2]

Das Bauverfahren (Vortriebsverfahren) sollte, wenn es nicht vom Bauherrn bzw. dem Projektierungsingenieur vorgegeben ist, mit dem Bauherrn abgesprochen werden. Durch diese Form kommt es zur Entfaltung des wirtschaftlichen Ideenwettbewerbs. Die Baufirmen können gezielt ihre Erfahrungen von der bauverfahrenstechnischen Seite einbringen. Der Wettbewerb wandelt sich dann zusehends vom Preiswettbewerb mit Einheitspreispositionen zum wirtschaftlichen Know-how-Wettbewerb. Damit fördert man gleichzeitig die innovativen, konkurrenzfähigen Unternehmen und die technologische Entwicklung im Tunnelbau.

Bild 5-4 Wirtschaftlicher Einsatzbereich der Vortriebsverfahren in Abhängigkeit von der Projektlänge [5-3]

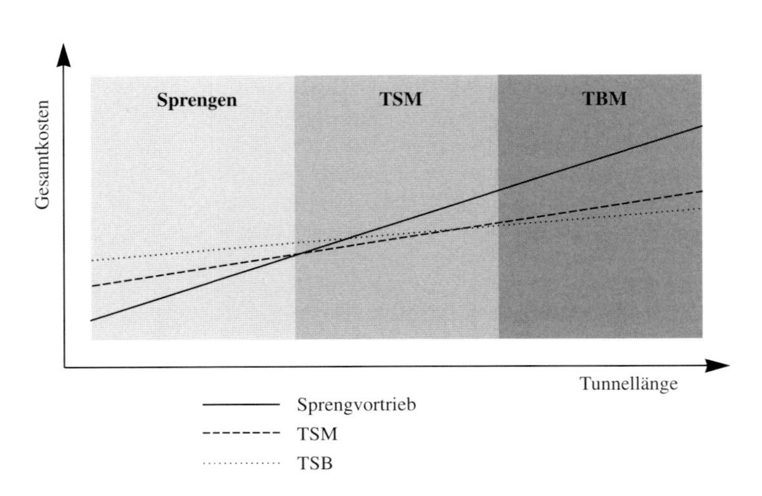

6 Ausbruch durch Sprengvortrieb

6.1 Allgemeines

Beim Sprengvortrieb werden ingenieurgeologische Konzepte mit handwerklichen Arbeitsmethoden kombiniert. Die Form und Grösse des Querschnitts kann beliebig sein und sogar innerhalb der Vortriebsstrecke wechseln. Der Sprengvortrieb mittels Sicherung aus Spritzbeton, Anker und Ausbaubögen ist sehr adaptiv. Dadurch ist der Bauablauf und somit die Vortriebsleistung stärkeren Schwankungen unterworfen als z. B. beim Vortrieb mittels Tunnelvortriebsmaschinen in einem geschlossenen System mit Tübbingauskleidung. Der Sprengvortrieb wird vor allem im Felsgestein mit mittlerer bis hoher Festigkeit eingesetzt. Bei hohen Anteilen an abrasiven Mineralien kann das Sprengen geeigneter und wirtschaftlicher sein als der Einsatz von Teilschnitt- oder Tunnelbohrmaschinen.

Ein weiterer Vorteil des modernen Sprengvortriebs gegenüber dem maschinellen Vortrieb ist, dass das Ausbruchmaterial besser zu Betonzuschlagstoffen aufbereitet werden kann. Als gutes Beispiel dient der Vereinatunnel-Süd, wo in Susch-Lavin erstklassiges Baumaterial gewonnen wurde. Zum Teil wurde dort aus dem Ausbruchmaterial Bahnschotter hergestellt.

Der Sprengvortrieb wird durch sich ständig wiederholende, diskontinuierliche Arbeitszyklen wie Bohren, Laden, Verdämmen, Sprengen, Lüften, Sichern und Schuttern (Aufladen und Abtransportieren) charakterisiert (Bild 6.1-1 und Bild 6.1-2).

Aufgrund der verschiedenen, aufeinanderfolgenden Teilprozesse in der Prozesskette des Arbeitszyklus mit den unterschiedlichen Arbeiten und Gerätegruppen etc. ist es für die Effizienz des Vortriebs

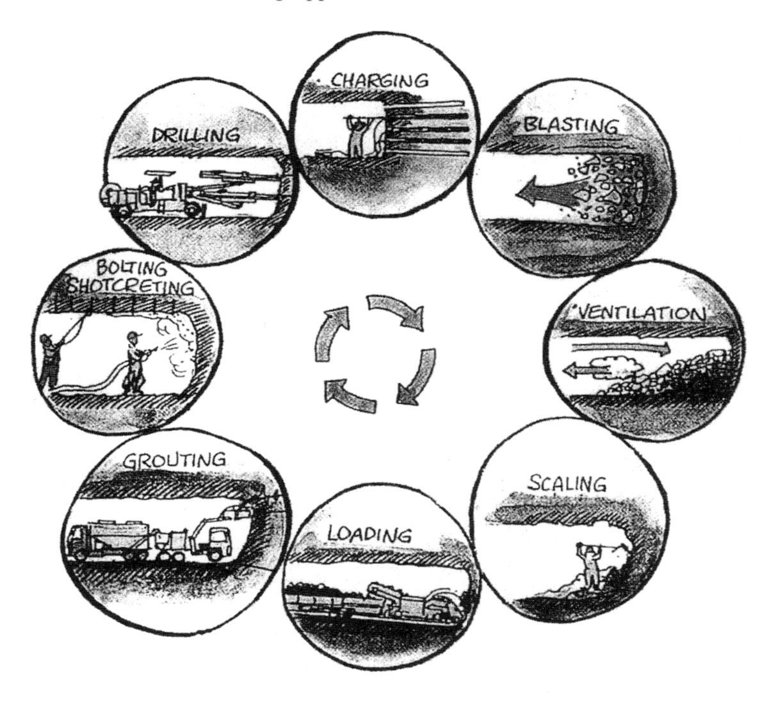

Bild 6.1-1 Sprengzyklus [6-1]

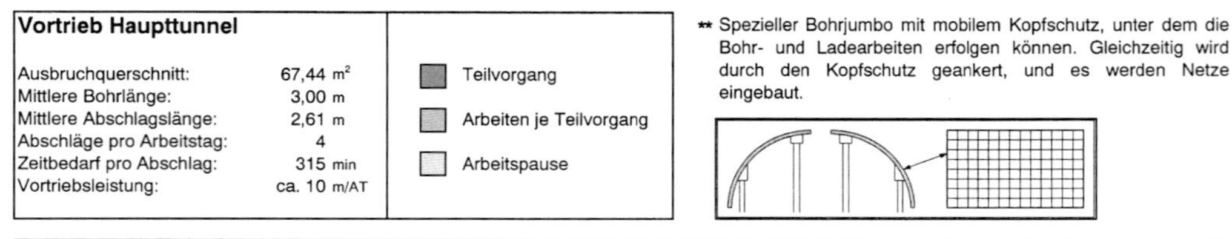

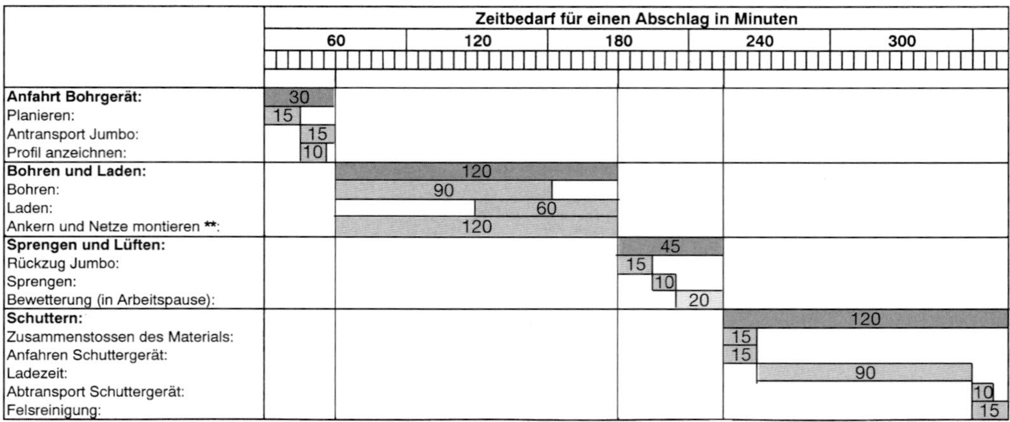

Bild 6.1-2 Vortriebszyklus anhand des Beispiels vom Gotthard-Strassentunnel [6-2]

von entscheidender Bedeutung, dass der Gesamtprozess als ganzheitliches Herstellungssystem hinsichtlich der möglichen variablen Gebirgsbedingungen systematisch abgestimmt wird. Der Sprengvortrieb bedarf weiterer Rationalisierungsanstrengungen, um auch weiterhin bei grossen Tunnelprojekten gegenüber dem maschinellen Vortrieb, z. B. mittels Tübbingauskleidung, konkurrenzfähig zu bleiben. Daher müssen die Anstrengungen fortgesetzt werden, um diese traditionell handwerkliche Methode weiter durch industrialisierte Lösungen kosteneffizienter zu gestalten. Aufgrund des Liniencharakters sind Tunnelbaustellen sehr geeignet, durch Nachläufer und flexible Teilroboterisierung der ineinandergreifenden, aufeinander abgestimmten Einzelkomponenten der baubetrieblichen Prozesskette Leistungssteigerungen zu erzielen. Zur Steigerung von:

- Kosteneffizienz
- Qualität (u. a. durch Vergleichmässigung)
- Leistung
- Arbeitssicherheit und -bedingungen

ist es für einen Hochleistungs-Sprengvortrieb unabdingbar, alle Einzelelemente der Bauprozesskette zu optimieren und als System zu betrachten.

Die einzelnen Zyklusschritte sowie der gesamte Zyklus des Sprengvortriebs müssen baubetrieblich optimiert aufeinander abgestimmt sein, um durch hohe Kosteneffizienz und optimale Vortriebsleistungen wirtschaftliche Vorteile gegenüber anderen Vortriebsverfahren zu erreichen bzw. weiter auszubauen. Um diese aufeinander abgestimmten Komponenten der baubetrieblichen Herstellungsprozesskette effizient zu nutzen, ist bereits das Planungskonzept hinsichtlich Querschnitt, Konstruktionsaufbau und Sicherungskonzept auf den optimierten baubetrieblichen Ablauf abzustimmen. Dazu ist es erforderlich, die Vortriebsplanung auf die geometrischen und geologischen Randbedingungen abzustellen, um einen robusten, leistungsfähigen Zyklus für die unterschiedlichen Randbedingungen des jeweiligen Projektes zu erreichen.

Für den Erfolg des Sprengens sind folgende Faktoren von besonderer Bedeutung:

- Genauigkeit der Bohrlöcher
- Ladung der Bohrlöcher

Dies gilt insbesondere für die Einbruch- und Kranzlöcher, was in der Praxis oft unterschätzt wird.

Die Voraussetzungen für einen effizienten Sprengvortrieb sind leistungsfähige Bohrgeräte mit Ladekorb zum Laden und Besetzen der Bohrlöcher.

Aufgrund der örtlichen Verhältnisse – wie Querschnittsgrösse und Gebirgsbeschaffenheit – werden die Abschlagslängen, die Bohrlochanzahl und die Ladungsmengen bestimmt. Das Bohr-, Zünd- und Ladeschema sowie die Zerkleinerung des Haufwerkes sind durch Versuchssprengungen zu optimieren.

Heute wird in der Regel gebirgsschonend und profilgenau gesprengt (smooth blasting und presplitting). Dadurch werden die Sprengerschütterungen und die Auflockerung des Gebirges um den Tunnelausbruch verringert, und Mehrausbruch wird vermieden. Durch die Verwendung von Millisekundenzündern und die Vergrösserung der Bohrlochanzahl bei gleichzeitiger Verringerung der Bohrlochdurchmesser und Lademengen kann, neben der Verringerung der Sprengerschütterungen, eine bessere Profilgenauigkeit erreicht werden. Die Kranzlöcher müssen möglichst parallel verlaufen.

In der Nähe von Gebäuden müssen Sprengerschütterungen durch Vibrationsmessungen überprüft werden.

6.2 Bohren

Zum Abbau der Ortsbrust im Sprengvortrieb benötigt man eine genügende Anzahl von Bohrlöchern zur Aufnahme des Sprengstoffes. Durch die richtige Anordnung der Bohrlöcher (Sprengschema) kann die Ortsbrust in festgelegten Abschlagstiefen gelöst werden.

Die Bohrlöcher werden in einem Durchmesserbereich von ca. 17 – 127 mm, in Abhängigkeit vom verwendeten Bohrgerät (Hand-, pneumatische oder hydraulische Bohrmaschinen) und der Sprengstoffart, hergestellt. Bei den im Tunnelbau verwendeten, patronisierten, gelatinösen Sprengstoffen werden Patronendurchmesser von 22 – 50 mm verwendet. Der Regeldurchmesser der Patrone ist ca. 38 mm. Daher werden mit den heutigen Bohrgeräten im Tunnelbau in der Regel Sprenglochdurchmesser von 45 – 52 mm gebohrt. Die Bohrlängen betragen je nach Tunnelquerschnitt ca. 3 – 5 m.

Als Hauptkriterium für die Beurteilung der Bohrbarkeit der Gesteine dient die Härte (Druck- und Zugfestigkeit) des Gesteins, die nach verschiedenen Methoden gemessen werden kann.

6.2.1 Die Bohrer

Das Bohren erfolgt mittels Gesteinsbohrern (Bild 6.2-1).

Der Bohrkopf (Bild 6.2-2) besteht aus gesinterten Hartmetallschneiden. Diese können als einfache oder doppelte Meisselschneiden, Kreuzschneiden oder mehrstrahlige Kronen ausgebildet sein. Wegen des Verschleisses bestehen die Hartmetallkronen vor allem aus Wolframkarbid, um eine ausreichende Härtereserve gegenüber dem Gestein zu besitzen.

Die Entwicklung der Bohrstähle ist mit der Weiterentwicklung der Bohrhämmer verbunden. Da mit den heutigen hydraulischen Bohrhämmern immer grössere Schlagleistungen umgesetzt werden können, müssen das Bohrgestänge und die Bohrkrone entsprechend robust und leistungsfähig ausgebildet

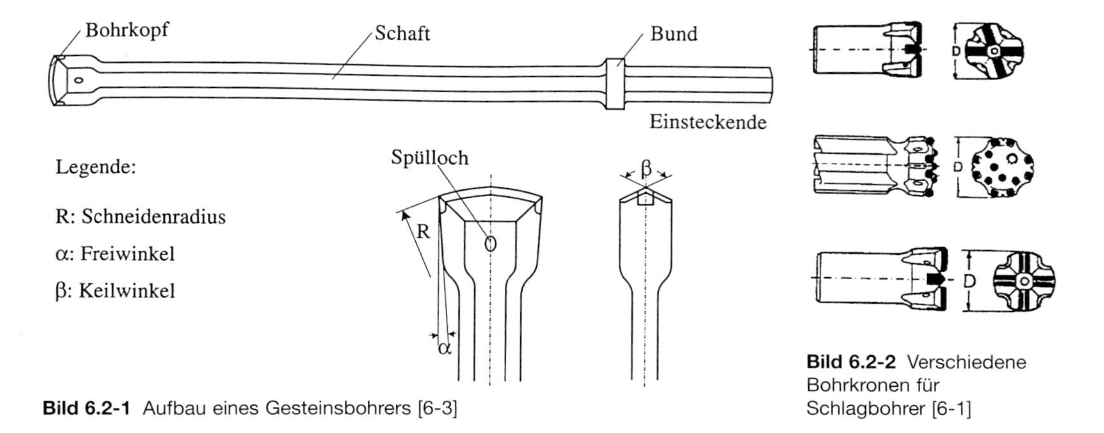

Bild 6.2-1 Aufbau eines Gesteinsbohrers [6-3]

Bild 6.2-2 Verschiedene Bohrkronen für Schlagbohrer [6-1]

werden. Die Anforderungen an die Steifigkeit des Bohrgestänges in bezug auf die Richtungsstabilität der Bohrungen ist heute auch bei der Sprenglochbohrung sehr hoch, um einen möglichst profilgenauen Sprengausbruch zu erhalten. Die richtige Wahl der Bohrkrone hängt von folgenden Parametern ab:

- Geologie und Mineralogie
- Druckfestigkeit des Gesteins
- Schichtung, Schieferung (RQD = Rock Quality Index / Durchtrennungsgrad des Gebirges)
- Wasserverhältnisse
- Bohrverfahren und Schlagenergie

Für den maschinellen Bohrbetrieb verwendet man folgende in Bild 6.2-2 dargestellte Bohrkronen:

- Kreuz- und X-schneiden mit Hartmetalleinlagen
- Hartmetallbohrkronen mit Hartmetallnoppen

Bei den Kreuzschneiden sind die Hartmetalleinlagen in einem Winkel von 90°, bei den X-schneiden im Winkel von 75° zu 105° angeordnet. Diese Bohrkronen sind relativ preisgünstig, haben aber meist eine kürzere Standzeit gegenüber Hartmetallbohrkronen mit Hartmetallnoppen. Damit erhöhen sich der Instandsetzungsaufwand zur Erneuerung der Hartmetalleinsätze und die damit verbundene Gesamtkosten. Die Hartmetallbohrkronen mit Hartmetallnoppenaufsätzen werden heute weitverbreitet für Sprengloch- und Ankerbohrungen sowie für Erkundungsbohrungen eingesetzt. Die Gründe dafür liegen in den folgenden Vorteilen:

- hohe Robustheit und lange Standzeit bei hoher Schlagleistung des Bohrgerätes
- geringer Instandsetzungsaufwand
- relative geringe Abnutzung der Hartmetallbohrkronen und Hartmetallnoppen
- meist höhere durchschnittliche Penetration bei gleicher Schlagenergie gegenüber Kreuz- und X-schneiden

Grössere Bohrlöcher können auch mit diesen Hartmetallbohrkronen mit Hartmetallnoppenaufsätzen gebohrt werden. Im Gebirge mit nicht standfesten Bohrlöchern haben sich Bohrkronen, die auf der Rückseite eine Rückschneidekrone besitzen, als besonders günstig erwiesen. Die Hartmetallbohrkronen mit Rückschneidekrone sind so aufgebaut, dass die Krone nach hinten in mehrere keilförmige Flügel aufgelöst wird, die gleichzeitig am Ende eine Rückschneidekrone besitzen. Damit lässt sich das Bohrgestänge problemlos auch unter schwierigen Gebirgsbedingungen, d. h. auch bei nicht standfesten Bohrlöchern, zurückführen.

Die heutigen Bohrkronen sind zusätzlich mit Spüldüsen ausgerüstet. Diese werden über das Bohrgestänge, das hohl ist, gespeist. Zur Spülung der Gesteinszertrümmerung aus dem Bohrlochtiefsten werden folgende Medien verwendet:

- Luft (wird aus arbeitshygienischen Gründen heute eher seltener eingesetzt)
- Wasser (wird heute meistens eingesetzt)

Durch das Ausspülen des Bohrkleins wird sichergestellt, das die Bohrkrone ihre volle Leistung ohne Leistungsreduzierung durch die dämpfende Wirkung des Bohrkleins entfalten kann. Das Spülwasser wird über das Gestänge zugeführt und tritt an der Bohrkrone aus. Die Spülwassergeschwindigkeit sollte 0,5 m/s betragen, um ausreichend Schleppkraft zum Ausspülen des Bohrkleins zu besitzen. Das Spülwasser mit Bohrklein wird zwischen Bohrloch und Gestänge ausgespült. Darf wegen der Aufweichung der Tunnelsohle kein Spülwasser eingesetzt werden, muss mit Druckluft gespült werden. Damit die Druckluft ausreichend Schleppkraft entwickelt, ist eine Druckluftgeschwindigkeit von 15 m/s erforderlich. Dies bedingt entsprechende Staubabsaugungseinrichtungen oder erhöhte Frischluftzufuhr zur Verdünnung der Staubkonzentration.

Zur Koppelung des Bohrgestänges verwendet man ein robustes Spezialgewinde. Das Gewinde öffnet entgegen der Bohrdrehrichtung.

Beim Bohren wird das Gestein im Bohrlochtiefsten mittels eines Bohrmeissels oder einer Bohrkrone mit Schlagenergie und meist gleichzeitiger Drehbewegung zerkleinert und mit Wasser durch das Bohrloch ausgespült. Eine ausreichende Bohrlochspülung mittels Wasser ist auch aus arbeitshygienischen Gründen zur Reduzierung der Staubbelastung im Tunnelbau unerlässlich. Die Schneide bzw. Krone sowie der Schaft werden statisch wie dynamisch beansprucht. Der Verschleiss der Bohrkrone wird durch die Schlagstärke, die Gesteinsart und die Art der Spülung beeinflusst, ferner durch die Druckfestigkeit und Zähigkeit sowie Abrasivität des Gesteins.

6.2.2 Bohrmaschinen (Bohrhämmer)

Bei den Bohrmaschinen zur Herstellung der Sprenglöcher wird je nach Art ihrer Arbeitsweise

Klasse	Gewicht	Vorschubeinrichtung
Leichte Bohrhämmer	bis 17 kg	von Hand oder Stütze
Mittelschwere Bohrhämmer	17 - 30 kg	Bohrstütze, Leiter oder Lafette
Schwere Bohrhämmer	über 30 kg	Bohrlafette, Boom und Jumbo

Tabelle 6.2-1 Einteilung von Bohrmaschinen nach dem Gewicht

zwischen Schlagbohr-, Drehbohr- und Drehschlagbohrmaschinen unterschieden.

Heute sind praktisch nur noch Drehschlagbohrmaschinen im Einsatz, wobei meist auch die Drehzahl unabhängig von der Schlagzahl variiert werden kann.

Der Antrieb erfolgt meist ölhydraulisch. Diese ölhydraulischen Hämmer werden heute vorwiegend eingesetzt (Bild 6.2-3) und bieten folgende Vorteile:

- gute Energieausnützung
- stufenloser Übergang zwischen schlagendem und drehendem Bohren
- gute Anpassung an wechselnde Gebirgsverhältnisse
- geringere Lärm- und Schmutzbelastung (11 pneumatische Hämmer im Vortrieb des Gotthard-Strassentunnels 1968-1976 erzeugten über 115 dB Lärm!)

Die Bohrhämmer werden nach ihrem Gewicht eingeteilt (Tabelle 6.2-1). Bohrhämmer bis zu 20 kg können von Hand auf Bohrstützen von der Sohle aus eingesetzt werden (pneumatische Hämmer mit Steuerung der Stütze über Pressluft). Schwere Bohrhämmer werden auf Bohrlafetten montiert, diese auf hydraulisch betätigte Bohrarme (Booms) und diese wiederum auf Fahrzeuge (Jumbos).

Bohrhämmer erbringen ihre beste Leistung, wenn sie mit mechanisch angetriebenen Vorschubeinrichtungen eingesetzt werden. Diese Vorschubeinrichtungen erzeugen die notwendige Vorschubkraft und somit die optimale Andruckkraft für ein wirtschaftliches Bohren. Der Anpressdruck bestimmt die Standzeit der Bohrkrone und die Bohrleistung. Bohrstützen werden heute selten und nur noch für das Handbohren eingesetzt.

6.2.3 Bohrwagen

Bei schweren Bohrhämmern wird für den Vortrieb eine Lafette eingesetzt (Bild 6.2-4), die sich auf dem meist hydraulisch bewegten, gelenkigen Bohrarm eines Trägergerätes (Bild 6.2-5) befindet. Der Bohrhammer wird auf der Lafette mittels Seil oder Kette vorgeschoben und angedrückt. Die Kombination von Bohrhammer, Bohrlafette und Bohrarm bietet gegenüber der Bohrstütze folgende Vorteile:

- Zwangsführung mit grösserer Bohrgenauigkeit
- Reduzierung der Bohrgestängebeanspruchung
- erhöhte Bohrgeschwindigkeit
- steuerbarer Anpressdruck über Sensoren
- automatische Hammerrückführung

Die Wahl des richtigen Bohrgeräts hängt von den Projektrandbedingungen – Tunnelquerschnitt, Pro-

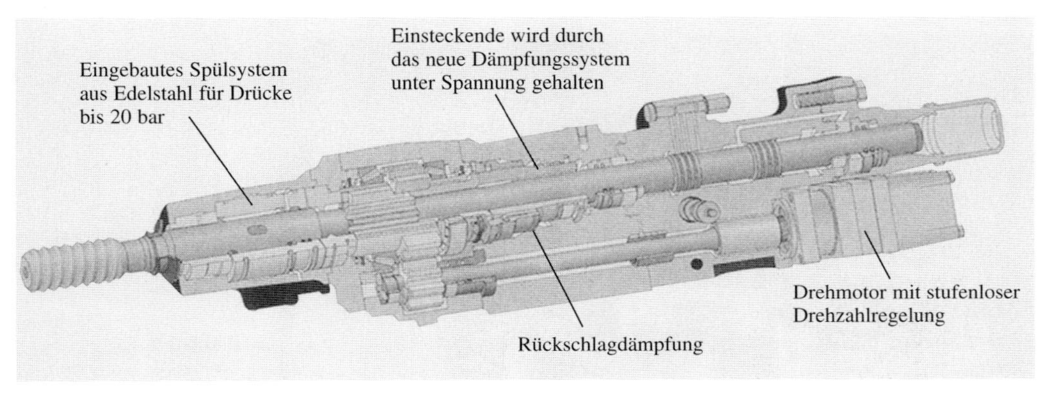

Bild 6.2-3 Hydraulikhammer bzw. Hydraulikschlagbohrmaschine [6-1, 6-3, 6-4]

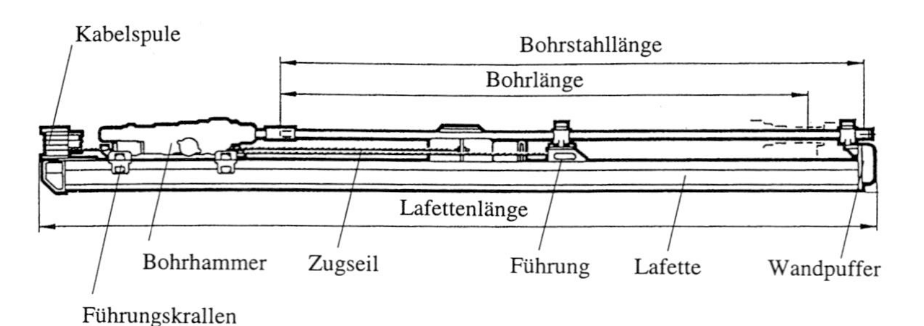

Bild 6.2-4
Bohrlafette [6-1]

jektlänge, Vortriebsart – sowie von der Kompatibilität mit den anderen Vortriebsgeräten ab. Das Bohrgerät sollte möglichst flexibel in bezug auf Bohr- und Ankerungsaufgaben sowie relativ schnell an verschiedenen Arbeitsstellen des Vortriebs und Ausbaus einsetzbar sein. Ferner sollte bei der Selektion der Geräte besonderer Wert auf die Robustheit, Reparaturfreundlichkeit und Ersatzteilbeschaffung gelegt werden. Die Geräte sollten bei wechselnden geologischen Bedingungen sowie den folgenden baubetrieblichen Randbedingungen flexibel einsetzbar sein:

- Tunnelneigung
- Tunnelprofil und Ortsbrustquerschnitt
- Bohrlochlängen
- Bohrlochdurchmesser
- Bohrlochlage (Ortsbrust, über Kopf)
- Leistung pro Meter Bohrlochvortrieb und Durchmesser
- Bohrgenauigkeitsanforderungen
- unterschiedliche Bohrlochdurchmesser (Spreng- und Grossloch)
- Abstand der verschiedenen Arbeits- und Einsatzstätten

Die Bohreinrichtungen können auf verschiedenen Trägergeräten montiert werden:

- rad-/pneubereifte Fahrgestelle der Trägergeräte
- Kettenfahrgestelle
- TBM-Nachläufer oder gleisgebundene Installationen

Im Tunnelbau werden hauptsächlich radbereifte Trägergeräte eingesetzt. Diese können bis zu maximal 20° Neigung im Tunnel eingesetzt sowie schnell in den und aus dem Vortriebsbereich gebracht werden, um die Zwischenzeiten zum Installieren des Geräts nach dem Schuttern und vor dem Sprengen kurz zu halten. Damit ist eine flexible Anpassung an den jeweiligen Einsatzort möglich. Für die Auswahl des Bohrwagens und der Antriebsart sind die Steigung des Tunnels oder Stollens und die Profilgrösse von ausschlaggebender Bedeutung.

Der Bohrarm des Trägergeräts ermöglicht die vertikale, horizontale und drehende Bewegung der Bohrlafette. Der Bohrarm ist der Träger der Vorschubeinrichtung, allseitig schwenkbar mit sechs räumlichen Freiheitsgraden und somit unabhängig

Bild 6.2-5
Bohrwagen von Atlas Copco, 2 Bohrarme, 1 Ladekorb [6-1]

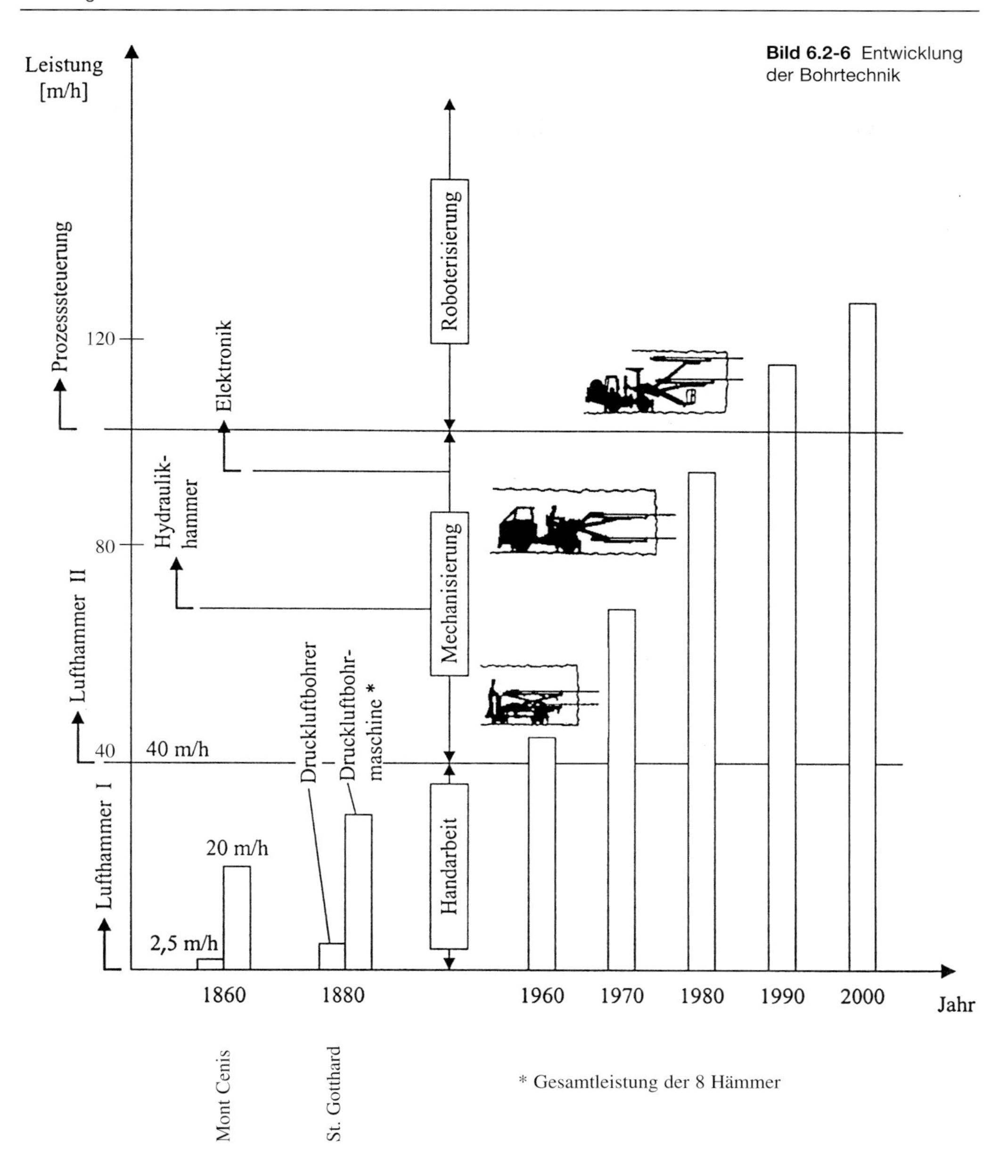

Bild 6.2-6 Entwicklung der Bohrtechnik

von der aufzufahrenden Querschnittsform des Tunnels. Damit lassen sich nicht nur die Bohrungen an der Ortsbrust, also parallel zum Gerät, sondern auch über Kopf (Roll-over-Einrichtung) durchführen. Die Bohrjumbos sind mit einem bis drei Bohrarmen ausgerüstet. Bei den manuell operierenden Bohrjumbos wird jeder Bohrarm durch je eine separate Steuereinrichtung mit eigenem Steuerhebel, eigenen Messeinrichtungen etc. bedient. Damit kann die Frage nach der Effizienz von manuellen Bohrjumbos beantwortet werden, wenn man beachtet, dass eine Sprenglochbohrung mit ca. 2,2 – 3 m/min gebohrt werden kann. Die Mehrarmjumbos entfalten ihre volle Effizienz, wenn die Bedienung der Bohrarme programmunterstützt stattfindet und über einen Joystick kollisionsfrei erfolgen kann. Bei solchen Geräten sind viele Teilfunktionen halbautomatisiert, damit der Maschinist sich auf die Aufgabe des schnellen Umsetzens der Bohrarme konzentrieren kann und hohe Leistungen erzielt werden.

Bei fahrbaren Trägergeräten sollte der Tunnelquerschnitt mindestens 15 m^2 betragen. Die Möglichkeit, eine Zwangsparallelführung der Bohrarme einzubauen, vereinfacht die Herstellung von Parallelbohrungen für den Paralleleinbruch. Gleichzeitig werden die Bohrgeräte für das Bohren von Ankerlöchern eingesetzt. Bei der Ankerbohrung ist eine Roll-over-Einrichtung der Bohrarme für das Bohren der Überkopf-Ankerlöcher erforderlich.

Die Einzelkomponenten wie Länge der Lafetten, Anzahl der Bohrarme und Schwenkeinrichtungen sind meist in bestimmten Grenzen variabel und erlauben eine praxisgerechte, flexible Anpassung an das jeweilige Projekt.

6.2.4 Die Entwicklung der Bohrtechnik

Die Technik des Bohrens und damit die Bohrgeschwindigkeit ist in der letzten Zeit wesentlich verbessert worden (Bild 6.2-6), denn die Bohrzeit ist der entscheidende Faktor für die Vortriebsleistung im Sprengvortrieb. Während sich in der Vergangenheit das Sprengen ausschliesslich nach den Möglichkeiten der Bohrtechnik richten musste, ist es heute weitgehend möglich, die Bohrvorgänge sprengtechnischen Anforderungen anzupassen.

In den letzten 20 Jahren wurden folgende wesentlichen Entwicklungssprünge gemacht:

- **Einführung von Hydraulikhämmern**
  - 50 % höhere Bohrleistungen gegenüber den pneumatischen Hämmern
  - verminderter Energieverbrauch
  - erheblich geringerer Schallpegel
- **Einsatz der Elektronik zur Steuerung von**
  - Schlagleistung
  - Andruck, Rotation und Schlagwerk
  - Vorschub
  - Spülung
- **Teilroboterisierung der Bewegungsabläufe**
  - computergesteuerte Positionsbestimmung
  - computeroptimierte Ansteuerung der Bohrlochansatzpunkte aller Bohrarme
  - Anti-Festbohrsicherungssensorik etc.

Diese Entwicklung und die damit verbundene Optimierung der Betriebsabläufe führte zu einer Verbesserung der mittleren Durchschnittsleistung, zur Erhöhung der Betriebssicherheit durch Schonung der Maschine und zur Reduzierung von Störfällen.

6.2.5 Teilroboterisierung der Bohrtechnik mittels Elektronik und Computerunterstützung

Genaues Bohren ist eine wesentliche Voraussetzung für ein profilgenaues Sprengergebnis mit einer optimalen Haufwerkszerkleinerung. Neben der Entwicklung hochleistungsfähiger Bohrhämmer gewinnt die Frage der exakten und kontrollierbaren Steuerung des Bohrwagens immer grössere Bedeutung. Die Mikroelektronik in Verbindung mit moderner Computertechnik macht es möglich, hervorragende mittlere Bohrzykluszeiten (gesamter Bohrvorgang), Bohrleistungen, Bohrqualität und Standzeiten (Nutzungsdauer) von Bohrwerkzeugen zu erreichen.

Die modernen hydraulischen Jumbos sind mit Systemsteuerungen ausgerüstet. Die elektronische Steuerung umfasst u. a.:

- Spülwasserdruck
- Rotation, Vorschub, Schlagwerk etc.

Ferner lassen sich bei den **programmgesteuerten Systemen** (Bild 6.2-7) aufgrund der kurzen Reaktionszeit von Sensoren und Elektronik mittels Steuercomputer folgende aktive Leistungskontrolle und Steuerung durchführen:

- programmgesteuerter Anbohrvorgang
- aktive Andruck- und Schlagleistungskontrolle (kritische Prellschlagbereiche können vermieden werden)
- automatische Anpassung an die Gesteinshärte
- Anti-Festbohrsensorik

Durch weitere Teilroboterisierung lässt sich das auf CAD erstellte Bohrbild in den Steuercomputer einlesen. Durch lasergesteuerte Positionierung wird die Bohrwagenposition im Verhältnis zur Tunnelachse bzw. Ortsbrust bestimmt. Die Bohrarme und Lafetten lassen sich nun programmgesteuert zu den Bohransatzpunkten führen. Das Bohrschema braucht also nicht mehr an der Ortsbrust angezeichnet zu werden.

Bei Multibohrarmsystemen steuern die Bohrlafetten die Bohransatzpunkte nach optimierten, numerisch bestimmten Wegen (kürzester Gesamtweg) kollisionsfrei an (Bild 6.2-8). Dadurch lassen sich

Bild 6.2-7 Steuerstand eines roboterisierten Bohrgerätes von Tamrock [6-3]

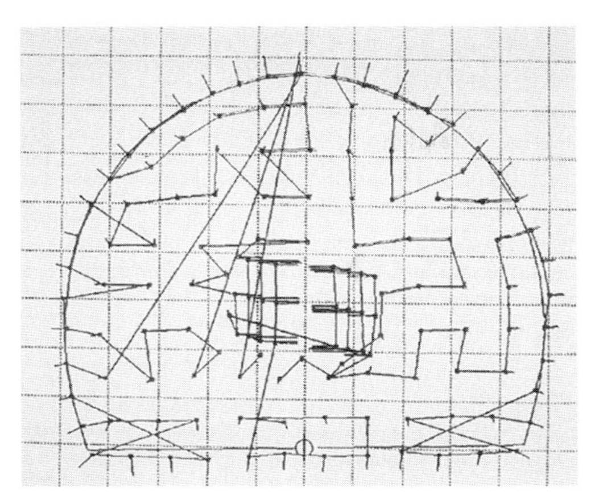

Bild 6.2-8 Bohrschema mit Bohrarmspuren und Lochneigung (Fensterstollen Mitholz) [6-5, 6-6]

hohe Bruttobohrleistungen und grosse Bohrgenauigkeiten erzielen, wodurch gute Sprengergebnisse ermöglicht werden.

Die Elektronik muss besonders robust sein, um bei dem extrem harten Betrieb (Stösse, Erschütterungen, Detonationswellen etc.) unter Tage betriebssicher zu sein.

Der Nachteil der Roboterisierung zeigt sich bei Störungen oder Ausfällen der Elektronik. Dann besteht die Gefahr, dass das Gerät – und mit ihm alle abhängigen Arbeitsabläufe und Zyklen – zum Stehen kommt. Wichtig ist, dass neben dem computerisierten und programmierten der manuelle Betrieb stets möglich sein sollte.

6.3 Sprengen

6.3.1 Allgemeines

Als Sprengstoffe im weiteren Sinn bezeichnet man Verbindungen oder Gemische, die bei Entzündung, z. B. durch Erwärmung, Schlag oder Initialzündung, eine Explosion oder Detonation hervorrufen. Zu den Gemischen gehört beispielsweise Schwarzpulver, zu den molekularen Verbindungen zählen Ammoniumnitrat (NH_4NO_3), Nitroglycerin, Pentrit oder Trotyl. Im engeren Sinn unterscheidet man zwischen **Zündstoffen**, z. B. Bleiazid oder Knallquecksilber, und **Sprengstoffen**. Die Zündstoffe sind hochbrisant und sehr schlagempfindlich, sie ermöglichen die Zündung der wenig schlagempfindlichen Sprengstoffe.

Die chemische Umsetzung der Explosionsstoffe während eines Sprengvorgangs erfolgt durch Oxidation, bei der Wärme und gasförmige Reaktionsprodukte freigesetzt werden. Bei der Reaktion von Sprengstoffen unterscheidet man die **Explosion** (bei Gemischen wie Schwarzpulver) von der **Detonation** (Zerfall von Sprengstoffmolekülen wie z. B. Ammoniumnitrat). Die Detonation läuft wesentlich schneller ab als die Explosion. Je nach Reaktionsgeschwindigkeit (300 – 8000 m/s) entsteht eine eher treibende oder aber eine zertrümmernde Wirkung.

Beim Abbau von Gestein sind beide Wirkungen erwünscht, nämlich eine Schlagphase, in der das Gestein gelöst und zertrümmert wird, sowie eine Gasphase, in der es weggeschleudert wird. Es werden deshalb häufig verschiedene Sprengstoffe gemischt. Zur Erhöhung der Gasphase werden **Brennstoffe** wie z. B. Zellulose oder Dieselöl zugemischt. Auch innerhalb des Bohrlochs wird meist ein brisanter Sprengstoff als Fussladung mit einem eher treibenden als Schaftladung kombiniert.

Es entwickeln sich in der Gasphase ca. 0,7 – 1,0 m^3 Verbrennungsgase pro Kilogramm Sprengstoff. Diese Gase dringen in die feinen Strukturrisse des Gesteins ein, kerben es und werfen es durch ihre expansive Wirkung (Bild 6.3-1).

Beim Sprengen im Tunnelbau sind nach dem Bohren der Sprenglöcher folgende Arbeitsschritte notwendig:

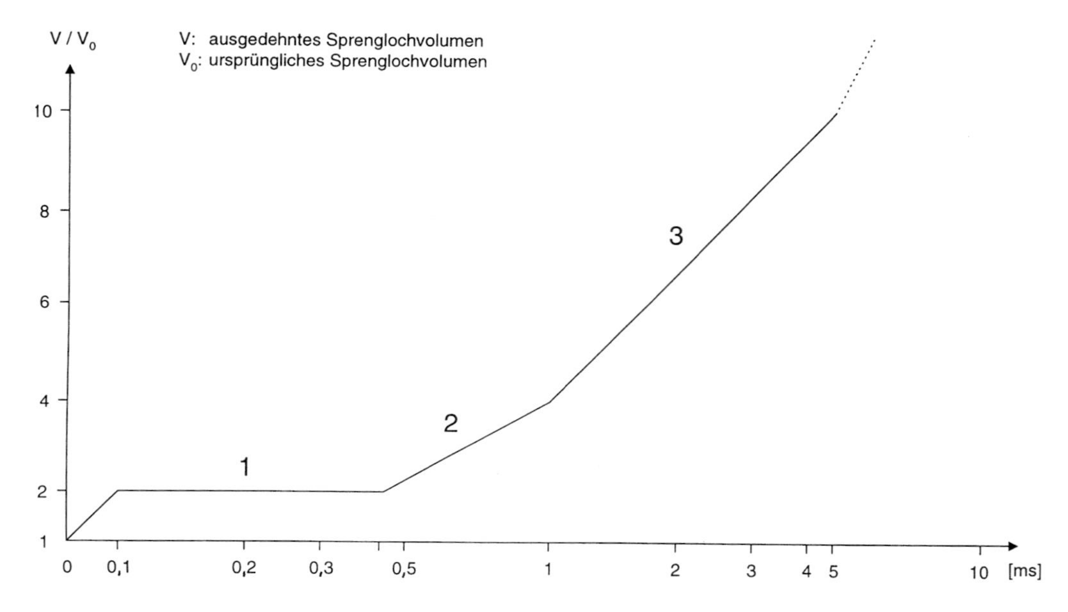

Bild 6.3-1 Volumenexpansion eines Sprenglochs nach der Zündung in Abhängigkeit von der Zeit [6-7]

- Bohrloch freiblasen und prüfen
- Laden des Bohrlochs mit Sprengstoff (meist patroniert) und Zündmittel
- Zündsystem anbringen (Zündkreis installieren und Zündmittel mit Zündübertragung verbinden)
- Verdämmen
- Zündkreis prüfen
- Zünden

6.3.2 Sprengstoffe

Bei der Handhabung der Sprengstoffe müssen alle gesetzlichen und sicherungstechnischen Auflagen des Sprengstoffgesetzes eingehalten werden. Dazu gehört, dass Sprengstoff nur von Personen eingesetzt werden darf, die einen gültigen Sprengausweis besitzen.

Die wichtigsten Sprengstoffkennwerte [6-7, 6-8] sind:

- **Dichte:** 0,8 – 1,6 kg/Liter
- **Gasdruck** ist der Explosionsdruck der Gase in einem vorgegebenen Raum. Dieser wird berechnet unter Annahme des idealen Gasverhaltens nach dem Boyle-Mariotte-Gesetz $p \times V = const.$ Der Gasdruck nimmt mit dem Werfen des Gebirges durch Volumenexpansion ab.
- **Normalvolumen**, auch Schwaden- oder spezifisches Gasvolumen genannt. Darunter versteht man das Volumen der durch die explosive Umsetzung entstehenden Gase bei 0 °C und Atmosphärendruck. Das Volumen wird in Liter/kg Sprengstoff angegeben.
- **Detonationsgeschwindigkeit** ist die Fortpflanzungsgeschwindigkeit der Detonationsfront (Welle) im Sprengstoff. Sie beträgt je nach Spreng- und Zündstoff sowie Anwendungsbedingungen bis über 8000 m/s.
- **Ladedichte** ist das Verhältnis des Gewichtes des Sprengstoffes zum Volumen des Laderaumes [kg/cm^3].
- **Brisanz** bezeichnet den zertrümmernden oder stauchenden Effekt einer Ladung auf die unmittelbare Umgebung. Sie ist ein Mass für die Leistungsfähigkeit eines Sprengstoffes. Die Brisanzunterschiede verschiedener Sprengstoffe kann man nach Garbotz aus dem Produkt aus Ladedichte, Normalvolumen und Detonationsgeschwindigkeit ermitteln. Je grösser dieser Wert ist, desto höher ist auch die Brisanz des Sprengstoffes. Hohe Brisanz führt zur Zertrümmerung der Gesteine, geringe Brisanz zur Rissbildung.
- **Energie / Explosionswärme** liegt in der Bandbreite von 3300 – 5500 kJ/kg. Diese Werte sind

im Vergleich zu anderen Energieträgern (z. B. Heizöl) klein. Durch die sehr kurzen Reaktionszeiten ergeben sich aber enorme Leistungen.

Die projektspezifische, richtige Wahl des Sprengstoffes entscheidet weitestgehend über die Leistungsfähigkeit und Wirtschaftlichkeit des Sprengvortriebs. Zur Durchführung von Sprengarbeiten stehen u. a. folgende Sprengstoffe zur Verfügung [6-5]:

- **Nitroglycerin**: auch „Sprengöl", chem. Glycerintrinitrat, $C_3H_5(ONO_2)_3$, ist extrem schlagempfindlich, vor allem in gefrorenem Zustand (< +13°C !). Durch Aufquellen mit Kollodiumwolle entsteht **Sprenggelatine**, die handhabungssicher ist. **Dynamit**, erzeugt durch Aufsaugen von Nitroglycerin in Kieselgur, wird heute nicht mehr hergestellt. Zahlreiche Sprengstoffe enthalten kleine Prozentsätze Nitroglycerin, um die Brisanz und Schlagempfindlichkeit zu steigern; wegen der toxischen Wirkung (Kopfschmerzen) wird heute aber immer häufiger darauf verzichtet.
- **Trotyl**: chem. Trinitrotoluol (**TNT**), $C_6H_2(NO_2)_3CH_3$,wird heute nur noch für militärische Zwecke verwendet (Zerstörungstechnik).
- **Pentrit** oder **Nitropenta**: chem. Pentaerythrittetranitrat (**PETN**), ist äusserst brisant und wird pulverförmig in **Knallzündschnüren** (**Detonex**) oder in plastischer Form (**Plastit**, **Plastex**, **Axonit**) verwendet. **Sprengschnüre** (Knallzündschnüre) bestehen aus einer Seele von 5-150 g/m PETN, die mit einer Textil- und Kunststoffhülle umfasst ist. Die Detonationsgeschwindigkeit beträgt ca. 6000 – 7000 m/s. Sie können zum Zünden anderer Sprengstoffe oder zum schonenden Sprengen (smooth blasting) verwendet werden.
- **Nitrozellulose**: Herstellung durch Nitrierung von Baumwolle (Schiessbaumwolle), Verwendung als Treibmittel in Patronen. Durch Tränken mit Nitroglycerin erhält man eine elastische Gelatine.
- **Schwarzpulver**: Mischsprengstoff aus 75 % Kaliumnitrat (Oxidationsmittel), 15 % Holzkohle (Reduktionsmittel) und 10 % Schwefel (erhöht die Reaktionsgeschwindigkeit) mit grossem Gasvolumen und treibender Wirkung. Schwarzpulver ist sehr feuergefährlich und wird in der Steingewinnung und in Zeitzündschnüren verwendet.
- **Ammoniumnitrat** (Dünger): chem. NH_4NO_3, ist Hauptbestandteil der meisten Sicherheitssprengstoffe. Diese werden unterteilt in gelatinöse und pulverförmige Sprengstoffe. Ammoniumnitrat ist extrem schlag**un**empfindlich und wird deshalb, neben anderen Stoffen, meist mit Nitroglycerin und Trinitrotoluol vermengt. Zur Zündung ist aber trotzdem noch ein anderer Sprengstoff (z. B. Knallzündschnur) nötig. Beispiele handelsüblicher Sicherheitssprengstoffe sind: Gelatine, Telsit, Gamsit, Dynamex, Volumex, Tramex, Nabex usw. **ANFO**-Sprengstoffe – **A**mmonium**n**itrat und **f**uel **o**il (Dieselöl) – sind die einfachsten explosivstofffreien Gemische aus verbrennbaren und oxidierbaren Bestandteilen. Sie bestehen aus 94 % geprilltem, porösem Ammoniumnitrat (Düngemittel) und 6 % Öl. ANFO-Sprengstoffe sind sogenannte schwer detonierbare Sprengstoffe. Sie sind erst bei ausreichender Anregung durch eine Verstärkerladung detonationsfähig.
- **Sprengschlämme** sind Mischungen aus wässrigen, anorganischen Salzlösungen und oxidierenden Reaktionspartnern (Nitrate, Ammoniumnitrat). Ihre Konsistenz kann verschieden gewählt werden, so dass die Herstellung in schlammiger, pumpfähiger, gelierter oder patronierter Form möglich ist.
- **Emulsionssprengstoffe** [6-9] bestehen aus einem Gemisch aus sauerstoffliefernden, hochkonzentrierten Salzlösungen und verbrennbaren Bestandteilen, die mit Hilfe von Emulgatoren stabilisiert werden. Diese Sprengmatrix ist nur durch die Zugabe dichteregulierender Stoffe, z. B. gasbildender chemischer Zusätze, detonationsfähig. Die Unempfindlichkeit dieser Sprengstoffe gegen Schlag und Reibung wird von keinem anderen Sprengstoff erreicht.

Der prinzipielle chemische Aufbau aller gewerblichen Sprengstoffe ist ähnlich. Gewerbliche Sprengstoffe [6-10] bestehen aus Gemischen sensibilisierender, verbrennlicher, oxidierender und inerter Bestandteile. Die herkömmlichen Sprengstoffe werden durch Explosivstoffe wie Nitroglyzerin, Nitroglykol etc. sensibilisiert, so dass sie auch in kleinen Patronendurchmessern zünd- und detonationsfähig sind. Als verbrennbare Bestandteile enthalten gewerbliche Sprengstoffe feste oder flüssige Kohlenwasserstoffe und, falls erforderlich, Aluminiumpulver. Diese Bestandteile halten die chemische Umsetzung aufrecht, während die oxidierenden Bestandteile den notwendigen Sauerstoff für die detonative

Tabelle 6.3-1 Charakteristiken für Sprengstoffe des Tunnelbaus [6-5]

Kriterien	**Sprengstoffe im Tunnelbau**			
	Gelatinöse	***ANFO***	***Slurries***	***Emulsionen***
Einsatz	universell	nur bedingt	universell	universell
Stoffdichte	1,5 g/ml (hohe Energiedichte)	0,89 g/ml	1,2 g/ml	1,15–1,2 g/ml
Schwadenvolumen	hoch	hoch	hoch	mittel
Detonationsgeschwindigkeit	mittel	gering	gering	hoch
wasserfest	ja	nein	ja	ja (sehr)
kapselempfindlich	ja	bedingt	ja	ja – bedingt
Lieferform	nur patroniert in Papier oder Folie	lose	patroniert in Folie; pumpfähig	patroniert in Papier oder Folie pumpfähig
Lademethode	Ladestock, Pneulader	Einblasen	Pumpen	Pumpen

Umsetzung liefern. Die sauerstoffliefernden Salze sind Ammonium-, Kalium- oder Natriumnitrat.

Die prinzipiellen vier Sprengstoffkategorien, die heute im Tunnelbau eingesetzt werden, sind mit ihren typischen Charakteristiken in Tabelle 6.3-1 dargestellt.

Als Zündstoffe zur Auslösung der Sprengung verwendet man z. B. Knallquecksilber (Quecksilberfulminat), Bleiazid oder Bleitrinitroresorzinat. Zündstoffe sind hochempfindliche Sprengstoffe, die schon in geringen Mengen zur Detonation gebracht werden können. Die Zündstoffe dienen zur Initialzündung von Sprengstoffen. Sie werden

Tabelle 6.3-2
Sprengstoffe und ihre Auswahlkriterien [6-5, 6-10]

Zeichenerklärung + sehr gut 0 gut - nicht gut x erforderlich x) besondere Anwendung (z.B. profilgenaues Sprengen)	Hartes Gestein	Weiches Gestein	Klüftiges Gestein	Plastisches Gestein	Besondere Anforderungen an Schwaden	Grundwasserschutz	Schonendes Sprengen	Nasse Bohrlöcher	Erfordernis besonderer Lagerung	Erfordernis besonderer Ladegeräte	Erfordernis besonderer Anlieferung
Gelatinöse Sprengstoffe patroniert	+	0	+	-	0	+	0	+			
Pulverförmige Sprengstoffe	-	+	+	+	0	+	0[x)]	-			
Emulsion patroniert	0	0	+	-	+	+	0[x)]	+			
Emulsion lose	+	0	-	-	+	0	-	+	x	x	x
ANFO / ANC lose	0	+	-	+	0	-	-	-	x	x	x
Sprengschnur	+[x)]	0[x)]	-[x)]	0[x)]	0	+	+[x)]	+			

Sprengstoffarten	Dichte	Wasser-festigkeit	Schadstoffanteil	
			CO	NO_x
	g/cm^3		l/kg	l/kg
Gelatinöse	1,5	gut	16-24	3,5-4,0
ANFO	0,85	keine	5,1	3,0
Emulsion	1,15-1,2	sehr gut	1,1-4,6	0,1-0,2

Tabelle 6.3-3 Toxische Anteile in den Sprengschwaden [6-5]

in Zündkapseln verwendet und elektrisch oder pyrotechnisch gezündet.

Eine Vielzahl von Faktoren beeinflusst die Entscheidung für den projektspezifischen Einsatz der Sprengstoffe. Die wichtigsten Einflussfaktoren sind die Geologie und der Querschnitt. Die Anforderungen der Umwelt in bezug auf Sprengerschütterungen, Lärm und Gewässerschutz beeinflussen jedoch die Wahl des richtigen Sprengstoffes immer stärker.

Im Tunnelbau werden meist patronierte Sprengstoffe mit einem Durchmesser von 40 mm verwendet. Diese werden in Sprenglochdurchmessern von 45 – 52 mm eingesetzt, um einen optimalen Bohrlochbefüllungsgrad zu erreichen. Die Auswahlkriterien für verschiedene Sprengstoffe sind in Tabelle 6.3-2 dargestellt.

Gelatinöse Sprengstoffe haben die höchste Energiedichte. Dies ist gerade im Bohrlochtiefsten, wo die Verspannung des Gebirges am höchsten ist, ein grosser Vorteil. Mit gelatinösen Sprengstoffen kann man in ein Bohrloch 20 % mehr wirksame Sprengstoffe laden als bei Emulsionen. Bei Emulsionssprengstoffen müssen mindestens 10 % mehr Löcher gebohrt werden.

Bei **langen Verkehrstunneln** wird man während der Bauphase der Belastung der Tunnelluft durch Dieselabgase, Schwebeteilchen und giftige Sprengstoffschwaden noch stärkere Beachtung beimessen (Tabelle 6.3-3).

Zu diesem Zweck wurde das Site Sensitized Emulsion-System (SSE-System) entwickelt.

Das Site Sensitized Emulsion-System basiert auf einer in der Fabrik hergestellten Emulsion-Mixtur, die nicht explosiv ist. Dieser Stoff untersteht deshalb nicht den Sprengvorschriften für Transport und Lagerung explosiver Stoffe. Die hier verwendete pastenartige Emulsion wird erst beim Einbringen in die Sprenglöcher während des Pumpvorgangs durch Zugabe eines Kaltgases (chemical cold-gassing) explosionsfähig gemacht.

Das System wurde speziell für den Tunnelbau entwickelt. Um die teils hochliegenden Löcher sicher laden zu können, wird das Fahrzeug [6-12] mit einem Ladekorb ausgerüstet (Bild 6.3-2). Zudem können die Dichte und die Viskosität der Emulsion – je nach Intensität des chemischen Prozesses – verändert werden. Die Zündkapsel mit einem Primedetonator wird mit Hilfe der Ladedüse ins Bohrlochtiefste geschoben, und der Emulsionssprengstoff wird eingepumpt. Durch seine zahnpastaartige Konsistenz läuft er nicht aus dem horizontalen Bohrloch aus.

Dieses neue System erlaubt eine grosse Flexibilität bei der Ladearbeit, eine optimale Anpassung an die Gebirgsverhältnisse, und ist darüber hinaus beim

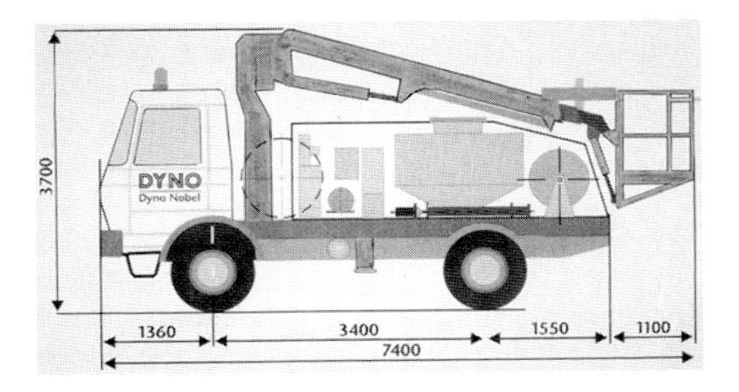

Bild 6.3-2 Ladefahrzeug von Dyno Nobel [6-11]

Transport und bei der Lagerung viel sicherer als die konventionellen Sprengstoffe.

Die Emulsionssprengstoffe bieten, obwohl ihre Leistungsfähigkeit geringer ist als die gelatinöser Sprengstoffe, für den Sprengvortrieb im Tunnelbau folgende Vorteile [6-9]:

- sicherheitstechnische Kenndaten von ANFO-Sprengstoffen
- wesentlich geringere toxische Bestandteile (NO_x und CO) als gelatinöse Sprengstoffe
- einfache Anwendung durch pumpbare oder patronierte Form

Beim Einsatz von Emulsionssprengstoffen lässt sich die Lüftungszeit verringern, und das Schuttern kann früher begonnen werden. Dies ist natürlich kostenmässig gegen die verlängerten Bohrzeiten und -meter abzuwägen.

Für den losen ANFO-Sprengstoff entsteht zusätzlicher Aufwand an Geräten für das Laden und Lagern (Sprengstoffsilos) sowie im administrativen Bereich.

Die Erfahrung zeigt, dass bei der Arbeit mit unpatroniertem Sprengstoff die Tunnelsohle trotz grosser Sorgfalt durch auslaufende Emulsions- oder durch herausrieselnde ANFO-Sprengstoffe verschmutzt werden kann. Im Haufwerk können dann Nitratreste auf der Kippe herausgespült werden und ins Grundwasser gelangen. Die Verwendung loser Sprengstoffe erfordert höhere Investitionskosten oder Gerätemieten als dies beim Einsatz von patronierten Sprengstoffen der Fall ist. Diese Kosten müssen den Einsparungen durch die Verringerung der Ladezeit und die geringeren Lüftungszeiten (nur bei Emulsionssprengstoffen) in einer Kostenanalyse gegenübergestellt werden. Daraus ergibt sich, dass diese mechanisierten Ladeverfahren meist nur bei längeren Tunneln mit relativ grossen Querschnitten besonders wirtschaftlich sind. Bei kleineren Tunnelprojekten werden die patronierten Sprengstoffe die einfachere und wirtschaftlichere Lösung darstellen.

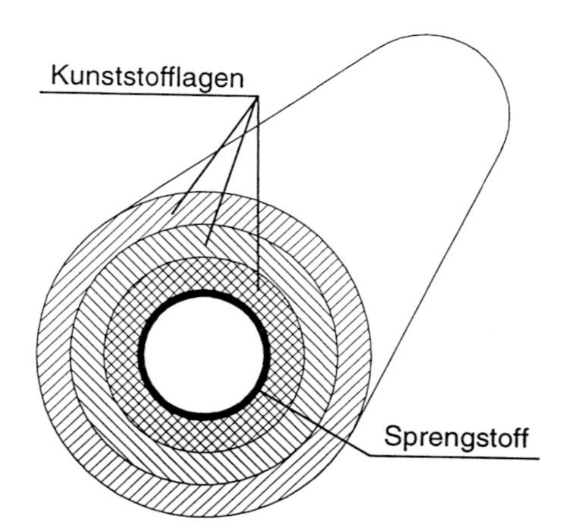

Bild 6.3-3 Querschnitt durch einen Zündschlauch der Firma Dyno Nobel [6-11]

6.3.3 Zündmittel

Die Sprengstoffe, die hauptsächlich im Tunnelbau verwendet werden, sind so handhabungssicher, dass sie nicht direkt durch eine Zeitzündschnur oder Flamme zur Detonation gebracht werden können. Zu diesem Zweck verwendet man Sprengkapseln bzw. Zünder.

Der Erfolg der Sprengung hängt u. a. wesentlich von der Genauigkeit des Zündzeitpunktes und der Zuverlässigkeit des eingesetzten Zündmittels ab. Neben der inzwischen bedeutungslosen Zündschnurzündung verfügt die heutige Sprengtechnik über drei Zündsysteme:

- pyrotechnische Zündung
- elektrische Zündung
- elektronische Zündung

Zur pyrotechnischen Zündung kann man die Zeit-Zündschnur und den Zündschlauch (NONEL, DYNASHOC) verwenden. Die Zeit-Zündschnur besteht aus einer Schwarzpulverseele, die mit einem Textil- und/oder Kunststoffschlauch umhüllt ist. Die Brenndauer beträgt ca. 150 s/m. Die pyrotechnische Zündung mit Zeit-Zündschnüren und Sprengschnüren wird heute aus handhabungstechnischen Gründen fast nicht mehr angewendet.

Hingegen ist das Zündschlauchsystem (nichtelektrische Zündung) heute eine echte Alternative zu den elektrischen Zündungen. Die Schlauchzündung hat im Tunnelbau grösste Bedeutung erlangt.

Der Zündschlauch

Die NONEL/DYNASHOC-Schläuche haben einen Durchmesser von aussen 3 und innen 1,5 mm und sind aus drei Lagen Kunststoff aufgebaut (Bild 6.3-3). Jede Lage besteht aus einem anderen Kunststoff und hat eine spezielle Funktion:

- Die äusserste Lage ist beständig gegen Abrasivität.

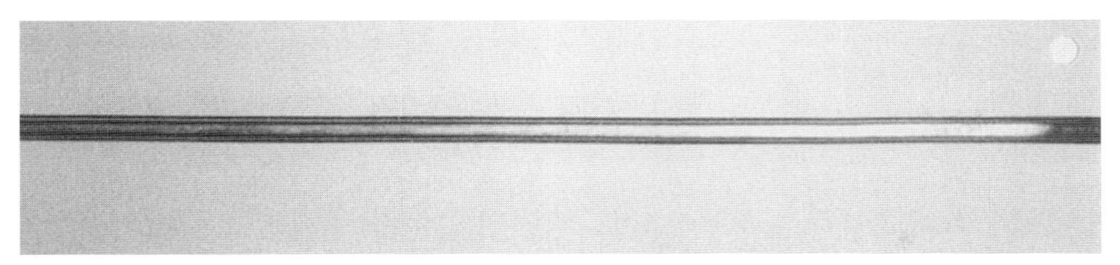

Bild 6.3-4 Detonationsfront im Zündschlauch [6-13]

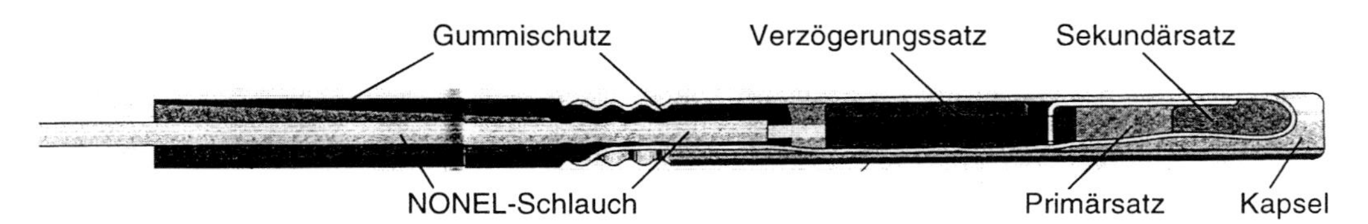

Bild 6.3-5 Schnitt durch eine Sprengkapsel Nr. 8 an einem Nonel Zündschlauch [6-13]

- Die mittlere Lage hat eine grosse Zugfestigkeit in Längsrichtung und ist gegen Öl und Chemikalien resistent.
- Die innerste Lage schliesslich bietet einen optimalen Haftgrund für die Sprengstoffbeschichtung und hat eine grosse radiale Zugfestigkeit, welche das Zerreissen des Schlauches während der Detonation verhindert.

Die Innenseite ist mit einem Pulver beschichtet, das aus HMX (Cyclotetrametylene-Tetranitramine) und Aluminiumpulver besteht. Das Ladungsgewicht liegt zwischen 16 und 20 mg/m.

Die Sprengstoffbeschichtung ist vor Feuchtigkeit zu schützen. Daher müssen die Enden des Schlauches während der Lagerung verschweisst werden.

Um die Pulverbeschichtung im Innern des Schlauches zur Reaktion zu bringen, braucht es eine Druckwelle und hohe Temperaturen.

Ausgelöst wird diese Reaktion durch einen intensiven Funken aus einem elektrischen Startgerät oder durch eine kleine Explosion einer Starterpistole oder einer Sprengkapsel.

Die Druckwelle reisst die Beschichtung auf und zerstäubt sie im Innern des Schlauches. Dann folgt die Detonation mit hohen Temperaturen. Der gesamte Vorgang läuft mit ca. 2100 m/s durch den Schlauch (Bild 6.3-4). Die Druckwelle ist stark genug, um das Verzögerungselement in der Sprengkapsel zu zünden, aber nicht stark genug, um den Schlauch zu zerreissen.

Der Zünder

Die Sprengkapsel im NONEL-System ist ein Zünder der Stufe 8 (Bild 6.3-5). Die Kapsel (Hülle) ist aus Aluminium und, je nach Verzögerungszeit, zwischen 45 und 95 mm lang.

Der Verzögerungssatz besteht aus einem Aluminiumrohr, das mit einem pyrotechnischen Material gefüllt ist. Durch die Verwendung von Material, das verschieden schnell abbrennt, und die Veränderung der Länge lassen sich beliebig lange Verzögerungszeiten erreichen.

Der Primärsatz des Zünders besteht aus einem mit PETN gefüllten Stahlrohr. Der Primärsatz ist notwendig, weil der relativ langsam abbrennende Verzögerungssatz nicht ausreicht, um den Sekundärsatz zu zünden.

Der Sekundärsatz ist ein Hexogen, das direkt in die Kapsel gepresst wird. Die Sprengkapsel hat, wie oben erwähnt, die Stufe 8, weil genau 0,8 g des Sprengstoffes Hexogen in die Kapsel gefüllt werden.

Zündverteilung

Es bestehen zwei Methoden, um die Zündung, die an einer einzigen Stelle erfolgt, auf ein ganzes System von Zündern zu übertragen (Bild 6.3-6):

Verteilerblöcke:

Durch den im Verteilerblock (Bild 6.3-7) eingebauten Zünder kann die Zündung auf maximal fünf

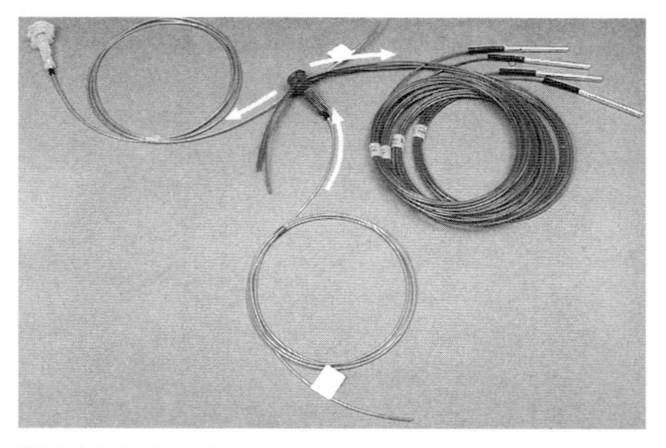

Bild 6.3-6 Verteilsystem mit Verteilerblock, System Nonel [6-13]

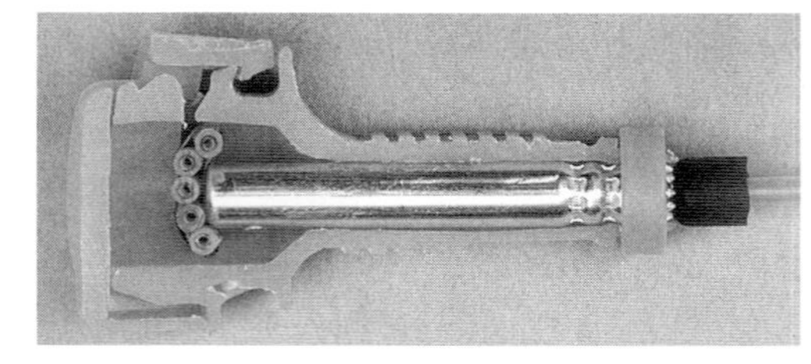

Bild 6.3-7 Schnitt durch einen Verteilerblock, der für maximal fünf Schläuche Platz bietet [6-13]

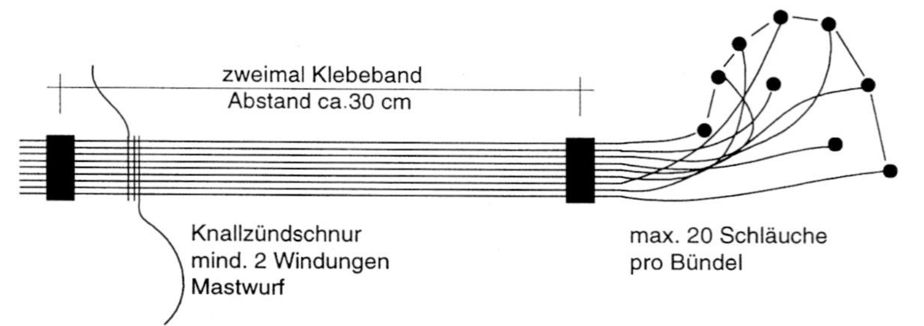

Bild 6.3-8
Bündeltechnik [6-13]

Bild 6.3-9
Zündung eines Abschlages im Tunnel mittels Schlauchzündung in Bündeltechnik [6-7]

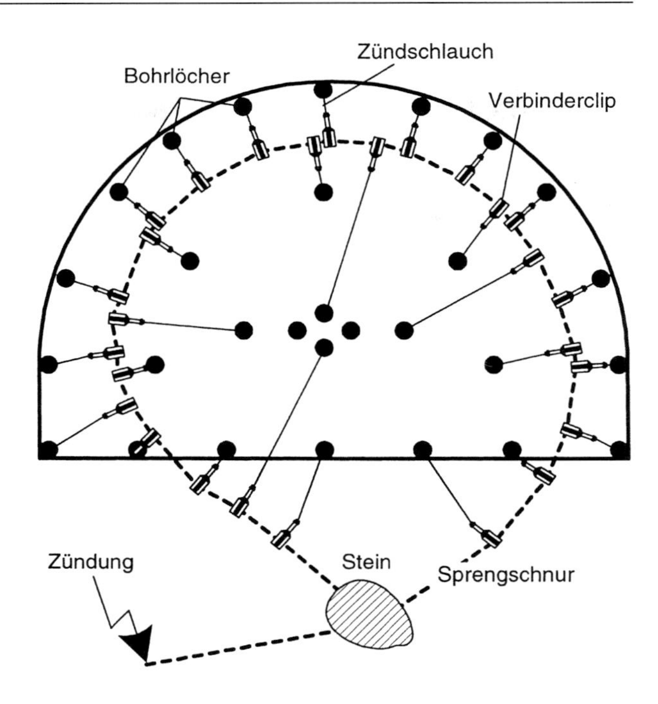

Bild 6.3-10 Sprengschnur als Ringleitung und Anschluss der Zündschläuche mittels Clipverbinder [6-13]

weitere Zündschläuche übertragen werden. Durch den Einsatz von Verzögerungssätzen in den Zündern können im System beliebig viele Zündstufen eingebaut werden.

Bündeltechnik:

Damit lassen sich bis zu zwanzig Zündschläuche rationell zusammenfassen (Bild 6.3-8). Diese Technik wird vor allem im Tunnelbau angewendet, wo viele Zündschläuche auf engem Raum zusammenzuhängen sind (Bild 6.3-9).

Zündsysteme

Zünder und Zündschläuche von Dyna-Shoc werden auch mit Clipverbindern geliefert. Diese dienen zur Befestigung der Anzündschläuche an der Leitsprengschnur. Der der Sprengschnur nächstbefindliche Clip wird so befestigt, dass zwischen Anzündschlauch und Sprengschnur ein rechter Winkel entsteht. Zunächst wird die Sprengschnur nur an einigen Clips befestigt, so dass sie vor der Ortsbrust einen Ring bildet. Danach werden alle restlichen Schläuche befestigt (Bild 6.3-10).

Auch können ganze Bündel von Schläuchen straff gefasst und mit Klebeband fest zusammengebunden werden (Bündeltechnik). Mit einem Mastwurf wird dann die Sprengschnur um diese Bündel gelegt und gut festgezogen (Bild 6.3-8 und Bild 6.3-11).

Die Sprengkapseln der Sprengladungen im Bohrloch müssen eine Mindestverzögerung haben, damit sichergestellt wird, dass alle Zündschläuche abgebrannt sind, bevor die erste Sprengkapsel die Sprengladung zur Detonation bringt. Das Schlauchzündsystem ist einerseits unempfindlich gegen elektrische Felder und andererseits mechanisch robust. Daher eignet es sich besonders für den Tunnelbau. Allerdings hat das Schlauchzündsystem gegenüber der elektrischen Zündung den Nachteil, dass die Funktionsfähigkeit nicht überprüft werden kann.

Der elektrische Zünder

Die elektrischen Zünder (Bild 6.3-12) sind immer noch von grosser Bedeutung in der Sprengtechnik des Tunnelbaus. Die Qualität dieses Zündmittels drückt sich in seiner Handhabungssicherheit und in der Genauigkeit seiner Verzögerungszeiten aus (Tabelle 6.3-4). Im Tunnelbau dürfen nur HU-Zünder (**h**och-**u**nempfindlich) eingesetzt werden.

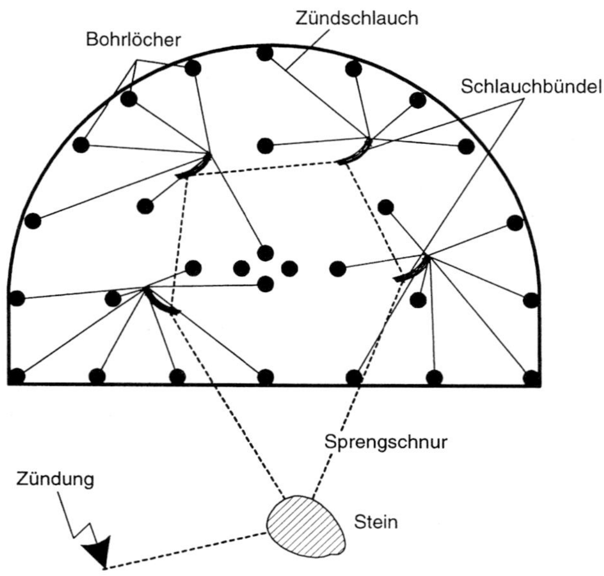

Bild 6.3-11 Bündeltechnik als Anschluss der Zündschläuche an die Sprengschnur [6-13]

HU-Zünder bieten eine erhöhte Sicherheit gegen eine ungewollte Zündung durch statische Elektrizität, Streuströme und Gewitter. Man unterscheidet:

- Momentanzünder
- Zeitzünder
  - Millisekundenzünder mit Kurz- und Langzeitintervallen
  - Halbsekundenzünder

Beim Zeitzünder wird die fein abgestimmte Verzögerung durch pyrotechnische Verzögerungselemente erreicht. Heute sind Kurzzeitintervalle von 20 ms, 25 ms, 30 ms sowie Langzeitintervalle von 100 ms und 250 ms üblich. Die Halbsekundenzünder haben ein Verzögerungsintervall von 500 ms. Um die Verspannung der Ortsbrust sukzessive zu lösen, ist es im Tunnelbau erforderlich, die Verzögerung so abzustimmen, dass jeweils die zweite Fläche (Einbruch, Erweiterungsschüsse) freigelegt wird, bevor die Zündung des nächsten Kranzes erfolgt. Daher verwendet man im Tunnelbau Zünder im Dezisekunden- bzw. im Halbsekundenbereich. Die Millisekunden- sowie die Halbsekundenzünder sind in Zündstufen unterteilt. Die Detonationsintervalle werden wie folgt angegeben:

- Stufe 0 – Detonation sofort (Momentanzünder)
- Stufe 1 – Detonation mit n sec. Verzögerung auf den Momentanzünder
- Stufe 2 – Detonation mit 2×n sec. Verzögerung auf den Momentanzünder
- Stufe m – Detonation mit m×n sec. Verzögerung auf den Momentanzünder

Der Momentanzünder detoniert im Moment des Stromdurchgangs durch die Glühbrücke. Der Zeitzünder detoniert erst nach Abbrennen des Verzögerungssatzes.

Die elektrischen Zünder sind mit Zünddrähten (Schiessdraht/connecting wire) verbunden. Die Zünddrähte verbinden einerseits die unterschiedlichen Zünderserien parallel und andererseits die

Tabelle 6.3-4 Sicherheitscharakteristik von HU-Zündern [6-5]

Charakteristik	HU-Zünder (3 m Zünderdrähte)
Widerstand [Ω]	0,5
Stromstärke [A] (Dauerbelastung ohne Zündung)	4,0
Höchster Impuls ohne Zündung [mWs/Ω]	1100

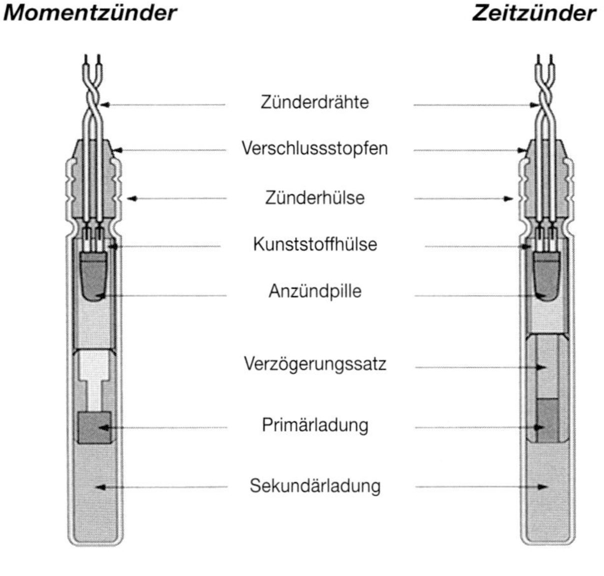

Bild 6.3-12 Elektrischer Zünder; [6-5] S. 8

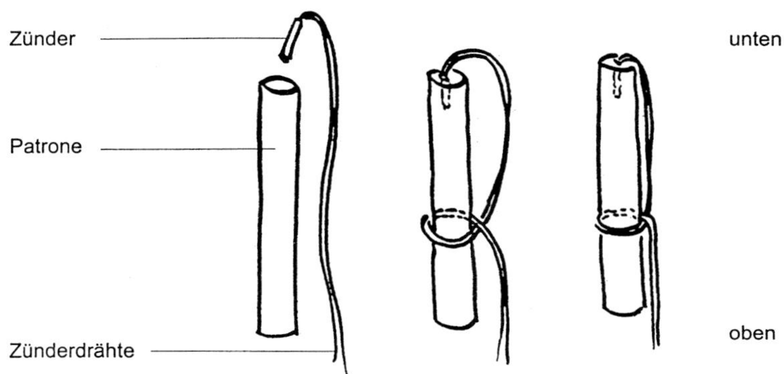

Bild 6.3-13 Patrone mit eingeschobenem Zünder [6-14]

gesamten Zündserien mit dem Mineurkabel. Dieses besteht meist aus 0,6 mm starkem, isoliertem Kupferdraht. Die Zünddrahtlänge ergibt sich aus der Bohrlochlänge und dem Abstand e zum nächsten Bohrloch oder zum Mineurkabel (Schiessleitung). Die Zünddrähte sollen so lang gewählt werden, dass sie die benachbarten Zündlöcher direkt ohne Zwischenschiessdrähte (Zünddraht) verbinden können. Die Zünddrähte werden durch PVC-Röhrchen mit Klemmvorrichtungen (Schnellverbinder) untereinander verbunden. Die Zünddrähte dürfen nicht wiederverwendet werden. Der Zünder wird bei patroniertem Sprengstoff in die mit einem Holzstäbchen vorgelochte Sprengstoffpatrone eingeschoben. Er muss auf der Unterseite der Sprengstoffpatrone sitzen (im Bohrlochtiefsten) (Bild 6.3-13).

Der Zünddraht wird mit einem Mastwurfknoten fest mit der Sprengstoffpatrone verbunden, damit er beim Besetzen des Bohrlochs nicht herausgerissen wird.

Das Mineurkabel (firing cable) verbindet die gesamte Zündserie (Serienschaltung) mit der Zündmaschine. Es besteht aus isolierten Doppeldrähten, umgeben von einem ummantelten Kabel, und ist auf einer Rolle aufgewickelt. Damit es möglichst oft wiederverwendet werden kann, sollte es ausserhalb des Wurfbereichs der Sprengtrümmer enden und dort mit den Zünddrähten befestigt werden.

Zum Zünden der elektrischen Zünder ist eine Zündmaschine erforderlich. Die Zündmaschine wird nach dem Energiebedarf der zu zündenden

Der elektronische Zünder

60 freiprogrammierbare Zeitstufen in 1 ms Intervallen zwischen 0 und 100 ms

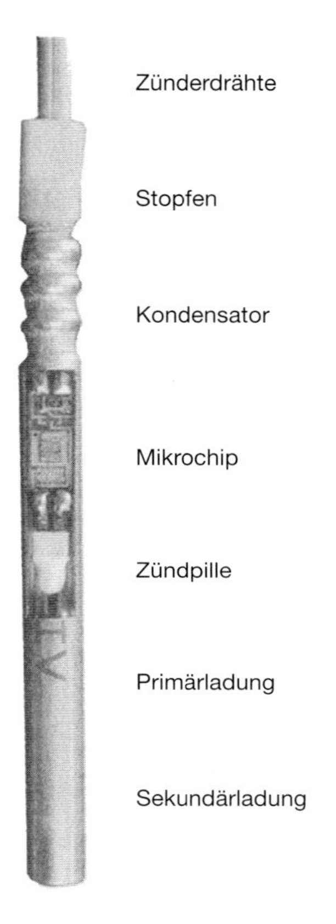

Bild 6.3-14 Elektronischer Zünder; [6-5] S. 9

Zünder (Anzahl) ausgewählt. Auf dem Markt sind Zündmaschinen zur Zündung von 50 – 350 Zündern erhältlich. Man verwendet für HU-Zünder nur Kondensator-Zündmaschinen. Aus Sicherheitsgründen muss Gleichstrom verwendet werden, da alle Zünder in einem Zündkreis innerhalb von 4 ms gezündet werden müssen. Bei der Verwendung von Wechselstrom kann bei einem relativ kleinen ΔI (Stromstärke) die Zeit Δt ziemlich gross werden, z.T. grösser als 4 ms.

Der Kondensator wird mittels Kurbel oder eingebauter Batterie geladen. Aus Sicherheitsgründen muss der Schalter bzw. die Kurbel abnehmbar sein, um ein unbeabsichtigtes Laden zu verhindern.

Die Verkabelung der elektrischen Zündsysteme muss vor jeder Sprengung mittels spezieller Ohmmeter kontrolliert werden. Diese Kontrolle stellt den Vorteil gegenüber der pyrotechnischen und der NONEL-Zündung dar.

Der elektronische Zünder

Die neueste Entwicklung sind elektronische Zünder (Bild 6.3-14). Beim elektronischen Zünder sind die pyrotechnischen Verzögerungselemente durch einen Mikrochip ersetzt worden. Jeder Zünder hat einen eigenen Kondensator, der die Mikroelektronik und die Zündpille mit Strom versorgt. Diese Möglichkeit eröffnet nun Genauigkeiten mit Intervallen im 1ms-Bereich. Diese Zünder sind durch ein spezielles Programmier- und Steuergerät sicherheitstechnisch gegen Missbrauch geschützt. Das System muss durch ein kodiertes Signal des Steuergerätes entsichert werden. Dann erfolgt das Aufladen der Kondensatoren der Zünder einzeln, danach die Programmierung der Zündintervalle auch einzeln, und erst dann – nach Prüfung – die Zündung. Ein elektronischer Zünder benötigt demnach zur Zündung neben der reinen Spannung zusätzlich auch elektronische Informationen. Daher sind solche Zünder besonders sicher gegen elektromagnetische Einflüsse. Sie bieten dem Tunnelbauer noch höhere Sicherheit als HU-Zünder.

Mittels elektronischer Zeitintervall-Steuerung lässt sich das beste Ergebnis für die:

- Haufwerkszerkleinerung
- Reduzierung der Erschütterungen
- Profilgenauigkeit

erreichen. Die wesentlichen Vorteile der elektronischen Zünder sind:

- sechzig Zeitstufen
- Zeitstufen programmierbar in Millisekunden-Intervallen
- null bis hundert Millisekunden können an der Zündmaschine eingestellt werden (frei programmierbar)
- Zündgenauigkeit bei einer Tausendstel-Sekunde

Wenn folgende Faktoren:

- Profilgenauigkeit
- bestimmte Stückigkeit des Haufwerks
- sprengtechnisch sensible Geologie in bezug auf Überprofil und Erschütterung

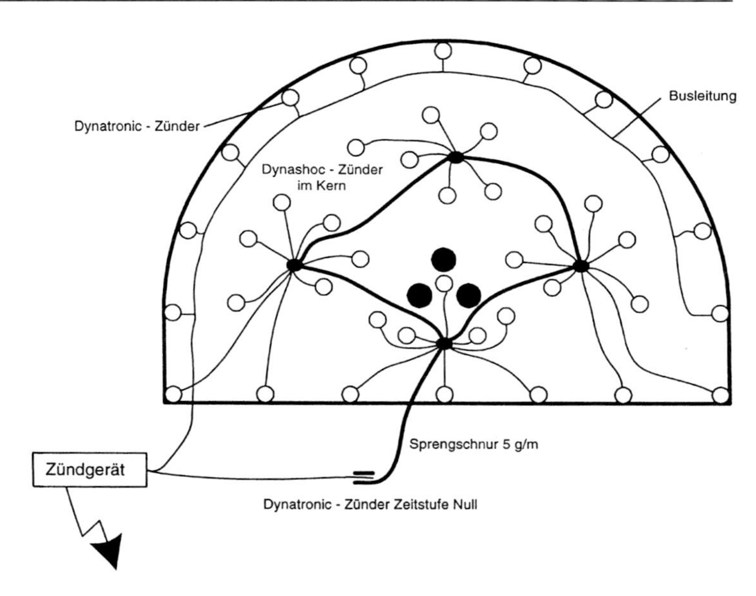

Bild 6.3-15 Kombination von elektronischen und Nonel – Zündern; [6-5] S. 13

von Bedeutung sind, bieten elektronische Zünder trotz ihrer hohen Kosten (derzeit ca. € 10.– / Stück) deutliche Vorteile.

Aus Kostengründen setzt man heute, zur Erreichung einer grossen Profilgenauigkeit, die elektronischen Zünder nur für die Kranzschüsse ein. Da der Einsatz elektronischer und elektrischer Zünder im gleichen Abschlag nicht erlaubt ist, muss man die Einbruch- und Helferlöcher mit nichtelektrischen Zündern sprengen. Die Anzündschläuche der Zünder werden untereinander mit einer Knallzündschnur verbunden. Die Knallzündschnur kann mit einem elektronischen Momentanzünder gezündet werden (Bild 6.3-15).

Die elektronischen Zünder erlauben eine Reduzierung der Lademengen pro Zündstufe, so dass man dann jeweils eine relativ geringe Anzahl von Sprenglöchern nach einem sinnvollen Wurfschema profilgenau und mit verhältnismässig kleiner Sprengerschütterung hintereinander zünden kann. Diese Reduzierung der Erschütterung lässt sich in unterschiedlichem Mass mit allen Zündverfahren erreichen, jedoch bietet die elektronische Zündung die höchste Differenzierungsstufe. Durch die zeitlich gemäss den Zündstufen hintereinander ausgelösten Sprengungen kommt es zu einer wesentlich geringeren Verspannung, die, da die Wurfflächen immer grösser werden, progressiv vom Einbruch her nach aussen über die um den Einbruch liegenden ringförmigen Helferschüsse zum Kranz hin abnimmt. Damit laufen die Erschütterungswellen so versetzt, dass sich die maximalen Amplituden der einzelnen Zeitstufen nicht überlagern. Die Fortpflanzungsgeschwindigkeit und der zur Vermeidung von Überlagerungen gewählte zeitliche Versatz der Zündstufen hängt von der Gesteinsart und -beschaffenheit ab.

Auswahl des Zündverfahrens

Die vorgestellten modernen Zündverfahren konkurrieren und ergänzen sich. Ihre Auswahl richtet sich nach technischen und wirtschaftlichen Aspekten (Tabelle 6.3-5). In bezug auf die Wirtschaftlichkeit ist nicht der Preis des einzelnen Zünders relevant, sondern der ganzheitliche wirtschaftliche Erfolg der Sprengung:

- Haufwerkszerkleinerung und Beeinflussung der Schutterung und des Transports
- Profilgenauigkeit und Schonung des umgebenden Gebirges mit einhergehenden Einsparungen an Ausbaumaterialien (Überprofil) etc.

Die elektrischen HU-Zünder haben sich im Tunnelbau sehr bewährt. Besonders hervorzuheben sind die grosse Anzahl von Zeitstufen und die Überprüfbarkeit der Zünderverdrahtung.

Die nichtelektrische Zündung ist sehr einfach in der Handhabung und sicherer als das Zünden elektrischer Zünder. Besonders die einfache Fertigstellung der Zündanlage für einen Abschlag ist sehr beeindruckend in bezug auf:

Tabelle 6.3-5 Zünder und ihre Auswahlkriterien; [6-10]

Zeichenerklärung + sehr gut 0 gut – nicht gut	Statische Elektrizität	Streuströme	Gewitter	Elektromagnetische Verträglichkeit	Geringe Erschütterungen	Gute Zerkleinerung	Profilgenauigkeit	Gebirgsschonung
elektrische U-Zünder	+	0	–	–	0	0	0	0
elektrische HU-Zünder	+	+	+	0	0	0	0	0
elektronische Zünder	+	+	+	+	+	+	+	+
nicht elektronische Zünder	+	+	+	+	0	0	0	0

- Bündeln der Anzündschläuche
- Verbindung der gebündelten Anzündschläuche mit einer 5g/m-Sprengschnur

Der Nachteil der nichtelektrischen Zünder ist, dass die Überprüfung des Zündkreises nicht möglich ist. Das Übersehen von Zündern und das Abschlagen von Schläuchen kann nicht ausgeschlossen werden.

Die elektronische Zündung ist das flexibelste und sicherste System. Es bietet von allen Zündmitteln die grösste Vielfalt an Zeitstufen. Durch die freie Wahl des Verzögerungsintervalls lassen sich die Zünder optimal an die geforderten Bedingungen anpassen. Diese grosse Flexibilität betrifft:

- Haufwerkslage und -stückigkeit
- Reduzierung der Sprengerschütterungen und Erhöhung der Profilgenauigkeit

6.3.4 Laden, Verdämmen

Die Bohrlöcher sind vor Einbringen des Sprengstoffes zu reinigen (Druckluft) und auf Richtung, Tiefe und Beschaffenheit zu prüfen. Der Sprengstoff wird in das Bohrloch geladen durch:

- Einschieben und Andrücken mit dem Holz- oder Kunststoffladestock oder einer pneumatischen Lademaschine (Patronen)
- Einblasen (pulverförmiger Sprengstoff)
- Einpumpen (zahnpastaartige Emulsionssprengstoffe)

Der Ladestock muss aus Holz oder Plastik sein, es darf kein Metall verwendet werden. Sein Durchmesser sollte 10 mm schmaler sein als das Bohrloch, um Platz für den Anzündschlauch bzw. den Zünderdraht zu erhalten.

Die pneumatischen Lademaschinen (Bild 6.3-16) sind sehr leistungsfähig. Sie transportieren die Sprengpatronen einschliesslich Zünder und Anzündschlauch bzw. Zünderdraht mittels Luftdruck durch ein Plastikrohr, das in das Bohrloch eingeführt wird, in das Bohrloch. Die Sprengpatrone wird in eine Schleuse geführt und mit maximal 0.3 N/mm^2 Luftdruck beaufschlagt. Für diese mechanisierte Ladetechnik dürfen nur Hochsicherheits-Sprengstoffe wie Dynamex oder Emulite zum Einsatz kommen. Durch den leichten Luftdruck werden die Sprengpatronen dicht ins Bohrloch eingesetzt. Dies geschieht meist vom Ladekorb des Bohrgerätes aus.

Bild 6.3-16 Laden eines Sprengloches mit Hilfe einer pneumatischen Lademaschine; [6-7] S. 196

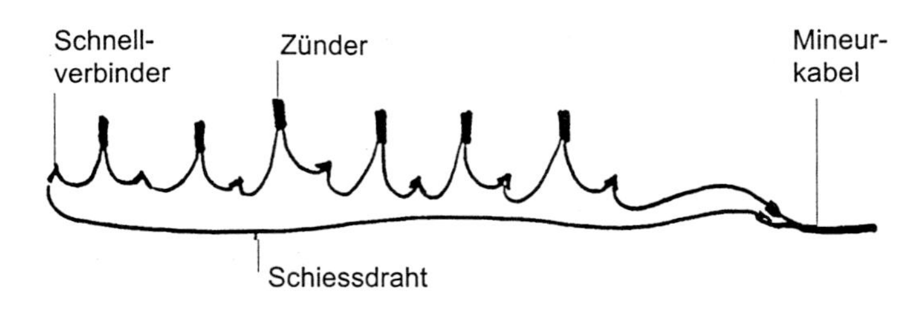

Bild 6.3-17 Zündkreis elektrische Zünder – Serienschaltung im Tunnelbau [6-14]

Das Einpumpen von zahnpastaartigen Emulsionssprengstoffen wurde bereits in Abschnitt 6.3.2 erläutert.

Beim **Verdämmen** wird die Sprengladung mit Verdämmaterial überdeckt, so dass das Bohrloch dicht verschlossen wird. Als Verdämmaterial verwendet man Sand, patronierten Lehm, Wasser (nur in vertikalen Bohrlöchern), Bohrmehl oder andere geeignete Materialien. Die Verdämmung verhindert ein frühzeitiges Ausblasen der entstehenden Gase und bewirkt damit eine Erhöhung des Druckes auf die Bohrlochwandung des umgebenden Gebirges. Eine Verdämmung führt einerseits zu einer Verminderung des Sprengstoffverbrauchs, andererseits aber auch zu einer Erhöhung des Arbeitsaufwandes.

Die Verdämmung von vertikalen Bohrlöchern erfolgt meist mit Bohrmehl oder Wasser. Im Tunnelbau werden vorwiegend parallele, horizontale Bohrlöcher an der Ortsbrust angeordnet. Die Verdämmung im Tunnel ist relativ schwierig und

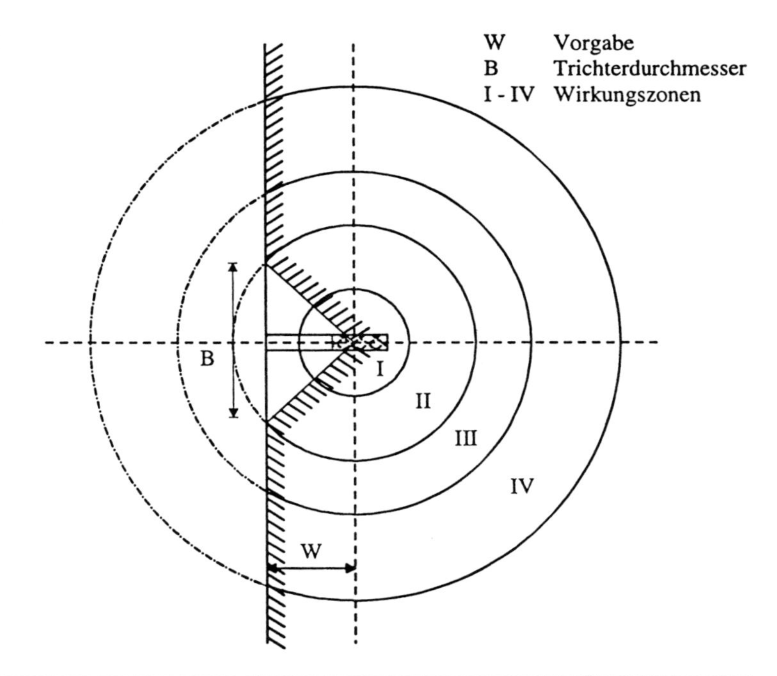

Bild 6.3-18 Sprengwirkung in einem homogenen, isotropen Material [6-8]

Wirkungszonen		Das Gestein wird
I	Zermalmungszone	zermalmt
II	Wurfzone	zerbrochen und geschleudert
III	Zerreissungszone	zerbrochen, aber nicht mehr bewegt
IV	Erschütterungszone	nur noch erschüttert

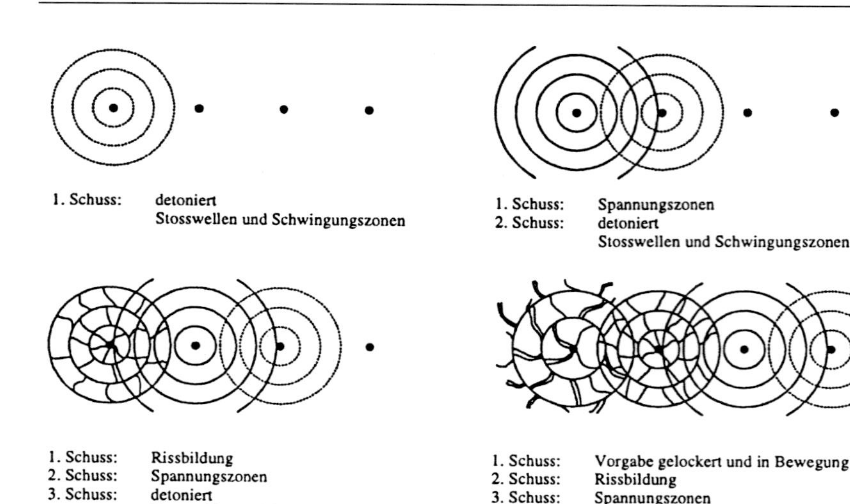

Bild 6.3-19
Gegenseitige Unterstützung der Schüsse beim Millisekundenschiessen

arbeitsaufwendig. Daher wird oft gar nicht verdämmt, oder die Löcher werden durch zusätzliche Patronen gefüllt, was zu erhöhtem Sprengstoffverbrauch führt. Ferner muss darauf geachtet werden, dass keine zu grosse Ladungsmenge eingebracht wird, die das umgebende Gebirge schädigen würde. Ob verdämmt wird oder nicht, muss also aufgrund einer Optimierung festgelegt werden.

6.3.5 Zündvorgang

Die Schlauchzündung wird heute im Tunnelbau oft wegen ihrer Einfachheit und Robustheit angewendet; zudem wird sie dort eingesetzt, wo eine elektrische Zündung zu gefährlich ist (Gewitter, Streuströme). Mittels einer **Startpistole** wird der Zündschlauch pyrotechnisch gefahrlos zur Detonation gebracht, ohne den Schlauch zu beschädigen. Die Detonationsfront pflanzt sich mit 2100 m/s im Inneren des Schlauches fort und zündet an seinem Ende durch Feuer die Zündkapsel.

Zur **Auslösung** der elektrischen Zündung wird eine **Zündmaschine** benötigt (neueste Entwicklung: elektronisch / programmierbar). Die Zünder werden meist mittels Serienschaltung der Ladungen von Zünder zu Zünder verbunden.

Die Zünder werden über einen preisgünstigen Schiessdraht (im Trümmerwurfbereich) mit dem Mineurkabel verbunden. Die einzelnen Zünder in den jeweiligen Bohrlöchern werden seriell (hintereinander) durch ihre Zünderdrähte verbunden. Der letzte Zünderdraht wird wiederum mit einem Schiessdraht zum Mineurkabel zurückgeführt, das mit einer elektrischen Zündmaschine gekoppelt ist. Eine Parallelschaltung ist zwar möglich, wird aber wegen der schwierigeren Kontrolle praktisch nur bei extrem nassen Arbeitsplätzen eingesetzt. Der fertig verlegte Zündkreis muss vor der Zündung mit einem Zündkreisprüfer (Ohmmeter) auf Durchgang und Übereinstimmung mit den vorausberechneten Werten (Widerstand) geprüft werden. Erst danach erfolgt die Sprengung. Der elektrische Strom erwärmt einen Glühdraht, welcher in der elektrischen Sprengkapsel mit einer Zündpille umgeben ist. Diese Zündpille bringt zuerst die Primär- und dann die Sekundärladung in der Sprengkapsel zur Detonation, und diese dann wiederum die Sprengladung. Bei den Sprengzeitzündern ist vor der Primärladung noch ein pyrotechnisches Verzögerungselement vorgeschaltet.

Zündversager müssen bei allen Zündsystemen sorgfältigst vermieden werden.

Nach jeder Sprengung erfolgt eine vorgeschriebene Zwangsventilationspause von ca. 15 Minuten zur Reduzierung der toxischen NO_x- und CO-Gase.

6.3.6 Sprengwirkung

Die Sprengwirkung in einem homogenen, isotropen Material ist in Bild 6.3-18 aufgezeigt.

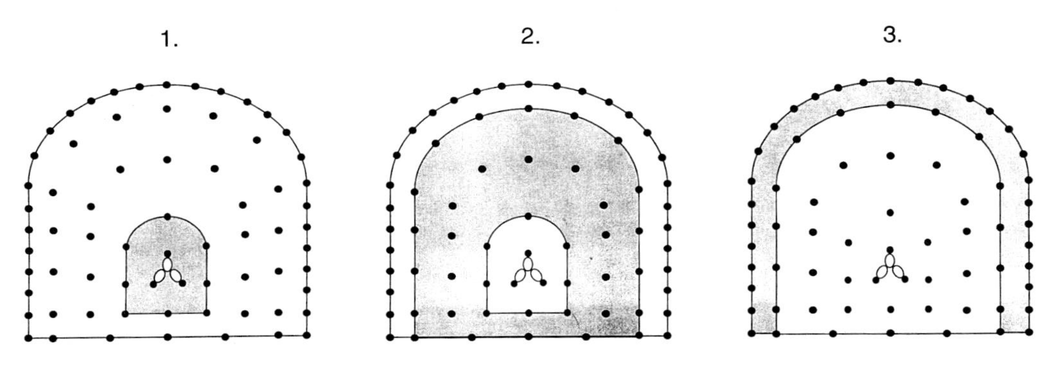

Bild 6.3-20 Sprengvorgang

Man unterteilt den Schuss in vier Wirkungszonen. Der Schuss ist wirksam, wenn die Wurfzone von der freien Fläche geschnitten wird. Um die grösste Wirkung zu erzielen, müssen die einzelnen Ladungen eines Abschlags sich gegenseitig freie Flächen schaffen. Das heisst: die **Ladungen** müssen **gruppenweise** in **einer räumlichen und zeitlichen Folge detonieren** (Bild 6.3-19). Dies wird durch Zeitzünder erreicht, die gruppenweise geschaltet sind.

Im Tunnelbau steht beim Vollausbruch der ersten Schussgruppe nur die volle Ortsbrust als freie Fläche zur Verfügung, wie dies in Bild 6.3-20 schematisch dargestellt ist.

Die erste Gruppe wirft einen Keil aus: während dieses Ablaufs detoniert um den ersten Einbruch die zweite Einbruchgruppe, die nun zwei „freie" Flächen vorfindet, nämlich die Ortsbrust und den kollabierten Einbruchkeil. Die Folgeschüsse haben dadurch eine grössere Wirkung, dass die Verspannung der Wand sukzessive im Millisekundenbereich gelöst wird. Am Schluss folgt die Zündung der äusseren Kranzlöcher. Diese werden meist schonend gesprengt, um eine hohe Profilgenauigkeit zu erreichen.

Die Gesteine sind aufgrund verschiedener Parameter unterschiedlich gut sprengbar. Zu diesen bestimmenden Parametern gehören:

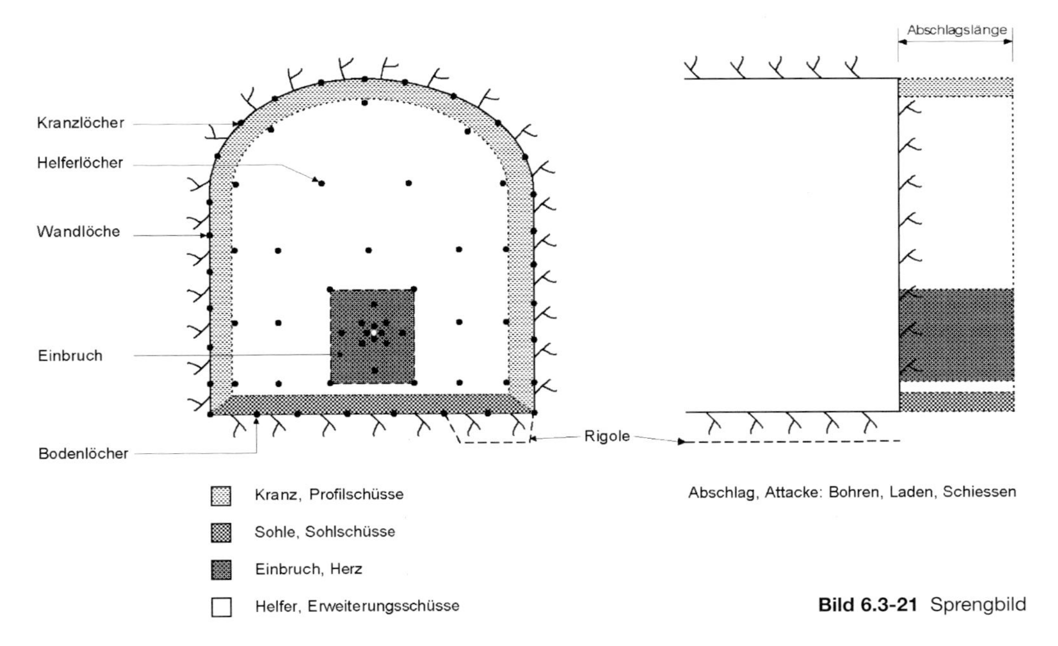

Bild 6.3-21 Sprengbild

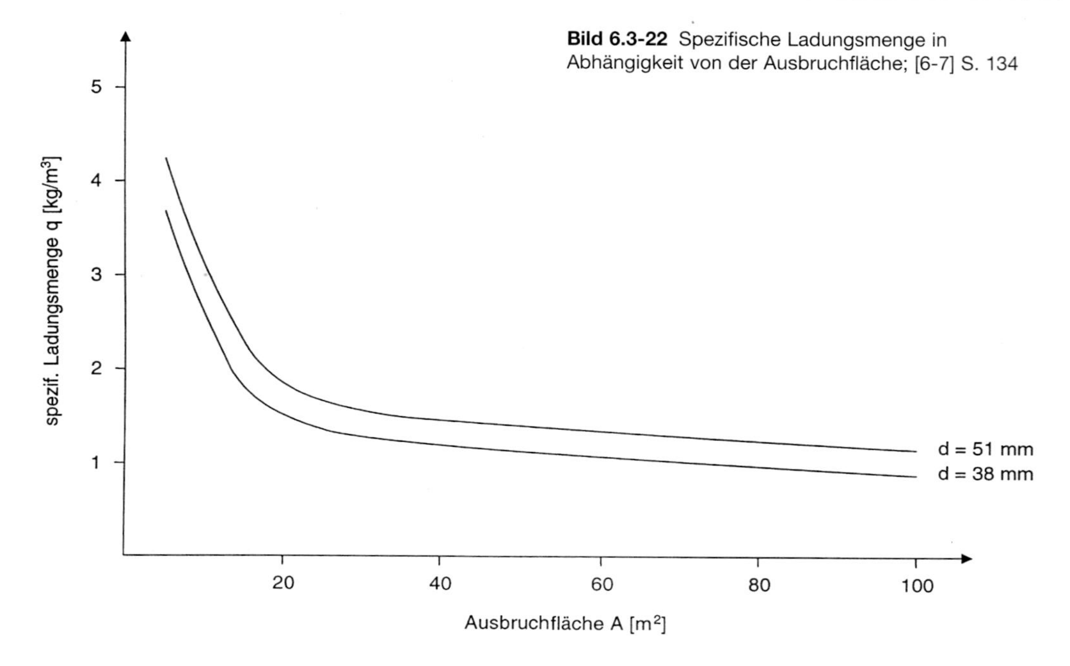

Bild 6.3-22 Spezifische Ladungsmenge in Abhängigkeit von der Ausbruchfläche; [6-7] S. 134

- Schichtfugen, Klüfte, Schieferung
- Dichte
- Zugfestigkeit
- Elastizität, Zähigkeit oder Sprödigkeit

Als zäh bezeichnet man ein Gestein, das vor dem Bruch grosse Formänderungen zulässt. Unter Sprödigkeit versteht man das entgegengesetzte Verhalten, also hohe Spannungen bei geringen Dehnungen. Gesteine mit hoher Dichte benötigen höhere Sprengstoffmengen, sind jedoch oft auch spröde. Hohe Zugfestigkeit führt ebenfalls zu höherem Sprengstoffverbrauch, da solche Gesteine sich oft plastisch verhalten und dadurch einen grossen Teil der Explosionsenergie durch Verformung absorbieren.

6.3.7 Sprengschemata im Tunnelbau

Das Sprengschema ist die zwingend notwendige Grundlage für das Bohren und Sprengen des Abschlags. Beim Sprengvortrieb im Tunnelbau ist nur eine freie Fläche vorhanden (Ortsbrust). Daher muss man zur Lösung der Verspannung eine zweite freie Fläche durch den Einbruch schaffen, damit die Helferladungen zeitlich verzögert ringweise den Fels werfen können. Die jeweiligen Gebirgsverhältnisse sowie die Bohr- und Schuttergeräte müssen berücksichtigt werden, um ein gutes Sprengergebnis zu erreichen.

Das Sprengbild (Bild 6.3-21) zeigt folgende Informationen, wie sich die Ortsbrust öffnen soll:

- wo der Einbruch liegt, mit dem das Werfen der Ortsbrust beginnt,
- wie der Einbruch ins Tiefste vordringt,
- wie er sich stufenweise auf den Soll-Querschnitt ausweitet.

Das Sprengbild ist unterteilt in:

- Einbruch
- Helfer- bzw. Erweiterungsschüsse
- Kranzschüsse, die unterteilt sind in
  - Sohlschüsse
  - Paramentschüsse
  - Gewölbeschüsse

Das Sprengbild zeigt im Grundriss und in der Ansicht die Ansatzpunkte der Bohrlöcher. Ferner werden Richtung und Tiefe der Bohrlöcher dargestellt. Dazu gehören die Angaben über die Art und Menge des verwendeten Sprengstoffs sowie die Abmessungen der Sprengpatronen. Ebenso müssen das Zündverfahren und die Zündfolge der Sprengladungen enthalten sein.

Ein gut durchdachtes Sprengschema mit der entsprechenden Ladungsbestückung führt zu einer hohen Abschlagwirkung, vermeidet weitgehend Mehrausbruch und schont das Gebirge.

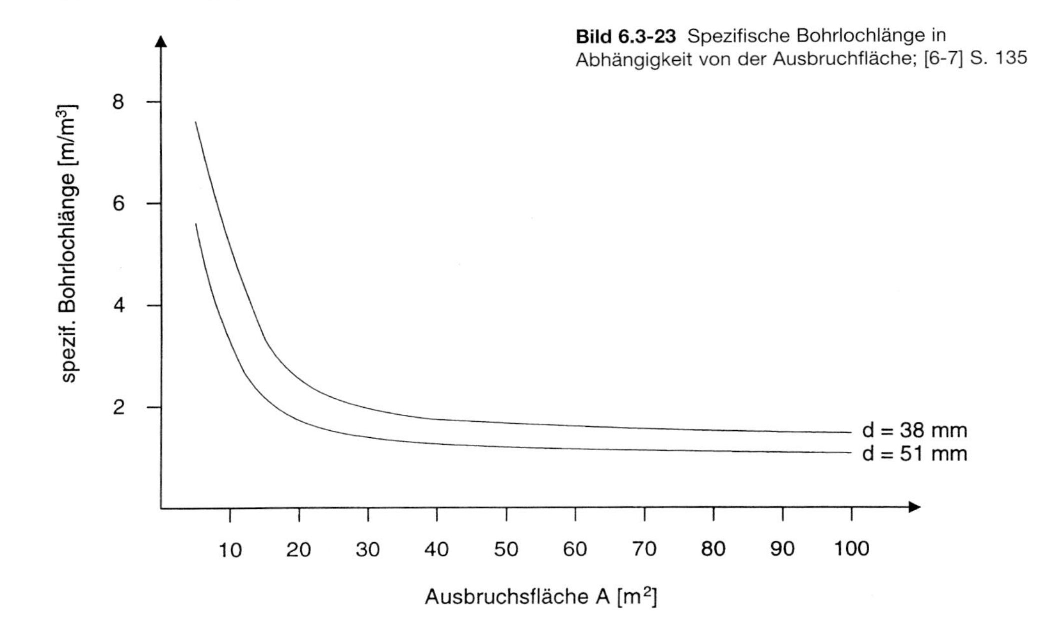

Bild 6.3-23 Spezifische Bohrlochlänge in Abhängigkeit von der Ausbruchfläche; [6-7] S. 135

Die Ziele eines guten Sprengschemas sind:

- optimale Nutzung der eingesetzten Sprengmittel
- hoher Abschlagswirkungsgrad
- gute Zerkleinerung des Haufwerks
- optimaler Böschungswinkel für das Schuttergerät
- Profilgenauigkeit
- Schonung des hohlraumumgebenden Gesteins
- hohe Vortriebsgeschwindigkeit
- möglichst geringe Erschütterung für Anwohner

Um die genannten Ziele zu erreichen, muss das Bohrgerät den Anforderungen des Sprengschemas gerecht werden.

Für eine Vordimensionierung des Sprengstoffbedarfs und des Bohraufwandes sind im Bild 6.3-22 und im Bild 6.3-23 die spezifische Sprengstoffladung bzw. die spezifischen Bohrmeter in Abhängigkeit vom Tunnelquerschnitt für patronierten, gelatinösen Sprengstoff für die Bohrlochdurchmesser von 38 mm bzw. 51 mm angegeben.

6.3.8 Einbruchtechniken der Ortsbrust

Der Einbruch hat für den Erfolg der Sprengung, insbesondere für den Abschlagwirkungsgrad, eine grosse Bedeutung. Da die Bohrlöcher für den Sprengvortrieb mehr oder weniger senkrecht zur Tunnelbrust gebohrt und mit einer gestreckten Ladung besetzt werden, ist ihre Sprengwirkung senkrecht zur Tunnelachse gerichtet. Für eine Vortriebssprengung muss der Einbruch die entscheidende zweite Fläche in die Ortsbrust schlagen, und zwar bis zur vorgesehenen Abschlagtiefe. Um dies zu erreichen, müssen die Bohrungen des Einbruchs um ca. 15 – 20 cm tiefer gebohrt werden. Dadurch wird für die folgenden Helferreihen die Ortsbrust entspannt. Aufgrund des grossen Zwangs für die Einbruchschüsse ist der spezifische Sprengstoffbedarf im Einbruchbereich grösser. Bei Einbrüchen wird zwischen **Schräg- und Paralleleinbrüchen** unterschieden. Heute verwendet man meist den Keil- und Grossbohrlocheinbruch.

Die älteste Einbruchform sind **Schrägeinbrüche** (Bild 6.3-24), bei denen die Bohrlöcher keil-, kegel- oder fächerförmig gebohrt werden. Diese Einbrüche sind deshalb so beliebt, weil ihr Wirkungsmechanismus leicht verständlich ist. Der V-förmige Einbruch bzw. Wurf erfolgt keilförmig in die Ortsbrust. Diese Wurfform ist energetisch sehr günstig, da der Keil über seine Flanken durch den Gasdruck herausgeschoben und gleichzeitig zertrümmert wird.

Die Bohrung von Schrägeinbrüchen erfordert aber von den Mineuren ein sehr gutes räumliches Vorstellungsvermögen. Bei Schrägeinbrüchen kann es

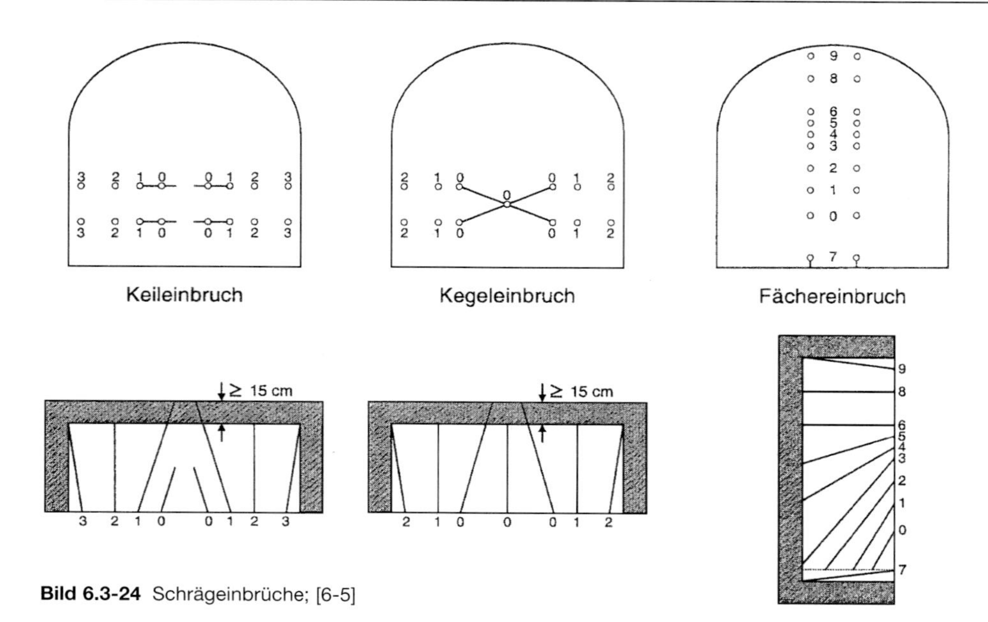

Bild 6.3-24 Schrägeinbrüche; [6-5]

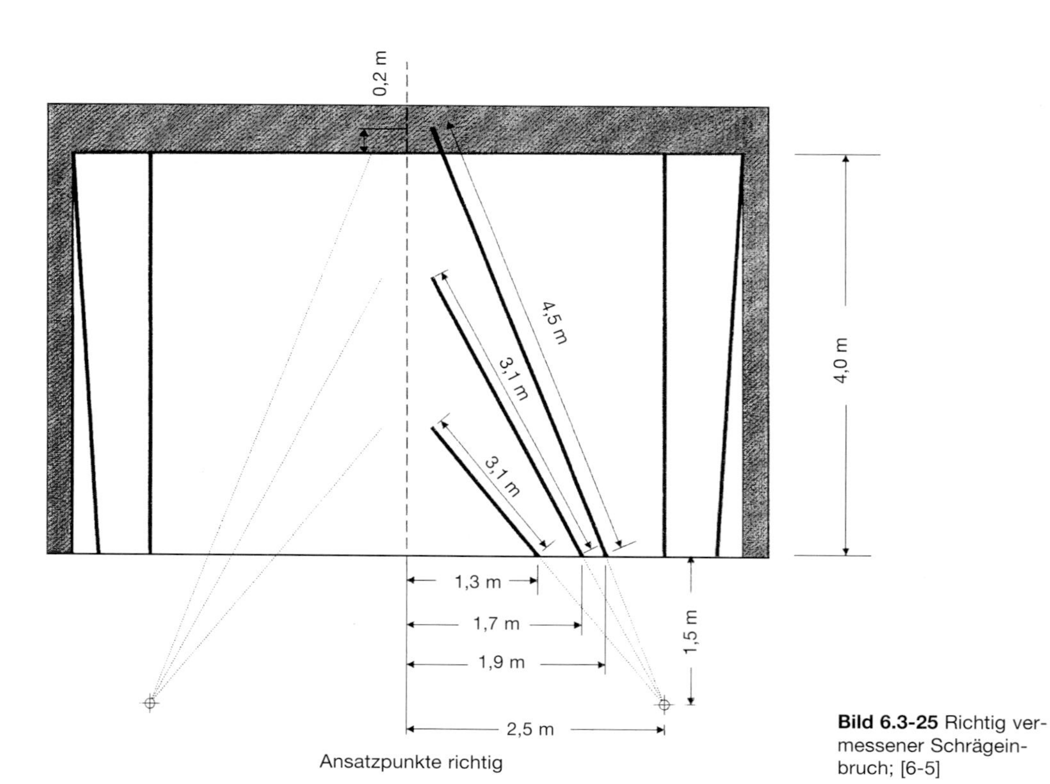

Bild 6.3-25 Richtig vermessener Schrägeinbruch; [6-5]

Bild 6.3-26 Staffel-, Brenner- und Grossbohrlocheinbruch [6-14]

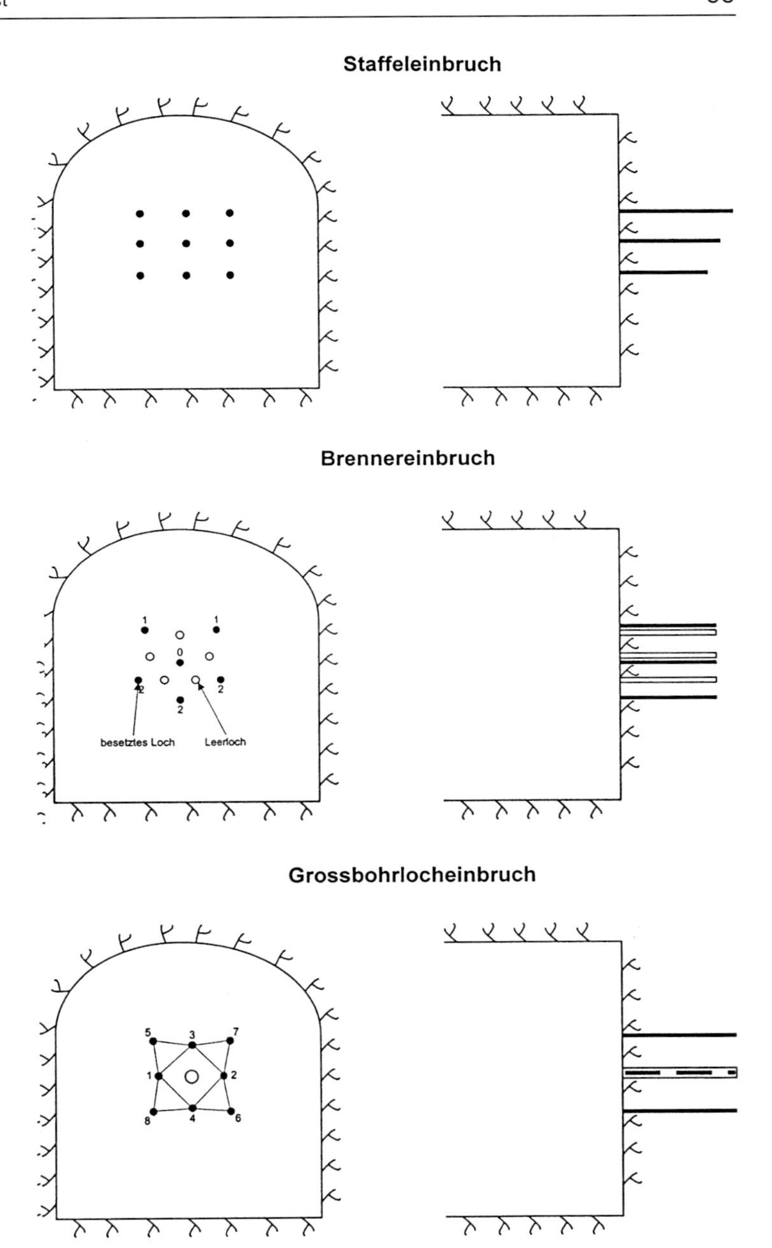

sehr leicht zu Überschneidungen der Sprenglochbohrungen durch Ungenauigkeiten bei deren Ansetzen, zum Abdriften der Bohrung während des Bohrens usw. kommen. Dies beeinträchtigt dann den Sprengerfolg. Wenn der Bohrvorgang nicht mit einem computergesteuerten Bohrgerät durchgeführt wird, dessen Position mittels Lasergerät mit den globalen Tunnelkoordinaten verbunden ist, lässt sich selten ein präziser Abschlag erzielen. Schräge Bohrlöcher müssen von zwei gemeinsamen Drehpunkten ausgehen (Bild 6.3-25). Die Drehpunkte müssen stets unter Berücksichtigung der Schwenkmasse der Bohrgeräte gewählt werden. Um den Sprengerfolg zu verbessern, sollten die Fächerlinien nach dem Einmessen von den Mineuren auf der Sohle und der Ortsbrust mit Farbe aufgespritzt werden.

Zur Gruppe der **Paralleleinbrüche** gehören (Bild 6.3-26):

- Staffeleinbrüche
- Brennereinbrüche
- Grossbohrlocheinbrüche

Sie sind aufgrund ihrer einfacheren Bohrgeometrie und der grösseren erzielbarenTiefe sehr vorteilhaft. Die Ortsbrust ist selten eben, daher muss das Bohren von einer Bezugsebene aus erfolgen. Das computergestützte Bohren ermöglicht eine höhere Bohrqualität und -genauigkeit. Dies trägt, in Verbindung mit parallelen Bohrlöchern, wesentlich zu einem hohen Sprengerfolg bei.

Beim relativ selten angewandten Staffeleinbruch erreicht man durch die Staffelung der Bohrtiefe und der Intervalle einen keilförmigen Einbruch bzw. Wurf, um die Ortsbrust für die nächsten Helferreihen zu entspannen und eine zweite Wurffläche zu schaffen. Die Wirkung ist analog zu den Schrägeinbrüchen.

Beim Brennereinbruch, von dem es sehr viele Varianten gibt, erfolgt die Entspannung der Ortsbrust mittels Leerlöchern, die um einen zentrischen Kern gebohrt werden. Die Leerlöcher der Brennereinbrüche werden mit dem gleichen Bohrdurchmesser aufgebohrt wie die Sprenglöcher. Dies ist von der baubetrieblichen, gerätetechnischen Seite sehr günstig, da mit dem gleichen Bohrgestänge gearbeitet werden kann.

Heute wird der Grossbohrlocheinbruch besonders bevorzugt. Die Entspannung der Ortsbrust erfolgt im Einbruchbereich durch das oder die Grossbohrlöcher. Diese bilden im Einbruchbereich ein relativ grosses Entspannungsvolumen zum Werfen des Einbruchs. Das Grossbohrloch muss jedoch mit einem besonderen Bohrgestänge durch einen Jumbo gebohrt werden. Dieses Zentralloch bzw. diese Zentrallöcher werden normalerweise nicht geladen. Um möglichst grosse Vortriebsabschnitte mit einem zentrierten Haufwerkshügel zu erhalten, muss der Einbruch in der Mittelachse im unteren Drittel des Querschnitts angeordnet werden. Soll der Haufwerkshügel aus baubetrieblichen Gründen im linken oder rechten Teil des Querschnitts liegen, ist der Einbruchbereich mit der Grossbohrung links bzw. rechts von der Mitte anzuordnen. Normalerweise liegt der Einbruchbereich über der ersten Helferreihe, die sich ihrerseits oberhalb der Sohlschüsse befindet. Der Einbruchbereich beim Grossbohrlocheinbruch (Bild 6.3-27 und Bild 6.3-28) besteht aus einem oder mehreren ungeladenen Grossbohrlöchern, welche von Sprenglöchern mit kleinem Durchmesser umgeben sind. Diese Sprenglöcher bilden die Eckpunkte eines Quadrates, das die leeren Grossbohrlöcher umschliesst. Der Grossbohrlocheinbruchsbereich hat eine Grösse von etwa 2 m^2.

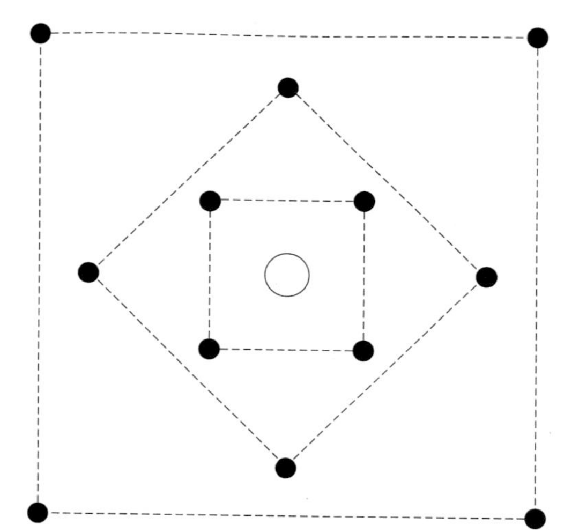

Bild 6.3-27 Grossbohrlocheinbruch mit einem Grossbohrloch

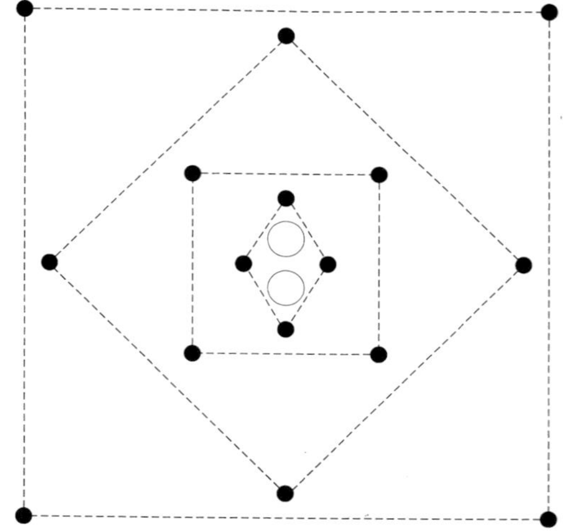

Bild 6.3-28 Grossbohrlocheinbruch mit zwei Grossbohrlöchern

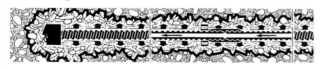

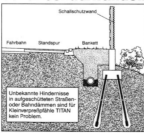

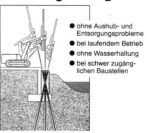

6.3.8.1 Entwicklung des Sprengbildes oder Sprengschemas

Das Sprengbild muss so konstruiert werden, dass jedes Bohrloch frei geworfen werden kann. Der Bruchwinkel ist meistens im Einbruchbereich am kleinsten. Der Wert kann hier bis auf 50° abnehmen. Wünschenswert sind aber auch hier möglichst 90°. Die Anordnung der Helfer sollte so konstruiert werden, dass der Bruchwinkel 90° nicht übersteigt.

Es werden hier exemplarisch die Vorbemessung des Keileinbruchs und des Grossbohrlocheinbruchs erläutert.

Im folgenden sind für eine **Vorbemessung des Keileinbruchs**/V-Einbruchs einige empirisch ermittelte Werte angegeben.

Zur Anwendung des Keileinbruchs (Bild 6.3-29) ist für die Plazierung des Bohrgerätes eine Mindesttunnelbreite erforderlich. Der Wurfwinkel des Keils sollte > 50-60° betragen, um einen möglichst

Bild 6.3-29 V-Einbruch

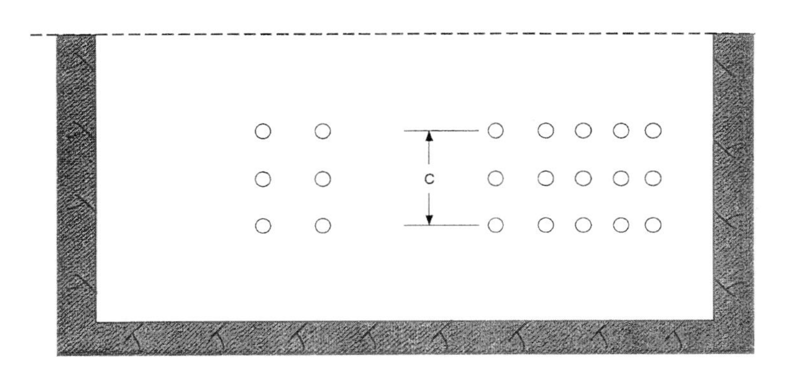

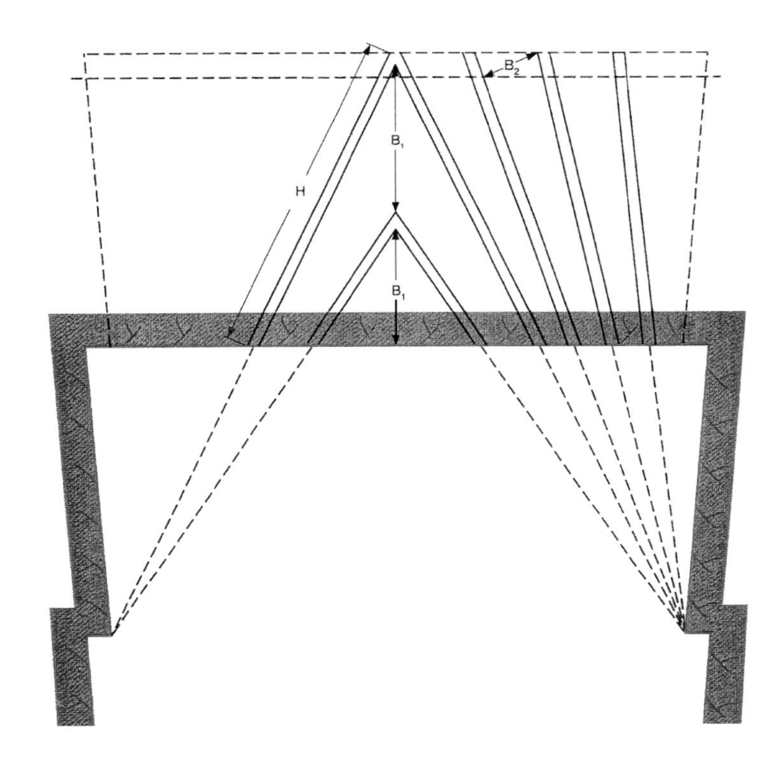

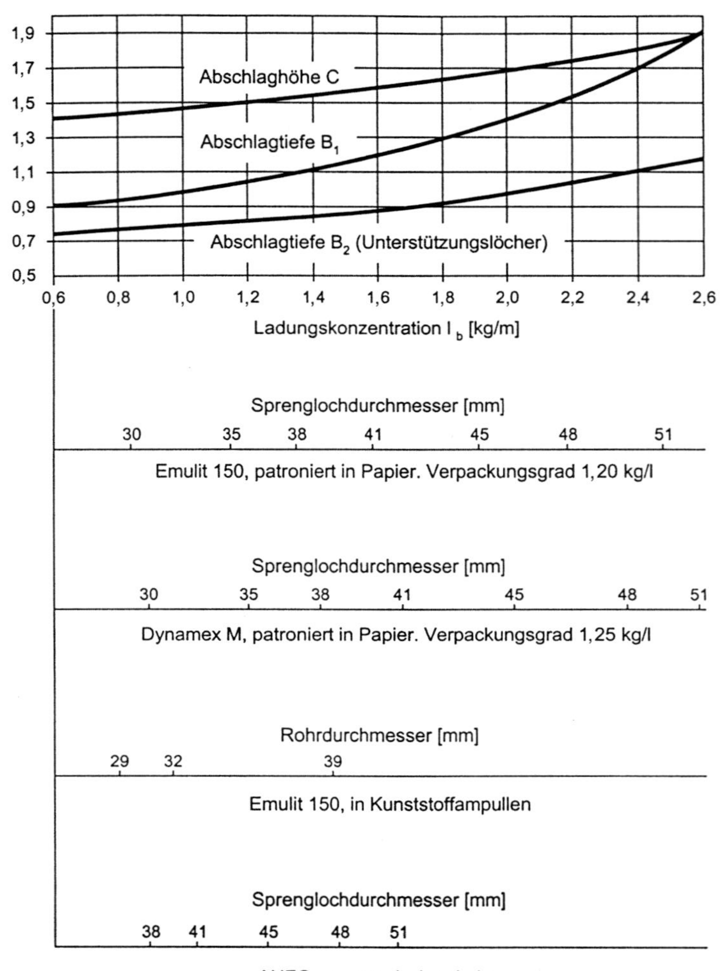

Bild 6.3-30 Keileinbruch-Vorgabe in Abhängigkeit von der Ladungskonzentration; [6-7] S. 149

geringen Sprengstoffbedarf zu erreichen (Bild 6.3-30). Der Keileinbruch enthält meistens zwei V's, bei grösseren Abschlägen können es auch drei oder vier sein. Die Sprengladungen der Bohrungen, die zu je einem V gehören, sollen mit dem gleichen Intervall gezündet werden. Jedes V wird im zeitlichen Abstand durch eine nächsthöhere Zeitstufe von innen nach aussen gezündet. Dazu verwendet man meist Millisekundenzünder, wobei der Zeitabstand 50 ms betragen sollte, um Zeit für den Wurf bzw. die Deformation des vorherigen V's zu erhalten.

Die Helfer- und Kranzsprenglöcher werden analog den nachfolgenden Ansätzen, wie sie für das Grossbohrlocheinbruchverfahren beschrieben werden, ermittelt.

6.3.8.2 Einbruchbereich

Im Einbruchbereich müssen die Bohrungen wegen des geringen Abstandes der Bohrlöcher besonders präzise hergestellt werden, um den Sprengerfolg sicherzustellen. Für die **Vorbemessung des Grossbohrlocheinbruchs** werden nachfolgend einige empirisch ermittelte Werte angegeben.

Der Abstand der mit Sprengstoff geladenen Bohrlöcher vom Grossbohrloch sollte ca. $1{,}5 \times \varnothing_{\text{Grossbohrloch}}$ betragen (Bild 6.3-31). Ist er

Bild 6.3-31 Bohrlochabstand in Abhängigkeit vom Grossbohrlochdurchmesser; [6-7] S. 138

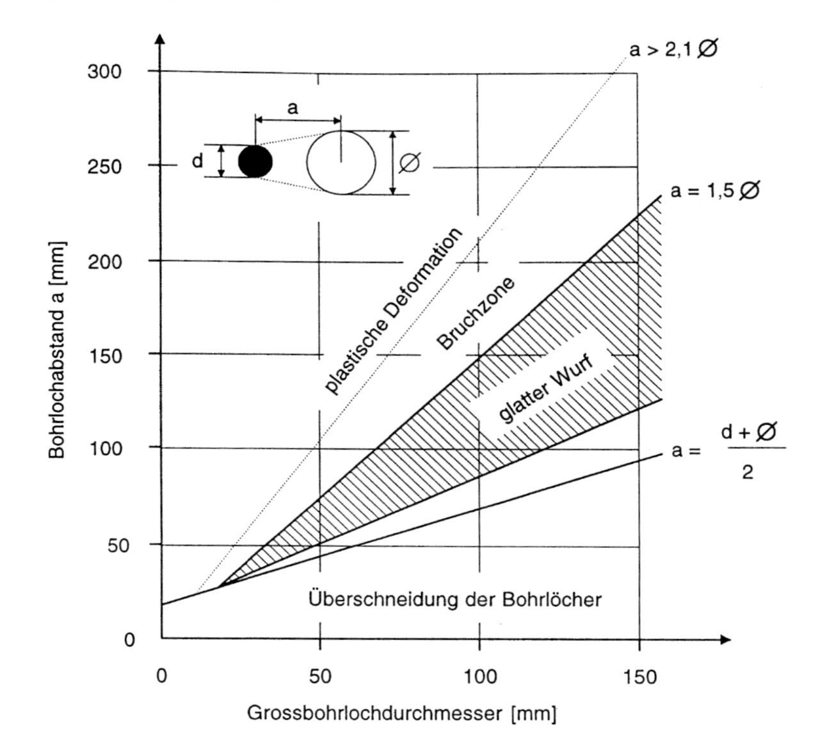

Bild 6.3-32 Abschlagtiefe in Prozent der Bohrlochtiefe für verschiedene Grossbohrlochdurchmesser; [6-7] S. 138

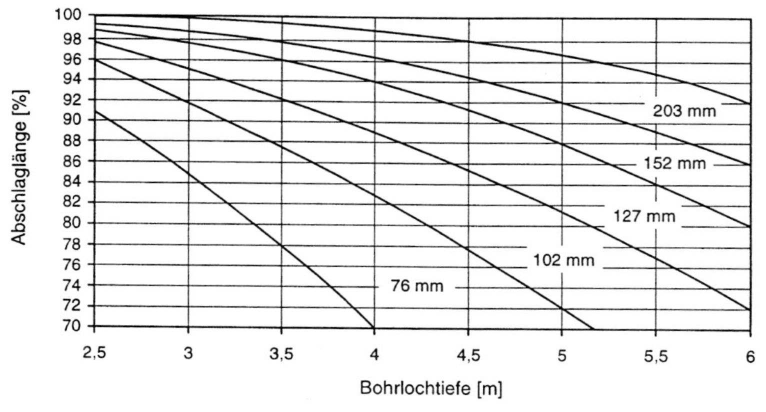

kleiner, so besteht die Gefahr, dass sich die Bohrlöcher im Bohrlochtiefsten überschneiden und die Ladung im Grossbohrloch verpufft. Ist der Abstand zu gross, wird der Fels nicht geworfen, sondern er reisst nur.

Der Durchmesser des Grossbohrlochs ist entscheidend für die erreichbare Abschlagtiefe (Bild 6.3-32).

Je grösser der Grossbohrlochdurchmesser ist, um so grösser wird die Abschlaglänge. Bei einer Grossbohrlochtiefe von 4 m kann mit einem Bohrlochdurchmesser von 102 mm eine Abschlaglänge von ca. 4,00 m x 83 % = 3,32 m erreicht werden. Um ein effizienteres Verhältnis von über 90 % zu erreichen, müsste der Bohrlochdurchmesser auf 127 mm oder mehr vergrössert werden.

Um das bzw. die Grossbohrlöcher werden in einem Quadrat vier Sprengbohrlöcher in den Ecken angeordnet. Diese Sprengbohrlöcher bilden jeweils

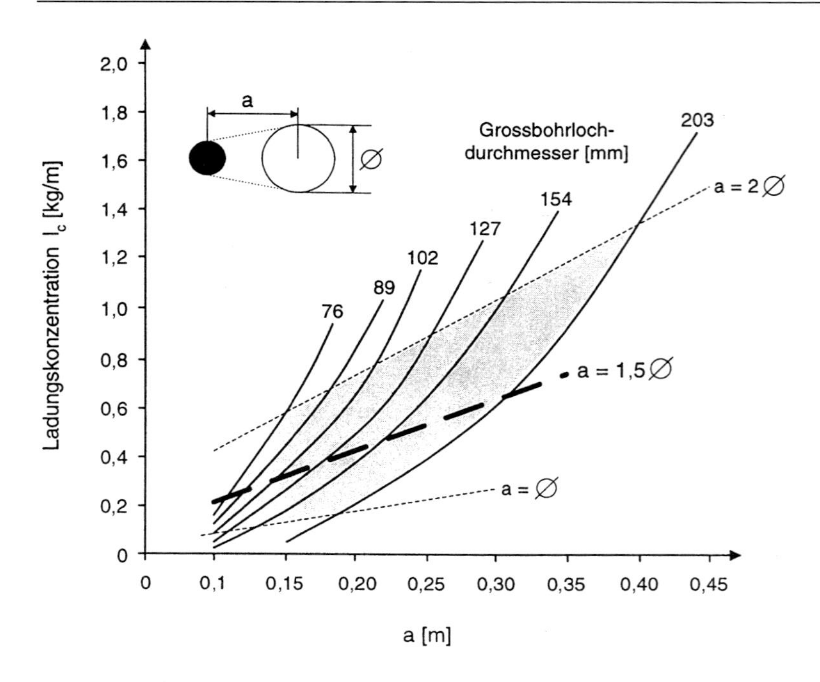

Bild 6.3-33 Geringste erforderliche Ladungskonzentration für verschiedene Grossbohrlochdurchmesser; [6-7] S. 140

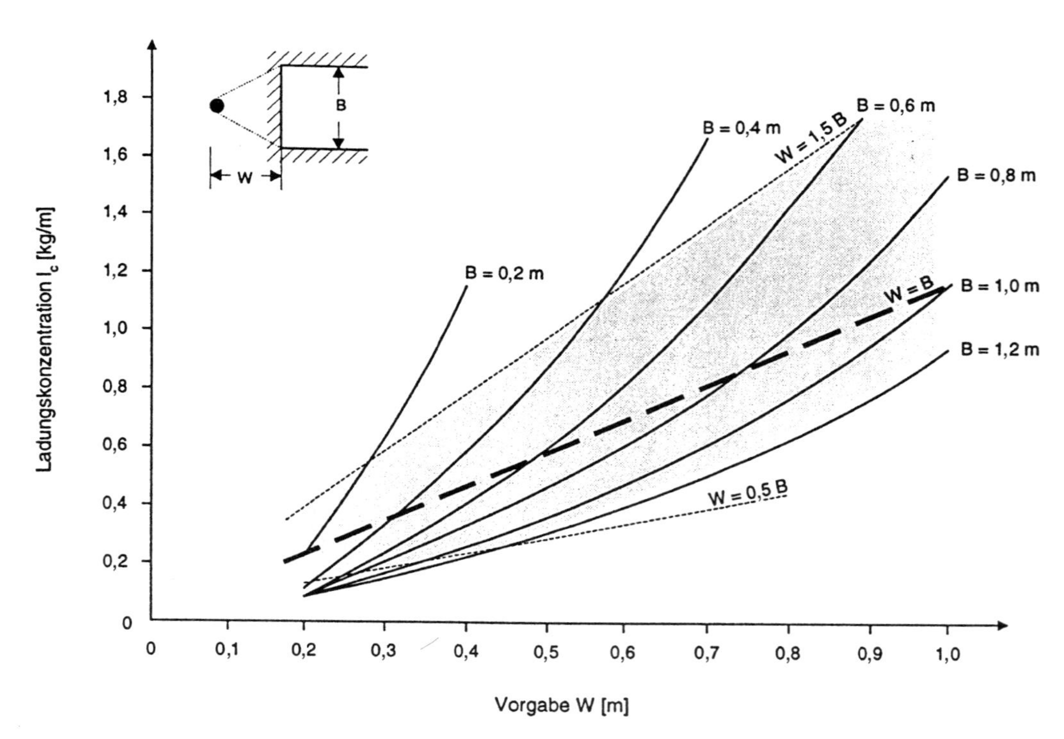

Bild 6.3-34 Geringste erforderliche Ladungskonzentration für verschiedene Einbruchbreiten; [6-7] S. 141

Bild 6.3-35 Abschätzung der Lademenge für die Helferschüsse

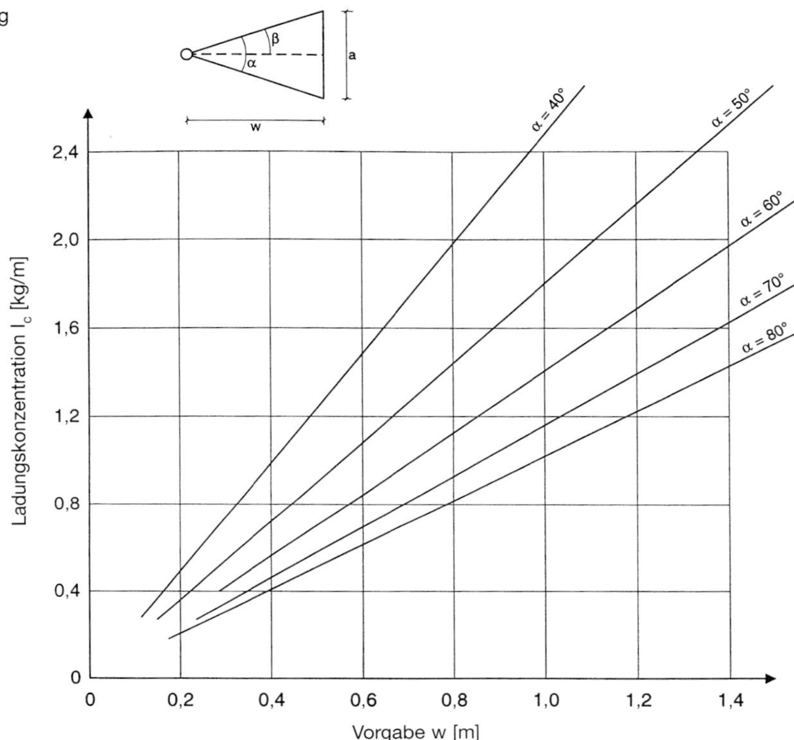

einen Wurfwinkel von 90°. Die Sprenglöcher des Einbruchbereichs, die das Grossbohrloch direkt umgeben, müssen ausreichend geladen werden. Eine zu geringe Ladung wird den Fels nur reissen, jedoch nicht werfen. Eine zu grosse Ladung hingegen führt möglicherweise nur zu einer Verdichtung des Felsens und zu ungenügendem Wurf. Die minimale spezifische Sprengladungsdichte pro Sprengbohrloch kann aus Bild 6.3-33 entnommen werden.

Mit diesen vier Sprenglöchern (Bild 6.3-27 und Bild 6.3-28), die in der ersten Reihe das bzw. die Grossbohrlöcher umgeben, wird der erste Rechteckwurf des Einbruchs gelegt. Die Abmessungen des ersten Wurfquadrats um das Grossbohrloch sind somit gegeben. Um dieses erste Sprenglochrechteck befindet sich um 45° verdreht das zweite Sprenglochrechteck mit weiteren vier Sprenglochbohrlöchern. Diese werfen nun zeitverzögert in das Quadrat des ersten Rechteckeinbruchs um das Grossbohrloch. Aus den gegebenen Kantenabmessungen des vorherigen Wurfquadrats ergibt sich unter einem Wurfwinkel von 90° die Vorgabe für das nächste Sprenglochrechteck. Im Regelfall befindet sich im Einbruchbereich ein weiteres, drittes Sprenglochrechteck, das gegenüber dem vorhergehenden wiederum um 45° verdreht ist. Die Bestimmung der minimalen spezifischen Sprenglademe nge pro Bohrlochmeter kann mit Hilfe von Bild 6.3-34 erfolgen.

Um diesen Einbruchbereich, der meist aus drei jeweils um 45° verdrehten Sprenglochrechtecken besteht, befinden sich die Helferreihen. Diese werfen u. a. in das entspannte Einbruchrechteck. Die spezifische Lademenge für die Helfer kann aus Bild 6.3-35 entnommen werden.

Zum Entwerfen des Sprengschemas können die Verhältnisse von Vorgabe und Sprenglochabstand als erste Näherung der Tabelle 6.3-6 entnommen werden.

Die Kranzlöcher der Tunnelkontur sind unterteilt in Sohl-, Parament- und Gewölbelöcher. Die Vorgabe und der Abstand für Sohllöcher sind meist identisch mit den Helfern. Die Sohllöcher sind jedoch stärker geladen als die gewöhnlichen Helfer, um das Gewicht der Felsmasse, die während der Deto-

Tabelle 6.3-6 Vorgaben und Sprenglochabstände für die Helferschüsse [6-7]

Helferposition und Wurfrichtung	Vorgabe w [m]	Sprenglochabstand a [m]
Helfer		
• nach oben	1 × w	1,1 × w
• horizontal	1 × w	1,1 × w
• nach unten	1 × w	1,2 × w
Kranz - normal		
• Gewölbe	0,9 × w	1,1 × w
• Paramente	0,9 × w	1,1 × w
• Sohle	1 × w	1,1 × w
Kranz - smooth blasting		
• Gewölbe	1 × w	2/3 × w
• Paramente	1 × w	2/3 × w
• Sohle	1 × w	1,1 × w

nation darüber liegt, zu berücksichtigen. Für die Gewölbe- und Paramentsprenglöcher muss zwischen normalem Sprengen und „smooth blasting" unterschieden werden.

Beim normalen Sprengen wird der Kontur und der Rissausbreitung keine besondere Beachtung geschenkt. In solchen Fällen werden die Gewölbe- und Paramentkranzlöcher mit der gleichen Sprengstoffmenge wie die Helfer besetzt.

Beim smooth blasting, das heute im Tunnelbau aufgrund der genannten Vorteile verstärkt angewendet wird, sind die Gewölbe- und Paramentkranzlöcher einerseits enger beieinander und andererseits mit einer wesentlich geringeren Ladung besetzt. Möglicherweise gilt dies auch für die darauffolgende Helferreihe in abgestufter Weise. Wie die Kranzlöcher zu laden und anzuordnen sind, ist in Tabelle 6.3-7 festgehalten.

Die innerhalb eines Kranzloches angeordneten Ladungen sollten gepuffert sein und, falls erforderlich, am Ende verkeilt werden, um ein Heraussaugen durch den Unterdruck der zeitlich vorher gezündeten Helfer zu verhindern. Die Kranzlöcher sollten alle mit der gleichen Zeitstufe gezündet werden.

6.3.8.3 Zündreihenfolge eines Sprengbildes

Es ist sehr wichtig, dass die einzelnen Wurfsequenzen (Bild 6.3-36) innerhalb des Einbruchs und die verschiedenen, darauffolgenden Helferreihen solange verzögert werden, dass genügend Zeit zur Bildung der Risse und für das nachfolgende Werfen besteht. Dadurch erfolgt innerhalb eines Abschlags ein zeitlich verzögertes, aufeinander abgestimmtes, progressives Reissen und Werfen der Ortsbrust, und zwar von innen nach aussen. Somit kann sich in jeder progressiv folgenden Zündstufe der gerissene Fels in den bei der vorhergehenden Zeitstufe geschaffenen freien, entspannten Einbruch schieben.

Aus Erfahrungen und Messungen weiss man, dass sich der Felsen, je nach seiner Beschaffenheit, während des Werfens mit einer Geschwindigkeit von 40 – 60 m/s bewegt. Bei einem 4 m langen Grossbohrloch sind somit mindestens 4 m / 50 m/s = 0,080 s ⇒ 80 ms Verzögerung erforderlich. Daher werden im Einbruchbereich meist 100 ms Verzögerung verwendet.

Die Helferreihen sollten wegen der vorhergehenden Bewegung des Ausbruchs untereinander genügend Verzögerung aufweisen. Für die Helfer werden daher in der Praxis Verzögerungsintervalle von 100 – 500 ms verwendet.

Die Kranzlöcher im Gewölbe- und Paramentbereich müssen je für sich absolut gleichzeitig gezündet werden, um einen sauberen Konturabriss zu erhalten. Die Gewölbesprenglöcher sollten mit derselben Intervallnummer gezündet werden. Die Sprenglöcher im Paramentbereich sind eine Intervallnummer tiefer, d. h. früher zu zünden.

Wie in Bild 6.3-37 zu sehen ist, müssen der äussere Kranz und die Sohle, bedingt durch die Ansatzbreite des Bohrgerätes, leicht schräg gebohrt werden.

Tabelle 6.3-7 Ladung und Anordnung von Kranzlöchern für verschiedene Lochdurchmesser beim smooth-blasting; [6-7] S. 182

Kranzlochdurchmesser [mm]	Ladungskonzentration [kg/m]	Ladungstyp	Vorgabe [m]	Lochabstand [m]
25 - 32	0,11	11 mm Gurit	0,3 - 0,5	0,25 - 0,35
25 - 48	0,23	17 mm Gurit	0,7 - 0,9	0,50 - 0,70
51 - 64	0,42	22 mm Gurit	1,0 - 1,1	0,80 - 0,90
51 - 64	0,45	22 mm Emulite	1,1 - 1,2	0,80 - 0,90

Tabelle 6.3-8 Hilfstabelle zur Bestimmung der Ladung der dritten Erweiterung des Einbruchs

Teil des Sprengabschnittes	Vorgabe [m]	Abstand [m]	Länge der Fussladung [m]	Ladungskonzentration [kg/m]		Verdämmung [m]
				im Bohrlochfuss (l_b)	*im Schaft* (l_c)	
Sohle	1 x W	1,1 x W	1/3 x H	l_b	1,0 x l_b	0,2 x W
Paramente	0,9 x W	1,1 x W	1/6 x H	l_b	0,4 x l_b	0,5 x W
Gewölbe	0,9 x W	1,1 x W	1/6 x H	l_b	0,3 x l_b	0,5 x W
Helfer:						
- Wurfrichtung nach oben	1 x W	1,1 x W	1/3 x H	l_b	0,5 x l_b	0,5 x W
- Wurfrichtung horizontal	1 x W	1,1 x W	1/3 x H	l_b	0,5 x l_b	0,5 x W
- Wurfrichtung nach unten	1 x W	1,2 x W	1/3 x H	l_b	0,5 x l_b	0,5 x W

Tabelle 6.3-9 Hilfstabelle zur Bestimmung der Ladung der Sohlschüsse

Teil des Sprengabschnittes	Vorgabe [m]	Abstand [m]	Länge der Fussladung [m]	Ladungskonzentration [kg/m]		Verdämmung [m]
				im Bohrlochfuss (l_b)	*im Schaft* (l_c)	
Sohle	1 x W	1,1 x W	1/3 x H	l_b	1,0 x l_b	0,2 x W
Paramente	0,9 x W	1,1 x W	1/6 x H	l_b	0,4 x l_b	0,5 x W
Gewölbe	0,9 x W	1,1 x W	1/6 x H	l_b	0,3 x l_b	0,5 x W
Helfer:						
- Wurfrichtung nach oben	1 x W	1,1 x W	1/3 x H	l_b	0,5 x l_b	0,5 x W
- Wurfrichtung horizontal	1 x W	1,1 x W	1/3 x H	l_b	0,5 x l_b	0,5 x W
- Wurfrichtung nach unten	1 x W	1,2 x W	1/3 x H	l_b	0,5 x l_b	0,5 x W

Tabelle 6.3-10 Hilfstabelle zur Bestimmung der Ladung der Helferlöcher mit horizontaler und nach oben gerichteter Wurfrichtung

Teil des Sprengabschnittes	Vorgabe [m]	Abstand [m]	Länge der Fussladung [m]	Ladungskonzentration [kg/m]		Verdämmung [m]
				im Bohrlochfuss (l_b)	*im Schaft* (l_c)	
Sohle	1 x W	1,1 x W	1/3 x H	l_b	1,0 x l_b	0,2 x W
Paramente	0,9 x W	1,1 x W	1/6 x H	l_b	0,4 x l_b	0,5 x W
Gewölbe	0,9 x W	1,1 x W	1/6 x H	l_b	0,3 x l_b	0,5 x W
Helfer:						
- Wurfrichtung nach oben	1 x W	1,1 x W	1/3 x H	l_b	0,5 x l_b	0,5 x W
- Wurfrichtung horizontal	1 x W	1,1 x W	1/3 x H	l_b	0,5 x l_b	0,5 x W
- Wurfrichtung nach unten	1 x W	1,2 x W	1/3 x H	l_b	0,5 x l_b	0,5 x W

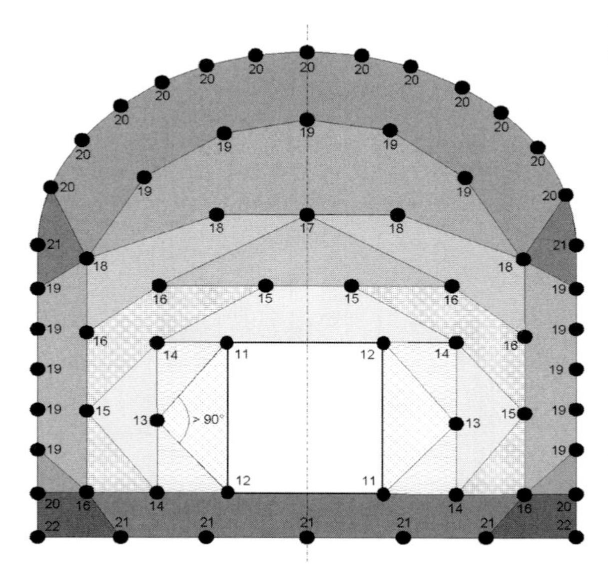

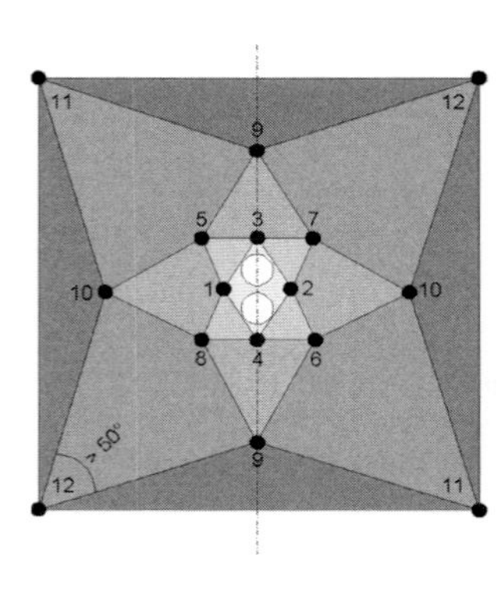

Bild 6.3-36 Aufteilung des Sprengbildes in Wurfsequenzen

Dadurch erhält man ein sägeförmiges Ausbruchprofil in Längsrichtung mit leichtem Überprofil am Ende eines jeden Abschlages, damit man die Bohrgeräte für den nächsten Abschlag ansetzen kann. Da die Fussladungen an der Tunnelbrust Trichter erzeugen, müssen die Löcher ca. 15 – 20 cm tiefer als die geplante Abschlaglänge gebohrt werden.

Ist das Gebirge im Tunnelquerschnitt stark geschichtet mit schrägem Verlauf, muss dies im Bohrlochschema und bei der Ladung berücksichtigt werden, um keinen einseitigen, starken Mehrausbruch zu erhalten. In die Entwicklung eines solchen Sprengschemas gehen die Erfahrungen des langjährigen Praktikers ein, der die Einflüsse der besonderen geologischen Randbedingungen erfassen kann.

6.3.8.4 Berechnungsbeispiel 1; [6-7; S. 151–159]

Dem folgenden Beispiel liegt ein 1500 m langer Strassentunnel mit einer Querschnittsfläche von 88 m² zugrunde (Bild 6.3-38).

Der Durchmesser der Sprengbohrlöcher wird mit 38 mm gewählt, um eine schonende und profilgenaue Sprengung zu erreichen. Ein grösserer Durchmesser würde zu stärkerem Überprofil führen.

Als Bohrgerät wird ein elektrohydraulischer Jumbo mit Bohrarmen von 4,3 m Länge und einem Vorschubweg von 3,9 m eingesetzt.

Erwartet wird eine Abschlaglänge von mehr als 90 % der Bohrlochtiefe.

Als Sprengstoff wird Emulite 150 verwendet, und zwar in Patronen mit 29 mm und 25 mm Durch-

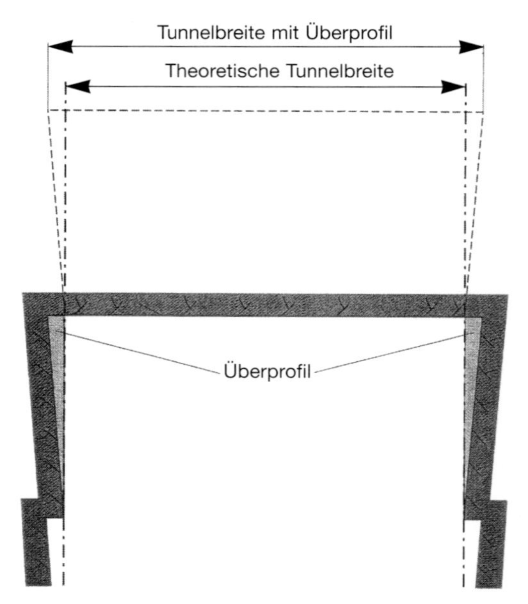

Bild 6.3-37 Sägezahnförmiges Ausbruchprofil in Längsrichtung

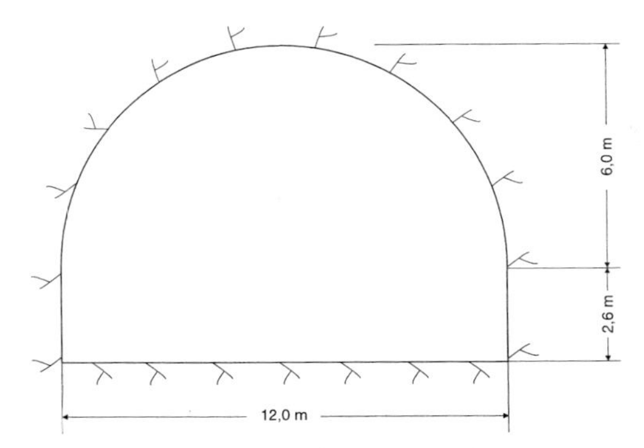

Bild 6.3-38 Querprofil des Strassentunnels von Berechnungsbeispiel 1

messer für den Einbruch, die Helfer- und die Sohlschüsse. Die Kranzlöcher werden mit in Kunststoffpatronen verpacktem Gurit 17 × 500 mm gesprengt. Die Zünder schliesslich sind vom Typ NONEL GT/T, der speziell für den Tunnelbau bestimmt ist.

Damit die Abschlaglänge mehr als 90 % der Bohrlochtiefe von 3,9 m erreicht, ist ein Grossbohrlochdurchmesser von 127 mm zu wählen (Bild 6.3-39). Als Alternative kommen zwei Löcher mit je 89 mm Durchmesser in Frage.

1. Einbruch

Der Abstand zwischen dem Mittelpunkt des Grossbohrloches und jenem des nächsten Sprengloches beträgt:

$a = 1{,}5\ \varnothing$

$a = 1{,}5 \times 127 = 190$ mm

Die Breite der Einbruchfläche errechnet sich folgendermassen (Bild 6.3-40):

$B_1 = a\sqrt{2}$

$B_1 = 190\sqrt{2} = 270$ mm

Die erforderliche Ladungskonzentration l_c für die Löcher des Einbruches beträgt nach Bild 6.3-41 0,4 kg/m Emulite 150. Aus praktischen Gründen werden Emulitepatronen von der Grösse 25 × 200 mm

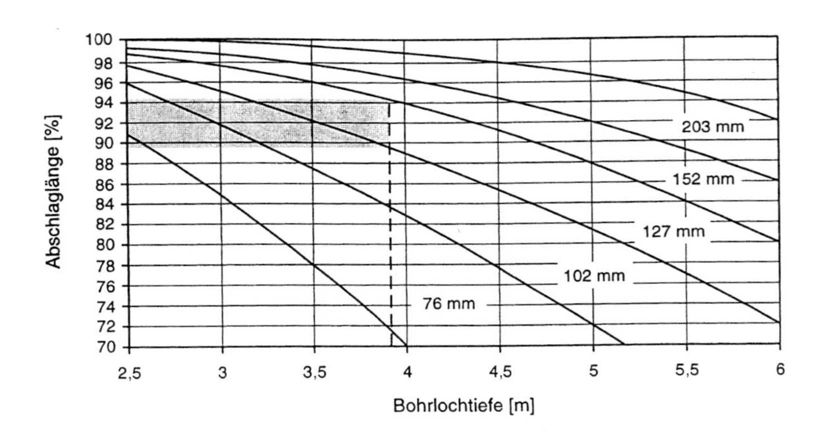

Bild 6.3-39 Abschlaglänge in Prozent der Bohrlochtiefe für verschiedene Lochdurchmesser; [6-7]

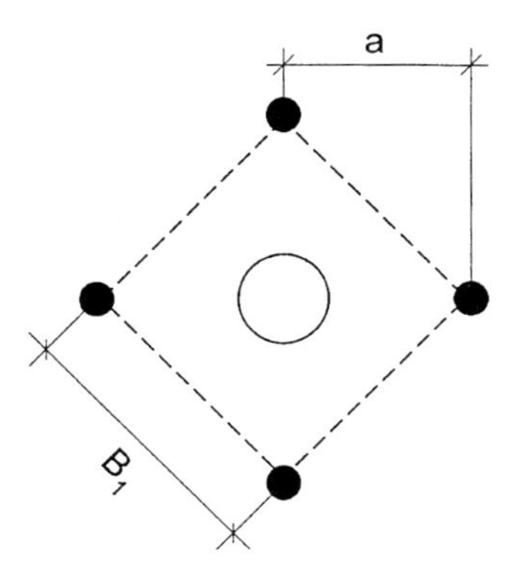

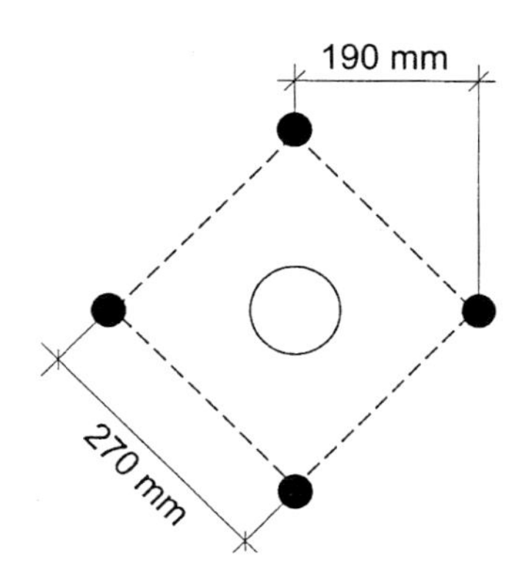

Bild 6.3-40 Einbruchfläche

Bild 6.3-41 Minimal erforderliche Ladungskonzentration für verschiedene Grossbohrlochdurchmesser [6-7]

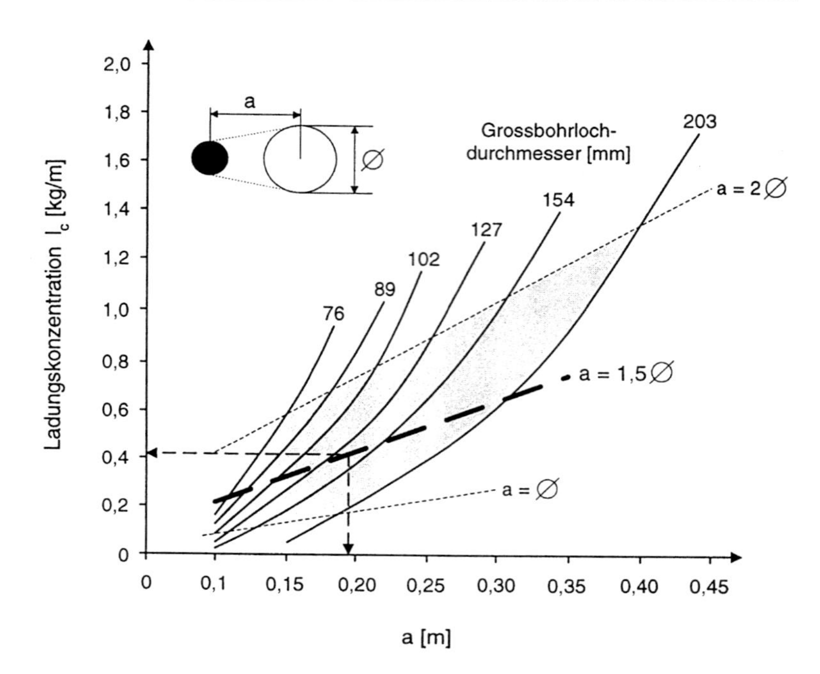

eingesetzt, woraus eine effektive Ladungskonzentration l_c von 0,55 kg/m resultiert. Diese geringe Überladung liegt im tolerierbaren Bereich und bringt keine nachteiligen Folgen mit sich.

Die Länge h_0 des ungeladenen Teils des Bohrloches (Verdämmungsbereich) ist gleich a.

Wird mit H die Tiefe des Bohrloches bezeichnet, so resultiert eine Länge der Bohrlochladung von $H - h_0$.

Die Bohrlochladung Q letztlich errechnet sich durch Multiplikation der Länge der Ladung mit der effektiven Ladungskonzentration:

$Q = l_c (H - h_0)$

$Q = 0{,}55\ (3{,}9 - 0{,}2)$

$Q = 2{,}0$ kg

Schlüsseldaten des Einbruchs:

a = 0,19 m

B_1 = 0,27 m

Q = 2,0 kg

2. Erste Erweiterung des Einbruchs

Durch den Einbruch entsteht eine Öffnung von 0,27 × 0,27 m. Die Vorgabe W_1 für die erste Erweiterung des Einbruchs entspricht der Breite B_1 der erzielten Öffnung (Bild 6.3-42):

Bild 6.3-42 Erste Erweiterung des Einbruchs

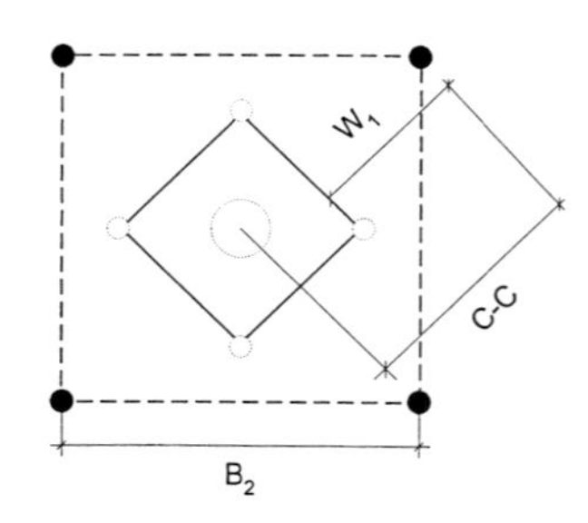

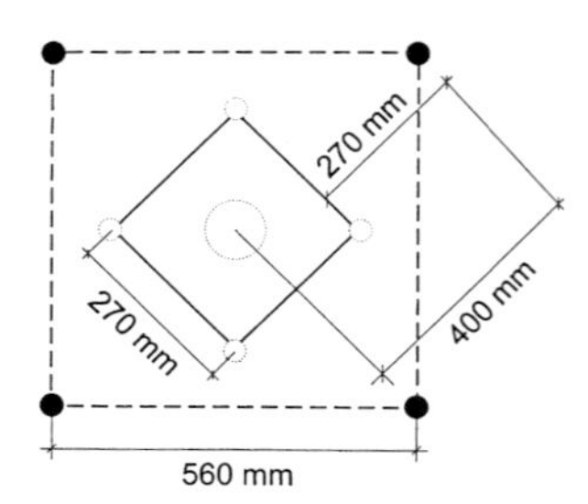

$B_1 = W_1$

$W_1 = 0{,}27$ m

$C\text{-}C = 1{,}5\ B_1$

$C\text{-}C = 0{,}4$ m

$B_2 = (C\text{-}C)\sqrt{2} = 1{,}5\ B_1 \sqrt{2}$

$B_2 = 0{,}56$ m

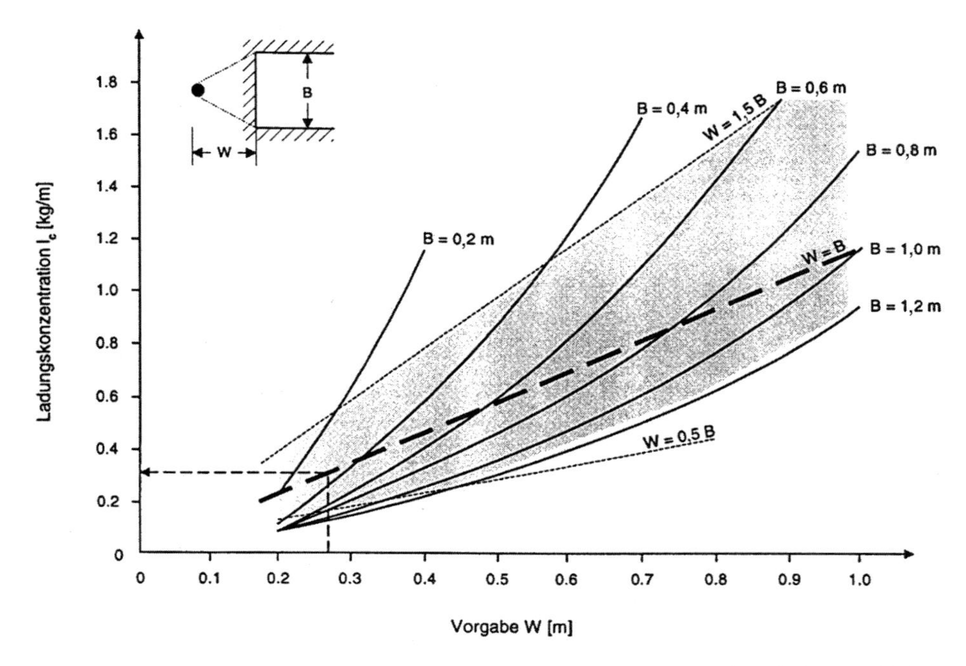

Bild 6.3-43 Minimal erforderliche Ladungskonzentration und maximale Abschlagtiefe für verschiedene Einbruchbreiten

Die benötigte Ladungskonzentration beträgt nach Bild 6.3-43 etwa 0,37 kg/m.

Es wird wiederum Emulite 150 verwendet, verpackt in Papierpatronen. Die Ladungskonzentration beträgt aus praktischen Gründen ebenfalls 0,55 kg/m.

Die Länge h_0 des ungeladenen Teils des Bohrloches (Verdämmungsbereich) errechnet sich zu $0{,}5 \times W$.

$$Q = l_c (H - h_0)$$

$$Q = 0{,}55\ (3{,}9 - 0{,}15)$$

$$Q = 2{,}0 \text{ kg}$$

Schlüsseldaten der ersten Erweiterung des Einbruchs

$\mathbf{W_2 = 0{,}27\ m}$

$\mathbf{B_2 = 0{,}56\ m}$

$\mathbf{Q = 2{,}0\ kg}$

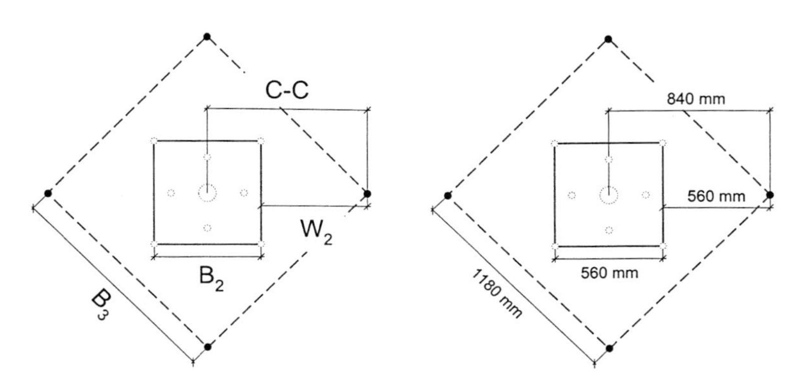

Bild 6.3-44 Zweite Erweiterung des Einbruchs

3. Zweite Erweiterung des Einbruchs

Die Öffnung hat nun die Breite B = 0,56 m. Die Vorgabe W ist gleich B_2 (Bild 6.3-44).

$B_2 = W_2$

$W_2 = 0{,}56$ m

C-C = 1,5 B_2

C-C = 0,84 m

$B_3 = (C\text{-}C)\sqrt{2} = 1{,}5\ B_2\sqrt{2}$

$B_3 = 1{,}18$ m

Die erforderliche Ladungskonzentration beträgt nach Bild 6.3-45 ungefähr 0,65 kg/m. Sofern die Emulitepatronen mit den Ausmassen 25 × 200 mm nicht verdämmt werden, genügen sie in diesem Fall nicht mehr, weshalb ein entsprechend grösserer Typ von Emulite 150 zur Anwendung kommt.

Emulite 29 × 200 mm in Papierpatronen ergibt eine Ladungskonzentration von 0,9 kg/m. Das Loch wird folglich etwas überladen.

Die Länge h_0 des ungeladenen Teils des Bohrloches errechnet sich zu 0,5 × W_2.

$Q = l_c\,(H - h_0)$

$Q = 0{,}90\,(3{,}9 - 0{,}3)$

Q = 3,2 kg

Schlüsseldaten der zweiten Erweiterung des Einbruchs

W_3 = 0,56 m

B_3 = 1,18 m

Q = 3,2 kg

4. Dritte Erweiterung des Einbruchs

Die Öffnung hat nun die Breite B = 1,18 m (Bild 6.3-46). Falls W mit B gleichgesetzt wird, resultiert eine zu grosse Vorgabe. W muss deshalb mit dem Diagramm in Bild 6.3-47 bestimmt werden und beträgt etwa 1,0 m.

Die Ladungskonzentration l_b der Fussladung kann aus dem selben Diagramm gefunden werden und beträgt 1,35 kg/m. Damit ist nun mit Hilfe der Tabelle 6.3-8 (siehe Seite 107) die Ladung Q_b des Bohrlochfusses zu bestimmen:

$l_b = 1{,}35$ kg/m

$h_b = 1/3\ H$

$h_b = 0{,}33 \times 3{,}9$

$h_b = 1{,}3$ m

$Q_b = l_b \times h_b$

$Q_b = 1{,}35 \times 1{,}3$

$Q_b = 1{,}75$ kg

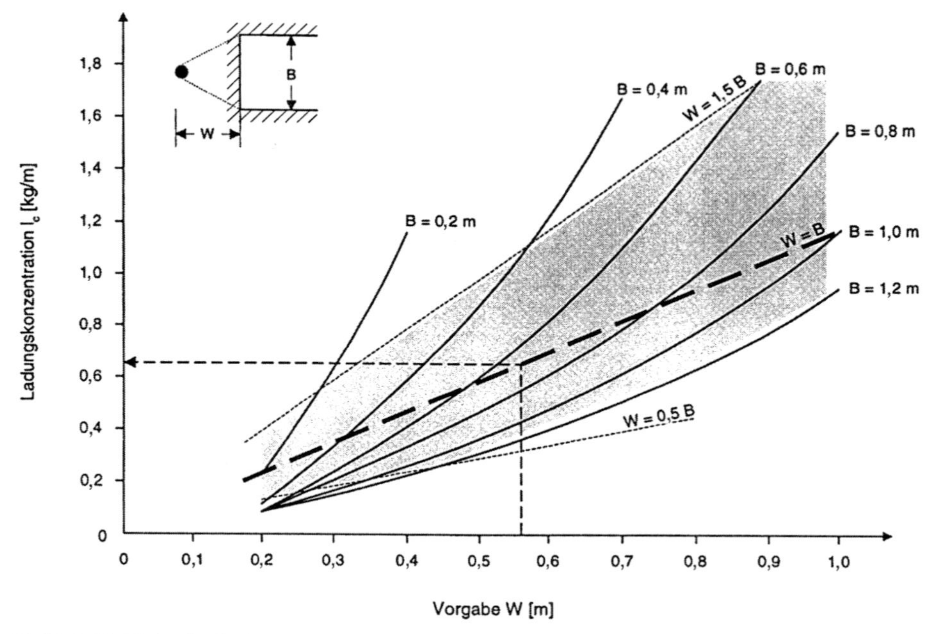

Bild 6.3-45 Minimal erforderliche Ladungskonzentration und maximale Abschlagtiefe für verschiedene Einbruchbreiten

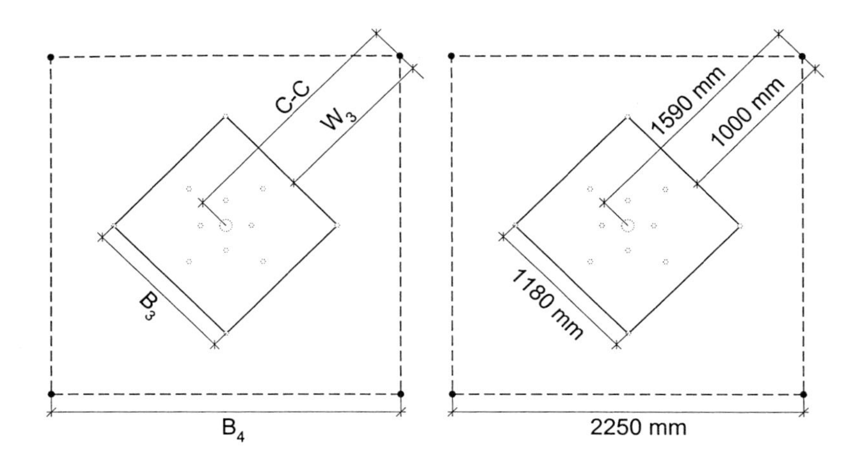

Bild 6.3-46 Dritte Erweiterung des Einbruchs

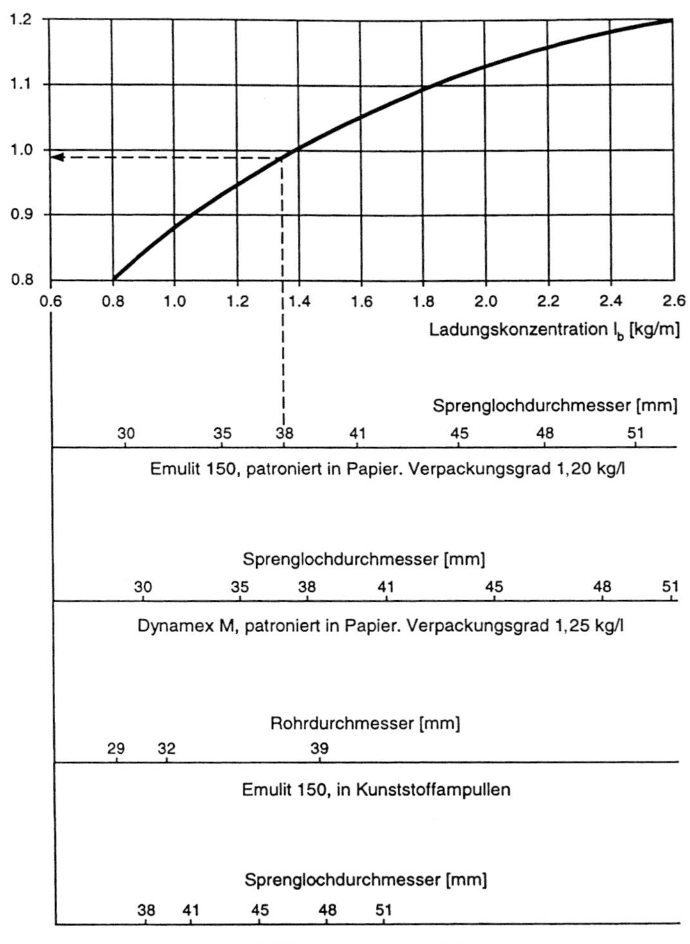

Bild 6.3-47 Vorgabe in Abhängigkeit von der Ladungskonzentration

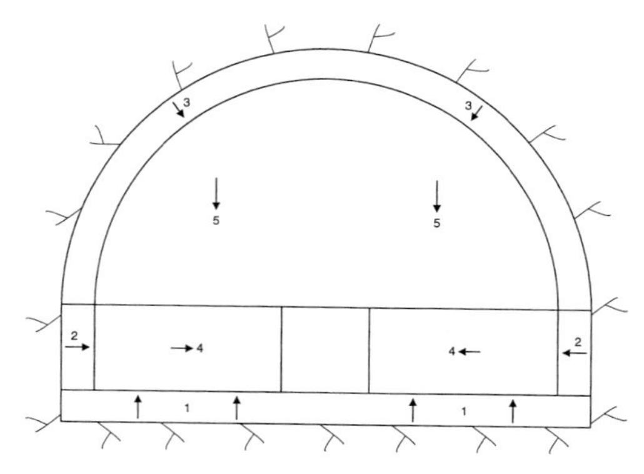

Bild 6.3-48 Profilaufteilung

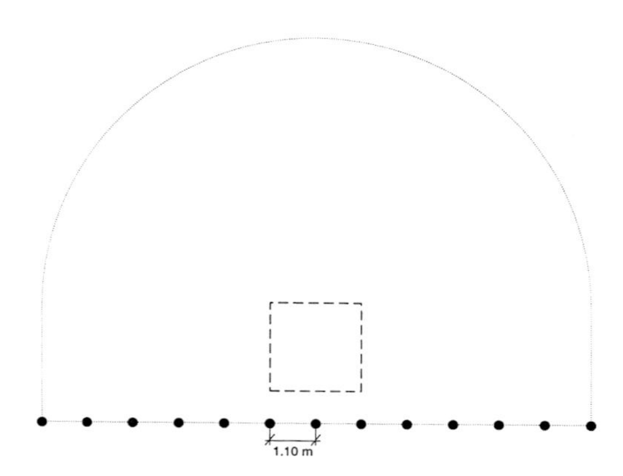

Bild 6.3-49 Anordnung der Sohlschüsse

Für die Fussladung wird Emulite in Patronen mit 29 mm Durchmesser verwendet und gut verdämmt.

Die Schaftladung errechnet sich folgendermassen:

$l_c = 0{,}5 \times l_b$

$l_c = 0{,}5 \times 1{,}35$

$l_c = 0{,}67$ kg/m

Der benötigte Emulite 150-Typ hat die Ausmasse 29 x 200 mm und eine Ladungskonzentration l_c von 0,90 kg/m.

$l_c = 0{,}90$ kg/m

$h_0 = 0{,}5$ W

$h_0 = 0{,}5 \times 1{,}0 = 0{,}5$ m

$h_c = H - h_b - h_0$

$h_c = 3{,}9 - 1{,}3 - 0{,}5$

$h_c = 2{,}1$ m

$\mathbf{Q_c = l_c \times h_c}$

$Q_c = 0{,}90 \times 2{,}1$

$Q_c = 1{,}9$ kg

$Q_{tot} = Q_b + Q_c$

$Q_{tot} = 1{,}75 + 1{,}9$

$\mathbf{Q_{tot} = 3{,}65}$ **kg**

Schlüsseldaten der dritten Erweiterung des Einbruchs

W = 1,0 m

$\mathbf{B_4 = 2{,}25}$ **m**

Q = 3,65 kg

Nachdem der gesamte Kern ausgebrochen ist, wird das restliche Ausbruchprofil auf folgende Art aufgeteilt (Bild 6.3-48):

- Sohlschüsse
- Profilschüsse im Bereich der Paramente
- Profilschüsse im Bereich des Gewölbes
- Helferlöcher mit horizontaler und nach oben gerichteter Wurfrichtung
- Helferlöcher mit nach unten gerichteter Wurfrichtung

Zuerst werden die äusseren Bohrlöcher eingezeichnet. Danach können die Einbruch- und Helferlöcher entsprechend ihrer Parameter bestimmt werden.

5. Die Sohlschüsse

Bei der Berechnung der Sohl- und Profilschüsse muss auf die Sprengung eines gewissen Überprofiles (sägezahnförmig) geachtet werden. Dieses ist nötig, damit für die Bohrarbeiten der nächsten Sprengetappe keine Platzprobleme entstehen. Das bohrtechnische Überprofil sollte 10 cm + 3 cm/m Lochtiefe nicht überschreiten und wird im vorliegenden Fall auf 20 cm festgesetzt.

Die Vorgabe beträgt entsprechend dem Diagramm in Bild 6.3-47 1,0 m, und der Bohrlochabstand (Tabelle 6.3-6 siehe Seite 106) hat die Grösse $1{,}1 \times W = 1{,}1$ m (Bild 6.3-49).

Wegen des benötigten Überprofils müssen die oberhalb der Sohlschüsse folgenden Bohrungen 0,8 m und nicht 1,0 m über dem Boden angesetzt werden. Unter Einbezug der Tabelle 6.3-9 (siehe Seite 107) resultieren die folgenden Werte:

Fussladung:

$l_b = 1{,}35$ kg/m

$h_b = 1/3 \times 3{,}90$

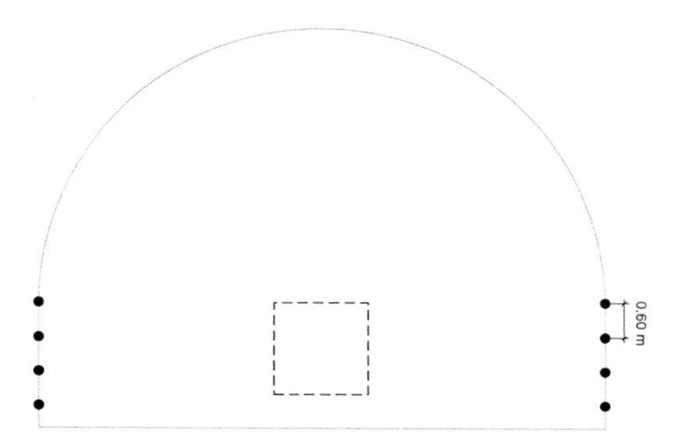

Bild 6.3-50 Anordnung der Sprenglöcher im Bereich der Paramente

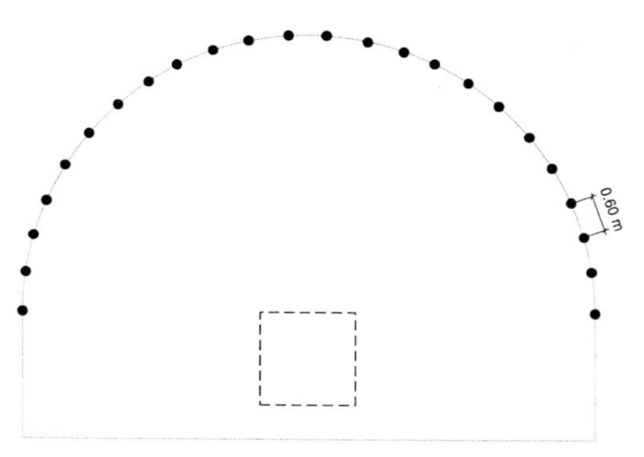

Bild 6.3-51 Anordnung der Sprenglöcher im Bereich des Gewölbes

$h_b = 1{,}30$ m

$Q_b = 1{,}35 \times 1{,}3$

$Q_b = 1{,}75$ kg

Schaftladung:

$l_c = l_b = 1{,}35$ kg/m

$h_0 = 0{,}2 \times W = 0{,}2$ m

$h_c = H - h_b - h_0 = 2{,}4$ m

$Q_c = 1{,}35 \times 2{,}4 = 3{,}25$ kg

Totale Ladung:

$Q = 1{,}75 + 3{,}25 = 5{,}0$ kg

Schlüsseldaten der Sohlschüsse

W = 1,0 m

S = 1,1 m

Q = 5,0 kg

6. Die Profilschüsse im Bereich der Paramente

In diesem speziellen Fall sind die Paramente sehr niedrig, weshalb sie kein gutes Beispiel als Bohr- und Ladungsschema abgeben.

Der Bohrlochplan wird mit Hilfe der Tabelle 6.3-7 für profilgenaues Sprengen erstellt. Die Vorgabe beträgt 0,8 m und der Bohrlochabstand 0,6 m (Bild 6.3-50).

Der Verdämmungsbereich des Bohrloches hat eine Länge von 0,2 m.

Die Ladungskonzentration von Gurit 17 × 500 mm beträgt 0,23 kg/m. Die Löcher werden im Bohrlochfuss mit 7 Kapselladungen und einem freien Stück Emulite 150, 25 × 200 mm, gefüllt.

Fussladung:

$Q_b = 0{,}11$ kg

Schaftladung:

$Q_c = 7 \times 0{,}115 = 0{,}81$ kg

Totale Ladung:

$Q = 0{,}11 + 0{,}81 = 0{,}92$ kg

Unter Berücksichtigung des Überprofiles resultiert schliesslich eine effektive Vorgabe von

0,8 – 0,2 = 0,6 m.

Schlüsseldaten der Profilschüsse im Bereich der Paramente

W = 0,8 m

S = 0,6 m

Q =0,92 kg

7. Die Profilschüsse im Bereich des Gewölbes

Die Verhältnisse für die Profilschüsse im Bereich des Gewölbes sind die gleichen wie für diejenigen der Paramente. Die Vorgabe wird zu 0,8 m gewählt, und der Bohrlochabstand beträgt 0,6 m (Bild 6.3-51).

Die Ladungskonzentration ist dieselbe wie bei den Paramentlöchern.

Auch in diesem Fall muss dem Überprofil Rechnung getragen werden.

Schlüsseldaten der Profilschüsse im Bereich des Gewölbes

W = 0,8 m

S = 0,6 m

Q =0,92 kg

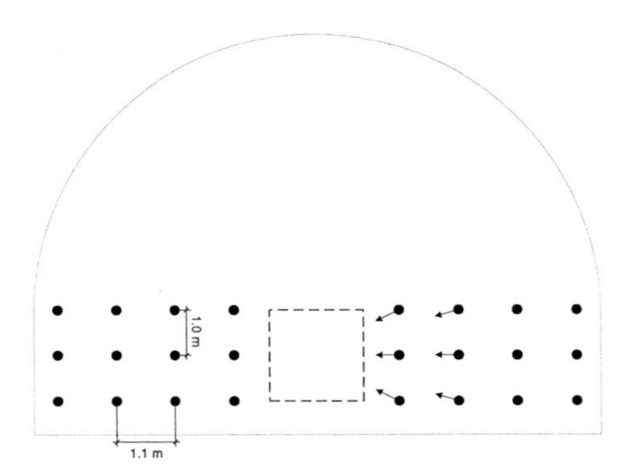

Bild 6.3-52 Anordnung der Sprenglöcher mit horizontaler und nach oben gerichteter Wurfrichtung

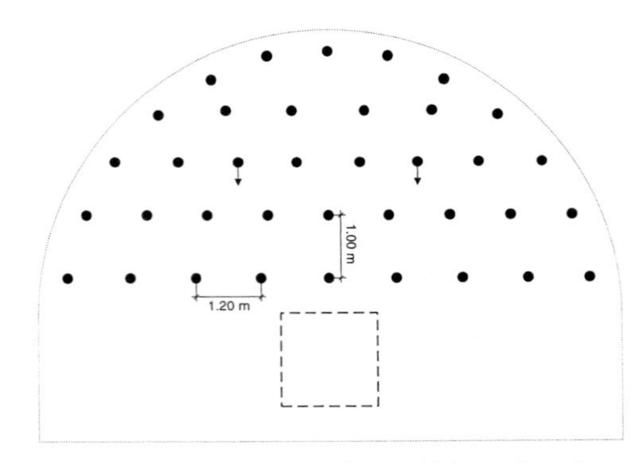

Bild 6.3-53 Anordnung der Sprenglöcher mit nach unten gerichteter Wurfrichtung

8. Helferlöcher mit horizontaler und nach oben gerichteter Wurfrichtung

Die Helferlöcher werden wie die Sohlschüsse berechnet, aber mit weniger Sprengstoff geladen. Der Grund dafür ist, dass bei der Sprengung der Sohle die Kräfte der Erdanziehung und die Masse bereits gesprengten, aufliegenden Materials zu kompensieren sind.

Für die Fussladung wird Emulite 29 mm mit einer Ladungskonzentration l_b von 1,35 kg/m verwendet.

Die Schaftladung besteht aus Emulite 29 mm in Papierpatronen mit einer Ladungskonzentration l_c von 0,90 kg/m.

Die Vorgabe beträgt entsprechend dem Diagramm in Bild 6.3-47 1,0 m, der Bohrlochabstand S, wie in der Tabelle 6.3-10 (siehe Seite 107) dargestellt, 1,1 m (Bild 6.3-52).

Fussladung:

$l_b = 1{,}35$ kg/m

$h_b = 1/3 \times 3{,}90$

$h_b = 1{,}30$ m

$Q_b = 1{,}35 \times 1{,}3$

$Q_b = 1{,}75$ kg

Schaftladung:

$l_c = 0{,}90$ kg/m

$h_0 = 0{,}5 \times W = 0{,}5$ m

$h_c = H - h_b - h_0 = 2{,}1$ m

$Q_c = 0{,}90 \times 2{,}1 = 1{,}90$ kg

Totale Ladung:

$Q = 1{,}75 + 1{,}90 = 3{,}65$ kg

Schlüsseldaten der Helferlöcher mit horizontaler und nach oben gerichteter Wurfrichtung:

W = 1,0 m

S = 1,1 m

Q =3,65 kg

9. Helferlöcher mit nach unten gerichteter Wurfrichtung

Der Bohrlochplan für die Helferlöcher mit nach unten gerichteter Wurfrichtung entspricht demjenigen für Helferlöcher in andere Richtungen mit dem Unterschied grösserer Bohrlochabstände S (Bild 6.3-53). Die Ladung ist für alle Helferlöcher dieselbe (Tabelle 6.3-11).

Schlüsseldaten der Helferlöcher mit nach unten gerichteter Wurfrichtung

W = 1,0 m

S = 1,2 m

Q =3,65 kg

10. Zusammenfassung

Der Sprengabschnitt besteht aus 127 Sprenglöchern von je 38 mm Durchmesser und einem grossen Bohrloch mit einem Durchmesser von 127 mm (Bild 6.3-54).

Der Abschlag ist, wie in Tabelle 6.3-12 zusammengefasst, geladen.

Erwartet wird ein Vortrieb pro Abschlag von mindestens 90 % der Bohrlochtiefe, das sind 3,55 m.

Spezifische Lademenge:
$361{,}1 / (3{,}55 \times 88{,}0) = 1{,}16$ kg/m^3

Tabelle 6.3-11 Hilfstabelle zur Bestimmung der Ladung der Helferlöcher mit nach unten gerichteter Wurfrichtung

Teil des Sprengabschnittes	Vorgabe [m]	Abstand [m]	Länge der Fussladung [m]	Ladungskonzentration [kg/m] im Bohrlochfuss (l_b)	Ladungskonzentration [kg/m] im Schaft (l_c)	Verdämmung [m]
Sohle	1 x W	1,1 x W	1/3 x H	l_b	1,0 x l_b	0,2 x W
Paramente	0,9 x W	1,1 x W	1/6 x H	l_b	0,4 x l_b	0,5 x W
Gewölbe	0,9 x W	1,1 x W	1/6 x H	l_b	0,3 x l_b	0,5 x W
Helfer:						
- ***Wurfrichtung nach oben***	1 x W	1,1 x W	1/3 x H	l_b	0,5 x l_b	0,5 x W
- ***Wurfrichtung horizontal***	1 x W	1,1 x W	1/3 x H	l_b	0,5 x l_b	0,5 x W
- ***Wurfrichtung nach unten***	1 x W	1,2 x W	1/3 x H	l_b	0,5 x l_b	0,5 x W

Tabelle 6.3-12 Sprengstoffverbrauch

Teil des Sprengabschnittes	Anzahl Löcher	Art des Sprengstoffes	Gewicht pro Loch *[kg]*	Total *[kg]*
Kern				
Einbruch	4	Emulit 150, 25 mm	2,00	8,00
1. Erweiterung des Einbruchs	4	Emulit 150, 25 mm	2,00	8,00
2. Erweiterung des Einbruchs	4	Emulit 150, 29 mm	3,20	12,80
3. Erweiterung des Einbruchs	4	Emulit 150, 29 mm	3,65	14,60
Sohlschüsse	12	Emulit 150, 29 mm	5,00	60,00
Profilschüsse im Bereich der Paramente	8	Emulit 150, 25 mm	0,11	0,90
		Gurit 17 mm	0,81	6,50
Profilschüsse im Bereich des Gewölbes	30	Emulit 150, 25 mm	0,11	3,30
		Gurit 17 mm	0,81	24,30
Helferbereich				
Wurfrichtung nach oben	8	Emulit 150, 29 mm	3,65	29,20
Wurfrichtung horizontal	16	Emulit 150, 29 mm	3,65	58,40
Wurfrichtung nach unten	37	Emulit 150, 29 mm	3,65	135,10

Sprengstoffverbrauch pro Abschlag	
Emulit 150, 25 x 200 mm	20,1 kg
Emulit 150, 29 x 200 mm	310,1 kg
Gurit	30,8 kg
NONEL GT/T	127 St.

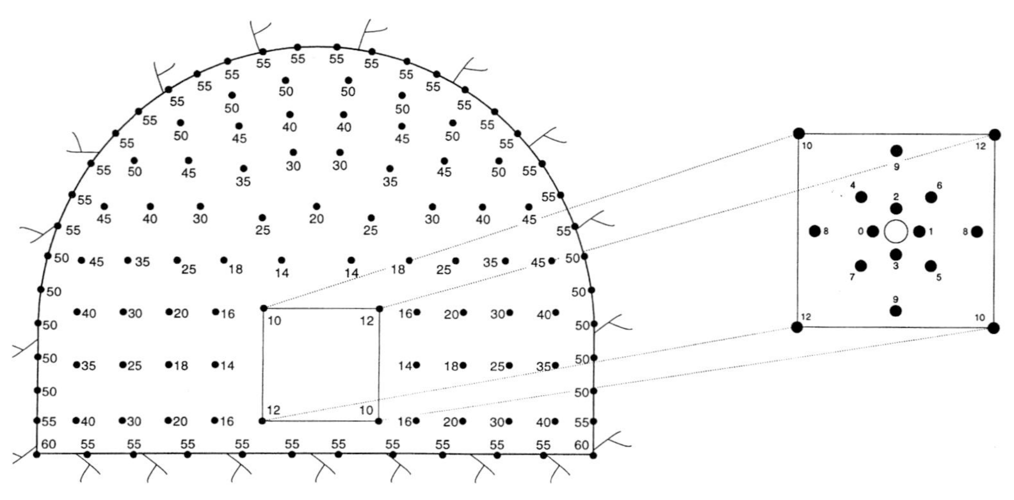

Bild 6.3-54 Sprengschema

11. Sprengstoffverbrauch für das gesamte Projekt

- Anzahl Sprengabschnitte:
  1500 / 3,55 = 425
- Verbrauch von:
  - Emulite 150, 25 × 200 mm:
    20,2 × 425 = ca. 9 Tonnen
  - Emulite 150, 29 × 200 mm:
    310,1 × 425 = ca. 132 Tonnen
  - Gurit:
    30,8 × 425 = ca. 13 Tonnen
  - NONEL GT/T:
    127 × 425 = ca. 54000 St.

6.3.8.5 Berechnungsbeispiel 2; [6-5; S. 27–30]

1. Entwickeln des Sprengbildes

Ermitteln des Sprengstoffbedarfs

Das Sprengbild soll sicherstellen, dass die zum Sprengen eines Abschlags erforderliche Sprengstoffmenge möglichst wirksam in dem zu sprengenden Gestein untergebracht wird. Als erstes muss die erforderliche Sprengstoffmenge ermittelt werden (Tabelle 6.3-13), was in der Praxis häufig mit überschlägigen Berechnungen sowie mit Erfahrung gemacht wird. Erfahrungswerte sind nur dann brauchbar, wenn sie den örtlichen Bedingungen angepasst werden können. Den wichtigsten Einfluss auf die erforderliche Sprengstoffmenge hat der Tunnelquerschnitt, denn dieser ist für die Verspannung des zu sprengenden Gesteins massgebend.

Eine sehr nützliche und auf Erfahrungswerten gegründete Formel stammt von Langefors/Kihlström und lautet:

$$q = 14 / A + 0{,}8$$

Darin ist:

q der spezifische Sprengstoffaufwand pro Kubikmeter Fest-Fels [kg/m^3]
A der Ausbruch- bzw. Streckenquerschnitt [m^2]
L_A Abschlaglänge

Der Wert 0,8 kann bei günstigem Gestein verringert werden.

Ohne diesen Wert zu verringern, beträgt der spezifische Sprengstoffaufwand bei einem Querschnitt (Tabelle 6.3-13) von z. B. 60 m^2 1,03 kg/m^3. Daraus ergibt sich bei dem Querschnitt von 60 m^2 und einer Abschlagtiefe von 2,5 m das Ausbruchvolumen von 150 m^3-fest. Dieses Volumen wird mit dem spezifischen Sprengstoffaufwand multipliziert, woraus ein Sprengstoffbedarf von 154,5 kg pro Abschlag resultiert.

Der Bohrlochdurchmesser

Die üblichen Bohrlochdurchmesser im Tunnelbau liegen beim Einsatz hydraulischer Bohrwagen zwischen 45 mm und 52 mm. In einigen Fällen betragen sie auch 64 mm.

Spezifischer Sprengstoffaufwand (nach Langefors und Kihlström)
$q = 14 / A + 0{,}8 = [kg/m^3]$
$q = 14 / 60 + 0{,}8 = 1{,}03\ kg/m^3$
Ausbruchvolumen
$V_A = A \times L_A = [m^3]$
$V_A = 60\ m^2 \times 2{,}5\ m = 150\ m^3$
Gesamtlademenge
$M_L = V_A \times q = [kg]$
$M_L = 150\ m^3 \times 1{,}03\ kg/m^3 = 154{,}5\ kg$

Tabelle 6.3-13 Ermitteln des Sprengstoffbedarfs für einen Abschlag

In den grossen Querschnitten des Tunnelbaus sollte der Bohrlochdurchmesser so gewählt werden, dass Sprengstoffpatronen mit einem Mindestdurchmesser von 38 mm eingesetzt werden können. Für das Rechenbeispiel (Tabelle 6.3-14) wird Ammon – Gelit 2 mit diesem Durchmesser und einer Patronenlänge von 380 mm verwendet. Das Patronengewicht beträgt 600 g. Die für den Abschlag von 2,5 m Länge und 60 m^2 Querschnitt berechnete Sprengstoffmenge beträgt 154,5 kg. Von dieser Menge muss die Lademenge für den Aussenkranz abgezogen werden, der schonend mit der Sprengschnur Supercord 100 (100 g Füllgewicht je m) gesprengt wird. Die verbleibende Menge steht dann für den Kern zur Verfügung. Das Ergebnis ist in Tabelle 6.3-14 dargestellt.

2. Profilgerechtes Sprengen des Aussenkranzes

Für das profilgerechte Sprengen des Aussenkranzes sollen 31 Bohrlöcher in einem Abstand von 60 cm gebohrt und mit Supercord 100 geladen werden. Bei deren Füllgewicht und 31 Bohrlöchern von je 2,50 m Länge bedeutet das eine Lademenge von

$0{,}1\ kg/m \times 2{,}50\ m \times 31 = 7{,}75\ kg$

Sprengstoff für den Aussenkranz. Für die Konstruktion des Sprengbildes und die Ermittlung der restlichen Bohrlochzahl ist noch wichtig, dass die Vorgabe der Aussenkranzbohrlöcher beim schonenden Sprengen etwa 50 % grösser sein soll als der Bohrlochabstand im Aussenkranz, und zwar im Bohrlochtiefsten (Bild 6.3-55). Bei 60 cm Abstand der Bohrlöcher des Aussenkranzes sind das also 90 cm.

Einzelladungen und Bohrlochzahl

Die verbleibenden 146,75 kg stehen für den gesamten Kernbereich zur Verfügung. Sie entsprechen bei einem Patronengewicht von 0,6 kg einer Patronenzahl von 244. Geht man von einer optimalen Bohrlochausladung von zwei Dritteln der Bohrlochlänge aus, so würde das bei einer Bohrlochladung von 4 Patronen zu je 38 cm Länge einer Ladesäulenlänge von 1,52 m bei einem 2,50 m tiefen Bohrloch entsprechen.

Das Gewicht der vier Patronen beträgt 2,4 kg. Mit den errechneten 244 Patronen können bei Einzelladungen von 4 Patronen noch 61 Bohrlöcher geladen werden. Davon sind beispielsweise 7 für den Einbruch erforderlich, die restlichen 54 stehen für den Bereich zwischen Einbruch und Aussenkranz zur Verfügung. Das Bild 6.3-56 zeigt die zweckmässige Reihenfolge bei der Konstruktion eines Sprengbildes.

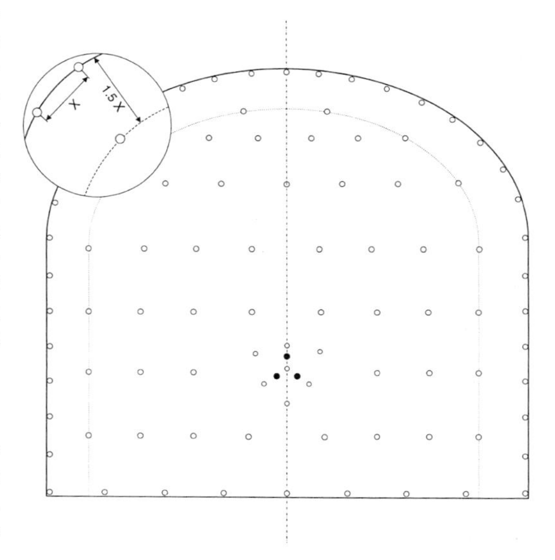

Bild 6.3-55 Bohrlochabstand und -vorgabe im Aussenkranz

Tabelle 6.3-14 Aufteilung der Gesamtlademenge auf die einzelnen Bohrlöcher

Aufteilung der Gesamtlademenge			
Aussenkranz		**Lademenge je Bohrloch**	
Anzahl der Bohrlöcher:	31 Loch	Ausladung:	2,5 m x 0,6 = 1,5 m
Lademenge je Bohrloch:	0,1 kg/m x 2,5 m = 0,25 kg	Anzahl der Patronen je Bohrloch:	1,5 m / 0,38 m = 3,95 ® 4
Gesamtlademenge Kranz:	0,25 kg x 31 Loch = 7,75 kg	Lademenge je Bohrloch:	4 x 0,6 kg/Patr. = 2,4 kg
Ladung im Kern		**Bohrlochzahl**	
Gesamtlademenge:	154,50 kg	Gesamtzahl im Kern:	146,75 kg / 2,4 kg = 61,14 ® 61 Bohrlöcher
Kranzladung:	- 7,75 kg	*Bohrlochzahl im Kern ohne Einbruch:*	
	146,75 kg	Gesamtbohrlochzahl:	61
		Einbruch:	- 7
		Kern:	54

Konstruieren	Rechnen	
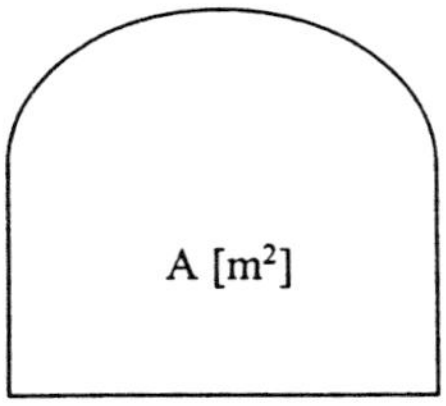 A [m²]	– spezifischer Sprengstoffaufwand; Erfahrungswert z.B. q = 14 / A + 0,8 – Sprengstoffmenge, Patronenzahl	A
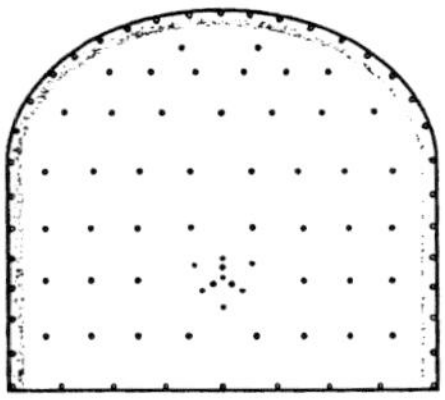 Aussenkranz	– Sprengstoffmenge Aussenkranz	B
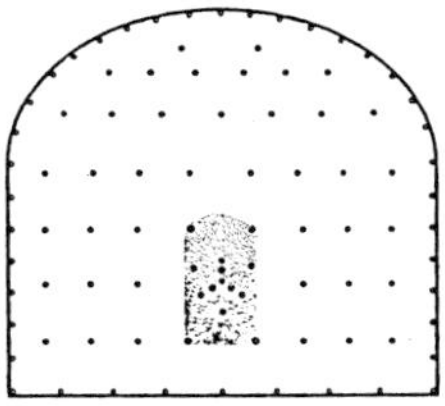 Einbruch	– Sprengstoffmenge Einbruch	C
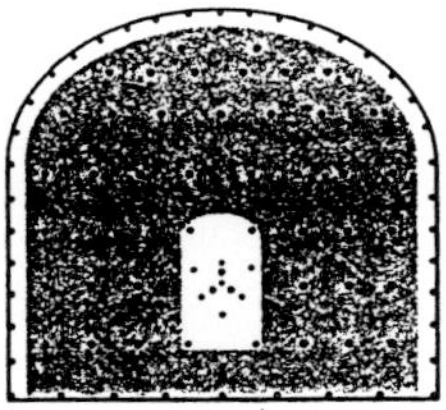 Restliche Bohrlöcher	– Ladesäulenlänge, Gewicht, Einzelladung – Anzahl Bohrlöcher	D
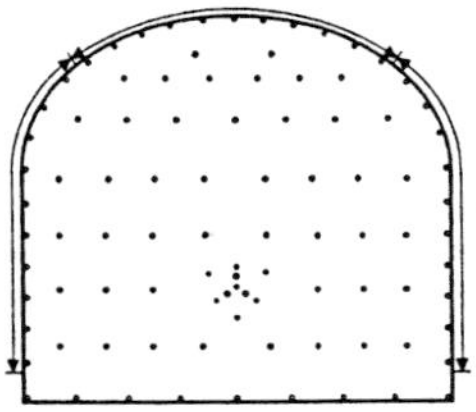 Zeitstufen verteilen	– Zeitstufenzahl, Zündzeiten – Anpassung bei Erschütterungsproblemen	

Bild 6.3-56 Entwickeln eines Sprengbildes

Vervollständigung des Sprengbildes

Ladesäulen von gelatinösem Sprengstoff erlauben bei Tunnelquerschnitten wie in diesem Beispiel und in festem Gestein erfahrungsgemäss Bohrlochabstände und Vorgaben von etwa 1 m. Es ist deshalb kein Zufall, dass die errechnete Zahl mit dieser Erfahrung übereinstimmt.

Bei der Anordnung der Bohrlöcher muss eine eventuell vorhandene Schichtung berücksichtigt werden, bzw. müssen Vorgaben und Seitenabstände entsprechend verschoben werden.

Bei der Ladungsanordnung und der Anordnung der Zündzeitstufen muss darauf geachtet werden, dass der Winkel, den die jeweilige Ladung mit ihren Nachbarladungen entsprechend der Zeitstufe bildet, möglichst gross ist. Bei einem spitzen Winkel steht die Ladung unter zu grossem Zwang. Das schränkt ihre Wirksamkeit ein und erhöht die Sprengerschütterungen.

Rücksicht auf Sprengerschütterungen

Neben der Anordnung der einzelnen Sprengladungen spielt es für die entstehenden Sprengerschütterungen eine grosse Rolle, welche Gesamtmenge Sprengstoff je Zeitstufe gezündet wird. Das hängt sowohl von der Anzahl der Bohrlöcher je Zeitstufe als auch von der Grösse der Einzelladung ab.

Die Zahl der Bohrlöcher je Zeitstufe lässt sich verringern, wenn durch Wahl des Zündertyps und durch Kombination verschiedener Verzögerungstypen die Zahl der Zeitstufen erhöht wird (Bild 6.3-57).

Elektronische Zündsysteme mit bis zu 61 Zeitstufen bieten hier die meisten Möglichkeiten, da sie durch die äusserste Genauigkeit ihrer Verzögerungszeiten und in Kombination mit nichtelektrischen Zündern eine besonders hohe Profilgenauigkeit erzielen lassen.

3. Zusammenfassung

Ein Sprengbild ist kein wissenschaftliches Werk, denn es beruht vor allem auf Erfahrungswerten. Es kann und darf auch nicht als Dogma angesehen werden, sondern muss erforderlichenfalls der Situation vor Ort angepasst werden.

Einbruch und Kranzlöcher sind wesentliche Teile des Sprengbildes und sollten möglichst genau dem geplanten Sprengbild entsprechen. Computergestütztes Bohren kann helfen, die erforderliche Bohrqualität zu erreichen.

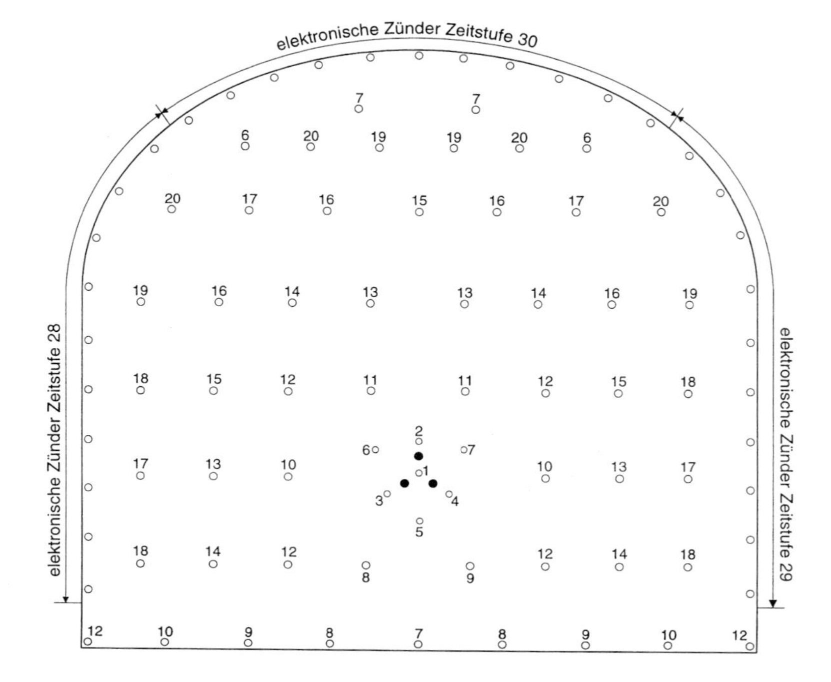

Bild 6.3-57 Beispiel einer Zünderkombination

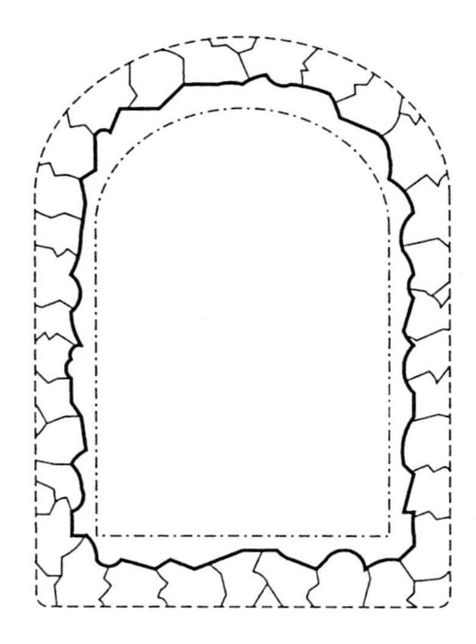

Risszone bei Sprengung mit konventionellem Sprengstoff mit nicht reduzierter Ladung der Kranzlöcher

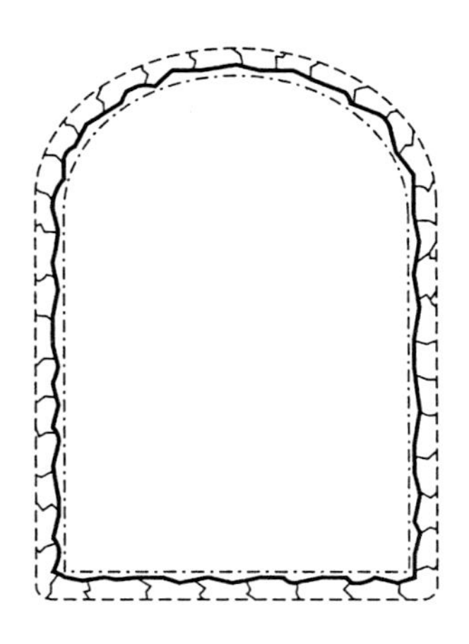

Risszone bei schonendem Sprengen mit Gurit 17 x 500 mm oder Sprengschnur Supercord 100

Bild 6.3-58 Risszone bei konventionellem und bei schonendem Sprengen [6-7]

Änderungen des Sprengbildes sollten jeweils festgehalten werden. Nur wenn mit entsprechender Disziplin und Systematik vorgegangen wird, können auch Fehlerursachen gefunden und beseitigt werden. Die Bohr- und Sprengarbeit beeinflusst die Leistung und die Kosten eines Tunnelbauvorhabens ganz wesentlich. Das so ermittelte Sprengschema muss vor Ort getestet und optimiert werden.

6.3.9 Profilgenaues und schonendes Sprengen

Verschiedene Sprengtechniken wurden entwickelt, um erschütterungsärmer und profilgenauer zu sprengen. All diese Techniken versuchen, folgende Ziele zur Erhöhung der gesamten Wirtschaftlichkeit zu erreichen:

- Minimierung der Spannungen und Auflockerung des Gebirges durch sich degressiv ausbreitende Risse ausserhalb der theoretischen Ausbruchkontur
- Minimierung der Sprengerschütterungen unter bebauten Gebieten
- genauere Profilkontur (weniger Mehrausbruch) mit einer einhergehenden Verringerung der Nachbearbeitung (weniger Ausbaubeton)

Es sind drei Methoden zu unterscheiden:

- Linien-Bohrung
- Smooth Blasting (schonendes Sprengen)
- Presplitting

Beim Linien-Bohren wird zur Kontrolle der Profilgenauigkeit eine im dichten Abstand angeordnete Reihe von Bohrungen entlang der Querschnittskontur hergestellt. Diese werden nicht mit Sprengstoff geladen und bilden somit eine Bruchzone während des Abschlags. Aufgrund des grossen Bohraufwandes wird dieses Verfahren im Tunnelbau nicht angewendet.

Das Presplitting wird angewendet, um vor dem nachfolgenden Abtrag bereits das Profil vorzuspalten. Dabei muss beachtet werden, dass diese nicht werfenden Schüsse, die absolut zeitgleich gefeuert werden müssen, selbst grosse Erschütterungen erzeugen.

Beim schonenden Sprengen (smooth blasting) soll der Fels am Querschnittsrand nicht zertrümmert, sondern gespalten werden, mit dem Ziel, eine profiltreue, glatte Tunnelwand zu erhalten (Bild 6.3-58).

Man erreicht dies durch simultan gezündete, gepufferte Ladungen in den Kranzlöchern. Die Pufferung ist durch die umgebende Luft bei einer lose ins Bohrloch eingelegten Knallzündschnur zu erreichen. Der Bohrlochabstand kann bis auf 80 – 90 cm

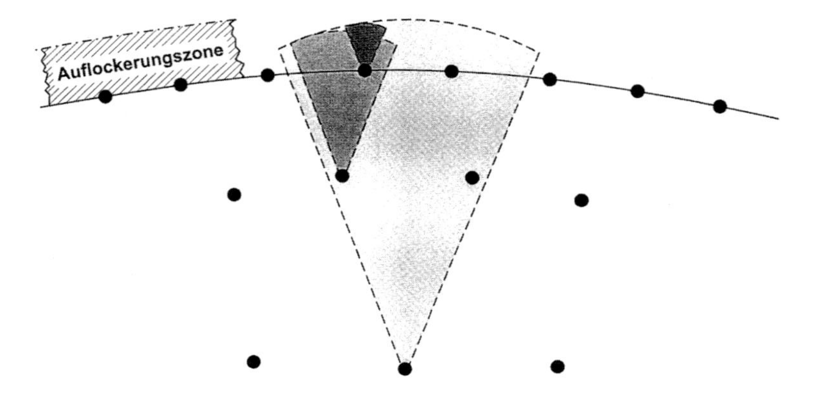

Bild 6.3-59 Abgestufte Ladungen von Kranz- und Helferlöchern zur Begrenzung der Auflockerungszone

erhöht werden, wenn kleine Primärladungen eingesetzt werden. Damit wird eine Zertrümmerung des um die Tunnelkontur liegenden Gesteins vermieden. Wichtig ist die simultane Zündung aller Kranzlöcher. So werden gleichzeitig Druckspannungen zwischen den Bohrlöchern entlang des Tunnelprofils erzeugt. Die dazu senkrecht stehenden Zugspannungen bewirken das Abspalten des Felsens. Schonendes Sprengen erkennt man nach dem Abschlag an den stehengebliebenen halben Bohrlöchern. Ferner ist es wichtig, dass nicht nur die direkten Kranzlöcher mit einer ausbalancierten Ladung versehen sind, sondern auch die anschliessenden Helferreihen eine abgestimmte Ladung aufweisen (Bild 6.3-59).

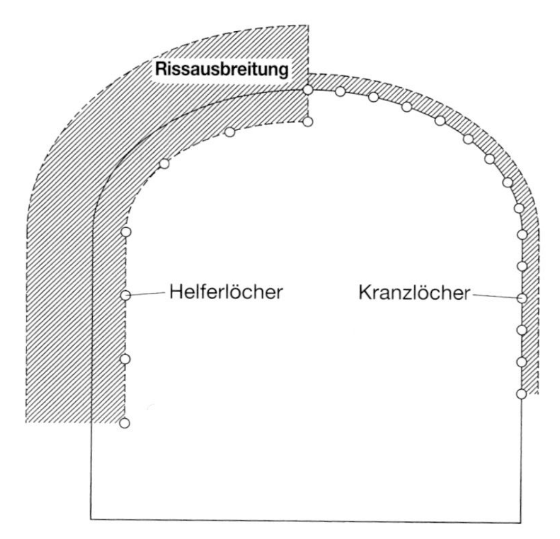

Bild 6.3-60 Rissausbreitung durch die Sprengung der Helferlöcher und der Kranzlöcher, falls Helferlöcher nicht in der Ladung abgestuft werden 56-7]

Eine exzessive Ladung in den angrenzenden Helferreihen führt zu einer Risspropagierung, die ausserhalb der Kranzlöcher in den gesunden Fels führt und die Reduzierung der Sprengladung in den Kranzlöchern in bezug auf die Auflockerung unwirksam macht (Bild 6.3-60). Die Verminderung der Rissausbreitung in das umgebende Gebirge erhöht das Tragverhalten durch geringere Auflockerung, wodurch weniger Bewehrung für die Tunnelschale erforderlich wird.

Die Qualität des verbleibenden Felsens um den Ausbruchquerschnitt hängt stark von dem Verhältnis Bohrlochabstand S und Vorgabe W ab. Dabei sollte die Vorgabe grösser sein als der Bohrlochabstand ($S/W \sim 2/3$). Das schonende Sprengen kann heute als Stand der Technik und Standardmethode für den Tunnelbau bezeichnet werden. Zudem ist es ein Gebot der Wirtschaftlichkeit.

Die äussere Kranzausbildung für profilgenaues Sprengen ist in Bild 6.3-15 dargestellt. Der kombinierte Einsatz von nichtelektrischen und elektronischen Zündern führt nach dem jetzigen Stand der Technik zum optimalen technischen und wirtschaftlichen Ergebnis. Mit dieser Kombination lassen sich die genannten Ziele des gebirgsschonenden und profilgenauen Sprengens erreichen. Die Kranzlöcher werden mit elektronischen Zündern absolut gleichzeitig gezündet, während die Helfer und der Einbruch mit Anzündschläuchen, die untereinander mit einer 5 g/m – Sprengschnur verbunden sind, zur Detonation gebracht werden. Die Anzündschläuche ihrerseits werden mittels Momentanzünder gezündet. Die Zeitstufen und Verzögerungsintervalle der elektronischen Zünder müssen so gewählt werden, dass die Kranzladungen etwa 60 – 120 ms nach den letzten nichtelektrisch gezündeten Ladungen detonieren.

Beim schonenden Sprengen werden die Erschütterungen vor allem auf den Ausbruchraum beschränkt. Die wichtigsten Vorteile sind:

- Profilgenauigkeit, dadurch geringerer Verbrauch an Beton und Spritzbeton
- Verringerung der Schutterzeiten und Förderkosten durch optimale Haufwerkszerkleinerung
- Gebirgsschonung, dadurch höhere Standfestigkeit des Gebirges, geringere Kosten für die Felssicherung und Verminderung der Unfallgefahr
- Anpassungsfähigkeit bei wechselnden Gebirgsverhältnissen

Durch Einsatz von präzise arbeitender, computerunterstützter Bohrtechnik und elektronischen Zündern lassen sich die Kosten für das Überprofil durch Reduzierung des Ausgleichsbetons oder -spritzbetons senken. Im Fensterstollen Mitholz [6-5] konnte das Überprofil von 25 cm auf 10 cm gesenkt werden.

Die Sprengtechnik bildet mit der Bohrtechnik ein System. Innovationen einer Systemkomponente allein verbessern das Ergebnis hinsichtlich Kosteneffizienz noch nicht wesentlich. Daher führten erst die Anstrengungen bei beiden Systemkomponenten zu kostenreduzierenden Verbesserungen.

Das Laden der Bohrlöcher nimmt noch immer zu viel Zeit in Anspruch. Dieser Arbeitsgang muss als nächstes mechanisiert werden. Möglicherweise liegt die Zukunft in der Weiterentwicklung pumpbarer Zweikomponenten-Sprengstoffe. Diese könnten mittels Lanze in das Bohrloch appliziert werden. Beim Zusammentreffen der Komponenten müssten die Stoffe sofort gelieren. Erst dann ergäben die Komponenten einen Sprengstoff. Die Lanze müsste zur temporären Abdichtung des Bohrlochs bis zum Gelieren mit einer aufblasbaren Manschette ausgerüstet werden, dann könnte die Lanze gezogen und das nächste Bohrloch beschickt werden. Möglich wäre es, die Bohrlochfüllung analog zur Ankerbohr- und Ankersetztechnik mit einem computerunterstützten Kombinationsbohrgerät durchzuführen.

6.4 Schuttern

6.4.1 Allgemeines

Das Aufnehmen des durch die Sprengung entstandenen Ausbruchmaterials (Haufwerk) und die Übergabe an das Transportgerät bzw. die Transporteinrichtung wird im Untertagebau als Schuttern bezeichnet. Im üblichen Sprachgebrauch würde man vom Laden oder Aufladen sprechen. Die Maschinenschutterung gehört heute zu den gebräuchlichsten baubetrieblichen Ladetechniken für den Sprengvortrieb. Die auf das gesamte baubetriebliche Konzept abgestimmte Planung der geeigneten Lademaschinen in technischer wie wirtschaftlicher Hinsicht hat entscheidenden Einfluss auf die Vortriebsgeschwindigkeit. Die Schutterzeit wird entscheidend durch die Haufwerkcharakteristik des Ausbruchmaterials beeinflusst, z. B.:

- Kornverteilung
- Kornform
- maximale Korngrösse
- Auflockerungsgrad

Die Schuttergeräte werden meist speziell für die Bedürfnisse des Untertagebaus entwickelt. Die Anforderungen an die Geräte sind wie folgt:

- effiziente Funktionsweise unter beengten Platzverhältnissen im Tunnel
- besonders robust hinsichtlich der gesamten Mechanik, Hydraulik, Steuerung etc.
- hohe Leistungsfähigkeit
- geringe Störanfälligkeit
- einfache Bedienung und Wartung

Von den Spezialmaschinenfirmen werden folgende Gerätegruppen angeboten:

- Seitenkipplader
- Fahrlader oder auch Übersicht-Fahrlader
- Pneulader resp. Radlader, Raupenlader
- Tunnel- oder Stollenbagger
- Universalladegeräte etc.

Die Wahl und Bemessung des Schuttergerätes erfolgt aufgrund der Ausbruchmenge pro Sprengung (Ausbruchquerschnitt) und des meist geometrisch beengten Arbeitsbereiches im Tunnel.

Die Greifweite und Übergabehöhe definieren den Arbeitsbereich des Gerätes. Die Übergabehöhe (Abwurfhöhe) muss auf die Höhe des zu beladenden Transportfahrzeuges oder der Födereinrichtung abgestimmt sein. Die Greifweite soll mindestens so gross sein wie die Ausbruchtiefe bzw. Tiefe des Wurfkegels beim Sprengvortrieb.

Die **wesentlichen Merkmale der Schuttergeräte** sind wie folgt:

- Ladeeinrichtung: Kratzer, Schrapper, Tief- oder Hochlöffel, Schaufel etc.
- Fahrwerk: Ketten, Pneu, Gleisführung

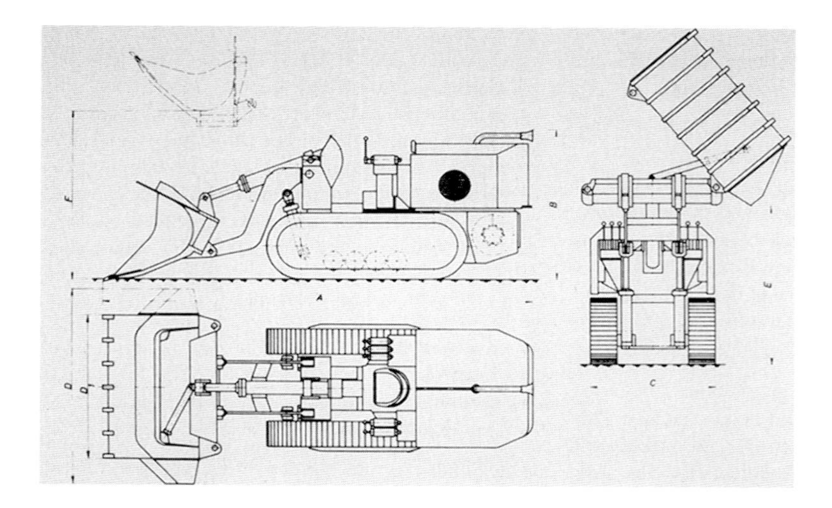

Bild 6.4-1 Seitenkipplader der Firma Salzgitter [6-15]

- Antrieb: Diesel, elektrisch, hydraulisch, pneumatisch
- Übergabeeinrichtung: Überkopfkipper, Frontalkipper, Seitenkipper, Stetigförderer (Kettenband, Band etc.)

6.4.2 Ladegeräte

Seitenlader (Seitenkipplader)

Das Schuttergut (Haufwerk) wird von diesen Geräten (Bild 6.4-1) frontal mit der Schaufel aufgenommen und seitlich in das Transportfahrzeug oder in eine Schute zur Aufgabe auf ein Band gekippt.

Das Gerät ist vergleichbar mit einem Rad- oder Kettenlader, jedoch kann es seitlich die Schaufel zur Übergabe des Ladegutes kippen, ohne dabei das Gerät zu drehen. Die Stollen- bzw. Tunnelhöhe muss ausreichend sein, da das Gerät die Schaufel auf die Höhe des Transportgerätes bewegen muss und sie dann hydraulisch quer zur Längsachse kippt. Der Einsatzbereich des Seitenkippladers beginnt wegen der erforderlichen Breite und Höhe bei einem Ausbruchquerschnitt von ca. 30 m^2, da Schutter- und Transportgeräte nebeneinander stehen müssen. Diese Geräte sind meist mit einem Ketten- oder Radfahrwerk ausgerüstet.

Bild 6.4-2 Übersicht – Fahrlader der Firma GHH [6-16]

Fahrlader bzw. Übersicht-Fahrlader

Wie der Name sagt, dienen diese Geräte (Bild 6.4-2) sowohl zum Aufladen wie auch zum Transportieren des Materials, in Tunnel oder Stollen von kürzerer Länge und meist kleinerem Profil.

Diese Fahrlader sind meist relativ flach gebaut und mit einer Knicklenkung ausgerüstet. Beim Übersicht-Fahrlader sitzt der Fahrer quer zur Fahrtrichtung. Somit kann er problemlos den Wendevorgang in den beengten Tunnelverhältnissen vermeiden und die kurzen Manöver zwischen Laden und Übergeben auf eine Zwischendeponie oder eine weitere Transporteinrichtung relativ bequem in einer Sitzposition durchführen.

Universalladegeräte

Bei diesen Geräten handelt es sich um Kombigeräte, bei denen die Ladeeinrichtung wie auch die Übergabebrücke integriert sind. Der Vorteil dieser Geräte besteht darin, dass sie das Haufwerk aufnehmen und übergeben können, ohne grössere Drehbewegungen in den engen Tunnel durchführen zu müssen.

Die Übergabe des Haufwerks auf das Transportfahrzeug erfolgt bei diesen Geräten immer durch eine Bandfördereinrichtung.

Die **Gerätekomponenten** sind die folgenden:

- Aufnehmereinrichtung zum Beschicken des Förderbandes
- Antriebs- und Trägereinrichtung auf Ketten- oder Radlaufwerk
- höhenverstellbarer und leicht schwenkbarer Stetigförderer (Förderband)

Die **Aufnehmereinrichtung** kann wie folgt konzipiert sein:

- Hummerscherenlader (häufig)
- Hydrauliktieflöffellader
- Häggloader (Greifer-/Schaberlader) (Bild 6.4-3 und Bild 6.4-4)
- Frässcheibenlader (diese gehören zu den Teilschnittmaschinen, die auch gleichzeitig abbauen; Bild 6.4-5)
- Übergabegerät mit integriertem Bohrhammer und integrierter Schaufel (Bild 6.4-6)

Pneulader (Radlader), Raupenlader (Trax) und Hydraulikbagger

Die normalen Pneu- und Raupenlader sowie Hydraulikbagger mit Hochlöffel zum Laden von Felshaufwerk können sehr effizient eingesetzt werden, wenn ausreichend Platz vorhanden ist (z. B. in grösseren Tunnel, Kavernen), oder wenn die Fahrstrecke von der Aufnahme bis zur Ablade- oder Umladestelle für die Lader kurz ist.

Bild 6.4-5 Frässcheibenlader von AC-Eickhoff [6-17]

Bild 6.4-3 Häggloader von Atlas Copco [6-1]

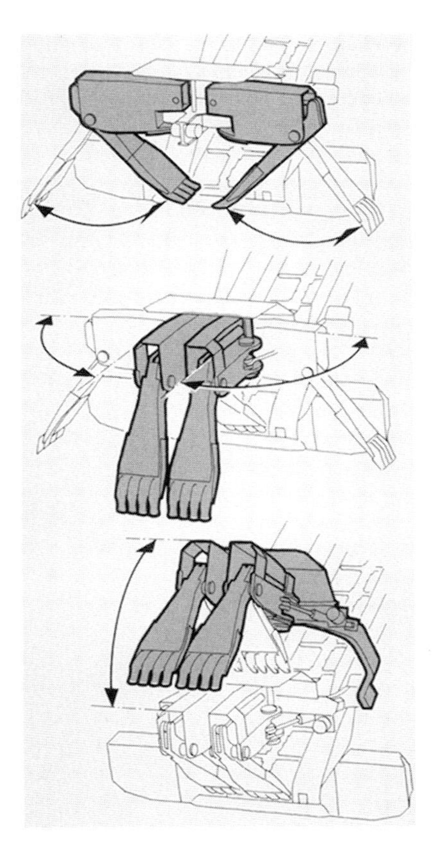

Bild 6.4-4 Funktionsweise der Ladeeinrichtung eines Häggloaders [6-1]

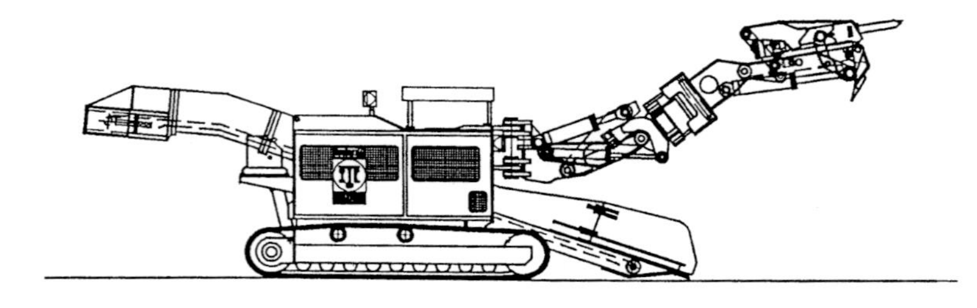

Bild 6.4-6 Übergabegerät mit integriertem Bohrhammer und integrierter Schaufel von Schaeff [6-18]

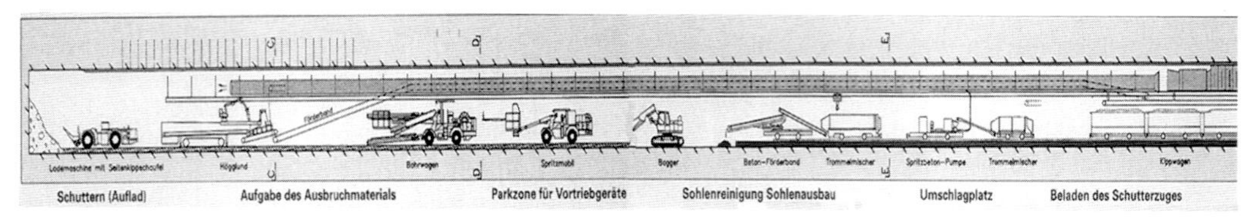

Bild 6.4-7 Sprengvortrieb mit Hängebühne beim Vereinatunnel Süd System ROWA [6-19]

Für den **Tunnelbau wurden für Hydraulikbagger spezielle, verkürzte Ladearme** mit Hochlöffel entwickelt, die in den engen Platzverhältnissen gut manövrieren und grosse Schutterleistungen erbringen können (z. B. Liebherr R 942).

Bild 6.4-8 Hängebühne beim Vereinatunnel Süd (ROWA) [6-19]

6.4.3 Übergabegeräte

Zur Beladung von gleisgebundenen Zügen haben sich Übergabebrücken bewährt (Bild 6.4-7, Bild 6.4-8). Die Übergabebrücke wird von den Schuttergeräten bzw. TSM mit Schuttergut beschickt. Beim Sprengvortrieb setzt man heute oft vor der Bandbeschickung mobile Backen- oder Kreiselbrechereinheiten als Vorbrecher ein, um das sehr grobe, brockige Schuttermaterial zu fraktionieren. Die Vor- und Nachteile des Vorbrechereinsatzes sind wie folgt:

- Die Volumennutzungskapazität der Schutterwagen wird durch geringe Auflockerung des Ausbruchsmaterials bzw. dichtere Lagerung des Transportmaterials erhöht.
- Durch bessere Ausnutzung der Transportfahrzeuge ist die Anzahl der Transportfahrten geringer.
- Der Verschleiss bei Förderbändern ist geringer, und die Kapazität ist höher.
- Die Aufarbeitung des Materials ist einfacher.
- Durch den Einsatz einer mobilen Brecheranlage entstehen zusätzliche Entstaubungsprobleme.
- Es muss genügend Platz vorhanden sein.

Die Übergabebrücke fördert das Material über Band oder Kettenförderer in die gleisgebundenen Kippwagen des Zuges. Die Übergabebrücken sind so konstruiert, dass der Zug darunter fahren kann. Dann wird der erste Förderwagen (Kipper) beladen. Nach der Füllung zieht die Lok kontinuierlich den Zug um eine weitere Wagenlänge vor, und der nächste Kipper wird gefüllt. Eine weitere Möglichkeit besteht in der zusätzlichen Verwendung eines Schleppbandes (Ladeband) mit dem der Zug stehend beladen werden kann, durch Verschiebung des Schleppbandes mittels Kettenzug. Das fest installierte Förderband übergibt das Material auf das verschiebbare Schleppband. Das Schleppband wird dann mit seiner Abwurfseite über die Wagen des Zuges gezogen. Die Förderwagen sind relativ eng gekoppelt. Der Zwischenraum ist auf die Kurvengängigkeit des Zuges abgestimmt und wird beidseitig von den Wagen mit einer steifen, überlappenden Neoprenschürze überdeckt. Dadurch kann die Beladung des Zuges kontinuierlich erfolgen, ohne dass dabei Material durch die Zwischenräume auf den Gleiskörper fällt und zusätzliche Räumarbeiten erfordert. Eine weitere Möglichkeit besteht darin, mittels Zwischenbunkern am Übergabe- bzw. Entladegerät eine kontinuierliche Beschickung zu ermöglichen, ohne jedesmal das Band zu stoppen, um den nächsten Wagen vorzuziehen oder den nächsten Zug einzufahren. Der Abzug (Materialabzugschieber) wird kurz geschlossen, bis sich der Wagen unter dem Abzug befindet. Damit lässt sich die Effizienz des Betriebes durch Entkoppelung von Abhängigkeiten einzelner Arbeitsabläufe erhöhen.

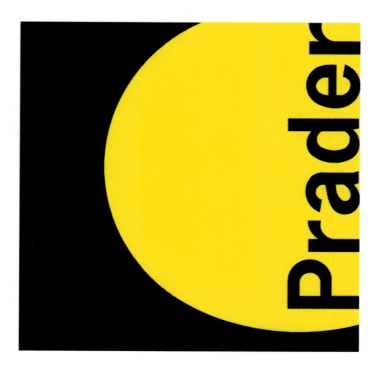

7 Mechanischer Vortrieb mittels Bagger, Rippergeräten und Teilschnittmaschinen (TSM)

7.1 Ausbruch durch Bagger

Im Gebirge mit geringer Festigkeit und im Lockergestein werden Bagger zum Ausbruch eingesetzt. Diese Hydraulikbagger sind mit Tieflöffeln ausgerüstet, die mit starken Reisszähnen bestückt sein können. Zum Ausbruch von eingelagerten Felsbänken können auch Hydraulikhämmer oder -meissel zum Einsatz kommen, die an den Baggerarm schnell angebaut bzw. gewechselt werden können. Um den Querschnitt möglichst profilgenau ausbrechen zu können, sollten die Baggerlöffel bzw. Reisszähne um die Längsachse nach beiden Seiten hydraulisch drehbar sein. Mit dem Bagger können bei guter Profilgenauigkeit aufgrund des flexiblen Einsatzes im gering oder nur mässig festen Baugrund hohe Ausbruchsleistungen erzielt werden. Im Lockergestein sind sehr hohe Leistungen mittels Hydraulikbagger zu erzielen. Die Leistungen dieser Geräte können annähernd aus den Handbüchern der Hersteller entnommen werden [7-1, 7-2].

Ferner kommen zum Abbau und Lösen von leicht verbackenem Lockergestein – neben Hydraulikbaggern mit Reisszahn- oder Hydraulikhammeraufsatz – schwere Hydraulikbagger mit einer Schrämeinrichtung zum Einsatz. Die Leistungsfähigkeit ist jedoch nicht vergleichbar mit einer Tunnelschrämmaschine (TSM). Zudem muss das Material in einem separaten Arbeitsgang geschuttert werden.

7.2 Rippern

Es gibt Untertagbauprojekte, bei denen die geologisch-geotechnischen sowie die Grössenverhältnisse des Querschnittes eine einfachere Ausbruchmethode als Bohren und Sprengen zulassen, nämlich Rippern. Im Kavernenbau sowie bei Tunneln mit sehr grossen Querschnitten lassen sich Raupen mit Rippereinrichtung sehr effizient einsetzen, wenn die geologischen Verhältnisse dies zulassen. Die Rippereinrichtung, die an die Raupe angebaut wird, besteht aus einem bis drei Ripperzähnen, die mittels Hydraulikzylinder auf und in den Fels gedrückt werden. Dabei wird gleichzeitig ein Teil des Maschinengewichts von den Ketten auf die Reisszähne übertragen. Aus diesem Grund eignen

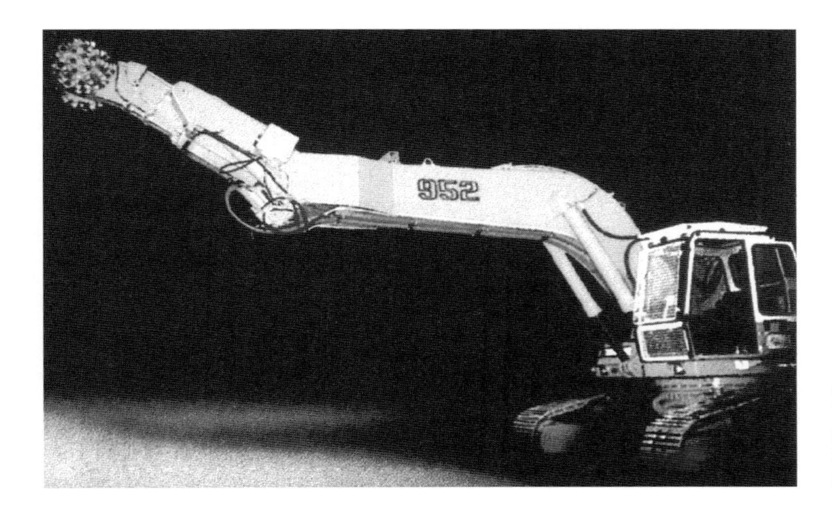

Bild 7.1-1 Bagger als Trägergerät für Schrämkopf zum Nachprofilieren des Querschnitts [7-3]

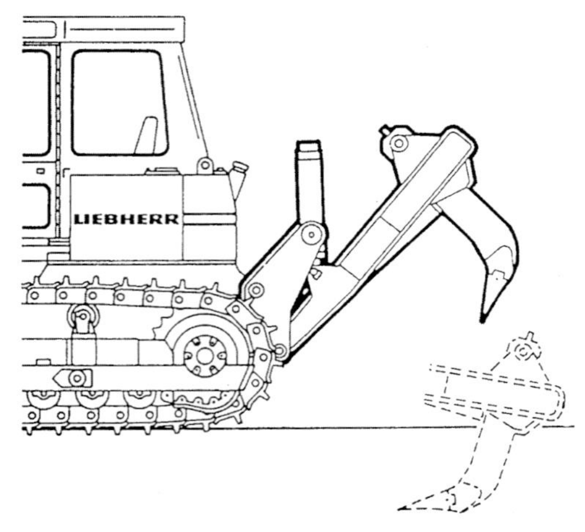

Bild 7.2-1 Ripperzahn an Liebherr-Maschine [7-3]

sich zum Rippereinsatz besonders schwere Maschinen, damit die erforderliche Zugkraft zur Generierung der effizienten Reisskraft aufgebracht werden kann. Zur Effizienzsteigerung des Rippereinsatzes wurden Rippereinrichtungen mit eingebauter Vibrationseinrichtung entwickelt. Diese Vibrationseinrichtungen sollen mit geeigneter Frequenz den Bruchvorgang durch Mikrorisse verstärken und somit die Effizienz steigern. Allerdings muss bei solchen Zusatzeinrichtungen die Schwingungsdämpfung an der Maschine, besonders im Führerhausbereich so ausgelegt werden, dass die zumutbare Belastung und gesundheitsgefährdende Wirkung auf den Maschinisten nicht überschritten wird. Beim Aufreissen der Sohle muss bei Rippergeräten darauf geachtet werden, dass die Ripperzähne nicht bis an die Tunnellaibung reichen,

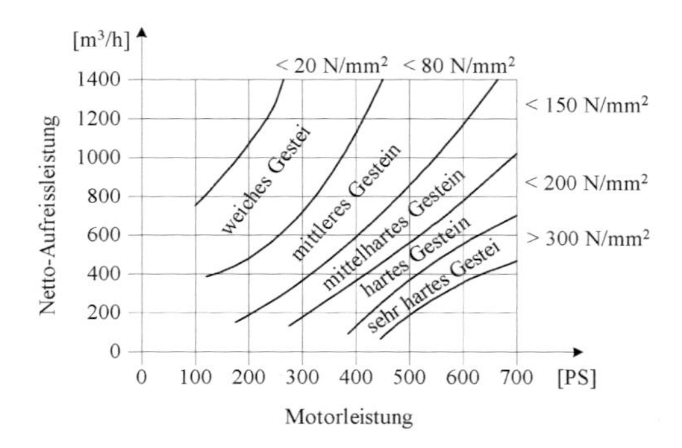

Bild 7.2-2 Rippergerät: Aufreissleistung nach Kühn

bedingt durch die Breite des Raupenfahrzeuges. Somit muss dieser Randstreifen meist mit einem Ausbruchhydraulikhammer, der an einen Bagger angebaut wird, nachgearbeitet werden. Daraus ergibt sich, dass der Querschnitt genügend breit sein muss, damit der Einsatz des Rippergerätes mit den zusätzlichen Randbearbeitungsmassnahmen seine Effizienz gegenüber anderen Abbaumethoden entfalten kann. Neben dem Rippergerät, das nur zum Lösen des Gesteins eingesetzt wird, sind Schuttergeräte zum Laden erforderlich.

Voraussetzungen für den Einsatz:

- Leistungsstarke Maschinen (z. B. CAT D8/D9/D10 oder PR 712 B, 722 B, 732 B) müssen sich arbeitstechnisch entfalten können.
- Die Felsverhältnisse müssen so beschaffen sein, dass ein Rippern überhaupt möglich ist; z. B. bankige Lagen mit geringen bis mittleren Felsfestigkeiten, so dass ein Bruch des Felsens eintreten kann bzw. Platten gelöst werden.
- Genügend grosser Ausbruchquerschnitt

Folgende **Gesteine** sind zum Rippern **geeignet:**

- Gesteine, die geologisch/geotechnisch stark vorfraktioniert sind
- bankige Kalke / Bankigkeit 10 – 40 cm
- Sandstein, Mergel, kalkige Mergel, sandig-kalkige Mergel, Sandstein
- Schiefer verschiedenster Art

Bei grösseren Tunneln und in Kavernen kann die Reissleistung (m^3-fest) nach Bild 7.2-2 ermittelt werden.

Die Rippergeräte erreichen je nach Entfaltungsmöglichkeit (Raumverhältnisse) Leistungen von 50 – 100 m^3 Fels pro Stunde. Es gibt keine allgemein gültige Regel, nach der man die Aufreissleistung genau vorausberechnen kann. Selbst wenn sämtliche Unterlagen über Geologie, Arbeitsbedingungen, Geräte und Fahrer vorhanden sind, ist lediglich eine Schätzung möglich.

7.3 Aufbau einer TSM

Die Teilschnittmaschine ist ein multifunktionales Gerät, das mehrere Einzelarbeitsgänge vereinigt. Das Gerät ist so aufgebaut, dass es einerseits das Gestein an der Ortsbrust mechanisch löst, anderseits das gelöste Material schuttert, d. h. mechanisch aufnimmt und dann mittels Stetigförderer die Transportgeräte belädt. Dieses multifunktionale

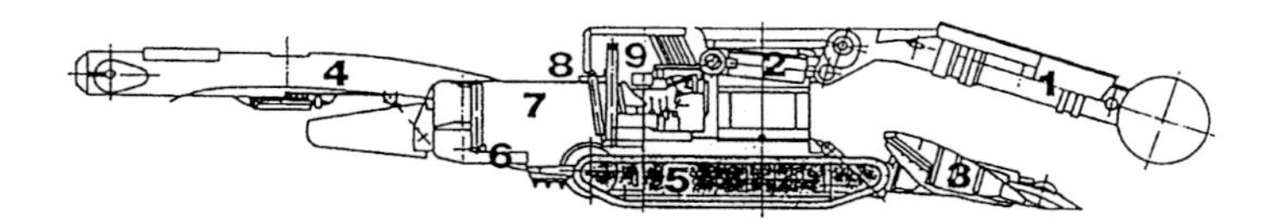

Bild 7.3-1 Teilschnittmaschine [7-4]

1. Schrämarm
2. Schwenkwerk
3. Ladeeinrichtung
4. Kettenförderer
5. Raupenfahrwerk
6. Rahmen
7. Elektrische Ausrüstung
8. Hydraulische Ausrüstung
9. Fahrerstand

Gerät, man könnte auch von einem Abbau- und Schuttersystem sprechen, ist ein Spezialgerät des Tunnelbaus, das unter beengtesten Platzverhältnissen kontinuierlich und ohne Wendemanöver die genannten Arbeitsgänge bewältigen kann. Zudem ist nur ein Maschinist für die Arbeiten erforderlich. Die TSM ist meist mit einer Remote-Control-Steuerung ausgerüstet, so dass der Maschinist den Abbau mittels Schrämkopf und den nachfolgenden Schuttervorgang aus gesicherter Entfernung und aus optimaler Sichtposition steuern kann. Die TSM ist aufgrund ihres Eigengewichts und der harten Einsatzbedingungen mit einem Raupenfahrwerk ausgerüstet. Das Gerät besteht aus den in Bild 7.3-1 dargestellten Elementen:

Die TSM deckt somit folgende baubetrieblichen Funktionen ab:

- Abbau der Ortsbrust (lösen des Materials) mittels Schrämkopf.
- Aufnehmen des gelösten Materials mittels Ladeeinrichtung.

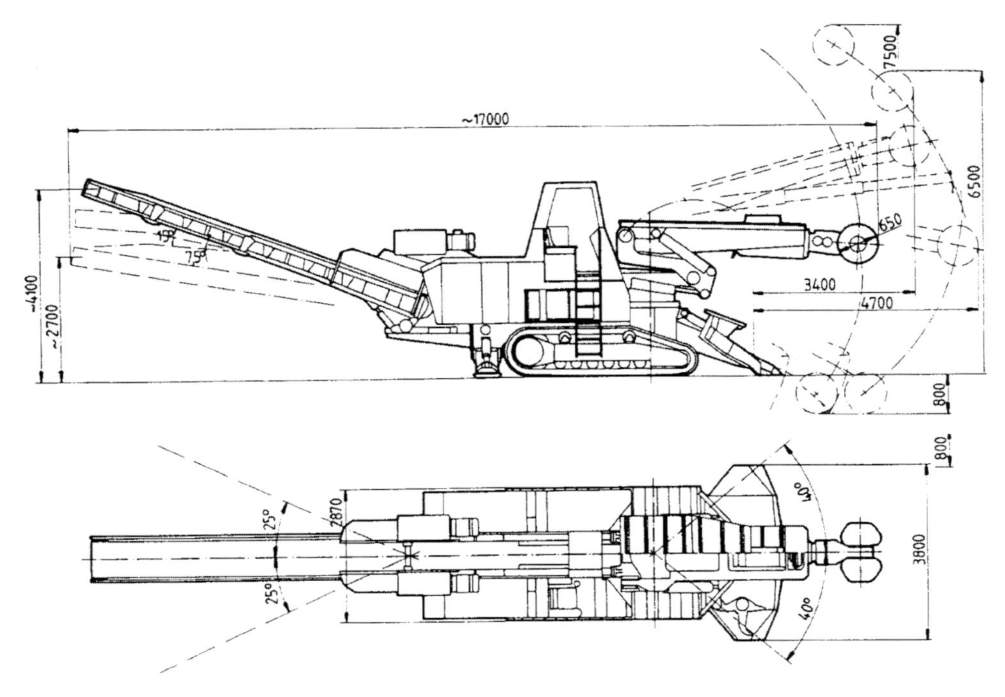

Bild 7.4-1 Voest Alpine ATM 70 (62 Tonnen), die beim Bau des Aermelkanal-Tunnels im Einsatz war [7-5]

- Fördern des aufgenommenen Materials mittels Stetigförderer zur direkten Beladung von Transportfahrzeugen oder sekundären Stetigförderanlagen.

7.4 TSM – Einsatzbereich

Bei mittleren Gesteinsfestigkeiten (50 – 80 N/mm^2) können **Teilschnittmaschinen** effizient zum Ausbruch verwendet werden, vor allem wenn das Gestein durch Schichtfugen und Klüfte entsprechend zerlegt ist. Je höher die Gebirgsfestigkeit ist, um so grösser müssen die Antriebsleistungen des Schneidkopfes und das Gewicht der Maschine sein, um wirtschaftlich abbauen zu können. Diese Maschinen können für Lockergesteine sowie für mittlere Gesteinsfestigkeiten eingesetzt werden, bei denen Vollschnittmaschinen aufgrund der Profilform und -grösse sowie der Länge des Tunnels nicht wirtschaftlich eingesetzt werden können. Die technische und wirtschaftliche Einsatzgrenze in bezug auf den Werkzeugverschleiss liegt bei Gesteinsfestigkeiten bis zu 120 N/mm^2. Meist werden Teilschnittmaschinen bei kürzeren Tunnellängen und bei veränderlichem Querschnitt sowie wechselnden Gebirgsverhältnissen wegen ihrer guten Anpassungsfähigkeit eingesetzt und den Vollschnittmaschinen vorgezogen. Einsatzgrenzen ergeben sich mit kleiner werdenden Tunnelquerschnitten, da auf kleineren Maschinen für hohe Gebirgsfestigkeiten nicht mehr die erforderlich hohen Antriebsleistungen installiert werden können. Mittels TSM lassen sich Querschnitte von 10 – 65 m^2 mit einer Breite bis zu 10 m und Höhen von 7,50 m aus dem Stand bearbeiten (Bild 7.4-1).

Der Vortrieb mittels Teilschnittmaschinen ermöglicht **einen kontinuierlichen Arbeitszyklus** zwischen Lösen, Schuttern, Sichern und Fördern, im Gegensatz zum diskontinuierlichen Arbeitszyklus des Sprengvortriebs. Der Vortrieb ist weitgehend erschütterungsfrei. Daher wird diese Art des Vortriebs innerhalb von **bebauten Gebieten** eingesetzt, in denen der Sprengvortrieb aufgrund von Umweltauflagen nicht gewünscht wird. Sprengerschütterungen werden von Menschen deutlich wahrgenommen, auch dann, wenn noch keine Schäden an Gebäuden entstanden sind. Zusammenfassend kann man die idealen wirtschaftlichen Einsatzbedingungen für TSM wie folgt zusammenfassen:

- kurze bis mittellange Tunnel (ca. < 3 km) im Weichgestein
- Tunnel mit variablen Querschnitten
- Projekte mit einem schnellen Starttermin wegen der relativ kurzen Mobilisationszeit
- Projekte, in denen Sprengvortrieb bedingt durch die Erschütterungen nicht erlaubt ist und die Tunnellänge für TBM – Systeme noch zu kurz ist

7.5 TSM – Längs- und Querschneidkopf

Der Schneidkopf (auch Schrämkopf genannt) bildet den Werkzeugträger der TSM. Der auf dem teleskopierbaren Ausleger eines Trägergerätes angeordnete Schneidkopf (Schräm- oder Fräskopf) ist entweder quer- oder längsdrehend zur Auslegerachse (Bild 7.5-1). Der Schneidkopf ist mit Rundschaftmeisseln besetzt. Das Material wird feinstückig aus dem Gebirge gefräst.

Beim **Längsschneidkopf** rotiert der Kopf um die Auslegerachse. Bedingt durch die vom Trägergerät aufzunehmenden Torsionsreaktionsmomente am Fahrwerk und die durch die Querbewegung des Arms resultierende Anpresskraft des Kopfes, müssen diese Maschinen relativ schwer sein, um die Reaktion durch Reibungskräfte auf den Untergrund zu übertragen. Die Hauptmerkmale und Vorteile stellen sich wie folgt dar:

- einfachere Meisselanordnung, da Schnitt- und Rotationsrichtung meist identisch sind
- meist ein geringeres Überprofil als Querschneidköpfe, da der Kopf punktgenauer geführt werden kann (daher auch Anwendung innerhalb von Schildmaschinen)
- im allgemeinen geringerer Meisselverbrauch gegenüber Querschneidköpfen

Bei den mit einem **Querschneidkopf** ausgerüsteten Maschinen rotieren meist zwei Schrämköpfe quer zur Längsrichtung des Auslegerarms. Der Anpressdruck des Querschneidkopfes wird durch die Reaktivierung des Eigengewichts der Maschine beim Andrücken des Kopfes erzeugt. Die Hauptmerkmale und Vorteile sind:

- Schnittrichtung ist zur Ortsbrust gerichtet
- dadurch höhere Stabilität der TSM als beim Längsschneidkopf
- Hauptkraftrichtung der Reaktionskräfte ist in Längsrichtung der TSM gerichtet
- weniger empfindlich bei wechselnden Gesteinsbedingungen und Gesteinsfestigkeiten (härterer Fels)

Bild 7.5-1 Schneidvorgang bei Längs- und Querschneidkopf

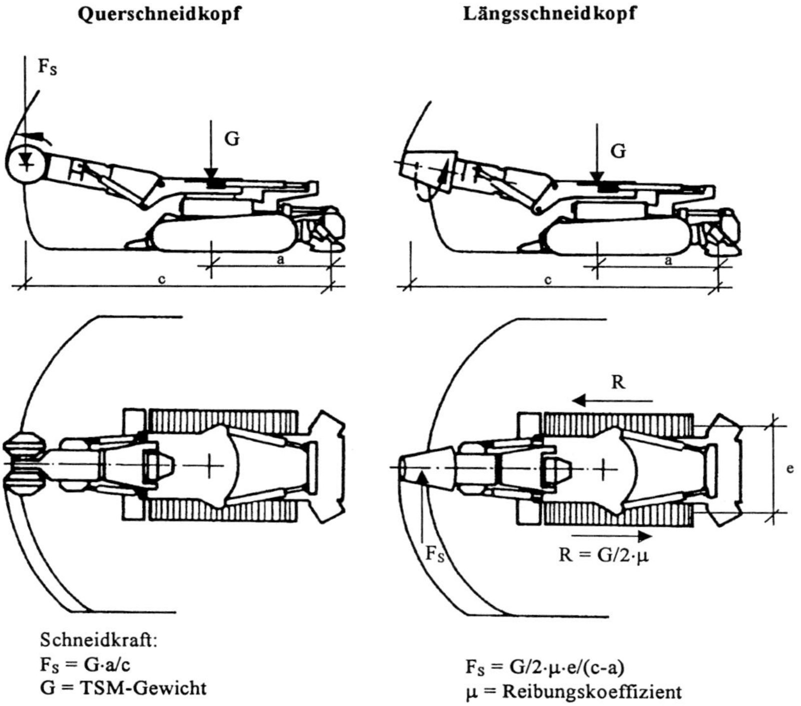

Querschneidkopf **Längsschneidkopf**

Schneidkraft:
$F_S = G \cdot a/c$
G = TSM-Gewicht

$F_S = G/2 \cdot \mu \cdot e/(c-a)$
μ = Reibungskoeffizient

- effizientere Nutzung der Schichtungen des Gebirges zum Lösen des Gesteins
- daher meist ein weiteres Anwendungsspektrum als Längsschneidköpfe
- verursacht im Regelfall grösseres Überprofil als Längsschneidköpfe

Das Überprofil bei beiden Schneidköpfen bleibt gegenüber dem Sprengvortrieb durch folgende Vorteile klein:

- kein sägezahnartiger Ausbruch in Längsrichtung (beim Sprengvortrieb bedingt durch den Ansatzabstand der Bohrlafetten von der Ausbruchwand)
- gezieltes, profilgenaues Abfräsen des Gebirges
- durch die Verringerung der Gebirgserschütterungen sind im Vergleich zum Sprengvortrieb geringere Auflockerungen und Nachbrüche bei schlechten Gebirgsverhältnissen zu erwarten

7.6 TSM - Schrämkopfmeissel

Die Schrämköpfe sind ausnahmslos mit Rundschaftmeisseln (point-attack-picks) bestückt. Die Spitze der Rundschaftmeissel besteht aus Wolfram-Karbid. Die einzelnen Rundschaftmeissel (Bild 7.6-1) sind in dem jeweiligen Meisselhalter um die Längsachse drehbar gelagert. Das erlaubt dem Rundschaftmeissel eine fast torsionsfreie Lagerung um die Längsachse. Dies führt zur höheren Nutzungszeit und Dauerhaftigkeit der Werkzeuge und zur geringeren Beanspruchung des Meisselhalters. Die Meissel sind etwas geneigt gegenüber der theoretischen Schnittrichtung (nicht radial aus dem Schneidkopf, sondern fast tangential), damit der Meissel möglichst in Rundschaftrichtung durch Normalkräfte beansprucht und nicht zu sehr auf Biegung belastet wird. Die permanente Rotationsfähigkeit der Rundschaftmeissel verhindert auch weitestgehend die einseitige Abnutzung der Meisselspitze und erhält somit die konische Spitze des Meissels.

Flachmeissel haben in der Anfangsphase eine höhere Leistung, da mit ihnen eine Art Hinter-

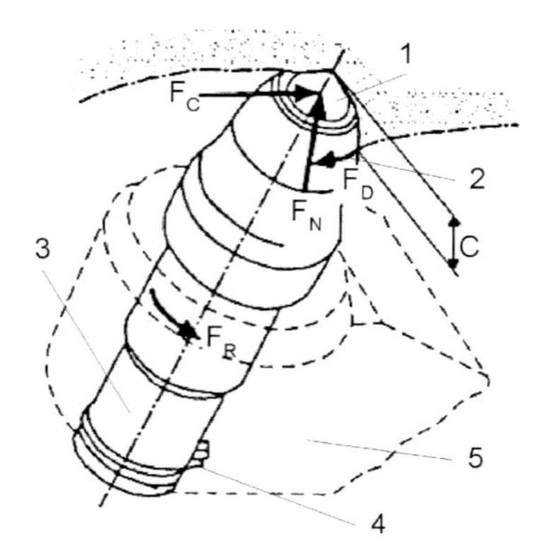

1	Wolfram-Karbid Einlage
2	konische Meisselspitze
3	Meisselschaft
4	Rückhaltering
5	Meisselhalter
C	Schnittiefe
F_C	Schnittkraft
F_N	Normalkraft
F_D	Drehreibungskraft
F_R	Reibungswiderstand im Schaft

Bild 7.6-1 Rundschaftmeissel [7-5]

schneidtechnik durchgeführt wird. Da der Meisselverbrauch aber extrem hoch ist und damit auch die Leistung extrem abnimmt, werden Flachmeissel heute nicht mehr angewendet.

Der Gesteinslöseprozess (Bild 7.6-2) mittels Rundschaftmeisseln kann in folgende Schritte unterteilt werden:

- Phase 1 – Bildung der Kontaktdruckzone zwischen Rundschaftmeisselspitze und Gestein durch progressiv ansteigenden Druck.
- Phase 2 – Erhöhung des Anpressdrucks infolge der Rotation des Schneidkopfes und Zermahlen des Gesteins sowie Erweiterung der Druckzone unter starkem Anstieg des Kontaktdrucks.
- Phase 3 – Rundschaftmeissel dringt wie ein Keil tiefer in den zerstörten Bereich ein, mit einer einhergehenden Rissfortpflanzung, verbunden mit einem Kontaktdruckabfall.
- Phase 4 – Die Rissbildung schreitet unter Herauslösen der Chips fort, wodurch der Meissel bis zur nächsten Schrämkopfumdrehung entlastet wird.

Aus dem Schnittkraftdiagramm eines Rundschaftmeissels erkennt man, dass ein Teil der Kraft zur Überwindung der Reibung zwischen Rundschaftmeisselspitze und Felsoberfläche verloren geht. Ferner erkennt man, dass der grösste Kraft- bzw. Energieaufwand in der Phase 2 notwendig ist. In dieser Phase entsteht im wesentlichen das Gesteinsmehl, das zu einer erheblichen Staubentwicklung führt. Nur 10 – 15 % der Energie ist notwendig, um das anschliessende Losbrechen der Chips, die infolge der Spaltwirkung des Anpressdrucks durch Spaltzugkräfte entstehen, zu erreichen.

Zur Optimierung des Schrämprozesses muss die Anordnung der Rundschaftmeissel auf die jeweiligen dominierenden Gesteinsformationen des jeweiligen Projektes abgestimmt werden. Günstig ist, den grösstmöglichen, d. h. optimalen Meisselabstand zu nutzen, um:

- die geringstmögliche Spurlänge in bezug auf das Einheitsvolumen des gelösten Gebirges zu erhalten,
- dadurch eine Erhöhung der Chip – Anteile und eine Verringerung des Feinstanteils und somit des Staubanteils, der in der Kontaktspur entsteht, zu erreichen,
- dadurch verringert sich der Energieeinsatz und der Verschleiss der Meissel pro Kubikmeter Festfels.

Die Optimierung zwischen Meisselabstand und Meisselanpresskraft ist, soweit dies praktisch möglich ist, unbedingt erforderlich, um die Überbelastung der Meissel mit den einhergehenden Meisselbeschädigungen zu verhindern. Zu grosser Rundschaftmeisselabstand kann zu Vibrationen am Schrämarm führen, die wiederum zu einem schlagartigen, ungleichmässigen Anschlagen der Meissel führen. Dies hat Schäden an den Meisseln und Halterungen zur Folge.

Zur Optimierung des Schrämkopfes und der Anordnung der Meissel für das jeweilige Projekt müssen ausreichende geologische und petrographische Aufschlüsse und Untersuchungsergebnisse vorhanden sein, um für den jeweiligen Maschinentyp mit Hilfe der Software, die von den Herstellern [7-5] der TSM entwickelt wurde, die beste Lösung zu ermitteln. Diese Programme enthalten die Erfahrungen aus hunderten von TSM-Einsätzen, die

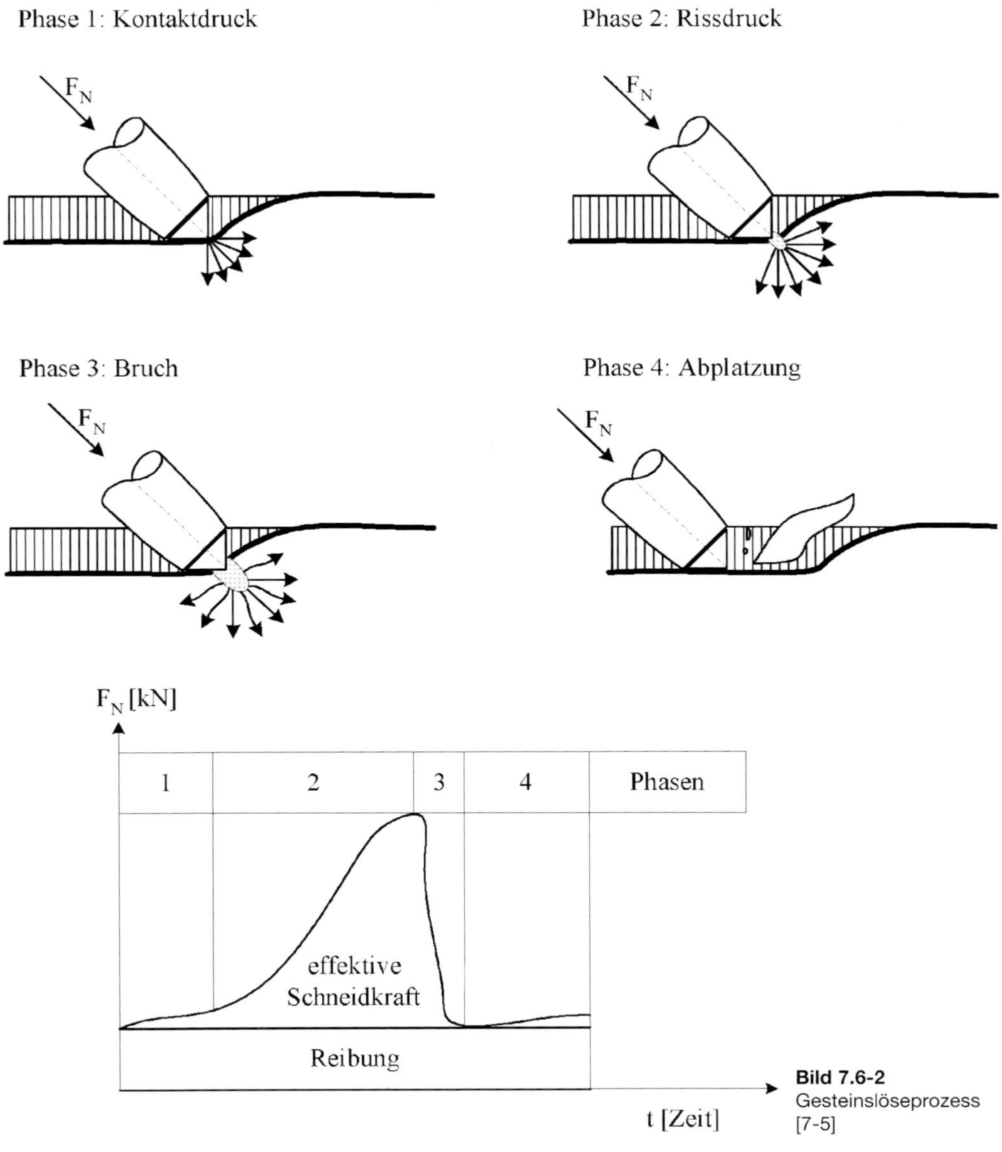

Bild 7.6-2
Gesteinslöseprozess
[7-5]

unter den verschiedensten geologischen und petrographischen Einsatzbedingungen gewonnen wurden.

Die Optimierung der Meisselbesetzung eines Schrämkopfes (Bild 7.6-3) soll am Projekt Sydney's Southern Railway Link aufgezeigt werden. Die Ergebnisse dieser Optimierung einer AM 105 von Voest Alpine sind in Tabelle 7.6-1 zusammengefasst.

Das mit einem Schrämkopf gelöste Gesteinsmaterial ist relativ feinkörnig und mit Gesteinschips durchsetzt. Während des Schrämvorgangs tritt aufgrund des erläuterten Löseprozesses sehr viel Feinstaub auf.

Tabelle 7.6-1 Optimierung der Meisselbesetzung am Beispiel des Projektes Sydney's Southern Railway Link [7-5]

Schrämkopftyp TSM AM 105	**G/63**	**G/44**
Anzahl der Rundschaftmeissel ∅ 22 mm	126	88
Schwenkgeschwindigkeit des Armes [m/s]	0,20	0,30
Einsenktiefe des Schrämkopfes [mm]	800	1100
effektive Nettoabbauleistung [m^2/h]	80	115
bezogener Energieverbrauch [kWh/m^3 fest]	3	2

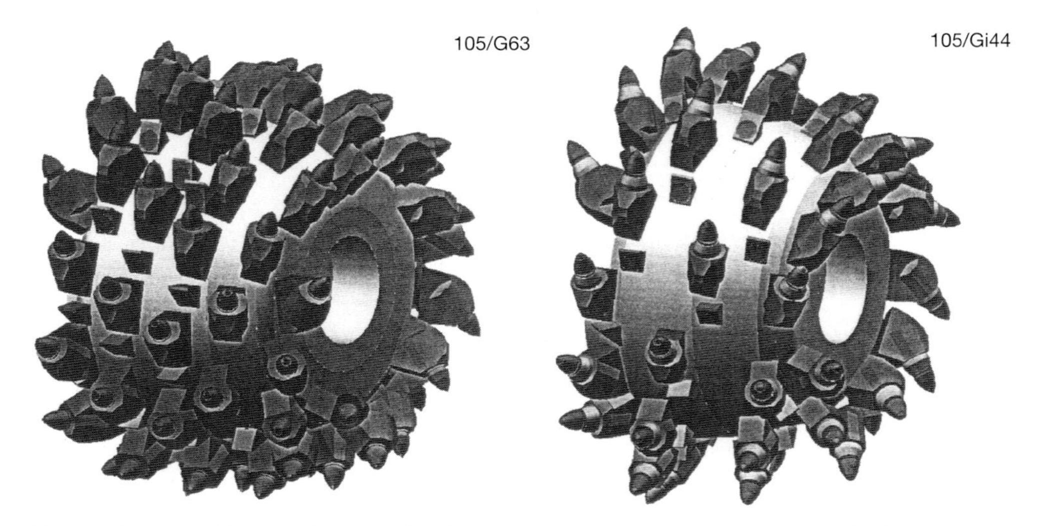

Bild 7.6-3 Projektspezifische Optimierung der Meisselanordnung an einem Querschneidkopf [7-5]

7.7 TSM – Schrämarm mit Schwenkwerk

Der Schrämarm (Bild 7.7-1) mit Schwenkwerk bildet den Träger des Schneidkopfes. Der Schrämarm besteht aus den folgenden Elementen und Funktionen:

- Das Schrämarmunterteil, das mit dem Trägergerät verbunden ist, besitzt ein Schwenkwerk zur horizontalen und vertikalen Drehbarkeit des Schrämarms.
- Der Schrämkopfmotor befindet sich innerhalb des Schrämarms; im allgemeinen wird ein asynchronischer Elektromotor verwendet, der sich mit einer steifen Charakteristik dem variablen Drehmomentbedarf des Schrämprozesses anpasst.
- Kupplung zwischen Schrämkopfmotor und Schrämkopf; meist wird eine elastische oder hydraulische Kupplung verwendet.
- Für Längsschrämköpfe verwendet man Stirnradplanetengetriebe, für Querschrämköpfe Kegelradplanetengetriebe.

Der Schrämarm hat im allgemeinen drei translatorische Freiheitsgrade. Neben der erwähnten horizontalen und vertikalen Drehbarkeit des Schwenkwerks sind die meisten Schrämarme in Längsrichtung zusätzlich beweglich. Diese Schrämarmbeweglichkeit wird erreicht:

- in radialer Richtung durch einen Teleskopausleger (Nadelausleger, Bild 7.7-2)
- durch einen Knickausleger in vertikaler sowie in radialer Richtung (Bild 7.7-3)

Bild 7.7-1 Schrämarm [7-5]

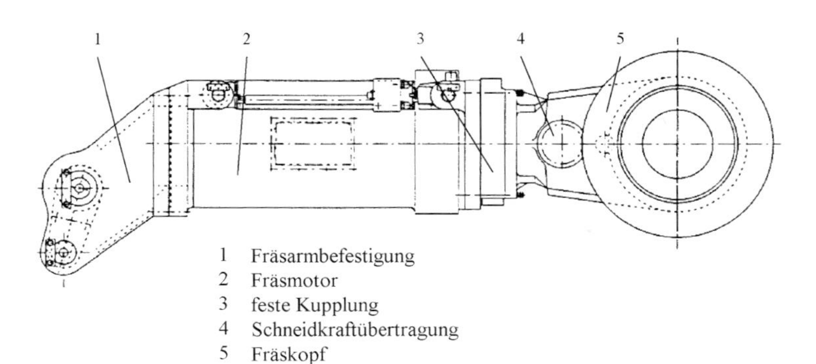

Bild 7.7-2 Teleskoparm [7-5]

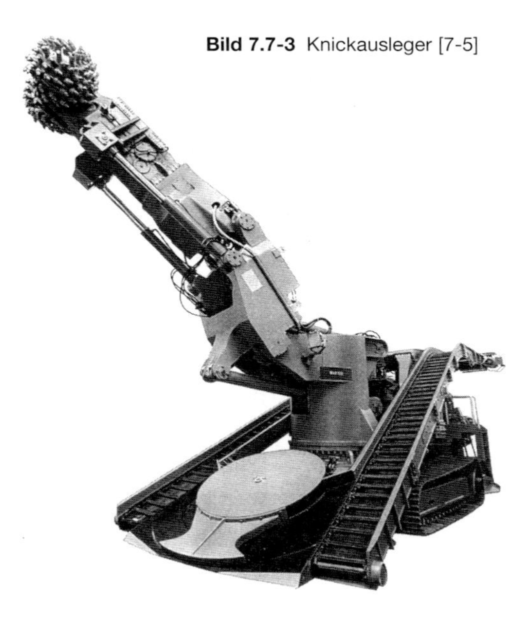

Bild 7.7-3 Knickausleger [7-5]

7.8 TSM - Ladevorrichtungen

Die TSM sind üblicherweise mit einer Auflade- und Fördervorrichtung für das gelöste Haufwerk ausgerüstet. Die Schutterung erfolgt simultan zum Schrämvorgang. Der Ladeteller oder die Ladevorrichtung sind integraler Teil der TSM. Die Ladevorrichtung befindet sich am Vorderteil der TSM.

Ein Ladesystem reicht nicht aus, um allen Haufwerksarten gerecht zu werden. Die verschiedenen Gesteinsarten und die unterschiedlichen Faktoren wie Stückigkeit, Kornverteilung, Konsistenz und Gleichförmigkeit erfordern unterschiedliche Ladesysteme. Das Aufnehmen des gelösten Gesteins auf die Fördereinrichtung erfolgt mit:

- Seitengrifflader mit Greifarmen für brockiges Material (Häggloader)
- Tieflöffel für Lockergestein
- Hummerscheren und Ladescheiben für grosse Mengen an feinem und mittelgrobem Material (Bild 7.8-1)
- Ladeketten
- zentraler Ladeschwinge; einfache und robuste Lösung verbunden mit kleinerer Leistung (Bild 7.7-3)
- direkt durch den Querschneidkopf mit im Schneidarm integriertem Kratzband

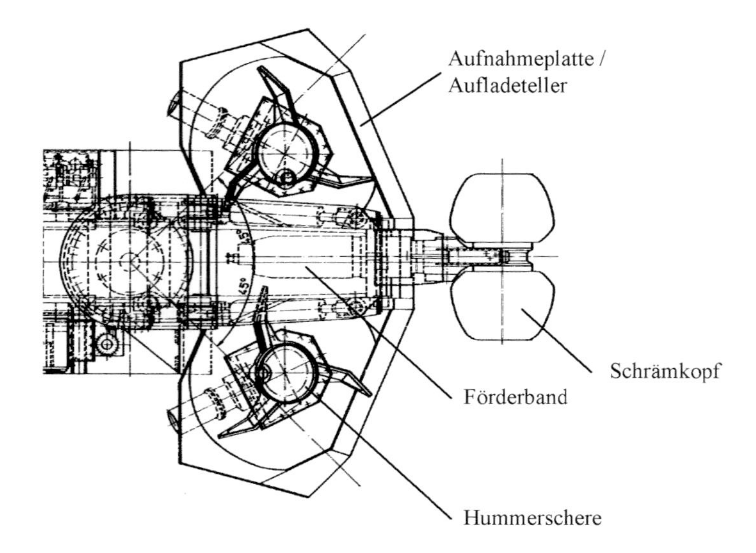

Bild 7.8-1 Hummerscherenlader [7-5]

Diese verschiedenen Ladesysteme sind meist austauschbar, um die optimale Lösung im Vortrieb einzusetzen.

Die Materialaufnahmevorrichtung mit integrierter Fördereinrichtung wird meist wie folgt angeordnet:

- zentrale Stetigfördereinrichtung mit am Boden aufliegender Aufnahmeplatte und integrierten Ladeeinrichtungen
- aussenliegende Stetigfördereinrichtungen mit am Boden aufliegender Aufnahmeplatte und integrierten Ladeeinrichtungen
- zentral am Schrämarm (heute selten), das Material wird direkt von dem unterschlächtig progressiv arbeitenden Querschrämkopf aufgegeben

Der Transport des am Aufladeteller aufgenommen Schrämmaterials erfolgt in der Regel durch Ketten- oder Kratzbänder bis zur Abwurfstelle am Ende des Gerätes. Diese sind betrieblich relativ unempfindlich gegenüber hartem und stückigem Ladegut und rauhem Betrieb, wobei die Kratzbänder einen höheren Energieverbrauch aufweisen.

TSM mit Stetigfördereinrichtung auf der Oberseite des zentralen Schrämarms haben bei kurzem Kalottenvortrieb mit nachfolgendem Stross den Vorteil, keinen Ladeteller zum Aufnehmen des Materials zu benötigen. Zudem vereinfacht sich die Arbeit beim Aushub unterhalb der Standfläche. Im allgemeinen sind jedoch die baubetrieblichen Einsatz- und Leistungsgrenzen gegeben durch:

- geringere Schneidleistung durch konstruktiv beschränkten Platz für den Schneidkopfmotor, bedingt durch das Kratzband,
- steile Schneidarmpositionen verringern die Leistung des Kratzbandes, da das Material bei steil nach unten geneigtem Arm nach unten zurückrollt oder unkontrolliert bei nach oben gestelltem Arm nach unten rollt.

Die zentrale oder aussenliegende Stetigfördereinrichtung ist in das Maschinenchassis integriert. Die Neigung des Schrämarms beeinflusst die Leistungsfähigkeit des Kratzförderers nicht, da beide betrieblich voneinander unabhängig sind. Der Durchgangsquerschnitt des Stetigförderers sollte ausreichend gross sein, um auch Felsbruchstücke ohne zusätzliche Zerkleinerungsmassnahmen zu fördern. Die Förderausrüstung (Bild 7.4-1) ist meist schwenkbar und höhenverstellbar, in seltenen Fällen starr. Die integrierte Fördereinrichtung muss sich auf die nachfolgenden Fördersysteme optimal abstimmen lassen. Das gelöste Haufwerk wird von der Aufnahmeeinrichtung auf das in der Teilschnittmaschine integrierte Kratzband übergeben. Mit diesem Förderband wird das Transportsystem im Tunnel (Dumper, Sekundärbeladeband mit Gleisbetrieb) beladen.

7.9 TSM – Trägergerät

Die Geräte sind mit einem Raupenfahrwerk ausgerüstet. Das stabile Verhalten der Maschine wird

Bild 7.9-1 Optimale Abstimmung der Schrämleistung auf das Maschinengewicht einer TSM

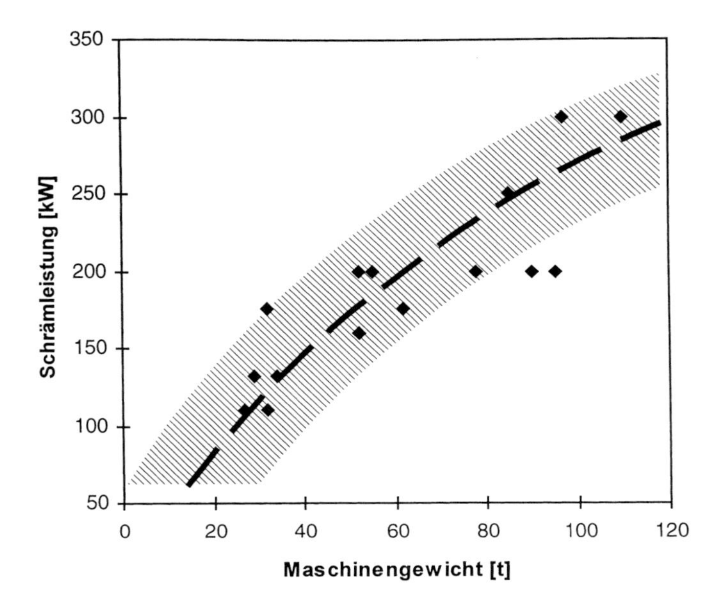

durch das Verhältnis zwischen Schneidleistung und Gewicht bestimmt (Bild 7.9-1 und Bild 7.9-2). Ferner spielt die optimale Gewichtsverteilung in Längsrichtung der Maschine eine grosse Rolle zur Erzielung ausreichender Anpressdrücke des Schneidkopfes.

Durch das Kettenfahrwerk können die grossen Gewichte und zusätzlichen Kräfte aus dem Betrieb, einschliesslich der unvermeidbaren Schwingungen, die mit dem Schrämprozess einhergehen, aufgenommen werden. Bei Gebirge mit einer eindimensionalen Druckfestigkeit über 100 MPa werden zusätzliche Pratzen erforderlich, die über einen teleskopartig ausfahrbaren Querträger dem Gerät während des Schrämprozesses eine zusätzliche Steifigkeit geben. Der Raupenantrieb erfolgt mittels Hydraulikmotoren.

Die Maschinen können direkt über Vorsteuerventile oder elektrohydraulisch über Mikroprozessoren für profil- und richtungsgenaues Schrämen sowie mit-

Tabelle 7.9-1 Klassifizierung der TSM [7-5]

Nr.	TSM-Klasse	Eigengewicht [t]	Schrämleistung [kW]	Operationsbereich Standard-TSM max. Querschnitt [m²]	Operationsbereich Standard-TSM max. Felsfestigkeit [MPa]	Operationsbereich Erweiterte TSM max Querschnitt [m²]	Operationsbereich Erweiterte TSM max. Felsfestigkeit [MPa]
1	leicht	8–40	50–170	25	60–80	40	20–40
2	mittel	40–70	160–230	30	80–100	60	40–60
3	schwer	70–110	250–300	40	100–120	70	50–70
4	extra schwer	> 100	350–400	45	120–140	80	80–110

Anmerkung: Der maximale Querschnitt ergibt sich aus der Länge des Schneidarms, der von einer Position aus erreicht werden kann, sowie den maximalen, eindimensionalen Fels-Festigkeiten, die unter normalen Randbedingungen noch mit einer TSM abgebaut werden können.

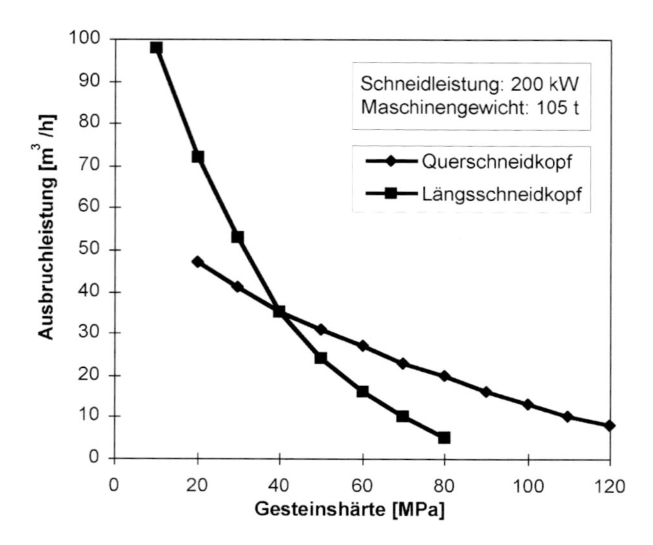

Bild 7.9-2 Erfahrungswerte vom Bau der U-Bahn Nürnberg [7-6]

tels Fernbedienung über Kabel und Funk gesteuert werden.

Für besondere Betriebsbedingungen unter Tage können diese Maschinen auf der Oberseite mit einem Bohrgerät zur Vorauserkundung oder zum Setzen von Ankern ausgerüstet werden.

Die TSM lassen sich in die Kategorien gemäss Tabelle 7.9-1 einteilen.

7.10 TSM – Sonderausführung

Schrämarme werden für baubetriebliche Sonderaufgaben auf verschiedenste Trägergeräte installiert. Einige der üblichsten Anwendungen sind:

- Schrämarm integriert in eine Tunnel- oder Rohrvortriebs Schildmaschine
- Schrämarm integriert in ein Schaftabteufungssystem
- Schrämarm auf einem Bahnwagen installiert, zur Instandsetzung und Erweiterung von bestehenden Tunnelbauwerken
- Schrämarm an Hydraulikbagger angebaut

Mittelschwere bis schwere Hydraulikbagger lassen sich mit Standard-Schneidarmen ausrüsten (Bild 7.1-1). Damit lassen sich Hydraulikbagger durch Werkzeugwechsel flexibel einsetzen, z. B. für Sekundärarbeiten und zum Nachprofilieren und Ausrichten von Firsten, Sohlen, etc. Als weitere Einsatzmöglichkeit von Standard – Schneidarmen kann die Profilerweiterung vom Kreisquerschnitt genannt werden. In diesem Fall werden die Standard-Schneidarme auf TBM-Nachläufersystemen installiert.

7.11 TSM – Vortriebssequenzen und Baustellenlogistik

Im Gegensatz zu TBM's, die gleichzeitig die gesamte Ortsbrust bestreichen, erfolgt der Abbau mittels TSM in verschiedenen Stufen, örtlich in Spurstreifen. Der Abbau der Spurstreifen erfolgt in folgenden Schritten:

- Phase 1 – Einsenken des Schneidkopfes in die Ortsbrust
- Phase 2 – Schwenken des Schneidarms entlang des Abbau-Spurstreifens, z. B. in horizontaler Richtung bei Schneidarmen mit Querschneidköpfen
- Phase 3 – lagenweises Schwenken des Schneidarms, Spur für Spur wie in Phase 2
- Phase 4 – Profilieren des Ausbruchrandes nach einer gewissen Vortriebstiefe

Das Einsenken des Schrämkopfes erfolgt durch die Vorwärtsbewegung des gesamten Raupenfahrzeugs, durch Ausfahren des Teleskopauslegers oder durch Ausschwenken des Knickauslegers. Das Einsenken des Schrämkopfes erfordert die höchste Kraft und Energie.

Der weitere Vortrieb der Ortsbrust entlang des Abbauspurstreifens erfolgt durch das Schwenken

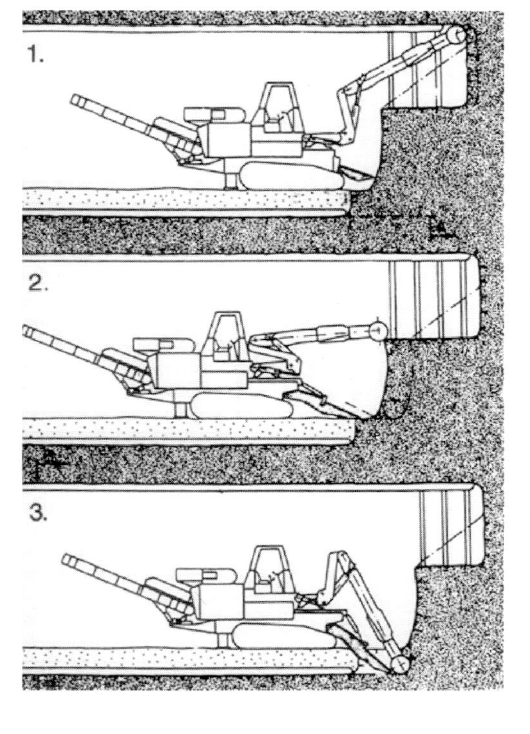

1. Kalottenabbau (nötigenfalls Stehenlassen eines Stützkeiles) mit zurückgezogener Ladevorrichtung

2. Strossabbau mit ausgefahrener Ladevorrichtung

3. Sohlenabbau und Materialaufladen mit ausgefahrener und abgekippter Ladevorrichtung

Bild 7.11-1 Abbau mit einer TSM [7-5]

des Schrämarms. Das Trägergerät befindet sich während dieser Phase stationär an einer Stelle, um das Beladen der Transporteinrichtungen zu ermöglichen. Das Schwenken des Schrämarms erfolgt mittels Schwenkwerk (hydraulisch oder Zahnradgetriebe am Turm des Trägergeräts). Die vertikale Bewegung des Schrämarms erfolgt mittels hydraulischen Zylindern. Die Verlängerung des Auslegers erfolgt mittels der Teleskop- oder Knickauslegereinrichtung.

Diese Vortriebssequenz ermöglicht einen flexiblen Einsatz der TSM in bezug auf:

- beliebige geometrische Formen des Querschnitts
- Änderungen der Ausbruchart durch veränderte geologische Verhältnisse

TSM eignen sich aufgrund ihrer Flexibilität auch im schwierigen Gebirge mit relativ hohem Sicherungsaufwand. Zudem wird die Tunnellaibung, wie bei allen mechanischen Vortriebssystemen, schonend behandelt. Die Störungen und Auflockerungen des Gebirges in der Umgebung der Tunnellaibung sind vernachlässigbar im Gegensatz zum Sprengvortrieb. Dies wirkt sich günstig auf die Sicherungsmassnahmen und das Langzeitverhalten der Tunnelbauwerke aus. Der mögliche Einsatz einer TSM zum Abbau der Kalotte mit dem direkt nachfolgenden Abbau von Strosse und Sohle – um in kurzer Zeit den Ringschluss zu erreichen – ist in Bild 7.11-1 dargestellt. Folgende baubetrieblichen Aspekte sind bei der Einsatzplanung und Logistik von TSM zu berücksichtigen:

- die TSM ist das teuerste Gerät im Vortrieb
- die Bruttoeinsatzzeit bzw. der Ausnutzungsgrad müssen auf hohem Niveau gehalten werden
- Nachläufersysteme müssen optimal auf die TSM und die wechselnden Vortriebsarten und Sicherungsmassnahmen abgestimmt werden
- in schmalen Stollen- und Tunnelquerschnitten können Ankersetz- oder Bogensetzgeräte auf der TSM installiert werden, sofern kein Platz vorhanden ist, um entsprechende Spezialgeräte einzusetzen
- in grossen Tunnelquerschnitten werden zur Sicherung aus Effizienzgründen separate mobile Geräte parallel eingesetzt

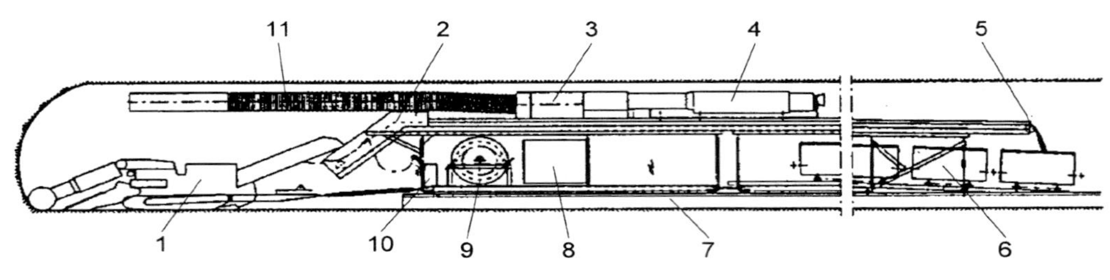

Bild 7.11-2 Nachläufer [7-5]

1. Teilschnittmaschine
2. Übergabeband
3. Ventilator
4. Entstauber
5. Materialübergabe
6. Schutterwagen
7. Verschiebbare Schienenfahrbahn
8. Transformator
9. Kabeltrommel
10. Elektroverteilkasten
11. Sauglutte mit Luttenspeicher

- im TSM-Bereich werden nur die notwendigsten Sicherungsmassnahmen zum Schutz der Mannschaft und des Gerätes durchgeführt, weitere Sicherungsmassnahmen sollten hinter dem Verladebereich angeordnet werden.

Die Übergabe des Ausbruchmaterials von der TSM an den Tunneltransport wird bestimmt durch die gewählte Transportmethode:

- bei LKW- oder Dumperbetrieb benötigt man an der TSM nur ein verlängertes Kratzband, um die Ladefläche der Fahrzeuge ausreichend zu bestreichen
- bei Gleistransport ist im Regelfall eine Übergabebrücke oder ein Nachläufer (Bild 7.11-2) erforderlich, unter den der Zug zum Beladen verschoben werden kann; die Beladung erfolgt mittels Sekundärband auf dem Nachläufer
- bei kleineren Querschnitten verwendet man ein abgehängtes Band oder einen abgehängten Nachläufer. Der Nachläufer wird auf Hängeschienen bewegt, die mit Fortschreiten des Vortriebs verlängert werden, auf denen dann der Nachläufer nachgezogen wird
- bei grossen Querschnitten verwendet man ähnliche Nachläufer, die abgehängt oder als Rahmenkonstruktion über Bodenschienen nachgeführt werden.

Auf diesen Nachläufern befinden sich neben dem Sekundärladeband die Entstaubungsanlage sowie Elektroinstallationen und Verlängerungskabel für die Versorgung der TSM. Damit lassen sich die Materialflüsse in der linearen Tunnelbaustelle trennen.

Die Transportleistung und die Leistung der TSM müssen aufeinander abgestimmt sein. Das Transportsystem muss in bezug auf die Abbauleistung der TSM wie folgt abgestimmt werden:

- Fahrzeugwechsel
- Transportentfernung und Kapazität

Ideal ist es, das Abbaumaterial der TSM direkt oder über den Nachläufer ohne Zwischenlagerung an die Transportfahrzeuge oder Streckenband abzugeben.

7.12 TSM – Entstaubungsmassnahmen

Durch das Schrämen bzw. Fräsen des Gebirges entsteht viel Staub, der zu erheblichen Berufskrankheiten (Staublunge) führen kann. Daher werden besonders hohe Anforderungen an die Staubbekämpfung gestellt. Die Lüftung und Entstaubung beim Einsatz von Teilschnittmaschinen ist ein unabdingbares, baubetriebliches Element zur Sicherstellung der Gesundheit der Arbeiter. Der wirtschaftliche Einsatz solcher Geräte hängt von den erforderlichen Zusatzmassnahmen ab. Folgende Konzepte werden in der Praxis umgesetzt:

- Über einen vorauseilenden Pilotstollen wird der Staub konzentriert abgesaugt und über eine Entstaubungsanlage geschickt.
- An der Maschine werden rechts und links Absaugrohre befestigt, die über flexible, formbeständige Zwischenstücke zur Entstaubungsanlage führen, welche hinter dem Vortriebsbereich installiert ist; die Entstaubungsanlage wird sukzessive nachgeführt.
- Berieselung und Bewetterung.

Zur weiteren Reduzierung der Funkenbildung und Staubentwicklung sowie zum Kühlen der Meissel wurde die Schneidspurbedüsung entwickelt. Die

Tabelle 7.12-1
Spezifische Entstaubungskapazitäten für verschiedene Gesteinstypen [7-5]

Gesteinstyp	Spezifische Entstaubungskapazität [m³/min]/m³ Festgestein
Kalkstein	20–25
Sedimentgestein mit geringem Quarzgehalt	25–30
Sedimentgestein mit hohem Quarzgehalt	27–33
Metamorphes Gestein je nach Quarzgehalt	20–35

Innendüsen sind im Schneidkopf integriert. Der Wasserdruck ist in gewissen Grenzen regulierbar, um die Wassermengen an die örtlichen Verhältnisse anzupassen. Dazu ist in jedem Fall eine zusätzliche Absaugung und Entstaubung erforderlich.

Die Entstaubungsmassnahmen sind notwendig, um dem Bedienungspersonal die freie Sicht auf die Ortsbrust zu ermöglichen sowie aus arbeitshygienischen Gründen.

Auch beim Lade- und Fördervorgang entsteht unvermeidlich Staub, der durch Belüftungs- und Entstaubungsmassnahmen auf die MAK – Grenzwerte (**M**aximale **A**rbeitsplatz – **K**onzentration) reduziert werden muss.

Für eine Entstaubung können zur Vordimensionierung die indikativen Leistungen aus Tabelle 7.12-1 angesetzt werden.

Je nach Schrämleistung beträgt der Staubanfall zwischen 2000 – 6000 g/m³ Festgestein. Mit zunehmender Gesteinsfestigkeit steigt der Staubanfall durch die Erhöhung der Feinstanteile beim Schrämvorgang. Die gemessenen Staubanteile in direkter Nähe der TSM betragen zwischen 1200 – 4000 mg/m³ Luft, Werte bis zu 8000 mg/m³ Luft können erreicht werden. Der Quarzanteil in der Luft ist meist proportional zum Quarzanteil im Gestein. Die Absaug- und Entstaubungsanlage muss so dimensioniert werden, dass weniger als 4 mg/m³-Luft an Staub und weniger als 0,15 mg/m³-Luft an Quarz in der Luft vorhanden sind.

Zur Entstaubung werden heute meist Trockenfilter eingesetzt, welche allerdings einen grösseren Platzbedarf benötigen. In schmalen Tunnels verwendet man Nassentstauber die weniger Platz benötigen, aber eine geringere Effizienz aufweisen.

Der vorauseilende Pilotstollen zur Erkundung des Gebirges kann als die teuerste und effizienteste Lösung zur Entstaubung betrachtet werden. Gleichzeitig kann der Pilotstollen zur Erkundung genutzt werden.

Der Einsatz einer TSM scheitert oft an einer effektiven Entstaubungsmöglichkeit.

7.13 Automatisierte Steuerung der Teilschnittmaschinen

Bedingt durch die Gefährdung des Maschinenführers, durch Staubentwicklung im Bereich der Maschine oder durch herabbrechendes Material bei schlechten Gebirgsverhältnissen, ist die Teilroboterisierung ein wichtiger Schritt zur Verbesserung der Arbeitsbedingungen. Ferner macht die Automatisierung die Anwesenheit eines Vermessungstechnikers für die Positionierung des Schneidkopfes im Sollprofil des Tunnelquerschnitts überflüssig.

Die Teilschnittmaschinen sind hochgradig kinematische Systeme (Bild 7.13-1). Das Trägersystem kann drei translatorische und 3 rotative kartesische Freiheitsgrade aufweisen. Es sind dies die translatorischen Bewegungen in x-, y- und z-Richtung sowie die Verdrehungen und Neigungen φ_y = Nickwinkel, φ_x = Rollwinkel und φ_z = Gierwinkel. Der Arm kann sich davon unabhängig in Polarkoordinatenrichtung heben und senken, schwenken und ausfahren.

Daher müssen automatische Steuerungssysteme diese möglichen Relativbewegungen der Maschine in das globale Projektkoordinatensystem einbinden. Dazu ist es notwendig, die globale wie auch die relative Position der Maschine durch einen externen Laser oder eine CCD – Kamera (Charged Coupled Devices) zu bestimmen. Die Position des Schneidarms wird mittels maschinengebundenen Sensoren erfasst. Bei der CCD-Kamera wird die Kamera, die ständig auf die Zieltafel gerichtet ist, hinter dem Schneidkopf installiert. Das Fernsehbild wird in den Steuerstand übertragen.

Die Steuerung der Maschine sollte für eine robuste Betriebssicherheit in zwei Betriebsarten möglich sein:

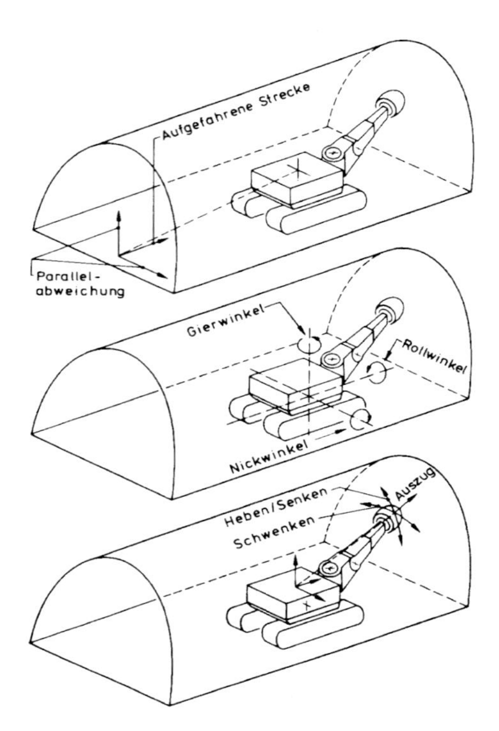

Bild 7.13-1 Bewegungsfreiheitsgrade der Teilschnittmaschine [7-7]

- Handsteuerung vor Ort oder über Fernsteuerung bei Ausfall elektronischer Komponenten bzw. zur Ermöglichung von Spezialaufgaben, wie Querschnittsänderungen, etc.
- Roboterisierte Steuerung zum Abbau des Profils gemäss dem CAD-Querschnitt, der in den Steuercomputer eingelesen wird.

7.14 Leistungsberechnung von TSM

Die Nettovortriebsleistung wird durch die Penetration der Rundschaftmeissel ins Gestein bestimmt. Die Nettobohrleistung [fest-m^3/h] ermittelt man aus der reinen Bohrzeit. Die Penetration (Eindringtiefe) [mm/U] bestimmt die Nettovortriebsleistung. Diese wird bestimmt durch folgende Faktoren:

Vortriebsmaschineneinfluss

- Meisselanpressdruck
- Meisseldurchmesser
- Meisselbahnabstand
- Form der Meissel

Gebirgs- und Gesteinseinflüsse

- Gesteinsart und -härte (Druckfestigkeit)
- Mineralanteile (Abrasivität)
- Gebirgsverband, Störzonen und Klüftung des Gesteins
- Orientierung der Klüfte

Bauwerksrandbedingungen

- Tunneldurchmesser
- Querschnittsform

Die Bruttoleistung ist noch von weiteren Faktoren abhängig wie:

- Bergwasseranfall
- Art und Umfang der Sicherung
- Tunnellänge
- Robustheit des Maschinensystems
- Wartungs- und Reparaturfreundlichkeit der TSM-Konstruktion
- Standzeit- und Verschleissdauer der Meissel
- Logistik des Nachfolgebetriebs
- Schichtsystem

Die Bestimmung der Abbauleistung und die Wirtschaftlichkeit ist von den geologischen und petrographischen Eigenschaften sowie von der Schichtung des Gebirges abhängig (Bild 7.14-1). Um eine Risikominimierung zu erreichen, müssen für den effizienten Einsatz solcher Maschinen wie bei allen mechanischen Vortriebsmethoden die leistungsbestimmenden Randbedingungen ausreichend bekannt sein. Daher ist es erforderlich, die leistungsbeeinflussenden Parameter, wie eindimensionale Gebirgsfestigkeit, Abrasivität oder Verhältnis von Druck- zu Zugfestigkeit möglichst umfassend zu kennen. Dabei sollte das Potential in bezug auf die worst-case-Konfiguration sorgfältig überprüft werden. Andernfalls kann es durch Unterschätzung der relevanten Parameter zu extremen Leistungseinbussen auf der Baustelle kommen.

Die Abbauleistung von Teilschnittmaschinen ist eine Funktion der Druckfestigkeit des Gebirges und der Leistung am Schrämkopf. Das nachfolgende Bild 7.14-2 gilt nur für überschlägige Netto-Bohrleistungsberechnungen (σ_z wurde nicht berücksichtigt).

Die Bandbreite der in der Praxis erreichten Nettobohrleistungen für Schrämköpfe mit Meisseln ∅ 22 mm und Wolfram-Karbid-Spitze – in Abhängigkeit von der einachsigen Druckfestigkeit – ist in Bild 7.14-3 dargestellt. Aus dem Diagramm geht deutlich hervor, dass sich die Nettoabbauleistung

Bild 7.14-1 Einflussgrössen auf die Abbauwirtschaftlichkeit und ihr Zusammenwirken bei mechanischen Abbaugeräten (gilt auch für TVM)

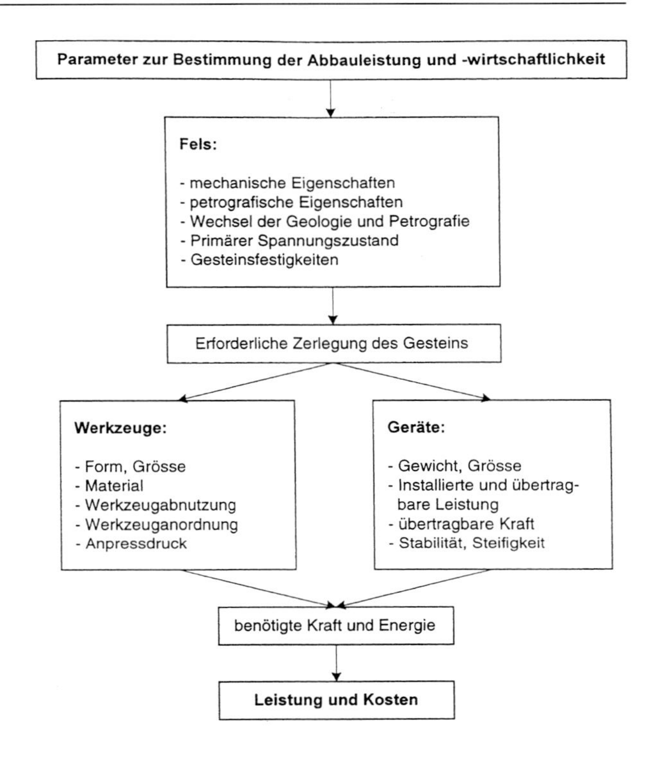

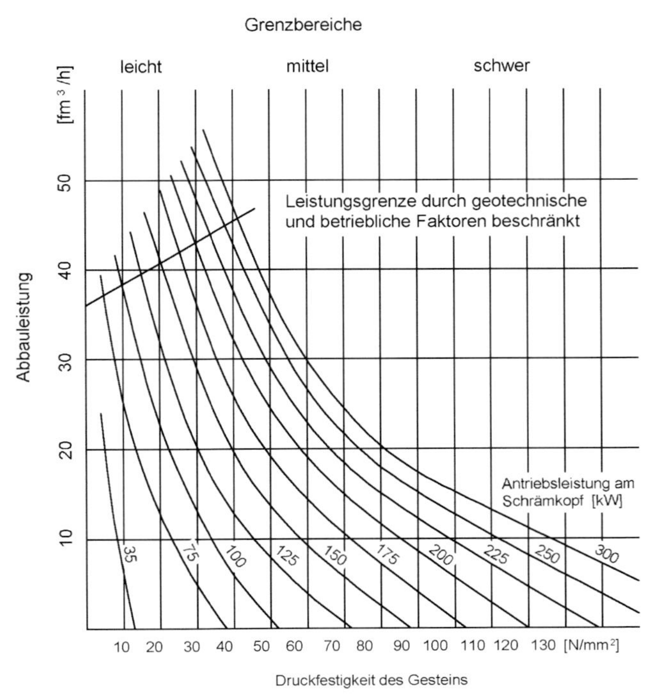

Bild 7.14-2 Diagramm zur überschlägigen Ermittlung der mittleren Abbauleistungen $Q_{Einsatz}$ von TSM über die Einsatzzeit in Abhängigkeit der einachsigen Gesteinsdruckfestigkeit

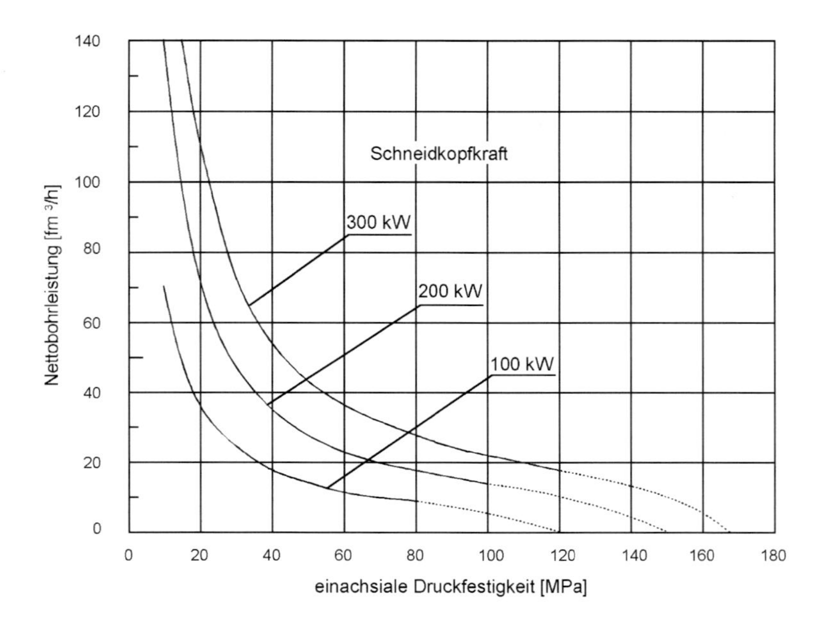

Bild 7.14-3
Nettobohrleistungen Q^0_{Netto} [7-5]

bei einachsialen Gesteinsfestigkeiten über 30 – 50 MPa stark reduziert. Die relative Abbaubarkeit des Gesteins an der Ortsbrust ist nicht nur durch die einachsiale Druckfestigkeit gegeben, sondern auch durch:

- die Brüchigkeit bzw. durch die Zähigkeit des Gesteins
- die Schichtung in bezug auf Intensität und Richtung. Dies wird durch den RQD Index (Rock Quality Index) ausgedrückt. Der RQD gibt den Durchtrennungsgrad des Gebirges an.

Die effektive Nettoleistung ergibt sich wie folgt:

$$Q_N = Q^0_{Netto} \cdot k_c \cdot k_p \qquad [\text{fest-m}^3/\text{h}] \qquad (7.14\text{-}1)$$

Der erste Faktor (k_c) (Bild 7.14-4) berücksichtigt die Brüchigkeit bzw. Zähigkeit des Gesteins in Abhängigkeit von der Zugfestigkeit. Der zweite Faktor (k_p) berücksichtigt den Schichtabstand bzw. den Zerlegungsgrad des Gebirges (Bild 7.14-5). Aus den verschiedenen Bildern geht hervor, dass die Nettoleistung bei gleicher, eindimensionaler

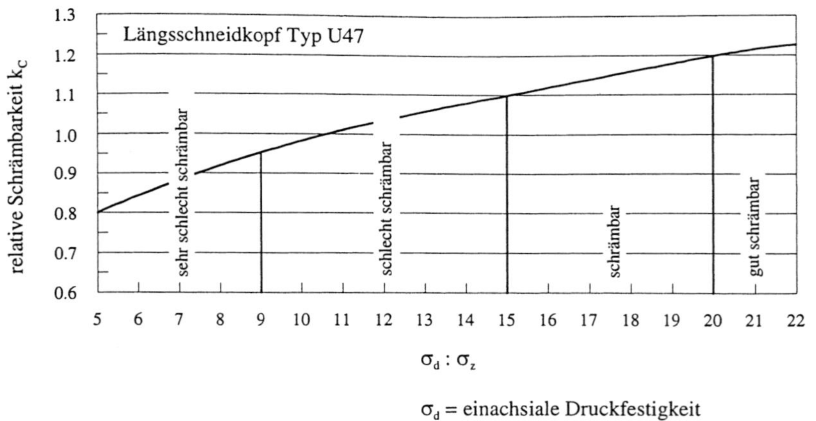

Bild 7.14-4
Relative Schrämbarkeit k_C in Abhängigkeit vom Verhältnis einachsialer Druckfestigkeit zur Zugfestigkeit des Gesteins [7-5]

Bild 7.14-5 Relative Schrämbarkeit k_P in Abhängigkeit des Schichtabstands [7-5]

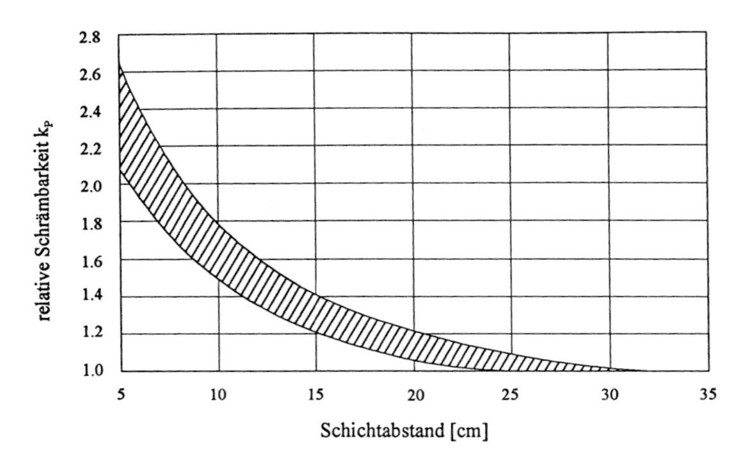

Druckfestigkeit in Abhängigkeit vom oben angeführten Parameter bis zu 50 % schwanken kann.

Es muss beachtet werden, dass in den meisten Fällen nur einige lokale Werte von einigen Bohrungsaufschlüssen für die Bestimmung der Leistung vorliegen. Die Extrapolation auf den gesamten Tunnel erfordert genügend Erfahrung zur Abschätzung der zu erwartenden Projektbedingungen und setzt solide Kenntnisse in bezug auf die Geologie und Petrographie sowie den Einfluss auf die Leistung der TSM voraus.

Die praktischen Leistungsgrenzen im Tunnelbau liegen bei:

- 15 – 20 Fest-m³/h in Stollenquerschnitten bis zu 20 m²
- 25 – 30 Fest-m³/h in Tunnelquerschnitten über 50 m²

Zur Bestimmung der Effizienz des TSM-Vortriebs sowie zur Leistungs- und Kostenberechnung ist nicht nur die Netto-, sondern auch die Bruttobohrleistung massgebend. Die Effizienz wird durch die Ausnutzungsgrade ausgedrückt. Darunter versteht man das Verhältnis von Bohrzeit zur Arbeits-, Einsatz- oder Vorhaltezeit. Der Ausnutzungsgrad der TSM ergibt sich wie folgt:

Der Ausnutzungsgrad 1 bezieht sich auf die gesamte Arbeitszeit (Arbeitstage):

$$AG_1 = \frac{T_B}{AT} 100 \quad [\%] \qquad (7.14\text{-}2)$$

Der Ausnutzungsgrad 2 bezieht sich auf die gesamte Einsatzzeit (Einsatztage):

$$AG_2 = \frac{T_B}{ET} 100 \quad [\%] \qquad (7.14\text{-}3)$$

Der Ausnutzungsgrad 3 bezieht sich auf die gesamte Vorhaltedauer (Vorhaltetage):

$$AG_3 = \frac{T_B}{VT} 100 \quad [\%] \qquad (7.14\text{-}4)$$

Der Ausnutzungsgrad liegt in der Praxis zwischen 30 – 60 % pro Einsatztag.

Die **Arbeitszeit (AT)** ergibt sich aus:

$$AT = \sum_i T_i \quad [h/km] \qquad (7.14\text{-}5)$$

Die einzelnen Elemente der Arbeitszeit ergeben sich aus:

T_B [h/km] Summe der gesamten Bohrzeit

$$T_{Umsetz} = \frac{1000\, t_U}{60\, l_{Vorschub}} \quad [h/km] \quad \text{Summe der gesamten Umsetzzeit} \qquad (7.14\text{-}6)$$

$t_U \equiv$ Umsetzzeit einer TSM [min]

$l_{Vorschub}$ Vorschub der TSM pro Standort [m]

$$T_{Meisselwech} = t_w \cdot f \cdot n \quad [h/km] \quad \text{Gesamte Meissel-wechselzeiten} \qquad (7.14\text{-}7)$$

$t_{w«}$ ≡ Wechselzeit eines Meissels (ca. 10 min)

$f_«$ ≡ mittlerer Lebensfaktor aller Meissel einer TSM pro km Tunnelvortrieb

n ≡ Anzahl der Meissel einer TSM

Im allgemeinen wird versucht, die Meissel in den arbeitsbedingten Stillstandszeiten, z. B. zwischen Tag- und Nachtschicht, zu wechseln. Dann wirken sich die Meisselwechsel nicht auf die Schichtarbeitszeiten aus.

$T_{Wartung}$ [h/km] Zeit für kleine Reparaturen und Wartung

Kleine Reparaturen und die Wartung erfolgen meistens auch in den arbeitszeitbedingten Stillstandszeiten, um die effektive Schichtzeit möglichst dem Vortrieb zu widmen. Die laufende Wartung darf nicht zur Unterbrechung des Vortriebs führen. Im allgemeinen sollte man ca. 0,5 – 2,0 % der Vorhaltezeit annehmen.

$T_{Sicherung}$ [h/km] Zeit für Sicherungsmassnahmen zusätzlich zum Bohrzyklus

Sicherungs- und Ausbauarbeiten können die Bruttoleistungen stark beeinträchtigen. Diese Beeinträchtigung des Vortriebs hängt von den erforderlichen Sicherungsmassnahmen gemäss der Vortriebsklassifizierung ab. Massgebend ist auch, wie effizient diese während des Bohrzyklus direkt hinter der Maschine eingebaut werden können. Stillstandszeiten können je nach Sicherungsmassnahmen zwischen 0 – 20 % der Einsatzzeit betragen.

Das Auftreten von Bergwasser kann zur Leistungsminderung führen. Die Leistungsminderung tritt meist erst bei Wassermengen von > 20 l/s auf und kann dann zwischen 5 – 20 % liegen (bei 60 l/s).

$T_{Bergwasser}$ [%AT] Behinderung durch Bergwasser wird meist in % der Arbeitszeit bestimmt

Bei der Ermittlung der Arbeitszeit sollte man unbedingt die Leistungsminderung durch die Einarbeitungszeit in der Grössenordnung von 2 – 3 Wochen berücksichtigen.

Die **Einsatzzeit (ET) einer TSM** umfasst neben der Arbeitszeit die Reparatur-, Revisions- und Umbauarbeiten sowie die Stilliegezeiten.

Die Reparatur-, Revisions- und Umbauarbeiten setzen sich aus den folgenden Zeiten zusammen:

$T_{Grossrep}$ [h/km] Zeit für grosse Reparaturen

$T_{Revision}$ [h/km] Zeit für grosse Wartung

T_{Umbau} [h/km] Zeit für Umbauten an der Maschine

Damit ergibt sich die Einsatzzeit zu:

$$ET = AT + T_{Grossrep} + T_{Revision} + T_{Umbau} \quad (7.14\text{-}8)$$

Die **Vorhaltedauer (VT)** umfasst die Einsatzzeit und das Einrichten sowie Auf- und Abbau der TSM. Damit ergibt sich die Vorhaltezeit zu:

$$VT = ET + T_{Auf} + T_{Ab} \quad (7.14\text{-}9)$$

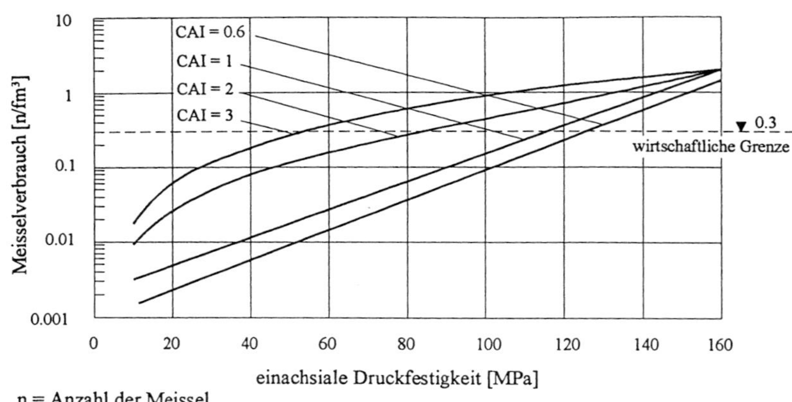

Bild 7.14-6
Meisselverbrauch in Abhängigkeit von Gesteinsfestigkeit und Abrasivität [7-5]

Damit ergeben sich die Leistung bezogen auf die:

Arbeitszeit zu: $$Q_{AT} = Q_N \frac{T_B}{AT} \quad (7.14\text{-}10)$$

Einsatzzeit zu: $$Q_{Einsatz} = Q_N \frac{T_B}{ET} \quad (7.14\text{-}11)$$

Vorhaltezeit zu: $$Q_{Vorhalt} = Q_N \frac{T_B}{VT} \quad (7.14\text{-}12)$$

Eines der wichtigsten wirtschaftlichen Kriterien neben den Investitionskosten der TSM sind die Werkzeugkosten, da sie permanentem Verschleiss unterliegen. Der Meisselverschleiss für Meissel ∅ 22 mm und Wolfram-Karbid-Spitze hängt einerseits von der eindimensionalen Druckfestigkeit und anderseits wesentlich von der Abrasivität ab (Bild 7.14-6).

Für den Meisselverbrauch kann die akzeptable Grenze von 0,3 Meissel pro fm^3 angesehen werden.

Bei Gesteinsfestigkeiten weit über 120 N/mm^2 wird der Einsatz einer TSM unwirtschaftlich, da der Verschleiss und somit die Kosten überproportional ansteigen (Bild 7.14-7).

7.15 Neueste Entwicklungen bei TSM

Zur Verbesserung der baubetrieblichen Leistungen und Verringerung der Kosten mit der einhergehenden Erhöhung der Wirtschaftlichkeit der TSM gegenüber anderen Vortriebsmethoden wurden folgende Weiterentwicklungen umgesetzt:

- Spezielle Getriebe, um die volle Leistung des Schrämkopfmotors auch bei kleineren Schrämkopfumdrehungen nutzbar zu machen.
- Verbesserte Rundkopfmeissel in bezug auf Härtung der Meisselspitze.
- Schrämköpfe erhalten zusätzlich zu den Meisseln Hochdruckdüsen zum Schneiden des Felsens.

Diese Massnahmen verbesserten die Leistungsfähigkeit der TSM und reduzierten den Verschleiss an Rundschaftmeisseln. Zudem konnte mit der Erhöhung des Meisselabstandes der Feinstanteil im Ausbruchmaterial gesenkt werden. Die Wasserhochdruckschneidtechnik muss so ausgelegt werden, dass sie sektorweise kontrollierbar ist, d. h. die Düsen im Bereich des Schrämkopfes geben jeweils nur dann den Wasserstrahl ab, wenn der Meissel bzw. die Düse in Kontakt mit der Ortsbrust ist. Die Anwendung der Hochdruckdüsenschneidtechnik ist im Tunnelbau, bedingt durch den zusätzlichen Wasseranfall, wenig beliebt.

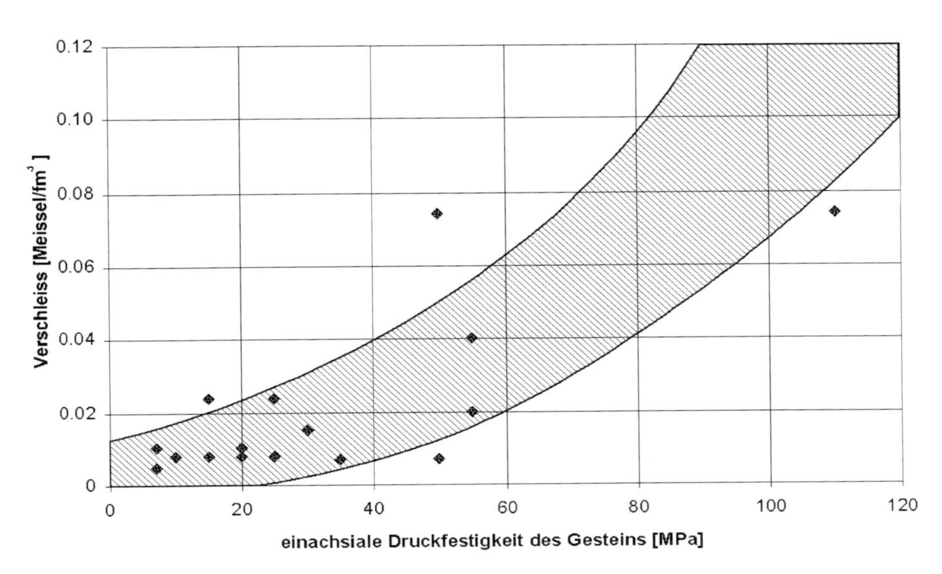

Zahlenwerte stammen aus Projektunterlagen von Atlas-Copco und Voest-Alpine. Folgende Projekte wurden ausgewertet: CERN in Genf, Strassentunnel Muskat in Oman, Kouris Damm in Zypern, Ärmelkanal, Hydrotunnel Matmata in Marokko.

Bild 7.14-7 Werkzeugverschleiss ausgewerteter Projekte [7-5]

7.16 TSM – Vor- und Nachteile

Die Vor- und Nachteile der Teilschnittmaschine (TSM) werden wie folgt zusammengefasst:

Vorteile

- erschütterungsarmes Arbeiten (Wohnbebauung)
- anpassungsfähig an sich verändernde Querschnitte und Gebirgsverhältnisse
- Zugänglichkeit der Ortsbrust bei zusätzlichen Sicherungs- und Wasserentspannungsmassnahmen
- kontinuierlicher Arbeitszyklus: Abbauen, Schuttern, Fördern
- profilgenauer Ausbruch (kein Sägezahn-Überprofil, daher geringere Ausbruchmassen als beim Sprengvortrieb)
- gebirgsschonender Ausbruch (im Vergleich zum Sprengbetrieb)
- relativ schnelle Mobilisierung der TSM gegenüber TBM (3 – 6 Monate)
- einfacher Transport, kleinere TSM in einem Stück, grosse TSM in mehreren Teilen
- relativ einfache Montage auf der Baustelle
- einfache Wiederverwendung bei ähnlichen Projekten ohne grosse Anpassungen
  - generelle Überholung
  - Schneidkopf und Meisselbestückung
  - Verlängerung / Verkürzung des Schneidarms
  - Ladeeinrichtung und Abwurfsystem.

Nachteile

- nur geringe bis mittlere Gesteinsfestigkeiten lassen sich wirtschaftlich abbauen (z. B. Molassegestein des Schweizer Mittelgebirges)
- hoher Verschleiss an Meisseln
- aufwendige Massnahmen zum Entstauben der Luft sowie zur Bewetterung
- meist langsamer als Sprengvortrieb
- „verbacken“ des Schrämkopfes bei kohäsiven Böden

Der baubetriebliche Einsatz der Teilschnittmaschinen wird in Bild 7.16-1 am Beispiel des Milchbucktunnels in Zürich verdeutlicht.

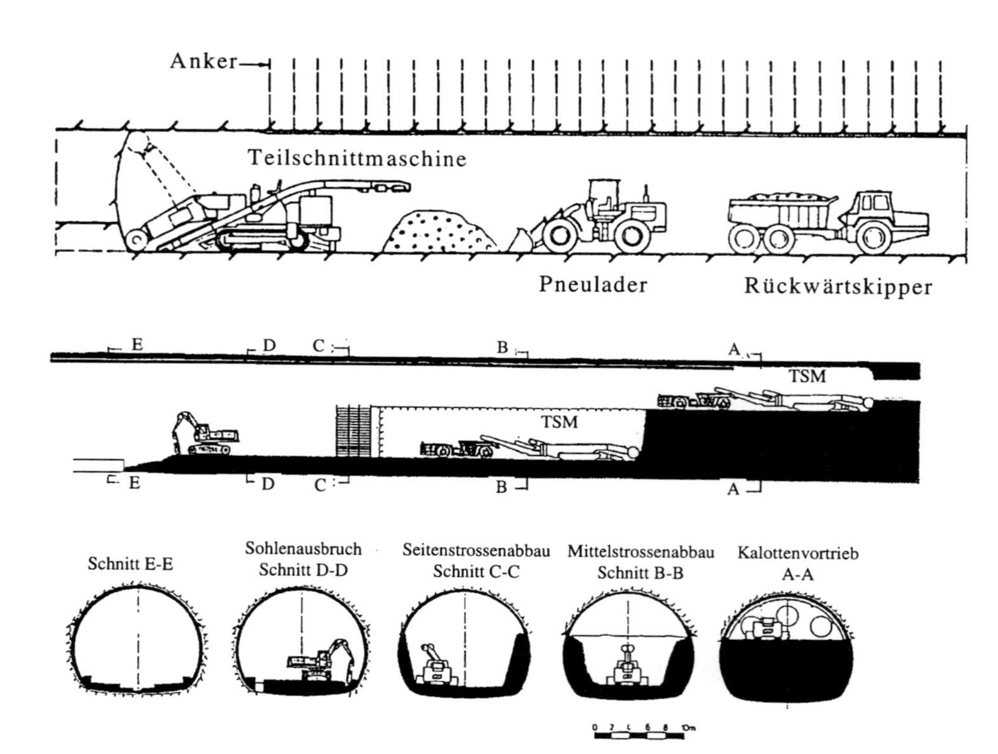

Bild 7.16-1 TSM – Einsatz am Beispiel Milchbucktunnel Zürich

8 Sicherungsmassnahmen

8.1 Allgemeines

Tunnel, die in einem Gebirge mit nicht ausreichender Stehzeit aufgefahren werden, erfordern den Einbau von Sicherungen, die die Eigentragfähigkeit des Gebirges unterstützen und verbessern. Man kann die Sicherungsmassnahmen als Bewehrung oder Randverstärkung des Gebirges ansehen. Die meisten Sicherungsmassnahmen besitzen eine Ausbausteifigkeit oder überdrücken im Fall von Ankern zum Teil durch ihre Vorspannung sekundäre Zugkräfte, bzw. übernehmen Zugspannungen und bewehren dadurch das Gebirge.

Bei standfestem Gebirge kann auf eine Sicherung verzichtet werden. Meist ist jedoch ein Kopfschutz erforderlich und zwingend vorgeschrieben. Kann die Standfestigkeit des Gebirges nicht ausreichend gewährleistet werden, ist eine Sicherung notwendig, die nach dem Ausbruch eingebaut wird. Ist die Stehzeit des Gebirges geringer als die notwendige Zeit zum Einbau der Sicherung, müssen vorauseilende Hilfsmassnahmen ergriffen werden, wie z. B. Injektionen, Rohrschirme, Spiesse, etc.

Eine biegeweiche, verformbare Randverstärkung erhöht das Tragvermögen des Gebirges. Daher sollte möglichst früh der notwendige Sicherungseinbau erfolgen, durch z. B. Spritzbeton, Anker, Gitterträger, TH – Profile, etc. Das Gebirge wird zudem in seinem Kluftkörperverband erhalten. Dadurch können Nachbrüche, welche die Geometrie des Traggewölbes stören und Auflockerungen weitgehend reduziert bzw. vermieden werden. Eine mögliche Verwitterung – besonders bei Schwellgebirge – kann durch die Oberflächenversiegelung mit Spritzbeton minimiert werden.

Für die Einbauzeit der Sicherung ist nicht nur die Sicherung im First und/oder in den Ulmen von Bedeutung, sondern auch der Ringschluss der Sicherung.

Folgende Stützmittel können zur Sicherung verwendet werden:

- Spritzbeton, Spritzbeton mit Bewehrungsnetzen, Stahlfaserspritzbeton
- Stahlbögen (TH – Profile etc.)
- Gitterträger
- Anker
- Verzugsbleche und Kanaldielen
- Spiesse
- Beton
- Bernoldbleche etc.

An dieser Stelle soll nochmals auf die Gefährdungsbilder sowie Stehzeit, die Ringschlusszeit und die Ringdistanz hingewiesen werden. Die Wahl des Einbauzeitpunktes, die Sicherungsmittel sowie die notwendigen Bauverfahren müssen aufgrund dieser Beurteilung gewählt werden.

Das den Tunnel umgebende Gebirge kann durch eine systematische Ankerung oder Injektionen sowie durch Ausbaubögen und eine Spritzbetonschale in seiner Tragwirkung verstärkt werden.

8.2 Spritzbeton

8.2.1 Allgemeines

Nach dem Öffnen des Hohlraumes kann man Spritzbeton [8-1] direkt auf das Gebirge aufbringen, um die Oberfläche zu versiegeln und einer Gebirgsauflockerung entgegenzuwirken. Dadurch wird das Gebirgstragverhalten verbessert. Das wesentliche tragende Element bleibt das Gebirge. Der Spritzbeton kann an der freigelegten Gebirgsoberfläche folgende Aufgaben übernehmen:

- teilweise oder vollflächige Versiegelung (3 – 10 cm)
- tragfähige Verbundschicht zum Gebirge (10 – 35 cm)

Zur Steigerung der Tragfähigkeit der Spritzbetonschale kann man eine einlagige oder zweilagige Bewehrung einbringen. Für besondere Zwecke kommt Stahlfaserspritzbeton zur Anwendung.

Tabelle 8.2-1
Übersicht der sprachlichen Begriffe für Spritzbeton

Sprache	Fachausdruck
Deutsch	CH: Gunit (gunitieren), Spritzbeton A, D: Torkret (torkretieren)*, Spritzbeton
Französisch	Gunite, béton projeté
Italienisch	Gunite, calcestruzzo spruzzato
Englisch	Gunite, spray concrete, shotcrete

*Lat.: TECTOR (=Verputzer von Wänden), CONCRETUM (=Hauptbindemittel der Römer)

Tabelle 8.2-2
Unterschied zwischen Spritzbeton und Spritzmörtel (Gunit)

	Ausgangsgemisch Kornzusammensetzung	Dosierung Bindemittel
Spritzbeton	min.: 0 - 8 mm norm.: 0 - 16 mm max.: 0 - 32 mm	Portland - Zement 300 - 400 kg/m^3
Spritzmörtel / Gunit	< 0 - 8 mm	> 350 kg/m^3

Der Vorteil, den die Spritzbetonschale bietet, ist die elastoplastische Verformbarkeit, vor allem im frisch eingebauten Zustand. Die Verformungen des Ausbruchquerschnittes nach dem Erhärten können vom Spritzbeton nur beschränkt ohne Risse und Abplatzungen mitgemacht werden. Durch die Rissbildung kann man frühzeitig Bewegungen des Tunnels visuell erkennen. Dies ist gleichzeitig eine Vorankündigung möglicher Standsicherheitsprobleme. Mögliche grosse Verformungen können in Zonen von parallel zur Tunnelachse angeordneten Dilatationsfugen im Spritzbeton (stark verringerte Spritzbetonwandstärke) übernommen werden. Der Spritzbeton zeichnet sich durch seinen vollflächigen Verbund mit dem Gebirge und die durch Zusatzmittel erzielbare Frühfestigkeit aus.

Die Anwendung des Spritzbetons im Tunnelbau liegt in den folgenden baubetrieblichen Faktoren begründet:

- Auftragen und Verdichten erfolgt in einem Arbeitsgang
- ohne Schalung auch überkopf verarbeitbar
- hohlraumfreier, satter Anschluss ans Gebirge
- hoher Haftverbund mit dem Untergrund (Verbundkonstruktion: Spritzbeton – Gebirge)
- verschiedene Schichtstärken in einem Arbeitsgang
- beliebige Formgebung
- frühes Aufbringen auch in Teilbereichen
- relativ biegeweich im Erhärtungsstadium
- in Kombination mit Ankern, Bewehrung, Stahlbögen etc. einsetzbar

Spritzbeton wird heute nicht nur als vorläufige Sicherung eingebaut, sondern auch bei der einschaligen Bauweise für die Lastabtragung innerhalb des Verbundtragwerkes Gebirge – Spritzbetonschale.

Beim Spritzbeton als Felssicherung gilt es jedoch immer zu beachten, dass im ersten Moment des Auftragens des Spritzbetons das Gebirge durch das Gewicht noch zusätzlich belastet und daher noch nicht gesichert wird. Andererseits wird durch das Schliessen offener Klüfte und Spalten eine gewisse Keilwirkung erzeugt, die das progressive Nachbrechen des Gesteins meist verhindert.

Tritt auf der Gebirgsoberfläche Wasser aus, wird das Auftragen von Spritzbeton erschwert. In diesem Fall sollte das Wasser örtlich gefasst und abgeleitet werden (z. B. mit flexiblen Halbschalen, lokalen Noppenplattenstreifen, etc.). Bei geringen Wassermengen kann auch durch das Aufspritzen einer dünnen Schicht von ca. 2 cm mit hochbeschleunigtem Spritzbeton (z. B. Sika Shot) eine Versiegelung erreicht werden.

Bei aggressiven Bergwässern müssen Zement, Zusatzmittel, Zusatzstoffe und Zuschlagstoffe sulfatbeständig sein und einen dichten porenarmen Spritzbeton mit geringer Wassereindringtiefe ermöglichen. Bei anstehendem, aggressivem Bergwasser besteht bei nicht säurebeständigen Zuschlä-

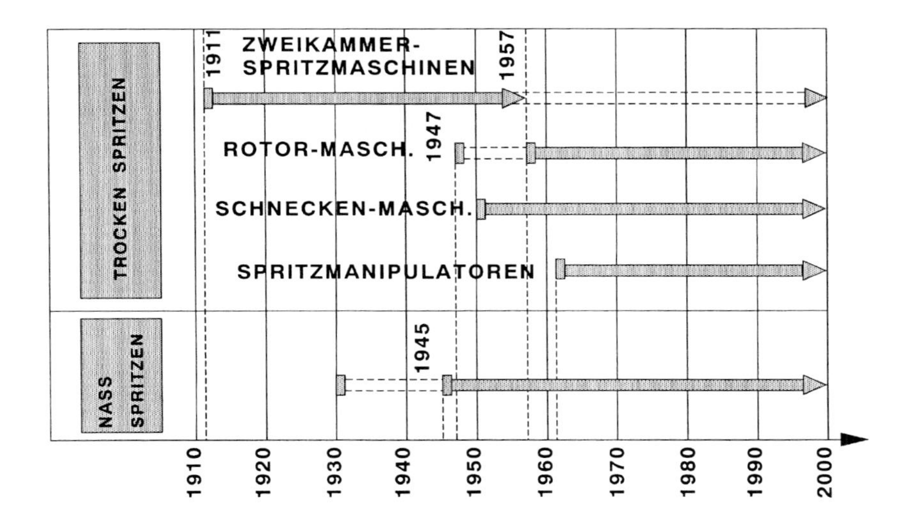

Bild 8.2-1
Historische Übersicht der Spritzbetonentwicklung

gen die Gefahr der Versinterung der Tunnelentwässerung. Daher sollten kalkhaltige Zuschlagstoffe nicht zugelassen werden. Abbindebeschleunigungsmittel sollten nicht zu Ausfällungserscheinungen oder stärkeren Festigkeitsreduktionen neigen und keine Chloridverbindungen enthalten oder aufbauen.

Die verschiedenen sprachlichen Bezeichnungen für Spritzbeton sind in Tabelle 8.2-1 dargestellt. Die Charakteristik von Spritzbeton und Spritzmörtel (Gunit) ist in Tabelle 8.2-2 erläutert.

8.2.2 Spritzverfahren

Die ersten Spritzverfahren zum Auftragen von Mörtel und Beton wurden Ende letzten und zu Beginn dieses Jahrhunderts entwickelt (Bild 8.2-1):

Die Unterschiede in den Verfahren ergeben sich aus der Zugabe von Trocken- oder Nassgemischen in die Spritzmaschine und aus der Art der Materialförderung (Bild 8.2-2):

8.2.2.1 Trockenspritzverfahren

Beim Trockenspritzverfahren (Bild 8.2-3) sind drei Systeme zu unterscheiden:

- konventionelles Trockenspritzverfahren mit ofentrockenen Zuschlägen
- konventionelles Trockenspritzsystem (TS) mit ofentrockenen Zuschlägen + Spritzbindemittel
- neues, modifiziertes Trockenspritzsystem (NATS) mit naturfeuchten Zuschlägen + Spritzbindemittel.

Beim konventionellen Trockenspritzverfahren (Bild 8.2-4) wird ein Trockengemisch aus Zement, ofentrockenen Zuschlagstoffen und meist pulverförmigem Abbindebeschleuniger von der Spritzmaschine mit Druckluft zur Spritzdüse gefördert. In der Spritzdüse wird das im Dünnstromverfahren geförderte Trockenmischgut mit Anmachwasser hydrodynamisch gemischt. Das Gemisch verlässt die Düse mit einer Geschwindigkeit von meist grösser 20 m/s, wird auf den Untergrund aufgebracht und verdichtet sich durch die kinetische Energie selbst.

Neue Entwicklungen mischen einen flüssigen Abbindebeschleuniger in das Anmachwasser, das dann über die Düse dem Trockenmischgut zugegeben wird.

Das konventionelle Trockenspritzsystem mit ofentrockenen Zuschlägen wird nach der Herstellerfirma auch als Rombold-Verfahren bezeichnet (Bild 8.2-5). Die Hauptnachteile des konventionellen Verfahrens werden durch die Systemlösung weitgehend beseitigt. Einer der grossen Nachteile ist die Staubentwicklung im Beschickungsbereich. Beim Rombold-System befindet sich das Trockengemisch in geschlossenen Kesseln, die unter Druckluft stehen. Diese sind einschliesslich Fördereinrichtung auf einem Transportfahrzeug instal-

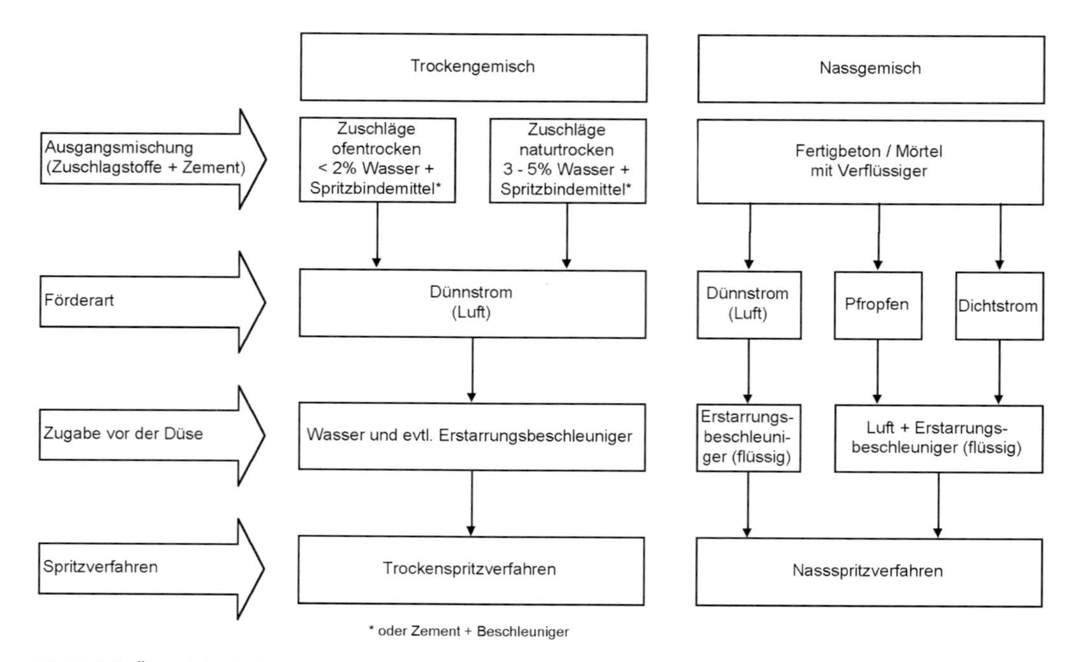

Bild 8.2-2 Übersicht der Betonspritzverfahren

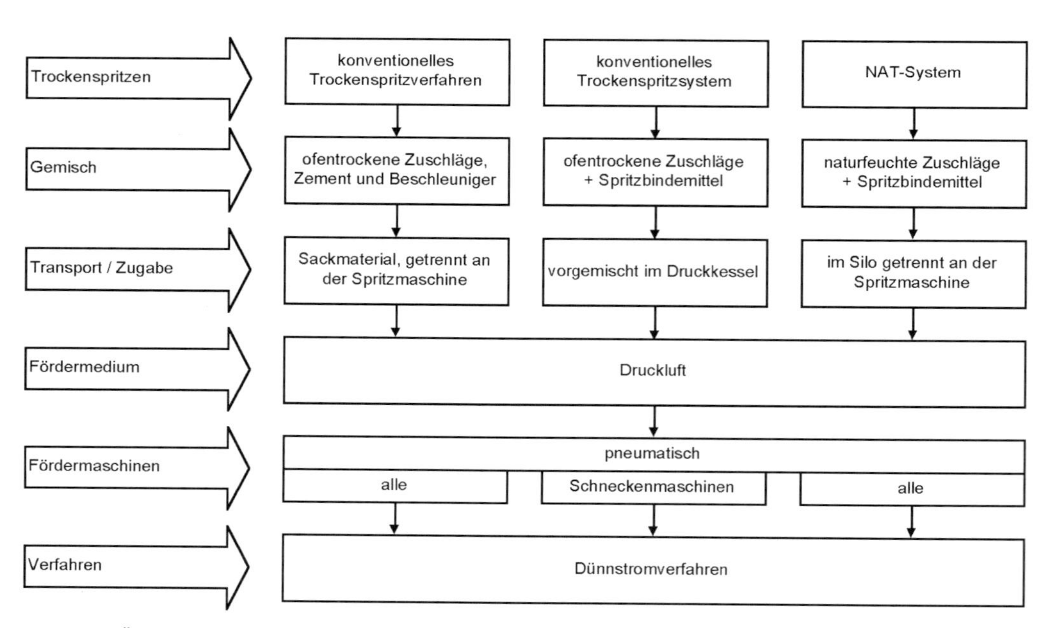

Bild 8.2-3 Übersicht der Trockenspritzverfahren und -systeme

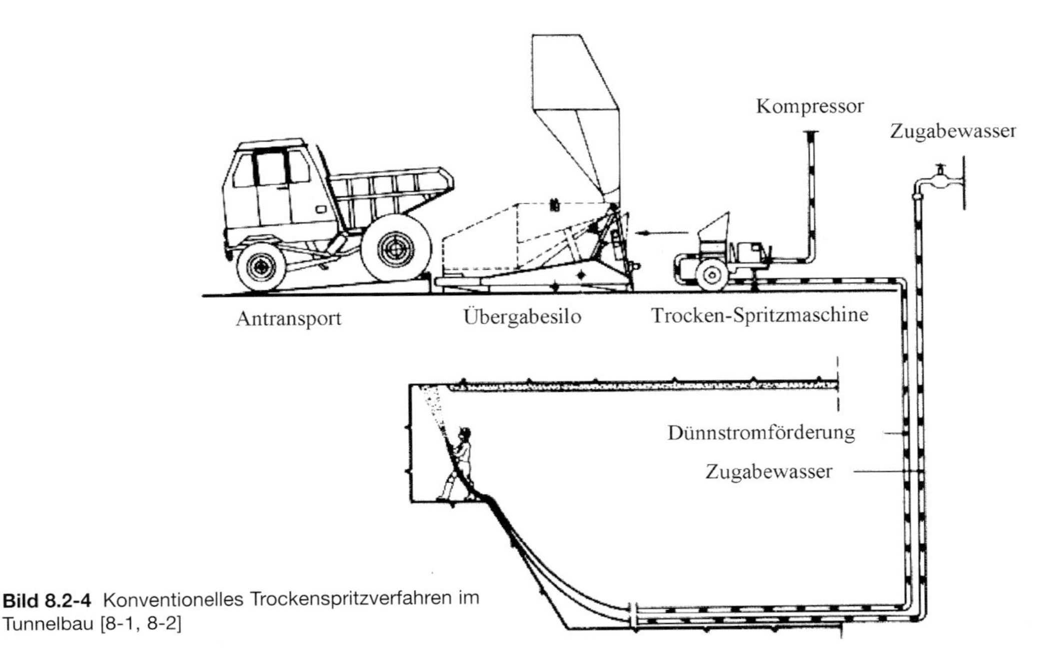

Bild 8.2-4 Konventionelles Trockenspritzverfahren im Tunnelbau [8-1, 8-2]

liert (Bild 8.2-6). Das Fahrzeug kann sehr flexibel jeden Einsatzort erreichen. Dieses mobile Spritzsystem ist meist mit 2 bzw. 4 Spritzdüseneinheiten versehen. Somit kann am Einsatzort mit 4 Spritzdüsen mit Leistungen von 5 – 8 m^3/h je Düse gearbeitet werden. Beim konventionellen Verfahren bzw. System muss mit ofentrockenen Zuschlägen gearbeitet werden. Dazu ist eine spezielle, relativ kostenintensive Trocknungsanlage notwendig (Beschaffung und Betrieb). An dieser Anlage erfolgt auch das Befüllen der Kesselwagen. Der Überdruck im Kessel dient für folgende Zwecke:

- Mischgut wird in die Förderschnecke gedrückt
- Überdruck verhindert das Eindringen von atmosphärischer Luft mit einem höheren Feuchtigkeitsgehalt. Dadurch wird verhindert, dass das Trockengemisch feucht wird und abbindet

Das modifizierte Trockenspritzverfahren (Bild 8.2-7), auch NATS genannt (**N**ew **A**ustrian **T**orkret **S**ystem), ist ein technologischer Entwicklungssprung beim Trockenspritzverfahren. Durch die gleichzeitige Entwicklung eines neuen Spritzbindemittels, das kurzzeitig naturfeuchten Zuschlagstoffen mit 3 – 5 % Wassergehalt ausgesetzt werden kann sowie die Entwicklung eines neuen Misch- und Spritzsystems, konnten wesentliche Vorteile erreicht werden. Zu diesen Vorteilen gehören:

- keine kostenintensive Ofentrocknung der Zuschlagstoffe
- geringe Staubentwicklung am Beschickungssystem (Mixomat)
- weitgehende Vereinigung der Vorteile der Nass- und Trockenspritzverfahren

Die Wasserzugabe bei allen Trockenspritzverfahren und -systemen erfolgt dabei manuell durch den Düsenführer. Dieser bestimmt entscheidend den W/Z-Wert und damit die Qualität des Spritzbetons. Im Hinblick auf das NATS und das konventionelle Trockenspritzsystem ist zukünftig eine prozessgesteuerte Wasserzugabe denkbar.

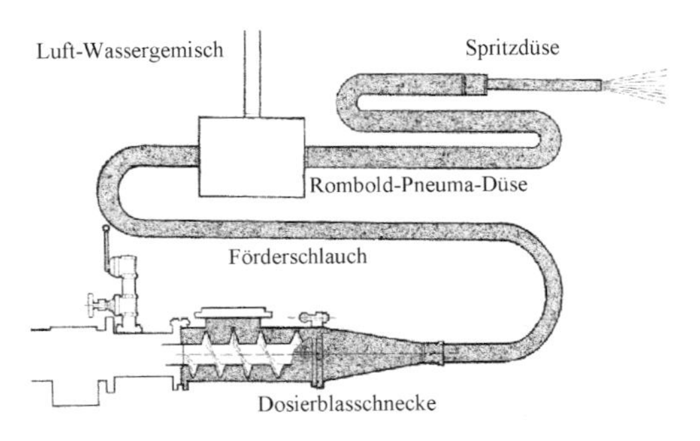

Bild 8.2-5 Rombold-Spritzsystem [8-3]

Bild 8.2-6 Transportfahrzeug beim Rombold-System [8-3]

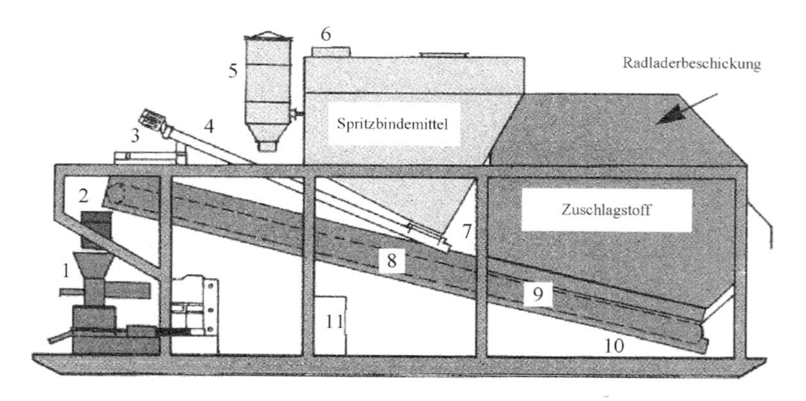

1 Füllstandregler
2 Durchlaufmischer
3 Wiegeband für Spritzbindemittel
4 Schnecke für Spritzbindemittel
5 Rüttelfilter
6 Ober- und Unterdruckklappe
7 Notschieber
8 Wiegebereich
9 Grobdosierung
10 Kiesförderband
11 Schaltschrank

Bild 8.2-7 Modifiziertes Trockenspritzverfahren NATS [8-4]

Beim Trockenspritzverfahren verwendet man folgende vier Fördermaschinentypen:

- Zweikammermaschinen (Bild 8.2-8)
- Rotormaschinen (Bild 8.2-9)
- Schneckenmaschinen (Bild 8.2-10)
- Rotor-Druckkammermaschinen (Bild 8.2-11)

Die **Zweikammermaschine** ist das älteste System und kommt wegen seiner Robustheit und seinem relativ geringen Verschleiss noch heute zum Einsatz (relativ selten). Die zwei übereinander angeordneten Kammern sind mit einem Kegelventil voneinander getrennt. Das gemischte Trockenmaterial (Zement, Zuschlagstoffe, etc.) wird nach Öffnen des oberen Kegelventils in die erste Kammer gegeben. Das Kegelventil wird geschlossen und die obere Kammer wird durch Druckluft unter Druck gesetzt. Jetzt wird das Kegelventil der unteren unter Druck stehenden Kammer geöffnet. Das Material fällt durch Gravitation sowie durch die Sogwirkung des unter Druckluft abfliessenden Materials in die untere Kammer. Die untere Kammer wird durch das Kegelventil wieder geschlossen und die Füllung der oberen Kammer wird erneut eingeleitet. Zwischenzeitlich wird das Material aus der unteren Kammer mit Druckluft über ein Taschenrad im Dünnstromverfahren (auch Flugförderung genannt) durch den Schlauch zur Düse gefördert. Dieser zweiphasige Vorgang wiederholt sich kontinuierlich. Die Förderleistung wird durch unterschiedliche Kammergrössen bzw. Förderschlauchdurchmesser bestimmt. Die Leistung der Maschinen ist relativ gering.

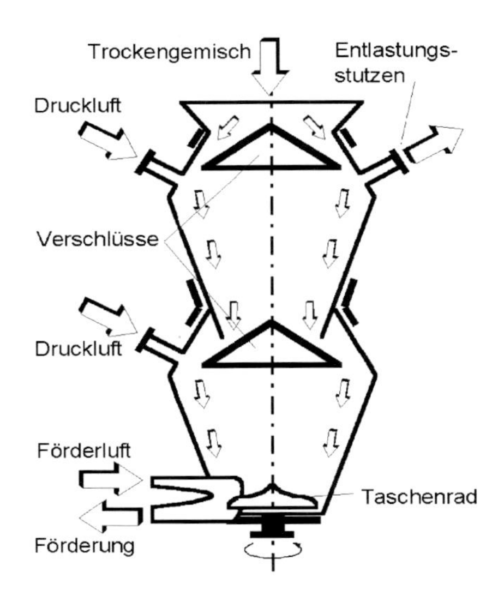

Bild 8.2-8 Zweikammermaschine [8-5]

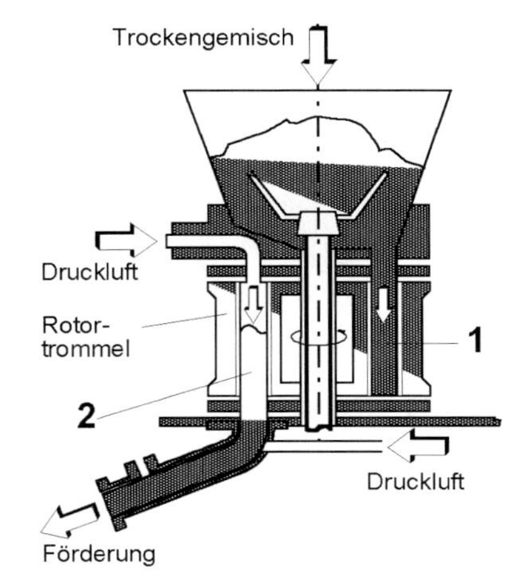

Bild 8.2-9 Rotormaschine [8-2]

Die **Rotormaschine** ist sehr weit verbreitet. Das Material wird in einen offenen Vorratsbehälter eingegeben. Unter dem Vorratsbehälter befindet sich eine Rotationstrommel, die von unten mechanisch angetrieben wird. Die Rotationstrommel befindet sich zwischen dem unter atmosphärischem Druck stehenden Vorrats- und Einfüllbehälter sowie der unteren Druckluftfördereinrichtung. Die Rotationstrommel hat die Form eines Trommelrevolvers. Die Trommel ist unterteilt in zwei Bereiche die gleichzeitig folgende Funktionen ausführen:

- Im Bereich 1 wird aus dem Trichter das Material mittels Rührarm in die Öffnung des gerade darunter befindlichen Trommelzylinders gefüllt.
- Im Bereich 2 fliesst die Druckluft ein, stösst den Inhalt eines Trommelzylinders nach unten und entleert dadurch den gerade darunter befindlichen Zylinder der Trommel in die Förderleitung.

So wird auf der einen Seite während der Rotation der Trommel ein Trommelzylinder beladen und gleichzeitig wird der Inhalt des gegenüberliegenden Trommelzylinders in den Förderschlauch geblasen. Zur Abdichtung der rotierenden Trommel zu den beiden Bereichen wird oben und unten eine Neoprenplattendichtung verwendet. Diese unterliegt einem erheblichen Verschleiss. Das Material wird mittels Dünnstromverfahren (Flugverfahren) zur Düse gefördert.

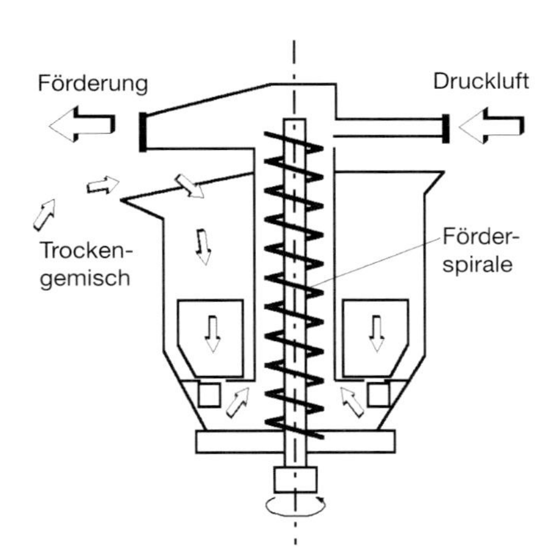

Bild 8.2-10 Schneckenmaschine

Die **Schneckenmaschine** zeichnet sich durch eine kontinuierliche Förderleistung aus. In einen Trichter wird das Material eingefüllt. Eine vertikale Schnecke fördert das Material in einem geschlossenen Rohr nach oben. Am oberen Austritt wird das Material vom Luftstrom einer Düse erfasst und im Dünnstromverfahren (Flugförderung) durch den Schlauch zur Spritzdüse gefördert. Die Schneckenmaschine wird meist beim konventionellen Trockenspritzsystem (Rombold) angewandt. Durch das trockene Material und die damit verbundene hohe Rauhigkeit des Trockengemisches ist der Verschleiss der Schnecke technisch wie wirtschaftlich hoch.

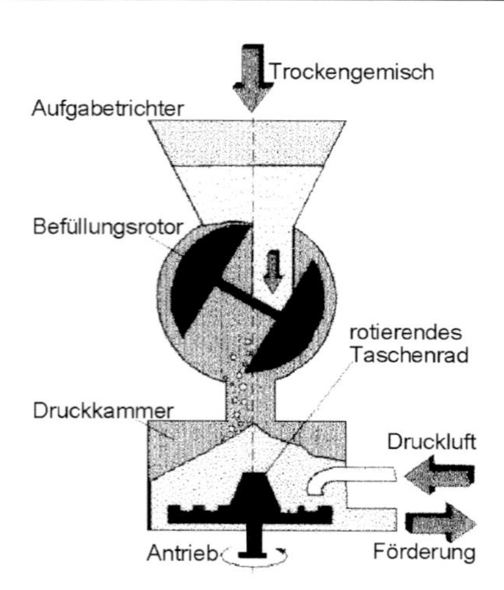

Bild 8.2-11 Rotordruckkammermaschine [8-6]

Die **Rotordruckkammermaschine** vereint und kombiniert die Vorteile der Zweikammer- und Rotormaschine. Das Trockengemisch wird in einen Aufgabetrichter gefüllt. Von dort wird es im unteren Bereich mittels einer Trommel, die mit grossen Taschen versehen ist, rotierend in die darunter befindliche Druckkammer gefördert. Diese Trommel mit Taschen dichtet gleichzeitig die untere Druckkammer gegen den oberen Aufgabetrichter ab. In der unteren Druckkammer wird das Material dann mit einem hutförmigen Taschenrad im Dünnstromverfahren (Flugförderung) durch den Förderschlauch zur Spritzdüse gefördert.

Die Maschine hat beim Befüllen keinen dauernden Druck- und Luftverlust wie die Zweikammermaschine und zudem einen geringeren Verschleiss gegenüber der Rotormaschine.

Spritzdüsen beim Trockenspritzverfahren

Die Spritzdüse hat beim Trockenspritzverfahren meist die folgenden multifunktionalen Aufgaben:

- Mischkörper: zum Vermischen des Wassers mit dem im Flugverfahren durchgeschleusten Trockenbetongemisch – wird nur Zement und kein Spritzbindemittel verwendet, so wird zusätzlich Abbindebeschleuniger ins Mischwasser dosiert.
- Strahlformer: am Förderleitungsende muss der Spritzstrahl optimal geformt werden um einen kompakten, freien und möglichst wirbelarmen Strahl zu bilden.

Beim Trockenspritzverfahren wird das Trockengemisch in der Düse mit Wasser hydrodynamisch durchmischt. Bei Verwendung von Zement ist meist ein flüssiger Abbindebeschleuniger zusätzlich erforderlich, dessen Zugabe ebenfalls an der Düse erfolgt. Bei Spritzbindemittel ist im Regelfall kein Abbindebeschleuniger notwendig. Die Spritzdüsen bestehen meistens aus einem zylindrischem Kunststoffrohr, dem ein Wasserdüsenring vorgeschaltet ist. Das Wasser wird turbulent in der Spritzdüse im Zehntelsekundenbereich mit dem Trockengemisch hydrodynamisch vermischt (Bild 8.2-12). Die Injektion des Wassers in der Spritzdüse kann erfolgen durch:

- Sprühvorhang senkrecht zur Flugförderung
- tangential zur Flugförderung
- Drallstrahl durch geneigte Einspritzung zur Flugförderung

Das durch Flugförderung vorbeiströmende Material wird durch den Sprühvorhang benetzt.

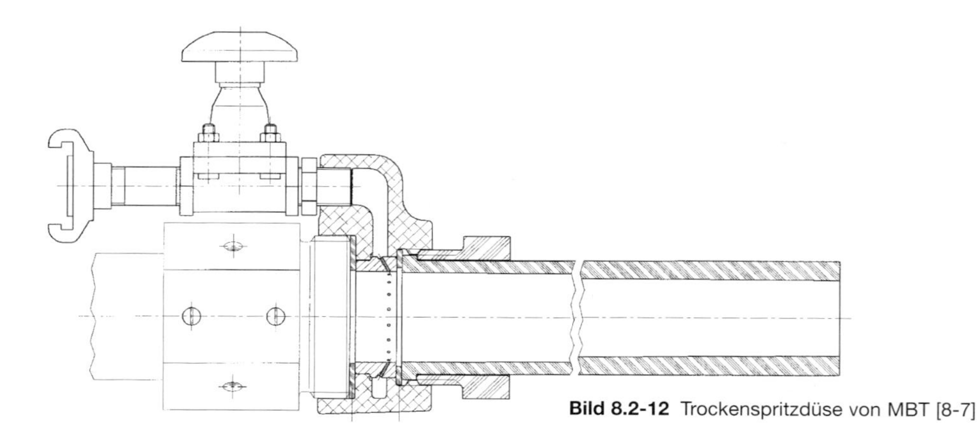

Bild 8.2-12 Trockenspritzdüse von MBT [8-7]

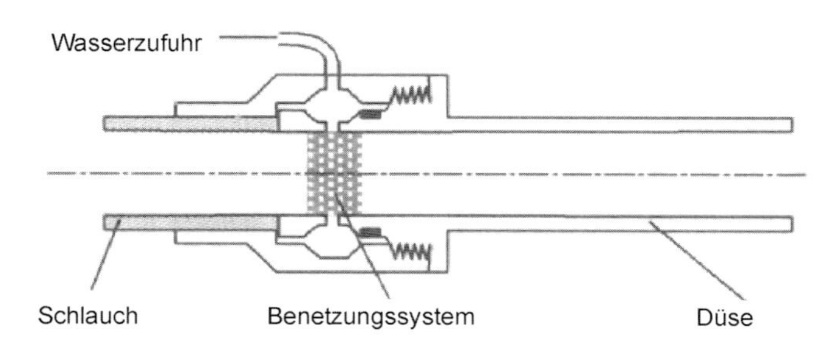

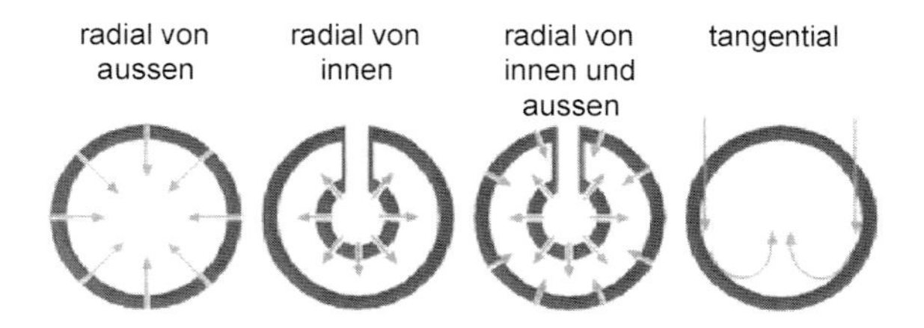

Bild 8.2-13 Verschiedene Benetzungssysteme in Trockenspritzdüsen [8-8]

Zur Verbesserung der Oberflächenbesprühung wird in der DMT-Düse ein Leitkörper eingebaut bei einer gleichzeitigen Vergrösserung des Durchmessers (Bild 8.2-13). Dadurch braucht der Wasservorhang nur noch 50 % der Penetrationswirksamkeit. Gleichzeitig nimmt die Anzahl der Düsen am Umfang zu. Dadurch lässt sich eine gleichmässige, homogenisierte Befeuchtung des Gemischs erreichen mit einer einhergehenden Reduzierung des Feinstaubanfalls.

Die Wasserzufuhr wird meist vom Düsenführer reguliert. Dadurch ist der W/Z-Wert des Trockenspritzbetons nicht klar definiert. Die subjektive, gefühlsmässige Wasserzugabe des Düsenführers wird jedoch durch folgende relativ engen physikalischen Grenzen eingeschränkt:

- zu trocken, W/Z-Wert $< 0.45 \Rightarrow$ mehr Rückprall und erhöhte Staubentwicklung
- zu nass, W/Z-Wert $> 0.55 \Rightarrow$ Abfliessen des Spritzbetons von der Wand

Die Düsenführer in Deutschland und Österreich müssen einen Spritzdüsenführernachweis erbringen. Dadurch wird trotz der subjektiven Beeinflussung des W/Z-Wertes eine relativ hohe Qualität erreicht.

Zur Verbesserung des Verfahrens hinsichtlich definiertem W/Z-Wert ist künftig eine robuste Mengenmess- und Dosiereinrichtung notwendig. Die Messstreuungen sollten nur in engen statistischen Grenzen auftreten. Die Messungen der Flugförderung sind jedoch relativ schwierig. Wünschenswert wäre:

- konstanter W/Z-Wert (geringe Streuung)
- konstante Abbindebeschleunigermenge
- mögliche Verringerung des Feinstaubanteils an der Düse

Für den Stahlfaserspritzbeton verwendet man zum Teil Spezialdüsen. Die Stahlfasern werden bei diesen Spezialdüsen pneumatisch über eine separate Schlauchleitung zur Düse gefördert, wo sie zum trockenen Materialstrom gemischt werden. Bei den moderneren Verfahren werden die Fasern bereits dem Trockengemisch beigemischt und gemeinsam zur Düse gefördert.

8.2.2.2 Nassspritzverfahren

Beim Nassspritzverfahren (Bild 8.2-14) wird meist Transportbeton, bestehend aus Zement, Zuschlagstoffen, Anmachwasser und Verflüssiger, verwendet. Der Transportbeton wird direkt in den Aufgabetrichter der Nassspritzmaschine übergeben.

Beim **Nassspritzverfahren** unterscheidet man folgende Fördermethoden (Bild 8.2-15):

- pneumatische Förderung: Dünnstrom- und Pfropfenverfahren, auch Flugförderung genannt
- hydraulische Förderung: Dichtstromverfahren, auch Schubförderung genannt

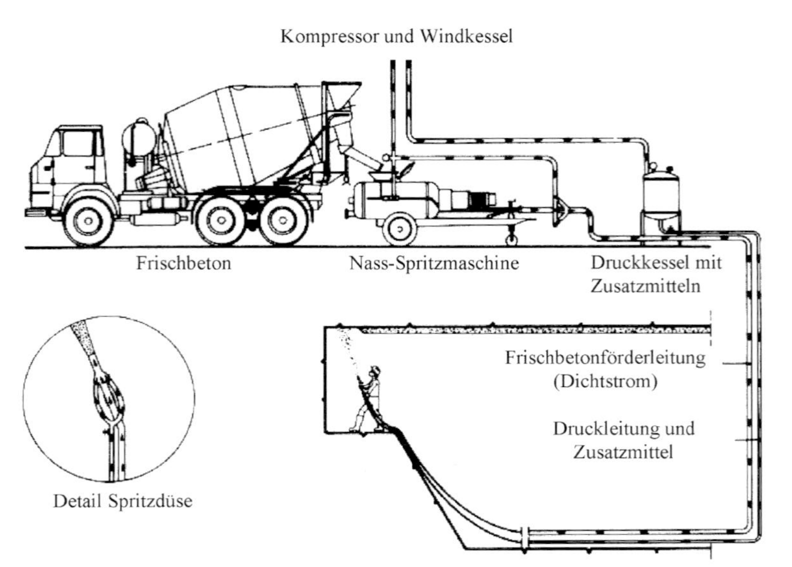

Bild 8.2-14 Verfahrenstechnik des Nassspritzverfahrens im Tunnelbau [8-1, 8-7]

Die verschiedenen Maschinensysteme sind in Bild 8.2-16 dargestellt. Das Material wird zur Spritzdüse gefördert und beim Dichtstromverfahren unter Zugabe weiterer Druckluft verspritzt. Durch die Verwendung von Fertigbeton mit definiertem W/Z-Wert wird eine gleichmässigere Betonqualität erreicht und die Staubentwicklung reduziert.

Beim Nassspritzverfahren unterscheidet man folgende Fördermethoden (Bild 8.2-17):

Dünnstromförderung

Das fertige Betongemisch wird mit Druckluft gefördert, wobei an der Spritzdüse zum Teil nochmals Druckluft und meist Abbindebeschleuniger zugegeben werden. Damit wird die zum Auftragen und Verdichten des Spritzbetons notwendige Fluggeschwindigkeit erreicht.

Pfropfenförderung

Das fertige Betongemisch wird in einer Druckkammer meist über eine Portionierscheibe in eine Ein-

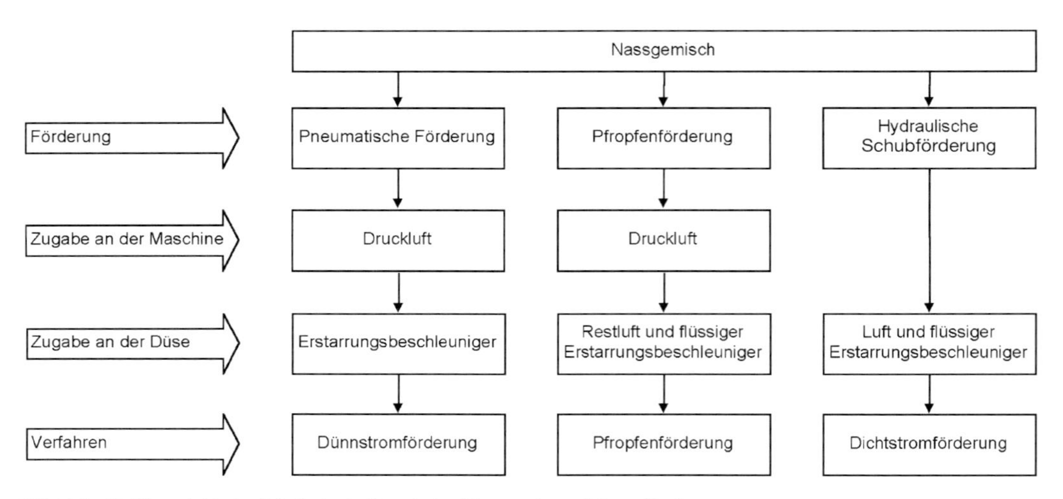

Bild 8.2-15 Übersicht der Fördertechniken beim Nassspritzverfahren [8-1]

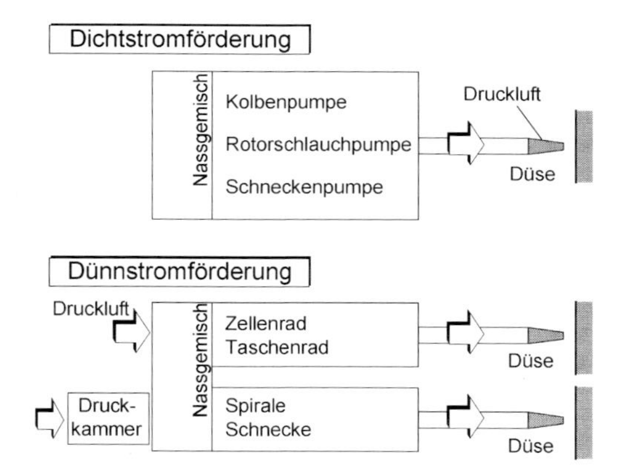

Bild 8.2-16 Nassspritzverfahren – Arten der maschinellen Förderung

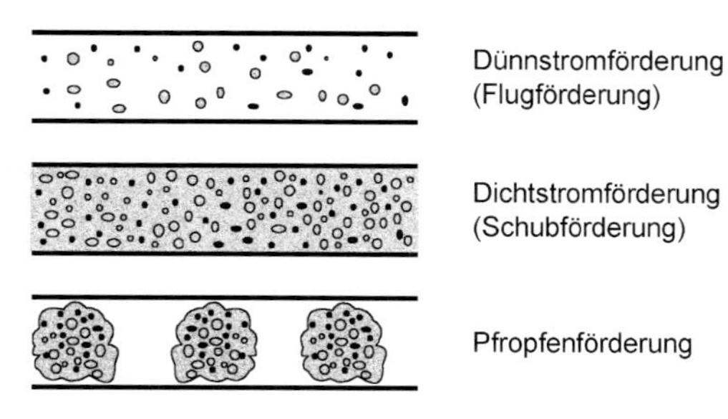

Bild 8.2-17 Spritzbeton – Förderarten

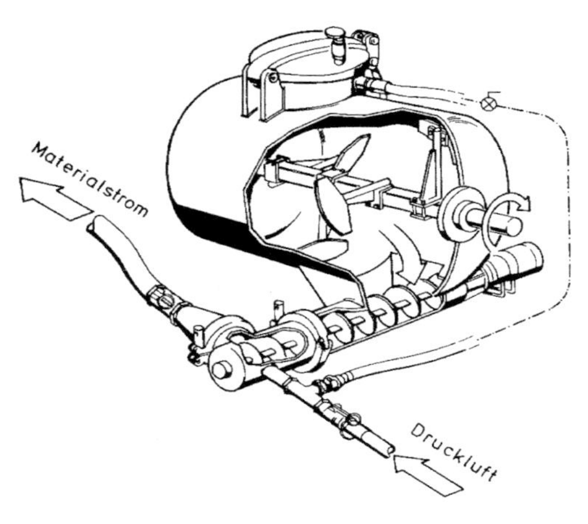

Bild 8.2-18 Druckkammermaschine mit Schneckenförderung (Dünnstromförderung) [8-9]

schleusedüse geben. Von hier werden die Pfropfen nacheinander mit Druckluft durch den Schlauch zur Spritzdüse gefördert, wo die restliche Luft sowie meist Abbindebeschleuniger zugegeben werden.

Dichtstromförderung

Das Fördermaterial wird mit normalen Betonkolbenpumpen im kompakten Materialstrom (Schubförderung) hydraulisch zur Düse gefördert.

An der Spritzdüse wird das kompakte Material für die Flugphase durch Zugabe von Druckluft beschleunigt, um die zum Auftragen auf den Untergrund und zum Verdichten notwendige Geschwindigkeit zu erreichen. An der Düse wird meist flüssiger Abbindebeschleuniger zugegeben. Das Dichtstromverfahren wird heute meist bei grossen Förderleistungen eingesetzt.

Der charakteristische Materialfluss des Nassspritzgemisches ist für die verschiedenen Förderarten in Bild 8.2-17 dargestellt.

Fördermaschinen

Beim Nassspritzverfahren im **Dünnstrom** wird hauptsächlich die Rotormaschine (siehe Trockenspritzverfahren) sowie (seltener) die Druckkam-

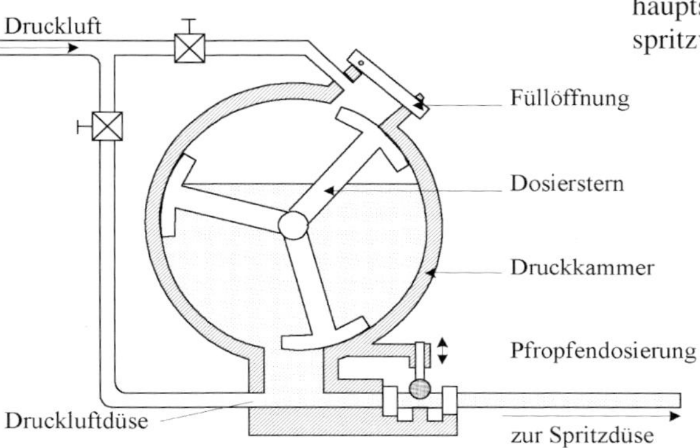

Bild 8.2-19 Nassspritzmaschine für Pfropfenförderung, Putzmeister M500 [8-10]

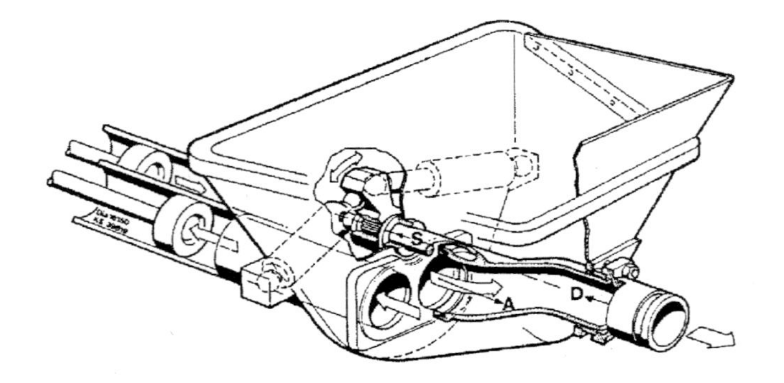

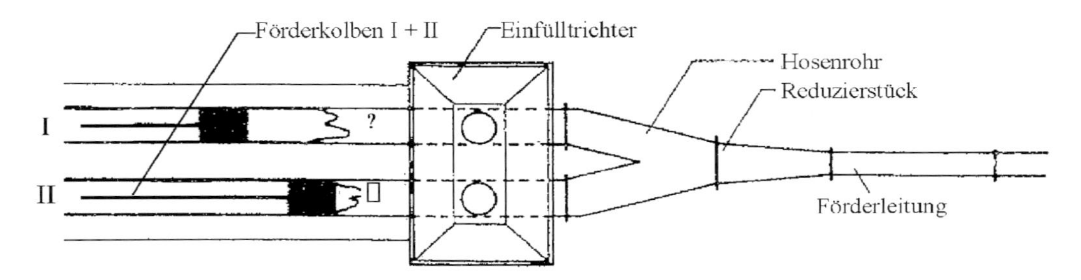

Bild 8.2-20 Kolbenpumpe (Dichtstromförderung) [8-7]

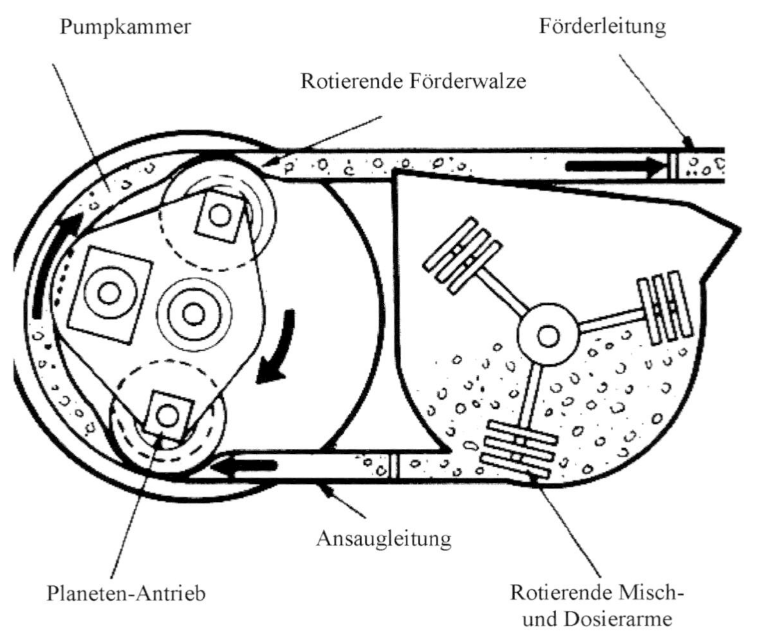

Bild 8.2-21 Rotorschlauchpumpe für Dichtstromförderung, Squeez-Crete 250 / Tubaflow [8-10, 8-11]

mermaschine mit Schneckenförderung (Bild 8.2-18) eingesetzt. Sie eignet sich speziell für die Verarbeitung von microsilikamodifiziertem Beton und Mörtel. Der im Kessel integrierte Zwangsmischer ermöglicht es, die trocken angelieferten Zuschlagstoffe mit Wasser zu mischen. Unter dem gefüllten Kessel liegt die Schnecke. Die Schnecke fördert das Nassspritzgemisch zur Einschleusdüse. Dort wird das Material durch die von hinten zugegebene Druckluft durch den Förderschlauch zur Spritzdüse gefördert. Dieses System wird auch beim Trockenspritzverfahren (Rombold) mit trockenen Zuschlägen eingesetzt.

Bei der **Pfropfenförderung** (Bild 8.2-19) wird das Nassspritzgemisch im Druckkessel durch Mischarme der Ausblasöffnung portionenweise zugeteilt. Durch Zugabe von Druckluft in der Einschleusdüse wird das Material zur Spritzdüse gefördert.

Bei der **Dichtstromförderung** setzt man folgende handelsüblichen Betonpumpen ein:

- Kolbenpumpen (Bild 8.2-20)
- Pumpen mit Schneckenförderung
- Rotorschlauchpumpen (Bild 8.2-21)

In der Nassspritztechnik im Dichtstromverfahren werden hauptsächlich Kolbenpumpen eingesetzt.

Das Nassspritzbetonmaterial wird über einen Aufgabetrichter den Kolben zugeführt. Das Material wird abwechselnd von den zwei Kolben in den Förderschlauch geschoben und zur Spritzdüse gefördert. Die Frequenz der Kolben muss so gesteuert werden, dass es zu einem kontinuierlichen Schubfluss im Schlauch kommt, um einen gleichmässigen Ausstoss aus der Düse zu erhalten.

Die Schneckenförderung gewährleistet einen kontinuierlichen Betrieb. Der Nassstrom reduziert den extrem hohen Verschleiss, wie er bei der Trockenförderung auftritt. Mit Schneckenförderpumpen und breiigem Nassstrom kann man bis zu 20 bar Förderdruck erreichen.

Die Leistungswerte von Spritzgeräten sind in der Tabelle 8.2-3 zusammengestellt.

Spritzdüsen beim Nassspritzverfahren

Beim Nassspritzverfahren muss man verfahrensbedingt zwischen Düsen für die Dünnstrom- und solchen für die Dichtstromförderung unterscheiden (Bild 8.2-22).

Die Spritzdüse hat beim Nassspritzverfahren meist die folgenden multifunktionalen Aufgaben:

- Mischkörper: zur Beschleunigung und zum Aufreissen des im Schubverfahren geförderten

Tabelle 8.2-3 Leistungswerte von Spritzgeräten an der Spritzdüse beim Nassspritzverfahren

Verfahren	Maschine		Förderleistung [m^3/h]	Förderschlauch Ø [mm]	Luftmenge [m^3/min]	Luftdruck [bar]	Wasserdruck [bar]
Dichtstrom	Kolbenpumpe		2-20	50/65/100	4-12	6-7	
Dünnstrom	Rotormaschine 1	Trocken	4,5-6,0 6-9	50 60	8-13 11-15	2-5 2-5	3-6 3-6
		Nass	4,5-6,0 6-9	50 60	8-13 11-15	4-7 4-7	
	Rotormaschine 2	Trocken	8-12 13-18	60 65	11-15 13-17	2-5 2-5	3-6 3-6
		Nass	8-12 13-18	60 65	11-15 13-17	4-7 4-7	

Förderschlauchdurchmesser:

- ≤ 50 mm für Handapplikation
- > 65 mm Manipulatoreinsatz
- Adapterstücke vor der Düse bei ø > 50 mm
- Schlauchdurchmesser variiert bei Herstellern

Luftmenge:

- angesaugte Luftmenge bei 1 bar [Nm^3/min]
- Dichtstrombemessung 0,6–1,0 m^3/min pro m^3-Förderbeton

Luftdruck:

- am Kompressorausgang

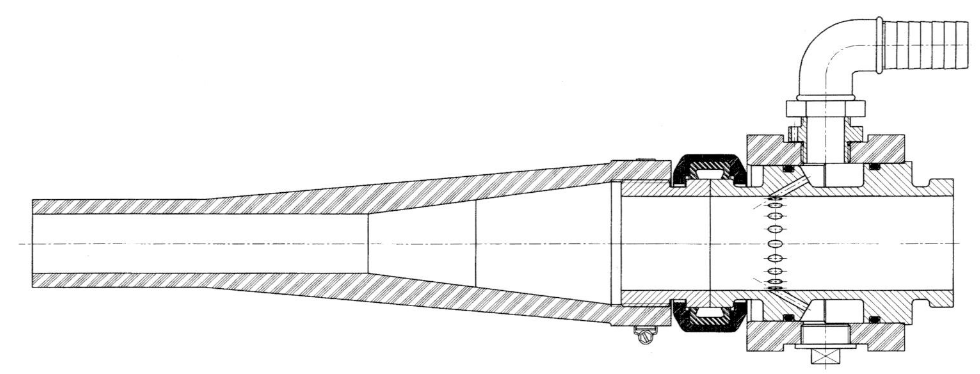

Bild 8.2-22 Nassspritzdüsen für Dichtstromverfahren von MBT [8-7]

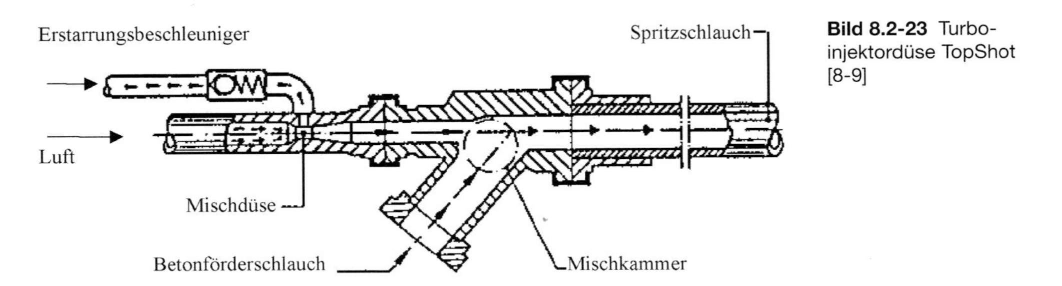

Bild 8.2-23 Turboinjektordüse TopShot [8-9]

Nassbetongemisches wird Druckluft eingeblasen.

- Strahlformer: am Förderleitungsende muss der Spritzstrahl optimal geformt werden, um einen kompakten, freien und möglichst wirbelarmen Strahl zu bilden.

Beim Dichtstromverfahren unterscheiden sich die Spritzdüsen durch die konstruktive Gestaltung der Luftzugabe in der Düse. Man unterscheidet:

- zentrale Luftzufuhr in der Düse
- periphere Luftzufuhr am Umfang der Düse

Die Dichtstromförderung ist dadurch gekennzeichnet, dass das Betonfertiggemisch kompakt im Schubstrom zur Düse gelangt. Das Material muss zur Erreichung der notwendigen kinetischen Energie für die Verdichtung auf der Auftragsfläche auf die erforderliche Geschwindigkeit beschleunigt werden. Die Beschleunigung des festen Materialstroms erfolgt durch Zugabe von Druckluft an der Spritzdüse und durch das konisch zulaufende Kunststoffdüsenrohr, dem der Luftdruckzugabering vorgeschaltet ist. Zusätzlich kann man neben der Druckluft ein Abbindebeschleunigungsmittel zugeben.

Um eine bessere Durchmischung mit dem Abbindebeschleuniger zu erreichen, hat man beim Top-Shot-Verfahren einen Verlängerungsschlauch zwischen 2 – 6 m auf die Düse gesetzt (Bild 8.2-23 und Bild 8.2-24). Der Betonstrom wird in der Düse aufgerissen und die letzten Meter werden im Dünnstromverfahren gefördert.

8.2.2.3 Vergleich der Verfahren

Die wesentlichen verfahrenstechnischen Unterschiede, Vor- und Nachteile sowie Anwendungskriterien sind in Tabelle 8.2-4 zusammengefasst. Keines der Verfahren ist grundsätzlich besser. Beide Verfahren erweisen sich in bestimmten Anwendungsfällen gegenüber dem jeweils andern eindeutig als überlegen, und zwar aus folgenden Gründen:

- Trockenspritzverfahren: bei kleineren Querschnitten, häufigen kürzeren Arbeitsunterbrechungen, langen und beengten Förderwegen oder mehreren Arbeitsorten auf der gleichen Baustelle
- Nassspritzverfahren: bei hohen Förderleistungen und Gesamtmengen, besonders im Dichtstromverfahren mittels Spritzmanipulatoren

Anmerkung: Spritzmanipulatoren werden beim Trocken- und Nassspritzverfahren eingesetzt.

8.2.3 Spritzbetonsysteme

Die Entwicklung der Spritzbetontechnik hat in den letzten Jahrzehnten grosse Fortschritte gemacht. Dies betrifft das Trocken- sowie das Nassspritzverfahren in bezug auf:

- Materialtechnik
- Beschickungstechnik
- Fördertechnik
- Spritztechnik

Die Nassspritztechnik hat sich im Tunnelbau u. a. bedingt durch folgende Vorteile durchgesetzt:

- hohe Applikationsleistungen > 8 – 20 m^3/h besonders durch Einsatz von Kolbenpumpen und Spritzmanipulatoren und in Zukunft durch Spritzroboter
- geringerer Rückprall (Verlust, Sonderabfall)
- geringere Staubbelastung (Gesundheitsgefährdung)
- gesicherter W/Z-Wert < 0,5 durch Vormischen und damit geringere Qualitätsstreuungen, allerdings nur mit Hilfe von chemischen Verflüssigern
- Abbindebeschleuniger kann in definierter Menge zugegeben werden

Auch beim Trockenspritzverfahren haben sich effizienzsteigernde Verbesserungen ergeben durch:

- Entwicklung von Spritzbindemittel mit Beschleuniger für naturfeuchte Zuschläge
- Entwicklung von flexiblen Mischanlagen, die das Gemisch nach Bedarf und Anforderungen vor Ort mischen

Die Leistungen dieser Geräte liegen heute bei < 8 m^3/h. Die neuen Trockenspritzverfahren (NATS) haben den grossen Vorteil, dass gegenüber dem Nassspritzverfahren wesentlich weniger Zusatzmittel erforderlich sind. Der Rückprall und Staubanfall ist jedoch immer noch höher als beim Nassspritzverfahren.

Um grosse Tunnelquerschnitte mit Spritzbeton schnell und effizient zu sichern (die ersten 5 cm) und die mächtigere Spritzbetonschale einzubauen, sind nicht nur leistungsfähige Pumpen, sondern auch **hochmechanisierte und teilrobotisierte Applikationssysteme** erforderlich. Die Anforderungen an die Hochleistungsspritzsysteme, die für Trocken- und Nassspritzverfahren eingesetzt werden können, sind:

- baubetrieblich optimiertes, prozessgesteuertes System für die verschiedenen in-situ-Verhältnisse
- gleichmässige hohe Qualität bei gleichmässiger hoher Leistung, unabhängig von der individuellen menschlichen Leistungskurve
- Verbesserung der Arbeitssicherheit und Reduktion der Arbeitsbelastung
- nachhaltige Bewirtschaftung der Baustoffe, geringere Materialverluste und Umweltbelastung

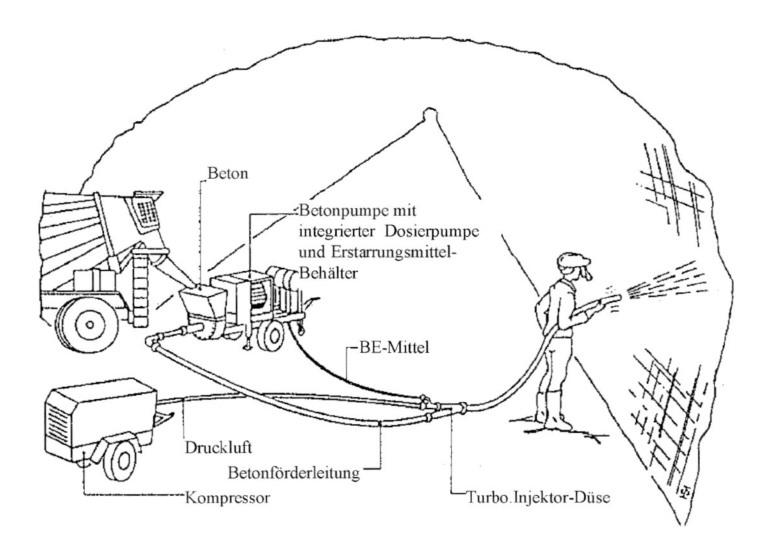

Bild 8.2-24 Systemskizze Top-Shot [8-9]

Tabelle 8.2-4 Gegenüberstellung des Nass- und Trockenspritzverfahrens

Methode: Verfahren:	**Trockenspritzverfahren** Dünnstrom	**Nassspritzverfahren** Dichtstrom	 Dünnstrom
Gemischzustand	Trockengemisch: Spritzbindemittel + Zuschläge oder Zement, Zuschläge, Beschleuniger	Fertigbetongemisch: Zement, Zuschläge, Anmachwasser, Verflüssiger	
Herstellung	• Misch- und Trockenanlage auf der Baustelle • ofengetrocknete oder bei neuen Verfahren naturfeuchte Zuschläge • abgepackter Fertigmix, darf nicht geöffnet der Luftfeuchtigkeit ausgesetzt sein	• Mischanlage auf der Baustelle • Zuschläge dürfen nass sein • Fertigbeton	
Zusatzmittelzugabe	• pulverförmig im Gemisch oder im Spritzbindemittel • flüssig an der Düse	• im allgemeinen flüssig	
Geräte	• niedrigere Investitionskosten für Fördergerät • einfache Instandhaltung, hohe Verschleisskosten	• niedrigere Verschleisskosten an Pumpe, Schlauch und Düse • 60 % weniger Druckluftverbrauch	wie Trockenverfahren
Vielseitigkeit des Geräteeinsatzes	Nutzung für: • Spritzbeton • Sandstrahlung	Nutzung für: • Spritzbeton • Pumpbeton	wie Trockenverfahren
Leistung	5 - 8 m^3	2 - 10 m^3 20 m^3 mittels Manipulator	5 - 8 m^3
Förderung	Flugförderung	Schubförderung	Pfropfen- oder Flugförderung
Spritzdüsenzugabe	Anmachwasser, Abbindebeschleuniger	Druckluft / Abbindebeschleuniger	Druckluft / Abbindebeschleuniger
Düsengeschwindigkeit	20 m/s	10 - 12 m/s	15 m/s
max. Spritzleistung (z.Z.)	8 m^3/h	20 m^3/h	8 m^3/h
max. Förderlänge	400 m	100 m	80 m
Zementgehalt	300 - 400 kg/m^3	270 - 350 kg/m^3	330 - 450 kg/m^3
Rückprall	15 - 30 % vertikale Flächen 20 - 40 % überkopf	kann < 10 % werden	wie Trockenverfahren
Staub	• höhere Staubbelastung kann reduziert werden durch: – Benetzung vor der Düse – neue Verfahren mit naturfeuchten Zuschlägen • Staubablagerung auf Spritzbeton-oberfläche - Haftproblem	• geringe Staubbelastung • bessere Sicht im Tunnel • keine Gefahr der Staubablagerung auf Oberfläche	
Qualität	• höhere Festigkeit durch kleineren W/Z - Wert • geringere Homogenität durch Wasserzugabe	• oft geringere Festigkeit durch hohen W/Z - Wert • relativ homogen	
Vorteile	• geringe Gerätekosten • hohe Flexibilität durch: – Spritzpausen ohne Reinigung – kleine Mengen problemlos – geringer Platzbedarf – geringer Reinigungsaufwand – grosse Förderlängen – geringe BE - Mengen • hohe Festigkeit	• kontrollierter W/Z - Wert • grosse Spritzleistung • geringer Rückprall • geringere Staubentwicklung • geringerer Verschleiss • geringere Materialkosten (Rückprall)	
Nachteile	• W/Z - Wert nicht definiert • starke Staubentwicklung • hohe Energiekosten • relativ geringe Spritzleistung • relativ hoher Rückprall	• aufwendige Gerätereinigung nach Spritzpausen und kleinen Mengen • hohes Düsengewicht • geringere Flexibilität des Gerätes • hohe Gerätekosten	

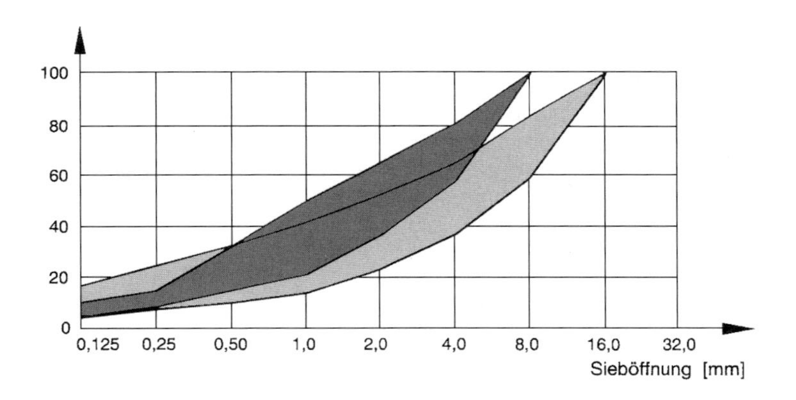

Bild 8.2-25 Erfahrungswerte geeigneter Kornverteilungen der Zuschlagstoffe für Spritzbeton [8-12]

8.2.4 Ausgangsstoffe des Spritzbetons

8.2.4.1 Allgemeines

Spritzbeton kann man als ein Fünf-Stoff-System bezeichnen, das aus den folgenden Komponenten besteht:

- Bindemittel
- Zuschlagstoffe
- Wasser
- Zusatzmittel
- Zusatzstoffe

Beim Aufbau der Mischung ist jedoch darauf zu achten, dass sich das Ausgangsgemisch vom verdichteten Gemisch an der Wand unterscheidet und zwar durch den Verlust von Material während des Auftragens durch Rückprall und Feinstaub, der an der Spritzdüse abgeschieden wird. Dadurch verändert sich die Zusammensetzung gegenüber dem Ausgangsgemisch, da sich die Fein- und Grobanteile in unterschiedlichen Anteilen ausscheiden.

Die Art der Ausgangsstoffe, Qualität, Herstellung und Anwendung wird in den verschiedenen Län-

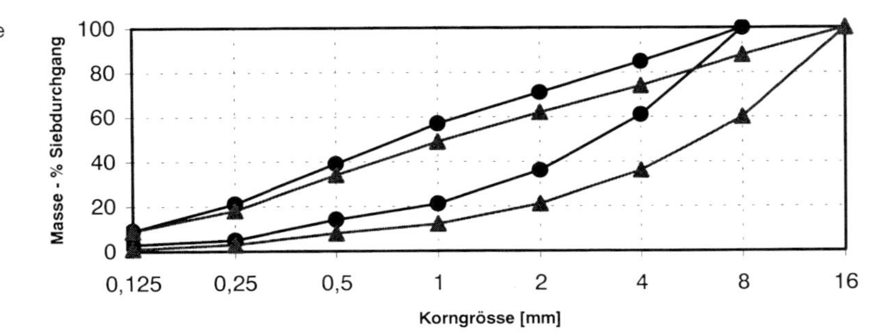

Bild 8.2-26 Empfohlene Kornverteilungskurven nach DIN 1045

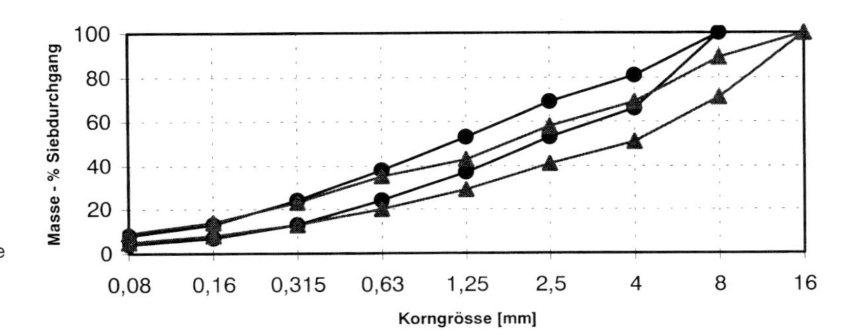

Bild 8.2-27 Empfohlene Kornverteilungskurven der Association Française du Béton

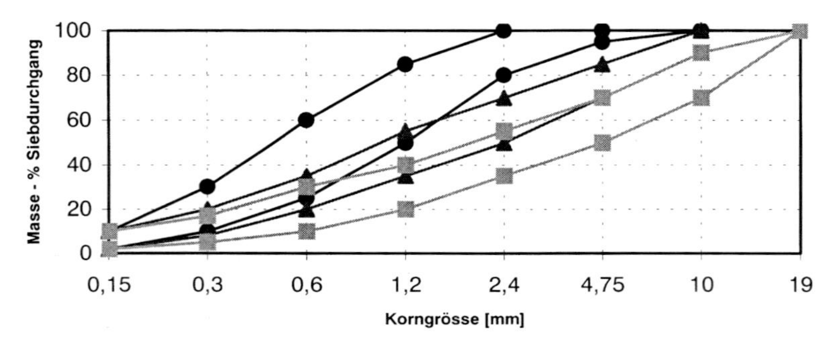

Bild 8.2-28 Empfohlene Kornverteilungskurven nach ACI 506

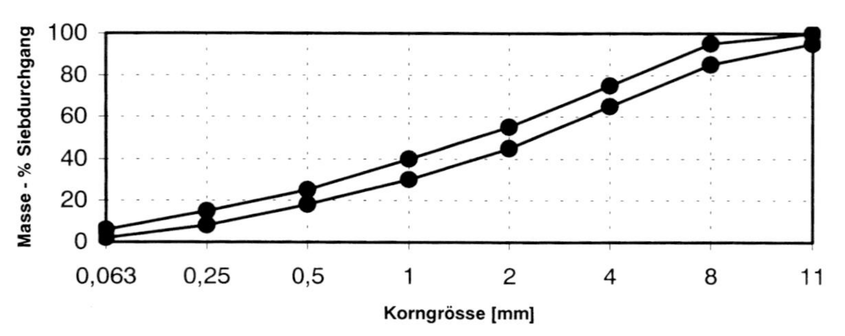

Bild 8.2-29 Empfohlene Kornverteilungskurven des österreichischen Betonvereins

dern mit Normen, Richtlinien und Empfehlungen geregelt, andernfalls kommen die normalen Betonnormen zur Anwendung.

In der Schweiz und in Deutschland gelten gemäss der SIA-Norm 162 und DIN 1045 die gleichen Anforderungen sowohl für Spritzbeton wie für den Normalbeton. In Deutschland und Österreich gelten für die Herstellung spezielle Normen (DIN 18551 und 18314 [8-42; 8-43] und Ö-Norm – Richtlinie für Spritzbeton [8.13]).

8.2.4.2 Zuschlagstoffe

In Bild 8.2-25 sind mögliche Grenzsieblinien für ein Grösstkorn von 8 mm und 16 mm angegeben. Die Kornzusammensetzung sollte gemischtkörnig sein. Ein hoher Anteil an Grobkorn wirkt sich ungünstig aus in bezug auf den Rückprall. Bei engliegender Bewehrung sollte das Größtkorn auf 8 mm beschränkt werden. Auf jeden Fall sollte das Größtkorn auf ein Drittel des Förderleitungsdurchmessers begrenzt werden. Ausfallkörnungen sind möglichst zu vermeiden.

Im allgemeinen wird die Verwendung von natürlichem, rundem Korn empfohlen. Dies hat folgende Vorteile:

- geringerer Rückprall als bei länglichem, splittigem Material
- geringere Porenbildung als bei gebrochenem Korn
- geringere Zementmenge bei gleichem W/Z-Wert durch geringere spezifische Oberfläche
- geringerer Verschleiss in den Maschinenaggregaten

Nachfolgend sind einige von verschiedenen Normen empfohlene Kornverteilungskurven angegeben (Bild 8.2-26 bis Bild 8.2-29).

Im Tunnelbau wird heute, im Rahmen der nachhaltigen Materialbewirtschaftung, das Ausbruchmaterial (gebrochenes Korn) aufbereitet und für den Spritzbeton mitverwendet.

Mit gebrochenem Korn lässt sich die gleiche Festigkeit des Spritzbetons erreichen wie mit rundem Korn. Das liegt daran, dass gebrochenes Korn eine bessere Verzahnung erreicht als rundes Korn, obwohl die Kornfestigkeit durch den Brechvorgang durch Mikrorisse verringert wird.

Ein gewisser Anteil an splittigem Korn wirkt sich positiv hinsichtlich der reinigenden Wirkung auf Schläuche und Leitungen aus. Ferner wird die Verstopfungsgefahr verringert.

In bezug auf die Dauerhaftigkeit muss der chemischen Beständigkeit der Zuschlagstoffe in Zukunft grössere Bedeutung zukommen. Ist saures, aggres-

Eigenfeuchtigkeit in %	Auswirkungen
< 3 %	– grössere Staubentwicklung beim Spritzen – geringere Vorhydratation infolge Wassermangels
3 - 6 %	– günstiger Feuchtigkeitsanteil – Raumgewicht für Korn - Ø 0 - 8 mm: 1450 -1490 kg/m^3
> 6 - 8 %	– zunehmende Störungen an der Fördereinrichtung – Verkrustungen in Maschine und Leitungen – Leistungsverminderung

Tabelle 8.2-5 Eigenfeuchtigkeit der Zuschlagstoffe und deren Auswirkungen (Trockenspritzverfahren) [8-2]

sives Grundwasser zu erwarten, so sollen die Zuschläge folgende Bedingungen erfüllen:

- hohe Säurebeständigkeit
- keine kalkhaltigen Bestandteile

Die Auswirkung der Eigenfeuchte der Zuschlagstoffe beim Trockenspritzverfahren ist in Tabelle 8.2-5 dargestellt.

8.2.4.3 Bindemittel

Man verwendet handelsübliche Zemente oder sogenannte Tunnelzemente in einer Dosierung von 325 – 450 kg/m^3. Bei geringer Stehzeit soll der Spritzbeton im Tunnelbau möglichst schnell hohe Festigkeiten erreichen. Daher sollte der Zement möglichst folgende Anforderungen erfüllen:

- Bei aggressiven Bergwässern ist sulfatbeständiger Zement erforderlich. Es sollten Portlandzemente mit geringem Tricalciumaluminatgehalt (C_3A < 3 %) sowie mit einem Aluminiumoxidgehalt von weniger als 5 % oder Hochofenzement mit mindestens 70 % Hüttensand und höchstens 30 % Portlandzementklinker verwendet werden.
- Der Beton sollte nach 2 Tagen eine Mindestdruckfestigkeit von 10 N/mm^2 und nach 28 Tagen von 35 N/mm^2 erreichen.

Besondere Aufmerksamkeit ist auf die Verträglichkeit mit Abbindebeschleunigern zu richten.

Für das Trockenspritzverfahren wurden spezielle Zemente entwickelt, die keinen zusätzlichen Abbindebeschleuniger benötigen. Man bezeichnet sie als Spritzbindemittel (SBM). Diese Spritzbindemittel reagieren bei Kontakt mit Wasser sehr stark. Sie werden aufgrund ihrer Reaktionsgeschwindigkeiten klassifiziert als [8-13]:

- Spritzbindemittel (SBM-T) für ofentrockene Zuschläge (< 3 % Feuchtigkeit)
- Spritzbindemittel (SBM-FT) für naturfeuchte Zuschläge (3 – 6 % Feuchtigkeit)

Das **Spritzbindemittel SBM-T** [8-13] für ofentrockene Zuschläge hat eine Reaktionszeit von unter einer Minute und ist daher nur verwendbar mit Zuschlägen, deren Wassergehalt unter 0,2 Gew.-% liegt. Das schnelle Abbindeverhalten wird nicht durch Zugabe von Abbindebeschleunigern erzielt, sondern entsteht durch den Sulfatanteil im Basisklinkermaterial. Dies bedingt, dass der Schnellbinder extrem kurze Erhärtungszeiten aufweist. Die Frühfestigkeit nach dem Auftragen des Spritzbetons ist sehr hoch, daher erhöht sich der Rückprall beim Auftragen des nächsten Übergangs erheblich. Nach dem schnellen Erstarren erfolgt die Festigkeitsentwicklung innerhalb der folgenden drei bis fünf Stunden langsamer. Nach dieser Periode ist die Festigkeitsentwicklung mit normalem Portlandzement vergleichbar.

Das **Spritzbindemittel SBM-FT** [8-13] hat eine abgestimmte Reaktionszeit von 1 – 3 Minuten. Dadurch kann es auch in Verbindung mit naturfeuchten Zuschlägen mit einem Wassergehalt von 2 – 4 Gew.-% verwendet werden. Da der niedrige Sulfatgehalt im natürlichen Klinker schwankt, muss zur Kontrolle der verzögerten Erhärtung eine geringe Menge von umweltfreundlichen Zusätzen beigegeben werden. Dadurch kann beim Auftragen des Spritzbetons in verschiedenen Übergängen der Rückprall geringer gehalten werden, da die vorherige Lage noch bearbeitbar ist. Dies erfordert eine abgestimmte Verfahrenstechnik bei Verwendung von naturfeuchten Zuschlägen, da die Verarbeitungszeit sehr begrenzt ist. Das SBM-FT wird mit feuchten Zuschlägen unmittelbar vor Ort in einer geeigneten Anlage für den unverzüglichen Spritzbetonauftrag gemischt. Die charakteristischen Kennwerte für die Spritzbindemittel sind in der Richtlinie Spritzbeton des Österreichischen Betonvereins [8-13] zu finden.

8.2.4.4 Zusatzmittel und Zusatzstoffe

Der Unterschied zwischen Zusatzmitteln und -stoffen wird wie folgt definiert:

- Zusatzmittel werden in der Stoffbilanz des Mehrstoffgemisches nicht berücksichtigt, d. h. der Mengenanteil ist sehr gering. Die Zusatzmittelmenge bezieht sich auf die Zementmenge. Beispiele dazu sind Abbindebeschleuniger, Betonverflüssiger, Staubbindemittel oder Verzögerer.
- Zusatzstoffe müssen in der Stoffbilanz des Mehrstoffgemisches berücksichtigt werden, da ihr Mengenanteil grösser ist. Zu ihnen gehören Flugasche, Silikastaub, Mehlkorn oder Fasern.

Die Zusatzmittel im Spritzbeton

Abbindebeschleuniger

Spritzbeton erhärtet wie Normalbeton. Im Tunnelbau ist aufgrund der Stehzeit wie auch aus baubetrieblichen Gründen (z. B. zügig folgende Sprengarbeiten) eine schnelle Abbindezeit erforderlich. Ferner lassen sich dadurch schneller stärkere Schichten aufbringen (ca. 10 – 15 cm über Kopf). Neben der Wirkung des frühen Erstarrens und Erhärtens verbessert der Abbindebeschleuniger die Haftung durch Erhöhung der Klebrigkeit des Frischbetons und kann die abdichtende Wirkung sowie die Widerstandsfähigkeit gegen chemische Angriffe erhöhen.

Folgende Abbindebeschleuniger [8-14] werden verwendet:

- Alkalialuminate
- Aluminiumverbindungen
- Aluminiumhydroxide
- Calciumsulfoaluminate
- Alkalicarbonate
- Alkalisilikate (Wasserglas)
- organische Beschleuniger

Zur Zeit werden überwiegend Alkalialuminate verarbeitet. Folgende Abbindebeschleuniger sollten nicht benutzt werden:

- Abbindebeschleuniger mit Chloritverbindungen
- Alkalisilikate, wegen ihrer nachhaltigen Gefügestörung durch hohe Frühfestigkeit aber teilweise geringer Endfestigkeit
- sulfathaltige Abbindebeschleuniger

Die Abstimmung des Zementes und Abbindebeschleunigers sollte zwingend durch eine Verträglichkeitsprüfung erfolgen.

Der Abbindebeschleuniger bewirkt eine erhöhte Festigkeit innerhalb der ersten 1 bis 12 Stunden. Für spezielle Anwendungen im Tunnelbau werden zur schnellen Versiegelung des Ausbruchs ein Erstarrungsbeginn nach 3 Minuten und Druckfestigkeiten von > 3 MPa nach 4 Stunden verlangt. Man bezeichnet solche Spritzbetone als „flash set". Dies ist erreichbar durch eine gute Abstimmung zwischen Zement und Abbindebeschleuniger (Bild 8.2-30). Darüber hinaus wirken Abbindebeschleuniger meist festigkeitsmindernd (Bild 8.2-31).

Der normale Anteil an Abbindebeschleuniger beträgt rund 2 % des Zementgewichts. Der Anteil kann jedoch bis zu 7 % ansteigen, wenn eine besonders beschleunigte Erhärtung erforderlich ist. Bei der Dosierung der Abbindebeschleuniger ist zu beachten, dass eine grössere Menge nicht unbedingt eine Steigerung der Wirkung bedeutet. Das Umschlagen des Abbindebeschleunigers ist ein bekanntes Phänomen.

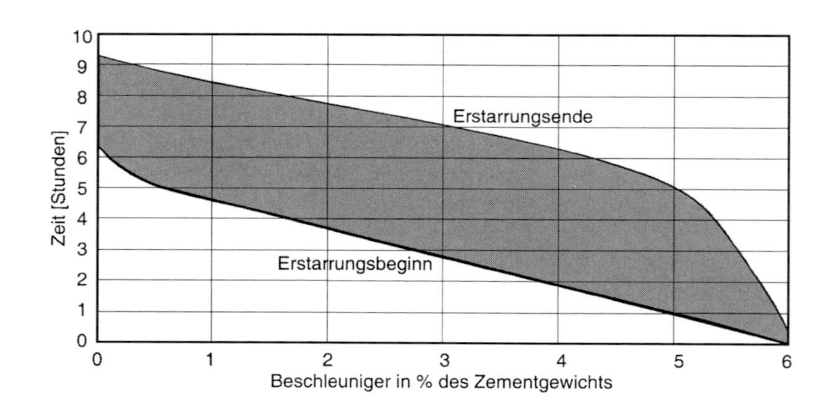

Bild 8.2-30 Qualitativer Einfluss der Dosierung von Abbindebeschleuniger auf die Erstarrungszeit von trockengemischtem Spritzbeton nach ASTM C403 [8-15]

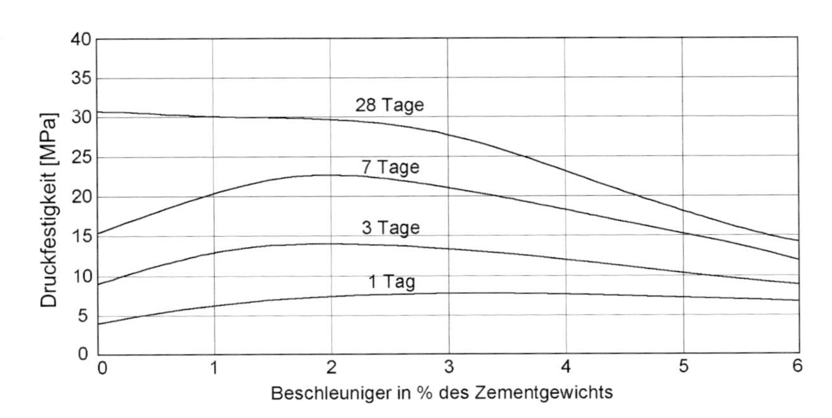

Bild 8.2-31 Einfluss der Dosierung von Abbindebeschleuniger auf die Druckfestigkeit von trockengemischtem Spritzbeton [8-2]

Abbindebeschleuniger sind in flüssiger Form wie auch als Pulver erhältlich. Sie sind im allgemeinen sehr aggressiv, toxisch und ätzend.

Durch die substanzielle Verbesserung der maschinellen Dosiereinrichtungen für trockene und flüssige Beschleuniger ist in jüngster Zeit eine wesentliche Verbesserung in der Verteilung des Beschleunigers im Spritzbeton erreicht worden. Die Dosiereinrichtungen sind gekoppelt mit dem mechanischen oder hydraulischen Spritzbetonantrieb sowie mit Messeinrichtungen, die den Förderstrom messen. Damit wird die verlässliche Dosierung erhöht und eine möglichst gleichmässige Verteilung im aufgetragenen Spritzbeton erreicht.

Eine exzellente, gleichmässige Verteilung des Beschleunigers wird beim Trockenspritzverfahren erreicht durch:

- die neuen Spritzbindemittel
- vorgemischte Trockenspritzmörtel

Die heute eingesetzten Abbindebeschleuniger aus Alkalialuminatverbindungen mit einem pH-Wert von 13 sind durch die verwendeten Alkalien (Natrium- oder Kaliumaluminate) sehr stark ätzend. Die Nachteile dieser Produkte sind:

- hoher pH-Wert; potentielle Gefahrenquelle
- Endfestigkeitsverlust gegenüber Ausgangsgemisch
- Endfestigkeit muss teilweise durch Silika-Fume erhöht werden

Daher werden aus ökologischen und Gesundheitsschutzgründen **alkalifreie Abbindebeschleuniger** (z. B. Sigunit – 49 AF) von den Bauherren verlangt. Die neuen alkalifreien Abbindebeschleuniger haben keine ätzende Wirkung bei einem pH-Wert von 4. Dadurch entstehen keine ätzenden Wasserspritznebel in der Tunnelluft. Zudem verhalten sich diese neuen Abbindebeschleuniger teilweise festigkeitssteigernd. Dazu verringert sich der Anteil an löslichen Alkalien im Beton, die somit nicht zur Steigerung der Versinterung der Tunneldrainage beitragen. Zudem wird die Deponierbarkeit des Spritzbetons in bezug auf die Bildung von grundwasserbelastendem Sondermüll verbessert. Die Anwendung ist im Bild 8.2-32 dargestellt.

Betonverflüssiger und Superverflüssiger

Besonders beim Nassspritzverfahren werden Betonverflüssiger zur Reduzierung der Schubwiderstände während der Förderung eingesetzt. Dadurch lässt sich der W/Z-Wert reduzieren, einhergehend mit einer Erhöhung der Wasserdichtigkeit und Frostbeständigkeit. Betonverflüssiger und Superverflüssiger sollten bei Trockenspritzverfahren nicht angewendet werden, da die kurze Benetzungszeit in der Spritzdüse zur Beurteilung der Verflüssigungswirkung – welche zur Reduzierung des Wassergehalts führt – nicht ausreicht. Meist wird die Wirkung erst verzögert an der Wand durch anschliessendes Abfliessen des Spritzbetons sichtbar.

Staubbindemittel

Staubbindemittel sind meist Stabilisatoren, z. B. auf der Basis von Polyethylenoxid. Sie werden im Trockenspritzverfahren eingesetzt. Ihre wesentlichen Wirkungen sind:

- Erhöhung der Viskosität
- Erhöhung der Klebrigkeit

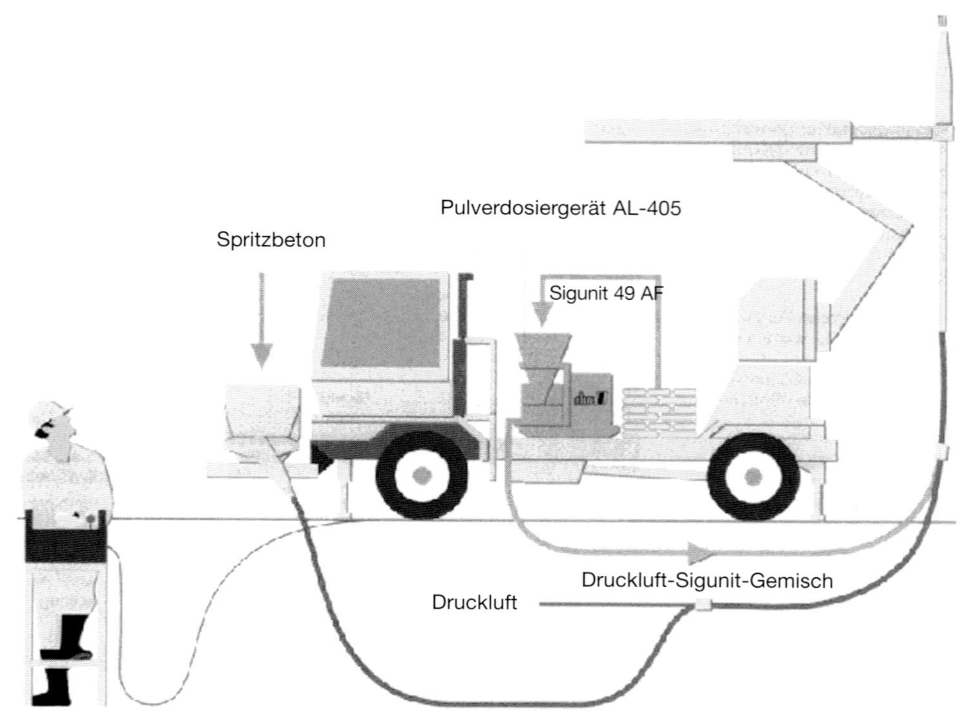

Bild 8.2-32 Nassspritzbeton mit Sigunit – 49 AF im Dichtstromverfahren [8-14]

- Verringerung der Wasserabsonderung
- reduzierter Rückprall
- reduzierte Früh- und Endfestigkeit

Langzeitverzögerer – Stabilisatoren zur Steuerung der Zementhydratation

Sie werden heute immer stärker und öfter beim Nassspritzverfahren eingesetzt. Dies ermöglicht die Bereitstellung des Betongemisches über mehrere Stunden oder sogar Tage (Bild 8.2-33). Die Vorteile sind:

- lange Verarbeitungszeiträume
- keine Pumpenreinigung bei kurzfristigen Unterbrechungen
- Verringerung der Betonverluste und Umweltbelastung durch Reinigung
- leichtere Gerätereinigung
- Herstellung und Transport wird entkoppelt

Die Steuerung der Zementhydratation erfolgt z. B. mit dem Delvo-Stabilisator von MBT [8-16]. Es handelt sich um ein zweikomponentiges, chloridfreies Hydratations-Steuerungssystem, das die Weiterverwendung von Restbeton und zementhaltigem Waschwasser ermöglicht. Die erste Komponente, der sogenannte Stabilisator, unterbindet die Hydratation, die zweite Komponente, der sogenannte Aktivator, ist der Hydratationsbeschleuniger.

Beim Abbinden des Betons kristallisieren die bei der Zementhydratation gebildeten Hydrate aus. Bei vollständiger Durchmischung des Stabilisators mit der Betonmischung wird die Zementhydratation unterbunden, indem eine Schutzschicht um die Zementpartikel gelegt wird. Der Stabilisator besteht aus Carboxylsäure und phosphorhaltigen organischen Säuren und Salzen.

Das Abbinden und Erhärten des Betons kann auf zwei Arten erfolgen:

- warten bis der Stabilisator nachlässt
- Zugabe von Aktivator, der die Schutzschicht um die Zementpartikel aufbricht

Beim Spritzbeton im Tunnelbau muss aus baubetrieblichen Gründen ein Aktivator zugegeben wer-

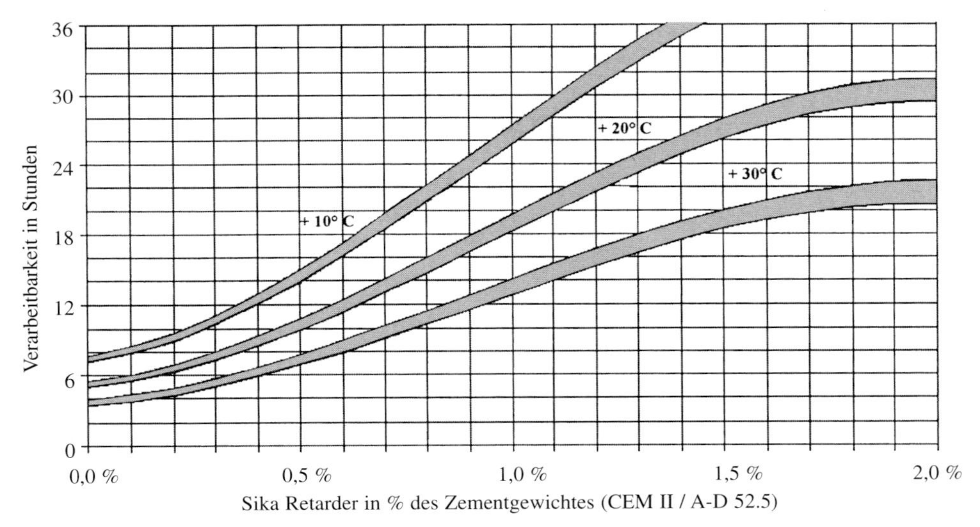

Bild 8.2-33 Verarbeitbarkeit in Abhängigkeit der Verzögerungsmenge und der Temperatur [8-14]

den, um eine möglichst schnelle Erstarrung und ein schnelles Abbinden einzuleiten, zur Erreichung einer schnell wirksamen Versiegelung oder zur Applikation von grossen Schichtstärken mit hoher Frühfestigkeit. Die Aktivatoren haben eine Doppelfunktion:

- Neutralisation des Stabilisators
- Beschleunigung der Zementhydratation

Diese Stabilisatoren werden beim Trocken- und Nassspritzverfahren eingesetzt. Beim konventionellen Trockenspritzverfahren können durch Zugabe von Stabilisatoren Zuschläge mit einer Eigenfeuchte von 5 % und Zement zusammengemischt werden und je nach Mengenzugabe von Stabilisatoren bis zu 72 h stabilisiert werden. Beim Nassspritzverfahren kann die Mischung je nach Mengenzugabe bis zu 72 h stabilisiert bzw. verarbeitet werden. Dies hat baubetrieblich grosse Vorteile für den flexiblen Einsatz des Nassspritzverfahrens in bezug auf Menge, Verlust und notwendige Geräteeinigungen.

Der Stabilisator wird je nach gewünschter Verzögerungszeit des Trocken- und Nassspritzgemisches in einer Menge von 0,4 – 2 % des Zement-Gehalts zugefügt. Der Aktivator wird beim Trocken- und Nassspritzverfahren an der Spritzdüse zugegeben. Dies bedeutet, dass das Gemisch innerhalb der Mischstrecke der Düse aktiviert und beschleunigt wird. Die notwendige Menge des Aktivators richtet sich nach der Menge des zugegebenen Stabilisators und beträgt beim

- Trockenspritzverfahren 4 – 6 %
- Nassspritzverfahren 5 – 8 %

der Stabilisatormenge.

Polymerlatex

Durch dieses Zusatzmittel wird die Adhäsionswirkung vergrössert, was folgende Vorteile hat:

- Verringerung des Rückpralls
- Reduktion der Permeabilität
- Erhöhung des Chloridwiderstandes
- Reduktion der Frostempfindlichkeit
- Erhöhung der Festigkeit

Polymerlatex wird hauptsächlich beim Trockenspritzverfahren angewendet.

Zusatzstoffe im Spritzbeton

Die Zusatzstoffe dienen zur Erhöhung des Mehlkornanteils und lassen sich teilweise auf den Zementgehalt anrechnen. Folgende Zusatzstoffe werden hauptsächlich verwendet:

- Hochofenschlacke
- Flugasche
- Silikastaub
- natürliche Puzzolane, etc.

Ein erhöhter Mehlkornanteil verbessert die Pumpbarkeit, erhöht die Klebewirkung, reduziert den Rückprall und erhöht die Dichtigkeit.

Flugasche
Die Flugasche erhöht die **Sulfatbeständigkeit** des Spritzbetons. Bei sorgfältiger Abstimmung von Zement, Zusatzmittel und Flugasche lassen sich folgende Verbesserungen erreichen:

- erhöhte Festigkeit
- verbesserte Gefügedichte
- erhöhte Klebewirkung
- geringerer Rückprall
- geringere Staubentwicklung
- verbesserte Pumpfähigkeit
- geringerer Wasseranspruch

Die Flugasche wird gemäss EU-Normen teilweise als Bindemittel in der Stoffmatrix angerechnet.

Silikastaub
Silikastäube sind unter den Produktnamen Microsilica und Silica-Fume bekannt. Diese Stäube entstehen als Abfallstoffe in der Metallindustrie bei der Herstellung von Siliziummetall oder Siliziumlegierungen. Die dabei entstehenden Rauchgase kühlen sich in den Schloten ab und oxidieren zu SiO_2. Diese Silikastäube haben eine spezifische Oberfläche von 180000 – 250000 cm^2/g. Somit sind sie nahezu 100-fach feinkörniger als Zement. Damit lassen sich die Hohlräume zwischen den Zementpartikeln füllen. Der Silikastaub beteiligt sich an der chemischen Reaktion des Zementes wie folgt:

- Zement und Wasser reagieren vereinfacht gesagt zu dem festigkeitsbestimmenden C-S-H-Gel und freiem Kalk
- der freie Kalk reagiert mit dem Silicafume zu zusätzlichem Zementstein.

Dadurch verbessert sich der Spritzbeton wie folgt:

- höhere Gefügedichte
- erhöhter Widerstand gegen das Eindringen von Wasser, Luftkohlensäure, aggressiven Gasen und Lösungen
- hohe Frost- und Tausalzbeständigkeit
- erhöhte Sulfatbeständigkeit
- höhere Festigkeit
- reduzierter Rückprall und Staubanfall durch erhöhte kohäsive Eigenschaften.

Als Lieferformen kommen in Frage:

- nichtkompaktiertes Silicafume-Pulver, 0,15 – 0,25 kg/l, schwierige Handhabung
- kompaktiertes Silicafume – Pulver, 0,5 – 0,75 kg/l, kann wie Flugasche, etc. in Silos eingeblasen werden oder in Säcken geliefert werden
- Silicafume in Slurryform, 1,4 kg/l als 50 % Suspension von Wasser und Pulver

Man verwendet heute bei der Spritzbetonherstellung im Ausgangsgemisch meist kompaktiertes Silicafume-Pulver. Wenn vor Ort Silicafume zugegeben werden muss, eignet sich besonders Silicafume in Slurryform.

Eine besondere Variante stellen die Silikazemente dar, die auf den Markt drängen. Man rechnet den Silikastaub auf den Zementgehalt an. Die Dauerhaftigkeit und Verträglichkeit mit anderen Zusatzmitteln muss systematisch untersucht werden. Durch Zugabe von Silikastaub in den Spritzbeton verringert sich als weiterer positiver Effekt der notwendige Anteil an Beschleuniger. Dies ist besonders von Bedeutung, wenn Beschleuniger zum Auftragen grösserer Betonstärken oder zur Verhinderung von Auswaschungen eingesetzt werden. Zur Verbesserung der Verarbeitbarkeit des Silica-Fume-Spritzbetons ist meist ein Superverflüssiger notwendig.

Fasern
Zur Erhöhung des Tragvermögens von Spritzbeton verwendet man Fasern aus Stahl und Kunststoff. Am häufigsten werden Stahlfasern verwendet. Die Stahlfasern verbessern den Spritzbeton folgendermassen:

- erhöht die Zugfestigkeit
- reduziert das Schwinden
- steigert das mechanische Arbeitsvermögen

Die Stahlfaserlängen betragen bis zu 40 mm. Ihr Durchmesser beträgt ca. 0,5 mm. Durch den Faser-Spritzbeton lassen sich leichte Netzbewehrungen ersetzen. Das Hauptproblem bei der Verwendung glatter Drahtfasern ist die Igelbildung, d. h. eine Zusammenballung und Verklumpung von Fasern. Das neue Meyco Cute-Verfahren, sowie das Dramix-Stahlfaser-Verfahren bieten zwei der möglichen Lösungen.

Im Festbeton sollten 30 – 90 kg Fasern pro m^3 Festbeton enthalten sein. Bedingt durch den Rückprall müssen 35 – 120 kg Fasern pro m^3 in das Ausgangsgemisch gegeben werden, sowohl beim Trocken- wie beim Nassspritzverfahren. Die Stahlfasern werden beim Nassspritzbeton ins Ausgangsgemisch zugemischt. Beim Trockenspritzverfahren werden die Fasern direkt ins Trockengemisch gegeben oder an der Düse separat zugeführt und dort erst vermischt.

8.2.4.5 Rezeptur

In Tabelle 8.2-6 sind für die verschiedenen Spritzbetonverfahren mögliche Rezepturen für Normspritzbeton aus der Praxis wiedergegeben.

Eine Materialbilanzberechnung für das Trockenspritzverfahren unter Berücksichtigung des Rückpralls ist in Bild 8.2-34 dargestellt.

Der W/Z-Wert hat wie beim Normalbeton einen entscheidenden Einfluss auf die Festigkeit. Beim Trockenspritzbeton variiert der Wert zwischen 0,45 und 0,55 und ist von der subjektiven Einschätzung des Düsenführers abhängig. Beim Nassspritzverfahren werden aus verarbeitungstechnischen Gründen oft W/Z-Werte von ca. 0,6 erreicht. Dieser Wert liegt an der oberen Grenze, er kann jedoch durch Zugabe von Superverflüssiger auf einen W/Z-Wert von ca. 0,45 verringert werden.

8.2.4.6 Hochleistungsspritzbeton mit Kunststoffpolymeren und Silicafume-Technologie

Die Silicafume-Technologie basiert meist auf der Kombination von Silicafume und Betonzusatzmit-

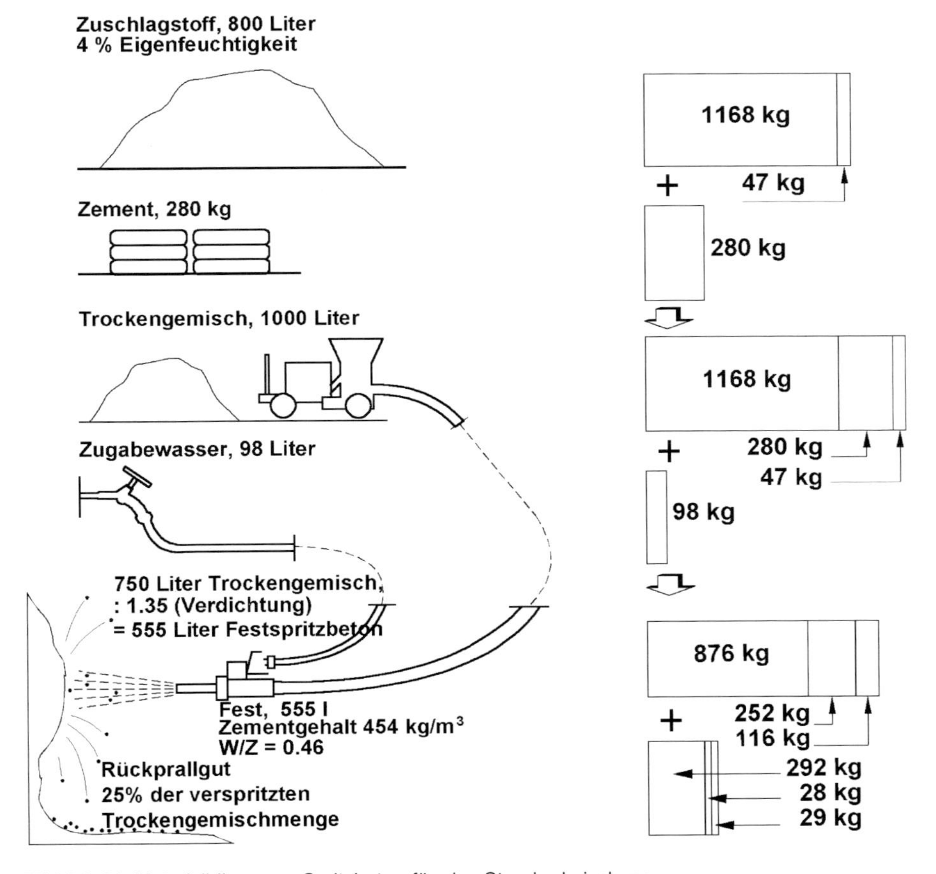

Bild 8.2-34 Materialbilanz von Spritzbeton für eine Standardmischung

Tabelle 8.2-6 Spritzbetonrezepturen aus der Praxis

Trockenspritzbeton Stadtbahn Bensberg TM		**NATS** Landeck Nord NATS FM-S		**Nassspritzbeton** Vereina Tunnel Endausbau Nass-Dicht	
Zement CEM I 42.5, R-SE	330 kg/m³	Bindemittel Schretter SF	350 kg/m³	Zement CEM II 52.5/BTC800	425 kg/m³
Brechsand 0/2 mm	825 kg/m³	Zuschlagstoffe 0/8 mm		Zuschlag Sand 0/3 mm	525 kg/m³
Splitt 2/4 mm	460 kg/m³	gebrochen	1960 kg/m³	Zuschlag Sand 0/4 mm	695 kg/m³
Splitt 4/8 mm	550 kg/m³			Zuschlag Kies 4/8 mm	475 kg/m³
				Zusatzmittel Sika Tard 903	5,4 kg/m³
				Beschleuniger Sigunit 49AF	17 kg/m³
Wasser	ca. 165 l/m³	Wasser	ca. 150 l/m³	Wasser	225 l/m³
Druckfestigkeit 28 d	40 N/mm²	Druckfestigkeit 28 d	45 N/mm²	Druckfestigkeit 28 d	50 N/mm²

- Trockenspritzbeton + NATS bezieht sich auf 1000 l = 1 m³ Trockengemisch + Wasser
- Nassspritzbeton bezieht sich auf 1 m³ Fertiggemisch

teln, wie Superplastifizierer und Kunststoffpolymeren. Diese Technologie lässt sich beim Nass- und Trockenspritzverfahren einsetzen. Beim Trockenspritzverfahren wird das kompaktierte Silicafume dem Trockengemisch im Betonwerk zugegeben. Die wichtigsten Parameter, die mit Hilfe der Silicafume-Technologie positiv beeinflusst werden, sind:

- Betonkonsistenz, Pumpbarkeit
- Druckfestigkeit
- Porosität

Dadurch erhöht sich die Verarbeitbarkeit, Festigkeit und Dauerhaftigkeit in bezug auf Wasserundurchlässigkeit, Chloridpenetration und Karbonatisierung. Ein wichtiges Kriterium ist die Baustellentauglichkeit, welche sich wie folgt charakterisieren lässt:

- kompaktiertes Silicafume-Pulver
  - Dosierung im Betonwerk, mittels Säcken oder über Silos und Zementwaage
  - Trockengemisch kann mit herkömmlichen Benetzungsdüsen gespritzt werden
  - Silicafume-Pulver bindet Feuchtigkeit der Zuschläge weitgehend, damit bleibt die Vorhydratation des Zementes gering (günstig in Verbindung mittels SBM-T und SBM-FT, z. B. bei NATS)
  - Lagerstabilität und Frostunempfindlichkeit
- Silicafume-Slurry
  - Dosierung direkt im Vortrieb mittels spezieller Dosierpumpen
  - Slurry nur kurze Zeit stabil
  - Probleme an der Düse durch Abrasion und Verstopfung der Düsenlöcher

Silicafume kann folgendermassen mit Abbindebeschleuniger kombiniert werden:

- kompaktiertes Silicafume-Pulver mit Abbindebeschleuniger ohne zusätzlichen maschinentechnischen Aufwand
- Silicafume-Slurry mit Abbindebeschleuniger erzwingt durch die unterschiedlichen chemischen und physikalischen Eigenschaften neben zwei Dosierpumpen für getrennte Zugabe der Stoffe auch zwei getrennte Sprayringe in der Benetzungsdüse

Kunststoffzusätze werden eingesetzt, um die Qualität von dünnen Spritzbetonschichten zu verbessern. Sie kommen unter anderem bei Tunnelsanierungen zur Anwendung. Der Spritzbeton erhält in Verbindung mit Polymeren und Silicafume folgende Eigenschaften:

- bessere Verarbeitbarkeit
- grössere Dichtigkeit
- höhere Haftzugfestigkeit
- erhöhte chemische Beständigkeit
- verbessertes termisches Verhalten

Bei der Zementhydratation bildet sich das C-S-H-Gel, womit der Wasseranteil im Spritzbeton kleiner wird. Die Dispersionspartikel rücken zusammen, bis sie verfilmen. Die Poren, das schwächste Glied in der Spritzbetonmatrix, werden durch die Zugabe von der Kunststoffdispersion aufgefüllt und abgedichtet. Durch die Kunststoffmodifizierung wird die Duktilität des Spritzbetons verbessert.

Das Nassspritzverfahren kann in Verbindung mit Silicafume, Hochleistungsverflüssiger und alkali-

Tabelle 8.2-7 Typische Nassspritzbetonrezeptur mit Silikafume [8-2]

Material	**Mengenangaben**
Bindemittel: Zement	430 kg/m^3
Zuschlagstoffe	0 - 8 mm oder 0 - 16 mm
Zusatzstoffe: Silicafume	10 Gew. - %
Zusatzmittel: – Hochleistungsverflüssiger – Abbindebeschleuniger	 1.2 % 3.0 %
Ausbreitmass	37 - 58 cm
W/Z-Wert	0,40 - 0,45
Druckfestigkeit (28 Tage)	60 N/mm^2

Tabelle 8.2-8 Typische Trockenspritzbetonrezeptur mit Silicafume [8-2]

Material	**Mengenangaben**
Bindemittel: Spritzbindemittel	350 kg/m^3
Zuschlagstoffe: – 0 - 4 mm – 4 - 8 mm	 950 kg 500 kg
Zusatzstoffe: Silicafume	10 Gew. - %
Ausbreitmass	37 - 58 cm
W/Z-Wert	0,45 - 0,50
Druckfestigkeit (28 Tage)	60 N/mm^2

• Rezeptur	- Zuschläge (glatt/gebrochen) - Zusatzmittel und -stoffe - W/Z-Wert - Zement/Spritzbindemittel
• Mischer	- Typ - Mischzeit - Dosierung
• Zwischentransport	- Transportgerät - Transportzeit - Schutz vor Austrocknung/Regen - Umgebungstemperatur
• Umschlag in Spritzmaschine	- Umschlagart - Nachmischung - Umschlagzeit
• Spritzmaschine	- Typ - Art der Förderung - Maschinist/Wartung - Druck - Leistung
• Förderleitung	- Material (Kunststoff/Stahl) - Geometrie (Länge, Krümmungsradien, usw.)
• Düsentechnik	- geometrische Form - Art der Luft- bzw. Wasserzugabe - Luft- bzw. Wasserdruck

Tabelle 8.2-9 Einflussfaktoren von Betontechnologie und Verfahrenstechnik auf den Spritzbeton

Technische und wirtschaftliche Optimierung durch:

- Materialtechnologie
- Geräte + Verfahrenstechnik
- Arbeitsbedingungen

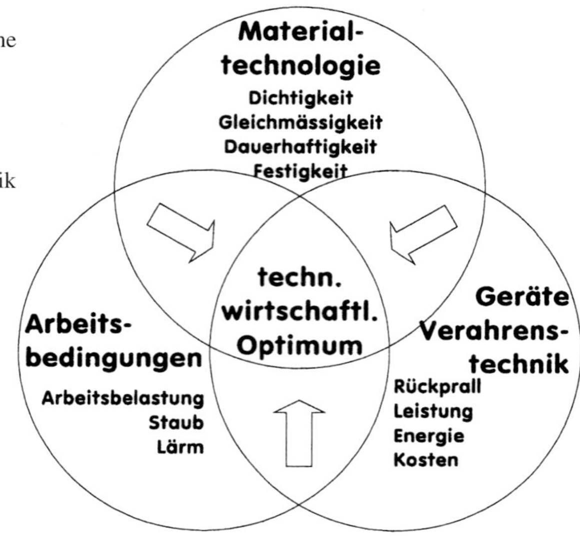

Bild 8.2-35 Optimierungspotential der Spritzbetonapplikation

freiem Abbindebeschleuniger wesentlich verbessert werden in bezug auf Pumpfähigkeit, Verarbeitbarkeit und Rückprall sowie zur Erreichung hochfester Nassspritzbetone mit geringeren Wandstärken. Dasselbe gilt für das Trockenspritzverfahren bei der Anwendung der Spritzbindemittel für ofentrockene und naturfeuchte Zuschläge. Dies wirkt sich besonders günstig bei dem neuen NATS-Verfahren aus, da ein Teil der Feuchtigkeit durch das Silicafume gebunden wird.

Eine typische Nassspritzbetonrezeptur ist in Tabelle 8.2-7 dargestellt.

Dazu ist in Tabelle 8.2-8 zum Vergleich eine mögliche typische Trockenspritzbetonrezeptur dargestellt.

Die Anwendung des Hochleistungsspritzbetons ergibt folgende Effizienzsteigerungen und Verbesserungen:

- hohe Festigkeiten und einhergehend dünnere Wandstärken – besonders wirksam, wo dicke, konventionelle Spritzbetonschalen notwendig sind
- hohe Dichtigkeit, Frost- und Tausalzbeständigkeit
- hohe Frühfestigkeiten und Endfestigkeiten
- geringerer Rückprall und Staubentwicklung durch viskose Frischbetonmatrix

8.2.5 Optimierung des Spritzbetoneinsatzes

8.2.5.1 Allgemeines

Rückprall, Staubentwicklung sowie Festigkeits- und Dichtigkeitseigenschaften des Spritzbetons werden massgeblich durch die Faktoren Betontechnologie und Verfahrenstechnik beeinflusst (Tabelle 8.2-9).

Auf der Basis dieser Faktoren und Einflüsse muss man den Einsatz des Spritzbetons optimieren (Bild 8.2-35). Die in diesem Kapitel gemachten Aussagen über Auftragstechnik, Rückprall und Staubentwicklung basieren auf den umfangreichen Untersuchungen und Forschungen von Professor B. Maidl an der Ruhr-Universität Bochum [8-1].

8.2.5.2 Untergrundbeschaffenheit

Der Untergrund sollte möglichst frei von losem Material sein. Wenn mehrere Lagen Spritzbeton aufgebracht werden, sollte die Oberfläche vorher mit Druckluft und Wasser besprüht werden. Muss der Spritzbeton auf einen weichen, geschichteten, schiefrigen oder sandigen Untergrund aufgetragen werden, ist es ratsam, diesen Untergrund zu konsolidieren und durch eine sehr dünne Spritzbetonschicht zu versiegeln. Damit ist nach dem Erstarren eine Haftbrücke für das Auftragen einer dickeren

Lage vorhanden. Bei lockerem Untergrund ist zu beachten, dass nahezu keine Adhäsionskräfte vorhanden sein können. Dann besteht die Gefahr, dass stärkere Spritzbetonschichten im Firstbereich nicht gehalten werden können und als „Sargdeckel" abstürzen. In diesen Fällen muss die Spritzbetonschale sehr sorgfältig von der Sohle nach oben aufgebaut werden.

Ferner sollte die Oberfläche vor dem Auftrag der nächsten Lage befeuchtet werden, weil eine sehr trockene Oberfläche dem frisch aufgetragenen Spritzbeton zuviel Wasser entzieht. Andererseits sollte kein Wasser auf der Oberfläche fliessen, damit der frische Spritzbeton nicht weggespült wird. Bei geringerem Wasserfluss ist die Oberfläche vorab mit einer Schicht schnellbindendem Versiegelungsspritzbeton zu überziehen, oder die lokalisierbaren Wasseraustritte müssen drainiert (abgeschlaucht) werden. Dies kann mittels flexibler Halbschalen oder bei grossflächiger Erscheinung mit Hilfe von Noppenfolien erfolgen.

8.2.5.3 Personal

Die erfolgreiche technische und wirtschaftliche Durchführung von Spritzbetonarbeiten hängt nicht nur von der Maschinen- und Systemtechnik ab, sondern ganz entscheidend auch vom Düsenführer.

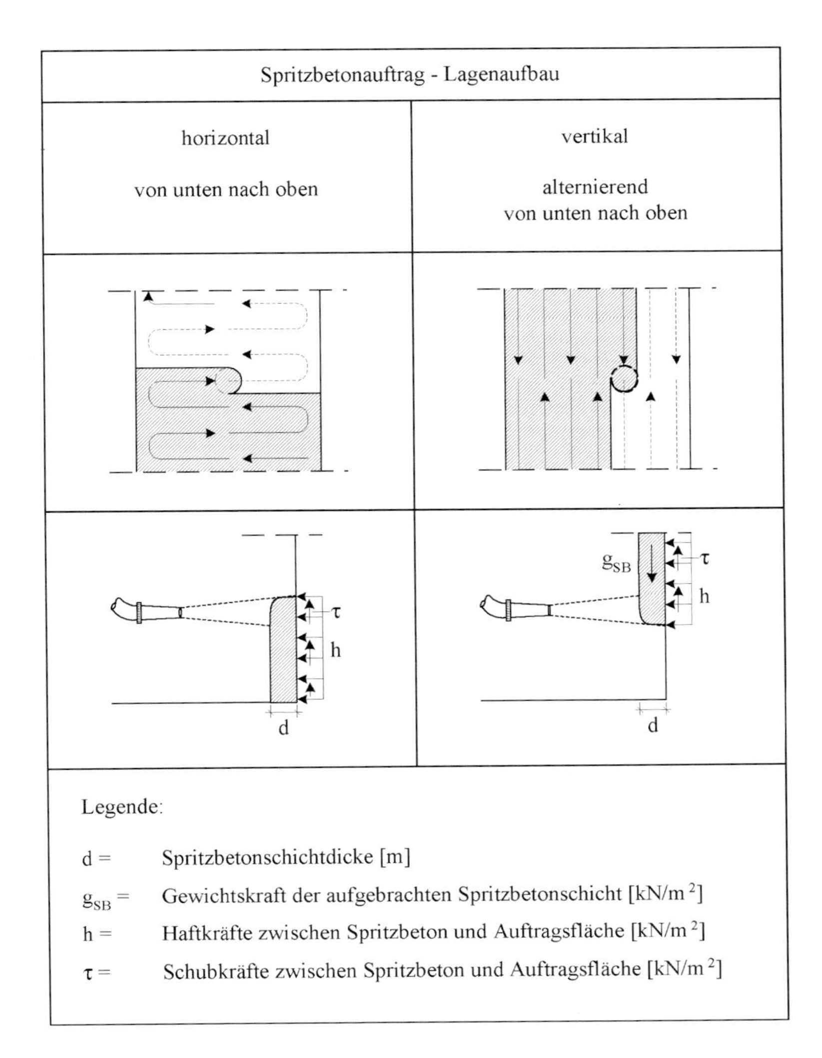

Bild 8.2-36 Auftragstechnik [8-17]

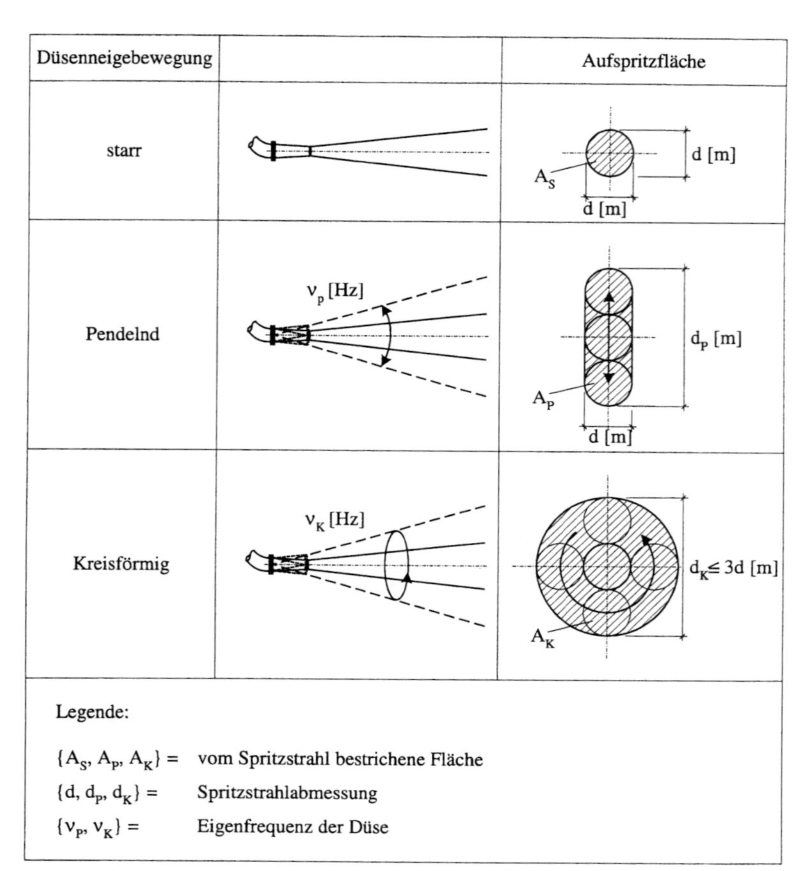

Bild 8.2-37 Düseneigenbewegungen [8-17]

Die Qualifikation und Erfahrung des Düsenführers beeinflusst die Qualität des Spritzbetons und den Rückprall – und damit auch die Kosten – ganz wesentlich. Es ist nicht einfach, qualifizierte Mitarbeiter zu finden, die diese schwere und belastende Arbeit durchführen. Ferner ist es erforderlich, dass Arbeiter im Beschickungsbereich und an der Förderpumpe für gleichmässigen Nachschub sorgen, so dass ein konstanter Materialfluss an der Düse herrscht. Aus diesem Grund versucht man heute, durch Spritzmanipulatoren und durch die Entwicklung von Spritzrobotern den Düsenführer zu entlasten und seine Konzentration auf die Interaktion zwischen Oberfläche und optimaler Applikation zu lenken. Diese Aufgabe kann er aus sicherem Abstand visuell durchführen.

8.2.5.4 Applikationsphasen

Um die angestrebte Optimierung zu erreichen, ist es notwendig, die Phasen der Auftragstechnik zu kennen. Das Auftragen einer Spritzbetonschicht erfolgt in folgenden Phasen:

- **Phase I:** Das aus der Düse austretende Material bewegt sich mit hoher Geschwindigkeit zur Tunnelwand. Die leichteren Sandpartikel werden mit höherer Geschwindigkeit zur Wand getragen als die schweren Kiesteile, u. a. bedingt durch den höheren Luftwiderstand. Während dieser Phase des Initialaufpralls werden die grösseren Aggregate zu fast 100 % weggeschleudert. Nur die feinen, mit Zementleim umhüllten Aggregate bilden ein feines Zementmörtelkissen.

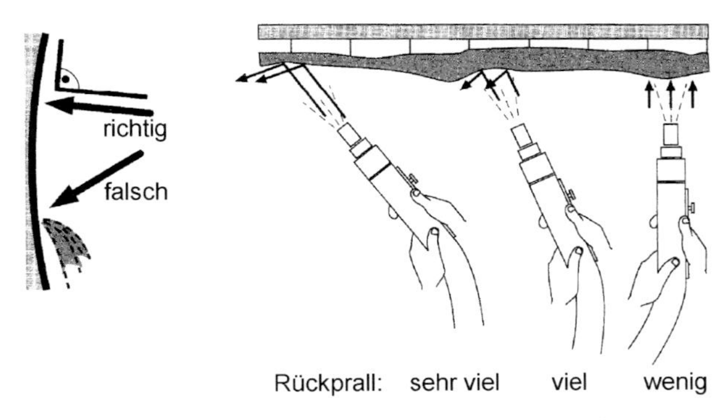

Bild 8.2-38 Einfluss des Spritzwinkels auf den Rückprall

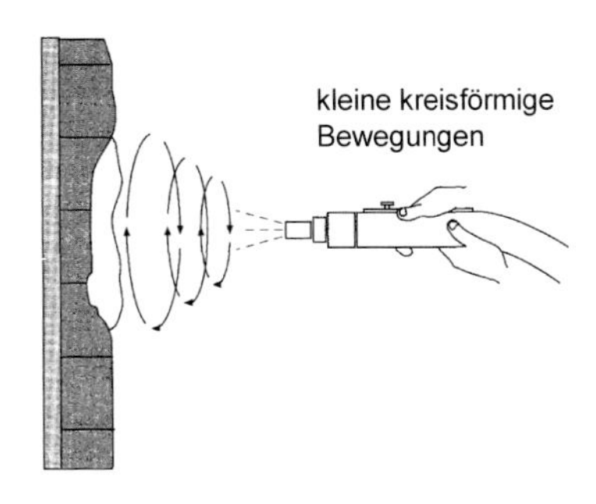

Bild 8.2-39 Handhabung der Spritzdüse für eine gleichmässige Spritzbetonoberfläche

- **Phase II:** Der folgende Spritzbeton schlägt nun auf das weiche Zementmörtelkissen. Dabei lagern sich in dieser Phase die gröberen Aggregate in das Zementleimmörtelkissen ein, was den Rückprall meist auf unter 20 % reduziert.

Wenn der Spritzbeton in zwei oder mehreren Lagen aufgebracht wird, wiederholen sich diese Phasen bei abgetrockneter Oberfläche.

8.2.5.5 Auftragstechnik

Die verschiedenen Auftragstechniken sind in Bild 8.2-36 dargestellt. Die Gewichtskraft des aufgebrachten Spritzbetons bewirkt tendenziell ein Ablösen von der Auftragsfläche, wogegen aber die Haftkräfte des frischen Betons wirken. Der Spritzbeton sollte von unten nach oben aufgetragen werden, weil so die stützende Wirkung des bereits aufgebrachten Betons hinzukommt.

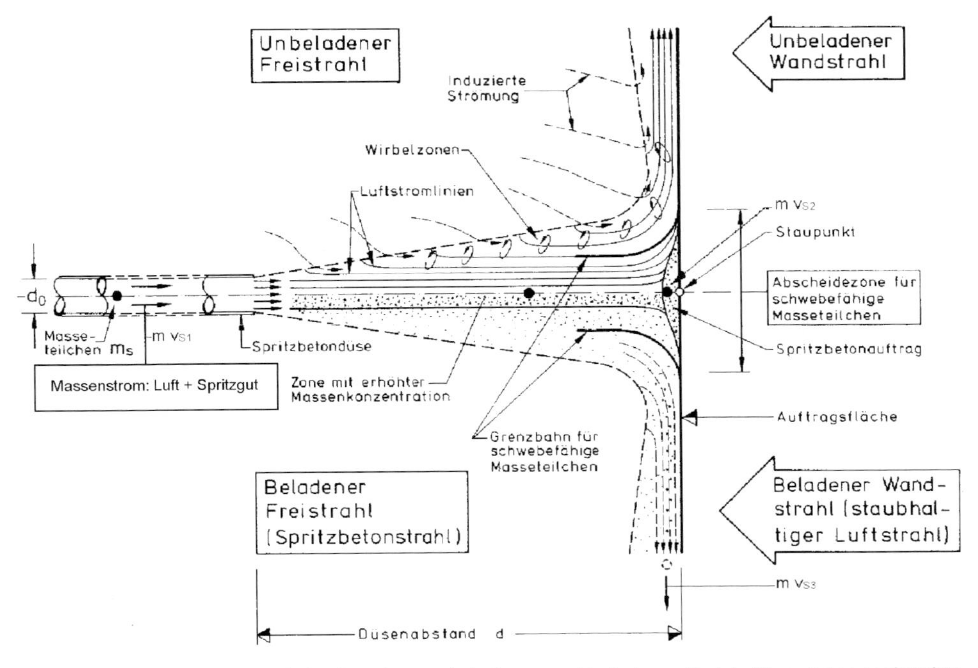

Bild 8.2-40 Strömungsbild beim Auftreffen eines unbeladenen und beladenen Freistrahls auf eine senkrechte Wand [8-18]

$E_{kin} >> E_{kin,\,opt}$

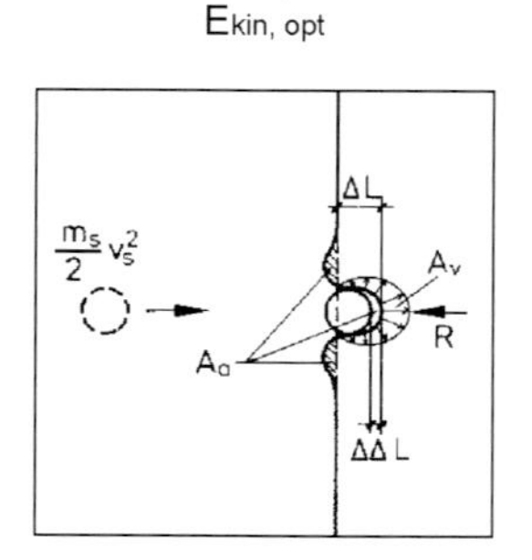

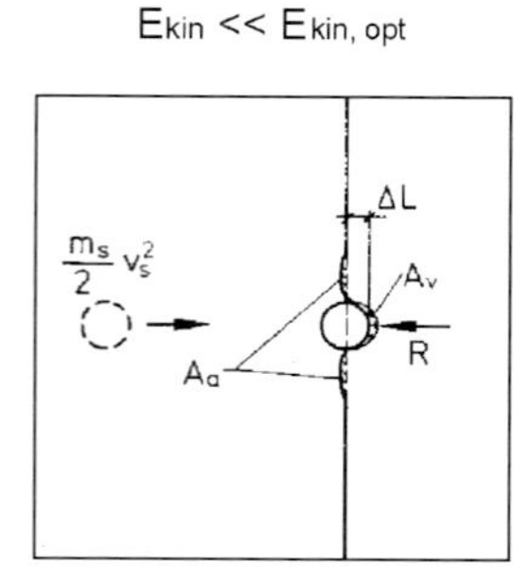

A_a: Auflockerungsbereich, A_v: Verdichtungsbereich, R: Rückstellkraft

Bild 8.2-41 Verdichtungskriterien bei der Spritzbetonherstellung [8-17]

Die **Düseneigenbewegungen** beeinflussen die Gleichmässigkeit des Spritzbetons (Bild 8.2-37).

Die Auswirkung des Spritzwinkels auf den Rückprall und die Handhabung der Spritzdüse für optimale Spritzbetonqualität sind in Bild 8.2-38 und Bild 8.2-39 verdeutlicht.

Zum Verständnis des Rückprallverhaltens wie auch der Staubentwicklung ist das Strömungsbild sowie die Betrachtung der kinetischen Energie von Wichtigkeit. Das Strömungsbild lässt die Ursachen der **Staubentwicklung** plausibel werden. Der Massenstrom aus Luft und Spritzgut schiesst aus der Düse. In der turbulenten Grenzschicht entstehen Wirbel, die Feinstanteile aus dem Massenstrom reissen und somit einen Feinnebel erzeugen (Bild 8.2-40).

Ferner wird der **Rückprall** und weiterer Staub durch das seitliche Abprallen des Massenstrahls an der Wand erzeugt, bedingt durch Teilchen, die nicht sofort in die Mörtelmatrix eingebettet werden.

Die **Dichtigkeit wie auch der Rückprall** lassen sich aus der Betrachtung der kinetischen Energie (Bild 8.2-41) wie auch aus dem Impulssatz erklären. Bei zu hoher kinetischer Energie wird ein Rückprallimpuls erzeugt der grösser ist als die Reibungs- und Haftkräfte des umgebenden Materials, sowie die verbrauchte Formänderungsenergie beim Auftreffen. Bei zu geringer kinetischer Energie wird das Korn nicht ausreichend eingebettet, da die notwendige Formänderungsenergie zum Eindringen und Verdichten fehlt. Die Verluste entstehen durch herunterfallendes Material.

8.2.6 Rückprall

8.2.6.1 Allgemeines

Der Rückprall wird von folgenden Faktoren bestimmt:

Betontechnologie

- W/Z-Wert
- Eigenfeuchte der Zuschlagstoffe
- Zementgehalt
- Beschaffenheit der Zuschlagstoffe (rund/splittig)
- Sieblinienverlauf (Anteil von Feinst- und Grobkorn)
- Dosierung der Zusatzmittel
- Art und Dosierung der Zusatzstoffe

Verfahrenstechnik

- Spritzwinkel
- Neigung der Spritzfläche zur Horizontalen
- Luftmenge
- Düsenabstand zur Auftragsfläche
- Aufprallgeschwindigkeit des Spritzbetons (kinetische Energie, Bild 8.2-41)
- Spritzdüsenkonstruktion
- Spritzmethode (Trocken- oder Nassspritzmethode)
- Förderverfahren (Dünn-, Pfropfen- oder Dichtstromverfahren)

Randbedingungen

- Beschaffenheit der Auftragsfläche (Struktur, Härte)
- mit oder ohne Bewehrungsnetz
- Schichtstärke (sehr dünn, dick)

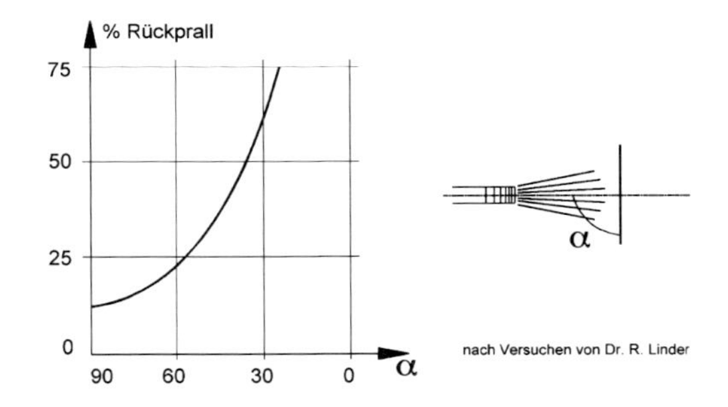

Bild 8.2-42 Zusammenhang zwischen Spritzwinkel und Rückprall [8-19]

Verschiedene Einflüsse der Betontechnologie wie auch der Verfahrenstechnik wurden u. a. an der Ruhr-Universität Bochum untersucht. Die Ergebnisse sind abhängig von der verwendeten Maschinentechnik. Die Streubreite der Einflüsse ist jedoch relativ gering, so dass die Ergebnisse qualitativ ihre allgemeingültige Aussagekraft beibehalten. Folgende qualitativen Untersuchungen [8-1] sollen dargestellt werden:

Trockenspritzverfahren

- Spritzwinkel und Rückprall
- Neigung der Spritzfläche zur Horizontalen
- W/Z-Wert
- Eigenfeuchte der Zuschlagstoffe
- Zementgehalt
- Luftmenge
- Ort der Wasserzugabe
- Düsenabstand zur Auftragsfläche

Nassspritzverfahren

- Spritzwinkel und Rückprall
- Neigung der Spritzfläche zur Horizontalen
- W/Z-Wert
- Luftmenge
- Düsenabstand zur Auftragsfläche

8.2.6.2 Trocken- und Nassspritzverfahren

Die Auswirkungen des Spritzwinkels zur Auftragsfläche, wie auch die Neigung der Fläche zur Horizontalen, sind qualitativ unabhängig von der Spritzmethode (Trocken-/Nassspritzverfahren). Der Rückprall hängt vom Spritzwinkel zur Auftragsfläche ab und wird bei 90° minimal (Bild 8.2-38).

Die Zunahme des Rückpralls aus der Veränderung des Spritzwinkels (Bild 8.2-42) senkrecht zur Spritzfläche für $\alpha < 90°$ lässt sich mechanisch erklären. Die kinetische Energie wird in potentielle Energie umgesetzt. Die entstehende Newtonsche Kraft erhält dabei eine Komponente in paralleler Richtung zur Wand. Diese Komponente erhöht die Abprall- bzw. Spritzverluste, was mit kleiner werdendem Winkel potentiell zunimmt.

Der Rückprall nimmt mit zunehmender **Spritzflächenneigung zur Horizontalen** exponentiell zu (Bild 8.2-43). Die wichtigste Ursache liegt in der Komponente der Gravitationskraft der Spritzbetonkörnchen in Abhängigkeit von der Neigung der Auftragsfläche zur Horizontalen.

Beim Anspritzen einer vertikalen Fläche stützt sich der neue Beton beim Auftragen von unten nach oben gegen den zuvor aufgebrachten Schichten ab. Die kinetische Energie bewirkt eine Kraft auf den Frischbeton und wird zum grossen Teil in Verformungsenergie umgewandelt, die den Beton verdichtet. Wird nun überkopf gespritzt, so wird diese Kraft durch die Gravitationskomponente vektoriell reduziert.

Rückprallrichtwerte für das Trockenspritzen sind:

- überkopf: 20 – 40 %
- vertikale Wand: 10 – 30 %
- nach unten: – ca. 0 %

Trockenspritzverfahren

Mit grösser werdendem **W/Z-Wert** reduziert sich der Rückprall. Dies hängt sicherlich mit der kurzen Mischstrecke in der Mischdüse zusammen. Man erhält mit steigendem W/Z-Wert einen Spritzbeton mit ausreichender Kohäsion zur Reduktion des Rückpralls. Der günstigste W/Z-Wert liegt zwischen 0,45 und 0,55.

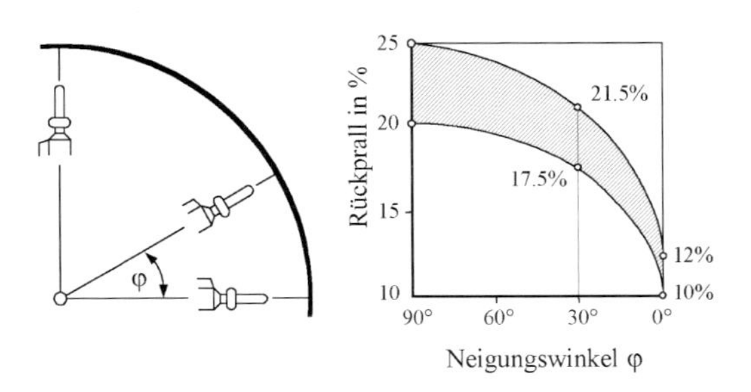

Bild 8.2-43 Rückprall in Abhängigkeit der Neigung der Spritzfläche zur Horizontalen [8-20]

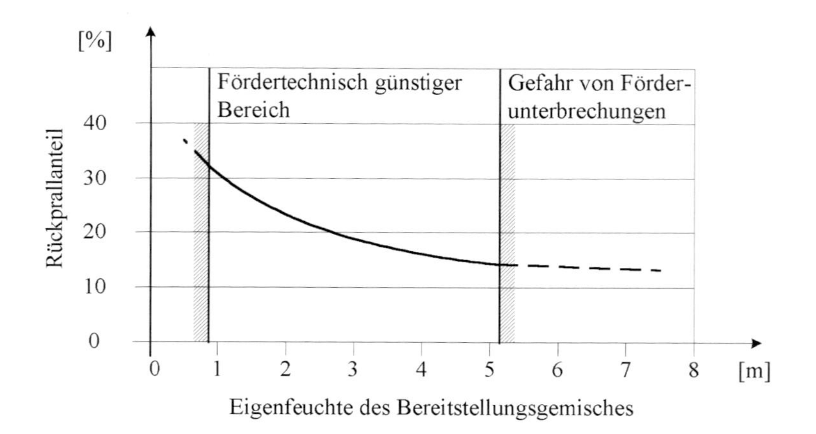

Bild 8.2-44
Rückprallverhalten in Abhängigkeit der Eigenfeuchte bei konstantem Gesamtwassergehalt [8-21]

Beim Trockenspritzverfahren beeinflusst die **Eigenfeuchte der Zuschläge** das Rückprallverhalten (Bild 8.2-44). Wenn die Feinstanteile bereits durch die Eigenfeuchte gebunden sind, verringert sich der Rückprall. Dadurch wird die Effizienz der Zugabe des Anmachwassers an der Düse in bezug auf die Benetzung der Aggregatoberfläche erhöht. Wenn die Zuschläge staubtrocken sind, können die Feinstanteile nur durch erhöhte Wasserzugabe gebunden werden. Dies ist mit einem Festigkeitsverlust oder höherer Zementdosierung verbunden. Bei zu hoher Eigenfeuchte geht der Vorteil des Trockenspritzverfahrens verloren, da die Gefahr des Abbindens des Gemisches im Schlauch besteht. Die Eigenfeuchte sollte beim konventionellen Trockenspritzverfahren bzw. beim Trockenspritzsystem zwischen 1 – 2 % liegen. Beim neuen NAT-Spritzsystem soll die Eigenfeuchte 5 – 6 % nicht übersteigen.

Der **Zementgehalt** hat einen erheblichen Einfluss auf den Rückprall. Durch eine Erhöhung des Zementgehalts erhöht sich das Zementleimvolumen. Damit steigt die Klebewirkung und der Rückprall reduziert sich. Die Erhöhung des Zementleimvolumens verschlechtert jedoch das Schwindverhalten. Die Erhöhung des Zementgehalts und die Verringerung des Rückpralls beinhaltet einen wirtschaftlichen Gegensatz. Die Kosteneinsparung durch Reduzierung des Rückpralls wird durch teuren zusätzlichen Zement erkauft. Hier muss ein Optimum gesucht werden.

Die vorherig genannten Einflussfaktoren beziehen sich auf betontechnologische Faktoren wie Zementgehalt, Eigenfeuchte der Zuschläge und W/Z-Wert, die jedoch verfahrenstechnisch bedingt variieren.

Im folgenden werden weitere, rein verfahrenstechnische Einflüsse betrachtet.

Die **Luftmenge** bzw. der Luftdruck bestimmen die kinetische Energie des Massenstroms. Die Kompressorkapazität ist von der zu treibenden Masse im Schlauchquerschnitt abhängig. Die Oberflächenreibung wird bei grösserem Querschnitt nichtlinear verringert.

Mit steigender kinetischer Energie steigt die Stossintensität der einzelnen Massenpartikel beim Auftreffen auf die Wand bei gleichem Nettodüsenquerschnitt. Die Erhöhung der Luftmenge verbessert nicht nur die Verdichtung, sondern erhöht auch den Rückprall. Eine zu hohe Luftmenge löst die Bindung der Fein- mit den Grobbestandteilen in der Betonmatrix zum Teil auf. Dadurch kommt es zur Zerstäubung der Feinanteile sowie zum impulsartigen Rückprall grösserer Bestandteile. Eine Erhöhung der Luftmenge bei gleichem Nettodüsenquerschnitt hat einen negativen Einfluss auf den Rückprall und die Staubentwicklung. Die fördertechnisch günstigen Luftmengen sind in Tabelle 8.2-3 angegeben und hängen von der Spritzbetonfördermenge ab.

Die **Wasserzugabestelle** beim Trockenspritzverfahren kann variiert werden. Mit zunehmendem Abstand von der Düse reduziert sich der Rückprall und erreicht im Abstand von ca. 2,50 m ein Minimum (Bild 8.2-45).

Bild 8.2-45 Rückprallanteil in Abhängigkeit der Benetzungsstrecke (Trockenspritzverfahren) [8-21]

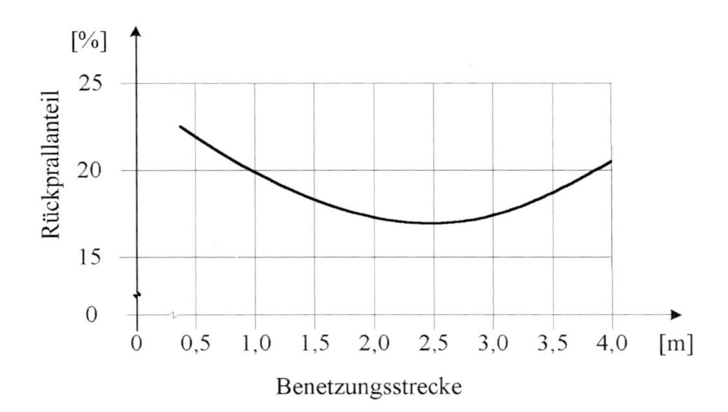

Dies lässt sich phänomenologisch wie folgt erklären:

- Wird das Trockengemisch erst kurz vor dem Austritt aus der Düse mit hoher Fluggeschwindigkeit durch den Sprayvorhang der Wasserzugabe geschleust, erfolgt die Benetzung der Oberfläche auf einer sehr kurzen Einwirkstrecke/-zeit. Eine forcierte Durchmischung durch die turbulente Strömung erfolgt auf der verbleibenden Düsenstrecke nur begrenzt. Dadurch benötigt man meist einen höheren W/Z-Wert, um die Breiigkeit oder Konsistenz zu erhöhen und damit auch die Klebrigkeit.
- Wird das Trockengemisch etwas weiter vor der Düse durch den Sprühvorhang geschleust erfolgt anschliessend eine turbulente Vermischung auf der verbleibenden Rohrstrecke. Durch diese Massnahme wird eine verbesserte Befeuchtung der Aggregatsoberfläche erreicht. Damit ergibt sich eine optimal klebrige Konsistenz, was eine verbesserte Haftung und geringeren Rückprall zur Folge hat.

Ein wesentlicher verfahrenstechnischer Einfluss ergibt sich aus dem **Düsenabstand zur Wand**. Der optimale Düsenabstand zur Wand ist keine feste Grösse, sondern von den folgenden Parametern abhängig:

- maximale Aggregatgrösse
- Siebkurve
- Luftdruck und Geschwindigkeit des aus der Düse austretenden Materials

Beim Trockenspritzverfahren (Bild 8.2-49) liegt der optimale Abstand zwischen 1,30 und 1,80 m. In diesem Entfernungsbereich wird aus der kinetischen Energie ein Optimum zwischen Verdichtung und Rückprall gewonnen. Bei einem Abstand von mehr als 1,50 m ist die Energie wegen der Dissipation durch den Luftwiderstand zu gering, so dass sich die Masseteilchen nicht ausreichend in den frischen Spritzbeton einbetten. Ist der Abstand zu klein, wird die kinetische Energie zu gross, so dass das Korn durch den Impulsstoss zurückprallt.

Nassspritzverfahren

Beim Nassspritzverfahren vergrössert sich der Rückprall mit grösser werdendem **W/Z-Wert.** In bezug auf diesen Parameter verhält sich das Nassspritzverfahren umgekehrt zum Trockenspritzverfahren. Dieses Phänomen lässt sich dadurch erklären, dass beim Nassspritzverfahren das Gemisch schon optimal als Transportbeton angeliefert wird. Der Transportbeton wird mit dem optimalen W/Z-Wert geliefert. Der Zementleim hat die Oberfläche der Aggregate benetzt und umhüllt. Bei einer Erhöhung des W/Z-Wertes wird die Konsistenz des Gemisches zu flüssig. Durch die Zugabe von Druckluft an der Düse werden dann die relativ flüssig-breiigen Feinstteilchen aus Wasser-Zement-Mehlkorn zerstäubt. Dadurch reduziert sich beim Aufprall an der Wand die Haftwirkung. Dadurch spritzt das Gemisch von der Wand ab und der Rückprall erhöht sich. Beim Trockenspritzverfahren ist die Benetzungs- und Durchmischungszeit im Milli- bzw. Zehntelssekundenbereich. Daher wirkt sich hier der höhere W/Z-Gehalt günstiger aus, da der „Staub“ durch den grösseren W/Z-Wert gebunden wird. Beim Nassspritzverfahren hingegen führt dies zu einer ungünstigen Verflüssigung

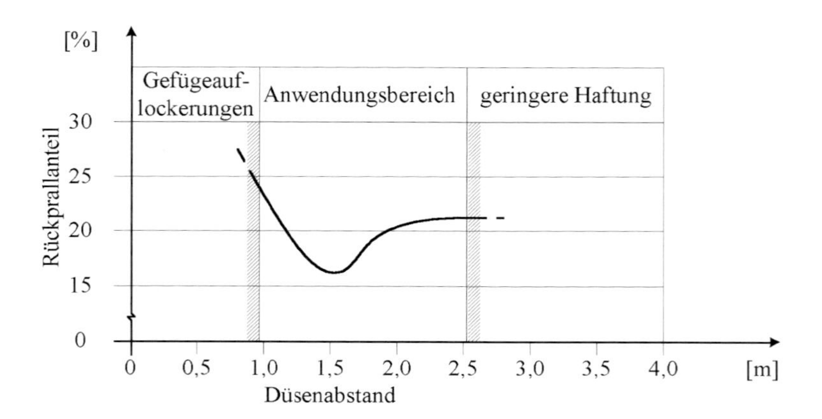

Bild 8.2-46 Rückprall in Abhängigkeit des Düsenabstandes (Nassspritzverfahren im Dünnstrom) [8-21]

und damit zu stärkerer Zerstäubung und höherem Rückprall.

Die **Luftmenge** bzw. der Luftdruck bestimmen die kinetische Energie des Massenstroms. Mit steigender kinetischer Energie steigt die Stossintensität der einzelnen Massenpartikel beim Auftreffen auf die Wand. Die Erhöhung der Luftmenge verbessert nicht nur die Verdichtung, sondern erhöht auch den Rückprall. Die fördertechnisch günstigen Bereiche der Luftmenge sind in Tabelle 8.2-3 angegeben.

Das **Dünnstromverfahren** verhält sich hinsichtlich der Luftmenge analog zum Trockenspritzverfahren. Hier wird nicht die angemischte Trockenmasse, sondern das Nassgemisch von der Maschine mit Druckluft durch Flugförderung aus der Düse gespritzt. Für dieses Verfahren eignet sich die Rotorspritzmaschine, die für das Trocken- sowie das Nassspritzverfahren verwendet werden kann.

Beim **Dichtstromverfahren** wird die Luft zur Beschleunigung des schubgeförderten Materials direkt an der Düse zugesetzt. Das Dichtstromverfahren ist sehr anfällig auf grosse Luftmengen bzw. hohe Luftdrücke. Beide zerreissen das homogene Dichtstromgemisch. Die erhöhte Luftmenge löst die Bindung der Fein- mit den Grobbestandteilen der Betonmatrix zum Teil auf. Dadurch kommt es zum Zerstäuben der Feinanteile sowie zum impulsartigen Rückprall grösserer Bestandteile. Eine Erhöhung der Luftmenge hat einen negativen Einfluss auf den Rückprall. Die fördertechnisch günstigen Bereiche der Luftmenge sind in Tabelle 8.2-3 angegeben.

Ein wesentlicher verfahrenstechnischer Einfluss ergibt sich aus dem **Düsenabstand zur Wand.** Beim Nassspritzverfahren muss man zwischen Dünnstrom- und Dichtstromverfahren unterscheiden.

Beim **Dünnstromverfahren** ist der optimale Düsenabstand zwischen 1,30 – 1,60 m von der Wand (Bild 8.2-46). Mit dieser Entfernung wird ein Optimum der kinetischen Energie zwischen Verdichtung und Rückprall gewonnen. Bei grösseren Abständen ist die Energiedissipation durch den Luftwiderstand zu gross, so dass sich die Masseteilchen nicht ausreichend in den frischen Spritzbeton einbetten. Ist der Abstand zu gering, resultiert eine zu grosse kinetische Energie, so dass das Korn durch den Impulsstoss zurückprallt. Das Nassspritzverfahren mittels Dünnstromförderung ist vergleichbar mit dem Trockenspritzverfahren.

Der optimale Düsenabstand von der Wand beträgt beim **Dichtstromverfahren** in der Praxis ca. 1,50 m (Bild 8.2-47). Der Abstand ist geringer als bei den Dünnstromverfahren. Dies ist bedingt durch die etwas geringere Materialgeschwindigkeit des Dichtstromverfahrens, das den fertigen Transportbeton mittels hydraulischer Schubförderung bis zur Düse bewegt. Erst dort wird das Material durch Zugabe von Luft beschleunigt. Um die Reibungsverluste und damit die Verluste der kinetischen Energie gering zu halten, werden dem Spritzbeton im Dichtstromverfahren Verflüssiger zugegeben um den Spritzbeton mit einem geringen W/Z-Wert herzustellen. An der Düse wird dann der Beschleuniger zugegeben. Ohne die Zugabe solcher Lubrikatoren werden oft relativ hohe W/Z-Werte gefahren, die sich im allgemeinen durch starkes Schwinden mit Rissbildung im Beton negativ bemerkbar machen. Dies sollte vermieden werden.

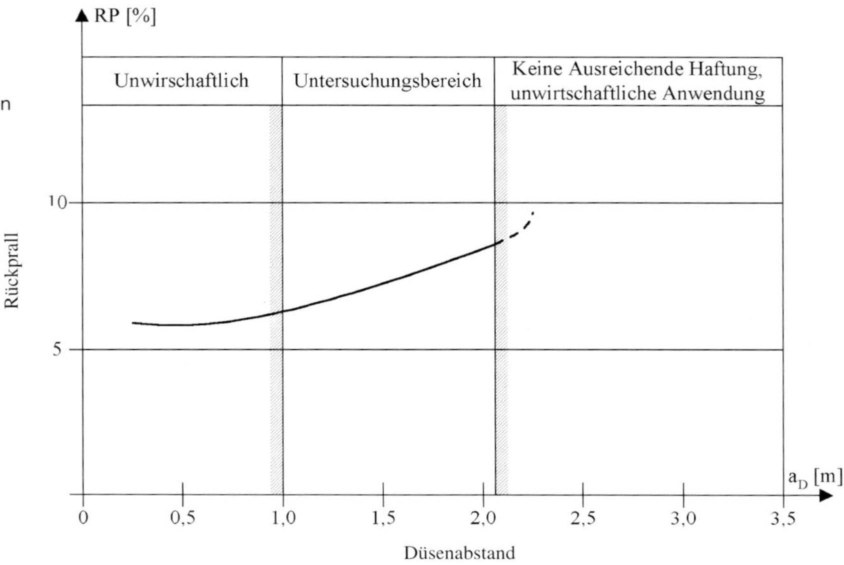

Bild 8.2-47 Rückprall in Abhängigkeit des Düsenabstandes (Nassspritzverfahren im Dichtstrom)

Bei der Wahl des optimalen Düsenabstandes muss man die Erfahrung aus der Praxis berücksichtigen, da bei einem Düsenabstand unter 1,5 m die Oberflächenstruktur sehr wellig wird.

8.2.6.3 Zusammenfassung

Der Rückprall liegt bei **günstiger Einstellung,** aufgrund von Baustellenuntersuchungen [8-22], aller wichtigen Einflussparameter in folgender Grössenordnung:

- Trockenspritzverfahren 15 – 25 %
- Nassspritzverfahren – Dünnstromförderung 12 – 15 %
- Nassspritzverfahren – Dichtstromförderung ca. 10 %

Der Rückprall erhöht sich durch Verwendung von Bewehrungsnetzen. Die Bewehrungsstäbe wirken wie Hindernisse in der Flugbahn der Teilchen. Durch die Netze wird der Beton hinter den Netzen in der Regel geringer verdichtet.

8.2.7 Staubentwicklung

Die mit der Anwendung des Spritzbetons einhergehende Staubentwicklung kann eine relativ starke **Gesundheitsgefährdung** hervorrufen. Die höchste Staubintensität geht vom Trockenspritzverfahren aus. Die Gefährdung, welche vom Nassspritzverfahren ausgeht, ist jedoch ebenfalls nicht zu vernachlässigen. Daher sind alle Optimierungsmassnahmen in einem ganzheitlichen Zusammenhang zu betrachten um die Belastungen möglichst gering zuhalten.

Bei der Staubentwicklung sind zwei Bereiche zu unterscheiden:

- Maschinen- bzw. Beschickungsbereich
- Spritzdüsenbereich

Die Staubentwicklung im Maschinen- bzw. Beschickungsbereich ist besonders signifikant beim Trockenspritzverfahren. Die neuen Trockenspritzsysteme (Mixomat, Rombold) beheben dieses Problem durch Einsatz von:

- naturfeuchten Zuschlägen sowie Mischung vor Ort mit Schnellbindezementen (Mixomat)
- trockenen Zuschlägen und Mischung in einem geschlossenen System (Rombold)

Beim Nassspritzverfahren mit angeliefertem Fertigbeton ist die Staubentwicklung im Maschinenbereich vernachlässigbar. Grund dafür ist, dass an der Maschine das fertig durchmischte, mit Anmachwasser versetzte Transportgut aufgegeben wird.

Daher ist es notwendig, nicht nur betontechnologische und applikationstechnische Verbesserungen vorzunehmen, sondern auch maschinen- und verfahrenstechnische.

Die in den Grafiken dieses Kapitels angegebenen Staubkonzentrationen sind als Relativwerte im Vergleich der Verfahren untereinander zu betrachten. Die Staubkonzentration hängt vom Ort und Abstand zur Düse ab. Die Staubkonzentrationsverteilung im Tunnel ist sehr unterschiedlich. Sie wird durch das Lüftungssystem und durch die Entfernung von der Ausblasöffnung der Lutte stark beeinflusst.

8.2.7.1 Trockenspritzverfahren [8-1]

Ein grösserer **W/Z-Wert** verringert den Staubanfall im Düsenbereich, weil eine verstärkte Bindung des Staub- und Mehlanteils mit dem zugegebenen Wasser im Spritzdüsenbereich erreicht wird. Die verfahrenstechnischen Grenzen des W/Z-Wertes liegen zwischen 0,40 – 0,55.

Die **Eigenfeuchte der Zuschlagstoffe** hat beim konventionellen Trockenspritzverfahren einen wesentlichen Einfluss auf die Staubentwicklung im Maschinen- und Materialaufgabebereich. Die Staubentwicklung an der Düse wird nicht signifikant beeinflusst durch die Eigenfeuchte (Bild 8.2-48). Eine relativ geringe Eigenfeuchte bindet bereits einen Teil des Mehlkornanteils an die grösseren Körnungen. Dies verbessert die Effizienz der Spraybefeuchtung und Vermischung an der Düse. Die optimale Eigenfeuchte liegt zwischen 3 und 5 %. Bei höherer Eigenfeuchte ergeben sich verfahrenstechnische Probleme durch die Reaktion mit dem Zement im Förderschlauch. Dann kommt es in den Spritzpausen zu Verstopfungen in den Förderleitungen. Die Stärken des Trockenspritzverfahrens können dann verloren gehen. Die neuen Verfahren (konventionelles Trockenspritzsystem – Rombold sowie Neues Trockenspritzsystem – NATS) lösen aber dieses Problem weitgehend im Maschinenbereich.

Der **Zementgehalt** hat einen starken Einfluss auf die Staubentwicklung, besonders im Aufgabebereich der Maschine. Die Staubentwicklung im Maschinenbereich kann durch entsprechende technische Massnahmen, wie dies teilweise schon bei den neuen Systemen realisiert wurde, drastisch gesenkt werden.

Im Düsenbereich führt die Erhöhung des Zementgehaltes bei konstantem W/Z-Wert zu einer Verringerung des spezifischen Benetzungsgrades des Trockengemischs, da die Oberfläche durch die grössere Menge der Feinanteile zunimmt. Dadurch erhöht sich die Staubentwicklung im Düsenbereich.

Die Wirkung der **Betonzusätze** kann sehr unterschiedlich sein. Eine eingehendere, systematische Forschung ist noch durchzuführen. Die verwendeten Abbindebeschleuniger haben meist eine klebende Wirkung. Diese klebende Wirkung müsste bereits auf der kurzen Durchmischungs- und Benetzungsstrecke im Düsenbereich wirksam werden. Bei ausreichender Durchmischungsstrecke ist diese Wirkung wegen der intensiven Kontaktreak-

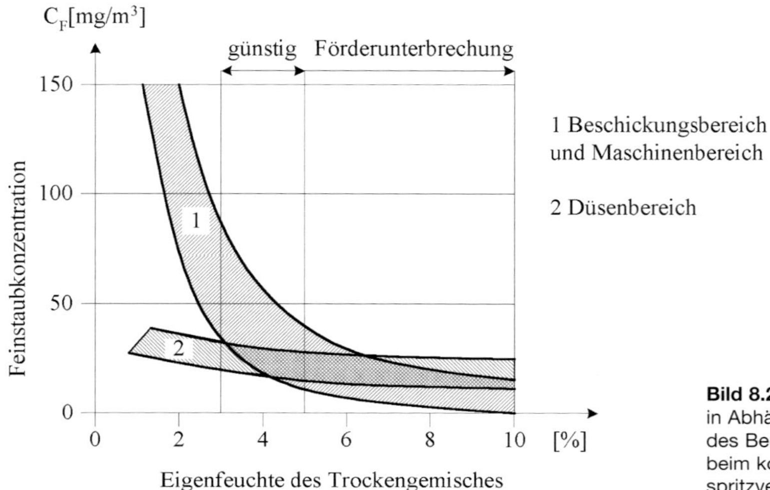

Bild 8.2-48 Feinstaubentwicklung in Abhängigkeit der Eigenfeuchte des Bereitstellungsgemisches beim konventionellen Trockenspritzverfahren [8-18]

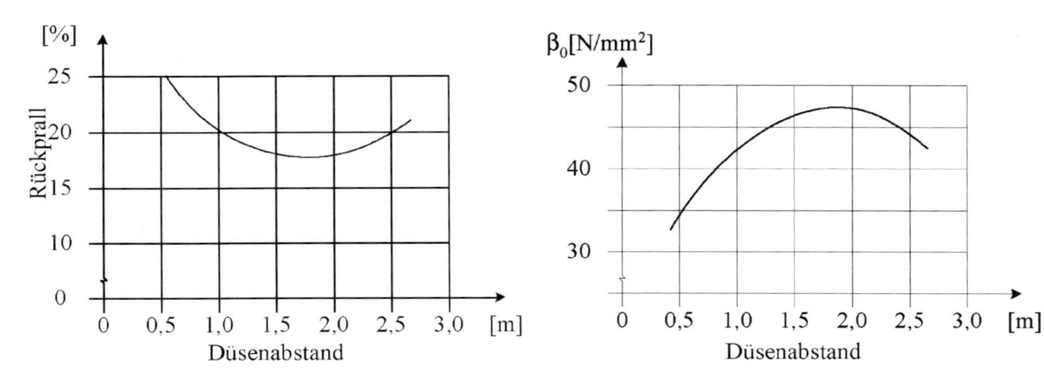

Bild 8.2-49 Rückprall und Druckfestigkeit in Abhängigkeit des Düsenabstandes (Trockenspritzverfahren) [8-17]

tion während der Förderung möglich und kann die Staubkonzentration dadurch herabsetzen.

Die verwendete **Luftmenge** hat einen entscheidenden Einfluss auf die gesamte Staubentwicklung. Je höher die Luftmenge, um so höher ist die Staubentwicklung. Sicherlich sind bis heute nicht alle maschinentechnischen und wirtschaftlichen Massnahmen ausgeschöpft worden, um eine ausgewogene Reduzierung zu ermöglichen. Im Maschinenbereich hat der Verschleiss von Dichtringen sowie das Fehlen von Filtern im Bereich der Ausblasöffnungen den grössten Einfluss auf die Staubentwicklung.

Im Düsenbereich bedeutet eine grössere Luftmenge gleichzeitig eine höhere Fluggeschwindigkeit beim Passieren des Wassersprayvorhangs. Damit ergibt sich eine geringere Benetzungs- und Durchmischungszeit, und somit werden nach dem Austreten des Gemischs aus der Düse Feinanteile abgelöst, bedingt durch die Sogwirkung aus dem Massenstrahl. Diese treten letztlich als Staubbelastung in Erscheinung. Der fördertechnisch günstige Bereich liegt bei einer Luftmenge zwischen 7 – 12 m^3/min bei einer Förderleistung von ca. 6 m^3/h (Tabelle 8.2-3).

8.2.7.2 Nassspritzverfahren

Beim Nassspritzverfahren ist zwischen der Dünn- und der Dichtstromförderung zu unterscheiden. Bedingt durch die fertige Betonmischung [8-1] ergeben sich die wesentlichen Parameter aus der Konsistenz des Ausgangsgemischs (beeinflusst hauptsächlich durch den W/Z-Faktor), der Luftmenge sowie dem Abstand der Düse von der Wand.

Zwischen Rückprall- und Staubentwicklung besteht ein analoges Verhältnis.

Mit steigendem **W/Z-Wert** nimmt auch die Staubentwicklung zu. Die Staubentwicklung und der Rückprall an der Düse stehen im ursächlichen Zusammenhang und wurden bereits im Abschnitt über den Rückprall erläutert. Der günstige W/Z-Bereich für das Nassspritzen im Dünnstrom liegt bei 0,50 – 0,55.

Dünn- bzw. Dichtstromförderung des Nassspritzverfahrens verhalten sich affin in bezug auf die **Luftmenge** und die Staubentwicklung. Im Maschinenbereich des Dichtstromverfahrens tritt durch die Verwendung von fertigem Transportbeton und durch die Kolbenpumpenförderung sozusagen keine Staubentwicklung auf. Im Maschinenbereich des Dünnstromverfahrens kommt es durch die Verwendung von Druckluft als Fördermedium im Bereich von verschlissenen Dichtungen und von Ausblasöffnungen zu einer geringen Staubentwicklung. Durch die Verwendung von fertigem Transportbeton bleibt jedoch die Staubentwicklung wegen der Bindung der Feinstanteile im Zementleim gering. Im Düsenbereich nimmt die Staubentwicklung mit der Luftmenge zu. Durch die hohe Geschwindigkeit des Düsenstrahls entstehen Verwirbelungen mit der umgebenden Luft. Dadurch werden Feinpartikel aus dem Strahl herausgerissen und in der Umgebungsluft verteilt. Zusätzlich entsteht Staub durch den Rückprall. Der fördertechnisch günstige Bereich liegt bei einer Luftmenge zwischen 6 – 10 m^3/min bei ca. 10 m^3/h Fördermenge (Tabelle 8.2-3).

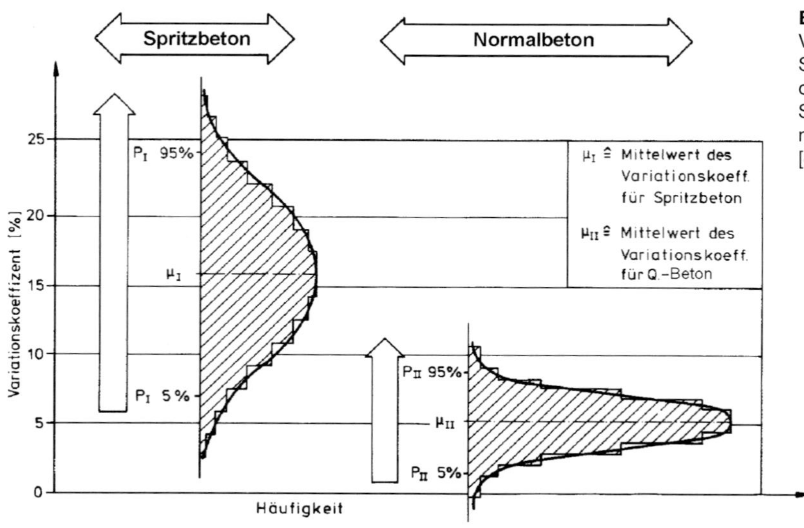

Bild 8.2-50
Verbesserung des Streuungsverhaltens bei der Herstellung von Spritzbeton unter definierten Bedingungen [8-23]

8.2.8 Festigkeit, Dichtigkeit und Dauerhaftigkeit

Festigkeit, Dichtigkeit und Dauerhaftigkeit des fertigen Spritzbetons hängen von betontechnologischen, material- und verfahrenstechnischen Parametern ab. Die betontechnologischen und materialtechnischen Parameter wurden bereits diskutiert, im besonderen die Wirkung der Zuschläge.

Der Dichtigkeit und der Dauerhaftigkeit wird man in Zukunft eine immer grössere Bedeutung beimessen.

Die Wirkung einiger verfahrenstechnischer Parameter für das **Trockenspritzverfahren** soll hier exemplarisch aufgezeigt werden.

Der Düsenabstand von 1,50 m stellt nicht nur ein Optimum hinsichtlich der Rückprallreduzierung, sondern auch der Druckfestigkeit dar (Bild 8.2-49).

Die Druckluft liefert die kinetische Energie zur Verdichtung des Spritzbetons. Mit steigender Luftmenge verringern sich jedoch (innerhalb des günstigen Förderbereichs) die Druckfestigkeit und die Festbetonrohdichte durch die verstärkte rückstossende Impulswirkung leicht, dies trotz erhöhter Verdichtungsenergie. Die optimale wirtschaftliche Luftmenge ergibt sich aus der gesamtheitlichen Betrachtung aller Einflüsse, wie z. B. Rückprall, Staubentwicklung, etc. [8-23].

Diese Überlegungen lassen sich auf das **Nassspritzverfahren** übertragen.

Da der Spritzbeton wesentlich von verfahrenstechnischen Parametern abhängt, die durch individuelle Handhabung sehr starken Streuungen unterworfen sind, unterliegt die **Qualität** starken statistischen Schwankungen (Bild 8.2-50). Dies drückt sich durch einen wesentlich höheren Variationskoeffizienten gegenüber Normalbeton hinsichtlich der Festigkeit aus.

Die weiten Streuungen müssen aus heutiger Sicht, besonders wenn der Spritzbeton eine permanente Funktion übernimmt, auf die Grössenordnung des Normalbetons reduziert werden. Dazu ist es notwendig, einen wesentlichen Anteil der subjektiven, individuellen Beeinflussung zu reduzieren. Dies kann durch eine **Teilrobotisierung** der wesentlichen verfahrenstechnischen Vorgänge erreicht werden. Zur Zeit wird in einem gemeinsamen Forschungsprogramm zwischen Industrie und ETH ein solches Applikationssystem für den Einsatz in Grossprojekten entwickelt (NEAT, etc.).

8.2.9 Festigkeit des jungen Spritzbetons

Die Frühfestigkeit des Spritzbetons hat für die Arbeitssicherheit im Untertagebau eine zentrale Bedeutung. Daher unterteilt man die jungen Spritzbetone hinsichtlich ihrer Festigkeitsentwicklung [8-13] in die drei Bereiche J1, J2 und J3 (Bild 8.2-51), welche wie folgt unterschieden werden:

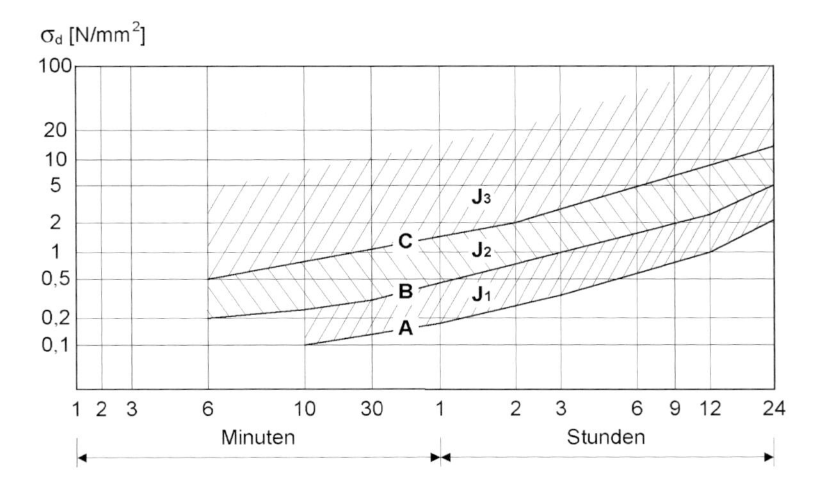

Bild 8.2-51 Frühfestigkeit des jungen Spritzbetons [8-13]

- Spritzbeton J1 eignet sich für den Auftrag in dünnen Lagen auf trockenem Untergrund. Es werden keine besonderen statischen Anforderungen in den ersten Stunden gestellt. Da die Erhärtung nicht plötzlich voranschreitet, ist der Rückprall und die Staubentwicklung meist geringer.
- Spritzbeton J2 eignet sich, wenn der Auftrag möglichst schnell in dicken Lagen und auch über Kopf erfolgen soll. Er eignet sich bei Wasserandrang und direkt folgenden Arbeitsgängen, wie Bohren und Sprengen. Ferner gilt diese Anforderung auch in Fällen, in denen die schnelle Entwicklung des Ausbauwiderstands erforderlich ist.
- Spritzbeton J3 eignet sich zum Einsatz in stark nachbrüchigem Gebirge und bei stärkerem Wasserandrang. Wegen der sofort einsetzenden Erstarrung und Festigkeitsentwicklung entsteht mehr Staub und Rückprall. Daher sollte Spritzbeton J3 nur in Sonderfällen eingesetzt werden.

8.2.10 Schwindverhalten und Nachbehandlung von Spritzbeton

In der Forschungsarbeit „Schwinden von Spritzbeton" [8-24] wurde das Schwindverhalten von Spritzbeton untersucht und mit dem Schwinden von konventionellem Beton verglichen. Dabei wurde der Spritzbeton sowohl im Trocken- als auch im Nassspritzverfahren hergestellt. Die wichtigsten Ergebnisse dieser Arbeit werden nachstehend zusammengefasst:

- In den durchgeführten Trocken- und Nassspritzversuchen konnte der gleiche Schwindverlauf wie bei herkömmlichem Beton festgestellt werden.
- Das Schwindmass von Spritzbeton ist deutlich höher als beim herkömmlichen Beton. Die Ursache liegt einerseits am höheren Mehlkorngehalt, andererseits wird der Spritzbeton im Regelfall dünnflächiger aufgetragen und erfährt somit eine intensivere Austrocknung.
- Eine beschleunigte Trocknung des Spritzbetons infolge der Lüftungssysteme im Untertagebau hat ein grösseres Schwinden und damit die Gefahr der Rissebildung zur Folge.
- Beim Spritzbetonauftrag auf Altbeton ergeben sich Probleme des Verbundes zwischen altem und neuem Beton. Diese Probleme sind einerseits Haftprobleme und andererseits Druckspannungsübertragungsprobleme durch das unterschiedliche Kriechverhalten zwischen Alt- und Neubeton. In der Anschlussfuge zwischen Alt- und Neuspritzbeton entstehen wegen der unterschiedlichen Schwindmasse Scherspannungen. Wird die Haftzugfestigkeit in den Anschlussfugen überschritten, entstehen Ablösungen bzw. Hohlstellen und die Kraftübertragung zwischen Spritzbeton und Unterlage ist nicht ausreichend gewährleistet.
- Die Nachbehandlung wirkte sich auf das Schwindverhalten positiv aus. Ständiges Feuchthalten des Spritzbetons während der ersten 7 Tage verursacht eine Verringerung des Schwindens, wobei der Schwindvorgang so

lange hinausgezögert wird, bis der Zementstein ausreichend erhärtet ist, um die Spannungen infolge Schwindens aufnehmen zu können.

Für Spritzbeton gelten im Prinzip die gleichen Nachbehandlungsregeln wie für Normalbeton. Die Nachbehandlung im Tunnel, falls sie erforderlich ist, ist wesentlich schwieriger. Spritzbeton sollte wie Beton unter optimalen ambienten Verhältnissen erhärten, um die volle Festigkeit und Dauerhaftigkeit zu entwickeln. Besondere Beachtung ist dünnen Spritzbetonschichten zu schenken, da diese sehr schnell austrocknen. Wichtig ist dabei die schon erwähnte Vorbenetzung des Untergrundes. Meist ist keine Nachbehandlung bei einem Tunnelklima von über 70 % Luftfeuchtigkeit erforderlich [8-25]. Beachtung sollte jedoch der permanenten Lüftung gewidmet werden, die dem frischen Spritzbeton die notwendige Feuchtigkeit teilweise entziehen kann. Werden diese Regeln nicht beachtet, treten vermehrt Schwindrisse auf, welche die Dichtigkeit und Dauerhaftigkeit beeinträchtigen, oder dem Spritzbeton fehlt in der Hydratationsphase Wasser, um die volle Festigkeit zu entwickeln. Ist eine Nachbehandlung aufgrund des Tunnelklimas erforderlich, so kann dies einerseits mit einem Feinst-Wassersprühnebel während der Hydratationsphase erfolgen oder durch einen klimatisierten (Luftfeuchtigkeit) Betonbehandlungswagen während des Abbindeprozesses.

8.2.11 Verhalten von Spritzbeton unter hohen und tiefen Temperatureinwirkungen

Zum Thema „Einfluss von tiefen Temperaturen auf die Qualität des Spritzbetons“ wurden am IBB an der ETH Zürich in Kooperation mit dem Versuchsstollen Hagerbach zwei Forschungsarbeiten durchgeführt.

In der ersten Untersuchung [8-26] wurde der Einfluss von Temperaturschwankungen bis unter den Gefrierpunkt unmittelbar nach der Applikation des Spritzbetons auf die Eigenschaften des Spritzbetons untersucht. Die Ergebnisse dieser Untersuchungen lassen sich wie folgt zusammenfassen:

- Bei andauernd tiefen Temperaturen während 8-40 Stunden, die zum einmaligen Gefrieren des frisch applizierten Spritzbetons führen, wird die Betonfestigkeit bleibend um 20-50 % im Vergleich zur Nullprobe (d. h. unter normalen Bedingungen abgebundener Spritzbeton) verringert.
- Tritt der Frost zyklisch ein zweites oder drittes Mal unmittelbar danach auf, wird die Druckfestigkeit jeweils um weitere 5-10 % vermindert.
- Der Festigkeitsanstieg zwischen dem 28. und dem 90. Tag ist bei gefrorenem Beton deutlich grösser als beim Nullbeton, d. h. eine Erholung resp. Nacherhärtung ist feststellbar.

In einer zweiten Untersuchung [8-27] wurde der Einfluss einer unterschiedlich langen Abkühlung auf verschiedene Temperaturstufen im Bereich des Gefrierpunktes auf frisch applizierten Spritzbeton untersucht. Die daraus gewonnenen Erkenntnisse sind wie folgt:

- Gefriert frisch applizierter Spritzbeton auf Temperaturen von -2,5 °C und tiefer, wird dessen Gefüge gravierend geschädigt, was zu einer Festigkeitseinbusse von 20-50 % führt.
- Je länger die Gefrierdauer innerhalb der ersten drei Tage und je grösser die Anzahl Frostzyklen, desto grösser fällt die Schädigung aus.
- Bei einer Abkühlung, die 0 °C nicht unterschreitet, erfolgt eine eindeutig positive Beeinflussung des Spritzbetons, die zu Festigkeitssteigerungen führt.
- Die Temperaturgrenze zwischen negativem und positivem Einfluss liegt zwischen 0 °C und –2,5 °C.

Im Rahmen eines Forschungsprojektes [8-28] wurde im Hinblick auf die geplanten Basistunnel der neuen Alpentransversale der Einfluss von Gesteinstemperaturen von bis zu 50 °C auf das Abbindeverhalten und die Qualität des Spritzbetons untersucht. Dabei stand eine umfangreiche Ermittlung der Festbetoneigenschaften im Vordergrund. Um die Versuche möglichst realitätsnah durchzuführen, wurden diese im Versuchsstollen Hagerbach durchgeführt. Die Ergebnisse lassen sich wie folgt zusammenfassen:

- Die Wärmebehandlung im Temperaturmedium 60 °C hat einen positiven Einfluss auf die Frühfestigkeiten des Spritzbetons; sie erhöht die Frühfestigkeit in der Grössenordnung von 5–10 % gegenüber von Spritzbeton, der bei ca. 15 °C abhärtet. Die Abbindereaktion von Spritzbeton mit Beschleuniger setzten bei 15 °C wie bei 60 °C gleichzeitig ein.
- Im Temperaturmedium von 60 °C liegen die Endfestigkeiten rund 25 % niedriger.

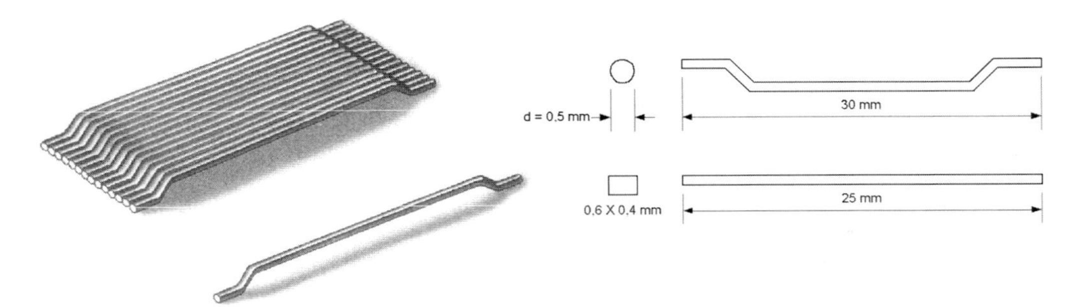

Bild 8.2-52 Beispiele von Stahlfasern aus kaltgezogenem Stahldraht [8-29]

8.2.12 Stahlfaserspritzbeton

Als Stahlfaserspritzbeton bezeichnet man einen Beton oder Mörtel, der mit diskontinuierlichen, diskreten Stahlfasern angereichert ist und pneumatisch wie normaler Spritzbeton gefördert werden kann. Durch die Verwendung von Stahlfasern (30 – 120 kg/m^3 Beton) im Spritzbeton werden folgende Verbesserungen erreicht:

- die Duktilität wird erhöht
- die Druck- und Zugfestigkeit wird erhöht
- die Rissbildung wird reduziert
- Einsparung der Bewehrung und dadurch Reduzierung des Rückpralls infolge der Bewehrung.

Dem Spritzbeton können verschiedene Arten von Stahlfasern zugegeben werden. Die brauchbarsten Parameter zur Beschreibung der Fasern sind:

- Zugfestigkeit der Fasern
- Form der Faser
- Länge-Durchmesserverhältnis

Um die Verarbeitbarkeit und Applizierbarkeit des Stahlfaserspritzbetons sicherzustellen, liegt die optimale Menge der Faserzugabe bei 50 – 90 kg/m^3 Beton.

In Bild 8.2-52 und Bild 8.2-53 sind verschiedene Arten von Stahlfasern wiedergegeben.

Da lose Stahlfasern mit einem hohen l/d-Verhältnis, welches essentiell ist für eine effiziente Bewehrung, sich bei der Zugabe und Verteilung im Mischgut verarbeitungstechnisch schwierig verhalten, werden heute meistens geklebte Bündel mit 30 – 50 Fasern (Dramix Stahlfasern) zugegeben. Diese Stahlfaserbündelchen sind wasserlöslich verklebt. Die geklebten Stahlfaserbündelchen lassen sich ohne Probleme mit den Zuschlagstoffen mischen. Dies erfordert weder für Trocken- noch für Nassspritzbetonmischungen eine Spezialequipe.

Sobald der mechanische Mischvorgang beginnt, verteilen sich die Bündelchen in der Mischung. Die Bündelchen lösen sich durch die Feuchtigkeit der Zuschläge oder des Gemischs und durch den Reibungseffekt (scheuern) zwischen den Zuschlagsaggregaten und den Bündelchen in einzelne Stahlfasern auf. Nach dem sorgfältigen Durchmischen (Mischzeit und ausreichende Mischenergie) ist die Spritzbetonmischung homogen mit Stahlfasern durchsetzt. Für Trockenspritzbetonmischungen wird ein Spezialkleber verwendet, der sich bereits bei 3 – 6 % Zuschlagstoffeuchtigkeit auflöst. Stahlfasern mit aufgebogenen Enden ergeben einen verbesserten Verbund bzw. eine verstärkte Verankerung. Beim Stahlfaserspritzbeton wird die Rezeptur nach den gleichen Grundsätzen wie beim normalen Spritzbeton aufgebaut. Folgende baubetriebliche Möglichkeiten können zur Herstellung des Stahlfaserspritzbetons ausgewählt werden:

Bild 8.2-53 Im Beton gleichmässig verteilte Stahlfasern [8-29]

Bild 8.2-54 Dilatationsrohrelemente

- Herstellung des Stahlfaserbetons in einem zentralen Betonwerk mittels Zwangsmischer und anschliessender Transport in einem Fahrmischer oder Transport-LKW zur Spritzmaschine
- Zugabe der Stahlfasern in das Spritzbetongemisch im Fahrmischer als letzte Komponente auf der Baustelle
- fertige Trockenmischung einschliesslich Stahlfasern und möglichen anderen Zusatzstoffen wird auf der Baustelle direkt in die Trockenspritzmaschine oder beim Nassspritzverfahren in einen Mischer gegeben

Diese Prozesse sind bei Trocken- sowie bei Nassspritzbeton möglich. Der Vorteil der geklebten Stahlfaserbündelchen ist, dass sie direkt ins Gemisch gegeben werden können, ohne dass die befürchtete Igelbildung (Zusammenballung) der Stahlfasern zu erwarten ist. Durch die Zugabe wird das Stahlfaserspritzbetongemisch gegenüber konventionellem Spritzbeton sehr steif. Die visuelle Erscheinung sowie der Ausbreittest (slump) sind keine guten Indikatoren für die Verarbeitbarkeit beim Stahlfaserspritzbeton. Mischungen, die steif erscheinen und ein niedriges Ausbreitmass aufweisen, lassen sich trotzdem gut verarbeiten. Daher sollte man das Ausbreitmass mit und ohne Stahlfasern messen. Eine exzessive Zugabe von Wasser hat wie bei jedem Beton eine Herabsetzung der Festigkeit zur Folge. Wenn es erforderlich wird, die Verarbeitbarkeit bei Nassspritzbeton zu verbessern, sind Plastifizierungszusätze angezeigt, die den Wassergehalt reduzieren. Die Applikation kann nach den gleichen Regeln wie bei normalem Spritzbeton erfolgen. Mit steigender Faserzugabe (> 60 kg/m^3) nimmt der Verschleiss der Geräteteile (Dichtungen, Leitungen, Düse), die mit dem Stahlfaserspritzbeton in Berührung kommen, nichtlinear zu.

Mit Stahlfaserspritzbeton (Bild 8.2-66) kann man im Tunnelbau wirtschaftliche Vorteile gegenüber einer Spritzbetonschale mit einlagiger oder mehrlagiger Bewehrung erreichen, falls die erforderlichen projektspezifischen statischen Werte der Stahl- und Spritzbetonschale äquivalent sind. Muss Bewehrung verlegt werden, so ist dies meist aufwendiger – falls nicht Billiglohnsubunternehmer eingesetzt werden – als eine Stahlfaserspritzbetonschale aufzuspritzen. Der Kubikmeterpreis des Stahlfaserausgangsgemischs ist wesentlich teurer als Normalbeton. Die betriebswirtschaftlichen Ersparnisse ergeben sich durch:

- geringeren Rückprall (bei der Bewehrung erhöht sich der Rückprall)
- die Stahlfaserspritzbetonschale kann man je nach Stärke in einem Arbeitsgang auftragen, gegenüber drei Arbeitsgängen bei der Bewehrung

Dadurch kann möglicherweise die Zykluszeit reduziert und damit das Gesamtprogramm gestrafft werden, einhergehend mit den Kostenersparnissen aus den Allgemeinkosten der Baustelle.

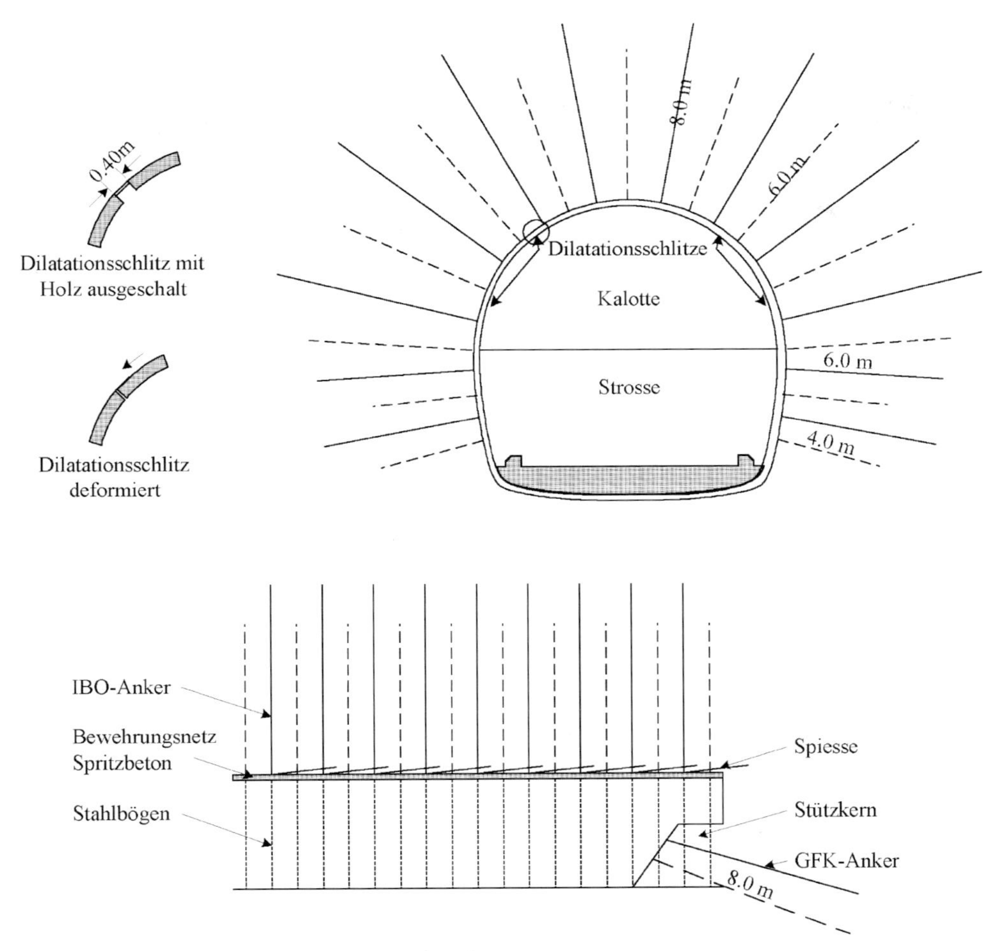

Bild 8.2-55 Spritzbeton – Dilatationsstreifen [8-30]

Stahlfaserspritzbeton lässt sich auch zur Instandsetzung und Verstärkung von Bauwerken wirtschaftlich einsetzen.

8.2.13 Ausführung von Spritzbeton in druckhaftem Gebirge

Bei der Anwendung von Spritzbeton in druckhaftem Gebirge besteht die Gefahr des Abplatzens der Schale. Der Grund für dieses Phänomen liegt im allmählichen Druckaufbau in der Schale infolge der Behinderung der Verformung des Gebirges durch den Ausbauwiderstand. Dadurch kann die Membrankraft so anwachsen, dass es zum Ausbeulen der Schale verbunden mit einem plötzlichen Abplatzen grosser Schalenteile kommt. In der Praxis versucht man diesem Problem zu begegnen, indem man die mit Systemankern verstärkte Spritzbetonschale in Längsrichtung durch Deformationsstreifen schwächt und so die Schale an definierten Punkten im Querschnitt verformbar macht. Dies kann konstruktiv durch Schwächungen in Längsrichtung wie folgt erreicht werden:

- streifenweiser Einbau von Dilatationsrohrelementen, die eine definierte Verformbarkeit durch Beulen aufweisen (Bild 8.2-54).
- einen 15-30 cm breiten, dünneren Spritzbetonstreifen (Bild 8.2-55).

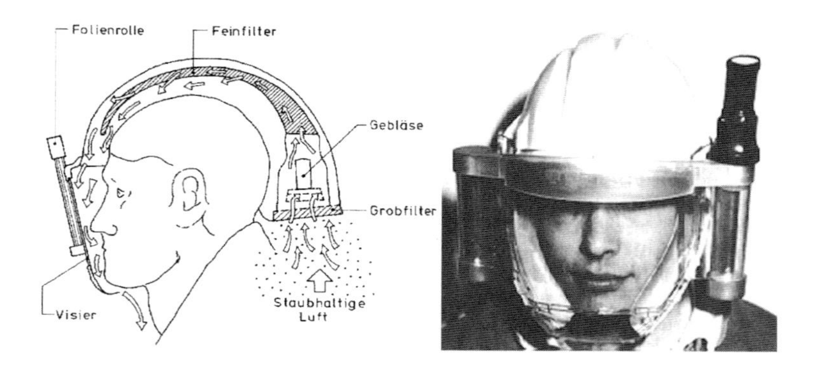

Bild 8.2-56 Spritzbetonschutzhelm (Firma Optac W. Welttin)

Diese Schwachstellenstreifen werden je nach Deformationserfordernissen in den Fünftelspunkten eingebaut. Die zwischen den Schwachstellenstreifen liegenden Spritzbetonschalenelemente werden mit Ankern im Gebirge kraftschlüssig verbunden. Dadurch erhält das Gebirge eine Bewehrung. Durch die Gebirgsverformung tritt in den Ankern in radialer Richtung im Gebirge eine Vorspannung auf, die graduell die Festigkeit des Gebirges um den Ausbruchrand erhöht. Aufgrund von Deformations- und Dehnungsmessungen an den Ankern und der daraus abgeleiteten Deformationskonvergenz muss frühzeitig das Nachankern angeordnet werden, um ein Versagen der Anker möglichst zu vermeiden. Nachdem die Deformationen soweit abgeklungen sind, dass der Ausbauwiderstand den verbleibenden Gebirgsdruck aufzunehmen vermag, können die Schwachstellenstreifen kraftschlüssig geschlossen werden. Bei druckhaftem Gebirge mit grossen Deformationen werden jedoch oft duktile Stahlbögen eingesetzt. Diese müssen jedoch seitlich aufgrund der hohen Normalkraftbelastung gegen Knicken gesichert werden. Dies erfolgt durch seitliche Streben (Holz, Stahl) in Tunnellängsrichtung zwischen den Ausbaubögen, um die Knicklänge der elastisch gelagerten Bögen zu reduzieren. Diese seitliche Stützung kann relativ einfach auch durch Spritzbeton erfolgen mit den beschriebenen offenen Dilatationsstreifen. Beide Methoden wurden erfolgreich von österreichischen Tunnelbauern angewandt.

8.2.14 Arbeitssicherheit

Neben den vielfältigen unternehmerischen und technischen Aufgaben und Verantwortung im Rahmen der Ausführung und Herstellung eines Bauprojektes ist der Bauingenieur für die Arbeitssicherheit seiner Mitarbeiter zuständig. Die projektbezogenen Wirtschaftlichkeitskriterien müssen ausreichend die humanitären Anforderungen der Arbeitssicherheit berücksichtigen. Die berufsbedingten gesundheitsschädigenden Einwirkungen müssen so reduziert werden, dass keine Kurz- und/oder Langzeitschäden bei den Arbeitnehmern entstehen. Zur Sicherstellung dieser Grundanforderung sind die in der EU sowie in den jeweiligen Ländern gültigen Arbeitssicherheitsvorschriften zu beachten.

Die wesentlichen Gefahren bei der Spritzbetonherstellung sowie deren Auswirkungen und Risiken sind in Tabelle 8.2-10 dargestellt.

Im Rahmen dieser Gefahren sind verfahrenstypisch besonders hervorzuheben:

- mechanische Schäden (platzende Leitungen, etc.)
- Ätzwirkung der meisten Abbindebeschleuniger (basisch, pH 12-13)
- Staubentwicklung
- Schallbelastung durch die Druckluft, diese liegt bei ca. 90 dB(A) im Düsenbereich und bei ca. 110 dB(A) im Maschinenbereich beim Trockenspritzverfahren, wenn keine besonderen Massnahmen getroffen werden.

Die notwendigen passiven Massnahmen sind:

- regelmässige Kontrolle des ganzen Druckbereichs und sachgerechte Wartung von Geräten und Leitungen
- Gehörschutz
- Schutzhandschuhe und -brille
- Staubschutzhelm (Bild 8.2-56) oder Mundschutz und Brille

Der sicherste Schutz ist jedoch der aktive, d. h. die Schadstoffe an Ort und Stelle, wo sie freigesetzt werden, zu vermeiden oder abzufangen.

Tabelle 8.2-10 Gefahren bei der Spritzbetonherstellung [8-31]

Bereich	Gefährdung oder Belastung durch	Ursache Entstehungsort	Gefährdungsgrad Gefährdungsdauer Wirkungsbereich
Maschine	Mineral- und Zementstaub	Beschickung am Einfülltrichter Auspuff der Rotorkammer Reinigung der Maschine mit Druckluft	leichte Gefährdung, ständig im Umkreis von 10 m
	Staub von ätzenden Chemikalien	Umschlag des Erstarrungsbeschleunigers	leichte Gefährdung, dauernd im Umkreis von 2 m
	Lärm	Abblasen der Druckluft aus den Rotorkammern am Auspuff	in geschlossenen Räumen mittlere Gefährdung im Umkreis von 10 m
Leitung	„verirrte“ Schlauchenden und Kupplungen	Ausblasen der Leitungen, ohne diese zu fixieren	mittlere bis schwere Gefährdung, selten
	ausgeschossene Stopfer	Ausblasen von Stopfern	mittlere bis schwere Gefährdung, selten
	Platzen von Schlauch und Leitungsverbindungen	Öffnen der Kupplungen unter Druck	mittlere Gefährdung, selten
Spritzdüse	Mineral und Zementstaub	in der ausströmenden Transportluft fein verteilter Mineral- und Zementstaub	leichte bis mittlere Gefährdung, dauernd im Umkreis von 10 m
	Staub und ätzende Chemikalien	in der ausströmenden Transportluft fein verteilter Staub von pulverförmigem Erstarrungsbeschleuniger	mittlere Gefährdung, dauernd im Umkreis von 10 m
	Lärm	expandierende Luft an der Düse	mittlere Gefährdung, dauernd im Umkreis von 10 m
	Rückprall	rückprallendes Material	leichte Gefährdung, dauernd im Umkreis von 10 m
	herabfallende Steine	verschiedene	starke Gefährdung
	Sturz vom Gerüst bzw. von der Schaufel	ungesicherter Standort	mittlere bis schwere Gefährdung

8.2.15 Maschinentechnik

Technische Daten zu einigen typischen Spritzmaschinen sind in Bild 8.2-57 bis Bild 8.2-61 enthalten.

Die Applikation von Spritzbeton mittels Hand-Manipulation, d. h. die Spritzdüse wird von einem Spritzdüsenführer von Hand geführt, ist auf eine Leistung von 6-8 m^3/h begrenzt. Der notwendige Kraftaufwand für den Düsenführer übersteigt dessen körperliche Dauerleistungsfähigkeit – bedingt durch das Gewicht der Düse, die mit Beton gefüllt ist und dem dynamischen Rückstoss – mit der Folge von Applikationsfehlern und Qualitätseinbussen.

Aufgrund der erforderlichen grossen Leistungen von über 6-8 m^3/h werden heute im Tunnelbau häufig Spritzmanipulatoren eingesetzt (Bild 8.2-62, Bild 8.2-63). Diese Spritzmanipulatoren, die hauptsächlich beim Nassspritzverfahren verwendet werden, haben folgende Vorteile:

- Erhöhung der Leistung und der Wirtschaftlichkeit
  - Steigerung der Spritzleistung
  - schnelleres, grossflächiges Auftragen
  - Entfallen von Gerüsten
  - Steigerung der Leistung des Düsenführers durch höheres Sicherheitsgefühl
- Verbesserung der Arbeitssicherheit
  - Düsenführer ausserhalb des direkten Gefahrenbereichs (Staub und Gesteinsablösung)
  - Gewichtsentlastung des Düsenführers

Technische Daten:

Gesamtgewicht	470 kg
Elektro- / Dieselmotor	2,2 / 4,4 kW
Luftverbrauch	5 m^3/min bei 6 bar
Fördermenge	1,1 - 5,0 m^3/h
Förderdistanz	horizontal 500 m, vertikal 100 m

Bild 8.2-57 Spritzbetonmaschine Meyco Piccola (Trockenspritzen)

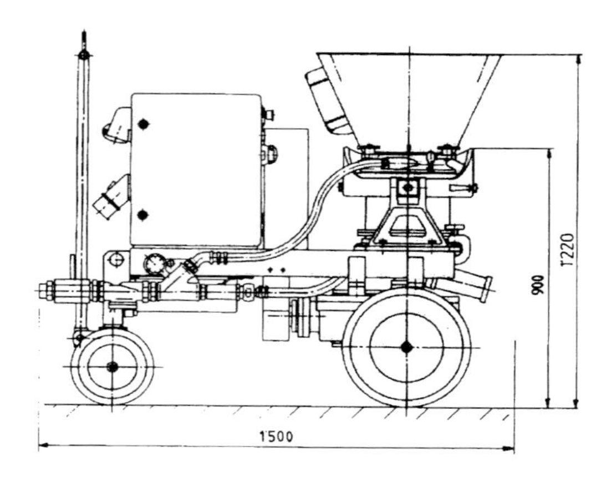

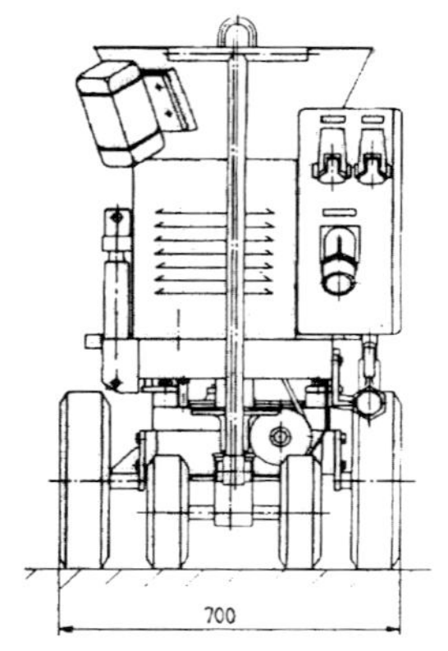

- Steigerung der Ausbausicherungseffizienz
  - schnelle, grossflächige Versiegelung und Randverstärkung des Verbundtragwerks Gebirge
  - Verringerung der Gebirgsauflockerung durch schnelles und ausreichend starkes Aufspritzen der Spritzbetonschale
- Qualitätsverbesserung durch optimalere Düsenführung

Der Arbeitsbereich eines Spritzarms ist in Bild 8.2-63 dargestellt.

8.2.16 Spritzbetonroboter

Die Verwendung von programmierbaren Spritzrobotern (Bild 8.2-64) ist heute prinzipiell möglich, jedoch haben sie den Weg in die Praxis noch nicht gefunden. Mit Hilfe sensorgesteuerter, programmierbarer Geräte könnte man gezielt die subjektiven individuellen Nachteile des Spritzbetonverfahrens weitgehend eliminieren. Dadurch wäre eine erhöhte Gleichmässigkeit und verbesserte Qualität zu erreichen. An der ETH Zürich wird zur Zeit ein praxistaugliches Gerät mit der Industrie entwickelt.

Technische Daten:

Dimensionen	
- Länge max.	1650 mm
- Breite	850 mm
- Höhe	1550 mm
- Gewicht	1150 kg

Elektroantrieb	
- Leistung	7,5 kW
- Drehzahl	1500 U/min
- Spannung / Frequenz	380 V / 50 Hz
- Fördermenge	9 m^3/h

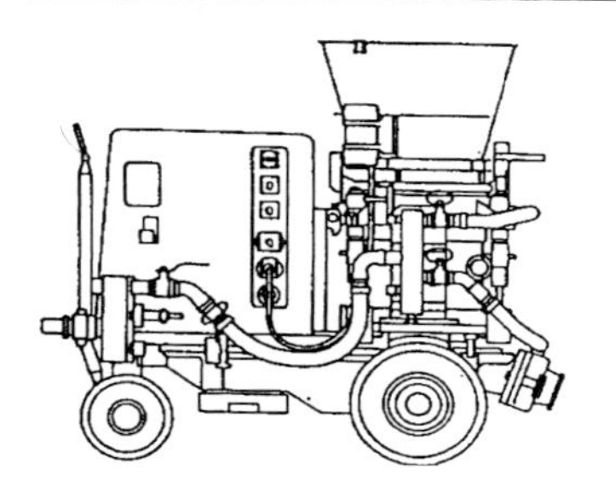

Baustellenseitige Installationen	
- Rotor	16 l
- Schlauchdurchmesser	65 mm
- Korndurchmesser	16 - 25 mm
- Luftbedarf (theoretisch)	12 m^3/min
- Förderdistanz	80 m
- Luftdruck	4 - 6 bar

Bild 8.2-58 Spritzbetonmaschine Aliva Largo Typ 260 (Trockenspritzen)

Bild 8.2-59 Spritzbetonmaschine Meyco Deguna 30 (Nassspritzen)

Technische Daten:

Gesamtbreite	1580 mm
Gesamthöhe	1680 mm
Luftverbrauch	285 l/min
Gesamtgewicht	1050 kg
Dieselmotor	10 kW
Fördermenge	2,0 - 3,0 m^3/h
Förderdistanz	horizontal 250 m, vertikal 80 m

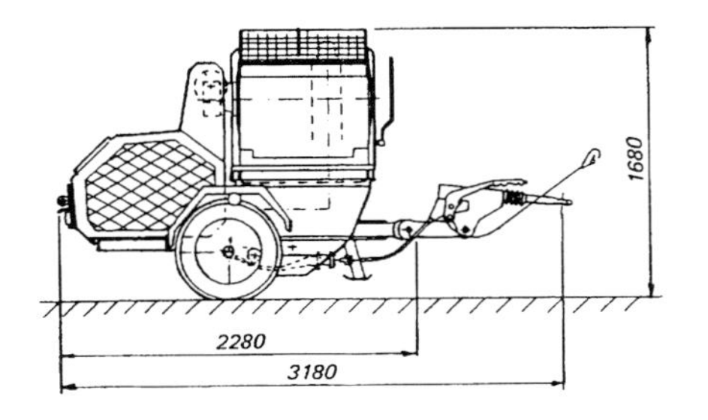

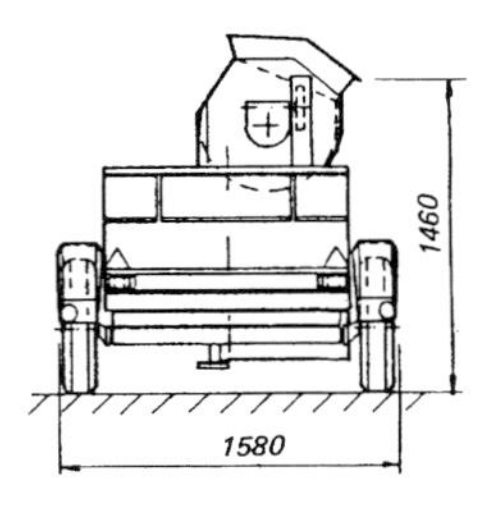

Bild 8.2-60 Spritzbetonmaschine Aliva 285 (Nassspritzen)

Technische Daten:

Dimensionen	
- Länge max.	2430 mm
- Breite	1050 mm
- Höhe	1350 mm
- Gewicht	1550 kg

Elektroantrieb	
- Leistung	11 kW
- Drehzahl	500 - 2000 U/min
- Spannung / Frequenz	380 V / 50 Hz

Baustellenseitige Installationen	
- Rotor	17 l
- Schlauchdurchmesser	60 - 80 mm
- Korndurchmesser	20 - 30 mm
- Luftbedarf (theoretisch)	12 - 20 m^3/min
- Förderdistanz	h: 30 m, v: 30 m
- Fördermenge	30 m^3/h

Bild 8.2-61 Beispiel eines Beschickungssystems [8-2]

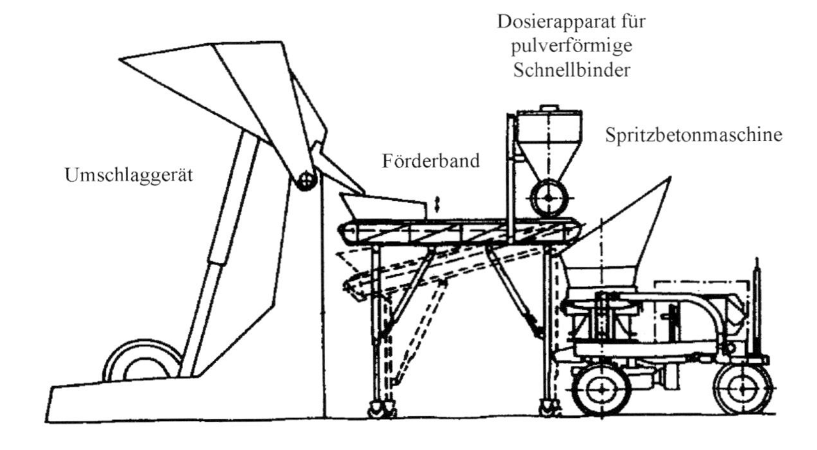

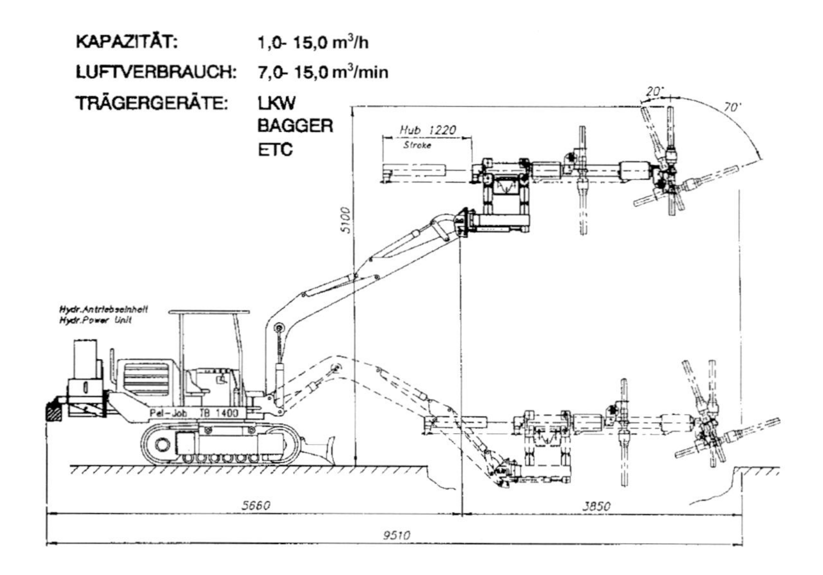

Bild 8.2-62 Spritzmanipulatorarm Meyco Robojet Modula

Spritzroboter als Hochleistungsapplikationssysteme sollten in den folgenden Hauptbetriebsmodi einsetzbar sein:

- manuelle Führung mittels Spacemouse (Joystick) und rechnergesteuerte Bewegung des achtgelenkigen Spritzarmes durch die Hydraulikzylinder
- automatische Führung durch prozessgesteuerte Abläufe der baubetrieblichen Arbeitstechniken mittels Menüführung

Dazu ist es notwendig, der entwickelten Steuerungssoftware die baubetriebliche Intelligenz der Applikationstechnik zu implementieren.

Die verschiedenen leistungsrelevanten Betriebsmodi, die vom Düsen- bzw. Spritzenführer aufgrund der lokalen Bedingungen gewählt werden können, sollten die optimierten Spritztechnikerfahrungen als systemimmanente Prozesssteuerung enthalten. Folgende Problemkreise müssen optimiert und in das Steuerungsprogramm integriert werden:

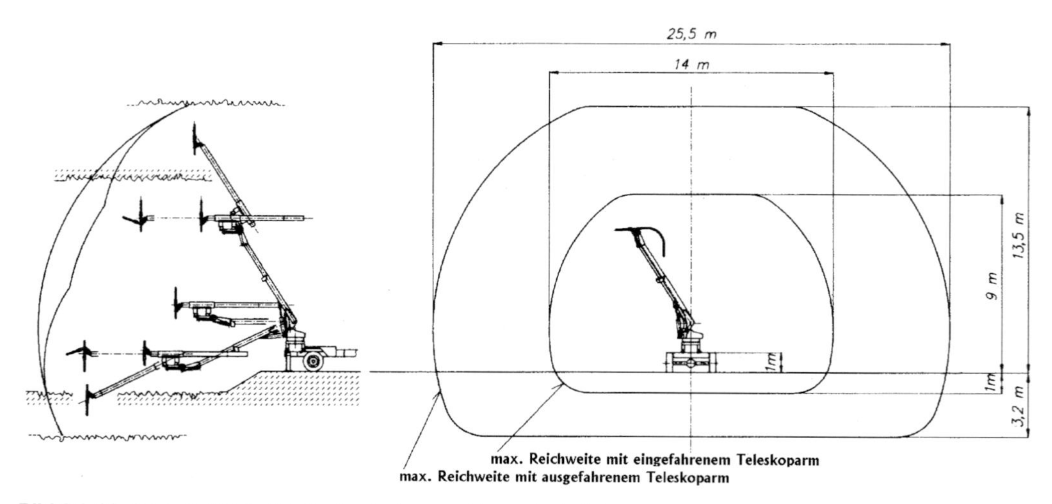

Bild 8.2-63 Arbeitsbereich des Spritzroboterarms Meyco Robojet

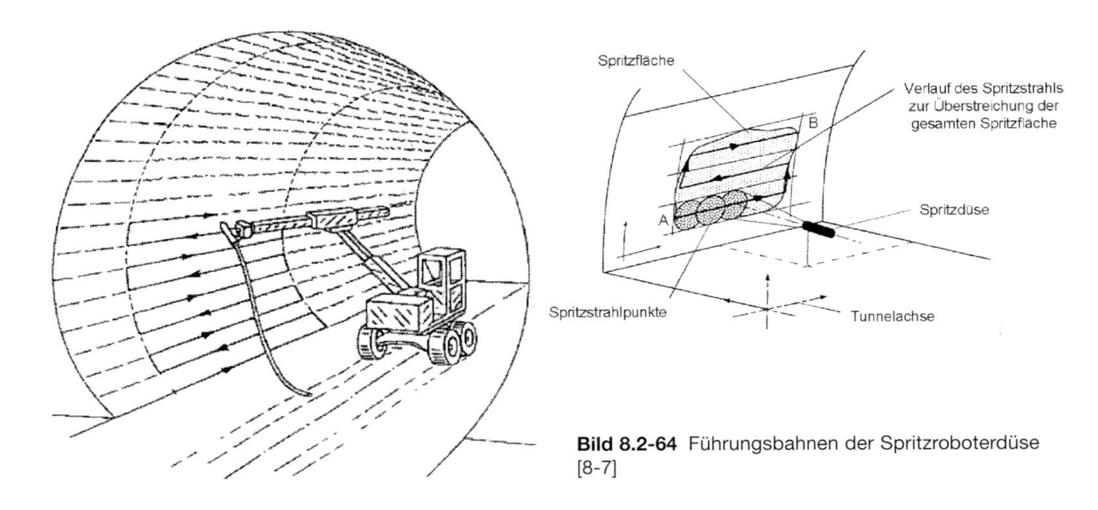

Bild 8.2-64 Führungsbahnen der Spritzroboterdüse [8-7]

Ressourcenoptimierung

- Rückprallreduzierung durch Optimierung der programmgesteuerten Bahn- und Düsenführung
- Rückprallreduzierung durch interaktive Überprüfung des Auftrags und der prozessgesteuerten Zusatzmitteldosierung
- Konzentration des Spritzroboterführers auf die Beurteilung der geologischen Verhältnisse vor Ort zur Eingabe von Grundparametern

Leistungs- und Qualitätsoptimierung

- Nutzung des Spritzsystems zur schnellen Sicherung und zum Ausbau von grossen bis sehr grossen Tunnelquerschnitten
- homogene, konstante Spritzbetonqualität mit geringer Qualitätsstreuung und der damit verbundenen Erhöhung der Dauerhaftigkeit

Baubetriebliche Roboteroptimierung

- interaktive Entwicklung der baubetrieblichen Prozessparameter in Zusammenarbeit mit dem Maschinenhersteller und Baustellen, mit dem Ziel der weitestgehenden Automatisierung des Spritzroboters
- Definition und Begründung der baubetrieblichen Prozessparameter für verschiedene Auftragsflächen, gegliedert nach Rauhigkeits- und Ebenheitskriterien etc.
- Analyse und Elimination von Eigen- und Fremdkollisionen sowie von Profilbegrenzungen und sperrungen
- Benutzerführung einzelner Betriebsmodi
- Optimierung der Schichtauftragsflächen auf der Basis folgender Parameter:
  - Differenz Ausbau- und Ausbruchsquerschnitt (Bild 8.2-65)
  - Hafteigenschaften des Spritzbetons an der Auftragsfläche

Im Regelfall wird unmittelbar nach dem Ausbruch des Hohlraums eine ca. 5 cm dicke Versiegelungsschicht aufgespritzt. Anschliessend werden eine Bewehrungslage und die Anker eingebaut. Danach kann die eigentliche Spritzbetonschale hergestellt werden, eventuell mit einer zweiten Bewehrungslage. Dieser Arbeitsablauf weist für den Einsatz des Spritzroboters folgende Probleme auf:

- schattenfreies Einspritzen von Bögen und Gitterträgern sowie der Bewehrung
- mehrere Arbeitsgänge mit Unterbrechungen sind erforderlich, welche die Effizienz des Spritzroboters reduzieren, z.B:
  - Versiegelungsschicht aufbringen
  - Unterbrechung und Umstellung des Spritzroboters zum Einbau der ersten Bewehrungslage und der Gitterträger
  - Traggewölbe einspritzen

Zur vollständigen Nutzung des Produktionspotentials des Spritzroboters muss die maximale Auslastung am Einsatzort erreicht werden, ohne mehrmaliges Umsetzen des Gerätes zur Erstellung der Schale (Bild 8.2-66). Zur Nutzung des Rationalisierungspotentials ist es unbedingt notwendig, dass die Konstruktion sowie der Arbeitsablauf für das jeweilige Bauwerk robotergerecht gestaltet sind.

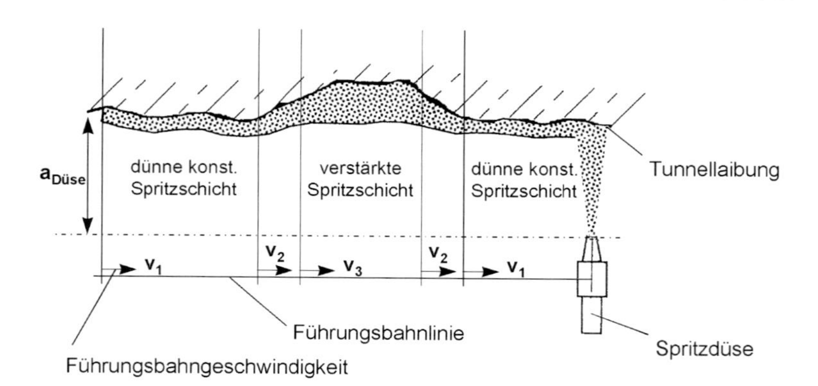

Bild 8.2-65 Änderung der Düsenführungsgeschwindigkeit eines Spritzroboters zur Optimierung der Schichtauftragsflächen [8-32]

Gerade die Spritzbetonverarbeitung im Tunnelbau verlangt eine Produktivitäts- und Qualitätssteigerung. Daher erscheint es sinnvoll, die Tragschalen als biegeweiche Membranschalen auszulegen und aus Faserspritzbeton herzustellen. Dabei entfällt der arbeitsunterbrechende Schritt des Bewehrens sowie die Probleme von Spritzschatten und erhöhtem Rückprall.

Die gesamtheitliche, robotergerechte Gestaltung könnte die Bauzeit und die Baukosten reduzieren, dabei muss zur Anpassung an geologische und geometrische Veränderungen gleichzeitig eine sinnvolle Bandbreite an konstruktiver und baubetrieblicher Flexibilität möglich sein.

8.2.17 Herstellungsbedingte Fehler im Spritzbeton

Die Ursachen unzulänglichen Spritzbetons können konstruktive Fehler, ungeeignete Bestandteile oder mangelnde Sorgfalt bei der Herstellung sein.

Die weitaus meisten Schäden und Mängel sind vermutlich der unsorgfältigen Ausführung anzulasten. Wegen mangelnder Erfahrung oder aus Unachtsamkeit werden oft die Regeln der Spritztechnik missachtet. Der Gesamteindruck einer Spritzbetonfläche wird weitgehend vom Können des Düsenführers, von seiner „Handschrift" geprägt. War ein erfahrener Mann am Werk, so ist der Spritzbeton

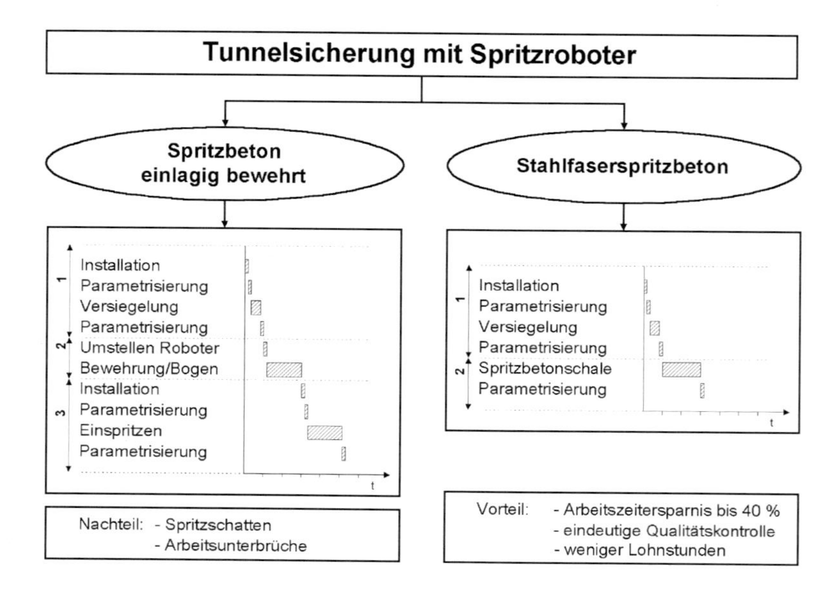

Bild 8.2-66 Tunnelsicherung mit Spritzroboter [8-33]

Tabelle 8.2-11 Zusammenstellung Schadensbilder Aussehen

Erscheinungsbild	**Erläuterung**	**Ursachen**	**Abhilfe**	**Bemerkung**
Wolkung	unterschiedlicher Grauton, wodurch sich Spritzbetonflächen voneinander abheben	in zeitlichen Abständen entstanden, Unterschiede in der Betonzusammensetzung (vor allem der Wasserverteilung, verschiedene Eigenfeuchtigkeiten der Zuschlagstoffe, Abweichungen bei der Zement- und Zusatzmittelbeigabe)	gleichmässige Wasserzuführung an der Düse, zusammenhängende Flächen ohne Unterbruch spritzen	beim Trockenspritzen stärker ausgeprägt, weil die Dosierung des Zugabewassers naturgemäss etwas schwankt, gänzlich verhindern kann man die Wolkung nicht; sie ist eine Eigenart des Spritzbetons und nicht ein Mangel oder Fehler, es sei denn, sie überschreitet das unvermeidliche Mass; verblasst mit der Zeit nur wenig
Leopardenfell	punktförmige, dunkle Flecken	ungleichmässige Durchmischung des Spritzgutes mit Zugabewasser Unterschiede im Wasserzementwert bei langen Förderleitungen, bei denen sich Feinbestandteile des zu feuchten oder zu feinkörnigen Trockengemisches stellenweise festsetzen und sich periodisch lösen	Kontrolle der Wasserzugabe in der Düse	Nachlässigkeit des Düsenführers, wenn er nicht merkt, dass die Bohrungen des Wasserringes seiner Düse teils verstopft sind und deshalb das Spritzgut nicht gleichmässig benetzt wird
Ausblühungen	weisse Ränder	Übermässiger Gebrauch von Schnellbinder, Sickerwasser	Vorentwässerung der einzuspritzenden Oberfläche, Drains	
Unebenheiten	linienförmige Wülste an der Spritzbeton-oberfläche	Arbeiten mit unzweckmässigen Gerüsten, wenn der Abstand zwischen den Gerüstständern und der Auftragsfläche zu klein ist, oder wenn die Gerüstgänge zu schmal sind	Platzverhältnisse beachten	normalerweise ist Spritzbeton nicht eben, sondern mehr oder weniger gewellt; es gibt aber auch andere Unebenheiten, die eindeutig als vermeidbare Mängel zu betrachten sind

Tabelle 8.2-12 Zusammenstellung Schadensbilder Haftung

Erscheinungsbild	**Erläuterung**	**Ursachen**	**Abhilfe**	**Bemerkung**
Wellenmuster	Die Struktur des Untergrundes bleibt nach der notwendigen Überdeckung sichtbar	abstehend befestigte Bewehrung	Armierung so befestigen, dass sie beim Auftreffen des Spritzstrahls nicht vibriert, genügend dick mit Spritzbeton überdecken	schlechtes Zeugnis für das Können des Düsenführers bei ungenügender Überdeckung zeigen sich wie beim üblichen Beton bald die Folgen der Karbonatisierung
"Blätterteig"	mangelnder Verbund zwischen Spritzbeton und seinem Traggrund, mangelnder Verbund zwischen den einzelnen Spritzbtonschich-ten	unsaubere Auftragsflächen, welche durch Staub und Rückprallgut verschmutzt sind, zu dicke, und deshalb zu schwere Schichten zu rasche Aufeinanderfolge der Schichten (die vorgehende Schicht scheint ausreichend fest zu sein, um die folgende zu tragen, kann aber dem Aufprall des Spritzgutes nicht schadlos widerstehen; das Gefüge wird an der Oberfläche aufgelockert und zermürbt)	konsequente Reinigung der Oberflächen, Rückprallgut vor allem am Wandfuss entfernen	Zwei Kräfte wirken gegeneinander: das nach unten gerichtete Eigengewicht und in entgegengesetzter Richtung das Haftvermögen, also die Adhäsion und die Kohäsion; dieser Mangel offenbart sich deutlich beim Abklopfen mit dem Hammer, es klingt hohl, tiefe Temperaturen in den kälteren Jahreszeiten verzögern den Abbinde- und Erhärtungsprozess
Abplatzungen	lokal fehlende Spritzbetonschich-ten	ungenügend fester, schlecht haftender oder zu dünner Spritzbeton reisst und platzt ab	konstante Schichtstärken von Spritzbeton aplizieren	zusätzlich kann Wasser sehr ungünstig wirken

Tabelle 8.2-13 Zusammenstellung Schadensbilder Schwinden

Erscheinungsbild	**Erläuterung**	**Ursachen**	**Abhilfe**	**Bemerkung**
Hohlstellen	stellenweise kein Verbund zwischen Untergrund oder Spritzbetonschichten	ungenügende oder fehlende Nachbehandlung (die Schwindspannungen übersteigen die Zugfestigkeit des Spritzbetons)	Gehalt an Mehlkorn und Zement reduzieren, niedriger Wasserzementwert	durch saugenden Untergrund oder Verdunstung an der Oberfläche wird vorzeitig Wasser entzogen, der Spritzbeton schwindet; ungünstig ist vor allem die überaus grosse Oberfläche im Vergleich zur Masse

Tabelle 8.2-14 Zusammenstellung Schadensbilder Durchlässigkeit / Frostbeständigkeit

Erscheinungsbild	**Erläuterung**	**Ursachen**	**Abhilfe**	**Bemerkung**
Abplatzungen	ungenügend fester, schlecht haftender oder zu dünner Spritzbeton	der Beton reisst, platzt ab und wird undicht (Eisdruck kann solchen Spritzbeton rasch zerstören) ungenügende Vorabdichtung der Auftragsfläche (drückendes Wasser verhindert ein einwandfreies Abbinden und Aushärten des Spritzbetons, Zement wird ausgespült) Korrosion der Armierung und der Anker Drains (zu geringe Überdeckung)	Vorreinigung Untergrund, Nachbehandlung, Drainage	undichte Stellen im Spritzbeton verschliessen sich mit der Zeit von selbst, sofern sie nicht zu ausgedehnt sind und wenn das durchsickernde Wasser Schwebstoffe mit sich führt, vor allem aus dem Beton ausgewaschenen Kalk; Drains sind genügend gross zu bemessen (Versinterung mit der Zeit), sie sind ausserdem eine Schwachstelle, über der bevorzugt Risse im Beton entstehen

überall gleichmässig verteilt und hat eine einheitliche Oberflächenstruktur. Schwankende Rauhigkeit, Höcker und „Überzähne“ zeugen von unsachgemässer Handhabung der Düse.

Bei den konstruktiven Fehlern stehen zu dünn aufgetragener Spritzbeton und die Vernachlässigung der Vorabdichtung an erster Stelle (eine im Bauzustand scheinbar trockene Felsoberfläche kann in anderen Jahreszeiten trotzdem wasserführend sein!).
Die häufigsten Schadensbilder sind in Tabelle 8.2-11 bis Tabelle 8.2-14 aufgelistet.

8.3 Anker

8.3.1 Tragwirkung

Die wesentlichen Teile der Gesteinsanker sind in Bild 8.3-1 dargestellt.

Anker sind Zugelemente. Sie übernehmen die Aufgabe der Bewehrung bzw. die Wirkung einer Vorspannung und verstärken somit die Tragwirkung des Gebirges. Im vorgespannten Zustand können sie Druckspannungen im Gebirge erzeugen. Sie werden etwa radial zur Tunnelachse angeordnet. Im Firstbereich überdrücken sie die quergerichteten Zugspannungen aus der Umlenkung der primären Druckspannungen. Im Ulmenbereich ergibt sich aus dieser Umlenkung eine erhöhte Druckspannungskonzentration. Gleichzeitig verliert das Gebirge seine hohe dreidimensionale Festigkeit durch den Hohlraumausbruch im Bereich der Leibung. Durch die Vorspannung der Anker erhält das Gebirge seine dreiachsige Festigkeit teilweise zurück (Bild 8.3-2). Örtlich eingebaut verhindern Anker das Abplatzen oder Herauslösen von Gesteinsplatten aus der Tunnelwandung (Bild 8.3-3).

Systematisch angeordnet (Bild 8.3-4) verhindern Anker die Auflockerung der freigelegten Tunnelleibung und verstärken die tragende Wirkung des Gebirges um den Ausbruchsquerschnitt allein oder in Verbindung mit einer Spritzbetonschale. Anker eignen sich besonders zur nachträglichen Erhöhung des Ausbauwiderstandes, da sie auch später noch eingebaut werden können.

Insbesondere zusammen mit der Spritzbetonschale entsteht ein Verbundsystem aus den drei Elementen Spritzbeton, Anker und Gebirge. Die Tragfähigkeit kann durch die geeignete Wahl der Spritzbetonwanddicke sowie Anzahl, Länge und Anordnung der Anker sehr variabel auf die jeweiligen Verhältnisse vor Ort abgestimmt werden. Bei gebrächem, vor allem aber druckhaftem Gebirge, sollte die Ankerlänge so gewählt werden, dass der Verankerungsabschnitt (Eintragungsbereich der Zugkräfte) möglichst ausserhalb des Auflockerungsbereiches um den Ausbruchsquerschnitt liegt.

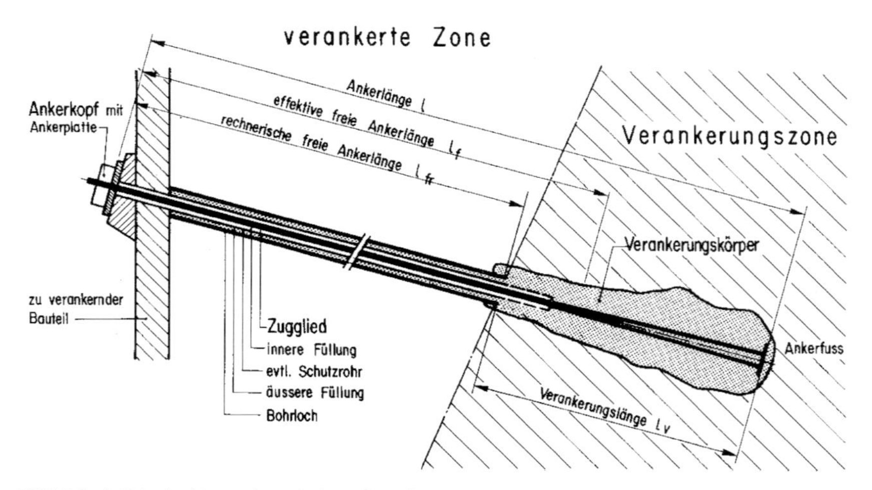

Bild 8.3-1 Prinzipskizze eines Ankers [8-44]

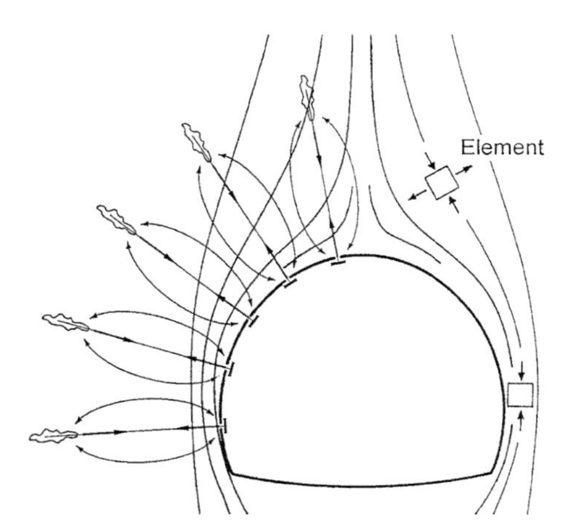

Bild 8.3-2 Tragwirkung der Anker, Ausbildung eines vorgespannten Druckrings

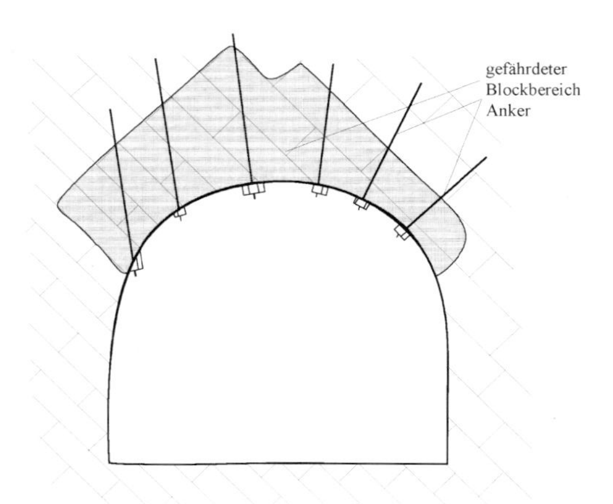

Bild 8.3-3 Sicherung durch einzelne Anker

8.3.2 Ankersysteme

Man kann die Ankersysteme entsprechend ihrer Verankerungstechnik wie folgt untergliedern [8-44; 8-45; 8-46]:

- mechanische Verkeilung am Ende des Ankers mit dem Fels
- Verbundwirkung durch Vermörtelung oder Kleben über die gesamte Ankerlänge oder nur im Endbereich
- Reibungsanker über die gesamte Ankerlänge

Die verwendeten Ankersysteme sind entweder schlaff oder vorgespannt. Als Ankerstabmaterial verwendet man glatte und gerippte, normale und hochfeste Baustähle, hochfeste Vorspannlitzen sowie glasfaserverstärkte Kunststoffanker (GFK-Anker).

8.3.2.1 Mechanische Anker – Spreizhülsenanker

Die mechanischen Anker bestehen aus einem Ankerstab mit Unterlegscheibe zur Druckverteilung, einer Spannmutter an einem Ende und einer Verkeileinrichtung am anderen Ende.

Beim Anziehen der Ankerstange wird am Ende die Spreizhülse bzw. der Keil auseinandergepresst und mechanisch mit dem Gebirge verkeilt. Der Bohrdurchmesser und der Ankerdurchmesser müssen genau aufeinander abgestimmt sein, um die optimale Tragfähigkeit zu erreichen. Die mechanischen Anker werden mittels Drehmomentschrauber gespannt. Die Effektivität der mechanischen Anker hängt wesentlich von der Unterlegscheibe ab, mit der sich der Anker gegen das Gebirge abstützt und

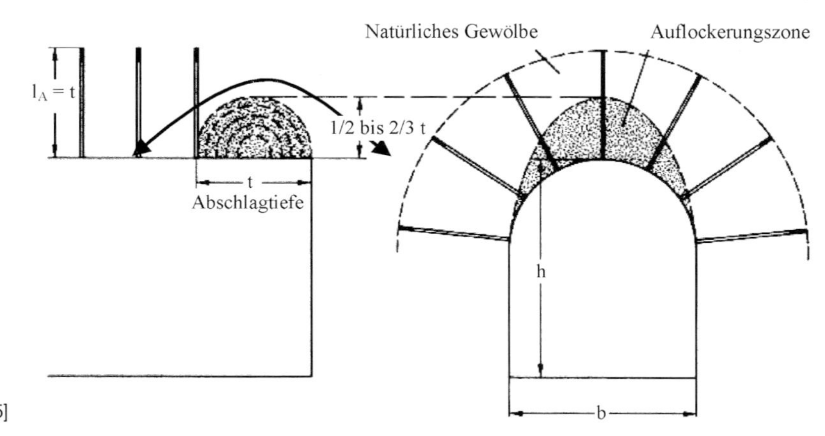

Bild 8.3-4 Systemankerung zur Erhöhung der selbsttragenden Gewölbewirkung [8-35]

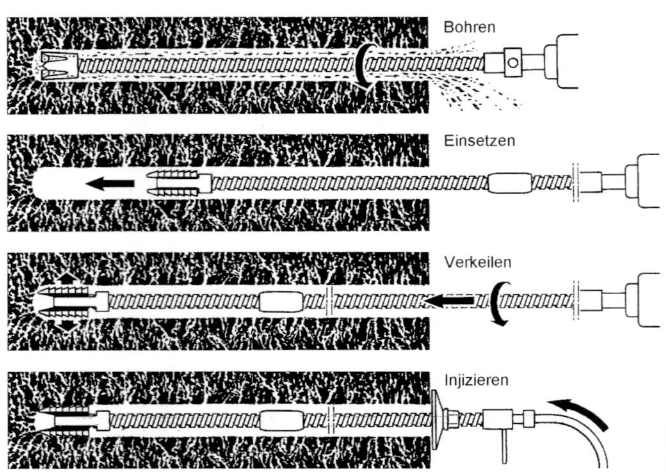

Bild 8.3-5 Spreizhülsen-Injektionsanker [8-36]

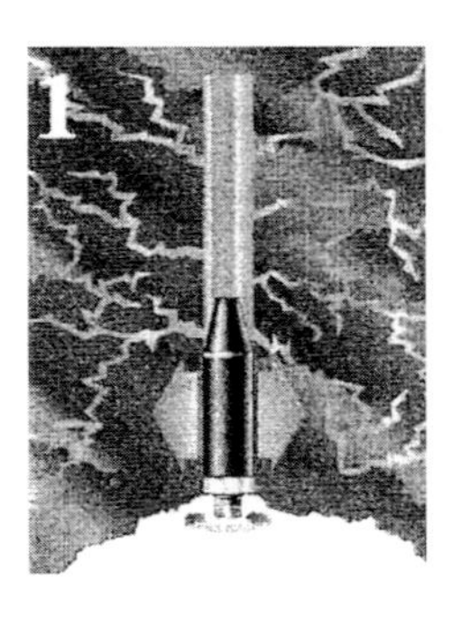

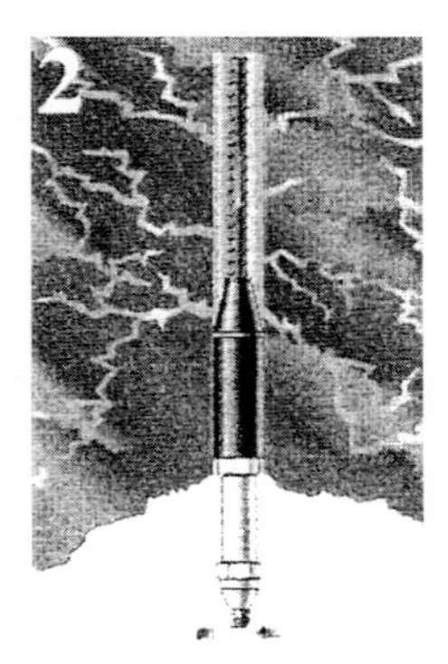

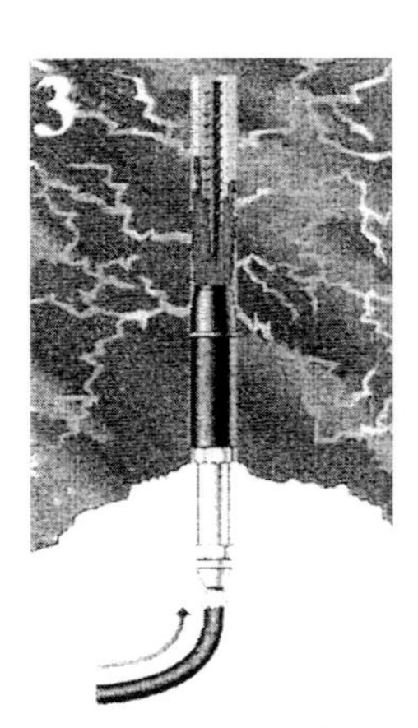

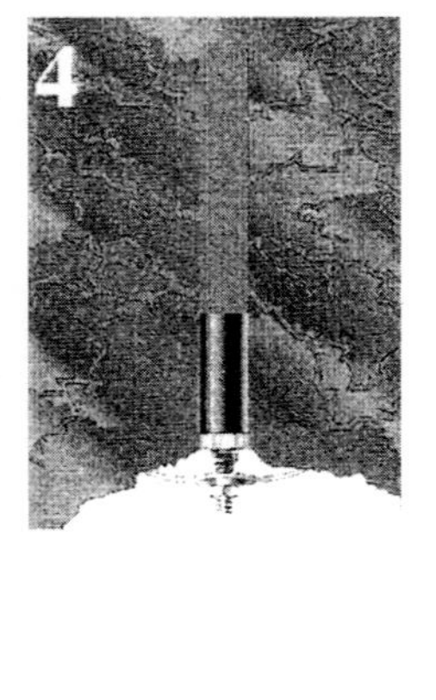

1 Einfügen und Expandieren der Gummidichtung
2 Einfügen des Ankerstabes und Anbringen der Injektionskupplung
3 Injektion des Mörtels
4 Nach Aushärten des Mörtels Anbringen der Ankerkopfplatte

Bild 8.3-6 Vermörtelung eines Rundstahlankers [8–37]

von der Spreiz- und Keilwirkung am Ankerfuss, mit der sich der Anker im Gebirge verspannt. Bedingt durch die lokale, konzentrierte Einleitung der Ankerkräfte im Keilbereich, wird dieser Ankertyp meist bei mässig hartem bis hartem Gestein eingesetzt. Als Ankerstangen verwendet man Rundstahl- oder Stahlrohranker in einer Vielzahl von Ausführungen. Rundstahlanker besitzen in der Regel Durchmesser von 20 bis 28 mm. Diese Anker sind weit verbreitet und preiswert. Die Installation und die Effektivität dieser Anker für temporäre Sicherungen ist unabhängig von den Wasserverhältnissen im Bohrloch. Die Anker erreichen sofort nach dem Anziehen der Mutter die volle Tragfähigkeit. Ihre Anwendung in stark geklüftetem Gebirge sowie in Gebirge mit geringer Festigkeit ist zu vermeiden. Ferner ist die Anwendung im Lockergestein, wie Ton, Sand, Tonstein, etc. nicht zu empfehlen. Negativ können sich Sprengerschütterungen auf die Vorspannung und damit auf die Wirksamkeit der Anker auswirken. Das Einbringen eines selbstbohrenden Spreizhülsenankers ist in (Bild 8.3-5) dargestellt.

Für den permanenten Einsatz dieser Anker muss der Korrosionsschutz sichergestellt werden. Dies ist jedoch wegen der direkten Kontaktwirkung zum Gebirge nur durch Edelstahlanker bzw. -keile möglich. Für temporäre Sicherungsmassnahmen sind Stahlanker ausreichend.

8.3.2.2 Verbundanker

Zu den Verbundankern gehören folgende Systeme:

- Mörtelverbundanker
- Injektionsbohr- und Injektionsrammanker
- Klebeanker

Zu den **Mörtelverbundankern** gehören eine Vielzahl von Ankersystemen, z. B. die Füllmörtel-Anker (Rundstahl, Bild 8.3-6), die Litzen-, Selbstbohr-, Ramm- und Perforationsanker (Bild 8.3-7), etc.

Mörtelverbundanker werden meist nach dem Verfüllen des Bohrlochs mit Zementmörtel durch Schlagdrehbohrer eingedrückt oder nachträglich mit Zementmörtel injiziert. Der Mörtel wird in das Bohrloch gepumpt (Bild 8.3-8). Bohrlöcher über Kopf müssen verdämmt werden, um das Herausfliessen des Mörtels zu verhindern. Damit der Mörtel in der Bohrung verbleibt, ist ein W/Z-Wert von ca. 0.35 anzustreben.

Eine schnellere Methode zur Installation von Mörtelankern ist die Verwendung von Zement- oder Mörtelpatronen. Die Mörtelpatronen sind fertig gemischt und befinden sich in einer wasserdurchlässigen, porösen Umhüllung. Vor dem Einsetzen wird die Patrone zum Einleiten des Abbindevorgangs gewässert. Diese Zementpatronen, wie auch der Injektionsmörtel, werden meist mit einem Abbindebeschleuniger versetzt, um eine frühe Tragwirkung zu erzielen. Bei permanenten Ankern ist zur Erhaltung der Dauerhaftigkeit darauf zu achten, dass die Abbindebeschleuniger keine Chloritverbindungen, Alkalisilikate oder sulfathaltige Bestandteile enthalten und dass eine gezielte

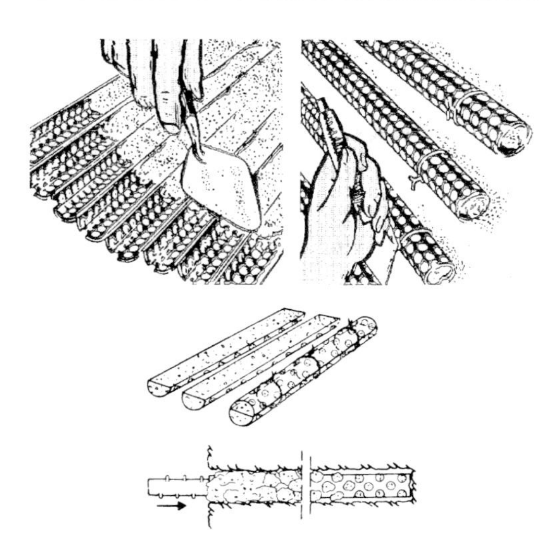

Bild 8.3-7 Vorbereitung und Einbau des Perfoankers [8-2]

Umhüllung des Ankerstabes durch passivierenden Zementmörtel gewährleistet wird. Es ist sehr wichtig, dass der Anker satt im Mörtel sitzt, um nach dem Erhärten im Verankerungsbereich die Zugkräfte ins Gebirge einzuleiten. Durch den abgebundenen Mörtel wird der Verbund mit dem Gebirge über die gesamte Ankerlänge erzeugt.

Die vorgespannten Stab- und Litzenanker sind – bedingt durch den zeitaufwendigen Vorspannvorgang – relativ teuer. Bei vorgespannten Ankern wird meist die freie Ankerlänge mit einem Kunststoffrohr versehen oder nur die Verankerungslänge vor dem Vorspannen injiziert, um die Dehnung

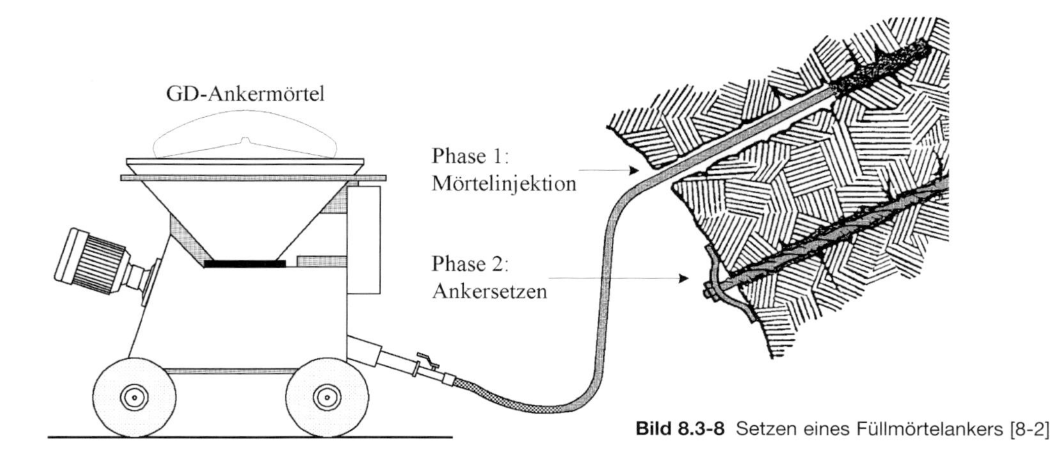

Bild 8.3-8 Setzen eines Füllmörtelankers [8-2]

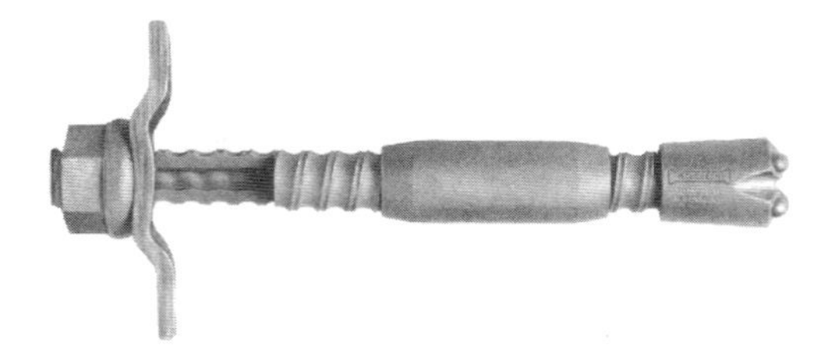

Bild 8.3-9 Selbstbohrender Injektionsanker [8-36]

über die freie Ankerlänge sicherzustellen. Bei permanenten Ankern wird das Kunststoffrohr mit einem Korrosionsschutzfett versehen, zu dem sind die Anker mit Kunststoffabstandhalter versehen, um eine vollständige Umhüllung mit Mörtel sicherzustellen. Die Vorteile der Litzenanker bestehen darin, dass sie sich bei sehr tiefen Ankerlöchern durch die Biegsamkeit der Litzen und die Flexibilität hinsichtlich variabler Ankerlängen besonders einfach installieren lassen. Die Litze wird meist mit einem Einschub- oder Einfädelgerät von der Endlostrommel (Coil) abgewickelt bzw. ins Bohrloch geschoben. Mit der Hilfe von Einfädelgeräten lassen sich sehr schnell tiefe Bohrlöcher mit Ankerlitzen besetzen.

Die Injektions-, Bohr- bzw. Injektionsrammanker haben sich in klüftigem Gebirge und in porigem Lockergestein mit nicht standfester Bohrlochwandung bewährt.

Anker, die mit einer Bohrkrone versehen sind (Bild 8.3-9), dienen gleichzeitig zum Herstellen des Bohrloches und verbleiben nach dem Bohrvorgang an Ort und Stelle. Nach dem Bohren oder Rammen von perforierten Stahlrohren wird über diese der umgebende Baugrund und das Rohr selbst mit Zementmörtel verpresst. Für besondere Fälle kommen vorgespannte Verpressanker zum Einsatz, z. B. bei grossen Querschnitten zur Sicherung von Felskeilen.

Die nicht vorgespannten Mörtelverbundanker sind meist billiger zu installieren als Kunstharzklebeanker. Durch entsprechende Vorkehrungen können diese Anker durch ihre Einbettung im Mörtel auch als permanente Anker verwendet werden. Ein permanenter Anker ist in Bild 8.3-10 dargestellt. Die Tragfähigkeit der Anker ist erst nach dem ausreichenden Erhärten des Mörtels gegeben. Das Spannen der Anker erfolgt mechanisch mit einem Drehmomentenschrauber oder mit einer hydraulischen Presse. Die Mörtelanker sind in fast allen Felsklassen einsetzbar.

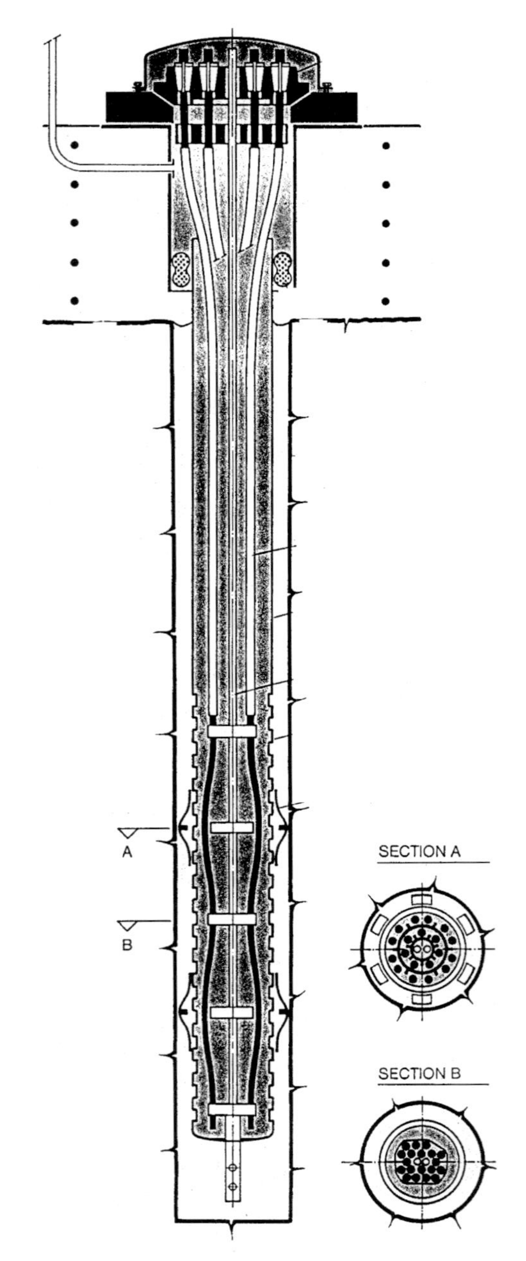

Bild 8.3-10 Permanenter Litzen-Anker [8-38]

Mögliche Schwachstellen beim Einbau von Injektionsankern sind in Bild 8.3-11 dargestellt.

Die **Klebeanker,** auch Kunstharzanker genannt, gehören ebenfalls zu den Verbundankern (Bild

Bild 8.3-11 Mögliche Unzulänglichkeiten im Korrosionsschutz bei permanenten Injektionsankern [8-39]

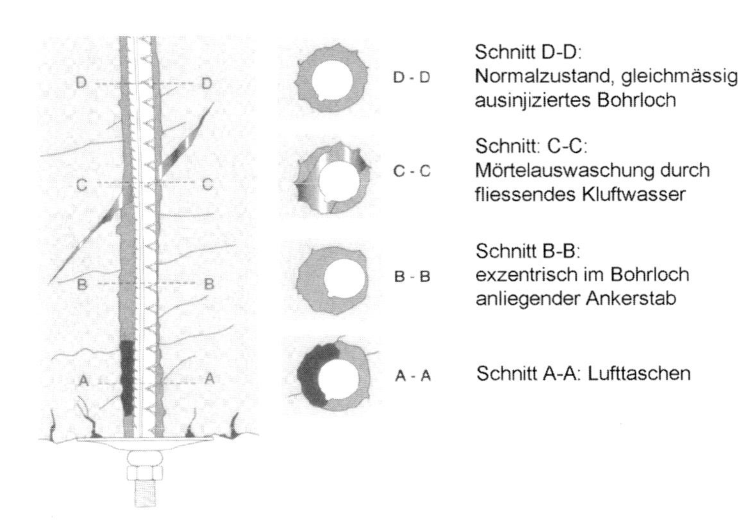

8.3-12). Bei Klebeankern handelt es sich um Stahl- oder Kunststoffanker, bei denen die Verbundwirkung zum Gebirge mittels Kleber hergestellt wird. Zuerst wird eine in der Regel mit Zweikomponentenkleber (Kunstharz und Härter) und Quarzsand gefüllte Patrone in das Bohrlochtiefste geschoben. Durch das Einführen des Ankerstabes wird die Patrone zertrümmert, so dass sich die beiden Komponenten, unterstützt durch die Drehbewegung des Ankerstahls, vermischen können. Durch die kurze Aushärtezeit kann die Tragwirkung schnell erreicht werden.

Klebeanker eignen sich nur für Festgesteine, in denen der Epoxidkleber nicht in Klüfte oder Schichten verlaufen kann.

8.3.2.3 Reibungsanker

Hierzu zählen die **Aufweitungs-Stahlrohranker**, bei denen durch Aufweiten im Bohrloch oder Einengen des Rohrquerschnitts beim Einführen der Reibungsverbund mit dem Gebirge erzeugt wird. Der Auszugswiderstand dieser Anker ergibt sich

Patrone:

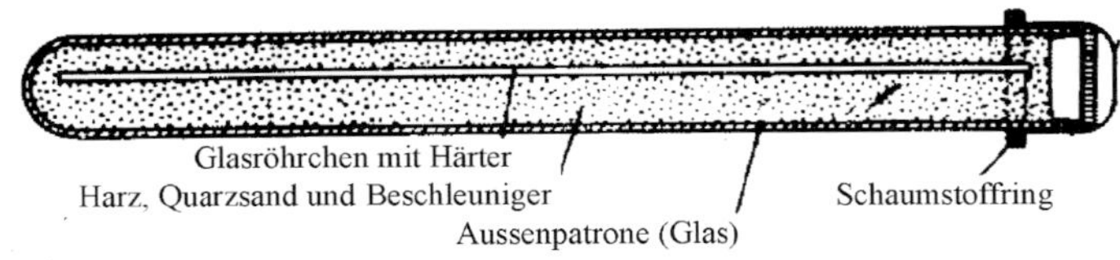

Installationsvorgang:

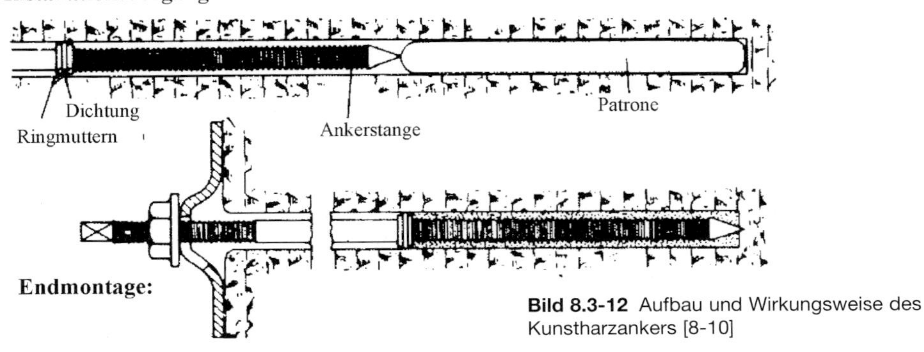

Bild 8.3-12 Aufbau und Wirkungsweise des Kunstharzankers [8-10]

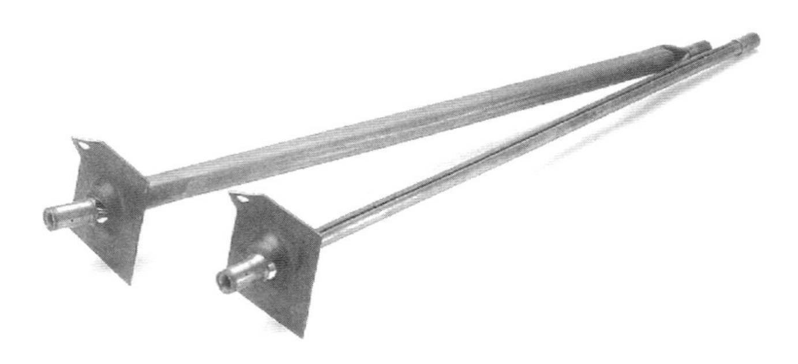

Bild 8.3-13 Aufweitungs-Stahlrohranker, „Swellex-Anker“ von Atlas-Copco [8-40]

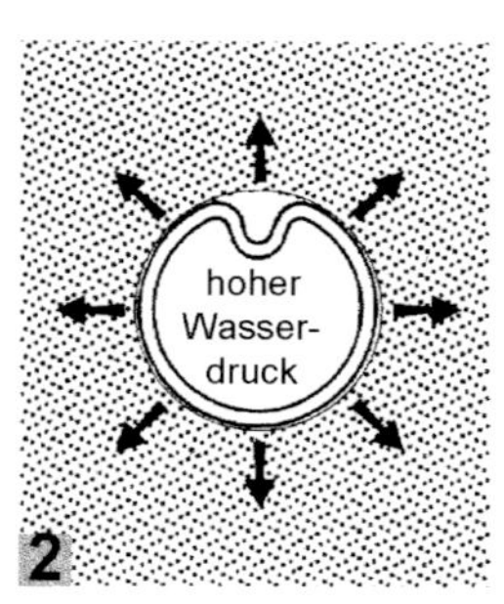

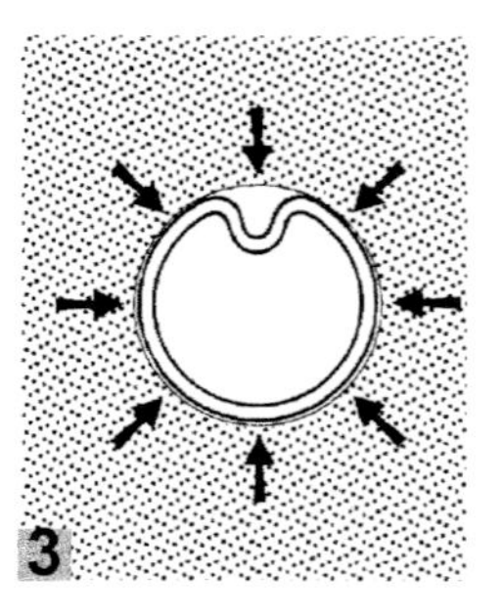

Bild 8.3-14 Funktionsweise des SwellexAnkers [8-40]

1 Einbringen des Swellex - Ankers in das Bohrloch
2 Hoher Wasserdruck von innen weitet das Rohr aus, wobei sich eine kleine elastische Erweiterung des Bohrlochdurchmessers ergibt
3 Der Wasserdruck wird abgebaut, und durch die elastische Rückverformung des Gebirges entstehen Druckspannungen, welche auf die Oberfläche des Ankerstabes wirken und dadurch Reibungskräfte mobilisieren

nur aus der Reibungskraft zwischen Ankerstabwandung und Gebirgskontaktfläche, die durch den μ-fachen, radialen, mechanischen Anpressdruck erzeugt wird. Diese Anker sind über ihre gesamte Länge im Reibungsverbund mit dem Gebirge. Sie sind eine wichtige Alternative zu den Rundstahlankern, werden aber wegen des fehlenden Korrosionsschutzes nur für temporäre Sicherungsmassnahmen eingesetzt.

Bei den **Swellex-Ankern** (Bild 8.3-13) wird das Stahlrohr zusammengefaltet geliefert und in das Bohrloch eingeführt. Dort wird es mittels einfacher Hochdruckwasserpumpe aufgefaltet, so dass sich das Rohr gegen die Bohrlochwandung presst. Die Installation dieses Ankers ist sehr einfach und bedarf neben dem Bohrgerät keiner weiteren Spezialgeräte, ausser einer Hochdruckwasserpumpe. Diese kann von Hand getragen werden. Durch das hydrodynamische Auffalten passt sich der Anker der irregulären Form des Bohrloches an, erhöht dadurch die Reibung und spannt die Unterlegscheibe gegen den Fels. Dieser Anker kann in fast allen Gesteins- und Gebirgsarten eingesetzt werden (Bild 8.3-14) ausser in feuchten, tonigen und siltigen Lockergesteinsböden bzw. Fels- und Bodenarten mit geringer Oberflächenreibung.

Der **Split-Set-Anker** besteht aus einem Stahlrohr mit Längsschlitz. Dieser geschlitzte Anker wird beim Eindrücken in das etwas unterkalibrig gebohrte Loch elastisch zusammengedrückt. Es ergibt sich ein kraftschlüssiger Reibungsverbund mit der Bohrlochwandung durch die elastische radiale Federwirkung des zusammengepressten Querschnitts. Das Bohrloch muss sehr genau gebohrt werden, damit der Anker eingefädelt werden kann und trotzdem seine optimale Reibung an der Bohrlochwand entfalten kann. Dieser Anker ist in fast allen Gesteinsarten einsetzbar, ausser in sehr zerklüftetem Gebirge oder sehr weichen, feuchten, tonigen oder siltigen Lockergesteinen.

Diese Anker sollten nur als temporäre Massnahmen eingesetzt werden. Beide Ankertypen sind im was-

Bild 8.3-15 GFKAnker [8-2]

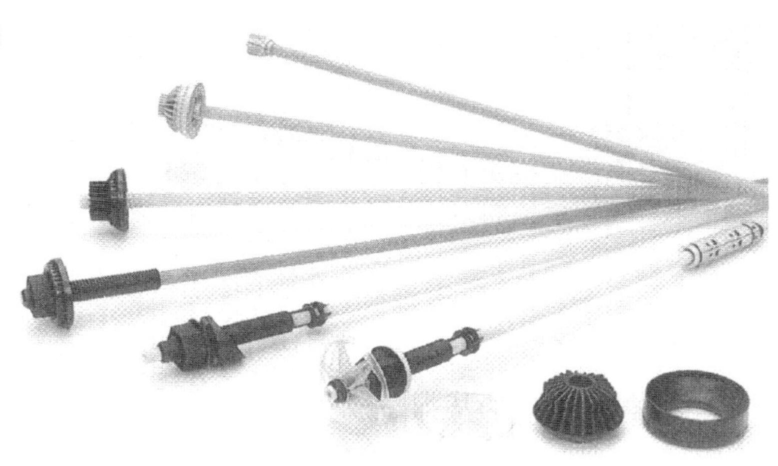

serführenden Gebirge einsetzbar. Es ist jedoch zu berücksichtigen, dass in den wasserführenden Schichten keine löslichen, schluffigen oder tonigen Bestandteile vorhanden sein dürfen. Ist dies der Fall, reduziert sich die Wirksamkeit dieser Anker durch Verminderung des Reibungsbeiwertes. Der Vorteil dieser Anker liegt in ihrer schnellen und einfachen Installation. Zudem wird eine sofortige Sicherung des Ausbruchs erreicht.

8.3.2.4 Glasfaser- oder Kunststoffanker

Sie dienen als Ergänzung zu den herkömmlichen Stahlankersystemen. Die GFK-Anker (Bild 8.3-15) besitzen durch das Glasfasermaterial eine sehr hohe Zugfestigkeit. Ferner sind sie korrosionsbeständig und daher für permanenten Einsatz geeignet. Dadurch können die Kosten für die Gesamtlebenszeit des Bauwerks günstig beeinflusst werden. Voraussetzung ist jedoch, dass das Langzeitverhalten in bezug auf Kriechen, verbunden mit Spannkraftverlust, ausreichend berücksichtigt worden ist. Diese GFK-Anker werden meist für temporäre Massnahmen verwendet, z. B. wenn ein Querschnitt, der im Teilausbruch aufgefahren wird, später aufgeweitet werden soll oder in der Ortsbrust zu deren Stabilisierung. Die Anker können dann ohne Behinderung beseitigt oder mechanisch, z. B mittels TSM, abgefräst werden. Dies reduziert die Kosten für Schneidkopfreparaturen der TSM wie auch der TBM einerseits und den Zeitverlust durch die Entfernung von Stahlankern andererseits. Besonders hervorzuheben ist das geringe Gewicht der GFK-Anker mit der einhergehenden vereinfachten Handhabung. Die GFK-Anker sind noch relativ teuer, in besonderen Fällen sind sie jedoch den Stahlankern technisch wie wirtschaftlich überlegen, besonders wenn man die Folgekosten in der Beurteilung berücksichtigt.

Die Unterschiede zwischen temporären und permanenten Ankern sind in Tabelle 8.3-1 zusammengefasst. Weitere Angaben zu Ankern befinden sich z. B. in der SIA 191, ÖN 4455 „Boden- und Felsanker".

8.3.3 Setzen von Ankern

Die **Anker** sollten möglichst **senkrecht zu den Schichtgrenzen** angeordnet werden (Bild 8.3-16). Parallel zu den Schicht- und Kluftgrenzen versetzte Anker haben nur eine geringe oder sogar ungünstige Wirkung (Herausziehen von Schichtplatten). Die Neigung zu den Schicht- und Kluftgrenzen sollte möglichst 45 übersteigen. Andernfalls wird die Effektivität des Ankers gering und die Kraftkomponente parallel zur Schichtebene sehr gross.

	Temporäre Anker	**Permanente Anker**
Sicherheit	geringer	höher
Überwachung	keine	gemäss Norm
Korrosionsschutz	nein	ja

Tabelle 8.3-1 Unterschiede zwischen temporären und permanenten Ankern

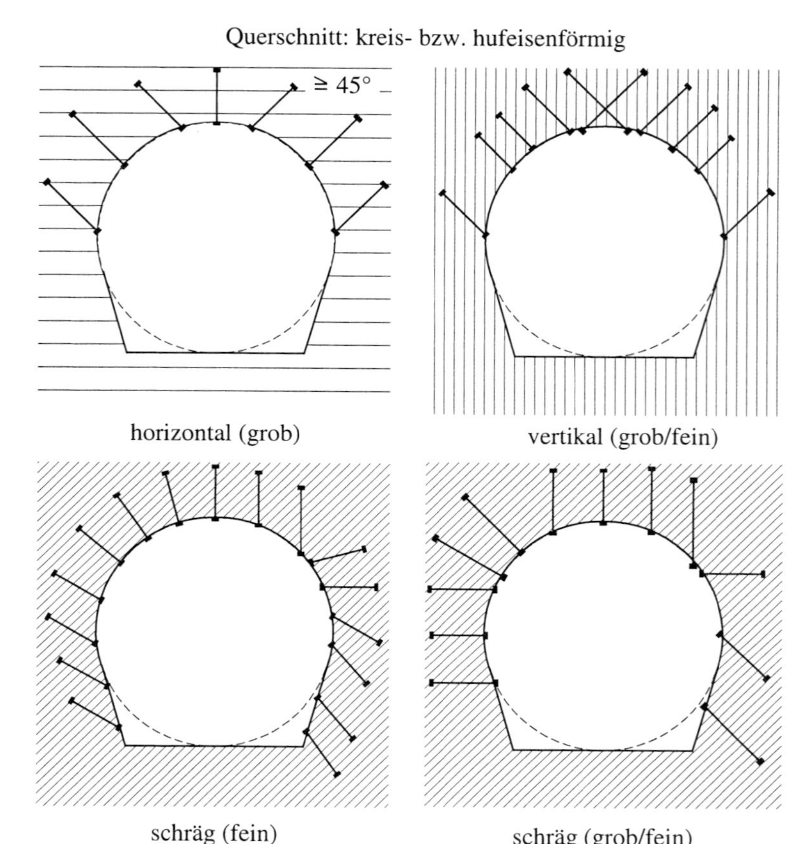

Bild 8.3-16 Systemankerung: Anordnung der Anker möglichst senkrecht zu Schichten oder Klüften [8-41]

Die Ankersetztechnik (Bild 8.3-17) kann in die folgenden Gruppen gegliedert werden:

- manuelle Technik – Bohren und Setzen der Anker von Hand
- halbmechanisierte Technik – maschinelles Bohren, manuelles Ankersetzen
- vollmechanisierte Technik – maschinelles Bohren und Ankersetzen

Die manuelle Ankertechnik wird in den Hochlohnländern nur noch eingesetzt, wenn wenige, einzelne Anker zu setzen sind, und zwar unter Berücksichtigung der Kostenabwägung zwischen Gerätevorhaltung und dem Mehrzeitverbrauch zum manuellen Installieren.

Die baubetriebliche Wahl mechanischer Bohr- und Ankersetzgeräte erfolgt meist unter dem Aspekt, dass der Einsatz unter verschiedenen technischen Bedingungen erfolgreich und wirtschaftlich sein muss. Die Wahl der Geräte erfolgt unter Berücksichtigung der wechselnden geologischen und petrographischen Bedingungen sowie folgender Fragestellungen:

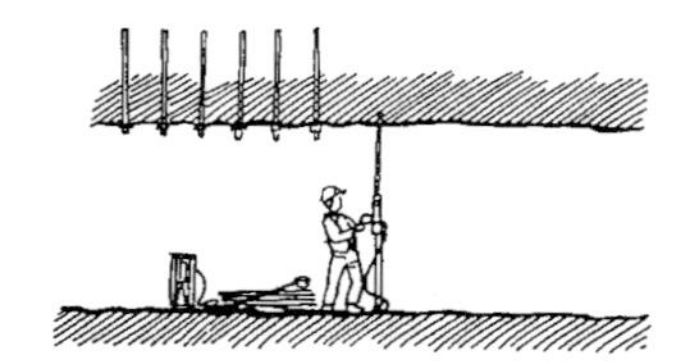
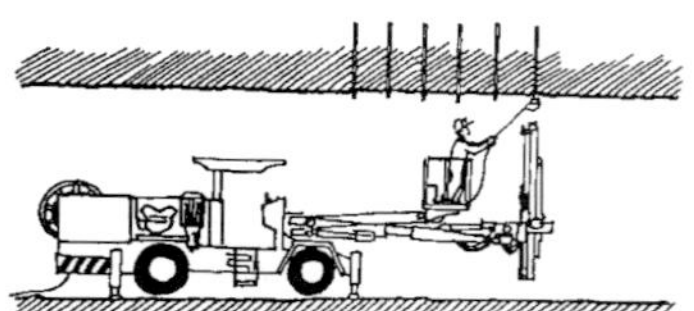
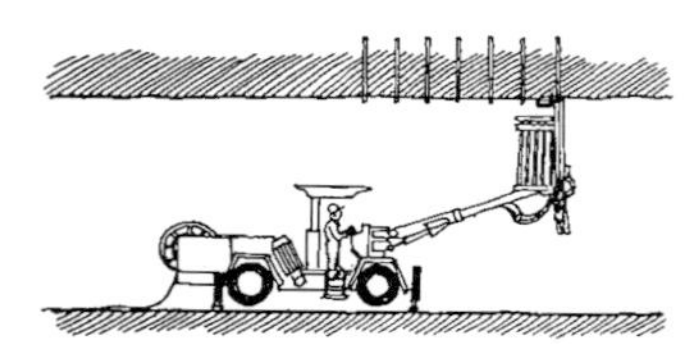

Bild 8.3-17 Entwicklung der Ankersetztechnik [8-40]

Hydraulisches Bohrgerät

MUSTANG A - 66CB
Einsatzmöglichkeiten:
- Ankerungen
- Jet Grouting
- Geotechnische Sondierungen
- Mikropfählungen
- Bodenverbesserungen

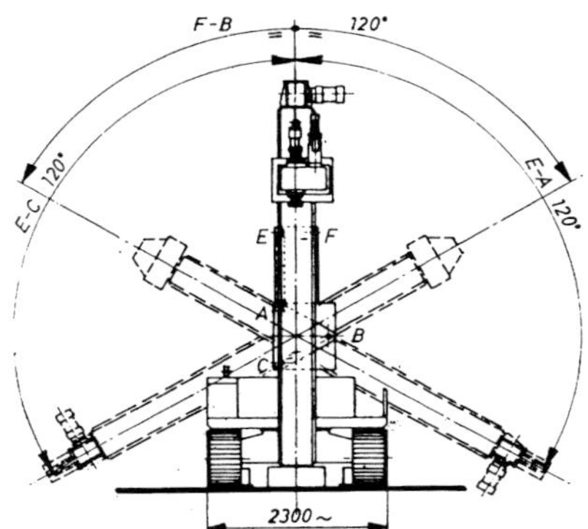

Bohrgerät Frontansicht

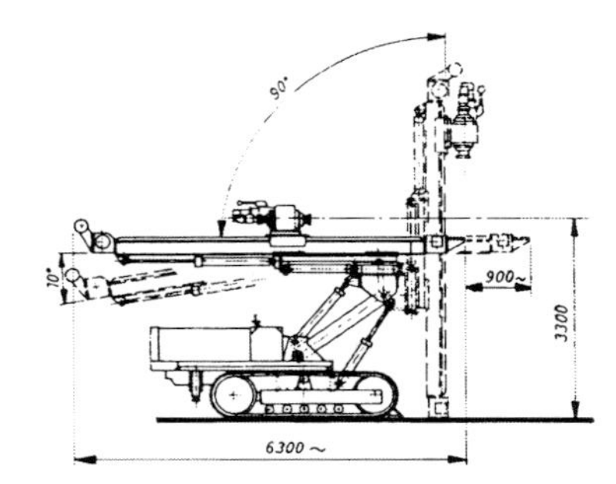

Bohrgerät Seitenansicht, Lafette hoch

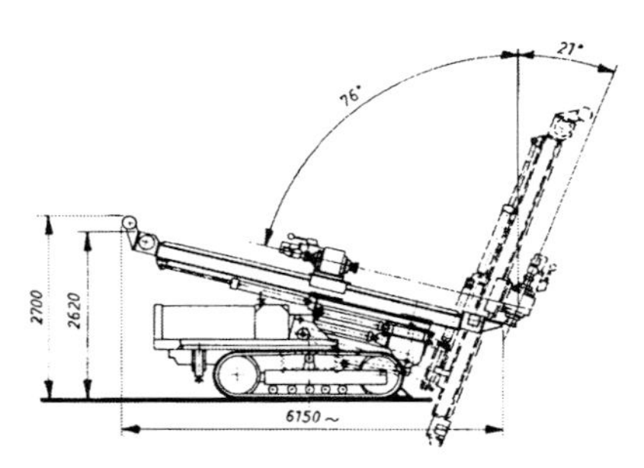

Bohrgerät Seitenansicht, Lafette tief

Bild 8.3-18 Hydraulisches Bohrgerät mit Verlängerungsmagazin [8-40]

- Umfang und Intensität der Ankerarbeiten
- Welche Ankersysteme werden verwendet
- Unterschiedliche Ankerlängen oder Durchmesser
- Arbeitsraum (Tunnel-/Stollenquerschnitt, Gefälle, Abstand der verschiedenen Arbeitsbereiche)

Die Bohr- und Ankersetzgeräte werden mit Ketten- oder Radfahrwerk (Bild 8.3-18/8.3-19) ausgerüstet. Geräte mit Kettenfahrwerk werden auf sehr rauhem Untergrund sowie bei relativ steilen Tunneln eingesetzt. Bei Kettenfahrzeugen muss man berücksichtigen, dass das Verschieben von einer zu anderen Einsatzstelle relativ langsam erfolgt. Im Tunnelbau werden daher Kettenfahrzeuge selten eingesetzt, da die Ankerbohr- und Setzgeräte meist zwischen Vortriebsbereich zum Sichern und dem Ausbaubereich zyklisch versetzt werden. Die Radfahrzeuge sind daher besonders geeignet für den vielseitigen flexiblen Einsatz im Tunnelbau (Bild 8.3-19). Diese Fahrzeuge können bis zu einer Tunnelsteigung von 20° Neigung eingesetzt werden. Dadurch kann das Fahrzeug für verschiedenste Bohr- und Ankersetzaufgaben eingesetzt werden. Die Bohrjumbos zum Bohren und Setzen von Ankern müssen diese Arbeiten unter verschiedensten Arbeitswinkeln ausführen können. Diese Arbeiten müssen über Kopf im First-, seitlich im Parament- und unten im Sohlbereich durchgeführt werden können. Daher sind solche Geräte mit einem roll-over boom ausgerüstet. Bei der Ankersetzlafette (Boom) muss zwischen Litzen- und Stabankersetzeinrichtungen unterschieden werden.

Wegen ihrer hohen Leistung und dem Schutz der Arbeitskräfte vor herabfallendem Material kommen heute bevorzugt **vollmechanisierte Bohr- und Setzgeräte** zur Anwendung. Dabei befindet sich der Maschinenführer relativ geschützt auf der überdachten Bedienungskonsole des Gerätes. Die **vollmechanisierten Bohr- und Setzgeräte** führen folgende Arbeitsphasen durch:

- Bohren des Ankerlochs
- Einschieben des Ankers
- Injektion des Ankermörtels (falls es sich nicht um Spreiz- oder Reibungsanker handelt)

- Aufsetzen der Ankerkopfplatte und nachträgliches oder sofortiges Anziehen des Ankers

Diese Geräte führen in einem Magazin die Anker mit. Ein solches Ankersetzsystem enthält im Magazin ca. acht Anker. Es können verschiedene Ankerlängen von 1,5 – 5 m sowie verschiedene Ankertypen im Magazin geführt werden. Nach dem Bohren können die Anker aus dem Magazin über das Bohrgestänge ins Bohrloch eingeschoben und angezogen werden (Aufweitungsanker). Bei der Verwendung von Mörtelankern werden aus dem Gerät nach dem Bohren die Mörtelkartuschen eingeschoben oder die Vermörtelung bzw. Injektion der Anker erfolgt mit einer Mixer- und Injektionseinheit, die auf dem Ankerbohrgerät installiert ist. Das Setzen eines Mörtelankers erfolgt in folgenden Arbeitsschritten:

- Mischen des erforderlichen Mörtels
- Ankerbohrloch erstellen
- Vermörtelungsrohr über die Lafette mechanisch einschieben und Ankerloch vom Bohrlochtiefsten füllen
- Anker aus Magazin mechanisch ins Bohrloch einführen
- Nach Erhärten, Anziehen oder Vorspannen der Anker

Während des Injizierens des Ankers wird das Bohrgestänge zur Seite geklappt. In dieser Position befindet sich das Bohrgestänge auch beim Setzen und Anziehen der Anker. Alle Vorgänge laufen voll mechanisch ab, wodurch eine sehr hohe Leistung erzielt wird, was sich wiederum positiv auf den wirtschaftlichen und baubetrieblichen Ablauf auswirkt, besonders bei kurzen Stehzeiten des Gebirges und bei gekoppelten, baubetrieblichen Abhängigkeiten. Die Installation von 2,5 m langen Ankern dauert unter optimistischen Voraussetzungen ca. 2,5 min.

Auch zum Setzen von Litzenankern gibt es vollmechanisierte Geräteeinheiten. Diese Ankersetzgeräte sind mit folgenden Zusatzeinrichtungen ausgestattet:

- Mixer- und Injektionseinheit
- Litzenrolle mit einer Litzenlänge von bis zu 900 m
- Mechanische Litzeneinführeinrichtung
- Litzenschneidmesser
- Litzenrückhalteeinrichtung am Ankerlochende

Das Litzenankersetzgerät kann meist Ankerbohrlöcher von ca. 50 mm ausführen bis zu einer Länge von 20 – 40 m. Litzenanker werden bei sehr variabler Ankerlänge z. B. durch sehr unterschiedliche Gebirgsverhältnisse wirtschaftlich eingesetzt. Stabanker können meist nur bei standardisiert abgestufter Ankerlänge wirtschaftlich eingesetzt werden.

8.3.4 Ankersetztechnik bei Systemankerung

Das vollmechanisierte Bohren und Setzen der Anker könnte in Verbindung mit einer robusten Mikroelektronik und einer computerunterstützten Prozesssteuerung erweitert werden und zur Erhöhung der Kosteneffizienz und Leistungssteigerung beitragen.

Das systematische Anordnungsschema der Anker kann entsprechend den individuellen geologischen Verhältnissen auf der Baustelle mittels eines einfachen CAD-Programms festgelegt bzw. angepasst werden. Die Ankeranordnung kann über eine Diskette in den Bordcomputer des teilroboterisierten Gerätes eingelesen werden. Die Sensortechnik zur Positionierung des Bohrarms, des Bohrablaufs sowie die Positionierung der Bohrarme bezüglich der Tunnelachse ist identisch zur erläuterten Sprengloch-Bohrgerätetechnik.

Zum roboterisierten Setzen der Anker sind folgende Zusatzeinrichtungen und -funktionen notwendig:

- hochmechanisiertes Lademagazin der Ankerstäbe – möglichst für unterschiedliche Stablängen – das einfach nachgeladen werden kann
- automatisierte, mechanische Schwenkeinrichtung für Bohreinrichtung, Setzvorrichtung für Schnellbindezement- oder Kunstharzkomponentenpatrone und Ankerinstallationsvorrichtung
- automatisierte, mechanische Koppelung von Ankern während des Setzvorgangs

Diese Vorgänge, einschliesslich das Ansteuern der Bohransatzpunkte, könnten voll automatisiert ablaufen, wodurch sehr hohe Leistungen erzielbar wären. Dies wirkt sich positiv auf den wirtschaftlichen und baubetrieblichen Ablauf und auf die gekoppelten, baubetrieblichen Nachfolgeprozesse aus, besonders bei kurzen Stehzeiten des Gebirges.

Dieses Spezialgerät könnte auf der Grundeineinheit eines computerisierten Bohrwagens aufgebaut sein. Folgende Vorteile können dabei erreicht werden:

Bild 8.3-19 Jumbo mit Ankersetzeinrichtung (Rollover) von Atlas Copco [8-40]

- Erhöhung der Arbeitssicherheit des Operators, da er sich in der Fahrerkabine oder im bereits gesicherten Bereich des Tunnels befindet
- Beschädigungen am Gerät werden weitestgehend vermieden, da nach dem Bohren sofort der Anker gesetzt wird und somit das Gerät sich weitestgehend im gesicherten Bereich befindet
- Im Fall der Verwendung von Verbundankern mit schnellerhärtenden Zement- oder Kunstharzpatronen wird die Qualität durch das pneumatische Laden verbessert, da die Patronen ohne mechanische Schädigung eingebracht werden können
- Leistungserhöhung durch die roboterisierten Vorgänge im Einmannbetrieb, wie z. B.:
  - Bohrlochansteuerung
  - Bohrvorgang mit Steuerung der Bohrtiefe
  - Ankersetzvorgang mit abgestuften Ankerlängen

Die wirtschaftliche und kosteneffiziente Anwendung und somit die Entscheidung über den Einsatz eines solchen roboterisierten Ankersetzsystems ergibt sich u. a. aus folgenden Fragestellungen:

- systematisches Sichern mittels Anker oder nur vereinzelte Anwendung
- Ankersystem und -längen
- Lohnniveau und Operatorqualifikation
- Grösse und Logistik der Baustelle
- Robustheit und Servicefreundlichkeit des Systems
- Bohrbarkeit des Gesteins

Die Anker und das Ankersetzsystem bilden eine Einheit. Dies bedeutet, dass beide Systeme aufeinander abgestimmt sein müssen. Dadurch kommt es zu einer Selektion auf Verankerungssysteme, die sich besonders einfach in einem automatisierten Prozess versetzen lassen.

Die prinzipiellen Abmessungen eines solchen Gerätes mit Roll-over-Einrichtung sind in Bild 8.3-18 dargestellt.

8.4 Einbaubogenversetz- und Betonstahlmattenverlegegeräte

Für das Setzen von Einbaubögen wäre eine Rationalisierung durch ein mechanisiertes und teilroboterisiertes Verlegegerät von grossem Vorteil. Die Ansätze dazu sind vielversprechend, bedürfen aber ebenfalls noch gemeinsamer Anstrengungen von:

- Forschung
- Untertagebauunternehmungen
- Spezialmaschinenherstellern

Wichtig ist die Abstimmung der Einbauprofilquerschnitte und deren mechanisierbare Verbindungstechnik. Zudem müssen sich die Profile ohne Schattenbildung einspritzen lassen. Hier sind noch effizienzsteigernde Verbesserungen möglich. Dies gilt auch für Betonstahlmattenverlegegeräte (Bild 8.4-1).

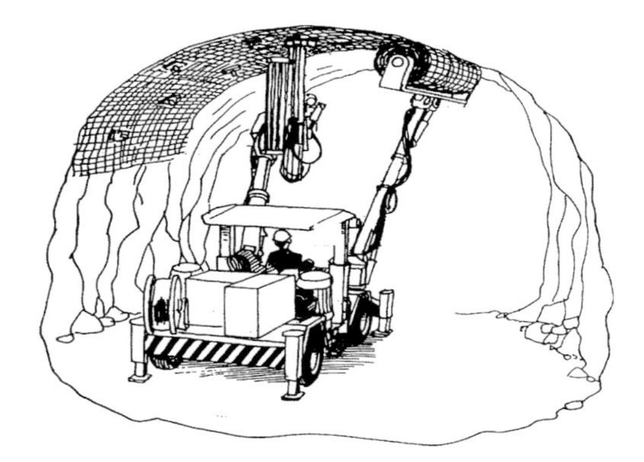

Bild 8.4-1 Verlegegerät für Stahlnetze [8-40]

Die Entwicklung und der Einsatz solcher mechanisierter und teilroboterisierter Verlegegeräte wird sich dann als wirtschaftliche Lösung erweisen, wenn das Sicherungs- und Einbaukonzept auf ein solch effizientes System abgestimmt werden kann.

Weitere Details zum Gewebenetz sind in Bild 8.4-2 und Bild 8.4-3 abgebildet.

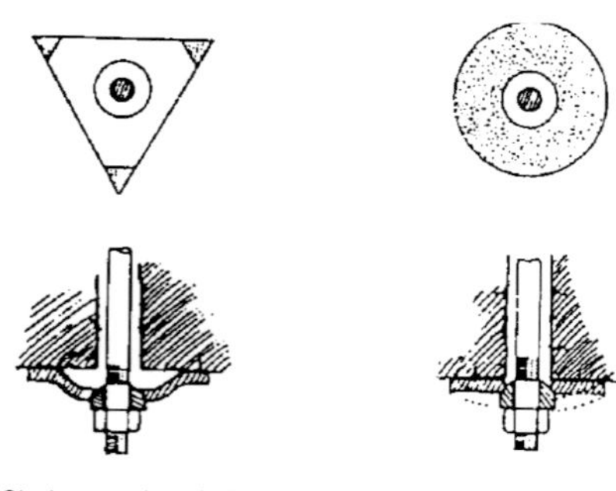

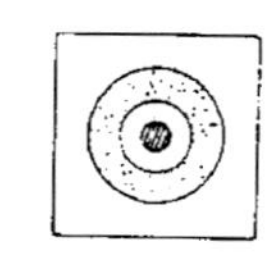

Bild 8.4-2
Ankerkopfplatten [8-40]

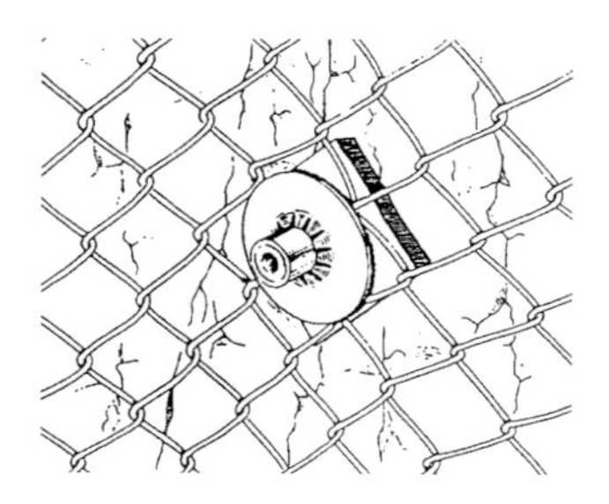

Bild 8.4-3 Ankerkopf und Stahlnetz [8-40]

8.5 Ausbaubögen bzw. Einbaubögen

Die Tragwirkung der Ausbaubögen beruht auf der Rahmen – Bogenwirkung. Ausbaubögen dienen unmittelbar nach dem Ausbruch zur sofortigen wirksamen Abstützung des Gebirges und zum Schutz des Arbeitsraumes. Sie kommen daher vor allem in **nachbrüchigem, nicht standfestem, druckhaftem** Gebirge zur Anwendung. Als Ausbaubögen werden Stahlwalzprofile oder Gitterträger verwendet (Bild 8.5-1). Die Ausbaubögen werden in der Schweiz als Einbaubögen bezeichnet.

Im Tunnelbau werden je nach Gebirgsverhalten und Ausbaukonzept folgende Ausbaubögen verwendet:

- Vollwandprofile einstegig (GI-Profile, HEA-, HEB-Profile, etc.)
- Vollwandprofile zweistegig (U-Profile, TH-Profile)
- Gitterträger als Drei- oder Vierpunktequerschnitt mit Rundstahl-Fachwerkstegen
- Sternprofile

Die von einem Ausbaubogen zu erfüllenden Hauptfunktionen sind:

- hohe Normalkraftaufnahmefähigkeit und Biegetragfähigkeit
- guter Verbund zwischen Ausbaubögen und Spritzbeton- oder Betonschale
- gute Einspritzbarkeit mit möglichst wenig Spritzschatten und Rückprall

Neben dem Tragverhalten des Verbundsystems Ausbauprofil und Spritzbeton als vorläufige und/oder endgültige Sicherung spielt die Handhabung, Anwendungsflexibilität und Wirtschaftlichkeit eine entscheidende Rolle bei der Auswahl des optimalen Ausbaubogens.

Bei der Verwendung von einstegigen Doppelflansch-Trägern können in Verbindung mit Spritzbetonausbau Spritzschatten und damit Fehlstellen in der Betonmatrix auftreten, die zu folgenden Problemen führen können:

- Korrosionsschutzprobleme der Stahlteile
- Verbund zwischen Ausbaubögen und Spritzbeton wird reduziert
- Rissbildung in den geschwächten Fehlstellenbereichen

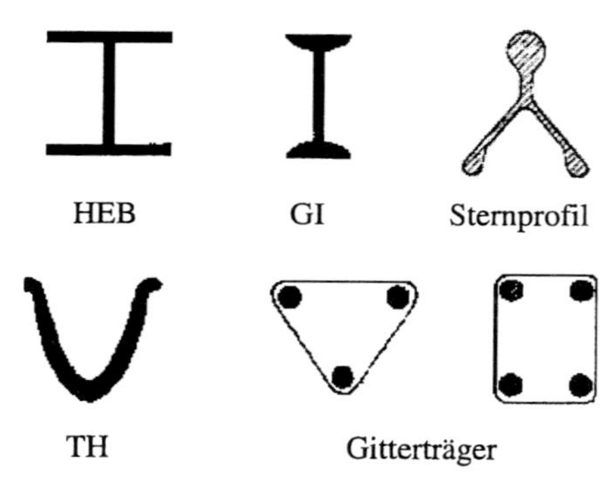

Bild 8.5-1 Stahlausbaubögen

- Bergwasser hat erhöhte Eintritts- und Einwirkungsmöglichkeiten
- Lokalisierung von Fehlstellen bei Wasseraustritt für Injektionen ist schwieriger

Die Gitterträger kann man als Profile mit geringer verschmierter Stegstärke betrachten. Mit steigender Belastung versagt der Gitterträger bereits bei einem Drittel bis zur Hälfte der Last eines TH-Vollwandträgers mit gleichem Meter-Gewicht, wenn er nicht in eine Betonschale eingebettet wird. Die Gitterträger entfalten ihre volle Tragfähigkeit, wenn sie gegen Ausknicken in einer Spritzbetonschale eingebettet sind.

Die neuen Sternprofile wurden speziell entwickelt zur Verbesserung der Einspritzfähigkeit, mit folgenden Eigenschaften:

- Reduzierung des Rückpralls
- Vermeidung von Fehlstellen durch Reduzierung der Spritzschattenbildung durch weitestgehende optimale Gestaltung der Sternstege und Stegflanschstummel in bezug auf Tragverhalten und Spritzbetonapplikation
- Tragfähigkeits-Gewichtsverhältnis vergleichbar mit bekannten Tunnelbauausbauprofilen

Ein Ausbaubogenring wird aus Transport- und Gewichtsgründen aus mehreren Segmenten zusammengesetzt. Im Vereina-Tunnel in der Schweiz wurden bei einem TBM-Vortrieb mit 7,70 m Durchmesser 6-teilige Ringe verwendet. Die Segmente wurden in einen Erektor eingelegt, festgeklemmt, gedreht und zu einem Ring verlascht und gegen das Gebirge vorgespannt.

Bei stark druckhaftem Gebirge können nachgiebige Ausbaubögen in Verbindung mit Dilatationsfugen im Spritzbeton eingesetzt werden. Die Nachgiebigkeit der Profile wird dadurch erreicht, dass die einzelnen Bogensegmente mit Reibungslaschen (Bild 8.5-2) kraftschlüssig gestossen werden (Glockenprofile, TH, etc.). Wird die Reibungsnormalkraft überschritten, kann das Profil in der Lasche rutschen. Damit wird verhindert, dass das Profil frühzeitig infolge der Gebirgsdeformation überbeansprucht wird und ausknickt.

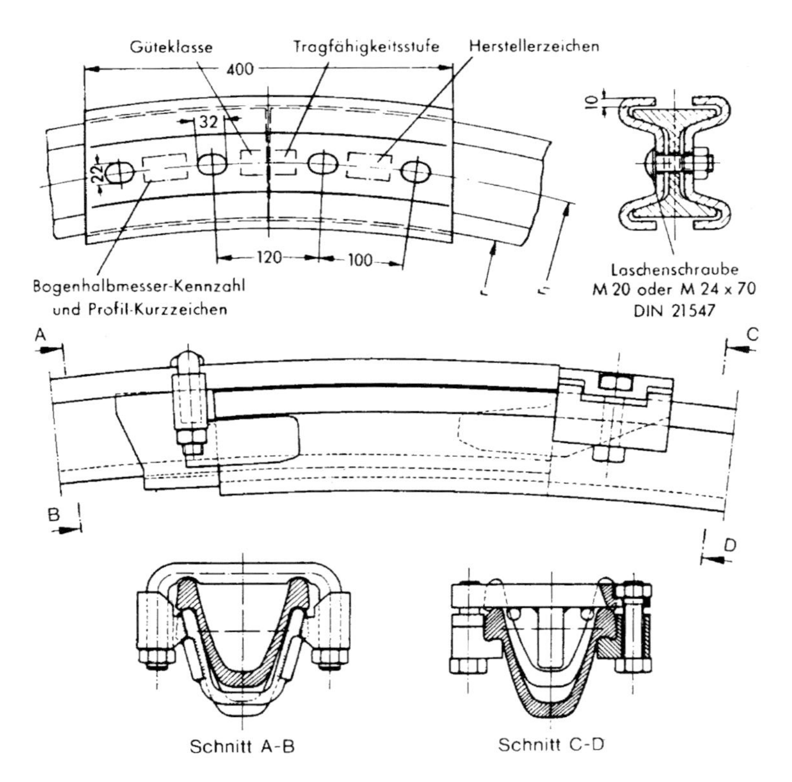

Bild 8.5-2 Beispiele für starre (oben) und für nachgiebige Stossverbindungen (unten) [8-47]

Besonders wichtig ist es, die Ausbaubögen im Fussbereich kraftschlüssig mit dem Untergrund zu verbinden, damit sie ihre Tragfunktion übernehmen können. Dies kann sehr effektiv mit Keilen erreicht werden. Bei den Ausbaubögen besteht die Gefahr der Spritzbetonschattenbildung mit einer verminderten Spritzbetonqualität. Dadurch reduziert sich die Tragwirkung der Ausbaubögen, da sie nicht kraftschlüssig mit dem Gebirge in Verbindung stehen. Erst durch fortschreitende Verformung des Gebirges wird nach und nach eine ungleichmässig verteilte Kontaktkraft übertragen. Die Verbundwirkung der Gitterträger im Spritzbeton ist in der Regel besser als bei den Stahlwalzprofilen.

Der Einbau von Stahlbögen kann mit unterschiedlichen Hilfsmitteln erfolgen:

- von Hand
- „Esel"/„Reiter"
- Hebebühne
- Kran
- Pneulader/Raupenlader
- Bagger
- spezielle Versetzvorrichtungen (auf TBMs, Nachläufer, fahrbare Spezialgeräte)

Die wesentlichen Merkmale der Stahlbogeneinbauten sind:

Vorteile

- Vorfertigung
- sofortige Tragfähigkeit bei Gebirgskontakt
- hohe Duktilität (hoher Bruchwiderstand durch ausgedehnte Spannungs-Dehnungskennlinie)
- flexible Erhöhung des Ausbauwiderstandes durch Verringerung oder Vergrösserung des Abstandes
- zusätzlicher nachträglicher Einbau zur Erhöhung des Ausbauwiderstandes möglich
- durch Rutschverbindungen mit definierter Normalkraft im gewissen Umfang deformierbar bei druckhaftem Gebirge, ohne dass Beulen oder Knicken auftritt
- Verwendung als Vermessungshilfe

Nachteile

- schwere Profile sind schlecht handhabbar
- meist geringe Flexibilität bei Veränderungen des Sollausbruchquerschnitts
- umfangreiche und aufwendige Anpassungen mit Spritzbeton bei Überprofil
- Bestell- und Lieferzeiten

Einige Möglichkeiten der Anwendung von Stahlbögen mit Spritzbeton und Ankern ist in Bild 8.5-3 dargestellt.

	Wandaufbau	Einbauvorgang
1	a	1. 3-5 cm vorspritzen 2. Einabu der Baustahlmatte 3. Einbau des Bogens 4. Ankern des Bogens 5. Einspritzen des Bogens
2	b	1. 3-5 cm vorspritzen 2. Einbau der 1. Lage Baustahlmatte 3. Einbau des Bogens 4. Ankern des Bogens 5. Einspritzen des Bogens 6. Einbau der 2. Lage Baustahlmatte
3	c	1. 3 cm vorspritzen 2. Einbau des Bogens 3. Ankern des Bogens 4. Einspritzen des Bogens
4	d	1. 3 cm vorspritzen ohne Stahlfasern 2. Einbau des Bogens 3. Ankern des Bogens 4. Einspritzen des Bogens 5. 3 cm Spritzbeton ohne Stahlfasern
	Legende:	a und b: Ausführungen mit Spritzbeton und Mattenbewehrung c und d: Ausführung mit Stahlfaserspritzbeton

Bild 8.5-3 Einspritzen von Stahlbögen [8-10]

9 Vortrieb mittels Schirmgewölbesicherungen

9.1 Arten der vorauseilenden Gewölbesicherungen

Unter dem Begriff Schirmgewölbesicherung sind Tunnelbauverfahren zu verstehen, welche durch systematisch vorauseilende Sicherungsmittel die Ortsbrust und das nach dem Ausbruch freistehende Gewölbe sichern. In den Ausbruchklassen mit geringer Stehzeit, (z. B. AK IV und AK V nach SIA 198 [3-4] bzw. VK 6–VK 7 nach ETB [3–3]) im gebrächen Fels, in Hangschütt- und Störzonen, aber auch im Lockergestein und im aufgefüllten Erdreich, sind beim universellen Vortrieb Ausbruchsicherungen erforderlich, die der Ortsbrust vorauseilen. Diese vorauseilenden Schirmgewölbesicherungen haben die Aufgabe, den durch den Abschlag vorläufig freiliegenden Teil zwischen bereits nachgeführter Sicherung und Ortsbrust zu stabilisieren, bis die konventionelle Gewölbesicherung aus Bögen, Spritzbeton und/oder Ankern nachgeführt wird. Zudem muss meist auch gleichzeitig die Ortsbrust durch das vorauseilende Gewölbe vom Silo- bzw. Bruchkörperdruck abgeschirmt werden. Zu diesen vorauseilenden Schirmgewölbesicherungen zählen:

- Vorpfändung mittels Verzugsblechen und Kanaldielen
- Spiesse
- Rohrschirme
- HDI-Schirme sowie Setzungsstabilisierungsinjektionen
- Gefrierschirme

Diese Methoden folgen der alten Bergmannsregel: Beim Einbau der Sicherung muss man schneller sein als die Bildung des Nachbruchs. Die Massnahmen werden bei folgenden Gebirgsarten angewandt:

- Lockergestein: Vorpfändung mittels Verzugsblechen und Kanaldielen, HDI-Schirme sowie Setzungsstabilisierungsinjektionen, Gefrierschirme
- Festgestein: Spiesse, Rohrschirme, Kluftstabilisierungsinjektionen

In heterogenen Lockgesteinen mit Geröll und Findlingseinlagerungen eignen sich die Rohrschirme gegenüber HDI-Schirmen besser, da die Findlinge ohne Probleme durchbohrt werden können. Zugleich werden solche Findlinge durch die Rohre verankert.

Weitere Möglichkeiten zum Auffahren von Lockergesteinsstrecken sind:

- Vortrieb durch Unterteilung des Querschnitts in Teilausbrüche – Paramentvortrieb.
- Vortrieb mittels geschlossener Schildmaschine. Dies kommt aus wirtschaftlichen Gründen nur bei langen Tunnelbauwerken in Betracht. Zudem muss die zu durcherörtende Tunnelspur ausreichend erkundet werden in bezug auf Findlinge und andere Hindernisse
- Messerschilde

9.2 Vorpfändung mittels Verzugsblechen und Kanaldielen

9.2.1 Sichern mit Verzugsblechen

In mässig standfestem, nachbrüchigem Gebirge oder teilweise rolligem Baugrund werden Verzugsbleche im Zusammenwirken mit Ausbaubögen zur

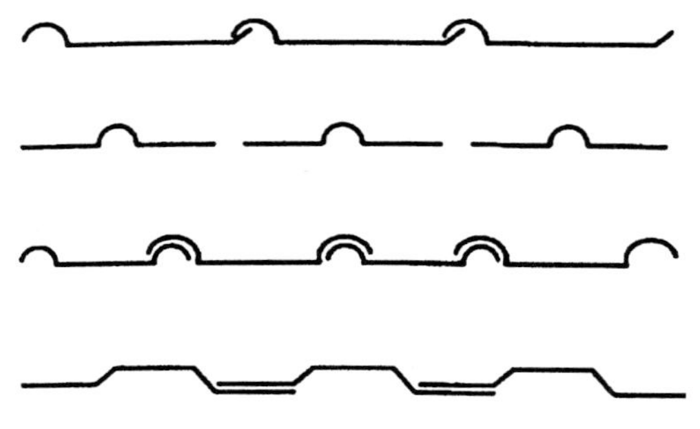

Bild 9.2-1 Stahlverzugsbleche

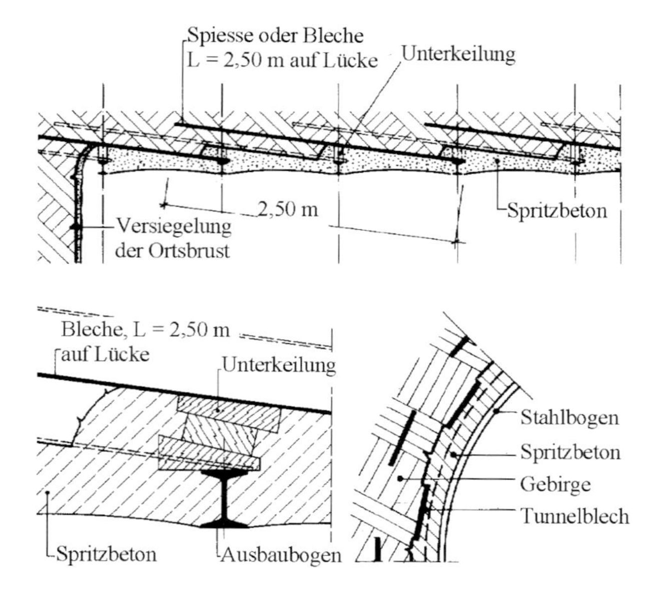

Bild 9.2-2 Auf Lücke geschlagene Verzugsbleche mit Spritzbeton (Stadtbahn Dortmund, Baulos 13, 1979) [9-1]

sofortigen flächenhaften Abstützung eingesetzt. Die Formbleche (Bild 9.2-1) mit Wanddicken von vier bis sechs Millimetern und Längen, die dem zweieinhalbfachen Einbauabstand der Ausbaubögen entsprechen (0,80 bis 1,50 m) werden über die zuletzt eingebauten Bögen geschoben (Bild 9.2-2).

Ferner verwendet man zur Felssicherung zwischen den Ausbaubögen sogenannte Bernold-Bleche (Bild 9.2-3) und Hinterfüllbleche (Bild 9.2-4). Diese werden im Bergbau als Strecken-Verzugsbleche oder -matten bezeichnet. Diese Bleche und Matten werden nicht als vorauseilende Sicherung

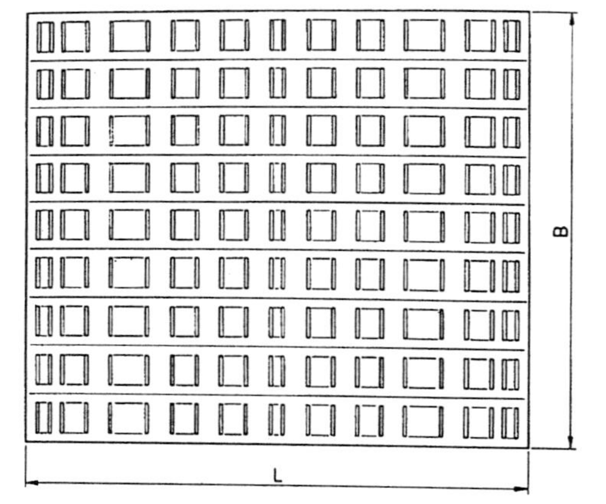

Bild 9.2-3 Bernoldblech [9-2]

benutzt, sondern in sehr nachbrüchigem bis sehr gebrächem Fels verwendet. Der Vorteil dieser Bleche und Matten ist:

- dass sie als Sicherung gegen herabbrechendes Material dienen – Schutzfunktion,
- dass sie als verlorene Schalung für Pumpbeton zwischen den Ausbauprofilen genutzt werden können.

9.2.2 Sichern mit Pfandblechen und Kanaldielen

Pfandbleche und Kanaldielen sind geeignete Mittel für eine flächenhaft wirkende, vorauseilende Sicherung in nicht standfestem, rolligem Baugrund. Die Pfandbleche und Kanaldielen mit fünf bis sieben Millimeter Wanddicke werden in Längen bis zu vier Metern nebeneinander über den zuletzt eingebauten Bogen vorgetrieben. Die zu wählende Länge der Bleche richtet sich nach der Abschlagslänge, der erforderlichen Stützweite im Ortsbrustbereich und der notwendigen Überlappung.

Als Profilform verwendet man Bleche mit möglichst kleinem Querschnitt, aber möglichst grossem Trägheitsmoment. Die Verzugs- und Pfandbleche bzw. Kanaldielen werden mittels Pressluft- oder Hydraulikhammer in das Erdreich eingetrieben. Die Bleche müssen zur kraftschlüssigen Wirkung mit dem Ausbaubogen verkeilt werden. Bei riesel-

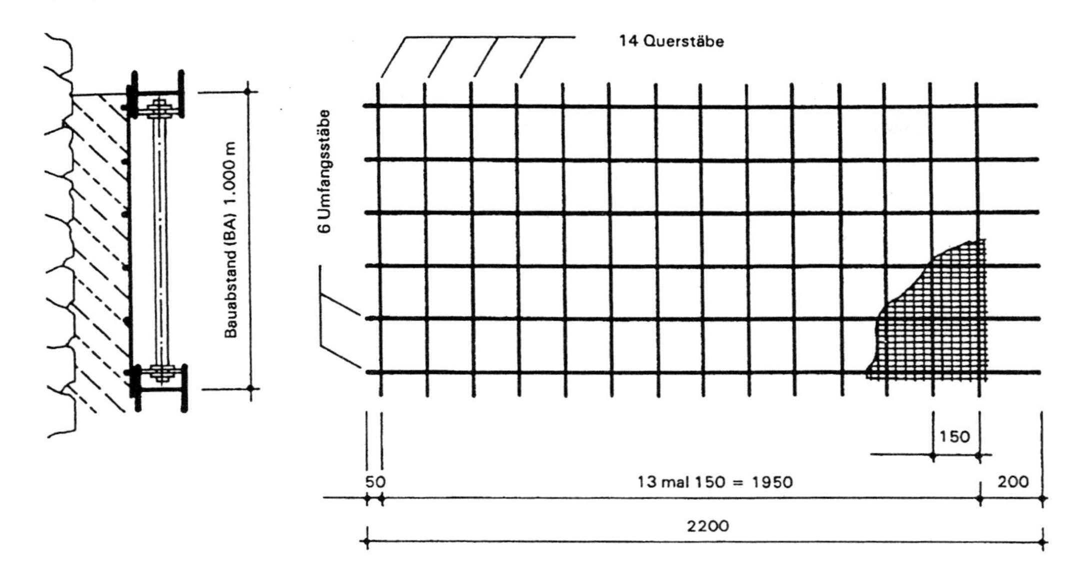

Bild 9.2-4 Bernoldhinterfüllmatten [9-2]

fähigen Lockerböden ist es günstig, die Kraftschlüssigkeit durch Spritzbeton (Trockenspritzverfahren) herzustellen. Dadurch wird gleichzeitig das Auflockern des umgebenden Erdreichs verhindert.

9.3 Sicherung mittels Spiessen

9.3.1 Herstellung und Vortrieb

Die Sicherung mittels Spiessen gehört zu den vorauseilenden Sicherungstechniken, die auf die Ankertechnik zurückgeht. Die Spiesse werden im Gegensatz zur Ankertechnik fast parallel zur Tunnelachse am Gewölbeumfang in äquidistanten Abständen von 30 – 60 cm angeordnet. Die Bohrneigung beträgt aus bohrtechnischen Gründen (Sägezahnform) ca. 10 – 15 ° gegenüber der Tunnelachse. Der Einbau der Spiesse erfolgt meist nach dem Setzen des jeweiligen Ausbaubogens bzw. jedes zweiten, so dass eine ausreichende Überlappung entsteht. Damit bildet der Ausbaubogen das elastische Punktlager dieser Spiesse. Die Spiesse bewehren das zerklüftete Gebirge (Bild 9.3-1). Die einzelnen Gebirgsblöcke werden durch die Spiesse gegenseitig horizontal vernagelt, um beim Vortrieb die Standzeit zu erhöhen. Dabei werden die Spiesse hauptsächlich auf Abscheren beansprucht. Durch diese vorauseilende Vernagelung des Gewölbes bildet sich ein Tragring aus, der dem Gebirge eine ausreichende Standfestigkeit verleiht für eine beschränkte Abschlagstiefe. Die Ausbruchsicherung mittels Bögen und Spritzbeton z. B. muss sofort nachgezogen werden, damit die „freie" Länge in Längsrichtung zwischen dem Ausbaubogen bzw. Spritzbetonschale und elastisch gebettetem Bereich der Spiesse vor der Ortsbrust nicht zu

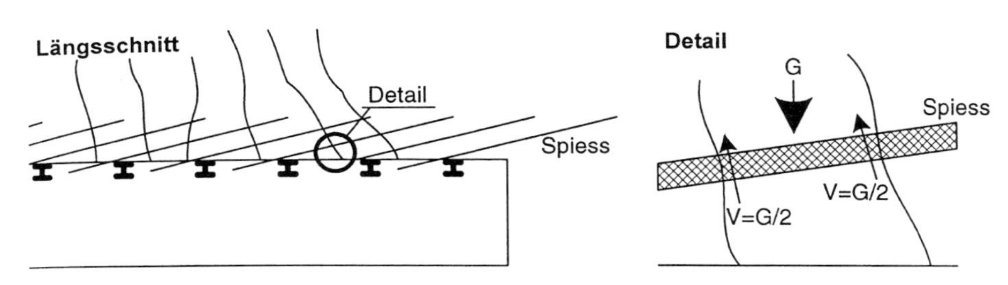

Bild 9.3-1 Wirkungsweise der einzelnen Spiesse im Schirmgewölbe

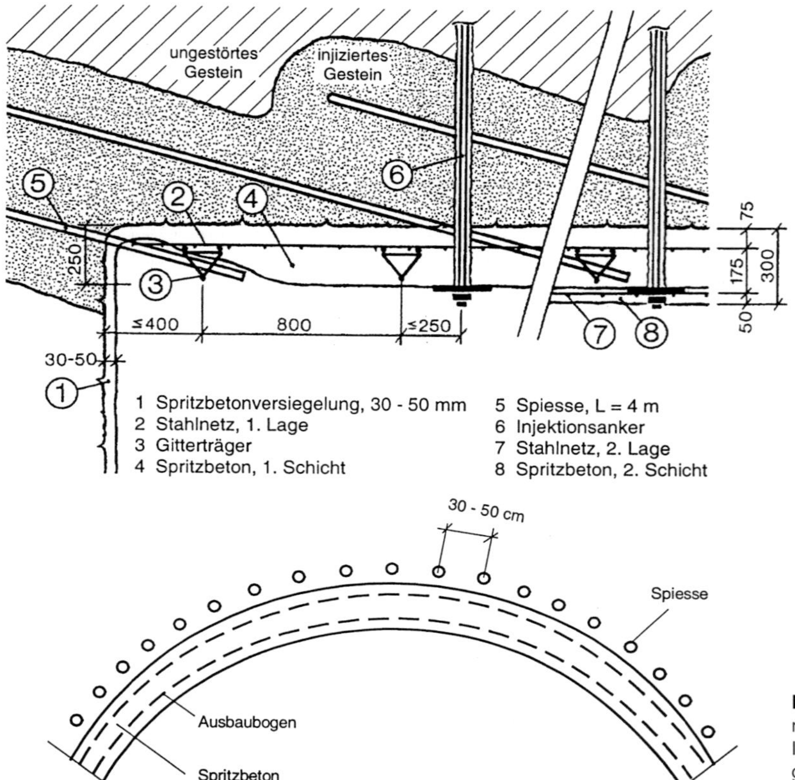

Bild 9.3-2 Sicherung mit Spiessen, Ankern, Injektionen, Gitterträgern und Spritzbeton [9-3]

gross wird, bzw. die Abscher- und Zugbeanspruchung die zulässigen Spannungen nicht überschreitet (Bild 9.3-2).

Die Länge der Spiesse beträgt ca. das 3- bis 4-fache des Bogenabstandes, d. h. sie liegt zwischen 3 – 5 m.

Als Spiesse verwendet man hauptsächlich Injektionsbohranker. Dadurch wird erreicht, dass die Spiesse kraftschlüssig im Ankerloch sitzen und damit im Verbund mit dem umgebenden Fels. Die umgebenden Klüfte und Risse werden durch die Injektion gleichzeitig injiziert und verklebt. Dadurch entsteht ein erhöhter Verbund zwischen dem zerklüfteten Fels und der Spiessbewehrung.

Besonders im Lockergestein und in stark zerklüfteten, bzw. gebrächen Gebirgen, in denen keine standfesten Bohrlöcher erstellt werden können, wird man selbstbohrende Injektionsanker verwenden (Bild 9.3-3). Diese selbstbohrenden Injektionsanker erfüllen drei Funktionen gleichzeitig:

- beim Bohren als Bohrgestänge mit verlorener Bohrkrone
- beim Injizieren als Injektionsrohr
- zum Ankern als Ankerstab

Diese Injektionsanker sind innen hohl. Während des Bohrvorgangs dient der Zentrumskanal zum Spülen des Bohrkanals. Anschliessend wird er zum Injizieren verwendet. Manche Injektionsanker sind mit einem Blähpacker zum Abdichten des Bohrlochs ausgerüstet. Die verlorenen Bohrkronen gibt es in verschiedenen Varianten in Abhängigkeit vom Gebirge.

Zum Verpressen verwendet man oft Kombinationsgeräte zum Mischen und Pumpen. Neben Kolbenpumpen, die meist einen impulsiven Ausstoss haben, verwendet man Schneckenwellenförderer. Mittels Schneckenwellenförderer (Bild 9.3-4) lassen sich Verpressdrücke bis ca. 12 bar erzielen, bei Kolbenpumpen können diese Drücke wesentlich grösser werden.

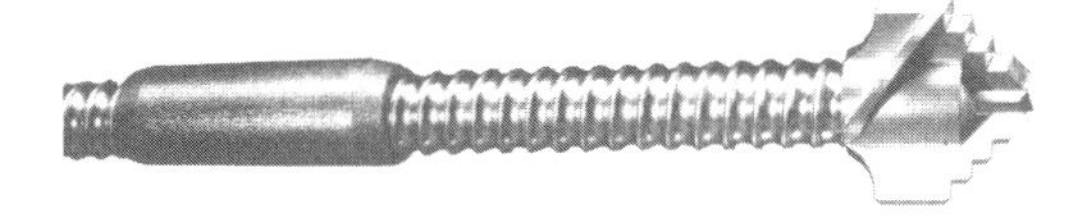

Bild 9.3-3 Injektionsbohranker [9-4]

In Felsklassen, bei denen das Bohrloch steht, werden meist die billigeren, normalen SN-Anker verwendet.

Eine weitere Möglichkeit zum Bohren und Setzen von Spiessen und Ankern bei nicht standfesten Bohrlöchern besteht durch das Imlochhammerverfahren.

Bei diesem Bohrverfahren besteht das Bohrgestänge aus dem Bohrrohr mit Ringbohrkrone und dem Innenhammer mit separatem Gestänge (Bild 9.3-5). Das Bohrrohr besteht aus Hochqualitätsstahl und dient zur Stützung des Bohrlochs sowie als aktives Bohrwerkzeug mit Rohrbohrkrone. Im Innern des Bohrrohrs befindet sich das Bohrhammergestänge mit Bohrhammerkopf. Die Bohrung wird meist mittels Wasserspülung durch das Innenbohrhammergestänge durchgeführt. Das Spülwasser mit dem gelösten Bohrgut wird zwischen Bohrrohr und Innengestänge aus dem Bohrloch zurückgespült. Der Antrieb des Bohrrohrs und des inneren Bohrgestänges erfolgt separat, so dass der Übergang vom Lockergestein ins Festgestein in der Weise erfolgt, dass das Bohrrohr nur ca. 10 – 20 cm in den standfesten Fels geführt wird und im Fels nur mit dem inneren Bohrhammergestänge die Bohrung fortgeführt wird. Nach Beendigung der Bohrarbeiten (meist zum Setzen von Ankern) wird das Innengestänge zuerst zurückgezogen. Dann kann im Lockergesteinsbereich ein Kunststoffinnenrohr eingeschoben, der Anker gesetzt und das Bohrloch injiziert werden. Gleichzeitig erfolgt das Rückziehen des Bohrrohrs. Bei diesem Bohrverfahren wird immer das Bohrrohr zurückgewonnen, da es sich um teure Spezialrohre handelt.

Die vorauseilende Sicherung mittels Spiessen wird gerne aus baubetrieblichen Gründen in Verbindung mit einer Systemankersicherung verwendet, da die gleichen Geräte verwendet werden können.

Die Vor- und Nachteile sind wie folgt:

- Setzen der Spiesse mit normalem Bohrjumbo, der zur Sprengloch- und Ankerbohrung verwendet wird, jedoch mit einer Ankersetzeinrichtung
- einsetzbar im gebrächen Gebirge, bei dem aufgrund der Gesteinsfestigkeit das Einbringen von Verzugsblechen nicht mehr möglich ist

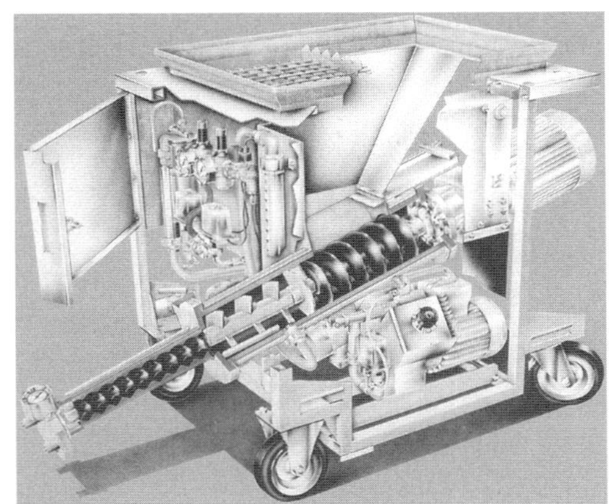

Bild **9.3-4** Schneckenwellenförderpumpe [9-5]

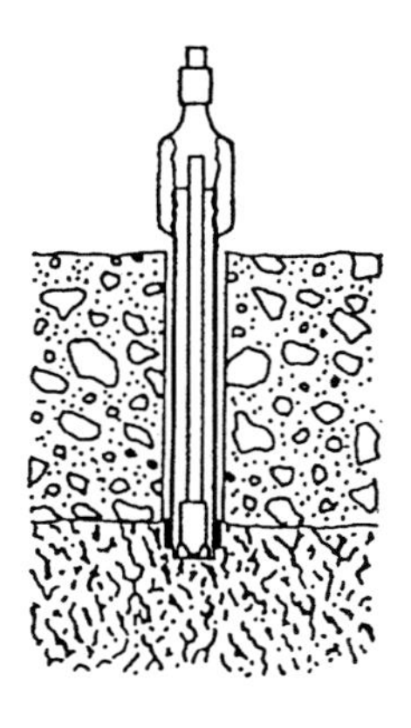

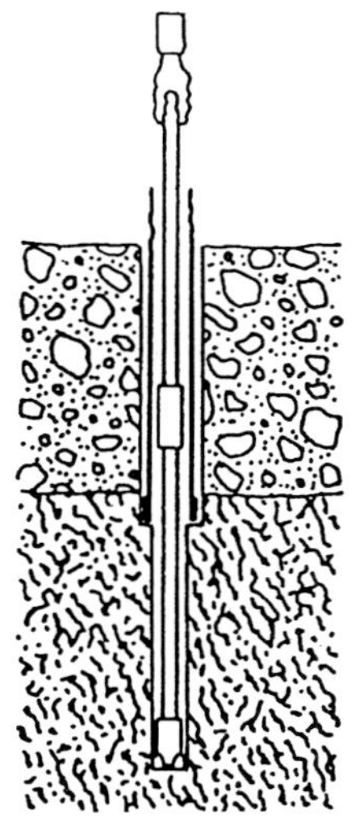

Bild 9.3-5 Bohrrohr mit Ringbohrkrone und Innenhammer mit separatem Gestänge [9-6]

- relativ schnell einbaubar (wie Anker)
- In Längsrichtung ist das Widerstandsmoment der Spiesse vernachlässigbar, jedoch wird das gebräche Gebirge bewehrt (vernagelt), so dass das Gebirge um den Ausbruch einen standfesten Ring bildet, mit beschränkter freier Länge für die Ausbruchtiefe
- man kann die Vortriebsabschnitte mit ca. 80 – 120 cm planen
- Kann nicht im Lockergestein mit auslauffähigen Böden (geringer Kohäsion) verwendet werden

9.3.2 Baustelleneinrichtung

Zur Herstellung einer vorauseilenden Sicherung mittels Spiessen benötigt man keine zusätzlichen Baustelleneinrichtungen, wenn man bereits Anker versetzt. Zur Herstellung der Sicherung mittels Spiessen verwendet man folgende Geräte:

- Bohrjumbo
- Ankermagazin
- Injektionsgerät mit Pumpe, Mischer, Silo
- Kompressor
- Torsionsschrauber

9.4 Rohrschirmgewölbe

9.4.1 Herstellung und Vortrieb

Bei den meisten Tunnelprojekten im Felsgestein müssen die ersten 50 – 250 m durch Lockergestein-Geröllfelder geführt werden. Zur Durchquerung dieser Lockergestein-Geröllfelder verwendet man bevorzugt Rohrschirme (Bild 9.4-1, Bild 9.4-2). Ferner werden Rohrschirme angewandt zur Abstützung des überlagerten Baugrundes mit geringem Abstand unter Gebäuden oder Verkehrswegen. Die Vorzüge der Rohrschirmgewölbe sind wie folgt:

- Haupttragwirkung in Gewölberingrichtung durch Ausbildung der Membrantragwirkung (Normalkräfte)
- Sekundärtragwirkung als elastisch eingespanntes „Pfahlgewölbe" in Tunnellängsrichtung (Biegemomente, Schubkräfte)
- effiziente und lagegenaue Durchörterung von zerklüftetem Festgestein, Findlingen und Lockergestein durch ein im Rohr von 15 – 20 cm – geführtes Grossbohrgestänge
- Verpressmöglichkeit des während des Bohrvorgangs eingeführten Rohrs sowie der umliegenden Klüfte
- relativ lange ineinander geschachtelte Rohrschirme von maximal 15 – 19 m Rohrlänge
- Vortrieb direkt unterhalb von Gebäudefundamenten (bis zu einem Abstand von ca. 1,5 m) ist möglich ohne Hebungen zu verursachen

Die Rohrschirme werden konstruktiv meist wie folgt ausgeführt:

- Rohraussendurchmesser 140 – 170 mm, Rohrwandstärke 8 – 25 mm

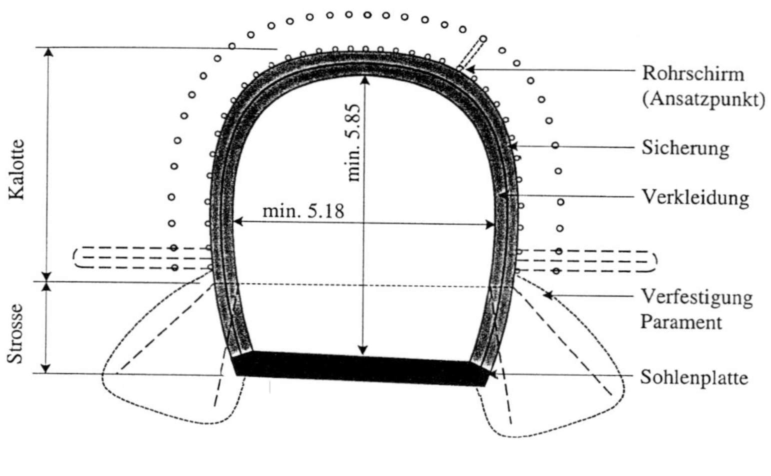

Bild 9.4-1 Rohrschirm Querschnitt, Tunnel Disentis [9-7]

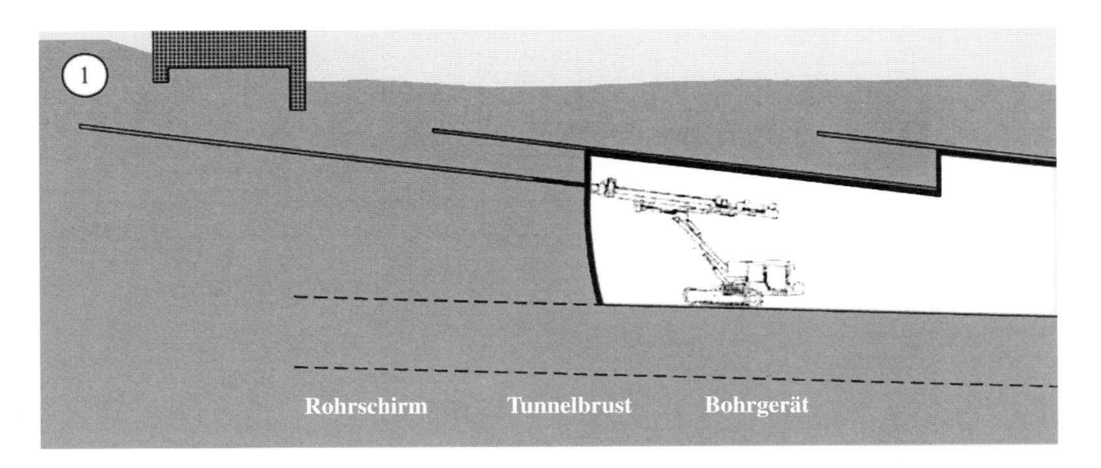

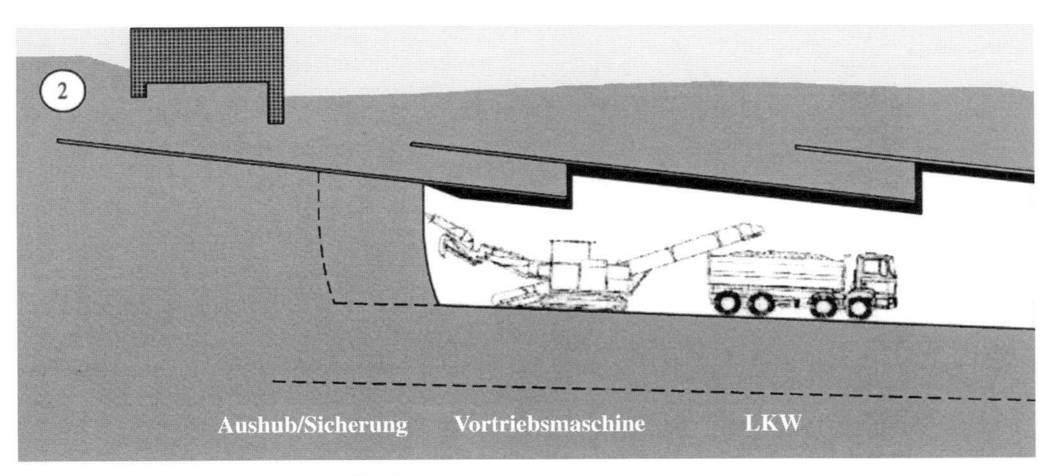

Bild 9.4-2 Rohrschirm, Arbeitsablauf [9-7]

- Injektionsventile in den Stahlrohren, ca. je 4 am Umfang im Abstand von ca. 50 cm
- äquidistanter Rohrabstand am Gewölbeumfang von ca. 40 – 60 cm
- Rohrlängen von ca. 12 -15 m in Tunnellängsrichtung
- Rohrübergreifung in Längsrichtung ca. 2,5 – 4,0 m

Die Bohrungen werden mit einer Neigung von ca. 5° zur Tunnellängsrichtung ausgeführt. Da die Bohrungen im Lockergestein durchgeführt werden, ist es notwendig, bedingt durch die beschränkte Bohrlochstabilität, die Bohrungen in einem Schutzrohr durchzuführen. Dabei verwendet man das folgende Bohrverfahren:

Das Bohrgestänge besteht aus einem rückziehbaren, exzentrischen Bohrkopf mit Standardbohrgestänge innerhalb eines permanenten Bohrlochschutzrohres (Bild 9.4-3). Dieses Verfahren ermöglicht es, die permanente Verrohrung des Bohrlochs im Lockergestein bzw. die Rohre des Rohrschirms gleichzeitig während des Bohrvorgangs zu installieren. Auch hier hat das Rohr eine Doppelfunktion. Einerseits dient es während des Bohrvorgangs zur Stabilisierung des meist instabilen Bohrlochs und zum Schutz des inneren Bohrgestänges und andererseits wird es als permanentes Tragelement beim Rohrschirm im Boden belassen. Zur Verrohrung werden meist geschweisste oder gewalzte Standardnormrohre verwendet.

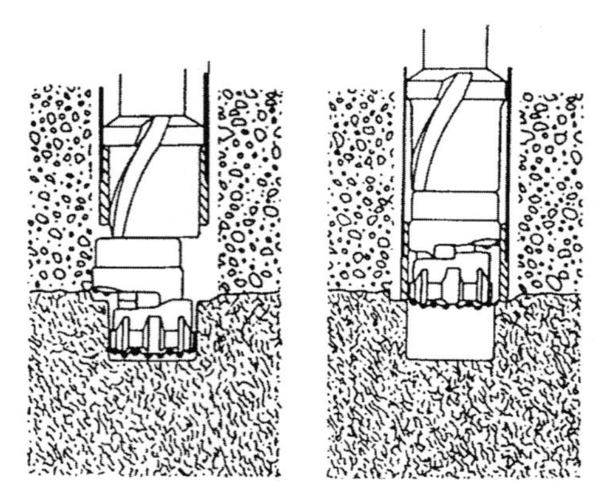

Bild 9.4-3 Aufweitungs-Imlochbohrgerät [9-6]

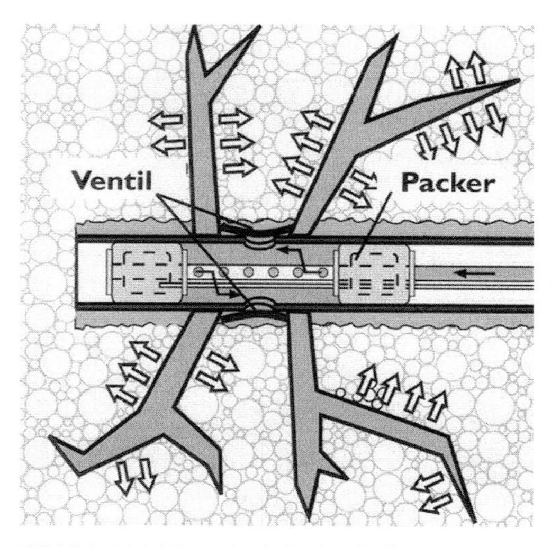

Bild 9.4-4 Injektion mittels Packer [9-8]

Das Besondere an diesem Verfahren ist die zurückziehbare Bohrkrone. Die Bohrkrone besteht aus einer exzentrischen Pilotkrone und einer nachfolgenden Aufweitungskrone (Reamer). Der Durchmesser der beiden Bohrkronen ist kleiner als der Innendurchmesser der Bohrlochrohre. Diese beiden hintereinanderliegenden Bohrkronen sind nicht zentrisch starr gelagert, sondern verdrehbar auf einer spiralförmigen Bahn. Bei Drehung des Bohrgestänges in die eine Richtung werden die beiden Kronen zentrisch zum Bohrgestänge gebracht und können durch das Bohrlochrohr geführt werden. Das Bohrgestänge mit den zentrierten Bohrkronen wird durch die Verrohrung geschoben, bis die Kronen aus dem vorderen Teil des Rohrs austreten. Das erste Rohr hat am vorderen Ende eine Widerlagermanschette, an die sich der Schlagring der Bohrkrone anlegt. Zum Bohren erfolgt die Drehung des Bohrgestänges in die entgegengesetzte Richtung. Durch die spiralförmige Zwangsführung der beiden Bohrkronen untereinander sowie zum Bohrgestänge, werden bei dieser Drehung die Bohrkronen einseitig exzentrisch zur Mittellinie des Bohrgestänges versetzt. Dadurch vergrössert sich der Bohrlochradius bei der Drehung des Bohrgestänges. Dieser Radius muss etwas grösser sein als der Aussendurchmesser des Rohres. Durch den etwas grösseren Bohrlochdurchmesser kann während des Bohrvorgangs die Verrohrung durch den umlaufenden, aufgeweiteten Bohrkronenkopf, der als Schlagring der Bohrkrone dient, zwangsgeschoben werden. Dieser Schlagring der Bohrkrone legt sich auf die Innenmanschette des vorderen Rohres auf. Dieses Einschieben wird durch die Schlagenergie des Hammers unterstützt.

Das Rohr dient während des Bohrvorgangs auch zum Abtransport des Bohrkleins aus dem Bohrlochtiefsten. Das Spülwasser wird durch das Innenbohrgestänge zum Bohrkopf gepumpt und spült das Bohrklein aussen am Rohr (zwischen Aussenrohr und Bohrlochwand oder durchs Innenrohr) aus dem Bohrloch.

Nach dem Durchbohren der Lockergesteinsstrecke oder nach Ende des Bohrvorgangs wird die Drehrichtung des Gestänges gewechselt. Die Bohrkronen werden durch die Zwangsführung zentrisch gestellt und können im Schutz des Rohres zurückgezogen werden.

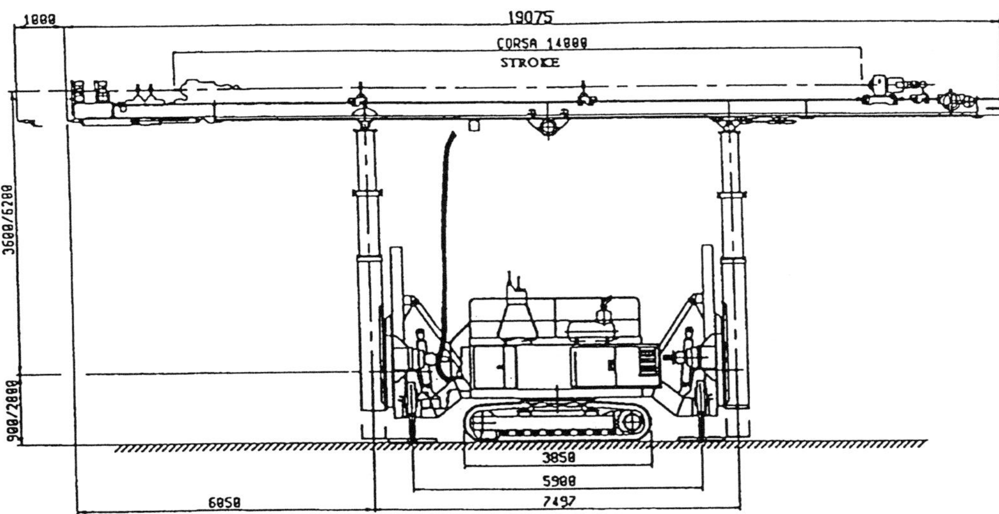

Bild 9.4-5 Bohrgerät (PG 200, Casagrande) [9-9]

Dieses Verfahren wird hauptsächlich bei Rohrschirmen eingesetzt. Der Bohrkopf ist jedoch relativ teuer und unterliegt durch seine Beweglichkeit einem höheren Verschleiss. Die Grundanforderung dieser Bohrmethode an das Bohrgerät besteht darin, dass der Bohrhammer eine unabhängige reversible Drehrichtung aufweisen muss und ein ausreichendes Drehmoment erzeugen kann für den relativ grossen Bohrdurchmesser. Die Bohrkronen sind der entscheidende Erfolgsfaktor für eine gute Leistung.

Beim Rohrschirm wird das Bohrgestänge mit Krone nach dem Erreichen der Bohrlänge aus dem Rohr herausgezogen, das Rohr verbleibt im Bohrloch. Dann erfolgt die Injektion mittels Packer (Bild 9.4-4) vom Rohrinneren aus, beginnend vom Bohrlochtiefsten mit ca. 3 -7 bar Druck. Zur Injektion verwendet man meist Zementsuspensionen. Aufgrund der geringen Injektionsdrücke ist die Gefahr der Geländehebung auch bei geringer Überdeckung minimal. Das Rohr wird nach oder während des Injektionsvorgangs ausbetoniert.

Die Bohrungen werden zur Sicherstellung der erforderlichen Genauigkeit und des Durchmessers der Bohrung in der Regel mittels Spezialbohrgerät (Bild 9.4-5) hergestellt. Das Trägergerät ist meist mit einem Kettenfahrwerk ausgerüstet. Die Bohrlafette, die als Träger des Bohrhammers und der Vorschubeinrichtung für Bohrgestänge und Rohr dient, ist auf zwei teleskopierbaren Unterstützungsarmen gelagert. Durch die Lagerung der Lafette als Einfeldbalken mit beidseitigen Kragarmen lässt sich das Bohrgestänge auch beim Auftreffen auf schräg verlaufende Schichtungen sehr genau und kraftschlüssig führen. Die teleskopartigen Ständer sind jeweils an dem vorderen und hinteren Ende des Trägergerätes zentrisch und drehbar gelagert. Dadurch kann die Lafette im Querschnitt fast um 200° zur Erreichung der jeweiligen Bohransatzpunkte gedreht werden. Die teleskopierbaren Stützen, die gelenkig mit der Bohrlafette verbunden sind, ermöglichen eine zur Tunnellängsrichtung geneigte Bohrung, durch eine gegenseitige Differenzverschiebung der Stützenlängen. Diesen Geräten (Bild 9.4-5) sollte, bei langen Bohrungen und schwierigen Böden mit Findlingen, der Vorzug gegenüber den Standardbohrgeräten mit Kragarmlafette gegeben werden.

Der in Umfangsrichtung hergestellte Rohrschirm stellt bis zum Nachführen der Ausbaubögen und/oder Spritzbetonschale bzw. des Ausbaus die erste Sicherung für den Vortrieb dar. Für diese Sicherung ist es notwendig, dass der Fusspunkt kraftschlüssig abgefangen wird zur Weiterleitung der erheblichen Membrankräfte. Dazu verwendet man zum Teil seitliche Mikropfähle oder Injektionssäulen (Bild 9.4-1), falls die Grundbruchsicherheit nicht ausreicht. Zum Ausbruchrand sowie zwischen den Pfählen und zum Gebirge hin wird der kraftschlüssige Verbund durch die Injektionen sichergestellt. Dadurch wird eine Auflockerung am Ausbruchrand weitgehend verhindert.

Die Herstellung des Rohrschirms benötigt in etwa 50 % der Zeit zum Auffahren einer Rohrschirmetappe. Eine Rohrschirmetappe besteht meist aus ca. 3 – 5 Abschlägen mit nachfolgender Sicherung. Daher sollten zur Erhöhung der Kosteneffizienz der Rohrschirm und die nachfolgenden Arbeitszyklen des Vortriebs (Abbau, Schutterung, Sicherung) von der gleichen Arbeitsgruppe durchgeführt werden. Das verlangt hohe Flexibilität und grosses technisches Know-how von der Mannschaft und der Bauführung, da die Bohr- und Injektionsarbeiten besondere Kenntnisse und Erfahrungen verlangen. Bei der Ausführung durch verschiedene Arbeitsgruppen, die jeweils getrennt den Rohrschirm herstellen bzw. die anderen Vortriebsarbeiten durchführen, wäre das Personal nicht optimal ausgelastet, es sei denn, das Projekt besteht aus zwei parallelen Röhren und der Vortrieb wird wechselseitig durchgeführt. Die Vorgehensweise, mit getrennten Mannschaften den Vortrieb auszuführen, wird dann angewandt, wenn das Personal nicht die Spezialkompetenz der Bohrtechnik beherrscht oder Schwierigkeiten hat, dies kurzfristig zu erlernen. Die Bohrzeit variiert sehr stark je nach geologischen und petrographischen Verhältnissen und hat einen ganz entscheidenden Einfluss auf die Vortriebsleistung.

Die Erstellung eines Rohrschirmes ist günstiger als ein Jetsäulenschirm. Vor allem entfallen weitgehend die Probleme des Injektionsrückflusses. Die Rohre werden dabei meistens nur verfüllt. Eine Injektion um die Rohre ist relativ aufwendig und erfordert Packer und Ventile in den Rohren. Als Injektionsmittel können die üblichen Zementsuspensionen verwendet werden. Im Gegensatz zum HDI-Verfahren ist keine Hochdruckpumpe erforderlich. Ein Rohrschirm kann mit drei Arbeitern ausgeführt werden.

Der Vortrieb im Felsgestein erfolgt entweder mit Teilschnittmaschinen oder im Sprengvortrieb in Abschnittslängen von ca. 1 – 2 m, dann wird meist die Sicherung nachgezogen. Aufgrund der kurzen Abbaulängen eignet sich der Sprengvortrieb durch das Bohren kurzer Sprenglöcher nicht, da sich bei doppelter Bohrlänge der Zeitaufwand kaum ändert. Im Lockergestein kann der Vortrieb mittels Spezialbagger erfolgen, der zur Zerkleinerung von Findlingen nach Bedarf mit einem Hydraulikhammer ausgerüstet werden kann (Bild 9.4-2)

Die Leistungen schwanken sehr stark aufgrund der geologischen Verhältnisse. Man kann überschlägig bestimmen, dass man pro Schicht ca. 75 m ($5 \cdot 15$ m) Rohre bohren und injizieren kann. Je nach erforderlicher Sicherung in der Ortsbrust und Kalotte (Ausbaubögen, Spritzbeton) kann man mit einer Vortriebsleistung von ca. 1,0 – 1,5 m pro Arbeitstag im Zwei-Schichtbetrieb rechnen.

9.4.2 Baustelleneinrichtung zur Herstellung des Schirmgewölbes

Allgemeine Baustelleneinrichtung über Tag:

- Büros für Bauleitung, Bauunternehmung, Polier(e)
- 1 Sanitätscontainer
- 1 Mannschaftsumkleideraum
- 1 Mannschaftsaufentshalts- und Vesperraum
- 1 Sanitärcontainer
- mehrere Magazinräume
- 1 Werkstattcontainer
- Kompressoren

Baustelleneinrichtung für unter Tag:

- **Für die Herstellung des Rohrschirms:**
  - 1 Bohrgerät, z. B. Tamrock Termite 600/ Solimec SM-605DT/Casagrande PG200
  - Kompressor
  - 1 Injektionsaggregat mit Silo, Mischer, Rührwerk und Überwachungseinrichtung
- **Für den Vortrieb und die Sicherung:**
  - Spezialbagger, z. B. ITC 312
  - Pneulader
  - Dumper
  - Nassspritzsystem (Betonpumpe, Dosiereinrichtung, Kompressor)
  - Transportmischer
  - Trockenspritzsystem

9.5 Injektionstechnik im Tunnelbau

9.5.1 Einsatz und Verfahrensauswahl

Im innerstädtischen Bereich müssen zur Komplettierung von Verkehrswegen sowie zur Ergänzung und Erstellung von U-Bahnsystemen die Tunnelbauwerke immer näher an Bebauungsbereichen bzw. unter Bebauungsbereichen errichtet werden.

Die Anforderungen an die wirtschaftliche Erstellung solcher Bauten, der Anschluss an bestehende Zwangspunkte und der Grundwasserschutz zwingen dabei in vielen Fällen zu oberflächennahen Lösungen. Dies führt häufig zu direkten Wechselwirkungen zwischen Tunnelbauwerk und Bebauung. Um die Auswirkungen auf die vorhandene Bebauung und die Umwelt, besonders im Lockergestein, gering zu halten, sind folgende Massnahmen notwendig:

- Abstimmung der geeigneten Vortriebstechnik
- Baugrundstabilisierungen und -verfestigungen
- Schutzmassnahmen an den Bauwerken (z. B. vorgängige Unterfangung)

Zur Durchführung solcher bergmännischer Tunnelbauaufgaben im Lockergestein, dessen Standfestigkeit nicht ausreicht, verwendet man oft die Injektionstechnik. Durch Injektionen werden der Baugrundeigenschaften in bezug auf Festigkeit und Dichtigkeit verbessert. Damit ist eine lokale Veränderung des Baugrunds und des Grundwassersystems verbunden. Die Anforderungsschwerpunkte an mögliche Injektionssysteme im Rahmen eines Vortriebs im Lockergestein können wie folgt zusammengefasst [9-10] werden:

- Wirtschaftlichkeit:
  - möglichst unabhängig vom Vortrieb
  - keine Rückwirkungen auf den Tunnelausbau
  - Unterstützung grösstmöglicher Vortriebsgeschwindigkeit
  - Unterstützung möglichst einfacher Vortriebsverfahren
  - Begrenzung auf den Vortriebsbereich des Tunnelvortriebes
  - möglichst kurze Bauzeit
- Technik und Umfeld:
  - Minimierung der Senkungen und Schiefstellungen an der Geländeoberfläche
  - geringstmögliche Beeinflussung von Grundwasserstand und – fliessbedingungen
  - geringstmögliche Beeinträchtigung des Grundwassers durch die eingesetzten Verfahren und Stoffe
  - geringstmögliche Beeinträchtigung an der Geländeoberkante durch den Baubetrieb

Das Planungsschema zur Anwendung der Injektionstechnik kann aus Bild 9.5-1 entnommen werden.

Das **Düsenstrahlverfahren (HDI)** und die **Feststoffeinpresstechnik (Soil-Fracturing)** haben sich weitgehend durchgesetzt (Bild 9.5-2). Die „chemischen Injektionen“ haben aufgrund der Anforderungen an die Umweltverträglichkeit und Entsorgung der Injektionsabfälle und den daraus resultierenden Kosten an Bedeutung verloren.

Das Düsenstrahlverfahren (HDI) und die Feststoffeinpresstechnik (Soil-Fracturing) haben gemeinsam folgende Vorteile:

- umwelt- und grundwasserverträglich durch Verwendung von Zement und mineralischen Füllern
- im Vergleich zu anderen Injektionstechniken: geringere Abhängigkeit von der Baugrundbeschaffenheit

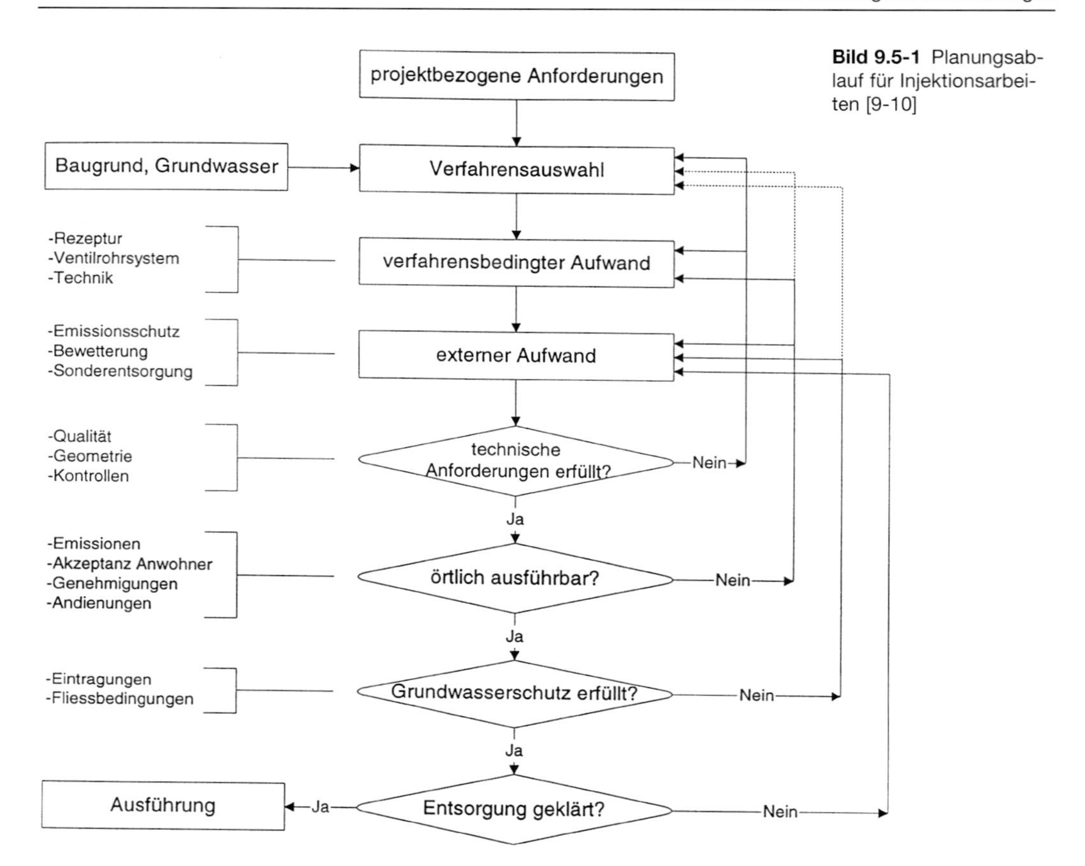

Bild 9.5-1 Planungsablauf für Injektionsarbeiten [9-10]

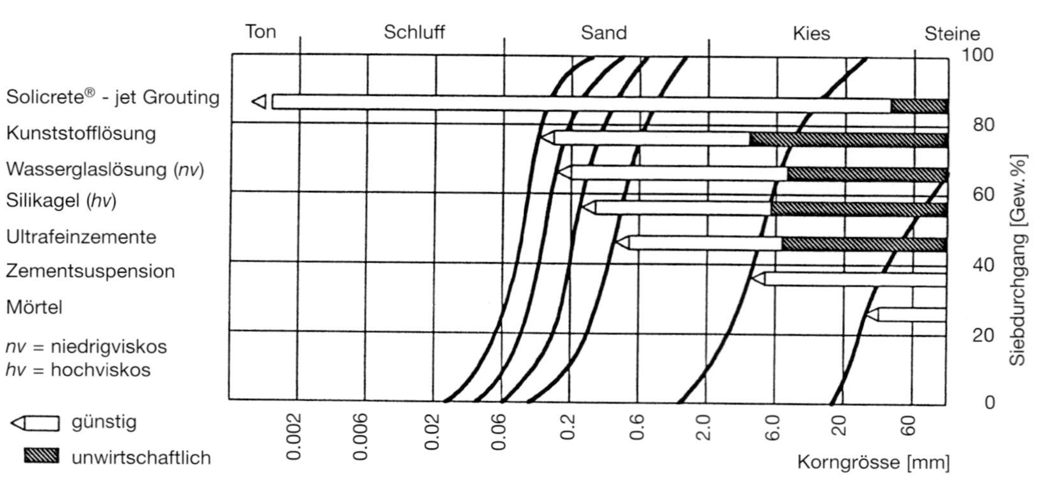

Bild 9.5-2 Anwendung der Injektionstechnik [9-8]

Quelle: Prospekt Keller „Das Soilcrete-Verfahren“

Das Düsenstrahlverfahren (HDI) und die Feststofffeinpresstechnik (Soil-Fracturing) unterscheiden sich wie folgt:

- HDI-Verfahren
  - weitgehend bestimmbare Form und Festigkeit der Einzelsäulen
  - definierte Reduzierung der Wasserdurchlässigkeit
  - geometrisch flexibel, kleines Produktionsrohr
- Feststoffeinpressverfahren (Soilfrac)
  - Bodenverfestigung und Steifigkeitserhöhung ohne exakte Quantifizierbarkeit
  - Reduzierung von Wasser- und Luftdurchlässigkeit
  - lokale Bodenverbesserung unter Bauwerksbestand ausführbar
  - zur aktiven Hebung von Oberflächen und Gebäuden nutzbar

Bei beiden Verfahren [9-10] werden als Injektionsstoffe Zement- oder Zement-Steinmehlsuspensionen mit Wasser-Feststoffwerten von 0,5 bis 1,5 verwendet. Als Zusätze werden bei Bedarf lediglich Bentonit und mineralische Beschleuniger eingesetzt, so dass nach heutiger Beurteilung ein Höchstmass an Umweltverträglichkeit gegeben ist. Die wichtigsten Verfahrensmerkmale der HDI- und Feststoffinjektionen für den Tunnelbau sind:

- grosse geometrische Flexibilität (wie bei herkömmlichen Poreninjektionsverfahren)
- relativ grosse erreichbare Bodensäulenfestigkeit und hohe Wasserundurchlässigkeit
- minimale Emissionen

Die Verfahren werden im Tunnelbau für folgende Bauhilfsmassnahmen angewendet:

- Sicherung des Vortriebes durch vorauseilende HDI-Behandlung des Ausbruchbereiches von der Erdoberfläche bei oberflächennahen Tunnel in nicht standfesten Lockergesteinen
- Sicherung des Vortriebes durch vorauseilende Injektionssäulenschirme aus dem Vortrieb über die definierte Abschlagslängen hinaus
- Sicherung des Vortriebes durch seitliche Dichtwände und horizontale Dichtsohlen mit integrierter Innenentwässerung der abgeschotteten Bereiche
- passive Sicherung von Gebäuden durch örtliche Unterfangungen oder Tiefergründungen im Einflussbereich des Tunnels
- Setzungssicherung der Bebauung durch Herstellung von Injektionsfächern zwischen Tunnelfirst und Gründungssohle der Bebauung

Diese Sicherungsmassnahmen können je nach Randbedingungen aus Schächten, Hilfsstollen oder aus dem Vortrieb ausgeführt werden.

9.5.2 HDI-Technik

Das Hochdruckinjektionsverfahren (HDI) ist auch bekannt unter den Namen Jet-Grouting-Verfahren (JGV), Düsenstrahlinjektion, Soilcrete-Verfahren, Rodinjet, Terrajet oder Hochdruckbodenvermörtelung [9-11]. Das Hochdruckinjektionsverfahren wurde ursprünglich in Japan, England und Italien entwickelt. In Japan wurde dieses Injektionsverfahren erstmals angewendet, wobei die japanischen Ingenieure eine grosse Entwicklungsarbeit im maschinentechnischen Bereich leisteten. Mitte der 70-er Jahre kam das Hochdruckinjektionsverfahren nach Europa, wo es vor allem in Italien eine rasche Ausbreitung fand. In Deutschland kam das Verfahren erstmals 1980 zur Anwendung. Auch in der Schweiz wird das Hochdruckinjektionsverfahren seit Beginn der 80-er Jahre angewendet. Erste Einsätze erfolgten im Grundbau und später im Untertagebau als Baugrundverfestigungsmassnahme, in einigen Fällen auch zur Abdichtung gegen Grundwasser.

Beim HDI-Verfahren werden Lockergesteinsböden (Bild 9.5-3) durch das Einpressen einer Zement- oder Zement-Bentonit-Suspension verfestigt. Dabei ist zu beachten, dass sich folgende technische und wirtschaftliche Einschränkungen ergeben [9-12]:

- Im Ton erhält man infolge der Kohäsion auch bei geringen Ziehgeschwindigkeiten nur Säulendurchmesser von ca. 20 cm.
- Böden mit eingelagerten Steinen >30 cm erschweren die Gleichmässigkeit der Säulen bzw. die Kontinuität der Erdbetonsäule kann unterbrochen werden.
- Bei groben Kiesen > ø 60 mm sowie im Fels ist die HDI-Injektion nicht sinnvoll.

Bohrlängen über 25 m können problematisch sein in bezug auf die Genauigkeit. Dies kann jedoch mit erhöhtem technischen Bohraufwand bzw. Spezialbohrgeräten gelöst werden. Die Durchführung der HDI-Injektion erfolgt in folgenden Schritten (Bild 9.5-3, Bild 9.5-4):

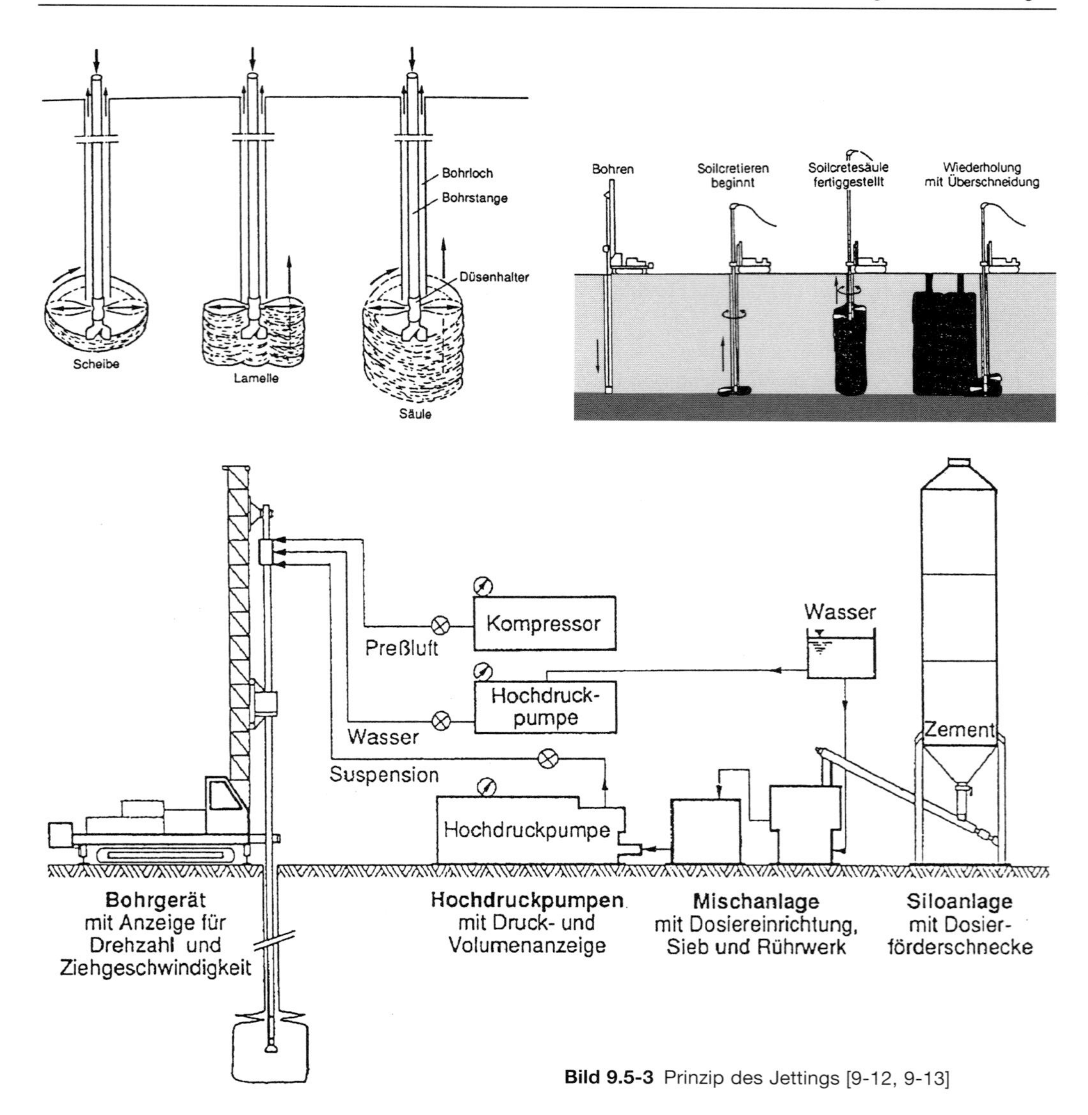

Bild 9.5-3 Prinzip des Jettings [9-12, 9-13]

- Spülbohrung mittels Kernkronenbohrkopf. Durch das Innere des Bohrrohres erfolgt das Spülen der Bohrung. Das Bohrklein wird zwischen Bohrrohraussenseite und Bohrwand ausgespült. Die Bohrkrone hat einen grösseren Durchmesser als das Bohrrohr und verursacht damit den gewünschten Überschnitt.
- Nach dem Erreichen des Bohrlochtiefsten wird in das Bohrrohr der Kronendichtungsball (runde Stahlkugel) zum Abdichten der Bohrspülöffnung am Bohr- und Injektionskopf eingespült.
- Danach erfolgt die HDI-Injektion durch Rückziehen des Gestänges gemäss den anschliessend beschriebenen verfahrenstechnischen Besonderheiten des Ein-, Zwei- und Dreiphasen-Verfahrens. Bei allen Verfahren wird die Zementsuspension zur Injektion durch das Bohrgestänge zu den seitlichen Düsen am Injektionskopf gefördert.

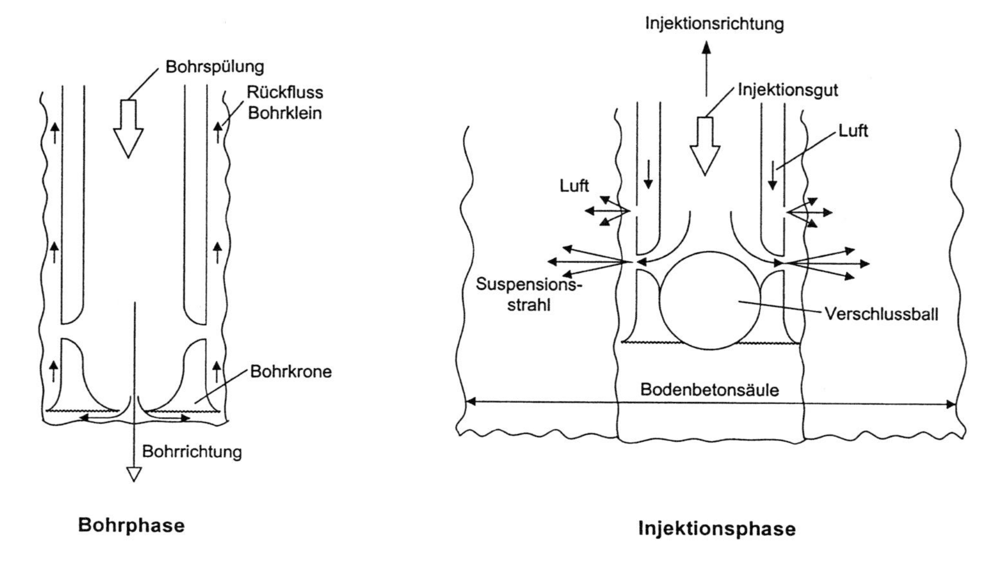

Bild 9.5-4 Prinzip der HDI-Säulen Erstellung (Duplex-Verfahren)

Beim Einphasen-Jetting wird nach dem Abteufen der Bohrung das Injektionsgut vom Bohrlochtiefsten bei gleichzeitigem Rückzug des Gestänges mit einem feinem Injektionsstrahl aus den Düsen eines rotierenden Injektionsgestänges unter einem Druck von 250 bis 600 bar appliziert. Das Bodenmaterial in der Reichweite des Strahls wird aufgeschnitten und temporär verflüssigt. Das temporär verflüssigte Bodenmaterial vermischt sich mit der Injektionssuspension und bildet nach dem Abbinden des Zements einen steifen, zylindrischen Injektionskörper (Bild 9.5-3, Bild 9.5-4).

Ferner werden folgende technisch weiterentwickelte Verfahren (Bild 9.5-5) eingesetzt:

- Zweiphasen-Jetting oder Duplex-Verfahren
- Dreiphasen-Jetting oder Triplex- Verfahren

Beim Zweiphasen- oder Duplex-Verfahren wird der Boden mit Druckluftunterstützung von 3-6 bar aufgeschnitten und mit Zementsuspension (250–600 bar) durchmischt. Das Einphasen- und Zweiphasen-Jetting wird heute oft angewendet.

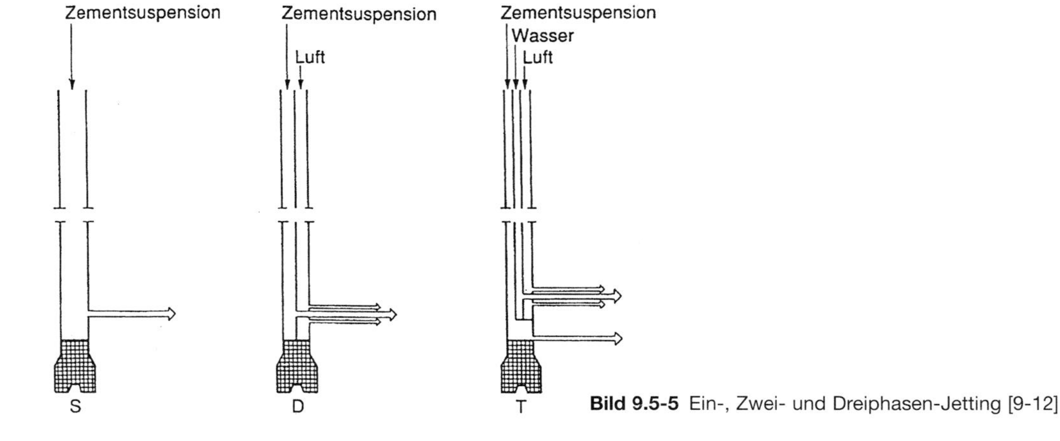

Bild 9.5-5 Ein-, Zwei- und Dreiphasen-Jetting [9-12]

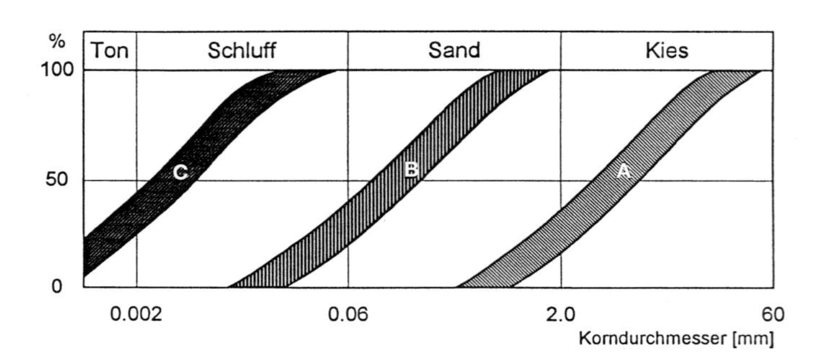

Bild 9.5-6 Klassifizierung in HDI-Bodenklassen [9-12]

Beim Dreiphasen- bzw. Triplex-Verfahren wird der Boden gleichzeitig durch folgende Hilfsmedien aufgeschnitten und temporär verflüssigt:

- Wasserdruck beträgt 300 bis 600 bar
- Druckluft 3 bis 6 bar

Das Vorschneiden des Bodens mit Wasser und Luft erfolgt meist mit einer Doppeldüse wie beim Duplexverfahren, jedoch wird die Zementsuspension über eine Düse die mit Abstand zu den Vorschnittdüsen (Luft/Wasser) angeordnet ist, injiziert. Das Gestänge wird während des Injektionsvorgangs von unten nach oben gezogen. Daher schneidet das Luft- und Wasserdüsenpaar den Boden vorgängig im Abstand von wenigen Dezimetern zur Injektionsdüse auf. Die Porenfüllung erfolgt über die nachfolgende Injektionsdüse mit einem Druck von 15 bis 80 bar.

Die Drehkopf- und Gestängekonstruktion mit der differenzierten Zuführung der einzelnen Medien zu den Düsen muss funktionell und technisch zuverlässig gelöst sein. Das Injektionsgestänge ist gleichzeitig Träger des mechanischen Bohrwerkzeuges zum Abteufen der Bohrung und Injektionswerkzeug zur Herstellung der zementierten Bodensäule. Aus den im Gestängekopf eingearbeiteten Düsen, erfolgt die Verflüssigung und Zementdurchmischung der Bodensäule. Der Abfluss der überschüssigen Suspension aus dem Injektionsraum erfolgt über den Ringraum, der durch Überschnitt der Bohrkronen gegenüber dem Gestänge zwischen der Bohrlochwandung und dem Aussengestänge verbleibt. Die Steiggeschwindigkeit, unter Beachtung des spezifischen Gewichtes der abzufördernden Überschusssuspension, ist für die kontrollierte Herstellung und zur Vermeidung von Hebungen durch Druckaufbau wichtig. Durch die Wahl der Winkelgeschwindigkeit mit abgestimmter Ziehgeschwindigkeit des Düsenstrahls ergibt sich bei richtiger Zuordnung von Injektionsmenge und -druck in Abhängigkeit von der Kornverteilung und der Lagerungsdichte eine homogene Säule von etwa konstantem Durchmesser und Festigkeit. In Tabelle 9.5-1 werden exemplarisch Hinweise für die Vorbemessung der Säulendurchmesser und die erreichbaren Spitzendruckfestigkeiten in verschiedenen Lockergesteinsböden gegeben. Zudem lässt sich die effizienzsteigernde Wirkung des Duplex-

Tabelle 9.5-1 HDI-Säulendurchmesser und Druckfestigkeiten in verschiedenen Böden [9-12]

Boden	Simplex Ø [m]	Duplex Ø [m]	Triplex Ø [m]	Druckfestigkeit [MN/m²]
sandiger Kies (A)	0,9 - 1,0	1,4 - 1,6	2,0 - 2,4	< 10
schluffiger Sand (B)	0,8 - 0,9	1,2 - 1,4	1,4 - 1,6	10 - 15
toniger Schluff (C)	0,4 - 0,5	0,6 - 0,8	0,8 - 1,0	> 15

Druck	Simplex [bar]	Duplex [bar]	Triplex [bar]
Zementsuspension	250-400	250-400	15-40
Druckluft		5-6	5-6
Wasser			300-400

Tabelle 9.5-2
Mischungsbeispiele für HDI-Injektionen [9-12]

Bodentypen	**A**	**B**
Wasser [l]	670	1000
Zement [kg]	1000	1000
Eigenschaften:		
Ergiebigkeit [m^3]	1,00	1,30
Rohdichte der Suspension [kN/m^3]	16,7	15,0
Druckfestigkeit [MN/m^2]	> 5	2 - 6
k-Wert [m/s]	$< 1 \times 10^{-8}$	$< 1 \times 10^{-8}$
Erdbetonwichte [kN/m^3]	18 - 21	16 - 19

und Triplexverfahrens mit den grösseren Bodensäulendurchmessern erkennen. Die aufblähende Wirkung der Druckluft, die den Porenraum zum Eindringen der Suspension vorbereitet, und die günstige Fliesswirkung des Wassers sind deutlich erkennbar.

Für kiesige und sandige Böden (Bild 9.5-6) sind in Tabelle 9.5-2 repräsentative Suspensionsmischungen und spezifische Qualitätsparameter angegeben.

Die erforderlichen geometrischen Säulenformen werden mittels Bruch- und Gebrauchssicherheitsnachweis festgelegt. Nach den projektbezogenen Anforderungen werden bei der Planung folgende Festlegungen getroffen:

- Ermittlung des statisch wirksamen Querschnitts mit Toleranzzuschlag für baugrundabhängige Bohr- oder Durchmesserabweichungen
- Mindestfestigkeit der HDI-Säulen gemäss statischen Anforderungen
- Maximalfestigkeit im Ausbruchbereich, um die Abbaufähigkeit einfach zu gestalten und den Verschleiss von Abbauwerkzeugen zu reduzieren
- Geometrische Genauigkeit und Dichtigkeitsanforderungen des HDI-Schirms gegenüber Wasser-Boden-Zutritt oder als Abdichtung gegen Wasser
- Bohrgenauigkeitsanforderungen und Abschätzung des Mindestwirkradius zur Vermeidung grösserer Fehlstellen
- Injektions- und Vortriebsfolge zur Minimierung von verfahrensbedingten Fehlstellen
- Qualitätskontrollmassnahmen zur Sicherstellung der Anforderungen

Zur möglichst problemlosen Durchführung der HDI-Arbeiten sollten Probesäulen mit dem Ausführungsgerät erstellt werden, um die Entwurfsannahmen vor der Herstellung der Produktionsinjektionen zu überprüfen.

Die Bohrungen bei Injektionsarbeiten werden, wenn die Standfestigkeit des Untergrundes ausreicht, möglichst unverrohrt ausgeführt. Bei besonderen Bodenverhältnissen sind auch verrohrte Bohrungen möglich, z. B. beim Durchbohren von Findlingen oder Grobkiesstrecken. Das Injektionsgestänge kann dann durchgesteckt werden. Zum besseren Rückziehen des Bohrgestänges sollte man Bohr- und Injektionskronen mit einer Rückschnittkrone ausrüsten.

9.5.3 HDI-Gewölbeschirm im Lockergestein

9.5.3.1 Herstellungsablauf

Im Tunnelbau werden die schirmförmig angeordneten HDI-Säulen um das künftige Tunnelprofil vorauseilend überschnitten hergestellt. Die Herstellung der überschnittenen Säulen erfolgt meist im Pilgerschrittverfahren. Nach ca. 12 h hat die Injektionsbodensäule im allgemeinen eine Mindestfestigkeit erreicht, die dem ungestörten umgebenen Boden entspricht. Zur Überprüfung dieses Erfahrungswertes sind in-situ-Tests erforderlich. So entsteht ein vorauseilendes Gewölbe, in dessen Schutz der Ausbruch erfolgen kann (Bild 9.5-7). Der Vortrieb ist in folgende Arbeitszyklen unterteilt:

- Herstellung der HDI-Gewölbesäulen meist im Pilgerschrittverfahren
- Sequentieller Ausbruch in kleinen Abschnitten und nachfolgende Sicherung
  - Kalottenfusssicherung, falls erforderlich
  - Nachführen der Spritzbetonschale bzw. Ausbau mittels Stahlbögen oder Gitterträgern
- Ringschluss mit temporärem oder permanentem Beton- oder Spritzbetonsohlgewölbe

Ein HDI-Schirm muss folgende Anforderungen für den sicheren und umweltverträglichen Vortrieb erfüllen [9-14]:

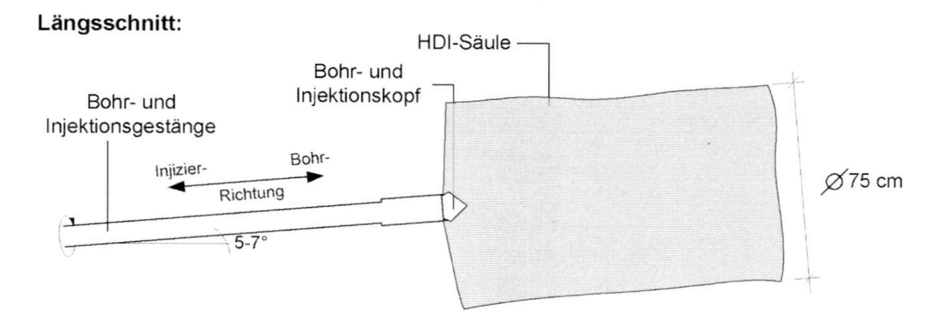

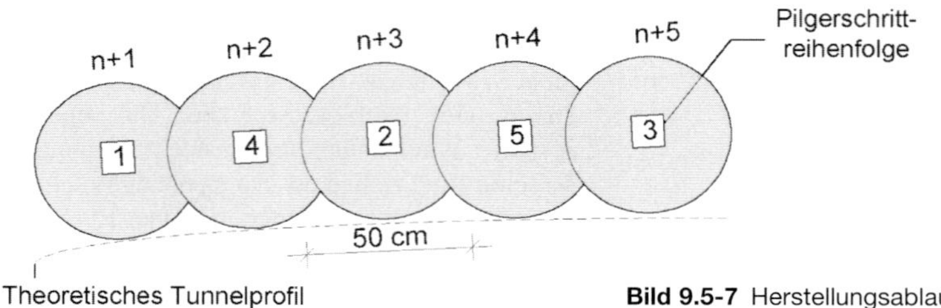

Bild 9.5-7 Herstellungsablauf eines Jetting-Gewölbes

- Standsicherheit des Gewölbes während aller Phasen des Vortriebs (Gefährdungsbild Tagbruch)
- Standsicherheit der Ortsbrust in den Vortriebsphasen
- Begrenzung der Oberflächensetzungen sowie der Setzungsdifferenzen zur Sicherstellung der Umweltverträglichkeit und Verhinderung von Folgeschäden und -kosten.

Das HDI-Schirmgewölbe muss daher einerseits für ein Verformungs- und andererseits für ein Standfestigkeitsproblem ausgelegt werden.

Die Anwendung der HDI-Technik im Tunnelbau erfolgt meist bei überwiegend fein- bis grobkörnigen Sanden mit wechselndem Kiesanteil. Solche Tunnel werden meist im Kalottenvortrieb hergestellt. Durch die Bauhilfsmassnahme des horizontal angeordneten, der Ortsbrust vorauseilendes HDI-Gewölbes wird der Baugrund stabilisiert und der Ausbruch im Schutze dieses Bauhilfsgewölbes möglich. In der Regel werden die Säulen mit dem einphasigen Jetverfahren hergestellt. Die provisorische Hohlraumsicherung folgt dem abschnittsweise ausgeführten Ausbruch, der mittels Stahlbögen, Gitterträgern, Spritzbeton und Netzen gesichert wird.

Das Verfahren lässt sich insbesondere bei geschichteter Ortsbrust – Lockergestein im First und Fels in der Sohle – anwenden. Das Prinzip ist in Bild 9.5-8 ersichtlich.

9.5.3.2 Tragwirkung und Säulenanordnung

Der Jetschirm hat beim Tunnelvortrieb einerseits die Aufgabe, den Raum zwischen der Ortsbrust und der nachfolgenden Verkleidung in Tunnellängsrichtung zu überbrücken und anderseits als vorauseilende Sicherung die Ortsbrust gegenüber dem Bruchkörper über und vor der Ortsbrust zu sichern. Der Ortsbrustgleitkeil zwischen Schirmgewölbe und Sohle muss möglicherweise zusätzlich stabilisiert werden. Die geringe oder praktisch fehlende Zugfestigkeit der Säulen in Längsrichtung beschränkt die Spannweite zwischen der Ortsbrust des Tunnels und der nachgezogenen erhärteten Spritzbetonschale auf einige wenige Meter. Die Tragwirkung des Jetschirmes wird vor allem in Querrichtung, also normal zur Tunnelachse, durch Ausbildung eines Druckgewölbes sichergestellt.

Das Zusammenwirken von Baugrund, Jetschirm und Sicherung, z. B. aus Stahl- oder Gitterträgern,

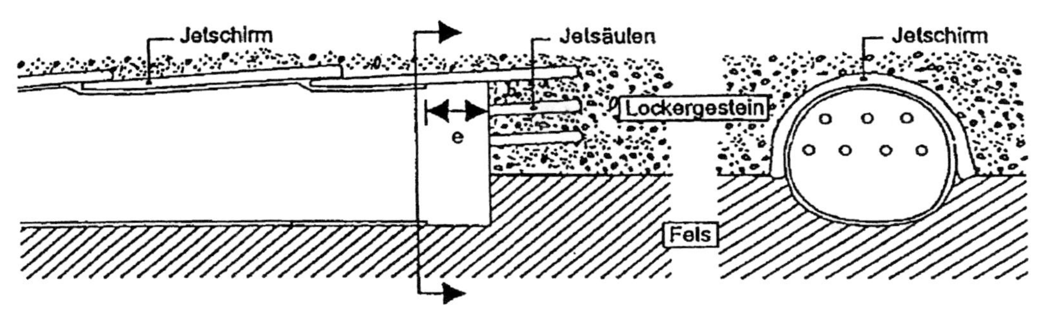

Bild 9.5-8 Jetschirm bei gemischter Ortsbrust

Netzen und Spritzbeton ist rechnerisch nur näherungsweise modellierbar. Dies liegt nicht nur an der Modellbildung, sondern im wesentlichen an den folgenden Eingangsparametern, die eine relativ grosse lokale Streubreite aufweisen:

- Baugrundeigenschaften
- Entwicklung der Festigkeits- und Verformungseigenschaften der Jetsäulen
- Querschnittstoleranzen, Form und räumliche Lage der Jetsäulen

Der Säulenrasterabstand zur Herstellung eines fächerartigen Schirmes ist vom erreichbaren Pfahldurchmesser und der erforderlichen Überschneidung der Säulen abhängig. Er wird so gewählt, dass im Baugrund ein zusammenhängender verfestigter Schirm aus Jetsäulen entsteht. Die Mindestüberlappung der Säulen sollte je nach Durchmesser ca. 15 – 25 cm betragen. Die üblichen Durchmesser betragen zwischen 50 und 80 cm. Die erforderliche Anzahl der Säulen ist von folgenden Parametern abhängig:

- Bogenlänge des Jetschirmes
- Säulendurchmesser
- Überlappung der Säulen

Muss eine längere Strecke mit einem HDI-Schirm aufgefahren werden, so werden die aufeinanderfolgenden Jetschirme kegelstumpfförmig versetzt angeordnet. Die Neigung der Bohrungen zur Tunnelachse wird meistens zwischen 5 bis 7° gewählt. Die Längen der Säulen betragen zwischen 10 bis 20 m. Die jeweilige Überlappung in Längsrichtung beträgt in der Regel 2 bis 4 m.

9.5.3.3 Unterfangung der Schirmgewölbe

Das HDI-Verfahren wird meistens in Bodenarten ausgeführt, die sich für den Kalottenvortrieb sehr gut eignen. Beim Ausbruch der Kalotte ergeben sich sehr hohe Auflagerpressungen im Kämpferbereich. Dies kann zu einem statischen Grundbruch im Bereich Kämpfer-Sohle führen. Aus diesem Grund kann das Kalottengewölbe (Jetschirm) in Querrichtung mittels seitlichen, zur Vertikalen geneigten Jetpfählen, Mikropfähle, etc. unterfangen werden. Das Prinzip einer solchen Unterfangung ist in Bild 9.5-9 dargestellt.

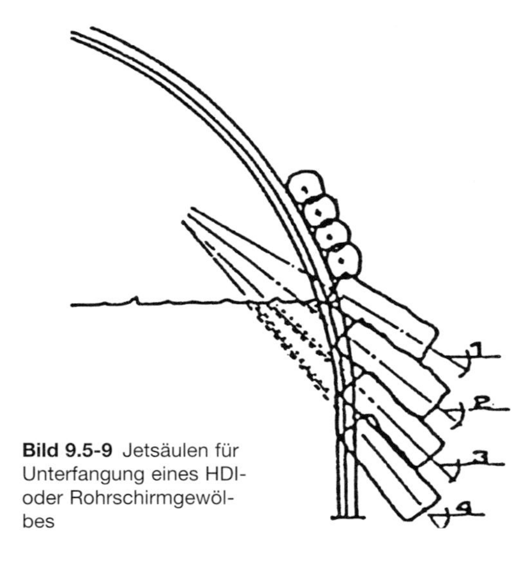

Bild 9.5-9 Jetsäulen für Unterfangung eines HDI- oder Rohrschirmgewölbes

Neben den Jetsäulen werden auch häufig Mikropfähle zur Unterfangung der Kalotte verwendet.

Da die Unterfangungssäulen im Gegensatz zu den Schirmsäulen kurz sind, können die Arbeiten mit einem kleineren, platzsparenden Bohrgerät ausgeführt werden.

Als Beispiel kann der Zugwaldtunnel [9-7] genannt werden, bei welchem die Kalotte mittels Schrägpfählen von 4 m Länge, einem Durchmesser von 60 cm und einem Abstand von 60 cm unterfangen worden ist.

9.5.3.4 Beispiel: Kalottenvortrieb mit HDI-Schirmgewölbe

Zur Sicherung des Kalottenvortriebs wird das Gewölbe zuerst mittels eines ringförmigen, tragenden HDI-Schirms vorausgesichert (Bild 9.5-10). Die horizontalen HDI-Säulen zum Schutz der Kalotte haben eine Länge von ca. 15 m und werden fächerförmig mit einer Neigung von ca. 5° zur Tunnelachse nach aussen hergestellt. Der Abstand der Bohransatzpunkte ist so gewählt, dass durch Überschneidung der Einzelsäulen ein geschlossener Schirm entsteht. Der Schirm wird als geschlossenes, zweidimensionales statisch tragfähiges Erd-Betongewölbe mit einer definierten Stützlinie und einer geforderten Mindestüberschneidung der Säulen von ca. 25 cm ausgebildet. Daraus resultiert unter Berücksichtigung des Bohrlochabstandes und der Spreizung der Säulen ein Säulenmindestdurchmesser von ca. 75 cm. Die Bohrung hat meist einen Durchmesser von 100-140 mm.

Dabei wird mit einem an die Bodenverhältnisse angepassten Bohrverfahren ein Injektionsgestänge vorgetrieben. Die Bohrungen haben einen Durchmesser von ca. 100 mm. Nach dem Bohren wird die Spülleitung am Bohrkopf geschlossen und die Herstellung des Jetpfahles kann beginnen. Unter hohem Druck von ca. 400 bar wird Zementsuspension ins Bohrrohr gepresst. Über düsenartige Öffnungen dringt diese Zementsuspension in den Boden ein. Die HDI-Injektion kann mittels den beschriebenen Single-, Duplex- oder Triplexverfahren erfolgen. Der Boden wird dabei kreisförmig aufgeschnitten und mit Zementsuspension durchmischt. Durch den Rückzug und die Rotation des Gestänges entsteht ein konsolidierter Pfahlkörper von etwa 60-75 cm Durchmesser oder mehr (Tabelle 9.5-1), je nach Lockergesteinsboden.

Dieser Arbeitsablauf wird wiederholt, d. h. es wird ein liegender Pfahl (meist Pilgerschrittverfahren) neben dem andern hergestellt, bis über dem gewünschten Tunnelquerschnitt ein Gewölbetragring erstellt ist. In Teiletappen kann dann unter dem Schutz des vorhandenen Traggewölbes mittels Einsatz z. B. eines Schrämbaggers das anstehende Material abgebaut und der Hohlraum durch den sofortigen Einbau eines zusätzlichen Stütz-Gewölbes gesichert werden.

Bei Bohrlängen bis zu 15 m kann mit einer Bohrgenauigkeiten von 1 % gerechnet werden, bei Längen über 15 m können die Bohrtoleranzen, je nach Gestängeart, weiter zunehmen. Die Überlappung der einzelnen Schirme in der Längsrichtung beträgt ca. 2,5 – 4,0 m. Daraus ergibt sich eine Nutzlänge von jeweils 10 – 12 m für den Vortrieb der Kalotte. Die Sicherung der Kalotte erfolgt nach dem Ausbruch meistens mit 20 – 40 cm starkem Spritzbeton, mit zwei Lagen Baustahlgewebe und/oder TH-Bögen. Die Abschlagslänge beträgt ca. 1 m. Zur Reduzierung der Setzungen oder zur Vermeidung

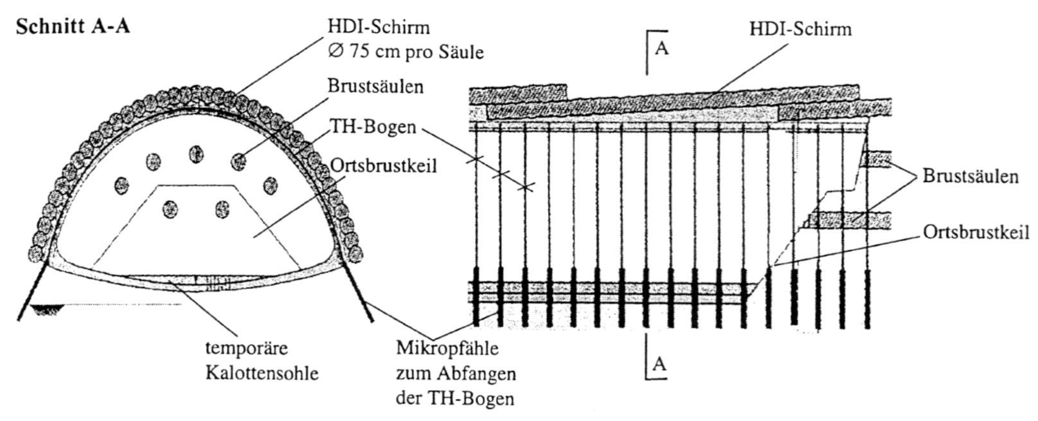

Bild 9.5-10 HDI-Gewölbe – Tunnel Frankfurter Kreuz

eines Grundbruchs wird das Kalottenfussauflager durch schräg nach aussen gebohrte Injektionssäulen oder Mikropfähle im Abstand von ca. 1 m gesichert. Diese dienen zum Auffangen der TH-Profile, ähnlich wie bei einer Fundamentunterfangung.

Nach einer Vortriebsetappe von ca. 12 m, bei einer Jetsäulenlänge von ca. 15 m, wiederholt sich der Jet-Vorgang für das nächste Gewölbe.

Je nach Bodenverhältnissen und verwendeter Injektionssuspension können Druckfestigkeiten der HDI-Säulen von 5 bis 15 N/mm^2 erreicht werden (Tabelle 9.5-1).

Zur Sicherung des Ortsbrustgleitkeils können, zusätzlich zum Ortsbruststützkeil, HDI-Säulen oder GFK-Anker in die Kalottenbrust gebohrt werden. Dieser Ablauf ist jedoch für den Vortriebszyklus meist störend.

Besondere Qualitätsanforderungen an die Ausführung werden bezüglich Bohrlochabstand, Düsendruck, Ziehgeschwindigkeit und Mischungsverhältnis sowie an die Güteüberwachung gestellt.

Folgende Probleme können Schwankungen des geforderten Säulendurchmessers über kurze Säulenteilstücke von 0,5 bis 2 m Länge verursachen [9-12]:

- Der zur Förderung der Rücklaufsuspension vorhandene Ringraum zwischen Bohrgestänge und Bohrlochwandung verursacht einen teilweisen Rückstau von Rücklaufsuspension und das führt zu einer Beeinträchtigung der Wirkung des Schneidstrahls. Die Bohrlochaufweitung zwischen Bohrlochlaibung und Bohrgestänge kann nicht beliebig vergrössert werden, andernfalls würde die Lagerichtigkeit der Bohrungen beeinträchtigt.
- Dieser Verengungseffekt wird durch stark wechselhafte Geologie unterstützt, da die Bohrlöcher, in der Längsrichtung betrachtet, in Abhängigkeit vom Untergrund unterschiedliche Bohrlochdurchmesser aufweisen. Es kommt somit immer wieder zu relativen Engstellen entlang des Bohrlochs, welche die Stauerscheinungen der Rücklaufsuspension begünstigen.

Zur Behebung solcher Fehlstellen während des Vortriebs muss ein Massnahmenkatalog vor Beginn der Ausführung aufgestellt werden. Je nach Art und Ausdehnung solcher Fehlstellen werden diese durch Schlagen von Spiessen oder Blechen, diverse Injektionsmassnahmen oder durch das Jetten zusätzlicher Säulen gesichert. Die Dicke der Schirmsäulen soll mittels Qualitätsüberwachungsbohrungen im Zwickelbereich (Überschneidungszone) und im Durchmesserzentrum der Säule stichprobenartig überprüft werden.

9.5.3.5 Arbeitsdurchführung und Geräte

Die Herstellung der horizontalen HDI-Säulen für das Schirmgewölbe erfolgt meist mittels Spezial-Bohrgeräten mit Scherenbühne. Mit diesem Gerät kann von wenigen Standpunkten aus das gesamte Kalottenprofil massgenau für jeden Abschnitt bestrichen werden (Bild 9.4-5).

Der Ausbruch kann im Lockergestein mittels Tunnel- oder Schrämbaggern durchgeführt werden. Die Schutterung kann bei kurzem Tunnel oder im portalnahem Bereich mittels Radladern und Dumpern erfolgen. Die in Querrichtung des Tunnels schräg nach aussen gebohrten Mikropfähle zur Unterfangung der TH-Profile können mit einem einarmigen SIG- oder Atlas Copco-Bohrwagen durchgeführt werden.

Die Entsorgung der Rücklaufsuspension der HDI erfolgt über temporär angelegte Rinnen und Pumpensümpfe und werden mittels Absaugwagen abgepumpt. Diese Rücklaufsuspension ist durch Beimengung von Sanden dickflüssig und nur beschränkt pumpbar. Zur Volumenreduzierung des Rückflusses kann der Sand aus dem Rückfluss entfernt werden mittels:

- Entsander (Schwingsiebe und Zyklonen)
- Absetzbecken

Die eingedickte Masse kann dann mit dem LKW abgefahren und deponiert werden.

9.5.4 Kombiniertes Rohr- und HDI-Schirmgewölbe

Zur Verstärkung der Längstragwirkung von HDI-Schirmgewölben verwendet man eine Kombination von Rohr- und HDI-Schirmgewölbe. Durch die erhöhte Längstragfähigkeit kann die Ausbruchtiefe erhöht werden. Die Stahlrohre werden meist in einem Abstand von rund 50 80 cm angeordnet. Der Rohrdurchmesser liegt zwischen 100 bis 200 mm bei einer Länge von 12 bis 15 m. Die Rohre werden mit Zementsuspensionen verfüllt. Die Rohrwandstärke beträgt je nach statischen und bohrtechnischen Erfordernissen zwischen 8 bis 25 mm. Die

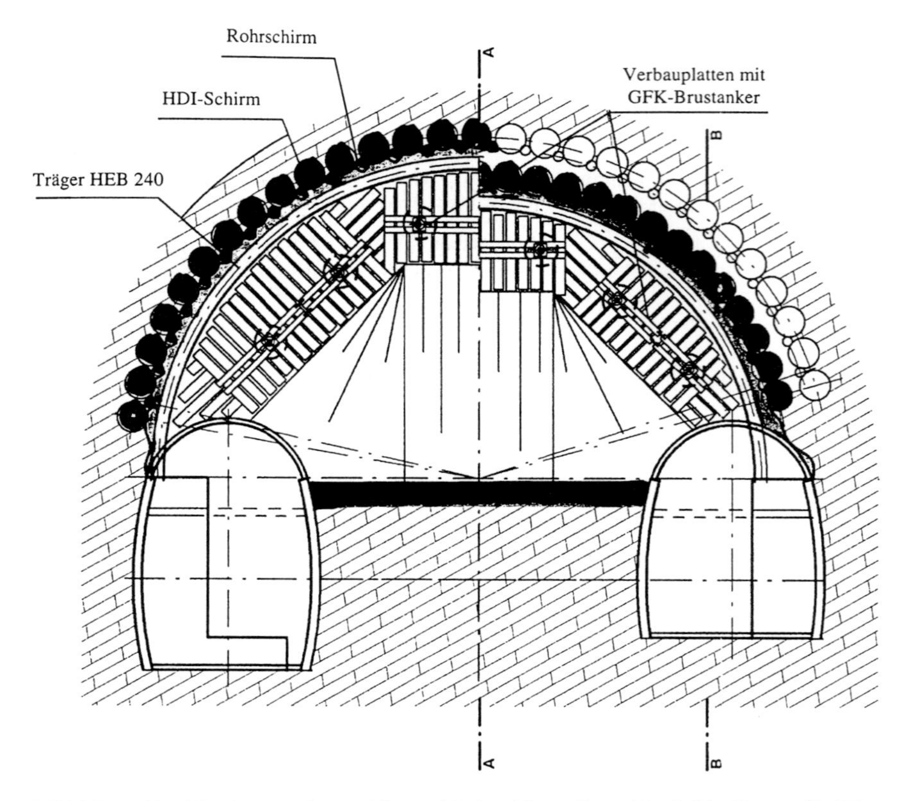

Bild 9.5-11 Kombination aus Jetgewölbe und Rohrschirm – Tunnel St. Aubin, Sauges [9-15]

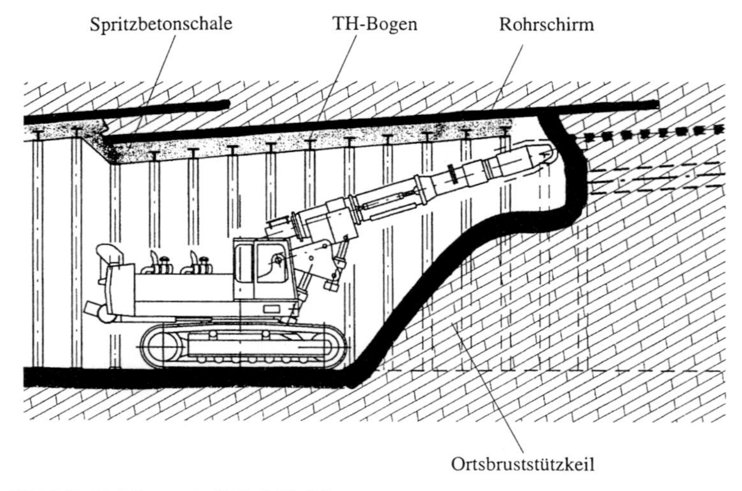

Bild 9.5-12 Längsschnitt A-A [9-15]

Rohre als Bewehrung stellen eine sehr effiziente Methode dar zur Minimierung von Setzungen und Erhöhung der Ausbruchstandfestigkeit. Die Tragwirkung liegt im Gegensatz zum HDI-Schirm in Gewölbe- und in Längsrichtung.

Als Beispiel kann der Tunnel de Sauges [9-15] genannt werden, bei welchem in Kombination mit einem Jetschirm Stahlrohre mit den Abmessungen ∅ 178 mm – 10,5 mm im Abstand von 50 cm angewendet worden sind. Auch beim Tunnel St. Aubin ist dieses kombinierte Verfahren mit Stahlrohrdurchmessern von 193 mm eingesetzt worden.

Eine Kombination aus Rohr- und HDI-Schirm ist in Bild 9.5-11 und Bild 9.5-12 dargestellt.

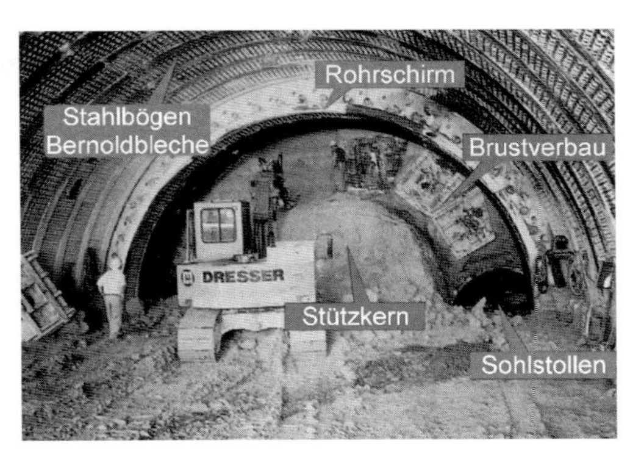

Bild 9.5-13 Kalottenvortrieb mittels Rohrschirm und Jetting-Gewölbe – Tunnel St. Aubin, Sauges [9-15]

9.5.4.1 Baustelleneinrichtung und Maschinentechnik für Rohr- und Jetschirme

Die erfolgreiche Herstellung eines Rohr- oder HDI-Schirms hängt von der Genauigkeit der Bohrungen ab, um ein möglichst geschlossenes Gewölbe zu erhalten. Dieses Gewölbe soll den Auflockerungsdruck während des Vortriebs aufnehmen und diesen hauptsächlich durch Normalkräfte im Gewölbe abtragen.

Die Ankerbohrgeräte sind mit einem Kragarm-Bohrarm ausgerüstet. Mit diesem statischen Kragarmkonzept lässt sich die Richtungsstabilität bei längeren Bohrungen und bei grösseren Bohrdurchmessern, insbesondere bei Hindernissen, meist nicht gewährleisten. Um die erforderliche Bohrgenauigkeit auch über ca. 15 m Bohrlänge sicherzustellen, kann man im Regelfall keine Ankerbohrgeräte verwenden. Speziell geeignet sind die Bohrgeräte (Bild 9.4-5) mit einer Zweipunkte-Lagerung der Lafette (Träger auf zwei Stützen). Diese Geräte sind besonders geeignet für die Herstellung von Gewölbesicherungen als:

- Micropfahlschirm
- Injektionsschirm
- Rohrschirm

Die Lafette ist auf zwei unabhängig verstellbaren, teleskopierbaren Unterstützungsstempeln gelagert. Dadurch kann die Neigung in Bohrrichtung individuell eingestellt werden. Diese Stempel sind zentrisch in Maschinenlängsrichtung gelagert und können hydraulisch radial um die Maschinenachse gedreht werden. Mittels dieser unabhängig verstellbaren Einrichtungen ist der Arm, auf welchem sich der Bohrhammer befindet, in unterschiedlichem Winkel zur Tunnelachse entlang der Querschnittsperipherie bewegbar und einsatzbereit.

Folgende Spezialgeräte sind notwendig:

- Spezialbohrgerät (wie beschrieben)
- Injektionseinrichtung mit
  - Silos für Zement / Füller
  - Wasserbehälter
  - Mischanlage
  - Hochdruckpumpe
  - Kompressor
  - Schlammpumpe, Auffangbecken und Entsandungsanlage bei HDI-Schirmen

Für die Hochdruckpumpen gelten folgende Charakteristiken für eine Vordimensionierung:

• Antriebsmotor	100 – 300 kW
• max. Betriebsdruck	700 bar
• max. Fördermenge	200 – 1700 l/min.
• Druckleitungen	ca. 40 mm
• Betriebsdruck	300-600 bar
• Düsenleistung	40-150 kW

9.5.4.2 Berechnung der Leistungen

Zur baubetrieblichen Vorbemessung des HDI-Verfahrens können folgende Ansätze [9-12] gemacht werden:

Die Strahlenergie des Düsenstrahls repräsentiert die Schneidkraft eines Flüssigkeitsstrahls und beträgt:

$$E = \frac{mv^2}{2} \qquad (9.5\text{-}1)$$

m: Injektionsmasse
v: Strahlgeschwindigkeit

Folgende Beziehungen gelten für den Kontrollbereich des Injektionsdüsenkopfes:

Kontinuitätsgleichung:

$$v_0 A_0 = v_1 A_1 \quad (9.5\text{-}2)$$

Bernoulligleichung:

$$p_0 + \frac{\rho}{2} v_0^2 = p_1 + \frac{\rho}{2} v_1^2 \quad (9.5\text{-}3)$$

mit

$$v_0 = v_1 \frac{A_1}{A_0} = v_1 \beta \quad (9.5\text{-}4)$$

folgt daraus die Düsenstrahlaustrittsgeschwindigkeit:

$$p_0 + \frac{\rho}{2} v_1^2 \beta^2 = p_1 + \frac{\rho}{2} v_1^2$$

$$\Rightarrow v_1^2 (1 - \beta^2) = \frac{2}{\rho}(p_o - p_1) \quad (9.5\text{-}5)$$

$$\Rightarrow v_1 = \sqrt{\frac{2(p_0 - p_1)}{\rho(1-\beta^2)}}$$

$$v_1 = \alpha A_1 \sqrt{\frac{2}{\rho}} \sqrt{(p_0 - p_1)} \leftrightarrow \text{mit } \alpha = \frac{1}{A_1} \sqrt{\frac{1}{1-\beta^2}} \quad (9.5\text{-}6)$$

Austrittsmenge an Injektionsgut beträgt:

$$Q = \frac{\pi}{4} d^2 v_1 \quad (9.5\text{-}7)$$

p_0; v_0; A_0: Injektionsdruck und -geschwindigkeit sowie Querschnitt vor dem Eintritt in die Düse (im Gestänge)
p_1; v_1; A_1: Injektionsdruck und -geschwindigkeit sowie Querschnitt an der Düse
α: Düsenkorrekturfaktor
d: Düsendurchmesser

Druckverlust in der Düse:

$$\Delta p = \zeta \cdot \rho \cdot \frac{v^2}{2} \quad \text{wobei } \zeta = \text{Düsenabhängiger Verlustbeiwert} \quad (9.5\text{-}8)$$

Folgende ungefähren Pumpendrücke sind für die verschiedenen Injektionsverfahren notwendig:

- Niederdruckverfahren
  chemische Verfestigungen bis ca. 4 bar
- Mitteldruckverfahren
  Soilfracturing Verfahren bis ca. 100 bar
- Hochdruckverfahren
  HDI-Verfahren bis ca. 600 bar
- Höchstdruckverfahren
  Gesteinszertrümmerung bis ca. 4000 bar

In der Praxis wird das folgende Bemessungsdiagramm für HDI-Jetting ergänzend benutzt (Bild 9.5-14).

Die Hochdruckinjektion muss auf folgende Bodenparameter eingestellt werden:

- Druckfestigkeit, E-Modul
- Kohäsion, Scherfestigkeit
- Kornverteilung, Kornaufbau
- Permeabilität, Wassersättigungsgrad

Daraus werden die folgenden Düsenstrahlparameter ermittelt:

- Schneidleistung, Durchflussmenge, Ziehgeschwindigkeit
- Strahlgeschwindigkeit, Druck und Düsenform und -durchmesser
- Reichweite
- Injektionsmedium
- Einwirkzeit
- Rückflussmenge des gelösten Bodens sowie Bohrkopf- und Gestängedurchmesser

Die Anwendungsgrenze des HDI-Verfahrens wird bestimmt von der maximal vorhandenen Energie.

Bei den Hochdruckinjektionen werden Pumpendrücke von 300 – 600 bar eingesetzt. Die Düsen haben meist einen Durchmesser von 1,5 – 4,0 mm. Die Strahlgeschwindigkeiten liegen zwischen 150 – 300 m/s. Bei den vorgenannten Anwendungsparametern ist bei Verwendung von Zementsuspensionen ein Energiebedarf von ca. 250 kW notwendig.

Der Einwirkbereich des Düsenstrahls hängt ab von:

- Strahlaustrittsgeschwindigkeit
- Festigkeit des zu erodierenden Bodens
- Entspannungsdruck des abfliessenden Rückflussmaterials

Eine Verbesserung des Wirkungsradius wird erzielt durch Zugabe von Luftdruck (3 – 6 bar), dadurch wird das zu erodierende Bodenmaterial aufgeschäumt und die Penetrationstiefe des Suspensionstrahls erhöht.

Die Suspensionsmischung kann wie folgt sein [9-12]:

- Wasser/Zementfaktor W/Z = 0,4–1
- Zement + Füller 600 – 1000 l
- Rohdichte der Injektionssuspension ρ_S = 1,5–1,7 t/m³

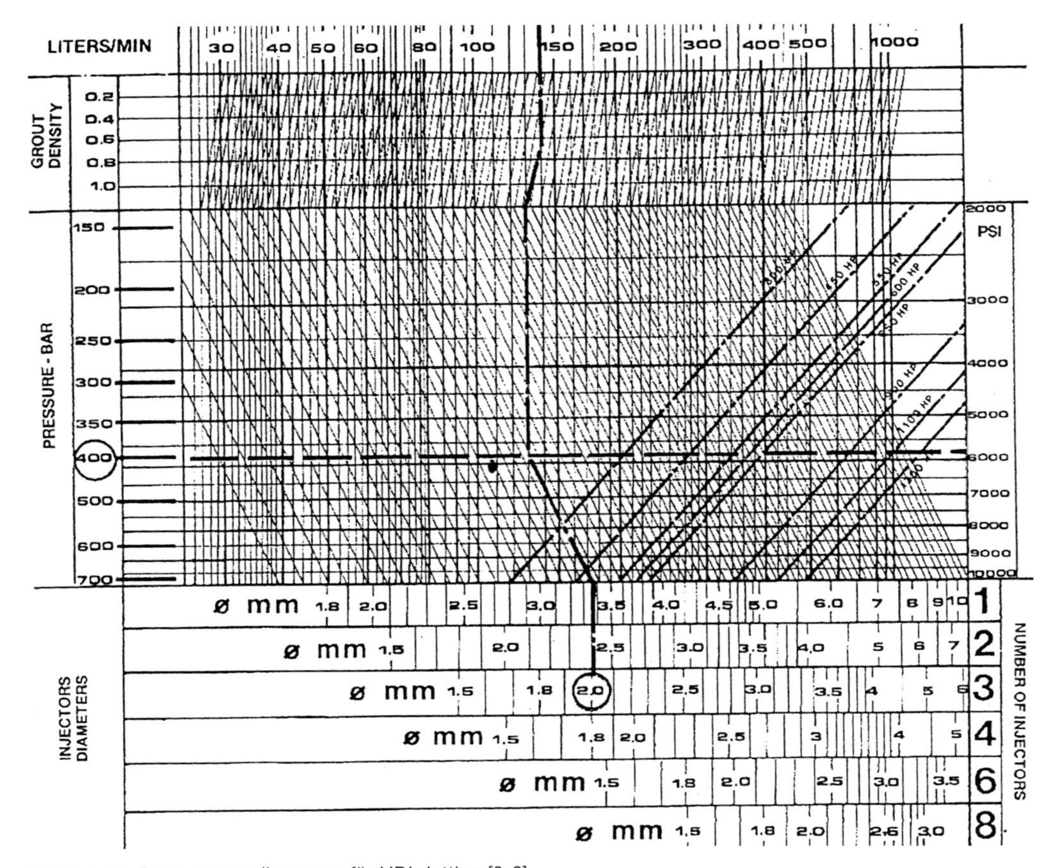

Bild 9.5-14 Bemessungsdiagramm für HDI-Jetting [9-6]

- Rohdichte der fertigen Injektionsbodensäule $\rho_{Soilcrete} = 1{,}6–2{,}1\ t/m^3$
- Druckfestigkeit der fertigen Injektionsbodensäule $f_{Soilcret} = 2–15\ N/m^2$

Der Durchmesser einer Säule kann empirisch wie folgt bestimmt werden [9-12]:

Volumen des ausgespülten Bodens:

$$Q_{Rücklauf} = \frac{(\rho_{Rücklauf} - \rho_S)}{(\rho_{Boden} - \rho_{Rücklauf})}(Q_{Suspension}) \quad (9.5\text{-}9)$$

Das Volumen des ausgespülten Bodens beim Triplex-Verfahren ergibt sich aus der Berücksichtigung der eingebrachten Volumina von Wasser und Injektionssuspension wie folgt:

$$Q_{Rücklauf} = \frac{(\rho_{Rücklauf} - \rho_{S+W})}{(\rho_{Boden} - \rho_{Rücklauf})}(Q_{Suspension} + Q_{Wasser}) \quad (9.5\text{-}10)$$

Die gewichtete mittlere Rohdichte der beim Triplex-Verfahren eingebrachten Flüssigkeiten (Wasser + Suspension) ergibt sich zu:

$$\rho_{S+W} = \frac{(Q_W \rho_W + Q_{Suspension} \rho_S)}{(Q_W + Q_{Suspension})} \quad (9.5\text{-}11)$$

Daraus ergibt sich ein Säulendurchmesser von:

$$D = \sqrt{\frac{Q_{Rücklauf}}{0.78\, v_{Ziehen}}} \quad [m] \quad (9.5\text{-}12)$$

In den Formeln gelten folgende Bezeichnungen:

{Q_i | i = W ⇒ Wassermenge; i = Suspension ⇒ Suspensionsmenge; i = Rücklauf ⇒ Rückspülflüssigkeitsmenge}

{ρ_i | i = W ⇒ Wasser; i = S ⇒ Suspension; i = Rücklauf ⇒ Rückspülflüssigkeit; i = Boden ⇒ anstehender Boden}

Q_i: Durchfluss [m^3/s]

ρ_i: Rohdichte [t/m^3]

ρ_{S+W}: mittlere Rohdichte der verpressten Wasser- und Suspensionsmenge beim Triplex-Verfahren

v_{Ziehen}: Ziehgeschwindigkeit des Injektionsgestänges

9.5.4.3 Kontrollen vor und während der Ausführung

Vor Beginn der Herstellung des HDI-Injektionsschirms ist mindestens eine Probesäule herzustellen, um das Ausführungsverfahren, die Wirkungsweise und Ergebnisse sowie die Funktionstüchtigkeit der Einrichtungen zu kontrollieren.

Während der Ausführung der sehr anspruchsvollen Injektionsschirme müssen folgende Bereiche kontrolliert werden, um zur Sicherstellung der Qualitätsanforderungen rechtzeitig steuernd einzuwirken:

- Bohrgerät und Bohrvorgang
  - Bohransatzpunkt
  - Neigung, Tiefe und Richtung der Bohrachse
- Hochdruckinjektionsaggregate und Hochdruckinjektion
  - Winkel- und Ziehgeschwindigkeit des Gestänges
  - Pumpenleistung mit Druck- und Mengenregistrierung
  - Druckentspannung durch Suspensionsüberlauf kontrollieren
- Suspensionskontrollen
  - Frischsuspension
  - Rücklauf
  - erhärtete Injektionsbodensäule (Bodenbeton)
- Recycling und Separation des Rücklaufs

Die Frischsuspension sowie die Rücklaufsuspension wird durch Messen der Rohdichte und Fliessgrenze kontrolliert. Aus dem Rücklauf lässt sich der Wirkungsgrad der Injektion abschätzen.

Ferner wird die Abbinde- und Erhärtungszeit überprüft. Nach dem Erhärten kann die Güte des hergestellten Bodenmörtel-Körpers auch durch Kernbohrungen oder Abstemmen von Proben geprüft werden. Die Prüfung umfasst je nach Anforderungen:

- Rohdichte
- Druckfestigkeit
- Wasserdurchlässigkeit
- Wassergehalt

Die Menge der Überschusssuspension beträgt zwischen 0,25 – 0,5 m^3/m^3 hergestellter HDI-Kubatur. Sie ist abhängig von der Lagerungsdichte, Porenvolumen, Wassersättigung und von der Düsenstrahlleistung und -verfahren sowie der Herstellfolge. Die Rücklaufmengen müssen auf der Baustelle aufgefangen werden und recycled werden. Dazu sind Absetzmulden, Entsandungsanlagen mit Zyklonen und eventuell Band-Filterpressen erforderlich. Dabei wird das aus Überschussschlamm zurückgewonnene Wasser zur Bohrlochspülung wiederverwendet. Der Restschlamm, der aus der Entsandungsanlage mit Zyklonen oder aus der Filterpresse als Filterkuchen ausgeschieden wird, wird deponiert.

Der Ablauf des Herstellungsprozesses ist nicht unmittelbar visuell kontrollierbar. Erst bei der Freilegung und/oder Ingebrauchnahme kann die endgültige Qualitätsbeurteilung erfolgen. Das bedingt höchste Ansprüche an die Zuverlässigkeit und Erfahrung der Planer und an das HDI-Baustellenpersonal.

9.6 Injektionsstabilisierung

9.6.1 Ortsbruststabilisierung

Zur Ortsbruststabilisierung in zerklüftetem, nicht standfestem Gebirge und Lockergestein können u. a. Injektionen verwendet werden. Zur Erhöhung der Standfestigkeit kann man die Klüfte mit Injektionsmaterial verkleben und somit die Standfestigkeit meist ausreichend erhöhen. Zur Injektion eignen sich:

- Zementsuspensionen und Feinmörtel
- chemische Injektionen auf der Basis von Wasserglas
- Kunstharzinjektionen auf der Basis von Reaktionsharzen oder Kondensationsharzen

Am billigsten und einfachsten zu handhaben sind Zementsuspensionen. Der Nachteil besteht trotz Verwendung von Abbindebeschleuniger in der relativ langen Erhärtungszeit im Vergleich zum Abschlagszyklus des Sprengvortriebs. Daher verwendet man relativ häufig Polyurethanschaum. Dieser ist relativ teuer, reagiert nach Austritt aus der Düse jedoch sofort und verläuft sich nicht in den Klüften wie die Zementsuspensionen.

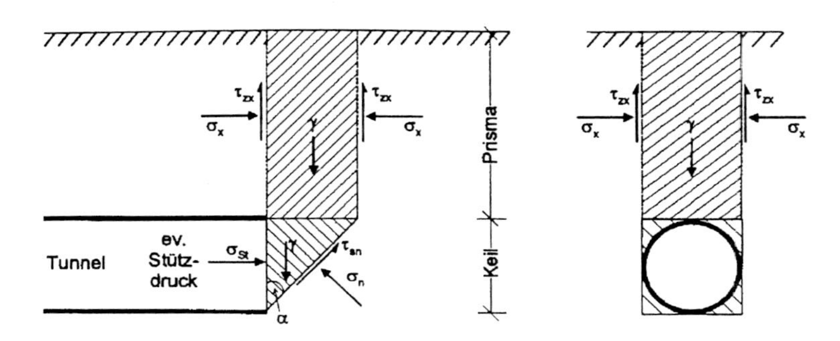

Bild 9.6-1 Bruchkörper bestehend aus einem Keil und einem Prisma

Weitere Möglichkeiten zur Ortsbruststabilisierung ergeben sich aus der Verwendung von temporären GFK-Ankern, einzelnen HDI-Injektionssäulen (Bild 9.5-8, Bild 9.5-10), Spritzbeton, etc.

Tragwirkung

Die mögliche Instabilität der Ortsbrust ist auf den Auflockerungsdruck zurückzuführen. Es kann zur Bildung eines Bruchkörpers kommen, der sich vom Gesteinsverband löst. Die Bruchkörperbildung ist im Lockergestein auf die Entstehung von Trenn- und Gleitflächen zurückzuführen. Die Instabilität der Ortsbrust kann zu einem Tagbruch führen. Der Auflockerungsdruck in nichtbindigen Böden kann näherungsweise mit der Verspannungstheorie von Terzaghi ermittelt werden.

Wird ein Bodenelement mit den wirkenden Spannungen betrachtet und an diesem die Gleichgewichtsbedingungen und die Bedingung nach Mohr Coulomb formuliert, so bekommt man eine Differentialgleichung, die mit Hilfe eines exponentiellen Ansatzes gelöst wird (siehe Kapitel 20.2).

Um die Stabilität der Ortsbrust ermitteln zu können, wird ein Bruchkörper (Bild 9.6-1) angenommen, der bis zur Geländeoberkante durch Gleitflächen abgegrenzt wird. Der Bruchkörper setzt sich aus einem Keil und einem Prisma zusammen.

Um eine Aussage über die Standsicherheit zu bekommen, werden in einem weiteren Schritt die zurückhaltenden Kräfte im Verhältnis zu den treibenden betrachtet. Der Winkel des Keils muss dabei variiert werden. Falls sich der Tunnel im Grundwasser befindet, müssen zusätzlich Strömungskräfte eingeführt und es muss mit effektiven Spannungen gerechnet werden. Die Standsicherheit der Ortsbrust hängt zusammengefasst vor allem von den folgenden Faktoren ab:

- Form und Grösse der Ortsbrust
- Material- und Festigkeitseigenschaften des Baugrundes
- Grundwasserverhältnisse
- Stützmassnahmen

Wenn die Berechnung eine ungenügende Standsicherheit ergibt, muss die Tunnelbrust zusätzlich gestützt werden. Prinzipiell sind folgende zusätzliche Massnahmen für die Stützung der Ortsbrust möglich:

- Stützkern
- GFK-Anker mit und ohne Verbauklappen
- konventionelle Injektionen
- Jetsäulen

Die Stabilisierung der Ortsbrust durch HDI-Säulen kann z. B. von der Geländeoberfläche (Bild 9.6-2) oder vom Vortrieb aus vorgenommen werden. Durch die verdübelnde Wirkung der Jetpfähle kann

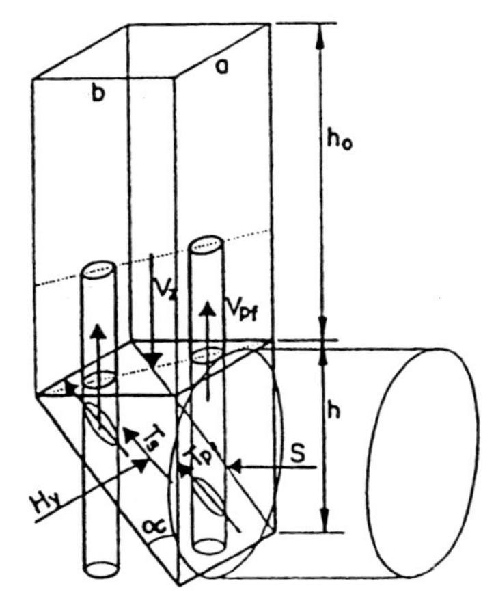

Bild 9.6-2 Bruchkörpermodell mit Jetpfahldurchdringung (Injektion von der Oberfläche aus)

die Tunnelbruststabilität wesentlich verbessert werden. Die Jetpfähle führen zu einer Erhöhung des Schubwiderstandes in der Gleitfläche. Die unarmierten Säulen wirken als eine Art Dübel und reduzieren dadurch die Gefahr des Abgleitens von Keilen aus der Ortsbrust. Bei der Herstellung der Jetsäulen von der Oberfläche aus kann neben dem Schubwiderstand noch ein vertikaler Lastabtrag in die Standsicherheitsberechnung mit einbezogen werden. Die Werte für die Lastabtragung und den Schubwiderstand hängen von der Qualität und der Grösse des Jetpfahles ab.

Beim Bau des N3-Quartentunnels sind für einen Jetpfahl mit einem Durchmesser von ca. 0,5 m für die vertikale Lastabtragung 400 kN und für den Schubwiderstand 200 kN angenommen worden. Die Werte können nur näherungsweise rechnerisch bestimmt werden und sollten dementsprechend vorsichtig beurteilt werden.

Ortsbruststabilisierung von der Ortsbrust aus

Bei der Unterführung Urwerf in Schaffhausen [9-14] und beim Fäsenstaubtunnel (CH) sind nicht nur das Gewölbe durch Jetsäulen ausgeführt worden, sondern es ist auch die Ortsbrust durch horizontale Jetsäulen vom Vortrieb aus stabilisiert worden. Pro Jetsäule kann man ca. 5,0 bis 7,5 m^2 Ortsbrustfläche stabilisieren. Genauere Werte ergeben sich aus einer statischen Berechnung. Diese Säulen werden während des Vortriebs schrittweise wieder abgebaut. Bei der Ausführung des Jetgewölbes sowie auch der Ortsbruststützung durch Jetpfähle vom Vortrieb aus kann das gleiche Gerät eingesetzt werden.

Ortsbruststabilisierung von der Geländeoberfläche aus ohne Schirmgewölbe

Als Beispiel kann der Quartentunnel [9-16] in der Schweiz erwähnt werden, bei welchem als Bauhilfsmassnahme zur Verbesserung der Ortsbruststabilität neben einer systematischen Baugrundentwässerung mittels Vakuum-Kleinfilterbrunnen vertikale Säulen angeordnet wurden. Lokal begrenzte Niederbrüche in Zonen ohne Jetpfahldurchdringung konnte bei ungenügender Kohäsion ($c' < 6$ bis 10 kN/m^2) nicht ausgeschlossen werden. Die kritischen Zonen wurden mit einem Säulenraster von 3,0 m systematisch verbessert. Der Durchmesser einer Jetsäule betrug zwischen 40 bis maximal 80 cm. Mit der gewählten Jetsäulendichte von ca. 1,3 Jetsäulen pro Tunnelmeter konnte die Anzahl der Niederbrüche stark beschränkt und Tagbrüche verhindert werden.

Als weiteres Beispiel für die vertikale Erstellung von Jetsäulen kann der Hirschengrabentunnel (Zürich) erwähnt werden. Beim Vortrieb des offenen Schildes kam es zu erheblichen Problemen mit Setzungen an der Erdoberfläche und Niederbrüchen an der Ortsbrust. Zur Gewährleistung der Standfestigkeit der 7 m hohen Ortsbrust kam das HDI-Verfahren auf einem 30 m langen Abschnitt zur Anwendung. Durch einen Vorstollen wurden strahlenförmig Jetsäulen angeordnet mit einem Längsabstand von 3 m.

9.6.2 Injektionszwiebeltechnik zur Durchörterung von grundwasserführenden Störzonen

In vielen Projekten müssen während des Vortriebs grundwasserführende Störzonen durchörtert werden, die z. B. aus Umweltschutzgründen nicht entwässert oder entspannt werden dürfen. Bedingt durch die mit Entwässerungen verbundenen, meist weiträumigen Grundwasserabsenkungen sind vortriebsbegleitende Vorausinjektionen zur Abdichtung des Tunnelvortriebs notwendig. Dies ist auch dann der Fall, wenn die Grundwassermengen so umfangreich sind, dass eine Entwässerung bzw. Entspannung technisch und wirtschaftlich aufwendig wird und/oder aus Umweltverträglichkeitsgründen nicht möglich ist. Bei flachliegenden Tunnelbauwerken in sandigen Böden kann die Abdichtung (Verringerung der Durchlässigkeit) auch vorauseilend von der Erdoberfläche erfolgen. Der Vortrieb durch grundwasserführende Störzonen im Felstunnelbau, die oft Längen von 20 – 300 m aufweisen, gehören zu den schwierigen Aufgaben, die zur baubetrieblichen Umstellung des Vortriebs vom Felsvortrieb zum Vortrieb mit Injektionssicherung in der Störzone führen. Diese Störzonen bestehen oft aus Trümmermassen, gletschertransportierten Komponenten, usw., die meist in einer Matrix von schluffigem, sandigen und kiesigen Lockergestein eingebettet sind.

Wenn aufgrund der geologischen und hydrologischen Vorerkundungen solche grundwasserführenden Störzonen vorhergesagt werden, müssen im ausreichenden Abstand vor der Annäherung an diese Zonen Vorerkundungsbohrungen gemacht werden. Dies ist erforderlich, um die genaue Lage der Störzone zu erkennen, um den Baubetrieb

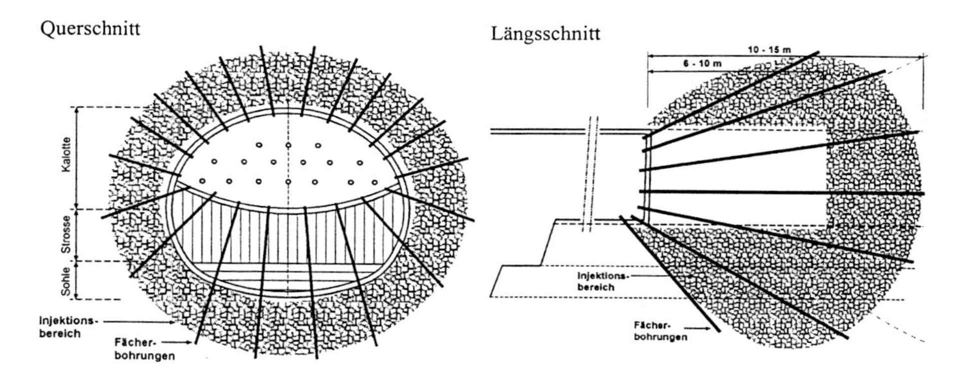

Bild 9.6-3 Schema eines Injektionsschirms „Injektionszwiebel" [9-17]

umzustellen und Sicherheitsmassnahmen treffen zu können. Im Regelfall sollten im Grundwasserbereich des beim Anfahren der Störzone betroffenen Gebietes Pizeometer zur Überwachung eingesetzt werden, um die Auswirkungen und die erforderlichen technischen und baubetrieblichen Gegenmassnahmen im Tunnel zu koordinieren.

Je nach Zerlegungsgrad im Störzonenbereich kann eine Injektionszwiebel um den Ausbruch vorauseilend hergestellt werden. Diese hat die Aufgabe der Abschirmung gegen Grundwasser in Verbindung mit einer Stabilisierung der Störzone. Um einen möglichst raschen Injektionserfolg zu erreichen, werden oft PU-Schäume verwendet. In sensiblen, strömenden Grundwasserbereichen kann es jedoch zum Ausschwemmen von aromatischen Aminen kommen. Relativ unproblematisch sind dagegen Zement-Bentonitsuspensionen unter Beigabe von Natronwasserglas bis 15 % des Zementgewichts je nach Erfordernissen. Die PU-Schäume haben in klüftigen Störungen den Vorteil, dass sie relativ schnell auch grössere Hohlräume durch ihre schnelle Expansion ausfüllen, ohne dass man zu grosse Mengen an Material injizieren muss. Bei Zement-Bentonitsuspensionen wirken sich solche Verhältnisse in bezug auf Mengen und lokal definierter Verpressung ungünstig aus.

Die Injektionen in Felsgesteinstörzonen erfolgen abschnittsweise mit Packern über Fächerbohrungen. Die Fächerbohrungen werden in Raster, Länge und Richtung so gewählt, dass der gesamte Ausbruchquerschnitt meist vom Kalottenvortrieb aus bis unter die endgültige Aushubsohle auf einer Vortriebslänge von etwa 10 – 15 m, je nach Bohrgerät, Bohrgestänge und Felsparameter bestrichen wird.

Der so entstehende Injektionskörper wird aufgrund seiner Form auch als Injektionszwiebel (Bild 9.6-3) bezeichnet. Die vorauseilenden, räumlichen Injektionszwiebeln von 10 – 15 m Länge ermöglichen einen Vortrieb von ca. 5 – 10 m. Der Vortrieb erfolgt in einem baubetrieblich unerwünschten stop-and-go-Betrieb. Die Vortriebs- und Injektionsmannschaften können nur abwechselnd, nacheinander mit tageweiser Unterbrechung ihre Arbeiten durchführen. Dies erfordert eine gute baubetriebliche Planung, um die Mannschaften in der Zwischenzeit für andere Arbeiten oder in einem Paralleltunnel falls vorhanden einzusetzen.

Je nach Zerlegungungsgrad der Störzone, die Lockergesteincharakter aufweisen kann, muss vor dem Injektionsvorgang die Ortsbrust mit Spritzbeton gesichert werden. Das Bohrraster muss laufend an Ort und Stelle angepasst werden. Bei der Herstellung muss man auf die Umläufigkeit sowohl von druckhaftem Bergwasser als auch von Injektionsgut achten. Der W/Z-Faktor liegt im allgemeinen zwischen 0,6 und 1,5. Die Pumpraten und erforderlichen Injektionsdrücke ergeben sich aus den hydrostatischen und Kluftbedingungen. Der Injektionserfolg muss spätestens vor Beginn der Ausbrucharbeiten durch Erkundungsbohrungen überprüft werden. Wenn diese Bohrungen Wasser führen, müssen diese Bohrungen zusätzlich injiziert werden und somit ins Injektionsschema integriert werden.

Die Injektionen haben in diesen Störzonen neben der generellen abdichtenden auch eine gebirgsverbessernde Wirkung und verkleben somit die oft wenig konsolidierte Matrix der Trümmermassen miteinander.

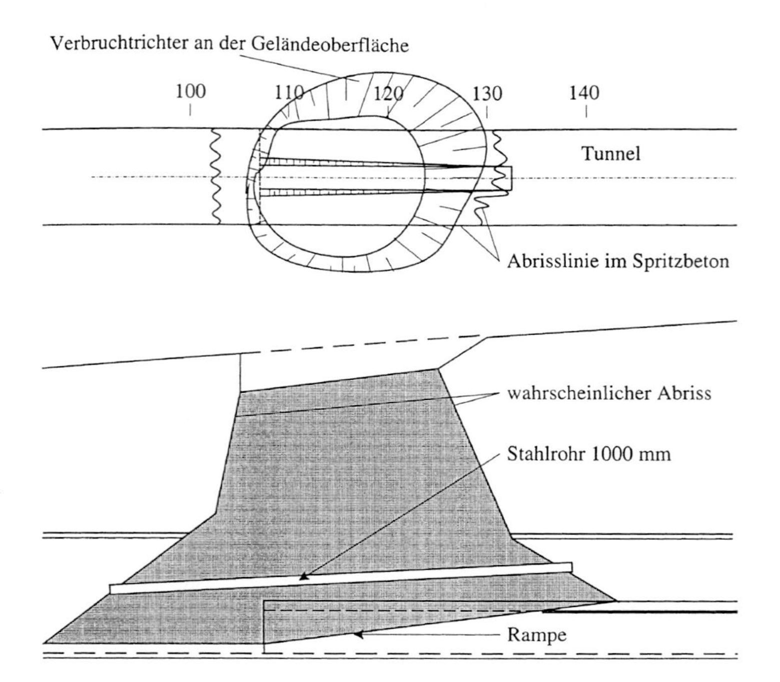

Bild 9.6-4 Ungefähre Abmessungen des Tagbruchkörpers [9-18]

9.6.2.1 Verfestigungen von Tagbrüchen im Lockergestein

Beim Bau des 1800 m langen Kaiserautunnels nahe der Stadt Melsungen, im Streckenabschnitt Kassel-Fulda der Neubaustrecke Hannover-Würzburg der Deutschen Bundesbahn, kam es zwischen Tunnelmeter 106 und Tunnelmeter 132 zu einem Tagbruch [9-18]. Die Überdeckung betrug dort oberhalb der Firste etwa 22 bis 25 m und der Ausbruchquerschnitt hat eine Fläche von ca. 145 m^2. Der Tunnel wurde mittels Kalotten- und nachfolgenden Strossenabbau vorgetrieben. Am 6. August 1985 wurden Radialrisse im Spritzbeton des Kalottengewölbes festgestellt, die sich rasch in Ringrichtung ausdehnten und auch weiter öffneten. Nach fehlgeschlagenen Versuchen, das Gebirge durch zusätzliche Anker in den Ulmen und durch Spritzbeton an der Strossenbrust zu stabilisieren, trat ein Verbruch im Tunnel ein. Dieser hat sich bis zur Geländeoberfläche hinaus durchgeschlagen und dort einen ellipsenförmigen Krater von etwa 20 bzw. 25 m Durchmesser hinterlassen. Die ungefähren Abmessungen sind in Bild 9.6-4 zu erkennen.

Der Tunnel selbst wurde durch das heruntergebrochene Material vollständig blockiert. Personen und Geräte sind nicht zu Schaden gekommen. Zur Feststellung des Verbruchausmasses im Tunnel und zur Schaffung einer Versorgungsleitung in die blockierte Kalotte hinein, dort war ein Bohrwagen und die Spritzbetonausrüstung zurückgelassen worden, wurde ein Stahlrohr mit 1000 mm Durchmesser durch die Verbruchsmasse im Tunnel gedrückt.

Nachdem der Umfang des Verbruches bekannt war, kam man nach Abwägung der technischen Möglichkeiten und Abschätzung der Kosten überein, die Verbruchstrecke nach gebirgsverfestigenden Injektionen bergmännisch vom Tunnel aus aufzufahren. Als gebirgsvergütende Massnahmen wurden Zementinjektionen vorgesehen. Damit sollten zum einen die Verbruchmasse im Tunnel verfestigt und zum andern ein Traggewölbe im Gebirge ab der Sohle um den Tunnel herum aufgebaut werden. Im Schutze dieser gebirgsverfestigenden Massnahmen war dann die bergmännische Auffahrung der Verbruchstrecke in Teilquerschnitten geplant. Als erste gebirgsvergütende Massnahme wurde das Injizieren der Verbruchsmasse im Tunnel in Angriff genommen. Dazu wurden Bohrungen (108 mm Aussenrohr mit Bohrkrone und innenliegendem Bohrgestänge mit Bohrer) vom Tunnel aus durchgeführt.

Die im Firstbereich schräg nach oben gehend angesetzten Bohrungen sollten als Abdichtungsschirm für die danach von der Geländeoberfläche aus vorgesehenen Injektionen wirksam werden. Nach Fertigstellen der Bohrungen und dem Ziehen des innenliegenden Bohrgestänges wurden im Schutze des Aussenrohres die PVC-Manschettenrohre (50 mm, Manschettenabstand 33 cm) eingeführt. Als Sperrmittel wurde eine Wasser-Zementmischung mit W/Z = 1, mit 2,5 % Bentonitzugabe verwendet, wobei je nach Länge der Injektionsbohrung das Sperrmittel auf 500 bis 1200 l je Bohrung begrenzt war. Die eigentliche Injektion erfolgte, beginnend in den unteren Reihen und von da nach oben steigend, bei einem Druck von maximal 3 bar und einer Mengenbegrenzung von 400 l pro Meter Manschettenrohr. Die Zusammensetzung des Injektionsgutes war die gleiche wie beim Sperrmittel. Im Gesamtmittel lag die Injektionsgutaufnahme bei 160 l pro Laufmeter. Dies entspricht knapp 110 kg Zement pro Laufmeter. Umgerechnet entspricht diese Menge rund zehn Volumenprozent der Verbruchmasse.

Nach dem Injizieren der Verbruchmasse vom Tunnel aus wurde im nächsten Arbeitsschritt mit den Injektionsbohrungen begonnen, die von der Oberfläche aus vorgesehen waren. Das Prinzip ist in Bild 9.6-5 zu erkennen.

Mit dieser Injektion sollte das tunnelumgebende Gebirge so vergütet werden, dass bei der anschliessenden Tunnelauffahrung ein Traggewölbe um den Tunnel herum wirksam wird. Die Zementsuspension war wieder aus einer Wasser-Zementmischung mit W/Z = 1 und einer Bentonitzugabe von 2,5 % zusammengesetzt. Um im bestehenden Tunnelbauwerk Schäden zu vermeiden, wurde der Injektionsdruck auf maximal 5 bar begrenzt, in Bereichen der beschädigten Spritzbetonsohle sogar auf maximal 3 bar. Die Injektionsgutmenge wurde auf 1000 l pro Laufmeter Manschettenrohr begrenzt. Den Injektionskörper hat man vom Tiefsten aus nach oben aufgebaut, wobei auf ein gleichmässiges Nach-oben-gehen der Injektion in der Längs- und Querrichtung geachtet worden ist. Die Begrenzung des Injektionskörpers lag ca. 7 m oberhalb des Tunnelfirsts. Durchschnittlich wurden ca. 335 kg Zement pro Laufmeter Manschettenrohr verpresst. Das Gebirge hat damit 130 l Injektionsgut je Kubikmeter aufgenommen, dies entspricht dreizehn Volumenprozent.

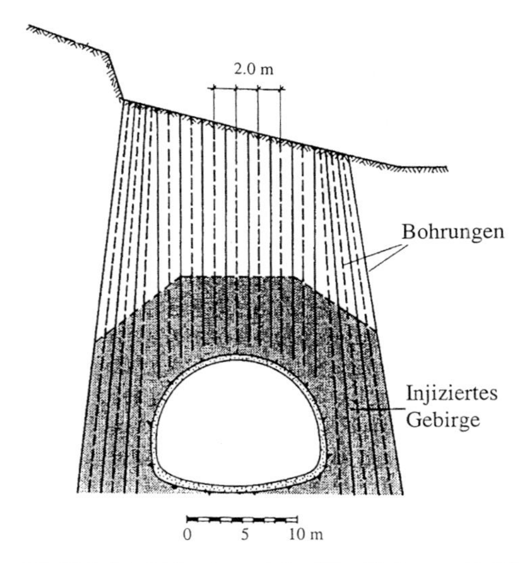

Bild 9.6-5 Injektionen von der Oberfläche aus [9-18]

Nach den verfestigenden Injektionsmassnahmen konnte mit der Auffahrung der Verbruchstrecke in Teilausbrüchen begonnen werden.

9.6.3 Soilfracturing im Tunnelbau zum Ausgleich von Setzungen

9.6.3.1 Einführung

Beim innerstädtischen Tunnelbau in weichen und mit geringer Dichte gelagerten Lockergesteinsböden müssen Massnahmen getroffen werden, um setzungsempfindliche Gebäude und Leitungssysteme vor unzulässigen Zwängungsbeanspruchungen durch Differenzsetzungen zu schützen. Die aktive Minimierung der Setzungen, die vom Vortrieb ausgeht, kann durch setzungsmindernde Vortriebstechniken, z. B. durch den Hydroschild, erreicht werden. Werden konventionelle Vortriebstechniken eingesetzt, sind Setzungen unvermeidlich. Eine der möglichen passiven Techniken, solche Setzungen auszugleichen, bietet eine spezielle Injektionstechnik, das Soil-Fracturing-Verfahren. Die Bauwerke werden während der Bauzeit durch ein Messprogramm kontinuierlich überwacht. Erreichen die Setzungen einen vorher festgelegten Wert, erfolgt unter den betroffenen Gebäuden ein Verpressen der bereits installierten Verpressrohre. Es wird versucht, eine Hebungskurve analog der negativen Senkungskurve zu erzeugen, um die Setzung auszugleichen.

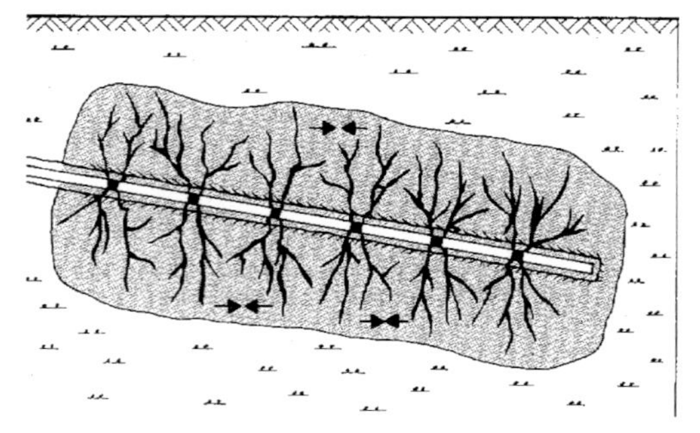

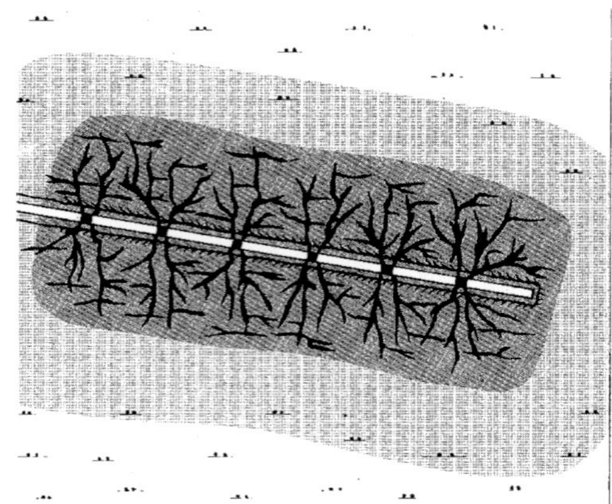

Bild 9.6-6 Verlauf der Injektionsstabilisierung mit Erstinjektion (links) und Folgeinjektionen (rechts) [9-8]

9.6.3.2 Injektionstechnik und Wirkungsweise

Bei der Anwendung des Soil-Fracturing-Verfahrens (Bild 9.6-6) wird der Boden durch Einpressen von Bindemittel planmässig und örtlich gezielt aufgerissen [9-19]. Zu diesem Zweck wird in die zu injizierende Bodenzone ein System von Ventilrohren eingebaut. Die bodenmechanische Wirkung des Soil-Fracturing-Verfahrens wird durch Einbau von zusätzlichem Feststoffvolumen unter hohem Druck erreicht und kann wie folgt unterteilt werden:

- Bodenstabilisierung und -verfestigung
- Bodenverspannung und Hebungen.

Das Soil-Fracturing-Verfahren [9-12] ist in allen Böden einsetzbar, die sich mit Drücken bis etwa 60 bar und den für die jeweiligen Bodenarten geeigneten Injektionsmitteln verpressen bzw. aufreissen lassen. Zu ihnen gehören:

- Kiese, Sande
- schluffige Sande, Schluffe
- von weicher bis zur steifen und halbfesten Konsistenz

Die Injektionsstoffe sind abhängig von den Bodenarten (Bild 9.6-7), die man aus der Siebkurve definieren kann.

Die Ventilöffnungen im Verpressrohr sind im Abstand von 30 – 100 cm in Längsrichtung angeordnet, zur möglichst gleichmässigen Verteilung des Injektionsmittels im Untergrund. Das in die Bohrung eingesetzte Injektionsrohr wird durch eine Mantelverpressung mittels Sperrmittel, das während des Bohrvorgangs eingebracht wird, festgesetzt. Das mit Ventilöffnungen versehene Ver-

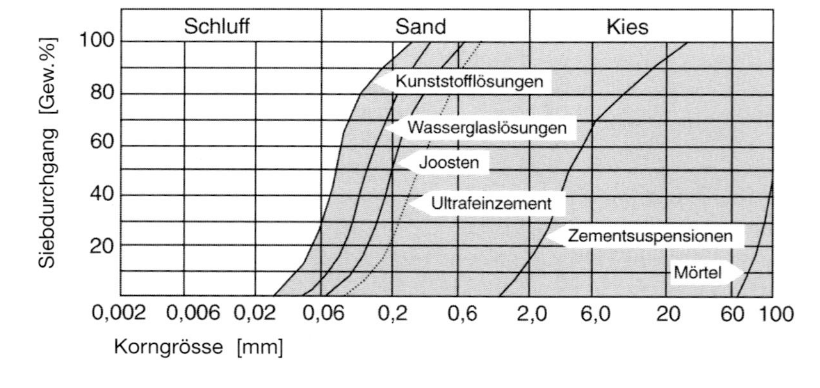

Bild 9.6-7 Anwendungsgrenzen verschiedener Injektionsmittel beim Soil-Fracturing-Verfahren [9-12]

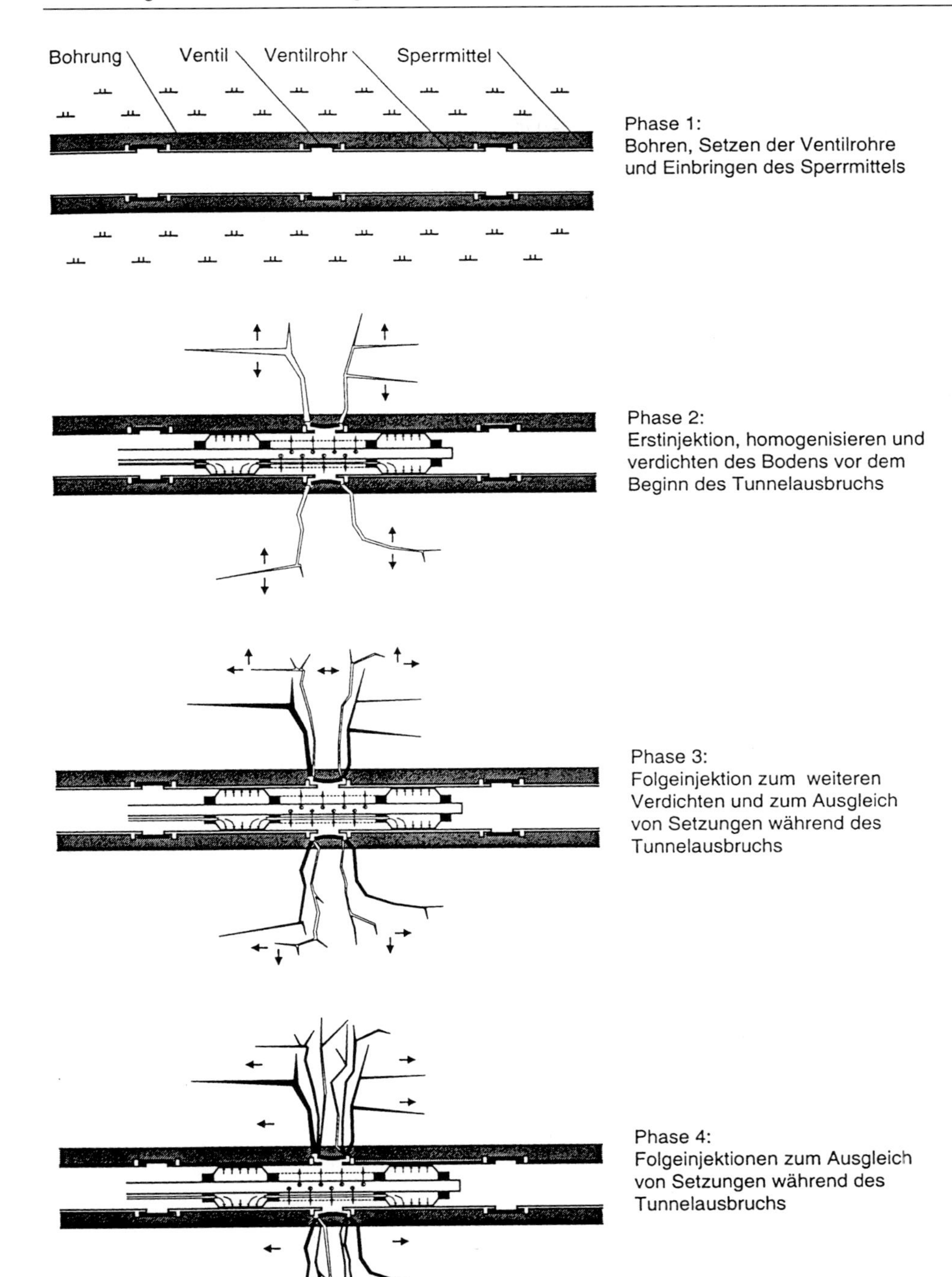
Bohrung
Ventil
Ventilrohr
Sperrmittel
Phase 1:
Bohren, Setzen der Ventilrohre und Einbringen des Sperrmittels
Phase 2:
Erstinjektion, homogenisieren und verdichten des Bodens vor dem Beginn des Tunnelausbruchs
Phase 3:
Folgeinjektion zum weiteren Verdichten und zum Ausgleich von Setzungen während des Tunnelausbruchs
Phase 4:
Folgeinjektionen zum Ausgleich von Setzungen während des Tunnelausbruchs

Bild 9.6-8 Phasen der Verpressvorgänge zur Injektionsstabilisierung

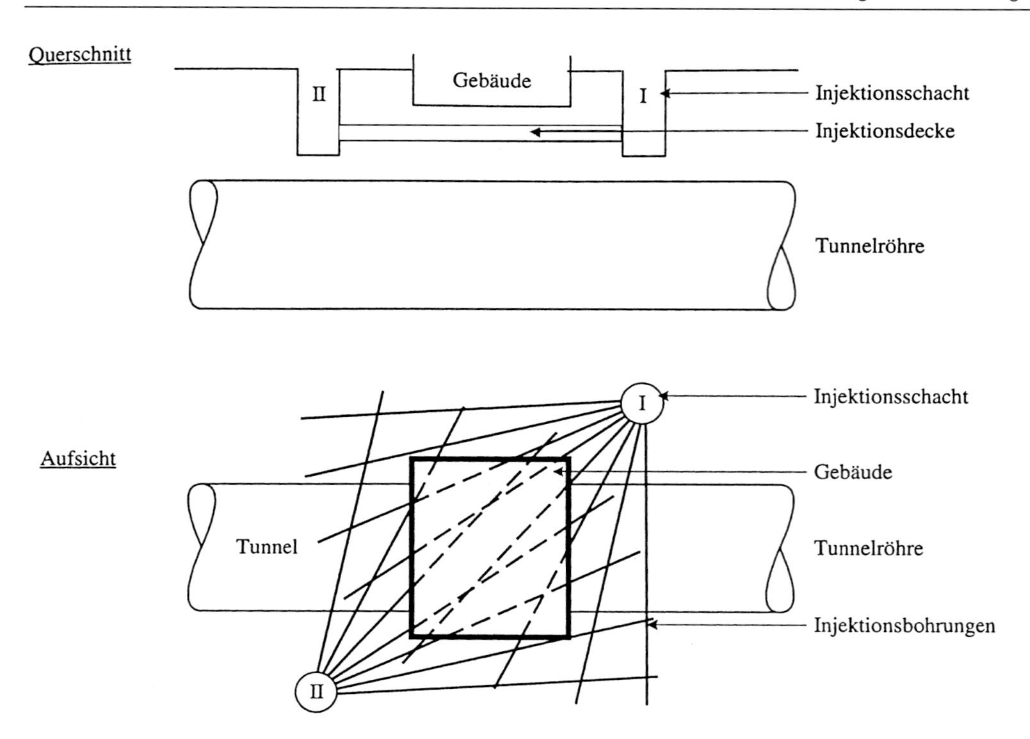

Bild 9.6-9 Anwendungsbeispiel einer Hebungsinjektion

pressrohr wird dann mittels eingeschobener Injektionslanze mit Packer, der das Verpressrohr vor und hinter den Injektionsventilen mit je einer pneumatisch aufblähbaren Gummimanschette abdichtet, gezielt lokal verpresst. Das unter Druck ausströmende Injektionsmaterial treibt die Ventile auf, sprengt die Mantelverpressung und dringt in die Klüftungen und Porenräume ein (Bild 9.6-8). Der Verpressvorgang zur Durchführung einer kontrollierten Hebung während einer Untertagebaumassnahme wird wie folgt durchgeführt:

- Messungen
  Die Hebungen und deren räumliche Verteilung müssen sorgfältig im Messstand registriert werden, um die Injektionsdrücke, -mengen und -verteilung den Notwendigkeiten zum Ausgleich der Setzungen anzupassen.
- Erstinjektion
  Durch die Erstinjektion werden die Klüfte und Hohlräume gefüllt und gleichzeitig der Boden homogenisiert und verdichtet. Die Erstinjektion wird solange ausgeführt, bis die ersten Hebungen auftreten. Dadurch erhält der Boden eine ausreichende Verspannung, um bei den Folgeinjektionen Hebungen hervorzurufen.
- Messungen
  Während des Tunnelvortriebs sind begleitende Setzungsmessungen an den zu beobachtenden Objekten erforderlich.
- Folgeinjektionen
  Nach dem Eintreten von Setzungen, die einen bauwerksspezifischen Toleranzbereich überschreiten, erfolgen die Nachinjektionen während des Vortriebs. Diese Nachinjektionen werden in den bestehenden Injektionskörper eingebracht. Dieser ist bereits verspannt, somit setzt die Hebung gleich ein. Die Folgeinjektionen können auch über grössere Zeiträume (bis zu ca. einem Jahr) wiederholt werden.

Als Injektions-/Verpress-/Ventilrohre (Synonyme) werden je nach Aufgabenstellung Kunststoff- oder Stahlrohre verwendet. Kunststoffventilrohre werden bei Bodenstabilisierungen mit einmaliger Verpressung angewandt, wenn die Rohre nicht gleichzeitig als Bodenbewehrung dienen sollen. Stahlventilrohre werden bei Hebungsarbeiten eingesetzt, die ein mehrmaliges Verpressen erfordern. Dadurch sind die Ventilrohre höheren Druckbeanspruchungen ausgesetzt.

Die Injektionsbohrungen zur Herstellung einer Setzungs-Rückstelldecke über einem Tunnel bzw. unter den zu unterfahrenden Gebäuden können von folgenden Ausgangspunkten durchgeführt werden:

- Geländeoberfläche
- Gebäudeinnern
- Arbeitsgruben und Schächten
- Hilfsstollen

Von diesen Applikationspunkten werden die Injektionsbohrungen (Bild 9.6-9) fächerförmig oder parallel je nach den geometrischen Verhältnissen in den zu behandelnden Schichten ausgeführt. Das für die Installation des Ventilrohrsystems angewandte Bohr- und Einbauverfahren muss auf die Baugrundeigenschaften abgestimmt sein.

Der optimale Abstand des Ventilrohrsystems, bzw. der Verpresszone zur Bauwerksgründung und zum Tunnel ergibt sich aus folgenden Parametern:

- Bauwerksgründung
  - Minimalabstand wird bestimmt durch die Vermeidung von lokale Hebungseinflüssen auf das Gebäude
  - Maximalabstand wird bestimmt durch die Senkungsgeometrie
- Tunnelbauwerk
  - minimaler Abstand zur Vermeidung lokaler Druckeffekte auf die Tunnelauskleidung
  - Vermeidung des Eindringens von Injektionsmaterial durch durchlässige Bodenschichten in den Abbaubereich des Tunnels, mit möglicherweise erschwertem Abbau.

9.6.3.3 Baustelleneinrichtung und Leistungen

Zur Ausführung der Spezialtiefbauarbeiten zur Setzungsminimierung sind folgende Geräte notwendig:

- Bohrgerät
- Pumpenaggregate
- Mischer, Dosiereinrichtung, Silos
- Packereinheiten (Packer, Schlauch, Ab- und Aufrolleinrichtung)
- Ersatzteilcontainer
- Steuer- und Messcontainer für die Injektionen
- Setzungs-/Hebungsmess- und -warnsystem (für diese Messungen verwendet man meist ein automatisches Schlauchwaagensystem), gekoppelt mit der Injektionssteuereinheit in einem Regelkreis

9.7 Gefrierschirme

In wasserführenden Böden sowie im Grundwasser kann man als vorauseilende Sicherung und zur Abdichtung des Tunnels gegen Grundwasser Gefrierschirme oder Gefrierzwiebeln als temporäre Massnahmen einsetzen. Die Herstellung von Gefrierschirmen und – zwiebeln ist mit erheblichem baubetrieblichen Aufwand und entsprechen-

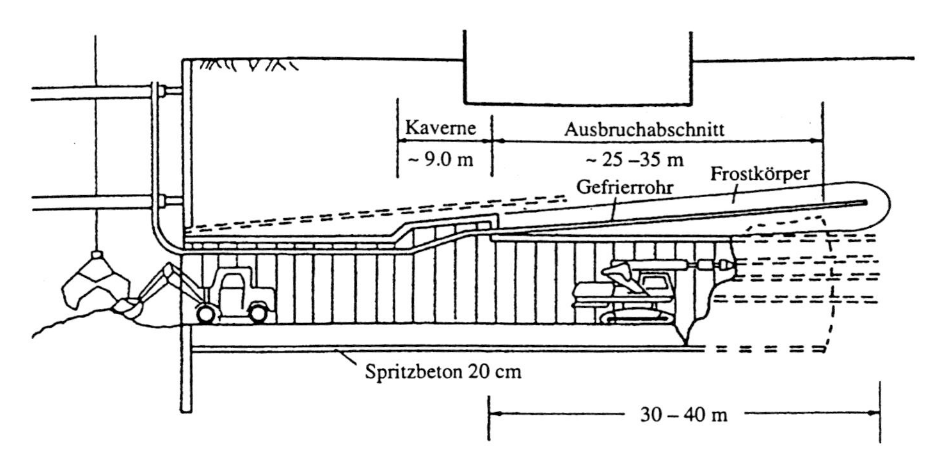

Bild 9.7-1 Bodenvereisung (horizontal) [9-20]

Bild 9.7-2 Bodenvereisung (vertikal)

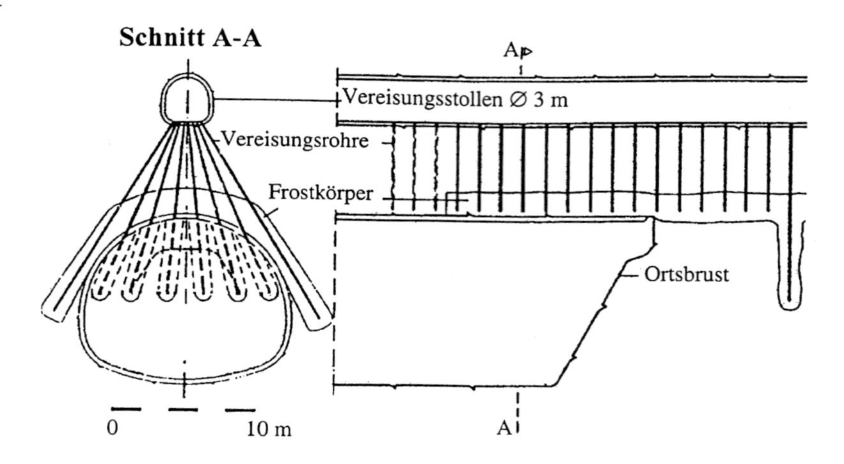

den Kosten verbunden. Der Vorteil der Gefriermethode besteht darin, dass nach Beendigung der temporären Bauhilfsmassnahmen keine fremden und permananten Stoffe in den Boden und ins Grundwasser gelangen.

Das Gefrierverfahren wird in Kapitel 11, Temporäre Entwässerungs- und Absperrmassnahmen, erläutert.

Um dem Boden die zur Vereisung notwendige Wärme zu entziehen, werden im Bereich des geplanten Gewölbeschirms in äquidistanten Abständen Gefrierrohre eingebracht. In diesen Rohren zirkuliert der Kälteträger. Dazu kommen zwei Verfahren zum Einsatz:

- Solevereisung
- Stickstoffvereisung

Einige typische Beispiele sind in Bild 9.7-1 und Bild 9.7-2 dargestellt.

10 Transport des Ausbruchmaterials aus dem Tunnel

10.1 Transportsysteme

Zum Abtransport des Ausbruchmaterials aus dem Tunnel kann man folgende Systeme einsetzen:

- Stetigförderer (Bandförderer etc.)
- gleisgebundene Kipperzüge mit Lok
- gleisgebundene Bunkerzüge (Salzgitter) und Förderbandzüge (Hägglunds)
- gleisloser Betrieb mittels Dumper und LKWs
- gleisloser Betrieb mittels Fahrlader bei kleinen Tunnellängen

Das Ausbruchmaterial wird vor der Ortsbrust durch die schon beschriebenen Schuttereinrichtungen aufgenommen und an die Transporteinrichtungen übergeben (siehe Spreng-, TSM- und TBM-Vortrieb). Beim Sprengvortrieb werden heute vermehrt Brecheranlagen vor der Aufgabe auf die Transporteinrichtungen vorgeschaltet. Dies hat den Vorteil, dass die Korngrössen und Kornverteilung optimaler abgestimmt werden, um eine möglichst hohe Schüttdichte zu erreichen um die Transporteinrichtungen effizient auszunutzen.

10.2 Stetigförderer

Der Einsatz von Streckenbandanlagen im Untertagebau zur Entsorgung des Ausbruchmaterials von TBM-, TSM- und Sprengvortrieben wird immer bedeutungsvoller. Die Gründe sind wie folgt:

- Streckenbänder gehören zu den wirtschaftlichsten Methoden, um Ausbruchmaterial abzufördern
- geringe Staubentwicklung und niedriger Energieverbrauch während des Transports
- kontinuierliche hohe Förderleistung
- Trennung des Materialflusses im Querschnitt möglich
- geringer Bedienungs- und Wartungsaufwand

Bei Stetigförderbändern kann der Materialfluss (Antransport von Sicherungselementen und Materialien sowie Abtransport des Ausbruchs) kann im Querschnitt horizontal wie auch vertikal getrennt werden. Meist verwendet man zum Antransport (Sicherungselemente, Ausbau, Mannschaft etc.) schienengebundene Transportsysteme und zum Abtransport der grossen Mengen an Ausbruchmaterial Streckenbänder. Dies ist eine besonders effiziente Lösung zur zeitlichen und räumlichen Entkoppelung der Abhängigkeit der Materialströme. Mittels Stetigförderanlagen kann das Ausbruchmaterial sofort auf eine Deponie oder in eine Transporteinrichtung, z. B. Güterwagen zum Überland-

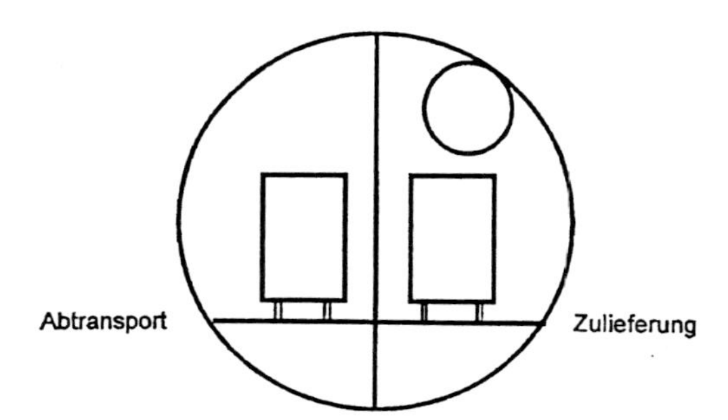

Bild 10.2-1 Materialfluss horizontale Trennung

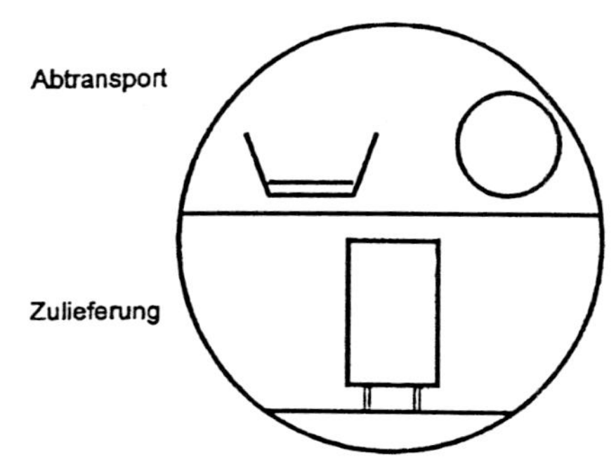

Bild 10.2-2 Materialfluss vertikale Trennung

Variante 1:
Bandspeicher mit mobiler Umlenkstation

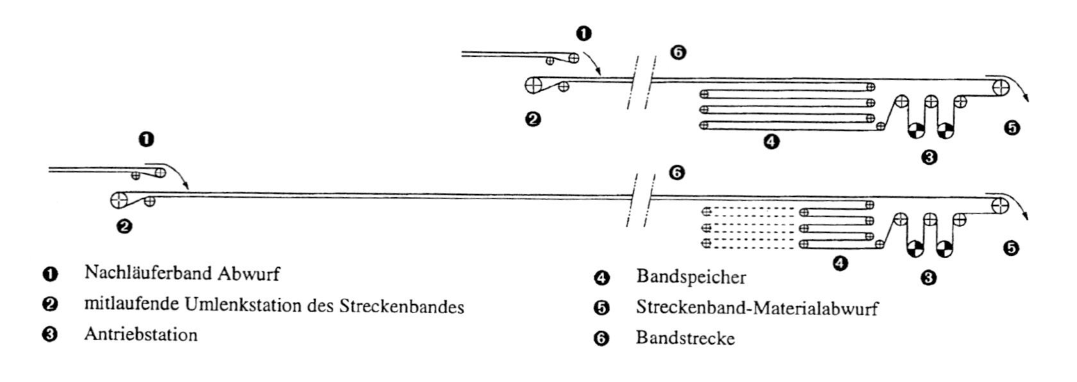

Variante 2:
Schleppband mit stationärer Umlenkstation

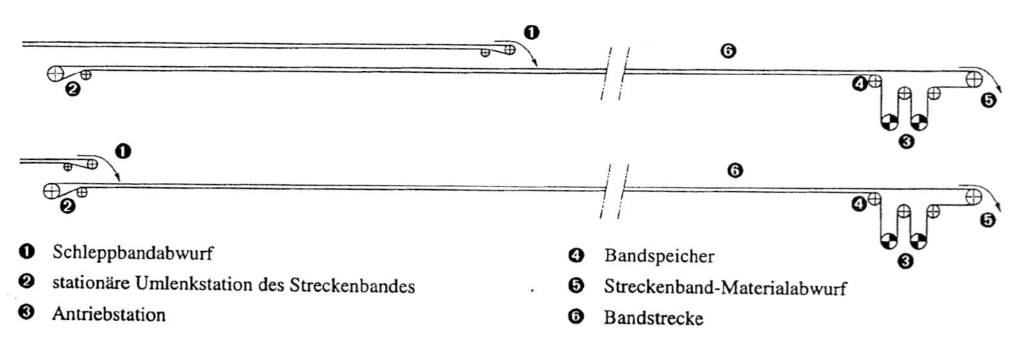

Bild 10.2-3 Bandsysteme im Tunnelbau [10-1]

transport, auf eine Halde, oder in ein Betonwerk übergeben werden.

Streckenbänder

Man kann folgende Bandförderer unterscheiden:

- stationäre Förderbänder – Fördereinheiten mit konstanter Länge, nicht verlängerbar
- fahrbare Förderbänder – Fördereinheiten mit konstanter Länge, nicht verlängerbar
- verlängerbare Streckenbänder mit Bandspeichern
- Kurvenbänder

Um eine hohe Leistung mit geringer Staubentwicklung im Tunnel sicherzustellen, müssen die Bänder über die Förderstrecke kontinuierlich sein mit möglichst wenigen Übergangspunkten. Zudem müssen diese kontinuierlichen Bänder entsprechend dem Baufortschritt verlängerbar sein. Daher werden heute meist keine Fördereinheiten mit konstanten Längen verwendet. Bei den Fördereinheiten mit konstanten Längen erhält man einen Abwurf an jedem Übergang zum nächsten Band. Dies ist mit zusätzlicher Staubentwicklung und erhöhtem betrieblichen Unterhalt der Bandanlage verbunden. Man verwendet daher heute verlängerbare Streckenbänder, die nach Vortriebsfortschritt kontinuierlich verlängert werden.

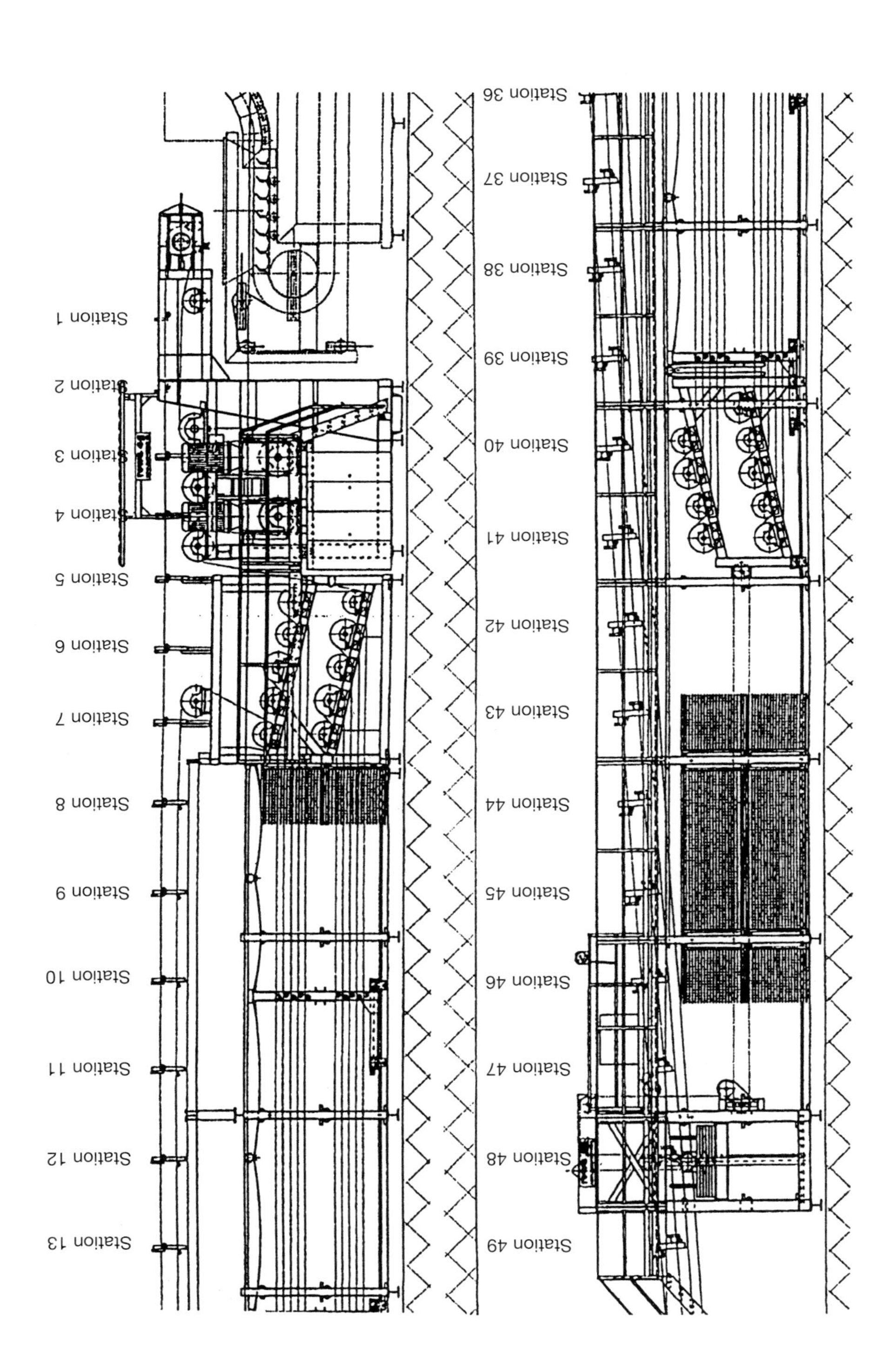

Bild 10.2-4 Bandspeicheranlage [10-1]

Theoretische Füllquerschnitte A_F für 3-teilig gemuldete Gurte [m^2]

Gurtbreite B [mm]	Schütt-winkel	Muldungswinkel 20°	25°	30°	35°	45°
500	10°	0.0167	0.0188	0.0205	0.0220	0.0244
	15°	0.0200	0.0221	0.0237	0.0250	0.0268
	20°	0.0238	0.0256	0.0270	0.0282	0.0298
650	10°	0.0300	0.0336	0.0336	0.0394	0.0441
	15°	0.0360	0.0398	0.0424	0.0447	0.0487
	20°	0.0425	0.0460	0.0485	0.0505	0.0540
800	10°	0.0470	0.0525	0.0575	0.0620	0.0685
	15°	0.0570	0.0623	0.0665	0.0700	0.0756
	20°	0.0665	0.0720	0.0760	0.0790	0.0837
1000	10°	0.0750	0.0850	0.0925	0.0990	0.1095
	15°	0.0910	0.1000	0.1070	0.1130	0.1210
	20°	0.1070	0.1160	0.1220	0.1270	0.1340
1200	10°	0.1110	0.1240	0.1360	0.1460	0.1620
	15°	0.1325	0.1470	0.1570	0.1660	0.1780
	20°	0.1570	0.1700	0.1790	0.1870	0.1970
1400	10°	0.1530	0.1720	0.1870	0.2010	0.2220
	15°	0.1840	0.2020	0.2160	0.2280	0.2450
	20°	0.2170	0.2340	0.2470	0.2580	0.2710
1600	10°	0.2020	0.2260	0.2470	0.2650	0.2950
	15°	0.2430	0.2680	0.2860	0.3020	0.3260
	20°	0.2870	0.3140	0.3260	0.3400	0.3610

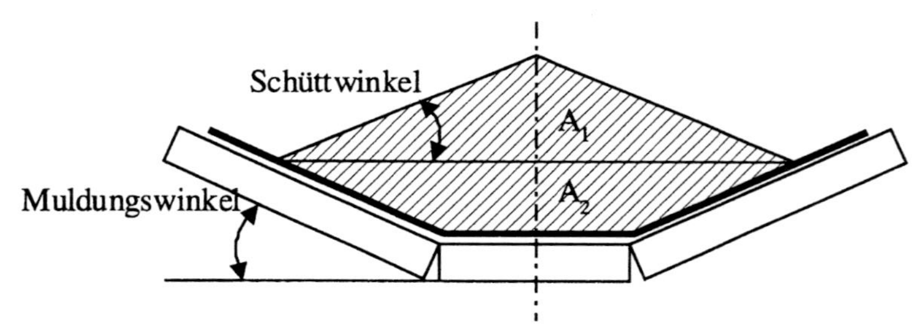

Bild 10.2-5 Theoretische Förderbandquerschnitte $A_F = A_1 + A_2$ [10-2]

Man kann folgende Bandsysteme (Bild 10.2-3) im Tunnelbau [10-1] unterscheiden:

- Streckenband mit Bandspeicher und mobiler Umlenkstation – Tunneltransport
- Schleppbänder zur variablen Übergabe oder zur variablen Beladung von Zügen im Nachläuferbereich von TBM

Bei Streckenbändern mit kontinuierlichem Bandverlauf ist zur kontinuierlichen Verlängerung eine Bandspeicheranlage (Bild 10.2-4) am Ende vor dem festen Abwurfbereich anzuordnen. In dieser Bandspeicheranlage läuft das Band in mehreren Lagen (z. B. zehnfache Gurteinscherung, kontinuierlich eingeschlauft, vorwärts – rückwärts). Beim Vortrieb der Maschine wird der Bandspeicher wie ein Flaschenzug immer weiter zusammengezogen, bis das Verlängerungsband aufgebraucht ist. An der Ortsbrust wird das Band, z. B. in der Nachschicht, mittels Flaschenzug oder Nachläufer nachgezogen.

Gleichzeitig wird im Bandspeicher die Bandspannung reduziert und das Bandführungsgerüst weiter nach vorne geschoben, um die entsprechende Bandlänge freizugeben. Dann werden an der Ortsbrust die Bandkonsolen zur Verlängerung des Bandes gesetzt, das Band wird aufgelegt und erneut gespannt. Nach mehrmaligem Verlängern (bis zu 500 m) wird das Band (Neopren) aufgeschnitten und ein neues Verlängerungsband eingeschweisst (vulkanisiert). Über die Bandstraffung mittels Differenzialflaschenzug und Gegengewicht wird der Bandspeicher mit seinem Bandführungsgerüst (Rahmen) auseinandergezogen. Dieser Vorgang wird so oft wiederholt, bis der Vortrieb soweit fortgeschritten ist, dass der Bandspeicher erneut abgespult ist.

Zum Antrieb der Streckenbänder bevorzugt man meist den Kopfantrieb. Zum schonenden Anlauf sowie zum Variieren der Bandgeschwindigkeit erfolgt die Steuerung der Antriebsmotoren über Frequenzumformer. Die Antriebe sollten mit einer Schlupfüberwachung ausgestattet sein. Schlupf- und Schieflaufüberwachung sollten automatisch in der Steuerung integriert sein. Die Bandumlenktrommel kann wie folgt ausgebildet werden:

- Beim Streckenband mit mobiler Umlenkstation und Bandspeicher:
  Die Umlenkstation wird z. B. beim TBM-Vortrieb schwimmend an der Nachläuferkonstruktion aufgehängt. Die Umlenkstation wandert stets mit dem Vortrieb. Die Streckenbandträgerelemente werden dann mit fortschreitendem Nachläufer sukzessive montiert. In diesem Fall kann das Maschinenband des Nachläufers in der Länge konstant bleiben.
- Beim Schleppband mit stationärer Umlenkstation:
  Die Umlenkstation ist Teil der mobilen Schleppbandeinheit. Das Schleppband kann als Ganzes verschoben werden. Die Verschiebung des Schleppbandes wird durch eine Aufhängung, z. B. an einem Monorail gewährleistet. Der Vorschub erfolgt reversibel mit einem Zugseil. Eine weitere Möglichkeit der Führung des Schleppbandes besteht in der verschiebbaren Aufständerung auf der Unterstützungskonstruktion des Streckenbandes.

Die Streckenbänder können wie folgt abgestützt werden:

- Konsolabstützung mit Befestigung der Konsolen an der seitlichen Tunnelwand,
- Bandbrücken, die meist im Nachläuferbereich oder ausserhalb des Tunnels zur Zwischendeponie verwendet werden.

Die Bandberechnung kann gemäss Bild 10.2-5 und S. 288 überschläglich erfolgen.

Im Tunnelbau muss man bei den kontinuierlichen Streckenbändern meist kurvengängige Konstruktionen verwenden. Mit den Norm-Bandtragstationen kann man Kurvenradien bis zu 300 m ausführen. Die Mindestradien hängen jedoch vom Gurtzug und der Gurtbreite ab. Für engere horizontale Radien sind spezielle, verstellbare Gurttragstationen erforderlich.

Zu diesem Zweck werden patentierte Speziallösungen [10-3, 10-4] angeboten, die die folgenden Anforderungen erfüllen:

- Verhindern des Ablaufens des Gurtes in Richtung Innenkurve durch die auftretenden Gurtzugkräfte,
- genaue Ausrichtung der Unterstützungskonstruktion zur exakten Gurtführung in der Kurve,
- weitestgehend autonomes Ausgleichen von Umwelteinflüssen, die ein unterschiedliches Reibungsverhalten zwischen Gurt und Tragrollen erzeugen.

Die Kurvengängigkeit kann z. B. durch folgende Massnahmen erreicht werden:

- dezentrale Antriebstechnik mit einer an der Unterseite der Gurte angebrachten Antriebs- und Führungsleiste
- zentrale Antriebstechnik mit pendelnder Aufhängung

Die kurvengängigen Streckenbänder mit dezentralem Antrieb (Bild 10.2-6) sind wie folgt aufgebaut:

- Die Gurte sind an der Unterseite mit einer in das Gurtband eingeschweissten Führungs- und Antriebsleiste in Gurtmitte ausgerüstet.
- Der Gurt wird durch dezentral angeordnete Antriebsstationen, bestehend aus je zwei 3 kW-Elektromotoren, angetrieben, die in den notwendigen Abständen der Bandstrecke angeordnet werden.
- Die Krafteinleitung erfolgt von den Elektromotoren mittels Winkelgetriebe und gummibereiften Antriebsrädern mit einer Andruckregelung. Die beiden in Querrichtung nebeneinander angeordneten Antriebsräder treiben über die Antriebsleiste den Gurt an.

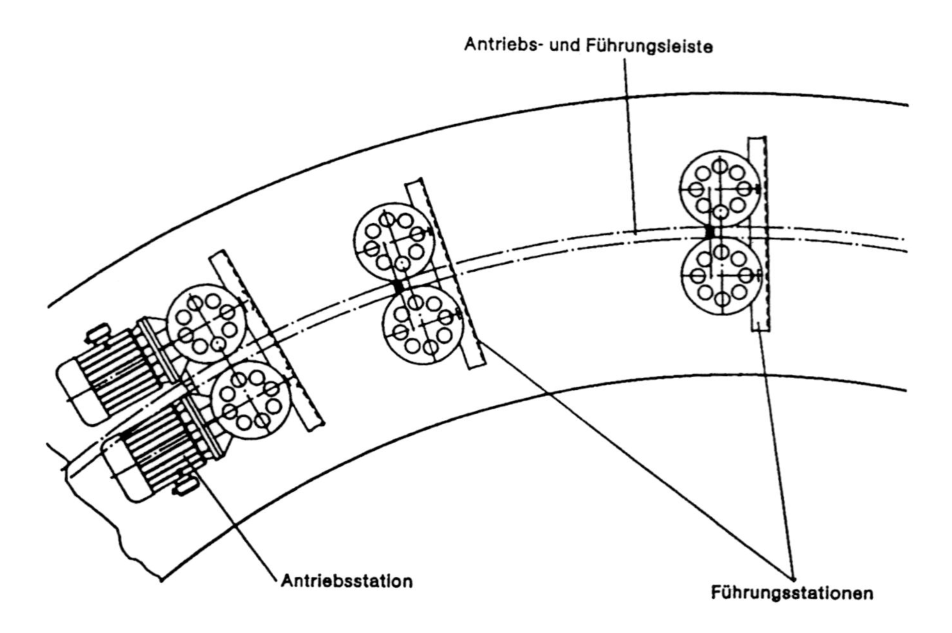

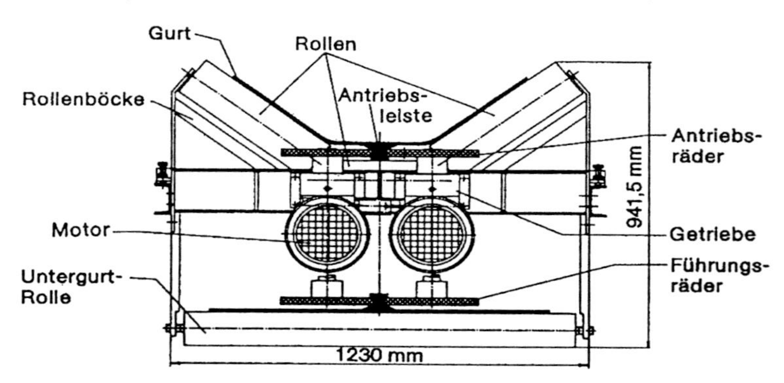

Bild 10.2-6 Kurvenband mit dezentralem Antrieb und Führungsleiste [10-4]

Die Antriebs- und Führungsleiste dient einerseits zur Einleitung der Antriebskräfte in den Gurt, anderseits sichern die Führungs- und Antriebsstationen einen zwangsgeführten Kurvenverlauf. Mit diesen Bändern wurden bei einer Fördergeschwindigkeit von 6 m/s folgende Kurvenradien realisiert:

- Gurtbreite 800 mm – Radius 80 m
- Gurtbreite 1200 mm – Radius 90 m

Das Bandsystem besteht aus einer Vielzahl von Führungsrollen und dezentralen Antriebsstationen, die möglicherweise einen erhöhten Unterhalt erfordern.

Ein weiteres modernes, robustes und betriebssicheres System ist das auf Tragrollenstationen pendelnd aufgehängte und selbstzentrierende, kurvengängige Streckenband. Diese Art der Streckenbandführung bzw. -aufhängung ermöglicht die Anpassung an unterschiedliche Betriebsbedingungen wie z. B.:

- Änderung der Reibung zwischen Gurt und Tragrollen

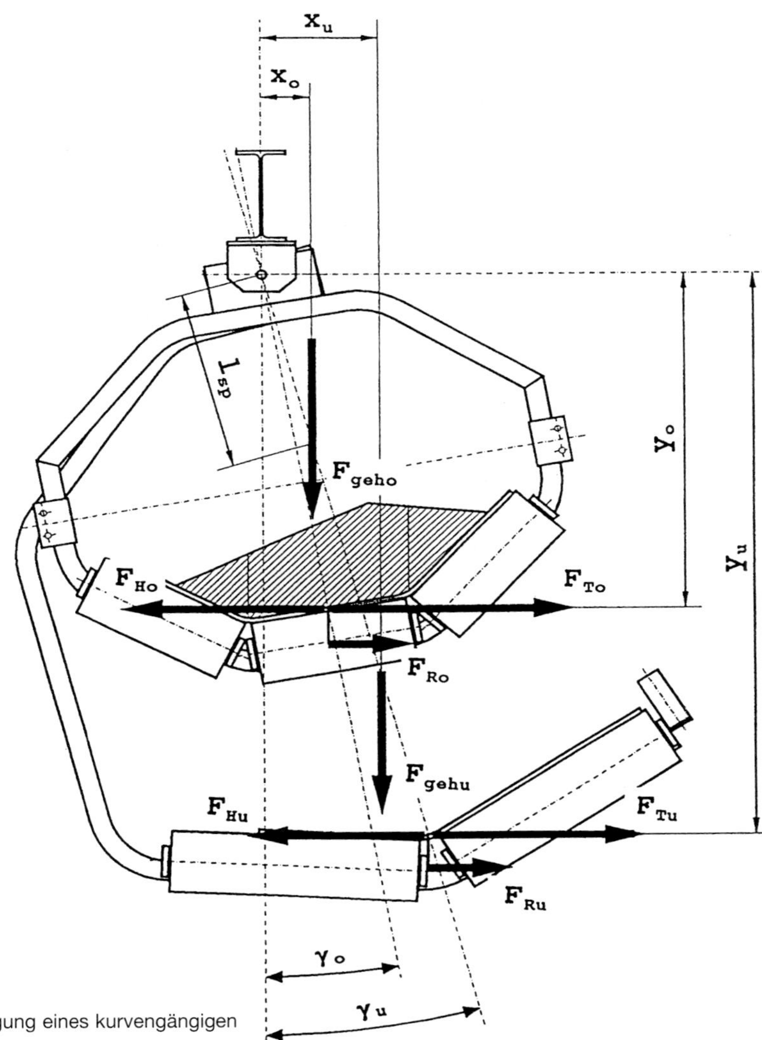

Bild 10.2-7 Pendelaufhängung eines kurvengängigen Streckenbandes [10-3]

- veränderte Beladezustände des Bandes
- Geländesetzungen

Die kurvengängigen, pendelnd geführten Streckenbänder bestehen aus folgenden Grundelementen (Bild 10.2-7):

- Fördergurt aus handelsüblichen, hochverschleissfesten Traggurten
- Standardrollen zur Gurtunterstützung
- Tragrollen- und Rücklaufrollenstühle zur pendelnden Aufhängung des Bandes
- Aufhängung der Tragrollen- und Rücklaufrollenstühle an Pendellagern

Bei der Führung von Streckenbändern in Horizontalkurven ergeben sich Kraftkomponenten aus dem Gurtzug, die das Ablenken des Gurtes zur Innenkurve bewirken. Um das Ablaufen des Gurtes durch diese Ablenkung zu vermeiden, muss der Gurt durch Gegenkräfte in der Lage gehalten werden. Die stabile Kurvenführung erfolgt bei der pendelnden Aufhängung durch Nutzung der Massen-

und Reibungskräfte zwischen Gurt- und Tragrollen, um der nach innen wirkenden Komponente der Gurtzugkraft entgegenzuwirken. Dadurch wird die Funktionstüchtigkeit auch bei sich ändernden Betriebsbedingungen erfüllt. Veränderungen der variablen Anteile im Kräftespiel werden somit durch unterschiedliches Auspendeln der Rollenstühle ausgeglichen. Bei der Auslegung der Horizontalkurve ist die Abhängigkeit zwischen Gurtzugkraft und Kurvenradius zu beachten. Die Grundauslegung der Gurtförderanlage (Streckenband) mit Horizontalkurven erfolgt aufgrund der Berechnungsgrundlage von gradlinig verlaufenden Streckenbändern. Zur Festlegung der Horizontalkurven (Bild 10.2-8) bedarf es einer Betrachtung der auftretenden Gurtzugkräfte in den unterschiedlichsten Betriebszuständen. Der Vorteil dieses Systems besteht in der zentralen Antriebsstation und einem relativ geringen Unterhalt aufgrund der verwendeten Konstruktion.

Senkrechtförderer

Um mittels Stetigförderern ohne Leistungsunterbrechung auch Steilförderungen in Schächten durchzuführen oder Silos unter beengten Platzverhältnissen zu beschicken, verwendet man heute meist Wellenkantenförderer. Diese Wellenkantenbänder zeichnen sich dadurch aus, dass sie in S-Form angeordnet werden können. Das Charakteristische an diesen Bändern ist, dass sie aus folgenden Elementen bestehen:

- horizontaler Aufgabebereich zur Übernahme des Fördermaterials, z. B. vom Streckenband
- Vertikalförderung von der Aufnahme- bis zur Abwurfhöhe
- horizontaler Abwurfbereich

Der Übergang vom horizontalen zum vertikalen Bereich erfolgt z. B. im Winkel von 90°. Die Wellenkanten erlauben durch ihr Falten das Überfahren von 90° Wendungen unter Beachtung des von der Wellenkantenhöhe abhängigen Umlenkradius. Das Wellenband kann gefüllt von der Materialaufgabe bis zur Abgabe jeden Steigungswinkel bis zur Senkrechten und wieder zurück durchlaufen. Ist das Material auf dem Gurt, wird es von den seitlichen Wellenkanten und den Querstollen auf dem Gurt gehalten. Das Wellenkantenförderband besteht aus folgenden Elementen:

- Basisgurtband,
- Wellenkantenprofil zur seitlichen Begrenzung,

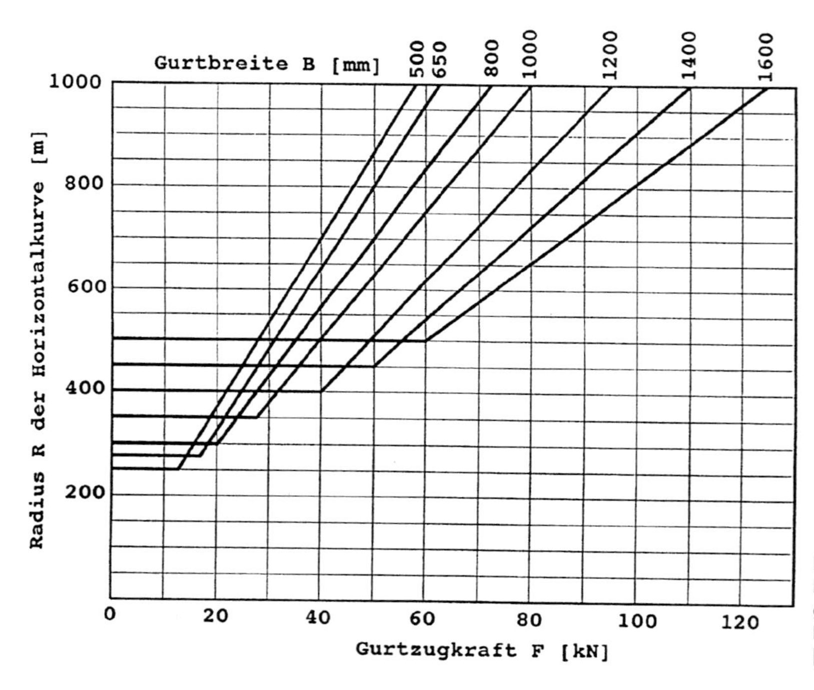

Bild 10.2-8 Horizontalkurvenradien in Abhängigkeit von der Gurtzugkraft und Bandbreite [10-3]

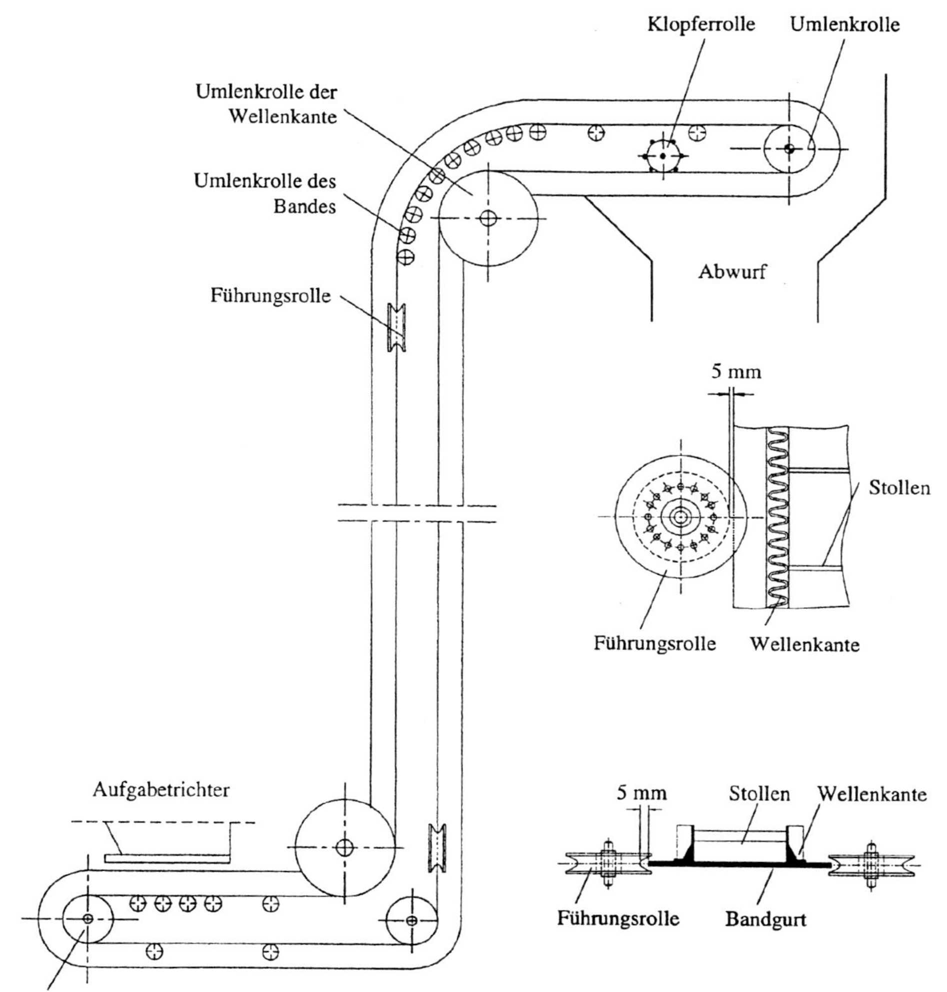

Bild 10.2-9 Wellenkanten-Schachtfördersystem [10-5]

- Stollen quer zur Bandrichtung dienen als Becher zur Förderung und zum Halten des Fördermaterials in Steilabschnitten.

Die verwendeten Gurtkomponenten müssen aus hochfestem, abrieb- und verschleissresistentem Material bestehen. Zu diesem Zweck werden die Basisgurte aus hochelastischen und hochbelastbaren Gummimischungen hergestellt. Je nach Grösse und Belastung der Bänder werden zur Verstärkung Gewebe- oder Stahlseileinlagen verwendet. Die Stahlseileinlagen dienen als Zugträger bei hohen Belastungen, z. B. bei Schachtanlagen.

Die Stollen verhindern, dass das Material zurückrutscht. Sie sind auf dem Basisgurt aufgeschweisst. Die Stollen werden in Höhen von 35 – 350 mm hergestellt. Für die Vertikalförderung sind die Stollen meist nach oben abgeknickt, um als Schöpf- und Fördergefäss die Lade- und Förderkapazität optimal zu nutzen. Neben den einteiligen extrudierten Stollentypen werden für die grossen Stollentypen zweiteilige Stollen verwendet. Diese bestehen aus einem Stollenfuss und einem auswechselbaren Stollen, der mit dem Stollenfuss zur leichteren Erneuerung verschraubt ist.

Die Wellenkanten sind integrierter Bestandteil des Fördergurts und mit diesem verbunden. Dadurch wird der Verschleiss der Wellenkanten weitestgehend vermieden. Der weiche Übergang durch entsprechende Umlenkradien bei Steigungsänderungen sorgt dafür, dass das Material im effizienten Förderbereich verbleibt. Der Wellengurt ist weitgehend wartungsfrei. Die Wellenkanten werden in Höhen von 40 – 400 mm geliefert. Ab einer Höhe von ca. 120 mm sind die Wellenkanten verstärkt mit einem mittig liegenden Diagonalgewebe. Dies gewährleistet erhöhte Biegsamkeit und Reissfestigkeit beim Trommelumlauf. Die senkrechten Stege der Wellenprofile müssen so steif sein, dass der beim Beladen und der Förderung entstehende seitliche Druck auf die Wellenkanten, keine betrieblich störenden Deformationen hervorruft. Damit die Dehnungen der Wellenkanten in bezug auf die Dauerfestigkeit in zulässigen Grenzen bleiben, sollte das Verhältnis Trommeldurchmesser zu Wellenkantenhöhe je nach Material und Wellenprofilbreite ca. 2,5 – 3 betragen.

Das Wellenkantenfördersystem (Bild 10.2-9) besteht aus folgenden Hauptelementen:

- Antriebseinheit an einem Ende der Bandumlenkung, d. h. an der Belade- oder Abwurfstelle
- Umlenkwelle
- Beladetrichter
- Umlenkrollen auf der Bandrückseite
- Umlenkrollen der Wellenkante
- seitliche Bandführungsräder
- Reinigungs- und Klopfrolle an der Abwurfstelle zur restlosen Entleerung der Stollen und Wellenkanten

Die Steilförderanlage muss zur querstabilen Bandführung mit seitlichen Führungsrädern ausgerüstet werden, die gemäss Bild 10.2-9 angebracht werden müssen. Zur verschleissfreien Führung sind die Führungsräder aus hochelastischem Gummi hergestellt. Zur einwandfreien Entleerung der Förderstollen werden Klopferrollen hinter der Umlenk- und Abwurfrolle an der Unterseite des Bandes angeordnet. Nachdem das Wellenkantenband die Umlenkrolle passiert und das Material durch Flieh- und Gravitationskräfte abgeworfen hat, wird meist danach noch eine Klopferrolle angeordnet. Das bereits kopfüber gedrehte Band wird nun mit einer Klopferrolle von der Rückseite abgeklopft, um Restmaterial zu entfernen. Die Klopferrolle besteht aus einer Walze, die kleiner ist als die Umlenk- bzw. Antriebsrolle. Auf der Aussenseite der Klopferrolle werden gehärtete Rundstähle in äquidistanten Abständen aufgeschweisst, die als Klopfer wirken.

Vorteile von Stetigförderanlagen

- Die Verlängerung des Streckenbandes kann in den Vortriebsunterbrechungen des Wochenendes erfolgen
- räumliche Trennung des Materialflusses möglich
- geringe Anzahl von Arbeitskräften zur Bedienung und Wartung
- hohe kontinuierliche hohe Förderleistung
- wartungsarm
- geräuscharm

Nachteile von Stetigförderanlagen

- hohe Investitionskosten

10.3 Gleisbetrieb

10.3.1 Schutterzüge

Der Schutterzug besteht aus der Lok und den Schutterwagen. Die Spurweite ist meist 750 oder 900 mm. Die Tunnelloks werden heute mit Dieselmotoren angetrieben. Nur noch selten kommen Elektroloks oder Elektro-Akkuloks zum Einsatz. Die Wahl der Antriebsart erfolgt unter Berücksichtigung folgender Aspekte:

- Dieselantriebe sind einfach, robust und können problemlos gewartet werden. Der Dieselantrieb ist ideal für den Einsatz in der feuchten, staubigen Tunnelumgebung. Die Wartungsintervalle solcher Dieselloks sind relativ gross und führen zusammen mit den geringen Treibstoffkosten unter Berücksichtigung von Investitions- und Betriebskosten zu einem günstigen wirtschaftlichen Gesamtergebnis in bezug auf die Nutzungszeit.
- Elekroantrieb ist nur in Tunneln mit sehr grossem Querschnitt möglich, da die Fahrleitungen aus Sicherheitsgründen an der Tunneldecke befestigt werden müssen. Bei nachfolgenden Ausbauabschnitten kommt eine solche Lösung nicht in Betracht. Das für die Stromversorgung notwendige Fahrleitungssystem muss installiert und unterhalten werden, was zusätzliche Kosten verursacht. Zudem sind die elektrischen Anlagen in dem noch nicht ausgebauten Tunnel zu sehr der Feuchtigkeit ausgesetzt. Damit nimmt

Bild 10.3-1 Diesel-Lok mit Schutterwagen [10-6]

die Betriebssicherheit ab. Aus diesen sicherheits- und instandhaltungstechnischen Problemen ergibt die Gesamtkostenrechnung über die Nutzungszeit, dass der Elektroantrieb zu einer wesentlich teureren Lösung gegenüber einem Dieselantrieb führt. Elektroantriebe verursachen im Tunnel keine Immissionen und reduzieren den Aufwand für die Lüftung.

- Elektro-Akkuantriebe erfordern sehr hohe Investitionskosten. Zudem ist eine Ladestation mit entsprechenden Ersatzakkus erforderlich. Neben der beschränkten Lebenszeit der Akkus sind die laufenden Betriebskosten (Ladestrom, Ein- und Ausbauaufwand der Batterien) nicht unerheblich. Auch ist die Robustheit und Betriebssicherheit geringer als beim Dieselantrieb. Dies führt in der Gesamtkostenbetrachtung zu einer unwirtschaftlichen Lösung.

Die Schutterwagen sind als Seitenkipper oder mit Rotationskippeinrichtung ausgebildet. Das Fassungsvermögen kann bis zu 20 m^3 betragen. Die Steigung des Gleisbetriebs sollte 3 % nicht übersteigen, in Ausnahmefällen sind 6 % möglich. Bei kleinen Querschnitten, z. B. bei Stollen, ist der einspurige Gleisbetrieb mit Ausweichstellen (neben Stetigförderer) technisch und wirtschaftlich die günstigste Lösung.

Bei grösserem Querschnitt muss im Einzelfall entschieden werden, ob der gleislose oder gleisgebundene Schutterbetrieb von Vorteil ist. Bei langen Stollen mit grossen Ausbruchmassen kann ein zweigleisiger Zugbetrieb und der Einsatz von grossen Schutterwagen wirtschaftlich vorteilhaft sein.

Wenn nur ein Gleis zur Verfügung steht, sind eine oder mehrere Ausweichstellen hinter der Ortsbrust nötig, um möglichst kontinuierlich zu transportieren. Bei sehr langen Tunnelstrecken sind in äquidistanten Abständen Ausweichstellen erforderlich, um ein Kreuzen von ein- und ausfahrenden Zügen zu gewährleisten, damit die Transportkapazität nicht eingeschränkt wird. Zum effizienten Entleeren des Schutterzugs an der Kippe werden bei den

Bild 10.3-2 Mühlhäuser Rotationskipper [10-7]

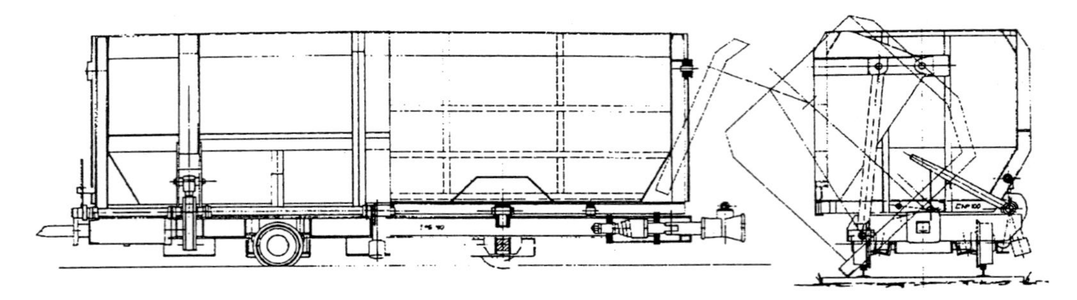

Bild 10.3-3 Schutterwagen, selbstentladend, Radstand 2,1m, Spurweite 1m, Kasteninhalt 9,5 m³ [10-7]

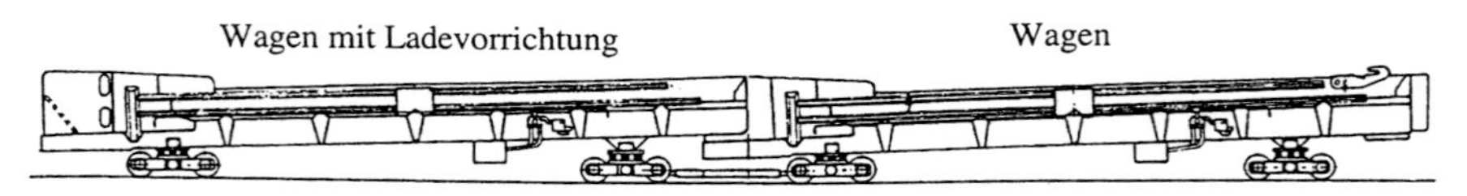

Bild 10.3-4 Shuttle train mit einem oder zwei Wagen [10-9]

Schutterwagen hydraulisch angetriebene Kippeinrichtungen (selbstkippend) verwendet. Eine andere Möglichkeit sind spezielle Kippeinrichtungen, bei denen die einzelnen Wagen mit hydraulich gesteuerten Klemmbacken gehalten werden und über eine Rotationsanlage gekippt werden.

10.3.2 Bunker- und Förderbandzüge

Bei Bunkerzügen [10-8] besteht der Vorteil darin, dass sie keine Übergabebrücke brauchen oder wiederholten Rangierbetrieb benötigen, um effizient den Beladevorgang durchzuführen. Der Bunkerzug setzt sich aus direkt gekoppelten Wagen zusammen, die keine Zwischentrennwände haben. Die einzelnen Wagen sind drehbar miteinander verbunden, somit sind Kurvenfahrten möglich. Die beiden Aussenwände sind im Bereich der Drehgelenke durch eine separate überlappende Aussenwand geschlossen. Dadurch erhält man einen von vorne nach hinten geschlossenen Zug. Das Schuttergerät bzw. die Materialaufnahme- und Übergabeeinheit der TSM übergibt das Abbaumaterial an das Aufgabeband des Bunkerzuges. Das Material wird in den dahinter befindlichen Kasten abgeworfen. Ein am Boden des Bunkerzuges vorhandener Kettenförderer, der über die gesamte Zuglänge reicht, verteilt das Abbaumaterial kontinuierlich über die Wagenböden bis zum Ende des Zuges. Zudem wird das Ladegut verdichtet. Beim Bunkerzug kann die gleichmässige Verteilung des Ladeguts über die Höhe ein Problem bilden. Daher ist die Ladehöhe meist beschränkt. Der beladene Zug ist selbstfahrend oder wird mittels zusätzlicher Lok zur Kippstelle gezogen. Auf der Kippe schiebt der Kettenförderer das Schuttergut über das Zugende vom Bunkerzug ab.

Das Fassungsvermögen beträgt ca. 30 – 50 m³ und wird im Stollenbau bis 20 m² Querschnittfläche eingesetzt. Der Betrieb und Unterhalt des Zugs ist relativ aufwendig und teuer, da er aus sehr vielen Einzelteilen besteht.

Besser hat sich der **Förderbandzug / shuttle train** (Bild 10.3-4) bewährt. Er besteht aus teleskopierbaren einzelnen 4-achsigen Förderbandwagen (mit je zwei Drehgestellen), die zum Beladen ineinandergeschoben werden können und ebenfalls wie der Bunkerzug vom Ende des Zuges her beladen werden. Die Wagen können durch Einzelbetätigung der Kratzbänder aufgefüllt werden. Sobald alle Wagen beladen sind, werden sie wieder in die Fahrstellung auseinandergezogen. Der beladene Zug wird mittels Lok zur Kippstelle gezogen. Durch die Anordnung eines Doppelgleises können die Wagen an der Kippe einzeln entladen werden, ohne dass das Material wieder alle Wagen durchlaufen muss. Die vorderen Drehgestelle der Wagen kommen auf das vordere Gleis und die hinteren Drehgestelle auf das hintere Gleis. Die über die Teleskopierstangen verbundenen Wagen bilden so eine Zick-Zacklinie während des Entladevorgangs.

10.3.3 California-Weiche

Die California-Weiche ist eine Nachschleppweiche. Durch sie kann man an variablen Orten bei zweigleisigen Strecken einen Wechsel des Zuges von einem Gleis auf das andere vornehmen. Diese Schleppweiche wird z. B. hinter einem Nachläufer mitgezogen. Dadurch kann man den Kreuzungspunkt kontinuierlich dem Vortriebszyklus nachziehen. Diese Schleppweiche wird auf die parallelen Gleise aufgelegt. Die Auffahrzungen der Weiche liegen auf dem vorhandenen Gleis mit der Materialstärke „null“ auf und steigen dann kontinuierlich auf volle Querschnittshöhe an. Bei den heutigen Tunneltransporten mittels Schutterzügen bildet die California-Weiche ein sehr flexibles Element, den Zugverkehr von einem Gleis auf das andere umzuleiten.

Bei einer eingleisigen Strecke wird die California-Weiche als Doppelgleis-Ausweichstelle (Bild 10.3-5) benutzt. Der leere Zug (Lok 2) befindet sich auf dem einen Gleis und der zu beladende Zug (Lok 1) auf dem andern. Die Lok 2 mit den leeren Wagen stösst jeweils einen leeren Wagen zum Schuttergerät zum Beladen. Dann fährt der restliche leere Zug zurück in die Ausgangslage. Nach dem Füllen stösst Lok 1 mit den beladenden Wagen zum Vortrieb vor, koppelt den neu gefüllten Wagen an und fährt in seine Ausgangsposition zurück. In der Zwischenzeit plaziert Lok 2 mit den leeren Wagen einen weiteren Wagen zum Beladen an das Schuttergerät, so lange, bis alle Wagen gefüllt sind und die Lok 2 alleine im „Leer“-Gleis ist. Dann kommt ein neuer leerer Zug (Lok 3) von der Deponie zurück. Ist der letzte leere Wagen von Lok 2 beladen, stösst der neue leere Zug in das „Leer“-Gleis. Der beladene Zug fährt nun aus dem „Lade“-Gleis (Lok1) zur Deponie. Die Lok 2, die vorher im „Leer“-Gleis zum Vorfahren der Leerwagen diente, rangiert nach vorne in das „Lade“-Gleis und der ganze Zyklus beginnt von neuem. Für diese Einrichtung sind mindestens **zwei Wageneinheiten** und drei Loks erforderlich. Durch den Einsatz einer Seilwinde zum Ziehen der Leerwagen zur Ortsbrust, resp. Schutterstelle, kann man eine Lok einsparen.

10.3.4 Vor- und Nachteile des Gleisbetriebs

Vorteile

- relativ energiegünstig in bezug auf die Tonnenleistung pro Kilometer
- relativ hohe Förderleistung pro Zug
- geringere Personalintensität in bezug auf die Tonnenleistung pro Kilometer
- geringe Abgasbelastung der Tunnelluft
- keine Beschädigung der Tunnelsohle und damit keine zusätzlichen Wartungsarbeiten

Nachteile

- unflexibel durch die Ortsgebundenheit des Schienenbetriebs
- geringes Steigvermögen
- mögliche Behinderung des Baubetriebs durch die Gleise
- Herstellung der Gleistrasse relativ teuer

10.4 Pneu-Radgebundener Transport

10.4.1 Muldenkipper- bzw. Dumpertransporte

Bei ausreichend grossem Tunnel- und Kavernenquerschnitt hat sich der flexible Transport mittels Dumper sehr bewährt. Voraussetzung ist, dass zwei Pneufahrzeuge (Bild 10.4-1) ungehindert aneinander vorbeifahren können. Zur Verringerung des Wenderadius sind diese Fahrzeuge mit einem Knickgelenk in der Mitte ausgerüstet oder die Vorder- und Hinterachse ist lenkbar. Werden diese Fahrzeuge aus baubetrieblichen Gründen (vorhandenes Gerät) in kleineren Tunnelquerschnitten eingesetzt, so müssen in äquidistanten Abständen hinter der Ortsbrust Wendenischen gesprengt werden.

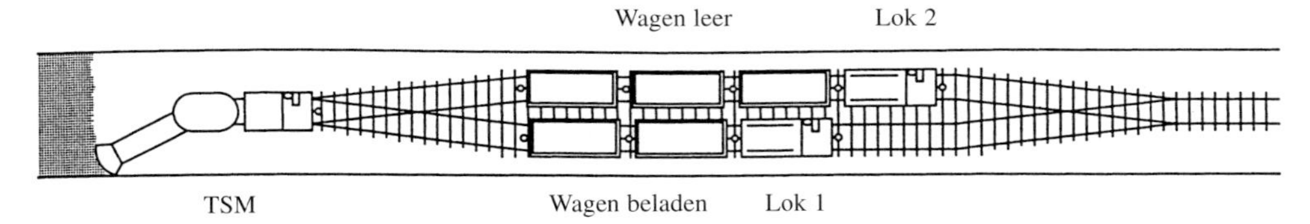

Bild 10.3-5 Californiaweiche

Bild 10.4-1 Muldenkipper von Kiruna, Ladevolumen 21m³

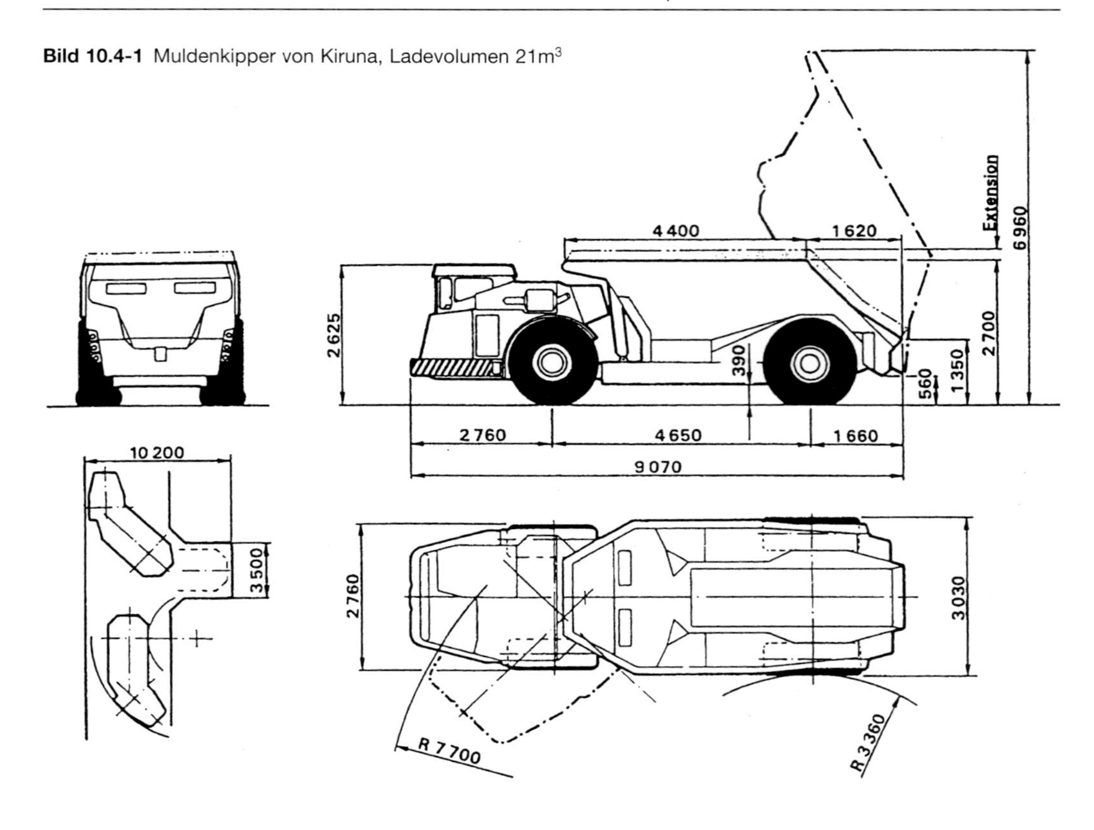

Dies führt zur Verteuerung des Ausbruchs, kann aber bei kürzeren Tunnellängen aus betrieblicher Sicht eine befriedigende Lösung darstellen, falls kein anderes Gerät zur Verfügung steht. Weitere Kriterien des Einsatzes ergeben sich aus der Befahrbarkeit der Tunnelsohle. Tunnelsohlen (Mergel, Tonmineralgesteine, etc), die zur Aufweichung neigen, besonders wenn Bergwasser hinzutritt, eignen sich nicht für Pneufahrzeuge. Damit wird dann die Wirtschaftlichkeit durch die erforderliche Ausbesserungs- und Unterhaltsarbeiten der Tunnelsohle gegenüber dem Gleisbetrieb und der Stetigförderung in Frage gestellt. Wenn im Mergel ein Pneubetrieb vorgesehen wird, muss die Sohle mit einem Beton- oder Asphaltbelag geschützt werden.

Vorteile

- geringere Investitionskosten
- auch ausserhalb des Tunnelbaus einsetzbar, damit bessere Gesamtnutzung
- vielseitiger nicht ortsgebundener Einsatz
- flexible, optimale Plazierung zur Minimierung der Drehbewegung des Ladegeräts
- gutes Steigvermögen

Nachteile

- höherer Energie- und Arbeitsaufwand pro Ladetonne
- Abgasbelastung der Tunnelluft, damit stärkere Lüftung
- mögliche Auflockerung der Tunnelsohle und damit zusätzliche Unterhaltskosten

10.4.2 Fahrladerbetrieb

Fahrlader werden bei kurzen Tunneln neben den reinen Schutteraufgaben auch als Transportgeräte eingesetzt. Der Nutzinhalt kann bis zu ca. 10 m³ betragen. Die Fahrlader sind auch mit Knickgelenk ausgerüstet. Das Gerät wurde bereits im Abschnitt Schutterung vorgestellt.

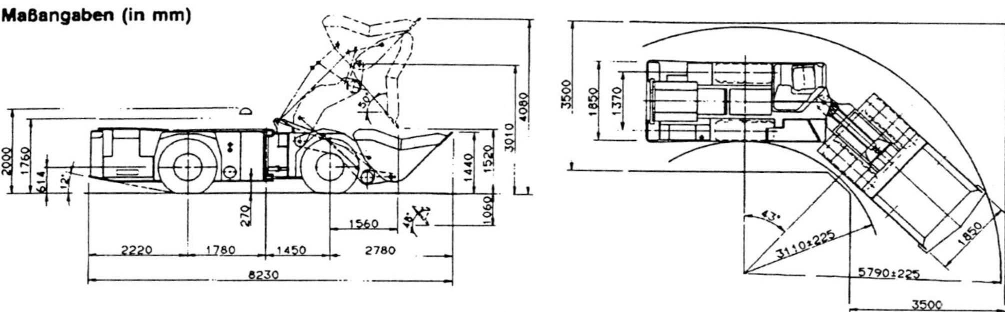

Bild 10.4-2 Fahrlader von MAN GHH, Ladevolumen 3 m³

10.5 Entwicklungen in der Schuttertechnik

Bei der Schutter- und Transporttechnik können wir heute folgende Tendenzen erkennen:

- Bandverladeanlage mit Zerkleinerungshammer oder Brecheranlage
- Mechanisierte, aufgehängte, fahrbare Bühnen-Brückentechnik zum Beladen der Transportgeräte (Pneu- oder gleisgebundene Geräte) zur räumlichen Entflechtung von Sohlsicherung und Materialtransport
- Transport mittels Förderbandtechnik und integriertem Bandspeicher
- Remote-Control des Schutterzuges
- Schutterung mit Fahrlader oder Universalgeräten, eventuell mittels Remote-Control zur Erhöhung der Arbeitssicherheit

Für den Einsatz im Bergbau entwickelt man Schutter- und Transportsysteme, die weitgehend ferngesteuert und automatisiert ablaufen [10-10]. Mit entsprechender Sensorik und Leittechnik, die entlang der Strecke und in der Hydraulik der Schutter- und Transportgeräte eingebaut werden, soll das Gefühl des Maschinisten besonders während des Lade- und Transportvorgangs erfasst und in Steuerungsimpulse umgesetzt werden, um die Maschine optimal einzusetzen und um sie vor Überbelastung zu schützen. Der Ladevorgang wie auch der Transport können mit einem Führungssystem vom Bildschirm aus im gesicherten Bereich überwacht werden. Die Gefahren für das Untertagepersonal können dadurch wesentlich vermindert werden. Verschleiss und Arbeitsunterbrüche können ebenfalls reduziert werden. Ferner kann die Fahrweise wirtschaftlich optimiert und ein noch effizienterer Einsatz der Maschine ermöglicht werden. Falls sich diese automatisierten Systeme im Bergbau als funktionstüchtig, robust und kosteneffizient herausstellen sollten, kann die Erprobung auch im Tunnelbau erfolgen.

10.6 Leistungsberechnung des Schutter- und Transportbetriebs

10.6.1 Leistungsbegriffe

Um ein Bauverfahren zu **bewerten, Bauzeit und Baukosten** festlegen zu können, müssen die Leistungswerte bekannt sein bzw. vorausgeschätzt werden. Hierzu ist eine eindeutige Definition der Begriffe notwendig. Als **Leistung** bezeichnet man Arbeit pro Zeiteinheit, wobei unter Arbeit in der Regel eine hergestellte, gelieferte oder beförderte Menge gemeint ist.

$$\text{Leistung} = \frac{\text{hergestellte Menge}}{\text{Zeiteinheit}} \qquad (10.6\text{-}1)$$

Der Begriff Menge

Im Baubetrieb ist beispielsweise Arbeit oder Menge anzusehen als:

- Abtrag von Bodenmasse in m³
- Verlegen von Armierungsnetzen in m²
- Stellen von Einbaubögen in t

oder bei Betrachtung einer vom Bauherrn geforderten Gesamtbauleistung:

- Felssicherung pro Laufmeter Tunnel
- eingebauter Beton in m³

Diese Mengenbegriffe müssen in der Regel genauer definiert werden. So kann im **Tunnelbau** ein m³ bedeuten:

- m^3 Material in ungestörter Lagerung [fm^3]
- m^3 Material in aufgelockertem Zustand, z. B. auf einem LKW [lm^3]
- m^3 Material in wieder eingebautem, verdichteten Zustand [vm^3]

Ein m^3 **Beton** kann aufgefasst werden als:

- m^3 trockenes Gemisch aus Zuschlagstoffen und Zement
- m^3 unverdichteter Frischbeton
- m^3 verdichteter (abgebundener) Beton

Dabei ist noch nichts ausgesagt über Betongüte, Art der Zuschlagstoffe und des Zementes, Wassergehalt sowie Verarbeitungsverfahren.

Der Begriff Zeiteinheit

Die Zeiteinheit des Leistungsbegriffes ist einfacher zu definieren. Am Bau nutzt man als Zeiteinheit Stunden, Tage und Monate. Schwierigkeiten macht es oft, Beginn und Ende der zu messenden Zeit festzulegen und anzugeben, ob zwischen Beginn und Ende der gesamte Zeitraum erfasst bzw. Teile ausgenommen werden sollen:

1 Tag = 24 Stunden = × Arbeitsstunden

Im Tunnelbau wird in der Regel im Schichtbetrieb gearbeitet.

Die möglichen Arbeitszeitmodelle für den Schichtbetrieb sind in Tabelle 10.6-1 [10-5] dargestellt. Da in den einzelnen Ländern die Arbeitszeit (Tages-, Wochen-, Monats- und Jahresarbeitszeit) durch Tarifverträge unterschiedlich geregelt ist, müssen die einzelnen Systeme landesspezifisch angepasst werden.

Aufgrund der verschiedenen Schichtsysteme kann man individuell, für jedes Projekt, für jede Vortriebsart und -methode sowie für jede Betriebsstätte im Tunnel das auf den jeweiligen Zyklus abgestellte Schichtsystem bestimmen, um einen optimalen Arbeitsablauf zu erreichen.

Diese Abstimmung ist bei allen zyklisch verlaufenden Arbeitsabläufen von grösster Bedeutung, um eine optimale Leistung und möglichst gleichmässige Auslastung der Schichtgruppen zu erreichen.

Dies ist bei allen Vortriebsmethoden und Ausbaumassnahmen im rückwärtigen Bereich von grösster Bedeutung. Besonders hervorgehoben werden sollen folgende Aufgaben:

- TVM-Vortrieb (Tunnelvortriebsmaschinen, siehe Kapitel 14)
- Rohr- oder HDI-Schirmherstellung und -vortrieb
- Betonauskleidung mittels Schalwagen

Die Betriebsformen sind wie folgt zu verstehen:

- 1/1 – Betrieb: eine Schicht pro Tag, Wochenende frei
- 2/2 – Betrieb: zwei Schichten pro Tag, Wochenende frei oder 10Tage-Blöcke mit folgenden 4 freien Tagen
- 3/3 – Betrieb: drei Schichten pro Tag, Wochenende frei oder 10-Tage-Blöcke mit folgenden 4 freien Tagen
- 3/2 – Betrieb: Es wird mit drei Schichtgruppen gearbeitet, davon arbeiten zwei Schichten pro Tag, während abwechselnd die dritte Schicht frei hat. Jede Schicht arbeitet z. B. 14 bzw. 20 Tage hintereinander und hat dann abwechselnd 7 bzw. 10 Tage frei. Somit ist ein kontinuierlicher Betrieb möglich
- 4/3 – Betrieb: Es wird mit vier Schichten gearbeitet, davon arbeiten drei Schichten pro Tag, während abwechselnd die vierte Schicht frei hat. Jede Schicht arbeitet z. B. 12 Tage hintereinander und hat dann abwechselnd 4 Tage frei. Somit ist ein kontinuierlicher Betrieb möglich

Die Schichtsysteme 7, 8 und 9 der Tabelle 10.6-1 sind gekennzeichnet durch die langen täglichen Arbeitszeiten, die im Regelfall zu einer Reduzierung der stündlichen Arbeitsleistung führen.

Beim TVM-Vortrieb sollten die maschinellen Möglichkeiten zur beschleunigten Projektabwicklung durch eine hohe tägliche und jährliche Auslastung genutzt werden, um die Baustellenallgemeinkosten zu verringern. Für den TVM- Vortrieb eignen sich daher die Schichtsysteme 6, 9 und 10 der Tabelle 10.6-1.

Neben dem möglichst kontinuierlichen Vortrieb sind beim TVM-Vortrieb Zeiten für die tägliche Wartung und die periodischen Revisionen vorzusehen. Dies sollte möglichst mit dem gewählten Arbeitszeitmodell übereinstimmen. Das Schichtsystem 10 ist für den maschinellen Vortrieb besonders geeignet (Vereina-Tunnel Schweiz). Die Schichten pro Tag sind wie folgt aufgebaut:

- Wartungsschicht $6^{\circ\circ} - 12^{\circ\circ}$ Uhr
  → Arbeitszeit 6 h
- Vortriebs-Tagschicht $12^{\circ\circ} - 21^{\circ\circ}$ Uhr
  → Arbeitszeit 9 h, Pause 1/2 Stunde
- Vortriebs-Nachtschicht $21^{\circ\circ} - 6^{\circ\circ}$ Uhr
  → Arbeitszeit 9 h, Pause 1/2 Stunde

Schicht-system	Betriebs-form	Tägliche Arbeitszeit [h]	Arbeits-tage	freie Tage	Monats-arbeitszeit [h]	Wochen-arbeitszeit [h]	Sonn- und Feiertags-arbeit
1	1/1	8	5	2	174	40	nein
2	2/2	2·8	5	2	174	40	nein
3	3/3	3·8	5	2	174	40	nein
4	2/2	2·8	10	4	174	40	ja
5	3/3	3·8	10	4	174	40	ja
6	4/3	3·8	10 / 12	4 / 4	174 / 183	40 / 42	ja
7	3/2	2·9 / 2·10	14 / 14	7 / 7	183 / 203	42 / 47	ja
8	3/2	2·11	14 / 20	7 / 10	223 / 223	51 / 51	ja
9	3/2	2·10	9	4.5	203	46	ja
10	3/2	2·9	14	7	183	42	ja

$$\text{Monatsarbeitszeit} = \frac{\text{tägliche Arbeitszeit} \cdot \text{Arbeitstage} \cdot 30.44\ \text{d / M}}{\text{Arbeitstage} + \text{freie Tage}}$$

$$\text{Monatsarbeitszeit} = \frac{9 \cdot 14 \cdot 30.44}{14 + 7} = 183\ \text{h / M}$$

$$\text{Wochenarbeitszeit} = \frac{\text{Monatsarbeitszeit}}{4.35\ \text{W / M}}$$

$$\text{Wochenarbeitszeit} = \frac{183}{4.35} = 42\ \text{h / W}$$

Tabelle 10.6-1 Arbeitszeitregelung im Tunnelbau [10-5, 10-11]

In der Pause zwischen Tag- und Nachtschicht – 6^{00} bis 12^{00} Uhr – können innerhalb der 6 Stunden die regelmässigen Wartungsarbeiten durchgeführt werden.

Bei der Leistungsbeurteilung von **Baugerätekosten** unterscheidet man Vorhaltezeiten, Einsatzzeiten, Betriebszeiten, Stillstandzeiten, Reparatur-, Wartungs- und Unterhaltszeiten, Ab- und Antransport bzw. Auf- und Abbauzeiten. Man definiert vereinfacht:

- Betriebszeit = reine Arbeitszeiten des Gerätes einschliesslich betrieblichen Unterbrechungen
- Einsatzzeit = Betriebszeit + Stillstandzeiten + Zeit für Wartung und Pflege
- Vorhaltezeit = Einsatzzeit + An- und Abtransport sowie Auf- und Abbauzeiten, falls erforderlich

Die Gerätekapitalkosten berechnen sich nach der Dauer der Vorhaltezeit und der Kraftstoffverbrauch nach der Betriebszeit.

Die **Ermittlung der Arbeitsleistung** einer **Person** oder einer **Maschine** und der Vergleich mit anderen Leistungen setzt voraus, dass die beeinflussenden Randbedingungen erfasst und genormt sind.

Die theoretischen Leistungen müssen aufgrund verschiedener, zum Teil interaktiver Einwirkungen abgemindert werden. Diese Reduktionsfaktoren setzen sich aus dem Eulerschen Produkt wie folgt zusammen:

- menschliche und organisatorische Faktoren
- technische Faktoren
- zeitliche Faktoren

Die menschlichen und organisatorischen Faktoren setzen sich z. B. zusammen aus:

- **Bedienungsfaktor** η_1 berücksichtigt die Ausbildung und die Qualifikation des Beschäftigten und seine Leistungsmotivation in Abhängigkeit von Lohn, Prämien und persönlichem Einsatz.

Tabelle 10.6-2 Beispiel für den Bedienungsfaktor η_1 für einen Baggerführer

Ausbildung und Qualifikation	Leistungsmotivation	η_1
sehr gut	sehr gut	1.00
sehr gut	ausreichend	0.75

- **Betriebsfaktor η_2** berücksichtigt die Einsatzbedingungen (Wetter, örtliche Gegebenheiten) sowie die Betriebsbedingungen (Organisation und Kontrolle der Bauleitung).

Die mögliche Ermittlung des Bedienungsfaktors η_1 für einen Baggerführer ist in Tabelle 10.6-2 dargestellt.

Die Tabelle 10.6-2 besagt, dass bei einem sehr guten Baggerführer die Leistung um 25 % abnimmt, wenn z. B. Motivation von „sehr gut“ auf „ausreichend“ absinkt. Die rechnerische Anwendung solcher Beiwerte für die Bewertung der menschlichen Arbeitsleistung ist insofern schwierig, als die Festlegung eines allgemeingültigen Basiswertes kaum bestimmbar ist.

10.6.2 Bestimmen von Leistungswerten

Nachkalkulation

Leistungswerte sind Erfahrungswerte, die meist aus der Nachkalkulation von fertiggestellten Bauwerken ermittelt werden. Die erforderliche Arbeitszeit dividiert durch die genau definierte hergestellte Menge stellt den benötigten Aufwandswert dar, der für ein unter gleichen Bedingungen zu erstellendes Bauwerk herangezogen wird. Der Reziprokwert des Aufwandswertes ist der Leistungswert.

$$\text{Ist} - \text{Leistung} = \frac{\text{geleistete Menge}}{\text{verbrauchte Arbeitszeit}} \qquad (10.6\text{-}2)$$

$$\text{Ist} - \text{Aufwandswert} = \frac{\text{verbrauchte Arbeitszeit}}{\text{geleistete Menge}} = \frac{1}{\text{Ist} - \text{Leistung}} \qquad (10.6\text{-}3)$$

Durchschnittliche Leistungswerte für Bauleistungen sind in Standardbüchern [10-12] zusammengestellt, werden aber von den Bauunternehmungen meist an Hand eigener Erfahrungen aufgestellt und auf dem neuesten Stand gehalten.

Bei der Bestimmung der Leistungswerte sind folgende Aspekte besonders zu berücksichtigen:

- Die Ausführung jeder Arbeit hat eine Anlaufzeit mit verminderter Leistung (Lernkurve) infolge notwendiger Einarbeitung sowie eine Auslaufzeit mit ebenfalls verminderter Leistung, bedingt durch die meist verminderten Arbeitsflächen und die Störungen durch nachfolgende Arbeiten. Diese ungünstigen Einflussfaktoren liegen ausserhalb der Hauptleistungszeit. Dementsprechend ermittelt man einen kleineren Leistungswert, den man auf die gesamte Bauzeit der Arbeit bezieht, und einen höheren Wert, den man nur auf die Hauptleistung bezieht.
- Die Leistungskurve wird auch während der Hauptleistungszeit nicht gleichmässig kontinuierlich verlaufen, sondern sich in mehr oder weniger grosser Bandbreite um einen Durchschnittswert bewegen. Diese Durchschnittsleistung ist bei der Ermittlung der Bauzeit und Baukalkulation zugrunde zu legen.

Zeitmessverfahren

Leistungswerte werden auch durch direkte Messungen und Beobachtungen während der Bauausführung ermittelt. Zwei Methoden sind üblich:

- Die Feststellung der Dauer einzelner Arbeitsvorgänge ebenso wie die Verlustzeiten mit durchlaufender Stoppuhr.
- Die Momentaufnahme (Zählverfahren, Multimomentverfahren). Bei diesem Verfahren wird z. B. im Minutenabstand festgestellt und notiert, welche Tätigkeit zu diesem Zeitpunkt der Einzelne oder die Arbeitsgruppe gerade ausführt. Die Summe der Vielzahl solcher Beobachtungsstichproben ergibt eine Häufigkeitsstückliste. Diese enthält bezogen auf die Gesamtbeobachtungsdauer bestimmte Zeitanteile je Ablaufart.

Die genannten Methoden liefern bei ausreichend langer Beobachtung sowohl die Leistungswerte, als auch eine gute Übersicht über schlecht funktionierende Arbeitseinsätze und ungenügende Abstimmung einzelner Produktionsketten.

10.6.3 Leistung von Produktionsketten

Im Baubetrieb wird die Produktionsleistung vielfach nicht von einer Maschine allein, sondern von mehreren zusammenarbeitenden Maschinen erbracht. Beispiele solcher Produktionsketten sind:

- im Tunnelbau mit TBM-Vortrieb: Bohrmaschine, Nachläufersystem mit Sicherungseinbau und Ausbau sowie Ausbruchtransport
- im Betonbau: Betonmischanlage, Transportfahrzeuge, Betonpumpen, Einbau und Verdichtung
- im Erdbau: Löse- und Ladegerät, Lastkraftwagentransport, bei Wiedereinbau des Materials Verteilung und Verdichtung

In diesen Fällen wird die Leistung vom **Leitgerät,** einer Maschine, bzw. einer Gruppe von Maschinen bestimmt, und zwar von derjenigen mit der kleinsten Leistung.

Man wird die Leistung auf diejenige Maschine oder Maschinengruppe (Leitgeräte) abstimmen, bei der eine Leistungsveränderung nur schwer oder gar nicht möglich ist, z. B. wegen sehr hoher Investitionskosten und damit Miet- und Reparaturbelastung, oder wegen räumlichen oder vom Arbeitsverfahren bestimmten Begrenzungen. Alle übrigen Maschinen in der Prozesskette müssen dann möglichst flexibel auf die Leistungsfähigkeit des Leitgerätes abgestimmt werden, um die optimale Leistung in der Prozesskette zu erzielen, die sich aus der maximalen Leistung des Leitgerätes aufgrund der jeweiligen Randbedingungen ergibt. Als Beispiel kann der TBM-Vortrieb genannt werden, bei dem die TBM das Leitgerät darstellt. Alle Nachläufersysteme sollten so konzipiert und ausgelegt werden, dass unter den jeweiligen Gebirgsbedingungen die jeweils maximale Leistung der TBM genutzt werden kann.

Handelt es sich um zwei Produktionsketten, die parallel oder abwechselnd an der Erstellung der Bauleistung arbeiten, so müssen diese so aufeinander abgestimmt sein, dass Wartezeiten klein gehalten werden, d. h. ein möglichst kontinuierlicher Produktionsfluss gewährleistet ist. Häufiges Beispiel zweier parallel laufender Produktionsketten ist das Schalen und Betonieren der Auskleidungsschale eines Tunnels.

Die folgenden baubetrieblichen Leistungsberechnungen und vor allem die leistungsmindernden Beiwerte beruhen auf den Untersuchungen der Firma Caterpillar, Liebherr und Professor Kühn [10-13] und Professor Bauer [10-14].

10.6.4 Allgemeine Leistungsberechnung von Lösegeräten

Theoretische Leistung Q_T [m³/h]

$$Q_T = \frac{V_{SAE}}{t_S} \cdot 3600 \qquad (10.6\text{-}5)$$

Grundleistung Q_0 [fm³/h], welche von einem bestimmten Gerät unter idealen Bedingungen **materialabhängig** (Ladefaktor), aber ohne Berücksichtigung geräte- und organisationsbedingter Einflüsse erbracht wird.

$$Q_0 = \frac{V_{SAE}}{t_S} \cdot 3600 \cdot k_1 \qquad (10.6\text{-}5)$$

Technische Grundleistung Q_{T0} [fm³/h] mit Berücksichtigung aller technischen **Leistungseinflussfaktoren** ohne Baustellenverhältnisse und Qualifikation des Maschinenführers.

$$Q_{T0} = \frac{V_{SAE}}{t_S} \cdot 3600 \cdot k_1 \cdot k_2 \qquad (10.6\text{-}6)$$

Nutzleistung Q_N [fm³/h] (Durchschnittsleistung, Dauerleistung) wird ermittelt unter Berücksichtigung aller bekannten Leistungseinflüsse, insbesondere auch der Qualifikation und Motivation des Maschinenführers sowie der Baustellenverhältnisse (**Betriebsbeiwert**).

$$Q_N = \frac{V_{SAE}}{t_S} \cdot 3600 \cdot k_1 \cdot k_2 \cdot k_3 \qquad (10.6\text{-}7)$$

Faktoren

$k_1 = \alpha \cdot \varphi$
$k_2 = f_1 \cdot f_2 \cdot f_3 \cdot f_4$
$k_3 = \eta_1 \cdot \eta_2$

V_{SAE}	Nenninhalt des Grabgefässes gemäss SAE	[m³]
t_S	Spielzeit	[s]
α	Lösefaktor	[fm³/m³-lose]
φ	Füllfaktor	[-]
η_1	Bedienungsfaktor	[-]
η_2	Betriebsbedingungen	[-]
f_1	Einfluss Grabentiefe bzw. Abbauhöhe	[-]
f_2	Schwenkwinkel	[-]
f_3	Entladeart	[-]
f_4	Volumenverhältnis Transportgerät –Löffelgrösse	[-]
k_1	Ladefaktor	[-]
k_2	Leistungseinflussfaktor	[-]

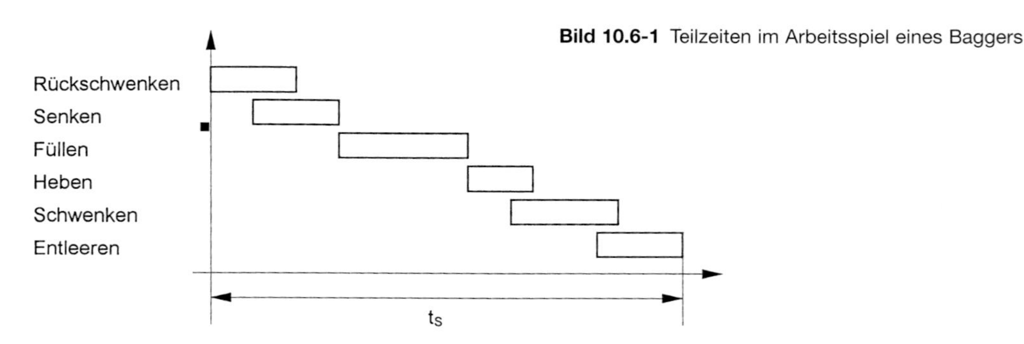

Bild 10.6-1 Teilzeiten im Arbeitsspiel eines Baggers

k_3	Betriebsbeiwert	[-]
η_G	Geräteausnutzungsgrad	[-]

10.6.5 Ermittlung der Anzahl erforderlicher Lösegeräte

Erforderliche Nutzleistung $Q_{Nerf.}$ [fm³/h]

$$Q_{Nerf.} = \frac{V}{t \cdot d} \qquad (10.6\text{-}8)$$

V	Gesamtaushub	[fm³]
t	Arbeitsstunden pro Arbeitstag	[h/AT]
d	mögliche Betriebs- bzw. Arbeitstage gemäss Terminplan	[AT]

Anzahl der Lösegeräte n [-]

$$n \geq \frac{Q_{Nerf.}}{Q_N} \qquad (10.6\text{-}9)$$

10.6.6 Hydraulikbagger

$$Q_N = \frac{V_{SAE}}{t_S} \cdot 3600 \cdot k_1 \cdot k_2 \cdot k_3 \cdot \eta_G \qquad (10.6\text{-}10)$$

$$k_1 = \alpha \cdot \varphi$$

$$k_2 = f_1 \cdot f_2 \cdot f_3 \cdot f_4$$

$$k_3 = \eta_1 \cdot \eta_2$$

Q_N	Nutzleistung	[fm³/h]

Der Hydraulikbagger kann mit Tieflöffel, Hochlöffel bzw. Ladeschaufel, Greifer und mit einer Vielzahl weiterer Arbeitseinrichtungen ausgerüstet werden.

Der Tieflöffel wird vornehmlich im Tunnelbau mit einem hydraulisch drehbaren Löffel meist mit Risszähnen bestückt zur Abgrabung der Tunnelbrust im Lockergestein und zum Aushub der Tunnelsohle

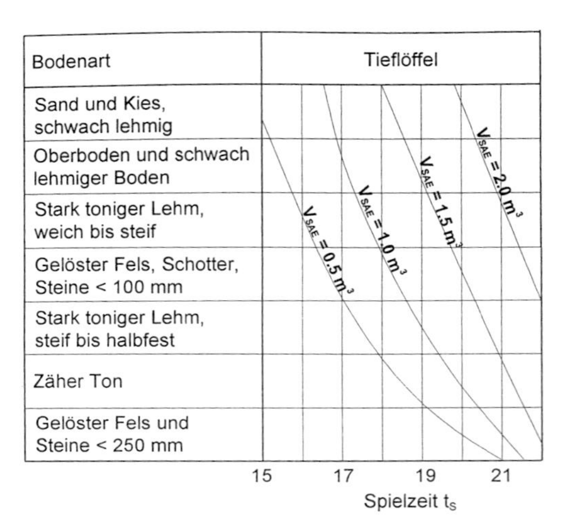

Bild 10.6-2 Spielzeiten eines Tieflöffels [10-14]

Bodenart	Hochlöffel, Lade- und Klappschaufel
Sand und Kies, schwach lehmig	
Oberboden und schwach lehmiger Boden	
Stark toniger Lehm, weich bis steif	
Gelöster Fels, Schotter, Steine < 100 mm	
Stark toniger Lehm, steif bis halbfest	
Zäher Ton	
Gelöster Fels und Steine < 250 mm	

$V_{SAE} = 1{,}0\ m^3$; $V_{SAE} = 1{,}5\ m^3$; $V_{SAE} = 2{,}0\ m^3$; $V_{SAE} = 2{,}5\ m^3$; $V_{SAE} = 3{,}0\ m^3$

17 19 21 23

Spielzeit t_S

Bild 10.6-3 Spielzeiten eines Hochlöffels [10-14]

eingesetzt. Zum Laden von gesprengtem Haufwerk findet der Hochlöffel, die Ladeschaufel oder auch die Klappschaufel Verwendung. Der Bagger bewegt sich dann im Verlauf des Arbeitsfortschrittes nach vorne.

Spielzeit t_S [s]

Die Spielzeit setzt sich zusammen aus dem Füllen des Löffels, dem Heben und Schwenken zum Entladeort, dem Entleeren des Löffels und dem Rückschwenken und Senken zum Beladeort. Um hier eine Vereinheitlichung der Zeiten zu erhalten, wird die Spielzeit unter gewissen Normbedingungen gemessen: Ungestörter Einsatz, Entladen auf Halde, Schwenkwinkel 90, pausenlose Arbeit, eingearbeiteter Baggerführer, günstige Abbauhöhe [10-14, 10-15, 10-16]. Ausserdem ist die Spielzeit von der zu ladenden Bodenart abhängig, so dass der Vorgang des Füllens des Löffels beträchtlichen Zeitschwankungen unterworfen ist.

10.6.7 Rad- und Fahrlader

$$Q_N = \frac{V_{SAE}}{t_S} \cdot 3600 \cdot k_1 \cdot k_2 \cdot k_3 \cdot \eta_G \qquad (10.6\text{-}11)$$

$$k_1 = \alpha \cdot \varphi$$

$$k_2 = f_4$$

$$k_3 = \eta_1 \cdot \eta_2$$

Q_N Nutzleistung [fm^3/h]

Spielzeit t_S [s] von Rad- und Fahrlader

$$t_S = t_{S0} + t_F + \Delta t \qquad (10.6\text{-}12)$$

Die Spielzeit des Radladers [10-15, 10-16] kann unterteilt werden in:

t_{S0}: Grundspielzeit, beinhaltet Laden, Auskippen, 4 Fahrtrichtungswechsel, kompletten Hydrauliktakt und die kleinstmögliche Fahrstrecke. Sie kann je nach Grösse des Radladers mit Knicklenkung zwischen 27 und 33 Sekunden angenommen werden.

t_F: Fahrzeit, beinhaltet die für die Fahrstrecke benötigte Zeit bei Hin- und Rückfahrt

Δt: Änderung der Spielzeit, entsteht durch Abweichungen der Normbedingungen der Grundspielzeit, z. B. Art der Entladung, Bodenart, usw.

Fahrzeit t_F [s]

In den Handbüchern von Caterpillar und Liebherr sind Diagramme der Fahrzeit der Hin- und Rückfahrt zu den einzelnen Radladertypen enthalten.

Änderung der Spielzeit t_S [s]

(siehe hierzu Tabelle 10.6.-3)

10.6.8 Kettenlader

$$Q_N = \frac{V_{SAE}}{t_S} \cdot 3600 \cdot k_1 \cdot k_2 \cdot k_3 \cdot \eta_G \qquad (10.6\text{-}13)$$

$$k_1 = \alpha \cdot \varphi$$

$$k_2 = f_4$$

$$k_3 = \eta_1 \cdot \eta_2$$

Q_N Nutzleistung [fm^3/h]

Spielzeit t_S [s] von Kettenladern

$$t_S = t_L + t_M + t_F + t_E + \Delta t \qquad (10.6\text{-}14)$$

Die Spielzeit des Kettenladers [10-15, 10-16] kann unterteilt werden:

t_L **Ladezeit,** sie ist abhängig von der Art des Bodens

t_M **Manövrierzeit,** umfasst die Basisfahrzeit mit vier Richtungsänderungen und die Wendezeit

t_F **Fahrzeit,** beinhaltet die für die Fahrstrecke benötigte Zeit bei Hin- und Rückfahrt

t_E **Entladezeit,** wird von der Grösse und Stabilität der Entladestelle bestimmt

Δt Änderung der Spielzeit

Ladezeit t_L [s]

(siehe hierzu Tabelle 10.6-4)

Manövrierzeit t_M [s]

beträgt ca. 13 Sekunden bei voller Motorleistung und einem guten Fahrer.

Fahrzeit t_F [s]

In den Handbüchern von Liebherr und Caterpillar sind die Diagramme der Fahrzeit der Hin- und Rückfahrt zu den einzelnen Kettenladertypen enthalten.

Tabelle 10.6-3
Änderung der Spielzeit Δt bei Rad- und Fahrlader

			Δt [s]	
Gerät	mit Materialumschlagausrüstung		- 3,0	
Material	gemischt		+ 1,2	
	< 3mm		+ 1,2	
	3mm - 20 mm		- 1,2	
	20 mm - 150 mm		0,0	
	> 150 mm		+ 1,8	und mehr
	gewachsene Wand oder gebrochenes Gestein		+ 2,4	und mehr
Haufwerk	mit Förderband oder Dozer auf mind. 3 m angehäuft		0,0	und mehr
	mit Förderband oder Dozer auf auf max. 3 m angehäuft		+ 0,6	und mehr
	mit LKW geschüttet		+ 1,2	und mehr
Verschiedenes	LKW und Lader im gleichen Besitz	bis zu	- 2,4	
	LKW im Fremdbesitz	bis zu	+ 2,4	
	ständiger Betrieb	bis zu	- 2,4	
	zeitweiliger Betrieb	bis zu	+ 2,4	
	kleine Abladefläche	bis zu	+ 2,4	
	besondere Sorgfalt beim Abladen	bis zu	+ 3,0	

Tabelle 10.6-4
Ladezeit t_L bei Kettenlader

		t_L [s]
Material	gleichmässige Gesteinsmischung	1,8 - 3,0
	feuchte, ungleichmässige Gesteinsmischung	1,8 - 3,6
	feuchter Lehm	2,4 - 4,2
	Erde, Steine, Wurzeln	2,4 - 12,0
	stark bindige Materialien	6,0 - 12,0
	zementgebundenes Material	3,0 - 12,0

Entladezeit t_E [s]

beträgt zwischen 0 und 6 Sekunden. Typische Werte für die Entladezeiten beim Beladen von LKWs liegen bei 2,4 bis 4,2 Sekunden.

Änderung der Spielzeit Δt [s]

(siehe hierzu Tabelle 10.6-5)

10.6.9 LKW, SKW, Dumper

$$Q_N = \frac{V_{F100}}{t_U} \cdot 60 \cdot k_1 \cdot k_2 \cdot k_3 \cdot \eta_G \qquad (10.6\text{-}15)$$

$$k_1 = \alpha \cdot \varphi$$

$$k_2 = 1$$

$$k_3 = \eta_1 \cdot \eta_2$$

Q_N	Nutzleistung des Einzelfahrzeuges	[fm³/h]
V_{F100}	Muldeninhalt des Fahrzeuges	[m³]
t_U	Umlaufzeit	[min]

Muldeninhalt des Fahrzeuges V_{F100}

Das maximal mögliche bzw. zulässige Ladevolumen darf die zulässige Nutzlast nicht überschreiten:

$$V_{F100} \cdot \varphi \leq \frac{G_N}{\rho_S} \qquad [m^3\text{-lose}] \qquad (10.6\text{-}16)$$

V_{F100}	Muldeninhalt des Fahrzeuges (mit Wasser gefüllt)	[m³]
φ	Füllfaktor	[-]
ρ_S	Schüttdichte	[t/m³]
G_N	zulässige Nutzlast	[t]

		Δt [s]	
Material	gemischt		+ 1,2
	< 3mm		+ 1,2
	3mm - 20 mm		- 1,2
	20 mm - 150 mm		0,0
	> 150 mm		+ 1,8 und mehr
	gewachsene Wand oder gebrochenes Gestein		+ 2,4 und mehr
Haufwerk	mit Förderband oder Dozer auf min. 3 m angehäuft		0,0
	mit Förderband oder Dozer auf auf max. 3 m angehäuft		+ 0,6
	mit LKW geschüttet		+ 1,2
Verschiedenes	LKW und Lader im gleichen Besitz	bis zu	- 2,4
	LKW im Fremdbesitz	bis zu	+ 2,4
	ständiger Betrieb	bis zu	- 2,4
	zeitweiliger Betrieb	bis zu	+ 2,4
	kleine Abladefläche	bis zu	+ 2,4
	besondere Sorgfalt beim Abladen	bis zu	+ 3,0

Tabelle 10.6-5
Änderung der Spielzeit Δt bei Kettenlader

Umlaufzeit t_U [min.]

Die Umlaufzeit eines Transportgerätes setzt sich zusammen aus der Beladezeit t_L, der Fahrzeit voll t_{Fv}, der Entladezeit t_E, der Fahrzeit leer t_{Fl} und die Wartezeit t_W beim Füllen, bzw. die Wagenwechselzeit am Ladegerät [10-13, 10-14].

$$t_U = t_L + t_{Fv} + t_E + t_{Fl} + t_W \qquad (10.6\text{-}17)$$

Beladezeit t_L [min.]

Zur Bestimmung der Beladezeit gilt allgemein:

$$t_L = \frac{V_{F100}}{V_{SAE}} \cdot \frac{t_S}{60} \qquad (10.6\text{-}18)$$

t_L	Beladezeit	[min]
V_{F100}	Muldeninhalt des Fahrzeuges	[m³]
V_{SAE}	Nenninhalt des Grabgefässes gemäss SAE	[m³]
t_S	Spielzeit des Ladegerätes	[sec.]

Es ist in Gleichung 10.6-18 jedoch nicht berücksichtigt, dass das Ladegerät während der Wagenwechselzeit die Zeit für einen weiteren Grabvorgang benutzt und sobald das leere Fahrzeug bereitsteht, kann das gefüllte Grabgefäss geleert werden. Somit ist bei der Berechnung der Beladezeit eine Spielzeit weniger einzusetzen.

$$t_L = \left(\frac{V_{F100}}{V_{SAE}} - 1\right) \cdot \frac{t_S}{60} = (m - 1) \cdot \frac{t_S}{60} \qquad (10.6\text{-}19)$$

m Anzahl Schaufelfüllungen pro Fahrzeug [-]

Fahrzeit voll t_{Fv} / Fahrzeit leer t_{Fl} [min.]

Bei der Berechnung der Fahrzeiten der Transportgeräte unterscheidet man zwischen den normalen LKW und den Dumpern, den sogenannten SKW (Schwerlastkraftwagen).

Die Strecke vom Belade- zum Entladeort muss in Teilstrecken mit verschiedenen Fahrbedingungen unterteilt werden.

$$t_F = t_{Fv} + t_{Fl} = \sum \frac{l_{i,v}}{v_{i,v}} + \sum \frac{l_{i,l}}{v_{i,l}} \qquad (10.6\text{-}20)$$

t_F	Fahrzeit	[min]
t_{Fv}	Fahrzeit voll	[min]
t_{Fl}	Fahrzeit leer	[min]
$l_{i,v}$	Teilstrecke i bei vollem Transportfahrzeug	[m]
$l_{i,l}$	Teilstrecke i bei leerem Transportfahrzeug	[m]
$v_{i,v}$	Geschwindigkeit der Teilstrecke i bei vollem Transportfahrzeug	[m/min]
$v_{i,l}$	Geschwindigkeit der Teilstrecke i bei leerem Transportfahrzeug	[m/min]

Tabelle 10.6-6
Anfahr- und Bremskorrekturfaktor für SKW und Dumper in Abhängigkeit von der Fahrstrecke zur Ermittlung der Durchschnittsgeschwindigkeit

Streckenabschnittslänge l_i [m]	Geschwindigkeitskorrekturfaktor k_G [-]	
	stehender Start	fliegender Start
0-100	0,20-0,50	0,50
100-250	0,30-0,60	0,60-0,75
250-500	0,50-0,65	0,70-0,80
500-800	0,60-0,70	0,75-0,80
800-1200	0,65-0,75	0,80-0,85
1200 und mehr	0,70-0,85	0,80-0,90

Schwerlastkraftwagen (SKW, Dumper)

Mittels Nomogrammen aus den Herstellerprospekten [10-15] kann die maximale Fahrgeschwindigkeit ermittelt werden. Diese Diagramme verlangen jedoch als Inputdaten die Steigung, den Rollwiderstand, die Länge der Fahrstrecke und den Fahrzeugtyp.

Der Rollwiderstandsbeiwert w_R resultiert aus der Reibung zwischen Reifen und Fahrbahn.

Er wird zur Steigung addiert und mittels des Bruttogewichtes (beladen oder leer) des Schwerlastkraftwagens die Felgenzugkraft ermittelt. Somit kann aus der Zugkraftkurve die maximale Geschwindigkeit herausgelesen werden.

Da sich jedoch beim Anfahren und Bremsen die Geschwindigkeit reduziert, muss ein Korrekturfaktor berücksichtigt werden:

$$v_i = v_{i,max} \cdot k_G \tag{10.6-21}$$

Lastkraftwagen

Bei den LKWs können folgende Durchschnittsgeschwindigkeiten angenommen werden:

- für Humustransport auf Feld und im Aushub ca. 5 km/h
- auf nichtbefestigten Transportpisten und auf der Deponie ca. 10-15 km/h
- auf befestigten Transportpisten ca. 15-30 km/h
- auf öffentlichen Strassen ca. 40-60 km/h (abhängig von Verkehrsaufkommen, Ortschaften, Überland, usw.)

Der leere oder beladene Zustand des Fahrzeuges wird bei diesen Werten nicht berücksichtigt.

Um exaktere Werte für die Fahrzeit zu erhalten, muss die Fahrstrecke vorher mehrmals abgefahren werden.

Entladezeit t_E [min.]

Bodenschütter	0,3
Hinterkipper	1,0

Warte-, bzw. Wagenwechselzeit t_W [min.]

Vorstossen, Kreisverkehr	0,0
Rückstossen	0,4 – 0,6

Anzahl Fahrzeuge n [-]

Die Anzahl der erforderlichen Fahrzeuge lässt sich aus der Umlaufzeit eines Fahrzeuges, der Wagenfolgezeit und dem Ladevolumen der LKW/SKW bestimmen.

Wagenfolgezeit t_f [min.]

Dies ist die Verweilzeit des Fahrzeuges am Beladeort. Sie beinhaltet die Beladezeit und die Wagenwechselzeit.

$$t_f = t_L + t_W = (m - 1) \cdot \frac{t_S}{60} + t_W \tag{10.6-22}$$

Somit ergibt sich für den laufenden Betrieb die Anzahl der Transportgeräte:

$$n = \frac{t_U}{t_f} = \frac{t_L + t_{Fv} + t_E + t_{Fl} + t_w}{t_f} \tag{10.6-23}$$

n	Anzahl Fahrzeuge pro Ladegerät	[-]
t_U	Umlaufzeit des Fahrzeuges	[min]
t_f	Wagenfolgezeit	[min]
t_L	Ladezeit	[min]
t_{Fv}	Fahrzeit voll	[min]
t_E	Entladezeit	[min]
t_{Fl}	Fahrzeit leer	[min]
t_w	Wagenwechselzeit	[min]

10.6.10 Gleisförderung

Die Berechnung der Gleisförderung [10-13] erfolgt in folgenden Schritten:

- Transportabschnitte
- Transportleistung des Zuges
- Fahrwiderstände
- Lok-Berechnung
- Ermittlung der Bremsneigung
- Ermittlung der Bremsausrüstung
- Fahrzeitberechnung

10.6.10.1 Transportabschnitte

Die gesamte Transportstrecke wird unterteilt in Abschnitte gleicher Fahrbedingungen:

- Beladestelle l_B
- Teilstrecken i bei vollem Transportfahrzeug l_{iv}
- Entladestelle l_E
- Teilstrecken i bei leerem Transportfahrzeug l_{il}

Bei einspurigem Betrieb sollten entsprechend den Zugfolgen und Zugdichte Ausweichstellen gewählt werden.

Bei mehrspurigem Betrieb sollten die Übergangstellen von Hin- und Rückspur gewählt werden.

10.6.10.2 Transportleistung des Zuges

Wahl der Spurweite

(siehe hierzu Tabelle 10.6-7)

Wagengrösse

Massgebend dafür ist im wesentlichen der Beladevorgang.

Chargenweises Laden mit Hochlöffel-Bagger oder Lader:

optimal wäre

$$\frac{\text{Ladegefässvolumen}}{\text{Wageninhalt}} = \frac{V_{SAE}}{V_{W1}} = \frac{1}{4} \text{ bis } \frac{1}{6} \quad (10.6\text{-}24)$$

Kontinuierliches Beladen des ganzen Zuges mittels Übergabebrücke oder Schleppband.

Dabei ist auf verdeckte Wagenübergänge und/oder langsames Nachrücken des Zuges zu achten.

Wagenzahl des Zuges

Ausgangslage beim TBM-Vortrieb:

- gewünschte Förderleistung Q_D [m³/h]
- Volumen eines Hubes der TBM / eines Abschlages

Ermitteln der Nutzladung eines Wagens

$$V_W = V_{W100} \cdot \varphi \cdot \alpha \quad (10.6\text{-}25)$$

V_W	Nutzladung eines Wagens	[fm³]
V_{W100}	Nenninhalt des Wagens	[m³]
φ	Füllfaktor	[-]
α	Lösefaktor	[fm³/m³]

Nutzladung des gesamten Zuges

$$V_{Zug} = n \cdot V_W \quad (10.6\text{-}26)$$

V_{Zug}	Nutzladung des gesamten Zuges	[fm³]
n	Anzahl der Wagen	[-]
V_W	Nutzladung eines Wagens	[fm³]

Die gesamte Nutzladung des Zuges sollte das Ausbruchsmaterial eines ganzen Vortriebhubes aufnehmen können.

Wagengewicht des gesamten Zuges

Enthält die Förderstrecke Neigungen, so sollten zumindest der erste und der letzte Wagen mit einer Bremseinrichtung ausgerüstet sein. Dies wirkt sich auf das Gewicht des Gesamtzuges aus.

$$G_W = (n - 2) \cdot G'_W + 2 \cdot G'_{Wb} + n \cdot V_{W100} \cdot \varphi \cdot \rho_S \quad (10.6\text{-}27)$$

G_W	Gesamtwagengewicht des Zuges	[t]
n	Anzahl der Wagen	[-]

Tabelle 10.6-7 Wahl der Spurweite bei Gleisbetrieb

		Schmalspur		Normalspur
		leicht 600 mm	schwer 900 mm	1435 mm
Wageninhalt	[m³]	0,75 - 2,00	2,00 - 5,00	15 - 100
Motorleistung Lok	[PS]	40 - 90	90 - 250	100 - 2000
Fahrgeschwindigkeit	[km/h]	0 - 20	0 - 30	0 - 60

G'_W	Eigengewicht des Wagens ohne Bremse	[t]
G'_{Wb}	Eigengewicht des Wagens mit Bremse	[t]
V_{W100}	Nenninhalt eines Wagens	[m³]
φ	Füllfaktor	[-]
ρ_S	Schüttdichte	[t/m³]

10.6.10.3 Fahrwiderstände

$$w_m = w_r + w_k \pm w_i \quad (10.6\text{-}28)$$

w_m	Gesamtfahrwiderstandsbeiwert	[‰]
w_r	Rollwiderstandsbeiwert	[‰]
w_k	Krümmungswiderstandsbeiwert	[‰]
w_i	Steigwiderstandsbeiwert	[‰]

Steigwiderstandsbeiwert [‰]

Die vorhandene Steigung [‰] entspricht dem Steigwiderstandsbeiwert w_i [‰]

Gesamtfahrwiderstand der Wagen

$$W_{m(W)} = w_m \cdot G_W \cdot 9{,}81 \quad (10.6\text{-}29)$$

$W_{m(W)}$	Gesamtfahrwiderstand	[kN]
w_m	Gesamtfahrwiderstandsbeiwert	[‰]
G_W	Wagengewicht des Zuges	[t]

10.6.10.4 Lokberechnung

Die erforderliche Gesamt-Zugkraft setzt sich aus der Reibungszugkraft und der erforderlichen Anzugskraft zusammen.

Die erforderliche Reibungszugkraft der Lok

$$Z_{Rerf.} \geq W_{m(W)} + W_{m(L)} \quad (10.6\text{-}30)$$

$Z_{Rerf.}$	Erforderliche Reibungszugkraft	[kN]
$W_{m(W)}$	Gesamtfahrwiderstand der Wagen	[kN]
$W_{m(L)}$	Fahrwiderstand der Lok	[kN]

Um jedoch den Fahrwiderstand der Lok ermitteln zu können, wird das Lok-Gewicht benötigt.

Deshalb wird in erster Näherung folgende Annahme getroffen:

$$W_{m(W)} \approx W_{m(L)} \quad (10.6\text{-}31)$$

Damit lässt sich das erforderliche Reibungsgewichtskraft der Lok ermitteln:

$$F_{RL} = \frac{Z_R}{\mu} \quad (10.6\text{-}32)$$

$$F_{RL} = G_L \cdot 9{,}81 \quad (10.6\text{-}33)$$

F_{RL}	Reibungsgewichstkraft der Lok	[kN]
Z_R	Reibungszugkraft	[kN]
μ	Kraftschlussbeiwert	[-]
G_L	Gewicht der Lok	[t]

Kraftschlussbeiwert μ [‰]

- nass 0.050 – 0.100
- trocken 0.135 – 0.145
- Sand gestreut 0.200 – 0.250

Danach kann ein zweckmässiger Loktyp gewählt werden:

Motorleistung	N_{mo}	[PS]
Dienstgewicht	G_L	[t]
Reibungsgewichtskraft	F_{RL}	[kN]
Maschinenzugkraft	Z_M	[kN]

Nun muss die genaue Ermittlung des Fahrwiderstandes der Lok erfolgen:

$$W_{m(L)} = w_m \cdot G_L \cdot 9{,}81 \quad (10.6\text{-}34)$$

$W_{m(L)}$	Fahrwiderstand der Lok	[kN]
w_m	Gesamtfahrwiderstandsbeiwert	[‰]

Gesamtfahrwiderstandsbeiwert

$$w_m = w_r + w_k \pm w_i \quad (10.6\text{-}35)$$

w_m	Gesamtfahrwiderstandsbeiwert	[‰]
w_r	Rollwiderstandsbeiwert	[‰]
w_k	Krümmungswiderstandsbeiwert	[‰]
w_i	Steigwiderstandsbeiwert	[‰]

Rollwiderstandsbeiwert [‰] der Lok [10-17]

Dieselantrieb:

$$w_{r(L)} = \frac{850}{N_{mo} + 15} + \left(0.1 \cdot N_{mo}\right)^2 \quad (10.6\text{-}36)$$

Elektroantrieb:

$$w_{r(L)} = \frac{3300}{N_{mo} + 170} + \left(0.02 \cdot N_{mo}\right)^2 \quad (10.6\text{-}37)$$

N_{mo}	Motorleistung	[PS]

Gesamtfahrwiderstand des Zuges

$$W_m = W_{m(L)} + W_{m(W)} \quad (10.6\text{-}38)$$

Somit ist die Reibungszugkraft der Lok:

$$Z_R \geq W_m \quad (10.6\text{-}39)$$

Berechnung der Anzugskraft

Die Anzugskraft der Lok muss den Zug von der Geschwindigkeit null auf die Geschwindigkeit v innerhalb der Strecke s beschleunigen (Bild 10.6-4). Die Anzugskraft muss zu der Reibungszugkraft addiert werden, damit der Zug auch auf der Steigung anfahren kann.

End- bzw. Streckengeschwindigkeit:

$$v = a \cdot t$$
$$v = \sqrt{2 \cdot a \cdot s} \quad [m/s] \quad (10.6\text{-}40)$$

Erforderliche Beschleunigung:

$$a = \frac{v^2}{2 \cdot s} \quad [m/s^2] \quad (10.6\text{-}41)$$

Anzugskraft des Zuges:

$$Z_A \geq (G_L + \sum G_{wti}) \cdot a$$
$$Z_A \geq (G_L + \sum G_{wti}) \cdot \frac{v^2}{2 \cdot s} \quad [kN] \quad (10.6\text{-}42)$$

G_L	Gewicht der Lok	[t]
G_{wti}	Gesamtgewicht des Wagens i (Eigengewicht und Ladegewicht)	[t]
v	Streckengeschwindigkeit	[m/s]
s	Beschleunigungsstrecke	[m]

$$\left[t \frac{m}{s^2}\right] \hat{=} [kN]$$

Gesamtzugkraft der Lok

Damit ergibt sich die Gesamtzugkraft der Lok zu:

$$Z_L = Z_R + Z_A \quad [kN] \quad (10.6\text{-}43)$$

Das erforderliche Gewicht der Lok zum Anfahren und zur Überwindung der Reibung ergibt sich aus:

$$G_L \geq \frac{Z_L}{9{,}81 \cdot \mu} \quad [t] \quad (10.6\text{-}44)$$

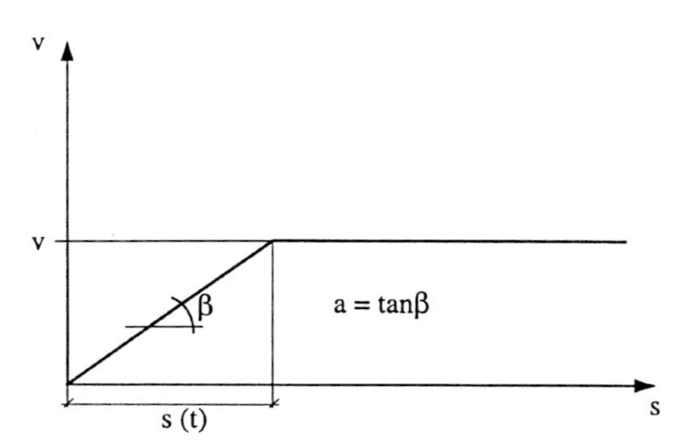

Bild 10.6-4 Beschleunigung und Bremsstrecke des Zuges

Falls diese Forderungen nicht erfüllt sind, muss

- eine schwerere Lok
- eine kleinere Wagenzahl
- eine grösserer Krümmungsradius
- eine flachere Steigung

gewählt werden.

10.6.10.5 Ermittlung der Bremsneigung

Die günstigste Neigung für Talfahrten ergibt sich aus dem Beharrungszustand bei gleichförmiger Bewegung, d. h. wenn

- Zugkraft = 0
- Bremskraft = 0

Allgemein gilt für die günstigste Neigung, die sogenannte Bremsneigung

$$i_{br} = w_{r(W)} + w_{k(W)} \quad (10.6\text{-}45)$$

i_{br}	Bremsneigung	[‰]
$w_{r(W)}$	Rollwiderstandsbeiwert eines Wagens	[‰]
$w_{k(W)}$	Krümmungswiderstandsbeiwert eines Wagens	[‰]

Diese Bremsneigung ist bei der Trassierung einer Strecke möglichst zu berücksichtigen.

Es ist fahrdynamisch am günstigsten, die erforderlichen Gleisrampen mit „Bremsneigung“ anzulegen.

10.6.10.6 Ermittlung der Bremsausrüstung

Zu betrachten sind im wesentlichen folgende Betriebszustände:

- Bremsen auf Halt
- Bremsen bei Talfahrt

Bremsen auf Halt [10-13]

$$l_b = \frac{4.05 \cdot v^2}{10 \cdot b \cdot k_b \cdot \mu_b + w_r \mp w_i} \quad (10.6\text{-}46)$$

l_b	Bremsweg	[m]
v	Geschwindigkeit	[km/h]
b	Bremsfaktor	[-]
k_b	Bremsdruckfaktor	[-]
μ_b	Bremsreibungsbeiwert	[‰]
w_r	Rollwiderstandsbeiwert	[‰]
w_i	Steigwiderstandsbeiwert	[‰]

Bremsfaktor b [-]

$$b = \frac{\text{aktives Bremsgewicht}}{\text{Gesamtgewicht des Zuges}} = \frac{G_b}{G} \quad (10.6\text{-}47)$$

Aktives Bremsgewicht: Gewicht aller abgebremsten Fahrzeuge (Wagen & Lok, die mit Bremsen ausgerüstet sind)

Bremsdruckfaktor k_b [-]: 0.5 – 0.6
Bremsreibungsbeiwert μ_b [‰]: 150

$$t_b = \frac{2 \cdot l_b \cdot 3600}{v_0 \cdot 1000} \quad (10.6\text{-}48)$$

t_b	Bremszeit	[s]
l_b	Bremsweg	[m]
v_0	Ausgangsgeschwindigkeit	[km/h]

Bremsen bei Talfahrt [10-13]

Die Fahrt erfolgt ohne Antrieb im Gefälle, dessen Neigung grösser als der Fahrwiderstand des Zuges ist.

Gefällekraft i > Zugwiderstand w

Die überschüssige Gefällekraft muss durch Bremskraft B_r umgewandelt werden, so dass der Zug mit gleichmässiger Geschwindigkeit fährt und die Gefällekraft = Zugwiderstand wird.

Bremsfaktor:

$$b = \frac{100 \cdot (w_i - w_r - w_k)}{k_b \cdot \mu_b} \quad (10.6\text{-}49)$$

W_k	Krümmungswiderstandsbeiwert	[‰]

Erforderliche Bremskraft des Zuges:

$$B_r = B_b + B_i \quad [kN] \quad (10.6\text{-}50)$$

B_b Verzögerungskraft um den Zug von der Fahrgeschwindigkeit v innerhalb der Strecke l_b in der horizontalen zu stoppen

B_i Überschüssige Gefällkraft

$$B_b = (G_L + G_w) \cdot b = (G_L + G_w) \cdot \frac{v^2}{2 \cdot l_b} \quad [kN] \quad (10.6\text{-}51)$$

$$B_i = 9{,}81 \cdot (G_L + G_w) \cdot (i - w_r) \quad [kN] \quad (10.6\text{-}52)$$

G_L	Gewicht der Lok (10.6-33)	[t]
G_w	Wagengewicht des gesamten Zuges (10.6-27)	[t]
i	maximal Gefälle	[‰]
w_r	Rollreibungswiderstand	[‰]
b	Bremsverzögerung	[m/s²]
v	Fahrgeschwindigkeit	[m/s]
l_b	Bremsstrecke	[m]

Mögliche Bremskraft:

$$B_r = 9{,}81 \cdot (G_L + m \cdot G_{wtb}) \cdot \mu \quad [kN] \quad (10.6\text{-}53)$$

m	Anzahl der Wagen mit Bremse	[-]
G_{wtb}	Gesamtgewicht eines Wagens mit Bremse (Eigen + Ladung)	[t]
μ	Bremsreibungskoeffizient Rad – Schiene	[-]

Erforderliche Wagen mit Bremse:

$$m = \frac{1}{9{,}81 G_{wtb}} \left[\frac{(G_L + G_w)\left(\frac{v^2}{2 \cdot l_b} + (i - w_r) \cdot 9{,}81\right)}{\mu} - 9{,}81 \cdot G_L \right] \quad [-] \quad (10.6\text{-}54)$$

Gültigkeitsbereich:

$m = [m/m = a;\ a \in R^+,\ m \in N \Rightarrow m_i < a < m_{i+1} \Rightarrow m = m_{i+1};\ m \in R_o^- \Rightarrow m = o]$

10.6.10.7 Fahrzeitberechnung

Gesamtfahrzeit

$$T = \frac{L \cdot 60}{v} + \Delta t_a + \Delta t_b \quad (10.6\text{-}55)$$

T	Gesamtfahrzeit	[min]
L	Länge der Transportstrecke	[km]
v	mittlere Streckengeschwindigkeit	[km/h]
Δt_a	Anfahrzeitzuschlag	[min]
Δt_b	Bremszeitzuschlag	[min]

Geschwindigkeit $v = \frac{270 \cdot N_{mo}}{F_{LG} \cdot w_m}$ (10.6-56)

N_{mo}	Motorleistung	[PS]
F_{LG}	Zuggewichtskraft der Lok	[kN]
w_m	Gesamtfahrwiderstandsbeiwert	[‰]

Anfahrzeitzuschlag $\Delta t_a = \frac{v_e}{3{,}6 \cdot a_a}$ (10.6-57)

Δt_a	Anfahrzeitzuschlag	[min]
v_e	Geschwindigkeit, auf die der Zug beschleunigt wird	[km/h]
a_a	Anfahrbeschleunigung	[m/sec²]

Anfahrbeschleunigung $a_a \approx \frac{Z_{am} - W_m}{m}$ (10.6-58)

Z_{am}	Anfahrzugkraft	[N]
W_m	Gesamtfahrwiderstand	[N]
m	Masse des Zuges	[kg]

Bremszeitzuschlag $\Delta t_b = \frac{2 l_b}{V_o} = \frac{v_o}{3{,}6 \cdot a_b}$ (10.6-59)

Δt_b	Bremszeitzuschlag	[min]
l_b	Bremsstrecke	[m]
v_0	Geschwindigkeit, bei welcher der Zug abgebremst wird	[km/h]
a_b	Bremsverzögerung	[m/sec²]

10.6.11 Bandförderung

Nutzleistung

$$Q_N = A_F \cdot v \cdot 3600 \cdot \eta_1 \cdot \eta_2 \quad (10.6\text{-}60)$$

Q_N	Nutzleistung	[m³/h]
A_F	theoretischer Füllquerschnitt des Förderbandes (s. Bild 10.2-5)	[m²]
v	Fördergeschwindigkeit	[m/s]

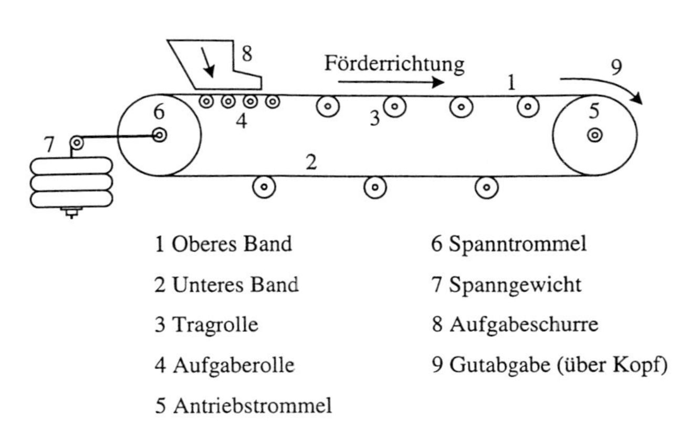

Bild 10.6-5 Prinzip der Fördereinrichtung

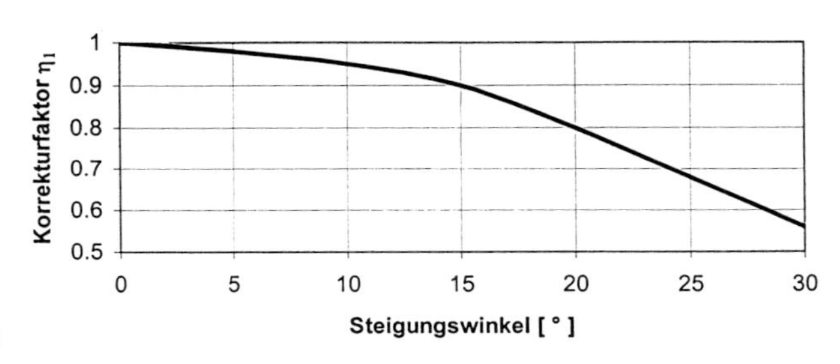

Bild 10.6-6 Einfluss des Steigungswinkels auf den Fördergutstrom (Korrekturfaktor η_1)

η_1 Korrekturfaktor für die Bandneigung [-]

η_2 Korrekturfaktor für die Ungleichförmigkeit der Beschickung [-] (= 0,5 – 1,0, abhängig vom Ladegerät)

Bandsteigung

Die Bandsteigungen werden folgendermassen begrenzt:

	Steigung in °
Feinkörniges Gut	25
Grobkörniges Gut	18
Rolliges Gut	14
Steilförderband	40
Neigung nach abwärts	14

Tabelle 10.6-8 Maximale Bandsteigungen

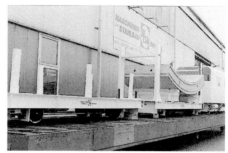

11 Temporäre Entwässerungs- und Absperrmassnahmen

11.1 Wasserhaltung der Baustelle

11.1.1 Allgemeines

Im Untertagebau müssen, je nach hydrologischer Situation, ausreichende baubetriebliche Massnahmen zur Wasserhaltung getroffen werden. Eine trockene Untertagebaustelle ohne Gebirgswasser ist eine grosse Seltenheit. Im Gebirge befinden sich immer wassergefüllte Klüfte und Wasseradern, welche die auszuführenden Arbeiten erschweren können. Die geologischen Prognosen enthalten meist Indikationen über die anzutreffenden Wasserverhältnisse.

Auch in einem trockenen Tunnel oder Stollen treten je nach Jahreszeit erhebliche Mengen an Kondenswasser auf, besonders im Sommer. Ein Verkehrstunnel im Mittelland weist eine relativ gleichmässige Wandtemperatur von ca. 12 °C auf. Bei einer Aussenlufttemperatur im Sommer von 20 – 30 °C und einer relativ hohen Luftfeuchtigkeit von 60 - 85 % kondensiert die Luftfeuchtigkeit beim Auftreffen auf die kältere Tunnelwand (die Wassersättigung der Luft ist temperaturabhängig).

Die technischen Anforderungen und der Installationsaufwand für die Wasserhaltung im Tunnel unterscheiden sich prinzipiell bei **steigendem** oder **fallendem Vortrieb**. Der Tunnelbauer meidet den fallenden Vortrieb und führt einen solchen nur aus, wenn keine andere technische und wirtschaftliche Alternative besteht.

Einen **Tunnel** sollte man möglichst **steigend auffahren**. Dies hat den Vorteil, dass die prognostizierten wie auch die plötzlich und unerwartet eintretenden Wassermengen durch das Gravitationsgefälle abgeleitet werden können. Um diese Wassermengen möglichst kontrolliert abführen zu können, werden in der Tunnelsohle von der Ortsbrust beginnend seitlich künstlich hergestellte Rinnen (Rigolen) angelegt. Damit wird sichergestellt, dass die Arbeiten im Tunnel bis zu einer definierten Wassermenge weitestgehend ohne grosse Behinderung durchgeführt werden können. Je nach geologisch prognostiziertem Bergwasseranfall ist immer eine Rigole vorzusehen. Das Gefälle der Rigole ergibt sich aus dem Tunnellängsgefälle; ist dies nicht ausreichend, muss möglicherweise das Bergwasser gefasst und gepumpt werden. Der Querschnitt der Rinne sollte so dimensioniert werden, dass eine ausreichende mittlere Fliessgeschwindigkeit erreicht wird. Die Fliessgeschwindigkeit muss eine genügende Schleppkraft erzeugen, um den Schlamm und das Bohrmehl zu fördern. Ist die Fliessgeschwindigkeit zu gering, setzt sich die Rigole mit Gesteinsmehl und Schlamm zu. Das Wasser tritt dann aus und die Tunnelsohle beginnt zu verschlammen, so dass die Transportgeschwindigkeit erheblich reduziert und somit die Transportleistung beeinträchtigt wird. Um dies zu verhindern, muss die Rigole mechanisch oder durch Schwallspülung gereinigt werden. Aus baubetrieblichen Gründen sollte man möglichst hinter der Ortsbrust eine feste Sohle mit Rigole anordnen. Dies sollte bereits einen integrierenden Teil des endgültigen Ausbaus bilden, um die Projektkosten gering zu halten.

Sind grosse Wassermengen prognostiziert, müssen Pumpen, Pumpensümpfe und Förderleitungen für die prognostizierten Mengen – mit einem Sicherheitszuschlag für die Streubreite – vorgesehen werden. Solche Massnahmen sind jedoch mit grossem Aufwand verbunden.

Wenn allerdings ein **Tunnel** aus projektbedingten oder aus wichtigen baubetrieblichen Randbedingungen **bergab aufgefahren** werden muss, sind ausreichende Massnahmen zum Abpumpen der gemäss Prognose höchstmöglich anfallenden Wassermengen zu treffen. Durch anfallendes Bergwasser im Brustbereich ergibt sich immer liegendes Wasser im Arbeitsbereich. Dadurch werden alle an der Ortsbrust auszuführenden Arbeiten mehr oder weniger stark erschwert. In Vertikal- und Schrägschächten kann die Situation sehr schwierig wer-

Vorabdichtung:	• Spritzbeton mit Schnellbindemittel • Injektionen, Verdämmung, etc.

Ableitungsverfahren:	• Oberhasli-Verfahren
	• Wasserableitung mit Eternit oder galvanisierten Blechkanälen
	• Wasserableitung mit Kunstoffrohren
	• Wasserableitung mit Drainage-Halbschalen
	• Streifen- oder flächenhafte Vordichtung mit:
	  • Kunstoffvlies
	  • Höckerfolien
	  • Bitumengeweberahmen

Tabelle 11.1-1 Vorabdichtungs- und Ableitungsmethoden

den. Vorauseilende Brunnen können jedoch das Auffangen des Wassers erleichtern. Die Leitungen sollten der vorauseilenden Ortsbrust permanent nachgezogen werden. Im Ortsbrustbereich sollten die Unterwasserpumpen einsatzbereit vorgehalten werden.

Beim Sprengvortrieb bilden die Bohrungen für die Sprenglöcher eine gewisse hydrologische Vorerkundung. Wenn bereits aus den Bohrlöchern Wasser austritt (Menge und Druck beurteilen!), dann ist nach dem Abschlag Wasser zu erwarten.

Eine **Minimalvorhaltung** an Leitungen und Pumpen sollte immer vorgesehen werden.

Zur Wasserhaltung und Ableitung stehen folgende baubetrieblichen Möglichkeiten zur Verfügung:

- Drainagemassnahmen mittels Gravitationsgefälle oder Pumpen
- Grundwasserabsenkungen mittels Brunnen oder Vakuumlanzen
- Grundwasserabsperrungen durch Injektionen oder Gefriermethode

Diese Massnahmen können auch kombiniert werden.

11.1.2 Drainagemassnahmen

Um den Aufbau des Wasserdrucks hinter der Spritzbetonschale zu verhindern, z. B. bei quellenhaftem, örtlich begrenztem Wasseraustritt aus Klüften, Schichtgrenzen usw., sind Drainagemassnahmen notwendig. Sie dienen dem drucklosen Ableiten des anfallenden Gebirgswassers. Dadurch werden baubetriebliche Störungen und Schäden am Bauwerk weitgehend vermieden. Man kann die Drainagemassnahmen unterscheiden in:

- Sammeln des Wassers am Austrittsort
- Ableiten des Wassers in den Vorfluter

Das anfallende Wasser wird möglichst schon an der Tunnellaibung gefasst und durch Rinnen im Gravitationsgefälle oder über Pumpensümpfe mittels Pumpen kontrolliert in den Vorfluter gefördert. Dies ist meist notwendig, um:

- ein Aufweichen der Tunnelsohle zu verhindern,
- Beeinträchtigung der Arbeiten zu vermeiden,
- das Abschwemmen oder das Abdrücken des Spritzbetons zu verhindern.

Die möglichen Vorabdichtungs- sowie Drainagemassnahmen sind in Tabelle 11.1-1 dargestellt.

Zur Fassung des Wassers an der Tunnellaibung wendet man heute, je nach Intensität und Erscheinungsbild des Wasseraustritts, folgende Massnahmen an:

- Abschlauchen mittels flexiblen Drainagehalbschalen
- Anbringen von Noppenbahnen im Bereich des Wasseraustritts

Bei lokalem, relativ gut abgrenzbarem Wasseraustritt an der Tunnellaibung verwendet man die Abschlauchmethode. Man benutzt heute **biegsame, drahtnetzverstärkte PVC-Halbschalen** (Bild 11.1-1). Diese Schalen lassen sich einfach mittels schnellabbindendem Mörtel an der Tunnellaibung ankleben oder mit Heftklammern auf die erste

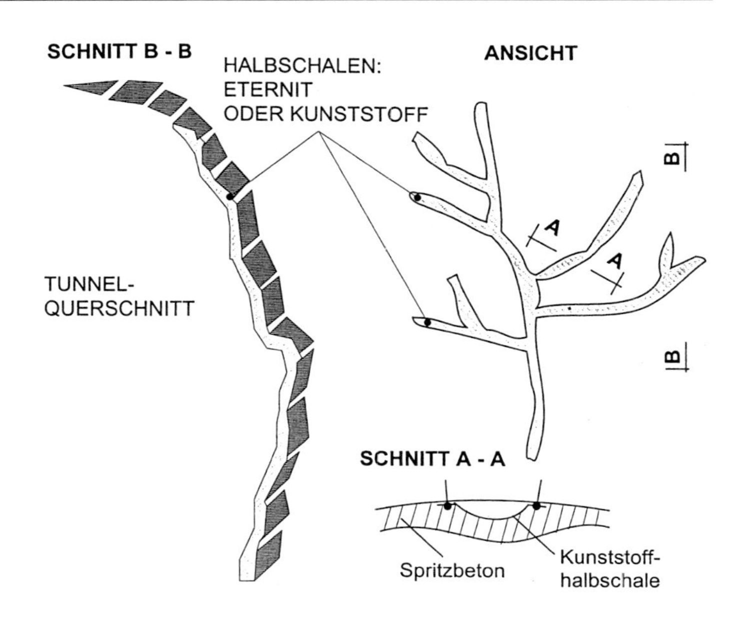

Bild 11.1-1 Wasserableitung mit Drainage-Halbschalen

Spritzbetonlage aufschiessen. Das Wasser wird mittels dieser baumartig verlegten PVC-Halbschalen gesammelt und in eine Rinne abgeleitet. Die Halbschalen können mit Reinigungsöffnungen versehen werden, um die sich später bildenden Ablagerungen durch Reinigen bzw. Spülen zu entfernen.

Bei grossflächigem Wasseraustritt verwendet man **Noppenfolien**. Dies erweist sich als effiziente, lohnkostenreduzierende Massnahme zum Ableiten des Wandwassers (Bild 11.1-2). Die Kunststoff-Noppenfolien werden mittels hochfesten Stahlnägeln aufgeschossen. Die Ränder werden meist mit schnellabbindendem Mörtel abgedichtet. Diese Noppenfolienstreifen werden bis zur Bodenrinne hinunter geführt. Die Noppenfolie wird meist in Bahnen von 2 m geliefert. Tritt das Wasser gross-

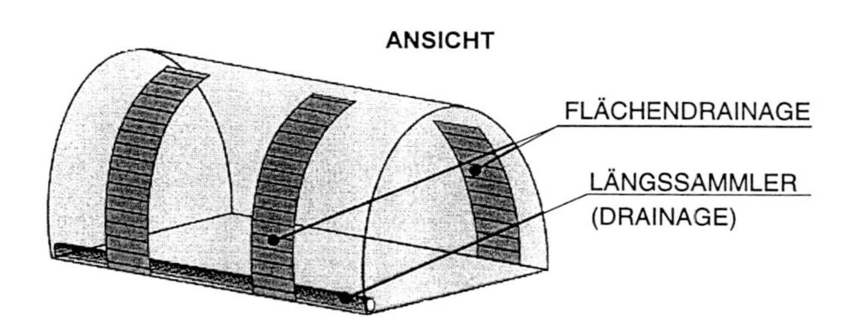

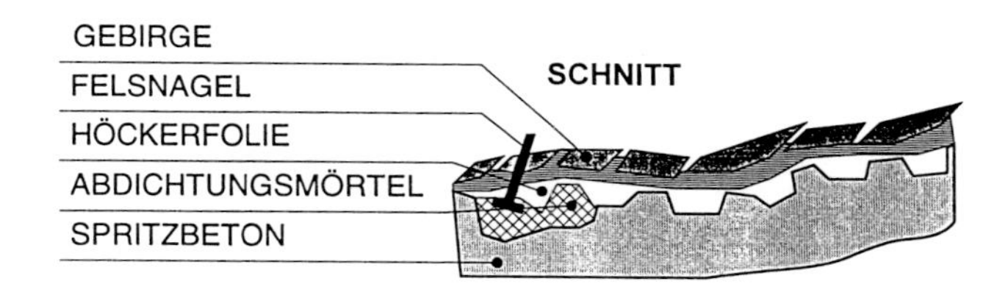

Bild 11.1-2 Flächenhafte Vordichtung mit Höckerfolie [11-1]

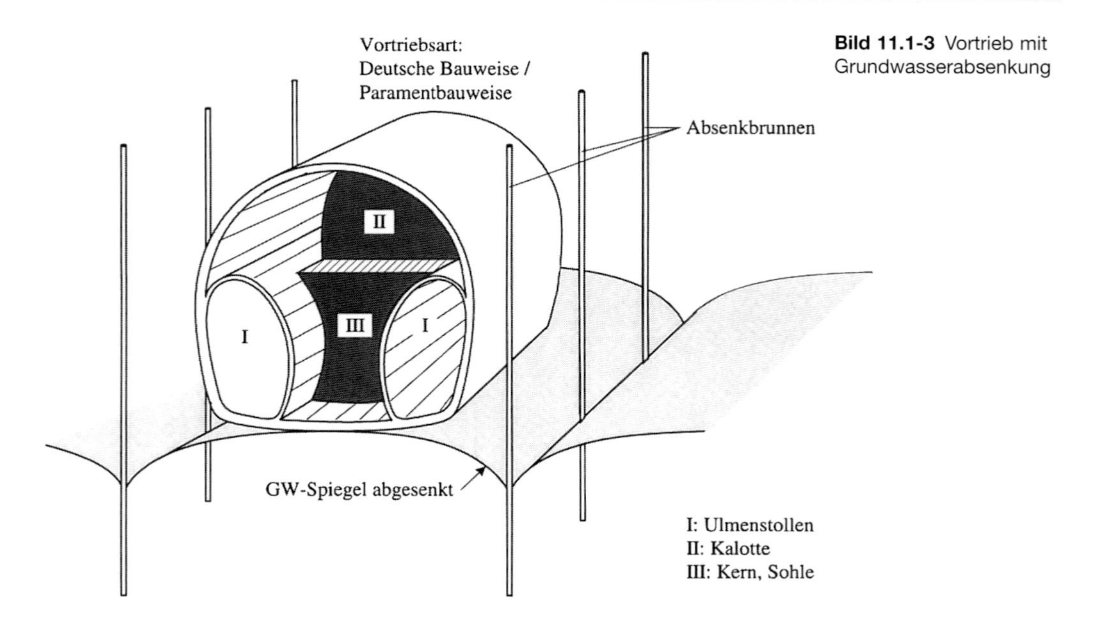

Bild 11.1-3 Vortrieb mit Grundwasserabsenkung

flächiger aus, können diese Folien überlappt werden, ohne dass Zusatzmassnahmen erforderlich werden.

Wenn die Drainage permanent aufrechterhalten werden muss, muss der Luftzutritt in die Drainage verhindert werden, um ein Versintern zu vermeiden. Hierzu erweisen sich Siphons beim Einleiten des Wassers in die Rinne als hilfreich.

Um Feuchtstellen an der Tunnellaibung abzudichten, die ein Haften des Spritzbetons verhindern, kann mit schnellabbindendem Spritzbetonmörtel (Sika Shot) vorabgedichtet werden.

11.1.3 Grundwasserabsenkung und Grundwasserabsperrung

Die Grundwasserabsenkung mittels Brunnen und Vakuumlanzen ist in Bild 11.1-3 dargestellt (siehe hierzu [11-2]).

Wenn grosse lokale Wasserschüttung nicht nach relativer kurzer Zeit versiegen, können Drainageverfahren nicht mehr angewendet werden, weil dann negative Auswirkungen auf Quellen sowie auf die sensible Bergfauna und -flora unvermeidlich sind und auch die landwirtschaftliche Nutzung von Rebhängen, Bergwiesen und Wäldern stark beeinträchtigt wird. Dies kann auch für Grundwasserabsenkungen gelten. Statt Grundwasserabsenkungen oder Drainagemassnahmen müssen oder können Absperrmassnahmen durchgeführt werden. Das Grundwasser kann man temporär absperren mittels:

- Injektionsverfahren
- Gefrierverfahren
- Druckluftverfahren

Das Druckluftverfahren wird nicht weiter dargestellt, da die heutigen Hauptanwendungen vorwiegend im Rahmen von temporären Reparaturarbeiten an der Ortsbrust beim Einsatz von Schildmaschinen liegen. Ferner eignen sich Druckluftvortriebe auch bei relativ kurzen Tunnelbaumassnahmen im Grundwasser.

11.2 Injektionsverfahren zur temporären und permanenten Absperrung von Grundwasser

11.2.1 Injektionsmittel

Ein Injektionsgut muss folgende Anforderungen erfüllen:

- Das Injektionsgut, oder Komponenten davon, dürfen während der Applikations- und Nutzungsphase nicht toxisch oder korrodierend wirken.
- Die Stabilität des Materials unter den vorhandenen Temperaturen muss gewährleistet sein.

- Das Injektionsgut muss stabil im Gebirgswasser sein, auch bei Vorhandensein von aggressiven Stoffen oder extremen pH-Werten.
- Die Injektionsmasse muss nach der Injektion erhärten.
- Die Materialkosten sollten möglichst tief liegen, da sie einen wesentlichen Faktor für die Wirtschaftlichkeit des Verfahrens darstellen.
- Praxisbedingte Forderungen wie z. B. Lagerfähigkeit müssen erfüllt sein.

Um einen ersten Überblick über die verschiedenen Injektionsmittel zu bekommen, werden zuerst allgemeine Begriffe erläutert und die wesentlichen Grundzüge des Verhaltens der Injektionsmittel beschrieben [11-3]. Dann werden die einzelnen Hauptinjektionsmittel, die im Tunnelbau zur Anwendung kommen, genauer betrachtet.

Lösungen

Unter Lösungen versteht man chemische Verbindungen von ursprünglich flüssigen, festen oder gasförmigen Körpern mit einem Lösungsmittel. Man unterscheidet echte und kolloidale Lösungen [11-4]. Die Lösung stellt eine vollständige Durchmischung der Moleküle der gelösten Substanz mit denen des Lösungsmittels dar. Die Bestandteile von Lösungen können mechanisch nicht getrennt werden. Beispiele sind die meisten gebräuchlichen chemischen Injektionsmittel wie z. B. Silikatgele.

Suspensionen

Suspensionen sind Gemische aus Flüssigkeiten und Feststoffen, welche anfänglich nicht chemisch gebunden sind. Der Durchmesser der festen Bestandteile liegt in der Grössenordnung von 1 bis 100 μm. Falls sich die Bestandteile durch Sedimentation von selbst trennen, spricht man von instabilen Suspensionen. Bei stabilen Suspensionen trennen sich die Bestandteile nicht von selbst, können aber mit mechanischen Mitteln voneinander getrennt werden. Beispiele sind Suspensionen aus Wasser und Zement vor dem Beginn der Hydratation.

Mörtel, Pasten

Suspensionen mit erhöhtem Feststoffanteil (z. B. Sandzusatz) werden Mörtel oder Pasten genannt.

Emulsionen

Emulsionen sind Gemische zweier oder mehrerer Flüssigkeiten unterschiedlicher Eigenschaften, die keine oder zunächst keine chemische Verbindung eingehen. Die Bestandteile von Emulsionen sind mechanisch voneinander trennbar. Beispiele sind Emulsionen aus Bitumen und Wasser, Harz- und Kautschukemulsionen. In der Injektionstechnik ist die Verwendung von Emulsionen nicht weit verbreitet.

Chemische Injektionsmittel

Unter chemischen Injektionsmitteln sind die Silikatgele und die reaktiven Harze einzugliedern.

Zusatzmittel

Zur Verbesserung der Eigenschaften des Injektionsgutes werden unterschiedliche Zusätze verwendet:

- Verflüssiger:
  Ein Verflüssiger dient zur Reduzierung der Viskosität. Das Injektionsmittel ist leichter verarbeitbar, da die Oberflächenspannung des Wassers verringert wird. Der Wasseranspruch kann herabgesetzt werden.
- Stabilisatoren:
  Um Ausfällungen und Sedimentationen zu verhindern, verwendet man Stabilisatoren. Wegen ihrer Wirkung werden sie auch als thixotropierende Mittel bezeichnet.
- Härtemittel:
  Insbesondere bei Silikatgelinjektionen kommen Härtemittel zum Einsatz.
- Beschleuniger:
  Falls der Erstarrungsprozess zu langsam ist, werden Beschleuniger benötigt, die den Abbindeprozess beeinflussen.

11.2.2 Injektionen mit Zementen

11.2.2.1 Injektionen mit Standardzementen

Die entscheidenden Merkmale bei Injektionen mit Zementen sind die Mahlfeinheit und die maximalen Korngrössen des Zementes. Es müssen beide Kriterien beachtet werden. Die Fliess- und die Sedimentationseigenschaften der Suspension werden vor allem durch die Mahlfeinheit charakterisiert, die nach Blaine bestimmt wird. Dabei wird die spezifische Oberfläche aus der Luftdurchlässigkeit eines definierten Zementbettes ermittelt (DIN 1164 Teil 4). Unter genormten Bedingungen ist dann die spezifische Oberfläche des Zementes proportional zur Wurzel der gemessenen Zeit. Mit dieser Zeit wird die spezifische Oberfläche berechnet, die in cm^2/g angegeben wird. Standardzemente für Injektionen weisen, je nach Sorte, einen Blaine-

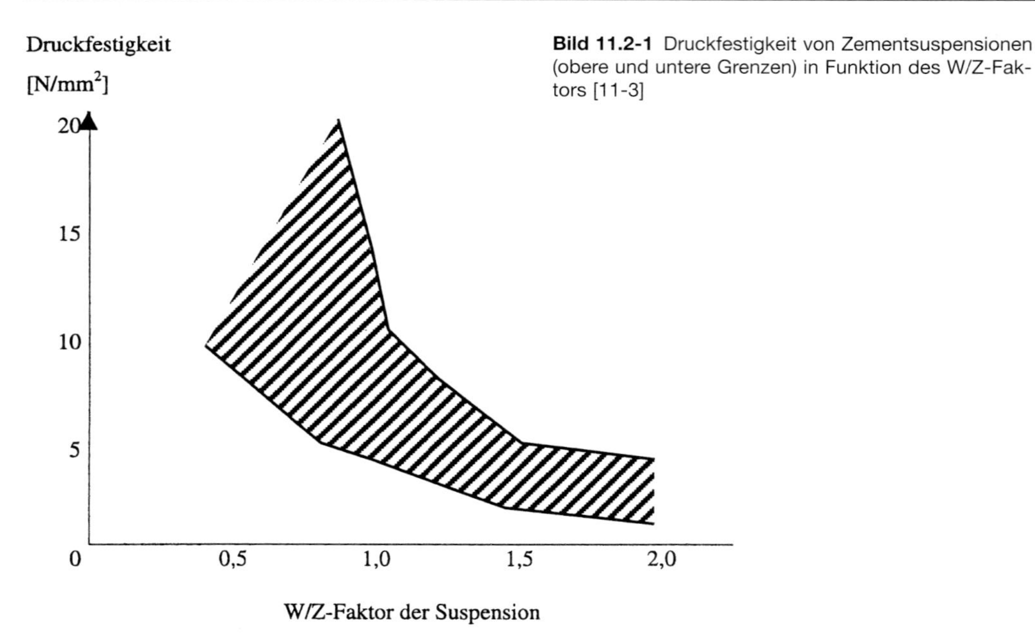

Bild 11.2-1 Druckfestigkeit von Zementsuspensionen (obere und untere Grenzen) in Funktion des W/Z-Faktors [11-3]

Wert von 2700 cm^2/g bis 6000 cm^2/g auf. Nebst Fliess- und Sedimentationseigenschaften der Suspension hängt natürlich auch die Reaktivität des Zementes hauptsächlich von der spezifischen Oberfläche des Bindemittels ab. Der Blaine-Wert sagt jedoch alleine nichts über die Eindringfähigkeit des Injektionsgutes aus. Die Eindringfähigkeit der Suspensionen in Klüfte und Poren wird im wesentlichen durch die Korngrösse im oberen Bereich bestimmt. Das Grösstkorn, das den Hohlraum des Gefüges gerade noch passieren kann, ist von grossem Interesse. Das Grösstkorn kann man verschieden definieren. Eine Möglichkeit besteht darin, es mit dem d_{95}-Wert anzugeben. Dieser Wert ist aus der Kornverteilungskurve der Zementpartikel zu entnehmen und gibt den Grösstwert für 95 % aller Partikel einer Probe an. Die üblichen Werte des Grösstkorns für Injektionen mit Zementen liegen zwischen 0.06 und 0.1 mm. Durch diesen Wert des Grösstkorns ist auch der minimale Querschnitt der Fliesswege des zu injizierenden Mediums definiert. Bei geeigneter Kombination von Injektionsmittel und Injektionsmedium wird folglich verhindert, dass ein Sperrkorn die Fliesswege blockiert. Bei Sand entstehen Probleme, weil der Widerstand beim Pressen grosser Körner sehr gross wird. Somit wird ab einem bestimmten Durchlässigkeitsbeiwert (k-Wert) eine erfolgreiche Injektion unmöglich.

Als Mindestanforderungen an Injektionen mit Zementen werden empfohlen [11-3]:

- spezifische Oberfläche mindestens 3000 cm^2/g
- Grösstkorn höchstens 0,1 mm
- mindestens 90 % der Zementkörner kleiner als 0,05 mm

Das Wasser in Zementsuspensionen muss frei sein von Chemikalien, die das Erstarrungsverhalten und die Endeigenschaften des Injektionsmittels ungünstig beeinflussen. Trinkwasser und Wasser aus öffentlichen Leitungsnetzen sind in der Regel geeignet.

Aufgrund der Fliesseigenschaften von Suspensionen aus Wasser und Zement können diese rheologisch als Bingham-Medium betrachtet werden. Sie sind durch die Viskosität und die Fliessgrenze gekennzeichnet. Mit dem Wassergehalt der Suspension fällt die Viskosität stark ab. Suspensionen mit W/Z-Werten zwischen 0,8 und 1,0 liegen in bezug auf niedrige Sedimentationsgeschwindigkeiten und beherrschbare Viskosität im günstigen Bereich. Grössere W/Z-Werte als 1,5 bringen keine Verbesserung der Fliesseigenschaften.

Beim Einsatz von Verflüssiger kann bei gleicher Verarbeitbarkeit mit einem viel tieferen W/Z-Wert injiziert werden. Dadurch sind höhere Früh- und Endfestigkeiten sowie eine bessere Festigkeitsentwicklung erreichbar. Um Ausfällungen und Sedimentationen zu verhindern, verwendet man Stabilisatoren. Des weiteren verhindern Stabilisatoren die Entstehung von Zusammenklumpungen bei hohen Drücken. Bei hohen Drücken kann nämlich dem Zement das Wasser entzogen werden, was auch Bluten genannt wird. Dadurch erstarrt die Zementsuspension und blockiert die Fliesswege.

Für die Verarbeitung können durch Zugabe von Zusatzmitteln folgende Vorteile erreicht werden:

- Die Zementsuspension sedimentiert unter Fliessbedingung nicht.
- Das Wasserabscheiden wird verhindert und die Fliesswege werden nicht blockiert.
- Die Mischung bleibt über längere Verarbeitungszeit stabil.
- Das Auswaschen des Zementes wird behindert.
- Die Wegfliess- und Ausschwemmgefahr wird verringert.

Für das erhärtete Injektionsgut können durch Zugabe von Zusatzmitteln folgende Vorteile erreicht werden:

- geringeres Schwinden und besseres Verpressen der Grenzflächen
- grössere Dichte des Injektionsgutes
- bessere mechanische Eigenschaften
- grössere Resistenz gegen chemische und physikalische Angriffe

Die Druckfestigkeit von sehr eng gestuften Sanden, welche mit Zement injiziert worden sind, wurde in Versuchen ermittelt. Es stellte sich heraus, dass der Wassergehalt der Suspension einen grossen Einfluss auf die Druckfestigkeit hat. Dies bestätigt die Bedeutung der Verwendung von wasserarmen Suspensionen. In Bild 11.2-1 sind die Druckfestigkeiten in Abhängigkeit vom Wasser/Zement-Faktor ersichtlich. Diese Grafik stellt die obere und untere Grenze der Streuungen der diversen Proben dar und soll nur schematisch einen Überblick schaffen.

11.2.2.2 Injektionen mit Mikrozementen

Der Anwendungsbereich von Injektionen mit den bisher verfügbaren Standardzementen musste aufgrund der Mahlfeinheit und Kornverteilung auf vergleichbar grobkörniges Lockergestein oder grobklüftigen Fels begrenzt werden. Zudem veranlasste die zunehmende Diskussion über die Umweltverträglichkeit der chemischen Injektionsmittel, insbesondere bei Kontakt mit Grundwasser, die Zementindustrie zur Entwicklung von Feinstbindemitteln.

Mikrozemente, auch Feinstzemente oder Ultrafeinzemente genannt, werden in einem speziellen Herstellungsverfahren extra fein gemahlen. Es handelt sich dabei um Stoffe hoher Feinheit auf der Basis von Portlandzementklinkern, speziellen Hüttensanden und Tonen sowie weiteren Zusatzmitteln. Der

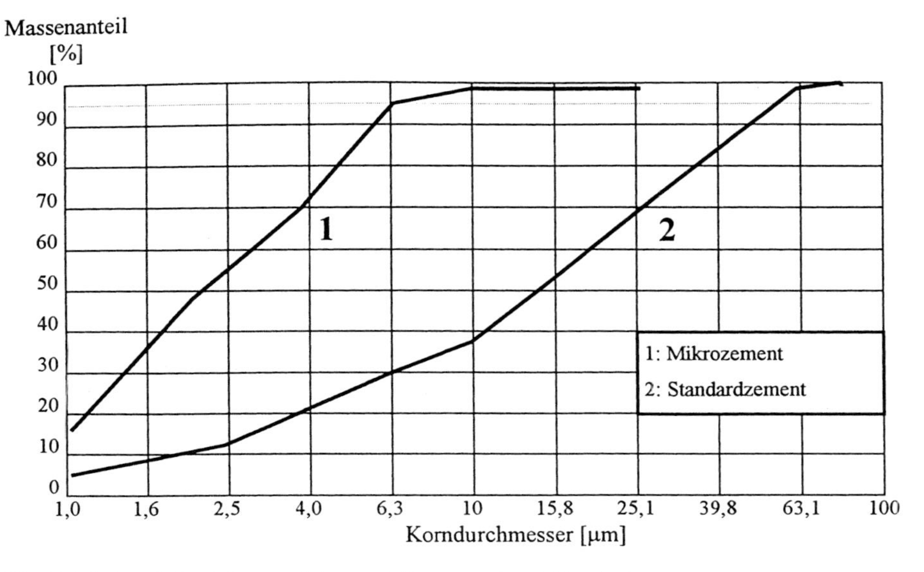

Bild 11.2-2 Qualitative Körnungslinien von Mikrozement und Standardzement

Blaine-Wert liegt dementsprechend höher als derjenige von Standardzementen und beträgt üblicherweise zwischen 8000 cm^2/g und 16000 cm^2/g. Im Hinblick auf die Injektion von feinsandigen Böden sowie feinen Rissen im Fels muss bei der Produktion der Feinstbindemittel das Grösstkorn begrenzt werden, um die bereits erwähnte Verstopfung an den Gefügeengstellen infolge Sperrkornbildung zu vermeiden. Im Vergleich mit einem Standardzement ist der Korndurchmesser von 95 % aller Partikel eines Mikrozementes rund fünf- bis zehnmal kleiner. Die Sperrkorngrösse ist für die Planung von Injektionen ein sehr wichtiges Kriterium. Die ungefähren Körnungslinien in Bild 11.2-2 verdeutlichen die Unterschiede in den Kornverteilungen von Mikrozementen und Standardzementen.

Als Mindestanforderungen an Mikrozemente werden empfohlen [11-3]:

- spezifische Oberfläche mindestens 8000 cm^2/g
- Grösstkorn höchstens 0,02 mm
- mindestens 90 % der Zementkörner kleiner als 0,015 mm

Durch die hohe spezifische Oberfläche ist ein entsprechend grosser Wasserbedarf erforderlich. Der Schwund und die Mischungsstabilität der Suspension sollen aber nicht nachteilig beeinflusst werden. Dadurch können Suspensionen mit Mikrozementen nicht mit einem W/Z-Wert von über 0,8 eingesetzt werden. Für eine erfolgreiche Injektion werden Zusatzmittel benötigt. In der Regel sind dies Hochleistungsverflüssiger. Durch die optimale Kombination von Feinstbindemittel und Verflüssiger erhält der Einsatz von Mikrozementen in der Injektionstechnik einen neuen Stellenwert.

In der Injektionstechnik sind mit Mikrozementen folgende Vorteile zu erzielen:

- grössere Eindringtiefe durch höhere Mahlfeinheit
- geringere Pumpendrücke und dadurch schonungsvolleres Injizieren
- kürzere Einbringzeit aufgrund des besseren Fliessverhaltens und kürzere Wartezeiten dank schnellem Abbinden und Erhärten

11.2.2.3 Injektionen mit Bentonit-Zementmischungen

Reine Zement- und Wassersuspensionen sind instabil, was sich durch starke Sedimentation äussert. Durch Beigabe von Ton wird der Feinanteil von Zementsuspensionen erhöht; die Fliesseigenschaft und die Eindringfähigkeit werden dadurch verbessert. Um diese günstige Wirkung zu erzielen, muss darauf geachtet werden, dass die Korngrösse des Grobkornanteils des Tons diejenige des Zementes nicht oder nur unwesentlich übersteigt. In der Praxis werden der Suspension meist 1 bis etwa 4 % Bentonit, bezogen auf den Zementgehalt, beigegeben. Hierdurch tritt eine ausgeprägte Stabilisierung ein, die bis zu mehreren Stunden anhalten kann. Die Wirkung des Bentonits geht zum Teil auf Ionenaustauschvorgänge zurück, zum Teil aber auch auf sein geringes Absetzvermögen. Die Zugabe von Bentonit vergrössert auch die Viskosität und die Fliessgrenze der Suspension. Für alle stabilisierenden Suspensionen sind Laborversuche zu empfehlen.

11.2.3 Injektionen mit reaktiven Kunstharzen

11.2.3.1 Polyurethane

Schäume, die im Bauwesen als Injektionsmittel seit etwa 1960 in Entwicklung sind, bestehen hauptsächlich aus Polyurethanen. Alle Schaumstoffe unterscheiden sich von anderen Injektionsmitteln durch die unter Gasentwicklung eintretende Reaktion des Aufschäumens. Polyurethane sind ein- oder zweikomponentige Kunstharze. Als Zweikomponenten-Kunstharze werden sie durch die Reaktion von Polyol und Isocyanat gebildet. Falls Wasser vorhanden ist, das entweder zugegeben wird oder bereits im Gebirge existiert, reagiert die Isocyanat-Komponente unter Bildung von CO_2 zu Polyharnstoff. Es sind die zwei folgenden chemischen Reaktionen massgebend:

- Reaktion: Polyol + Isocyanat $\rightarrow$ Polyurethan
- Reaktion: Isocyanat + H_2O $\rightarrow$ Polyharnstoff + CO_2

Die zweite Reaktion führt dabei zur Bildung des CO_2-Gases. Dieses Gas wird in das Polyurethan-Gefüge eingeführt und verursacht eine Volumenvergrösserung. Das Aufschäumen unter Druckentwicklung führt zu einer selbsttätigen Sekundärinjektion feiner Risse und Poren in der Umgebung des ursprünglich imprägnierten Bereiches. Der durch die Bildung des Schaumes entstehende Druck liegt zwischen 3 und 10 bar. Die Chemie von Polyurethanen erlaubt es, viele Variationen vorzunehmen. Es gibt langsam reagierende, schnell reagierende, stark oder schwach expandierende Polyurethanschäume und solche, die mit Wasser besonders stark reagieren und speziell für die Abdichtung bei starkem Wasserandrang konzipiert sind. Für die Injektionstechnik haben die Polyurethanschäume dank der Vielfalt und der expandierenden Eigenschaft einen hohen Stellenwert.

Je nach Kornverteilung und Porengrösse des zu injizierenden Lockergesteins sind sowohl im bodenfeuchten als auch im wassergesättigten Zustand einachsiale Druckfestigkeiten von über 50 N/mm^2 zu erzielen. Je geringer die Porengrösse im Lockergestein ist, um so weniger schäumt das injizierte Mittel auf und um so grösser wird die Festigkeit. Durch das erwähnte Aufschäumen kommt es zu einem überproportionalen Absinken der Festigkeitswerte, so dass im normalen Einsatzbereich mit Druckfestigkeiten zwischen 5 und 30 N/mm^2 zu rechnen ist. Diese Werte werden, je nach Reaktivität des Harzes, innerhalb von Zeiten zwischen 1 und 24 Stunden erreicht.

Spezielle Beachtung gilt der Zug- und Scherfestigkeit von mit Polyurethan injizierten Böden. Anders als hydraulisch abbindende Baustoffe, in denen Diskontinuitäten, vor allem kleine Schwindrisse, bei Zugbelastung relativ schnell zum Versagen führen können, erreichen Polyurethane hier Werte, die in derselben Grössenordnung wie die Druckfestigkeiten liegen. Untersuchungen zur Wasserdichtigkeit haben für mittel- bis grobsandige Böden einen mittleren Durchlässigkeitswert von $k = 2 \cdot 10^{-5}$ cm/s und für feinsandige Böden von $k = 4 \cdot 10^{-7}$ cm/s ergeben.
Folgende Merkmale sind bei Injektionen mit Polyurethanen wichtig:

- Kohäsion
- hohe Eindringfähigkeit (bis in Risse in der Grössenordnung von 0,2 mm)
- Verformbarkeit (nach dem elastischen Bereich zeigen Polyurethane einen plastischen Bereich, in dem Bewegungen möglich sind, ohne dass es zum Bruch kommt)
- Festigkeit

An dieser Stelle soll noch auf die mögliche Brandgefahr hingewiesen werden. Es können Unfälle entstehen, wenn nach Injektionen mit nicht brandgeschützten Polyurethanen Schweissarbeiten durchgeführt werden. Vor allem stark expandierende Polyurethanschäume sind leicht brennbar. Bei einem tragischen Unfall in einem Goldbergwerk in Südafrika sind im Jahre 1986 rund 180 Menschen umgekommen. Die Ursache war ein Feuer, das bei Schweissarbeiten ausgebrochen war. Das Polyurethan hatte dabei giftige Gase freigesetzt.

11.2.3.2 Organomineralharze

Die chemische Basis der Organomineralharze ist dieselbe wie bei den Polyurethanen. Die Organomineralharze sind Zweikomponenten-Systeme, welche im Volumenverhältnis 1:1 gemischt werden. Bei der Reaktion von Organomineralharzen werden gleichzeitig zwei einander durchdringende Polymernetzwerke gebildet. Folgende Reaktionen sind massgebend:

- Reaktion: Isocyanat + Wasser → Polyharnstoff + CO_2
- Reaktion: Natronwasserglas + CO_2 → Silikat + Soda + Wasser

Es gibt Organomineralharze, die nicht expandieren und aus diesem Grund eine hohe Festigkeit erreichen (>50 N/mm^2). Andererseits existieren auch solche, die sehr stark expandieren und nur sehr geringe Festigkeiten (<1 N/mm^2) aufweisen. Sie werden vorwiegend zur Verfüllung und Verdämmung grosser Hohlräume verwendet.

11.2.4 Zweck der Injektion

11.2.4.1 Abdichtung

Im Fels

Die Notwendigkeit von Injektionsarbeiten für Abdichtungszwecke wird in erster Linie von Ergebnissen der Wasserabpressversuche abgeleitet. In der Literatur sind vor allem Kriterien für den Bau von Talsperren zu finden. Die folgenden Erläuterungen gelten prinzipiell auch für den Tunnelbau.

Bei der Wahl des bestgeeigneten Injektionsmittels gilt die Regel, dass das gröbste Injektionsmittel angewendet werden soll, welches in die vorhandenen Klüfte und Poren eingepresst werden kann. Die Dichtigkeit und Festigkeit der ausgehärteten Injektionsmittel steigen in der Regel mit dem Zusatz grober Bestandteile. Beton ist in grossen Hohlräumen wegen des Schrumpfverhaltens dichter und fester als Mörtel, und der Mörtel ist dichter und fester als Zementsuspensionen. Diese wiederum sind dichter und fester als Chemikalgemische. Bei der Auswahl nach der groben Seite müssen – neben der Eindringfähigkeit – natürlich auch die Verarbeitbarkeit bei der Aufbereitung und die Transportfähigkeit durch Pumpen und Rohrleitungen beachtet werden. Von diesen Überlegungen her sind der Anwendung von Beton und Mörtel zur Abdichtung von Festgestein enge Grenzen gesetzt.

Beton kommt nur in stark verkarstetem Gebirge oder in künstlichen Hohlräumen in Frage. Der Vorgang gleicht dann natürlich mehr der Verarbeitung von Pumpbeton als einer Injektion.

Die Injektion mit Mörtel kommt ebenfalls nur bei sehr grosser Hohlräumen oder Klüften von vielen Zentimetern Kluftweite in Betracht. Bei der Abdichtung von Festgestein wird eine reine Mörtelinjektion allein kaum zum Ziel führen, sondern sie wird als Voraus- oder Zusatzmassnahme einer Zementsuspensionen erfolgen. Beide Injektionsmittel sollten mit der gleichen maschinellen Einrichtung verarbeitet werden. Es ist speziell zu erwähnen, dass Mörtel ungünstige Sedimentationseigenschaften aufweisen und nur über eine kurze Distanz gepumpt werden können (ca. 100 m).

Für einen Abdichtungserfolg mit Zementsuspensionen werden W/Z-Faktoren zwischen 0,8 und 1,0 empfohlen. Eine bewährte Standardmischung ist:

- W/Z-Wert 1,0
- spezifische Oberfläche mindestens 3000 cm^2/g
- 90 % der Zementkörnung unter 0,05 mm
- Bentonitzusatz (2 % des Zementgemisches)

Im Felstunnelbau kommen zur Abdichtung vor allem auch PU-Schäume zum Einsatz. Diese reagieren schnell und fliessen nicht ab. Bei grossen Hohlräumen ist auch eine Kombination in Betracht zu ziehen. Nach einer PU-Injektion zur äusseren Verdämmung kann ein Einbringen von Zementsuspensionen erfolgen.

Im Lockergestein

Als primäres Kriterium gilt, dass das Injektionsmittel zu wählen ist, das unter Beachtung der Wirtschaftlichkeit noch technisch gut in den Baugrund injiziert werden kann. Im Tunnelbau werden für Abdichtungszwecke neben Zementsuspensionen vor allem PU-Schäume oder auch in einigen Fällen weiche Silikatgele eingesetzt.

Wassergehalt

Der Wassergehalt beeinflusst die Injektionen bezüglich des Reaktionsablaufs folgendermassen:

- Veränderung der Ausgangsformulierung einer Zementsuspension (W/Z-Faktor)
- zusätzliche Reaktion und Veränderung des Volumens wie z. B. bei den Polyurethanen
- Veränderung der Konzentrationen reaktiver Harze wie z. B. der PMA-Harze

Wasserdruck

Der Wasserdruck im Untergrund stellt hohe Anforderungen an das Injektionsmittel. Zementsuspensionen können durch das durchfliessende Wasser ausgewaschen werden. Auch kann ein Wegschwemmen von langsam reagierenden oder nicht thixotropierten Injektionsmitteln die Folge sein. Bei hohen Wasserdrücken können die expandierenden Polyurethane ihre Vorteile zur Geltung bringen. Zudem weisen sie eine sehr schnelle Reaktionszeit auf. Organomineralharze eignen sich bei hohen Wasserdrücken eher weniger.

Mit einem thixotropierenden Zusatzmittel können Zementsuspensionen stabilisiert und bis zu einem Wasserdruck von 7 bar injiziert werden.

11.2.4.2 Hohlraumverfüllung

Unter Hohlraumverfüllung im Tunnelbau wird vor allem die Hinterfüllung von Tunnelverkleidung und Gebirge verstanden. Anwendungsbereiche sind die Ringspaltverpressung bei Tübbingauskleidungen und die passive Vorspannung von Druckstollen. Die dazu benutzten Injektionsmittel bestehen meistens aus einem speziellen Mörtel.

11.2.4.3 Verfestigung

Im Lockergestein

Eine Verfestigung im Lockergestein dient zur Erhöhung der Schub- und Druckfestigkeit des Bodens. Auch sollen Verformungen in Grenzen gehalten werden. Mit der Verfestigung wird wegen des porenfüllenden Charakters der Injektion gleichzeitig auch eine Abdichtung erzielt.

Es kommen nur Mittel in Frage, die auch technisch injizierbar sind. Nach der Verpressung muss das Injektionsmittel selbst zu ausreichender Festigkeit erhärten oder auf chemischem Wege eine Verkittung der Lockergesteinspartikel bewirken, die dem injizierten Gestein die gewünschte Festigkeit gibt.

Im Fels

Die Verfestigung soll eine Erhöhung der Schubfestigkeit und eine Herabsetzung der Verformbarkeit

Injektionsmittel	Endfestigkeit [N/mm²]	Bemerkung
Standardzement	50 bis 70	Die Endfestigkeit ist von der Zusammensetzung des Zementes (z.B CEM 52.5 oder CEM 42.5) und vor allem vom W/Z-Faktor abhängig.
Mikrozement	50 bis 70	Die Endfestigkeit ist von der Zusammensetzung des Zementes und vor allem vom W/Z-Faktor abhängig.
PU-Schäume	5 bis 30	Die Endfestigkeit ist stark abhängig von der Expansion.
Organomineralharze	1 bis 60	Die Endfestigkeit ist stark abhängig von der Expansion.
PMA-Harze	2 bis 30	Die Endfestigkeit ist stark abhängig vom vorhandenen Wasser.
Silikatgele (Hartgele)	1 bis 2	Weichgele haben eine noch geringere Festigkeit (etwa einen Zehntel).

Tabelle 11.2-1 Endfestigkeiten der Injektionsmittel

bewirken. Es hängt von der Zusammensetzung des Baugrundes, von seiner Injektionsfähigkeit, von der Art der zukünftigen Felsbeanspruchung und von der Injektionsmethodik ab, bis zu welchem Ausmass diese Ziele erreicht werden. Wegen der begrenzten Möglichkeiten, die mechanischen Eigenschaften von Fels im Verband zu bestimmen, gibt es nur wenige Beispiele, von denen die Felseigenschaften vor und nach der Injektion exakt bekannt sind. Der Planer ist in den meisten Fällen darauf angewiesen, die Auswirkung der Injektion qualitativ abzuschätzen.

Wie bei einer Abdichtung sollte die Hauptkluftrichtung nach Möglichkeit senkrecht angeschnitten werden. Die Bohrlochanordnung muss so erfolgen, dass die Injektionsbereiche der Bohrlöcher zusammenwachsen und einen geschlossenen Injektionskörper bilden. Bei gegebener Notwendigkeit einer Felsverfestigung muss davon ausgegangen werden, dass grosse Klüfte – und deshalb auch eine grosse Durchlässigkeit – vorhanden sind. Das Bohrlochraster, der Einpressdruck und die Zusammensetzung des Injektionsmittels müssen so aufeinander abgestimmt werden, dass das Injektionsgut nicht ausserhalb des geplanten Injektionsbereiches entweicht und möglichst überall die gleiche Festigkeit erreicht wird.

Als Injektionsmittel eignen sich bei grossen Klüften vor allem Zementsuspensionen, wenn nicht sogar Mörtel oder Beton.

Die Festigkeit des Injektionskörpers ist von der Festigkeit des eingesetzten Injektionsmittels und auch vom vorhandenen Baugrund abhängig.

Um einen Vergleich der Injektionen in bezug auf die Festigkeit darzulegen werden die Endfestigkeiten des reinen Injektionsgutes in der Tabelle 11.2-1 aufgezeigt.

Es ist wichtig zu wissen, dass bei zementösen Systemen mit niedrigem W/Z-Faktor hohe Festigkeiten zu erreichen werden. Bei den reaktiven Harzen werden bei kleiner Expansion respektable, bei grosser Expansion geringe Festigkeiten erzielt.

Festigkeitsentwicklung

Neben der Endfestigkeit ist vor allem auch die Festigkeitsentwicklung bzw. die Erhärtungszeit von Interesse. Während zementöse Systeme mit CEM 52.5 oder CEM 42.5 eine stark verzögerte Festigkeitsentwicklung zeigen und erst nach rund zwei Tagen eine erwünschte Festigkeit von 8 N/mm² erreichen, sind mit Kunstharzen oder Feinstbindemitteln dieselben Festigkeiten unter denselben Bedingungen nach 2 bis 10 Stunden zu erzielen. Die Zeit, die bis zum weiteren Vortrieb abgewartet werden muss, reduziert sich dadurch um den Faktor 5. Diese enorme Reduktion des Zeitaufwandes schlägt sich natürlich auch in den Kosten nieder.

Ein weiterer entscheidender Parameter, der die Festigkeitsentwicklung beeinflusst, ist die Temperatur im vorhandenen Boden. Während für zementöse Systeme die umgebende Temperatur für die Reaktion entscheidend ist und niedrige Umgebungstemperaturen die Erhärtungszeit um ein Vielfaches verzögern, reagieren die reaktiven Kunstharze weniger empfindlich auf tiefe Umgebungstemperaturen. Die Erhärtung wird nur um Minuten verzögert und nicht um Tage, wie das bei den zementösen Systemen der Fall sein kann.

Klebkraft, Adhäsion

Die Versteifung des Gebirges kann durch Verkleben unterstützt werden, indem sowohl die innere Reibung als auch die Kohäsion erhöht werden. Während Zementsuspensionen nur bei tiefen W/Z-Werten eine den Kunstharzen annähernd vergleichbare Adhäsion erreichen, weisen die reaktiven Kunstharze eine hohe Klebkraft auf. Generell kann festgestellt werden, dass die reaktiven Kunstharze sehr schnell eine sehr hohe Adhäsion erreichen und mit fortlaufender Dauer kaum mehr eine Steigerung ihrer Klebkraft erzielen. Zementinjektionen erreichen ihre maximale Festigkeit frühestens nach 48 Stunden. Für den Baustellenbetrieb hat dies die Konsequenz, dass die Baustellenabläufe durch Injektionssysteme mit hohem Wirkungsgrad beschleunigt und rationalisiert werden.

Verformungsverhalten

Gerade im Tunnelbau kommt es immer wieder zu Gebirgsbewegungen, die nicht gänzlich aufgehalten werden können. Diese führen zu Verformungen, die ihrerseits nicht zur Zerstörung der Verklebung führen dürfen. Bei Bewegungen ist es erwünscht, dass dem elastischen Verformungsbereich des Injektionsmittels, der bis zu einer möglichst hohen Spannung gehen sollte, ein plastischer Bereich folgt, in dem weitere Bewegungen möglich sind, ohne dass es zum Versagen kommt. Das Integral unter der Spannungsverformungskurve stellt das Arbeitsvermögen dar. Zementinjektionen verhalten sich eher spröde, im Gegensatz zu Polyurethanen, deren grosse Verformungsarbeit einen Anwendungsvorteil darstellt. Wegen dieser Eigenschaften sind Polyurethane für die Anwendung bei echtem Gebirgsdruck, aber auch bei Erschütterungen, sehr geeignet. Die Organomineralharze weisen eine geringe Verformbarkeit auf und gelten folglich auch als spröder.

11.2.4.4 Ökologische Betrachtung

Um den Einfluss eines Injektionsmittels auf die Umwelt zu beurteilen, ist stets eine Systembetrachtung erforderlich. Folgende Parameter spielen bei der Beurteilung der Umweltverträglichkeit eine Rolle:

- Art der Grundwässerschutzzone (siehe z. B. Tabelle 11.2-2)
- Grundwasserströmungsverhältnisse (Geschwindigkeit, Richtung)
- Chemismus von Grundwasser und Boden
- Chemismus des Injektionsmittels
- Reaktionszeit

Die Beeinträchtigung des Grundwassers ist hauptsächlich auf nicht erhärtete, mobile Injektionsmittel zurückzuführen. Randzonen sind in dieser Hinsicht besonders problematisch, da dort die Reaktion, die zur Gelierung bzw. Aushärtung führt, aus Gründen der Verdünnung des Injektionsmittels an der Injektionsfront unter Umständen nicht vollständig abläuft. Die Beeinflussung ist in der Nähe des Injektionskörpers am grössten. Eine Verminderung der Beeinträchtigung kann dadurch erfolgen,

Tabelle 11.2-2 Grundwasserschutzzonen

Art der Schutzzone	Definition
Zone A	Gebiet mit Grundwasservorkommen, die sich für die Wassergewinnung eignen
Zone B	Gebiete mit Grundwasservorkommen, die sich für die Wassergewinnung weniger gut eignen
Zone C	Alle Gebiete, die nicht zu den Zonen S, A oder B gehören
Zone S	Gebiet, welches Grundwasserschutzzonen um Grund- und Quellwasserfassungen umfasst
S1	Fassungsbereich
S2	engere Schutzzone
S3	weitere Schutzzone

Injektionsmittel	Bewertung	Kommentar
Standardzemente	++	Ungemischte Bindemittel nicht unkontrolliert ins Grundwasser gelangen lassen!
Mikrozemente	++	Ungemischte Bindemittel nicht unkontrolliert ins Grundwasser gelangen lassen!
PU-Schäume	0	Der Gefährdungsgrad ist immer auch von der Reaktionszeit abhängig. Die einzelnen Komponenten sind wassergefährdend und dürfen nicht in Wasser oder in den Boden gelangen.
Organomineralharze	0	Der Gefährdungsgrad ist immer auch von der Reaktionszeit abhängig. Die einzelnen Komponenten sind wassergefährdend und dürfen nicht in Wasser oder in den Boden gelangen.
PMA-Harze	+	Die einzelnen Komponenten sind schwach wassergefährdend. Ungemischte Komponenten dürfen nicht in Gewässer oder in den Boden gelangen. Im erhärteten Zustand verhält sich das Produkt inert.
Silikatgele (Hartgel)	--	Hartgele sind sehr kritisch und dürfen nicht im Grundwasser eingesetzt werden.
Silikatgele (Weichgel)	-	Weichgele können lokal im Grundwasser eingesetzt werden. Bezüglich der Umweltverträglichkeit herrschen unterschiedliche Meinungen vor. Die Verhältnismässigkeit spielt eine grosse Rolle.
++ sehr gut + gut 0 mittel - schlecht -- sehr schlecht		

Tabelle 11.2-3 Bewertung der einzelnen Injektionsmittel bezüglich der Umweltverträglichkeit

dass eine den Untergrundverhältnissen angepasste Rezeptur gewählt wird, bei der die Aushärtung bzw. Gelierung schnell und vollständig erfolgt. Auch können die Intensität und die zeitliche Dauer der Beeinflussung durch Umlenken des Grundwasserstroms oder durch Absenkung des Grundwasser gedämpft bzw. verkürzt werden.

Das Injektionsgut kann vor allem vor dem Erhärten ausgewaschen werden.

Das Hauptproblem bei Injektionen auf Kunststoffbasis ist die vollständige Polymerisation. Das lange, vernetzte Polymer als Endprodukt ist meist nicht giftig und kann kaum ausgewaschen werden, die Monomere als Ausgangsstoffe können jedoch unter Umständen toxisch sein. Eine vollständige Polymerisation kann jedoch nicht immer gewährleistet werden.

Probleme mit ausgewaschenem, hochtoxischem Injektionsgut sind in jüngster Zeit in Skandinavien (Tunnel Hallandsasen in Schweden, Tunnel Flughafen Gordemoen in Norwegen, beide 1997) aufgetreten.

Je nach Hersteller variiert die Zusammensetzung der einzelnen Injektionsmittel. Aus diesem Grund ist es sehr wichtig, immer darauf zu achten, dass das jeweils eingesetzte Injektionsmittel von einem Hygieneinstitut auf seine Umweltverträglichkeit geprüft wurde. Die Tabelle 11.2-3 gibt eine grobe Einstufung der Mittel in bezug auf Umweltverträglichkeit.

11.2.5 Baubetrieb und Kosten

Die baubetrieblichen Entscheidungskriterien in bezug auf das richtige Injektionsmittel und Injektionsverfahren richten sich nach folgenden Anforderungen:

- Wie gross ist der Platz zum Einsatz der Injektionsverfahren?
- Wie lang ist der Förderweg?

Tabelle 11.2-4 Relative Preise der Hauptinjektionsmittel

Injektionsmittel	relativer Preis	Bemerkung
Standardzement	1	
Zementmörtel	1 bis 2	
Mikrozemente	10 bis 25	je nach Blainewert
Silikatgele	5 bis 15	
Reaktive Harze	65 bis 180	je nach Schaumfaktor

- Wie lange dauert das Applizieren der Injektion und inwieweit wird der baubetrieblich kritische Ablauf davon betroffen?
- Welches ist das effizienteste Injektionsverfahren in bezug auf die erforderliche Menge (Verlaufen in Kluftsystemen, Wegschwemmen im Grundwasser)?
- Wie hoch muss die Festigkeitsentwicklung in bezug auf den nachfolgenden baubetrieblichen Ablauf sein?
- Wie hoch sind die Wasserhaltungskosten in bezug auf die Dichtwirkung bei Grundwasserabdichtungen?

Die Platzverhältnisse sind meist kein Entscheidungskriterium, da die Injektionsgeräte in der Regel nur einen geringen Platz erfordern. Die chemischen Injektionen benötigen weniger Platz als die Zementsuspensionen. Bei einer TBM z. B. sollten immer Injektionsstutzen vorhanden sein, um Stabilisierungen der Ortsbrust vornehmen zu können. Wird dies versäumt, muss bei einem Problem, das eine Stabilisierung der Ortsbrust erfordert, eventuell ein Umleitstollen ausgebrochen werden. Ein entscheidender Faktor kann die Länge des Förderweges des Injektionsmittels sein. Polyurethan z. B. ist hochviskos und erzeugt bei langen Förderwegen grosse Reibung, welche durch hohe Förderdrücke überwunden werden muss.

Ein wesentliches Selektionskriterium stellen stets die zeitlichen Abläufe dar. So muss bei einem engen Bauprogramm mit wenig Reservezeiten dasjenige Injektionsmittel bevorzugt werden, das die kürzesten Wartezeiten für den weiteren Vortrieb verursacht. Dies wirkt sich besonders auf die Anforderungen hinsichtlich der Festigkeitsentwicklung aus. Injektionsmittel, die die erforderliche Dicht- oder Festigkeitsentwicklung schnell erreichen, sind langsameren vorzuziehen, wenn die Folgebauabläufe von dieser Entwicklung abhängig sind und auf dem kritischen Weg liegen. Besonders wenn vernetzte Klüfte verschlossen und verklebt werden müssen, muss überprüft werden, ob das Injektionsmittel wirkungslos grossflächig abfliessen kann oder ob man die zu sichernden Bereiche gezielt mit einem Minimum an Materialaufwand injizieren kann. Dies gilt auch bei Abdichtungen gegenüber Grundwasser. Auch hier muss sorgfältig geprüft werden, welche Injektionsmittel am geeignesten sind, damit sie nicht während der Erhärtungsphase abfliessen können und die Abdichtwirkung reduzieren oder die Menge erhöhen.

In Notfällen, z. B. bei einem plötzlichen Wassereinbruch, ist der zeitliche Aufwand zur Installation der Geräte und die zeitliche Abdichtungswirkung entscheidend. So spielt die Festigkeitsentwicklung oder die Erhärtungszeit keine grosse Rolle, wenn die Injektionen z. B. von der Geländeoberfläche aus erfolgen und zeitlich vor dem Tunnelausbruch ausgeführt werden können. Ganz anders sieht es aus, wenn vom Ortsbrustbereich aus injiziert werden muss. Dann hat dies auf die folgenden Abläufe des Vortriebs entscheidenden zeitlichen Einfluss, und die Erhärtungszeit spielt dann eine wesentliche Rolle.

Nach der Selektion der technisch möglichen Injektionsverfahren muss bei der baubetrieblichen Selektion eine Kostenoptimierung vorgenommen werden. Diese umfasst, neben Material- und direkten Arbeits- und Gerätekosten, die finanziellen Auswirkungen von Verzögerungen der Folgebauabläufe und erhöhten Sicherungs- und/oder Wasserhaltungskosten.

Bei der Auswahl des Injektionsmittels müssen die Projektrandbedingungen berücksichtigt werden.

Um eine erste Entscheidungshilfe bei der Auswahl des Injektionsmittels aufgrund wirtschaftlicher Kriterien geben zu können, scheint es sinnvoll, die reinen Materialkosten der einzelnen Injektionsmittel gegenüberzustellen. Tabelle 11.2-4 zeigt einen Vergleich der relativen Preise der Hauptinjektionsmittel.

11.2.6 Checklisten zur Injektionsauswahl

Der Sinn der Checklisten besteht darin, dass anhand diverser Kriterien das optimale Injektionsmittel ausgewählt werden kann. Die harten Silikatgele werden nicht berücksichtigt, da sie aufgrund der Umweltverträglichkeit als gefährlich anzusehen sind und praktisch nicht mehr eingesetzt werden.

Um die Checklisten erstellen zu können, muss die Gültigkeit der erwähnten Kriterien für das jeweilige Projekt überprüft werden. Nicht alle bereits erwähnten Kriterien können direkt miteinander verglichen werden; trotzdem sind sie zu kontrollieren. Als erstes Kriterium zur Vorselektionierung der Injizierbarkeit wird der Baugrund in bezug auf die Kornverteilungskurve und den Darcychen-Durchlässigkeitswert herangezogen. Dies erfolgt in der Checkliste I (Tabelle 11.2-5).

Es sei an dieser Stelle nochmals speziell erwähnt, dass die Selektion nur anhand des k-Wertes eine starke Vereinfachung darstellt. Trotzdem soll mit der Checkliste I die erste Vorselektionierung erfolgen.

Nach der Checkliste I wird je nach Fall die Checkliste II, III oder IV benötigt (Tabelle 11.2-6 bis 11.2-8). Wie bereits erwähnt, erfolgen die Gewichtungen in den folgenden Tabellen anhand der baubetrieblichen Kriterien, die von Fall zu Fall unterschiedlich sind. Dem Injektionszweck muss mit Sicherheit die grösste Aufmerksamkeit geschenkt werden. Der Preis des Injektionsmittels ist allein nicht aussagekräftig. Im Tunnelbau, wo Injektionsmassnahmen primär als Bauhilfsmassnahme dienen, wird die Langzeitbeständigkeit auch kein sehr wichtiges Kriterium darstellen. Die Umweltverträglichkeit kann nur als ganzes System betrachtet ein aufschlussreiches Kriterium sein.

Das Produkt von Gewichtung und Nutzenpunkt ergibt den Nutzwert. Dasjenige Injektionsmittel ist zu bevorzugen, welches den höchsten Nutzwert aufweist. Das Total der Gewichtung hat den Wert von 100 %.

Liegen die Nutzwerte nahe beieinander, sollte eine Sensitivitätsanalyse durchgeführt werden.

Es ist klar, dass solche Checklisten starke Vereinfachungen darstellen. Aus diesem Grund müssen immer auch die individuellen Gegebenheiten berücksichtigt werden.

11.2.7 Injektionsverfahren zur Absperrung von Berg- und Grundwasser

Zur Absperrung von Berg- und Grundwasser werden folgende Injektionsverfahren verwendet:

Konventionelles Injektionsverfahren

Beim konventionellen Injektionsverfahren (siehe Kapitel 9) wird hauptsächlich das Manschettenrohrverfahren eingesetzt. Es basiert auf der Verfüllung von Hohlräumen sowie des Porenvolumens des Bodens. Das Verfahren wird in Lockergesteinsböden und im Felsgestein eingesetzt. Bei konventionellen Injektionen steht die Füllung der natürlichen Hohlräumen mit einem Injektionsmittel im Vordergrund. Daher müssen die verschiedenen Injektionsmittel zum Verfüllen der Poren wie auch der Klüfte gemäss der Kornverteilung und dem Durchlässigkeitsbeiwert des Bodens ausgewählt werden. Der Einsatz des optimalen Injektionsmittels richtet sich nach den bereits erwähnten Kriterien. Die Struktur des Bodens wird dabei weitestgehend erhalten. Die eingesetzten Drücke betragen zwischen 5 und 60 bar.

Hochdruckinjektionsverfahren

Das Hochdruckinjektionsverfahren – auch als Jet-Grouting-Verfahren bezeichnet (siehe auch Kapitel 9) – wird in allen Lockergesteinsböden eingesetzt, von groben Kiesen bis zu Tonen. Der Baugrund wird mit einem energiereichen Strahl aufgeschnitten, verflüssigt und gleichzeitig mit einer Suspension vermischt. Beim Hochdruckinjektionsverfahren wird die normale Lagerungsstruktur des Bodens im Bereich des Jetstrahls lokal bezüglich verringerter Durchlässigkeit und höherer Festigkeit verbessert. Im Bereich des Jetstrahls entsteht ein Bodenbeton. Beim Hochdruckinjektionsverfahren werden in der Regel im gesamten Anwendungsspektrum nur Zement- bzw. Zement-Bentonit-Suspensionen eingesetzt. Die Verpressdrücke liegen zwischen 300 und 700 bar.

Die Vorteile gegenüber der konventionellen Injektion bestehen aus:

- Umwelt- und Grundwasserverträglichkeit durch die Verwendung von Zementsuspensionen
- Anwendbarkeit fast im gesamten Lockergesteinsspektrum
- erweiterten Anwendungsbereichen

Tabelle 11.2-5 Checkliste I [11-5]

Baugrund: Darcysche Durchlässigkeit	Mögliche Injektionsmittel	Checkliste	Bewertung fur Checklisten II. II, IV
grössere Hohlraumverfüllung	Zementmörtel Polyurethane Organomineralharze weiche Silikatgele	II	-- sehr schlecht - schlecht 0 mittel + gut ++ sehr gut
k [m/s] > 10^{-4}	Standardzemente Polyurethane Organomineralharze weiche Silikatgele	III	
$10^{-5} < k$ [m/s] < 10^{-4}	Mikrozemente Polyurethane Organomineralharze weiche Silikatgele	IV	
$10^{-11} < k$ [m/s] < 10^{-5}	PMA-Harze		

Bemerkung: ***Bei der Evaluierung der möglichen Injektionsmittel ist immer auch die Kornverteilungskurve zu kontrollieren.***

Tabelle 11.2-6 Checkliste II [11-5]

Kriterien		Gewichtung	Möglichkeiten							
			Zementmörtel		Polyurethan		Organomineralharz		Weiches Silikatgel	
			Punkte	Nutzwert	Punkte	Nutzwert	Punkte	Nutzwert	Punkte	Nutzwert
Zweck der Injektion	Abdichtung		0		++		0		++	
	Endfestigkeit		++		0		-		--	
	Festigkeitsentwicklung		--		++		++		0	
	Klebkraft		-		++		+		-	
	Verformbarkeit		-		++		-		+	
Langzeitbeständigkeit			0		++		++		--	
Umweltverträglichkeit			++		0		0		-	
Preis (Material)			++		--		--		0	
Total Gewichtung										
Total Nutzwert										

Tabelle 11.2-7 Checkliste III [11-5]

Kriterien		Gewichtung	Möglichkeiten							
			Standardzement		Polyurethan		Organomineralharz		Weiches Silikatgel	
			Punkte	Nutzwert	Punkte	Nutzwert	Punkte	Nutzwert	Punkte	Nutzwert
Zweck der Injektion	Abdichtung		0		++		0		++	
	Endfestigkeit		++		0		-		--	
	Festigkeitsentwicklung		--		++		++		0	
	Klebkraft		-		++		+		-	
	Verformbarkeit		-		++		-		+	
Langzeitbeständigkeit			0		++		++		--	
Umweltverträglichkeit			++		0		0		-	
Preis (Material)			++		--		--		0	
Total Gewichtung										
Total Nutzwert										

Bemerkung: *Bei Verwendung von Standardzementen:*

- *Bei Abdichtungen kann eine Nachinjektion mit einem anderen Injektionsmittel erforderlich sein (Checkliste IV).*
- *Bei Vorhandensein von Wasser ist ein Thixotropierungsmittel zu empfehlen (Auswaschen, Wegfliessen, Sedimentation).*
- *Bewährte Standardmischung ist ein W/Z-Faktor von 1 mit Bentonitzugabe von 2 %.*

Tabelle 11.2-8 Checkliste IV [11-5]

Kriterien		Gewichtung	Möglichkeiten							
			Mikrozement		Polyurethan		Organomineralharz		Weiches Silikatgel	
			Punkte	Nutzwert	Punkte	Nutzwert	Punkte	Nutzwert	Punkte	Nutzwert
Zweck der Injektion	Abdichtung		-		++		0		++	
	Endfestigkeit		++		0		0		--	
	Festigkeitsentwicklung		-		++		++		0	
	Klebkraft		-		++		+		-	
	Verformbarkeit		-		++		-		+	
Langzeitbeständigkeit			0		++		++		--	
Umweltverträglichkeit			++		0		0		-	
Preis (Material)			0		--		--		0	
Total Gewichtung										
Total Nutzwert										

Bemerkung: *Falls Wasser vorhanden ist, muss bei Verwendung von Mikrozementen wegen Wegfliessens ein Zusatzmittel mit thixotropierender Wirkung eingesetzt werden. Ein Verflüssiger ist in jedem Fall einzusetzen.*

11.2.8 Konventionelle Injektionsverfahren

Injektionsdruck

Das Ziel konventioneller Injektionsverfahren ist es, natürliche Hohlräume mit einem Injektionsmittel zu füllen. Diese Hohlräume können durch Poren oder Klüfte gebildet sein.

Bei sehr hohen Drücken dringt das Injektionsgut zwar in den künstlich geschaffenen Spalten vereinzelt bis in grosse Entfernung vor, im Ganzen wird aber keine grosse Reichweite erreicht, und es ist auch fraglich, ob die Wiederverfüllung der künstlich geschaffenen Spalten so vollkommen gelingt, wie es zur Herbeiführung der Festigkeit oder Dichtigkeit erforderlich wäre. Die Zweckmässigkeit der hohen und systematisch mit der Tiefe gesteigerten Drücke wird deshalb nicht allgemein akzeptiert und ist bis heute Gegenstand von Diskussionen.

Der angemessene Injektionsdruck für konventionelle Manschetten-Injektionen kann nur durch sorgfältige Versuche ermittelt oder aus der Erfahrung abgeschätzt werden. Der gewählte Druck sollte in der Regel unter dem Aufreissdruck liegen, damit die Struktur des Bodens erhalten bleibt. Im allgemeinen sollten folgende Aspekte bei der Wahl des Injektionsdruckes berücksichtigt werden:

- Die Ermittlung des Injektionsdruckes aus dem Überlagerungsgewicht im Festgestein ist nur berechtigt, wenn das Gebirge hauptsächlich von oberflächenparallelen Klüften durchzogen ist. Nur dann kann der Druck proportional mit der Tiefe gesteigert werden.
- Wenn geneigte oder senkrechte Klüfte in massigem Gestein vorherrschen, sollte der Injektionsdruck unterhalb des Druckes gewählt werden, der zur Verschiebung von Gebirgsteilen führt. Dieser Druck kann nur durch Versuche oder aus Erfahrung ermittelt werden.
- Bei Wechsellagerung verschiedener Gesteinsschichten ist die Festigkeit in den Schichtflächen oder die Festigkeit des weichsten Gesteins ausschlaggebend.
- Bei Vorhandensein von Kluftfüllungen ist deren Spannungszustand massgebend.
- Bei konventionellen Injektionen im Lockergestein ist es wichtig, dass ein stetiges Fliessen des Injektionsmittels im Porensystem zustande kommt. Nur dann wird der Druck vom Bohrloch bis zur Ausbreitungsfront abgebaut. Falls ein zu hoher Druck gewählt wird, entstehen künstliche Spalten, oder der Boden wird radial um das Bohrloch verdrängt.

Nach Erfahrungen werden Drücke von 4 bis 10 bar bei Tiefen von bis zu 10 m verwendet. Grössere Tiefen erlauben auch grössere Drücke. Die Injektionsdrücke übersteigen demnach den Überlagerungsdruck. Dies bedeutet nicht, dass es zwangsläufig zu Hebungen der Oberfläche kommen muss.

Bei hohen Drücken besteht immer die Gefahr der Bildung von Claquagen. Das sind linsenförmige Gebilde, welche aus reinem Injektionsgut bestehen. Claquagen weisen meist eine Stärke von einigen Zentimetern bis zu einem Dezimeter auf. Grundsätzlich kann es aus folgenden Gründen zur Bildung von Claquagen kommen:

- Heterogenität des Bodens
- Anisotropie des Bodens
- hoher Injektionsdruck oder Druckstösse

Bei der Entstehung der Claquagen wird der Boden entweder gehoben oder zusammengedrückt. Claquagen können Vorteile, aber auch Nachteile aufweisen. Folgende Vorteile sind möglich:

- Armierungseffekt in feinkörnigen, nicht injizierbaren Böden
- Verdichtung des angrenzenden Bodens
- Abdichtungseffekt

Als Nachteile sind zu erwähnen:

- Hebung der Oberfläche
- Ansammlung von Injektionsgut

Bohrlochanordnung

Die üblichen Bohrlochabstände liegen zwischen 0,5 und 1,5 m. Für grössere Tiefen als 10 m können die Abstände bis auf 3 m erweitert werden. In speziellen Fällen, z. B. bei Injektionsarbeiten unter Staudämmen, wurden auch schon Abstände von 5 m gewählt.

Es gilt zu beachten, dass mit grösserem Bohrlochabstand der notwendige Injektionsdruck steigt und damit die Gefahr der Bildung von Claquagen wächst.

Der Gefahr der Umläufigkeiten – weil das Injektionsmittel in ein anderes Bohrloch fliesst – kann entgegengewirkt werden, indem die Löcher mit Holzzapfen oder mit einem Packer verschlossen werden. Meistens ist das Injektionsmittel im anderen Bohrloch noch nicht ganz erhärtet und stellt somit keine grösseren Probleme dar. Es kann aber die

Gefahr bestehen, dass Verstopfungen auftreten. Eine Möglichkeit besteht auch darin, dass die Injektionen in zwei Phasen ausgeführt werden. Dabei erfolgen zuerst die Primärinjektionen und dann die Sekundärinjektionen zur Füllung der Zwischenräume.

Injektionsmenge

Entgegen einer oft vertretenen Meinung ist das Porenvolumen nicht das einzige massgebende Kriterium zur Bestimmung der Injektionsmenge. In Wirklichkeit wird das kapillar gebundene Wasser in den Porenwinkeln durch das Injektionsgut nicht verdrängt. Das effektiv injizierte Porenvolumen ist demnach geringer als das im Labor festgestellte. Das injizierbare Porenvolumen entspricht ungefähr dem aus einer gesättigten Probe herausfliessenden Wasser bei einer Drainage. Entscheidend für die Injektionsmenge ist letztlich der Injektionsdruck. Je höher der Druck, desto weiter fliesst das Injektionsgut und desto mehr Claquagen bilden sich. Die Erfahrungen zeigen, dass man die theoretische Injektionsmenge, je nach zulässigem Injektionsdruck, auf 30 % bis 40 % des Volumens des zu injizierenden Bodenkörpers festlegen kann. Daraus ergibt sich die maximale Injektionsmenge, die pro Phase und Manschette verpresst werden darf.

11.2.8.1 Mannschaftsgrösse

Bohrarbeiten

Üblicherweise gibt es eine Bohrgruppe, welche für die Erstellung der Löcher und der Verrohrung zuständig ist. Die Bohrequipe geht der Injektionsequipe voraus. Für die Bohrarbeiten sind meist ein Bohrarbeiter und ein Hilfsarbeiter erforderlich. Mehrere Bohrgruppen werden von einem Bohrmeister betreut.

Injektionsarbeiten

Bei Injektionen mit chemischen Injektionsmittel sowie bei Zementsuspensionen sind zwei Arbeiter im Einsatz. Erforderlich sind ein Spezialist und eine Hilfskraft, die für den Nachschub verantwortlich bzw. am Mischer tätig ist.

Bei einer grösseren Baustelle können mit einem Mischer auch mehrere Pumpen beliefert werden. Die Pumpen laufen automatisch und stehen in der Nähe des Mischers. Bei einer Panne an der Pumpe kann derjenige Arbeiter reagieren, der sich am Mischer befindet.

11.2.8.2 Leistungen

Bohrleistung

Zur Bestimmung der Bohrlochleistung ist, neben der reinen Bohrzeit, das Verlängern des Bohrgestänges mit einzelnen Bohrschüssen sowie das Zurückziehen und Abschlagen des Bohrgestänges zu berücksichtigen. Die Leistung hängt, neben der Geologie, auch von der Länge der Bohrungen ab. Als grober Richtwert können maximal 8 m in der Stunde angenommen werden. Im Fels kann durchaus mit der doppelten Leistung gerechnet werden, falls keine Verrohrung notwendig ist.

Pro Arbeitstag kann eine Bohrequipe eine Bohrlänge zwischen 60 und 150 m erreichen.

Injektionsleistung

Im Durchschnitt kann mit einer Injektionsleistung von 0,5 m^3 injiziertem Material pro Stunde gerechnet werden. Mit zwei Pumpen erreicht man eine Injektionsleistung von 1 m^3 pro Stunde.

Pro Arbeitstag und pro Gruppe kann eine Injektionsleistung von ca. 10 bis 20 t Injektionsmischung angenommen werden.

11.2.8.3 Kosten

Ein eigentlicher Einheitspreis für alle Arbeiten, die eine Injektion erfordert, lässt sich nur sehr schwer bestimmen. Als eine sehr grober Richtwert können für Zementsuspensionen in einem kiesigen Boden 400 sFr./m^3 bzw. 250 €/m^3 Bodenvolumen angenommen werden. Einen beachtlichen Teil der Gesamtkosten machen die Bohrkosten aus.

Kosten pro Meter Bohrung

Wie bereits erwähnt, sind für die Erstellung einer Injektionsbohrung zwei Personen pro Equipe erforderlich, ein Bohrarbeiter und ein Hilfsarbeiter. Bei der Ermittlung der Lohnkosten wird ein Gruppenmittellohn gebildet. Zusätzlich sind Geräte- und die Verschleisskosten für das Bohrgestänge sowie Verbrauchskosten zu berücksichtigen.

Kosten für die eigentliche Injektionsarbeit

Zur Injektion sind auch zwei Arbeiter erforderlich. Für das Inventar werden eine Injektions-Kompaktanlage (Mischer und Pumpe) und ein Zementsilo mit Schnecke berücksichtigt.

Tabelle 11.2-9 Ungefähre Materialkosten (1999)

Material	Basiskosten		mit Endzuschlag ca.	
	[Fr./t]	[€/t]	[Fr./t]	[€/t]
Standardzement	154,00	96,25	196,55	122,84
Zementmörtel	300,00	187,50	382,89	239,31
Mikrozement	2.000,00	1.250,00	2.552,59	1.595,37
Reak. Harze	11.000,00	6.875,00	14.039,25	8.774,53
Silikatgele	2.000,00	1.250,00	2.552,59	1.595,37

Ferner sind die Manschettenrohre (ca. 20 sFr. bzw. 13 € pro Stück) und die Packer zu berücksichtigen. Die Kosten der Packer sind vom Bohrlochdurchmesser abhängig. Für Einfachexpansionspacker kann mit Kosten von 815 – 2100 sFr. bzw. 504 – 1300 € gerechnet werden. Doppelpacker sind teurer und kosten in etwa zwischen 2000 und 4500 sFr. bzw. zwischen 1238 und 2785 €. Schraubenpacker bei kurzen Löchern kosten zwischen 325 und 700 sFr. bzw. zwischen 201 und 433 €. Daraus lassen sich die Lohn- und Gerätekosten ermitteln.

Kosten für Injektionsmittel

Die ungefähren Kosten von Injektionsmitteln sind in Tabelle 11.2-9 zusammengestellt.

Ermittlung der Gesamtkosten einer Injektionsarbeit

Die Ermittlung der Gesamtkosten einer Injektionsarbeit kann anhand der Tabelle 11.2-10 vorgenommen werden.

Im folgenden soll die Tabelle 11.2-10 kurz erläutert und erklärt werden.

Position	Beschreibung	Menge	Einheit	Einheit
1	Erforderliche Bohrmeter		[m]	[m]
2	Kosten		[Fr./m]	[€/m]
3	**Total Bohrkosten (1 · 2)**		**[Fr.]**	**[€]**
4	Zu injizierender Boden		[m^3]	[m^3]
5	Injektionsmenge		[m^3]	[m^3]
6	Injektionsmittelmenge		[to]	[to]
7	Materialkosten		[Fr./t]	[€/t]
8	**Total Materialkosten (6 · 7)**		**[Fr.]**	**[€]**
9	Injektionsleistung		[t/h]	[t/h]
10	Zeitlicher Aufwand		[h]	[h]
11	Kosten für zeitlichen Aufwand		[Fr./h]	[€/h]
12	**Total Kosten zeitlicher Aufwand (10 · 11)**		**[Fr.]**	**[€]**
13	**Total Kosten Injektionsarbeit (3 + 8 + 12)**		**[Fr.]**	**[€]**

Tabelle 11.2-10 Vorgehen bei der Ermittlung der Gesamtkosten einer Injektion

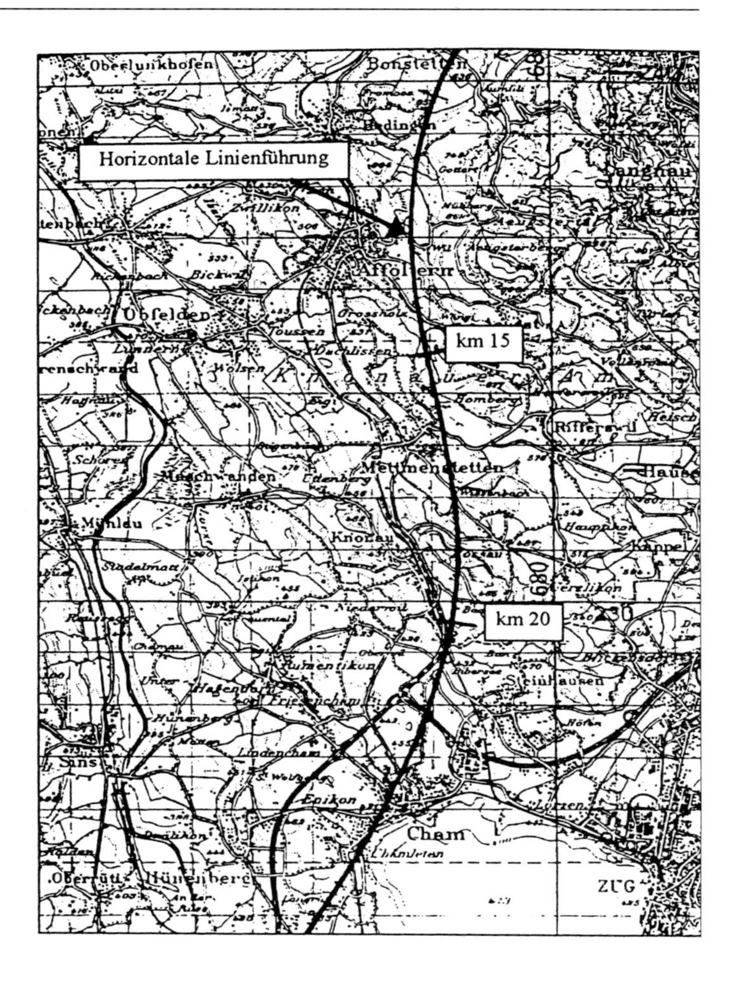

Bild 11.2-3 Horizontale Linienführung Swissmetro Luzern – Zürich

- In Schritt 1 muss abgeklärt werden, wie das Bohrraster angelegt wird und wie gross die erforderliche Tiefe der Bohrungen sein muss. Dies ergibt dann die erforderliche Gesamtbohrlänge.
- In Schritt 4 muss das Volumen des zu injizierenden Bodens abgeschätzt werden.
- In Schritt 5 wird die Injektionsmenge ermittelt. Als Richtwert für die Injektionsmenge kann ein durchschnittlicher Wert von 30 % des Bodenvolumens im Lockergestein angenommen werden. Im Felsgestein ist das Volumen der Klüfte massgebend.
- In Schritt 6 wird die Injektionsgewichtsmenge bestimmt. Um eine Gewichtsangabe der Injektionsmischung zu ermitteln, ist die Dichte erforderlich. Die Dichte einer Zementsuspension beträgt rund 15 kN/m^3. Bei den reaktiven Harzen kann von einer Dichte von 11 kN/m^3 ausgegangen werden. Bei den Polyurethanen ist unbedingt die Expansionswirkung zu berücksichtigen, denn diese führt zu einer gravierenden Veränderung der Menge und Kosten. Der Aufschäumfaktor kann zwischen 1 und 15 variieren. Wenn mit der Annahme eines durchschnittlichen Schaumfaktors von 6 gerechnet wird, werden pro m^3 Injektionsgut rund 185 kg Polyurethan gebraucht. Bei Zementsuspensionen ist die Zusammensetzung der Injektionsmischung entscheidend für die Materialkosten. Als Richtwert kann ein W/Z-Faktor von 1 angenommen werden. Für 1 m^3 Injektionsmittel kann folglich mit einem Zementverbrauch von rund 750 kg gerechnet werden. Für Mikrozemente kann bei

einem W/Z-Faktor von 0.6 mit einem Verbrauch von rund 1000 kg Mikrozement gerechnet werden.

- In Schritt 9 wird die Injektionsleistung pro Arbeitstag und pro Equipe ermittelt. Man kann eine Injektionsleistung von 10 bis 20 t Injektionsmischung annehmen.

11.2.8.4 Injektionen aus einem Pilotstollen

Projekt I:

Bei der Swissmetro von Luzern nach Zürich muss auf einer Länge von nicht ganz 2 km das Lorze-/Reusstal unterquert werden. Die maximale Geschwindigkeit auf dieser Strecke soll 500 km/h und die Betriebsgeschwindigkeit 372 km/h betragen. Vorgesehen sind zwei Tunnelröhren mit je einem Innendurchmesser von 5,5 m. Durch einen Innenausbau mit einer Gesamtdicke von 0,5 m (zweischaliger Innenring, Abdichtungsfolie, Stahlpanzerung) ergibt sich ein Ausbruchradius von etwa 6,5 m. Der Abstand der Mittelachsen der einzelnen Röhren beträgt 25 m. Das Gefälle der Röhren bei der Unterquerung liegt bei 1 %. Die horizontale Linienführung kann dem Bild 11.2-3 entnommen werden.

Geologie

Das ungefähr zu erwartende Baugrundmodell ist aus dem Bild 11.2-4 ersichtlich. Auch kann die vertikale Lage der Tunnelachse daraus entnommen werden.

Die Beschreibung des Moränenabschnittes kann der Tabelle 11.2-11 entnommen werden.

Der Abschnitt in der Seeablagerung ist in Tabelle 11.2-12 beschrieben. Dieser Abschnitt kann folglich als praktisch undurchlässig angesehen werden und sollte dementsprechend keine grossen bautechnischen Probleme verursachen.

Für die Anwendung konventioneller Injektionen wird in diesem Projekt ein Pilotstollen vorgesehen, von dem aus die beiden Röhren radial injiziert werden. Das Prinzip ist im Bild 11.2-5 zu erkennen.

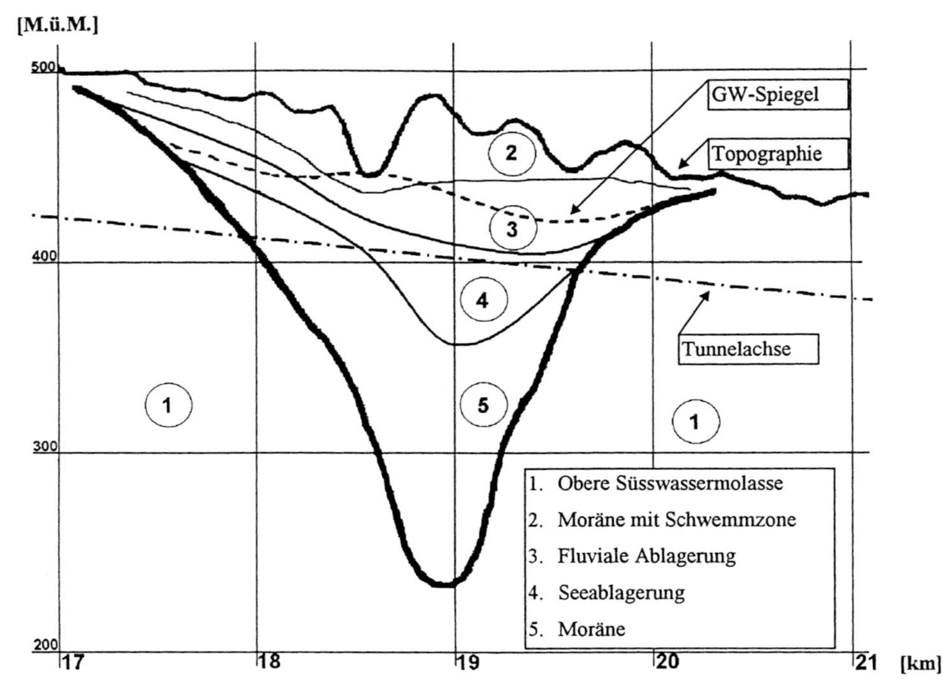

Bild 11.2-4 Baugrundmodell und vertikale Lage der Tunnelachse

Abschnitt	Charakterisierung	
Moräne	Länge:	ca. 600 m
	Überlagerung:	ca. 50 bis 75 m
	Geologie:	normal bis überkonsolidierte Moräne evtl. Findlinge oder Sandlinsen
	Wassersäule:	ca. 30 bis 40 m
	k-Wert:	1×10^{-4} bis $4{,}5\times10^{-5}$ m/s Beim Übergang zur Molasse ist mit Hangwasser zu rechnen.

Tabelle 11.2-11 Charakterisierung des Moränenabschnittes

Abschnitt	Charakterisierung	
Seeablagerung	Länge:	ca. 1100 m
	Überlagerung:	ca. 40 bis 80 m
	Geologie:	tonige Silte mit vereinzelten Sandlagen evtl. grössere Blöcke oder Sandlinsen
	Wassersäule:	ca. 25 bis 40 m
	k-Wert:	3×10^{-6} bis 5×10^{-7} m/s

Tabelle 11.2-12 Charakterisierung des Seeablagerungabschnittes

Zuerst soll aufgezeigt werden, welches Injektionsmittel auszuwählen ist. Die zwei Abschnitte, die bei der angenommenen Linienführung zu injizieren sind, bestehen aus Moräne und Seeablagerung. Der Abschnitt in der Seeablagerung weist sehr kleine k-Werte auf. Die Checkliste ergibt für diesen Boden nur die Möglichkeit von PMA-Injektionen. Da jedoch diese Strecke mit diesen k-Werten als dicht angesehen werden kann, werden keine Injektionen vorgesehen. Im Moränenabschnitt mit den grösseren k-Werten sind aber durchaus Injektionen in Betracht zu ziehen. Mit einem zu erwartenden k-Wert von $1\cdot10^{-4}$ bis $4{,}5\cdot10^{-5}$ m/s verweist die Checkliste I auf Checkliste III oder IV. Da mit Abweichungen von den angenommenen Durchlässigkeitswerten zu rechnen ist, sollte sicher zuerst die Checkliste III angewendet werden.

Im folgenden sollen noch einige Erläuterungen zu den getroffenen Gewichtungen gemacht werden. Da die Injektionen, zeitlich gesehen, vor dem eigentlichen Tunnelausbruch erfolgen, spielt die Festigkeitsentwicklung sicher keine Rolle. Auch eine Klebkraft oder Verformbarkeit ist bei den gegebenen Umständen nicht erforderlich. Da die Injektionen als Bauhilfsmassnahme dienen und nur eine temporäre Funktion aufweisen, ist die Langzeitbeständigkeit nicht zu berücksichtigen. Bei Injektionen im Grundwasser ist die Umweltver-

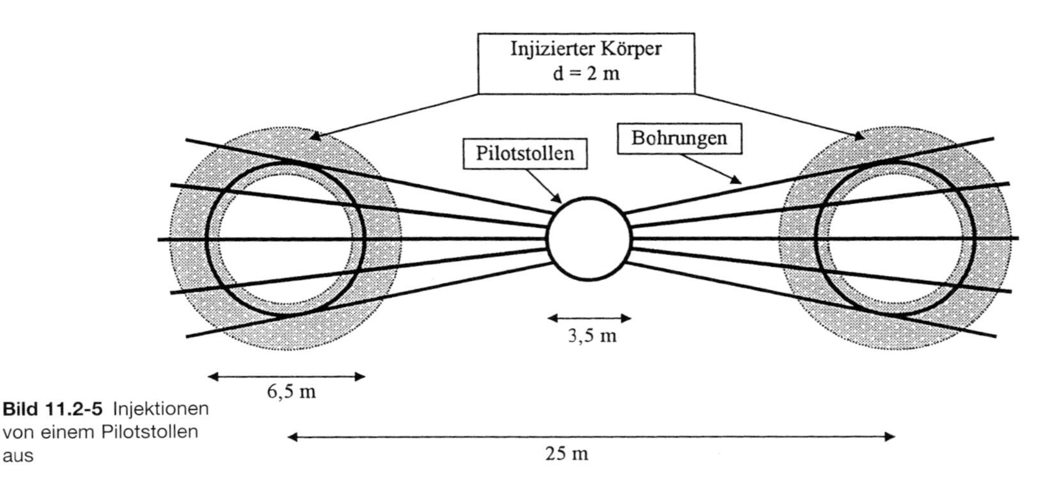

Bild 11.2-5 Injektionen von einem Pilotstollen aus

Tabelle 11.2-13 Anwendung der Checkliste III [11-5]

Checkliste III										
Kriterien		Gewichtung	Möglichkeiten							
			Standardzement		Polyurethan		Organomineralharz		Weicher Silikatgel	
			Punkte	Nutzwert	Punkte	Nutzwert	Punkte	Nutzwert	Punkte	Nutzwert
Zweck der Injektion	Abdichtung	25	3	75	5	125	3	75	5	125
	Endfestigkeit	25	5	125	3	75	3	75	1	25
	Festigkeitsentwicklung	0	1	0	5	0	5	0	3	0
	Klebkraft	0	2	0	5	0	4	0	2	0
	Verformbarkeit	0	2	0	5	0	2	0	4	0
Langzeitbeständigkeit		0	3	0	5	0	5	0	1	0
Umweltverträglichkeit		10	5	50	3	30	3	30	2	20
Preis (Material)		40	5	200	1	40	1	40	3	120
Total Gewichtung		100								
Total Nutzwert				450		270		220		290

Bemerkung: *Bei Verwendung von Standardzementen:*

- *Bei Abdichtungen kann eine Nachinjektion mit einem anderen Injektionsmittel erforderlich sein (Checkliste IV).*
- *Bei Vorhandensein von Wasser ist ein Thixotropierungsmittel zu empfehlen (Auswaschen, Wegfliessen, Sedimentation).*
- *Bewährte Standardmischung ist ein W/Z-Faktor von 1 mit Bentonitzugabe von 2 %.*

Tabelle 11.2-14 Anwendung der Checkliste IV [11-5]

Checkliste IV										
Kriterien		Gewichtung	Möglichkeiten							
			Mikrozement		Polyurethan		Organomineralharz		Weicher Silikatgel	
			Punkte	Nutzwert	Punkte	Nutzwert	Punkte	Nutzwert	Punkte	Nutzwert
Zweck der Injektion	Abdichtung	25	2	50	5	125	3	75	5	125
	Endfestigkeit	25	5	125	3	75	3	75	1	25
	Festigkeitsentwicklung	0	2	0	5	0	5	0	3	0
	Klebkraft	0	2	0	5	0	4	0	2	0
	Verformbarkeit	0	2	0	5	0	2	0	4	0
Langzeitbeständigkeit		0	3	0	5	0	5	0	1	0
Umweltverträglichkeit		10	5	50	3	30	3	30	2	20
Preis (Material)		40	3	120	1	40	1	40	3	120
Total Gewichtung		100								
Total Nutzwert				345		270		220		290

Bemerkung: *Falls Wasser vorhanden ist, muss bei Verwendung von Mikrozementen wegen Wegfliessens ein Zusatzmittel mit thixotropierender Wirkung eingesetzt werden. Ein Verflüssiger ist in jedem Fall einzusetzen.*

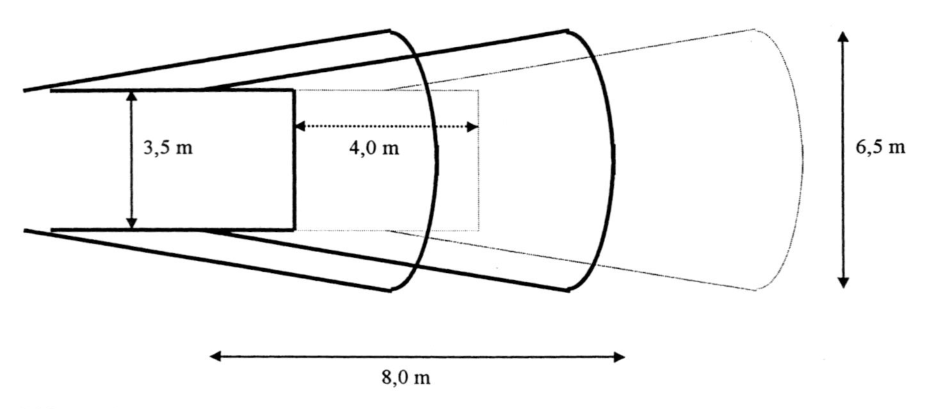

Bild 11.2-6 Injektionen für den Pilotstollen

träglichkeit immer zu beachten. Der Abschnitt in der Moräne soll neben einer Verfestigung auch eine Abdichtung bezwecken. Der Preis erhält die grösste Gewichtung, da im Moränenabschnitt insgesamt ein sehr grosser Injektionskörper und auch eine grosse Bohrmeteranzahl erforderlich sind.

Der Standardzement weist die höchsten Nutzwerte auf und ist daher als das optimale Injektionsmittel anzusehen. Durch die gegebenen k-Werte muss aber, um eine gute Abdichtung zu erreichen, noch eine Nachinjektion mit einem anderen Injektionsmittel, welches auch in die feineren Hohlräume fliesst, durchgeführt werden. Die Bestimmung dieses Injektionsmittels lässt sich aus Tabelle 11.2-14 nachvollziehen.

Die Verteilung der Gewichtungen ist gleich wie vorher gewählt worden. Als Zweitinjektion ist nach Tabelle 11.2-14 Mikrozement auszuwählen.

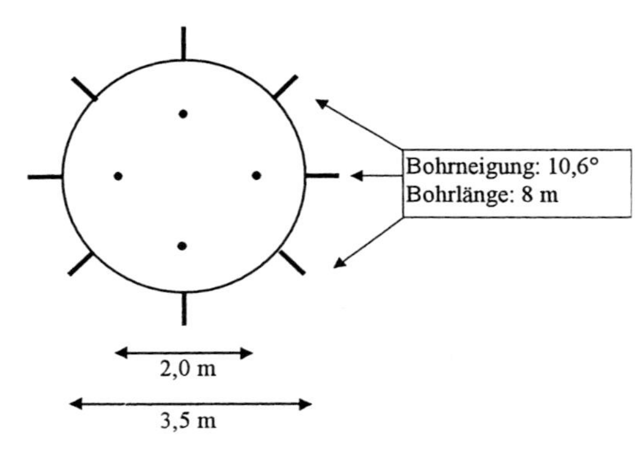

Bild 11.2-7 Bohranordnung im Pilotstollen

Bei dieser Lösung besteht der Vorteil darin, dass aus dem Pilotstollen nicht bloss die Injektionen erfolgen, sondern dass er auch als Drainage gebraucht werden kann. Somit lässt sich das Wasser abschnittsweise von dem Pilotstollen aus drainieren.

Die Bohrungen werden vom Pilotstollen aus im Abstand von 2 m radial nach aussen geführt. Die ungefähren Abmessungen der radialen Bohrungen können dem Bild 11.2-5 entnommen werden. Der Injektionskörper wird durch einen Zylinder mit einem Innendurchmesser von 6 m und einer Dicke von 2 m gebildet.

Nicht nur für die beiden Tunnelröhren sind Injektionen erforderlich, sondern auch für den Bau des Pilotstollens, wenn dieser im universellen Vortrieb ausgeführt wird. Die ungefähren Injektionsabmessungen können dem Bild 11.2-6 entnommen werden.

Die dazu erforderliche Bohranordnung im Pilotstollen ist in Bild 11.2-7 dargestellt.

Im Querschnitt sind folglich 12 Bohrungen mit jeweils einer Länge von 8 m erforderlich. Um den in Bild 11.2-6 zu erkennenden Injektionskörper zu bilden, müssen diese Bohrungen alle 4 m ausgeführt werden. Mit diesen Angaben lassen sich die totalen Bohrmeter ermitteln.

Der gebildete Injektionskörper weist einen durchschnittlichen Aussendurchmesser von 6 m auf. Um das optimale Injektionsmittel auszuwählen, wird die Checkliste III verwendet (Tabelle 11.2-15).

Die grösste Gewichtung erhält die Festigkeitsentwicklung, weil davon die gesamte Vortriebsleistung

Bild 11.2-8 Injektion vom Injektionsstollen zum Tunnel (Tunnel Visp)

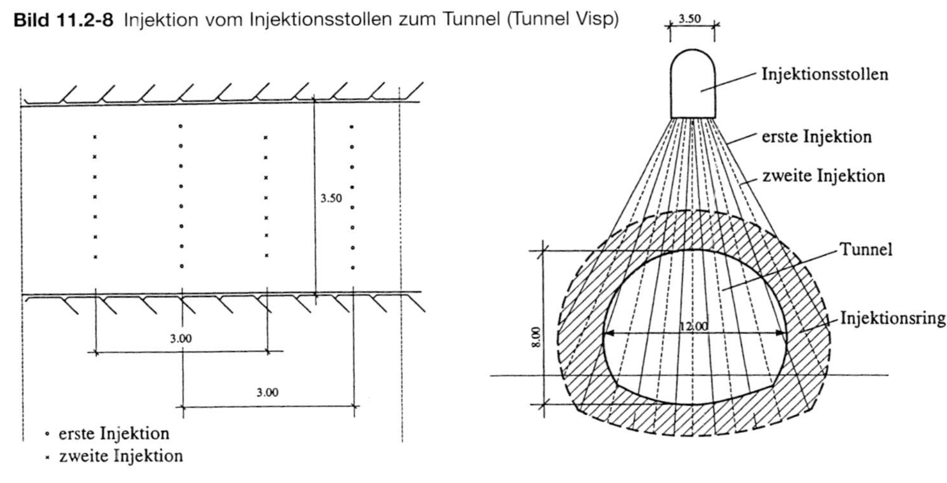

des Pilotstollens abhängt; danach folgen Abdichtung und Endfestigkeit. Aus der Checkliste ist zu sehen, dass aufgrund der Kriterien ein Injektionsmittel auf Polyurethanbasis optimal ist.

Der Pilotstollen kann auch mit einer kleinen, geschlossenen TVM mit Tübbingauskleidung ausgeführt werden. Die Tübbinge werden im Schildschwanzbereich mit druckfesten, wasserdichten Kunststofffugenprofilen ausgerüstet. Damit entsteht direkt ein wasserdichter Stollen. Die Injektionsbohrungen für die beiden Hauptröhren erfolgen aus dem Inneren des Stollens durch die runden Aussparungen der Tübbinge, die von aussen mit einem Kunststoffpfropfen temporär geschlossen sind. Das Eindringen von Grundwasser ins Stolleninnere während der Bohr- und Injektionsphase kann durch aufblasbare Preventer verhindert werden.

Um die Tübbinginstallation und die Injektionsbohrungen zu vereinfachen, rationeller zu gestalten und zu beschleunigen, ist ein Bohrkopfdurchmesser von 4 – 4,5 m geeignet; das Platzangebot im Maschinenbereich bei einer herkömmlichen ∅ 3,5 m TVM ist zum Injizieren oder zum Versetzen der Tübbinge sehr gering und daher leistungseinschränkend.

Projekt II:

Im Rahmen des Nationalstrassenbaus ist zur Ortsumfahrung von Visp (Schweiz) ein Tunnelprojekt, bestehend aus zwei Röhren, vorgesehen. Jede dieser Röhren hat eine Länge von ca. 890 m. Die angetroffenen Ausbruchklassen nach SIA 196 sind wie folgt verteilt:

- AK II und III 480 m
- AK IV 200 m
- AK V 210 m

Der Vortrieb des Tunnels erfolgt im Bereich der Ausbruchklassen IV und V durch den aufgelockerten Fels der Tunnelportalbereiche. Diese liegen ganz oder teilweise im Grundwasser.

Für den steigenden Vortrieb in Ausbruchklasse V sind Abdichtungsinjektionen von einem Injektionsstollen aus vorgesehen. Der Injektionsstollen wird oberhalb des Grundwasserspiegels ca. 9 m über der Tunnelkalotte angeordnet. Die Zonen in der Ausbruchklasse IV müssen nur teilweise injiziert werden. Der Ausbruch des Stollens sowie der Tunnelröhren erfolgt im Sprengvortrieb.

In Bild 11.2-8 ist die Injektion vom Injektionsstollen zum Tunnel dargestellt. Die Injektion wird mittels Manschettenrohren und Injektionspackern durchgeführt. Im Schutz eines Rohrschirms erfolgt der Kalottenvortrieb mittels Ausbaubogensicherung. Die Ausbaubögen werden in seitlichen Widerlagernischen kraftschlüssig abgestellt.

Tabelle 11.2-15 Anwendung der Checkliste III [11-5]

Checkliste III										
Kriterien		Gewichtung	Möglichkeiten							
			Standardzement		Polyurethan		Organomineralharz		Weicher Silikatgel	
			Punkte	Nutzwert	Punkte	Nutzwert	Punkte	Nutzwert	Punkte	Nutzwert
Zweck der Injektion	Abdichtung	20	3	60	5	100	3	60	5	100
	Endfestigkeit	20	5	100	3	60	3	60	1	20
	Festigkeitsentwicklung	35	1	35	5	175	5	175	3	105
	Klebkraft	0	2	0	5	0	4	0	2	0
	Verformbarkeit	0	2	0	5	0	2	0	4	0
Langzeitbeständigkeit		0	3	0	5	0	5	0	1	0
Umweltverträglichkeit		10	5	50	3	30	3	30	2	20
Preis (Material)		15	5	75	1	15	1	15	3	45
Total Gewichtung		100								
Total Nutzwert				320		380		340		290

Bemerkung: *Bei Verwendung von Standardzementen:*

- *Bei Abdichtungen kann eine Nachinjektion mit einem anderen Injektionsmittel erforderlich sein (Checkliste IV).*
- *Bei Vorhandensein von Wasser ist ein Thixotropierungsmittel zu empfehlen (Auswaschen, Wegfliessen, Sedimentation).*
- *Bewährte Standardmischung ist ein W/Z-Faktor von 1 mit Bentonitzugabe von 2 %.*

Danach erfolgt die Aufweitung des Querschnitts durch Strossen- und Sohlausbruch und Sicherung. Während der Baumassnahmen müssen ausreichende Rinnenquerschnitte (Rigolen) vorgesehen werden, um das restliche Infiltrationswasser ohne Beeinträchtigung des Vortriebs abzuleiten. Durch die Injektion wird die Durchlässigkeit des aufgelockerten Felses reduziert, zudem verbleiben oft noch Injektionslecks, die zu einem gewissen Wasseranfall führen.

11.2.9 Hochdruckinjektionsverfahren (HDI)

11.2.9.1 Anwendungsbereiche in Abhängigkeit des Baugrundes

Das HDI, auch Jet-Grouting-Verfahren genannt, wird bei Lockergesteinsböden erfolgreich angewendet. Der grosse Vorteil des HDI liegt in der weitgehenden Unabhängigkeit von der Bodenart des Lockergesteins. Der mit HDI zu behandelnde Boden wird unter hohem Druck der injizierten Suspension gelöst und verflüssigt. Der Boden und die Bindemittelsuspension werden im Ausbreitkreis des Düsenstrahls intensiv hydrodynamisch vermischt. Die Anwendungsgrenzen des Verfahrens in bezug auf die effiziente Durchmischung des Bodens ergeben sich aus der Festigkeit des Baugrundes. Das macht einen der wesentlichen Unterschiede zu konventionellen Injektionen aus, deren Anwendung hauptsächlich durch die Kluftweite im Festgestein und die Grösse der Poren im Lockergestein begrenzt wird. Bei der konventionellen Injektion muss das Injektionsmittel auf die Durchlässigkeit des Bodens abgestimmt sein. Beim HDI hingegen kann eine Zementsuspension oder Zement-Bentonitsuspension im gesamten Lockergesteinsbodenspektrum (von Kies bis zu Tonen) benutzt werden. Als obere Anwendungsgrenze des HDI im Lockergestein gelten die grobkörnigen Kiesböden mit einem mittleren Korndurchmesser von > 60 mm. Bei der unteren Anwendungsgrenze zu den festen und sehr steifen Tonen zeigt sich, dass diese Bodenbereiche mit dem HDI in bestimmten Grenzen noch aufgeschnitten werden können und injizierbar sind. Hier wird der Anwendungsbereich durch die Wirtschaftlichkeit des Verfahrens begrenzt. Diese ergibt sich einerseits aus der notwendigerweise geringen Ziehgeschwindigkeit des Gestänges und andererseits durch den geringen Ausbreitungsradius des Strahls. Dadurch erhöht sich die Bearbeitungszeit wesentlich. Die Schneidleistung des Jetstrahles wird bei zunehmender Kohäsion des Baugrundes stark eingeschränkt. Sie ist nicht nur von der Kornverteilung abhängig, sondern wird auch von anderen Faktoren wie der Lagerungsdichte, der Liquiditätszahl und der Verkittung der einzelnen Körner bzw. der Festsubstanz bestimmt. Der Einfluss der Kohäsion auf die Schneidleistung ist quantitativ noch nicht ausreichend abgeklärt.

Im Festgestein sind dem HDI enge Grenzen gesetzt. Falls das HDI als Gesteinszertrümmerungsverfahren eingesetzt werden soll, müsste mit rund 10mal höheren Drücken gearbeitet werden.

Das Verfahren wurde bereits im Kapitel 9 über Schirmgewölbe beschrieben. Im folgenden sollen nur die Besonderheiten zur Abdichtung von Tunnelbauwerken erläutert werden.

Zusammensetzung der Suspension

Zur Anwendung kommen in den meisten Fällen Standardzemente. Als Wasser/Zement-Faktor wird erfahrungsgemäss mit Werten von 0,8 bis 1,0 gearbeitet. W/Z-Werte über 1.0 sind unzweckmässig. Die Viskosität der Suspension ist abhängig vom W/Z-Faktor und von den bindigen Feinanteilen des Bodens. Eine Reduktion der Viskosität kann, je nach Durchlässigkeit des Bodens, ein Auslaufen der Suspension zur Folge haben. Durch die Beigabe von Bentonit (ca. 2 %) werden eine bessere Pumpbarkeit und auch eine verbesserte Bohrlochstützung erreicht. Zusatzmittel werden praktisch nie verwendet. Gerade Beschleuniger sind sehr gefährlich bezüglich Verstopfungen.

Mikrozemente sind im Vergleich zu den Standardzementen sehr teuer und werden nur sehr selten für das Hochdruckinjektionsverfahren eingesetzt. Sie können dann erforderlich sein, wenn eine schnelle Anfangsfestigkeit verlangt ist. Bei Verwendung von Mikrozementen muss stets ein Verflüssiger eingesetzt werden, da sonst der W/Z-Wert zu hoch ist. Der W/Z-Wert sollte etwa zwischen 0,6 und 0,7 liegen.

Fördermenge

Der verhältnismässig grosse Arbeitsfortschritt bei Ziehgeschwindigkeiten in Dezimetergrösse je Minute führt zu einem grossen Suspensionsbedarf und hoher Pumpenkapazität. Für die Herstellung einer Jetsäule mit einem Durchmesser von 1,5 m im Kies wird z. B. eine Fördermenge von 140 bis 280 l/min benötigt, wenn die Ziehgeschwindigkeit

Tabelle 11.2-16 Druckfestigkeiten und E-Moduli in Abhängigkeit vom Boden [11-5]

Bodenart	Druckfestigkeit [N/mm²]	E-Modul [N/mm²]
lehmiger Schluff	0,3 bis 0,5	60 bis 450
sandiger Schluff	1,5 bis 5,0	500 bis 2000
schluffiger Sand	5,0 bis 10,0	2000 bis 5000
kiesiger Sand	5,0 bis 15,0	3000 bis 10000
sandiger Kies	5,0 bis 20,0	4000 bis 20000

zwischen 20 und 40 cm/min liegt. Der Suspensionsbedarf für einen Säulenabschnitt von 1 m Länge liegt im Mittel bei 700 l. Er erhöht sich um 25 – 50 %, weil ein Teil des Bodensuspensionsgemisches oben am Bohrloch austreten muss. Für den Säulenabschnitt von einem Meter werden dann rund 1000 l Suspension benötigt. Die Herstellungsdauer eines 1 m-Abschnitts liegt bei 2,5 bis 5 Minuten.

Bei Jetsäulendurchmessern von ca. 60 cm kann mit einem Zementverbrauch von ca. 250 bis 350 kg pro Meter Säule gerechnet werden.

Umdrehungszahl und Ziehgeschwindigkeiten

Durch die Umdrehungszahl und die Ziehgeschwindigkeit ergibt sich der Arbeitsfortschritt. Beide sind als Funktion des Baugrundes und des gewünschten Säulendurchmessers anzusehen. In der Praxis wird mit 5 bis 60 Umdrehungen pro Minute gearbeitet. Beim Triplex-Verfahren wird tendenziell mit kleineren Umdrehungszahlen gefahren. Durch die längere Einwirkungsdauer und den grösseren Druck wird beim Triplex-Verfahren ein grösserer Einwirkungsradius erreicht als beim Simplex-Verfahren. Es besteht dadurch auch die Möglichkeit, festere Böden wie z. B. halbfesten Ton zu lösen.

Bezüglich Richtwerten von Ziehgeschwindigkeiten bestehen ähnlich weite Streuungen in den Angaben. Der Bereich liegt zwischen 5 bis 80 cm/min. Die grösste noch zum Erfolg führende Ziehgeschwindigkeit dürfte bei etwa 100 cm/min liegen.

Die geeignete Kombination von Umdrehungszahl und Ziehgeschwindigkeit ergibt den optimalen Arbeitsfortschritt im Hinblick auf die Bodenart und die gewünschten Säulendurchmesser sowie deren Qualität. Der gewählte Druck bestimmt weitgehend die Grösse des Durchmessers. Um die geeignete Kombination der diversen Parameter zu finden, sind Vorversuche von grosser Wichtigkeit.

11.2.9.2 Eigenschaften der fertigen Säulen

Druckfestigkeiten, E-Modul

Wesentliche Einflussgrössen auf die Druckfestigkeit sind die Bodenart und die Zusammensetzung der Suspension, insbesondere der W/Z-Faktor. Als Richtwerte für die Druckfestigkeiten und E-Moduli des erhärteten Boden-Zement-Gemisches können die in Tabelle 11.2-16 angegebenen 28-Tage-Werte angenommen werden.

Wie bereits erwähnt, beeinflusst vor allem auch der W/Z-Wert die Druckfestigkeit. Bei den angegeben Richtwerten kann mit den Zahlen der Tabelle 11.2-16 im oberen Bereich gerechnet werden, wenn der W/Z-Wert um 0,7 liegt. Ist er jedoch nahe bei 1, so sind die Werte im unteren Bereich zu nehmen.

Durchlässigkeit

Den wesentlichsten Einfluss auf die Durchlässigkeit der fertigen Elemente haben die Bodenart, die Zusammensetzung der Suspension und das Volumenverhältnis von Suspension zu Boden. Für nicht kohäsive Böden kann im allgemeinen mit einer erzielbaren Durchlässigkeit bis zu $k \leq 10^{-8}$ m/s gerechnet werden. Untersuchungen mit Tonzementsuspensionen zeigen, dass die k-Werte mit steigendem Bentonitgehalt abnehmen. Auch haben Versuche gezeigt, dass stark aggressive Flüssigkeiten, die auf den injizierten Bodenkörper einwirken, keinen wesentlichen Einfluss auf den k-Wert haben.

Den wohl grössten Einfluss auf die Durchlässigkeit hat die Länge der Säulen. Mit zunehmender Länge nimmt auch die Bohrgenauigkeit ab, was zu Leckstellen führt.

11.2.9.3 Vorversuche

„In situ"-Vorversuche werden primär bei grösseren Projekten sowie bei unbekannten Baugrundverhältnissen angeordnet. Vor der Erstellung sollten auch die Eigenschaften des ungestörten Baugrundes, so z. B. die Korngrössenverteilung als Summationskurve und die Lagerungsdichte, ermittelt werden. Die in Vorversuchen angefertigten Säulen werden nach Ablauf einer bestimmten Erhärtungszeit freigelegt. Aus den Versuchen lassen sich die wichtigsten Grössen wie Säulendurchmesser und die Festigkeitsentwicklung der Zement-Boden-Suspension sowie deren Abhängigkeit von der Bodenart bzw. der Suspensionszusammensetzung bestimmen. Durch Vorversuche lassen sich folgende Parameter optimieren:

- Suspensionszusammensetzung
- Suspensionsdruck
- Umdrehungszahl
- Ziehgeschwindigkeit
- Fördermenge

Aus Vorversuchen sind ausserdem noch Anhaltspunkte über die optimale Reihenfolge der Säulenherstellung und das Zusammenwachsen der Säulen bei horizontal geschichteten Böden zu bekommen. Zudem sind Angaben über die Richtungsgenauigkeit der Bohrungen durch den Vergleich der Soll- und der Ist-Bohrachse zu erhalten. Auch die Frage, ob die Verrohrung der Bohrung zur Erhöhung der Richtungsgenauigkeit und der Rückflussverbesserung erforderlich ist, kann abgeklärt werden.

11.2.9.4 Baustelleneinrichtung

Übersicht

Die Baustelleneinrichtung beim Hochdruckinjektionsverfahren ist ähnlich aufgebaut wie bei den konventionellen Injektionsbaustellen. Je nachdem ob das Simplex-, Duplex- oder Triplexverfahren angewendet wird, variieren die erforderlichen Geräte. Zum Triplexphasenverfahren gehören:

- Trägergerät (für Bohr- und Jettingvorgang)
- Zementsilo mit Schneckenförderung
- Turbomischer
- Rührwerke
- Wasserversorgung
- Hochdruckpumpe für das Wasser
- Hochdruckpumpe für die Zementsuspension
- Kompressor für die Luftunterstützung des Schneidvorganges
- Entsander
- Absetzbecken
- Neutralisationsanlage
- EDV-Anlage

Zur Tunnelinstallation kommen noch die notwendigen Versorgungsleitungen dazu, die sukzessive mit dem Vortriebsfortschritt verlängert werden müssen. Folgende Versorgungsleitungen sind erforderlich:

- Wasser
- Luft
- Suspension
- Strom
- EDV-Kabel
- Kommunikation
- Rückfluss

Im folgenden wird nur noch auf diejenigen Geräte eingegangen, die nicht schon bei den klassischen Injektionen beschrieben worden sind.

Trägergerät

Das Trägergerät führt sowohl den Bohr- wie auch den Jetvorgang aus. Die Herstellung einer Jetsäule sollte in einem Arbeitsgang ausgeführt werden. Das hat zur Folge, dass die Bohrrohre in der vollen Länge der zu erstellenden Säule auf einer Lafette montiert werden. Dadurch wird ein Kuppeln der Rohre nicht mehr erforderlich. Durch diese Bedingung ist auch die obere Grenze der Säulenlänge definiert. Die Bohrabweichung bei horizontalen Säulen ist erfahrungsgemäss kleiner als 1 % auf 10 m bzw. 1,5 % auf 15 m Länge. Bei Längen über 15 – 25 m ist mit einer Bohrabweichung von 2,5 % der Länge zu rechen.

Typische Daten zur Beschreibung eines Trägergerätes sind folgende:

- Raupenfahrwerk von 2,5 m Breite
- vier ausfahrbare und verschwenkbare Hydraulikabstützungen
- Bohrlafette / Mäkler
- hydraulischer Kraftdrehkopf mit hydraulischer Schlittenführung auf dem Mäkler

Düsen

Der Düsendurchmesser bestimmt die Austrittsgeschwindigkeit des Schneidstrahles. Die Düsen sind grossem Verschleiss ausgesetzt und müssen deshalb häufig geprüft werden. Als Werkstoffe werden extrem harte Sonderstähle eingesetzt. Die Düsen weisen je nach Jetsystem einen Durchmesser von 1,8 bis 4,5 mm auf, was Austrittsgeschwindigkei-

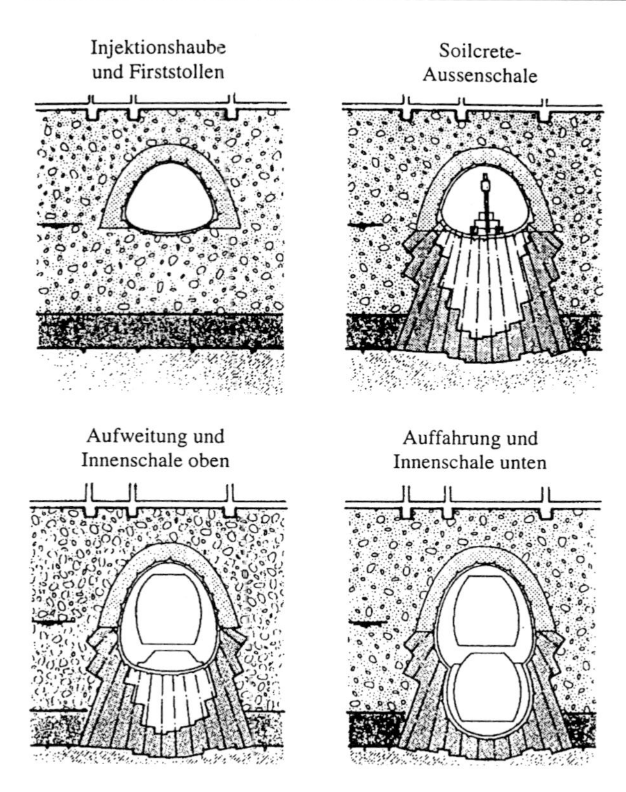

Bild 11.2-9 Jetting als Abdichtung [11-6]

ten des Schneidstrahles von 100 bis zu 300 cm/s ergeben kann.

Hochdruckpumpen

Die benötigten Pumpen müssen im Hinblick auf den verlangten Druck von bis zu 600 bar und die hohe Förderleistung von 200 bis 300 l/min wesentlich grösser sein als die Pumpen für konventionelle Injektionen. Es werden meistens Kolbenpumpen eingesetzt.

Absetzbecken, Neutralisationsanlage

Die Rücklaufentsorgung kann, insbesondere bei innerstädtischen Baustellen, zu Problemen führen. Der Rücklauf der Suspension bildet die Voraussetzung für die Schneidwirkung des Strahles. Die Boden-Suspensionsmischung muss auf der Baustelle mit Absetzbecken aufgefangen, oftmals zwischengelagert und anschliessend entsorgt oder wiederverwertet werden. Die Deponiegebühren können hoch werden. Anzustreben ist ein teilweises Recycling auf der Baustelle, damit nur ein minimaler Anteil der Überschusssuspension zu einer Deponie gefahren werden muss. Heute verwendet man zum Recyclieren auf den Baustellen Separationsanlagen.

Eine ungenügende Entspannung der Rücklaufsuspension kann zu einem Druckaufbau im Bohrloch führen. Dieser Druck kann die Aufspaltung von Schwächezonen verursachen und sich schlagartig im Baugrund ausbreiten. Dieses Phänomen wird Claquage genannt und kann als negative Erscheinung zu Hebungen und Schäden an den oben liegenden Gebäuden oder Strassen führen.

Für die Rückflussbeseitigung wird oft ein Pumpensumpf gleich hinter dem Bohrgerät erstellt. Zum Fördern sind eine Rückflusspumpe und eine Schlauchleitung erforderlich.

Die im Absetzbecken gesammelte alkalische Flüssigkeit muss, bevor sie in die Kanalisation eingeleitet wird, in einer Neutralisationsanlage behandelt werden.

11.2.10 Beispiele für HDI-Abdichtungen im Lockergestein

Anhand von ausgewählten Beispielen soll die Anwendung des Hochdruckinjektionsverfahrens zur Abdichtung im Tunnelbau aufgezeigt werden.

Beispiel: U-Bahn-Baulos TA 6 in Duisburg

Im Rahmen des U-Bahn-Bauloses TA 6 in Duisburg [11-6] wurde es erforderlich, eine Häuserzeile mit zwei übereinanderliegenden Tunneln zu unterfahren. Die Auffahrungen waren dabei vorwiegend in den Sanden und Kiesen der Rheinterrasse sowie in den ca. 2 m mächtigen, tertiären Feinsanden mit Anschnitt des liegenden Karbons auszuführen. Der Grundwasserspiegel lag ca. in Mitte des oberen Tunnels. Als Konzept wurde zuerst ein Vorstollen in Spritzbetonbauweise im Schutz einer Injektionshaube aufgefahren. Von diesem Vorstollen aus wurde anschliessend unterhalb des Grundwasserspiegels eine Jetschale als temporär statisch nutzbare und wasserundurchlässige Aussensicherung hergestellt. Die Arbeitsabläufe sind in Bild 11.2-9 erkennbar.

Für die Jetschale, die für einen Wasserdruck von ca. 9 m Wassersäule und die Erddruckbeanspruchungen bemessen wurde, galten besondere Anforderungen an die Herstellgenauigkeit, Qualität und Sicherheit. Die Jetschale wurde mit einer durchschnittlichen Dicke von 1,25 m aus überschnittenen Jetsäulen mit Durchmessern von ca. 1,2 m und einer Mindestfestigkeit des unbewehrten Materials von 8 N/mm^2 zusammengesetzt. Werden Tunnelstrecken im Grundwasser durch Injektionswannen abgedichtet, sollten unbedingt Querschotte injiziert werden, um einzelne, beckenartige Vortriebsabschnitte zu erhalten. Diese dienen zur Eindämmung und Eingrenzung möglicher Undichtigkeiten. Bei der Herstellung wurde bereits bei der Führung der eingesetzten Kettenbohrfahrzeuge an fest montierten Schienen Wert auf eine besonders hohe Bohrgenauigkeit gelegt. Die Überschusssuspension bereitete anfänglich Probleme, weil sie wegen der kleinen verfügbaren Fläche nicht in Auffangbecken oder Containern gesammelt werden konnte. Das Material wurde abgepumpt und in einer Siebanlage über eine Kammerfilterpresse entwässert, was das Volumen erheblich reduzierte. Insgesamt wurden ca. 3400 m Jetsäulen hergestellt, von denen aufgrund des besonders hohen Sicherheitsbedürfnisses (Überschnitt) nur ca. 1450 m^3 als statisch wirksame Jetkubatur nutzbar waren. Der gesicherte Auffahrbereich war weitgehend wasserundurchlässig, und die Ausführung der Tunnelröhre gelang ohne Schwierigkeiten.

Beispiel: Frankfurter Kreuz

Der bergmännisch aufzufahrende Tunnel hat eine Länge von 280 m, einen mittleren Ausbruchquerschnitt von 140 m^2, eine Überdeckung zwischen 8 und 15 m und unterquert zwei Autobahnen. Die Geologie besteht vorwiegend aus Wechsellagerungen von mittel- bis grobkörnigem Sand mit wechselndem Kiesanteil, vereinzelten Sandsteingeröllen und Blöcken, die zum Teil Durchmesser von 60 cm und darüber erreichen. Vereinzelt treten auch kiesige Schluff- und Tonlagen auf. Der Grundwasserstand ist in der Mitte des Querschnittes gelegen. Um den Verkehr aufrechterhalten zu können, musste eine Vortriebsart gewählt werden, die die zulässigen Setzungen an der Oberfläche auf ein absolutes Minimum begrenzte; daher wählte man den Kalottenvortrieb. Im Schutze eines Jetschirmes mit einer Mindestüberschneidung der Säulen von 26 cm wurde zuerst die Kalotte ausgebrochen. Die Brustsicherung erfolgte durch einen Stützkeil mit Spritzbetonversiegelung und durch zusätzlich horizontale Jetsäulen. Mit 40 cm starkem Spritzbeton, zwei Lagen Baustahlgitter und TH-Bögen wurde die Sicherung der Kalotte gewährleistet. Die Abschlagslänge betrug maximal 1 m (Bild 9.5-10).

Muss bei einem flachliegenden Tunnel wie bei diesem Projekt der Sohl- und Strossenbereich über eine relativ kurze Strecke im Grundwasser geführt werden, kann mittels HDI-Verfahren eine wasserundurchlässige Strossen- und Sohlwanne zur Verringerung der Permeabilität des Strossen- und Sohlenausbruchs hergestellt werden (Bild 11.2-10).

Im Abstand von ca. 60 m hinter der Kalottenbrust erfolgt, je nach baubetrieblichen Erfordernissen, die Herstellung der HDI-Sohlwanne von der Kalottensohle aus, die rund 0,5 m über dem Grundwasserhorizont liegen sollte. Für solche Massnahmen sind mehrere Versuchssäulen zur Festlegung der Jetparameter erforderlich.

Zur Herstellung der Dichtsohle kann ein dreieckiges Bohrraster verwendet werden, z. B. mit einer Seitenlänge von ca. 1,1 m bei einem Säulendurchmesser von 1,5 m. Die Mindestdruckfestigkeit nach 28 Tagen sollte ca. 5 N/mm^2 betragen. Die Wasserundurchlässigkeit bzw. verringerte Permeabilität und die Erosionsbeständigkeit müssen gewährlei-

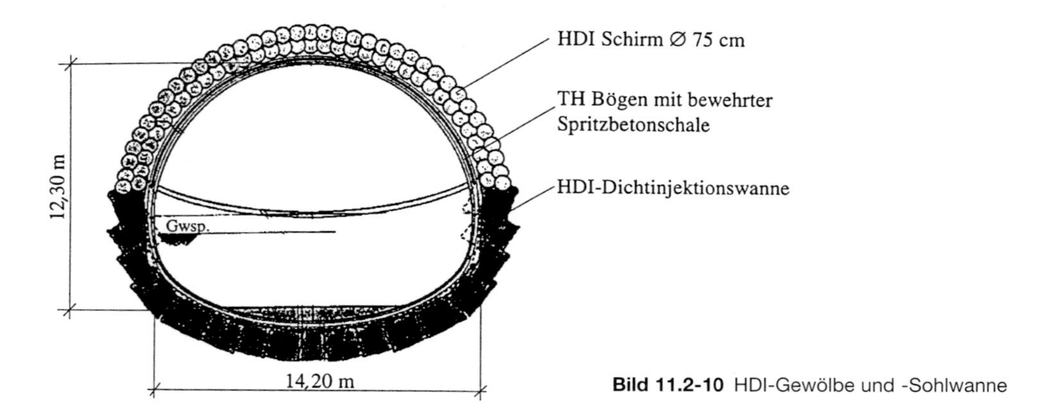

Bild 11.2-10 HDI-Gewölbe und -Sohlwanne

stet sein, um die Ausbrucharbeiten auch unter dem anstehenden Grundwasserspiegel gefahrlos ausführen zu können.

Die Ausführung der HDI-Sohlwanne erfolgt in der beschränkter Raumhöhe des bereits erstellten Kalottenausbruchs. Für das Abteufen der Spülbohrungen werden Raupenbohrgeräte mit vollautomatischen Gestängemagazinen eingesetzt. Da höchste Anforderungen an die Zielgenauigkeit der Bohrungen zu stellen sind, erfolgt das Einmessen äusserst sorgfältig. Aufgrund der hohen Anzahl der HDI-Säulen zur Herstellung der Dichtwanne ist es aus Gründen der Qualitätssicherung erforderlich, neben der üblichen, manuellen Überwachung sämtliche für die Qualität der HDI-Sohle relevanten Parameter möglichst vollelektronisch zu dokumentieren.

Im Abstand von 30 bis 60 m sollten HDI-Querschotte eingebaut werden, um das Grundwasser abschnittsweise aus der damit gebildeten Wanne abpumpen zu können. Bei eventuellen Undichtigkeiten in der Sohle kann der Bereich der Fehlstellen durch die Abschottung eingegrenzt und abgedichtet werden.

Die ausgeführte HDI-Wanne muss zuverlässig wasserundurchlässig und erosionssicher sein. Begrenzte Restwassermengen können abgepumpt werden. Bei kleinsten Fehlstellen in der HDI-Wanne kommt es durch den Wasserüberdruck zu Bodenerosionen im Ausbruchquerschnitt und oft zu einem folgenschweren hydraulichen Grundbruch. Daher ist eine fehlerfreie Ausführung mit entsprechender Unterteilung in Abdichtungsabschnitte durch Schotte notwendig. Vor Beginn des Aushubs wird mittels Pumpensumpf das durch die Injektion abgekapselte Grundwasser abgepumpt, um abschnittsweise die Dichtigkeit der Injektion zu prüfen. Zudem sollten Aushubabläufe so gewählt werden, dass Fehlstellen frühzeitig erkannt werden, damit Massnahmen ergriffen werden können. Dies kann durch schichtweisen Aushub erfolgen. Besonders Feinsande oder Feinsandanteile werden bereits unter einem geringen Wasserüberdruck schon bei kleinsten Leckstellen ausgespült. Dieser Vorgang führt innerhalb kürzester Zeit zur Gefährdung der Standsicherheit des Ausbruchquerschnitts und der umgebenden Bebauung.

Der Strossen- und Sohlenabbau wird abschnittsweise innerhalb der Wannenabschnitte durchgeführt, während in einem weiteren Abschnitt die nächste HDI-Wanne fertiggestellt wird. Die Sicherung der Sohle erfolgt mit einer ca. 20 – 40 cm starken Spritzbetonschale und zwei Lagen Baustahlgitter in Abschlagslängen von ca. 2 m.

11.2.11 Folgerungen

Es ist zu unterscheiden zwischen der horizontalen und der vertikalen Herstellung der Jetsäulen. Beim Einsatz des Jetting-Verfahrens für horizontale Jetsäulen als Abdichtungs- und Stabilisierungsmassnahme sind folgende Aspekte besonders zu beachten:

- Bei kleinen Wasserdrücken bis zu einigen Metern ist das Verfahren in leicht bindigen oder kiesigen Böden anwendbar. In feinsandig siltigen Böden genügen schon kleine Lücken im Jetschirm, durch welche Bodenmaterial eingeschwemmt wird, um die Vortriebsarbeiten aufs äusserste zu erschweren.
- Bei hohen Wasserdrücken ist auch in kiesigen Böden Vorsicht geboten. Die Anordnung von mehreren Jetreihen muss geprüft werden.

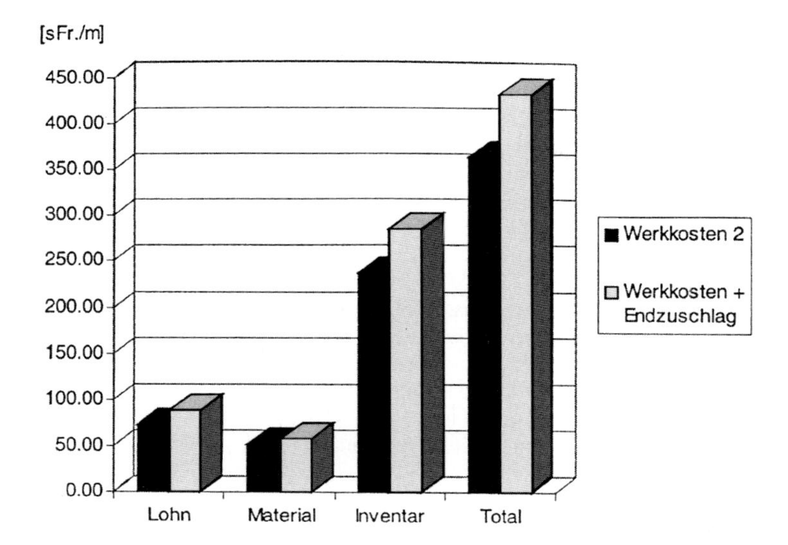

Bild 11.2-11 Zusammensetzung des Eiinheitspreises sFr./m

- Der Bohrgenauigkeit kommt, insbesondere wenn das Jetting eine abdichtende Funktion haben soll, eine hohe Bedeutung zu.
- Vorhandene Leckstellen sind kaum zu lokalisieren und können somit nicht gezielt behandelt werden.

Bei einem vorauseilenden horizontalen Jetschirm hat sich bisher die Abdichtungsfunktion meist als nicht zufriedenstellend erwiesen.

Mit zunehmender Bohrgenauigkeit ist auch die Wirkung der Dichtung besser. Aus diesem Grund ist, wegen der kleineren erforderlichen Bohrlänge, eine Sohlabdichtung von der Kalotte aus mittels vertikalen Jetpfählen als eine effiziente und gute Massnahme in Betrachtung zu ziehen. Bei Grundwasserständen bis zum Kämpferbereich bzw. zum Kalottenwiderlager sind mit der oben genannten Methode gute Erfahrungen gemacht worden. Ist der Grundwasserstand höher, kann die Injektion auch aus einem über dem Grundwasser liegenden Injektionsstollen erfolgen.

11.2.11.1 Baubetriebliche Kosten- und Leistungswerte

Leistungswerte

Der Zeitbedarf zur Herstellung von Jetabdichtungen ist von verschiedenen Faktoren abhängig, so z. B. von den Baugrundeigenschaften, vom Ausbruchquerschnitt und vom Bohr- bzw. Jetsystem. Mit einem einarmigen Jetgerät betrug z. B. die Leistung der Säulenherstellung im Baulos 5.05 der Zürcher S-Bahn rund 120 m pro Arbeitsschicht, beim Südportal des Fräsenstaubtunnels der N4 in Schaffhausen rund 26 m pro Arbeitsschicht.

Im Mittel kann mit der Herstellung von 45 bis 60 m Jetsäule pro Arbeitsschicht gerechnet werden.

Lohn

Für die Erstellung eines Jetschirmes ist mit vier Personen pro Gruppe zu rechnen. Dazu gehören ein Bohrmeister, zwei Hilfsarbeiter und ein Facharbeiter, der an der Pumpe arbeitet. Bei der Ermittlung der Kosten wird der Gruppenmittellohn gebildet.

Material

Für eine Jetsäule von 60 cm Durchmesser kann mit einem durchschnittlichen Verbrauch von 300 kg Zement pro Meter gerechnet werden. Als Zement kann ein Standardzement (CEM 42.5) mit einem Preis von 150 sFr. bzw. 90 € pro Tonne angenommen werden.

Ferner sind Deponie- und Transportkosten für das Bohr- und Rücklaufmaterial zu berücksichtigen.

Inventar

Es werden nur diejenigen Geräte berücksichtigt, die direkt an der Produktion der Jetsäulen beteiligt sind. Dazu gehören Bohrgerät, Injektionspumpe, Injektionsmischanlage, Zementsilo mit Schnecke sowie die Recycling- und Separationseinrichtungen. Die fixen Kosten pro Stunde beinhalten Amortisation, Verzinsung, Feuer- und Elementarrisiko und Stationierung. Die variablen Kosten setzen sich aus Reparatur, Revision, Energie und Schmiermittel zusammen. Die betriebsinternen Verrechnungsansätze basieren auf den Inventar-Grunddaten. Für die Ermittlung der Kosten pro Stunde wird von der Anzahl der Einsatzstunden und Verrechnungstage pro Jahr ausgegangen.

Leistungsannahme

Es wird von einer mittleren Gruppenleistung (eine Equipe und ein einarmiges Bohrgerät) von 3 m Jetsäule pro Stunde ausgegangen. Diese Leistung ist eher niedrig angesetzt; für die effektive Bohrzeit pro Meter Jetpfahl kann mit 3 min/m und für den effektiven Jetvorgang mit 4 min/m gerechnet werden.

Einheitspreis

Mit den berücksichtigten Kostenarten beträgt der Preis einschliesslich eines einkalkulierten Endzuschlags ca. 430 sFr./m bzw. 270 €/m. Die Zusammensetzung des Preises kann Bild 11.2-11 entnommen werden.

11.2.11.2 Ausführung und Qualitätskontrolle

Die Wahl des Jetsystems (Simplex-, Duplex- oder Triplexverfahren), die Festlegung des Bohrrasters, die Wahl der Suspensionsmischung und der maschinentechnischen Parameter sowie die Reihenfolge der Säulenherstellung basiert auf den Ergebnissen von Vorversuchen oder auf den Erfahrungswerten aus einem vergleichbaren Untergrund. Immer zu berücksichtigen sind der Platzbedarf und der Arbeitsbereich der eingesetzten Jetausrüstungen. Wichtige Kriterien bei der Ausführung sind folgende:

- Die Bohrtechnik muss möglichst einen ausreichenden zentrischen Ringraum als Fliesskanal erzeugen, um sowohl die Rückführung der Bohrspülung und die Austragung des Bohrgutes zu ermöglichen als auch die Rückführung der Überschusssuspension sicherzustellen. Dadurch wird auch verhindert, dass es zu einem Druckaufbau während der Injektion kommt. Abweichungen davon können für das gesamte Verfahren unkontrollierte Hebungen oder auch Senkungen sowohl beim Bohren als auch beim Injizieren mit sich bringen.
- Der rechnerische Jetsäulendurchmesser muss so gewählt werden, dass er in allen zu erwartenden Bodenschichten mit Sicherheit den Mindestdurchmesser erreicht.
- Die angewandten Bohr- und Injektionsgerätetechniken müssen sicherstellen, dass in einem festgelegten Herstellabschnitt die radialen Abweichungen von der Sollachse nur so gross sind, dass sich die Mindestdurchmesser bei den angeordneten Säulen in allen Punkten tangieren oder dass bei überschnittenen Säulen das Überschneidungsmass eingehalten wird.
- Unterbrechungen der Bohr- und Injektionsarbeiten an einer Jetsäule verursachen Störungen in den Erosions- und Strömungsabläufen mit unkontrollierbaren Absetzvorgängen des Bohr- und Überschussgutes. Dadurch entstehen Fehlstellen in der Jetsäule.
- Bei der Erstellung einer Jetabdichtung oder eines Jetschirmes unterhalb einer Bebauung mit geringer Überlagerungshöhe ist mit unmittelbarer Berührung mit Gründungen, Grundleitungen, Kanälen oder ähnlichem zu rechnen. Nicht ordnungsgemäss verschlossene oder abgeklemmte Kanalisationsanschlüsse sowie die nicht planmässige Lage von Leitungen, alten Schächten, Brunnen etc. sind unvorhergesehene Fliesswege, die Spülungs- und Suspensionsverluste verursachen.
- Bei Unterfahrung grosser, zusammenhängender Bebauungskomplexe ist der Bodenaufbau nicht immer eingehend durch Aufschlussbohrungen erkundet worden. Bohr- und Injektionstechnik müssen deshalb auf Abweichungen in der Bodenzusammensetzung reagieren können.
- Das Problem der Hebungen infolge Überdrucks bei der Herstellung der Jetsäulen wurde schon erwähnt. Die Auswirkungen auf eine Bebauung können sich unter anderem durch angehobene Kellerfussböden, nicht mehr schliessbare Türen, Gefälleänderungen in Kanälen usw. äussern.

Der Nachteil bei der Erstellung von Jetdichtungssäulen besteht darin, dass sie nicht unmittelbar nach der Erstellung visuell geprüft werden können (Black-Box). Die Qualitätskontrolle ist erst nach einer teilweisen oder vollständigen Freilegung möglich. Aus diesem Grund wird beim Einsatz des Hochdruckinjektionsverfahrens in der Regel eine Risikobeurteilung vorgenommen. Diese besteht aus den möglichen Gefährdungsbildern und einer Quantifizierung und Bewertung der verschiedenen Risiken. Aus der Risikobeurteilung folgt ein

Sicherheitsplan mit einem Überwachungskonzept und einem Massnahmenkatalog. Der Massnahmenkatalog erstreckt sich von der Qualitätssicherung bis zur automatischen Kontrolle und Registrierung der einzelnen Betriebsparameter oder zusätzlichen Zwischenschotte. Als Messdaten werden festgehalten:

- Gewicht der Suspension
- Mischprotokoll
- Bohr- und Jetparameter (Anpressdruck, Drehzahl, Drehmoment, Bohrleistung, Rückzugsgeschwindigkeit, Drehzahl beim Jetvorgang, Suspensionsdruck, Suspensionsmenge, Rücklaufmenge)
- Bauwerksdeformationen (je nach Problemstellung)

Die ständige Überwachung des Rückflusses ist, wie schon erwähnt, eine ausserordentlich wichtige Massnahme.

Bei der Unterfahrung von bebauten Gebieten ist ein Messprogramm für die Überwachung der Deformationen unabdingbar. Beim Bau des Tunnels St.-Aubin z. B. sind Nivellementskontrollmessungen der oben liegenden Gebäude ausgeführt worden. Ab einer bestimmten Hebung wurden die Jetpumpen automatisch abgeschaltet.

11.2.11.3 Ausblick

Mit der Einführung des Hochdruckinjektionsverfahrens haben sich im Tunnelbau neue Möglichkeiten der Bodenabdichtung und -stabilisierung eröffnet. Die spezifischen Vorteile, die diesem System eigen sind, können wie folgt zusammengefasst werden:

- Das Verfahren ermöglicht gegenüber den konventionellen Injektionsmethoden in bezug auf die Bodenverhältnisse eine erhebliche Ausweitung des Anwendungsbereiches und eine Vereinfachung bei wechselnden heterogenen Bodenformationen. Abdichtungen werden auch in feinkörnigen Böden möglich, die bisher überhaupt nicht oder nur mit sehr kostspieligen und ökologisch meistens problematischen Injektionsmitteln behandelt werden konnten.
- In bezug auf die Form und die Dimensionen der behandelten Zonen lässt sich das Verfahren sehr flexibel anwenden.
- Die erzielten Materialeigenschaften und der dazu notwendige Aufwand lassen sich im voraus abschätzen, notfalls aufgrund von Versuchen.

Die zukünftige Entwicklung dürfte eine weitere Automatisierung der Jet-Grouting-Ausrüstung bringen. Die Qualität und die Leistungsfähigkeit werden dadurch steigen. Es darf jedoch nicht vergessen werden, dass auch bei einer Vollautomatisierung nicht auf qualifizierte Mitarbeiter vor Ort verzichtet werden kann. Mit der zunehmenden Bohrgenauigkeit wird die Herstellung einer Wasserabdichtung mittels horizontaler Jetsäulen wesentlich verbessert.

11.2.11.4 Injektionen in tiefliegenden Tunneln

In diesem Abschnitt soll auf die Problematik bei Injektionen zur Abdichtung und Verfestigung in tiefliegenden Tunneln eingegangen werden.

Wenn der Hohlraum nach Ausbruch dazu tendiert, sich zu schliessen, wird von druckhaftem Gebirge gesprochen. Das Gestein in der Umgebung des Hohlraums ist dabei überbeansprucht. Es können eine plastische und eine elastische Zone unterschieden werden.

Dimensionierung des Injektionskörpers

Aufgrund von Modellrechnungen können Untersuchungen durchgeführt werden, wie Grösse und Festigkeit eines Injektionskörpers sein Tragvermögen unter Berücksichtigung des Ausbauwiderstandes und der Strömungskräfte beeinflussen. Es wird nicht auf die einzelnen Herleitungen eingegangen, sondern es werden nur allgemeine Grundsätze aufgezeigt, die bei der Dimensionierung von Injektionskörpern tiefliegender Tunnel zu berücksichtigen sind.

Die betrachteten Modelle beruhen stets auf vereinfachten Modellannahmen, wie z. B.:

- homogenes und isotropes Material des Injektionskörper
- homogenes und isotropes Material des unbehandelten Gebirges
- kreisförmiges Tunnelprofil
- ringförmiger Injektionskörper
- längere geologische Störzone

Damit der Injektionskörper elastisch bleibt, muss die einachsiale Druckfestigkeit höher sein als die am Ausbruchrand herrschende Tangentialspannung. Bei niedrigeren Druckfestigkeiten würde es zu einer Plastifizierung des Injektionskörpers kommen. Bei einer vollständigen Plastifizierung ist der Injektionskörper überall bis zu seiner Tragfähigkeit beansprucht. Dies führt zu grossen Verformungen und zu Einbussen an Dichtigkeit.

Bohrtechnik

Im Tunnelbau baut man oft den Wasserdruck ab, indem man das Wasser einfach auslaufen lässt. Probleme ergeben sich allerdings, wenn nicht bloss das Wasser, sondern auch die Gesteinspartikel ausgeschwemmt werden.

Beim Bohren gegen sehr hohe Wasserdrücke sind sogenannte Preventer erforderlich, wie sie bei Erdgas- und Erdölbohrungen verwendet werden [11-7].

Bei kleineren Wasserdrücken verwendet man Stopfbüchsen [11-8]. Dazu ist eine aufblasbare Gummidichtung notwendig, die das Stopfbüchsenrohr zum drehenden Bohrgestänge abdichtet. Dadurch wird der Hohlraum zwischen Stopfbüchse und Bohrrohr abgedichtet, und das unkontrollierte Ausspülen von Material wird verhindert. Um das Bohrklein kontrolliert zu fördern, ist eine Schleuse mit Schieber erforderlich. Stopfbüchsen können bis 20 bar eingesetzt werden. Die typischen Anwendungsfelder der Stopfbüchsen sind z. B. Bohrungen aus Baugruben und Tunnelvortriebsmaschinen in Böden mit Grundwasser.

Injektionsmittel

Gebirgsbewegungen können nie gänzlich aufgehalten werden. Sie führen zu Verformungen, die ihrerseits aber nicht zur Zerstörung des Injektionskörpers führen dürfen. Aus diesem Grund soll das eingesetzte Injektionsmittel einen ausgeprägten elastischen und plastischen Bereich aufweisen. Es sollten folglich keine Injektionsmittel eingesetzt werden, die ein sprödes Verhalten haben. Gegenüber hydraulisch abbindenden Injektionsmitteln kennzeichnen sich Polyurethane durch ihre Fähigkeit, in druckhaftem Gebirge grosse Verformungsarbeit zu leisten.

Wegen der erwähnten Eigenschaften sind Polyurethane vorteilhaft in tiefen Tunnel sowie bei grösseren Erschütterungen infolge Sprengungen anwendbar.

11.3 Gefrierverfahren

11.3.1 Allgemeines

Die Anwendung der Bodenvereisung im Tunnelbau dient zur Verfestigung des Untergrundes und als Sperre gegen eintretendes Grundwasser. Das Gefrierverfahren wird relativ selten eingesetzt und muss als Lösung „wenn alle Stricke reissen" angesehen werden. Der Grund liegt in der geringen Wirtschaftlichkeit des Verfahrens. Zum Gefrieren sind grosse Kühlleistungen erforderlich, die ihrerseits hohe Installationskosten verursachen. Ist der Boden einmal gefroren, wird die Anlage schlecht ausgenutzt. Grundsätzlich kann jeder Boden mit hinreichend grossem Wassergehalt gefroren werden. Ist der Wassergehalt nicht ausreichend, so muss der Boden während der Bauzeit durch künstliche Berieselung gefrierfähig gemacht werden. Die Ausnahme bilden sehr durchlässige Böden mit einer starken Grundwasserströmung. In diesen Böden wird die eingebrachte Kälte durch das Wasser ständig abgeführt, so dass keine Eisbildung eintreten kann. Aber auch Inhomogenitäten im Boden und in der Grundwasserströmung können die Herstellung eines undurchlässigen Frostkörpers erschweren.

Der hauptsächliche Einsatz liegt in Problemzonen bei bergmännischen Tunnelvortrieben in Lockergesteinen, Kriechhängen und glazialen Schotterrinnen. Dabei können die Vereisungskörper von der Geländeoberfläche, aus einem Schacht oder aus dem Tunnelprofil heraus aufgebaut werden.

Die Anfahrzone aus Startschächten kann bei grossen Grundwasserdrücken wirkungsvoll mit einem Frostkörper gesichert werden.

Die Bodenvereisung ist eine umweltschonende, reversible und anpassungsfähige Massnahme.

11.3.2 Technologie und physikalisches Prinzip

Als Kälteträger werden hauptsächlich Ammoniak und Kohlensäure in geschlossenen stationären Anlagen und Stickstoff in offenen mobilen Anlagen eingesetzt. Damit der Boden vereisen kann, muss ihm Wärme entzogen werden; dazu werden im Bereich des geplanten Gewölbeschirms in äquidistanten Abständen Gefrierrohre eingebracht. In diesen Rohren zirkuliert der Kälteträger. Dazu kommen zwei Verfahren zum Einsatz (Bild 11.3-1):

- Solevereisung
- Stickstoffvereisung

a) Solevereisung

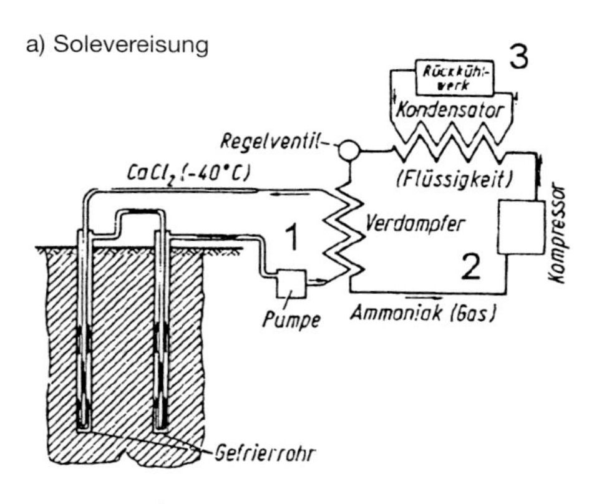

b) Stickstoffvereisung

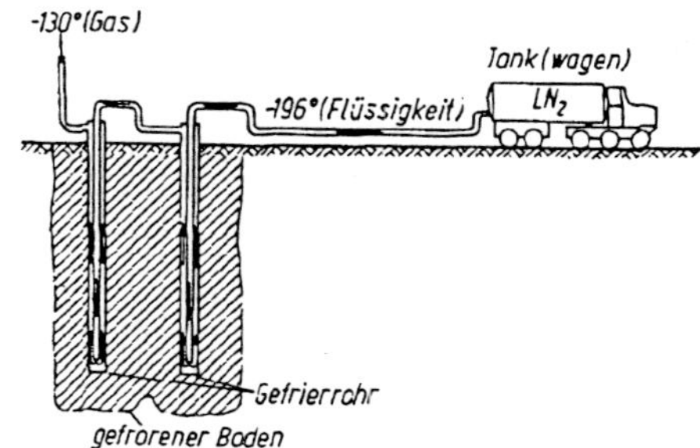

1. Kälteträgerkreislauf
2. Kältemittelkreislauf
3. Kühlwasserkreislauf

Bild 11.3-1 Bodenvereisungsmethoden [11-9]

Bei der Solevereisung werden stationäre Kühlaggregate verwendet. Das gasförmige Kältemittel (z. B. Ammoniak) wird mittels Kompressor verdichtet; dabei wird das Gas verflüssigt. In einem Verdampfer, in dem Kältemittel und Kälteträger in einem getrennten Kreislauf geführt werden, wird die Sole (z. B. $CaCl_2$) des Kälteträgers auf ca. –40 °C abgekühlt.

Bei der Stickstoffvereisung wird das Stickstoffgas auf –196 °C abgekühlt. Der gekühlte, flüssige Stickstoff wird in Drucktanks auf die Baustelle transportiert. Die Stickstoffvereisung ist trotz ihres geringen Aufwandes aus wirtschaftlichen Gründen nur für kleine Gefrierkörper und temporäre Gefriermassnahmen mit kurzen Gefrierzeiten geeignet. Dazu gehört die kurzzeitige Vereisung der Ortsbrust von der Erdoberfläche aus, um bei einem Vortrieb mit Problemen im Schneidradbereich einen Reparaturbahnhof im Grundwasser zu bilden. Zudem kann man die Stickstoffvereisung zum Schockgefrieren einsetzen.

Zur Durchführung der Bodenvereisung werden in Abständen von ca. 80 – 150 cm Gefrierrohre parallel zur Längsrichtung des Gefrierkörpers eingebaut. Diese bestehen meist aus zwei konzentrisch angeordneten Rohren, die über den Gefrierkopf an die Vor- und Rücklaufleitungen angeschlossen sind. Durch das innere Rohr erfolgt der Zulauf der kalten Sole, die dann im Ringraum zwischen Innen- und Aussenrohr zurückläuft. Dabei wird dem Boden Wärme entzogen. Meist besteht das Aussenrohr aus Stahl mit einem Durchmesser von ca. 90 mm und das Innenrohr aus Kunststoff (PVC, ∅ $1^1/_2$").

Diese Methode wurde beim Bau des Fahrlachtunnels in Mannheim angewendet [11-10].

Das Prinzip ist ausserordentlich einfach. Durch künstliche Abkühlung des Bodens unter den Gefrierpunkt wird das in den Poren oder Klüften befindliche Wasser gefroren; dabei erhält die

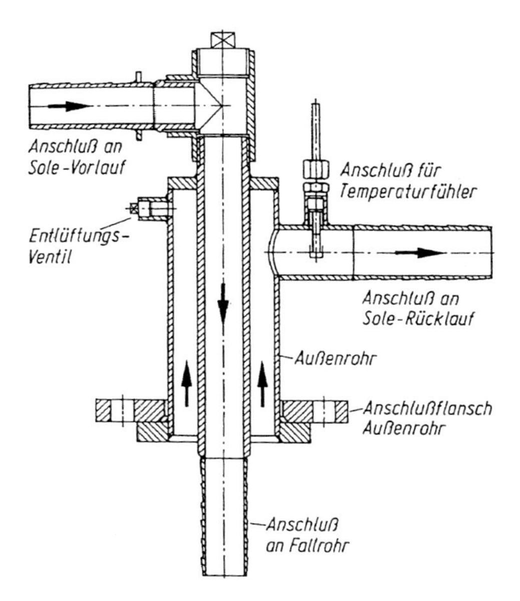

Bild 11.3-2 Prinzipskizze eines Gefrierkopfes [11-10]

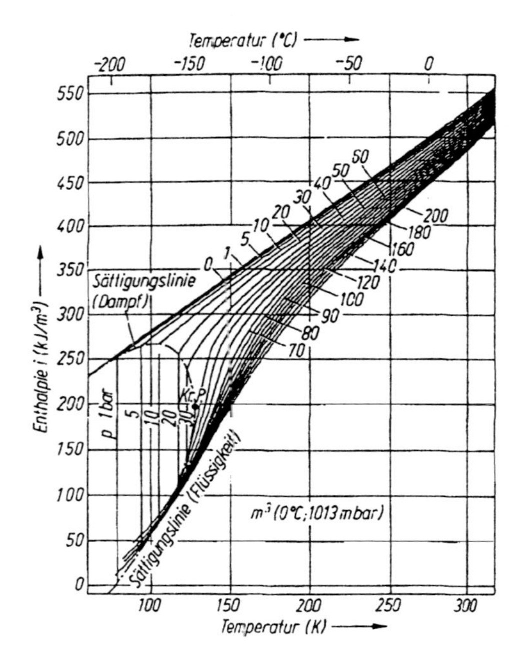

Bild 11.3-3 Thermische Kennwerte [11-10]

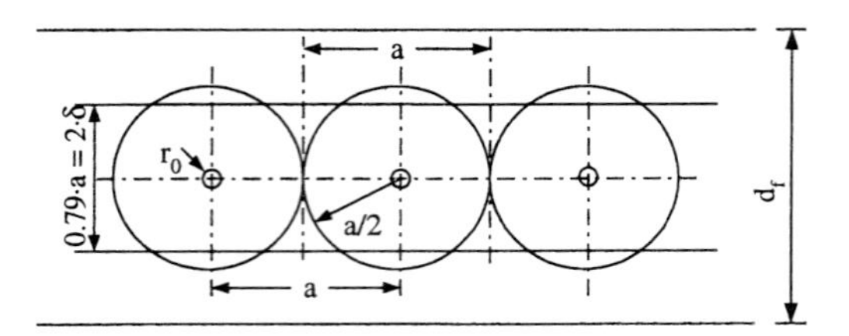

ebener Frostkörper

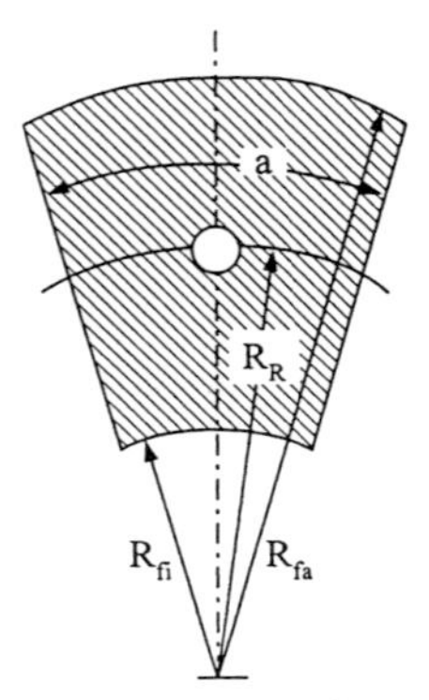

gekrümmter Frostkörper

Bild 11.3-4 Frostkörper [11-10]

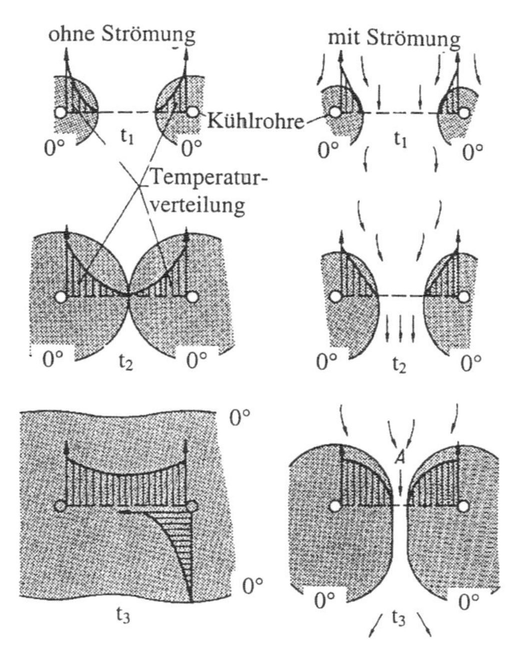

Bild 11.3-5 Bildung des Frostkörpers [11-10]

Matrix des Bodens ein Bindemittel in Form von gefrorenem Wasser. In den Rohren zirkuliert eine weit unter den Gefrierpunkt abgekühlte Salzlösung oder ein verflüssigtes Gas, welches verdampft wird, als Kälteträger. Der auf diese Weise kontinuierliche Wärmeentzug bewirkt, dass sich um jedes Gefrierrohr ein mit der Zeit zunehmend grösser werdender zylindrischer Frostmantel bildet. Schliesslich wachsen die Frostmäntel zusammen, und es entsteht ein geschlossener Gefrierkörper. Der Gefrierprozess wird mit voller Leistung so lange fortgesetzt, bis der Frostkörper die verlangte statische Dicke erreicht hat (Vorgefrierzeit oder Aufgefrierphase). Von da an kann sich die Kältezufuhr auf die Kompensation der Wärmemenge beschränken, die aus dem Baugrund und über den freiliegenden Teil der Frostwand nach Aushubbeginn abfliessen kann (Frosterhaltungzeit).

11.3.3 Grundlagen der Bemessung

Neben den bodenmechanischen Eigenschaften der einzelnen Bodenschichten werden für die Planung einer Bodenvereisung und deren Bemessung

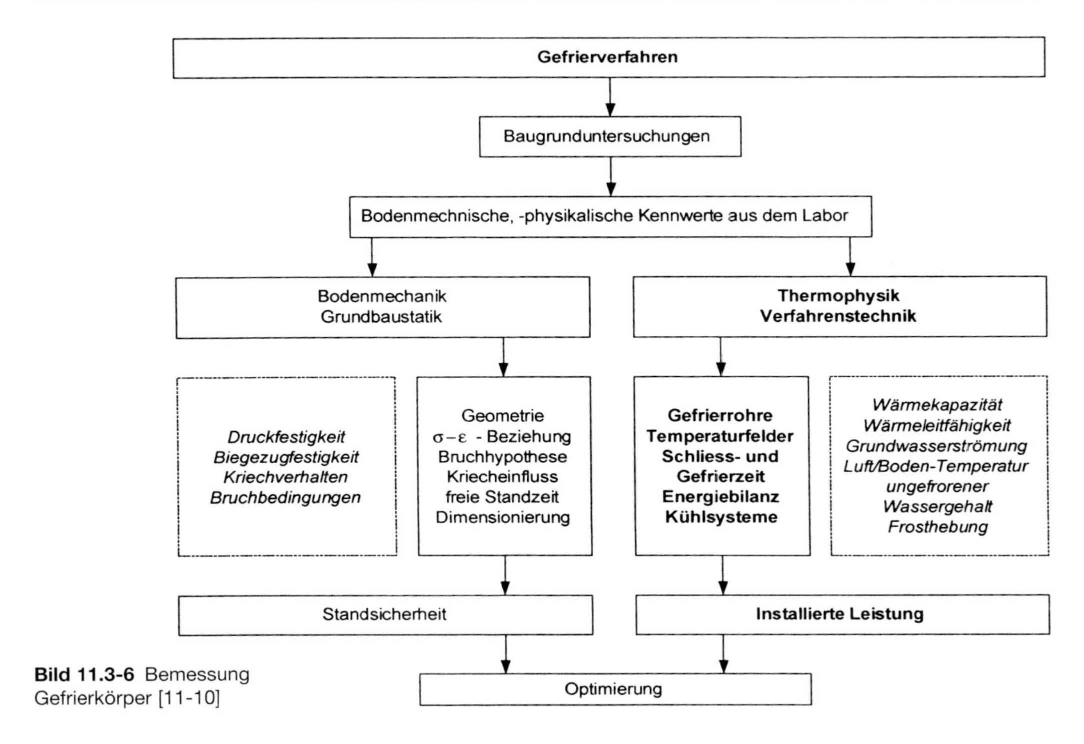

Bild 11.3-6 Bemessung Gefrierkörper [11-10]

zusätzliche Kennwerte, insbesondere thermophysikalische Werte, benötigt.

Neben den mechanischen und physikalischen Eigenschaften des gefrorenen und ungefrorenen Bodens werden als weitere Grundlagen für die thermische Vorbemessung die Gefrierrohrabstände und das eingesetzte Kühlverfahren untersucht. Diese bestimmen den Schliesszeitpunkt und den Zeitpunkt, zu dem der Frostkörper tragfähig wird. Zusätzlich hierzu muss noch die Gesamtwärmemenge ermittelt werden, über die die Kältekapazität der Gefrieranlage festgelegt wird. Die benötigten Faktoren sind:

- Geometrie des geplanten Frostkörpers
- Gefrierrohrabstand und Bohrgenauigkeit
- Art und Struktur der Bodenschichten
- Fliessgeschwindigkeit und Richtung des Grundwassers
- Boden- und Grundwassertemperatur
- Kältekapazität der Gefrieranlage
- Vorlauftemperatur in den Gefrierrohren
- Kerntemperatur und Isotherme am statisch wirksamen Frostkörper
- Lage und Temperatureinfluss von möglichen Wärmeträgern im Boden (Kanäle, Leitungen)

Die Bildung eines Frostkörpers ist ein äusserst komplexer Vorgang, der sich analytisch nicht exakt beschreiben lässt. Für die Praxis sind Näherungslösungen erarbeitet worden.

Formel nach Huder

Ermittlung der auf das Bodenvolumen bezogenen Wärmeenergie [11-11]:

$$q = c_u \cdot t_1 + L + c_g \cdot t_2 \qquad (11.3\text{-}1)$$

q:	Wärmeenergie	[kcal/dm^3]
c_u:	volumetrische Wärme des ungefrorenen Bodens	[kcal/dm^3 °C]
c_g:	volumetrische Wärme des gefrorenen Bodens	[kcal/dm^3 °C]
t_1:	Temperatur des ungefrorenen Bodens	[°C]
t_2:	Temperatur des Frostkörpers	[°C]

L, c_u und c_g werden errechnet mit:

$$c_u = \gamma_d \cdot \left(c + \frac{c_w \cdot w}{100}\right) \qquad (11.3\text{-}2)$$

$$c_g = \gamma_d \cdot \left(c + \frac{c_e \cdot w}{100}\right) \quad (11.3\text{-}3)$$

$$L = 80 \cdot \frac{w}{100} \cdot \gamma_d \quad (11.3\text{-}4)$$

L:	Latente Wärme des Bodens	[kcal/dm³]
γ_d:	Dichte des Bodens	[kg/dm³]
c:	Wärmekapazität des Bodens	0,71 – 0,84 kJ/kg °C
c_w:	Wärmekapazität des Wassers	4,2 kJ/kg °C
c_e:	Wärmekapazität des Eises	2,1 kJ/kg °C
w:	Wassergehalt	[%]

Als Faustregel gilt:

$$q = (2{,}2 \div 2{,}8) \cdot w \quad (11.3\text{-}5)$$

Umrechnung: 1 kJ = 0,239 kcal, resp. 1 kcal = 4,18 kJ

Formel nach F. Mohr

Ermittlung der vom Boden abzugebenden Wärme [11-12]:

$$Q = V \cdot \gamma_d \cdot c_g \cdot (t_2 - t_1) + V \cdot \gamma_d \cdot w \cdot c_w \cdot t_2 + V \cdot \gamma_d \cdot w \cdot c_q - V \cdot \gamma_d \cdot c_e \cdot t_1 \quad (11.3\text{-}6)$$

Q:	Wärmemenge	[kJ]
V:	Bodenvolumen	[dm³]
γ_d:	Trockendichte des Bodens	[kg/dm³]
w:	Wassergehalt	[%]
c_g:	Wärmekapazität des Bodenmaterials	0,71 ÷ 0,84 kJ/kg °C
c_w:	Wärmekapazität des Wassers	4,2 kJ/kg °C
c_e:	Wärmekapazität des Eises	2,1 kJ/kg °C
c_q:	Latente Schmelzwärme	325 kJ/kg
t_2:	Temperatur des ungefrorenen Bodens	[°C]
t_1:	Mittlere Temperatur des Frostkörpers	[°C]

Analytisches Verfahren von Sanger

aufgestellt aufgrund von vereinfachten Randbedingungen [11-13]:

- homogener Boden mit isotropen thermischen Eigenschaften
- konstante Temperatur am Aussenrand der Gefrierrohre
- keine Grundwasserströmung
- keine zusätzlichen Wärmeträger
- konstante Gefrierrohrsabstände

Nach Sanger können zwei Phasen des Gefriervorganges definiert werden [11-10]:

Phase 1: Radialsymmetrische Ausbreitung des Frostzylinders um das Gefrierrohr, bis sich die Frostkörper berühren

Phase 2: Zusammenwachsen der Frostkörper und Zunahme der Frostkörperdicke

Der Schliesszeitpunkt bzw. die Gefrierzeit für eine bestimmte Frostkörperdicke ist:

Phase 1: Schliesszeitpunkt t_{schl}

$$t_{schl} = \frac{\left(\frac{a}{2}\right)^2 \cdot L_1}{4 \cdot k_f \cdot \Delta t_S} \left[2 \cdot \ln\left(\frac{a/2}{r_0}\right) - 1 + \frac{c_{vf} \cdot \Delta t_S}{L_1}\right] \quad (11.3\text{-}7)$$

$$\text{mit} \quad L_1 = L + \frac{a_r^2 - 1}{2 \cdot \ln a_r} \cdot c_{vu} \cdot \Delta t_0 \quad (11.3\text{-}8)$$

a:	Gefrierrohrabstand
r_0:	Gefrierrohrradius
L_1:	äquivalente, latente Schmelzwärme
t_{schl}:	Schliesszeitpunkt
a_r:	3,0
L:	latente Schmelzwärme des Porenwassers
c_{vf}:	Wärmekapazität des gefrorenen Bodens (volumenbezogen)
c_{vu}:	Wärmekapazität des ungefrorenen Bodens (volumenbezogen)
Δt_S:	Temperaturdifferenz zwischen Gefrierrohr und Gefriertemperatur des Wassers
Δt_0:	Temperaturdifferenz zwischen Temperatur des ungefrorenen Bodens und Gefriertemperatur des Wassers
k_f:	Wärmeleitfähigkeit des gefrorenen Bodens, die wie folgt ermittelt werden kann:

$$k_f = 2{,}3^n \cdot k_s^{(1-n)} \text{ mit } k_s = 7{,}7^q \cdot (2{,}5)^{(1-q)} \quad (11.3\text{-}9)$$

wobei

n:	Porenanteil
q:	Quarzgehalt

Werte für die Partikelleitfähigkeit k_S für mineralische Bodenarten: (siehe hierzu Tabelle 11.3-1)

Quarzgehalt q	Fraktion <0,02 mm	Korndichte [kg/m³] 2700		2900
unbekannt	<20%	4,5		3,5
	>60%		2,5	
bekannt = q	<20%	$2^{(1-q)} \cdot 10^9$		$3^{(1-q)} \cdot 10^9$
	>60%		$2^{(1-q)} \cdot 10^9$	

Tabelle 11.3-1
Korndichte [11-9]

Phase 2: Gefrierzeitpunkt t_{zus} für das Erreichen der Frostkörperdicke d_f

a) Ebener Frostkörper

$$t_{zus} = \frac{L_f \cdot a^2 \cdot \left(x^2 - 0.62\right)}{8 \cdot k_f \cdot \Delta t_S} \qquad (11.3\text{-}10)$$

mit $L_f = L + \frac{a_r^{\,2} - 1}{2 \cdot \ln a_r} \cdot c_{vu} \cdot \Delta t_0$ (11.3-11)

a_r: 5,0
a: Gefrierrohrabstand [m]
x: d_f / a
d_f: Frostkörperdicke [m]

b) Gekrümmter Frostkörper

Beim gekrümmten Frostkörper gibt es unterschiedliche Gefrierzeiten für die Frostkörperentwicklung nach aussen und nach innen:

- nach aussen

$$t_{zusa} = \frac{1}{2 \cdot k_f \cdot \Delta t_S} \cdot L_{zusa} \cdot \left[R_{fa}^{\;2} \cdot \ln\left(\frac{R_{fa}}{R_R + \delta}\right) - \frac{R_{fa}^{\;2} - \left(R_R + \delta\right)^2}{2} \right] + \frac{c_{vf}}{2 \cdot k_f} \cdot \left[\frac{R_{fa}^{\;2} - \left(R_R + \delta\right)^2}{2} \right] \qquad (11.3\text{-}12)$$

mit $L_{zusa} = L + 2{,}5 \cdot c_{vu} \cdot \Delta t_0 + 0{,}5 \cdot c_{vf} \cdot \Delta t_s$ (11.3-13)

a_r: 5,0
δ: 0,393 · a [m]
R_R: Radius der kreisförmigen Anordnung der Gefrierrohre [m]
R_{fa}: Radius der Aussenkante des Frostkörpers [m]

- nach innen

$$t_{zusi} = \frac{1}{2 \cdot k_f \cdot \Delta t_S} \cdot L_{zusi} \cdot \left[\left(R_R - \delta\right)^2 \cdot \ln\left(\frac{R_R - \delta}{R_{fi}}\right) - \frac{\left(R_R - \delta\right)^2 - R_{fi}^{\;2}}{2} \right] + \frac{c_{vf}}{2 \cdot k_f} \cdot \left[\frac{\left(R_R - \delta\right)^2 - R_{fi}^{\;2}}{2} \right] \qquad (11.3\text{-}14)$$

mit $L_{zusi} = L + 2.0 \cdot c_{vu} \cdot \Delta t_0 + 0.5 \cdot c_{vf} \cdot \Delta t_S$ (11.3-15)

a_r: 4,0
R_{fi}: Radius der Innenkante des Frostkörpers [m]

Bei der Bodenvereisung ist dem Vorhandensein einer Grundwasserströmung besondere Beachtung zu schenken. Solange die Fliessgeschwindigkeit [11-10] in den Poren des Bodens gering ist (unter 0,5 m/Tag), wird sich um das Gefrierrohr ein radialsymmetrischer Zylinder von gefrorenem Boden ausbreiten. Bei höheren Grundwasserströmungen (über 1,0 m/Tag) wächst der Gefrierkörper nicht mehr radialsymmetrisch.

Tabelle 11.3-2 Festigkeitseigenschaften gefrorener Böden [11-9]

Bodenart	Kurzzeiteigenschaften				Langzeiteigenschaften			
	σ_D	φ	c	E-Modul	σ_D	φ	c	E-Modul
	MN/m²	°	MN/m²	MN/m²	MN/m²	°	MN/m²	MN/m²
nicht bindig, mitteldicht	4,5	20-25	1,5	500	3,6	20-25	1,2	250
bindig steif	2,2	15-20	0,8	300	1,6	15-20	0,6	120

Häufig sind folgende Zusatzmassnahmen zum wirtschaftlichen Schliessen der ungefrorenen „Fenster" erforderlich:

- Injektionen zur Reduzierung der Durchlässigkeit und der Fliessgeschwindigkeit;
- Dichtwände (Injektions-, Ein- oder Zweimassendichtwände, Rüttelschmalwände), die vorzugsweise stromabwärts zur Gefrierstelle eingebaut werden. Durch die Dichtwände kann, neben der Reduzierung der Fliessgeschwindigkeit, auch ein Aufstau des Grundwassers und damit eine Erhöhung des Sättigungsgrades des Bodens erreicht werden;
- Vorkühlen des anströmenden Grundwassers über Gefrierrohre in Abständen von 1 bis 3 m. Hierdurch erreicht man ein schnelleres An- und Zuwachsen des Eisringes;
- Schockvereisung mit flüssigem Stickstoff, d. h. Teile des Gefrierkörpers werden mit der vollen Leistung beaufschlagt, während die restlichen Rohrstränge abgeschaltet werden (damit sinkt die Vorlauftemperatur rasch ab).

11.3.4 Festigkeit

Gefrorene Böden sind visko-elastisch, d. h. sie zeigen ein Kriechverhalten. Für die Baupraxis kommt dem Kriechen gefrorener Böden während der Bauzeit jedoch nur geringe Bedeutung zu, weil man den Frostkörper in der Regel so bemisst, dass die auftretenden Spannungen unterhalb der Werte bleiben, bei denen ein nennenswertes Kriechen einsetzt, dies nicht zuletzt deshalb, um die Gefrierrohre vor Beschädigung zu schützen (tiefe Temperaturen erfordern spezielle Stahlrohre mit erhöhter Zähigkeit).

Anhaltswerte über Festigkeiten gefrorener, wassergesättigter Böden gibt Tabelle 11.3-2.

Dabei bezieht sich das Kurzzeitverhalten auf eine Standzeit des Frostkörpers unter Belastung von etwa einer Woche, das Langzeitverhalten auf eine solche von 3 bis 5 Monaten. Versuche haben gezeigt, dass gefrorener Boden auch eine erhebliche Zugfestigkeit besitzt, die im allgemeinen 25 bis 50 % der Druckfestigkeit beträgt.

11.3.5 Dichtigkeit und Kontrolle

Eine genaue Überwachung des Frostkörpers während der primären Gefrierphase bis zum Schliessen, aber auch in der Frosterhaltungsphase, ist sehr wichtig. Hierfür werden unterschiedliche Messungen und Kontrollen im Kühlkreislaufsystem vorgenommen. Zusätzlich zu diesen Messungen sollten Temperaturmessbohrungen entlang dem und quer zum Frostkörper hergestellt und mit entsprechenden Fühlern ausgestattet werden. Neben den permanenten Messstellen sollten weitere für mobile Messungen, z. B. der horizontalen und vertikalen Verformungen, vorgesehen werden. An der Geländeoberfläche sollten sämtliche Bewegungen durch ein zusätzliches Präzisionsnivellement in einem engen Rasternetz überwacht werden.

Beurteilung der Dichtigkeit und der Unregelmässigkeiten:

Für die Beurteilung der Gefrierkörper sind die Temperaturmessungen massgebend. Sie geben Aufschluss darüber, ob der Frostkörper geschlossen ist bzw. die geforderte Stärke erreicht hat. Abweichungen einzelner Geber in der Temperaturentwicklung lassen in der Regel auf Unregelmässigkeiten im Frostkörper bzw. Untergrund schliessen.

Mittels Drainagebohrungen kann der vom Gefrierkörper umschlossene Untergrund entwässert und auf seine Dichtigkeit überprüft werden. Nimmt der Wasserzutritt im Verlauf der Zeit nicht genügend ab, muss auf vorhandene „Fenster" und Schwachstellen geschlossen werden. Das Eingrenzen und Lokalisieren dieser Störzonen kann sich schwierig gestalten und durch folgende Massnahmen [11-10] erkundet werden:

- periodische Messung von Druck, Temperatur und Menge des zufliessenden Wassers;
- gezielte Impfversuche mit verschiedenen Färbemitteln, die Auskunft über noch vorhandene Wasserläufe sowie Strömungsrichtungen geben;
- kurzfristiger Einsatz mobiler Messketten in einzelnen, ausgewählten Gefrierrohren;
- Ultraschallmessungen zwischen benachbarten Gefrierrohren (das System basiert auf der unterschiedlichen Fortpflanzungsgeschwindigkeit der Schallwellen von ca. 1500 m/s im Wasser und ca. 3600 m/s im Eis).

Mit einem Sicherheitsplan sollte der speziellen Situation jeder Baustelle Rechnung getragen werden. Es ist ein Konzept zur Kontrolle der Dichtigkeit mit entsprechenden Abhilfemassnahmen zu erarbeiten.

11.3.6 Baustelleneinrichtung

Zur Solevereisung ist eine Kältezentrale notwendig, die meist aus mehreren unabhängigen Aggregategruppen besteht. Die Aggregategruppen setzen sich in der Regel aus folgenden Komponenten zusammen:

- elektrisch bzw. dieselangetriebene Schraubenverdichter
- Kondensator
- Verdampfer
- Rückkühlwerk
- Umlaufpumpen
- Anlassvorrichtung
- Hilfseinrichtungen
- Steuerungseinrichtung

Um den Wasserverbrauch für die Kühlung des Kondensators zu reduzieren, ist ein Rückkühlwerk notwendig. Die gesamte Kälteanlage soll redundant ausgelegt werden; zudem sollte bei elektrischem Antrieb ein Notstromaggregate vorgehalten werden, damit der Gefrierkörper bei einer längeren Energieunterbrechung nicht abschmelzen kann. Allerdings ist der Gefrierkörper bei kurzzeitigem Energieausfall nicht sehr sensitiv; die meisten Gefrierkörper vertragen Abschaltzeiten von 10 – 12 Stunden.

Der Gefrierprozess (Gefrierphase) wird mit voller Leistung der Aggregate eingeleitet, bis die vorberechnete Gefrierkörperdicke erreicht ist. Danach kann sich die Kältezufuhr auf die Kompensation des Kälteverlustes (Wärmezutritt) beschränken.

Der Erfolg des Verfahrens hängt massgeblich von der exakten Lage der Gefrierrohre ab.

12 Permanente Hauptabdichtung von Tunnelbauwerken

12.1 Hauptabdichtungsarten

Der Schutz von unterirdischen Bauwerken gegen Feuchtigkeit und Wasserzufluss hat grosse technische und wirtschaftliche Bedeutung, da er einen wesentlichen Faktor für die Dauerhaftigkeit eines Bauwerkes und die Erhaltung der Gebrauchstauglichkeit darstellt [12-1].

Die Hohlraumauskleidung wird dabei hinsichtlich der Dauerhaftigkeit durch folgende Haupteinwirkungsgruppen beansprucht:

- aussenseitig durch Bergwasser (teilweise chemisch aggressiv)
- innenseitig durch den Verkehr und die chemische Wirkung der Abgase und der Salzstreuung

Oft enthält das Bergwasser betonaggressive Stoffe (Chlorite, Sulfate etc.). Wasserinfiltrationen und Tropfwasser führen somit zeitabhängig zu Schäden am Bauwerk. Tropfwasserstellen verursachen zudem im Winter Vereisungen. Dadurch kann in Strassentunneln die Verkehrssicherheit gefährdet werden. In Eisenbahntunneln können Schäden (Korrosion) an Gleisen, Isolatoren und Fahrleitungen auftreten, die sogar Störungen im Zugbetrieb auslösen können.

Für jeden Untertagebauer sollte es klar sein, dass unterirdische Hohlräume (Stollen, Tunnel und Kavernen) als Drainage betrachtet werden müssen. Tunnelbauer machten immer wieder die unliebsame Erfahrung, dass Tunnel und Stollen, die im Vortrieb mehr oder weniger trocken waren, bis zur Beendigung der Betonarbeiten nach 1 – 2 Jahren plötzlich Wasserinfiltrationen aufwiesen. Es kann somit nicht angenommen werden, dass Hohlräume, die in der Ausbruchphase praktisch trocken sind, auch in Zukunft trocken sein werden.

Die Dauerhaftigkeit eines mit grossem Aufwand erstellten Untertagebauwerkes hängt nicht zuletzt von dessen Dichtigkeit, d. h. vom Verhindern der Wasserinfiltration ab.

Tunnelbauwerke werden in bezug auf die Dauerhaftigkeit auch durch Einwirkungen des Verkehrs beansprucht, wie z. B.:

- Belastung der Auskleidung durch Abgase
- Streusalzbeanspruchung durch Schnee- und Feuchtigkeitseinschleppung der Verkehrsfahrzeuge

Das durch Fahrzeuge eingeschleppte Streusalz belastet die Strassentunnel im ersten Kilometer am stärksten. In diesem Bereich geben die Pneus der Fahrzeuge ihre Feuchtigkeit ab, bzw. der salzhaltige Schnee fällt aus den Radkästen.

In Anbetracht der Tragweite möglicher kommender Schäden ist es unumgänglich, dass man sich bereits in der Phase der Projektierung eines Untertagebauwerkes eingehend mit dem Problem der Abdichtung auseinandersetzt.

Die Frage nach Tunnelabdichtungen trat erstmals bei Eisenbahntunneln auf. Ein klassisches Beispiel war die Gotthardlinie (Eröffnung 1882), die nach 35jährigem Betrieb im Fugenbereich der Tunnelverkleidung starke, durch die Abgase der Dampfloks und zementaggressive Gebirgswässer bedingte Schäden aufwies.

Bereits im Jahre 1920 wurde mit der Behebung dieser Schäden begonnen; zudem hatte man auch die Elektrifizierung der Bahn vorgesehen. Als Instandsetzungsmassnahmen kamen damals in Frage:

- Ausbessern der Mauerwerksfugen mit sulfatbeständigem Zement
- Ausstemmen der Fugen mit Bleiwolle
- Aufhängen von Eternit- oder Zinnblechtafeln im Gewölbe zur Ableitung von Tropfwasser über den elektrischen Leitungen

Diese Verfahren gewährleisteten jedoch keinen ausreichenden Schutz der Fahrleitung und ihrer Aufhängung.

Die Fugenabdichtung wurde durch Verwendung von sulfatbeständigen Zementen wie folgt hergestellt:

- Abdichten der schadhaften Fugen mit Zementmörtel
- Flächendichtung im Gewölbe mit mehrlagigem, drahtnetzarmiertem Spritzmörtel

Diese so ausgeführte Tunnelabdichtung mit schnellbindenden Mörtelzusätzen war erfolgreich. Untersuchungen an Mörtelproben, die zehn Jahre später durchgeführt wurden, ergaben eine einwandfreie Resistenz gegenüber den vorhandenen sulfat-, chlorid- und kohlensäurehaltigen Wässern. Die erfolgreiche Instandsetzung wurde durch eine sorgfältige Vorreinigung des Untergrundes und das Herauslösen von losem Fugenmaterial sowie die Verwendung der richtigen Instandsetzungsmaterialien sichergestellt.

Die immer komplexeren Anlagen wie Strassen- und Bahnverkehrstunnel, Kraftwerkskavernen, Lagerräume etc. müssen zuverlässig gegen Umgebungseinflüsse geschützt werden. Der Schutz dient der Konstruktion des Bauwerkes und den darin vorhandenen technischen Einrichtungen. Beim Schutz der Konstruktion ist, neben dem Wasserandrang, auch eine allfällige Aggressivität des Bergwassers zu berücksichtigen, da die im Untertagebau gebräuchlichen Werkstoffe (Stahlbeton, Beton) von den im Bergwasser gelösten, aggressiven Stoffen angegriffen und zerstört werden können.

Prinzipiell gelten für Abdichtungen im Untertagebau die gleichen Grundsätze wie beim Bau über Tage. Unterhalt und Ersatz einer Abdichtung im Untertagbau sind jedoch sehr aufwendig oder oft gar unmöglich. Kontrollmöglichkeiten sind kaum vorhanden, und Fehlstellen sind wegen der Umläufigkeit praktisch sehr schwierig zu lokalisieren. Dazu kommt der betriebliche Aspekt, dass Instandsetzungen z. B. bei Verkehrstunnelbauten meist ohne grössere Einschränkung der Nutzung des Bauwerks ausgeführt werden müssen. Aus diesen Gründen müssen die Qualität und die Dauerhaftigkeit des Bauwerks, die durch den Abdichtungsaufwand stark beeinflusst werden, immer in Relation zum Unterhalt und zu den Softkosten durch Einschränkungen des Verkehrs bei Instandsetzungsarbeiten betrachtet werden. Die Kosten einer Abdichtung über die volle Tunnellänge sind beträchtlich und belaufen sich nach Erfahrungen in Österreich und in der Schweiz im Strassentunnelbau auf 7 bis 11 % der gesamten Baukosten [12-2, 12-3, 12-4].

Beim Betrachten von Abdichtungen muss auch eine allfällige Entwässerung berücksichtigt werden, da Entwässerung und Abdichtung als System zusammenwirken. Einen Überblick zur Abdichtung und Entwässerung von Tunnelbauten gibt Bild 12.1-1.

Man unterscheidet den Umfang der Hauptisolierung wie folgt:

Partielle Abdichtungen

Die partielle Abdichtung (Bild 12.1-2, Bild 12.1-3) leitet Sickerwässer aus der Firste und dem Paramentbereich ab, sie hat eine Art Regenschirmfunktion. Das abgeleitete Quell- oder Sickerwasser wird anschliessend durch seitliche Drainagen oder Drainagen im zentralen Teil des Tunnels abgeleitet. Bei dieser Art der Abdichtung, die meist auch Drainagefunktionen übernimmt, muss sichergestellt werden, dass zwischen Felsausbruch und Isolierung eine über die gesamte Nutzungsdauer funktionsfähige Drainage angebracht wird. Zum Abführen und Sammeln des Wassers werden an der Aussenseite des Tunnels, zwischen Gebirge und Isolierung, ein Drainagevlies oder PVC-Halbschalen um

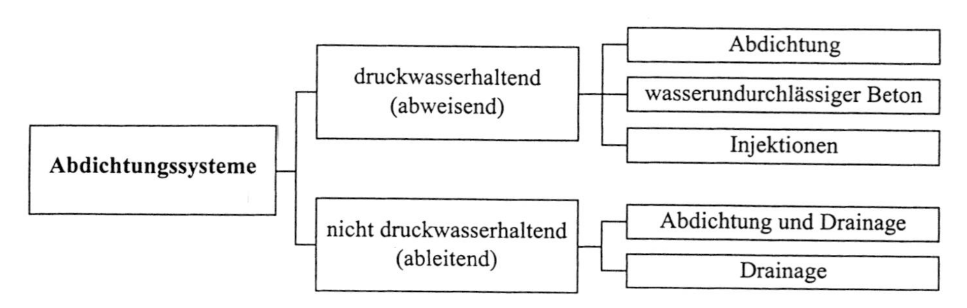

Bild 12.1-1 Abdichtungssysteme [12-5]

Bild 12.1-2 Hauptabdichtung eines im Sprengvortrieb hergestellten bergmännischen Tunnels (Partielle Abdichtung – Befestigung punktweise)

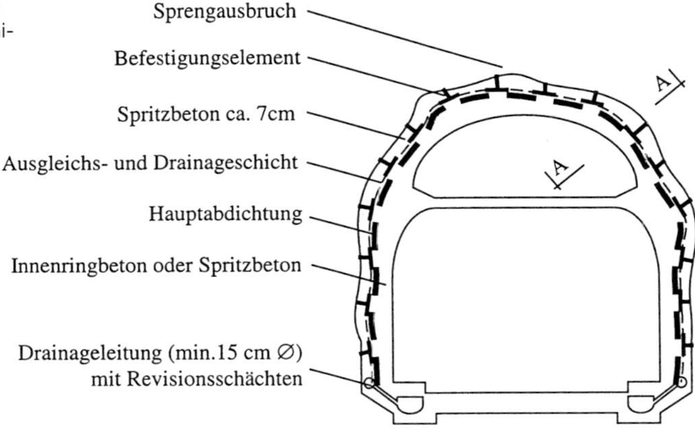

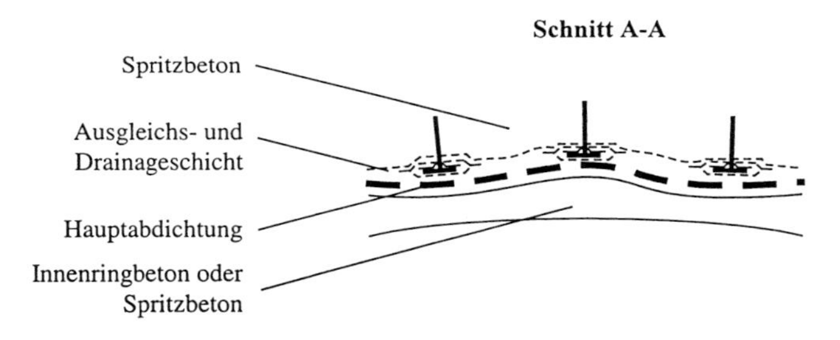

den Querschnitt in äquidistanten Abständen in Längsrichtung, die mit Spritzbeton verwendet werden, aufgebracht. Die Sickerwässer aus Trennschichten der verschiedensten Felsformationen können somit ohne Aufbau eines Wasserdruckes in die untenliegenden Drainageleitungen abgeleitet werden.

Eine flächige Hauptabdichtung lässt sich auf der temporären Sicherungsschale punktweise fixieren. Der Spritzbeton bildet dabei die Unterlage für die Fixationsrondellen oder -streifen zum Befestigen der Folie durch Heissluftschweissung. Diese Befestigungsrondellen oder -streifen werden meist aufgeschossen, die Dichtungsbahn wird anschliessend

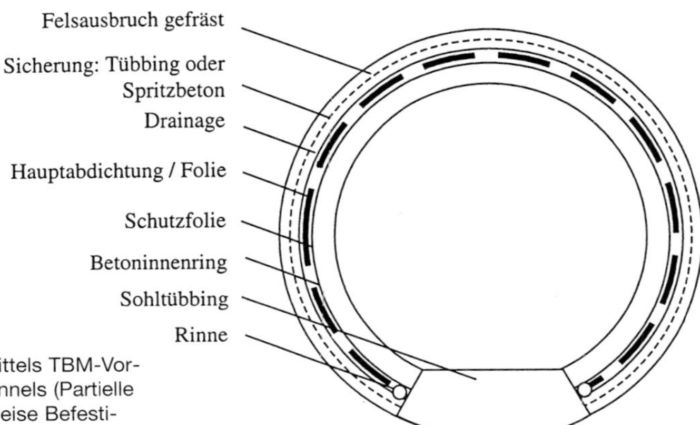

Bild 12.1-3 Hauptabdichtung eines mittels TBM-Vortrieb hergestellten bergmännischen Tunnels (Partielle Abdichtung – punktuelle und streifenweise Befestigung)

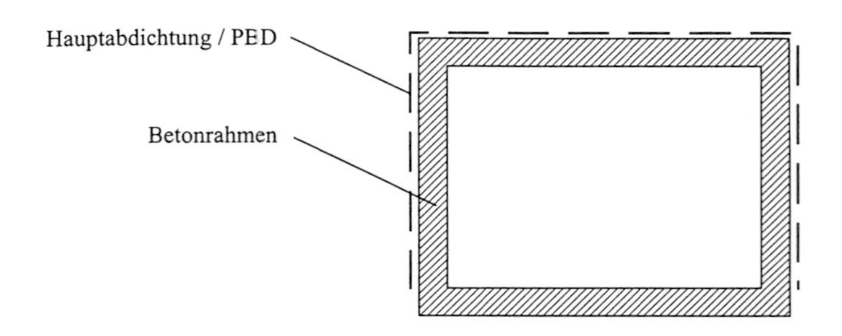

Bild 12.1-4 Hauptabdichtung eines Tagbautunnels (Partielle Abdichtung – vollflächige Verklebung)

mit Warmluft punktuell an den Rondellen oder Streifen angeschweisst.

Spezielles Augenmerk ist auf das Verschweissen der Dichtungsbahnen zu richten.

Anstelle der punktweisen Fixation kann eine vollflächige Verklebung vorgesehen werden (mit Heisssiegelkleber). Die vollflächige, verklebte Isolierung wird meist nur noch bei Tagbautunneln (Bild 12.1-4) angewendet, da die arbeitshygienischen Einwirkungen und die Brandgefahr sowie deren Auswirkungen im bergmännischen Tunnel sehr gross sind.

Vollabdichtung

Die Vollabdichtung ist bei allen Tunnelbauwerken im Grundwasser notwendig. Heute werden aus Umweltschutzgründen auch öfters bergmännische Tunnel, in denen Kluftwasser auftritt, voll abgedichtet, um das permanente Drainieren von Bergwasser mit den möglichen negativen Auswirkungen auf die Natur zu vermeiden (Bild 12.1-5).

Durch die Vollabdichtung wird das Bergwasser drückend. Die Innenschale des Bauwerks wird vollständig gegen das Wasser isoliert. Daher muss

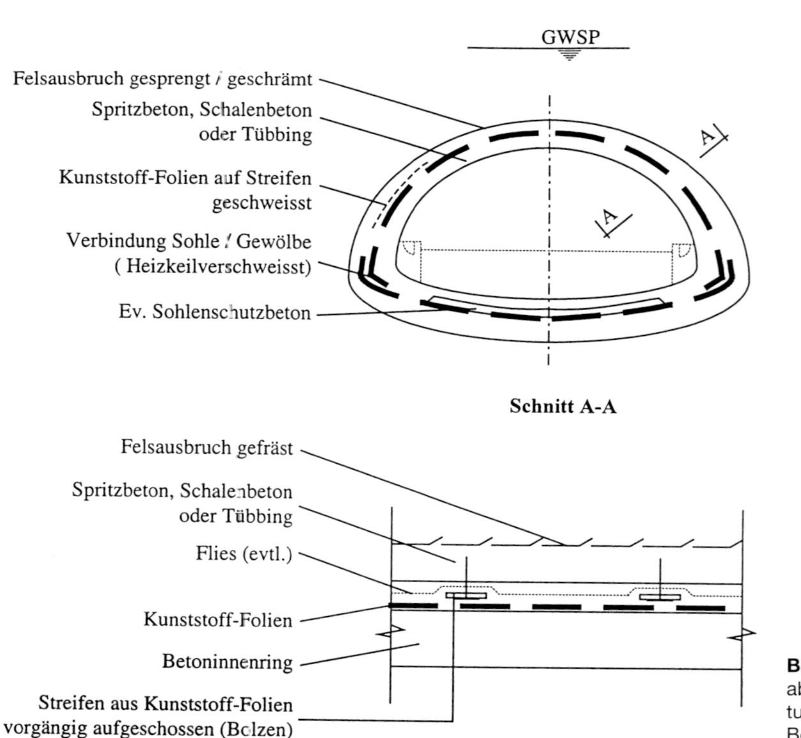

Bild 12.1-5 Hauptabdichtung (Vollabdichtung – streifenweise Befestigung)

sie mindestens den gesamten Wasserdruck statisch aufnehmen können (Achtung: Kluftwasser mit grosser hydrostatischer Höhe kann grosse Drücke und damit grosse Lasten auf die Tunnelschale bewirken).

Bei einer Vollabdichtung muss berücksichtigt werden, dass im unteren Hohlraumteilstück die Dichtung vor Einbau des Sohlinnenringes aufgebracht wird. Dies kann unter Umständen den ganzen Ablauf der einzelnen Tunnelteilarbeiten beeinflussen. Bei verschiedenen Grossobjekten wurde die Isolierung bereits im Bereich der Nachläuferkonstruktion der TBM eingebracht. Der Einbau der restlichen Dichtungsbahnen für das Parament sowie das Gewölbe erfolgt dann später vor dem Betonieren des Innenringes. Bei Objekten des Tagbaus werden die Dichtungsfolien lose oder verklebt aufgelegt und die einzelnen Bahnen verschweisst. Beim Rückfüllen der Baugrube ist darauf zu achten, dass die Folie nicht durch die Rückfüllarbeiten bzw. durch Verdichtungs- und Planiergeräte beschädigt wird.

12.2 Einflussfaktoren auf Art und Anordnung der Abdichtung

Die Faktoren, welche die Wahl einer Abdichtung, z. B. Materialwahl, Anordnung in der Konstruktion, Ausführungsmethode etc., bestimmen, sind sehr vielfältig. Es ist nicht möglich, allgemeingültige Regeln für die Entscheidung bei der Abdichtungswahl aufzustellen. Als Grundlage für eine Entscheidung müssen die Verhältnisse in jedem Einzelfall detailliert untersucht werden.

Verschiedene Faktoren können die Wahl eines Abdichtungssystems beeinflussen [12-5, 12-6, 12-7]:

- Gebirge, Bauwerk, Bauweise
- Gebirgswasser
- Tunnelnutzung

Die Abdichtung muss als System betrachtet werden. Dieses System besteht aus dem Untergrund der Drainageschicht sowie der Abdichtung selbst. Daher sind die Anforderungen an den Untergrund der Isolierung in bezug auf Rauhigkeit, Welligkeit und scharfe Unebenheiten von der Art der Isolierung abhängig.

12.2.1 Interaktion – Gebirge, Bauwerk und Bauweise

Für die Wahl einer Bauweise und des konstruktiven Aufbaus der Auskleidung eines bergmännisch erstellten Tunnels kommt den Untergrundverhältnissen eine entscheidende Bedeutung zu. Die Materialwahl und die Anordnung der Abdichtung hängen massgebend von der Tunnelauskleidung und dem entsprechenden Bauverfahren ab. Dieses ist abhängig vom anstehenden Gebirge.

Durch den Einfluss des anstehenden Gebirges kann grob unterschieden werden zwischen [12-5]:

- Tunnel im standfesten Fels
- Tunnel im gebrächen Gebirge
- Tunnel im Lockergestein

Dabei entstehen verschiedene Möglichkeiten für die Anordnung einer Abdichtung.

Tunnel im standfesten Fels

Es kann meist ein Vollausbruch durchgeführt werden. Das Gebirge ist standfest oder kann durch Verankerungen örtlich gesichert werden. Auf eine temporäre gebirgsstützende Auskleidung, z. B. Spritzbeton, kann im Normalfall verzichtet werden. Es wird jedoch beim Sprengvortrieb praktisch immer eine Spritzbetonausgleichsschicht aufgebracht, um lokale Überprofildellen und scharfe Unebenheiten der Ausbruchoberfläche auszugleichen. Dadurch wird verhindert, dass die Isolierfolie während des Betonierens durch die scharf profilierte Ausbruchoberfläche überbeansprucht wird und reisst.

Die Abdichtung kann, nach dem Ausgleich der Unebenheiten, auf die vorbereitete Gebirgsoberfläche aufgebracht werden. Anschliessend wird das Gewölbe, welches den Gebirgs- und Wasserdruck aufnimmt, gegen die Isolierung betoniert. Die Abdichtung stützt sich auf das Gewölbe ab. Es entsteht eine Abdichtung zwischen Gebirge und Auskleidungsschale.

Tunnel im gebrächen Gebirge

Bei gebrächem Gebirge muss zuerst eine Ausbruchsicherung eingebaut werden, welche die temporäre Sicherung des Tunnels bis zum Einbau der definitiven Auskleidung übernimmt. Als temporäre Sicherung können Anker, Stahlbögen oder Stahlbleche als Stützelemente eingesetzt werden. Wenn diese Sicherungselemente nicht mit einer temporären Sicherungsspritzbetonschale verbunden

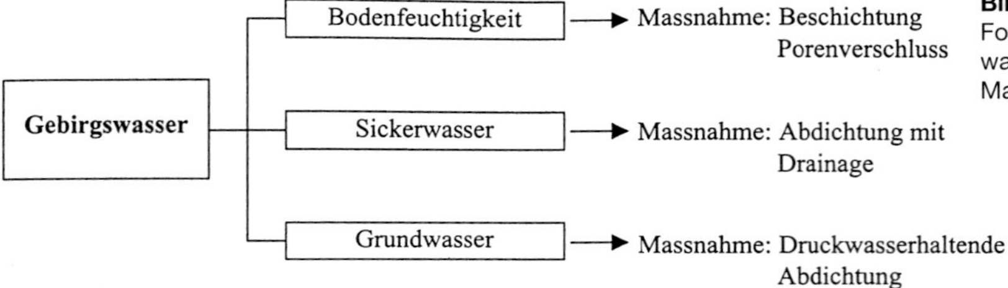

Bild 12.2-1 Auftretende Formen von Gebirgswasser und mögliche Massnahmen

werden, ist es erforderlich, die Oberfläche mittels Spritzbeton oder einer SCC-Schale (self compacting concrete) auszugleichen, bevor man eine Isolierung aufbringt. Aus diesem Grund wird man im Fall einer Isolierung die oben genannten Stützmittel mit einer Spritzbetonsicherungsschale kombinieren, um die Baustoffe wirtschaftlich multifunktional zu nutzen. In der Schweiz werden im Rahmen des zweischaligen Tunnelausbaus mittels Schild-TBM zur Sicherung Tübbinge eingebaut. Auf das Tübbing-Hilfsgewölbe kann die Abdichtung ohne zusätzliche Ausgleichsmassnahmen direkt aufgebracht werden. Anschliessend erfolgt der Einbau des tragenden Innengewölbes aus Pumpbeton mit einer Tunnelschalung, Spritzbeton oder Fertigelementen.

Die Abdichtung liegt zwischen zwei Bauteilen, der temporären Sicherungsschale und der Ausbauschale; es entsteht eine Zwischenabdichtung.

Tunnel im Lockergestein

Beim Schildvortrieb im Lockergestein erfolgt der tragende Ausbau in der Regel durch Tübbingsegmente. Diese werden sofort nach dem Ausbruch des Querschnittes im Schutz des Schildes eingebaut. Bei einem Schildvortrieb im Grundwasser müssen die Tübbinge mit Dichtungsprofilen ausgerüstet sein. Bei einem Schildvortrieb mit Sickerwassser kann die Abdichtung als Fugenabdichtung oder als Flächenabdichtung eingebaut werden. Bei der Flächendichtung wird diese auf der Innenseite der tragenden Tübbingschale verlegt. Damit der Wasserdruck aufgenommen werden kann, muss noch eine innere Stützschale eingebaut werden, deren Aufgabe darin besteht, den Wasserdruck aufzunehmen und den Schutz der Isolierung vor mechanischen Beschädigungen von der Innenseite sicherzustellen.

Eine besondere Bedeutung kommt der Innenabdichtung bei Druckwasserstollen zu. Aufgrund des hohen Innendrucks des geförderten Wassers muss die Abdichtung vor allem auf Innendruck ausgelegt werden.

Lage der Abdichtung

Zusammenfassend kann man feststellen, dass die Abdichtung in Abhängigkeit vom Gebirge und von der Bauweise in folgenden Lagen eingebaut werden kann:

- zwischenliegende Abdichtung (Zwischenabdichtung)
- aussenliegende Abdichtung (Aussenabdichtung)
- innenliegende Abdichtung (Innenabdichtung)

12.2.2 Einfluss des Gebirgswassers

Die Wahl einer Abdichtung wird entscheidend von der Art und Beschaffenheit des vorhandenen, auf Tragwerk und Abdichtung wirkenden Gebirgswassers beeinflusst [12-7, 12-8].

12.2.2.1 Art des Gebirgswassers

Grundsätzlich kann bezüglich der Einwirkung des Wassers folgende Unterscheidung getroffen werden:

- Der Wasserdruck wirkt auf die Abdichtung (das Bauwerk befindet sich vollständig im Wasser).
- Es ist kein Wasserdruck vorhanden (das Bauwerk befindet sich oberhalb des Grundwasserspiegels).

Das Wasser kann im Gebirge in unterschiedlichen Formen auftreten (Bild 12.2-1):

- Bodenfeuchtigkeit: Diese ist in Lockergesteinen meist in Form von Kapillarwasser vorhanden.
- Sickerwasser: Das Wasser sickert drucklos durch das Gebirge, sofern keine Stauung erfolgt.

- Grundwasser: Die Hohlräume des Gebirges sind zusammenhängend gefüllt; es wird ein Wasserdruck aufgebaut. Im Lockergestein entsteht Grundwasser, im Fels Kluft- oder Schichtwasser. Bei stark strömendem Wasser muss noch ein zusätzlich wirkender Strömungsdruck berücksichtigt werden.

Entsprechend den auftretenden Wasserarten und den dadurch entstehenden Beanspruchungen muss die Abdichtung ausgebildet werden.

Abdichtung gegen Bodenfeuchtigkeit

Eine Abdichtung gegen Bodenfeuchtigkeit muss nicht druckwasserhaltend sein. Sie ist bei den meisten unterirdischen Bauwerken als minimale Abdichtung vorzusehen. Mit der Abdichtung gegen Bodenfeuchtigkeit soll verhindert werden, dass die Feuchtigkeit aus dem anstehenden Boden kapillar durch die Poren in das Bauwerk eindringt. Ein Unterbruch der Kapillarporen, z. B. durch Beschichtung oder Porenverschluss, ist meist ausreichend. Dies kann durch wasserundurchlässigen Beton erreicht werden.

Sickerwasserabdichtung

Das anfallende, durch das Gebirge sickernde Wasser muss durch eine Abdichtung vom Hohlraum ferngehalten („Regenschirm") und durch ein Drainagesystem gefasst und abgeleitet werden, ohne dass sich durch eine Aufstauung des Sickerwassers ein Wasserdruck aufbauen kann (Bild 12.1-2). Dem Funktionieren der Drainage über die gesamte Nutzungszeit des Bauwerks wird besondere Bedeutung beigemessen. Wenn eine einwandfreie Entwässerung gewährleistet werden kann, muss die Abdichtungsschicht nicht druckwasserhaltend ausgebildet werden. Kann man das Abführen des Sickerwassers nicht sicherstellen, muss eine druckwasserhaltende Dichtungsschicht und Innenschale eingebaut werden. Auch bei diesen Anforderungen kann eine Schale aus wasserundurchlässigem Beton hergestellt werden. Erfahrungen zeigen, dass Ausfällungen die langfristige Funktionsfähigkeit von Drainagesystemen gefährden.

Druckwasserhaltende Abdichtung

Die Abdichtung muss das Bauwerk unter dem vorhandenen Wasserdruck zuverlässig abdichten. Es handelt sich dabei um geschlossene, über den gesamten Tunnelquerschnitt aufgebrachte, dem vorhandenen Wasserdruck standhaltende Abdichtungssysteme (Tübbinge mit Fugenprofildichtungen oder Dichtungshäute) (Bild 12.1-5). Während des Bauzustandes muss das Grundwasser temporär aus dem Tunnel ferngehalten werden. Dies kann erfolgen durch:

- Tübbinge mit Fugenprofilen (temporär und permanent)
- Absenkung des Grundwasserspiegels (temporär)
- Einsatz von Druckluft (temporär)

Eine vollständig trockene Unterlage während des Bauzustandes kann jedoch kaum erreicht werden; dies beeinflusst wiederum Einbaumethoden und Materialwahl.

12.2.2.2 Zusammensetzung des Gebirgswassers, Aggressivität

Die Beschaffenheit des anfallenden Gebirgswassers, u. a. dessen Aggressivität (siehe Kapitel 2.7), ist von entscheidender Bedeutung für die Materialwahl: verschiedene im Gebirgswasser enthaltene Stoffe können das Tragwerk oder die Dichtungsmaterialien selbst angreifen. Die Aggressivität des Gebirgswassers, z. B. Betonaggressivität, ist ein massgebender Faktor für die Dauerhaftigkeit des Bauwerkes. Aus diesem Grund kommt dem Schutz vor aggressiven Wässern eine entscheidende Bedeutung für die Lebensdauer des Bauwerkes zu. Bei aggressivem Gebirgswasser sollte eine aussenliegende, beständige Abdichtung verwendet werden, damit die tragenden Elemente zuverlässig geschützt werden.

Durch Ausfällungen von im Gebirgswasser gelösten Stoffen wie z. B. Kalk können die Drainagesysteme verstopft werden.

12.2.3 Einfluss der Tunnelnutzung

Der Verwendungszweck eines Bauwerkes beeinflusst die Wahl der Abdichtung wesentlich. Die Abdichtung sollte auf die Dichtigkeitsanforderungen, die aus der geplanten Nutzung entstehen, abgestimmt werden. Unverhältnismässig hohe Anforderungen an die Dichtigkeit des Bauwerks sind zu vermeiden, da sich diese auf die technischen Massnahmen auswirken und somit unnötig hohe Kosten verursachen können.

Folgende Nutzungen von Tunneln und unterirdischen Hohlräumen sind denkbar:

- Eisenbahntunnel
- Strassentunnel
- U-Bahn-Tunnel
- Fussgängertunnel
- Wasserversorgungstunnel
- Entwässerungstunnel
- Tunnel und Stollen für Infrastrukturleitungen
- unterirdische Aufenthaltsräume
- unterirdische Lagerräume

12.3 Anforderungen an Tunnelabdichtungen

Die Anforderungen an eine Tunnelabdichtung ergeben sich aus den Einwirkungen auf das Bauwerk und den Anforderungen an seine Nutzung [12-1, 12-5, 12-8]. Die Erfüllung der Dichtigkeitsanforderungen, die für jedes Bauobjekt im Einzelfall festgelegt werden müssen, ist die Hauptaufgabe jeder Tunnelabdichtung. Grundsätzlich sind die Anforderungen an ein Abdichtungssystem so zu wählen, dass die Abdichtung den in der Herstellungs- und der Nutzungsphase eines Tunnels geforderten Ansprüchen genügt. In Anbetracht der hohen Kosten muss die Abdichtung aber auch im Hinblick auf die technisch und wirtschaftlich vertretbaren Möglichkeiten eine optimale Lösung darstellen. Technisch nicht erreichbare und wirtschaftlich nicht gerechtfertigte Anforderungen sollen vermieden werden.

Erforderlicher Grad der Dichtigkeit

Die Definition eines erforderlichen Dichtigkeitsgrades kann Probleme bereiten und Missverständnisse verursachen. Bewährt haben sich beispielsweise die folgende Definitionen der Dichtigkeitsanforderungen der Deutschen Bundesbahn [12-9] (Tabelle 12.3-1):

- Dichtigkeitsklasse 1: für Lagerräume, Aufenthaltsräume und Betriebsräume
- Dichtigkeitsklasse 2: für die im Bereich der Frosteindringung liegenden Tunnelabschnitte
- Dichtigkeitsklasse 3: für Tunnelbereiche und Räume, für die nicht Dichtigkeitsklasse 1 oder 2 gefordert wird

Tabelle 12.3-1 Klassifizierung der Dichtigkeit für Eisenbahntunnel [12-9].

Dichtigkeits-klasse	Feuchtigkeits-merkmal	Definition
1	vollständig trocken	Die Laibung des Ausbaus muss so dicht sein, dass keine Feuchtstellen an den Innenseiten feststellbar sind.
2	weitgehend trocken	Die Laibung des Ausbaus muss so dicht sein, dass nur vereinzelt eine schwache Durchfeuchtung an den Innenseiten feststellbar ist (z.B. aufgrund von Verfärbung). An keiner Stelle darf ein Wasserdurchtritt in tropfbar flüssiger Form erfolgen. Kriterium: Nach Berührung von schwach durchfeuchteten Stellen mit der trockenen Hand dürfen an der Hand keine Wasserspuren erkennbar sein. Ein aufgelegtes Lösch- oder saugfähiges Zeitungspapier darf sich nicht infolge Feuchtigkeitsaufnahme verfärben.
3	kapillar durchfeuchtet	Die Laibung des Ausbaus muss so dicht sein, dass an den Unterseiten nur vereinzelt und örtlich begrenzt handfeuchte Stellen auftreten. Als handfeuchte Stellen sind solche anzusehen, an denen zwar eine Durchfeuchtung der Laibung zu erkennen ist und aufgelegtes Lösch- oder Zeitungspapier sich infolge Feuchtigkeitsaufnahme verfärbt, jedoch kein Tropfwasser austritt.

Die konkreten Anforderungen an die Tunnelabdichtung als Grundlage der Zuordnung zu einer Dichtigkeitsklasse ergeben sich aus geologischen und hydrologischen Bedingungen, Materialanforderungen, Bauverfahren, konstruktiven Details, Anforderungen der Benutzer und des Umwelt- und Gewässerschutzes, aus dem Unterhalt und der Wirtschaftlichkeit [12-1, 12-3, 12-5].

Anforderungen aus der Geologie und Hydrologie

Möglichst detaillierte und verbindliche Angaben von Grenzwerten sollten vorhanden sein. Die Abdichtung muss auf folgende mögliche Belastungen ausgelegt werden:

- Art, Menge und Aggressivität des Gebirgswassers, Beanspruchung
- grösster Gebirgswasserdruck auf Abdichtung und Bauwerk
- maximale Flächenpressung im Bau- und Endzustand
- mögliche Gebirgs- und Tunneldeformationen
- maximale und minimale Temperaturen im Bau- und Endzustand

Materialanforderungen

- Beständigkeit gegen anstehendes Gebirgswasser (Boden-Wassergemisch und die darin enthaltenen Chemikalien)
- Beständigkeit im Tunnelklima gegen chemische Stoffe, in Wasser gelöst oder gasförmig, z. B. aus Verkehrsemissionen oder Tausalz
- Beständigkeit gegen angrenzende Baustoffe: Dazu gehören unter Umständen auch Chemikalien, die zur Bodenverfestigung oder zur Injektion in zerklüftetem Gebirge oder im Zusammenhang mit Gebirgsankern verwendet werden
- Beständigkeit über die ganze Lebensdauer des Bauwerkes
- Widerstandsfähigkeit gegen mechanische Beanspruchungen: statische und dynamische Belastungen und Deformationen im Bau- und Endzustand, z. B. Baustellenverkehr und Gebirgsdruck
- Temperaturbeständigkeit im Bau- und Endzustand, besonders in Bereichen mit extremen Temperaturschwankungen wie z. B. im Portalbereich
- Verträglichkeit verschiedener Dichtungsmaterialien untereinander
- Brandschutz: Brennbarkeit, freigesetzte Giftstoffe
- Umweltverträglichkeit: keine Belastung des Sicker- und Grundwassers während des Einbaus oder der Nutzung

Diese Kriterien können anhand von Normen, Richtlinien und Vorschriften überprüft werden.

Anforderungen aus dem Bauverfahren

Die Bauverfahren des Gesamtbauwerkes und des Dichtungseinbaus beeinflussen die Anforderungen an die Dichtung:

- Oberfläche des Abdichtungsträgers: Fels, Spritzbeton, Tübbing, Stahlbetonkasten
- Schutz gegen mechanische Beschädigung
- Abschottung der Abdichtung zur Abgrenzung in Teilbereiche für allfällige Sanierung
- Reparaturfähigkeit: Behebung von auftretenden Mängeln während der Bauausführung
- Prüfbarkeit bei einlagigen Abdichtungssystemen, evtl. mehrlagiger Aufbau
- einfache Ausführbarkeit: Verbindungen, Stösse, Arbeitsfugen, Überkopfbereich etc.
- Anpassungsfähigkeit an das Bauwerk: Kanten, Kehlen, Ecken, Durchdringungen etc.
- Taktverfahren: Wiederholung immer gleicher Arbeitsgänge ohne Unterbrechung
- Geräteeinsatz: Mechanisierung, Automatisierung

Anforderungen aus dem Unterhalt

Die Bedürfnisse des Betreibers, z. B. bezüglich Unterhalt der Anlage, können die Anforderungen an die Abdichtung beeinflussen:

- Kontrollierbarkeit: Feststellen von Fehlstellen
- Eingrenzung des Schadens bei Fehlstellen
- Möglichkeit der nachträglichen Behebung von Schäden
- geplante Betriebsdauer: z. B. 100 Jahre
- Verhinderung von Verschmutzung durch eindringendes Gebirgswasser
- Spül- und Reinigungsfähigkeit des Drainagesystems
- Schutz elektrischer und mechanischer Installationen vor Wasser

Anforderungen der Benutzer

Bei Verkehrstunneln haben Unfälle oft gravierende Folgen. Die Anforderungen der Benutzer, z. B. an Sicherheit und Komfort, stellen daher ein zentrales Element der Anforderungen an die Abdichtung dar [12-10]:

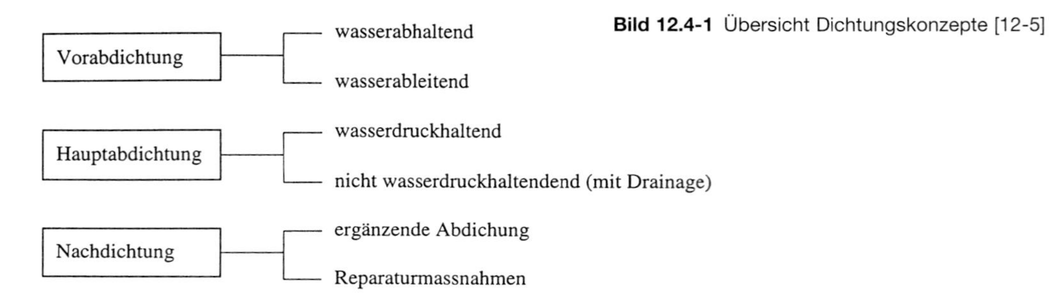

Bild 12.4-1 Übersicht Dichtungskonzepte [12-5]

- Verhinderung von Glatteisbildung
- Verhinderung von Eiszapfenbildung
- Verhinderung von Verschmutzung und damit Abdunklung des Fahrraumes

Anforderungen aus Umwelt- und Gewässerschutz

- Verhinderung des Austretens von Schadstoffen aus dem Tunnel in das Gebirge
- Vermeidung von Absenkungen des Gebirgswassers durch Drainagen

Anforderungen aus der Wirtschaftlichkeit

- minimale Baukosten
- minimale Unterhaltskosten

Die verschiedenen Anforderungen an das Dichtungssystem stehen oft in einem Zielkonflikt zueinander. Durch Gewichtung der verschiedenen Forderungen gilt es, genau definierte, messbare Anforderungen zu formulieren.

12.4 Dichtungskonzepte

Es können folgende Abdichtungskonzepte (Bild 12.4-1) unterschieden werden [12-11]:

- Vorabdichtung
- Hauptabdichtung
- Nachdichtung

Vorabdichtung

Während der Bauphase muss bei Bedarf eine Vorabdichtung der Tunnellaibung ausgeführt und eine Ableitung des an der Tunnellaibung austretenden Wassers gewährleistet werden. Es handelt sich dabei um Abdichtungsarbeiten mit teilweise provisorischem Charakter, die als Basis für die weiteren Tunnelarbeiten und für die Erstellung der Hauptabdichtung dienen. Es wird unterschieden zwischen Abdichtungsmassnahmen und Massnahmen zur Wasserableitung.

Methoden der Vorabdichtung:

- Spritzbeton mit Schnellbindemittel
- Injektionen, Verdämmung etc.

Methoden der Wasserableitung:

- Wasserableitung mit Kunststoffrohren
- Wasserableitung mit Drainagehalbschalen
- Oberhasli-Verfahren
- Wasserableitung mit Eternit oder galvanisierten Blechkanälen
- streifen- oder flächenhafte Wasserableitung mit Noppenfolien

Hauptabdichtung

Im Rahmen der Hauptabdichtungsarbeiten findet die Ausführung der eigentlichen wasserdichten Konstruktion für das Untertagebauwerk statt. Grundsätzlich gilt es, bei den Hauptabdichtungen nach vorhandenem Wasserdruck zwischen wasserdruckhaltenden und wasserableitenden Abdichtungen zu unterscheiden.

Nachdichtung

Es kann sich um eine vorausgeplante Ergänzung einer Hauptabdichtung oder um Reparaturarbeiten zur nachträglichen Dichtung eines Bauwerkes handeln. Die heute üblichen Nachdichtungsverfahren, die bei Tunnelinstandsetzungen angewendet werden, sind folgende:

- Injektionen
- Wasserableitungen
- Verputz oder Spritzbeton
- vorgefertigte Verkleidungen

Bild 12.5-1 Übersicht: Elemente eines Abdichtungssystems [12-5]

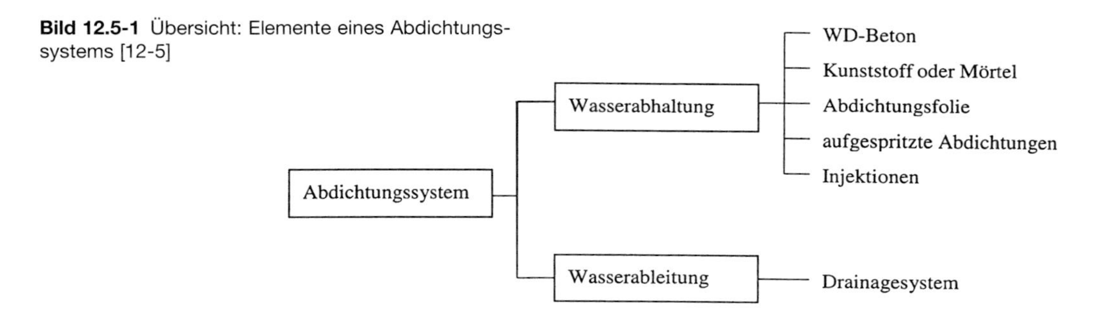

12.5 Dichtungselemente und Dichtungsmaterialien

Eine gegen Wasser abdichtende Bauwerkshülle (Bild 12.5-1) kann grundsätzlich durch verschiedene Methoden erreicht werden [12-9; 12-28; 12-29; 12-30]:

- durch wasserundurchlässigen Beton
- durch kunststoffmodifizierte Mörtel
- durch Dichtungsfolie (bituminöse Abdichtung und Kunststoffabdichtung)
- durch aufgespritzte Abdichtung
- durch Metallabdichtungen
- durch Injektionen

Ein weiteres wichtiges Element eines Abdichtungssystems, das mit den oben genannten Dichtungselementen kombiniert werden kann, stellt das Drainagesystem dar.

Die Abdichtungssysteme können entsprechend ihrem mechanischen Verhalten, das vor allem durch die Materialeigenschaften bestimmt wird, eingeteilt werden in:

- starre Systeme
- flexible Systeme

Die folgende Abbildung (Bild 12.5-2) gibt eine Übersicht über die Abdichtungssysteme.

12.5.1 Wasserundurchlässiger Beton

Wasserundurchlässiger Beton oder WU-Beton ist Beton, der durch entsprechende Zusammensetzung und Verarbeitung in der Lage ist, einseitig wirkendes Wasser von begrenztem Druck auf Dauer aufzuhalten. Der Beton kann als Ortbeton, Spritzbeton oder als vorgefertigte Elemente, z. B. Tübbinge, eingebaut werden (Bild 12.5-3). Wasserundurchlässiger Beton ist durch die Anforderungen an die

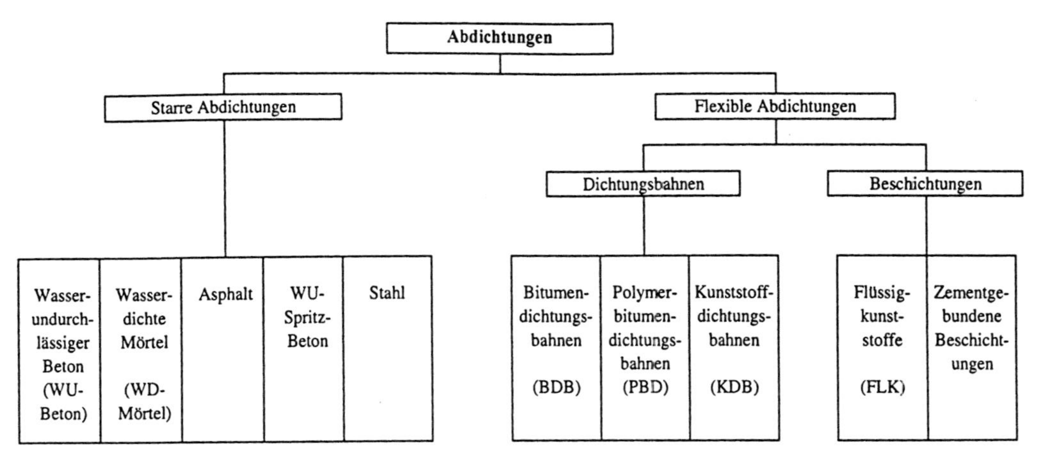

Bild 12.5-2 Unterscheidung der Abdichtungssysteme nach Material und Materialeigenschaften [12-12]

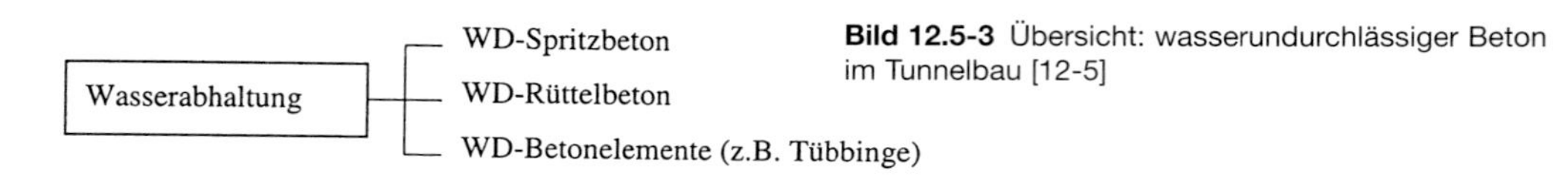

Bild 12.5-3 Übersicht: wasserundurchlässiger Beton im Tunnelbau [12-5]

beschränkte Wassereindringtiefe von z. B.< 50 mm charakterisiert.

Die Hauptproblematik beim wasserundurchlässigen Beton stellt eine allfällige Rissbildung, welche die Dichtigkeit beeinträchtigt, dar. Sämtliche Beanspruchungen aus Setzungen, Bauwerksbewegungen, Schwinden, statischen und dynamischen Belastungen müssen durch das Betontragwerk mit beschränkter Risstiefe aufgenommen werden können. Zur Sicherstellung der beschränkten Risstiefe der Bauteile ist eine ausreichende und sorgfältig verteilte Rissbewehrung erforderlich, die die Rissbreite während der Hydratations- und Nutzungsphase auf ein definiertes Mass beschränkt, gemäss den Anforderungen an das Bauwerk unter Berücksichtigung einer statistischen Streubreite. Treten vereinzelt grössere Risse auf, werden diese nachträglich verpresst. Es wird an dieser Stelle auf die reichlich vorhandene Fachliteratur verwiesen, z. B. [12-13]. Gegenüber einer speziell eingebauten Abdichtungsschicht hat wasserundurchlässiger Beton folgende Vor- und Nachteile [12-5, 12-14]:

Vorteile:

- Der Bauablauf wird vereinfacht: Es findet keine Behinderung des Vortriebs durch den Einbau einer speziellen Abdichtung statt.
- Eventuelle Fehlstellen lassen sich leicht lokalisieren und entsprechend behandeln, z. B. mit Injektionen.
- Kosten für aufwendige Abdichtung (Materialkosten, Arbeitsaufwand) und Mehraufwand für zweischalige Konstruktion entfallen.
- Vorgefertigte Tübbingelemente werden in sehr guter Qualität und entsprechend dicht hergestellt.

Nachteile:

- Rissfreie Betonherstellung ist vor allem bei Ortbeton schwierig (z. B. Schwinden, Scheitelbereich), Nachinjektionen müssen schon von Anfang an in die Projektierung mit einbezogen werden.
- Lokale, schwer voraussehbare Beanspruchungen führen zu durchgehenden Rissen und Undichtigkeit.
- Abdichtungen aus wasserundurchlässigem Beton sollten nur bis zu einem gewissen Wasserdruck angewendet werden (z. B. gemäss DS 853: bis 0,3 N/mm^2).
- Das Gebirgswasser darf keine betonaggressiven Stoffe enthalten, die die zulässigen Grenzwerte überschreiten.

Folgende Problemstellen müssen besonders betrachtet und entsprechend berücksichtigt werden: Betonabschnitte, Blockfugen, Arbeitsfugen [12-15] und die Betonüberdeckung der Bewehrung.

Es liegen umfangreiche positive Erfahrungen mit wasserundurchlässigen Ortbetonschalen mit äusserer Spritzbetonsicherungsschale vor. Es hat sich jedoch gezeigt, dass Undichtigkeiten durch Wassertransport entlang der Diagonalstäbe der Gitterträger (Ausbaubögen) verursacht wurden [12-14].

Einschalige Tunnelauskleidungen mit Tübbingen aus wasserundurchlässigem Beton und Fugendichtungen werden in Deutschland häufig eingesetzt. Das System ist durch geringeren Betonbedarf und reduzierten Ausbruch sehr wirtschaftlich. Nur ein einschaliger Ausbau mit Tübbingen wurde in der Schweiz im Grauholztunnel durchgeführt.

12.5.2 Kunststoffmodifizierte Mörtel und Betone

Kunststoffmodifizierte Mörtel und Betone entstehen durch Beigabe von z. B. Polymeren oder Kunstharzen zur Mörtelmischung. Sogenannte harzmodifizierte Mörtel/Betone entstehen durch das Zumischen eines wasserverträglichen Reaktionsharzes in einen herkömmlichen Frischmörtel bzw. -beton, um bestimmte Materialeigenschaften, z. B. Wasserdichtigkeit, gezielt zu verbessern. Als Reaktionsharz wird meistens in Wasser auflösbares Epoxidharz verwendet. Das Epoxidharz muss in seinem Erhärtungsverlauf auf die Hydratation des Zementes abgestimmt sein, damit beide Bindemittel zusammenwirken können. Durch den jeweiligen Harzgehalt können die Eigenschaften des Mörtels bzw. Betons gezielt beeinflusst werden. Der modifizierte Mörtel bzw. Beton kann durch Spritzen oder mit Hilfe von Schalungen eingebracht werden. Harzmodifizierte Mörtel bzw. Betone werden heute vor allem im Bereich von Instandsetzungen eingesetzt.

Im Tunnelbau liegen noch kaum Erfahrungen mit dem Einsatz von harzmodifiziertem Mörtel bzw. Beton als Abdichtung vor. Ein Einsatz von harzmodifiziertem Spritzbeton oder Spritzmörtel zur Abdichtung bei einschaliger Bauweise als gebirgsseitige oder Zwischenabdichtung wäre jedoch möglich [12-14]. Versuche der STUVA in Zusammenarbeit mit der Industrie haben gezeigt, dass sich harzmodifizierte Mörtel als Tunnelabdichtung eignen [12-14] und zukünftiges Entwicklungspotential aufweisen.

Beurteilung

Vorteile einer Abdichtung mit harzmodifizierten Mörteln:

- Die erste Spritzbetonlage zur Ausbruchsicherung kann komplett herkömmlich eingebaut werden.
- Durch Spritzbetonapplikation wird ein relativ schneller Einbau der Abdichtung erreicht.
- Für die Applikation können, mit gewissen Modifikationen, Maschinen aus dem Spritzbetonbereich verwendet werden.
- Die Abdichtung ist weniger empfindlich gegen Beschädigungen aus den nachfolgenden Arbeiten.

Nachteile einer Abdichtung mit harzmodifizierten Mörteln:

- Die Qualität der Abdichtung wird durch die Ausführung massgebend beeinflusst (Düsenführer).
- Trotz der Modifikation handelt es sich um eine relativ starre Abdichtung, die durch statische und dynamische Beanspruchung reissen kann.

Bis jetzt konnten sich Abdichtungsschichten aus harzmodifizierten Mörteln im Tunnelbau nicht durchsetzten. Starre Abdichtungen können jedoch kostengünstiger mit wasserundurchlässigem Beton hergestellt werden. In besonderen Fällen, z. B. bei chemischen Einwirkungen, können jedoch harzmodifizierte Mörtel bzw. Betone zum Einsatz kommen.

12.5.3 Folienabdichtung

Lose verlegte Dichtungsbahnen sind im Tunnelbau seit vielen Jahren verbreitet. Sie werden normalerweise in Kombination mit einer Innenschale aus Beton und, falls die Abdichtung nicht druckwasserhaltend ist, mit Regenschirmfunktion eingebaut und mit einem Drainagesystem verbunden.

Es werden vorgefertigte Dichtungsbahnen aus bituminösen Materialien oder Kunststoff verwendet. Aus verschiedenen Gründen haben sich die Kunststoffdichtungsbahnen im untertägigen Tunnelbau durchgesetzt; bituminöse Dichtungsbahnen haben sich vor allem beim Bau von Tagbautunneln bewährt und werden dort, vor allem wegen ihres Preisvorteiles, nach wie vor eingesetzt. Das Verlegen von Dichtungsbahnen ist relativ aufwendig. Es sind dabei verschiedene verfahrenstechnische Punkte zu beachten [12-11]:

Folienstärke / Materialeigenschaften

Je nach Werkstoffeigenschaften müssen die verlegten Folien eine Minimalstärke aufweisen, z. B. bei PVC-Folien sollte die Hauptabdichtung mindestens 1,5 mm dick sein. In der Regel werden Stärken von 2 bis 3 mm verwendet (z. B. Bözberg: 2 mm im Gewölbe und 3 mm im Sohlgewölbe; Mont Terry und Russelin: 3 mm).

Das Material muss verschiedene Anforderungen bezüglich mechanischer Eigenschaften, Beständigkeit etc. erfüllen. Die Minimalanforderungen an die Materialeigenschaften und die entsprechenden Prüfverfahren können beispielsweise in der Schweiz aus folgenden Quellen entnommen werden:

- SIA Norm 281, Ausgabe 1992: „Bitumen- und Polymerbitumendichtungsbahnen"
- SIA Empfehlung V280, 1996: „Kunststoffdichtungsbahnen"

Bituminöse Abdichtungen

Bitumen wird aus schweren Erdölen gewonnen. Es ist ein dunkelfarbiges, halbfestes bis springhartes, schmelzbares Kohlenwasserstoffgemisch mit guter Beständigkeit gegen die meisten anorganischen Säuren, Salze und Alkalien. Die verschiedenen Bitumen sind nach mechanischen Eigenschaften genormt. Durch Zusätze (mineralische Füllstoffe, Kautschuk etc.) können die Materialeigenschaften verändert werden. Bitumen werden in verschiedenen Formen im Bauwesen verwendet [12-5]:

- Bitumenlösungen: Bitumen wird mittels Lösungsmitteln verflüssigt; nach dem Auftrag der Bitumenlösung verflüchtigt sich das Lösungsmittel, und das Bitumen erhärtet.
- Bitumenemulsionen sind fein verteilte Bitumen in Wasser, welches nach dem Auftrag verdunstet.
- Asphalt ist ein Gemisch aus Bitumen und Mineralien.

Bituminöse Massen haben eine sehr gut dichtende und wasserhaltende Wirkung, jedoch nur geringe Festigkeiten. Als Abdichtungsträger müssen deshalb andere Stoffe benutzt werden: organische Faserstoffe (z. B. Jute), anorganische Faserstoffe (z. B. Glasfasern), Metalleinlagen (Alu- oder Kupferfolien oder Kupferriffelbänder) etc.

Die bituminösen Abdichtungen gliedern sich in:

- Dichtungsanstriche und Spachtelungen auf Bitumenbasis,
- Abdichtungen aus heiss zu verarbeitenden Bitumen-Klebemassen,
- Bitumenbahnen (rollbare Dichtungsbahnen).

Handelsübliche Produkte sind:

- Pappen: getränkt, jedoch ohne bituminöse Überzugsschichten
- Schweissbahnen: Bitumenabdichtungsbahnen mit ein- oder zweischichtiger Bitumendeckschicht und Einlagen als Verstärkung, die mit dem Schweissverfahren (Erwärmung) eingebaut werden
- Bitumen-Latex (BL): Bitumengemisch mit 15 bis 20 % Zusatz von Kautschuklatex zur Verbesserung der mechanischen Eigenschaften des Bitumens

Bitumen-Latex-Beschichtungen werden in der Regel als Emulsion in mehreren Schichten übereinander aufgespritzt.

Beurteilung der bituminösen Abdichtungen

Bituminöse Abdichtungen werden im Tunnelbau vor allem noch bei der aussenseitigen Abdichtung von Tagbautunneln verwendet. Ein entscheidender Vorteil gegenüber anderen Dichtungsmaterialien besteht im meist mehrlagigen Einbau der bituminösen Schichten. Auch aus Kostengründen kann der Einsatz von Bitumendichtungsbahnen bei Tagbautunneln interessant sein.

Im Untertagebau (bergmännischer Vortrieb) hingegen werden Abdichtungen auf Bitumenbasis aus verschiedenen Gründen kaum mehr verwendet [12-5]:

- Bitumendichtungsbahnen erfordern eine weitgehend trockene und ebene Klebefläche. Der Zeit- und Kostenaufwand, um dies zu erreichen, kann erheblich sein.
- Aufgespritzte Bitumen-Latex-Beschichtungen haben eine lange Trocknungszeit.
- Beim Einbau der Bewehrung der Innenschale ist die Dichtungsschicht sehr verletzungsanfällig.
- Nicht restlos gefasstes Bergwasser kann zum Ablösen der auf den Untergrund geklebten Abdichtung führen und erhöht dadurch das Schadenrisiko.
- Bei Anwendung von Schweissgeräten mit offener Flamme besteht Brandgefahr.
- Es entstehen Dämpfe.
- Die Ausführung erfordert mehr Fachpersonal als beispielsweise bei vorgefertigten Kunststoffdichtungsbahnen.
- Der mehrlagige Einbau und die Nähte und Stösse erfordern einen erheblichen Arbeitsaufwand.

Kunststoffabdichtungen

Kunststoffe sind makromolekulare, organische Verbindungen, die synthetisch unter Verwendung von einfachen Rohstoffen hergestellt werden. Bei den Abdichtungen aus Kunststoff werden heute vor allem Bahnen aus thermoplastischen Kunststoffen eingesetzt. Diese haben gute mechanische Eigenschaften wie hohe Zugfestigkeit und hohe Bruchdehnung. Die für Kunststoffdichtungsbahnen geforderten Mindesteigenschaften sind in den Normen und Regelwerken der Länder und Bahngesellschaften geregelt (z. B. SIA-Empfehlung V280, Ausgabe 1996: „Kunststoffdichtungsbahnen") und werden im allgemeinen von folgenden thermoplastischen Kunststoffen erfüllt [12-5]:

- Ethylencopolymerisat (ECB)
- Polyethylen (PE)
- Polyisobutylen (PIB)
- Chlorsulfoniertes Äthylen
- Polyvinylchlorid (PVC)

Neben diesen Thermoplasten können auch Duroplaste verwendet werden. Die für Abdichtungen wichtigsten Duroplaste sind [12-5]:

- ungesättigte Polyesterharze (UP)
- Epoxidharze (EP)
- Polyurethane (PUR)
- Polysulfide

Duroplaste haben sich wegen des verhältnismässig spröden Verhaltens bei den Dichtungsbahnen nicht durchsetzen können, spielen jedoch bei den aufgespritzten Abdichtungen eine wichtige Rolle.

Die Lebensdauer von Thermoplasten und Duroplasten kann sehr unterschiedlich sein, da es sehr viele verschiedene Materialien mit entsprechend unterschiedlichen Eigenschaften gibt. Grundsätzlich ist jedoch die Lebensdauer duroplastischer Werkstoffe aufgrund ihrer Struktur (Vernetzung der Moleküle) eher höher als bei thermoplastischen Werkstoffen.

Wichtige Prüfcharakteristiken von Folien sind:

- Shorehärte (je höher die Shorehärte, desto härter die Folie)
- Reissfestigkeit (15 – 18 N/mm^2)
- Reissdehnung (200 – 600 %)

Schutz der Abdichtung vor Beschädigung

Die Abdichtungsfolie muss beim Einbau und während des Einbringens des Innenschalenbetons vor Beschädigungen geschützt werden. Mögliche Ursachen einer Perforation der Abdichtungsfolie in der Bauphase können sein:

- ungleichmässige, kantige Unterlage (Gebirge, Spritzbeton)
- Verlegen von Bewehrungsstäben, Betonierarbeiten, etc.

Um Beschädigungen von Folien durch eine rauhe und kantige Tunnelwandung zu vermeiden, werden besondere Anforderungen an den Isolieruntergrund gestellt. Man charakterisiert den Untergrund in:

- Mikrotextur – Rauhigkeit
- Makrotextur – Ebenheit

Unter Rauhigkeit versteht man die Kornoberfläche des Gebirges oder des Spritzbetons. Die Ebenheit einer Oberfläche wird meist durch das Verhältnis von Höckerhöhe zur Höckerbasis charakterisiert.

Für die Abdichtungssysteme sollten Grenzwerte für die Rauhigkeit und Ebenheit vorgegeben werden, damit die Folien während des Betonierens nicht überdehnt werden bzw. ein Falten im Nahtbereich weitgehend verhindert wird.

Daher gehört der Untergrund als Basis zum Abdichtungssystem.

Abdichtungsaufbau

Für die Abdichtung mit Kunststoffdichtungsbahnen ist zur Zeit im Tunnelbau folgender Aufbau von aussen nach innen üblich [12-11] (Bild 12.1-5):

- Untergrund: Fels oder Spritzbeton mit Drainagerinnen in äquidistanten Abständen
- Schutzlagen aus Spezialvliesunterlagen zum Schutz der Abdichtung gegen die Fels- oder Spritzbetonoberfläche mit allfälliger Drainagefunktion
- Abdichtungsschicht (Kunststoffdichtungsbahn)
- Schutzlage auf der Innenseite (bei bewehrter Innenschale)

Verlegen der Abdichtung

Die Abdichtung kann bei geeigneter Unterlage vollflächig verklebt (z. B. Bitumenbahnen bei Tagbautunneln) oder punktuell mit Befestigungselementen ausgeführt (im Untertagebau) werden. Der sorgfältigen, einwandfreien Ausführung und deren anschliessenden Kontrolle kommt dabei eine zentrale Bedeutung zu.

Konstruktive Elemente, Details, praktische Durchführung

Nähte und Stösse werden meistens verschweisst, was mit einem erheblichen Arbeitsaufwand verbunden ist. Durchdringungen und Anschlüsse erfordern einen grossen Arbeitsaufwand und bilden Schwachstellen im Dichtungssystem. Um allfällige Schadstellen später besser lokalisieren zu können und um eine Sanierung mit Nachinjektionen zu ermöglichen, müssen Abschottungen vorgenommen werden.

Zuverlässigkeit und Erfahrungen

- Tunnel in offener Bauweise (Tagbautunnel):
  Eine Zusammenstellung aller in der Schweiz zwischen 1968 und 1994 in offener Bauweise erstellten Tunnel (40 Objekte) zeigt folgendes Ergebnis [12-16], [12-27]:
  - Abdichtungen gegen *nichtdrückendes Wasser*: 26 Objekte, Gesamtfläche ca. 450000 m^2 und 9 verschiedene Abdichtungssysteme. Durchschnittliche Erfolgsquote auf die Fläche bezogen: **90-95 %**, d. h. die Bauwerke sind dicht.
  - Abdichtungen gegen *drückendes Wasser*: 14 Objekte, Gesamtfläche ca. 650000 m^2 und 5 verschiedene Abdichtungssysteme. Durchschnittliche Erfolgsquote auf die Fläche bezogen: **57 %.**

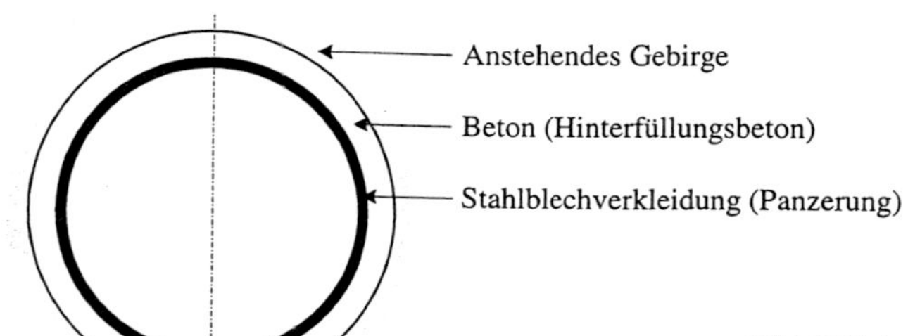

Bild 12.5-4 Anwendung von Stahl als Dichtungselement: Druckstollen

- Tunnel in bergmännischer Bauweise:
  Eine Auswertung von 271 zwischen 1962 und 1985 erstellten Objekten zeigt folgende Trends [12-16]:
  – Abdichtungen gegen *nichtdrückendes Wasser*: Bei richtiger Konstruktion aller Drainagemassnahmen und bei sachgemässem Unterhalt ist die Erfolgsquote hoch, d. h. bei **90 – 95 %**.
  – Abdichtungen gegen *drückendes Wasser (6 Objekte)*: Die Erfolgsquote ist geringer, d. h. **unter 50 %**.

Beurteilung

Vorteile von Abdichtungen mit Folie und Schutzvlies:

- Das elastische Abdichtungssystem kann Risse überbrücken.
- Der Untergrund muss nicht trocken sein.
- Dichtungsfolie und Vlies können verlegefertig hergestellt werden.
- Durch Montage- und Gerüstwagen wird ein grossflächiger, effizienter Einbau ermöglicht.
- Eine nachträgliche Sanierung ist grundsätzlich möglich (Injektionsstutzen, Abschottung).
- Durch die Werkproduktion der Folien kann eine hohe Qualität des Abdichtungsmaterials gewährleistet werden.

Nachteile von Abdichtungen mit Folie und Schutzvlies:

- Durch Unregelmässigkeiten des äusseren Abdichtungsträgers können Schadstellen in der Dichtungsfolie entstehen.
- Durch den Einbau der Innenschale können, infolge der Beanspruchung der Folie während des Betoniervorgangs, Schadstellen in der Abdichtung entstehen.
- Eine Beschädigungen durch die Bewehrung der Innenschale beim Verlegen ist möglich.
- Der Arbeitsaufwand für die Ausführung der zahlreichen Befestigungen der Folien ist erheblich.
- Die Baustellenschweissungen an den Verbindungsstellen zwischen den einzelnen Folienbahnen müssen kontrolliert werden, was aber kaum vollständig möglich ist (vgl. Zuverlässigkeit).

12.5.4 Aufgespritzte Abdichtung

Die Grundidee besteht darin, die Abdichtung vor Ort herzustellen. Das Dichtungsmaterial wird in flüssiger Form durch Aufspritzen direkt auf die Trägerschicht der Abdichtung appliziert. Es eignen sich vor allem folgende Materialien:

- Reaktionsharze
- Zement-Kunststoffverbindungen
- Bitumen-Kunststoffverbindungen

Durch Zugabe von Fasern können die Materialeigenschaften verbessert werden.

Die Hauptvorteile einer aufgespritzten Abdichtung liegen bei der Nahtlosigkeit der Abdichtungskonstruktion und dem geringeren Arbeitsaufwand bei der Applikation der Dichtungsschicht.

Das Haupthindernis für eine erfolgreiche Anwendung bildeten bisher vor allem die Anforderungen an die Oberfläche des Abdichtungsträgers und die für einen Einsatz im Tunnel ungeeigneten Materialien (Feuchtigkeit, Arbeitshygiene etc.). Durch Fortschritte in der Materialtechnologie scheint jedoch ein Einsatz von aufgespritzten Abdichtungen im Tunnelbau beim heutigen Wissensstand möglich.

12.5.5 Metallabdichtungen

Metalle als reines Abdichtungsmaterial werden selten verwendet. Nur wenige Metalle eignen sich sowohl in technischer als auch in wirtschaftlicher Hinsicht als Abdichtungsstoff.

Zum Einsatz kommen Metalle z. B. als Verstärkung für bituminöse Dichtungsbahnen (dünne Folien aus Aluminium, Kupfer oder Stahl). Bleche mit einigen Millimetern Dicke (z. B. Stahlrohre) können an den Fugen wasserdicht zusammengeschweisst werden. Solche verschweissten Stahlbleche werden vor allem als Innenabdichtung bei Druckstollen eingesetzt, wo sie neben der Dichtigkeit auch noch eine statische Funktion (Panzerung – Aufnahme der Zugkräfte aus dem Innendruck) erfüllen (Bild 12.5-4). Als reines Dichtungselement in Verkehrstunneln werden Metalle aus wirtschaftlichen Gründen nicht eingesetzt.

12.5.6 Injektionen

Die Injektionstechnik wird in verschiedenen Bereichen des Bauwesens angewendet [12-17]:

- zur Verminderung der Durchlässigkeit von Fels, Böden und Bauteilen
- als Bodenverbesserungsmassnahmen zur Verbesserung der mechanischen Eigenschaften
- zur Hebung von Fundamenten etc.

Beim Tunnelbau werden Injektionen oft zur Vorabdichtung und Gebirgsverfestigung während der Bauphase eingesetzt.

Es bestehen verschiedene Möglichkeiten einer Einteilung der Injektionsverfahren:

- Einteilung der Injektionsverfahren entsprechend dem Untergrund, in den injiziert wird [12-17]:
  - Poreninjektionen in Sande und Kiese
    Auswirkungen: Stabilisation, Verfestigung, Abdichtung
  - Kluftverpressungen im Felsgestein
    Auswirkungen: Stabilisation, Abdichtung
  - Hohlraumverfüllungen in Hohlräume
    Auswirkungen: Stabilisation, Abdichtung
  - Rissinjektionen/Rissverpressungen in Risse im Beton
    Auswirkungen: Abdichtung
- Einteilung der Injektionsverfahren entsprechend dem Injektionsgut [12-18]:
  - Zementinjektionen: reine Zementinjektionen, Zement-Sand-Gemisch, in Verbindung mit Ton, Bentonit oder anderen Zusätzen. Dabei werden sedimentationsstabile Zementsuspensionen (sogenannte Zementpasten) verpresst [12-19]. Der entscheidende Parameter für die Verwendbarkeit als Injektionsgut ist die Mahlfeinheit des Zementes. Die Zemente können auch durch Kunststoffe modifiziert werden.
  - Chemische Injektionen: Es existiert eine grosse Anzahl von chemischen Stoffen (z. B. Wasserglas), die injiziert werden. Daraus sind verschiedene Injektionsverfahren entwickelt worden (Joosten-, Monosol-, Monodurverfahren etc.).
  - Kunststoffinjektionen: Bei Injektionen auf Kunststoffbasis können zum Beispiel Polyurethane und Organomineralharze verwendet werden [12-20, 12-21, 12-22].

Die Injektionsmethoden wurden bereits im Kapitel 11 behandelt.

12.6 Drainage

Eine Drainage wird grundsätzlich verwendet, um Wasser aus dem Gebirge abzuführen. Im Tunnelbau kommen zwei grundsätzlich verschiedene Einsatzmöglichkeiten von Drainagesystemen vor:

- Drainage während des *Bauzustandes*: Um einen Hohlraum im wasserführenden Gebirge erstellen zu können, muss das Wasser vor oder während der Hohlraumerstellung ferngehalten, z. B. mit Injektionen oder mittels eines Drainagesystems abgeleitet werden.
- Drainage während des *Nutzungszustandes*: Die Drainage wird als Element eines Abdichtungssystems verwendet, um die Entstehung von Gebirgswasserdruck zu verhindern, d. h. bei nicht druckwasserhaltenden Abdichtungssystemen.

Problemstellung

Ohne Drainagesystem, das durch eine Abdichtung angestautes Gebirgswasser abführt, kann auch über dem Grundwasserspiegel durch Kluftwasser ein Wasserdruck aufgebaut werden. Dieser wirkt auf die Abdichtung und muss statisch durch das Tunnelgewölbe als Abdichtungsträger aufgenommen werden. Die Abdichtung muss dadurch vollflächig über den gesamten Tunnelquerschnitt ausgebildet werden und gegenüber dem auftretenden Gebirgswasserdruck dicht sein. Das Tunnelgewölbe muss, zusätzlich zum Gebirgsdruck, auch auf den hydrostatischen Druck des Wassers bemessen werden. Der Aufwand für Abdichtung und Tunnelgewölbe wird entsprechend grösser.

Der Einsatz von Drainagesystemen ist erforderlich, wenn Sicker- oder Kluftwasser anfällt und der Tunnel nicht in stehendem Wasser liegt. Das Sicker- oder Kluftwasser wird durch eine Abdichtungsschicht an der Kalotte und den Paramenten vom Hohlraum des Tunnels ferngehalten (Regenschirmprinzip) und durch ein Drainagesystem abgeleitet. Es entsteht kein Staudruck durch das Gebirgswasser, und die Abdichtung muss nicht über den gesamten Tunnelquerschnitt aufgebracht werden.

Eine Drainage hat jedoch meist Auswirkungen auf die ökologischen Rahmenbedingungen, daher muss die Wahl des Abdichtungssystems (druckwasserhaltend oder nicht druckwasserhaltend, d. h. mit Drainage) sehr sorgfältig erfolgen [12-7].

Vorteile einer Tunneldrainage:

- Bei der Bemessung der Innenschale muss kein oder nur ein geringerer Wasserdruck berücksichtigt werden.
- Die Abdichtung gegen druckloses Wasser ist technisch einfacher zu realisieren und billiger als eine Abdichtung gegen drückendes Wasser.

Nachteile einer Tunneldrainage:

- Das Drainagesystem und die Entwässerungsleitungen können durch Ausfällungen von im Bergwasser enthaltenem Kalk und gelösten Betonbestandteilen ihre Funktionsfähigkeit verlieren. Dies stellt eine den Bestand des Tunnels gefährdende Veränderung dar, da die Abdichtung und das Tunnelgewölbe nicht für den gestiegenen Wasserdruck ausgelegt sind.
- Die Drainage muss auf Dauer zuverlässig funktionieren; dies kann nur durch einen entsprechend aufwendigen Unterhalt realisiert werden. Der finanzielle Aufwand für die Wartung kann erheblich sein.
- Liegt ein Tunnel in durchlässigem Gebirge, wird die anfallende Wassermenge sehr gross. In stark durchlässigem Gebirge kann selbst bei grösster Wasserentnahme kein nennenswerter Abbau des Wasserdrucks erzielt werden. Dieser Fall kann auch bei Veränderung der Gebirgswasserverhältnisse während der Nutzungsdauer oder bei einer Fehleinschätzung der Gebirgswasserverhältnisse eintreten.
- Während der Nutzungszeit entstehen permanente Kosten für die Behandlung und Abführung des aus dem Tunnel abfliessenden Wassers. Besonders hoch sind diese Kosten bei Tunneln ohne Vorflut, aus denen das Wasser auf Dauer abgepumpt werden muss (z. B. bei U-Bahnen).
- Aus Umweltschutzgründen (Wasserschutz) muss ein Auslaufen von wasserverschmutzenden Stoffen (Schadstoffe bei Autotunneln, Transportunfälle) aus dem Tunnel verhindert werden. Dadurch wird oft eine Sohlabdichtung nötig, obwohl dies aus Wasserhaltungsgründen nicht erforderlich wäre.
- Eine Drainage bedeutet immer Wasserentzug aus dem Gebirge. Dadurch werden der Wasserspiegel und der Wasserfluss im Gebirge beeinflusst. Eine Bewilligung für eine Wasserentnahme ist nicht ohne weiteres erhältlich.

Angesichts dieser Nachteile sollte eine Drainage nur vorgesehen werden, wenn

- dies trotz aller Wartungs- und sonstigen Dauerkosten noch wirtschaftliche Vorteile bringt
- der totale Funktionsverlust der Drainage durch Instandhaltungs- und Instandsetzungsmassnahmen wieder behoben werden kann
- ein Gebirgswasserentzug rechtlich zulässig und ökologisch verträglich ist
- der vorhandene Wasserdruck so hoch ist, dass eine Druckabminderung notwendig wird

Die Tendenz geht heute eindeutig in Richtung **druckwasserhaltender Tunnelabdichtungen** (ohne Drainage), da die Mehrkosten bei der Erstellung durch geringere Unterhaltskosten kompensiert werden.

Elemente einer Tunneldrainage

Für die konstruktive Ausführung einer Tunneldrainage kommen verschiedene Elemente oder Kombinationen in Frage [12-7] (Bild 12.6-1):

Rinnen und Leitungen im Tunnel werden eingesetzt, um das ins Tunnelinnere gelangte Bergwasser abzuführen. Um fliessendes Wasser auf der Sohle zu vermeiden, muss das Wasser in Rinnen beidseits der Sohle gefasst und abgeleitet werden. Das Leitungsnetz muss zur Vereinfachung des Unterhalts durch Schächte zugänglich gehalten werden. Dies macht eine ganz spezielle Führung der Leitungen und zum Teil auch Sondermassnahmen in der Tunnelauskleidung, oft sogar beim Tunnelausbruch, erforderlich. Der bauliche Aufwand kann relativ gross werden.

Öffnungen in der Auskleidung haben die Aufgabe, den auf das Bauwerk wirkenden Wasserdruck gezielt zu vermindern, d. h. es wird eine hydraulische Verbindung zwischen dem Bergwasser ausserhalb der Auskleidung und den Leitungen im Tunnel angestrebt. Es handelt sich dabei um planmässige Durchdringungen des Gewölbes oder der Sohle (Bohrungen, Rohre, offene Blockfugen etc.). Das Verhindern von entstehendem Wasserdruck setzt jedoch geringen Wasserandrang bei hoher Gebirgsdurchlässigkeit in unmittelbarer Tunnelumgebung voraus.

Drainrohre werden eingesetzt, wenn Öffnungen in der Tunnelauskleidung alleine nicht mehr ausreichen, um den Wasserdruck über den gesamten Tunnelquerschnitt abzubauen (bei Öffnungen in der Tunnelauskleidung bleibt der Druckabbau oft nur auf die unmittelbare Umgebung der Öffnung beschränkt). Es ist daher erforderlich, zusätzliche Fliesswege für das Wasser zu den Öffnungen zu schaffen. Am häufigsten werden zu diesem Zweck geschlitzte Drainrohre aus Kunststoff in Tunnellängsrichtung verlegt.

Drainmatten stellen eine Möglichkeit dar, das in der Sohle und im Gewölbe anstehende Gebirgswasser flächenhaft zu entspannen, da die Drainage über die gesamte Fläche eingebaut wird. Zu diesem Zweck werden auf dem Markt verschiedene Arten von Drainagematten angeboten, welche auf die Spritzbetonschale der Ausbruchssicherung aufgenagelt werden können. Massgebend für die Wirksamkeit der Matten ist deren Durchlässigkeit nach dem Zusammendrücken durch den Einbau der Innenschale. Matten aus Nylongespinst oder Kunststoffplatten mit Noppen (Noppenfolie) als Abstandshalter haben sich zu diesem Zweck bewährt.

Eine **wasserdurchlässige Schicht** unter der Betonsohle kann anstatt durch relativ teure Drainagematten durch eine wasserdurchlässige Schicht aus Schotter oder Kies erreicht werden. Wichtig ist dabei die saubere Gestaltung der Verbindungen zu den Drainagerohren und eine gute Trennung (durch Baufolie und Sauberkeitsschicht) beim Einbringen des Sohlbetons.

Probleme bei Drainagesystemen

Das vom Drainagesystem abzuführende Wasser muss zuvor durch den Spritzbeton sickern, wobei es dessen kalkige Bestandteile lösen kann. Die Ausfällungen des gelösten Kalkes bilden oft die Hauptursache für das spätere Versagen eines Drainagesystems.

Der Gehalt an gelösten Stoffen im Gebirgswasser kann nicht beeinflusst werden; jedoch kann die Lösung von Kalk aus dem Beton vermindert werden, wenn dem Wasser der Weg durch den Spritzbeton möglichst einfach gemacht wird. Dies lässt sich mit den gleichen Methoden wie bei der Entspannung des Gebirgswasserdruckes erreichen: Bohrungen, Schlitze im Spritzbeton oder Drainagebohrungen ins Gebirge. Die erwähnten Massnahmen erfüllen somit zwei wesentliche Voraussetzungen für einen einwandfreien Betrieb:

- Das Wasser findet den Weg in die Sammelleitungen.

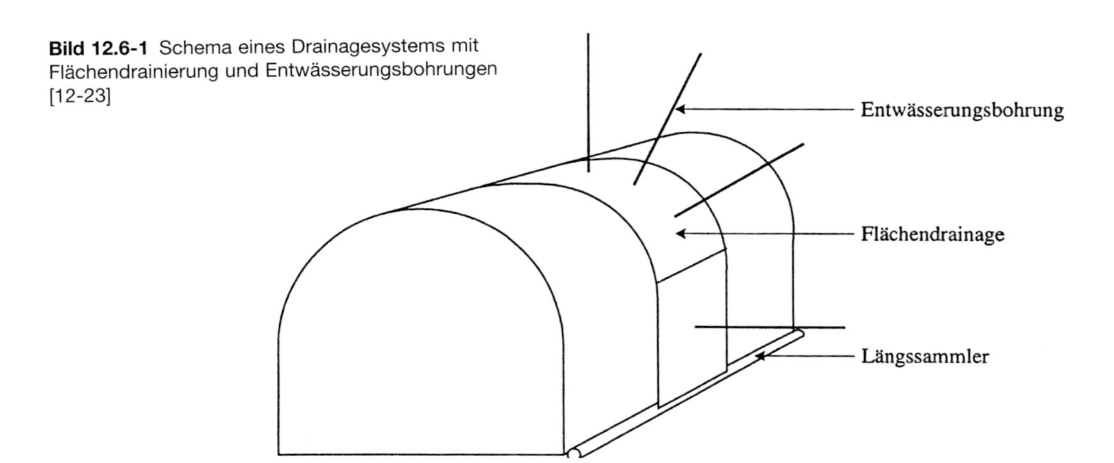

Bild 12.6-1 Schema eines Drainagesystems mit Flächendrainierung und Entwässerungsbohrungen [12-23]

- Das Wasser kann kalkige Bestandteile des Spritzbetons nicht in grösserem Umfang lösen.

Bei kalkhaltigem Gebirgswasser sind zusätzliche Massnahmen, z. B. verbesserte Drainagesysteme, erforderlich.

Verbesserte Drainagesysteme

Wenn eine Drainage eingebaut wird, muss sie wartungsarm und auf Dauer funktionssicher sein. Mit den üblichen Systemen lässt sich dies kaum erreichen [12-7].

Zur Reduktion von Versinterungen sind verschiedene Massnahmen geeignet:

- Härtestabilisation: Eine Zugabe von chemischen Stabilisatoren ins Gebirgswasser („Impfung") verhindert Aussinterungen. Diese Massnahmen sind jedoch aus verschiedenen Gründen (Aufwand, Einsatz chemischer Stoffe etc.) nicht befriedigend.
- Siphonierung des Gebirgswassers: Eine weitere Möglichkeit besteht in der Abkehr von dem bisher als wichtig angesehenen Prinzip, dass Wasser rückstaufrei abzuführen sei [12-24]. Das Prinzip beruht auf dem Wunsch, Wasserdruck von der Sohle fernzuhalten und unterhalb der Gewölbeabdichtung ohne Abdichtungsmassnahmen auszukommen. Dies bedeutet aber eine Belüftung, Temperaturänderung und einen Druckabfall des Bergwassers beim Eintritt in das Drainagesystem. Durch diese Bedingungen wird die Ausfällung von Kalk an den am wenigsten zugänglichen Stellen gefördert. Eine Möglichkeit besteht nun darin, durch einen kontrollierten Druckanstieg im Drainagesystem, z. B. durch Aufstauen des Wassers in einem geschlossenen Leitungssystem, den Ort der Kalkausfällung an die Austrittsöffnung des Leitungssystems zu verlegen; dort, wo eine Ausfällung unproblematisch ist. Der Rückstau kann durch verschiedene technische Massnahmen erzeugt werden (z. B. durch Rückstauklappen). Eine auf kontrolliert reduzierten Bergwasserdruck ausgelegte Tunnelschale wird dadurch erforderlich. Bei Tunneln, die tief unter dem Bergwasserspiegel liegen, eröffnet dieses Drainagesystem neue Möglichkeiten, einen Kompromiss zwischen wirtschaftlichen, bautechnischen und ökologischen Aspekten zu finden.
- Verdünnung des Gebirgswassers: Das Gebirgswasser im Drainagesystem wird durch kalkarmes Wasser verdünnt. Dadurch können Aussinterungen verhindert werden. Es muss jedoch kalkarmes Wasser in den Tunnel geführt werden.

Zusammenfassung Drainagesysteme

Trotz aufwendiger Massnahmen kann ein Drainagesystem durch Ausfällungen verstopft werden. Wenn möglich, sollte daher auf Drainagesysteme verzichtet werden.

Die Hauptgründe für eine Verwendung von Drainagen bestehen in einer Abminderung des Wasserdrucks aus statischen Gründen und den geringeren Abdichtungserfolgen bei druckwasserhaltenden Abdichtungen.

12.7 Verlegetechnik von Abdichtungsfolien bei bergmänischen Tunneln

12.7.1 Isolierungsaufbau

Im bergmännisch vorgetrieben Tunnel werden für partielle Abdichtungen mit Regenschirmfunktion sowie für Vollabdichtungen bei drückendem Bergwasser meist PVC-Folien von mehr als 1,5 mm Dicke verwendet. In der Regel werden Stärken von 2 bzw. 3 mm verwendet. Diese Hauptabdichtung muss gegen Beschädigung infolge des rauhen Baubetriebs unter Tage geschützt werden. Im Regelfall verwendet man das folgende, doppelte, temporäre Schutzsystem:

- Unterseite zum Fels: Spezialvlies, um die Hauptabdichtung gegenüber dem Fels zu schützen;
- Oberseite zur Auskleidungsschale: Schutzfolie, um die Hauptabdichtung gegenüber Bewehrungs- und Betonierarbeiten zu schützen.

Um die Hauptisolierung, welche auf den Spritzbeton oder auf nackten, kantigen Fels aufgebracht wird, beim Einbringen und Verdichten des Betons vor Beschädigungen zu schützen, ist es vorteilhaft, eine Unterlage aus Spezialvlies (300 g/m^2) oder eine Nadelmatte zu verwenden. Diese Spezialvliesmatte hat jedoch eine drainierende Wirkung auf das Gebirgswasser.

Zum Schutze der Isolierfolie wird oft eine ergänzende Schutzfolie über die Hauptisolierung verlegt. Dadurch kann eine Beschädigung der Hauptabdichtung beim Verlegen der Bewehrung bzw. beim Betonieren verhindert werden. Eine solche Schutzfolie von ca. 0,5 mm stellt eine Qualitätsverbesserung in bezug auf die Dauerhaftigkeit dar.

Die Abdichtung kann folgenden Aufbau haben:

- Untergrund: Beton- oder Spritzbeton-Schicht (Ausgleichsbeton, Oberflächenrauhigkeit, Ebenheit)
- Spezialvliesunterlage ca. 300 g/m^2 oder Schaumstoffunterlage min. 10 mm stark
- Befestigungsmittel: Montageleisten, Hosenträger, Befestigungsteller etc.
- Isolierfolie (PVC) in Bahnen von 3 – 5 m Breite, in der Länge der Tunnelabwicklung auf Rollen
- Schutzfolie zur Innenseite (falls erforderlich)
- Innenbetonschale

Die Isolierung wird in folgenden Arbeitsgängen aufgebracht:

- Aufbringen des Schutzvlieses oder der Schaumstoffunterlage auf den Fels und Fixieren mit Bolzen oder Befestigungstellern
- Versetzen der Montagemittel für die Hauptfolie: Montageteller, Montageleisten, Hosenträger etc.
- Versetzen, Abrollen und Fixieren der Isolierfolie auf 3 bis 5 m Breite mittels Folienverlegebühne, etappenweise Heissluftverschweissung der Befestigungselemente mit der Folie sowie der Überlappung zum vorigen Abschnitt
- Aufbringen der Schutzfolie (falls erforderlich)
- Einbringen der Innenbetonschale mittels Schalwagen

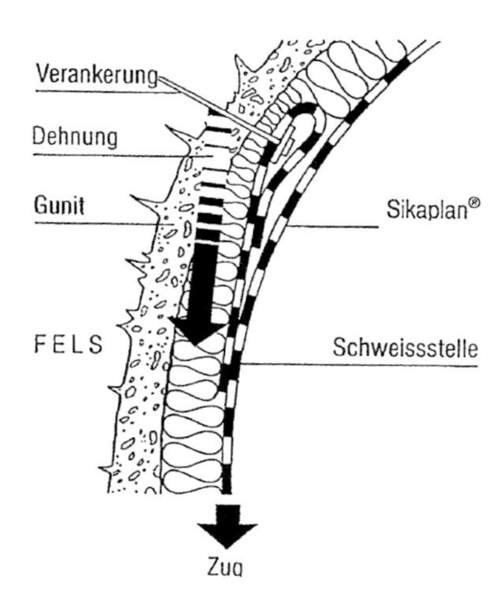

Bild 12.7-1 Hosenträgerbefestigung [12-25]

12.7.2 Folienbefestigung

Heute verwendet man im Tunnelbau wegen der Brandgefahr und der arbeitshygienischen Belastung der Tunnelluft durch die Klebedämpfe fast keine geklebten Isolierungen. Die heute lose verlegten Isolierfolien werden wie folgt an der Tunnelwand befestigt bzw. untereinander wasserundurchlässig verschweisst:

- Die lose verlegten Folien werden mit verschiedenen Arten von punktuellen Befestigungsmitteln an der Tunnelwand befestigt (Bild 12.7-1).
- Die einzelnen Dichtungsbahnen werden mittels Heissluft-, Heizkeil- oder Hochfrequenzverfahren thermisch homogen verbunden. In Bild 12.7-2 sind die verschiedenen Nahtformen dargestellt. In Spezialfällen kann eine doppelte Schweissnaht mit Druckluftprüfung zweckdienlich sein.

Zur Befestigung der Isolierfolien dienen heute meist Telleranker oder Hosenträger. Die Telleranker bestehen aus einem Bolzen mit einer ca. ∅ 50 mm grossen Kopfplatte aus thermoplastischem Material, das mit Heissluft schweissbar ist. Die Hosenträgerbefestigung besteht aus einem PVC-Streifen, der mit einem einfachen Stahlbolzen befestigt wird. Sie dient zur Befestigung der Spezialvliesunterlage und der Isolierfolie. Bei der Verwendung von Tellerankern wird die ca. 3 m breite, abgerollte Folie mit ca. drei Befestigungspunkten horizontal im vertikalen Abstand von 70 – 100 cm von hinten mittels Heissluft oder Heizkeil thermoplastisch verschweisst. Die Verwendung von Hosenträgerbefestigungen hingegen ist aufwendiger in der baubetrieblichen Abwicklung, aber billiger in bezug auf den Materialpreis. Der Hosenträgerstreifen wird mit dem Bolzen zur Befestigung der Schutzvliesmatte an der Tunnelwand befestigt. Der Hosenträger soll nach unten hängen, da er auf Zug beansprucht wird. Zum Schutz der Isolierfolie gegen mögliche Penetration muss der Bolzenkopf nun von dem Hosenträgerstreifen überdeckt werden. Daher muss in einem ersten Arbeitsschritt der nach unten hängende Hosenträgerstreifen nach oben gebogen werden. Dann werden die Enden des nach oben gebogenen Hosenträgerstreifens thermoplastisch mittels Heissluft verschweisst. Dabei wird der Bolzenkopf durch die schlaufenartige Überlappung überdeckt und die Folie geschützt. Dann wird

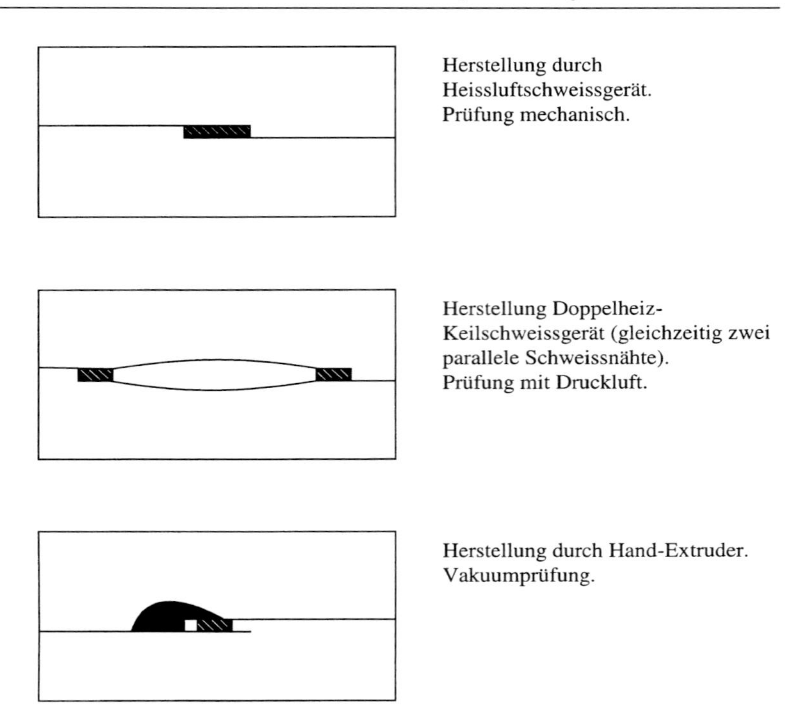

Herstellung durch
Heissluftschweissgerät.
Prüfung mechanisch.
Herstellung Doppelheiz-
Keilschweissgerät (gleichzeitig zwei
parallele Schweissnähte).
Prüfung mit Druckluft.
Herstellung durch Hand-Extruder.
Vakuumprüfung.

Bild 12.7-2 Arten der Schweissverbindungen

die Folie abschnittsweise abgerollt und von hinten in den oben beschriebenen Abständen thermoplastisch mit Heissluft an die Hosenträger verschweisst.

Der Anschluss der Hauptdichtungsfolie an Durchdringungen und Injektionsstutzen wird am zweckmässigsten mit einem Doppelflansch bewerkstelligt. Unebenheiten werden mit Silikonkitt-Spachtelmasse ausgeglichen. Dann wird die Dichtungsfolie verlegt, eine Neochloropen-Platte als Kraftausgleichslage eingebaut und der Flansch versetzt, die Muttern werden kraftschlüssig angezogen.

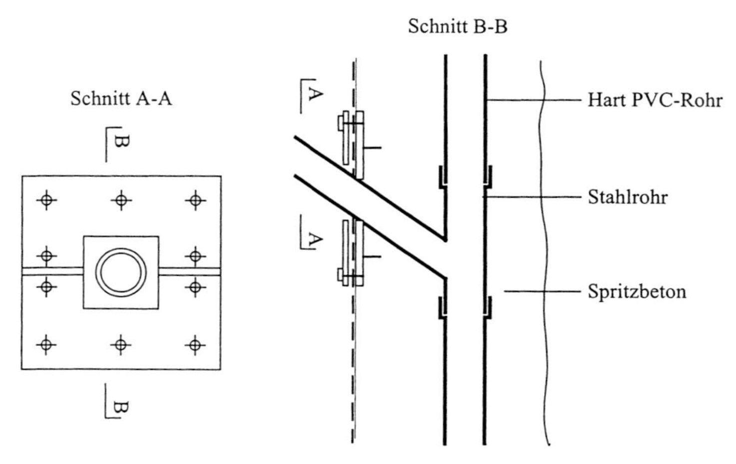

Bild 12.7-3 Systemskizze für Durchdringungen

Mit dieser technischen Lösung können Injektionsstutzen, Wasserentlastungsstutzen etc. eingebaut werden. Die Abdichtung muss in den Plänen detailliert vorgegeben werden.

12.7.3 Folienverlegung

Zum Verlegen der Isolierung werden heute aus Rationalisierungsgründen Verlegewagen (System ROWA) verwendet. Diese mobilen Arbeitsbühnen dienen der Mannschaft zur baubetrieblich effizienten Ausführung und zur einfachen Befestigung der Folie an der Wand. Zur Effizienzsteigerung werden für das Verlegen der Folien auch Abrolleinrichtungen mit elektromotorischem Antrieb mit Hebezügen verwendet. Die Folienverlegung ist dem Betonieren des Innenrings zeitlich und räumlich vorgeschaltet. Der baubetriebliche Ablauf zur Herstellung der Sohle ist wie folgt:

- Ausbruchquerschnitt auf Sollmass überprüfen und eventuell nachprofilieren
- eventuell Vordrainage mit Halbschalen oder Noppenbahnen bei Wasseranfall einbauen
- eventuell Spritzbetonausgleichschicht zur Gewährleistung der erforderlichen Ebenheit des Isoliersystems aufbringen
- Verlegung der Isolierung im Sohlbereich (falls keine reine Regenschirmisolierung eingebracht wird) wie folgt:
  - Schutzvlies verlegen und mit Telleranker befestigen
  - Isolierfolie über das Schutzvlies verlegen und von hinten an die Telleranker verschweissen, anschliessend die Nahtschweissung der Isolierfolie an den Überlappungen mittels speziellem Nahtschweissgerät durchführen
  - eventuell Auflegen der Oberflächen-Schutzfolie zur Verhinderungen von Beschädigungen beim Verlegen der Eisen, Schalen und Betonieren
- Betonieren der Sohle

Diese Arbeiten werden zeitlich und räumlich versetzt nacheinander ausgeführt. Das Verlegen des Schutzvlieses und der Folien erfolgt mittels vorlaufendem Sohlverlegegerüst, dem sich der Sohlschalwagen anschliesst.

Danach setzt sich der baubetriebliche Ablauf zur Herstellung des Gewölbes wie folgt fort:

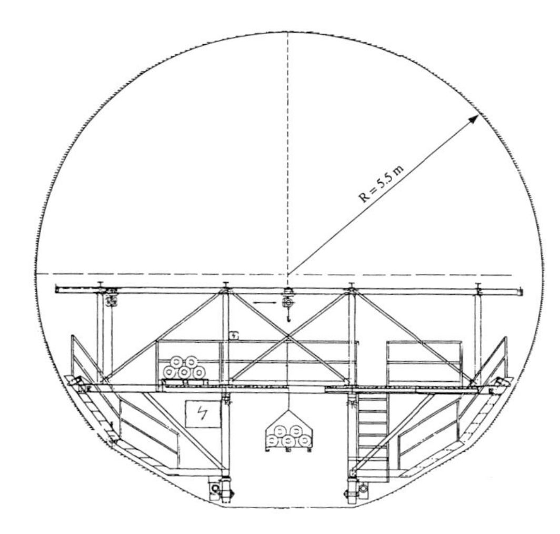

Bild 12.7-4 Velegen der Folien im Sohlbereich [12-26]

- Verlegung der Isolierung im Gewölbebereich:
  - Schutzvlies verlegen und mit Tellerankern befestigen
  - Isolierfolie über das Schutzvlies verlegen und von hinten an den Tellerankern verschweissen, anschliessend die Isolierfolie an den Überlappungen mittels speziellem Nahtschweissgerät verschweissen
- Betonieren des Gewölbes

Auch diese Arbeiten erfolgen zeitlich und räumlich versetzt hintereinander. Schutzvlies und Folien werden mittels vorlaufendem Gewölbeverlegegerüst verlegt. Danach folgt der Gewölbeschalwagen.

Das Sohlverlegegerüst (Bild 12.7-4) ist wie folgt aufgebaut:

- Die räumliche Rahmenkonstruktion besteht aus einem vorderen und hinteren Querrahmen, der in Längsrichtung über eine Mittelbühne und oberen Verlegerahmen verbunden ist.
- Oberhalb der Bühne befindet sich die Laufkatze, die am oberen Verlegerahmen befestigt ist. Mit dieser werden einerseits die Folienpaletten auf die Bühne gezogen und andererseits die einzelnen Folienrollen zum Verlegen abgerollt.
- Zwischen den Querrahmen kann die Folie abgerollt und verlegt werden, da dieser Bereich unter der Mittelbühne offen ist. Seitlich befinden sich in jedem Querrahmen Stufenbühnen, die nach innen offen sind, um Arbeiten von den Bühnen ausführen zu können.

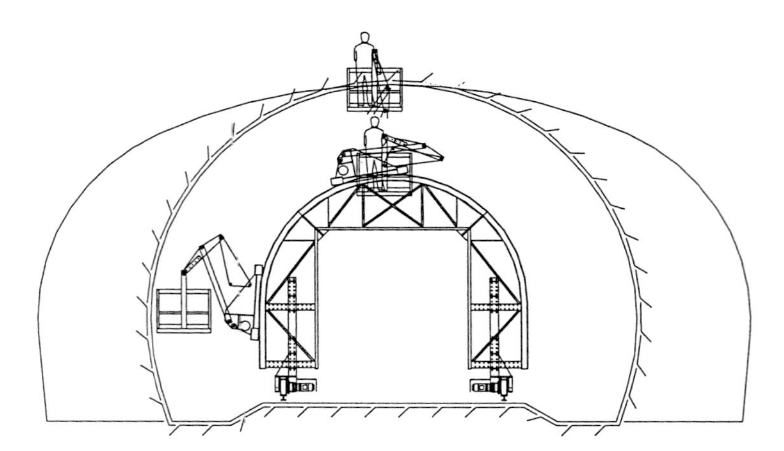

Bild 12.7-5 Verlegen der Folie im Gewölbebereich [12-26]

- Das Verlegegerät bewegt sich auf vier mit Hartgummi gepolsterten Rollen. An den Seiten sind je zwei Stabilisierungsrollen angeordnet.

Das Gewölbeverlegegerüst (Bild 12.7-5) wird auf dem gleichen Fahrgleis geführt wie der Schalwagen. Es besteht aus zwei dem Tunnelquerschnitt angepassten Querfachwerkrahmen, die in Längsrichtung biegesteif verbunden sind. Diese haben einen kleineren Querschnitt als das Tunnelprofil, damit auf dem äusseren Rahmenprofil eine Scherbühne mit Arbeitskorb geführt werden kann. Die Querrahmen sind mit einer Durchfahröffnung für den Tunnellängsverkehr ausgerüstet.

12.8 Material- und Leistungskennwerte

Als Beispiel für den Materialverbrauch und den Verlegeaufwand sei das Bauprojekt Seelisbergtunnel Los Süd angeführt.

Materialaufwand

- Vlies- bzw. Schaumstoffunterlage: 1,05 m^2/m^2-Tunnelwand
- PVC-Folie (2 mm): 1,12 m^2/m^2-Tunnelwand
- Befestigungstellernägel: 2,6 Stück/m^2-Tunnelwand

Arbeitsaufwand

- Vorkonfektionieren der Bahnen 0,05 – 0.06 h/m^2
- Verlegen der Isolierung mit Verlegemaschine 0,3 – 0,4 h/m^2 (max. bis 1 h/m^2 bei grossen Unebenheiten)

12.9 Sicherheit / Brandschutz

Die Sicherheit der Untertagebelegschaft muss während der Verlegearbeit gewährleistet sein.

Zur Verhütung von Bränden und Explosionen beim Verlegen von Isolierungen müssen die speziellen Vorschriften der Normen, der Arbeitsschutzgesetze und der Unfallverhütungsvorschriften beachtet werden. Der Unternehmer ist verpflichtet, geeignete Brandverhütungs- und Brandbekämpfungsmassnahmen vorzusehen; Fluchtwege sind freizuhalten. Besonders zu beachten sind die Vorschriften der Feuerpolizei und der Feuerversicherungen.

In den meisten Ländern gibt es Empfehlungen und Richtlinien für die Verwendung von Folien und die Durchführung der Verlegearbeiten im Tunnelbau. In der Schweiz z. B. regelt die Norm SIA 183 des Schweizerischen Ingenieur- und Architekten-Vereins die Einteilung der verschiedenen Folien bezüglich Brennbarkeit und Qualmbildung in die Brennbarkeitsklassen IV und V sowie die Qualmklassen 1-3. Ferner sind zur Aufrechterhaltung der Arbeitssicherheit spezielle Vorschriften zu berücksichtigen, die Vergiftungen und Erstickungen bei unterirdischen Arbeiten verhindern.

Im Jahr 1969 traten in Deutschland im Untertagebau grössere Brandkatastrophen auf. Die Ursache lag meist in der unsachgemässen Verwendung von Flüssiggas. Daher müssen bei Abdichtungssystemen, die mit Flüssig-Gasbrennern verschweisst werden, besondere Schutzvorkehrungen getroffen werden. Zur Verhütung von Unfällen durch Brände und Explosionen bei der Erstellung von Untertagebauten in Erdgas führenden Gesteinsschichten sind die allgemeinen Vorschriften zu beachten.

13 Hohlraumauskleidung

13.1 Problemstellung

Die Wahl der Auskleidung für Untertagebauten ergibt sich aus folgenden Randbedingungen:

- geologische, geotechnische und hydrologische Verhältnisse
- Verwendungszweck des unterirdischen Hohlraumes

Durch den Standort eines Projektes sind Geologie, Geotechnik und Hydrologie vorgegeben. Sie müssen durch eine ausreichende Erkundung erfasst und umfassend in die Objektplanung einbezogen werden. Diese Ausgangsvoraussetzungen beeinflussen die baubetriebliche Ausbruchart und Ausbruchmethode und bestimmen indirekt oder auch direkt die Anforderungen an die Auskleidung und Abdichtung.

Neben den Abmessungen und der Form des Tunnels bestimmt der Nutzungszweck die Art der Isolierung und der Auskleidung ganz entscheidend. Die Anforderungen, die sich aus der Nutzung des Projekts, der Nutzungsdauer und den geplanten Aufwendungen für den Unterhalt und die Instandhaltung ergeben, bestimmen die konstruktiven Erfordernisse in bezug auf die Isolierung und Auskleidung des Bauwerks. Durch die Festsetzung dieser Erfordernisse wird die Dauerhaftigkeit eines Bauwerks wesentlich beeinflusst. Die Kriterien zur Festlegung der Dichtigkeitsklassifizierung von Tunnelbauwerken wurden im Abschnitt 12.3 Abdichtung aufgeführt und erläutert.

Die Varianten der Tunnelauskleidung sind sehr vielfältig. Folgende prinzipielle Varianten kommen zur Anwendung:

- einschalige Tunnelauskleidung
- zweischalige Tunnelauskleidung

Beim einschaligen Tunnelausbau wird die temporäre Sicherung im Bauzustand in die permanente Auskleidung integriert. Einschalige Tunnelauskleidungen werden wie folgt realisiert:

- Spritzbetonschale (unbewehrt sowie mit ein- und mehrlagiger Mattenbewehrung)
- Stahlfaserspritzbeton
- Tübbingauskleidung

Die einschalige Bauweise gehört zu den Bauweisen mit den geringsten Investitionskosten. Als Beispiele für die einschalige Bauweise sollen genannt werden:

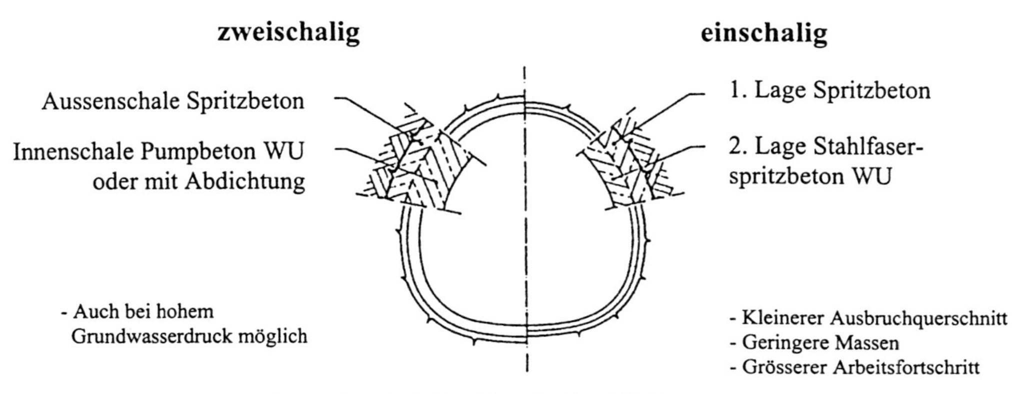

Bild 13.1-1 Vergleich einschaliger und zweischaliger Tunnelausbau [13-1]

- Vereina-Tunnel der Rhätischen Bahn, Schweiz (1998): Felsgesteintunnel mit hoher Überdeckung in einschaligem Spritzbetonausbau mit GFK-Ankern, TH-Bögen und Mattenbewehrung; je nach Schichtstärke wurde die Spritzbetonschale in mehreren Arbeitsgängen aufgebracht (Sicherung und Ausbau);
- 4. Röhre Elbtunnel, Hamburg, Deutschland (1999): Lockergesteintunnel unterhalb der Elbe in einschaligem Tübbingausbau mit Doppelrahmendichtungen und zusätzlichem Tausalzspritzschutz in Fahrzeughöhe vor den Tübbingen.

Bei der einschaligen Auskleidung werden im Regelfall auch die temporären Sicherungselemente in die Dimensionierung des Endzustandes integriert, was auf den ersten Blick in bezug auf die direkten Investitionskosten die günstigere Lösung zu sein scheint. Bei der reinen einschaligen Tübbinglösung ist dies der Fall. Bei einer Spritzbetonschale ab einer Wandstärke von mehr als 15 – 20 cm muss man prüfen, ob eine Verbundschale aus der Spritzbetonsicherung und der danach mittels Schalwagen hergestellten Ortbetonschale nicht die günstigere Lösung darstellt. Der Spritzbeton pro Kubikmeter Festbeton ist, infolge der Zuschläge, der Zusatzmittel und des Rückpralls, im allgemeinen teurer als Normalbeton. Ferner wird man bei einer Spritzbetonschale kaum eine glatte Oberfläche herstellen können; für viele Projekte ist jedoch eine rauhe Spritzbetonschale ausreichend. Der Vorteil der einschaligen Spritzbetonschale besteht darin, dass man die Schalendicke flexibel den geometrischen Tunnelabmessungen und den Gebirgsverhältnissen entlang der Tunnelspur anpassen kann.

Bei der zweischaligen Bauweise wird die temporäre Sicherung im Regelfall nicht für den Endzustand berücksichtigt; es wird eine strikte Aufgabentrennung zwischen temporärer Sicherung (Aussenschale) im Bauzustand und der endgültigen Ausbauschale (Innenschale) vorgenommen. Bei dieser Bauweise wird meist die durchgehende Isolierfolie als Regenschirmabdichtung oder Vollabdichtung zwischen der Sicherungsschale und der endgültigen Auskleidungsschale angeordnet. Die zweischalige Bauweise kann wie folgt ausgeführt werden:

- Spritzbetonsicherungsschale, Isolierung und Ortbetonauskleidung, bewehrt oder unbewehrt
- Tübbingsicherungsschale, Isolierung und Ortbetonauskleidung, bewehrt oder unbewehrt

Die zweischalige Bauweise wird aus Gründen der möglichen erhöhten Dauerhaftigkeit in der Schweiz bei fast allen Autobahn- und SBB-Tunnel angewendet. Die richtige Wahl der Tunnelauskleidung sollte nach projektspezifischen Kriterien, differenziert nach Nutzungs- und Unterhaltstandards, erfolgen; sie muss, auf eine definierte Nutzungszeit bezogen, das Optimum der Wirtschaftlichkeit aus Investitions-, Unterhalt- und Instandsetzungskosten sein. Die heute vorliegenden statistischen Werte für die Unterhalt- und Instandsetzungskosten sind allerdings für eine sorgfältige Analyse nicht ausreichend.

In diesem Kapitel wird die **Ortbetonauskleidung** mittels Schalwagensystemen baubetrieblich betrachtet. Die Ausführungsfragen der Spritzbetonauskleidung samt Stütz und Sicherungsmassnahmen wurden in früheren Kapiteln behandelt. Die Tübbingbauweise wird in den Kapiteln über Tunnelvortriebsmaschinen erläutert. Die hier beschriebenen, hochmechanisierten Schalungssysteme beruhen auf den Systemen der Firma Bernold [13-2].

Die Ortbetonauskleidung der Stollen und Tunnel erfolgt etappenweise in zyklischen Arbeitschritten. Diese Etappen, auch Betonierabschnitte genannt, betragen in der Regel ca. 5 - 20 m in Tunnellängsrichtung. Je nach Länge des Bauwerks wird sequentiell mit einer oder mit mehreren Schalungseinheiten gearbeitet. Wird mit mehreren Schalungseinheiten gearbeitet, so werden diese versetzt hintereinander eingesetzt. Bei alternierender Arbeitsweise werden mit der ersten Schalung, auch Vorläufer genannt, alle ungeraden Betonierabschnitte n+1 und mit der zweiten Schalung, auch Nachläufer genannt, alle geraden Betonierabschnitte n+2 hergestellt.

13.2 Stollenauskleidungen

13.2.1 Verwendungszweck von Stollen

Je nach Verwendungszweck des Stollens wird die Art der Auskleidung festgelegt. Gemäss den Nutzungsanforderungen kann die folgende Unterteilung vorgenommen werden:

- Fenster- bzw. Zugangsstollen
- Freispiegelstollen
- Druckstollen
- Infrastruktur- und Versorgungsstollen.

Fenster- und Zugangsstollen

Solche Stollen dienen während der Bauphase dem Zugang von Personen und der Versorgung des Haupttunnels mit Geräten und Material. Daher werden sie möglichst einfach auskleidet. Die Auskleidung besteht aus der Sicherung zur Aufrechterhaltung der Bauwerksstabilität und der Arbeitssicherheit und kann wie folgt ausgeführt werden:

- betonierte Sohle mit eingebauter Drainage oder, bei gefrästen Stollen, mit Sohltübbing
- Spritzbeton-, Anker- und/oder Ausbaubogensicherung
- evtl. Tübbingauskleidung bei TBMVortrieb in gebrächem Gebirge

Freispiegelstollen

Die Ausführung kann in analoger Weise wie bei Fenster- oder Zugangsstollen erfolgen, jedoch sollte die Auskleidung eine möglichst ebene und widerstandsfähige Oberfläche aufweisen, d. h. die Anker und Ausbaubögen müssen völlig eingespritzt oder einbetoniert werden. Eine Begeh- und Befahrbarkeit für Inspektionen sollte berücksichtigt werden. Meist sind keine speziellen Dichtungsmassnahmen gegen Bergwasser notwendig.

Druckstollen

In bezug auf Dichtigkeit und Dauerhaftigkeit sind Druckstollen sehr anspruchsvolle Bauwerke. Je nach Stollendurchmesser und Güte des umliegenden Gesteins ist eine Betonschale mit einer Wandstärke von 20 – 40 cm und eine Armierung erforderlich. Nach der Erstellung werden bei solchen Bauwerken Dichtigkeitsprüfungen durchgeführt.

Infrastruktur und Versorgungsstollen

In Ballungszentren werden heute verstärkt Infrastruktur- und Versorgungsstollen verwendet für:

- Wasser und Abwasser
- Elektrizität
- Fernwärme etc.

Diese Stollen sind oft für multifunktionalen Gebrauch ausgelegt. Als Beispiele sollen einige solcher Infrastrukturstollen der Stadt Zürich aufgeführt werden:

- Trinkwasserstollen Hardhof und Zürichberg
- Fernheizstollen Schwamendingen – Kantonsspital
- Abwasserstollen Glatt

Die Auskleidung wird den Nutzungsbedürfnissen angepasst und muss weitestgehend dicht gegenüber infiltrierendem Sicker- oder Druckwasser aus dem Berg sein.

13.2.2 Stollenschalungen

Man verwendet für längere Stollen fast nur noch Stahlschalungen mit Blechverkleidung [13-2]. Bei kurzen Stollen verwendet man Holzschalungen [13-3], die auf Stahlbögen befestigt sind, oder – seltener – reine Holzschalungen.

Aufbau von Stahl-Stollenschalungen

Die Stahl-Stollenschalungen bestehen aus Transportgründen aus Einzelring-Schalenelementen, die auf der Baustelle zusammenmontiert werden. Die Stahlschalenelemente bestehen aus Quertragrippen (Querspanten) aus Stahlprofilen mit einem Quertragrippenabstand von ca. 1,0 – 1,5 m, diese sind mit Stahlblech von 3 – 6 mm belegt und verschweisst. Die Stahlbleche sind durch L- oder U-Längsprofile zu einer orthotropen Platte verstärkt. Am Umfang sind die Quertragrippen mit mehreren Gelenken versehen, damit die Schalelemente eingeklappt, abgesenkt und mit einem integrierten oder separaten Fahrwagen in die neue Position vorgefahren werden können. Diese Gelenke sind meist mittels Spindeln ausgesteift, um die Elemente in der Endposition bzw. im eingeklappten Zustand festzusetzen. Bei weitgehend mechanisierten Schalungen sind zur Leistungssteigerung des Umsetzvorgangs in den Gelenken Hydraulikzylinder angeordnet. Dadurch lässt sich der Einklappvorgang der Schalung wesentlich erleichtern und beschleunigen. Die Schalungen sind mit Betonierfenstern versehen, die ein einwandfreies Einbringen, Kontrollieren und Vibrieren des Betons beim Einbringvorgang zulassen. Zum Vibrieren werden Aussendruckluft- oder Hydraulikvibratoren, die mit Adaptern auf der Schalung befestigt sind, verwendet.

Die Schalung für einen Stollenquerschnitt kann wie folgt ausgebildet werden:

- als Vollquerschnitts-Schalung: der gesamte Querschnitt wird mit einer Schalung eingeschalt und betoniert; kreis- oder eiförmige Querschnitte eignen sich besonders
- als partielle Profilschalung: die Sohle eines hufeisen- oder kreisförmigen Stollens wird vorgängig in Ortbeton oder mittels verlegter Sohltübbinge hergestellt; der restliche Querschnitt –

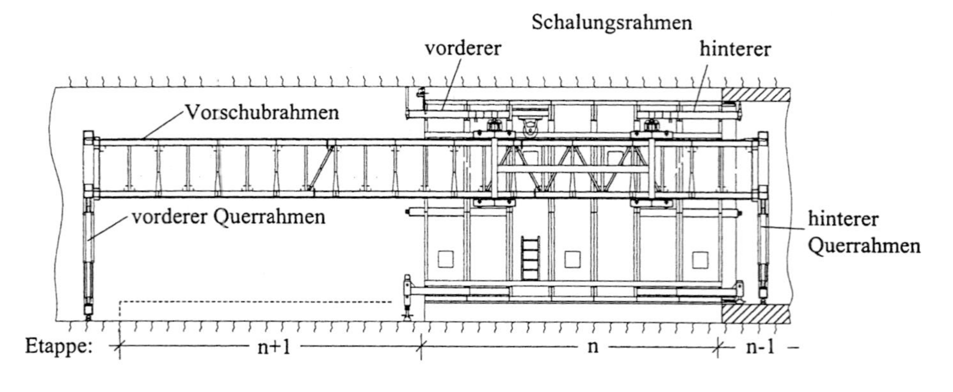

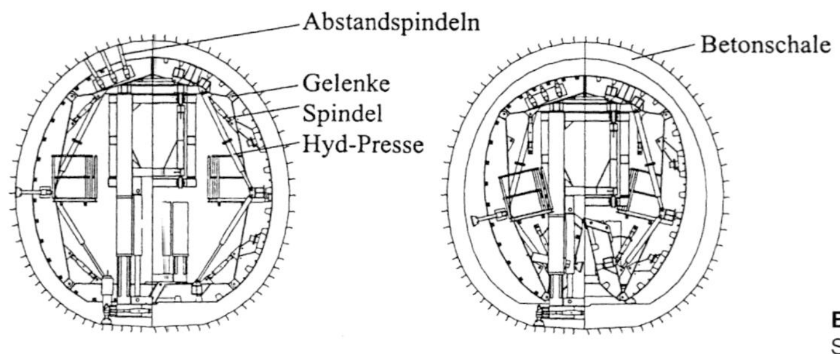

Bild 13.2-1 Full-Round-Schalung mit Schreitwerk [13-2]

bestehend aus Paramenten und Kalotte – wird mittels hufeisenförmiger Schalung hergestellt

Bei der Vollquerschnittschalung (Full-Round) ist die Schalung an einem fahrbaren Längstisch oder Doppelrahmen aufgehängt/aufgeständert. Mit diesem Tisch oder Rahmen ist die Schalung im eingeklappten Zustand in Längsrichtung verfahrbar. Dabei befindet sich das hintere Abstützungspaar bzw. Fahrgestell auf der hinteren, bereits hergestellten Betonauskleidung. Das vordere Abstützungspaar bzw. Fahrgestell stützt sich auf der unausgekleideten Ausbruchoberfläche ab. Zum Ausschalen der Vollquerschnittschalung ist es erforderlich, dass in der Sohle Schrägschnitte in den Querspanten angeordnet werden. Diese Elemente mit den Schrägschnitten werden über Spindeln oder hydraulische Pressen gelöst, um nach dem Erhärten des Betons den Betonierdruck aus den Quertragrippen der Schalung zu nehmen und das Zusammenklappen der Schalung zu ermöglichen. Das Zusammenklappen beginnt mit dem oder den Schrägschnittelementen; diese sind meist unten im Querschnitt angeordnet und werden um den nächsten Gelenkpunkt gedreht. Nach dem Lösen der unteren Elemente im Querschnitt werden die darüberliegenden zusammengeklappt. Die Vollquerschnittschalung benötigt zur Verhinderung des Auftriebs der Schalung seitliche Spindeln und Firstspindeln sowie Fussspindeln zum Absetzen und Positionieren der Schalung.

Bei den Vollquerschnittschalungen werden zum Versetzen der Schalung in die nächste Betonieretappe folgende Vorschubsysteme verwendet:

- Vollquerschnittschalung mit Schreitwerk
- Vollquerschnittschalung mit Teleskopiereinrichtung

Den **Vorschub der Schalung mittels Schreitwerk** (Bild 13.2-1) kann man mit dem Rechenschieberprinzip vergleichen. Wenn man bei einem Rechenschieber den Stab festhält, kann man die Zunge verschieben, und wenn man die Zunge festhält, kann man den Stab gegenüber der Zunge verschieben. Eine Vollquerschnittsschalung mit Schreiteinrichtung besteht aus:

- der meist selbsttragenden Schalung (Stab beim Rechenschieber) und
- einer meist fachwerkartigen Vorschubrahmenkonstruktion (Zunge beim Rechenschieber).

Die selbsttragende Schalung besteht meist aus fünfteiligen, orthotropen Schalen, die durch Querträger (Spanten) im Abstand von 1,50 m verstärkt sind. Diese orthotropen Schalenelemente sind in den Querträgern durch Gelenke verbunden. Diese Gelenke werden im Betonierzustand durch Spindeln zu einem biegesteifen Zweipunktequerschnitt ausgebildet, im Transportzustand werden die Spindeln gelöst und die Schalungselemente mit Hydraulikzylindern zusammengeklappt. Am Scheitelsegment befindet sich im hinteren und vorderen Drittel der Schalung ein Fahrwerkrahmenkasten, der aus einer rechteckigen Rahmenkonstruktion von ca. 1,50 m Länge besteht. Die Höhe ist abhängig von der erforderlichen statischen Höhe der fachwerkartigen Vorschubrahmenkonstruktion. Die beiden Fahrwerkrahmenkasten sind oben und unten mit je vier Radsätzen ausgerüstet. Die jeweils oberen vier Radsätze dienen zum Verschieben der eingeklappten Schalung auf der Vorschubrahmenkonstruktion (Zunge) in die nächste Betonieretappe. In diesem Vorschubzustand ist die fachwerkartige Vorschubrahmenkonstruktion auf den beiden Endportalen abgestützt. Der vordere Portalrahmen steht vor der neuen Betonieretappe n+1 auf dem unausgekleideten Profil. Der hintere Portalrahmen stützt sich auf der vorher hergestellten Etappe n-1 ab. Nach dem Betonieren der Etappe n wird die Schalung eingeklappt und hängt an der fachwerkartigen Vorschubrahmenkonstruktion. Nun wird sie mittels integrierter Seilwinde über die fachwerkartige Vorschubrahmenkonstruktion ins Feld n+1 gezogen. In dieser Position wird die Schalung mittels hydraulischen Zylindern wieder auseinandergeklappt, auf die vordere und hintere Abstützung der Schalung gestellt und mit Spindeln ausgesteift. Das Absetzen der Schalung erfolgt mit hydraulischen Zylindern. Die vordere Abstützung der Schalung stützt sich auf den Ausbruchquerschnitt ab und die hintere auf den vorherigen Betonierabschnitt n. Die hintere und vordere Abstützkonstruktion der Schalung, die zur genauen Positionierung der Schalung während des Betonierens mit Spindeln ausgerüstet ist, wird verspannt. Die Schalung ist im First und in den Kalottenbereichen mit Abstandsspindeln ausgerüstet, um ein Verschieben der Schalung während des Betonierens zu verhindern. Ferner ist die Schalung vorne mit einer elementweise klappbaren Stirnschalung und hinten, zum sauberen Anschluss an die vorherige Betonieretappe, mit einem Schwanzblech/Anschlussprofil ausgerüstet.

Ist die Schalung positioniert und im selbsttragenden Zustand fixiert, wird die fachwerkartige Vorschubrahmenkonstruktion in die nächste Position verschoben. Der Vorschub wird wie folgt durchgeführt:

- Die Füsse mit dem unteren teleskopartigen Teil der Portalrahmenkonstruktion werden entriegelt und mittels hydraulischen Zylindern hochgezogen. Nun hängt die fachwerkartige Vorschubrahmenkonstruktion am unteren Fahrwerk des hinteren und vorderen Fahrwerkrahmenkastens der Schalung, die jetzt am Firstelement der selbsttragenden Tunnelschalung hängt.
- Mittels integrierter Seilwinde wird die fachwerkartige Vorschubrahmenkonstruktion gegen-über der Schalung als Festpunkt um eine Etappenlänge verschoben.
- Danach wird die fachwerkartige Vorschubrahmenkonstruktion zum Verschieben der Schalung in die nächste Etappe wieder kraftschlüssig positioniert.

Die Taktzeit bei einer Schreitschalung beträgt bei einer unbewehrten Schale im allgemeinen zwei Tage. An einem Tag wird die Schalung verschoben und betoniert. Der nächste Tag dient zum Erhärten des Betons, wenn die Erhärtungszeit über Nacht nicht ausreicht. Der Zweitagerhythmus ist baubetrieblich sinnvoll, wenn man zwei parallele Tunnelröhren herstellt oder den Ausbau mit zwei Schalwagen hintereinander versetzt durchführt.

Der **Vorschub der Schalung mittels teleskopierbaren Schalungssystemen** (Bild 13.2-2) besteht aus zwei direkt hintereinander befindlichen Schalungen. Die Schalungen werden entsprechend dem Betoniertakt abwechselnd nacheinander zum Vorschub in die nächste Betonieretappe zusammengeklappt und durch die vordere Schalung, die sich in Betonierstellung befindet, hindurchgeschoben und in der nächsten Betonieretappe aufgefaltet. Die teleskopierbaren Schalungssysteme bestehen meist aus selbsttragenden Schalungseinheiten. Die Teleskopierrahmenkonstruktion dient nur zum Transport der Schalung in die nächste Betonierposition. Sie besteht aus einer absenkbaren Tischrahmenkonstruktion. Diese besteht aus zwei parallelen Fachwerklängsträgern, die etwa im Abstand einer Betonieretappe plus 1 – 1.5 m auf jeder Seite, vorne und hinten biegesteif, von je einem vertikal tele-

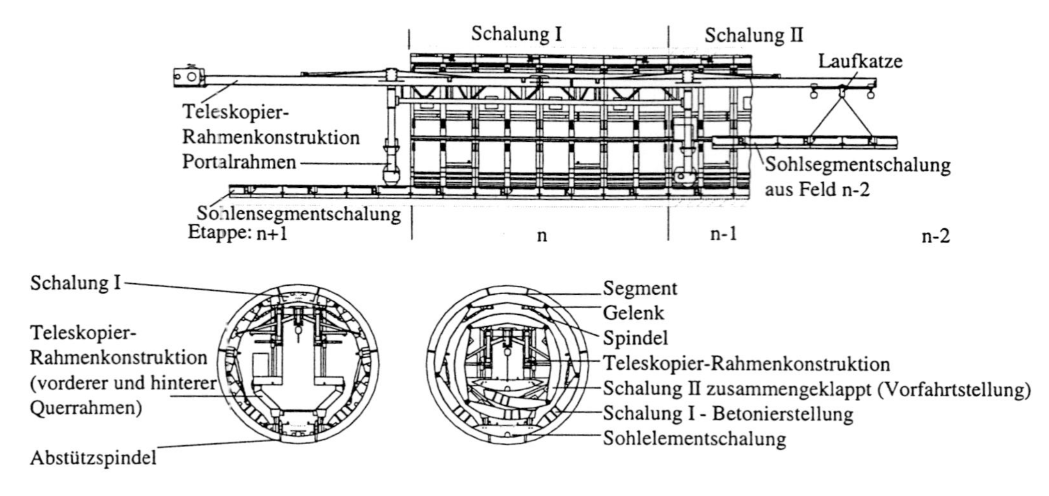

Bild 13.2-2 Full-Round-Schalung, teleskopierbar [13-2]

skopierbaren Portalrahmen in Querrichtung abgestützt werden. Die Spannweite zwischen den Portalrahmen muss ausreichend sein, damit die Schalung platzsparend dazwischen eingeklappt werden kann, um die teleskopartige Durchfahrt durch die vordere Schalung zu ermöglichen.

In der Mitte des Portalquerriegels der Teleskopierrahmenkonstruktion ist eine Laufkatzenschiene angeordnet, die vorne und hinten jeweils um ca. 60 % auskragt. Die Laufkatzenschiene besteht aus einem abgespannten Vollwandträger oder einem schnabelförmigen Fachwerkträger. Am Untergurt befinden sich ein oder zwei gekoppelte Kettenzüge, die parallel verschoben werden können.

Die vertikal teleskopierbaren Portalrahmen sind mit einem gleisgebundenen Laufwerk ausgerüstet. Meist wird das hintere oder das vordere Laufwerk mit einem kleinen Hydraulikmotor angetrieben. Die Fahrgleise für die Teleskopierrahmenkonstruktion befinden sich auf der separaten Sohlsegmentschalung. Diese besteht aus einer orthotropen Platte, die mit Querspanten verstärkt ist. Jedes Element ist mit dem nachfolgenden biegesteif verschraubt. Die Sohlsegmentschalung muss bei einer teleskopierbaren Schalung für etwas mehr als drei Betonieretappen vorgehalten werden. Um den Vorschub der Schalung n-1 in das Feld n+1 einzuleiten, muss die Sohlsegmentschalung des Feldes n-2 vom hinteren Kragarm der Teleskopierrahmenkonstruktion mit den Kettenzügen aufgenommen werden. Dann wird die gesamte Sohlsegmentschalung, je nach Grösse elementweise, mit der Laufkatze vom Feld n-2 ins Feld n+1 transportiert und mit Hilfe des vorderen Kragarms der Teleskopierrahmenkonstruktion verlegt, ausgerichtet und verbunden. Somit ist die Fahrbahn durch die mit Gleisen ausgerüsteten Sohlensegmente zum teleskopartigen Versetzen der Gewölbeschalung aus Feld n–1 ins Feld n+1 vorbereitet. Zur Abtragung der vertikalen Kräfte während der Überfahrt der Teleskopierrahmenkonstruktion mit der eingeklappten Gewölbeschalung werden aus der Sohlsegmentschalung Abstützspindeln herausgedreht, die gleichzeitig als Abstandhalter während des Betonierens dienen. Bei einer durchgehenden Isolierfolie sind diese Abstützspindeln problematisch und verlangen Sondermassnahmen.

Die restliche Gewölbeschalung besteht meist aus fünf Segmenten: einem Scheitelsegment und vier Seitensegmenten. Diese Segmente sind mittels Gelenken verbunden, die im Betonierzustand durch Spindeln zu biegesteifen Zweipunktequerschnitten verspannt werden. Im Vorschubzustand werden die Spindeln gelöst und die Segmente mit Hydraulikzylindern zusammengeklappt. Die Enden der unteren Segmente sind in der Verbindung zum Sohlenschalungssegment mit einem Schrägschnitt ausgebildet, um das Zusammenklappen der Schalung einfach zu gestalten. Bevor die selbsttragende Schalung zusammengeklappt werden kann, wird die Teleskopierrahmenkonstruktion eingefahren und kraftschlüssig an das Scheitelschalungsseg-

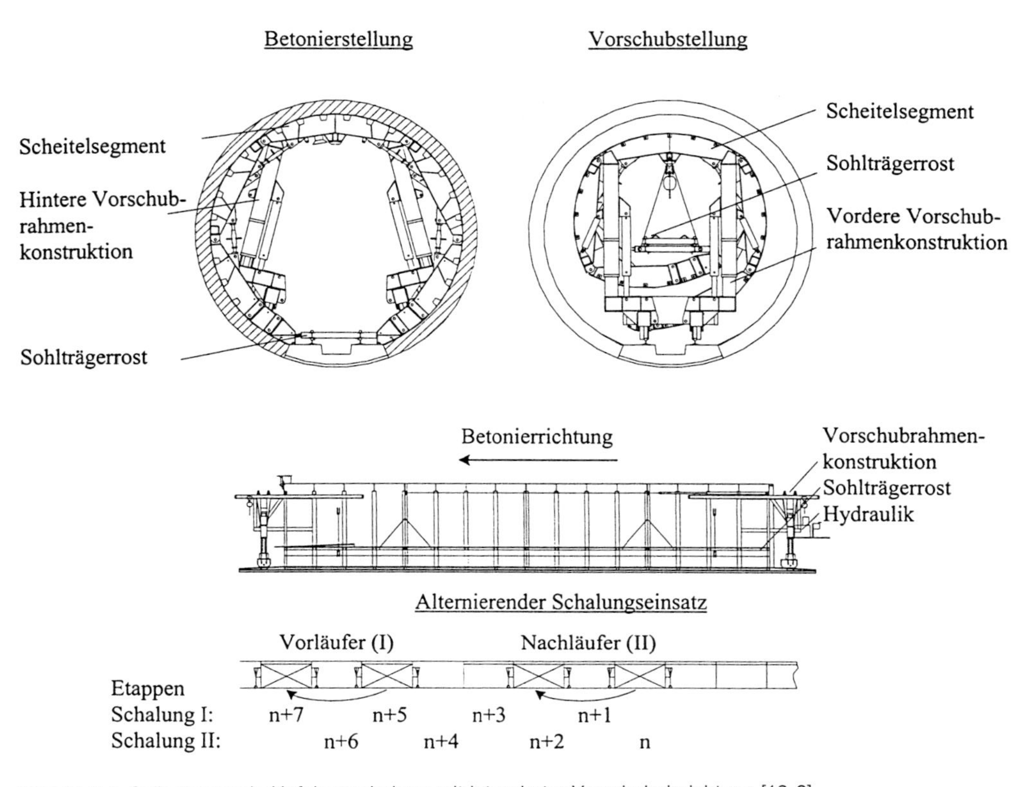

Bild 13.2-3 Selbsttragende Hufeisenschalung mit integrierter Vorschubeinrichtung [13-2]

ment hochgefahren. Dies erfolgt mittels der Hydraulikpressen in den teleskopartigen Beinen der vorderen und hinteren Portalrahmenkonstruktion. Nach dem Lösen der Spindeln werden die beiden unteren seitlichen Schalungselemente mittels Hydraulikzylindern eingeklappt. Anschliessend wird die Teleskopierrahmenkonstruktion mit der aufliegenden Schalung abgesenkt, und die oberen Seitenteile werden eingeklappt, so dass die zwischen den beiden Portalrahmenkonstruktionen befindliche, eingeklappte Schalung komplett durch den Lichtraumquerschnitt der vorderen Schalung hindurchgefahren werden kann.

Bedingt durch die beiden teleskopartig hintereinander arbeitenden Schalungen lässt sich pro Tag eine unbewehrte Betonieretappe herstellen. Die Taktzeit pro Feld beträgt bei einem **teleskopierbaren Schalungssystem** im allgemeinen zwei Tage. Bevor die Schalung II aus dem Feld n-1 ins Feld n+1 verschoben wird, wird die Stirnschalung der Schalung I im Feld n nach der ersten Erhärtungsphase nach unten geklappt, damit die Schalung II dicht an Schalung I angeschlossen und die Etappe n+1 betoniert werden kann. Der nächste Tag dient zum Erhärten des Betons, falls die Erhärtungszeit über Nacht nicht ausreicht. Während die Schalung II vom Feld n–1 ins Feld n+1 verschoben und die Etappe n+1 betoniert wird, erhärtet der Beton in der Schalung I in Betonieretappe n. Am nächsten Tag, während der Beton in der Schalung II in Betonieretappe n+1 erhärtet, wird die Stirnschalung der Schalung II nach unten geklappt, bevor die Schalung I vom Feld n ins Feld n+2 verschoben und die Etappe n+2 betoniert wird.

Bei relativ schmalen Stollen ist es, bedingt durch die Schalwagentransportkonstruktionen, kaum möglich, bei Schalungssystemen mit Schreitwerk oder Teleskopiereinrichtung genügend Lichtraumprofil für die gleichzeitigen Ausbruchabtransporte und Versorgungtransporte der Ortsbrust offen zu halten. Daher muss in solchen Fällen die Auskleidung sequentiell dem fertigen Ausbruch folgen.

Die **selbsttragende Hufeisenprofilschalung mit integrierter Vorschubeinrichtung** stützt sich im Betonierzustand nach dem Verspannen der Gelenke auf den vorgängig hergestellten Sohlbeton oder den verlegten Sohltübbing ab. Die Hufeisenprofilschalungen sind im Regelfall im Betonierzustand sowie im Vorschubzustand in Längsrichtung selbsttragende Konstruktionen. Sie bestehen meist aus fünf Elementen: einem Scheitelsegment und je zwei Seitensegmenten pro Seite. Die Elemente sind durch Gelenke verbunden, um das Zuammenklappen der Schalung für den Vorschub zu ermöglichen. Die Gelenke werden im Betonierzustand mittels Spindeln biegesteif zum Zweipunktequerschnitt miteinander verbunden.

An den beiden Enden der Schalung befindet sich meist eine Rahmenkonstruktion zum Vorschieben der Schalung in die nächste Betonieretappe. Diese Vorschubrahmenkonstruktionen besteht aus kurzen Fachwerkträgern in Längsrichtung, die über robuste Gelenkverbindungen an ca. drei Querspanten des Scheitelschalungselementes befestigt sind. Diese beiden Fachwerkträger an den Schalungsenden kragen um ca. 1,5 m über die Schalung hinaus. Am Ende befindet sich auf jeder Seite des Fachwerkträgers eine Teleskopstütze, die biegesteif mit dem Fachwerkträger verbunden ist. Diese beiden Teleskopstützen sind oben mit der Fachwerkträgerkonstruktion verbunden. In Vorschubstellung werden die unteren beiden biegesteifen Rahmenecken mittels Augenstab und Bolzen ∅ 50 mm zu einem Endportal verbunden. Je eine solche Vorschubkonstruktion befindet sich am hinteren und vorderen Schalungsende. Die Teleskopstützen sind mit Radsätzen ausgerüstet, die an einem Ende mit einem Hydraulikaggregat angetrieben werden. Die gelenkige Verbindung des Fachwerkträgers der Vorschubrahmenkonstruktion mit den Querspanten des Scheitelschalungssegmentes dient dazu, dass der Vorschubrahmen, der an den Fachwerkträgern befestigt ist, in Betonierstellung der Schalung nach Öffnen des unteren Portalrahmenriegels mit Hydraulikzylindern zur Seite geklappt werden kann. Dieses seitliche Verschwenken der Vorschubrahmenkonstruktion dient dazu, das erforderliche Lichtraumprofil im Stollen für den gleisgebundenen Transport zur Ortsbrust oder zu anderen Auskleidungs- oder Isolierarbeitsstätten herzustellen.

Nach dem Vorschub in die neue Betonieretappe werden zuerst die Hydraulikzylinder der Vorschubrahmenkonstruktion, die sich in oder an den Teleskopstützen der Portalrahmenkonstruktion befinden, hochgefahren. Dann werden die je zwei Seitenschalungssegmente in Betonierposition aufgeklappt. Anschliessend wird der Trägerrost, der an den beiden Kettenzügen hängt, zur Horizontalaussteifung des Schalungsfusses auf die Gleise des Sohltübbings abgesenkt. Danach werden die seitlichen Spindeln zum kraftschlüssigen Verspannen der Schalung an die Füsse der Querspanten angeschlossen. Auf diesem fachwerkartig ausgesteiften Trägerrost befindet sich ein Flachgleis. An beiden Enden der Schalung ist eine Gleisrampe von ca. 3 m Länge angeordnet. Diese Gleisrampe dient zum Auffahren des Zuges vom Normalgleis auf den Gleisträgerrost der Schalung.

Nach dem Erhärten des Betons sind die Vorschubphasen wie folgt:

- Die Gleisrampen an beiden Enden werden mit separaten Kettenzügen, die sich nur im Bereich der jeweiligen Vorschubrahmenkonstruktion befinden, aufgenommen und auf das Ende der Aussteifungsträgerkonstruktion aufgelegt.
- Die Vorschubrahmenkonstruktionen werden in Vorschubposition geklappt und mit den Steckbolzen verriegelt. Die Radsätze werden hydraulisch auf den Sohltübbinggleiskörper abgesetzt.
- Als nächstes werden die horizontalen Spindeln des Fussaussteifungsträgerrostes gelöst.
- Danach wird der Fussaussteifungsträgerrost mittels zwei vierstrangigen Kettengehängen, die an einem Hubzylinder oder Kettenzug am Scheitelsegment befestigt sind, angehoben und im oberen Drittel des Querschnitts positioniert.
- Als nächstes werden die beiden unteren Schalungssegemente und dann die beiden seitlichen oberen Schalungselemente hydraulisch über die gesamte Schalungslänge eingeklappt.
- Dann werden die Teleskopbeine der Vorschubkonstruktion abgesenkt, so dass das Scheitelschalungssegment frei wird.
- Danach erfolgt das Vorfahren in die nächste Betonieretappe.

Versetzvorgang der Schalungen

Grundsätzlich muss man bei der Wahl des Systems festlegen, ob der Betonier-Rhythmus durch

- sequentielles bzw. etappenweises oder
- alternierendes

Umsetzen der Schalung bewerkstelligt wird.

Beim etappenweisen oder sequentiellen Umsetzen werden nacheinander die Felder n, n+1, n+2, n+3 usw. betoniert. Die Schalungslänge – und damit die entsprechende Betonieretappenlänge – liegt fest (z. B. 10 m/12 m/24 m).

Beim alternierenden Umsetzen der Schalung arbeitet man mit zwei Schalungen hintereinander. Mit der ersten Schalung I betoniert man immer auf Lücke die ungeraden Felder n+1, n+3, n+5 usw. Mit der Schalung II betoniert man immer die Lücken der geraden Felder n, n+2, n+4 usw. Mit dieser alternierenden Vorgehensweise ist man flexibler und kann z. B. zwei Vorläufer- und zwei Nachläuferschalungssysteme hintereinander einsetzen. Sukzessive Leistungssteigerungen im Arbeitsfortschritt sind damit möglich.

13.2.3 Betonieren von Stollen

Das Betonieren erfolgt heute mittels Betonpumpe über Betonierstutzen oder Betonierfenster. Die Schalung sollte möglichst gleichmässig auf beiden Seiten gefüllt werden, um die Beanspruchungen in der Schalung und in den Fixierungen der Schalung gleichmässig zu halten. Der Betonierunterschied sollte 1 m nicht überschreiten. Das Betonieren beginnt von unten nach oben. Nach Erreichen der ersten Betonierfenstergruppe werden diese Fenster geschlossen, und die Reihe der nächsthöheren Betonierfenster bzw. -stutzen wird angeschlossen. Der Abstand der Betonierstutzen bzw. -fenster übereinander wird so gewählt, dass ein Entmischen des Betons infolge der Fallhöhe vermieden wird. Die zulässige Fallhöhe richtet sich nach folgenden Kriterien:

- Dicke der Auskleidung: eine geringe Auskleidungsstärke erhöht den Anteil des entmischten Betons durch grösseren Schalungshaut- und Felswandkontakt.
- Unbewehrte oder bewehrte Betonschale: bei ein- oder zweilagiger Bewehrung steigt die Entmischung mit der Fallhöhe.
- Mörtelmatrix, Konsistenz und Kornverteilung des Betons: die Klebefähigkeit und Einbettung der Grobanteile beeinflussen die Entmischbarkeit.

Die Stutzen bzw. Fenster werden meist in einem Raster von 2,5 – 3,0 m angeordnet. Dieser Abstand wird auch in Längsrichtung der Schalung beachtet. Die Konsistenz bzw. Fliessfähigkeit des Betons muss dann so eingestellt werden, dass sich der Beton zwischen den Betonierfenstern bzw. -stutzen unter Verwendung z. B. von Aussenrüttlern im Höhenniveau möglichst gleichmässig ausbreitet. Zur Verteilung des Betons an die entsprechenden Betonierfenstergruppen wird meist auf einer Bühne unter der Kalotte ein Betonverteilungskarussell angeordnet. An diesem wird die Betonpumpe angeschlossen. Die anderen Enden führen zu den Betonierfenstern, die in Gruppen aufgeteilt sind. An dem Karussell erfolgt die Zuteilung des Betonflusses an die Betonierfenster.

Aufgrund des kleinen Radius und der grossen Krümmung der kreisförmigen Stollen ergeben sich beim Betonieren des unteren Halbkreises Auftriebskräfte, die vektoriell nach oben gerichtet sind und ein Aufschwimmen der Schalung verursachen. Ein einseitiger Betoniervorlauf von bis zu 1 m ist unvermeidbar. Dies kann, durch die einseitig höhere Horizontallast ΔH, ein seitliches Verschieben der Schalung bewirken. Eine aufgeschwommene oder seitlich verschobene Schalung kann nicht mehr gerichtet werden. Daher müssen bei allen kreis- und maulförmigen Stollenschalungen unbedingt Abstützmassnahmen vorgesehen werden. Diese Abstützmassnahmen werden im allgemeinen in der Firste und im Kämpferbereich angeordnet. Je nach der Grösse der auftretenden Kräfte werden bei diesen Schalungen im Abstand von ca. 1,5 – 2,0 m Abstützspindeln ein- oder mehrreihig in Längsrichtung eingebaut. Diese Abstützspindeln bestehen aus einer Spindel von ca. ∅ 60 – 80 mm, die kraftschlüssig an der Schalung befestigt ist. Der Spindelkopf ist im eingefahrenen Zustand bündig mit der Schalhaut. Die Spindelköpfe dienen infolge des Auftriebdrucks gegen den Fels der Firste zur Abstützung der Schalung, ohne dabei die Isolierfolie zu zerstören. Wenn die obere Hälfte der Schalung durch die Betonierfenster mit Beton gefüllt wird, entsteht, entgegen der Auftriebskraft auf die Schalung, aus dem Beton der unteren Schalungshälfte eine Resultierende, die wieder nach unten gerichtet ist. Dann können die Abstützteller – wenn der Beton in die Firste aufsteigt – wieder zurückgedreht werden, bis sie planeben zur Schalhaut sind.

Ein weiteres Problem entsteht, wenn der Scheitelbereich betoniert wird. Durch den hohen Förderdruck, der durch die Betonpumpen aufgebaut wird bzw. werden kann, entsteht ein Radialdruck auf die Schalhaut, der zum Ausbeulen der Schalhaut und

Ausknicken der Rippen führen kann. Dann entstehen sehr grosse Reparaturkosten, um die Schalung zu richten, und Stillstandzeiten auf der Baustelle, die zu Projektverzögerungen führen oder zusätzlichen Ressourceneinsatz erfordern können. Dieses Problem lässt sich wie folgt lösen:

- Scheitelschlitze oder eingelegte Entlüftungsschläuche dienen zum Prüfen des Füllungsgrades des Scheitelgewölbes; der Scheitelschlitz wird nach dem Austreten von Beton und nach Abschluss der Scheitelfüllung geschlossen.
- Der Scheitelbereich mit mehreren Betonierstutzen soll folgendermassen gefüllt werden:
  - Sequentielle Betonieretappen: Bei der Methode der sequentiellen Betonieretappen erfolgt das Betonieren mit einem Schalungssatz. Aufgrund dieser Arbeitsfolge werden die Etappen n-1, n usw. nacheinander betoniert. Bei dieser Methode beginnt man mit dem Betonierstutzen, der der Stirnfläche der vorherigen Betonieretappe am nächsten ist. Steigt der notwendige Druck an der Betonpumpe an, wird der nächste Betonierstutzen beaufschlagt usw., bis aus der freien Stirnabschalung mit Scheitelschlitz der Frischbeton austritt und geschlossen wird.
  - Alternierende Betonieretappen: Bei der Methode der alternierenden Betonieretappen erfolgt das Betonieren durch eine vorlaufende Primäretappe der Elemente mit geraden Nummern n, n+2, n+4 usw. Die Elementlücken mit den ungeraden Nummern n-1, n+1, n+3 usw. werden in der nachlaufenden, sekundären Etappe betoniert. Bei der vorlaufenden, primären Etappe sind beide Stirnseiten frei; daher erfolgt das Füllen des Scheitels von innen nach aussen mit beiderseits offenen Scheitelschlitzen in der Stirnschalung. Mit der nachlaufenden, sekundären Etappe n+1wird der Bereich zwischen Etappe n und n+2 geschlossen. In dieser sekundären Etappe n+1 können im Scheitel keine Scheitelschlitze angeordnet werden, da an die Stirnflächen der Etappen n und n+2 angeschlossen wird. Zur Entlüftung des Scheitelbereichs wird ein Entlüftungschlauch eingelegt.

Besonders beim Betonieren über die Scheitelstutzen ist grösste Vorsicht geboten, damit es nicht zum Zerdrücken (Ausbeulen) der Schalung kommt. Nach dem Bernoullischen Prinzip entsteht ein geschlossenes hydrostatisches System, bestehend aus der Pumpe, den Förderleitungen und der geschlossenen Schalung. Der hohe Pumpendruck (ca. 80 bar) wird zwar in der Förderleitung durch Reibungskräfte reduziert, doch der verbleibende Austrittsdruck am Schlauchende oder am Betonierstutzen wandelt sich von potentieller in kinetische Energie um, d. h. in die Austrittsgeschwindigkeit des in der Schubförderung geförderten Materials, solange die Schalung nicht gefüllt ist und der Beton frei austreten kann. Ist die Schalung durch Beton oder Aufbau eines Luftpolsters gefüllt, wandelt sich die potentielle Energie am Austritt nicht in kinetische um. Jetzt wird der Austrittsdruck in grossflächigen, hydrostatischen Druck des Mediums Frischbeton übertragen. Das Ausbeulen der Schalung entsteht durch Aufbau von Betondruck durch die Betonpumpe. Der Aufbau des Betondrucks erfolgt durch Einkesseln von Luftpolstern oder nach Füllen der gesamten Schalung mit Beton. Nach dem Füllen der Schalung mit Frischbeton entsteht ein quasi inkompressibles Medium. In kürzester Zeit kann der Flächendruck eine Belastung aufbauen, die zu elastischen und plastischen, d. h. bleibenden Verformungen oder sogar zum Versagen der Schalung führt. Beide Schädigungen sind mit erheblichen Kosten für Reparatur oder Ersatz und den einhergehenden Verzögerungen verbunden.

Den Beginn des Druckspannungsaufbaus in der Schalung kann man wie folgt erkennen:

- Das Druckmanometer an der Betonpumpe steigt an.
- Zu Beginn der Verspannung der Schalung ertönt ein Spannungsklang in der Schalung, der an ein Knistern oder Knacken erinnert.
- Der Motor der Pumpe verändert seinen Klang.

Der Maschinist an der Betonpumpe muss bei der Beaufschlagung der Scheitelbetonierstutzen an der Maschine bereit sein, um bei Ansteigen des Drucks an der Betonierpumpe und bei Beginn des Heraustretens von Beton aus den Scheitelschlitzen den Betondruck zu drosseln und den Fluss zu reduzieren bzw. abzusperren. Bei dieser Aufgabe ist besondere Sorgfalt erforderlich, da ein zu frühes Abstellen der Betonpumpe zu unzureichender Füllung des Scheitels mit Beton führt. In solchen Fällen ist dann eine nachträgliche, teure Scheitelverpressung notwendig, wobei sich das Einlegen von Verpressschläuchen bewährt hat. Wird die Betonpumpe zu spät gedrosselt, kann es zu Verformungen an der Schalung kommen. Die Firma Putzmeister bietet spezielle Überdruckventile für diie Scheitelbetonierstutzen an, um beim Erreichen eines bestimmten Drucks die weitere Betonförderung durch automatisches öffnen des Überdruckventils zu unterbrechen.

Die Arbeitsabläufe des Betonierens und die Logistik der Materialversorgung sind während der Arbeitsvorbereitung der Baustelle leistungsmässig aufeinander abzustimmen, dazu gehört:

- Wahl der Betonanlage
- Transportkapazität
- eventuell Anordnung einer mobilen Kalifornia-Weiche bei Gleistransport in eingleisigen Stollen
- Grösse der Betonpumpe

13.3 Tunnelauskleidungen

13.3.1 Arbeitsabläufe

Da Tunnel in ihren Objektabmessungen grösser sind als Stollen, ergeben sich aufgrund der Platzverhältnisse für die Ausführung der Betonieretappen und der Schalung verschiedene Varianten, die die baubetriebliche Flexibilität erhöhen.

Die generellen baubetrieblichen Arbeitsabläufe zur Auskleidung eines Tunnels sind folgende:

- **Phase 1 – Tunnelsohlenausbau**
  - Reinigen und, falls erforderlich, Nachprofilieren der Sohle und des Gewölbes
  - Isolierung, bestehend aus Schutzvlies, Isolierung und Schutzfolie, verlegen (falls erforderlich)
  - Ortbetonsohle: Bewehrung einbauen, falls keine unbewehrte Schale hergestellt wird, und Betonieren der Sohle mittels Sohlenschalwagen;
  - Versetzen von Sohltübbingen alternativ zur Ortbetonsohle. Man verwendet gerne ein- und mehrteilige Sohltübbinge, die ein direktes Überfahren durch den Tunneltransport ohne Hilfsbrücke ermöglichen
- **Phase 2 – Parament- und Kalottenausbau**
  - Reinigen des restlichen Gewölbes (wenn nicht schon in Phase 1 gereinigt)
  - Isolierung, bestehend aus Schutzvlies, Isolierung und Schutzfolie, verlegen
  - Ortbetongewölbe: Einbau der Bewehrung, falls keine unbewehrte Schale hergestellt wird, und Betonieren des Parament- und Kalottengewölbes mittels hufeisenförmigem Schalungswagen
- **Phase 3 – Tunnelzwischendecken- und Zwischenwandausbau (falls erforderlich)**
  - Ortbeton: Die Decke wird auf seitliche Streifenwiderlagerkonsolen, die in der Gewölbeschale integriert sind, aufgelagert und mit einem separaten Schalungstisch, der als Rahmen zur Einhaltung des Fahrzeug-Lichtraumprofils für den Baustellenverkehr ausgebildet ist, hergestellt

13.3.2 Ortbetontunnelsohle

13.3.2.1 Sohlschalungswagen

Wird die Sohle des Tunnels nicht als einfache, horizontale Platte hergestellt, wie dies oft bei hufeisenförmigen Querschnitten mit oder ohne Lüftungsdecke der Fall ist, so sind bei Tunnelbauwerken mit Trog- oder Kanalsystemen unterhalb der Fahrbahn Schalwagen für die rationelle Herstellung des Sohlgewölbes notwendig. Hat das Sohlgewölbe Quer-

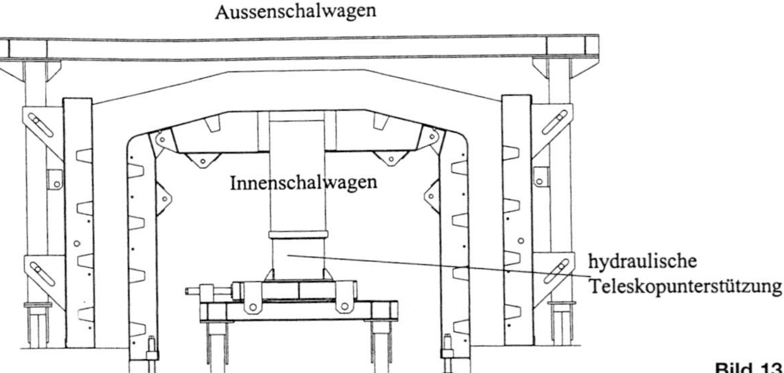

Bild 13.3-1 Kanalschalwagen [13-2]

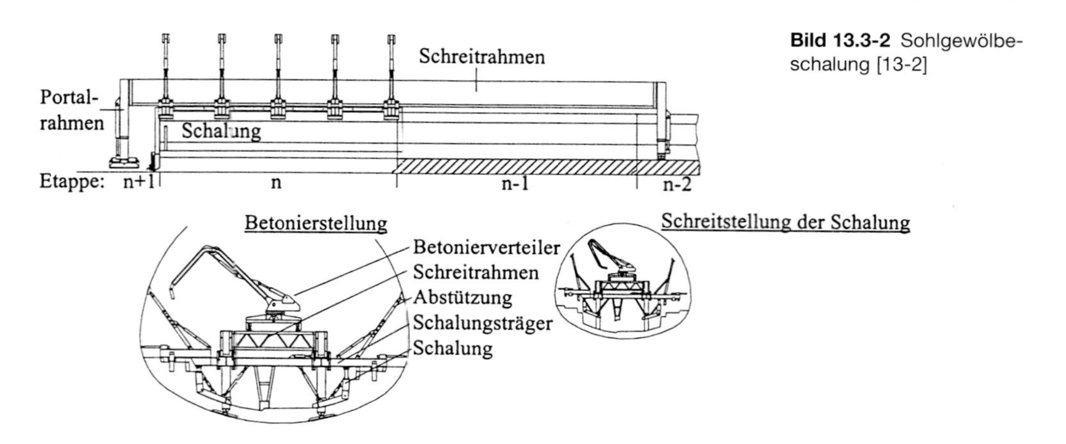

Bild 13.3-2 Sohlgewölbeschalung [13-2]

neigungen von > 25 – 30°, ist, je nach Konsistenz des Betons, zur Herstellung der genauen Oberflächenkontur eine Oberflächenschalung erforderlich. Das gleiche gilt auch zum Abschalen der vertikalen Kanal- und Seitenwände. In solchen Fällen wird das Sohlgewölbe mittels Ortbeton und Sohlschalwagen hergestellt. Die Decke und Wände der Kanäle werden mit einem nachlaufenden Kanalschalwagen (Bild 13.3-1) betoniert. Als baubetrieblich sehr effiziente Abwicklungsform kann die Verwendung von Kanalfertigteilen angesehen werden.

Zur Herstellung des Sohlgewölbes werden folgende prinzipiellen Vorschub- oder Versetzeinrichtungen für die Schalungssysteme verwendet:

- Schreitwerk
- Vorschubbahn mit Roll- oder Radeinrichtungen
- Mobil- oder Portalkran zum elementweisen Versetzen der Schalung

Die **Sohlgewölbeschalung mit Schreitwerkeinrichtung** (Bild 13.3-2) besteht aus zwei gegeneinander verschiebbaren Konstruktionen. Das Schreitwerkprinzip lässt sich mit dem Rechenschieberprinzip vergleichen. Die beiden gegeneinander verschiebbaren Konstruktionselemente sind:

- die tischartige Schreitrahmenkonstruktion
- die Sohlgewölbeschalung mit dem orthogonalen, horizontalen Trägerrost als Schalungsträger

Die tischartige Schreitkonstruktion besteht aus zwei Vollwand- oder Fachwerklängsträgern, die an ihren Enden mit einer portalartigen Rahmenkonstruktion verbunden sind und eine Länge von mindestens zwei Betonierfeldern plus einem Arbeitsabstand von je 1,5 m an beiden Enden haben. Die portalartigen Endrahmenkonstruktionen bestehen aus einem steifen Fachwerkriegel und je zwei Teleskoprahmenstielen, die mittels hydraulischen Zylindern zum Verschieben der Sohlschalung hochgefahren sowie in Betonierposition abgesenkt werden können.

Die Schalung ist an einem orthogonalen, horizontalen Trägerrost aufgehängt. Der Trägerrost besteht aus Querrippen im Abstand von 2 – 2,50 m, die mit zwei meist leichteren Längsträgern verbunden sind. An den Querträgern hängen die horizontalen und vertikalen Sohlschalungselemente, die mit Gelenken, Augenstäben und Spindeln verstellbar an den Querträgern befestigt sind. Die leichteren Längsträger des Schalungsträgerrostes dienen als Stabilisierungsträger, zudem sind sie meist im Querträgerbereich oder im doppelten Abstand mit Aufhängevorrichtungen ausgerüstet. Mit diesen Aufhängevorrichtungen hängt der Schalungsträgerrost an dem Untergurt der beiden Längsträger der Schreitrahmenkonstruktion. Eine jede solche Aufhängekonstruktion besteht aus einer steifen, doppelten Aufhängezange, die beidseitig den Längsträgeruntergurt umfasst. Diese Aufhängezange ist beidseitig konvex als Punktlager geformt. Die Reibung wird mit einer Fettschmierung reduziert. Dies ist aufgrund des relativ geringen Gewichts der Sohlschalung die kostengünstigste Lösung. Die Aufhängekonstruktionen können auch mit Fahrwerk ausgerüstet werden; an ihren Unterseiten sind meist Räder angebracht. Auf diesen Rädern rollt der Untergurt der Schreitrahmenkonstruktion beim Vorschub ins nächste Feld. Der Schalungsträgerrost wird mittels einer Seilwinde oder Hohlkolbenpressen und Zugstangen, die sich auf dem Riegel des vorderen Portalrahmens der Schreitrahmenkonstruktion befinden, verschoben. Die beiden Längsträger des Trägerrostes sind als Zugstangen ausgebildet und werden gleichzeitig parallel gezogen, um ein Verkanten der Aufhängekonstruktion zu vermeiden. Dies kann durch einen Querfachwerkriegel zwischen den Längsträgern erreicht werden. Der Vorschub wird wie folgt durchgeführt:

- Die Schalungselemente werden mittels Spindel aus der Betonierposition und die Abstützspindeln, die zur Auftriebs- und Lagepositionssicherung dienen, gelöst.
- Die Teleskopstiele der Portalrahmen der Schreitrahmenkonstruktion werden mittels hydraulischen Pressen hochgefahren.
- Dann erfolgt der Vorschub der Sohlgewölbeschalung mittels Zugeinrichtung. An der Doppelzangen-Aufhängekonstruktion gleitet die Sohlgewölbeschalung mit dem Trägerrost in die nächste Betonieretappe.
- In der Betonierposition wird die Sohlgewölbeschalung abgesenkt, ausgerichtet und fixiert.
- Nach dem Betonieren und Erhärten werden die teleskopierbaren Stiele der Schreitkonstruktion eingezogen. Jetzt liegen die Untergurte der Schreitkonstruktion auf der Rolleinrichtung der Schalungsaufhängung. Diese stützt sich während des Schreitvorgangs auf die fertige Betonsohle ab. Die Schreitkonstruktion wird nun über die Rollen ins nächste Feld vorgeschoben, zur Vorbereitung des nächsten Schreitzyklus.

Auf den beiden Längsträgern der Schreitkonstruktion kann der lokale Betonverteiler installiert werden, wenn nicht mit einer fahrbaren Ausleger-Betonpumpe gearbeitet wird. Die Schalung muss in Betonierposition gegen Aufschwimmen und seitliches Verrutschen gesichert werden. Dazu bedient man sich seitlicher horizontaler Abstützspindeln und zusätzlicher Diagonalspriessen, die mittels Spindelschrauben den örtlichen Verhältnissen angepasst werden können. Zur Abtragung der Vertikalkräfte müssen die tangentialen Komponenten am Diagonalspriess durch temporäre Bolzen an der Tunnelwand aufgenommen werden.

Die Sohlschalungen werden meist mit einem Schreitwerk ausgerüstet, wenn die Sohle nicht bewehrt wird.

Bei **der Sohlgewölbeschalung mit Längsvorschubträgern** wird die Schalung über zwei seitlich an Konsolen angebrachte Vorschubbahnen verschoben. Die Vorschubbahnen bestehen aus je einem Vollwand- oder Fachwerkträger mit einer am Obergurt angebrachten Laufschiene, die für ca. 2,5 – 3 Felder vorgehalten und nach Baufortschritt umgesetzt wird. Die Sohlgewölbeschalung ist so aufgebaut, dass die Schalung, wie schon beschrieben, an den Querträgern aufgehängt ist. Die Querträger sind durch Längsträger zu einem Rost verbunden. Die beiderseitigen Randlängsträger sind so verstärkt, dass sie die Schalung mit jeweils zwei Auflagerpunkten pro Seite tragen. Die Auflagerpunkte sind mit Radsätzen zum Vorschub der Sohlgewölbeschalung und mit Absetzspindeln zum Fixieren der Schalung im Betonierzustand ausgerüstet.

Bei einer bewehrten Sohle ist es günstig, mit vorgängig hergestellten Quer-Ortbetonwänden zu arbeiten. Auf diesen werden die Längsvorschubträger jeweils am Rand befestigt. Diese dienen zum Aufsetzen der Sohlgewölbeschalung während des Betonierens und als Vorschubträger für die Schalung zum Vorfahren in den nächsten Betonierabschnitt. Bei der unbewehrten Sohle wird die Stirnschalung in der Sohlgewölbeschalung integriert.

Eine weitere Variante besteht in der Möglichkeit, einzelne **Schalungselemente mit einem Portalkran zu versetzen.** Der Portalkran wird meist auf einer an temporären Konsolen angebrachten Kranbahn aus Vollwand- oder Fachwerkträgern mit einer am Obergurt angebrachten Laufschiene geführt.

13.3.2.2 Arbeitsablauf

Nach dem Reinigen der Ausbruchsohle und des gesamten Gewölbes erfolgt eine genaue Vermessung des Ausbruchquerschnitts mit Angaben aller wichtigen Höhen- und Lagedetails, damit das Sollprofil eingehalten wird.

Danach wird die Isolierung verlegt, die meist in drei Lagen aufgebaut ist und aus Schutzvlies, Isolierfolie und Deck-Schutzfolie besteht.

Dann erfolgt eine genaue Vermessung der Sohle mit Angaben aller wichtigen Höhen- und Lagedetails, damit später der Anschluss der nachfolgenden Konstruktion stimmt.

Anschliessend wird die Betonschale der Sohle in Abschnitten von 10 – 20 m hergestellt. Die Herstellung der Sohle ist in folgende Arbeitsschritte untergliedert:

- **Einbau der Stirnabschalung**
  - Die Stirnabschalung der Sohle besteht aus orthotropen Stahlelementen, die quer zur Schalung mit durch Spindeln höhenregulierbaren Abstützböcken versehen sind. Die Elemente können einzeln mit einem Kran versetzt werden. Besteht die Stirnschalung aus einer selbsttragenden Konstruktion, die seitlich an je einem Fahrwerk aufgehängt ist, so kann sie an der Kranschiene des Portalkrans verschoben werden, nachdem die gesamte Stirnschalung mittels Hydraulikpressen angehoben wurde.
  - Auf die Stirnschalung kann verzichtet werden, wenn man Ortbeton-Abschalwände mit vorgefertigten Bewehrungskörben herstellt oder die elementweise Abschalung mit kontinuierlicher Längsbewehrung mittels Streckmetallkörben vornimmt. Die Streckmetallabschalung wird mit U-Bügeln entlang der Ortbetonarbeitsfuge ausgesteift, um den Betonier- und Verdichtungsdruck aufzunehmen.
- **Einbau der Bewehrung (falls erforderlich)**
  - Bei der Verwendung von Stirnschalungen dient die genau eingemessene und mittels Stellspindeln fixierte Schalung als Schablone für den lagegenauen Einbau des Sohl-Bewehrungskorbes.
  - Beim Einsatz von Ortbeton-Abschalwänden zur Begrenzung der Sohlbetonabschnitte benutzt man meist vorgefertigte Bewehrungskörbe mit Anschlussbewehrung und, falls notwendig, Fugenbänder. Für diese Ortbeton-Abschalwände verwendet man Stahlschalungen mit Abstützböcken auf beiden Seiten. Sie werden genau eingemessen, damit sie für die dazwischen liegenden Blöcke von 10 – 20 m als Schablone zum Einbau der Bewehrung und zum Betonieren dienen.
  - Zur Stirnabschalung von Sohlbetonabschnitten kann Streckmetall eingesetzt werden. Zum lagegerechten Einbau der Bewehrungskörbe und zum Betonieren wird meist eine fahrbare Sohllehre aus einer Stahlkonstruktion verwendet.
- **Positionieren der Sohlschalung**
  - Die Schalung muss in Betonierposition gegen Aufschwimmen und seitliches Verrutschen gesichert werden. Dazu bedient man sich seitlicher horizontaler Abstützspindeln und zusätzlicher Diagonalspriesse, die den örtlichen Verhältnissen mittels Spindelschrauben angepasst werden können.
- **Einbau des Sohlbetons**
  - Der Betoneinbau erfolgt direkt mit Hilfe der Betonpumpe mit Knickausleger, oder über eine Betonpumpe und einen Betonverteiler auf den Sohlschalungslängsträgern. Der Beton wird mittels Rüttelflaschen vom oberen Bewehrungskorb oder von den Schalungspodesten aus verdichtet. Je nach Anforderungen an die Oberfläche kann diese mittels an Schablonen geführten Oberflächenglättern oder Abziehbohlen nivelliert und geglättet werden.
  - Der Betoneinbau erfolgt bei manchen Baustellen über eine Verteilerspinne, die auf einem portalähnlichen, leichten Trägerrost aufgesetzt ist und auf seitlichen Schienen geführt wird. Dies ersetzt dann die Knickauslegerpumpe. Der Betoneinbau mittels Kübel und Kran ist aufgrund der Kosten- und Leistungsstruktur meist nicht geeignet.

Bei gefrästen Tunneln werden häufig im Nachläuferbereich der TBM Sohltübbinge verlegt. Damit ist die Basis für den Transportweg des hinteren Nachläufers sowie für den weiteren Ausbau des Tunnelquerschnitts geschaffen.

13.3.3 Tunnelauskleidung des Parament- und Kalottenbereichs

13.3.3.1 Gewölbeschalwagen

Die Auskleidungen von Tunnelbauwerken werden bewehrt bzw. unbewehrt hergestellt. Wegen der baubetrieblichen Erschwernis und den daraus resultierenden Kosten sollte eine Bewehrung nur aus zwingenden statischen Erfordernissen vorgesehen werden. Eine Vorgabe einer reinen Mindestbewehrung ohne statische Erfordernisse verlangsamt und verteuert das Bauwerk. Aus wirtschaftlichen Gründen sollte geprüft werden, ob eine Lösung mit Isolierung und unbewehrter Betonschale nicht wirtschaftlicher ist als eine bewehrte Weisse-Wanne. In der Schweiz wird weitestgehend die unbewehrte Betonschale mit Isolierung bevorzugt, während man in Deutschland der bewehrten Schale den Vorzug gibt.

Wird eine bewehrte Tunnelschale gebaut, müssen zuerst von einem Bewehrungsverlegewagen aus

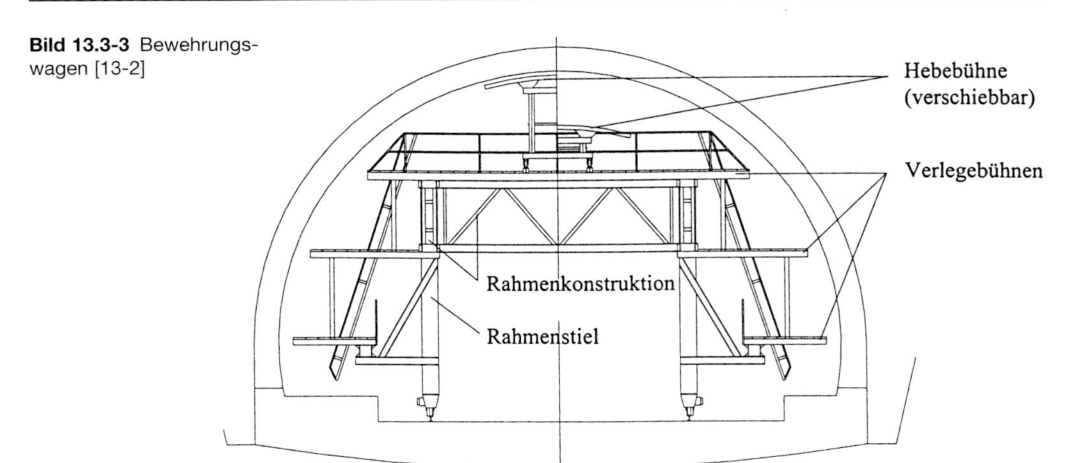

Bild 13.3-3 Bewehrungswagen [13-2]

die Bewehrungskörbe selbsttragend hergestellt werden. Nachfolgend wird mit einem Gewölbeschalwagen die Betonschale hergestellt.

Der **Bewehrungswagen** (Bild 13.3-3) wird als Bühnenwagen konzipiert und besteht aus einer tischartigen Rahmenkonstruktion. Die räumliche Rahmenkonstruktion setzt sich aus vier Fachwerkriegeln – je zwei in Längsrichtung und je zwei im Portal, die als Trägerrost angeordnet sind – sowie vier vertikalen Stielen zusammen, die mit diesem Trägerrost biegesteif verbunden sind. Die Stiele sind mit einem Fahrwerk ausgerüstet, mit dem der Bewehrungswagen auf einer Schiene verschoben werden kann. Diese Schienen dienen gleichzeitig als Fahrtrasse für die nachfolgende Gewölbeschalung. Die Bühnen sind so angeordnet, dass die Mannschaft die Radial- und Längsbewehrung ergonomisch bequem einbauen kann. Die Bühnen im Bereich der Bewehrungslager sollten mit Laufkatzenschienen und Kettenzügen ausgerüstet sein, um die Bewehrung vom Kran zu übernehmen und zu den Zwischenlagerflächen zu transportieren. Die Armierung wird von diesem Bühnenwagen aus verlegt:

- unten im fast vertikalen Wandbereich von Hand
- im oberen Gewölbebereich – zur Arbeitserleichterung und Effizienzsteigerung – mit hydraulisch verstellbaren Hub- oder Scherenbühnen oder mittels Abstützbögen

Die Gewölbeschale wird mittels eines mechanisierten Schalungssystems eingebaut. Man unterscheidet folgende Gewölbeschalungssysteme für Tunnelquerschnitte:

- integrierte Schalwagen
- selbstragende Schalung mit separaten Schalungsversetzwagen und Betonierwagen

Der **integrierte Schalwagen** (Bild 13.3-4) wird heute am meisten, bedingt durch seine autonome Multifunktionalität in bezug auf die Stützung der Schalung während des Betonierens und des Erhärtens des frischen Betons sowie als Betonierverteiler und Vorschubgerät eingesetzt. Die integrierte Gewölbeschalung ist wie folgt aufgebaut:

- tischartige Trag- und Vorschubkonstruktion
- in die Trag- und Vorschubkonstruktion integrierte Schalung

Die tischartige Trag- und Vorschubkonstruktion besteht meist aus einer horizontalen Aussteifungskonstruktion. Diese setzt sich in Querrichtung aus einer steifen Scheitelschalung und in Längsrichtung aus zwei parallelen Fachwerkträgern zusammen, die ein steifes Raumfachwerk bilden. Diese räumliche Schalen-Fachwerkkonstruktion ist biegesteif an den Enden mit je zwei Rahmenstielen verbunden. Diese vier Rahmenstiele sind mit einem Fahrwerk in Längsrichtung ausgesteift. Zum Absenken der Schalung sind die Rahmenstiele teleskopartig ausgebildet und können mittels eingebauten hydraulischen Zylindern abgesenkt und hochgefahren werden. Die Breite der Rahmenkonstruktion ist in Querrichtung auf das Lichtraumprofil der Baustellen-Transportfahrzeuge abgestimmt.

An dieser integrierten Schalungs- und Vorschubkonstruktion sind die klappbaren Seitenteile der Schalung mittels Gelenken in den Querspanten

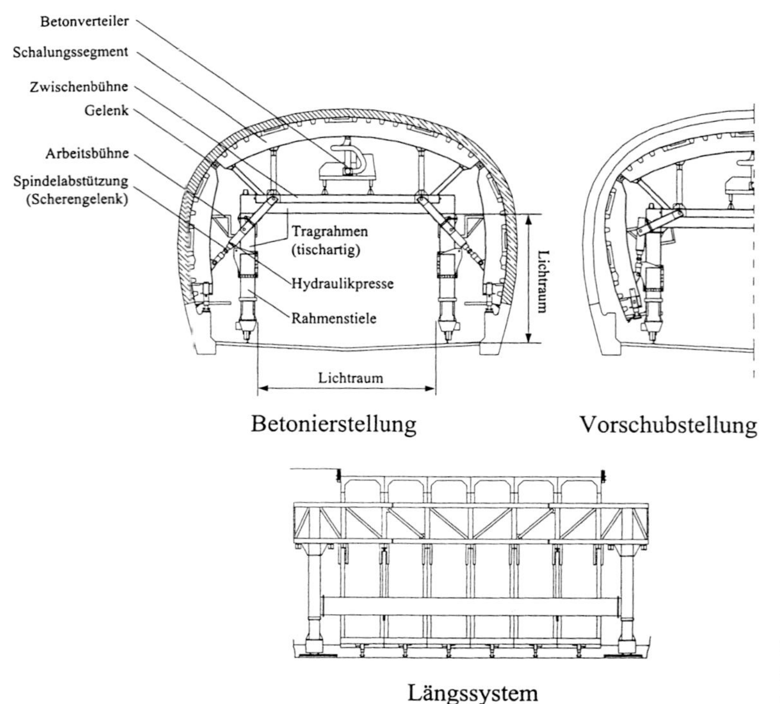

Bild 13.3-4 Integrierter Gewölbeschalwagen [13-2]

befestigt. Die klappbaren Seitenteile werden über verstellbare, integrierte Spindelabstützungen (Verspriessung), die mit einer Scherengelenkverbindung ausgerüstet sind, kraftschlüssig ausgesteift. Zum Vorschub werden die Sicherungskeile aus der Scherenverbindung der Spindeln geschlagen. Dann werden die Seitenelemente der Schalung mittels parallel geschalteten hydraulischen Zylindern eingeklappt. Dabei klappen die Spindeln über das Scherengelenk seitlich aus. Die unteren Seitenschalungen sind im Fusspunktbereich mit Vertikalspindeln zur Höhenregulierung und Arretierung der Schalung ausgerüstet.

Soll eine Streifenauflagerkonsole für die Zwischendecke betoniert werden, wird eine Konsolenklappe vorgesehen, die mit parallelgeschalteten Hydraulikzylindern in Betonierposition geklappt und zum Ausschalen und Absenken der Scheitelschalung wie ein Haken zurückgeklappt wird.

In der Höhe der Betonieröffnungen sind Arbeitsbühnen zur Kontrolle vorhanden.

Auf der Ebene der Untergurte der Längsfachwerkträger ist eine Zwischenbühne eingezogen, auf der sich, meist auf einer Gleistrasse, der verschiebbare Betonverteiler befindet. Der Betonverteiler wird über eine fest installierte Vertikalleitung vom Rahmenstielfuss aus durch die fahrbare Betonpumpe versorgt. Auf der Zwischenbühne ist die vertikale Betonförderleitung mit einer fest installierten Leitung verbunden, die wiederum über zwei Rohrgelenke mit dem fahrbaren Betonverteiler verbunden ist. Durch die Scherenbewegungen der Rohrleitung kann der Betonverteiler in jede Betonierposition zum Beschicken der Betonieröffnungen verfahren werden. Alle Betonierstutzen können mit dem beweglichen, elektro-hydraulischen Beschickerstutzen angesteuert und mittels Schnellkuppelung angeschlossen werden.

Die integrierte Gewölbeschalung ist mit einem elektro-hydraulischen Antriebsaggregat zum Antrieb von einem oder zwei Radsätzen ausgerüstet, um die Schalung in die nächste Betonieretappe zu fahren.

Selbsttragende Schalungen mit separaten Schalungsversetzwagen und Betonierwagen werden hauptsächlich bei sehr langen Tunnelbauwerken eingesetzt. Sie lohnen wirtschaftlich, wenn man mit zwei oder besser mit vier Schalungseinheiten hintereinander nach dem alternierenden Etappenschema arbeitet. Dabei setzt man zwei Vorläufer- und zwei Nachläufergewölbeschalungen ein. Beim alternierenden Betonierschema mit vier Gewölbeschalungen werden diese in folgenden Etappenschritten eingesetzt:

- Gewölbeschalung I: Feld .., n, n+4, n+8, ..
- Gewölbeschalung II: Feld .., n+1, n+5, n+7, ..
- Gewölbeschalung III: Feld .., n+2, n+6, n+10, ..
- Gewölbeschalung IV: Feld .., n+3, n+7, n+11, ..

Jede Gewölbeschalung wird um vier Felder versetzt. Bei selbsttragenden Schalungen mit separaten Schalungsversetzwagen und Betonierwagen können die vier Gewölbeschalungen mit einem einzigen Schalungsversetzwagen und Betonierwagen bedient werden. Dies erscheint auf den ersten Blick als die wirtschaftlichste Lösung, da nicht vier Schalungsversetzwagen mit integrierter Betonierverteileranlage vorgehalten werden müssen. Die selbsttragende Schalung muss jedoch so ausgesteift sein, dass sie im Betonierzustand die zulässigen Toleranzen für Verformungen in der Betonschale nicht überschreitet.

Zur **Stirnabschalung** (Bild 13.3-5) verwendet man klappbare Elemente, die in Betonierposition mit je zwei Keilen gesichert werden. Die klappbaren Elemente werden auf die zulässige minimale Schalenstärke ausgelegt. Zum Ausgleich des Überprofils werden Steckbretter verwendet, die durch Holzkeile in einem Klemmrahmen gesichert werden. Die klappbaren Elemente können geteilt werden, um durchgehende Querfugenbänder anzuordnen. Beim TBM-Vortieb tritt kaum ein Überprofil auf (andernfalls muss bei Nachbruch im Stirnbereich ein Spritzbetonausgleich erfolgen), daher kann man die Stirnschalung sehr effizient und mit geringstem Arbeitsaufwand mittels eines aufblasbaren, robusten Dilationsschlauches abdichten.

Zum sauberen Anschluss an die vorherige Betonieretappe erhält die Schalung ein Schwanz- oder Anschlussprofil (Bild 13.3-6), das ist in Umfangsrichtung in Segmente unterteilt ist, um die Passform besser zu sichern. Das Schwanzblech wird jeweils durch zwei Holzkeile gespannt.

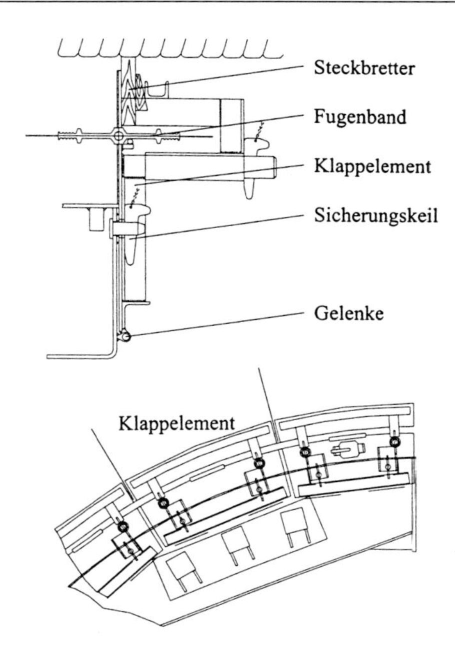

Bild 13.3-5 Stirnabschalung [13-2]

13.3.3.2 Arbeitsablauf

Das Reinigen des Parament- und Kalottenbereichs erfolgt meist gleichzeitig mit der Sohlreinigung, um ein nachträgliches Beschädigen der Betonsohle und der Anschlussisolierung an den Parament und Kalottenbereich zu verhindern.

Das Verlegen der Isolierung erfolgt mittels einer fahrbarer Verlegebühne. Die Parament- und Kalottenisolierfolie wird wasserdicht an die Sohlisolierfolie und die Isolierfolie des Nachbarelementes angeschlossen.

Anschliessend erfolgt eine genaue Vermessung des Parament- und Kalottenbereichs mit Angaben aller wichtigen Höhen- und Lagedetails, damit das Sollprofil eingehalten wird und der spätere Anschluss der nachfolgenden Konstruktion und Einbauten stimmt.

Danach erfolgt die Herstellung der Betonschale des Parament- und Kalottenbereichs in Abschnitten von maximal 20 m. Im Regelfall hat eine Gewölbeschalung eine Länge von 8 – 12 m. Die Abschnittslängen stimmen meist mit den Sohlabschnitten überein. Die Herstellung des Parament- und Kalottenbereichs ist untergliedert in folgende Arbeitsschritte:

- Armierung einbringen (falls eine armierte Gewölbeschale eingebaut wird): Die Armierung kann von einem Bühnenwagen aus mit hydraulisch verstellbaren Abstützbögen verlegt wer-

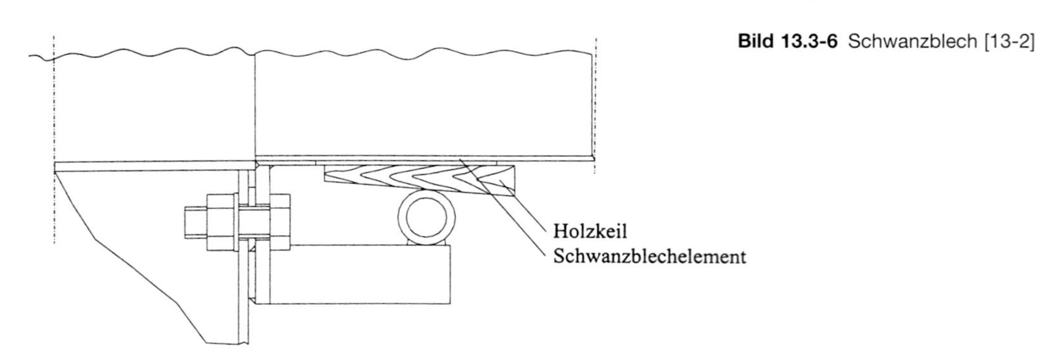

Bild 13.3-6 Schwanzblech [13-2]

den. Von den Bühnen aus wird die Radial- und Längsbewehrung eingebaut. Die Bühnen dienen gleichzeitig als Zwischenlager für die vorgebogene Bewehrung. Zur lagegenauen Positionierung der ersten Bewehrungslage kann man in äquidistanten Abständen leichte Anker in der Tunnellaibung anordnen, die mit kräftigen Längseisen (Haltestangen) verbunden werden. Diese Längseisen dienen zum Fixieren der Bewehrungslage. Wird eine Isolierung verwendet, müssen diese Anker mit einer Isoliermanschette versehen werden, um die Penetrationsstelle abzudichten. Dazu können speziell verlängerte Telleranker, die zur Befestigung der Isolierung dienen, verwendet werden.

- Einfahren der Schalung in die Betonieretappe: Der abgesenkte Schalwagen wird eingefahren, positioniert und in der endgültigen Betonierstellung ausgerichtet und fixiert.

Damit die Schalung während des Betoniervorgangs nicht verschoben oder seitlich weggedrückt werden kann, ist sie mit Stützspindeln im Scheitel- und Paramentbereich gegen den Fels zu sichern, und die Gelenke sind zu verspannen.

Die Tunnelschalungen sind heute so konstruiert, das ein einfaches Umsetzen bzw. Vorziehen möglich ist. Ferner sind alle beweglichen Teile und Gelenke sehr robust ausgelegt, um ein Verklemmen zu verhindern. Alle Steckbolzen werden oberhalb der statisch erforderlichen Querschnitte dimensioniert, um sie im harten baubetrieblichen Alltag auch unter härtesten Bedingungen verformungsfrei zu halten. Daher verwendet man Bolzen mit $\varnothing > 50$ mm statt Schrauben. Die Bolzen werden bei jedem Umsetzvorgang mit einem schweren Hammer ein- und ausgebaut und durch einen Splint gesichert.

13.3.4 Tunnelzwischendecken und Trennwand

Die **Tunnelzwischendecke** (Bild 13.3-7) wird in einem separaten Arbeitsgang nach der Herstellung des Gewölbes nachgezogen. Zur Auflagerung der Zwischendecke wird bereits mit der Gewölbeschale beidseitig eine Streifenkonsole hergestellt. Entsprechend der länger dauernden Ausschalfrist sind speziell für die Zwischendecken mehrere Schalungssätze notwendig. Die Zwischendeckenschalung ist wie folgt aufgebaut:

- Selbsttragende, zusammenklappbare Deckenschalung, ausgebildet als orthotrope Platte mit Querträgern. Die Deckenschalung ist im Betonierzustand auf teleskopierbaren Spindeln gelagert, die in Längsrichtung räumlich durch einen Verband ausgesteift werden.
- Zum Versetzen der selbsttragenden Deckenschalung verwendet man einen leichten Schalungsversetzwagen, den man für alle Deckenschalungen, z. B. im alternierenden Etappenrhythmus, einsetzt.
- Zur Vereinfachung des Ansatzes für die Trennwandschalung bildet man einen sogenannten Betonierhöcker auf der Zwischendecke aus. Die Höckerschalung wird auf der Zwischendeckenschalung mittels Hängestangen fixiert.

Die Zwischendecke wird in den gleichen Betonierabschnittslängen hergestellt wie das Gewölbe.

Die **Trennwand** (Bild 13.3-8) folgt herstellungstechnisch der Zwischendecke in analogen Schritten. Besonderes Augenmerk ist auf die konstruktive Durchbildung der Aufhängung an die Gewölbeschale zu richten (korrosionssichere Verankerung der Hängekonstruktion).

Bild 13.3-7 Schalung Tunnelzwischendecke [13-2]

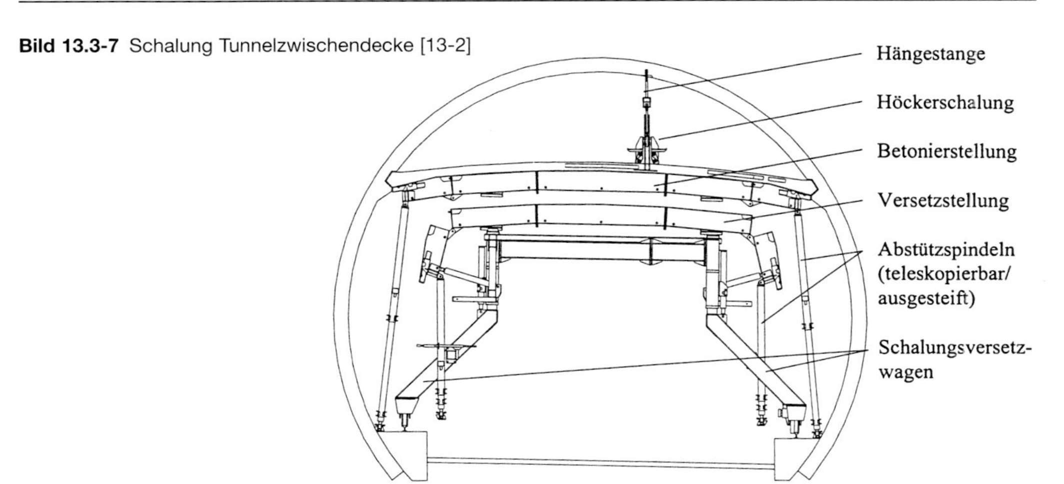

Die Schalung wird als zweihäuptige Wandschalung konzipiert. Um den feldweisen Vorschub zu ermöglichen, wird sie von zwei gleisgeführten Abstützrahmen mit Fahrgestellen gehalten und versetzt. An den beiden gleisgebundenen Abstützrahmen, die als Dreibock ausgebildet sind, hängt die Schalung. Die Schalungseinheit wird mit den Schrägzylindern der Dreiböcke am Betonierhöcker positioniert und mit zwei Handkurbelwinden an den Enden in der Höhe an das Gewölbe fixiert. Zum Betonieren ist die Schalung auf einer Seite mit Betonierfenstern ausgerüstet. Damit kann ein einwandfreies Füllen der Schalung bis an den Gewölbebeton erreicht werden, wenn die vertikale Trennwandschalung am obersten Rand in äquidistanten Abständen mit schräg angesetzten Entlüftungsstutzen ausgerüstet ist. In manchen Fällen ist ein Injizieren des Anschlusses Wand-Decke erforderlich, da der Beton sich nach dem Betonieren und Verdichten etwas setzt. Dies kann mittels eines direkt eingelegten Verpressschlauches erfolgen. Dieser Anschluss bedarf besonderer Beachtung, um spätere Schäden zu vermeiden. Zum Vorfahren sind die gleisgeführten Abstützrahmen mit einem Gegengewicht ausgerüstet.

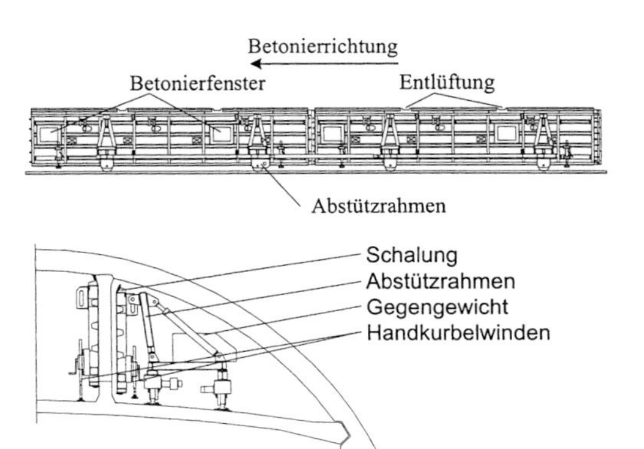

Bild 13.3-8 Schalung Trennwand über Zwischendecke [13-2]

13.4 Erforderliche Schalungslänge

Der Projektverfasser legt die Kriterien für die Ausschalfrist fest. Sie sollte durch Vorgabe von Mindest-Ausschalfestigkeiten bestimmt werden.

Das Betonieren einer unbewehrten Stollen- oder Tunnelauskleidung erfolgt in einem sich wiederholenden, aus folgenden Schritten bestehenden Zyklus:

- Vorfahren oder Vorziehen der Schalung in die nächste Betonierposition sowie, falls erforderlich, Nachbehandlung des gerade hergestellten Betonierabschnitts
- Ausrichten und Fixieren der Schalung im nächsten Betonierabschnitt
- Betonieren und Verdichten des Abschnitts
- Abbinden und Erhärten des Betons bis zur zulässigen Ausschalfestigkeit
- Lösen und Einklappen der Schalung zum Vorfahren in den nächsten Abschnitt

Bei einer bewehrten Stollen- oder Tunnelauskleidung ist vorgängig zu jedem Betonierabschnitt die Bewehrung einzubringen. Bei bewehrten Stollen und Tunneln wird die Taktzeit im wesentlichen durch das Verlegen der Armierung gegeben.

Bei unbewehrten Stollen- oder Tunnelauskleidungen wird meist ein Takt von ein oder zwei Tagen angestrebt. Dies richtet sich danach, ob die Equipen die gleichen, sich wiederholenden Arbeiten abwechselnd in Tag- und Nachtschicht ausführen oder nur in der Tagschicht, was von den spezifischen Randbedingungen des Bauwerks abhängt. Ist die Grösse des Stollen- oder Tunnelquerschnitts nicht ausreichend, so ist eine Entflechtung von Ausbruchmaterialtransport und Betonierarbeiten notwendig und zur Effizienzsteigerung und Reduzierung der Unfallgefahr wünschenswert. Der Arbeitszyklus kann dann wie folgt durchgeführt werden:

- **Tagschicht**
  - Vortriebsbereich: Vortrieb und Abtransport des Ausbruchmaterials sowie Sicherungsarbeiten
  - Rückwärtiger Bereich: Nachbehandlung der vorherigen Betonieretappe und Vorbereitung des Ausschalens der betonierten Etappe
- **Nachtschicht**
  - Vortriebsbereich: Instandhaltungsarbeiten an den Vortriebsgeräten
  - Rückwärtiger Bereich: Vorfahren und Ausrichten der Schalung sowie Betonieren der Etappe

Bei manchen Tunnelbaustellen, wie z. B. beim Vereina-Tunnel (CH), wird der hier angegebene Tag- und Nachtzyklus umgekehrt.

Mit dieser Taktfolge kann die grösste Effizienz erreicht werden, sie erfordert jedoch eine einwandfreie Logistik im täglichen Wechsel von Vortrieb zu Schalen und Betonieren.

Aus der erforderlichen mittleren Schal- und Betonierleistung, die sich aus dem Terminplan bzw. aus der logistischen Verkoppelung von hintereinander angeordneten Baustellenabschnitten der Linienbaustelle ergibt, kann die erforderliche Gesamtschalungslänge ermittelt werden.

Die erforderliche mittlere Betonier-Tagesleistung ergibt sich aus dem Terminprogramm:

$$Q_{\text{Betonierleistung}} = \frac{L_{\text{Gesamt-Stollenlänge}}}{\sum t_{\text{Betoniertage}}} \quad [\text{m/d}] \qquad (13.4\text{-}1)$$

$L_{\text{Gesamt-Stollenlänge}}$ ≡ Gesamt-Stollen-/Tunnellänge, die mit der gleichen Schalung betoniert wird

$\sum t_{\text{Betoniertage}}$ ≡ Summe der möglichen Betoniertage gemäss Terminplan

Zykluszeit einer Betonieretappe:

$$t_{\text{Betonier-Zyklus}} = t_{\text{S-vorfahren}} + t_{\text{S-ausrichten}} + t_{\text{B-einbringen}} + t_{\text{B-erhärten}} + (t_{\text{A-verlegen}}) \quad [\text{h}] \qquad (13.4\text{-}2)$$

$t_{\text{Betonier-Zyklus}}$ ≡ Zykluszeit der Betonieretappe

$t_{\text{A-verlegen}}$ ≡ Armierung verlegen

$t_{\text{S-vorfahren}}$ ≡ Schalung vorfahren

$t_{\text{S-ausrichten}}$ ≡ Schalung ausrichten

$t_{\text{B-einbringen}}$ ≡ Beton einbringen

$t_{\text{B-erhärten}}$ ≡ Beton erhärten

Anzahl der Stunden einer Schicht und Anzahl der Schichten pro Tag:

m = Anzahl der Schichtstunden

k = Anzahl der Schichten pro Tag

Die Gesamtschalungslänge ergibt aus:

$$l_{\text{Gesamt-Schalung}} = Q_{\text{Betonierleistung}} \cdot t_{\text{Betonier-Zyklus}} \quad [\text{m}] \qquad (13.4\text{-}3)$$

Die Zykluszeit einer Betonieretappe wird im allgemeinen auf Tage auf- oder abgerundet. Bei der Ermittlung der Zykluszeit sollte man die Lernkurve am Anfang der Arbeiten beachten. Da die Lernkurve bei allen Baustellen in etwa ähnlich lang dauert, ist ihre Auswirkung auf die mittlere Zykluszeit bei langen Tunneln gering.

Die erforderliche Schalungslänge ergibt sich aus:

$$l_{\text{Gesamt-Schalung}} = n \cdot l_{\text{Einzel-Schalung}} \quad [\text{m}] \qquad (13.4\text{-}4)$$

n ≡ Anzahl der verwendeten Schalungseinheiten

$l_{\text{Einzel-Schalung}}$ ≡ Länge der einzelnen Schalungsetappe in [m]

Die Etappen- und damit die Einzelschalungslänge wird stark von betontechnologischen Gesichtspunkten bestimmt, zu diesen gehören:

- die erforderliche Betonmenge pro Etappe mit der einhergehenden Mischanlagen-, Transport- und Pumpleistung
- die Schwindeinwirkungen und Rissbildung

In der Praxis wählt man Betonieretappen um 10 m.

In der Regel wird gegenüber der mittleren Schal- und Betonierleistung bei einer unbewehrten Auskleidung die doppelte Schalungslänge benötigt. Dies gilt unter der Voraussetzung, dass der Beton mindestens einen Tag Zeit zum Abbinden hat.

Bei kleineren Stollenquerschnitten erfolgt normalerweise der Arbeitsablauf aufgrund der beengten Platzverhältnisse so, dass zuerst der gesamte Ausbruch mit der dazugehörigen Sicherung hergestellt wird und anschliessend die Schal- und Betonierarbeiten erfolgen. Somit sind diese beiden Bauabschnitte in bezug auf den Transportfluss zeitlich komplett entflochten.

Bei grossen Tunnelquerschnitten können die Ausbruch- und die Auskleidungsarbeiten zeitlich parallel, aber räumlich versetzt verlaufen. Der Transport verläuft dann durch das Lichtraumprofil der Schalungsrahmenkonstruktion. Bei zweiröhrigen Tunnelsystemen kann der Transport des Ausbruchmaterials von der Ortsbrust über Querschläge so geleitet werden, dass die Betonarbeitsstätte nicht durch den Ausbruchtransport belastet wird. Dies ermöglicht meist ein wesentlich effizienteres Arbeiten an der Betonbaustelle und einen ungestörten Transport. Besonders wird die Unfallgefahr in diesem Bereich bei Transportverkehr und stationärer Arbeit verringert.

13.5 Kavernenauskleidung

Um den baubetrieblichen Aufwand und die Kosten zum Schalen des Gewölbes einer Kaverne gering zuhalten, ist es günstig, das Gewölbe parallel zum Ausbruch des Gewölbes in Etappen zu betonieren, bevor die Kaverne bis in volle Tiefe ausgebrochen wird. Dies ist besonders bei sehr hohen Kavernen wirtschaftlich, da sonst sehr massive und hohe Gerüsttürme gestellt werden müssen. In diesen Fällen wird das Gewölbe in seitlich ausgebrochenen Widerlagertaschen temporär aufgelagert und durch zusätzliche Litzenspannanker gesichert.

Nach Fertigstellung des Gesamtausbruchs können die Wände der Kaverne mittels Kletterschalung von unten nach oben hergestellt werden.

13.6 Bemessung der Schalungen

Zur robusten und wirtschaftlichen Bemessung der Schalung sind umfangreiche, praktische Erfahrungen notwendig, die bei sehr guten Schalungsherstellern vorhanden sind. Die Bemessung der Schalung kann sich auf die DIN 18218 abstützen. In diesem Normwerk ist ein Bemessungsdiagramm zur Bestimmung des Frischbetondrucks auf die Schalung enthalten. Der horizontale Frischbetondruck auf die Schalung ist abhängig von folgenden Parametern:

- Betoniergeschwindigkeit [m/h]
- Konsistenz des Frischbetons (flüssig, weich, steif)
- Verdichtungsmass nach Walz

Folgende allgemeine Ansätze haben sich unter den rauhen Bedingungen des Stollen- und Tunnelbaus als zuverlässig erwiesen:

- Quer- oder Umfangsträger (Spanten) 80 kN/m^2
- Schalhaut unter Berücksichtigung der dynamischen Belastung der Vibratoren:
  - Schalhaut 120 kN/m
  - Hutträger in Längsrichtung als orthotrope Schalhautverstärkung 100 kN/m
  - Zusätzliche Belastung im Betonierscheitel durch Betonpumpendruck 55 kN/m^2

Folgende Fertigungstoleranzen werden im allgemeinen bei der Herstellung der Stahlschalungen angesetzt, falls nicht andere Projektrandbedingungen massgebend sind:

- Fertigungstoleranz der Schalhaut
  - Tunnelradius ± 10 mm
  - Lagetoleranz von Blechstössen ± 1 mm
- Toleranzen am Bauwerk bedingt durch Fertigungs- und Durchbiegungstoleranzen ± 20 mm

13.7 Schalungskosten

Neue oder gebrauchte Schalung

Bei jedem Tunnel- und Stollenprojekt muss die Frage geprüft werden, ob eine gut erhaltene, gebrauchte Schalung vorhanden ist oder ob eine neue Schalung beschafft werden muss. Dementsprechend divergierend können die Kosten für die Bereitstellung der Schalung sein. Bereits in der Angebotsphase wird man sich danach umsehen, ob die Wiederverwendung einer gebrauchten Schalung möglich ist. Die gebrauchte Schalung bedarf einer sorgfältigen Vorauskontrolle, um ihre Qualitätstauglichkeit für das Projekt zu prüfen. Ferner muss sorgfältig geprüft werden, welche Teile ersetzt werden müssen. Bei kleineren Abweichungen von der Tunnelform können vorhandene Schalungen umgebaut und erneut eingesetzt werden.

Tabelle 13.7-1 Preise von Tunnelschalungen (1996)

	[sFr./m²]	[€/m²]
• Stollenschalung ∅ 3 – 4 m	1500,–/ 1700,–	937,–/1062,–
• Tunnelgewölbeschalung inkl. Hydraulik u. Verschiebewagen	1000,–/ 1500,–	625,–/937,–
• Sohlgewölbe inkl. Hydraulik und Verschiebeinrichtung	1000,–	625,–
• Holzschalungen: Kaverne	900,–	562,–
• Tagbautunnel:		
– Aussenschalung	250,–	156,–
– Innenschalung	650,–	406,–

Tabelle 13.7-2 Richtwerte für das Umsetzen von Schalungen [13-2]

	Schalungslänge	Stunden
Fullround-Schalung mit Teleskopeinrichtung ∅ 4 m, Umsetzelemente 6 – 12 m	24 m	4 – 5
Fullround-Schalung mit Schreitwerk ∅ 6 m, U-Bahnstreckenröhren, einspurig	8 m	4
Gewölbeschalung ∅ 12 m mit integriertem Schal- und Betonierwagen, Autobahntunnel, zweispurig	12 m	5 – 6
Kanalschalung mit Schreitwerk, Rechteckkanal 2 m × 2,5 m (Konterschalung)	20 m	2 – 3

Schalungen für kurze oder lange Bauwerke

Kurze und lange Bauwerke verlangen im Endprodukt nach gleich guter Qualität. Ob ein 200 m oder 10000 m langer Tunnel auszukleiden ist, macht jedoch einen signifkanten Unterschied hinsichtlich der Anforderungen an die Konstruktion und Dauerhaftigkeit der Schalung und somit an das zu verwendende Material und der daraus resultierenden Herstellungskosten. Jedes Projekt verlangt eine baubetrieblich kostenoptimale Lösung unter Beachtung der Investitionskosten und der laufenden Betriebskosten des Einsatzes der Schalung. Bei kurzen Tunneln oder Stollen wird man eine einfache Schalung in einer Holz-Stahlkombination von 6 – 10 m Länge aus wiederverwendbaren Standardelementen einsetzen. Diese wird kalkulatorisch auf der kurzen Strecke praktisch voll abgeschrieben.

Bei langen Tunnelbauwerken wird man eine robuste Stahlschalung von 8 – 12 m Länge samt Schalwagen vorsehen. Eine solche Schalung soll qualitativ 250 – 400 Einsätze (Etappen) problemlos durchstehen können, so dass die ersten wie die letzten Betonieretappen in gleicher Qualität hergestellt werden können.

Im Entwurf und in der Herstellung solcher Schalungskonstruktionen steckt viel Know-how. Dementsprechend klein ist die Zahl der Konstrukteure und Hersteller solcher Schalungen in Europa.

Richtgrösse für die Kosten von Stollen und Tunnelschalungen

Bei der Preisbildung für solche Schalungen muss unterschieden werden zwischen:

- Schalungs-Fixkosten (Herstellung, Lieferung und Montage)
- Kosten für eigentliche Schalungsarbeiten (laufende Betriebskosten im Tunnel/Stollen)

Kennzahlen

Für die Herstellung der Tunnelschalungen und den Transport auf die Baustelle kann mit Richtpreisen (auf der Basis von 1996) gemäss Tabelle 13.7-1 gerechnet werden.

Für die Montage von Stahlschalungen können für einen Chefmonteur und drei bis vier Mechaniker folgende Zeiten angesetzt werden [13-2]:

- Stollen und Tunnelschalungen: 6 – 8 Tage
- Schalwagen bzw. Betonierwagen: 3 – 4 Tage
- Komplette Montage 10 -12 Tage

Richtwerte für das Umsetzen von Schalungen siehe hierzu Tabelle 13.7-2.

14 Arten von Tunnelvortriebsmaschinen

14.1 Einsatzbereiche

Der Tunnelbau mittels Tunnelvortriebsmaschinen gehört zu den sehr weit entwickelten Bauverfahrenstechniken hinsichtlich:

- Mechanisierung der Vortriebsmaschinen
- Teilautomatisierung der Erfassung vortriebsrelevanter Betriebs- und Vermessungsdaten, Visualisierung und Steuerung der Maschinen und Aggregate
- automatischer, prozessorientierter Steuerung von:
  - Vortriebspressenkräften und Vortriebswegen
  - Drehmomenten
  - Verpressmörtelmenge und Verpressmörteldruck
  - Erdstützdruck und regelungstechnisch überwachter Konditionierungsmittelzugabe
  - Bentonitsuspensionszugabe und Abbaufördermenge
  - Druck und Luftmenge
- Teilautomatisierung des Tübbingausbaus

Derzeit sind zahlreiche Grossprojekte des Tunnelbaus in der Bau- bzw. in der Planungsphase, z. B. die Ausweitung der nationalen Verkehrsnetze zu einem europäischen Verkehrsnetz, die Schnellbahnstrecken in Deutschland sowie ergänzende städtische Autobahn- und Schnellstrassentunnel in Hamburg und Rostock, das NEAT-Projekt in der Schweiz sowie die zahlreichen U-Bahn-Projekte in den asiatischen Ländern. Aufgrund der grossen Komplexität der anstehenden heterogenen Bodenformationen und der Umweltschutzauflagen sowie zum Schutz der bestehenden Bausubstanz stellen die Bauherren erhöhte Anforderungen an die Ausführung hinsichtlich Risikominimierung und die damit verbundene Termin- und Kostentreue.

Der hochmechanisierte, bergmännische Tunnelbau im Fels- und Lockergestein hat in den letzten Jahren eine immer grössere Bedeutung bei der Lösung der anstehenden Verkehrsprobleme gewonnen (Tabelle 14.1-1). Die zur Zeit wichtigsten Anwendungsfelder der unterirdischen Verkehrsanlagen sind:

- überregionale Schnellbahnverbindungen durch das Mittelgebirge und die Alpen mit Anschlüssen an die innerstädtischen Bereiche, deren Trassierung durch die Anforderungen an das Verkehrssystem weitgehend festliegt
- innerstädtische U-Bahn-Systeme und Strassen, welche ohne Belästigung der Anlieger durch Lärm oder den öffentlichen Verkehr errichtet werden sollen
- Unterquerung von Flüssen [14-1] und Meeresarmen in Bereichen, wo Brückenbauwerke aus landschaftsgestalterischen oder technischen Gründen unerwünscht sind

Die Tunnelvortriebsmaschinen zum Auffahren von U-Bahn-, Eisenbahn- und Strassentunneln werden immer grösser. Die heute üblichen Tunneldurchmesser, die mit Tunnelvortriebsmaschinen gebohrt werden, liegen zwischen 6 und 12 m [14-2]. Die technischen Anforderungen steigen zusätzlich, bedingt durch immer grössere Tunneldurchmesser und immer geringere Überdeckung der Tunnelfirste (Bild 14.1-1) oder durch Tunnelbauwerke mit immer grösserer Überdeckung. Zur baubetrieblichen Risikominimierung von Tunnelbauwerken, die mit Tunnelvortriebsmaschinen vorgetrieben werden sollen, sind systematische Erkundungsmassnahmen in der Entwurfsphase, unter Berücksichtigung der baupraktischen Erfahrungen, von grosser Bedeutung. Dadurch lassen sich Störfälle eingrenzen und Reparatur- und Wartungsmassnahmen an den Geräten verringern, um somit eine terminliche und wirtschaftliche Bauabwicklung weitestgehend sicherzustellen. Zudem kann der gefährliche und zeitraubende Einsatz der Mannschaft für manuelle Arbeiten an der Ortsbrust zur Wartung bzw. Störfallbeseitigung erheblich verringert werden. Die zur Zeit grössten Tunneldurchmesser werden in Japan und Deutschland mittels Schildma-

Tabelle 14.1-1 Einsatz von Schildvortriebsmaschinen

Projektname	Baujahr	Tunnel Ø aussen [m]	Tunnel-länge [m]	Geologie	Mittl. Leistung [m/AT]	Max. Leistung [m/AT]	Schildtyp	Bemerkungen
Grauholztunnel	1989 - 1993	11,60	5400	Vorbelastete Tone, feine - mittl. Sande, Grundmoräne, im GW *) und Süsswasser-Molasse	Lockergest.: 4,8 Molasse: 15		Mix-Schild, Hydroschild + TBM	Bahntunnel, Doppelspur, einschalig
U-Bahn Taipei	1992 - 1993	6,09	720	Schluffige Tone, Sande, Kies im GW bis 30 m	7,2		Erddruckschild (Herrenknecht)	bis 30 m GW über Scheitel
Stadtbahn Essen, Baulos 34	1993 - 1997	8,33	2 x 2100	Schluffe, grobe Schluffe, Mergel im GW	5		Mix-Schild (Herrenknecht)	Bauzeit 44 Mt. Tübbing einschalig
Stadtbahn Köln Baulos M1	1994	6,57	2 x 600	Quartäre Sande, Kies-Sande mittl. Lagerung, im GW	13	> 25	Hydroschild	Stahltübbingausbau (einschalig)
Europipe Querung Wattenmeer	1994	3,80	2535	Locker bis dicht gelagerte Sande, Klei, Torflinsen im GW	25,3	58,5	Pressvortrieb mit Mixschild	15 Zwischenpressstationen + Schmierung
U-Bahn London Jubilee Line, London Bridge – Canada Water Los 105	1994 - 1996	5,03	2 x 2800	London-Clay wasserführend, Sande, Kies, Silt im GW	3,75	7,2 – 9,6	4 Erddruckschilde (Kawasaki)	Viele Arbeitsunterbrüche
U-Bahn London Jubilee Line, Canada Water – Canary-Wharf Los 107	1994 - 1996	5,13	2 x 2100	London-Clay wasserführend, Sande, Kies, Silt im GW	16	28,2	2 Hydroschilde (Herrenknecht)	
U-Bahn London Jubilee Line, Canary-Wharf – Canning Town Los 110	1994 - 1996	5,20	2 x 2500	London-Clay wasserführend, Sande, Kies, Silt im GW	11	36,1	2 Lovat Erddruck-Schilde	Defekt beider Hauptlager (4 resp. 20 Wochen Unterbruch)

Projektname	Baujahr	Tunnel Ø aussen [m]	Tunnel-länge [m]	Geologie	Mittl. Leistung [m/AT]	Max. Leistung [m/AT]	Schildtyp	Bemerkungen
4. Röhre Elbtunnel	1995 - 2003	14,20	4400	Klei, Torf, Lauenburger Ton, Beckenschluff, Glimmerschluff im GW	6,5 **)	14 **)	Hydroschild (Herrenknecht)	Grösste Schild-maschine, 40 m GW über Scheitel
Fernbahn-Tunnel Berlin Nord – Süd	1995 - 2003	8,93	4 x 705 + 4 x 574	Sandstein/Geschiebemergel, Moorböden, Faulschlamm, Auffüllung im GW	10	6 – 20	Mix-Schild (Herrenknecht)	
U-Bahn Lissabon	1996 - 1997	9,71	1200 + 600	Alluviale durchlässige Sedi-mente im GW	12		Erddruckschild (Kawasaki/FCB)	
New Southern Railway Sydney, Olympic Games 2000	1996 - 1998	10,72	5980	Tertiäre + quartäre Ablagerungen, Sandstein, Schieferton, Sande, Kies, Lehm im GW	8,40	6,1 – 23,4	Mix-Schild (Herrenknecht)	Bahn, Doppelspur
U 5 - Berlin	1996 - 1998	6,67	480 + 498	Überwiegend Sand + Blöcke bis 1 m^3, Geröll im GW	6	-	Mix-Schild (Herrenknecht)	
Tunnel Murgenthal	1997 - 2001	12,03	4257	Untere Süsswasser-Molasse, Schieferkohle, Bitumenablagerung Sand-Ton-Siltstein	19,4	33	Schild-TBM (Herrenknecht-Robbins)	Einteiliger Schild
Allmend Brunau – Thalwil Baulos 3.01	1997 - 2003	12,28	6400	Obere Süsswasser-Molasse: Wechsellagerung Mergel, Sand- und Siltstein	25	39,10	Hartgesteins-TBM (Herrenknecht)	Bahn, Doppelspur
Allmend Brunau – Meinrad Lienert-Platz	1997 - 2003	12,39	2700	2000 m obere Süsswasser-Molasse, 700 m Lockergestein im GW	geplant: Fels: 15 Lockergestein: 8	--	Mix-Schild: Hartgesteins-TBM/Hydroschild	Bahn, Doppelspur

*) GW = Grundwasser

**) Stand 1999: Mittel ohne Unterbrüche 6.5 m, inkl. Unterbrüche 5 m; max. Leistung von 7 Ringen = 14 m an zwei AT erreicht!

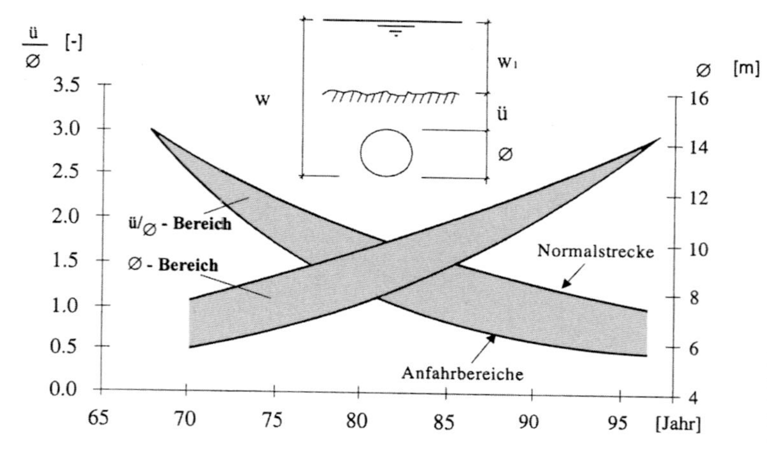

Bild 14.1-1 Entwicklung der Überdeckung und des Durchmessers bei TVM im Lockergestein [14-2]

schinen realisiert. Fertiggestellt wurde der Trans-Tokyo Bay Highway Tunnel [14-3] mit einem Schilddurchmesser von 14,14 m, einer Überdeckung von nur 15 m und einer Seewassertiefe von 25 m. Für die 4. Röhre Elbtunnel in Hamburg [14-1, 14-4] wurde die grösste Schildmaschine der Welt mit einem Schneidraddurchmesser von 14,21 m gebaut. Die Schildfahrt hat im Anfahrbereich eine Überdeckung von nur 6 m, die künstlich stabilisiert werden muss, sowie im Bereich der Elbe eine minimale Überdeckung von ca. 11,5 m unterhalb des Flussbettes bei einer Wassertiefe von ca. 40 m. Die Anforderungen an betriebliche Sicherheit, Umweltverträglichkeit und minimalste Differenz- wie auch Totalsetzungen in bebauten Gebieten sind für solch gewaltige Durchmesser sehr hoch.

Die wirtschaftlichen Einsatzbedingungen der Tunnelvortriebsmaschinen im Vergleich zum Sprengvortrieb und zu maschinellen Abbaumethoden mittels TSM und Baggern ergeben sich wie folgt:

- längere Baulose, zur Zeit grösser als 2000 m;
- ungünstige Bodenart- und Grundwasserverhältnisse, die ein geschlossenes System erfordern
- hohe Anforderungen an geringe Oberflächensetzungen bzw. -erschütterungen
- grosse Vortriebsleistungen

Die wichtigsten Vorteile dieser Bauverfahrenstechnik sind:

- hohe Vortriebsgeschwindigkeit durch hochmechanisierte und zum Teil automatisierte Bauverfahrenstechniken und damit kürzere Bauzeit
- geringe Beeinflussung vorhandener Bebauung durch Lärm, Erschütterungen, Setzungen
- geringe Beeinflussung des Grundwassers

Die wichtigsten Nachteile dieses Bauverfahrens sind:

- sorgfältige Vorerkundung des Baugrundes mittels geotechnischer sowie geophysikalischer Methoden erforderlich
- sorgfältige Planung des Geräts in bezug auf die Bodenarten, Grundwasserverhältnisse, Bodenüberdeckung, Überbauungen und Auskleidung ist erforderlich
- hoher Investitionsaufwand für die Baustelleneinrichtung: Tunnelvortriebsmaschine, Nachläufersystem, Separationseinrichtung (nur bei Hydroschild) etc.
- hohe Anforderungen an das technische sowie praktische Know-how des Personals

Nur wenn die optimalen Einsatzbedingungen sowie die Vor- und Nachteile sorgfältig abgewogen werden, kann der Einsatz erfolgreich sein und somit der Baubetrieb wirtschaftlich durchgeführt werden. Dadurch erhält der Auftraggeber im vereinbarten terminlichen Rahmen ein qualitativ gutes Bauwerk unter geringer Beeinflussung der Umwelt.

14.2 Einteilung der Tunnelvortriebsmaschinen

Beim bergmännischen Tunnelbau ist, zur Erhöhung der baubetrieblichen Leistungen, eine verstärkte Tendenz zum Einsatz von Tunnelvortriebsmaschi-

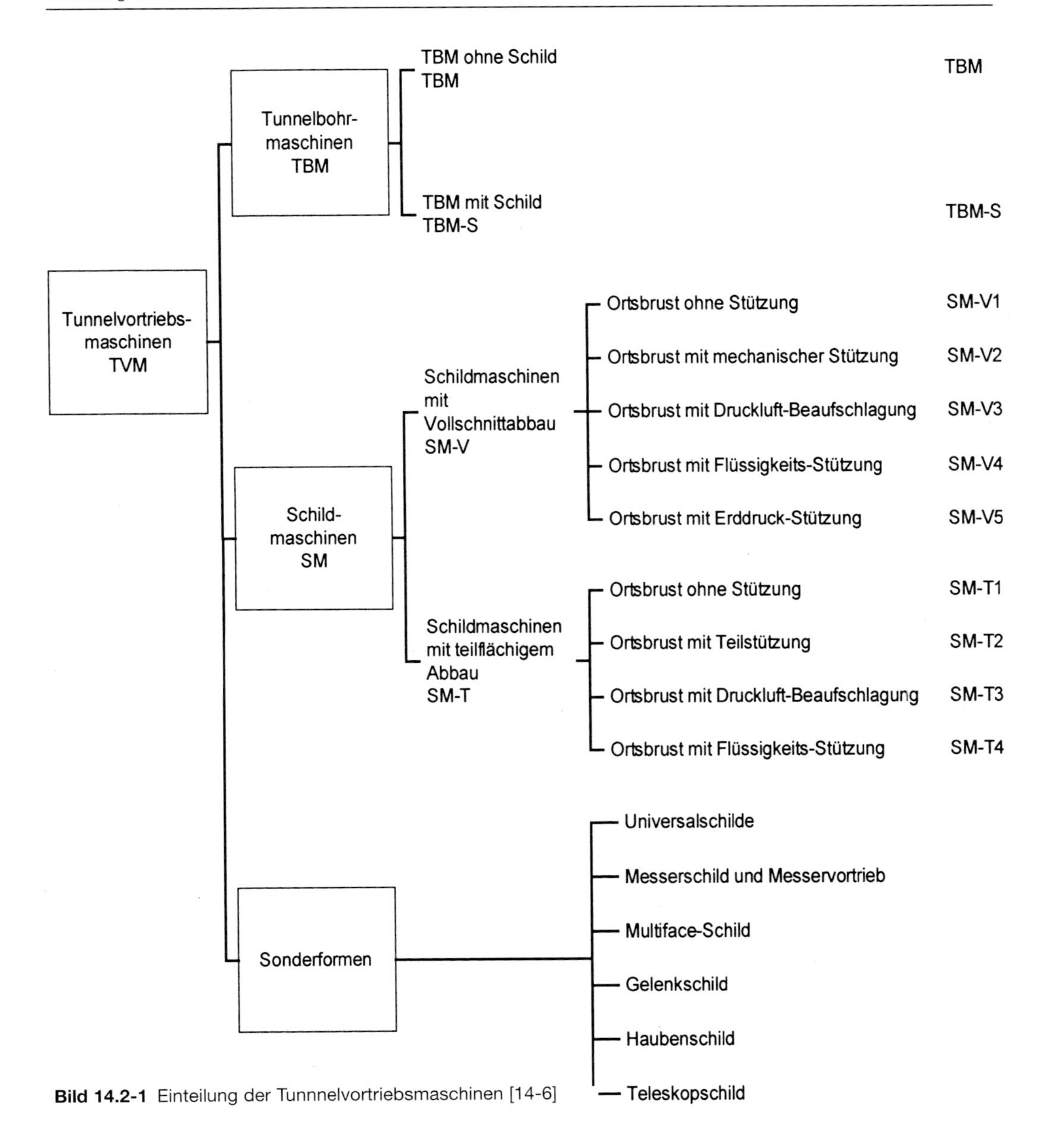

Bild 14.2-1 Einteilung der Tunnnelvortriebsmaschinen [14-6]

nen zu erkennen. In der gemeinsamen Empfehlung [14-5] des Deutschen Ausschusses für unterirdisches Bauen e.V. (DAUB), der Österreichischen Gesellschaft für Geomechanik, der Forschungsgesellschaft für das Verkehrs- und Strassenwesen und der Fachgruppe für Untertagebau des Schweizerischen Ingenieur- und Architekten-Vereins FGU/SIA wurden die Tunnelvortriebsmaschinen (TVM), bedingt durch die Entstehungsgeschichte, in Tunnelbohrmaschinen (TBM) zum Abbau von Felsgestein und Schildmaschinen (SM) zum Abbau von Lockergestein unterteilt. In den letzten Jahren wurden jedoch Tunnelvortriebsmaschinen entwickelt und baupraktisch erprobt, die symbiotisch die Verfahrenstechniken beider Systeme integrieren. Dadurch ist man heute in der Lage, für fast das

Geotechnische Kennwerte	Baugrund	FELS / FESTGESTEIN		BODEN / LOCKERGESTEIN			
		standfest bis nachbrüchig	nachbrüchig bis gebräch	bindig standfest	bindig nicht standfest	Wechsellagerung	nicht bindig
Gesteinsfestigkeit	σD [MN/m²]	300 ± 50	50 ± 5	1.0	0.1		
Zugfestigkeit	σz [MN/m²]	25 ± 5	5.0 ± 0.5				
RQD-Wert	RQD [%]	100 ± 50	50 ± 10				
Kluftabstand	[m]	> 2.0 ± 0.6	0.06				
Kohäsion	Cu [kN/m²]			≥ 30	25 - 30	25 - 30	
Kornverteilung	< 0.02 [%] < 0.06 [%]			30 ≥ 30	30 ≥ 30		10
TBM	o.W.						
	m.W.						
TBM-S mit Schild	o.W.						
	m.W.						
SM-V1 ohne Stützung	o.W.						
	m.W.						
SM-V2 mechan. Stützung	o.W.						
	m.W.						
SM-V3 mit Druckluft	o.W.						
	m.W.						
SM-V4 Flüssigkeits-Stützung	o.W.						
	m.W.						
SM-V5 Erddruck-Stützung	o.W.						
	m.W.						
SM-T1 ohne Stützung	o.W.						
	m.W.						
SM-T2 Teilstützung	o.W.						
	m.W.						
SM-T3 mit Druckluft	o.W.						
	m.W.						
SM-T4 Flüssigkeits-Stützung	o.W.						
	m.W.						
Abbauwerkzeuge	V	rollend (Diskenmeissel)	rollend (Diskenmeissel)	schälend (Flachmeissel)	schälend (Flachmeissel)	lösend/schälend (Stichel/Flachm.)	lösend (Stichel)
	T	ritzend (Spitzmeissel)	ritzend (Spitzmeissel)	ritzend (Spitzmeissel)	schälend (Flachmeissel)	schälend (Flachmeissel)	lösend (Stichel)

V = Vollschnittmaschine
T = Teilschnittmaschine

o.W. = ohne Grund- bzw. Schichtwasser
m.W. = mit Grund- bzw. Schichtwasser

■ Haupteinsatzbereich
░ Einsatz möglich

Bild 14.2-2 Einsatzbereiche von Tunnelvortriebsmaschinen nach geotechnischen und hydrologischen Aspekten [14-5, 14-6]

gesamte geotechnische Spektrum geeignete Vortriebsmaschinen zu konzipieren und einzusetzen. Der vermehrte Einsatz von Tunnelvortriebsmaschinen und die damit einhergehenden, baupraktischen Verbesserungen haben zu Maschinenkonzepten geführt, die in sehr heterogenem Baugrund aus Locker- und Felsgestein eingesetzt werden können.

Tunnelvortriebsmaschinen sind dadurch charakterisiert, dass sie den gesamten Tunnelquerschnitt entweder mit einem Bohrkopf oder Schneidrad oder mittels Teilschnitteinrichtung abbauen. Funktionsbedingt sind Tunnelvortriebsmaschinen mit Vollschnitteinrichtung kreisförmig; somit ist der Tunnelquerschnitt formgebunden. Die Tunnelbohrmaschinen ohne Schildausrüstung zum Auffahren von Festgestein kann man ohne allzu grossen Aufwand in einer gewissen Durchmesservariationsbreite konstruktiv verändern, wohingegen Schildmaschinen im allgemeinen an ihren Durchmesser gebunden sind. Neben dieser starken geometrischen Invarianz ergibt sich der wirtschaftliche Einsatz dieser Systeme aus der grossen Vortriebsleistung und der Länge der Vortriebsstrecke. Mittels Tunnelvortriebsmaschinen wird eine grosse Profilgenauigkeit erreicht. Bei der Planung des Einsatzes müssen jedoch die Auffahrtoleranzen aus ausserplanmässigen Abweichungen der Maschine aus der Tunnelspur berücksichtigt werden bei der Festlegung des Schneidraddurchmessers der Maschine, da spätere Korrekturen mit erheblichem Aufwand verbunden sind.

Tunnelbohrmaschinen lösen das anstehende Felsgestein mittels Diskenmeisseln. Die Sicherung wird, abgesehen von den Tunnelbohrmaschinen mit Schild, in zeitlichem und räumlichem Abstand nachlaufend eingebaut. Die Maschine erzeugt die Vorschubkraft und den Anpressdruck auf die Werkzeuge durch Abstützung in Tunnelquerrichtung mittels Grippern auf die Felswand. Schildmaschinen stützen in der Regel den Tunnelquerschnitt und die Ortsbrust beim Vortrieb. Die Vorschubkraft zur Herstellung des Schneidradanpressdrucks wird in der Regel durch in Längsrichtung auf den Ausbau wirkende Pressen erzeugt.

Bei der Auswahl des Tunnelvortriebsmaschinensystems bilden ökologische und ökonomische Aspekte ein wichtiges Auswahlkriterium in bezug auf die Maschinen- und Verfahrenstechnik.

Die Einsatzbereiche von Tunnelvortriebsmaschinen nach geotechnischen und hydrologischen Entscheidungskriterien sind in Bild 14.2-2 dargestellt.

Die Konzeption einer Vortriebsmaschine kann meist nicht nur auf die Belange eines spezifischen Projektes ausgelegt werden, da die Maschine grösstenteils nicht auf einem Projekt voll abgeschrieben werden kann. Aus diesem Grund sollte die Maschine für eine Bandbreite von Anforderungen ausgelegt und nicht nur für ein ganz spezifisches Projekt optimiert werden. Dies erhöht gleichzeitig die Flexibilität der Maschine im Projekt bei unvorhergesehenen, leicht veränderten Gebirgsbedingungen sowie bei der Wiederverwendung bei Folgeprojekten. Auch erhöht sich dadurch der Wiederverkaufswert einer solchen Maschine.

14.3 Tunnelbohrmaschinen (TBM)

Tunnelbohrmaschinen werden im Felsgestein bei mittlerer bis hoher Standzeit eingesetzt. Man unterteilt die TBMs in offene und geschlossene Systeme.

TBM – Tunnelbohrmaschinen ohne Schild

Die offenen TBM (Gripper-TBM) werden zum Vortrieb von Stollen und Tunnel in möglichst standfestem und störzonenfreiem Gebirge eingesetzt. Als grober Richtwert kann gelten, dass ca. 80 – 90 % der Tunnellänge weitgehend standfest sein und nur im geringen Umfang Stützmittel im Maschinenbereich benötigt werden sollten. Die Gesteinsdruckfestigkeit [14-5] sollte zwischen 100 und 300 MN/m^2 liegen. Festigkeiten über 350 MN/m^2, hohe Zähigkeit bzw. Zugfestigkeit des Gesteins und ein hoher Anteil an abrasiv wirkenden Mineralien (CAI-Index = Abrasivität nach Cerchar) stellen wirtschaftliche Grenzen dar. Zur Beurteilung des Einsatzes werden auch die Spaltzugfestigkeit und der RQD-Index herangezogen. Die Spaltzugfestigkeit sollte 25 ± 5 MN/m^2 betragen. Der RQD-Index (Rock Quality Designation) drückt den Durchtrennungsgrad des Gebirges aus. Als RQD-Index bezeichnet man das Verhältnis L10 / L in Prozent, wobei L10 die Länge aller der in der Bohrprobenlänge L enthaltenen über 10 cm langen Bohrkernstücke bezeichnet.

$$RQD = \frac{\sum_n L10_i}{L} 100 \quad [\%]$$

$L10_i$ = Länge des i-ten Bohrstücks über 10 cm
n = Anzahl der Bohrstücke über 10 cm
L = Länge der Bohrstrecke

Bei einem RQD-Index 50 – 100 %, einem Kluftabstand von > 60 cm und den oben genannten weiteren Kriterien erscheint in einer ersten Abschätzung der Einsatz einer Gripper-TBM gerechtfertigt. Bei einem höheren Zerlegungsgrad kann die Standfestigkeit ein Problem werden. Geringe Gebirgsfestigkeiten unter 100 MN/m^2 können die Verspannbarkeit der Gripper und damit die maximale Vorschubkraft beschränken. Die Geräte sind meist mit einem kurzen Staubschild ausgerüstet. Grundsätzlich muss man bei den offenen TBM zwischen den folgenden zwei Verspann- und Steuersystemen unterscheiden:

- Beim Kelly-Prinzip ist der Bohrkopf mit der Innenkelly starr verbunden. Geführt wird die Innenkelly von der Aussenkelly, welche von **zwei Verspannebenen** abgestützt wird.
- **Eine horizontal angeordnete Verspannebene**, die gleichzeitig als Widerlager für die schräg angeordneten Vorschubzylinder dient. Diese beidseitig schräg angeordneten Vorschubzylinder schieben die Innenkelly der Maschine nach vorne. Die TBM wird durch einen Schuh in der Sohle und zwei seitliche Schwingen gestützt.

Der systematische Sicherungseinbau erfolgt ca. 15 m hinter der Maschine, mechanisiert auf einem Nachläufer, jedoch mit konventionellen Methoden wie Bögen, Spritzbeton, Anker etc.

TBM-S – Tunnelbohrmaschinen mit Schild

Bei der geschlossenen TBM ist die ganze Maschine durch einen Schildmantel geschützt. Diese Maschinen werden in mittelgutem, d. h. in nachbrüchigem bis gebrächem Gebirge eingesetzt, in dem relativ viele Stützmassnahmen direkt hinter dem Schneidrad erwartet werden. Die Gesteinsfestigkeiten liegen in etwa so wie bei der Gripper-TBM. Die Verbandsfestigkeit [14-5] ist bei solchen Gebirgen jedoch stark reduziert. Dies wird durch den Kluftabstand von 55 – 65 cm und einen RQD-Index von 50 ± 10 % deutlich. Auch bei relativ geringer einachsialer Gesteinsdruckfestigkeit von 50 ± 5 MN/m^2 und einer geringen Spaltzugfestigkeit von 5 ± 0,5 MN/m^2 ist der Einsatz einer Schild-TBM möglich. Die Sicherung und der Ausbau erfolgen mittels Tübbingen im Schutze des Schildes. Ferner ist eine Tendenz zu erkennen, Felsmaschinen mit einem Durchmesser von mehr als 10 m mit einem Schild auszurüsten und mit Tübbingen auszukleiden. Diese grossen Durchmesser erschweren den Sicherungseinbau (z. B. Einbaubögen) bei der offenen TBM direkt hinter dem Staubschild. Ferner werden bei grösser werdendem Radius die Krümmungen immer kleiner (flacher); damit nimmt die stützende Gewölbewirkung im Firstbereich stärker ab, und die Gefahr von lokalen Nachbrüchen im Firstbereich steigt bei offenen Maschinen. Bei einem erforderlichen Sicherungseinbau verlangsamt sich dann die Leistung der offenen TBM. Zudem werden die seitlichen Anpresskräfte ins Gebirge sehr gross. Daher werden die TBM-S mit Vorschubpressen ausgerüstet, die sich in Längsrichtung auf den Tübbingausbau abstützen. Mit diesen Vorschubzylindern schiebt sich die TBM-S an den bereits eingebauten Tübbingen vorwärts. Bei speziellen Teleskopschild- oder Doppelschildmaschinen spannt sich die Maschine abwechselnd mit den Schildpratzen seitlich am Ausbruch ab oder schiebt sich mit Vorschubzylindern an den bereits eingebauten Tübbingen vorwärts.

Mit TBM kann man aufgrund der Bauart nur Kreisquerschnitte auffahren. Der rotierende Bohrkopf ist mit Rollenmeisseln (Disken) bestückt. Der Bohrkopf mit den Meisseln wird gegen die Ortsbrust gepresst. Dabei löst sich das Gestein durch die Kerbwirkung unter den Meisseln. Beim Abbau entsteht kleinstückiges Material unter entsprechender Staubentwicklung. Daher müssen Massnahmen zur Einschränkung der Staubentwicklung getroffen werden.

Eine weitere Entwicklung im Felsabbau stellt die **Hinterschneidtechnik** dar. Mit diesem Gerätesystem lässt sich das Gestein mit geringerem Energieeinsatz unter Nutzung der Spaltwirkung lösen. Ferner lassen sich durch die beweglichen Schneidarme unterschiedliche Querschnittsformen auffahren. Dieses System ist jedoch erst im Entwicklungs- und Teststadium.

14.4 Schildmaschinen

Zum Abbau von Lockergesteinsböden im oder ausserhalb des Grundwassers sowie bei geringer Stehzeit der Ortsbrust benötigt man bei längeren Tunnelbauwerken eine mechanische Bodenabbauvorrichtung, die sich im geschützten System eines Schildes befindet. Diese Geräte bezeichnet man als Schildmaschinen.

Dieses System ist je nach hydrologischen, geologischen und petrographischen Verhältnissen wie folgt ausgebildet:

- als einfacher, offener Schild
- als geschlossene Schildmaschine

Die Hauptaufgaben der Schildmaschine sind:

- Abbau des Bodenmaterials
- Erzeugung eines minimalen Überschnitts zur Reduzierung der Reibungskräfte
- Minimierung möglicher Setzungen durch Stützung der Ortsbrust
- Sichern der Ortsbrust gegen hereinbrechendes Material
- Steuern der Vortriebsstrecke auf der geplanten Trasse

Der Abbau erfolgt heute im Schildvortrieb mechanisch. Man unterscheidet Teilschnittmaschinen und Vollschnittmaschinen.

Teilschnittmaschinen

Bei der Teilschnittmaschine besteht die Schneide aus einem konisch gebildeten Schneidschuh und einem mit Werkzeug besetzten Abbauarm, der punktuell jeden Bereich der Ortsbrust abbauen kann. Der Schneidschuh wird in die Ortsbrust gepresst und erzeugt durch seine konische Form einen Schneidengrundbruch. Der Abbau bzw. das Ausräumen der Abbaukammer erfolgt mittels Baggerarmen oder Schrämarmen und Bandschutterung, die im Schild integriert sind. Die Einsatzbereiche und Leistungsgrenzen von Teilschnittschrämarmen bzw. Schrämköpfen wurden bereits im Kapitel 7 angegeben.

Folgende Maschinentypen werden unterschieden [14-5]:

SM-T1 – Ortsbrust ohne Stützung

Bei standfester Ortsbrust ohne Grundwassereintritt, z. B. in steifen Schluff- und Tonböden, können zur Ortsbrust offene Schilde eingesetzt werden. Die Ortsbrust kann senkrecht oder mit steiler Böschung ausgeführt werden. Die Maschine besteht nur aus Schildmantel und Abbauwerkzeug (Bagger, Fräse, Reisszahn). Das Material wird durch Förder- oder Kratzbänder geschuttert.

SM-T2 – Ortsbrust mit mechanischer Teilstützung

Reicht die Stützung der Ortsbrust durch den natürlichen Böschungswinkel aus, z. B. in wenig bis nicht bindigen Kies-Sand-Böden, dann kann der offene Schild mit mechanischer Ortsbruststützung eingesetzt werden. Die Maschine ist zur Ortsbrust offen und besteht nur aus Schildmantel und dem Abbauwerkzeug (Bagger, Fräse, Reisszahn); bei grossen Durchmessern werden Bühnen angeordnet, auf denen das Material stützend aufliegt. Im First- und Bühnenbereich können, zur Erhöhung der Standsicherheit der Ortsbrust, Brustplatten angebracht werden, die zum mechanischen Abbau der Ortsbrust fensterweise hydraulisch zurückgefahren werden können. Das abgebaute Material wird durch Förder- oder Kratzbänder geschuttert. Der Vortrieb kann nur bedingt setzungskontrolliert durchgeführt werden.

SM-T3 – Ortsbrust mit Druckluftbeaufschlagung

Die Schildmaschinen SM-T1 und SM-T2 können im Grundwasser eingesetzt werden, wenn sie mit einem Druckluftschott und Schleusen ausgestattet werden. Diese Einrichtungen werden meist hinter der Abbaukammer angeordnet, um die Ortsbrust vom Tunnel zu trennen. Zur Verhinderung der Druckluftumläufigkeit über die Schildschwanzdichtung sind besondere Massnahmen notwendig. Der Einsatz wird durch die Luftdurchlässigkeit des Bodens begrenzt. Dies ergibt sich einerseits aus wirtschaftlichen (Luftverbrauch) und andererseits aus sicherheitstechnischen (Ausbläser) Überlegungen.

SM-T4 – Ortsbrust mit Flüssigkeitsstützung

Zum Abbau von Kies-Sand-Böden unter Wasser kommt diese Schildmaschine zum Einsatz. Die Arbeitskammer ist durch eine Druckwand geschlossen und mit Flüssigkeit gefüllt. Der Druck wird über die Drehzahl von Förder- und Speisepumpe geregelt. Abgebaut wird der Boden meist mit Fräsarmen, mit denen auch Hindernisse entfernt werden können. Zusätzlich können im Firstbereich Stützplatten angeordnet werden. Die Förderung des Flüssigkeits-Boden-Gemisches erfolgt mittels Kreiselpumpen.

Vollschnittmaschinen

Bei der Vollschnittmaschine besteht die Schneide nur aus dem konisch angespitzten Schildmantel (in der Dicke der Materialstärke). Das Schneidrad bestreicht bei jeder Bewegung die gesamte Ortsbrust. Begehbar ist der Abbauraum der Vollschnittmaschinen nur in Notfällen. Diese hochmechanisierten Maschinen müssen hinsichtlich Schneidradausbildung, Werkzeugbesatz sowie Fördertechnik sorgfältigst auf die wahrscheinliche Bandbreite der zu erwartenden Bodenverhältnisse abgestimmt werden. Treten während des Vortriebs plötzlich starke Veränderungen der hydrologischen, geologischen und bodenmechanischen Verhältnisse auf, die nicht durch die Bandbreite des Leistungsspektrums der Maschine abgedeckt sind, ist meist mit starken Leistungsreduktionen oder extrem schwierigen und teuren Umbaumassnahmen zu rechnen. Beim Einsatz dieser Maschinen ist somit eine sorgfältige und ausreichende Erkundung des Baugrundes zur Risikominimierung unumgänglich.

Viele Tunnelgrossprojekte werden in stark heterogen gelagerten Lockergesteinsböden (wechselnde Sand-, Ton-, Kiesböden etc.) im Grundwasser mit felsartigen Einlagerungen, Findlingen und wassergefüllten Sandlinsen etc. realisiert. Für diese Zwecke werden heute meist hochentwickelte Vollschnitt-Vortriebsmaschinen verwendet.

Die Anforderungen an diese Maschinen und Verfahren ergeben sich nicht nur aus den bodenmechanischen Bedingungen des Abbaus, sondern auch aus folgenden Anforderungen:

- Minimierung der Oberflächensetzungen im innerstädtischen Bereich, um Schäden an Gebäuden zu verhindern
- Schutz der Mannschaft vor einstürzenden Erdmassen (gleichzeitiger Schutz vor Setzungen)
- Umweltverträglichkeit der Methode hinsichtlich:
  - Lärm- und Erschütterungsemissionen an der Erdoberfläche
  - Kontaminierung des Untergrundes und Grundwassers bzw. des gelösten Baugrundes durch chemische Fremdstoffe während des Abbaus
- Förderung und Nachbehandlung des Abbaugutes zur umweltverträglichen Lagerung.

Zudem verstärkt sich die Tendenz, Tunnelröhren für Verkehrsbauten mit einer relativ geringen Erdüberdeckung auszuführen. In den letzten Jahren ist die Überdeckung vom 1- bis 2fachen auf den $^1/_2$- bis 1fachen Tunneldurchmesser zurückgegangen (Bild 14.1-1). Diese Reduzierung der Überdeckung kann die notwendigen geometrischen Entwicklungslängen der Tunnel verkürzen. Dies führt zu geringeren Baukosten mit kürzeren Tunnel- und Rampenlängen, steigert jedoch die Empfindlichkeit des Vortriebs gegenüber Unwägbarkeiten und Fehlern. Dadurch erhöht sich der technische Aufwand und erfordert mehr Know-how von den Beteiligten.

Folgende Vollschnitt-Schildmaschinentypen [14-5] werden unterschieden:

SM-V1 – Ortsbrust ohne Stützung

Diese Maschine wird bei standfester Ortsbrust ohne Grundwassereintritt, z. B. in steifen, überkonsolidierten und damit trockenen, bindigen, standfesten Schluff- und Tonböden eingesetzt. Damit auch bei geringer Überdeckung keine schädlichen Setzungen an der Geländeoberfläche auftreten, sollten die Druckfestigkeiten des Bodens $\sigma_D \geq 1$ MN/m² sein. Die Kohäsion sollte Werte über $c_U \geq 30$ kN/m² aufweisen. Beim Einsatz in weichem, aber wenig nachbrüchigem Fels sind geringe Mengen an Schicht- und Kluftwasser vertretbar. Die Schildmaschine besteht aus dem Schildmantel und einem werkzeugbestückten Schneidrad, das die gesamte Ortsbrust bestreicht. Das abgebaute Material wird mittels Förder- und Kratzbänden geschuttert.

SM-V2 – Ortsbrust mit mechanischer Stützung

Die Stützung erfolgt durch ein nahezu geschlossenes Schneidrad. Das Schneidrad besteht aus Speichen, deren Zwischenräume durch meist variabel verstellbare Platten zur Stützung der Ortsbrust geschlossen werden können. Aufgrund des vollflächig stützenden Schneidrades können weiche, trockene Bodenarten abgebaut werden. Geeignet sind nicht standfeste, bindige Böden und Wechsellagerungen aus bindigen und nichtbindigen Böden. Gemäss praktischen Erfahrungen sollte die Kohäsion zwischen $c_U = 25 - 30$ kN/m² liegen. Besonders schwierig gestaltet sich der Abbau von eingelagerten Findlingen. Zum Fliessen neigende Böden führen zu Setzungen an der Oberfläche, da die Stützung im Bereich der Schlitze unvollkommen ist.

Die maximale Korngrösse ist durch die Breite der Schlitze für die Materialförderung begrenzt. Der Abbau wird vollflächig durch das mit Abbauwerkzeugen bestückte Schneidrad vorgenommen. Über Schlitze, die sich zwischen Schneidrad und Stützplatten befinden und meist variabel verstellbar sind, wird der gelöste Boden abgeräumt. Die Schutterung erfolgt oft über Förder- oder Kratzkettenbänder. Zur Begrenzung der Oberflächensetzung müssen Schlitzweite und Anpressdruck optimiert werden. Bedingt durch den ständigen vollflächigen Kontakt des Schneidrades mit der Ortsbrust, benötigt man sehr hohe Drehmomente.

SM-V3 – Ortsbrust mit Druckluftbeaufschlagung

Die Schildmaschinen SM-V1 und SM-V2 können im Grundwasser eingesetzt werden, wenn sie mit einem Druckluftschott und Schleusen ausgestattet werden. Es gelten hier die gleichen Überlegungen, wie sie bereits bei der Teilschnittschildmaschine SM-T3 erläutert wurden.

SM-V4 – Ortsbrust mit Flüssigkeitsstützung

Bei diesen Maschinen ist die Arbeitskammer durch eine Druckwand gegen den Tunnel abgeschlossen. In der Arbeitskammer befindet sich eine unter Druck stehende Flüssigkeit, die die Ortsbrust stützt. Als Stützflüssigkeit verwendet man eine Bentonitsuspension. Das Einsatzspektrum ergibt sich aus der Durchlässigkeit des Bodens. Der Stützdruck kann über ein Luftpolster oder durch die abgestimmten Drehzahlen der Förder- und Speisepumpen geregelt werden. Diese Maschinen eignen sich bei geringbindigen bis nichtbindigen Böden mit oder ohne Grundwasser. Der typische Baugrund für solche Maschinen sind Kiese und Sande. Grobe Kiese vermindern oder verhindern die notwendige Membranwirkung; die Stützflüssigkeit kann jedoch weitestgehend darauf abgestellt werden. Beim Durchfahren von Schichtbereichen mit Steinen oder Findlingen muss das Schneidrad mit Diskenmeisseln bestückt und ein Steinbrecher vor den Rechen geschaltet werden, damit förderfähige Materialgrössen entstehen. Der Boden wird vollflächig mit dem Schneidrad abgebaut. Die Förderung des abgebauten Bodens erfolgt hydraulisch mittels Kreiselpumpen. Eine anschliessende Separation des Flüssigkeits-Boden-Gemisches ist unumgänglich zur Trennung des Abbaumaterials und der Flüssigkeit bezüglich der Wiederverwendung der Stützflüssigkeit. Um den Separationsaufwand zum Ausscheiden in bezug auf den Energieeinsatz gering zu halten, sollte der Feinanteil (Durchmesser unter 0,02 mm) unter 10 % liegen.

SM-V5 – Ortsbrust mit Erddruckstützung

Auch bei diesen Maschinen ist die Arbeitskammer durch eine Druckwand gegen den Tunnel abgeschlossen. Das mehr oder weniger geschlossene, werkzeugbestückte Schneidrad baut den Boden ab. In der Arbeitskammer stützt der unter Druck stehende Boden, der eine breiig-viskose Konsistenz (Erdbrei) aufweisen sollte, die Ortsbrust. Eine Schnecke fördert das abgebaute Bodenmaterial aus dem Arbeitsraum. Der Druck in der Arbeitskammer wird über Druckmessdosen kontrolliert, die auf der Vorderseite der Druckwand verteilt sind. Der Stützdruck wird durch den Vorschub der Vortriebspressen und die Dreh- und Fördergeschwindigkeit der Schnecke gesteuert. Das Bodenmaterial in der Schnecke muss durch seine geringe Durchlässigkeit und Viskosität sicherstellen, dass kein unkontrolliertes Austreten von Wasser und Bohrgut möglich ist, was den Stützdruck in der Arbeitskammer verringern würde. Die Erddruckstützung eignet sich besonders bei Böden mit bindigen Anteilen. Der Feinstkornanteil (Durchmesser < 0,06 mm) sollte den Erfahrungen der Praxis entsprechend bei mindestens 30 Gew.-% liegen. Um den gewünschten Erdbrei zu erzeugen, muss Grundwasser vorhanden sein, oder es muss Wasser hinzugegeben werden. Die erforderliche Konsistenz kann durch geeignete Konditionierungsmittel, z. B. Bentonit oder Polymere, verbessert werden, womit auch die Verklebungsgefahr reduziert wird.

14.5 Sonderformen von Schildmaschinen

Universalschilde

Wird ein Vortrieb durch lange, aber abschnittsweise wechselhafte Baugrundverhältnisse geführt, so eignen sich anpassbare Schildmaschinen mit kombinierter Verfahrenstechnik. Die Geräte sind in hartem Gestein sowie in weichen Böden einsetzbar. Bei diesen Maschinen ist ein Wechsel zwischen den Abbau- und Stützverfahren wie folgt möglich:

ohne Umbau der Maschine zum Wechsel der Ortsbruststützart

- Erddruckschild ⇔ Druckluftschild
- Flüssigkeitsschild ⇔ Druckluftschild

durch Umbau der Maschine zum Wechsel der Vortriebsverfahren

- Flüssigkeitsschild ⇔ Schild ohne Stützung
- Flüssigkeitsschild ⇔ Erddruckschild
- Erddruckschild ⇔ Schild ohne Stützung
- Flüssigkeitsschild ⇔ TBM-S
- Erddruckschild ⇔ TBM-S

Messerschilde und Messervortrieb

Der Schildmantel besteht aus einzelnen Stahlbohlen, die man auch als Messer oder Lanzen bezeichnet. Diese liegen auf mehreren umsetzbaren Stahlbögen auf, die einzeln vorgeschoben werden können. Der Boden wird durch Teilschnittmaschinen oder Bagger abgebaut. Mit dem Messerschild können kreis- und hufeisenförmige Querschnitte aufgefahren werden.

Multiface-Schilde

Die Schneidräder dieser Geräte sind hintereinander überlappend versetzt angeordnet und können einen fast elliptischen Querschnitt für Bahnhofsbereiche auffahren.

Gelenkschilde

Alle Schilde können durch Unterteilung in Längsrichtung mit einem Gelenk versehen werden. Übersteigt das Verhältnis der Schildmantellänge L zum Schilddurchmesser D den Wert $L / D > 1$, wird im allgemeinen zur besseren Steuerbarkeit ein Gelenk angeordnet. Die Anordnung kann auch bei sehr engen Kurvenfahrten erforderlich werden. Das Gelenk stellt neben dem Schildschwanzende ein weiteres Dichtungsproblem dar.

Haubenschilde

Diese Schildform wird meist bei offenen oder Druckluftschilden eingesetzt. Die Schildschneide wird durch Abschrägen dem natürlichen Böschungswinkel angenähert. Das bedeutet, dass der Schild an der Ortsbrust abgeschrägt wird. Der Firstbereich ist der Sohle gegenüber vorauseilend, um einen kleinen Sicherungsschirm vor der Ortsbrust zu erzeugen. Beim Vortrieb unter Druckluft wird dadurch die Sicherheit gegen Ausbläser erhöht.

Teleskopschilde / Doppelschilde

Zur Erhöhung der Vortriebsgeschwindigkeit können Schilde teleskopierbar ausgeführt werden. Dadurch kann der Vortrieb fast ohne Unterbrechung erfolgen, da gleichzeitig der Abbau durchgeführt und die Tübbinge eingesetzt werden können.

15 Tunnelbohrmaschinen (TBM)

15.1 Einsatz von Tunnelbohrmaschinen

Der Einsatz von Tunnelbohrmaschinen wird ganz wesentlich von Wirtschaftlichkeitsüberlegungen in bezug auf Kosten und Termine bestimmt. Für einen wirtschaftlichen TBM-Einsatz bedarf es einer Mindestprojektlänge sowie der Möglichkeit, die Gesamtinvestition in Folgeprojekten abzuschreiben. Eine allgemeingültige, feste Mindestlänge kann nicht angegeben werden; diese hängt von den projektspezifischen Randbedingungen ab. Es kann aber davon ausgegangen werden, dass auch zukünftig Tunnel von einigen 100 m Länge konventionell aufgefahren werden. Der TBM-Einsatz ist in Abhängigkeit vom Maschinendurchmesser ab einer Länge von ca. 2 km sinnvoll. Die Forderung nach immer höherer Wirtschaftlichkeit im Tunnelvortrieb führt zu Überlegungen, den TBM-Vortrieb auch unter schwierigen Gebirgsbedingungen einzusetzen. TBM-Systeme stellen eine hohe Investition dar, zudem sind die Systeme in bezug auf veränderte Gebirgsverhältnisse nur begrenzt flexibel, daher sind u. a. folgende technische Problemkreise für jedes Projekt sorgfältig zu klären:

- Abbaubarkeit des Gesteins
- Verspannbarkeit der TBM im Gebirge
- Standfestigkeit und Verformbarkeit des Gebirges

In bezug auf die technische und wirtschaftliche Risikominimierung sind diese Aspekte äussert sorgfältig entlang der Tunnelspur zu untersuchen, und die Maschine einschliesslich Nachläufersystem, ist auf die Bandbreite der wahrscheinlichsten Gebirgsverhältnisse zu optimieren.

Tunnelbohrmaschinen eignen sich zum Ausbruch von Festgestein mit mittlerer bis hoher Festigkeit (50 – 300 N/mm^2) und nicht zu hoher Abrasivität (Bild 15.1-2). Unter Abrasivität versteht man die besondere Abnutzung der Werkzeuge durch Minerale mit hohem Härtegrad wie z. B. Quarz. Mit der Tunnelbohrmaschine lassen sich nur Kreisquerschnitte im Vollausbruch auffahren. Der Ausbruchvorgang ist gebirgsschonend und profilgenau. Tunnelbohrmaschinen werden heute im Durchmesserbereich von ca. 2,5 bis 12 m und mehr eingesetzt.

Folgende TBM-Systeme muss man heute unterscheiden:

- Gripper-TBM
- Aufweitungs-TBM
- Schild-TBM
- Teleskopschild-TBM/Doppelschild-TBM/Verspannmantel-TBM

Bild 15.1-1 Tunnelbohrmaschine TB 620/780 von Wirth [15-1]

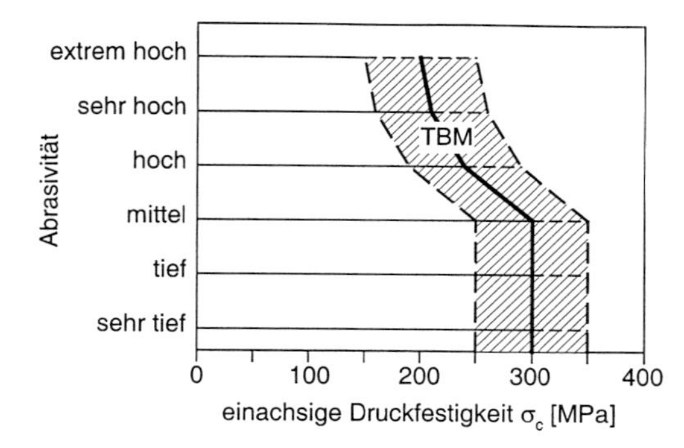

Bild 15.1-2 TBM-Einsatzbereich in Abhängigkeit von Druckfestigkeit und Abrasivität

Die Gripper-TBM und Aufweitungs-TBM gehören zu den offenen Verspannmaschinen. Die Gripper-TBM als Vollschnittmaschine wird heute hauptsächlich im Felstunnelbau eingesetzt. Die Maschine eignet sich für alle Gebirgsklassen, die eine Mindeststehzeit aufweisen, zum Einbau der Ausbaubögen hinter dem Bohrkopf. Den Spritzbetonauftrag zwischen den Ausbaubögen sollte man bei heutiger Technik erst im Nachläuferbereich einbringen, um die beweglichen Hydraulikeinrichtungen der Maschine zu schützen. Bei Gebirgsverhältnissen, die zu Niederbrüchen neigen, kann es zum Zuschütten der Gripper-TBM hinter dem Bohrkopfmantel kommen (Bild 15.1-3), wenn diese Zonen zu spät erkannt werden. Meist muss dann der zu Niederbrüchen neigende Bereich mit aufwendigen Mitteln, z. B. mit einem zusätzlichen seitlichen Injektionsstollen (Bypass), injiziert werden. Die verschüttete Maschine muss mittels Handarbeit wieder freigelegt werden. Dies führt meist zu mehrmonatigen Bauunterbrechungen. Bei Gebirgsklassen, die zu Niederbrüchen neigen, sind Schild-TBM die geeignete baubetriebliche Lösung.

Bei echtem Gebirgs- sowie Quelldruck kann es zum Einklemmen des Schildmantels kommen. Dieses Problem muss sehr sorgfältig untersucht werden, um das richtige Vortriebskonzept zu entwickeln. Bei langsamen Verformungsprozessen kann dem Problem durch Überschnittwerkzeuge, die einen grösseren Ausbruch erzeugen als der Schilddurchmesser (Staubschild bei der Gripper-TBM bzw. Schildmantel bei der Schild-TBM), begegnet werden. Bei solchen Gebirgsverhältnissen ist jedoch in vielen Fällen der konventionelle Vortrieb zu bevorzugen.

Eine weitere technische Alternative bildet das Aufweitungs-TBM-System. Dieses System besteht aus den folgenden zwei separaten Geräten:

- einer Pilot-Gripper-TBM
- einer Aufweitungs-TBM

Diese beiden Geräte werden zeitlich unabhängig voneinander eingesetzt. Mit der Pilot-Gripper-TBM wird zuerst ein Pilotstollen über die gesamte Länge des Tunnels aufgefahren. Erst danach kann die Aufweitungs-TBM eingesetzt werden. Diese Aufweitungsmaschine ist mit einem vorlaufenden Grippersystem ausgerüstet, das sich mit den Gripperplatten in dem vorgängig erstellten Pilotstollen

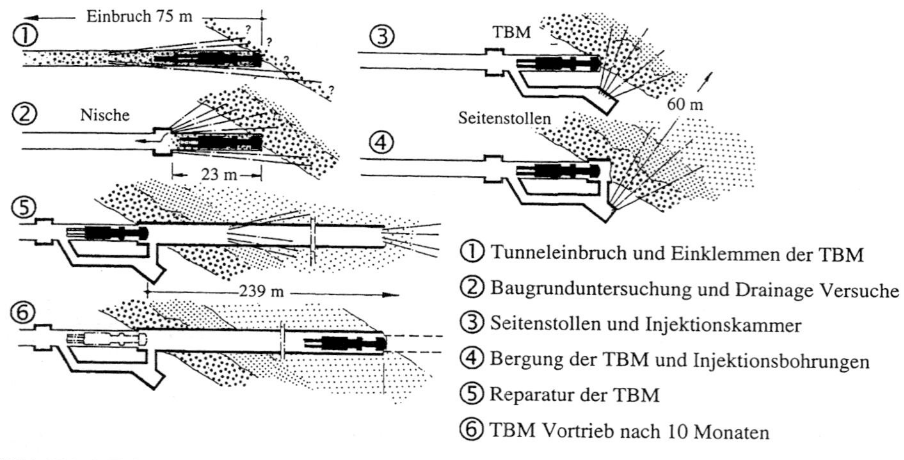

Bild 15.1-3 Beispiel eines Umgehungsstollens bei Niederbruch im TBM-Vortrieb [15-2]

1. Bohrkopf
2. Bohrkopfmantel, bestehend aus Mantel mit integrierter Staubwand und verlängerbarem Kopfschutz
3. Ausbaubögensetzvorrichtung und Transportsystem
4. Innenkelly
5. Aussenkelly, ein- oder zweiteilig mit Spannschilden (Pratzen) und Verstellzylindern
6. Vorschubzylinder
7. Bohrkopfantrieb
8. Hintere Abstützung
9. Förderband
10. Ankerbohrgerät
11. Sondierbohrgerät

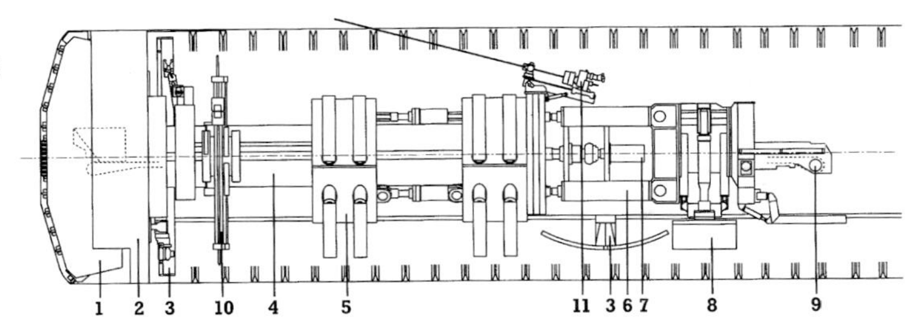

Bild 15.2-1 Aufbau einer Gripper-TBM der Firma Wirth [15-1]

abstützt. Der Anpressdruck des Schneidrades wird durch die Vorschubpressen erzeugt, die sich am vorlaufenden Gripper abstützen. An der Aufweitungs-TBM wird, wie bei den anderen TBM, das Nachläufersystem angehängt.

Die Schild-TBM bzw. Teleskopschild-TBM mit Tübbingeinbau im Schildmantel wird in Zukunft besonders bei grösseren Durchmessern an Bedeutung gewinnen, durch ihre einfache repitive Arbeitsweise zum Aufbohren des Tunnels und zur Herstellung der Sicherungs- und Ausbauschale.

15.2 Gripper-TBM

15.2.1 Aufbau der Gripper-TBM

Der typische Aufbau einer modernen Gripper-TBM ist in Bild 15.2-1 dargestellt. Den Maschinenaufbau kann man wie folgt gliedern:

- Abbau-, Abstütz- und Antriebsaggregate
- Förder- und Montageeinrichtungen.

Zu den **primären Aggregaten** der Maschine zählt der Bohrkopf. Dieser wird von hydraulischen oder elektrischen Antriebsmotoren, die meist ringförmig um das mittenfreie Hauptlager am Schaft der Maschine angeordnet sind, angetrieben. Der Bohrkopf ist durch einen Bohrkopfmantel mit Staubwand vom aufgefahrenen Querschnitt getrennt. Der Bohrkopfmantel schützt den Bohrkopf vor hereinbrechendem Material. Der hintere Arbeitsraum wird durch die Staubwand vor Staub und absplitterndem Material geschützt. Das abgebaute Material wird über Schöpfeinrichtungen am Bohrkopf und über Leitbleche auf der Rückseite des Bohrkopfes zum Zentrum gefördert. Dort fällt es auf einen Bohrguttrichter, der das Material auf ein Förderband übergibt. Das Förderband befindet sich meist in der Mittelachse, der Innenkelly, der Maschine. Die Innenkelly besteht aus einer Rechteckhohlkastenkonstruktion, die den Bohrkopf und dessen Antriebe trägt. Sie ist, in Längsrichtung verschiebbar, in der Aussenkelly gelagert. Die Aussenkelly wird meist in zwei Ebenen mit jeweils vier Verspannpratzen (Grippern) gegen die Tunnelwandung verspannt. Im verspannten Zustand dient sie zur Führung der Innenkelly und als Widerlager für die Vorschubzylinder. Die Vorschubzylinder erzeugen während des Bohrvorgangs den Anpressdruck für die Abbauwerkzeuge gegen die Ortsbrust. Die starre Führung der Innenkelly hat folgende Vorteile:

- Hohe Anpress- bzw. Vorschubkräfte in hartem Gestein können gut übertragen werden.
- Die Verspannkräfte können, zur günstigeren Anpassung an schwierige Gebirgsverhältnisse, auf mehrere Angriffspunkte der Wand verteilt werden.
- Die starre Führung der Innenkelly verhindert ungewollte Lageabweichungen des Bohrkopfes während des Bohrvorgangs.

Die Vorschubzylinder befinden sich meist hinter oder vor der Aussenkelly. Sie sind an der Widerlagerkonstruktion der Innenkelly befestigt und stützen sich gegen die Umfangsrahmenkonstruktion der Aussenkelly ab. Während der Verspannung schieben die Vorschubzylinder die Innenkelly in Richtung der Ortsbrust und erzeugen den Anpressdruck auf die Bohrwerkzeuge.

Diese Vorschubkräfte, die den Anpressdruck auf den Bohrkopf erzeugen, werden mit seitlichen Abstützplatten (Pratzen oder Grippern) über Reibungskräfte ins Gebirge geleitet. Die Reibungskräfte werden durch Vorspannung hydraulischer Pressen über die Abstützplatten erzeugt und bilden somit die Reaktionskräfte zu den Vorschubkräften.

Bei hydraulischen Antriebsmotoren befinden sich die Elektromotoren zum Antreiben der Hydraulikpumpen auf dem Nachläufer.

Tabelle 15.2-1 Technische Daten von Gripper-TBMs [15-1]

Vollschnittmaschinen		TB 0/1	TB 0/2	TB I	TB II
Durchmesserbereich	m	2,2 - 2,6	2,6 - 3,0	3,0 - 3,5	3,5 - 4,0
Drehzahlbereich	1/min	11,8	11,0 - 13,8	9,4- 12,0	8,8 - 10,2
Bohrhub	mm	800	1000	1200	1200

Vollschnittmaschinen		TB III	TB IV	TB V	TB VI
Durchmesserbereich	m	4,0 - 4,8	4,8 - 6,0	6,0 - 7,2	7,2 - 8,6
Drehzahlbereich	1/min	7,0 - 9,0	5,4 - 7,5	4,5 - 6,0	3,8 - 5.0
Bohrhub	mm	1500	1600	1600	1600

Die **sekundären Einrichtungen** dienen zum Einbau der Sofortsicherungsmassnahmen hinter der Ortsbrust bzw. dem Staubschild der TBM sowie zum Vorsondieren des Gebirges. Zum Einbau der ersten Schutzsicherungen gehören:

- Versetzen von Ausbaubögen direkt hinter dem Bohrkopfmantel,
- Kopfschutz im Firstbereich mit Netzen und Ankern oder Spritzbeton.

Neben diesen mechanischen und hydraulischen Einbauhilfen sind Materialfördereinrichtungen zum Fördern der Ausbaubögen vom Zwischenlager auf dem hinteren Teil der TBM zum Einbauort erforderlich.

Zur Sondierung und Injektion der Ortsbrust ist eine mobile Bohrlafette am Umfang der Aussenkelly angebracht. Diese Bohrlafette lässt sich radial über einen Kreisschlitten an jeder gewünschten Stelle des Umfangs für eine Bohrung positionieren. In sehr zerklüftetem und gebrächem Gebirge können mit diesen Bohr- und Injektionsgeräten vorauseilende Injektionsschirme hergestellt werden, um Niederbrüche hinter der Maschine zu verhindern. Diese Einrichtungen eignen sich meist nur zum Sichern kleinerer Störzonenbereiche, da die entsprechenden Sondermassnahmen sehr zeitaufwendig sind. Sind umfangreiche Störzonenbereiche, in denen Nachbrüche erwartet werden, zu durchfahren, ist möglicherweise eine Schild-TBM mit Tübbingauskleidung besser geeignet. Jedoch muss dabei beachtet werden, dass die Schildmaschine mit Tübbingauskleidung auf eine erhöhte Mantelreibungskraft und Schildradialbelastung durch das andrückende Material ausgelegt werden muss.

Die Sohltübbinge – falls verwendet – werden mittels hydraulisch angetriebenem Transport- und Hebegerät auf der Ausbaubühne des Nachläufers zwischengelagert (diskontinuierliche Versorgung) und je nach Vortriebsfortschritt verlegt. Zum Einbau werden die Sohltübbinge über eine hydraulische Hebe- und Transporteinrichtung zur Übergabe

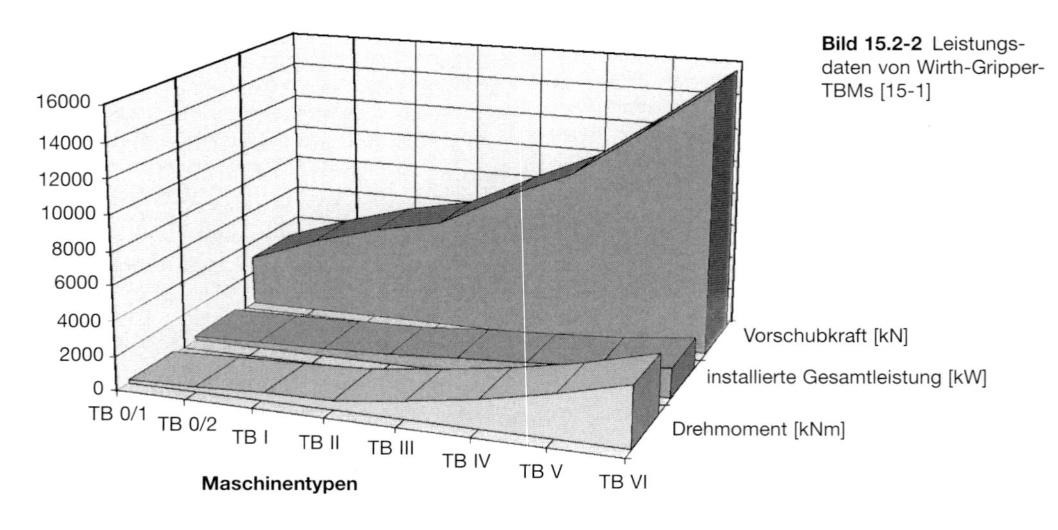

Bild 15.2-2 Leistungsdaten von Wirth-Gripper-TBMs [15-1]

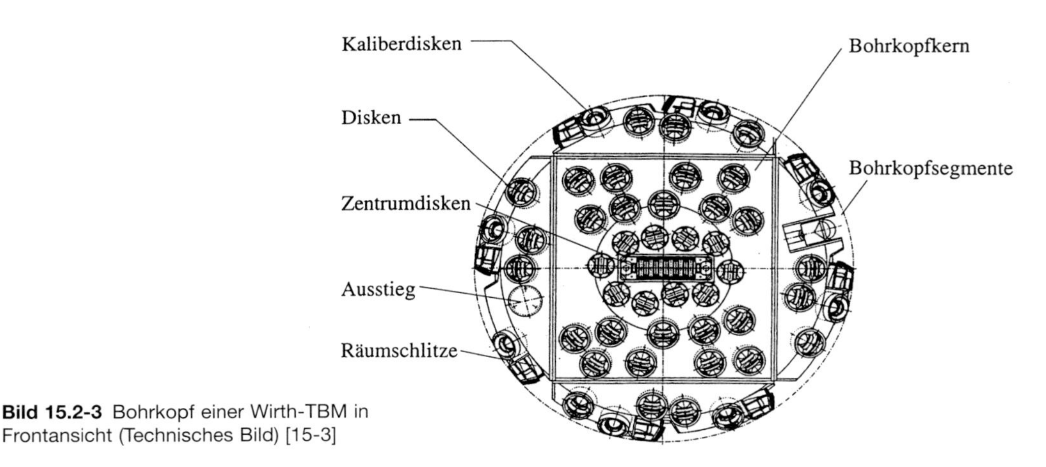

Bild 15.2-3 Bohrkopf einer Wirth-TBM in Frontansicht (Technisches Bild) [15-3]

an den Erektor, der sich an der Unterseite der Aussenkelly befindet, bewegt. Diese Übergabe erfolgt unter dem hinteren Teil der Aussenkelly. Der Erektor ist mit einem Zentrierstift und Vakuumsaugplatten ausgerüstet, um den Sohltübbing zu übernehmen und zu verlegen. Dieser Sohltübbing dient meist dem Nachläufer als Gleisfahrbahn.

Beim Ausbruchvorgang an der Ortsbrust entsteht kleinstückiges Material unter entsprechender Staubentwicklung. Daher sind aus arbeits- und sicherheitstechnischen Gründen Vorrichtungen erforderlich, welche die Staubentwicklung einschränken, den Staub absaugen und vor der Vermischung mit der Atemluft entfernen. Folgende Möglichkeiten bestehen hierfür:

- Staubschild hinter dem Bohrkopf und Staubabsaugung am Bohrkopf mit Entstaubung auf dem Nachläufer oder
- Besprühen der Ortsbrust im Bohrkopfbereich mit Wasser (Vorsicht bei wasserempfindlichem Gestein!)

Die Entstaubungslutte befindet sich auf der Maschine. Sie saugt den Staub aus dem Bohrkopfmantel ab und fördert ihn zur Entstaubungsanlage. Diese befindet sich meist auf dem Nachläufer. Die verschiedenen Entstaubungskonzepte sind im Kapitel 21 (Baulüftung) beschrieben.

Die Bandbreite der zur Zeit eingesetzten Gripper-TBMs ist in Tabelle 15.2-1 und Bild 15.2-2 dargestellt.

15.2.2 Bohrkopf

Im Felsbau verwendet man meist geschlossene Felsbohrköpfe, bestückt mit Disken und Räumschlitzen. Der Bohrkopf dient als Abbauwerkzeughalter. Er ist meist an der Frontseite zur Ortsbrust schwach konisch ausgebildet und besteht im wesentlichen aus der geschlossenen Grundkonstruktion.

Um dem Bohrkopf eine ausreichende Steifigkeit zu geben, ohne grosse Materialstärken zu verwenden, die zu Eigenspannungen und damit zu Rissbildungen neigen, besteht der Bohrkopf meist aus einem kegelstumpfförmigen Element, das im Inneren mit radialförmig angeordneten Leitblechen (Scheiben) versteift ist. Diese Leitbleche bilden kegelförmige Kammern im Bohrkopf, in die das gelöste Material über radialförmig am Bohrkopf angeordnete Räumschlitze mittels Kratzern (Schöpfwerke) zugeführt wird. Die Leitbleche zwangsfördern das Material in

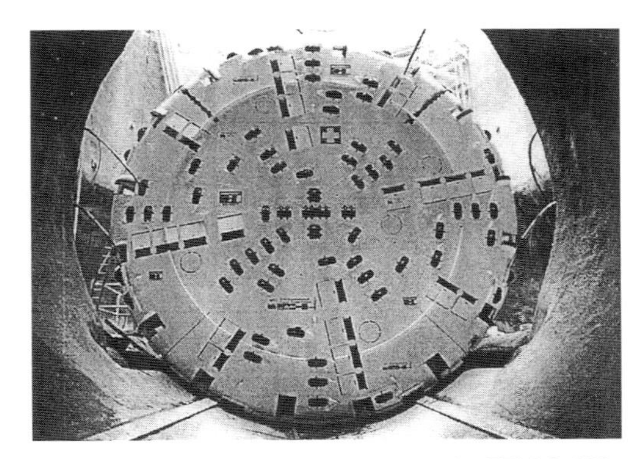

Bild 15.2-4 Bohrkopf einer Herrenknecht-TBM S-139 in Frontansicht [15-4]

das Zentrum des mittenfrei gelagerten Bohrkopfes. Dort wird das Material in den Aufgabetrichter des Förderbandes der Maschine übergeben. Die Räumschlitze (Bild 15.2-3 und Bild 15.2-4) der Kratzwerke sollten möglichst weit in die Mitte geführt werden. Dadurch wird verhindert, dass das gelöste Material über die ganze Ortsbrust an allen Disken vorbeirutschen muss. Werden die Räumschlitze nur an den Rändern angeordnet, sinkt die Schneidleistung, da das gelöste Material über die Schneidspuren rieselt und dadurch die Penetration der Disken durch Bildung eines Polsters behindert.

In der Grundkonstruktion der Bohrkopffrontplatte sind die Schneidrollenhalter eingelassen. Die Disken bzw. Schneidrollen sind auf Böcken bzw. Schneidrollenhaltern gelagert, die auf der Rückseite der Bohrkopffrontplatte befestigt sind. Die Schneidrollenhalter sollten so konstruiert sein, dass die Disken von vorne und hinten ausgewechselt werden können. Das Auswechseln der Disken erfolgt zum Teil mit hydraulischen Werkzeugen, was allfällige Reparaturen vereinfacht und verkürzt. Der freie Abstand zwischen Ortsbrust und Bohrkopf wird durch den Einbau der Schneidrollenhalter auf der Rückseite der Bohrkopfplatte auf ein Minimum reduziert. Dadurch wird die Beanspruchung der Disken und Werkzeughalter verringert. Die Gefahr, dass hereinbrechende Gesteinsbrocken den Bohrkopf blockieren oder die Schneidrollenhalter abreissen, wird weitgehend verringert.

Die Bohrkopflagerung wird fast ausschliesslich durch maschinenbautechnische Gesichtspunkte bestimmt. Es werden meist folgende Lagerungs- und Antriebsarten verwendet:

- Zentralwellenlagerung
- Umfangslagerung
- mittenfreie Kompaktlagerung

Bei Gripper-TBMs wird in der Regel die mittenfreie Kompaktlagerung verwendet. Diese hat den Vorteil, dass die Schutterung mittels Förderband in der Mitte des Bohrkopfes angeordnet werden kann und somit das Ausbruchmaterial, wie beschrieben, durch den Bohrkopf zwangszugeführt wird. Ferner erfolgt hier die Durchführung von Leitungen mittels Drehdurchführung; auch der Einstieg ins Bohrkopfinnere befindet sich hier. Der Einstieg erfolgt meist durch eine Luke an der Unterseite der Innenkelly, was das Zurückziehen des Maschinenförderbandes erfordert. Mannlöcher ∅ 60 cm an der Rückseite der Staubwand dienen als weitere Möglichkeit zum Einstieg ins Bohrkopfinnere. In der Frontplatte des Bohrkopfes befinden sich zusätzliche Mannlöcher zum Durchstieg an die Ortsbrust. Auch gestatten die Schneidrollenhalter zusätzlichen Zugang zur Ortsbrust.

Ferner hat man durch das mittenfreie Hauptlager genügend Platz, um die Multi-Hydraulik- oder E-Frequenzumwandlungsmotoren am Umfang anzuordnen, so dass das notwendige Arbeitsmoment auf den Bohrkopfantriebskranz aufgebracht werden kann. Die E-Motoren werden meist nicht – wie die Hydraulikmotoren – direkt am Hauptlager angebracht, sondern am hinteren Ende der Innenkelly angeordnet (Bild 15.2-1). Das Antriebsmoment wird über eine Kelly zum Hauptlager übertragen. Die Verdrehsteifigkeit der Antriebsstange gibt dem Motor eine gewisse Elastizität in bezug auf plötzlich höhere Bohrkopfwiderstände.

15.2.3 Bohrkopfantrieb und Hauptlager

Um einen schonenden Betrieb und eine optimale Anpassung an die Gebirgseigenschaften zu ermöglichen, ist es wichtig, dass der Bohrkopf weich angefahren und vibrationsarm betrieben werden kann. Aus diesen Gründen sind die TBM meist mit stufenlos regelbarem Hydraulik- oder E-Frequenzumwandlungsantrieb ausgerüstet. Der Antrieb sollte durch manuelles Umschalten auf Bypassbetrieb gewechselt werden können und so konzipiert sein, dass ein kurzzeitiges Brechdrehmoment vom 1,5- bis 2fachen Nenndrehmoment zur Verfügung steht.

Die Antriebssteuerung muss so ausgelegt werden, dass die Maschinenteile nicht überbelastet werden. Für Wartungsarbeiten sollte der Antrieb für Rechts- und Linksdrehen ausgelegt werden und der Bohrkopf mit einer Feststellbremse gesichert sein. Zum Antrieb des Bohrkopfes hat man folgende Möglichkeiten (Bild 15.2-5):

- elektrischer Antrieb mit Reibungskuppelung, meist zwei verschiedene Drehzahlen
- elektrischer Antrieb frequenzgesteuert, variable Drehzahl
- hydraulischer Antrieb, variable Drehzahl
- elektrischer Antrieb mit Hilfshydraulikantrieb für ein hohes Losbrechmoment

Der elektrische Antrieb ist meist mit zwei Geschwindigkeitsstufen ausgerüstet. Dadurch sind die Motoren wenig flexibel. Das beim Anfahren

Bild 15.2-5 TBM Antriebsmotoren-Charakteristik [15-3]

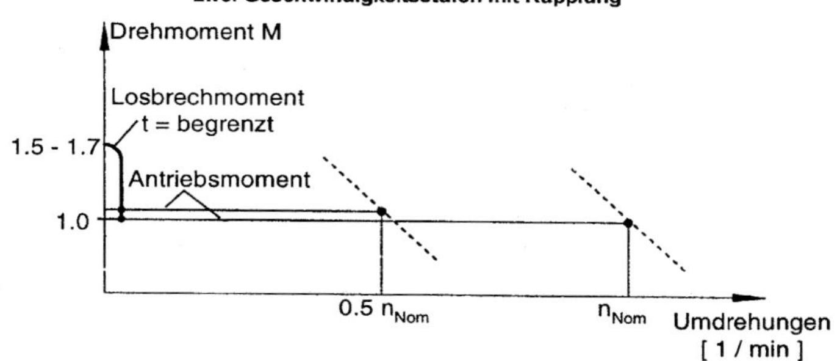

Elektroantrieb frequenzgesteuert

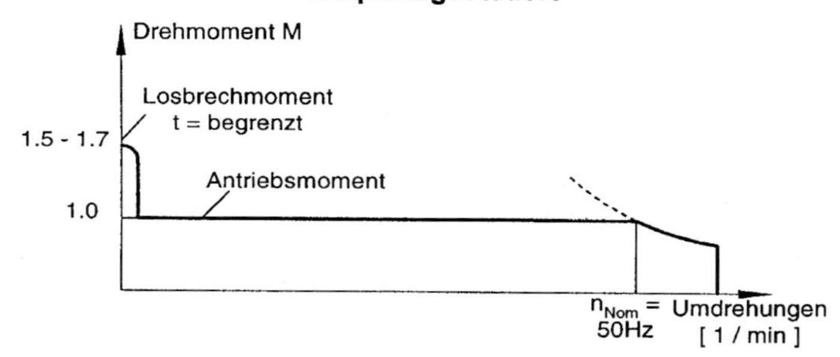

Hydraulischer Antrieb

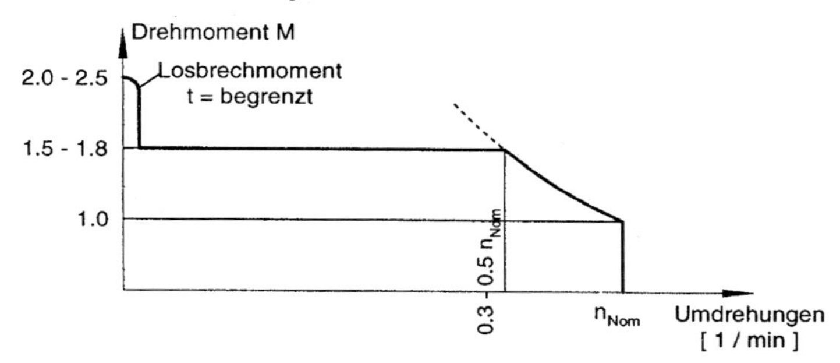

Elektroantrieb mit kleiner Hilfshydraulik
zwei Geschwindigkeitsstufen mit Kupplung und hydraulischem Hochdrehmoment

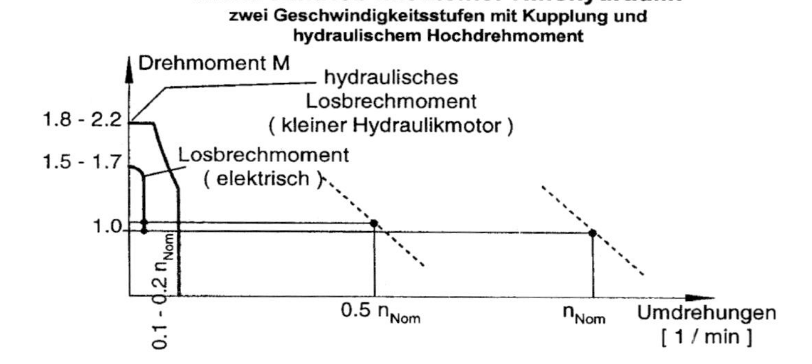

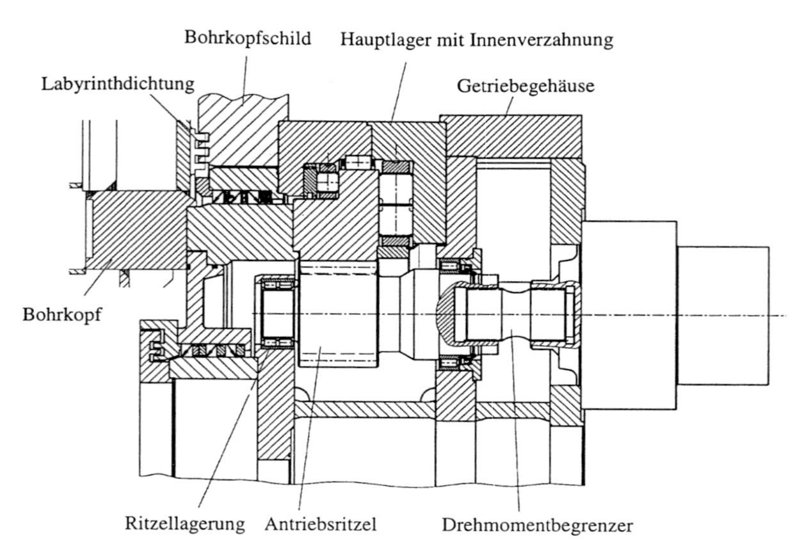

Bild 15.2-6 Bohrkopflagerung [15-3]

notwendige Losbrechmoment ist ca. 1,5fach so hoch wie das Betriebs- bzw. Antriebsmoment. Dieses Losbrechmoment ist zeitlich limitiert. Es wird erreicht indem alle Motoren hochgefahren werden und dann die Kuppelung eingeworfen wird. Der festsitzende Bohrkopf bricht los, oder die Rutschkuppelung entlastet den Motor. Der Wirkungsgrad des E-Motors liegt bei ca. 95 %.

Die Elektromotoren mit frequenzgesteuerten Umrichtern arbeiten sehr variabel. Mit ihnen kann man ein zeitlich begrenztes Losbrechmoment von ca. 1,7fachem Antriebsmoment erreichen. Das Losbrechmoment wird durch einen Hitzeschalter geregelt, um Schäden am Motor zu verhindern und die Beanspruchung der Werkzeughalter zu begrenzen. Zum Losbrechen werden die frequenzgesteuerten Motoren aus dem Stand mit voller Kraft angefahren. Der Wirkungsgrad liegt bei ca. 90 %.

Die Hydraulikmotoren werden wegen ihrer Einfachheit und Robustheit sehr oft eingesetzt. Mit den robusten Hydraulikmotoren lassen sich sehr hohe Losbrechmomente erzielen, die zwischen dem 2- bis 2,5fachen des Antriebsmomentes bei der nominalen Drehzahl liegen. Bei geringeren Drehzahlen kann das Antriebsmoment auf das 1,5- bis 1,8fache des Antriebsmomentes bei der nominalen Drehzahl gesteigert werden. Der Wirkungsgrad liegt allerdings nur bei 75 %, der Rest der Energie wird in Wärme verwandelt.

Beim normalen elektrischen Antrieb mit zwei Geschwindigkeitsstufen kann das Losbrechmoment durch einen kleinen hydraulischen Hilfsmotor mit sehr kleiner Umdrehungszahl auf das 1,8- bis 2,2fache des Antriebsmomentes gesteigert werden.

Der Vorteil der Elektromotoren liegt in ihrer hohen Energieausnutzung. Dies macht sich bei dem sehr hohen Energieverbrauch der TBM über die Nutzungszeit sehr bemerkbar. Der Neupreis von Elektromotoren ist heute nicht mehr wesentlich höher als der Preis von Hydraulikmotoren. Die Instandhaltung von Elektromotoren kann nur durch qualifiziertes Personal erfolgen. Besonders anspruchsvoll sind frequenzgesteuerte Elektromotoren. Hydraulikmotoren dagegen sind sehr robust und pflegeleicht. Zudem kann ein sehr hohes Losbrechmoment erreicht werden. Bei Instandsetzungsarbeiten sind meist nur Schläuche oder Dichtungen zu ersetzen, dies kann durch einen Mechaniker erfolgen. Durch den geringen Wirkungsgrad entsteht in der Umgebung der Pumpen und Motoren relativ viel Wärme im Tunnel. Zudem sind die Energiekosten höher als bei E-Motoren gleicher Nutzleistung.

Bei Maschinen mit sehr grossem Durchmesser ist eine variable Umdrehungsgeschwindigkeit aus folgenden Gründen von Vorteil:

- bestmögliche Anpassung an verschiedene Gesteins- und Gebirgsbedingungen durch veränderte Drehzahl
- Möglichkeiten zur Kontrolle der Losbrechmomente und Maschinenvibrationen.

Diese Bedingungen werden durch frequenzgesteuerte elektrische sowie hydraulische Antriebe erfüllt.

Der elektrischer Antrieb mit Hilfshydraulikantrieb wird eingesetzt, wenn standfestes Gebirge durchörtert wird, das aber einige Störzonen enthält, damit man dann bei Problemen ein hohes Losbrechmoment zur Verfügung hat.

Die Vorschubgeschwindigkeit und der Anpressdruck des Bohrkopfes sollten zudem stufenlos regelbar sein, um, in Verbindung mit dem optimalen Arbeitsantriebsmoment, den effizientesten Gesteinslösevorgang unter den jeweils an der Ortsbrust gegebenen Gebirgsbedingungen durchführen zu können. Unter dem effizientesten Gesteinslösevorgang versteht man den wirtschaftlichsten Bohrfortschritt unter optimaler Ausnutzung der Bohrwerkzeuge. Der Bohrkopf bewegt sich während des Abbaus gleichmässig drehend.

Um die TBMs für eine Durchmesserbandbreite einsatzfähig zu konstruieren, besteht der Bohrkopf meist aus einem runden oder quadratischen Kern, um den projektbezogene, äussere Segmente angeordnet sind (Bild 15.2-3). Bei einer Durchmessermodifikation müssen dann nur der Schildmantel sowie der Staubschild neben den äusseren Bohrkopfsegmenten angepasst werden. Die Antriebs-, Abstütz- und Vortriebsaggregate müssen dabei auf den maximal möglichen Durchmesser ausgelegt sein.

Das Hauptlager der TBM besteht meist aus einem Hochleistungs-Achsial-Radial-Rollenlager (Bild 15.2-6) zur Aufnahme der hohen Bohrkopfbelastung. Eine Mehrfachlippendichtung mit Sperrfett schützt den Ölraum auf der vorderen Innen- und Aussenseite des Lagers. Aus jedem dieser Räume wird das Öl separat abgesaugt und zu Druckfiltern gefördert, die mit Tauchmagneten ausgerüstet sind. Das Öl wird mittels Wärmetauscher gekühlt. Über mehrere Leitungen wird das gereinigte und thermisch kontrollierte Öl wieder am Umfang des Hauptlagers unter Druck zugeführt (Zwangsölversorgung). Eine Verriegelung zwischen Schmierung und Bohrkopfantrieb soll Trockenbetrieb ausschliessen.

15.2.4 Bohrkopfmantel

Der Bohrkopfmantel umgibt den sich drehenden Bohrkopf im Kratzwerkbereich. Dieser Mantel dient zum Schutz des Bohrkopfes gegen hereinbrechendes Gebirge und verhindert somit ein Verklemmen des Bohrkopfes. Auf der Rückseite ist er mit dem Staubschild verbunden. Er wird oft zur Führung der Einbauhilfen für die Einbaubögen genutzt oder dient als Träger eines Kopfschutzes hinter der Staubwand. Der Bohrkopfmantelfuss wird auch als vordere TBM-Abstützung während des Umsetzens der Maschinenverspannung und als zusätzliche Bohrkopfabstützung während des Bohrens benutzt. Der Bohrkopfmantel besteht aus einer keilförmigen Schneide (Bild 15.2-1, Bild 15.4-1). Diese Stahlkonstruktion setzt sich aus Kegelblechen und Rippen zusammen. Die keilförmige Schneide wird gleichzeitig für die Sohlreinigung genutzt (Bohrgutschieber). Durch diese zusätzliche Lagerung der Maschine lassen sich auch Maschinenvibrationen reduzieren. Falls die Gebirgsverhältnisse es erfordern (druckhaftes Gebirge), besteht der Bohrkopfmantel aus einzelnen Segmenten, die mittels orthogonal angeordneten Hydraulikzylindern radial auf dem Durchmesser verschoben werden können. Der Verstellbereich in radialer Richtung beträgt gegenüber dem Nenndurchmesser zwischen 50 und 100 mm. Dadurch kann der Aussendurchmesser verstellt werden, damit bei stehender TBM die Maschine nicht bei Gebirgskonvergenzen eingeklemmt bzw. wieder gelöst werden kann.

15.2.5 Innen- und Aussenkelly mit Verspann- und Vorschubeinrichtung

Die Innenkelly besteht aus einer Kastenkonstruktion, die auf Gleitbahnen in der Aussenkelly gelagert ist. Die Innenkelly bildet den zentralen Führungskörper der Gripper-TBM. Die Vorschubkräfte werden von der Aussenkelly über die Vorschubzylinder auf die Innenkelly übertragen. Der vordere Innenkellybereich wird aussen möglichst von primären Elementen freigehalten, damit dieser Raum für Zusatzeinrichtungen genutzt werden kann, z. B. für ein Versetzgerät zum Einbau von Ausbaubögen. Der hintere Innenkellybereich ist mit der hinteren TBM-Abstützung ausgerüstet. Im Inneren der Innenkelly befindet sich bei den meisten Geräten das Förderband mit hydraulischem oder elektrischem Antrieb. Das Band ist zu Reparaturzwecken als Ganzes herausziehbar. Es übernimmt im Bohrkopf das Abbaumaterial vom Bohrguttrichter und gibt es an die Bandanlage des Nachläufers weiter. Für Reinigungszwecke ist bei der Förderung von Abbaumaterial durch die Innenkelly ein Gummizuggurt erforderlich, der ein- und ausgezogen werden kann.

Die Aussenkelly kann aus einer oder zwei separaten Kastenkonstruktionen bestehen. Bei Geräten ohne Stahlbogenausbau kann eine starre Kastenkonstruktion gewählt werden. Bei Verwendung eines umlaufenden Stahlbogenausbaus ist es jedoch baubetrieblich sinnvoll, bei der Aussenkelly zwei separate Kastenkonstruktionen zu verwenden. Durch Verändern der Relativabstände der beiden Kelly-Kastenkonstruktionen können Montageungenaugigkeiten der Bögen durch gegenseitiges Verändern der Abstände der beiden Verspannebenen ausgeglichen werden. Bei engen Bogenabständen müssen die Verspannplatten in zwei separate Füsse unterteilt werden, deren Abstand grösser als eine Ausbaubogenbreite ist, damit die Verspannung nicht auf dem Bogen aufsitzt und diesen zerstört. Eine Verspanneinheit besteht aus folgenden Elementen:

- Spannschild (Gripper, Pratze)
- meistens zwei Verspannzylindern
- Teleskop-Führungsstück zur Aufnahme und Übertragung der Querkräfte aus dem Drehmoment und der Vorschubkraft

Die Verspannung der TBM kann in Längsrichtung in einer oder in zwei Ebenen erfolgen. In Querschnittsebene erfolgt die Verspannung horizontal oder x-förmig. Aus Gründen der Lagestabilität während des Bohrvorgangs in lageweise geschichtetem Fels unterschiedlicher Härte und Festigkeit, und aus Platzgründen bei Maschinen mit einem $\varnothing \geq 4{,}00$ m, verwendet man heute meist zwei x-förmige Verspannebenen.

Zur sicheren Einleitung der hohen Vorschubkräfte in die ein- bzw. zweiteilige Aussenkellykonstruktion und zwecks kompakter Bauweise gliedert sich die Vorschubeinrichtung meist in zwei Druckzylindergruppen. Diese sind mit einem Ende an der Innen- und mit dem anderen Ende an der Aussenkelly befestigt. An den Vorschubzylindern erfolgt die Bohrhubwegmessung. Bei zwei getrennten Aussenkellys können bei lokal begrenzten Störungen der Gebirgsverhältnisse mit geringer Festigkeit die Einzelkellys mit den zugehörigen Verspann- und Vorschubzylindern getrennt gefahren werden. Nach dem Ende eines Bohrhubs und Absetzen des Gerätes auf die vordere und hintere Abstützung erfolgt das Zurückfahren der Vorschubzylinder in die Ausgangslage.

Der hintere Innenkellybereich wird von einem Rahmen umgeben, der während der Umsetzphase über hydraulische Stempel auf dem Tunnelsohlenbereich abgestützt wird. In dieser Umsetzphase steht die Innenkelly auf den Vertikalzylindern des Rahmens. Bei gelöster Verspannung kann das TBM-Heck über diese Zylinder gehoben und gesenkt werden. Das seitliche Verschieben des TBM-Hecks erfolgt mittels Horizontalzylindern. Diese Bewegungen sind für die Richtungsbestimmung des nächsten Bohrhubs notwendig.

15.2.6 Mechanische Hilfseinrichtung

Die gesamte Maschinenoberseite sowie der untere Bereich, der von der Sohle aus nicht mehr erreichbar ist, sollte durch **Bühnen** zugänglich sein. Der Zugang erfolgt über Steigleitern. Die Stehhöhe im Hauptarbeitsbereich sollte 1,80 m nicht unterschreiten.

Das Setzen von Firstbögen und Netzen als Kopfschutz bei nachbrüchigem Gebirge sowie das Setzen von umlaufenden Ausbaubögen erfolgt für gebräches Gebirge direkt hinter dem Bohrkopf auf der oberen Arbeitsbühne im vorderen Innenkellybereich. Zu diesem Zweck befindet sich auf der Innenkelly ein aufgeschweisster Grundrahmen, der als Führungsbahn für das hydraulisch bewegliche Bogenversetzgerät dient. Die **Bogenversetzvorrichtung** besteht aus:

- einem Speicherkarussell mit hydraulischem Antrieb für die Vormontage und
- einer längsverschiebbaren Arbeitsbühne mit integrierten Stahlbogenhub- und Stahlbogenspreizzylindern, die während des Bohrvorgangs relativ zum Tunnel stehen bleibt, um die Bögen zu versetzen.

Die Ausbaubögen werden in mehrere Segmente unterteilt (ca. 3 – 7 pro Bogen). Diese werden als Bündel mit dem Transportsystem der TBM auf der Kellyoberseite zum Einbauort transportiert. Nacheinander werden die Segmente in das Speicherkarussell eingeführt und untereinander bis auf den Stoss im Sohlbereich verschraubt. Nach dem Drehen des Speicherkarussells in die richtige Position übernimmt die Arbeitsbühne mit zwei Hub- und zwei Spreizzylindern den vormontierten Ring und fährt ihn längs auf der Innenkelly in die Setzposition. Dann erfolgt das Spreizen und Schliessen des Bogens durch Verschrauben mit einer Lasche mit Langlöchern.

Zum Setzen von Ankern (ca. 3,0 – 4,5 m Länge) am Tunnelumfang und zum Befestigen von Ausbau-

und Kopfschutzbögen mittels Firstbogennägeln wird ein **hydraulisches Ankerbohrgerät** (Bild 15.2-1) eingesetzt. Dieses befindet sich auf einer Lafette mit Schwenkeinrichtung; diese wiederum ist auf einem kreisrunden Grundrahmen aufgesetzt, der mittels eines längsverschiebbaren Schlittens auf der Innenkelly befestigt ist. Das Zusammenwirken der Hebevorrichtung für die Ausbau- und Kopfschutzbögen mit der Ankerbohreinrichtung ermöglicht ein schnelles und effizientes Setzen und Vernageln dieser Sicherungselemente direkt hinter dem Staubschild.

Meist wird ein separates **Sondierbohrgerät** für Bohrungen ∅ 50 – 80 mm und Bohrlängen von 30 – 50 m vorgehalten. Die Bohrungen erfolgen meist im 120°-Firstbereich bei stehender TBM. Dieses Gerät kann auch für vorauseilende Stabilisierungsschirminjektionen verwendet werden.

Zum Säubern der Sohle im Bohrkopfbereich dient der Bohrkopfmantel als Materialschieber. Zur Entsorgung von kleinstückigem Material aus Firstniederbrüchen oder Spritzbetonrückprall ist meist im **Sohlbereich ein Minibagger** mit allseitig hydraulisch drehbarer Schaufel erforderlich, der das Material in einen Materialkübel oder auf ein zusätzliches Band gibt, das auf das Nachläuferband entleert wird.

Bei Stollen und Tunnel, die mit einem Sohltübbing ausgerüstet werden, kann dieser oft mittels Versetzeinrichtung unterhalb der TBM vor dem Nachläufer verlegt werden.

15.2.7 Arbeits- und Unterhaltszyklen einer Gripper-TBM

Die Arbeits- und Unterhaltszyklen im TBM-Betrieb sind diskontinuierlich wie folgt:

- repetitiver Arbeitszyklus: bohren, schreiten (umsetzen und verspannen) usw.
- repetitiver Unterhaltszyklus: Wartung und Diskenwechsel

Eine Gripper-TBM baut den Fels diskontinuierlich ab. Die Gripper-TBM arbeitet im zyklischen Wechsel von Bohren, Sichern und Umsetzen. Zum Umsetzen der Maschine nach einem Bohrvorgang wird die Innenkelly auf der vorderen und hinteren Abstützung abgesetzt. Im Anschluss daran wird die Verspannung der Aussenkelly gelöst. Mit den hinteren Zylindern der Abstützung kann die Maschinenachse entsprechend der erforderlichen Bohrrichtung ausgerichtet werden. Die Bewegungs- und Pressenabläufe sind in Bild 15.2-7 dargestellt.

Zudem werden periodisch Revisions- und Unterhaltsarbeiten durchgeführt. Um den Vortrieb nicht zu stören, werden diese Arbeiten einmal täglich bzw. wöchentlich zusammengefasst und möglichst in der geplanten Stillstandszeit durchgeführt. Diese Arbeiten werden zeitlich getrennt von der Arbeitszeit der Vortriebsequipe durchgeführt. Dadurch werden die Equipen für den Vortrieb und die Wartung wirtschaftlich optimal eingesetzt. Die tägliche bzw. wöchentliche Inspektion und Wartung ist ganz entscheidend für eine hohe Betriebsbereitschaft der Maschine. Diese gilt für jede Maschine, die im Untertagebau eingesetzt wird.

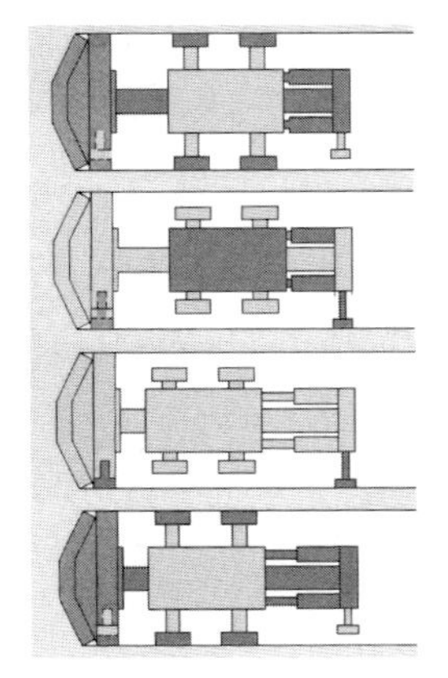
Hub abgebohrt, Bohrende
Abstützeinrichtung ausgefahren, Verspannung eingefahren, Aussenkelly gleitet nach vorn
Ausrichten der Maschine durch hintere Abstützung, Maschine entspannt
Maschine verspannt, Abstützeinrichtung eingefahren, neuer Bohrbeginn

Bild 15.2-7 Bohrzyklus einer Gripper-TBM [15-3]

Bild 15.3-1 Aufweitungs-TBM von Wirth [15-3]

15.3 Aufweitungs-TBM

Die Aufweitungs-TBM (Bild 15.3-1) ergänzt in technischer und wirtschaftlicher Hinsicht den Einsatzbereich der Vollschnittmaschine. Diese Maschinen [15-5] eignen sich besonders in Gebirgsverhältnissen, in denen durch Sondierstollen besondere Risikofaktoren erfasst werden sollen. Der Vortriebsablauf im Tunnel und in Schrägschächten ist in Bild 15.3-2 dargestellt. Zuerst wird in der Phase I der Pilotstollen mit der Pilot-TBM mit einem Durchmesser von 4,0 bis 4,5 m aufgefahren. Nach der Fertigstellung des Pilotstollens erfolgt in Phase II die Erweiterung durch die Aufweitungs-TBM.

Das Aufweitungs-TBM-System ist durch die in der Tabelle 15.3-1 aufgeführten Daten charakterisiert.

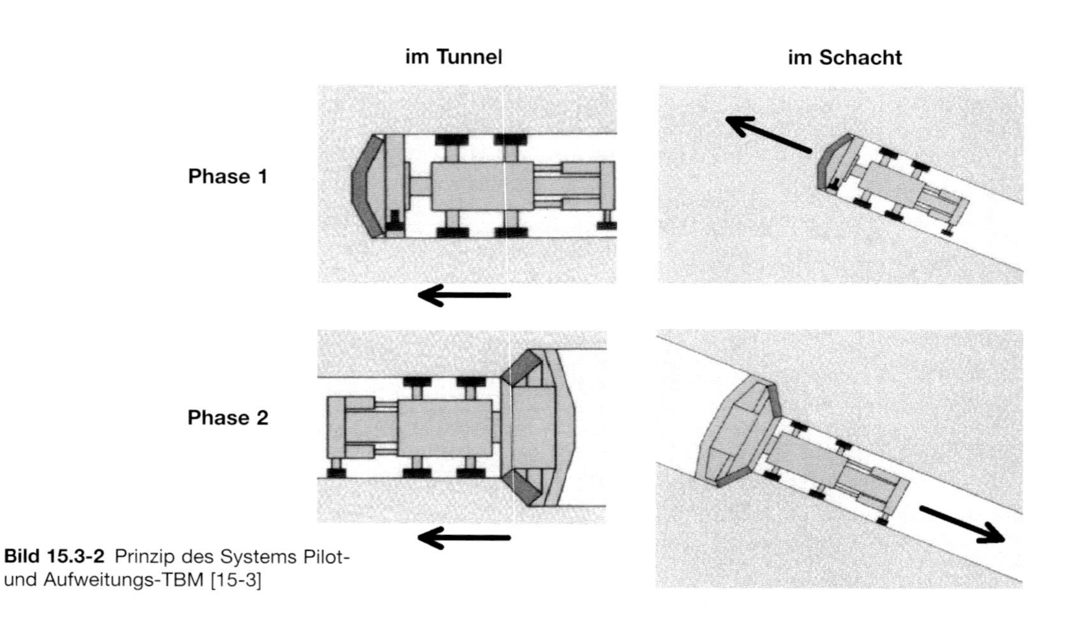

Bild 15.3-2 Prinzip des Systems Pilot- und Aufweitungs-TBM [15-3]

Tabelle 15.3-1 Charakteristik von Wirth Aufweitungs-TBM-Systemen [15-3]

		Pilot-TBM	Aufweitungs-TBM	
			6 – 8 m	8 – 11,5 m
Durchmesser min	[m]	4,50	6,00	8,00
max	[m]	4,50	8,00	11,50
Antriebsleistung	[kW]	800	960	2000
Bohrkopfdrehzahl	[min^{-1}]	0 – 6	0 – 5	0 – 4,5
Bohrkopfarbeitsdrehmoment	[kNm]	1500	> 1320	> 3150
Vorschubkraft	[kN]	17000	8 500	15000
Bohrhub	[m]	1,20	1,50	1,50
Antriebsart	[-]	Hydraulik	Hydraulik	Hydraulik

Die Aufweitungs-TBM wird meist mit einem Speichenrad ausgerüstet. Aufgrund der günstigen Platzverhältnisse auf den Bohrarmen des Speichenrades können sogar mehrere Disken pro Schneidspur hintereinander angebracht werden. Dies ist bei Vollquerschnitts-Bohrköpfen der Gripper- und Schild-TBMs im Zentrumsbereich nicht möglich, denn eine Doppelbesetzung zur Erhöhung der Schneidleistung pro Umdrehung des Bohrkopfes muss auf allen Diskenspuren erfolgen, um wirksam zu werden. Dies lässt sich bei der Aufweitungs-TBM jedoch realisieren, da die Bohrarme bei einem Durchmesser von ca. 3,5 – 4,5 m beginnen. Die Bohrgeschwindigkeit der Pilot-TBM kann bei maximal 12 Umdrehungen/min liegen. Bei der Aufweitungs-TBM liegen die Umdrehungen/min in der Grössenordnung der Gripper-TBM, jedoch kann, durch die Doppelbesetzung jeder Schneidbahn durch zwei hintereinander liegende Disken, die Penetration pro Bohrkopfumdrehung erhöht werden. Das Konzept der Aufweitungs-TBM hat somit ein Potential, das gegen andere TBM-Systeme abgewogen werden muss, um die optimale, projektspezifische Leistung und die günstigsten Gesamtkosten zu ermitteln. Bei Projekten, in denen kein Sondierstollen benötigt wird, ist der Einsatz der Aufweitungs-TBM gegenüber der Gripper-TBM nicht wirtschaftlicher bezüglich Bauzeit und Kosten.

Ferner erlaubt die Aufweitungs-TBM eine einfachere Modifikation der Maschine für einen veränderten Tunneldurchmesser bei einem anderen Projekt. Die Speichen der Maschine können für eine relativ grosse Durchmesserbandbreite verändert werden. Damit verringert sich der Umrüstungsaufwand der Maschine bei weiteren Projekteinsätzen. Die Pilot-TBM muss dabei unverändert bleiben.

Im Vergleich zu Vollschnittmaschinen ergeben sich beim Aufweitungs-TBM-System Vorteile in bezug auf den Transport und die Montage, bedingt durch:

- das niedrige Gewicht und geringere Grösse der Pilot-TBM
- die einfachere Zerlegbarkeit der Aufweitungs-TBM in Grundkörper, Speichen etc.

Da sich der Verspannkörper der Aufweitungs-TBM mit Innen- und Aussenkelly sowie Vorschubpressen und Hydraulikantriebsmotoren in der vorauseilenden Pilotbohrung verspannt, steht fast der gesamte Tunnelquerschnitt hinter der Maschine für den sofortigen Ausbau auf der nachgezogenen Nachläuferkonstruktion zur Verfügung (Bild 15.3-3). Neben der Verspannung ist am Übergang vom Pilotstollen zum Aufweitungsquerschnitt – direkt vor dem Aufweitungsbohrkopf – ein Abstützring mit Firstschutzschild anzuordnen, um einen unkontrollierten Materialabbruch in den Pilotstollen zu verhindern. Dies ist erforderlich, um die Integrität des Gebirges im Bereich der Gripperplatten im Pilotstollen zu sichern. Da der Pilotstollen relativ klein im Durchmesser ist, können nicht beliebig grosse Verspannkräfte ins Gebirge geleitet werden. Daher ist die Vorschubkraft der Maschine begrenzt. Aus diesen und praktischen Überlegungen kann man das maximale Verhältnis zwischen Pilotstollen- und Aufweitungsdurchmesser mit etwa 1:2,5 angeben. Der aufgefahrene Tunnelquerschnitt direkt hinter dem Aufweitungsbohrkopf wird nur durch das Förderband zur Schutterung und die Elektro- und Hydraulikversorgung eingeschränkt.

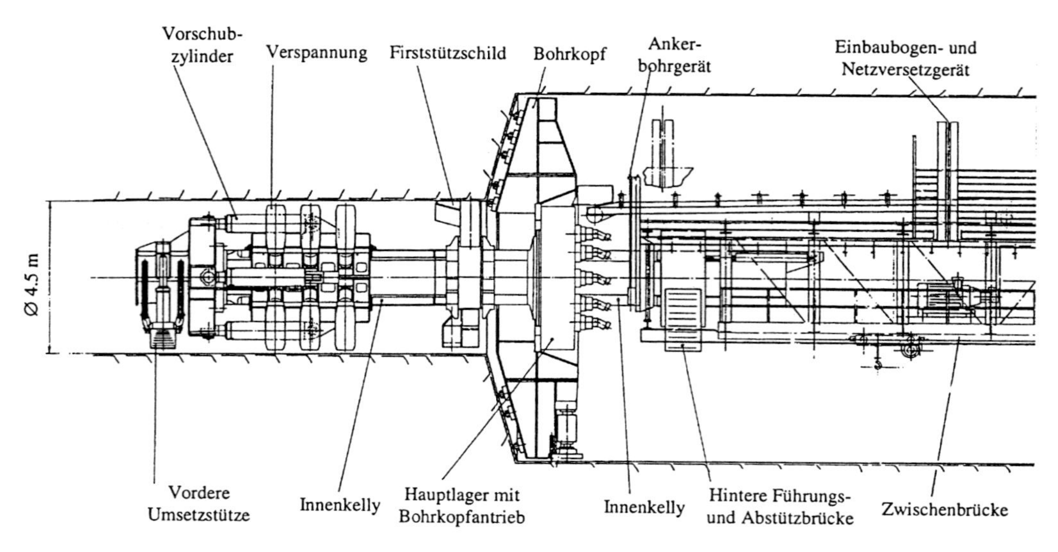

Bild 15.3-3 Elemente der Aufweitungs-TBM [15-3]

Somit steht fast der gesamte Querschnitt direkt hinter dem Schneidrad zur Sicherung durch:

- Ausbaubögen
- Anker und Netze
- Spritzbeton

zur Verfügung. Dies wirkt sich besonders günstig bei gebrächen und zu Niederbrüchen neigenden Gebirgsklassen aus. Der Einsatz der Maschine eignet sich ausserdem bei Tunneldurchmessern von mehr als 7,5 m.

15.4 Schild-TBM

Die Schild-TBM wird bei mittelgutem, d. h. in nachbrüchigem bis gebrächem Gebirge, in dem relativ viele Stützmassnahmen direkt hinter dem Bohrkopf erwartet werden, eingesetzt. Die einzelnen Elemente der Schild-TBM (Bild 15.4-1) werden beschrieben:

- Bohrkopf: im Abschnitt 15.2 (Tunnelbohrmaschinen)
- Schild und Tübbingkonstruktion: in den Kapiteln 18 (Schildvortriebsmaschinen) und 19 (Tübbingauskleidung)

Im allgemeinen ist die Leistungsfähigkeit einer Schild-TBM gegenüber einer Gripper-TBM bei den oben beschriebenen Gebirgsverhältnissen wesentlich grösser. Die Sicherung wird bereits im Schutz des Schildmantels eingebaut. Damit wird bei nachbrüchigen und gebrächen Gebirgen auch der psychische Druck vom Personal genommen und die Leistung gesteigert. Der Tübbingausbau ist unflexibel gegenüber geologischen Veränderungen und relativ teuer in bezug auf den Materialeinsatz. Hat man sich für den Tübbingeinsatz entschieden, müssen auch dort Tübbinge eingebaut werden, wo aus Sicherungsgründen kein Einbau erforderlich wäre. Durch die industrialisierte Vorfertigung und die hochmechanisierte, maschinelle Verlegung der Tübbinge mittels Erektor wird jedoch eine konstant hohe Leistung erzielt, die meist in einer Verkürzung der Bauzeit mündet und deshalb in die Evaluation, ob eine Gripper- oder eine Schild-TBM eingesetzt wird, mit einbezogen werden muss. Beim Einsatz von Tübbingen im Felsgestein ausserhalb des Grundwassers sollte man den Ringspalt zwischen Ausbruch und Tübbingaussenseite möglichst durch Einblasen von Sand verfüllen. Die Injektion mit Mörtel hat bei verschiedenen Projekten folgende Probleme ergeben:

- Aufschwimmen der Tübbinge im frischen Mörtel des Ringspaltes hinter den Vorschubpressen in den Bereichen, die noch nicht erhärtet waren
- Verrollung von Schildmantel und Tübbingen, da nicht genügend Reibung für den Reaktionswiderstand des Bohrkopfantriebsmomentes vor-

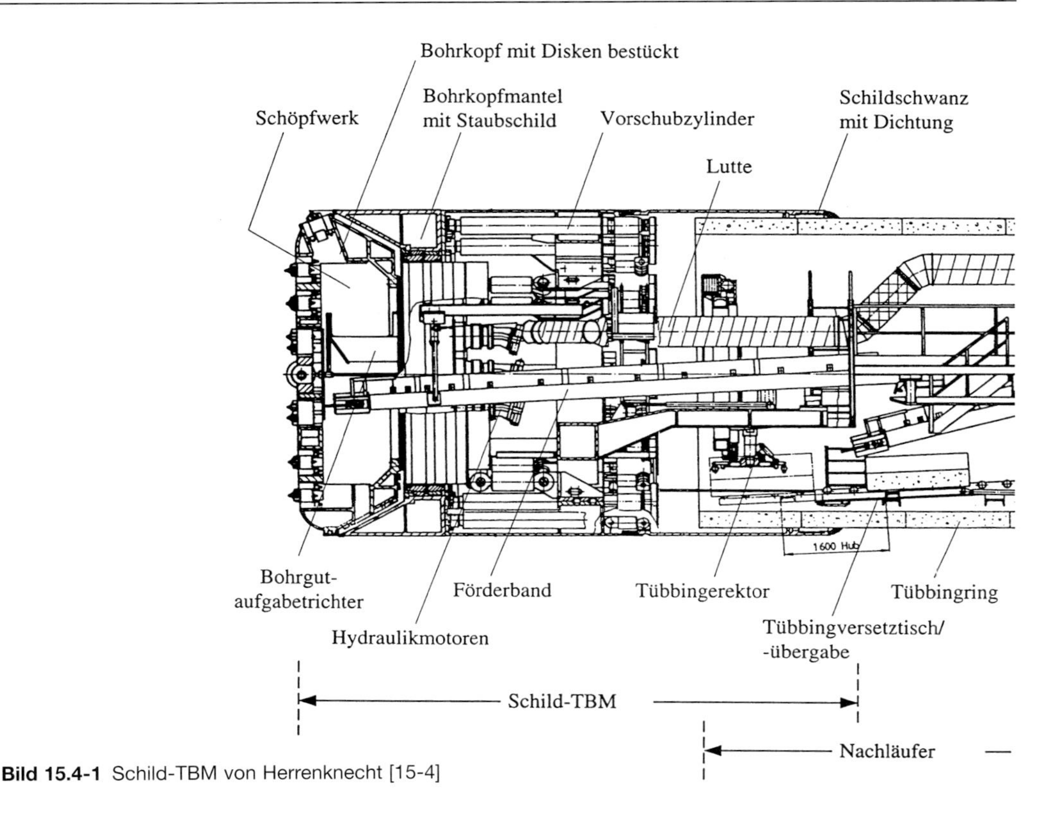

Bild 15.4-1 Schild-TBM von Herrenknecht [15-4]

handen war. Im Fels sind meist sehr grosse Antriebsmomente für den Bohrkopf erforderlich. Dies kann jedoch durch Schrägstellen der Vorschubpressen korrigiert werden.

Der Vorteil einer Schild-TBM, einen geschlossen Ausbau im Schildmantel zu realisieren, ohne mit dem Gebirge in Kontakt zu kommen, kann allerdings im Bereich von schweren Störzonen auch grosse Probleme generieren, z. B. durch Kavernenbildung. Daher ist es fast unabdingbar, in Bereichen mit prognostizierten Störzonen systematisch Bohrsondierungen während des Vortriebs durchzuführen. Diese Bohrsondierungen können meist mit einem Schlagbohrgerät ohne Kerngewinnung ausgeführt werden. Zur Evaluierung der Gebirgsverhältnisse reicht meist schon der Vergleich der Bohrleistung bezüglich Druck und Vorschubgeschwindigkeit aus, um Störzonen zu erkennen. Die TBM sollte so konzipiert sein, dass im Fall von erkannten Problemzonen, wenn erforderlich, Injektionen zur Verfestigung des Gebirgsverbandes durchgeführt werden können, oder dass das Gebirge im Verband mit Hilfe von GFK-Ankern bewehrt werden kann. Ferner sollten die Ausstiegsmöglichkeiten im Bohrkopf optimal gestaltet werden, um Störfälle vor der Ortsbrust begutachten bzw. beseitigen zu können. Aus diesen Ausstiegsöffnungen können auch „Kavernen“ vor der Ortsbrust mit Spritzbeton stabilisiert werden.

15.5 Teleskopschild-TBM

Die Teleskopschild-TBM (Bild 15.5-1) wird, wie die Schild-TBM, in schwierigem, zu Nachbrüchen neigendem Gebirge und in gebrächen Gebirgsabschnitten ohne anstehendes Grund- und Gebirgswasser mit Tübbingausbau im Schild verwendet. Die Teleskopschild-TBM wird auch als Doppelschild-TBM oder Verspannmantel-TBM bezeichnet. Zur Erhöhung der Vortriebsleistungen bei Schild-TBMs mit Tübbingausbau wurde die Teleskopschild-TBM entwickelt. Das Doppelschildsystem gestattet gleichzeitig die Vorwärtsbewegung und den Einbau der Tübbinge. Die Unterbrechung

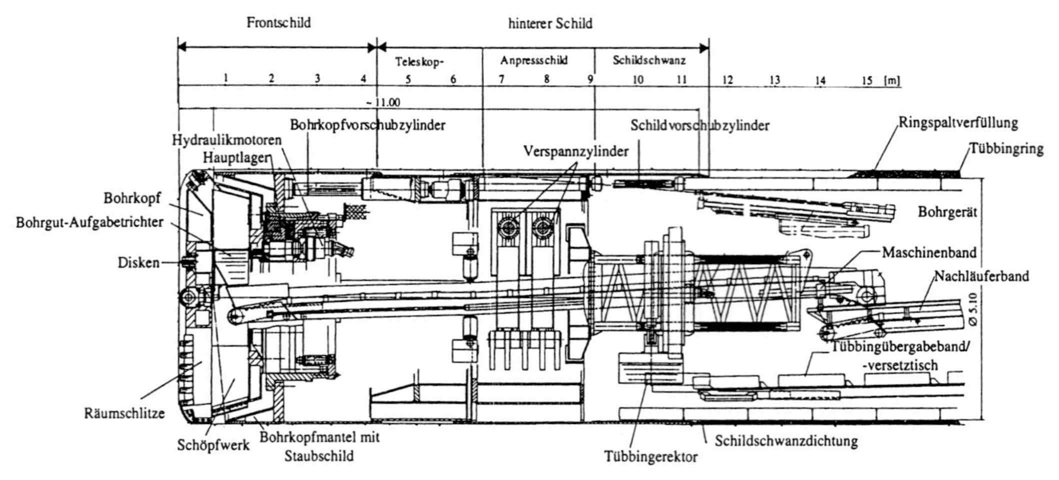

Bild 15.5-1 Teleskopschildmaschine für Lesotho-Projekt mit ∅ 5,39 m [15-1]

der Bohrzeit bei einer Teleskopschild-TBM wird auf das kurze, zyklische Nachschieben des hinteren Anpressschilds pro Bohrhub reduziert. Bei einer normalen Schildmaschine wird die Bohrzeit um die gesamte Ringbauzeit, die in etwa gleich der Bohrzeit ist, unterbrochen. Dadurch wird die Nettobohrzeit pro Arbeitstag beinahe verdoppelt.

Das Teleskopschild-TBM-System gliedert sich in Längsrichtung in drei Bereiche:

- den Frontschild mit Bohrkopf
- den Teleskopschild im Mittelbereich
- den hinteren Anpressschild mit Schwanzschild zum Einbau der Tübbinge

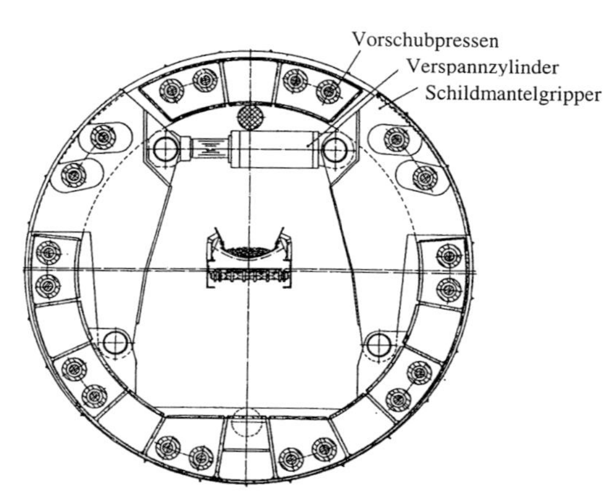

Bild 15.5-2 Schildmantel (Schnitt) [15-1]

Die Teleskopschild-TBM (Bild 15.5-1) besteht aus zwei unabhängigen, übereinander greifenden Schildmänteln. Der erste zusammenhängende Schild ist der Frontschild. In diesen ist der Teleskopschild als Teil des hinteren Schildmantels überlappend eingeführt. Der hintere Schildmantel ist eine Einheit in Längsrichtung, er besteht aus:

- Teleskopschild
- Anpressschild (Verspannmantel)
- Schildschwanz

Der Frontschild mit Bohrkopf ist ähnlich aufgebaut wie eine konventionelle, äusserst kurze, offene Schild-TBM. Der Frontschild ist mit in Ringrichtung in äquidistanten Abständen angeordneten Längsvorschubpressen ausgerüstet. Diese Vorschubpressen stützen sich gegen die festen Widerlager am Frontschild und am hinteren Anpressschild ab. Über den zwischen Front- und hinterem Anpressschild befindlichen Teleskop-Schild schieben sich die beiden Schildteile. Der Teleskop-Schild hat einen starren Mantel. Im Anpressschild, auch Verspannschild genannt, befinden sich die Verspannzylinder mit den Schildmantelgrippern. Der Anpressschild ist mit einem in Längsrichtung geteilten Schildmantel ausgerüstet. Der Durchmesser des Schildmantels kann durch im Inneren angeordnete, tangential wirkende Verspann-Hydraulikpressen aufgeweitet und verkleinert werden (Bild 15.5-2).

Diese Teleskoppressen sind im oberen Teil des Schildes in horizontaler Querrichtung angeordnet.

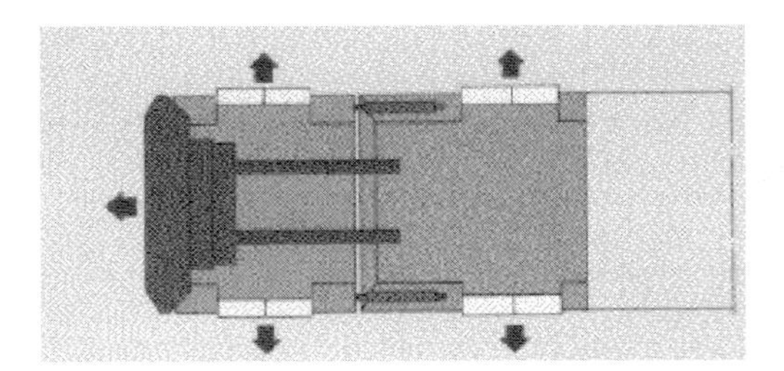

Bohren des gesamten Querschnitts mit dem Schneidrad. Der Bohrkopf wird über einen integrierten Vorschub angetrieben.

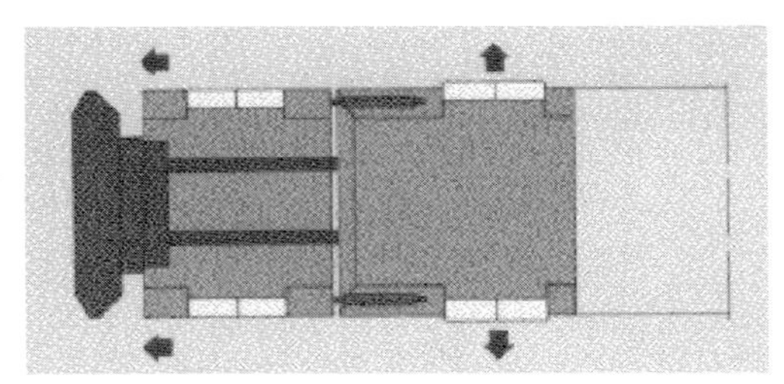

Der Bohrhub ist beendet. Die Verspannung des Frontschildes ist gelöst. Der Nachlaufschild (hinterer Schild) ist verspannt. Der Frontschild wird vorgepresst.

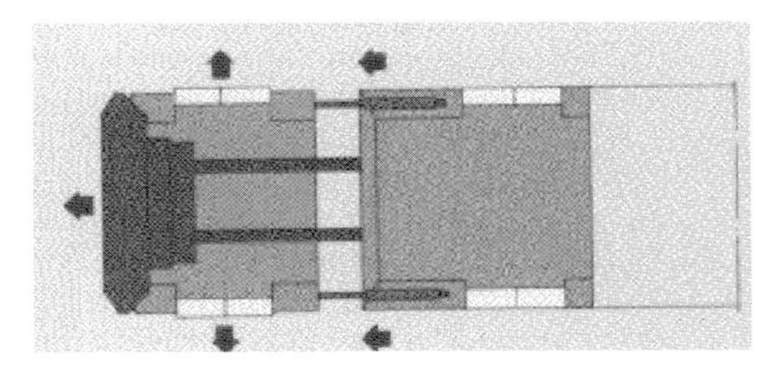

Der Frontschild wird nach dem Vorpressen verspannt. Ein neuer Bohrhub beginnt. Der Nachlaufschild wird nachgezogen.

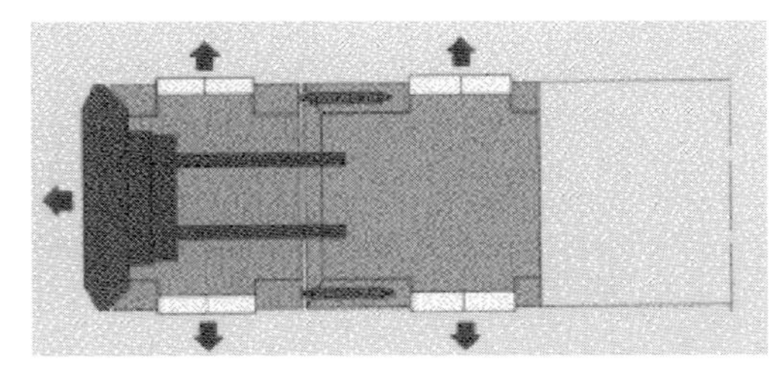

Der Nachlaufschild ist nachgezogen und wird verspannt. Parallel hierzu kann gebohrt werden.

Bild 15.5-3 Arbeitszyklus einer Teleskopschildmaschine [15-3]

Sie bewegen einen als Pratzen ausgebildeten Schildteil, der auf seitlichen Konsolen im unteren Schildteil gelagert ist, und erzeugen so die erforderlichen Anpresskräfte.

Der zweiphasige Arbeitszyklus (Bild 15.5-1) der Teleskopschildmaschine mit Tübbingausbau ist wie folgt:

- Bohr- und Tübbingversetzvorgang:
  - Der Verspannschild wird mit dem Gebirge radial verspannt. Die Bohrkopfvorschubzylinder stützen sich auf die Widerlager des Anpressschildes ab und schieben den Bohrkopf während des Bohrvorgangs kontinuierlich gemäss der erzielten Bohrleistung nach vorne, bis der Hub der Bohrkopfvorschubzylinder erschöpft ist. Gleichzeitig werden im Schildschwanz die Tübbinge eingebaut. Die Schildvorschubzylinder für den hinteren Schild stützen die Tübbinge während des Einbaus ab, bis der Ring geschlossen ist.
- Schreitphase des hinteren Schildes:
  - Die Schreitphase des hinteren Schildmantels (Teleskopschild, Anpressschild und Schildschwanz) dauert nur einige Minuten. Zum Einleiten der Schildschreitphase werden zuerst die Bohrkopfvorschubzylinder kraftmässig gelöst und dann die radialen Verspannzylinder der Schildmantelgripper zurückgefahren und entspannt. Dann wird, mit Hilfe der hinteren Schildvorschubzylinder, der hintere Schildmantel um einen Bohrkopfvorschubzylinderhub nach vorne geschoben. Dabei stützen sich die Schildvorschubzylinder auf den Tübbingring ab. Der hintere Schildmantel wird im Bereich des Teleskopschildes teleskopartig in den Frontschild (Bohrkopfschild) eingefahren. Danach wird der Bohr- und Tübbingversetzvorgang wiederholt.

Eine weitere Variante ist in Bild 15.5-3 dargestellt.

Aufgrund der kontinuierlich hohen Leistung eignet sich der Förderbandtransport zum Abtransport des Ausbruchmaterials aus dem Tunnel besonders. Der ausreichenden Versorgung der Maschine mit Tübbingen – zur kontinuierlichen Aufrechterhaltung der Leistung der Teleskop-TBM – muss besondere Beachtung geschenkt werden. Entsprechend der

Transportkapazität muss auf dem Nachläufer ein Tübbingmagazin vorhanden sein, um die antizyklische Anlieferung durch Transportfahrzeuge (Zug, LKW) abzupuffern. Der Tübbingtransport auf dem Nachläufer zur Versorgung des Erektors muss robust und schnell erfolgen, um keinen kritischen Weg beim Tübbingeinbau zu erhalten. Der Hub der Bohrkopf- und Schildvorschubpressen muss optimal auf die maximale Bohrleistung – plus Sicherheitszuschlag – während der Tübbingeinbauphase ausgerichtet werden. Dadurch kann die maximale Bohrleistung der Maschine genutzt werden, ohne Standzeit für den noch nicht fertigen Tübbingausbau.

Der Schildmantel ist im Längsgelenk überlappt. In Verbindung mit Zusatzeinrichtungen des Bohrkopfes erhält die Maschine eine weitgehende Anwendungsflexibilität im gebrächen Gebirge. Diese Zusatzeinrichtungen umfassen:

- Überschneideinrichtungen am Bohrkopf, die einen grösseren Bohrdurchmesser erzeugen und durch den teleskopierbaren Schildmantel bis zum Einbau der Tübbinge aufgefangen werden,
- einen beweglichen Bohrkopf in Längs- und in Radialrichtung, um einseitiges Überprofil zu erzeugen und die Steuerbarkeit des Schildes zu verbessern.

15.6 Berechnung der Vorschubpressenkräfte während des Vortriebszyklus

Hinsichtlich der Verspannsysteme kann man die Gripper-TBMs einteilen in Maschinen mit:

- einer Verspannebene
- zwei Verspannebenen

in Längsrichtung, sowie mit Horizontalverspannung oder Kreuzverspannung in Querrichtung. TBMs mit einer Verspannebene sind in der Gripperebene mit horizontalen Verspann- und diagonal wirkenden Vorschubzylindern ausgerüstet. Diese TBMs mit einer Verspannebene können während des Bohrzyklus gesteuert werden, da es zu keinen Zwängungen kommt. Bei TBMs mit zwei Verspannebenen ist der Maschinenrahmen zweigeteilt. Der innere Rahmen ist fest mit dem Bohrkopf verbunden und bewegt sich beim Bohren nur achsial vorwärts. Der äussere Rahmen führt den inneren und dient zur Verspannung der Maschine mittels Grippern an der Tunnelwand. Die doppelt verspannten Gripper-TBMs können nur am Ende des Bohrvorgangs gesteuert werden. Der Vorschubzyklus bzw. der Bohrvorschub kann innerhalb der Vorschubpressenlänge beliebig kurz oder lang gehalten werden, um eine polygonale Kuvensteuerung mit unterschiedlichen Radien durchzuführen. Der minimal Radius ist jedoch von den geometrischen Querschnittsabmessungen des Tunnels sowie der Maschinenlänge, den geometrischen Umhüllenden der Aggregate und den Gripperpressenhüben abhängig.

Das Verspannsystem einer TBM dient zur Aufnahme der notwendigen Vorschubkraft und des Bohrkopfdrehmomentes. Die Anpresskräfte zur Erzeugung der Reibungskräfte werden bei üblichen Hartgesteins-TBMs (Gripper-TBM, Aufweitungs-TBM, Teleskop-TBM) von Verspannplatten, die auch als Gripper, Pratzen oder Abstützplatten bezeichnet werden, aufgenommen. Diese Verspannplatten leiten ihre Kräfte konzentriert in die Tunnelwandung ein. Die Verspannung muss ausreichend gross sein, um eine Verdrehung der TBM zu verhindern und eine ausreichende Vorschubkraft zur Sicherstellung einer optimalen Werkzeug-Penetration in die Ortsbrust aufzubringen. Die Gripperschuhe sind gelenkig an den Hydraulikzylindern gelagert, so dass Unregelmässigkeiten des Gebirges überbrückt werden können und die Verspannplatten satt am Gebirge anliegen. Wenn das Sicherungskonzept einen sehr engen Abstand der Ausbauringe erfordert, werden die Gripperplatten so unterteilt, dass die Ausbaubögen schonend überschritten werden.

Der in der Praxis gewählte Gripperverspanndruck liegt bei 2 – 4 MPa, abhängig von den Gebirgsverhältnissen. Direkt unter den Gripperplatten bildet sich ein dreidimensionaler Spannungszustand aus, der sich günstig auswirkt. Während des Vortriebs kommt es durch die Einleitung der Vorschubkräfte auf der ortsbrustzugewandten Seite des Grippers zu Zugspannungen, und auf der ortsbrustabgewandten zu zusätzlichen Druckspannungen in Tunnellängsrichtung.

Die resultierende **Bohrkopfanpresskraft** für die Disken ergibt sich aus der Summe der Anpresskräfte der einzelnen Disken:

$$F_A = \sum_{i=1}^{n} F_{ci} \qquad (15.6\text{-}1)$$

n = Anzahl der Disken

F_{ci} = Anpresskraft auf die Diske i

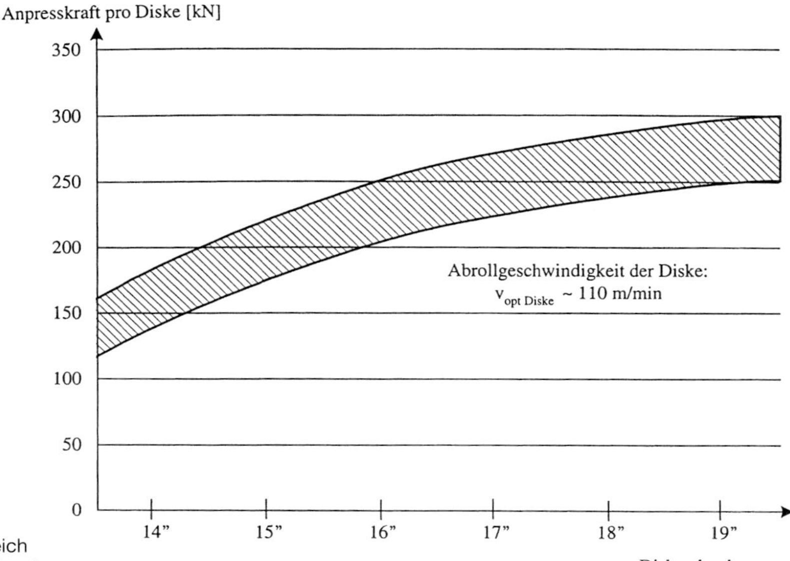

Bild 15.6-1 Andruckbereich für verschiedene Diskendurchmesser

Die optimale Anpresskraft der einzelnen Disken ergibt sich in Abhängigkeit vom Diskendurchmesser gemäss Bild 15.6-1.

Die resultierende Bohrkopfanpresskraft zur Erzeugung der Gesteinspenetration muss in Tunnellängsrichtung durch eine Reibungswiderstandskraft von den Grippern aufgenommen werden.

Die Penetration des Gesteins kann aus Bild 15.6-2 ermittelt werden.

Die gesamte erforderliche Vorschubkraft ergibt sich aus der Bohrkopfanpresskraft und der Schildmantelreibung.

Schildmantelreibung:

$$W_R \approx G_{Bohrk} \cdot \mu \qquad (15.6\text{-}2)$$

Gesamte erforderliche Vorschubkraft:

$$F = F_A + W_R \qquad (15.6\text{-}3)$$

D = Schildmanteldurchmesser
l = Schildmantellänge
μ = Reibungsbeiwert Stahl – Fels
G_{Bohrk} = Bohrkopfgewicht (vereinfachte Annahme)

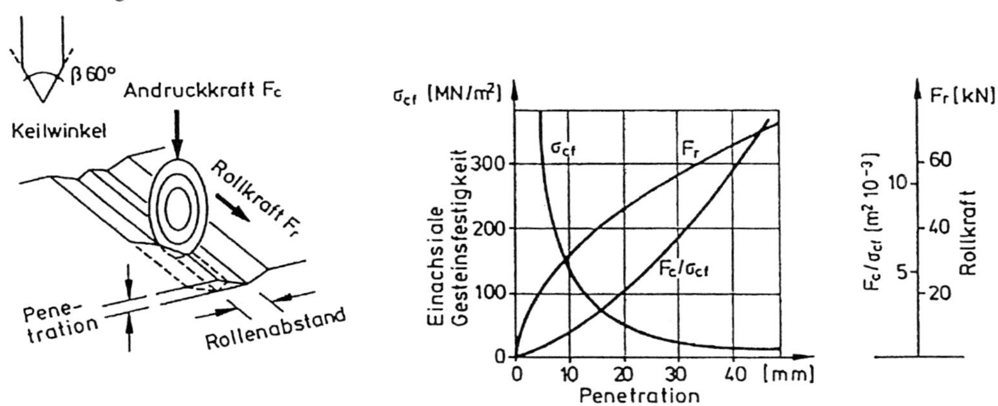

Bild 15.6-2 Penetration und Rollwiderstandskraft der Disken [15-6]

Das notwendige **Mindestantriebsdrehmoment** der Maschine zur Erzeugung der Schnittkräfte ergibt sich aus:

$$M_D = \sum_{i=1}^{n} F_{ri} \cdot r_i \qquad (15.6\text{-}4)$$

M_D = Bohrkopfdrehmoment
F_{ri} = Rollwiderstand der Diske i (Bild 15.6-2)
r_i = radialer Abstand der Diske i vom Zentrum

Daraus ergibt sich das Kräftepaar tangential in Ringrichtung an den Gripperplatten, das durch die erforderliche Reibungswiderstandskraft zwischen den Grippern und dem Fels aufgenommen werden muss:

$$F_D = \frac{M_D}{R} \qquad (15.6\text{-}5)$$

R = Radius des Tunnelausbruchquerschnitts

Diese Anpresskraft verteilt sich auf die Anzahl der Gripperplatten der TBM. Das Widerstandskräftepaar des Drehmomentes ist tangential zum Tunnelkreis gerichtet. Die Widerstandskräfte aus der Antriebskraft und Schildreibung wirken in Längsrichtung des Tunnels.

Die resultierende tangentiale Widerstandskraft zwischen Gripperplatten- und Felsfläche aus der Schildmantelreibung, Anpresskraft der Werkzeuge und des Drehmomentes ergibt sich somit aus:

$$F_R = \sqrt{F_D^2 + (F_A + W_R)^2} \qquad (15.6\text{-}6)$$

Die erforderliche **Anpresskraft der V_m Gripperplatten** ergibt sich aus:

$$F_R \leq \gamma \cdot \mu \cdot \sum_{i=1}^{m} N_i \qquad (15.6\text{-}7)$$

γ = Sicherheitsfaktor
μ = 0,30 – 0,40 Reibungsbeiwert Fels-Stahl
N_i = resultierende Pressendruckkraft am Gripper i

15.7 Abbauwerkzeuge

Disken (Bild 15.7-1) sind rotierende, abscherend wirkende Hartgesteinswerkzeuge. Die wälzgelagerten Keilschneide der Disken scheren durch den Anpressdruck das Material zur freien Seite hin ab. Durch die lokalen Überbeanspruchungen des Gesteins, die auf Abquetschungen und Spaltzugkräften beruhen, entstehen scheibenartige „Chips" (Bild 15.7-2).

Vorwärtsmontage

Rückwärtsmontage

Bild 15.7-1 Vorwärts- und Rückwärtsmontage von Schneidrollen (Disken) [15-3]

Hohe erreichbare Andruckkräfte, die Weiterentwicklungen der Schneidformen und die hohe Schneidenmaterialqualitäten haben die Diskenmeissel auch im härtesten Naturgestein zu einer wirtschaftlichen Alternative zum Sprengvortrieb gemacht. Diskenmeissel reagieren empfindlich auf wechselnde Gebirgseigenschaften. Bei weichem Gestein, bzw. durch Verkleben der Rollen in bindigen Böden, entstehen zu geringe Tangentialkräfte am Rollenumfang. Dies führt dazu, dass sich die Rollen nicht permanent drehen und dass, infolge der Überbelastung des Lagers, eine Blockierung der Diske entsteht. Damit kommt es meist zu einem raschen, einseitigen Verschleiss der Rolle.

Die Disken sind am Bohrkopf so angeordnet, dass sie auf der Ortsbrust konzentrische Kreise beschreiben. Je nach Festigkeit des Gesteins wird ein Spurabstand zwischen den Disken von 60 – 100 mm angestrebt. Doppel- und Dreifachdisken auf einer Rolle vereinfachen die Anordnung und den Einbau

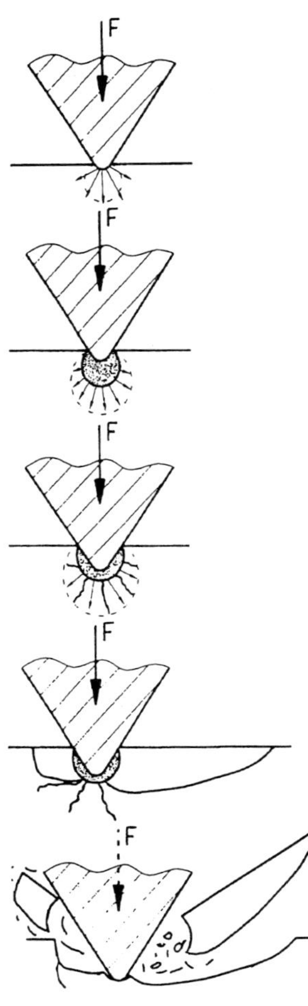

Phase 1:
Deformation, Bildung einer Druckzone unter dem Werkzeug

Phase 2:
Bei genügend grossem Druck:
Zermahlen des Gesteins
Bildung eines zerstörten Bereiches
Erweiterung der Druckzone: Gesteinsmehlbildung

Phase 3:
Das Abbauwerkzeug dringt wie ein Keil in den zerstörten Bereich ein:
Rissbildung

Phase 4:
Die Risse dehnen sich aus:
Bildung grösserer Teile (Chips)

Phase 5:
Die Chips lösen sich und werden weggeschleudert:
Druckabfall

Bild 15.7-2 Prinzip des Gesteinsabbaus mittels Disken [15-7]

bei beengten Platzverhältnissen im Bereich des Bohrkopfzentrums und bei kleinen Bohrkopfdurchmessern, werden jedoch heute wegen der hohen Abnutzung selten eingesetzt. Zahn- und Warzenrollen werden heute nicht mehr oder relativ selten verwendet.

Die Eindringtiefe (Penetration) der Disken (Bild 15.7-2) wird bei einer vereinfachten Betrachtung durch folgende wesentliche Faktoren bestimmt:

- Härte und Durchtrennungsgrad des Gesteins
- Anpresskraft
- Spurabstand
- Keilwinkel des Diskenkranzes

Die in Versuchen ermittelten Abhängigkeiten zwischen obigen Parametern sind in Bild 15.6-2 dargestellt.

Die Disken werden heute in einem Durchmesserbereich von 280 – 490 mm eingesetzt (Tabelle 15.7-1). Bei grossen TBMs verwendet man meist 17"-Disken. Durch Erhöhung des Durchmessers auf 490 mm konnte der Anpressdruck auf ca. 300 kN pro Diske gesteigert werden. Grössere Disken-

Diskendurchmesser	[mm]	360	416	432	490
	[inch]	14,2"	16,4"	17,0"	19,3"
Anpressdruck	[kN]	180	250	250	300
Gewicht: Vorwärtsmontage	[kg]	105	129	132	220
Gewicht: Rückwärtsmontage	[kg]	105	180	183	290

Tabelle 15.7-1 Optimaler Leistungsbereich von Disken [15-3]

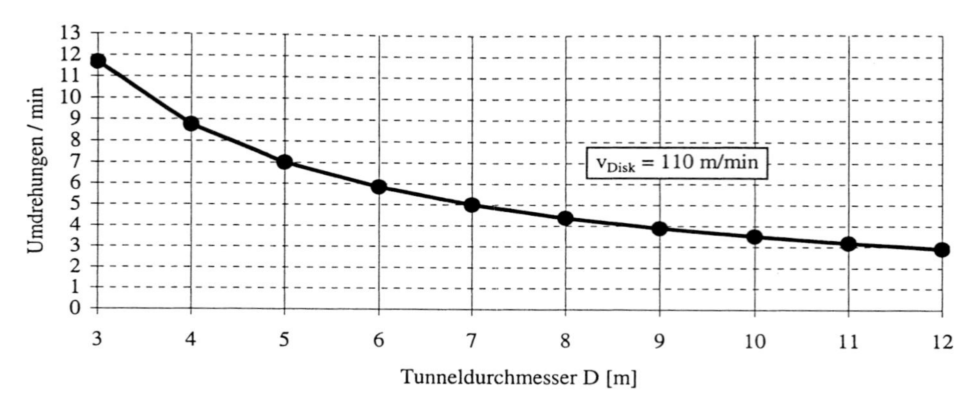

Bild 15.7-3 Maximale Bohrkopfumdrehungen für Diskenabrollgeschwindigkeit von v = 110 m/min

durchmesser sind zur Zeit aufgrund der Standfestigkeit der Werkstoffe, des Gewichts und des erforderlichen Platzbedarfs technisch sowie wirtschaftlich nicht sinnvoll. Um den Verschleiss der Disken gering zu halten und möglichst hohe Vortriebsleistungen zu erzielen, sollten die Disken mit ihrem durchmesserabhängigen optimalen Anpressdruck und der dazugehörigen Geschwindigkeit gefahren werden. Wird nicht mit dem optimalen Anpressdruck gefahren (Bild 15.6-1), verringert sich die Penetration. Dadurch erhöht sich die Anzahl der Umdrehungen und der Verschleiss wächst, weil die Diskenwege, die im Gesamtprojekt zurückgelegt werden, wachsen. Der Verschleiss nimmt bei verringertem Anpressdruck kaum ab und kompensiert daher die längeren Diskenwege nicht.

Die optimale Abrollgeschwindigkeit beträgt für alle Diskendurchmesser ca. 110 m/min im Kaliberbereich. Die über die Diske ins Gestein einleitbare maximale Vortriebskraft ist aus rein physikalischen Gründen direkt von der Ortsbrust abhängig [15-3].

Die maximale Drehzahl des Bohrkopfes ergibt sich aus den äusseren Disken wie folgt. Hierbei bedeuten:

D = Tunneldurchmesser ≅ Durchmesser der äusseren Diskenspur
d = Durchmesser der Diske
v = maximale Abrollgeschwindigkeit der Diske

Der Weg der äusseren Diske bei einer Umdrehung ist:

$U = D\pi$ [m/Umdrehung] (15.7-1)

Umfang einer Diske = Abrollweg bei einer Diskenumdrehung:

$u = d\pi$ [m/Umdrehung] (15.7-2)

Anzahl der Drehungen einer Diske beim Abrollen der äusseren Spur:

$n = U/u$ [–] (15.7-3)

Minimale Umdrehungszeit des Bohrkopfes:

$t = U/v$ [min/Drehung] (15.7-4)

Maximale Bohrkopfdrehzahl:

$m = 1/t = v/U = v/(D\pi)$ [Drehungen/min] (15.7-5)

Die Diskenböcke sollten auf der Rückseite der Bohrkopffrontplatte so befestigt werden, dass die Disken von der Hinterseite des Bohrkopfes her gewechselt werden können.

Die Abbauwerkzeuge einer TBM unterliegen einem permamentem Verschleiss. Daher stellen die Werkzeugverschleisskosten, neben den Investitionskosten, eines der wichtigsten wirtschaftlichen Entscheidungskriterien dar. Bei Gesteinsfestigkeiten weit über 300 N/mm^2 ist heute der Einsatz einer TBM unwirtschaftlich, da der Verschleiss stark zunimmt und somit die Kosten überproportional steigen.

Als Verschleiss der Werkzeuge bezeichnet man den Prozess des kontinuierlichen Materialabriebs an der Oberfläche der Schneidringe der Disken. Der Materialverschleiss resultiert aus einer komplexen Abhängigkeit von folgenden Einflüssen:

- Diskenring: Stahlqualität
- Fels: Mineralzusammensetzung, Festigkeit und Durchtrennungsgrad
- mechanische Interaktion zwischen Fels und Diskenring: Anpressdruck und Diskenrollgeschwindigkeit

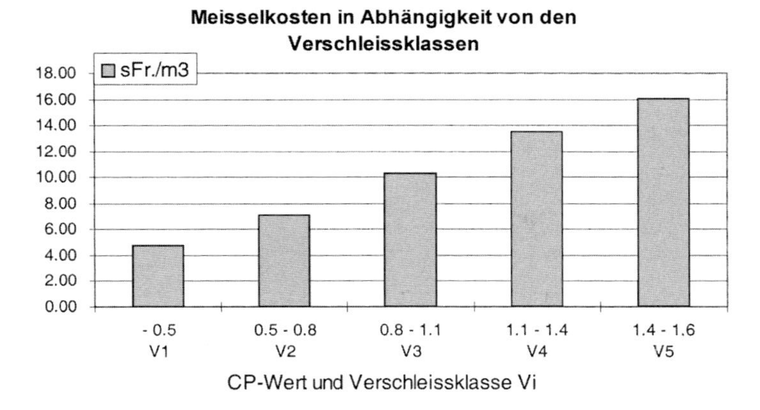

Bild 15.7-4 Verschleisskosten von Diskenmeisseln aus Praxiserfahrung (Stand 1998) ohne Kosten für Werkzeugwechsel

Zur Ermittlung des Verschleisses der Meisseldisken bezogen auf Gesteinsmineralogie und Petrographie wird heute hauptsächlich der Cerchar Abrasivity Index (CAI) [15-8] benutzt. Weitere Methoden von Szlavin (1974) [15-9]und White (1969) [15-10] werden zur Klassifizierung eingesetzt.

Mit diesem Parameter lässt sich die theoretische Abrasitivität der verschiedenen Minerale im Verhältnis zum Quarzit bestimmen. Der CAI wird bestimmt als Abrieb (Verschleiss) einer Metallnadel nach dem Kratzversuch auf einer frisch gebrochenen Gesteinsoberfläche. Die Nadel besteht aus einem Stahl mit einer Rockwellhärte von 54 – 56 und einer Festigkeit von 20 N/mm^2. Die Stahlnadel wird unter einer Last von 7 kg innerhalb einer Sekunde über eine Gesteinsprobefläche von 1 cm Länge gezogen. Danach wird die Abflachung der Nadel gemessen. Dieses Mass wird als CAI bezeichnet (Tabelle 15.7-2). Zur Ermittlung eines praxisorientierten Wertes für einen Vortriebsabschnitt ist das arithmetische Mittel aus ca. 20 – 24 Versuchen zu bestimmen, unter Berücksichtigung der statistischen Standardabweichungen.

Im TBM-Vortrieb kann das Gebirge in Verschleissklassen, z. B. in die Gruppen V1 – V5, eingeordnet werden. Die Verschleissklassen werden durch den Verschleissbeiwert definiert:

$$C_P = \frac{CAI}{i_b} \quad [-] \qquad (15.7\text{-}6)$$

CAI = Cerchar Abrasivitäts-Index [1/10 mm]

i_b = mittlere errechnete oder vor Ort gemessene Penetrationsrate oder Penetration [mm/U]

Die Verschleissklassen werden wie folgt eingeteilt:

V1 → $C_P < 0{,}5$

V2 → $C_P = 0{,}5 - 0{,}8$

V3 → $C_P = 0{,}8 - 1{,}1$

V4 → $C_P = 1{,}1 - 1{,}4$

V5 → $C_P = 1{,}4 - 1{,}6$

Aus der Tabelle 15.7-2 geht hervor, dass neben den Quarzen auch andere Minerale den Verschleiss beeinflussen. Das deckt sich mit den Erfahrung, dass auch Magmatite mit geringem Quarzgehalt (0 – 20 %) aufgrund ihrer Dichte und Zusammensetzung einen hohen Verschleiss an den Werkzeugen verursachen können. Zu diesen Tiefen- und Ergussgesteinen mit gleicher chemischer und mineralischer Zusammensetzung, die sich nur im Gefüge voneinander unterscheiden, gehören:

- Tiefengestein
  - Gabbro
  - Diorit
- Oberflächengestein
  - Basalt und Diabas
  - Andesit und Porphyrit

Daher wurde die abrasive Wirkung der anderen Minerale durch Quarzäquivalente in bezug auf ihre Abrasivität dargestellt. Die kostenmässige Auswirkung des Verschleisses für eine Hartgesteins-TBM ist in Bild 15.7-4 dargestellt.

Neben dem Werkzeugbesatz des Bohrkopfes sind am äusseren Umfang der Bohrkopffrontplatte Kratzeinrichtungen und Schlitze (Schöpfwerke) angeordnet, die mit einem Hartmetallbesatz verstärkt

Tabelle 15.7-2 CAI für diverse Mineralien [15-8]

CAI (Cerchar-Abrasivitätsindex)		
Minerale	CAI [1/10 mm]	Relativer CAI Quarzäquivalent (6,0 = 100%)
Quarz, Quarzite	5,6 - 6,0	100%
Feldspat (K, Na, Ca), Anorthosite	4,2 - 4,8	70 - 80%
Olivine (Mg, Fe), Dunite	3,4 - 3,6	57 - 60%
Pyroxene, Pyroxenite	3,0 - 3,2	50 - 53%
Amphibole, Amphibolite	2,8 - 3,2	47 - 53%
Serpentine, Serpentinite	1,4 - 1,8	23 - 30%
Kalke, Dolomite	1,0 - 2,0	17 - 34%
Tone	... - 2,5	... - 41%

werden, um eine hohe Verschleissfestigkeit zu erreichen.

15.8 Die Berechnung der Nettovortriebsleistung

Die Nettovortriebsleistung [m/h] wird durch die Penetration der Disken ins Gestein bestimmt und aus der reinen Bohrzeit ermittelt; sie kann auch als Netto-Penetrationsleistung bezeichnet werden. Die Penetration (Eindringtiefe) pro Bohrkopfumdrehung mit der Einheit [mm/U] bestimmt die Nettovortriebsleistung, welche durch die folgenden Faktoren charakterisiert wird:

Vortriebsmaschineneinfluss:

- Diskenanpressdruck
- Diskendurchmesser
- Schneidbahnabstand
- Form der Disken

Gebirgs- und Gesteinseinflüsse:

- Gesteinsart und -härte (Druckfestigkeit)
- Gesteinszähigkeit (~ Zugfestigkeit)
- Mineralanteile (Abrasivität)
- Gebirgsverband und Durchtrennungsgrad des Gesteins
- Störzonen und Klüftungen
- Orientierung der Klüfte

Randbedingungen des Bauwerks:

- Tunneldurchmesser
- Kurvenradius und Längsneigung

Die Bruttoleistung ist noch von weiteren Faktoren abhängig:

- Schichtsystem
- Gebirgsdruck und -verformung
- Bergwasseranfall
- Art und Umfang der Sicherung
- Tunnellänge
- Robustheit des Maschinensystems
- Wartungs- und Reparaturfreundlichkeit der TBM-Konstruktion
- Standzeit der Diskenringe und Lager
- Logistik des Nachläufersystems

Zur Berechnung der Nettovortriebsleistung (Netto-Penetrationsleistung) werden die oben genannten relevanten Parameter wie folgt berücksichtigt:

$$I = k_s \cdot K_M \cdot i_b \cdot m \cdot \frac{60}{1000} \quad [\text{m/h}] \qquad (15.8\text{-}1)$$

Daraus ergibt sich die Nettoabbauleistung zu:

$$Q_N = I \cdot A = I \cdot \frac{\pi \cdot D^2}{4} \quad [\text{fm}^3/\text{h}] \qquad (15.8\text{-}2)$$

I	=	Nettovortriebsleistung	[m/h]
k_S	=	Kluftfaktor	[-]
k_M	=	Meisselgrösse	[-]
i_b	=	maximale Penetration pro Bohrkopfumdrehung	[mm/U]
m	=	Anzahl der Bohrkopfumdrehungen pro Minute	[U/min^{-1}]
D	=	Tunnelausbruchdurchmesser	[m]
A	=	Tunnelausbruchfläche	[m^2]
Q_N	=	Nettoabbauleistung	[fm^3/h]

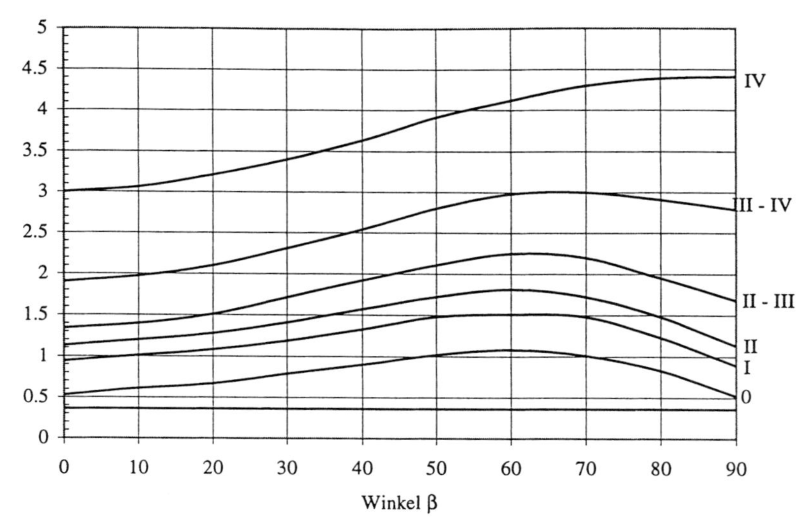

Bild 15.8-1 Einfluss des Winkels β auf den Kluftfaktor k_S [15-11]

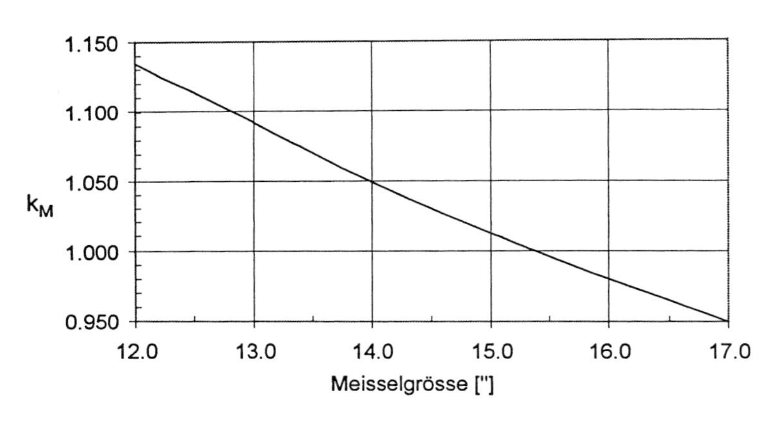

Bild 15.8-2 Einfluss der Meisselgrösse [15-11]

Kluftfaktor k_S [-]:

Die Klüfte und Spalten werden in Klassen eingeteilt (Bild 15.8-1):

0	keine Bruchzonen vorhanden	
I	einzelne Klüfte vorhanden	Abstand ca. 40 cm
II	mehrere Klüfte vorhanden	Abstand ca. 20 cm
III	viele Klüfte vorhanden	Abstand ca. 10 cm
IV	sehr viele Klüfte vorhanden, Störzone	Abstand ca. 5 cm

Ebenfalls einen Einfluss auf den Kluftfaktor hat der Winkel β zwischen der Ortsbrust und der Kluftfläche.

Meisselgrösse k_M [-]:

Der Einfluss der Meisselgrösse wird dem Diagramm (Bild 15.8-2) entnommen.

Bohrbarkeit:

Die Bohrbarkeit (Drilling Rate Index, DRI) wird aus den Diagrammen des Bild 15.8-3 herausgelesen. Der DRI-Wert wird als Eingangsparameter zur Bestimmung der Penetration i_b benutzt.

Maximale Penetration i_b [mm/U]:

Sie ist abhängig von der Bohrbarkeit (DRI) des Gesteins (Bild 15.8-4) und dem Anpressdruck pro Disk. Die Penetrationsrate wird für Abrechnungszwecke in Bohrklassen eingeordnet (Tabelle 15.8-1).

Die mittlere Andruckkraft pro Diske ermittelt man aus Bild 15.8-4 bzw. aus Tabelle 15.7-1. Daraus ergibt sich die erforderliche Anpresskraft am Bohrkopf zu

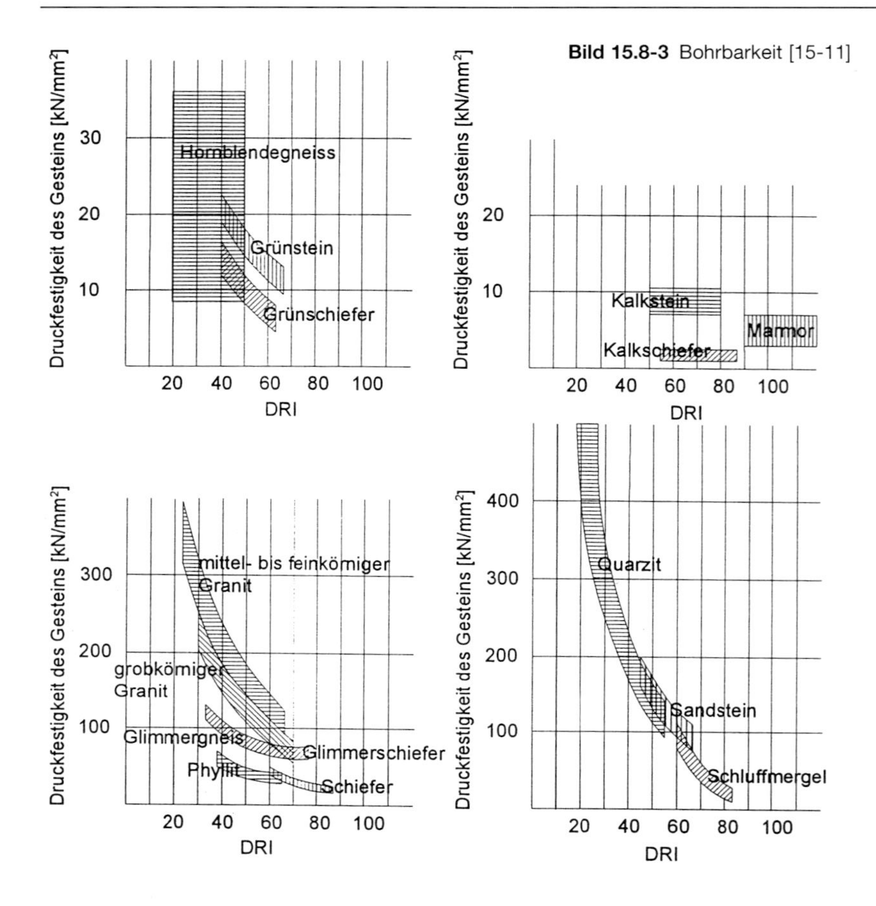

Bild 15.8-3 Bohrbarkeit [15-11]

$$F_A = \sum_n F_{ci} \qquad [kN] \qquad (15.8\text{-}3)$$

F_{ci} = Anpresskraft pro Diske
n = Anzahl der Disken

Die gesamte Anpresskraft des Bohrkopfes ist etwas kleiner als die Vorschubpressenkraft. Die Vorschubkraft ergibt sich aus der Bohrkopfanpresskraft und den Reibungswiderstand des Schildmantels.

F = resultierende Vorschubkraft der Vorschubpressen
W_R = Reibungswiderstand des Schildmantels (Staubschild)
F_A = gesamte Anpresskraft des Bohrkopfes
n = Anzahl der Disken
$F_{m,ci}$ = mittlere Anpresskraft auf die Diske i

$$F = F_A + W_R \qquad [kN] \qquad (15.8\text{-}4)$$

Penetrationsrate bei 80 – 85 % der maximal möglichen Vorschubkraft, aber mindestens 240 kN pro Diskenmeissel (nach SIA Empfehlung 198/1)	
Bohrklasse	**Penetration [mm/Umdrehung]**
A	> 8
B	5 - 8
C	3 - 5
D	2 - 3
E	1 - 2

Tabelle 15.8-1 Penetrationsrate für die verschiedenen Bohrklassen [15-12]

Bild 15.8-4 Diagramm zur Bestimmung der maximalen Penetration [15-11]

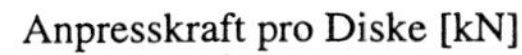

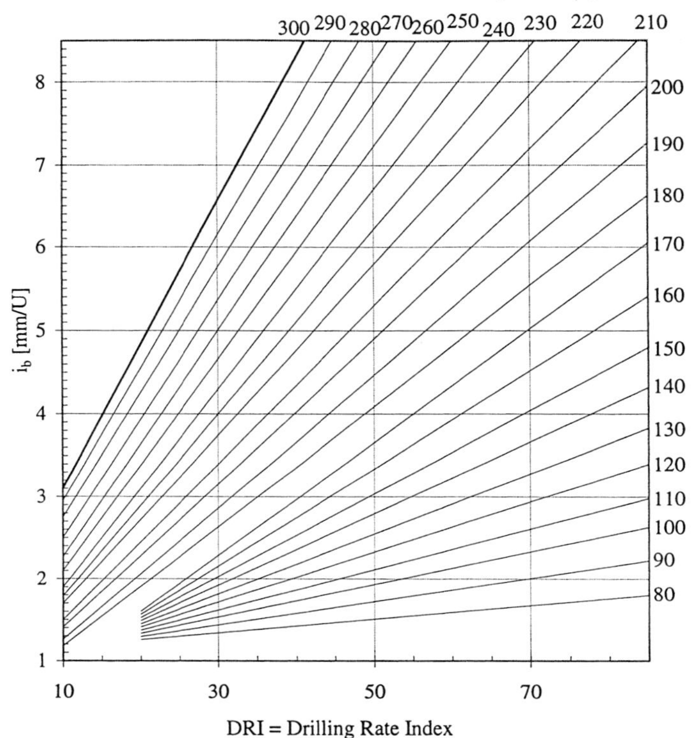

Die Vorschubpressen sollten um 20 – 25 % grösser als F ausgelegt werden, um Imponderabilien abzudecken und Kurvenfahrten zu ermöglichen.

Neben der einachsigen Druckfestigkeit hat die Zähigkeit des Gesteins, die im wesentlichen durch die Zugfestigkeit ausgedrückt werden kann, eine besondere Bedeutung. Die signifikante Ausprägung des Verhältnisses $r = f_c / f_t$ der einzelnen Gesteine ist im Bild 15.8-3 der Bohrbahrkeit implizit enthalten. Abweichungen können linear interpoliert werden.

In Bild 15.8-5 sind die in der Praxis ermittelten Nettoeindringtiefen pro Bohrkopfumdrehung für verschiedene Gesteinsfestigkeiten in Abhängigkeit von der Anpresskraft der Disken mit 17" und 19" dargestellt. Der optimale Einsatzbereich bei diesen Disken liegt zwischen 200 und 300 kN. In der Praxis hat sich bezüglich der Abbauleistung kein signifikanter Unterschied zwischen den 17"- und 19"-Disken herausgestellt. Die 19"-Disken sind jedoch wegen ihres Gewichts schwieriger auszubauen und zu wechseln. Wird die Anpresskraft zu gering gewählt, ist die erforderliche Schneidendruckspannung der Disken zu klein, um das Gestein an der Ortsbrust zu reissen und Chips auszubilden. Damit bleibt der Abbauprozess unter der Diskenspitze unvollständig, da eine Mindestbruchenergie erforderlich ist. Wird die Anpresskraft zu hoch gewählt, nimmt die Reibung in den Lagern der Disken stark zu, und die Kraft kann nur unvollständig für den Abbauprozess genutzt werden. Die Abbauleistung ist jedoch im allgemeinen starken Schwankungen unterworfen, welche von den petrographischen und geologischen Verhältnissen abhängig sind.

In der Praxis werden zur einfachen und schnellen Vordimensionierung von TBMs folgende Formeln [15-1] benutzt:

Umdrehungsgeschwindigkeit des Bohrkopfes:

$$n = C / D \quad [1/\text{min}] \qquad (15.8\text{-}5)$$

Faktor	C = 40 – 50
Tunneldurchmesser	D [m]

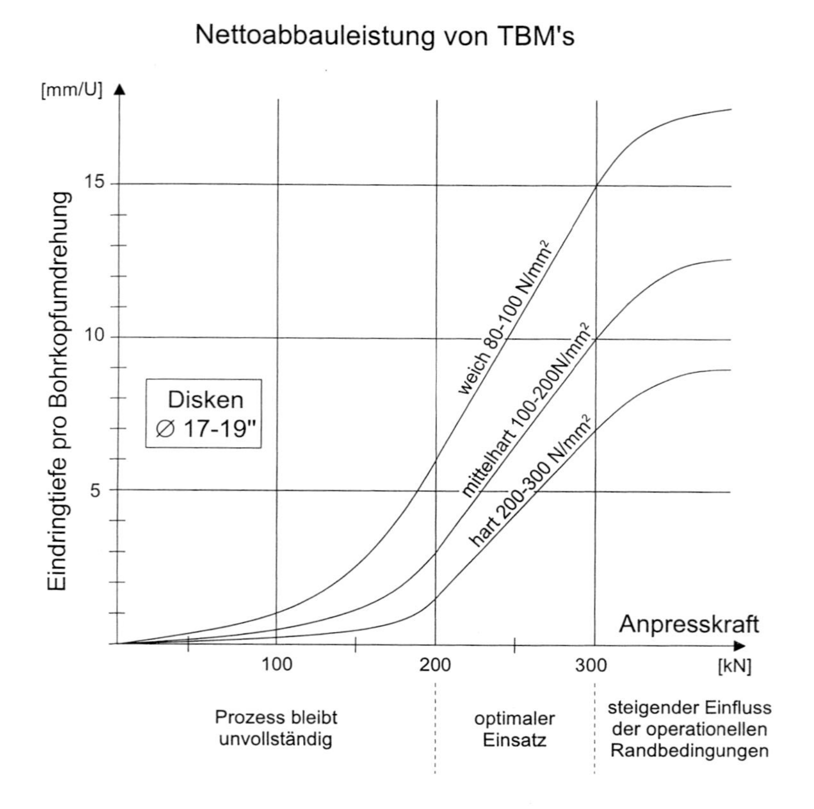

Bild 15.8-5 Nettoabbauleistung von TBMs in Abhängigkeit von der Anpresskraft von 17"- und 19"-Disken (Praxiswerte)

Drehmomente des Bohrkopfes:

$$M_D = D^2\ B \qquad [kNm] \qquad (15.8\text{-}6)$$

Faktor $B = 50 - 60$

Vorschubkraft:

$$V = D \cdot A \qquad [kN] \qquad (15.8\text{-}7)$$

Faktor $A = 1800 - 2200$

Die Formeln sind für einen Schneidbahnabstand von 65 – 85 mm und Schneidrollendurchmesser von 17" und 19" gültig.

Die Hublänge der Vorschubzylinder soll zwischen 1,50 und 2,00 m liegen.

Die Bandbreite der in der Praxis bei verschiedenen Projekten erreichten Nettobohrleistung (Nettobohrgeschwindigkeit) ist in Bild 15.8-6 dargestellt.

Zur Bestimmung der Bruttoleistung einer Gripper-TBM sind für den vollmechanisierten Sicherungseinbau hinter dem Bohrkopf folgende Zeitwerte aus der Praxis zu berücksichtigen:

- Anker setzen 5 – 10 min pro Anker
- Kopfschutz mit zwei Bolzen einbauen 10 – 15 min
- Stahlbogen 5teilig zusammensetzen und verlegen 20 – 30 min

Für Bestimmung der Effizienz des TBM-Vortriebs sowie für die Leistungs- und Kostenberechnung ist nicht nur die Netto-, sondern auch die Bruttobohrleistung massgebend. Die Effizienz wird durch die Ausnutzungsgrade ausgedrückt; darunter versteht man das Verhältnis von Bohrzeit T_B zur Arbeits-, Einsatz- oder Vorhaltezeit. Der Ausnutzungsgrad der TBM ergibt sich auf der Grundlage der Arbeit von R. Stemkowski wie folgt [15-13]:

Der Ausnutzungsgrad 1 bezieht sich auf die gesamte Arbeitszeit (Arbeitstage):

$$AG_1 = \frac{T_B}{AT} \cdot 100 \qquad [\ \%] \qquad (15.8\text{-}8)$$

Der Ausnutzungsgrad 2 bezieht sich auf die gesamte Einsatzzeit (Einsatztage):

$$AG_2 = \frac{T_B}{ET} \cdot 100 \qquad [\%] \qquad (15.8\text{-}9)$$

Der Ausnutzungsgrad 3 bezieht sich auf die gesamte Vorhaltedauer (Vorhaltetage):

$$AG_3 = \frac{T_B}{VT} \cdot 100 \qquad [\%] \qquad (15.8\text{-}10)$$

Die **Arbeitszeit (AT)** ergibt sich aus:

$$AT = \Sigma_i T_i \qquad (15.8\text{-}11)$$

Die einzelnen Elemente der Arbeitszeit ergeben sich aus:

$T_B = \frac{1000}{I}$ [h/km] Summe der gesamten Bohrzeit

I = Nettovortriebsleistung [m/h]

$T_{Umsetz} = \frac{1000 \cdot t_U}{60 \cdot l_{Vorschub}}$ [h/km] Summe der gesamten Umsetzzeit

t_U = Umsetzzeit einer Gripper-TBM (Lösen der Verspannung, Vorschub, Ausrichten und Verspannen) Umsetzzeit bei Schildmaschinen (Lösen der Vorschubpressen, Einbau des Tübbingrings und erneutes Abstützen der Vorschubpressen) [min]

$l_{Vorschub}$ = Bohrvorschub der TBM oder Schildmaschine pro Zyklus [m]

$T_{Diskwech} = t_w \cdot f \cdot n$ [h/km] Summe Diskenwechselzeiten während der Vortriebszeit

t_w = Wechselzeit eines Diskenmeissels: ca. 60 min

f = Mittlerer Lebensfaktor aller Disken einer TBM pro km Tunnelvortrieb

n = Anzahl der Disken einer TBM

Im allgemeinen wird man versuchen, die Diskenmeissel während der arbeitszeitbedingten Stillstandszeiten zu wechseln, z. B. nachts oder am Wochenende. Dann wirken sich die Diskenwechsel nicht auf die Schichtarbeitszeiten aus.

$T_{Wartung}$ [h/km] Zeit für kleine Reparaturen und Wartung

Auch kleine Reparaturen und die Wartung erfolgen meistens in den arbeitszeitbedingten Stillstandzeiten, um die effektive Schichtzeit möglichst dem Vortrieb zu widmen. Die laufende Wartung darf nicht zur Unterbrechung des Vortriebs führen. Im allgemeinen sollten dafür ca. 2,0 % der Einsatzzeit angenommen werden.

$T_{Sicherung}$ [h/km] Zeit für Sicherungsmassnahmen zusätzlich zum Bohrzyklus

Die Sicherungs- und Ausbauarbeiten können die Bruttoleistungen stark beeinträchtigen. Diese Beeinträchtigung des Vortriebs hängt von den erforderlichen Sicherungsmassnahmen gemäss der Vortriebsklassifizierung direkt hinter dem Staubschild bei einer Gripper-TBM ab. Massgebend ist auch, wie effizient bereits während der Entwicklung und Konstruktion der TBM der Einbau der notwendigen Sicherungsmassnahmen durch

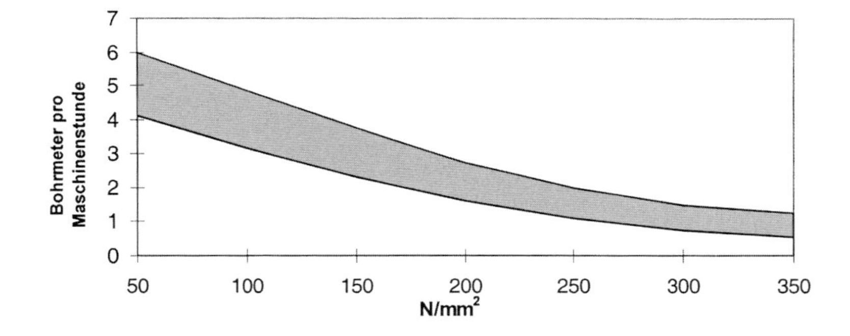

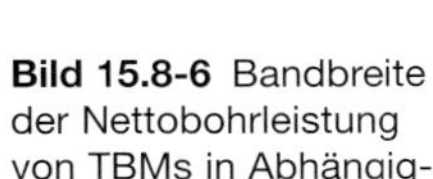
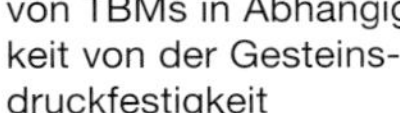
Bild 15.8-6 Bandbreite der Nettobohrleistung von TBMs in Abhängigkeit von der Gesteinsdruckfestigkeit

mechanisierte Hilfssysteme berücksichtigt wurde, um diese weitestgehend während des Bohrzyklus direkt hinter der Maschine und auf dem Nachläufer einzubauen. Stillstandszeiten können je nach Sicherungsmassnahmen (durchfahren unterschiedlicher Gebirgsklassen mit unterschiedlichen Sicherungsmassnahmen) zwischen 0 – 20 % der Einsatzzeit betragen. In sehr gebrächen Gebirgsabschnitten und Störzonen steigt die Stillstandszeit noch erheblich an. Schildmaschinen sind hingegen wesentlich konstanter in der Leistung, bedingt durch den kontinuierlichen Einbau der vorgefertigten Tübbinge.

Das Auftreten von Bergwasser kann zur Leistungsminderung führen. Die Leistungsminderung tritt meist erst bei Wassermengen von > 20 l/sec auf und kann dann zwischen 5 und 20 % liegen (bei 60 l/sec).

$T_{Bergwasser}$	[h/km]	Behinderung durch Bergwasser wird meist in % der Arbeitszeit bestimmt

Bei der Ermittlung der Arbeitszeit sollte man unbedingt die Leistungsminderung durch die Einarbeitungszeit in der Grössenordnung von zwei bis drei Monaten berücksichtigen.

Die **Einsatzzeit (ET) einer TBM** umfasst neben der Arbeitszeit die Reparatur-, Revisions- und Umbauarbeiten sowie die Stilliegezeiten.

Die Reparatur-, Revisions- und Umbauarbeiten setzen sich aus den folgenden Zeiten zusammen:

$T_{Grossrep}$	[h/km]	Zeit für grosse Reparaturen
$T_{Revision}$	[h/km]	Zeit für grosse Wartung
T_{Umbau}	[h/km]	Zeit für Umbauten an der Maschine

Damit ergibt sich die Einsatzzeit zu:

$$ET = AT + T_{Grossrep} + T_{Revision} + T_{Umbau} \quad (15.8\text{-}12)$$

Der durchschnittliche Ausnutzungsgrad (Bohr- zur Gesamtarbeitszeit) beträgt bei Tunnelbohrmaschinen im groben Mittel:

- Grippermschinen 20 – 35 %, obere Grenze ca. 40 %
- Schildmaschinen 25 – 35 %, obere Grenze ca. 40 %
- Doppelschildmaschinen 30 – 45 %, obere Grenze ca. 60 %

Die **Vorhaltedauer (VT)** umfasst die Einsatzzeit und das Einrichten sowie den Auf- und Abbau der TBM. Damit ergibt sich die Vorhaltezeit zu:

$$VT = ET + T_{Auf} + T_{Ab} \quad (15.8\text{-}13)$$

Somit ergibt sich die Leistung bezogen auf die:

Arbeitszeit zu: $$Q_{AT} = Q_N \frac{T_B}{AT} \; [m^3/h] \quad (15.8\text{-}14)$$

Einsatzzeit zu:

$$Q_{Einsatz} = Q_N \frac{T_B}{ET} \; [m^3/h] \quad (15.8\text{-}15)$$

Vorhaltezeit zu:

$$Q_{Vorhalt} = Q_N \frac{T_B}{VT} \; [m^3/h] \quad (15.8\text{-}16)$$

Q_N	= Nettoabbauleistung	[fm³/h]
T_B	= Nettobohrzeit	[h/km]

15.9 Nachläufer

Zur effizienten Unterstützung des Bohrbetriebs sind eine nachfolgende leistungsfähige Ver- und Entsorgung, ein zügiger Sicherungseinbau, effiziente Sicherheitseinrichtungen, eine leistungsfähige Entstaubung und Ventilation sowie eine exakte Vermessung notwendig.

Das Nachläufersystem ist das Back-up-System der TBM und kann auch als Logistikzentrum des TBM-Vortriebs bezeichnet werden. Die Nachläuferkonstruktionen werden projektspezifisch konzipiert und eingesetzt und müssen daher hohe und vielfältige Anforderungen erfüllen. Die hier dargestellten Konzeptionen beruhen auf den Nachläufersystemen der Firma ROWA [15-14]. Bei der Planung des Nachläufersystems werden folgende Aspekte berücksichtigt:

- baubetriebliche und wirtschaftliche Überlegungen der Ausführung
- Sicherungs- und Ausbaukonzept

Für die Planung, Gestaltung und Entwicklung eines Nachläufersystems sind folgende Anforderungen zu definieren:

- Projektvorgaben: Welche Projektvorgaben sind für die Auslegung einer Vortriebsinstallation von Bedeutung?
- Unternehmervorgaben: Welche Unternehmervorgaben sind für die Auslegung einer Vortriebsinstallation von Bedeutung?

Tabelle 15.9-1 Aspekte für den Entwurf von Nachläufersystemen [15-14]

	Versorgung	Entsorgung	Ventilation & Entstaubung	Vermessung	Sicherheit
Infrastruktur	- Gleis - Leitung - Kabel - Lutten - Meisselrollen - Werkzeuge	- Bergwasser - Staub - Schlamm - Wärme	SUVA / TBG Vorschriften und MAK-Werte für: - Dieselfahrzeuge - Gebirgstemperatur – nachgeschaltete Baustellen	- Freiraum für Lasergassen	- Gaswarnanlage - Brandbekämpfung - Rettungsgeräte
Energie	- Strom - Wasser - Luft - Diesel - Schmiermittel				
Konstruktion	- Stahlbögen - Tübbinge - Spritzbeton - Anker - Beton				

- Transportkonzept für die Ver- und Entsorgung: Welche Transportkonzepte kommen bei einem maschinellen Vortriebssystem zur Anwendung?
- Bewetterung: Welche Vorgaben sind zwingend, um die Bewetterung bemessen zu können?
- Sicherheitskonzept: Welches sind die Grundparameter für das Erstellen eines Sicherheitsplanes?

Zum Pflichtenheft für die Entwicklung eines Nachläufers gehören:

- Projekt- und Unternehmervorgaben: technische und wirtschaftliche Vorgaben, die für die Auslegung der Vortriebsinstallation von Bedeutung sind;
- Analyse des Bauablaufs: Definition und Ablauf der bautechnischen Arbeiten mit der Beschreibung der verschiedenen Arbeitsoperationen;
- Sicherungs- und Ausbaulogistik: Auflistung der Bauhilfsmassnahmen und Bauhilfsmittel, zu diesen zählen Einrichtungen, Maschinen und Infrastrukturen, die für die Durchführung der Arbeitsoperationen (Sicherungs und Ausbaumassnahmen) benötigt werden;
- Tübbinghandling im Nachläuferbereich: Bei der Verwendung von Tübbingen muss ein Konzept für den Tübbingumschlag ab Versorgungszug bis zum Erektor aufgestellt werden (siehe auch Nachläufersysteme bei Schildmaschinen);
- Ver- und Entsorgungslogistik: Die Festlegung des projektspezifischen Transportkonzeptes erfolgt auf der Grundlage der vorgegebenen Eckdaten und der Ver- und Entsorgungsorganisation pro Zyklus (z. B.: Bohren, Tübbinge versetzen und TBM umsetzen). Dabei muss der kritische Weg pro Zyklus bestimmt werden;
- Bewetterung: arbeitshygienische Vorgaben, Lüftungskonzept;
- Sicherheitskonzept: Die Ereignisse und Störfälle müssen mit den Schutzzielen für Normal- und Sonderbetrieb analysiert werden. Das Brandschutzkonzept muss ausgearbeitet und die Restrisiken müssen beurteilt werden;
- Kurzbeschreibung des Nachläufers: Der Aufbau des geeigneten Nachläufers muss beschrieben und dessen Länge abgeschätzt werden.

Der Entwurfsablauf ist in Bild 15.9-1 dargestellt.

In diesem Entwurfskonzept sind die folgenden Aspekte der Tabelle 15.9-1 zu berücksichtigen:

Die Nachläuferkonstruktion wird als kompakte Schlitten oder als gleisgebundene Portalrahmenwagen ausgebildet. Der Nachläufer wird meist mit Zugstangen von der TBM nachgezogen. Nur bei extrem schweren Nachläufern oder in Schrägschächten verwendet man separate Schreitwerke. Die Nachläuferausrüstung mit fahrbaren Portalrahmenkonstruktionen besteht meist aus mehreren zusammenhängenden Wageneinheiten. Diese Multifunktionsgerüste haben z. B. bei einer Gripper-TBM die folgenden Aufgaben und Funktionsbereiche:

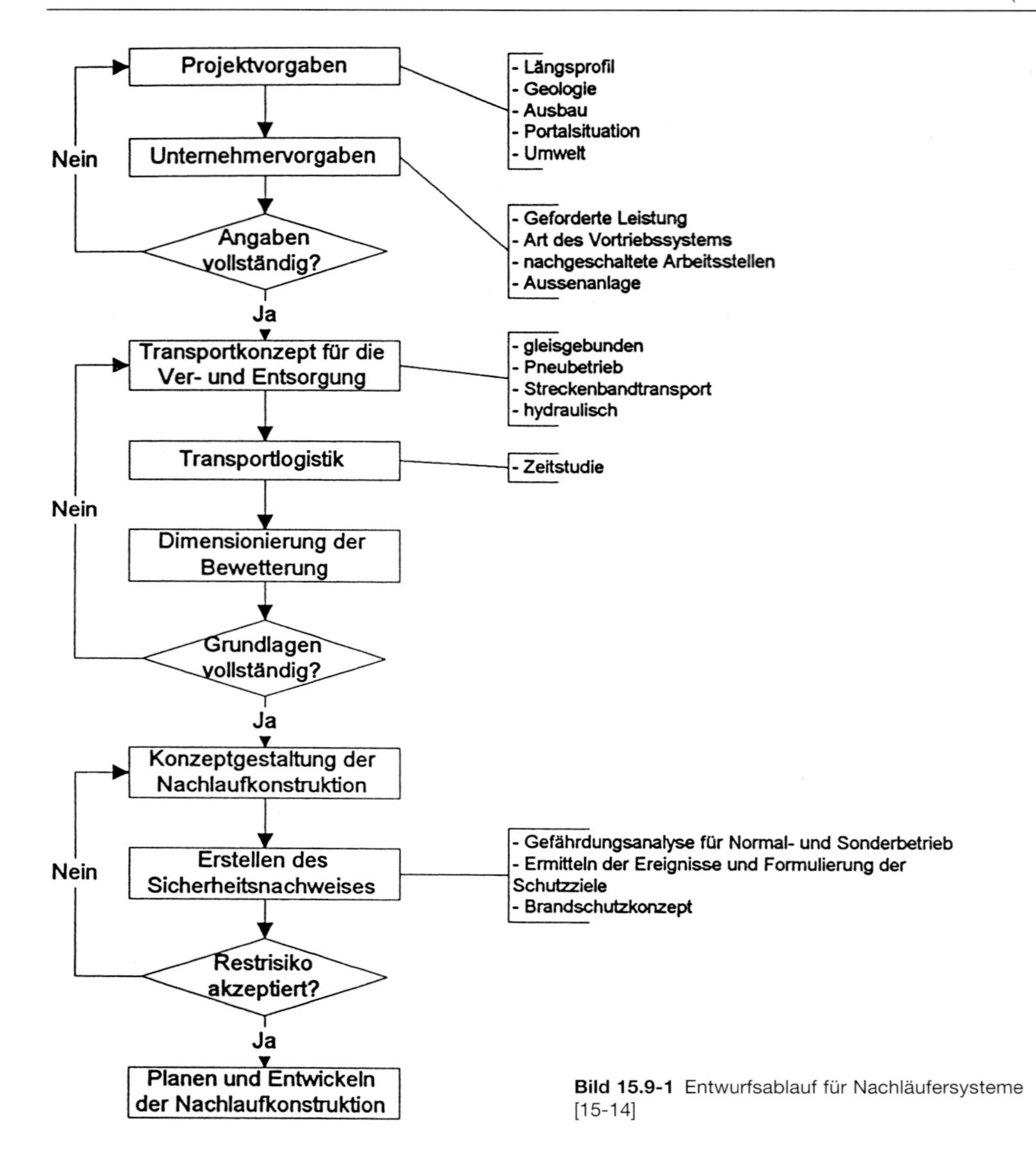

Bild 15.9-1 Entwurfsablauf für Nachläufersysteme [15-14]

- Trennen der Materialflüsse:
  - Entsorgung des Ausbruchmaterials (Schuttern) mit Förderbandkonstruktionen zum Beladen der Züge oder Dumper bzw. zum Beschicken des Streckenförderbandes ohne Umsetzen, Ableiten bzw. Pumpen des Bergwassers etc.;
  - Materialversorgung zum Einbau von Sohltübbingen, Einbaubögen, Spritzbeton, Ankern; Versorgung mit Gleisen, Rohren sowie Werkzeugen, Ersatzteilen, Energie etc.;
- Träger der gesamten elektrischen und hydraulischen Installationen für den Antrieb der Maschine, wie z. B. die elektrischen Hauptmotoren mit über 100 – 2000 kW, Injektions- und Mörtelverpresspumpe, Bohrgeräte etc.;
- Zwischenlager für die Sicherungselemente;

- Träger mechanischer Einrichtungen zum Einbau von Sicherungen, wie z. B. Spritzbetonroboter, schwenkbare Bohrgeräte, Erektoren für Einbaubögen, Hebeeinrichtungen etc. (offene Gripper-TBM);
- Führer- und Steuerstand mit Regel- und Steueranlagen zur Bohrkopfkontrolle und zur Kontrolle der Transporteinrichtungen, der hydraulischen und elektrischen Installationen und notwendigen Pumpen sowie der weiteren Überwachungs- und Warneinrichtungen;
- Träger der Hilfseinrichtungen wie Feuerlösch-, Sanitäts- und Rettungseinrichtung, Toiletten, Telefonanlagen, Tagesunterkunft sowie Ersatzteile, Verlängerungsrohre, Kabel, Gleisspeicher mit Hebeeinrichtungen etc.;
- Träger der Entstaubungsanlage mit Elektrolüfter und Luttenspeicher zum Verlängern der Lüftungslutte;
- Beladeeinrichtung: Die Länge der Nachläufer wird stark geprägt durch die Art des Abtransportes des Ausbruchmaterials im Tunnel. Man muss daher die folgenden Transportarten unterscheiden: Zug-, Förderband- oder LKW-Transport. Heute wird meist der Zug- und/oder Förderbandtransport eingesetzt. Beim Zugtransport wird die Länge des Nachläufers sehr stark durch die Länge des Materialzuges bestimmt. Die Kapazität der Materialwagen ist so auszulegen, dass das aufgelockerte Ausbruchmaterial eines gesamten Vortriebszyklus (ein Hub) in einem Zug aufgenommen werden kann. Der Zugwechsel erfolgt dann möglichst während des Schreitvorgangs der Gripper-TBM oder während des Tübbingringbaus bei der Schild-TBM. Beim Förderbandtransport wird der Nachläufer wesentlich kürzer, und ein kontinuierlicher Transport während des Bohrvorgangs erfolgt.

Der Aufbau eines Schildmaschinennachläufers ist unter Schildmaschinen beschrieben. Bei der Schild-TBM muss man folgende Funktionsbereiche unterscheiden:

- Trennen der Materialflüsse:
  - Entsorgung des Ausbruchmaterials
  - Materialversorgung
- Träger der gesamten elektrischen und hydraulischen Installationen
- Zwischenlager und Feeder für die Tübbinge
- Führer- und Steuerstand
- Träger der Hilfseinrichtungen
- Träger der Entstaubungsanlage mit Elektrolüfter und Luttenspeicher
- Beladeeinrichtung für Zug-, LKW- oder Streckenbandtransport

Bei der Schild-TBM werden die Tübbingringe zur Sicherung im Schildschwanz eingebaut, daher entfallen Vorabdichtung, Ausbruchsicherung und Ausbau bei einschaliger Bauweise.

Die Dimensionierung des Nachläufers (Bild 15.9-2), besonders bei der offenen Gripper-TBM, erfolgt aufgrund folgender Funktionsbereiche:

- Versorgungs-, Steuer- und Antriebsbereich: Hebe-, Speicher- und Vorschubeinrichtungen für Ausbaubögen und Anker zur Primärsicherung hinter dem Bohrkopf sowie Sohltübbinge (falls verwendet); Steuerstand und elektrische und hydraulische Antriebseinheiten mit den erforderlichen Tanks und Hilfsaggregaten;
- Vorabdichtungsbereich: Bühnen zum Anbringen von flexiblen Plastikhalbschalen und Noppenfolien zum Abschlauchen von Bergwasser sowie zur Versiegelung der Oberfläche mittels Trockenspritzgerät;
- Systematischer Sicherungs- und Ausbaubereich: Ankersetzgeräte und Lager zur Systemankerung, Hochleistungsspritzmanipulatoren und Pumpen;
- Nacharbeitsbereich: Entfernung des Rückpralls etc.;
- Umschlagbereich für Spritzbeton;
- Verladebereich des Ausbruchmaterials;
- Ventilations- und Energieanschlussbereich.

Die Nachläufer der Gripper-TBM müssen so gestaltet werden, dass sie den flexiblen und adaptiven Anforderungen an den Sicherungseinbau entsprechend den angetroffenen Gebirgsverhältnissen gerecht werden. Daher sind die Nachläufer der Gripper-TBM meist wesentlich länger als die der Schild-TBM, da die flexiblen Sicherungsmassnahmen während des Vortriebs handwerklich mit mechanischen Hilfseinrichtungen auf dem Nachläufer einzubringen sind.

Die Länge des Versorgungs- und Steuerbereichs ergibt sich einerseits aus der Grösse der stationären Antriebsaggregate und Hydrauliktanks sowie Hilfsaggregate und andererseits aus den Hebe- und Transporteinrichtungen sowie dem Speicherbedarf für die Erstsicherung direkt hinter der Maschine. Der Speicherbedarf ergibt sich aus dem maximalen Materialverbrauch und dem Transportzyklus der Versorgungszüge.

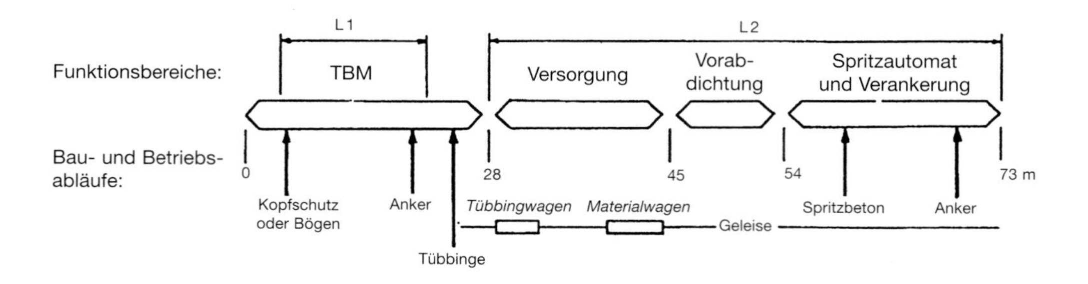

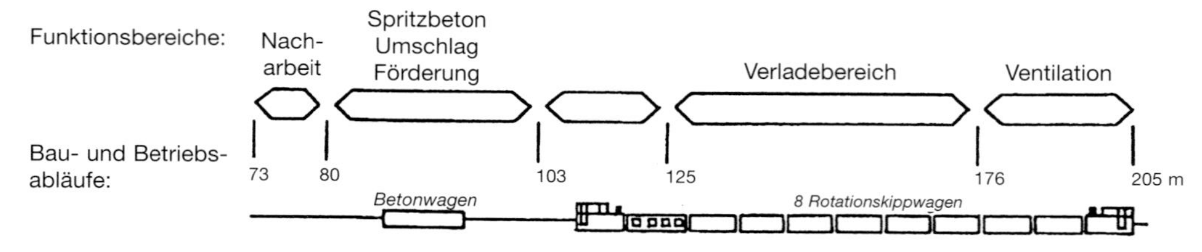

Bild 15.9-2 Funktionsbereiche eines Gripper-TBM-Nachlaufsystems mit Sohltübbing [15-14]

Die Länge des Vorabichtungsbereichs bemisst sich aus dem zu erwartenden Umfang der Vorabdichtungsarbeiten in bezug auf die Zykluszeit eines Bohrhubs.

Die Länge des Sicherungs- und Ausbaubereichs ergibt sich aus der Vortriebsgeschwindigkeit und dem Umfang der durchzuführenden Massnahmen sowie der Leistungsfähigkeit der Ankersetzgeräte sowie der Spritzbetonmanipulatoren. Die Bühnen werden in variable Arbeitsbereiche zur Durchführung der verschieden Sicherungs- und Ausbauarbeiten eingeteilt. Dies ermöglicht die Durchführung der Arbeiten während des Bohrhubs. Aus diesem Grund müssen die Ankersetzgeräte in Längs- und Radialrichtung verschiebbar sein.

Der Umschlagbereich für Spritzbeton sowie der Ventilations- und Energieanschlussbereich ergeben sich aus der Grösse des Mörteltransportwagens, des Luttenspeichers, der Elektrokabeltrommel etc.

Der Verladebereich ergibt sich aus der erforderlichen Ladekapazität des Zuges zur Aufnahme des Ausbruchmaterials eines Bohrhubs.

Zudem wird die Länge des Nachläufers von Gripper- sowie Schild-TBMs durch den Ausbau der Sohle bestimmt. Zum effizienten Abtransport des Ausbruchmaterials und zur Lieferung des Ausbaumaterials ist im Tunnel eine ebene Transportpiste erforderlich. Daher erfolgt der Einbau der Sohle bei Tunnel ohne Sohltübbing, aber mit Entlüftungs- und Versorgungskanälen, meist zwischen dem vorderen Sicherungsnachläuferteil und dem hinteren Verladenachläufer. Zwischen diesen Nachläuferteilen, die mit einer Brücke verbunden sind, befindet sich der Nachläuferteil, mit dem der Sohleinbau erfolgt. Der vordere Sicherungsnachläufer stützt sich meist radial am Gesamtquerschnitt ab, während sich der Verladenachläufer auf der im Mittelteil eingebauten Unterkonstruktion (z. B. Lüftungskanal) des Tunnels abstützt. Nur bei Tunnelquerschnitten, die keine Lüftungsstollen unter der Fahrbahn benötigen, können die Sohltübbinge direkt hinter der TBM eingebaut werden und dann auch als temporäre Transportpiste dienen.

Der Materialumschlag, die Versorgung der Maschine sowie das kontinuierliche Sichern des Tunnels erfordern das Mitführen von relativ langen Nachläufern.

Die Nachläufer bestehen meist aus einzelnen, miteinander gekoppelten Wageneinheiten von 5 – 15 m Länge. Bei Doppelröhren sollte das effiziente Umsetzen oder der Transport, z. B. auf einem Tieflader, möglich sein. Die Wageneinheiten sind meist gleisgeführt. Das Gleis wird nach Durchfahren einer Strecke hinten abgebaut und über die Laufkatze des Nachläufers nach vorne gebracht, meist seitlich neben der TBM. Mittels Hebeeinrichtung

Bild 15.9-3 Nachläufersystem einer Gripper-TBM für Hartgestein – Stauseeprojekt in Lesotho

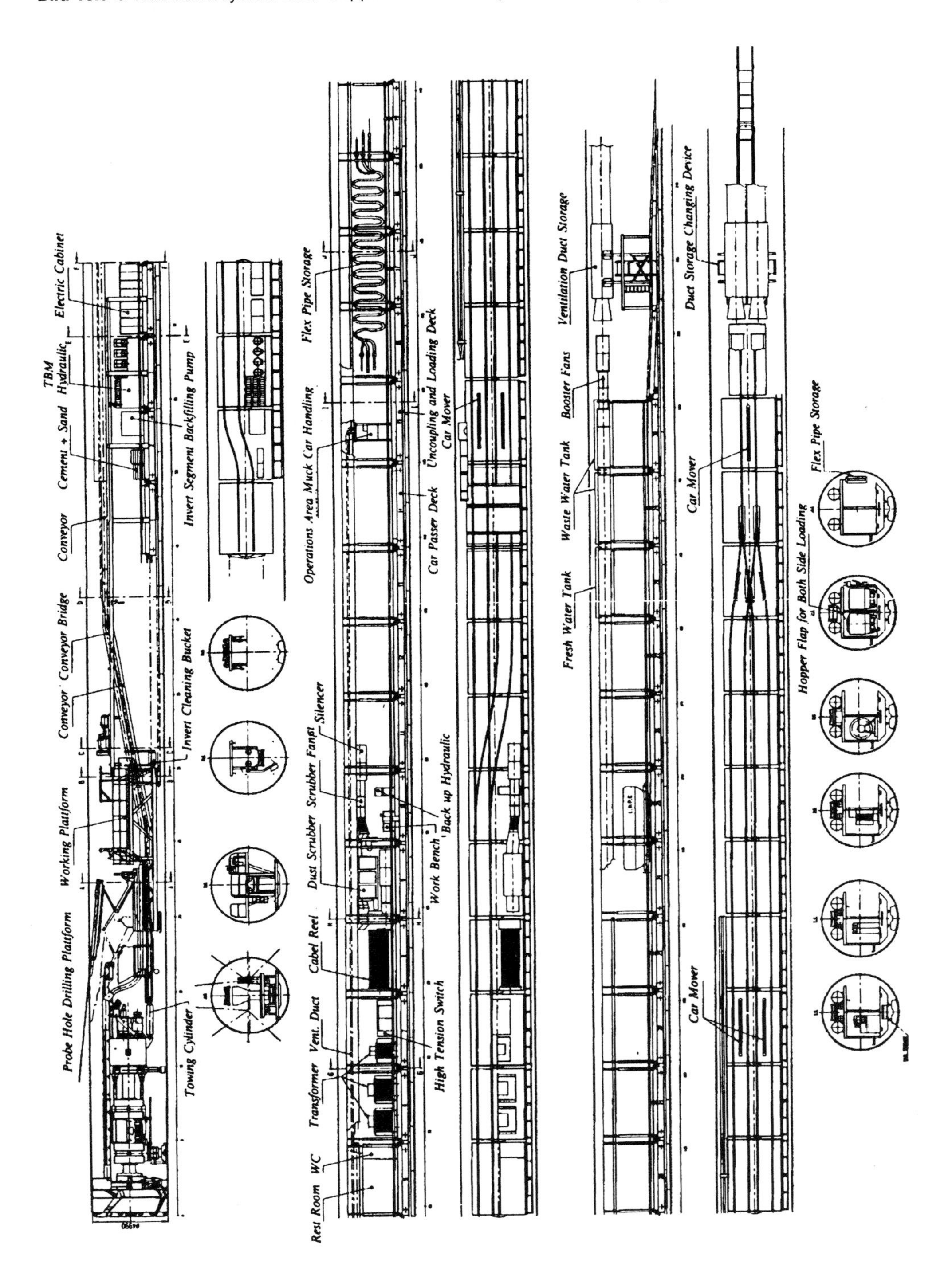

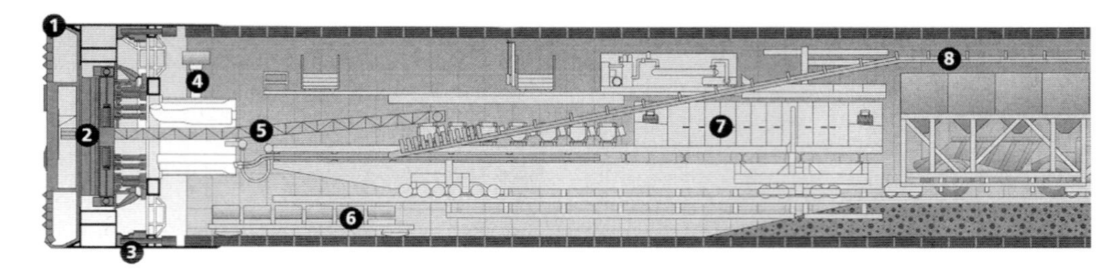

1 Felsbohrkopf
2 Antrieb
3 Vortriebspresse
4 Erektor
5 Förderband I
6 Tübbingförderer
7 Schaltschrank
8 Förderband II

Bild 15.9-4 Schild-TBM für Hartgestein von Herrenknecht [15-4]

werden die Gleisschüsse seitlich neben der Maschine vor dem Nachläufer wieder befestigt. Somit kann der Nachläufer kontinuierlich folgen. Die Gleise sind je nach Platzverhältnissen wie folgt angeordnet:

- im Sohlbereich bei grossen Querschnitten
- im Übergangsbereich Sohle-Parament bei kleineren Querschnitten
- Aufhängung im Kämpferbereich bei kleinen Querschnitten

Schrägschächte werden heute bis zu 100 % Steigung mit Gripper-TBMs aufgefahren. Das Auffahren von Schrägschächten mittels Gripper-TBM erfolgt von unten nach oben. Um die grossen Hangabtriebskräfte aus dem Nachläufersystem aufzunehmen, werden meist eine Rücklaufsicherung und ein von der TBM unabhängiges Schreitwerk eingebaut. Zur Förderung des Ausbruchmaterials wird statt eines glatten Förderbandes ein Taschenförderband verwendet, um das Abrutschen des Materials zu verhindern. Das Taschenförderband wird aus Sicherheitsgründen bei Schrägschächten auf der Sohle des Schachtes angeordnet. Das Band sollte beidseitig mit einem Schutzblech versehen werden, damit abrollendes Material nicht unkontrolliert den Schacht hinunter rollt.

Das Abförderkonzept muss so ausgelegt werden, dass die volle Maschinenbohrleistung gefahren werden kann. Konkret heisst das, dass der kritische Weg bei der Bohrleistung der Maschine liegen sollte und nicht bei der Schutterleistung, den normalen Einbau- und Sicherungsmassnahmen oder der Materialversorgung und -vorhaltung.

Zur optimalen baubetrieblichen Abwicklung sollte die Vortriebsgeschwindigkeit durch die Bohrgeschwindigkeit bestimmt werden und nicht durch die notwendigen Sicherungsmassnahmen oder den Transportzyklus. In einer betriebswirtschaftlichen Abwägung ist zu untersuchen, wie hoch die Investitionskosten für effizienzsteigernde mechanische oder auch roboterisierte Unterstützungseinrichtungen und Lagerbühnen sind, um den Einbau der zusätzlichen Sicherungsmassnahmen beschleunigt durchzuführen, im Vergleich zu den baubetrieblichen Kosten, die sich aus der Verzögerung und/oder Unterbrechung des Vortriebs ergeben.

In Bild 15.9-3 ist ein Nachläufersystem einer Gripper-TBM mit Zugtransport für Ausbruch- und Versorgungsmaterial dargestellt.

In Bild 15.9-4 ist ein Nachläufersystem einer Schild-TBM mit Dumpertransport und Zwischensilos dargestellt.

15.10 Schutterung

Die Schutterung bei der TBM ist eine integrale Komponente der Maschine wie auch des Nachläufers. Die Schutterung erfolgt von der Maschine mittels eines Förderbands, das im Bohrkopf über eine Zwangsbeschickung beladen wird. Das Material wird vom TBM-Band meist im Übergangsbereich zwischen TBM und Nachläufer auf das Nachläuferband übergeben. Die Übergabe an den gleisgebundenen Transport wie auch an den Dumpertransport kann direkt über ein Bandbeladegerät oder über einen Zwischenspeicher (Bunker) erfolgen. Der Zwischenspeicher ermöglicht den Vortrieb bei diskontinuierlicher Beladung während der Vortriebsphasen, wie dies beim Dumpertransport auftritt.

Beim Gleistransport kann man zwei Möglichkeiten unterscheiden:

- Der Materialzug wird langsam unter dem Materialabwurf des Bandes verschoben.
- Der Materialzug steht still und wird mittels eines verschiebbaren Ladebands (Schleppband) gefüllt, das sich unter dem Nachläuferband befindet und von diesem gespeist wird.

Das zusätzliche Schleppband (s. Kapitel 10) hat den Vorteil, dass das Beladen vom Lokführer, der bei stehendem Zug das Band bedient und den Füllgrad der Wagen überwacht, selbst vorgenommen werden kann. Wird der Materialzug verschoben, sind ein Lokführer und eine Hilfskraft zur Bandbedienung und Überprüfung des Füllgrades der Wagen erforderlich. Das verschiebbare Schleppband ist etwas länger als der halbe Zug. Das Nachläuferband endet etwa in der Mitte des Zugs und übergibt das Ausbruchmaterial über einen Fülltrichter an das vorbeiziehende Schleppband. Dieses beginnt nun mit der Füllung des letzten Zugwagens, dabei befindet sich der Abwurf des Nachläuferbandes über dem hinteren Teil des Schleppbandes. Das Schleppband wird in Tunnellängsrichtung mittels eines elektrisch angetriebenen Kettenzugs entsprechend dem Füllungsgrad der Schutterwagen nach vorne gezogen, was bis zum mittleren Wagen möglich ist. Dann wird die Bandlaufrichtung reversiert, und der Ladevorgang erfolgt vom vordersten Wagen bis zur Füllung des mittleren Wagens. Die Übergänge von einem zum anderen Schutterwagen sind mit Neoprenschürzen überlappt. Damit wird verhindert, dass während des dynamischen Ladevorgangs Material zwischen den Wagenkupplungen auf das Gleis fällt.

15.11 Steuerung

Bei der Steuerung von Gripper-TBMs muss man zwischen der Steuerung von TBMs mit einer und zwei Verspannebenen unterscheiden.

Die Lagesteuerung von Tunnelvortriebsmaschinen mittels **einer Verspannebene** erfolgt über die Hydraulikzylinder der Pratzen (Gripper). Die Steuerung kann und muss zum Teil während des Bohrvorgangs durchgeführt werden. Dieser Maschinentyp ist während des Bohrvorgangs wie ein statisch bestimmter Kragarm gelagert. Daher ist eine Steuerung während des Bohrvorgangs bis zu einer maschinenbautechnisch abhängigen Grösse ohne Zwängungen über die schräg angeordneten Vorschubpressen möglich. Der Nachteil einer TBM mit einer Verspannebene liegt in der möglichen Lageveränderung aus der Sollspur beim Einschneiden von horizontal geschichtetem Gestein unterschiedlicher Festigkeit. Durch Rutschungen in der Verspannebene, bedingt durch eine am Bohrkopf exzentrisch wirkende Anpresskraft, kommt es zum Absacken oder Hochfahren der TBM. Zudem müssen die Vorschubkräfte über nur zwei Pratzen durch Vorspannung in das Gebirge eingebracht werden. Dies führt zu sehr grossen Pratzen oder hohen lokalen Druckspannungen unter den Pratzen. Ferner ist es schwieriger, lokale Störzonen mit geringer Festigkeit mit nur einer Verspannebene zu überbrücken. Bei einer mit zwei Verspannebenen ausgerüsteten TBM ergibt sich dieses Problem weniger.

Die Steuerung der Gripper-TBM mit **zwei Verspannebenen** erfolgt meist über die hintere Abstützvorrichtung nach dem Umsetzvorgang und vor dem Verspannen der Pratzen, oder über die Pratzen selbst (Bild 15.11-1). Während des Vortriebs ist die Maschine wie ein Stab mit zwei Einspannebenen gelagert und verhält sich daher während des Vorschubs sehr lagegenau. Daher sind diese Maschinen in inhomogenem Gebirge besonders geeignet. Die Steuerung der Maschine entlang der Vortriebsspur erfolgt polygonal (Bild 15.11-2).

Während des gesamten Vortriebs ist eine „real time"-Aufzeichnung der Ist- zur Soll-Position notwendig, um nach jedem Bohrhub möglichst sofort Korrekturen durchzuführen. Die Kinematik

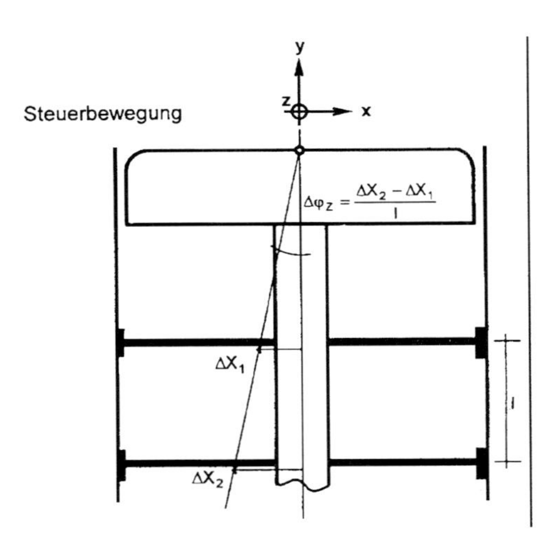

Bild 15.11-1 Steuerbewegung einer Gripper-TBM mit zwei Verspannebenen

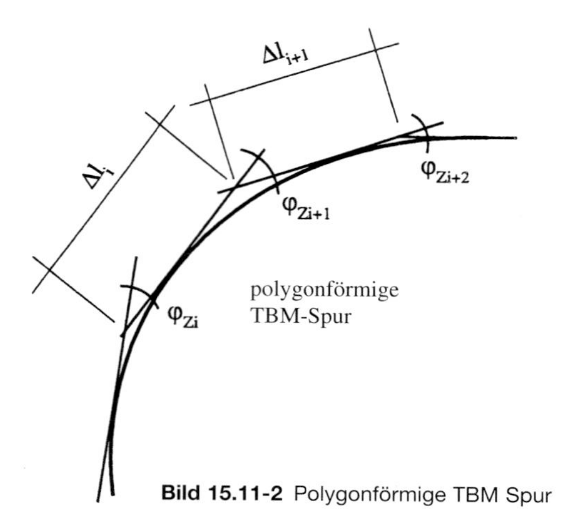

Bild 15.11-2 Polygonförmige TBM Spur

gegenüber den mobilen TSM (Teilschnittmaschinen) ist bei der TBM wesentlich einfacher. Die Position und Richtung der TBM ist bestimmt durch:

- x-, y-, und z-Koordinate des Bohrkopfes im Raum
- φ_x -, φ_y -, φ_z -Winkel (Nick-, Roll- und Gierwinkel)

Der Lenkvorgang erfolgt durch Änderungen des Nick- und des Gierwinkels. Dies wird erreicht, indem der Zentrumsschaft um den Bohrkopfmittelpunkt gedreht wird, und zwar durch Veränderungen in den Pratzenachsen 1 und 2, durch Δx_1 und Δx_2, bzw. Δy_1 und Δy_2. Die Gradiente sowie die Trassierungskurve werden in Polygonform nachgefahren (Bild 15.11-2). Die Länge der einzelnen Polygonabschnitte richtet sich nach den im Projekt definierten Profilabweichungen. Je nach Länge des Staubschildmantels um den Bohrkopf sind diese Maschinen unterschiedlich träge in der Steuerung.

Eine permanente Lageüberwachung (Bild 15.11-3) ist erforderlich, um frühzeitig Steuerkorrekturen durchzuführen. Die heutigen Maschinen werden hinsichtlich ihrer Lage mittels Lasergeräten und CCD-Kameras überwacht. Die Überwachung kann wie folgt durchgeführt werden:

- koordinatenmässige Position mittels automatischen Lasertheodoliten
- Nick- und Rollwinkel mittels Inklinometern (Erdlotabweichungen)
- Gierwinkel mittels Laserstrahl durch zwei hintereinander liegende Zieltafeln oder durch Kreiselgeräte

Diese Daten werden elektronisch erfasst und zum Steuercomputer in der Steuerkabine transferiert. Befindet sich die Maschine innerhalb eines vorher definierten Toleranzbereichs, muss die Steuerung nicht unbedingt durchgeführt werden. Wird dieser Bereich überschritten, wird meist ein optisches und

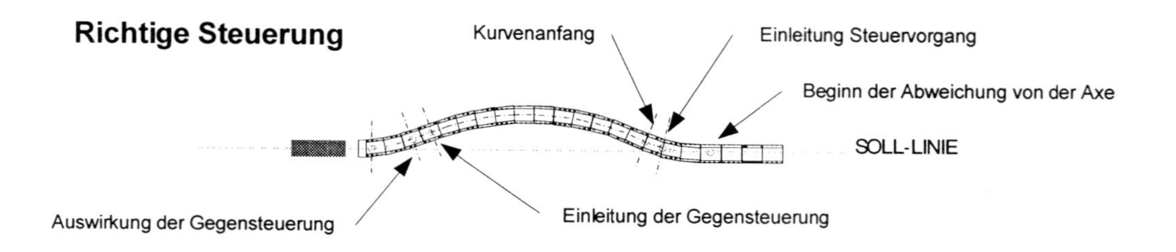

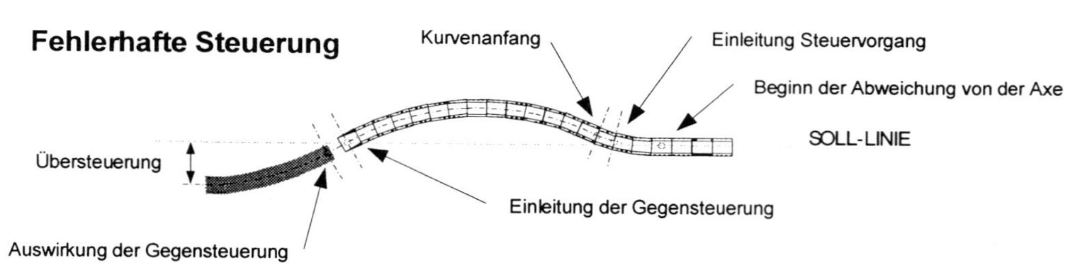

Bild 15.11-3 Fehlerhafte und richtige Steuerung einer TBM

akustisches Signal abgegeben, um die Gegensteuerung manuell einzuleiten.

Bei einem teilroboterisierten System errechnet der Computer die optimale polygonartige Korrektur sowie den Punkt der Gegensteuerung (Bild 15.11-3).

In der Steuerkabine werden alle maschinentechnisch relevanten Daten nach Kreisläufen kontrolliert. Zu diesen gehören Pressenwege, Hydraulikdruck, Anpressdruck, Umdrehungsgeschwindigkeit etc. Die einzelnen Kontrollbereiche sind gegen obere und untere Grenzen abgesichert, um Überbelastungen zu vermeiden. Die abhängigen Kreisläufe müssen nach Materialmengenflüssen kontrolliert werden, um die Lokalität von Betriebsstörungen im System zu erkennen.

Die TBMs gehören zu den am weitgehendsten automatisierten Gesamtgerätekomponenten im Bauwesen. Bei den teilroboterisierten Maschinen wird über einen Steuercomputer nicht nur die geometrische Lage der Maschine bestimmt, auch werden die Pressen automatisch beim nächsten Schreitvorgang zur Sollachse hin gesteuert. Zudem werden auch die Leistungen der Abbau- und Schutteraggregate automatisch programmgesteuert und aufeinander abgestimmt. Es ist zur Aufrechterhaltung der Produktionssicherheit bei roboterisierten Systemen immer notwendig, auch eine manuelle Steuerung ohne Computerunterstützung durchführen zu können.

15.12 TBM-Planungsaspekte sowie Vor- und Nachteile

Bei der Planung einer TBM sollte überprüft werden, inwieweit es erforderlich ist, die Flexibilität des Einsatzes durch mögliche Veränderungen des Bohrkopfdurchmessers zu steigern, um unterschiedliche Ausbaustärken oder Konvergenzen durch Überschnitte auszugleichen. Ferner muss bei einer TBM die Modifikationsfähigkeit überlegt werden, um eine Wiederverwendung bei Folgeprojekten zu ermöglichen bzw. den Verkaufswert zu erhöhen.

Zusammenfassend sollen die Vor- und Nachteile der TBM gegenübergestellt werden:

Die Vorteile sind:

- wirtschaftliches Auffahren bei langen Tunneln (> 2500 m)
- kürzere Bauzeiten gegenüber Spreng- und TSM-Vortrieb
- keine spürbaren Erschütterungen bei Unterfahrungen von bebauten Gebieten
- Personaleinsparung gegenüber Sprengvortrieb
- humanere Arbeitsbedingungen gegenüber Spreng- und TSM-Vortrieb
- statisch günstige Profilgestaltung (keine Spannungskonzentrationen)
- kaum Mehrausbruch und -beton durch Überprofil
- relativ gebirgsschonender Abbau, dadurch bessere Stehzeiten

Die Nachteile sind:

- Kreisförmige Querschnitte sind ca. 20 – 25 % grösser als hufeisenförmige Querschnitte. Dadurch entsteht Mehrausbruch in gleicher Gössenordnung. Zudem wird ca. $\Delta A = \varnothing \cdot t \cdot (\alpha/_2 - \sin(\alpha/_2))$ mehr Auskleidungsbeton für die Schale benötigt.
- Das Anfahren von Störzonen ist bei Gripper-TBMs problematisch, da die Maschine nicht gegen hereinbrechendes Material geschützt ist (kein Schildmantel hinter dem Bohrkopf).
- Unterschiedliche Gesteinshärten beeinflussen die Abbaugeschwindigkeit sowie die Standzeit der Werkzeuge.
- Bei Maschinen mit kleinen Durchmessern (3 – 4 m) ist der Einbau von Ankern und Einbaubögen nicht oder nur sehr schwer möglich.
- Starke Wasserzutritte können zum Verschlammen der Maschine führen und so Betriebsstörungen hervorrufen.
- Variationen des Ausbruchquerschnitts sowie Aufweitungen sind nur nachträglich möglich.
- Die Investitionskosten einer solchen Maschine sind sehr hoch und lohnen sich nur bei sehr langen Tunneln, oder sie müssen über mehrere Projekte abgeschrieben werden.
- Bei hochfesten, abrasiven Gesteinen entstehen hohe Werkzeugverschleisskosten sowie Entstaubungskosten (Quarz).
- Da der Baubetrieb mittels TBM nur in begrenztem Umfang adaptionsfähig ist, müssen, zur Risikominderung des TBM-Vortriebs und zur optimalen Abstimmung des Maschinenkonzeptes, umfangreiche geologische, boden- und felsmechanische Voruntersuchungen durchgeführt werden.
- Hoher Verspannungsdruck der Pratzen (Gripper) kann im Ulmenbereich das Gebirge überbelasten (Scherbruch).

16 Tunnelvortrieb mittels Hinterschneidtechnik

16.1 Einsatzbereich und Leistungen

Bereits Mitte der sechziger Jahre wurde das Prinzip der Hinterschneidtechnik [16-1] bei der Entwicklung von TBMs berücksichtigt. Zum damaligen Zeitpunkt konnten jedoch Schneidwerkzeuge und Computertechnologie zum Steuern der Schneidkinematik bzw. der Vortriebsmaschine technisch noch nicht überzeugen. Weiterführende Entwicklungen auf diesen Gebieten haben dazu beigetragen, dass mit der Hinterschneidtechnik innovative Tunnelvortriebsmaschinen entwickelt wurden, die effizient im Berg- und Tunnelbau sowohl bei Neubauten als auch bei der Instandsetzung eingesetzt werden können (Bild 16.1-1).

Die Effizienz der Vortriebsmaschinen mit Hinterschneidtechnik erschliesst sich aus folgenden Vorteilen:

- Die spezifische Schneidleistung einer Hinterschneiddiske ist etwa 6mal höher als bei einer konventionellen Diske. Entsprechend weniger Disken benötigt eine Vortriebsmaschine mit Hinterschneidtechnik gegenüber einer konventionellen TBM (Tabelle 16.1-1).
- Eine Tunnelvortriebsmaschine mit Hinterschneidtechnik zeichnet sich durch eine höhere Flexibilität im Ausbruchdurchmesser und -querschnitt aus (Bild 16.1-2). Danach lassen sich auch vom Kreisquerschnitt abweichende Profile erstellen, was aber mit einer Senkung der Produktionsleistung einhergeht.

Bild 16.1-1 Aufgefahrener Querschnitt mit Hinterschneidtechnik [16-2]

- Der Bohrdurchmesser kann der Gebirgsqualität bzw. der Ausbaustärke angepasst werden.
- Das Ausbruchmaterial ist grossstückiger und kann für Bauzwecke weiter verwendet werden (z. B. Betonzuschlagstoffe) (Bild 16.1-3).
- Die Vorschubkräfte in achsialer Vortriebsrichtung und die Verspannkräfte sind bei einer Vortriebsmaschine mit Hinterschneidtechnik geringer als bei einer konventionellen TBM.
- Eine Vortriebsmaschine mit Hinterschneidtechnik benötigt in etwa nur 50 % der Antriebslei-

Tabelle 16.1-1 Vergleich spezifischer Kenndaten einer Vortriebsmaschine mit Hinterschneidtechnik und TBM für den gleichen Vortrieb [16-2]

		Vortriebsmaschine mit Hinterschneidtechnik	Konventionelle TBM
Löseleistung pro Diske	[m^3/h]	8,0 – 16,0	1,2 – 2,5
Leistungsaufnahme pro Diske	[kW]	60,0 – 100,0	15,0 – 40,0
Spez. Energieverbrauch	[kWh/m^3]	7,0 – 8,0	14,0 – 16,0

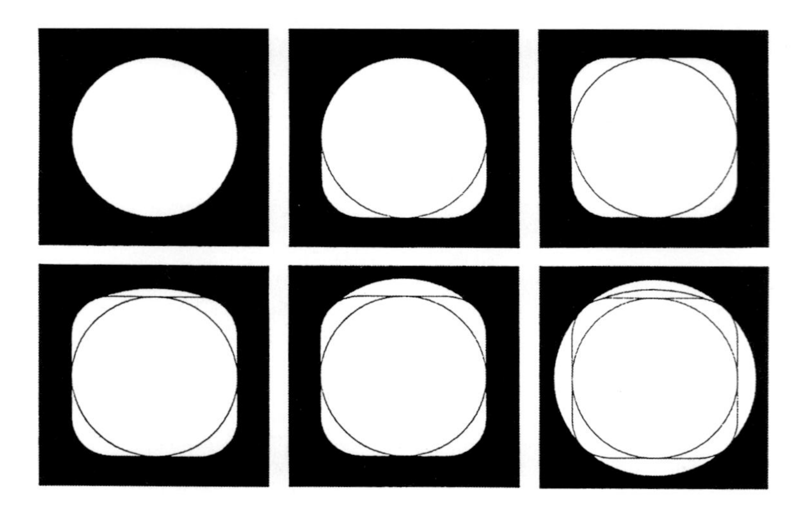

Bild 16.1-2 Mögliche Tunnelquerschnitte mit Hinterschneidtechnik [16-2]

stung und des Gewichts einer konventionellen TBM.

- Letztendlich verringern sich Anschaffungspreis, Transport- und Montagekosten sowie die Mindestauffahrlängen.

16.2 Wirkprinzip

Bei den üblichen TBMs rollen die Disken in konzentrischen Bahnen auf der Ortsbrust und werden gleichzeitig mit hoher Kraft gegen den Fels gepresst. Durch die Rissentstehung von einer Diskenspur zur benachbarten Diskenspur wird der Fels zerstört. Dieser Lösevorgang erfordert sehr hohe Anpresskräfte und damit auch ein hohes Gewicht der TBM.

Das Prinzip der Hinterschneidtechnik besteht darin, das Gestein durch Abscheren gegen eine freie Fläche abzubauen. Dabei wird weniger die hohe Druckfestigkeit des Gesteins überwunden (Bild 15.7-2), sondern seine weitaus geringere Zugfestigkeit (Bild 16.2-1). Dadurch sinken Energieverbrauch und Anpresskräfte der Vortriebsmaschinen.

Der Zentralbereich der Ortsbrust wird von einer Diskenrolle radial von aussen nach innen abgearbeitet. Der Aussenbereich der Ortsbrust wird von weiteren Diskenrollen radial von innen nach aussen bearbeitet (Bild 16.2-2). Die äusseren Disken arbeiten alle auf dem gleichen Durchmesser in spiralförmigen Schneidbahnen. Mit ihnen ist nach Erreichen des maximalen Kreisquerschnittes auch das Ausarbeiten gewünschter Ecken möglich.

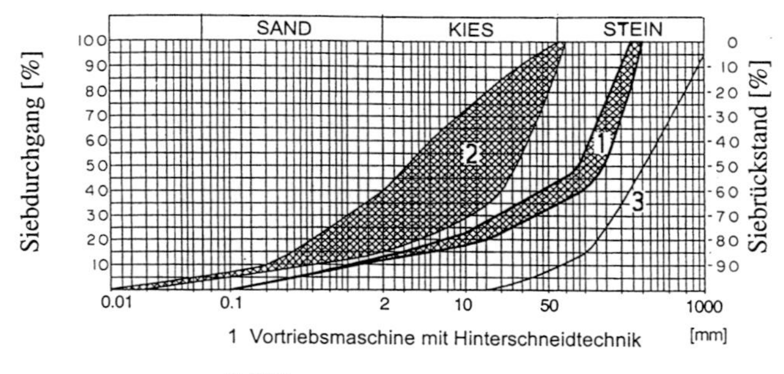

1 Vortriebsmaschine mit Hinterschneidtechnik

2 TBM

3 Gesprengter Fels

Bild 16.1-3 Sieblinien von Ausbruchmaterial [16-1]

16.3 Maschinenkonzept

Um das beschriebene Wirkprinzip maschinentechnisch umzusetzen, bedarf es eines drehbaren und radial schwenkbaren Schneidarmes für die Aufnahme der zentralen Diskenrolle und weiterer, ebenfalls dreh- und schwenkbarer Schneidarme für die äusseren Diskenrollen. Die Schneidarme werden über Hydraulikzylinder geschwenkt, wobei die Drehzahl der Schneidarme über verstellbare Hydraulikpumpen und -motoren stufenlos geregelt werden kann. Jeder Hydraulikzylinder ist mit einem Messsystem ausgestattet, das die radiale Position der Diskenrollen feststellt. Die Messdaten werden von einem Mikroprozessor ausgewertet und so in Steuer- und Regelfunktionen umgewandelt, dass das gewünschte Profil aufgefahren werden kann.

Integriert man die Schneidarme in einer entsprechenden Vortriebseinheit, lässt sich eine komplette Vortriebsmaschine, wie sie z. B. von der Firma Wirth entwickelt wurde, für den Tunnelbau konzipieren (Bild 16.3-1). Diese Maschine ist selbstfahrend mit Raupenfahrwerk und hat vier hinterschneidend arbeitende Diskenrollen, die an Schneidarmen befestigt sind. Die Schneideinheit besitzt Stabilisatoren gegen Firste, Sohle und jede Seite und ist an einer Innenkelly angeordnet, die um 1 m zur Aussenkelly verschiebbar ist. Der Bereich zwischen Aussenkelly und Antriebsstation dient als Arbeitsraum für ein Felsankersystem. Die Aufnahme des Bohrgutes erfolgt im vorderen Bereich der Maschine über eine Bohrgutschürze, in deren Mitte sich ein Förderer befindet, der das Bohrgut an das Fördersystem übergibt. Das installierte Fördersystem transportiert das gesamte Bohrgut zum Ende der Maschine und übergibt es an das Nachläuferband.

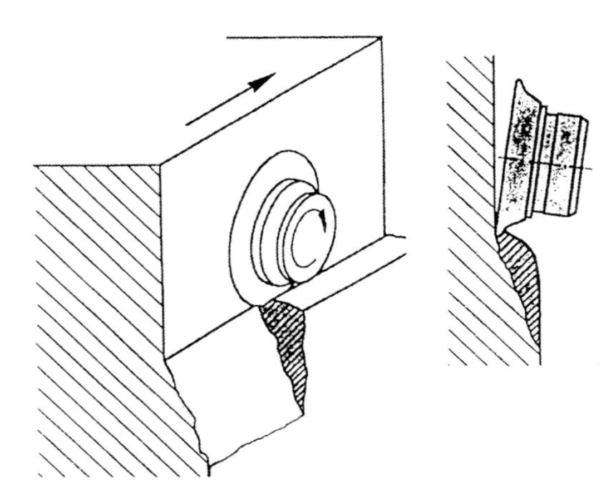

Bild 16.2-1 Gesteinszerstörung durch hinterschneidende Diskenrolle [16-2]

Weitere Ausführungskonzepte von Vortriebsmaschinen mit Hinterschneidtechnik sind möglich, so z. B. die Erhöhung der Anzahl der Disken und Schneidarme. Des weiteren kann die Hinterschneidtechnik sowohl offen in der Grippertechnik als auch mit Schild realisiert werden.

Um die praktische, robuste Anwendungsreife zu erreichen, müssen die Schneidarme und die gesamte Maschine vibrationsärmer werden. Weitere vielversprechende Entwicklungsarbeit ist noch erforderlich.

F = Andruck
P = Penetration
S = Schneidtiefe

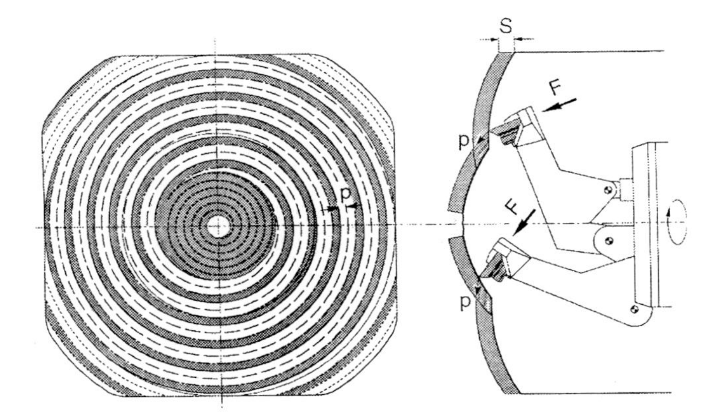

Bild 16.2-2 Definition der Schneidparameter [16-2]

Bild 16.3-1 Vortriebsmaschine mit Hinterschneidtechnik der Firma Wirth [16-2]

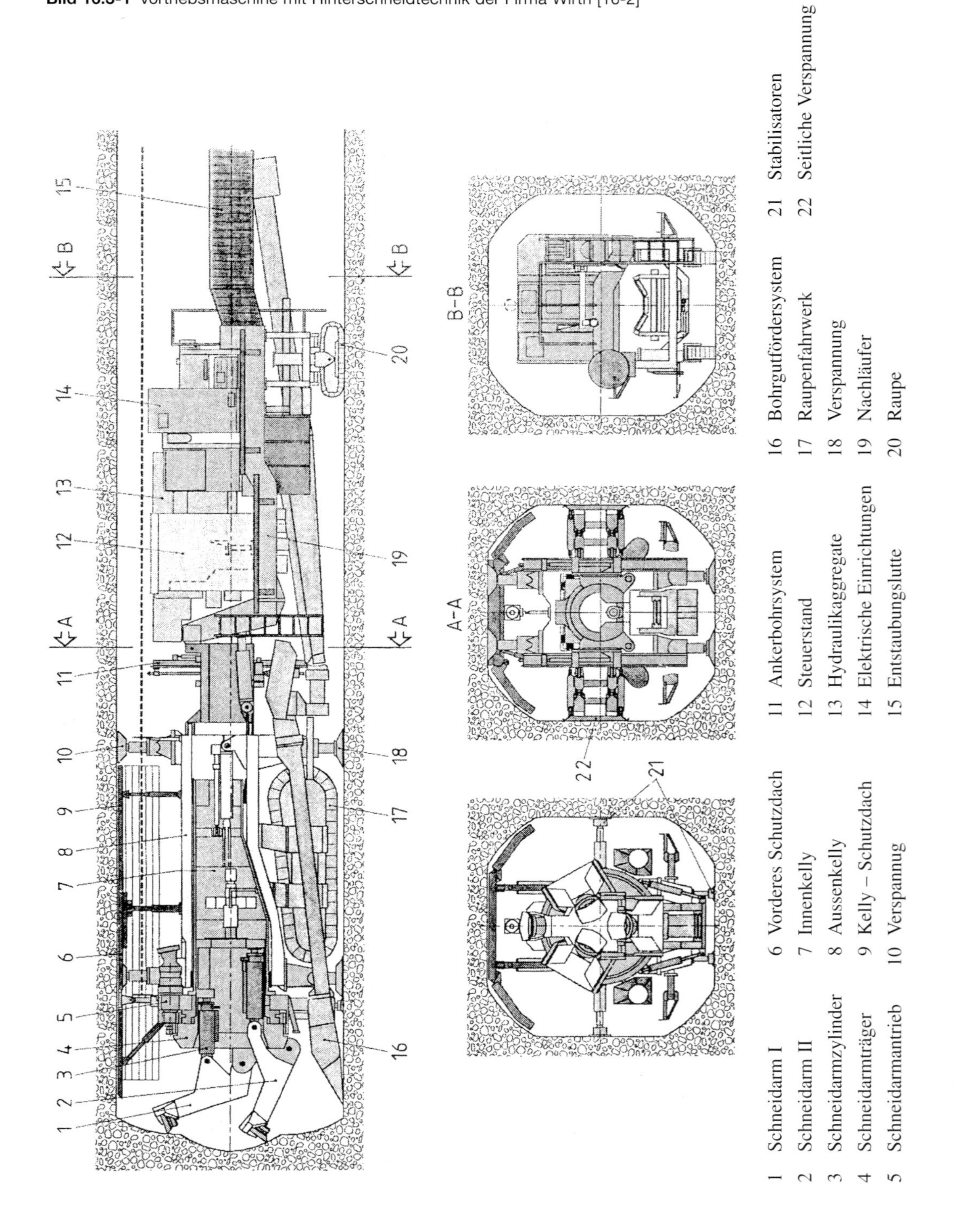

17 Wiederverwendung von Tunnelausbruchmaterial

17.1 Tunnelausbruchmaterial als Baustoff

Aus Umweltschutzgründen und wirtschaftlichen Gesichtspunkten erhält die Wiederverwendung von geeignetem Tunnelausbruchmaterial als Betonzuschlagstoffe und Splittprodukte eine immer grössere Bedeutung. Der intensive Abbau von Betonzuschlagstoffen (Sand und Kies) führt zu folgenden Problemen:

- Mangelsituation in diversen Gebieten der Welt
- Abbaurestriktionen aus Umweltschutzgründen zur Erhaltung der natürlichen Landschaft

Daher müssen Bauprozesse einer ganzheitlichen Betrachtung unterzogen und das Potential an Kiesersatzmaterialien, die beim Ausbruch von Untertagebaustellen anfallen, genutzt werden. Zur optimalen Wiederverwendung von Ausbruchmaterial aus dem Untertagebau sind geeignete Abbaumethoden und Aufbereitungsprozesse sowie baustellentaugliche Eignungsprüfungen zur Bewertung des Ausbruchmaterials als Baustoff erforderlich. Zur systematischen Analyse der Wiederverwendung von Tunnelausbruchmaterial wurde die Dissertation „Beurteilung und Möglichkeiten der Wiederverwendung von Ausbruchmaterial aus dem maschinellen Tunnelvortrieb zu Betonzuschlagstoffen“ von C. Thalmann-Suter [17-1] erstellt. Dieses Kapitel ist eine Kurzfassung [17-2] eines Teils dieser Dissertation.

Die Aufbereitung des Ausbruchmaterials zu Betonzuschlagstoffen gilt, oft infolge der vorhandenen und billigeren alluvialen Kiesvorkommen, als nicht wirtschaftlich. Noch immer wird das Tunnelausbruchmaterial auf vielen Baustellen als Bauschutt behandelt. Für die heutigen und zukünftigen Tunnelbauprojekte werden vermehrt Materialbewirtschaftungskonzepte erstellt. In diesen wird eine möglichst breite, ökologisch und wirtschaftlich sinnvolle Weiterverwertung der anfallenden Ausbruchmaterialien angestrebt. Die Vorteile einer Weiterverwendung sind:

- Selbstversorgung der Tunnelbaustellen mit eigenen Betonzuschlagstoffen (Sand- und Splittprodukte)
- Reduzierung der Transporte für die Entsorgung des Aushubs und für den Antransport von Zuschlagstoffen aus Kiesgruben
- Verkauf von überschüssigem Ausbruchmaterial an Dritte

Die Wiederverwertung des Tunnelausbruchmaterials kann sich günstig auf die Gesamtkostenbilanz eines Projektes auswirken, besonders dann, wenn die Deponiekosten entsprechend hoch sind und somit einen finanziellen Anreiz bieten.

In der Schweiz wurde das im TBM-Vortrieb anfallende, geeignete Ausbruchmaterial auf folgenden Baustellen zu Spritz- und/oder Betonaggregaten aufbereitet:

- Hochgebirgsbaustelle Cleuson-Dixence (> 16 mm),
- Nordabschnitt Vereina-Tunnel vor Ort zu Betonaggregaten < 26 mm,
- bei den NEAT-Projekten wird das Ausbruchmaterial systematisch bewirtschaftet.

Die Ausbruchmaterialien werden in folgende drei Hauptklassen eingeteilt:

- Betonzuschlagstoffe
- Massenschüttgut
- bautechnisch ungeeignetes Material

Besondere Beachtung erfordert der Glimmergehalt im Ausbruchsand; ist er zu hoch, kann der Ausbruchsand nicht verwendet und muss substituiert werden. Minderwertiges Ausbruchmaterial kann zur Rekultivierung von bestehenden Kiesgruben und Steinbrüchen vorgesehen werden.

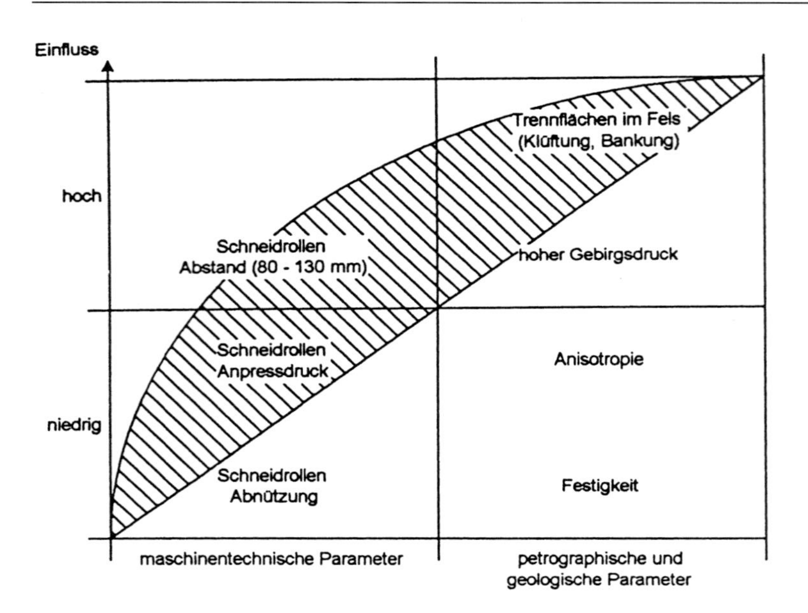

Bild 17.2-1 Einflüsse auf die Korngrösse im TBM-Vortrieb

17.2 Technische Einflüsse auf die Qualität des Ausbruchmaterials

Die heute üblichen Vortriebsmethoden im Felstunnelbau sind:

- konventioneller Sprengvortrieb
- maschineller Vortrieb mittels Tunnelbohrmaschinen (TBM) und Teilschnittmaschinen (TSM)

Diese erzeugen eine sehr unterschiedliche Kornverteilung bzw. Stückigkeit des Ausbruchmaterials. Im Vergleich zum Haufwerk des konventionellen Sprengvortriebs ist dasjenige des maschinellen Vortriebs feinkörnig und durch seine typische, plattig-stengelige Kornform charakterisiert. Das TBM-Abbaumaterial lässt sich in vier charakteristische Gruppen unterteilen:

- Gesteinsmehl: Zertrümmerungszone im Kontaktbereich der Diskenschneide mit dem Fels
- Gesteinssplitter und -bruchstücke: Lösen und Abplatzen kleinerer Gesteinskomponenten
- Chips: Lösen von plattigen Gesteinsstücken zwischen zwei Schneidrollenspuren
- Blöcke: Lösen von grösseren Bruchstücken infolge Trennflächen im Fels (selten)

Um eine genügende und in der Kornverteilung ausgeglichene Menge an Betonzuschlägen der Fraktion bis 16 mm und grösser aufbereiten zu können (brechen, waschen, klassieren), wird ein möglichst hoher Anteil an Grobkomponenten im TBM-Ausbruchmaterial angestrebt. Der Grobanteil bei einem TBM-Vortrieb wird durch die folgenden maschinenspezifischen und geologischen Parameter massgeblich beeinflusst (Bild 17.2-1):

- Schneidrollenabstand: Je grösser der Spurabstand ist, verbunden mit einem grossen Schneidrollenanpressdruck, um so grösser ist die Menge an gedrungenen, gröberen Bruchstücken im Ausbruchmaterial.
- Mit zunehmendem Durchtrennungsgrad des Gebirges und/oder erhöhter Brüchigkeit steigt auch der Anteil an groben Komponenten.

In Bild 17.2-2 sind die durchschnittlichen Kornverteilungen des anfallenden Ausbruchmaterials in Abhängigkeit von der Vortriebsarten dargestellt.

17.3 Beurteilung des Ausbruchmaterials

17.3.1 Erstellung eines Materialbewirtschaftungskonzeptes

Zur Erstellung eines Materialbewirtschaftungskonzeptes in der Planungsphase müssen Analysen, Bewertungen und Beurteilungen über die Wiederverwertung des Ausbruchmaterials gemacht werden. Diese Beurteilung hat ganz erheblichen Einfluss auf die Logistik und Geräteinstallation einer

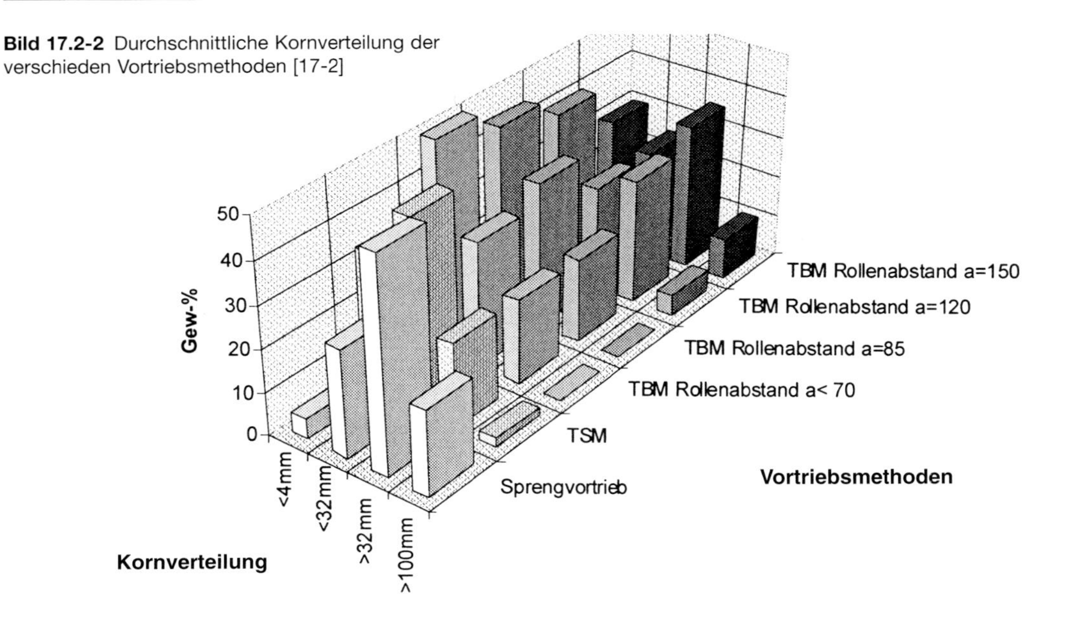

Bild 17.2-2 Durchschnittliche Kornverteilung der verschieden Vortriebsmethoden [17-2]

Baustelle sowie auf die Bereitstellung von Deponiekapazitäten und Lieferverträgen. Dies sind stark kostenbeeinflussende Faktoren, die erheblichen Schwankungen unterworfen sein können. Daher bedarf es zur Abklärung der Unberechenbarkeiten entsprechender Voruntersuchungen [17-2] im Rahmen der geologischen Erkundungen und Prognosen. Diese geologischen Prognosen für den Tunnelbau stützen sich meist auf einzelne Bohrungen ab, aus denen die oftmals komplexe Geologie und die Felsparameter abgeleitet werden müssen. Alle geologische Prognosen sind mit gewissen Streuungen und Unsicherheiten behaftet. Für die Materialbewirtschaftung kann dies bedeuten, dass häufige Qualitätsänderungen des Ausbruchmaterials infolge eines Lithologie-Wechsels auftreten können. Dies wird beeinflusst durch das Auffahren von Störzonen oder durch rasche Wechsel zwischen hochwertigen und minderwertigen Materialien. Zudem verläuft die Tunnelachse nur in seltenen Fällen senkrecht zu den geologischen Schichten; daher kann es vorkommen, dass innerhalb desselben Tunnelquerschnittes ungeeignetes mit hochwertigem Bohrgut vermischt wird. Auch kann sich die „in situ"-Felsfestigkeit von der Gesteinsfestigkeit des anfallenden Ausbruchmaterials stark unterscheiden. Dies kann besonders signifikant in Gebirgskörpern mit hohen Spannungszuständen durch Überlagerungs- und/oder Seitendruck auftreten. Durch die Druckentlastung kann die Gesteinsfestigkeit des ausgebrochenen Materials geringere Werte aufweisen. Die Gebirgsentlastung kann sich durch Mikrorissbildungen, Abplatzungen und/oder Niederbrüche äussern. An Bohrkernen macht sich eine solche Druckentlastung durch sogenanntes „Disk-Chipping", wie Geologen [17-2] es bezeichnen, bemerkbar. Die singulären Aufschlüsse, verbunden mit den genannten Unberechenbarkeiten, erschweren es, eine genaue Voraussage zu treffen (Bild 17.3-1). Aufgrund dieser Problematik ist es trotz intensiver Vorerkundungsmassnahmen erforderlich, die massgebenden Gesteinskennwerte zur Beurteilung des Gesteinsmaterials in bezug auf die Wiederverwendung erst am anfallenden Bohrgut zu ermitteln und zu entscheiden.

Um frühzeitig in der Planungsphase und während der Ausführung einen möglichst guten Einblick in die zu erwartenden Gesteinstypen zu erhalten, ist es wichtig, folgende Informationsquellen zu nutzen:

- geophysikalische und geologische Untersuchungen, kalibriert an Bohraufschlüssen
- geophysikalische Vorauserkundungen geben während des Vortriebs Hinweise auf eine sich ändernde Felsqualität
- Auswertungen von TBM-spezifischen Aufzeichnungen und/oder Vorausbohrungen erlau-

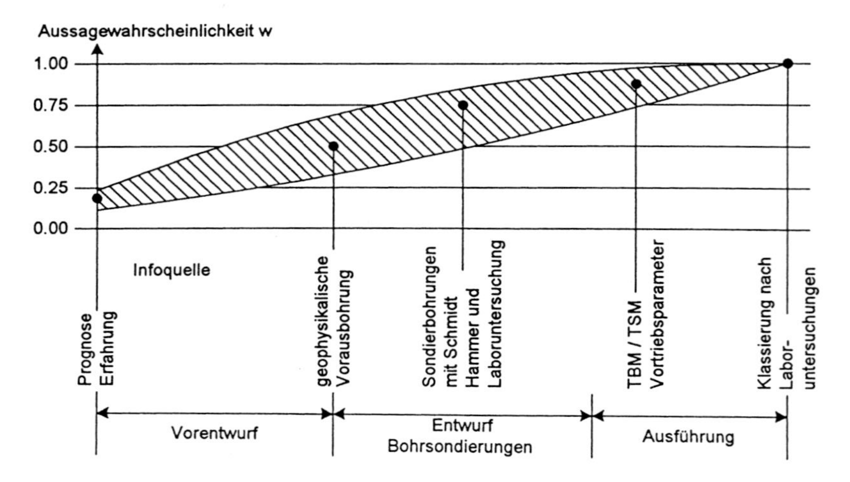

Bild 17.3-1 Aussagewahrscheinlichkeit zur Bestimmung der Nutzung von Ausbruchmaterial während der verschiedenen Projektphasen

ben qualitative Aussagen über die zu erwartende Felsqualität

- Angaben über die Felshärte können mittels des Schmidtschen Rückprallhammers gewonnen werden

Mit Hilfe dieser Informationen ist je nach Projektphase (Bild 17.3-1) eine gute Vorbewertung der Qualität des anfallenden Ausbruchmaterials möglich.

17.3.2 Prüfverfahren zur Beurteilung des Ausbruchmaterials

Die Klassifizierung des Ausbruchmaterials in bezug auf Weiterverwertung als Baumaterial oder Deponieren als Bauschutt kann erst am anfallenden Haufwerk nach dem Ausbruch vorgenommen werden. Die zur Klassifizierung notwendigen Materialuntersuchungen dienen der Beurteilung und Qualitätssicherung des Ausbruchmaterials. Die Prüfverfahren müssen die Entscheidung ermöglichen, ob das Material zu Beton- und/oder Spritzbetonzuschlagstoffen verarbeitet werden kann, ob es für andere Zwecke geeignet ist, oder ob es als Baustoff technisch und wirtschaftlich nicht brauchbar ist und als Bauschutt deponiert werden muss. Ein solches Prüfverfahren muss in der Praxis folgende Kriterien erfüllen:

- schnelle und wirtschaftliche Durchführbarkeit der Materialuntersuchungen (innerhalb von einer halben bis zu einer Stunde nach Ausbruch)
- hohe Aussagekraft und Reproduzierbarkeit
- der Vortrieb darf nicht eingeschränkt werden
- Beurteilung aller Haufwerk-Typen aus dem Spreng-, TBM- und TSM-Vortrieb

Dies erfordert ein kleines Labor auf der Baustelle. Die Prüfkriterien für das anfallende Ausbruchmaterial basieren im wesentlichen auf der Gesteinshärte und der Petrographie (insbesondere in bezug auf die für den Beton ungünstigen Komponenten). Zu diesem Zweck werden folgende Untersuchungen [17-1] durchgeführt:

- Für eine erste Beurteilung genügt eine **makroskopische Beschreibung** und Klassifikation des Bohrgutes in Anlehnung an die CEN/TC/154/SC6/N137E (1991).
- Ein vereinfachtes Testverfahren ist der sogenannte **LCPC-Brechbarkeits-Index**. Mit guter Aussagekraft können innerhalb von $1^1/_2$ Stunden erste Ergebnisse geliefert werden. Bei diesem Verfahren wird die Gesteinsprobe infolge des Mahleffekts eines drehenden Metallplättchens einem Abriebprozess unterworfen, der sich mit dem Los-Angeles-Verfahren vergleichen lässt. Bild 17.3-2 zeigt den ungefähren Zusammenhang zwischen diesen beiden Verfahren.
- Der **Punktlast-Index** (indirekte Zugfestigkeit) wird als weiteres Verfahren zur Bestimmung der Gesteinshärte empfohlen. Dieser Test wird im Untertagebau oft an Bohrkernen zur Bestimmung der Gesteinsparameter angewendet.

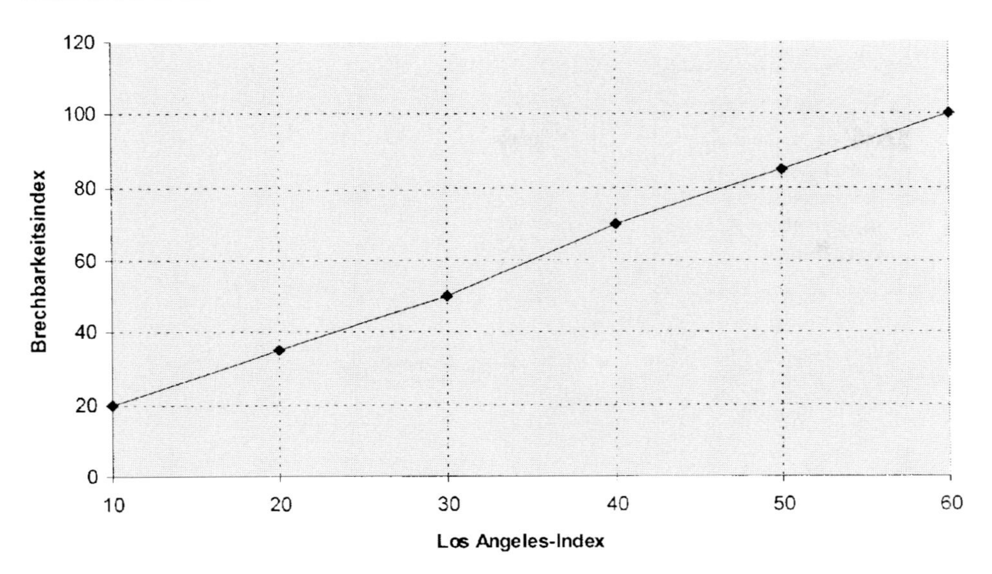

Bild 17.3-2 Referenzbeziehung zwischen Los Angeles-Index und Brechbarkeitsindex bei TBM-Ausbruchmaterial [17-2]

- Mittels des **Los-Angeles-Index** (CEN/TG/07/A5, 1992) kann die Festigkeit der Zuschläge indirekt aufgrund ihres Abriebverhaltens gegenüber Schlag und Zertrümmerung beurteilt werden. Das Abriebverhalten ist unter anderem auch von der Gesteinsfestigkeit abhängig. Das Los-Angeles-Verfahren wird sich kaum als einfache und rasch durchzuführende Laborprüfung für Betonzuschläge durchsetzen können, da der zeitliche Aufwand und die benötigten Probenmengen sehr hoch sind.

Der Brechbarkeitstest wird als tägliches Prüfverfahren im Rahmen einer Qualitätssicherung vorgeschlagen [17-1]. Als Referenzverfahren dient der Los-Angeles-Index, der gemäss Bild 17.3-2 als Eichverfahren eingesetzt werden kann.

Die Anwendung dieser Prüfverfahren hat ergeben, dass der Kornform-Einfluss der plattig-stengeligen Gesteinsproben – insbesondere bei TBM-Rohmaterialien – auf das Versuchsergebnis gravierend ist und somit eine Testdurchführung nach Norm nicht zulässt. Daher wurden geeignete Probenzubereitungen (Aussiebung mit Spaltsieben) und modifizierte Auswertungsformeln für den Punktlast-Versuch (massgebende Bruchfläche für die TBM-Chips) ermittelt [17-1], die den Einfluss des Formfaktors minimieren. Diese Anpassungen erlauben eine repräsentative Beurteilung sowohl des Ausbruchmaterials des TBM-, TSM- und Sprengvortriebs als auch der aufbereiteten Splittprodukte.

In der Praxis wird meist eine Gesteinsfestigkeit für Normalbeton zwischen 75 – 100 N/mm^2 erwartet.

Zur Beurteilung des anfallenden Rohsandes in bezug auf eine Wiederverwertung als Betonzuschlagstoff muss der Gehalt an zementunverträglichen Stoffen bestimmt werden. In Sedimentgesteinen sind es vor allem weiche, leicht mergelige Gesteinsbruchstücke und gröbere Calcitkristalle mit ausgeprägter Spaltbarkeit, die für die Qualität des Betons ungeeignet sind. Im zentralen Alpenraum besteht ein grosser Teil der zu durchfahrenden geologischen Schichtreihen aus kristallinen Gesteinen, die einen hohen Anteil an Schichtsilikaten aufweisen können. Diese sind oftmals kleiner als 2 mm im Durchmesser und reichern durch den Aufbereitungsprozess die Feinstfraktionen an.

Die freien Schichtsilikate [17-3], die nicht im Gesteinsverband eingebunden sind und daher mit der alkalischen Suspension aus Anmachwasser und Zement in Kontakt kommen, haben einen negativen Einfluss sowohl auf Frischbeton- als auch auf Festbetoneigenschaften. Mit steigendem Gehalt an Glimmer nimmt auch die Wassermenge für gleichbleibende Verarbeitbarkeit zu. Ein Gesamtglimmergehalt von weniger als 10 % (bezogen auf die

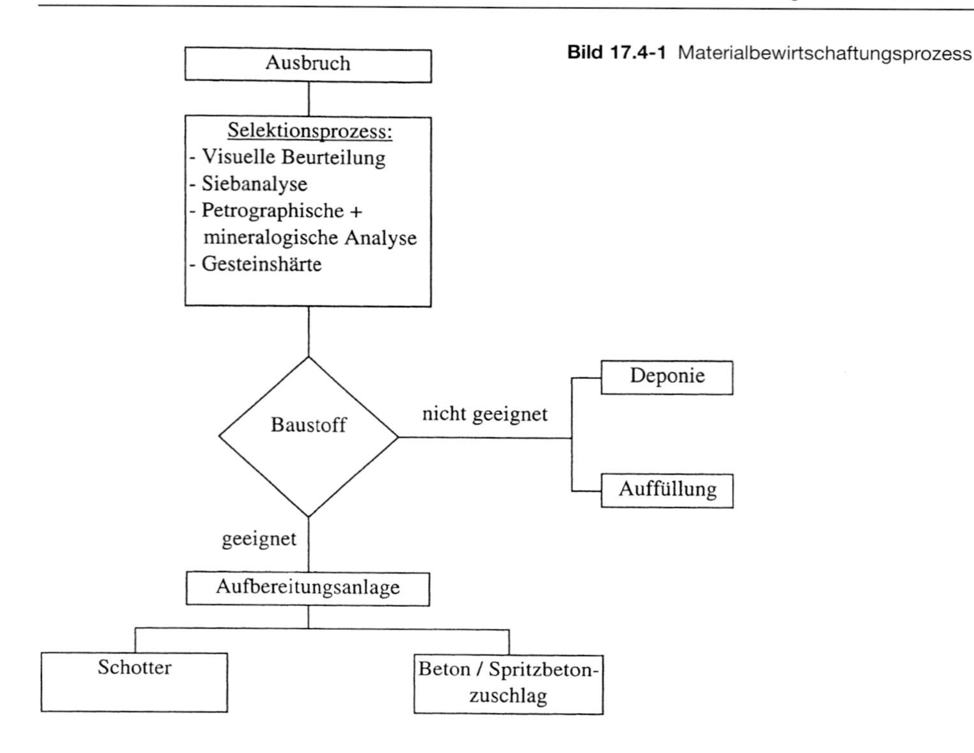

Bild 17.4-1 Materialbewirtschaftungsprozess

Gesamtzuschläge im Betongemisch) hat sich in den durchgeführten Untersuchungen [17-1] jedoch nicht merklich auf die Betoneigenschaften ausgewirkt. Eine quantitative Glimmerbestimmung der ungeeigneten Komponenten in der Sandfraktion 0 bis 4 mm wird am einfachsten mittels eines Binokulars an Unterfraktionen durchgeführt.

Untertagebauten fördern wegen der darin vorherrschenden klimatischen Bedingungen (hohe Feuchtigkeit und Temperaturen) eine mögliche Alkali-Aggregat-Reaktion (AAR). Die bekannteste Art der Alkali-Aggregat-Reaktion ist die sogenannte Alkali-Silikat-Reaktion (ASR), die in Form einer chemischen Reaktion zwischen löslichen Alkalien (K^+, Na^+) im Betongemisch und löslichem Silizium oder reaktiven Silikaten der Aggregate auftritt. Das Produkt dieser Reaktion ist ein expansives Gel, welches zu Rissen im Betoninneren und an der Oberfläche führen kann. Auf europäischer und internationaler Ebene wurde keine einheitliche Normierung betreffend der AAR erreicht, da die möglichen Reaktionen vom jeweiligen Zuschlagtyp der geologischen Region abhängig sind.

17.4 Aufbereitung von geeignetem TBM-Ausbruchmaterial

Das täglich anfallende Ausbruchmaterial muss nach den genannten Verfahren auf eine ausreichende Qualität für die Betonaufbereitung überprüft werden (Bild 17.4-1). Dazu werden Ausbruchproben entnommen und Siebanalysen sowie petrographische Untersuchungen durchgeführt. Zur Selektierung qualitativ hochwertiger Zuschlagstoffe ist nicht nur die Beurteilung der Kornform und -verteilung entscheidend, sondern auch die Ergebnisse der petrographischen und mineralogischen Analyse. Die Gesteine können in die folgenden, petrographisch geeigneten Klassen [17-4] eingeteilt werden:

- **Klasse I:** feine, homogene Kristallingesteine, Horngesteine sowie gut verfestigte quarzreiche Sandsteine; hart, kompakt und sehr fest
- **Klasse II:** Kalk- und Dolomitgesteine, Kalksandsteine; fest bis sehr fest und kompakt
- **Klasse III:** grobkristalline Gesteine, aber fest und kompakt als Ganzes; mittelhart

Als petrographisch ungeeignet gelten:

- **Klasse IV:** grobkristalline Kalkspate, Mergelkalke, weiche Molassensandsteine mit stark porösen, verwitterten und mürben Komponenten, Rauhwacken, Gips, Anhydrit, Pyrit
- **Klasse V:** Glimmerblättchen, Glimmer-, Kalk- und Tonschiefer, Mergelschiefer

Der Anteil [17-4] an ungeeigneten Weichgesteinen der Klassen IV und V sollte bei der Verwendung als Betonzuschlagstoff 5 % nicht übersteigen.

Das TBM-Ausbruchmaterial weist einen hohen Anteil an feinkörnigem und meist plattigem bzw. stengeligem Korn auf. Zur Herstellung von gut verarbeitbarem Beton, insbesondere von Pumpbeton, ist eine kubische bzw. kugelige Kornform von ca. 50 % erwünscht.

Eine optimale Zubereitung von Betonzuschlägen aus TBM-Fräsmaterial benötigt – im Gegensatz zum Ausbruch aus dem Sprengvortrieb – zusätzliche aufbereitungstechnische Massnahmen. Der Ablauf der Materialbewirtschaftung kann wie folgt durchgeführt werden:

- Das Material wird meist mittels Förderband von der TBM über den Nachläufer in den Schutterzug verladen.
- Das Material wird zur Kippanlage transportiert.
- Nach dem Kippen erfolgt die Entscheidung über die Aufbereitung des Materials. Diese Entscheidung beruht auf der täglichen Felsbeurteilung im Vortrieb und den petrographischen Untersuchungen.

Die Aufbereitung kann wie folgt durchgeführt werden:

- Das TBM-Bohrgut wird in Waschtrommeln intensiv vom Feinstanteil gereinigt. Das aus der Waschtrommel austretende Schlammwasser muss in einer leistungsfähigen Schlammabscheidungs- oder Schlammpressanlage separiert werden. Die Schlammabscheidung kann durch Zugabe von umweltverträglichem Flockungsmittel beschleunigt werden.
- Die à priori kleinen TBM-Gesteinsbruchstücke müssen mittels geeigneter Verfahren schonend gebrochen werden, damit kein Sandüberschuss anfällt. Das sogenannte Vertikal-Brechersystem, in welchem die Komponenten durch Korn-Korn-Kontakt gebrochen werden, hat sich als geeignet erwiesen.

Zahlreiche Aufbereitungsversuche [17-1] haben gezeigt, dass Rohmaterial erst ab der Fraktion 8 mm (zum Teil auch höher) gebrochen werden muss, da die ungebrochenen Körner im Bereich 0 – 8 mm oftmals die Kornformanforderungen an Betonzuschläge bereits erfüllen. Diese ungebrochenen Komponenten können mit den gebrochenen Fraktionen vermischt werden.

Aus den aufbereiteten TBM-Materialien [17-4] können durchschnittlich 35 % eines Betongemisches 0 – 32 mm und 45 % eines Spritzbeton-Gemisches 0 – 8 mm produziert werden. Der „Überschuss" beträgt somit im Mittel 20 %.

Das Material, das nicht zur Betonherstellung geeignet ist, kann zum grossen Teil als Schüttmaterial für Tragschichten oder für Auffüllungen eingesetzt werden.

mittendrin.

marti
tunnel

18 Schildvortriebsmaschinen

18.1 Einsatz und Arten von Schildmaschinen

Die verschiedenen Schildmaschinen und deren Einsatzbereiche mit Teil- und Vollschnitteinrichtungen wurden bereits im Kapitel 14 „Arten von Tunnelvortriebsmaschinen" beschrieben. Im folgenden werden die Maschinenkonzepte, Stützmethoden der Ortsbrust, Vortriebstechnik und Logistiksysteme geschildert (Bild 18.1-1). In der Tabelle 18.1-1 sind die verschiedenen Ortsbruststützsysteme für Schildmaschinen zusammengefasst.

Die wichtigsten konstruktiven Elemente einer Schildmaschine sind:

- geschlossener Schildmantel
- Einbau von Tübbingen oder Extruderbeton im Schildschwanzbereich. Schild und Tübbingauskleidung bilden ein geschlossenes System; kein direkter Kontakt zum Gebirge
- werkzeugbesetztes Schneidrad bei Vollschnittmaschinen oder Schrämarm oder Bagger bei Teilschnittmaschinen
- Abbauraum kann als Druckkammer ausgebildet werden

Der Abbau von standfesten Böden ausserhalb des Grundwassers kann in offenen Schilden erfolgen. Diese sehr einfachen Schilde sind mit mechanischen Teil- oder Vollschnittabbaueinrichtungen ausgerüstet. Die Stützung der Ortsbrust bei Teilschnittmaschinen erfolgt je nach bodenmechanischen Verhältnissen:

- durch den natürlichen Böschungswinkel innerhalb des Schildes

Tabelle 18.1-1 Arten künstlicher Ortsbruststützung

Maschinenart	Stützmethode	Bemerkungen
Offene Schneidschuhschilde	mit oder ohne Stützböschung	Standfeste Ortsbrust, senkrecht oder mit Böschung
Mechanische Stützschilde	Mechanische Verbauplatten, offene Abbaukammer	– Weitgehend standfeste Ortsbrust, nicht im Grundwasser – Anpresskraft für Verbauplatten kann nicht exakt nach Erddruck gesteuert werden, nur Hilfsabstützung – Vorschubpressen für Schneidwerkzeug-Anpressdruck
Druckluftschilde	Druckluftkammer zum Abbauraum oder weiter hinten geschlossen	– Konstanter innerer Stützdruck gegen Grundwasser – Gefahr von Ausbläsern im Firstbereich sowie bei stärkerer Permeabilität – Ortsbrust standfest oder mechanische Stützung
Hydroschilde	Suspensionsstützung mit Druckluftpolster, geschlossene Abbaukammer	– Fast identischer Verlauf des Stützdrucks zum Aussendruck – Variable Anpassung an Wasserdruck und Erddruck – Ortsbrust wird mit Suspensionsdruck gestützt
Erddruckschilde	Mechanisch gestützter Erdbrei, geschlossene Abbaukammer	– Ortsbruststützdruck resultiert aus: • mechanischem Anpressdruck • „hydrostatischem" Druck des Erdbreis – Drucksteuerung schwieriger, teilweise Agitatoren zur Homogenisierung und Konditionierungsmittel erforderlich

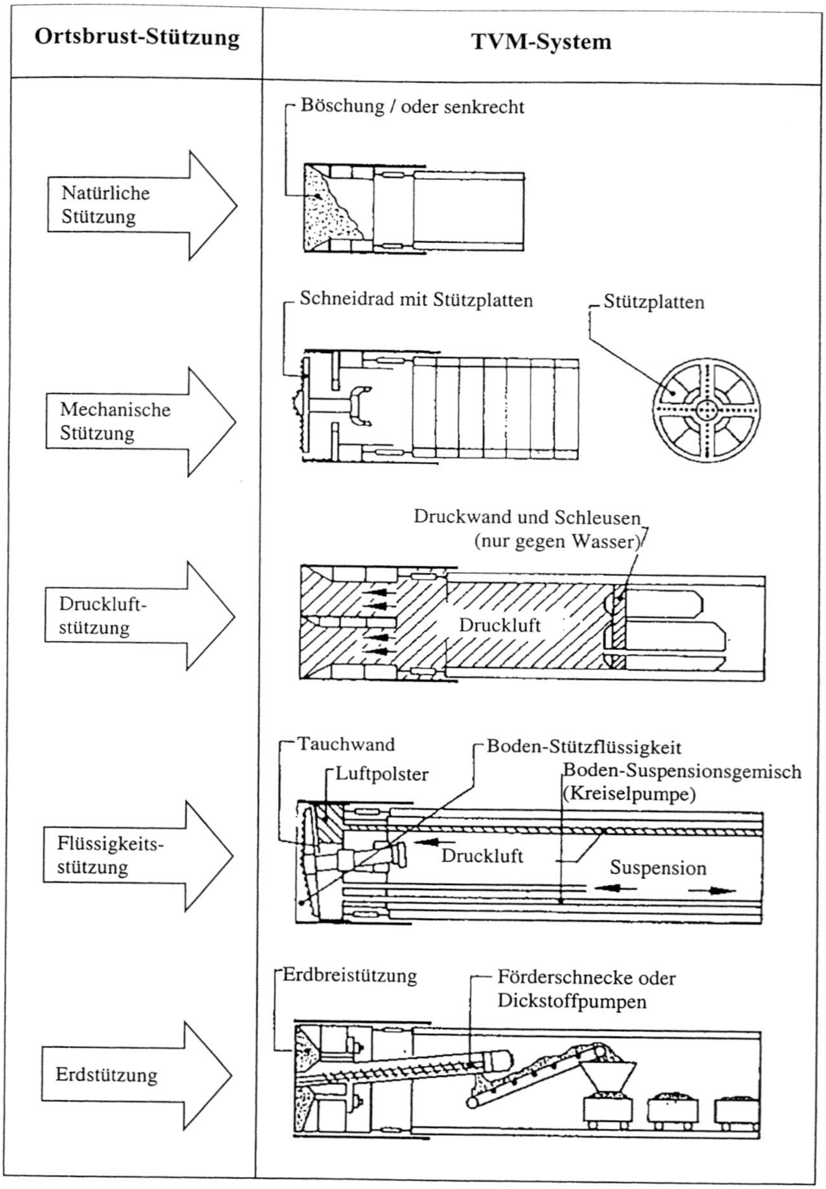

Ortsbrust-Stützung	TVM-System
Natürliche Stützung	Böschung / oder senkrecht
Mechanische Stützung	Schneidrad mit Stützplatten; Stützplatten
Druckluft-stützung	Druckwand und Schleusen (nur gegen Wasser); Druckluft
Flüssigkeits-stützung	Tauchwand; Luftpolster; Boden-Stützflüssigkeit; Boden-Suspensionsgemisch (Kreiselpumpe); Druckluft; Suspension
Erdstützung	Erdbreistützung; Förderschnecke oder Dickstoffpumpen

Bild 18.1-1
Stützung der Ortsbrust [18-1]

- durch segmentierte, mechanisch-hydraulisch betätigte Verbauplatten, die segmentweise zum Abbau mittels TSM geöffnet werden

Die Stützplatten werden hauptsächlich in der oberen Hälfte des Schildes angeordnet. Die einzelnen Elemente der Stützplatten sind mit robusten Gelenken an der Schildschneide befestigt und werden mittels hydraulischen Pressen aus- und eingefahren. Bedingt durch die gute Zugänglichkeit der Maschinen durch den offenen Schild, lassen sich Hindernisse und Findlinge in der Ortsbrust leicht entfernen oder zerstören.

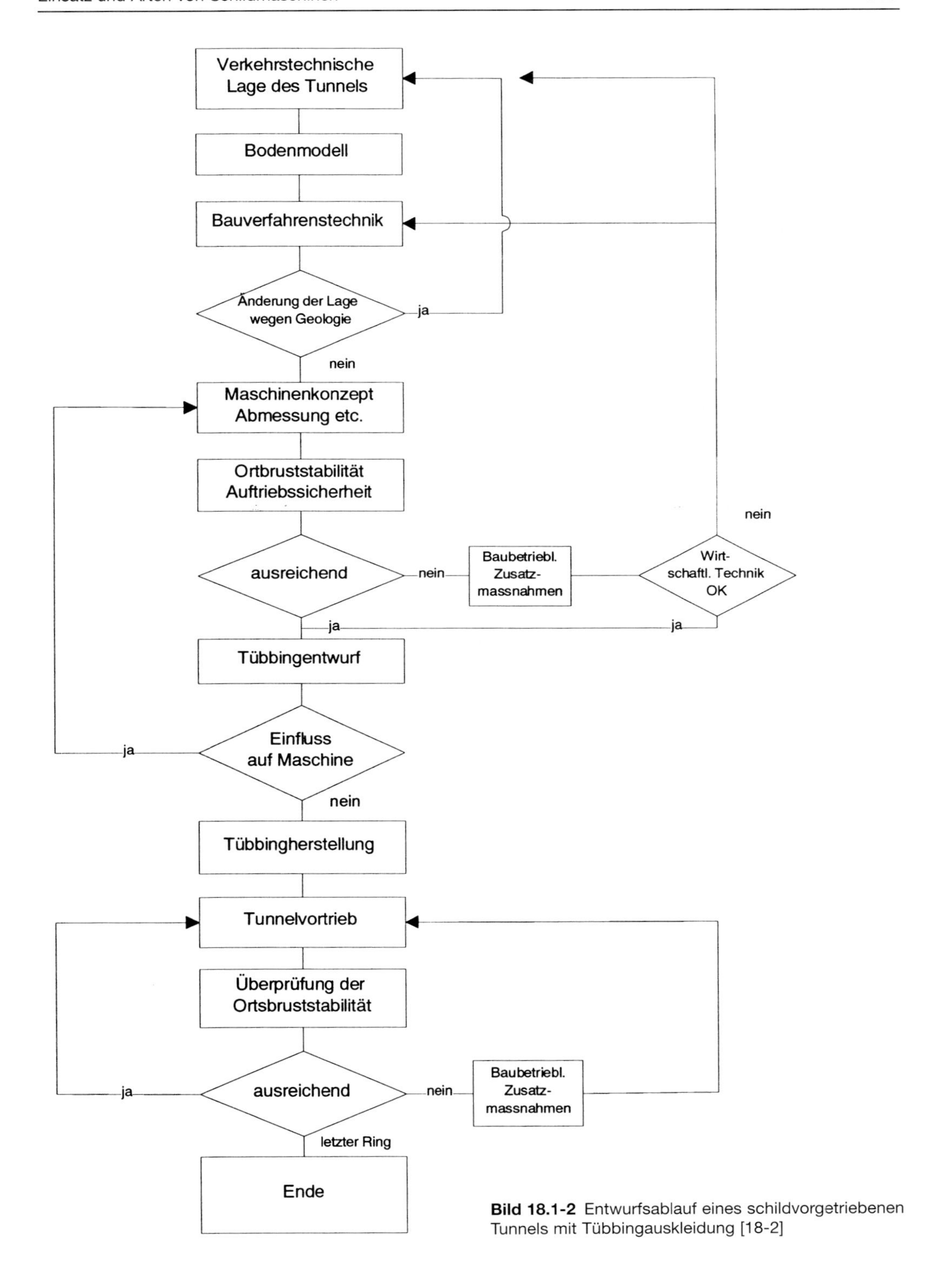

Bild 18.1-2 Entwurfsablauf eines schildvorgetriebenen Tunnels mit Tübbingauskleidung [18-2]

Bild 18.2-1 Teilschnittschildmaschine [18-3]

Offene Schildmaschinen mit Vollschnitteinrichtung sind gegenüber der Teilschnittmaschine sehr leistungsfähig, da die gesamte Ortsbrust mit den Werkzeugen des Schneidrades auf einmal bestrichen wird. Ferner kann der Anpressdruck des Schneidrades zur mechanischen Stützung benutzt werden. Der Nachteil der Vollschnitteinrichtung gegenüber den Teilschnitteinrichtungen liegt in der schwierigeren Zugänglichkeit der Ortsbrust im Fall der Hindernisbeseitigung.

Der Abbau von Böden im Grundwasser oder Böden mit geringer Standfestigkeit kann, zur Minimierung der Oberflächensetzungen, nur mit geschlossenen Schilden erfolgen. Diese Schilde sind mit einem Trennschott zwischen der Abbaukammer und dem Schildschwanz ausgerüstet. Die geschlossenen Schilde werden mit Teil- oder Vollschnitteinrichtungen zum Abbau der Ortsbrust ausgerüstet. In dem zur Richtung des aufgefahrenen Tunnels geschlossenen Schild kann man die Ortsbrust durch Aufbau eines künstlichen Drucks in der Abbaukammer stützen. Als Stützsystem der Ortsbrust verwendet man folgene Schildtypen:

- Erddruckschilde
- Flüssigkeits- bzw. Hydroschilde
- Luftdruckschilde

Die Interaktion zwischen dem Schildmaschinenkonzept, der Tübbingauskleidung und den geologischen Randbedingungen sowie der Wirtschaftlichkeit des baulichen Systems ist in Bild 18.1-2 dargestellt.

18.2 Abbaueinrichtungen von Schildmaschinen

18.2.1 Teilschnittabbaueineinrichtung und Antrieb

Beim Einsatz von Schildmaschinen mit Teilschnitteinrichtungen zum Abbau der Ortsbrust verwendet man meist in der Abbaukammer des Schildes einen längsschneidenen Schrämkopf, der über einen gelenkig gelagerten Teleskoparm geführt wird. Der Teleskoparm ist auf einem Schwenkwerk aufgebaut, das die horizontale und vertikale Drehbarkeit des Schrämarms ermöglicht. Er wird mittels seitlich angeordneter, hydraulischer Pressen ein- und ausgefahren. Ferner erzeugen diese Pressen die erforderliche Anpresskraft für die Schrämkopfwerkzeuge. Zur Aufnahme des mit dem Schrämkopf gelösten Bodens wird im allgemeinen auf der Schildsohle eine Ladevorrichtung vorgesehen, die das gelöste Material der Fördereinrichtung zuführt. Diese Ladevorrichtung dient zur Beschickung des Förder- oder Kratzbandes oder einer Förderschnecke. Bei nichtbindigen Böden verwendet man Förder- oder Kratzbänder, bei feuchten, schluffigen und tonhaltigen Böden eignen sich auch Förderschnecken. Der Schrämarm kann zur Zerstörung von Findlingen noch zusätzlich mit einem verschiebbaren Hydraulikhammer ausgerüstet werden (Bild 18.2-1).

Einsatzbereich, Leistungsermittlung und weitere maschinentechnische Elemente der Teilschnitteinrichtung wurden bereits im Kapitel 7 „Teilschnittmaschinen (TSM)“ beschrieben.

Bei sehr grossen Schilddurchmessern werden bei offenen Schilden mit Teilschnitteinrichtungen Bühnen eingebaut. Diese Bühnen dienen einerseits zur zusätzlichen mechanischen, horizontalen Linienstützung der Ortsbrust und andererseits als Träger für die Abbaugeräte, damit diese in Standardgrössen zur Bestreichung der Ortsbrust eingesetzt werden. Durch die Bühnen wird die Ortsbrust in arbeitstechnisch günstige Abschnitte unterteilt, die gleichzeitig für Mannschaft und Geräte einen beschränkten Schutz gegen herunterbrechendes Material bieten. Meist befinden sich auf den oberen Bühnen reine Abbaugeräte. Auf der Sohle setzt man ein Kombinationsgerät zum Abbauen und Schuttern ein (Bild 18.2-2).

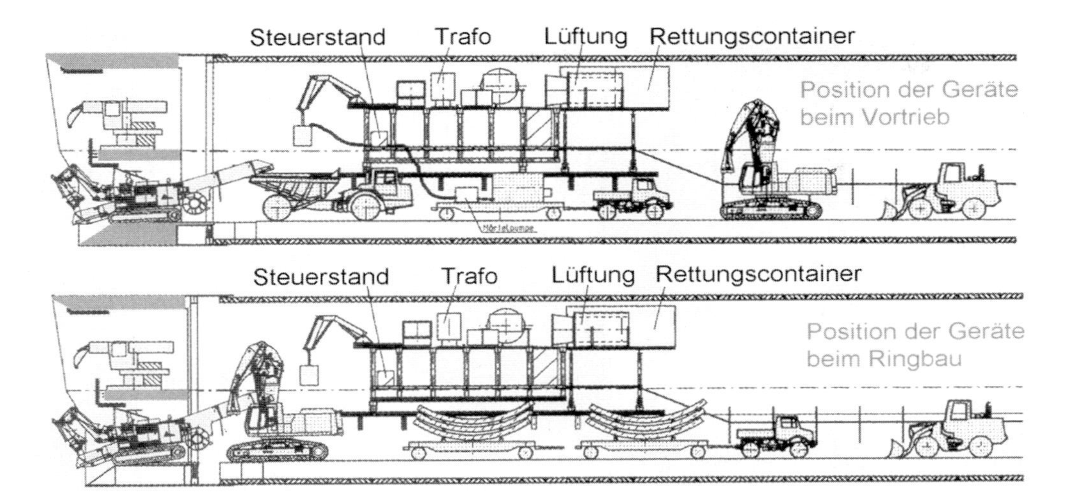

Bild 18.2-2 Bühnenschild [18-4]

18.2.2 Schneidrad und Antrieb

Das Schneidrad ist der Abbauwerkzeugträger der Vollschnitt-Tunnelvortriebsmaschine. Mit dem Schneidrad in der Abbaukammer des Schildes wird die Ortsbrust vollflächig mit jeder Umdrehung des Schneidrads abgebaut (Bild 18.2-3). Im Felsbau verwendet man meist geschlossene, mit Disken und Räumschlitzen bestückte Felsbohrköpfe. Für Lockergesteinsböden werden Vollschnittmaschinen meist mit Speichenschneidrädern ausgerüstet. Die Speichen werden mit den Abbauwerkzeugen zum Schälen und Abbauen des Bodens vor der Ortsbrust bestückt. Der grosszügige Raum zwischen den Speichen dient zum Abräumen des abgeschälten Bodens. Man verwendet das offene Speichen- wie auch das Felgenspeichenrad. Das offene Speichenrad wird in Böden eingesetzt, die keine Findlinge oder andere Hindernisse aufweisen. Hingegen wird das Felgenspeichenrad eingesetzt, wenn Findlinge erwartet werden, oder in inhomogenen Schichten mit unterschiedlichen Festigkeiten. Das Felgenrad verhindert einseitige Überbeanspruchung der Speichen und verteilt die örtlich angreifenden Lasten, z. B. durch Findlinge, auf mehrere Speichen. Die Felge überragt meist den Schildmantel um ca. 2 cm und erzeugt somit einen Überschnitt. Dies vermeidet wirkungsvoll das Verklemmen und Beschädigen des Schildmantels. Durch die Felge entsteht eine grössere Reibungsfläche; dies erfordert grössere Drehmomente als beim offenen Speichenrad.

Werden eingelagerte Findlinge erwartet, dann sind zur aktiven Steuerung des Schildes – um ein

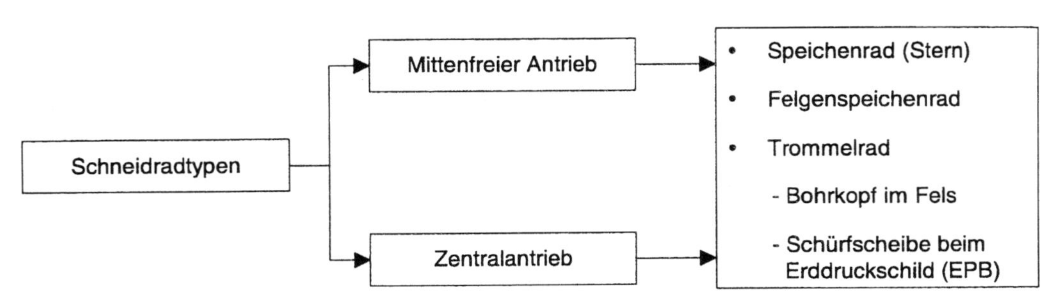

Bild 18.2-3 Gebräuchlichste Schneidradtypen

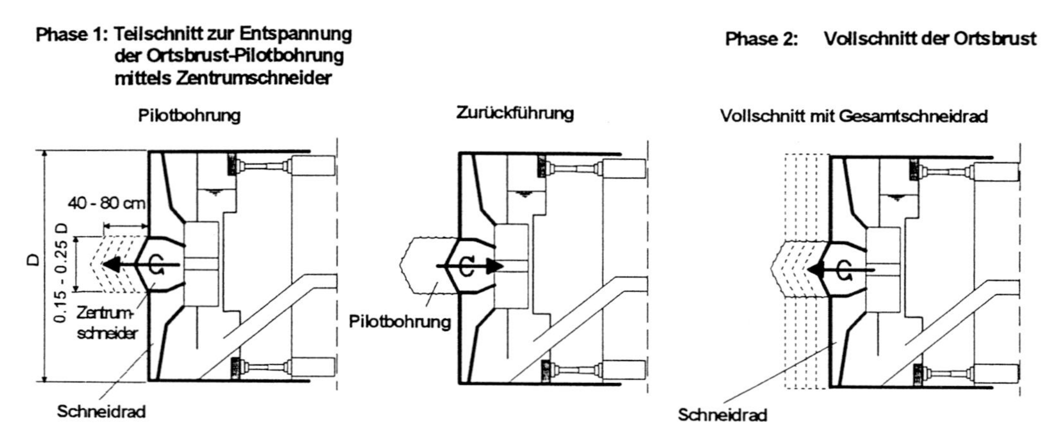

Bild 18.2-4 Abbaumöglichkeit von plastisch-viskosen sowie zähen, konsolidierten Tonen [18-2]

Abdrücken aus der Soll-Lage sowie das „Einklemmen" des Schildmantels zu verhindern – eine Gelenklagerung zum Kippen sowie die Längsverschiebbarkeit (40 – 80 cm) des Schneidrades sehr nützlich. Die Felge wird auf der zylindrischen Aussenfläche mit spiralförmig angeordneten Schneidrillen bzw. mit Kaliberwerkzeug besetzt. Durch diese Massnahme kann ein einseitiger Überschnitt durch Kippen des Schneidrades und Längsverschiebung erzeugt werden. Der Überschnitt verringert die Vorschubkräfte des Schildes und erleichtert das Steuern durch die hydraulischen Pressen am Schildende. Damit wird das Einklemmen der Schildmaschine durch Findlinge, die nur teilweise am Umfangsbereich der Maschine angeschnitten werden, verhindert. Voraussetzung ist jedoch, dass die Lage der Findlinge durch Vorauserkundungen festgestellt wird. In den neuen, grossen Vortriebsmaschinen sind die Speichen begehbar. Der Einstieg erfolgt durch die Doppelschleusen im Zentrum. Die Rollenmeissel und Disken können unter atmosphärischem Druck, ohne dass die Stützdruckflüssigkeit der Ortsbrust abgesenkt und durch Druckluft ersetzt werden muss, ausgewechselt werden.

Die Räume zwischen den Speichen dienen zum Abräumen des gelösten Bodens und zur Zwangsförderung. Die abgeschälte Erde fällt zwischen die Arme der Speichen und drückt sich durch die rotierende Bewegung und den Druck des neu geschälten Bodens in den Raum zwischen die Hinterseite der Speiche und die Vorderseite der Tauchwand. Von dort fällt die Erde hinunter zum Sohlbereich des Speichenradraumes vor den Steinbrecher bzw. Rechen und wird dort mittels der Schuttereinrichtung hinter dem Rechen gefördert. Die Bereiche zwischen den Speichen können durch Verbauplatten verschlossen werden, um im Schutz dieser Platten Reparaturarbeiten durchführen zu können, oder sie dienen zum Abstützen der Ortsbrust, um Hindernisse manuell zu beseitigen oder zu zerstören. Man kann unter anderem folgende Systeme verwenden:

- Hydraulisch verschiebbare Stützplatten zum Verschliessen der Stützsektoren. Im normalen Betriebszustand befinden sich diese Stützplatten vor der Tauchwand im Speichenraum. Das Speichenrad wird in eine festgelegte Position gedreht, um die in Rotationsrichtung festen Stützplatten auszufahren. Diese Art der Stützplatten ist mechanisch ziemlich robust.
- Hydraulisch klappbare Stützplatten, die an den Speichen gelenkig befestigt sind. Diese Art der Segmentstützplatten kann, unabhängig von der Stellung des Speichenrades, in Rotationsrichtung geschlossen werden. Zudem können gezielt kleinere Sektoren geöffnet werden, z. B. zum manuellen Zerkleinern von Findlingen, die nicht geschnitten werden können, sowie zum Entfernen von metallischen und holzartigen Gegenständen. Der Nachteil dieser hydraulisch klappbaren Stützplatten liegt in der Gefahr der mechanischen Verletzbarkeit und möglichen Funktionsunfähigkeit, da sie an den Speichen in der Schneidebene gelenkig befestigt sind. Diese Gefahr ist bei heterogenen Böden mit Einlagerungen von Steinen

und Findlingen, die sich zwischen den Speichen oder zwischen Schneidrad und Tauchwand einklemmen können, besonders hoch.

Zur Verklebung neigende Böden tendieren bei Verwendung von Vollschnittmaschinen dazu, sich durch den Anpressdruck zu verspannen und eine flüssig-viskose Gleitfläche zwischen Schild und Gebirge aufzubauen. Bei weichen bis steifen Tonen entsteht eine „Schmierschicht" vor dem Schneidrad. Dieses „Schmierschneidrad" gleitet somit unwirksam auf der Ortsbrust. Dadurch wird die Abbauleistung – das Schälen des Bodens – stark gemindert. Zudem drückt sich das plastisch-viskose Abbaumaterial in die Förderkammer sowie, bei Hydroschilden, in den Bereich hinter die Tauchwand. Somit sinkt nicht nur die Abbauleistung, sondern auch der Druck an der Ortsbrust (Gleichgewicht Erd- und Wasserdrücke) kann nicht mehr durch das Luftpolster oberhalb des Bentonit-Erd-Wassergemischs gesteuert werden. Es entsteht ein Verstopfer, der unter grossem Aufwand oft nur manuell beseitigt werden kann. Um dies zu verhindern, muss man den dreidimensionalen Spannungszustand lokal im Bereich der Ortsbrust stören. Dies kann durch eine Kombination von Jetting und mechanischem Abbau [18-6] oder durch einen im Schild angeordneten, vorauseilenden Zentrumsschneider erfolgen. Der Abbau mittels vorauseilendem Zentrumsschneider in derart klebrigen Böden erfolgt in zwei Phasen (Bild 18.2-4):

- Der vorauseilende, mit Schälwerkzeugen bestückte, meist konische Kopf des Zentrumsschneiders (Teilschnitt) bohrt eine Pilotbohrung in der Grösse von 15 – 25 % des Gesamtdurchmessers in die Ortsbrust. Der Boden wird im Bereich des Zentrumsschneiders abgesaugt bzw. gefördert. Zudem sollten schwenkbare Spüldüsen angeordnet werden, um ein Verstopfen zu vermeiden. Der Zentrumsschneider sollte 40 – 80 cm vorauseilen können.
- In der zweiten Phase wird der Zentrumsschneider zurückgefahren, so dass das Schneidrad nun eine monolithische Oberfläche bildet. Die Ortsbrust kann sich somit in einer Tiefe von ca. 40 – 80 cm durch die Pilotbohrung entspannen. Das Gesamtschneidrad schält nun die Ortsbrust im Vollschnitt 40 – 80 cm ab. Der zähe, meist konsolidierte Ton entspannt sich durch die Pilotbohrung, und das Material stürzt in das Zentrum.

18.2.3 Schneidradlagerung und -antrieb

Die Schneidradlagerung von Vollschnittmaschinen wird fast ausschliesslich aus maschinenbautechnischen Gesichtspunkten bestimmt. Die verschiedenen Lagerungs- und Antriebsarten für Schildmaschinen sind in Tabelle 18.2-1 zusammengestellt.

Tabelle 18.2-1 Bauarten der Schneidradlagerung [18-2]

Bauart	Typische Charakteristik der Schneidradform	Vorteile	Nachteile
Zentralwellenlager	Speichenrad	- kleiner Rollenlager-∅ - kleiner Dichtungs-∅ - einfache Längsverschiebung	- grössere Einbautiefe - kleinere Drehmomente
Umfangslager	Felgen- oder Trommelschneidrad	- grosses Drehmoment - Einstieg in die Speichen durch die Mitte	- kaum kippbar - grosser Dichtungs-∅
Mittenfreie Kompaktlagerung	Speichenrad, Felgenspeichenrad Trommelschneidrad	- Längsverschiebung - mittels Pressen kippbares Gleitlager - Einstieg in die Speichen durch die Mitte	- grösserer Dichtungs-∅

Tabelle 18.2-2 Abbauwerkzeugeinsatz [18-2]

	Bodenklassen	**Abbauwerkzeuge / konstruktive Gestaltung**
1	Leicht lösbare Bodenarten: – nicht- bis schwachbindige Sande, Kiese etc.	– Schälmesser, durchgehende Schneidkante
2	Mittelschwer lösbare Bodenarten (bindig, leichte bis mittlere Plastizität): – Sand, Kies – Schluff und Ton	– Schälmesser, Stichel – Schälmesser, Stichel, vorauseilender Zentrumsschneider
3	Schwer lösbare Bodenarten:	
3a	– wie 1 und 2, jedoch Korngrössen > 63 mm, Steine 0,01-0,1 m^3	– wie 2, sowie Rollendisken und kleine Steinbrecher
3b	– wie 1 und 2, jedoch Findlinge 0,1- > 1 m^3	– wie 2, sowie Rollendisken und grössere Steinbrecher
4	Leicht lösbarer Fels oder vergleichbare Bodenarten: – Fels bröckelig, schieferig, weich, verwittert – vergleichbare, verfestigte, nichtbindige sowie bindige Böden	– Disken / Rollenmeissel – Meissel – Abräumzähne
5	Schwer lösbarer Fels: – hohe Gefügefestigkeit	– Disken / Rollenmeissel – Meissel

Ein besonderes Problem stellt die richtige Wahl der Schneidradlagerdichtungen dar. Die Druckschwankungen auf diese Lager sind systembedingt; sie können besonders bei Erddruckschilden relativ gross sein und hängen unter anderem von folgenden Einflüssen ab:

- Plastizität des Erdbreis
- Umdrehung des Schneidrads sowie Anfahr- oder Betriebssituation
- Vorschubpressendruck
- Schneckengeschwindigkeit

Die Hauptlagerdichtungen sollten eine ausreichende Druckreserve gegenüber dem theoretisch erforderlichen Stützdruck aufweisen, um Schäden an der Dichtung während des Betriebs zu vermeiden.

Der Antrieb einer TVM wurde bereits im Abschnitt 15.2.3 beschrieben.

Zur Kühlung der TVM-Antriebsaggregate verwendet man heute Kühlwasseranlagen. Die Kühlwasseranlage besteht aus einem Vorratsbecken mit 50 – 90 m^3 Inhalt, je nach Grösse und Wärmeabgabe der Antriebsaggregate. Auf diesem Becken werden nach Erfordernissen ein bis zwei Kühltürme angeordnet, um das rücklaufende Wasser zu kühlen. Oft werden für den Kühlkreislauf der TVM zwei Speisepumpen verwendet. Im Nachläufer befindet sich die zentrale Kühlwasserversorgung. Folgende Verbraucher werden meist gekühlt:

- Schneidradmotoren
- beim Hydroschild die Förderpumpe
- Kühlwasser für elektrische Anlagen

18.2.4 Abbauwerkzeuge

Die Schneidräder der Vollschnittmaschine sind die Abbauwerkzeugträger. Die Abbauwerkzeuge gibt es in grosser Vielfalt, z. B.:

- Messer und Zähne (für Tone, Sande, Kies)
- Stichel (für Schluffe, Sande, Kies)
- Hochdruckwasserstrahldüsen (bei Fein- und Mittelsanden)
- Meissel (für harte Böden)
- Rollenmeissel / Disken (für Fels, Findlinge)

Entscheidend ist der mechanische Verschleiss der Werkzeuge, der oft im Labor getestet wird. In Tabelle 18.2-2 sind die wichtigsten Abbauwerkzeugtypen nach Einsatzbereich aufgelistet.

Bild 18.2-5 Zahnformen für unterschiedliche Böden [18-5, 18-7]

Bild 18.2-6 Rundschaftmeissel mit Hartmetallkern [18-5, 18-7]

Bild 18.2-7 Stichel [18-5, 18-7]

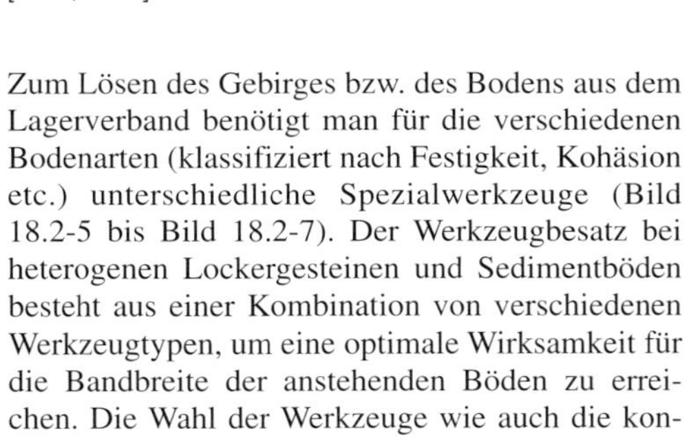

Zum Lösen des Gebirges bzw. des Bodens aus dem Lagerverband benötigt man für die verschiedenen Bodenarten (klassifiziert nach Festigkeit, Kohäsion etc.) unterschiedliche Spezialwerkzeuge (Bild 18.2-5 bis Bild 18.2-7). Der Werkzeugbesatz bei heterogenen Lockergesteinen und Sedimentböden besteht aus einer Kombination von verschiedenen Werkzeugtypen, um eine optimale Wirksamkeit für die Bandbreite der anstehenden Böden zu erreichen. Die Wahl der Werkzeuge wie auch die konstruktive Gestaltung des Schildes haben einen grossen Einfluss auf den Erfolg des Schildvortriebs. Dies ist um so wichtiger, da der Abbauraum für Änderungen des Werkzeugbesatzes unter Tage nur extrem schwer zugänglich ist. Dies birgt Gefahren für die Mannschaft und verursacht zeitliche Verzögerungen des Vortriebs. Bei heterogenen Böden – abwechselnd gelagerte Sande, Kiese, Tone mit eingelagerten Findlingen oder zementierten Sandschichten – verwendet man kombiniert:

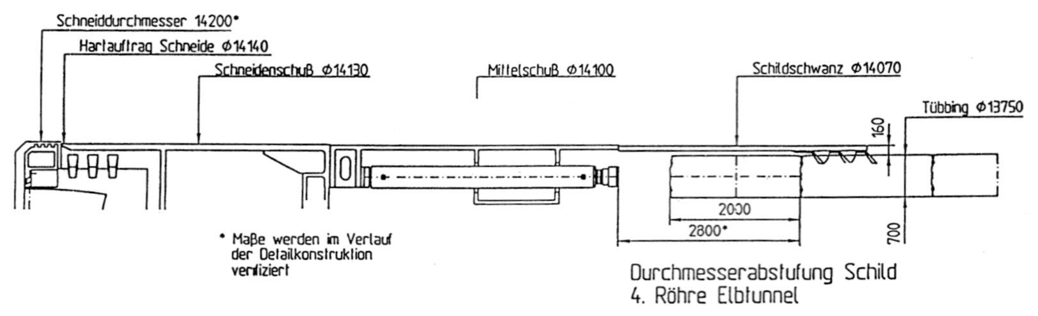

Bild 18.3-1 Einteilige Schildmantelkonstruktion [18-7]

- Schälmesser und Schälmeissel
- vorauseilende Zentrumsschneider
- Disken und Rollenmeissel
- Steinbrecher

18.3 Schild

18.3.1 Schildmantel

Die Ausführung des Schildmantels als einteiliger oder als zweiteiliger Zylinder mit einem Gelenk zwischen Schildschwanz und Abbaukammer ist eine Frage, die nur unter Zuhilfenahme des geometrischen Verhältnisses zwischen Schilddurchmesser und Schildlänge sowie der möglichen planmässigen und ausserplanmässigen Kurvenradien beurteilt werden kann. Wenn der Schild im Verhältnis zum Durchmesser relativ lang ist, liegt er sehr starr im Boden und lässt sich schwer steuern, ist jedoch auch etwas unempfindlicher gegen kleinere, weiche Linsen oder einseitig hartes Gestein. Der kurze einteilige Schild ($0{,}7 \leq \varnothing / l \leq 1{,}2$) lässt sich sehr gut steuern, drückt sich aber bei einseitig hartem Gestein und/oder weichen Linsen möglicherweise auch schneller aus der Soll-Lage (Bild 18.3-1). Dies kann jedoch durch die Überschneidtechnik, z. B. überstehende Felge, kippbares Schneidrad etc., ausgeglichen werden.

Die langen Schilde können durch Gelenke flexibler gestaltet werden. Dies führt zu zusätzlichen Abdichtungsproblemen wie auch zu statisch konstruktiven Problemen bei grossen Schildmaschinen (freigelagerter hinterer Zylinder / einseitig eingespannter Zylinder).

Der Schildschwanz bei ausgefahrenen Vorschubzylindern sollte den vorherigen Tübbingring, auf dem sich noch die Vorschubzylinder abstützen, um ca. $^1/_4 - ^1/_3$ Tübbing-Ringbreite zur Gewährleistung der Abdichtung überlappen.

18.3.2 Schildschwanzdichtung

Die Dichtung zwischen der Schildmaschine und der Tübbingauskleidung schützt den Tunnel während des Vortriebs gegen hineindrückendes Grundwasser, Boden und Verpressmörtel. Diese Dichtung muss folgende Aufgaben erfüllen:

- Abdichten des sich vorwärts bewegenden Schildes gegen die relativ steife Tübbingauskleidung
- Ausgleichen der möglichen Unebenheiten, bedingt durch Fugenversatz beim Einbau der Tübbinge

Diese Dichtungen müssen erheblichen Erd- und Wasserdrücken sowie dem Mörtelverpressdruck zur Schliessung des Ringspaltes widerstehen. Zur Abdichtung verwendet man derzeit Kunststoffprofile oder Stahldrahtbürstendichtungen (Bild 18.3-2 bis Bild 18.3-5).

Die Kunststoffprofildichtungen sollten mit mindestens einer aufblasbaren Notdichtung (Bild 18.3-2 und Bild 18.3-3) ausgerüstet sein, um bei starken, durch den Einbau bedingten Absätzen in der Längsfuge zwischen zwei benachbarten Tübbingen die Dichtigkeit zu gewährleisten. Bei den Stahlbürstendichtungen mit drei bis vier hintereinander

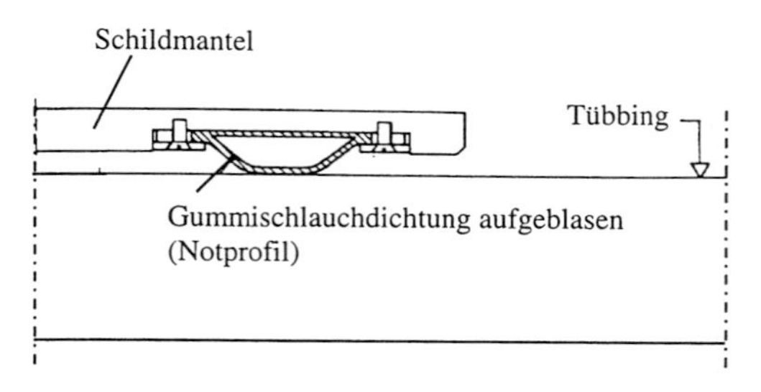

Bild 18.3-2 P + S Dichtung [18-8]

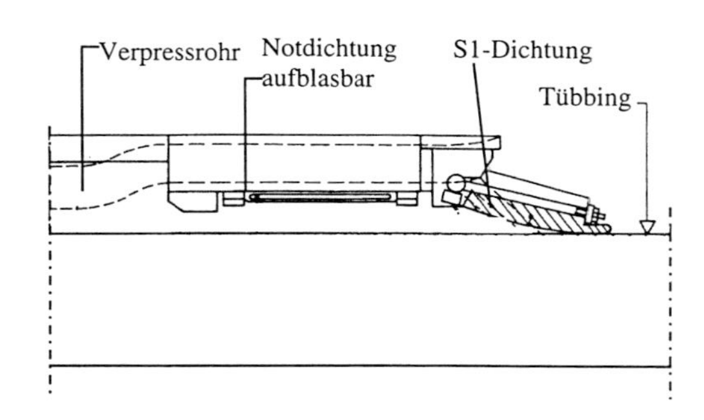

Bild 18.3-3 Dichtung Typ S1 [18-8]

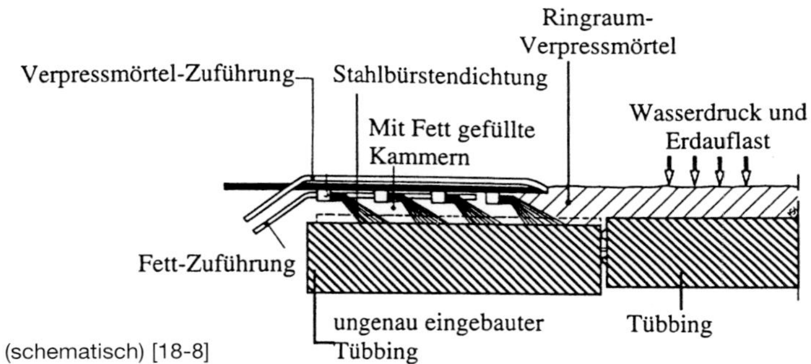

Bild 18.3-4 Stahlbürstendichtung (schematisch) [18-8]

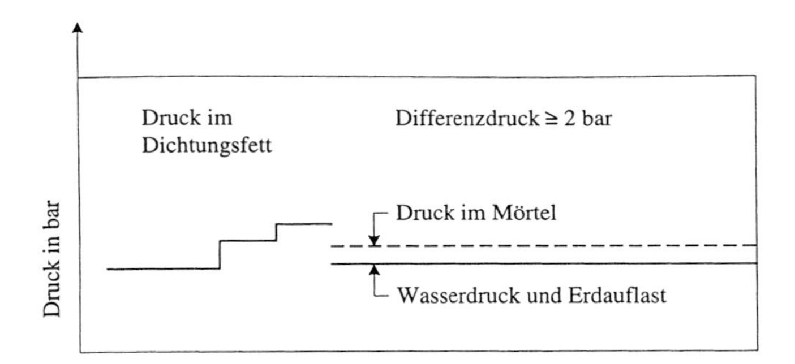

Bild 18.3-5 Druckgradient im Ringspalt (Stahlbürstendichtung) [18-8]

	Kunststoffprofildichtung	Drahtbürstendichtung
Vorteile	Keine Umweltbeeinflussung, Robustheit	Toleranzunterschiede durch Absätze zweier benachbarter Tübbinge in der Längsfuge können einfach ausgeglichen werden.
Nachteile	Relativ steif, daher besteht das Problem der Dichtigkeit bei Absätzen zwischen benachbarten Tübbingen	Permanente Abgabe von Fett an der Aussenseite der Tübbinge (Umweltbeeinflussung). Grosse Mengen der teuren „umweltverträglichen“ Fette sind erforderlich.

Tabelle 18.3-1 Vor- und Nachteile von Schildschwanzdichtungen [18-2]

angeordneten Bürstenringen werden die Kammern zwischen den Bürsten mit Fett gefüllt. Dieses Fett wird permanent unter Druck gehalten, der höher sein muss als der Verpressmörteldruck zum Verpressen des Ringspalts, damit weder Wasser noch Boden noch Verpressmörtel eindringen kann (Bild 18.3-5). Dadurch wird permanent Fett an die Aussenfläche der Tübbinge abgegeben, welches möglicherweise den Verbund zwischen Tübbing und Verpressmörtel an der Aussenseite reduziert. Zum Schutz des äusseren Bürstenringes gegen Verschmutzung werden diese mit Stahlblechlamellen überdeckt. Die Vor- und Nachteile der Schildschwanzdichtungen sind in Tabelle 18.3-1 dargestellt.

18.3.3 Ringspaltverpressung

Der Schild ist meist leicht konisch bzw. im Durchmesser gestuft durch im Aussendurchmesser abgestufte Schildzylinderabschnitte, um die Oberflächenreibungskräfte klein zu halten und ein Einkeilen des Schildes zu verhindern. Das Felgenrad bzw. das Schneidrad verfügt somit über einen grösseren Durchmesser als der Schildschwanz bzw. der Aussendurchmesser der Betontübbinge. Die verschiedenen Ursachen des Ringspalts zwischen dem Aussendurchmesser der Tübbinge und dem Ausbruch sind:

- Verringerung des Schildmantelaussendurchmessers von vorne nach hinten, meist in zwei bis drei Aussendurchmesserabstufungen
- Konstruktionsaufbau zwischen dem Aussendurchmessers des letzten Schildschwanzschusses und der Aussenkante der Tübbingauskleidung, bestehend aus Schildschwanzblechdicke und Schildschwanzdichtung
- bereichsweise exzentrischer Überschnitt bei der Durchörterung von Findlingen
- Ringspaltveränderungen durch Verformung des Ausbruchs oder des Tübbingrings
- Bodenverdrängung bei sehr langen Schilden in relativ engen Kurven (eher selten)

Die verschiedenen Ursachen des Ringspalts addieren sich bei ihrem Auftreten. Dieser Ringspalt zwischen Tübbingaussenlaibung und gewachsenem Boden, der beim Vorfahren des Schildes entsteht, sollte synchron und kontinuierlich beim Vortrieb direkt durch den Schildschwanz verpresst werden. Dazu werden um den Umfang des Schildschwanzes je nach Durchmesser 4 – 8 Injektionslanzen in konstanten Abständen von ca. 3,00 – 5,00 m angeordnet (Bild 18.3-6). Damit werden folgende Ziele erreicht:

- Weiteres Nachsacken des Bodens wird verhindert.
- Die elastische Bettung der Tübbinggelenkkette wird hergestellt.
- Die geringe Auflockerungszone, die durch den Überschnitt entsteht, wird zwischen Tübbingauskleidung und dem natürlich gewachsenen Boden verspannt.
- Die Tübbinge erhalten einen zusätzlichen Schutzmantel gegen aggressives Grundwasser und aggressive Böden.

Bei Schildkonstruktionen mit einer Druckkammer wird die Verpressung aus dem Schildmantel meist mittels Injektionsmörtel durchgeführt. Die Injektion aus dem Schildschwanz stellt jedoch hohe Ansprüche an den Injektionsmörtel hinsichtlich Abbindeverzögerung und Fliessfähigkeit, so dass während des Stillstandes der Maschine (Ringbau, Wartung etc.) die Injektionsrohre nicht durch erhärtenden Mörtel verstopft werden. Möglicherweise müssen die Leitungen während längerer Standzeiten freigespült und mit einem nicht erhärtenden Medium gefüllt werden (Bild 18.3-6), das vor der Fortsetzung des Vortriebs aus der Leitung zurückgeführt wird, um dann wieder mit Mörtel beaufschlagt zu werden.

Die Mörtelmischanlage zum Verpressen des Ringspalts wird meist vor dem Tunnelportal angeordnet und besteht aus folgenden Hauptelementen:

- Füllersilo
- Bentonitsilo
- Zementsilo
- Zementwaage
- Füller- und Bentonitwaage
- Sandwaage
- Förderschnecke für Füller, Zement und Bentonit
- Zwangsmischer (ca. 1 m)
- Mörtelpumpe mit hydraulischen Aggregaten

Die Mörtelmischanlage wird meist mit einem Automatikbetrieb ausgerüstet. Die Dosierung der Komponenten erfolgt über eine Mikroprozessorsteuerung. Das Entleeren des Mischers sowie das Beladen der Mörtelwagen wird grösstenteils manuell vorgenommen. Meist werden Mörtelwagen mit 10 m^3 Fassungsvermögen verwendet.

Beim Schildvortrieb mit Tübbingauskleidung im trockenen Baugrund ohne Druckbeaufschlagung der Abbaukammer (besonders im Fels) hat sich das Einblasen von Feinsand in den Ringspalt bewährt. Die Vorteile der Trockensandeinblasung liegen

Bild 18.3-6 Ringspaltverpresseinrichtung und Bürstendichtung [18-9]

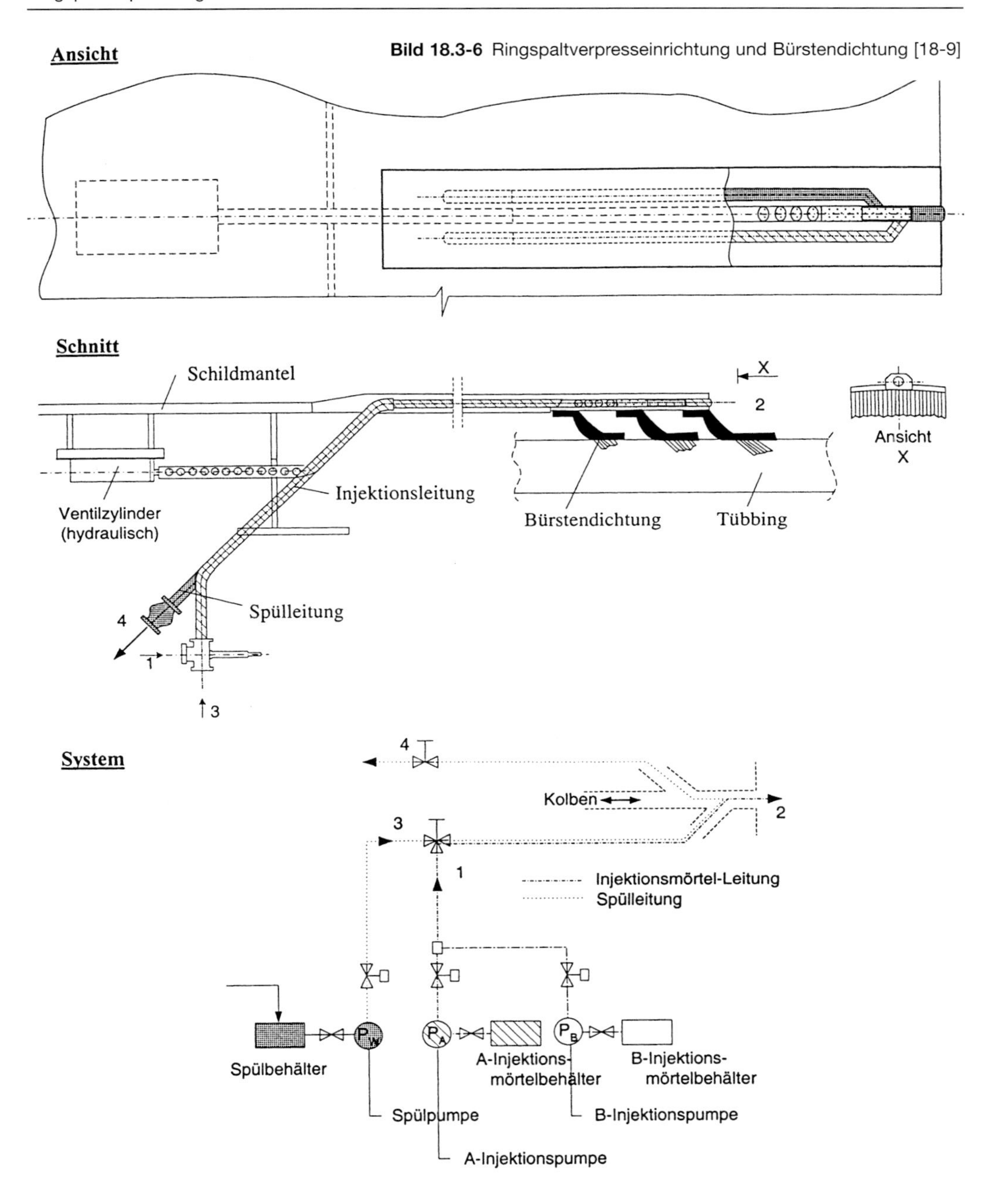

darin, dass die Tübbinge nicht aufschwimmen bzw. verrollen können. Die Verrollung tritt durch das hohe Drehmoment des Schneidkopfes besonders bei Felsbohrköpfen auf, wenn der Ringspalt mit weichem, noch nicht abgebundenem Mörtel gefüllt und kein Reibungsverbund zwischen Tübbingaussenfläche und Ausbruch hergestellt ist. Die separate Verpressung mittels Trockensand erfolgt durch radiale Öffnungen in den Tübbingen zwischen Schildende und Nachläufer. Die Verpressung

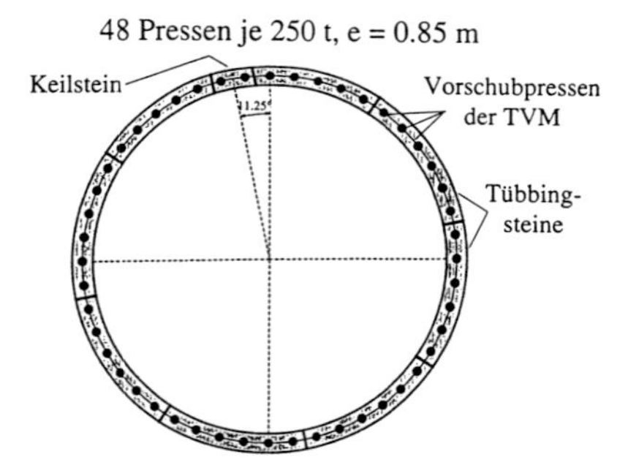

Aussparung pro Tübbing für Zentrierkonen

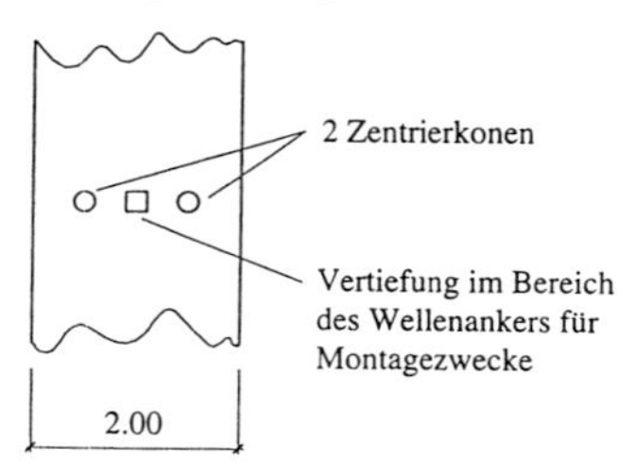

Bild 18.4-1 Pressenanordnung in Ringrichtung in bezug zur Tübbingeinteilung

direkt aus dem Schildschwanz ist ohne zusätzliche Arbeitskräfte automatisch möglich, hingegen erfordert die separate Verpressung hinter dem Schild zusätzliches Personal zum Ansetzen der Injektionsschläuche auf die Injektionsstutzen und zum Schliessen der Injektionsstutzen.

18.4 Vorschub- und Steuerpressen

Im hinteren Bereich des Schildes befinden sich meist die Vorschub- und Steuerpressen. Lange Schilde sind in der Regel in zwei durch ein Gelenk verbundene Schildzylinder unterteilt. In diesem Fall befinden sich die Steuerpressen in diesem Gelenk. Die Pressen haben die Aufgabe:

- die geplanten Kurven (Richtung) zu fahren
- Richtungskorrekturen durchzuführen
- den notwendigen Anpressdruck für die Abbauwerkzeuge zu erzeugen
- die notwendigen Stützdruckkräfte für die Ortsbruststützung aufzubauen
- die neu eingebauten Tübbinge in Position zu halten

Jede Steuerbewegung wird durch Veränderungen an den Steuerpressen bzw. Steuerpressengruppen ausgeführt. Kurvenfahrten können nur polygonal, in Abschnitten der Vorschubzylinderhübe, angenähert werden. Die Änderungen sollen mit möglichst kleinem Konvergenzwinkel durchgeführt werden, um die exzentrische Belastung der Tübbinge in den zulässigen Grenzen zu halten. Durch permanentes Vergleichen der Ist- mit der Soll-Position des Schildes mittels Laser und Doppelzielta-

Bild 18.4-2 Anordnung der Vorschubpressen mit Pressenschuhen [18-7]

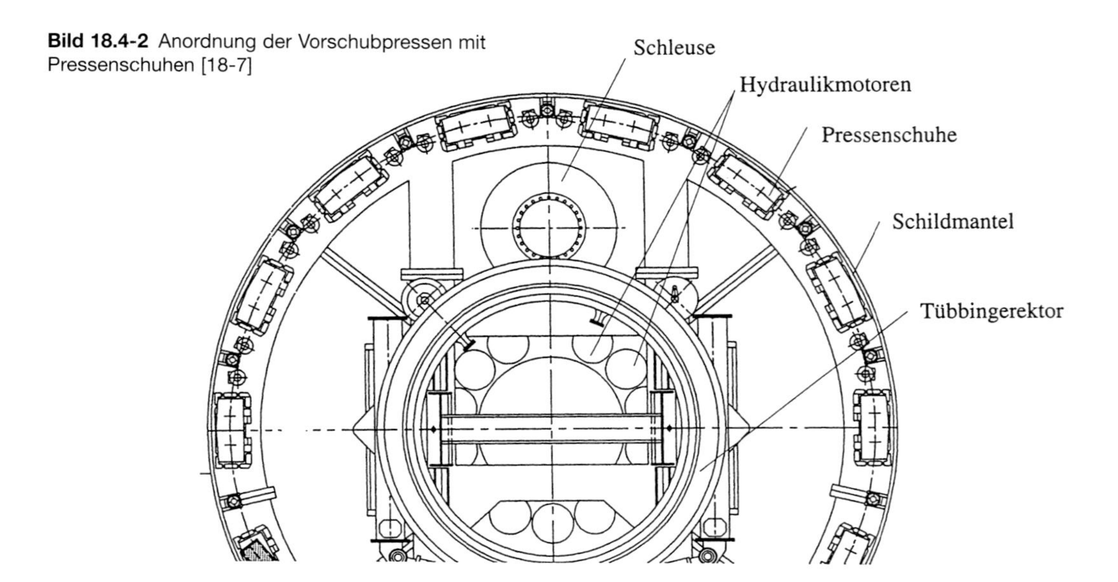

Wirkung geschichteter Böden:

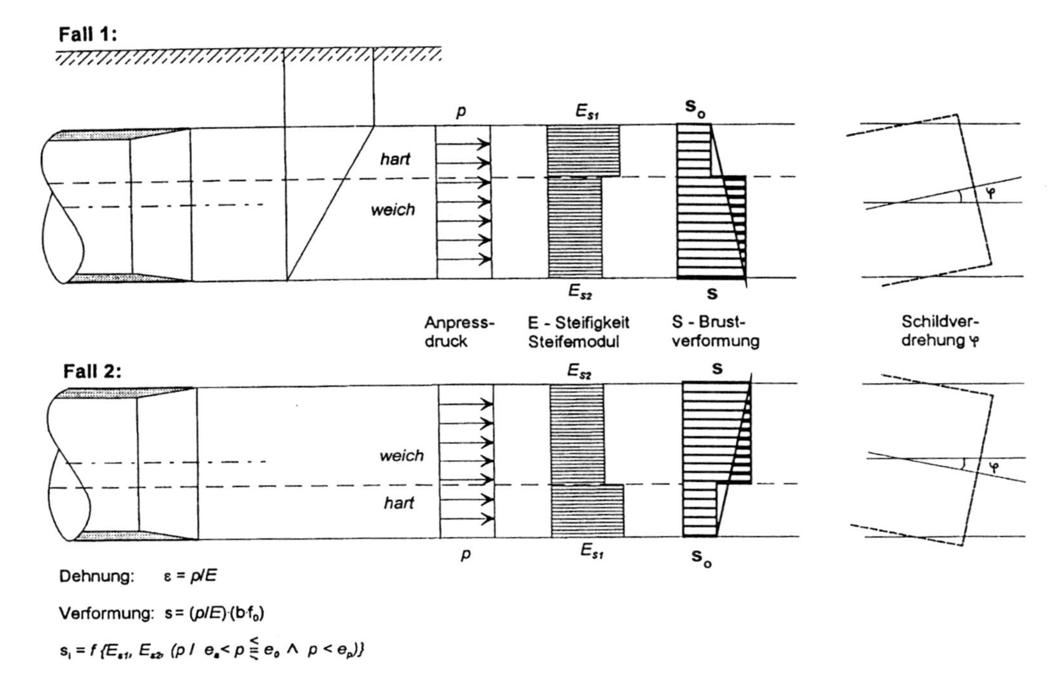

Wirkung der Widerstandkräfte:

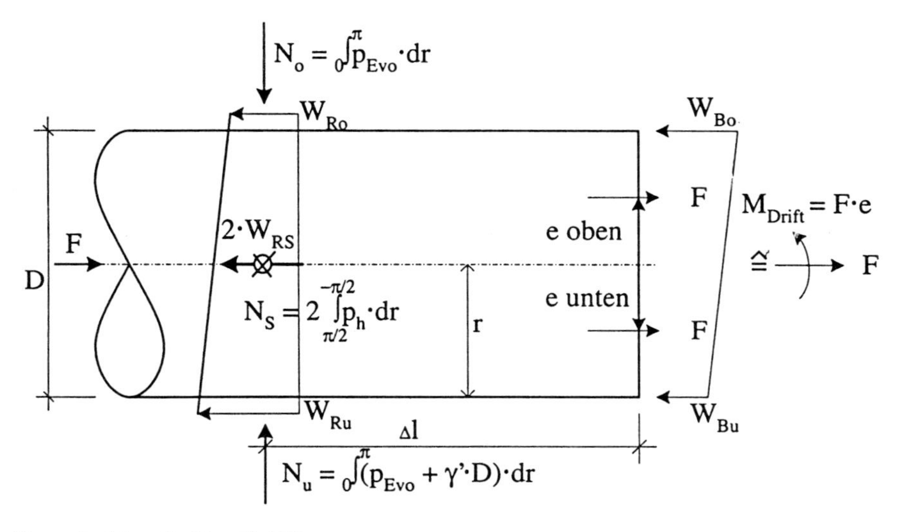

Vorschubkraft: $F = \sum_i W_i$

Driftmoment: $M_{Drift} = \sum_i W_i \cdot e_i = F \cdot e$

Bild 18.4-3 Drift beim Durchörtern von Schichten mit unterschiedlichem Steifemoduli und Widerständen

feln sowie Videoüberwachung lässt sich die Schildfahrt in den zulässigen Toleranzen halten.

Im Regelfall ist auf eine möglichst gleichmässige Verteilung und Einleitung der Pressenkräfte in die Tübbinge zu achten (Bild 18.4-1). Zu diesem Zweck sind die Pressen mit Pressenschuhen zur Lastverteilung ausgerüstet (Bild 18.4-2). Wichtig ist, dass die Pressengruppen separat, parallelgeschaltet gesteuert werden können, um keine Zwängungen zu erzeugen. Die Anordnung der Vorschubpressen in Längsrichtung ist dem Bild 18.3-1 zu entnehmen.

Die eigentliche Problematik bei der Steuerung stellt die Festlegung des jeweils erforderlichen Hubes der Steuerzylinder bei Erkennen einer Abweichung in horizontaler oder vertikaler Richtung oder in beiden Richtungen dar. Die anstehenden Boden- und Lagerungsverhältnisse sowie Störzonen haben einen wesentlichen Einfluss auf die Grösse der Abweichungen. Lage- und Höhenstabilität des Schneidschuhs bzw. -schildes können beeinflusst werden durch (Bild 18.4-3):

- Einsinken in weiche oder locker gelagerte Böden
- Festigkeitsunterschiede (horizontale, schräge Schichtgrenzen) unterschiedlicher Böden an der Ortsbrust

Dies ist besonders bei der Durchörterung von Schichtgrenzen mit unterschiedlichen Steifemoduli zu beachten (Bild 18.4-3). Generell ergibt sich eine Drift durch die etwas unterschiedlichen Widerstandskräfte am Schildmantel. Diese können wie folgt erklärt werden (Bild 18.4-3):

- Schild liegt oben und unten fest an ⇒ Drift nach unten
- Schild schwimmt auf und liegt oben an ⇒ Drift nach oben

Bei Böden im Grundwasser sind der Schild und der Tübbingring (vor dem Aushärten des Ringspaltverpressmörtels) meist leichter als der abgebaute Boden. Daher wird der Schild im Scheitel angepresst und versucht somit, nach oben zu driften.

Bühnenschilde erhöhen den Widerstand durch ihre Schneiden und erzeugen somit eine Exzentrizität an der Ortsbrust mit der dazugehörigen Drift (Fehlsteuerung).

Bei lokalen schlechten Bodenverhältnissen kann die Steuerbarkeit des Schildes beeinträchtigt werden. Vorausinjektionen aus dem Schildmantel können zur Verbesserung der inhomogenen Bodenverhältnisse führen. Nach dem Einleiten des Steuervorgangs mittels Steuerpressen ist zu berücksichtigen, dass die Maschine noch eine gewisse Strecke weiterläuft, bevor die Richtungskorrektur wirksam wird (Bild 15.11-3). Bei den Abweichungskorrekturen zur Soll-Lage sollte der Gegensteuerungspunkt vorher möglichst analytisch aus der polygonalen Änderung der möglichen Konvergenzwinkel ermittelt werden. Die angenommenen Konvergenzwinkel müssen dann während der Korrekturfahrt überprüft und korrigiert werden. Diese analytische Ermittlung berücksichtigt das „Weiterlaufen" der Maschine nach jeder Richtungskorrektur und verhindert weitgehend eine Zickzackfahrt.

18.5 Erddruckschilde

Erddruckschilde (Bild 18.5-1) werden in nicht standfesten Böden eingesetzt. In Bild 18.5-2 sind die ungefähren Einsatzgrenzen des Erddruckschildes aufgezeigt. In Böden oberhalb der Linie 1 beträgt der Feinkorngehalt mindestens 30 %. Somit ist der Einsatz auch im Grundwasser möglich, da diese Böden weitgehend wasserundurchlässig sind. Der Darcysche Durchlässigkeitskoeffizient sollte kleiner 10^{-5} m/s sein. Die Konsistenzzahl I_c sollte zwischen $0{,}4 < I_c < 0{,}75$ liegen (breiig bis weiche Konsistenz).

Bild 18.5-1 Schneidrad des Erddruckschilds S-127 (Mixschild) von Herrenknecht, Projekt Socatop, Paris [18-7]

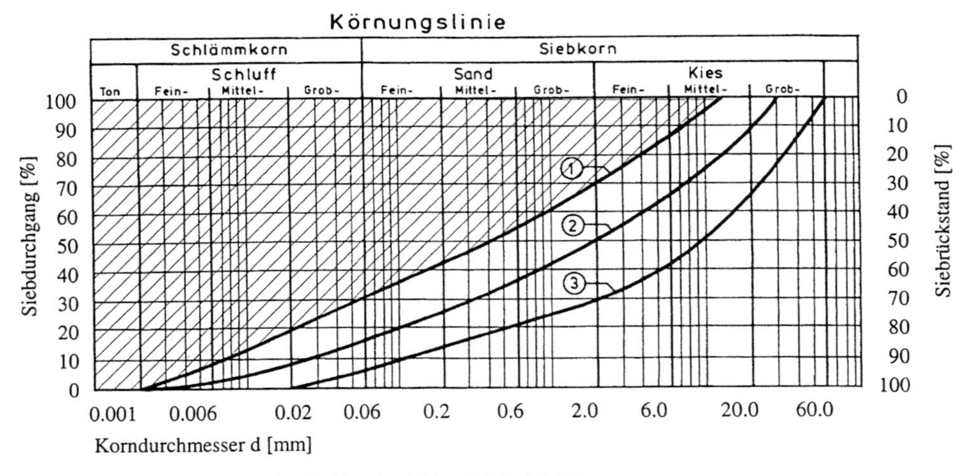

Bild 18.5-2 Einsatzgrenzen des Erddruckschildes [18-5, 18-10]

Im Bereich zwischen den Linien 1 und 2 müssen Konditionierungsmittel eingesetzt werden, z. B. hochviskose Tonsuspensionen oder Polymerschäume. Unterhalb der Linie 3 ist die Durchlässigkeit zu hoch und daher der Einsatz von Konditionierungsmitteln wirkungslos. Die Ortsbrust fliesst dann in die Abbaukammer, die Erzeugung eines Stützdrucks ist nicht mehr möglich. Nichtbindige Böden sind nicht prädestiniert für Erddruckschilde.

Der Stabilitätsverlust der Ortsbrust (Bild 18.5-4) wird durch Erzeugung eines künstlichen Stützdrucks vermieden. Beim Erddruckschild dienen das Schneidrad und der gelöste Boden, der eine breiige Konsistenz haben muss, als Stützmedium. Auf ein sekundäres Stützmedium (Druckluft, Suspension, mechanischen Verbauplatten) kann verzichtet werden. Daher sind die Erddruckschilde sehr umweltfreundlich. Der Stützdruck wird primär durch die Vorschubpressen erzeugt. Die Steuerung des Stützdrucks in der Abbaukammer (Bild 18.5-3) erfolgt einerseits über den Materialaustrag der Schnecke, d. h. durch die Schneckendrehzahl, und andererseits durch die Veränderung der Pressenvorschubgeschwindigkeit. Durch die Erhöhung der Pressenvorschubgeschwingigkeit und/oder Reduzierung der Schneckendrehzahl kann der Erddruck in der Abbaukammer gesteuert werden. Der Stützdruck

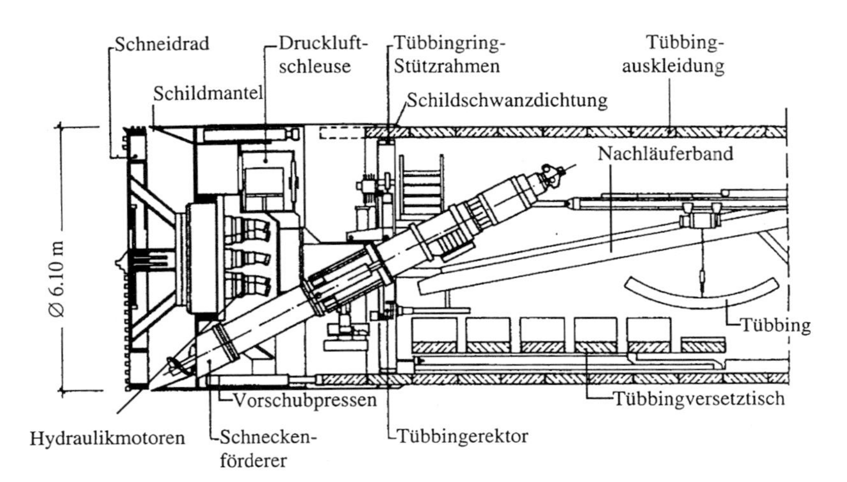

Bild 18.5-3 Erddruckschild (Technisches Bild) [18-7]

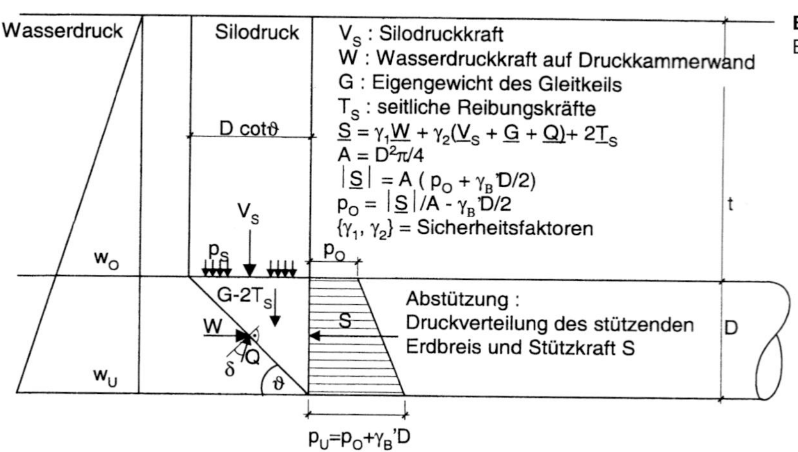

Bild 18.5-4 Prinzip der Erddruckstützung

erhöht sich dadurch, dass mehr Boden in die Abbaukammer gelangt als abgefördert wird. Durch Reduktion eines oder beider Parameter senkt sich der Druck in der Abbaukammer. Innerhalb der technischen Grenzen lassen sich die Drehzahlen der Schnecke $n_{min} < n < n_{max}$ und Vorschubgeschwindigkeit der Pressen $v_{min} < v < v_{max}$ zur Regelung des Drucks ändern.

Der Boden wird durch die Werkzeuge des rotierenden Schneidrades an der Ortsbrust gelöst, durchgeknetet und durch die Öffnungen des Schneidrades in die Abbaukammer gedrückt, wo er sich mit dem dort bereits vorhandenen plastischen Erdbrei vermischt. Die Vortriebspressen übertragen über die Druckwand den Stützdruck auf den Erdbrei und das Schneidrad. Dies verhindert ein unkontrolliertes Eindringen des Bodens von der Ortsbrust in die Abbaukammer. Das Gleichgewicht (Bild 18.5-4) ist erreicht, wenn die resultierende Pressendruckkraft aus den Vortriebspressen gleich der vektoriellen Summe aus der Wasserdruck- und der effektiven Silodruckkraft des Trichters vor der Ortsbrust ist. Ist die erforderliche Pressendruckkraft unter Ansatz des aktiven Druckkoeffizienten errechnet, erfolgt eine Bewegung des Silotrichters in die Abbaukammer mit den daraus folgenden Setzungen an der Erdoberfläche. Ist die erforderliche Pressenkraft unter Ansatz des passiven Erddruckkoeffizienten ermittelt, erfolgt eine Hebung im Bereich des Silotrichters und an der Erdoberfläche. Die erforderliche Pressenkraft sollte man daher unter Ansatz des statischen Ruhedruckkoeffizienten ermitteln und die Feinregulierung während des Vortriebs durch Setzungs- und Hebungsbeobachtungen kontrollieren und modifizieren. Beim Erddruckschild ist, wegen der Inhomogenität der Böden in bezug auf die Konsistenz, die Erddruckverteilung in der Abbaukammer sehr unterschiedlich verteilt. Hat der Boden nicht die richtige Betriebskonsistenz für einen Erddruckschild, dann kann es bei Böden mit nicht ausreichender Plastizität zum Unterbruch der Bodenströmung kommen, wegen der zu hohen Scherfestigkeit des Materials bzw. wegen des sich daraus ergebenden zu geringen Druckgefälles. Dies führt zu Problemen bei der Förderung und zu einer unzureichenden Druckverteilung an der Ortsbrust und in der Abbaukammer. Dadurch wird deutlich, das eine Feinsteuerung der Ortsbruststützung ohne permanente Konsistenzkontrolle des Materials in der Abbaukammer schwierig ist.

Damit der Erdbrei des gelösten Bodens als Stützmedium dienen kann, muss er folgende Charakteristik aufweisen:

- breiig bis weiche Konsistenz
- geringe Wasserdurchlässigkeit

Die erste Eigenschaft ist für den Aufbau des Stützdruckes wie auch für den kontinuierlichen Materialfluss unumgänglich (Bild 18.8-2). Damit bleibt das Antriebsmoment des Schneidrads sowie des Schneckenförderers in wirtschaftlichen Grenzen. Zudem wird ein Blockieren des Schneidrads durch zu hohe Reibung verhindert. Zur Verbesserung der Konsistenz und Homogenisierung des Erdbreis werden rechts und links neben der Schneckenförderung im Abbauraum an der Abbaukammerwand Agitatoren angeordnet. Diese meist mit Hydraulikmotoren angetriebenen Agitatoren durchkneten mit ihren Rührarmen den Boden. Dadurch wird der Abbauboden homogenisiert; gering bindige oder trockene Böden werden mit dem zugemischten Konditionierungsmittel breiig und bindig verrührt, das Abbaumaterial wird dem Schneckenmund zugeführt, ferner wird ein Verstopfen der Materialzuführung zum Schneckenmund verhindert. Durch die Zugabe von Konditionierungsmitteln lässt sich gleichzeitig der Stützdruck in der Abbaukammer besser steuern. Die Permeabilität des Erdbreis ist bei Grundwasser ein besonders wichtiger Parameter. Bei zu hoher Permeabilität kommt es zum unkontrollierten Ausspülen des Erdbreis aus der Schnecke mit den Problemen des Druckabfalls an der Ortsbrust. Daher eignen sich tonig-schluffige, bzw. schluffig-sandige Böden (Bild 18.5-2) mit breiiger bis weicher Konsistenz zum Abbau mittels Erddruckschild.

Ist diese breiige bis weiche Konsistenz nicht vorhanden, dann muss der Boden wie folgt konditioniert werden:

- relativ weiche, tonig-schluffige Böden mittels mechanischer Agitatoren
- festere, tonig-schluffige Böden mittels Wasser- oder Suspensionszugabe und Vermischung durch mechanische Agitatoren
- schluffig-sandige Böden mittels Tonsuspension oder quellfähiger Bentonitsuspension, die durch Agitatoren oder Kneträder, die in der Abbaukammer angeordnet werden, vermischt werden
- erhöhter Sandanteil bei schluffig-sandigen Böden mittels Polymerschäumen

Die Erddruckschilde benötigen zum Antrieb des Schneidrades sehr hohe Drehmomente. Dieses Drehmoment setzt sich zusammen aus:

- Widerstand, den die Werkzeuge bei der Schneidarbeit zum Lösen des Bodens überwinden müssen
- Überwindung des Scherwiderstandes des Stützbreis des plastisch-viskosen Bodens in der Abbaukammer, der gleichzeitig als Stützmedium dient

Daher ist es wichtig, den Boden in der Abbaukammer möglichst breiig zu gestalten, um den Scherwiderstand gering zu halten [18-11]. Nur dann lassen sich Energiekosten senken und die Leistungsfähigkeit des Erddruckschildes optimieren.

Um den Einsatzbereich von Erddruckschilden im Bereich von Böden mit höherer Permeabilität zu erweitern, kann man den Austrag der Schnecke druckgekapselt an eine Dickstoffkolbenpumpe anschliessen. Dadurch wird der Austrag aus der Schnecke unabhängig von der Permeabilität des Bodens, so dass sich mit Erddruckschilden auch Böden mit einem hohen Sandanteil in der Siebkurve auffahren lassen.

18.6 Flüssigkeitsschilde

Ist ein besonders setzungsarmer Vortrieb erforderlich, so hat sich der Flüssigkeitsschild bewährt. Der Einsatzbereich erstreckt sich auf fast alle vorkommenden Lockerböden. Besonders geeignet sind die sandig-mittelkiesigen Böden (Bild 18.6-1).

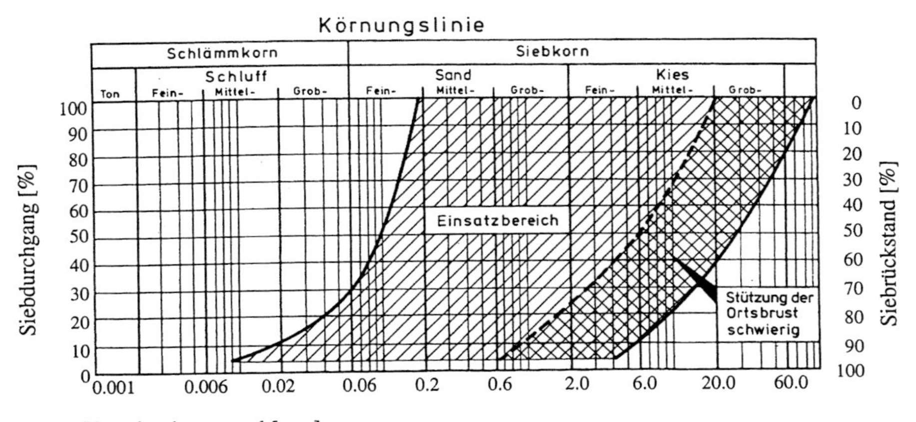

Bild 18.6-1 Einsatzbereich des Flüssigkeitsschildes [18-10]

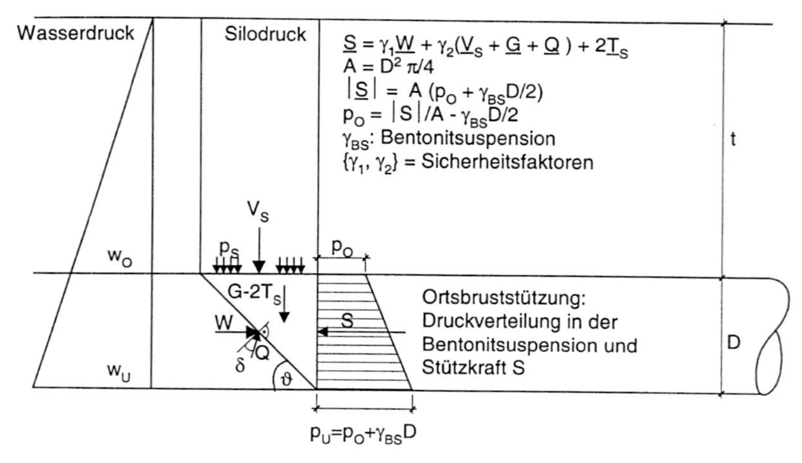

Bild 18.6-2 Prinzip der Flüssigkeitsstützung

Beim Flüssigkeitsschild wird der Boden der Ortsbrust durch ein sekundäres, von aussen zugeführtes Medium gestützt. Zur Stützung der Ortsbrust wird eine unter Druck stehende Suspension aus Wasser und Bentonit oder Ton verwendet (Bild 18.6-2). Die Stützflüssigkeit dringt druckbeaufschlagt in die oberflächennahen Poren des Bodens ein und bildet einen Filterkuchen, der die Ortsbrust versiegelt, d. h. die Permeabilität wird verringert. Über diese Filterkuchenmembrane steht die vektoriell resultierende Druckkraft aus der in der Abbaukammer vorhandenen druckbeaufschlagten Suspension und dem separat steuerbaren Anpressdruck des Schneidrades im Gleichgewicht mit den äusseren Kräften der Ortsbrust. Die äusseren resultierenden vektoriellen Kräfte setzten sich, wie schon erläutert, aus dem Wasserdruck und der Silodruckkraft des Trichters oberhalb der Ortsbrust zusammen.

Das Hydroschildsystem mit einer Druckluftpolstersteuerung von Herrenknecht eignet sich besonders zur setzungsarmen Steuerung von Vortrieben. Durch die Druckluft lässt sich die Flüssigkeit in der Abbaukammer sehr präzise und schnell an die äusseren Druckverhältnisse anpassen. Dadurch eignen sich solche Schildsysteme besonders im innerstädtischen Bereich mit geringer Überdeckung.

Flüssigkeitsschilde mit Teilschnittmaschine (Bild 18.6-3)

Der Abbau erfolgt mittels Schrämkopf oder Spüldüsen, die Förderung mittels Pumpen. Bei der Flüssigkeitsförderung ist die Separation des Wasser-Bentonit-Erdstoffgemischs notwendig. Die Suspension kann im Kreislauf zur Stützung der Ortsbrust wiederverwendet werden. Die Förderung ist jedoch sehr einfach, solange der Feststoffgehalt bzw. das Raumgewicht $\gamma \leq 1{,}4$ t/m³ ist. Beim Flüssigkeitsschild mit Teilschnitteinrichtung verwendet man zur Zeit zwei Systeme, nämlich den:

Membran- oder Thixschild

Die Stützflüssigkeit wird in den oberen Schildbereich eingepumpt. Der Abzug des Boden-Suspensionsgemisches erfolgt unten. Der Stützdruck wird innerhalb des Abbauraums mittels gesteuertem Zu- und Abpumpen beeinflusst. Der Abbau bei den Flüssigkeitsschilden mittels Teilschnittmaschine erfolgt z. B. durch einen Schrämkopf.

Hydrojetschild

Der Stützdruck wird durch ein Zweikammersystem relativ konstant gehalten. Flüssigkeitsschwankungen werden durch ein Druckluftpolster schnell ausgeglichen, oder man steuert den Druck über den Zufluss der Suspension und den Abfluss des Ausbruchmaterials.
Der Abbau erfolgt mittels Hochdruckspüldüsen, die das Lockergestein hydrodynamisch lösen und zu einem pumpbaren Erd-Bentonit-Wassergemisch verdünnen.

Flüssigkeitsschilde mit Vollschnittmaschine (Bild 18.6-3)

Bei der Vollschnittmaschine wird die Ortsbrust mit einem Schneidrad abgebaut. Die Förderung und Separation des Boden-Bentonit-Wassergemischs

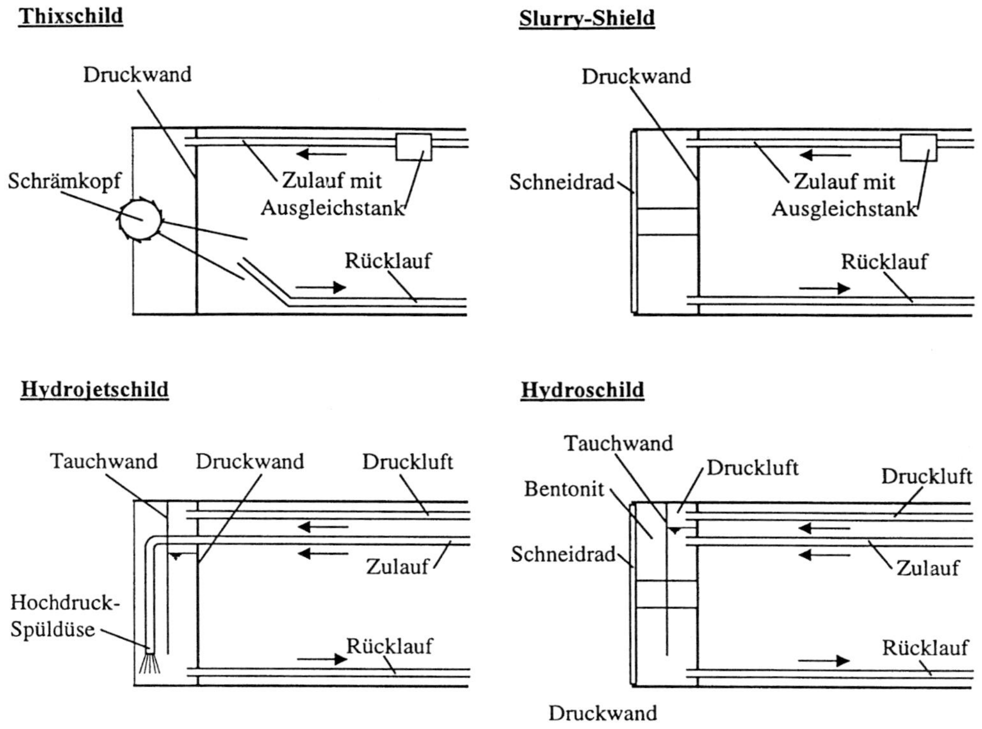

Bild 18.6-3 Flüssigkeitsschildsysteme mit Teil- und Vollschnitteinrichtung

erfolgt wie unter der Teilschnittmaschine beschrieben.

Beim Flüssigkeitsschild mit Vollschnitteinrichtung verwendet man zur Zeit hauptsächlich folgende Systeme:

Slurry-Shield

Die Stützflüssigkeit wird im oberen Schildbereich eingepumpt. Der Abzug des gelösten Boden-Wassergemisches erfolgt unten. Slurry-Shields eignen sich für den Einsatz in Sanden und schluffigen Böden. Die Stützdrucksteuerung erfolgt ähnlich wie beim Thixschild. Das Schneidrad des Slurry-Shields ist fast eben und geschlossen. Damit ergibt sich eine vektorielle Stützkraft aus dem mechanischen Andruck des Schildes und dem Flüssigkeitsdruck der Suspension. Das fast geschlossene Schneidrad ist mit Abbauwerkzeugen besetzt und mit radial angeordneten Räumerschlitzen versehen, deren Grösse u. a. durch die maximale Korngrösse bestimmt wird. Tone festerer Konsistenz führen zum Verkleben der Abbauwerkzeuge, der Räumerschlitze und der Fördereinrichtungen. Diese Schilde erfordern wegen der hohen Reibungskräfte an dem vollflächigen Schneidrad hohe Drehmomente und damit relativ grosse, leistungsstarke Antriebsaggregate.

Hydroschild

Diese Schilde eignen sich mit Zusatzeinrichtungen in fast allen Lockergesteinen. Das Charakteristische bei diesen Schilden ist die Teilung der Abbaukammer durch eine Tauchwand in zwei Bereiche (Bild 18.6-5).

Die hintere Kammer kommuniziert über die Absaugöffnung mit der Abbaukammer, in der sich ein Speichen- oder Felgenspeichenrad befindet. Das Luftpolster über der Flüssigkeit der hinteren Kammer regelt den Stützdruck an der Ortsbrust auch bei schwankendem Flüssigkeitsspiegel. Die Stützung der Ortsbrust erfolgt mittels Bentonitsuspension. Im Falle von höherer Permeabilität der Ortsbrust kann die Suspension mit Sägemehl und Polymeren angereichert (verdickt) werden.

Bild 18.6-4 Hydroschild 4. Elbröhre Hamburg von Herrenknecht [18-7]

Die Auflösung des Schneidrades in ein offenes Speichensystem ermöglicht das sofortige Abfliessen des abgebauten Materials hinter dem Schneidrad. Sollen mit diesen Maschinen zähe Tone abgebaut werden, sind besondere Überlegungen notwendig, um ein Verkleben während des Betriebs zu verhindern.

Alle Flüssigkeitsschilde müssen vor dem Ansaugstutzen mit einem Rechen versehen werden, um ein Verstopfen der Förderleitungen zu verhindern. Sind Steine zu erwarten, ist ein Steinbrecher vor dem Rechen erforderlich. Bei klebrigem Abbaumaterial verwendet man u. a. Spüldüsen.

Der wesentliche Nachteil der Flüssigkeitsschilde ist die Anreicherung der sekundären externen Stützsuspension mit Abbaumaterial. Dies erfordert eine Separationsanlage. Besondere Schwierigkeiten machen die sich akkumulierenden Feinstanteile aus Tonen und Schluffen bei der Trennung sowie Deponierung. Die Probleme dieser sehr effektiven Methode ergeben sich durch:

- den Platzbedarf für Speicherbehälter, Separationsanlage, Bentonitaufbereitung etc. im Bereich der Ausseninstallation
- den relativ hohen Energiebedarf
- die Umweltbelastung durch zu hohe Feinanteile im Wasser oder höheren Trennungsaufwand

Der wirtschaftliche Einsatz wird durch den erforderlichen Separationsaufwand der Fördersuspension sowie die Durchlässigkeit des Bodens bestimmt.

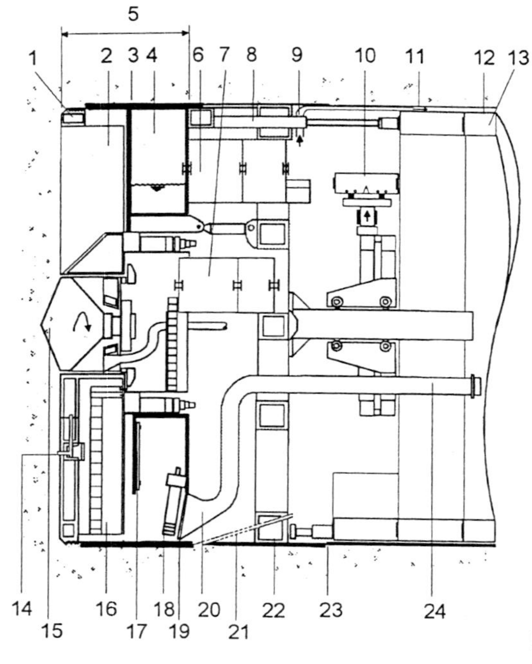

1. Felgen-Speichen-Schneidrad, mittenfreie Lagerung, ausfahrbar + kippbar
2. Abbaukammer
3. Tauchwand
4. Suspensionsdruckluftkammer
5. Druckkammer
6. Schleuse
7. Schleuse
8. Vortriebspressen am Umfang verteilt
9. Ringspaltverpresslanze
10. Tübbingversetzgerät
11. Bürsten-Fett-Schildschwanzdichtung
12. Ringspalt (mit Mörtel verpresst)
13. Stahlbetontübbinge
14. Werkzeugwechsel aus der Speiche
15. Zentrumsschneider, separat ausfahrbar, mit Zentrumslagerung
16. Speichen, begehbar
17. Verschlussguillotine
18. Steinbrecher
19. Rechen
20. Absaugkammer
21. Injektionslanzen am Umfang verteilt
22. Abstützrahmenring
23. Geometrisch abgestufter Schild
24. Förderrohr

Bild 18.6-5 Prinzip eines Hydroschildes [18-2]

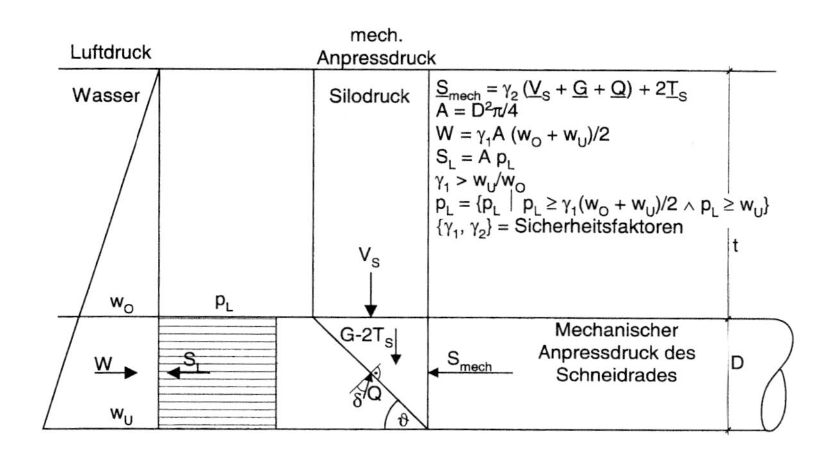

Bild 18.7-1 Prinzip der Druckluftstützung

18.7 Druckluftschilde

Alle Stützschilde, auch Erddruck – und Flüssigkeitsschilde, benötigen eine Notdruckluftstützung, um in Ausnahmefällen die Ortsbrust begehbar zu machen.

Bei den reinen Druckluftverfahren wird Druckluft in die durch einen Druckschott abgedichtete Tunnelröhre zwischen Ortsbrust und Schott eingepresst, um den Arbeitsraum vor eindringendem Wasser zu schützen. Das Prinzip der Druckluftstützung ist in Bild 18.7-1 dargestellt. Die resultierende Druckluftkraft muss sich im Gleichgewicht mit der hydrostatischen Kraft des anstehenden Wassers vor der Ortsbrust befinden. Eine Aufnahme des Erddrucks ist in der Regel nicht möglich. Den Erddruck der Ortsbrust muss man während des Abbaus mittels einer natürlichen Böschung durch mechanische Verbauplatten, die hydraulisch angepresst werden, oder durch das Schneidrad abstützen.

Der Einsatzbereich der Druckluftschilde ergibt sich aus der Durchlässigkeit des Bodens. Der äquivalente Durchlässigkeitsbeiwert muss kleiner $k_w = 10^{-4}$ m/s (Wasser) sein. Die Anwendungsgrenzen der Druckluft, bezogen auf die äquivalente Wasserdurchlässigkeit, sind in Bild 18.7-2 dargestellt.

Die Luftdurchlässigkeit kann man grob aus der Wasserdurchlässigkeit wie folgt berechnen:

Luftdurchlässigkeit $k_L = (70 \div 100)\, k_w$ (18.12-1)

Wasserdurchlässigkeit k_w

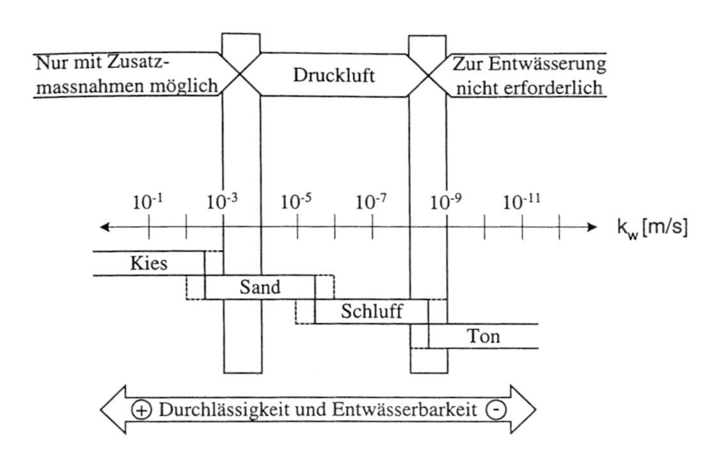

Bild 18.7-2 Anwendungsgrenzen der Druckluft [18-12]

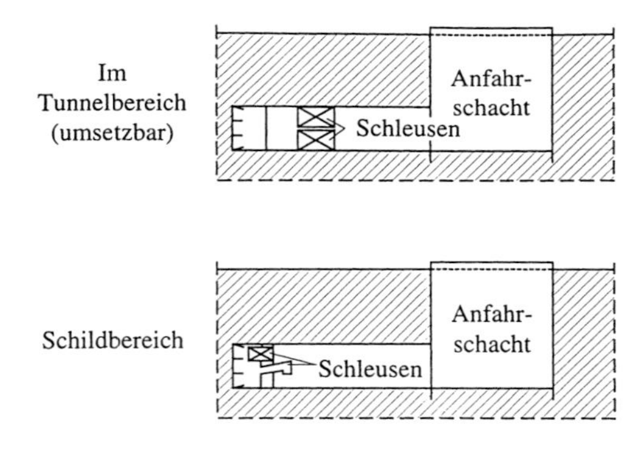

Bild 18.7-3 Schleusenanordnungen

Die möglichen Schleusenanordnungen sind in Bild 18.7-3 dargestellt. Das Schott und die Schleusen werden stationär im Tunnel oder als Schildabschluss angeordnet. Diese Druckluftschilde sind mit separaten Material- und Personenschleusen ausgestattet.

Die Steuerung des Vortriebs erfolgt meist im atmosphärischen Bereich. Der Abbau und die Schutterung werden unter Druckluft vorgenommen. Der Schutterwagen wird jeweils aus- und eingeschleust. Diese Anordnung mit geringer Länge des Druckluftbereichs ist zu bevorzugen, um die Luftverluste gering zu halten.

Druckluft ist ein relativ gefährliches Medium. Die besonderen Anforderungen hinsichtlich

- Unfallschutz
- Feuerschutz
- Arbeitsschutz

sind zu berücksichtigen.

Die Druckluftanlage zur Verdichtung der Luft besteht meist aus elektrisch- oder dieselangetriebenen Schraubenverdichtern und der dazugehörigen Aufbereitung der Druckluft mittels Kältetrocknern und anschliessender Filterung. Diese Systeme werden heute meist in einer transportfähigen Containereinheit installiert. Beim elektrischen Antrieb ist immer ein installiertes Notstromaggregat mit automatischer Netz-Notstromumschaltung erforderlich. Um Druckschwankungen im Netz zu vermeiden, werden den Schraubenverdichtern Windkessel nachgeschaltet. Die verschiedenen Verdichtereinheiten mit Windkesseln werden parallel geschaltet und geben die Luft in die Sammelleitung ab. Das System muss redundant ausgelegt sein, damit es auch beim Ausfall von Kompressoren und der Stromeinrichtung voll funktionsfähig bleibt.

18.8 Fördertechnik

18.8.1 Allgemeines

Die Förderung des gelösten Bodens muss auf die Maximalleistung der Schildvortriebsmaschine abgestellt werden. Die Menge des gelösten Bodens hängt von der Vortriebsgeschwindigkeit ab. Die baubetriebliche Kapazität der Boden-Förderungsanlage muss in all ihren sequentiellen Komponenten wirtschaftlich optimiert werden und auf den oberen Leistungsbereich möglicher Vortriebsgeschwindigkeiten abgestimmt sein, damit die Schildmaschine die kritische Leistung bestimmt.

Die Förderung aus der Abbaukammer der Maschine ist integraler Bestandteil des Abbausystems der Schildmaschine. Man kann folgende Verfahren unterscheiden:

- Trockenförderung
- Dickstoffförderung
- Flüssigkeitsförderung

Bei Schildmaschinen unterscheidet man zwei bzw. drei verschiedene Abbaumaterialförderabschnitte auf der Tunnelbaustelle:

- Förderung aus der Abbaukammer zum Nachläufer (Austrag aus der Maschine)
- horizontale Förderung im Nachläuferbereich, Übergabe an die Streckentransporteinrichtung (Schutterzug, Dumper oder Förderband für Trocken- und Dickstoffe; Rohrleitung für Flüssigstoffe beim Flüssigkeitsschild) und Förderung zur Startbaugrube innerhalb des bereits fertiggestellten Tunnels
- vertikale Förderung aus der Startbaugrube zur Verlade- oder Zwischenlagerstätte über Tage mittels Elevatorenband/Taschenförderband (Wellenkantenförderer) bei Trocken- und Dickstoffen oder mittels Rohrleitung bei Flüssigkeitsförderung zur Separationsanlage

Das aus der Schildmaschine geförderte Material wird bei der Trocken- und Dickstoffförderung meist auf ein Übergabeband des Nachläufers übergeben, zum Beladen der Schutterzüge bzw. Dumper oder eines Förderbandes.

Für die Trocken- und Dickstoffförderung im Tunnel verwendet man folgende Fördersysteme:

- diskontinuierliche Förderung mittels Schutterzügen bzw. Dumpern
- kontinuierliche Förderung mittels Streckenförderband während der Vortriebs- und Vorpressphase

Bei der Flüssigkeitsförderung erfolgt die Förderung kontinuierlich in einem System, in dem die Flüssigkeit über eine Separationsanlage im Kreislauf geführt und das Ausbruchmaterial ausgeschieden und deponiert wird. Die Kreiselpumpe zum Ansaugen und Fördern befindet sich auf dem Nachläufer.

Die baubetriebliche Auslegung der Systeme muss unter der Prämisse erfolgen, dass die Schildmaschine die Leitleistung erbringt. Alle nachgeschalteten Betriebssysteme müssen mindestens die gleiche oder eine höhere Leistung erbringen. Die Vortriebsmaschine muss in ihrer Leistungsauslegung den kritischen Weg belegen, da die Maschine die baubetriebliche Leistung bestimmt und gleichzeitig die höchste baubetriebliche Investition darstellt. Daher müssen die Schutter-, Übergabe- und Transportsysteme für die Maximalleistung der Vortriebsmaschine ausgelegt werden.

18.8.2 Trockenförderung

Bei Schildmaschinen mit Bohrkopf oder offenen Schneidrädern ausserhalb des Grundwassers oder bei Druckluftschilden erfolgt der Austrag des Abbaumaterials meist mittels Trockenförderung. Der Austrag aus der Maschine erfolgt mittels Ketten- oder Bandförderern mit Übergabe auf das Übergabeband des Nachläufers (s. Kapitel 10).

Die **diskontinuierliche Förderung** vom Nachläufer zum Schacht oder direkt zur Kippe erfolgt meist auf gleisgebundenen Schutterwagenzügen oder im Dumperbetrieb.

Für den Zugbetrieb ist ein Verladebereich im Nachläuferbereich vorzusehen. Die Länge des Verladebereichs muss für einen Zug ausreichen, der die gesamte aufgelockerte Abbaumenge eines Bohrhubs aufnehmen kann, damit die Bohrphase nicht für einen Zugwechsel unterbrochen werden muss. Die Beschickung des Zuges erfolgt meist mit einem reversierbaren Ladeband (Schleppband), das von dem Nachläuferband beschickt wird.

Beim Einsatz von Dumpern in sehr grossen Tunnelquerschnitten müssen zur kontinuierlichen Durchführung des Bohrhubs Materialzwischensilos angeordnet werden. Man verwendet auf dem Nachläufer Flachsilobatterien. Die Flachsilos werden von dem reversierbaren Beschickungsband des Nachläufers gefüllt. Unter den Silos befindet sich das Belade- und Übergabeband zum Beladen der Dumper. Das Beladeband wird über Beschickungstrichter aus den Flachsilos gleichmässig – meist durch Schneckenaustrag – beladen und über ein Steigband auf die Fahrzeuge übergeben.

Bei der **kontinuierlichen Förderung** kann man die Bandförderung vom Nachläufer bis zum Schacht bzw. zur Kippe einsetzen. Bei Bandförderanlagen muss man einen Bandspeicher (Bild 10.2-4) oberirdisch oder im Schacht anordnen. Die Bandspeicheranlage ermöglicht eine kontinuierliche Verlängerung des Förderbandes über die gesamte Vorhaltelänge im Bandspeicher während des Vortriebs. Somit kann über die jeweilige Vortriebslänge (Tübbingringbreite) das Band mitgezogen werden. In der Ringbauzeit werden die Unterstützungskonsolen für das verlängerte Band gesetzt. Wenn der Bandspeicher ausgezogen ist, wird das Band im Bandspeicher verlängert (ca. 500 m), und der nächste Multivortriebszyklus kann fortgesetzt werden.

Die Bandanlagen erfordern eine erhebliche finanzielle Investition, daher sind sie aus wirtschaftlicher Sicht nur bei langen Vortriebsstrecken einsetzbar, bzw. wenn zu erwarten ist, dass die Anlage mehrmals eingesetzt werden kann. Die Streckenbandanlage hat folgende Vorteile:

- kontinuierlich hohe Leistung
- Nachläufer können um den Verladebereich gekürzt werden, damit verringern sich die Kosten
- kein Zug- oder Dumperausbruchtransport im Tunnel, dadurch:
  - geringere Staub- und Dieselemissionen
  - keine Beeinträchtigung von nachlaufenden Ausbau-Baustellen durch Abtransporte
- geringer Wartungsaufwand und baubetrieblich robust

Aufgrund dieser Vorteile wird das Streckenband heute vermehrt im Tunnelbau wirtschaftlich erfolgreich eingesetzt.

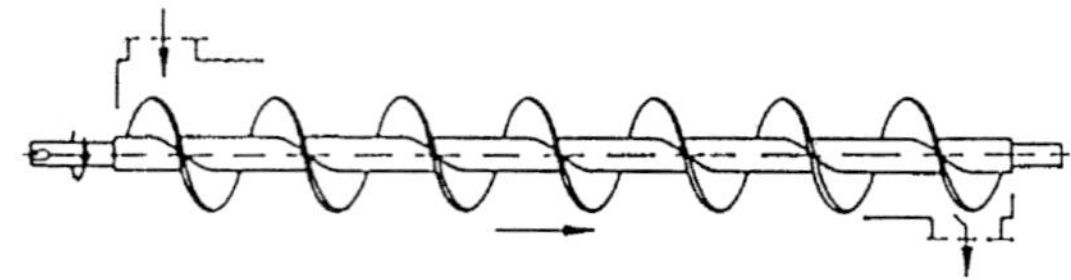

Bild 18.8-1 Förderschnecke

18.8.3 Dickstoffförderung

Die Schneckenförderung wird normalerweise zum Austrag des viskosen Abbaumaterials aus der Abbaukammer bei Erddruckschilden eingesetzt. Dabei verwendet man folgende Arten:

- Förderschnecken mit Welle (Bild 18.8-1)
- Förderschnecken ohne Welle (seelenlos)
- Bandschnecken

Die Ganghöhe beträgt ca. 50 % des Durchmessers. Bei der Schnecke wird das Fördergut translatorisch vorgeschoben (Schubförderung). Beim Erddruckschild ist es wichtig, dass die Konsistenz und das Porenvolumen so beschaffen sind, dass das Grundwasser nicht durch die Schnecke entweichen kann. Damit die Materialübergabe am Schneckenausgang schleusenfrei erfolgen kann, ist unter Umständen eine Konditionierung des Bodens notwendig. Als Konditionierungsmittel dienen:

- Wasser
- Bentonit-, Ton- und/oder Polymersuspensionen
- Polymerschäume

Die Förderschnecken können so ausgelegt werden, dass ein kontinuierlicher Druckabbau innerhalb des Förderweges erfolgt (Bild 18.8-2). Im Regelfall hat das Abbaumaterial eine solche Konsistenz, dass es über Förderbänder oder direkt in Schutterzügen transportiert werden kann.

Das Problem bei Förderschnecken sind grössere Steine, die sich verklemmen können. Falls grössere

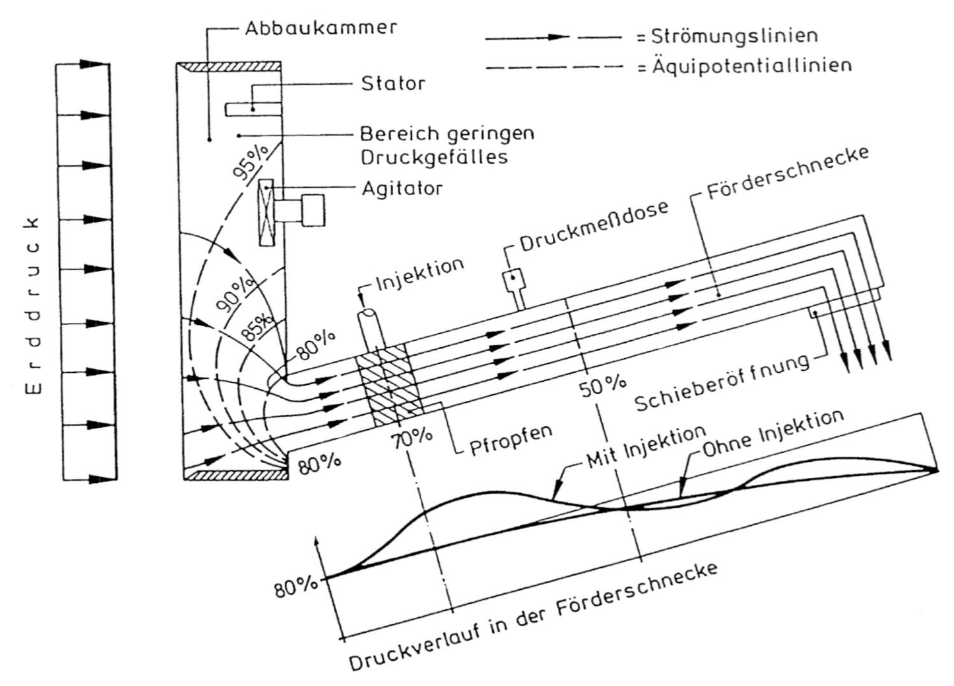

Strömungsbild für die Fliessbewegung des Bodens in der Abbaukammer

Bild 18.8-2 Schneckenförderung beim Erddruckschild [18-5]

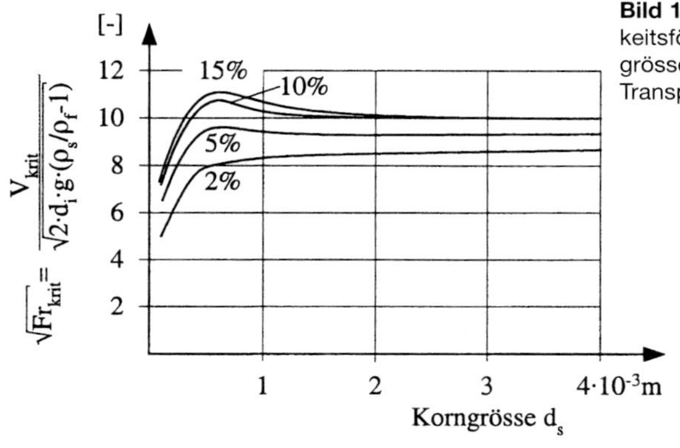

Bild 18.8-3 Kritische Geschwindigkeit bei der Flüssigkeitsförderung [18-13] in Abhängigkeit von der Korngrösse und Feststoffvolumenkonzentration [%] in der Transportflüssigkeit als Kurvenparameter

v_{krit}: kritische Mindestfördergeschwindigkeit
Fr_{krit}: Froudsche Zahl
d_s: Korngrösse
d_i: Rohrinnendurchmesser
ρ_s: Dichte des Abbaustoffes
ρ_f: Dichte der Trägerflüssigkeit

Steine erwartet werden, ist vor der Schnecke ein Steinbrecher mit Grobrechen vorzuschalten.

Das Ende der Schnecke ist mit einem Notverschluss ausgerüstet, um bei einem Wasserdurchbruch die Schnecke gegen den Abbauraum zu verschliessen. Kann der Druckabbau von der Abbaukammer bis zum Schneckenauswurf innerhalb der Schnecke nicht ohne Druckabfall in der Abbaukammer erreicht werden, so sind spezielle Materialschleusen z. B. Zellenräder – erforderlich. In besonders schwierigen, heterogenen Bodenschichten kann das Abbaumaterial aus der Schnecke druckgekapselt an eine Dickstofförderpumpe übergeben werden. Damit wird sichergestellt, dass kein Druckabfall durch den Materialaustrag erfolgen kann. Diese Einrichtung erhöht, in Verbindung mit Konditionierungsmitteln, das bodenmechanische Einsatzspektrum der Erddruckschilde.

Die Abbauraumschnecke fördert das Abbaumaterial meist auf ein Förderband des Nachläufers. Von dort wird es über eine Übergabebrücke im Nachläufer, die von dem Schutterzug unterfahren werden kann, in die gleisgebundenen Schutterwagen geladen. Der Zug wird mittels einer Lok zum Schacht gezogen. Die Gleisanlage muss so ausgelegt werden, dass eine optimale baubetriebliche Abwicklung möglich ist.

Beim Einsatz von Dumpern sind Zwischensilos zur kontinuierlichen Durchführung eines Bohrhubs erforderlich. Die Zwischenlagerung von viskosem Material in Silos ist jedoch problematisch.

Anstelle der Schutterzugförderung ist die Bandförderung besonders bei kleineren Tunnelquerschnitten mit relativ grossen Tunnellängen von Vorteil. Bei der Bandförderung lässt sich der Materialfluss im Tunnel konsequent horizontal trennen.

Diese Abbaumethode mit Dickstofförderung ist kostengünstiger als die Flüssigkeitsförderung, da das Ausbruchmaterial oft ohne weitere Nachbehandlung (Separation etc.) gelagert werden kann.

18.8.4 Flüssigkeitsförderung

Bei allen Flüssigkeitsschilden wird die kontinuierliche, hydraulische Förderung eingesetzt. Das Prinzip dieser Förderung beruht auf der dynamischen Schleppkraft einer turbulent strömenden Flüssigkeit (Bild 18.8-3). Der hydraulische Feststofftransport ohne Ablagerung hängt von der kritischen Strömungsgeschwindigkeit sowie von der Sinkgeschwindigkeit der Feststoffe ab. Aufgrund der optimalen Strömungsgeschwindigkeit und Fördermenge wird die Dimensionierung der Pumpen und der Förderleitung vorgenommen (Bild 18.8-4).

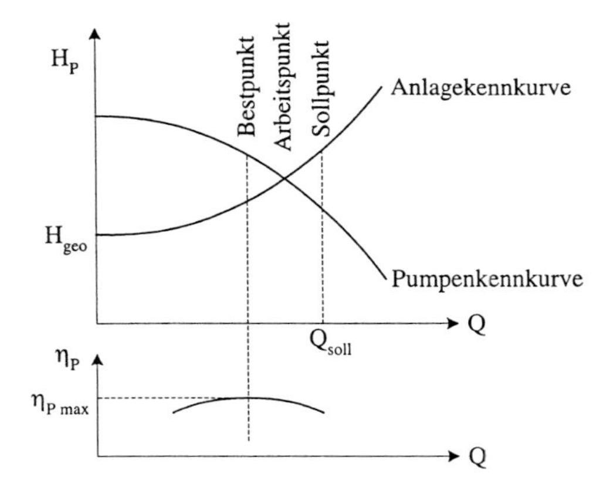

Bild 18.8-4 Bestimmung des optimalen Betriebspunktes bei einer Flüssigkeitsförderung

Das Fördergut mischt sich mit dem Trägermedium und wird meist mittels Kreiselpumpen horizontal wie vertikal befördert. Die hydraulische Förderung erfolgt im Flüssigkeitskreislauf.

Bei der Verwendung von Hydroschilden [18-14, 18-15, 18-16] wird die Flüssigkeitsförderung z. B. mittels Kreiselpumpen und Rohrtransport angewandt. Das vom Schneidrad gelöste Material sinkt in der offenen Kammer in der Bentonitstützsuspension nach unten. Zwischen der Abbaukammer und der Luft-Suspensionskammer ist eine Tauchwand angeordnet, die unten einen Guillotineverschluss im Bereich der Kommunikationsöffnung hat, welche mittels eines Rechens geschützt ist. Der Druck in der Abbaukammer wird mittels eines Luftpolsters oberhalb der Stützflüssigkeit in der Luft-Suspensionskammer geregelt. Die Öffnung zwischen den beiden Kammern dient gleichzeitig zum Absaugen des gelösten Bodens als Bentonit-Erd-Wassergemisch. In der Absaugkammer sind hintereinander meist folgende Einrichtungen angeordnet:

- Greiferbrecher vor dem Rechen zur Zerkleinerung von grossen Steinen, Findlingen und Felsbrocken (heute bis zu einer Grösse von 1,00 bis 1,20 m)
- Rechen zum Schutz der Kreiselpumpe und Rohrleitung vor zu grossen Steinen, die zuerst durch den Steinbrecher zerkleinert werden müssen, um Verstopfungen zu verhindern
- schwenkbare Spüldüsen zum Freispülen der Absaugkammer, um ein Verkleben mit dem Abbaumaterial zu verhindern
- Absaugrohr, starr oder schwenkbar

Die Absaugkammer sollte nach hydrodynamischen Gesichtspunkten gestaltet werden, so dass eine Sogwirkung durch Geschwindigkeitszunahme zum Absaugrohr hin entsteht, um auch bei unterschiedlichen Erdstoffgemischen ein Zusetzen der Kammer zu verhindern, da das Bentonit-Erd-Wassergemisch zur Sedimentation neigt. Die obere Grenze der spezifischen Dichte des Bentonit-Erd-Wassergemischs zur Förderung mittels Fliehkraftpumpen liegt bei ca. 1,45 t/m [18-6]. Die Fliessgeschwindigkeit im Rohr sollte so ausgelegt sein, dass ein Absetzen des Materials verhindert wird, um Rohrverstopfer möglichst zu vermeiden.

Beim mechanischen Abbau der Ortsbrust wird über eine Zufuhrleitung ständig Suspension oder auch Wasser zugeführt. Der mit dem Trägermedium vermischte Boden wird in der zweiten Leitung als Feststoff-Flüssigkeitsgemisch stetig abgepumpt. Der hydraulische Förderkreislauf muss messtechnisch wie folgt erfasst und gesteuert werden:

- Volumenbilanz des Zu- und Abflusses
- Feststoff- Flüssigkeitskonzentration
- Druckmessung in der Abbaukammer sowie in der Zu- und Abflussleitung
- Fliessgeschwindigkeit

Die Wahl der Trägerflüssigkeit hängt von der Aufgabe ab. Wenn sie eine Multifunktion übernimmt, d. h. als Stützmedium der Ortsbrust wie auch als Träger dient, ist eine Bentonitsuspension erforderlich. Wenn nur eine Trägerflüssigkeit notwendig ist, reicht Wasser aus.

In relativ groben Kiesen sind Spezialsuspensionen mit Polymeren und Sägemehl notwendig, die das Versickern des Stützmediums vor der Ortsbrust verhindern.

Wenn als Stütz- und Trägerflüssigkeit eine Bentonitsuspension erforderlich ist, wird diese in einer Bentonitmischanlage hergestellt, in der Trockenbentonit mit Wasser verrührt und den Frischbentonitbecken zugeführt wird. An der Mischanlage kann die Dosierung eingestellt werden. Die herkömmliche Mischung besteht ungefähr aus 1000 l Wasser und 35 kg Bentonit. Die Feinabstimmung erfolgt durch Messungen der Bentonitsuspension sowie gemäss den Erfordernissen an der Ortsbrust. Die Bentonitmischanlage besteht aus folgenden Hauptelementen:

- Bentonitsilos 50 – 100 t
- Mischanlage 20 – 50 m^3/h
- Frischbentonitbecken, auch Quellbecken genannt, je nach Schildgrösse 100 – 400 m^3

Die Zufuhrleitung hat meist einen geringeren Durchmesser als die Abflussleitung, da keine grösseren Feststoffe gefördert werden. In der Praxis verwendet man vorrangig Stahlrohre mit Schnellkupplungen.

Der Abbau mittels Hydroschild und Flüssigkeitsförderung ist relativ teuer, da in einer Separationsanlage der gelöste Boden von der Flüssigkeit getrennt werden muss, um eine anschliessende Dickstoff- oder Feststofflagerung zu ermöglichen. Besonders aufwendig ist die Trennung der feinen Tonpartikel. Dies ist aber im Fall von Tonabbau notwendig, da es andernfalls zu einer Anreicherung der im Kreislauf genutzten Bentonitsuspension bezüglich ihres Feststoffgehalts kommt.

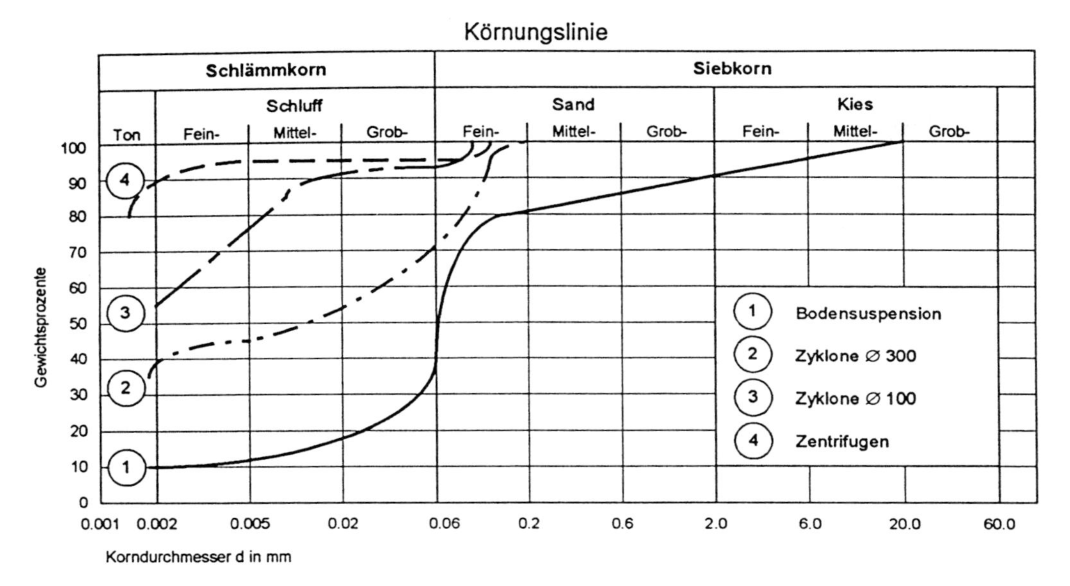

Bild 18.8-5 Feststoffe in der Stütz- und Fördersuspension vor und nach der Behandlung in Separationsanlagen [18-5]

Die hydraulische Förderung bietet eine hohe Förderkapazität und ist platzsparend.

Unnötig hohe Fördergeschwindigkeiten führen bei grobem Material zu relativ hohem Verschleiss.

Die Längsflexibilität der Rohrleitung zwischen den fest installierten Rohren am fertigen Ausbau und dem sich vorwärtsbewegenden Nachläufer während der Vortriebsbewegung wird durch ein Teleskoprohr erreicht. Die Verlängerung der Stahlrohre erfolgt hinter dem Nachläufer der Vortriebsmaschine. Sobald das Teleskoprohr durch die Vorwärtsbewegung der Maschine ausgefahren ist, werden die Schieber im Nachläufer und im Förderrohr geschlossen. Das Auslaufen der Restflüssigkeit wird durch den Unterdruck im Rohr weitestgehend verhindert. Dann wird das Teleskoprohr von den fest installierten Rohren an der Tunnelwand entkoppelt, und der nächste Rohrschuss wird an der Tunnelwand installiert. Dieser Rohrschuss wird an das zurückgezogene Teleskoprohr angekoppelt. Dieser Vorgang wird nach dem Fortschreiten des Vortriebs um eine Rohrschusslänge zyklisch wiederholt.

18.8.5 Separationstechnik

Die Feststoff-Flüssigkeitsgemische müssen aus Gründen der Umweltverträglichkeit und der Wirtschaftlichkeit in einer Separationsanlage getrennt werden. Bei dieser Trennung werden grosse Teile des Feststoffes von der Trägerflüssigkeit getrennt. Das Trägermedium wird erneut in den Kreislauf gegeben. Der gewonnene Feststoff wird meist deponiert.

Die Separation erfolgt durch:

- Sedimentation infolge natürlicher Gravitation
- Sieben und Filtern
- künstliche Fliehkrafttrennung
- chemisch durch Flockungsmittel und anschliessende Sedimentation oder Filterung

Die Effizienz der verschiedenen Methoden ist in Bild 18.8-5 dargestellt.

Durch Sedimentation mittels natürlicher Gravitation lassen sich im Absetzbecken nur Stoffteilchen trennen, die nicht in kolloidaler Form vorliegen. Je feiner die absetzbaren Stoffe sind, um so länger dauert die Sedimentation, und um so mehr Absetzbeckenvolumen wird benötigt. Man verwendet meist in Reihe geschaltete, transportable Stahlcontainer. Bei bindigem Lockergestein, wie z. B. Ton

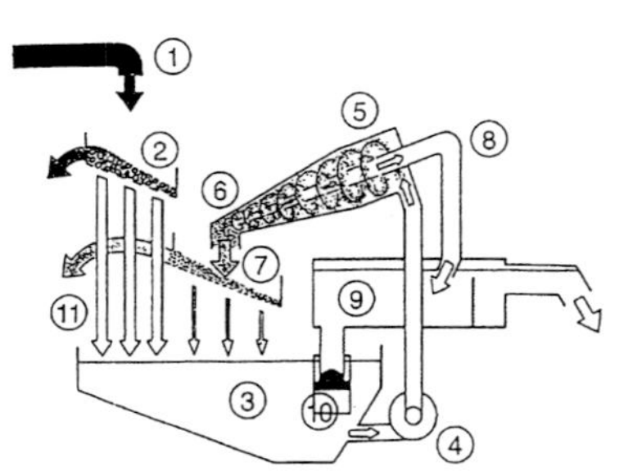

1. Prallkasten
2. Grobsieb
3. Vorratsbehälter
4. Umwälzpumpe
5. Zyklon
6. Zyklonunterlauf
7. Entwässerungssieb
8. Zyklonüberlauf
9. Zwischenbehälter
10. automatische Niveauregulierung
11. verbleibende Suspension

Bild 18.8-6 Funktionsweise einer Sandseparationsanlage, Siebe und Zyklonen

und Mergel, lassen sich die kolloidalen Teilchen sehr schwierig trennen. Hier hilft oft nur ein Flockungsmittel, z. B. Polymere. Diese chemischen Mittel agglomerieren die schwebenden Feinstteilchen in sedimentierbare Zusammenballungen.

Um den Raumbedarf für eine Gravitationssedimentation zu verringern, insbesondere im innerstädtischen Bereich, und zur Beschleunigung des Vorgangs der Separation werden Kompaktanlagen in Form von:

- Sand-Feststoffseparationsanlagen
- Bandfilter- oder Kammerfilteranlagen
- Zentrifugenanlagen

eingesetzt.

Bei der **Feststoffseparationsanlage** (Bild 18.8-6, Bild 18.8-7) wird das Feststoff- Flüssigkeitsgemisch über verschieden abgestufte Siebe geschickt und gereinigt. In diesen Vorsieben werden Feinteile bis ca. 3 mm ausgeschieden. Dann wird die Flüssigkeit mit den verbleibenden Feinanteilen durch Zyklonen gepumpt. Unter der Wirkung der Zentrifugalkräfte werden die sandigen Feinstanteile auf < 100 µm gesenkt, bei zweistufigen Zyklonen sogar auf 30 µm.

Bei hohen Umweltauflagen, oder wenn ein Teil der kolloidalen Teilchen herausgefiltert werden muss, um ein Verdicken und Aufschaukeln der Trägerflüssigkeit über ein bestimmtes Niveau zu stoppen, werden verschiedene Geräte nach Trennungsgradabstufung hintereinandergeschaltet, z. B.:

- Sandseparationsanlage – Bandfilterpresse
- Sandseparationsanlage – Zentrifuge
- Siebe – Kammerfilterpresse
- Sandseparationsanlage – chemische Flockung – Zentrifuge

Die Funktionsweise einer **Bandfilterpresse** mit vorgeschalteter Flockung ist in Bild 18.8-8 dargestellt. Bei der Bandfilterpresse ist eine kontinuierliche Förderung möglich. Die Bänder bestehen meist aus einem verschleissfesten, feingelochten Polyäthylenband. Die Anlagen sind robust im Betrieb. Der Bandfilterpresse sollte ein Absetzbecken oder eine Siebanlage vorgeschaltet sein, um die groben Anteile herauszufiltern und um eine Beschädigung des Bandes zu verhindern.

Die Kombination einer Siebanlage mit nachgeschalteten **Kammerfilterpressen** ist in Bild 18.8-9 dargestellt. Diese Kammerfilterpressen sind sehr effizient hinsichtlich Rückhaltung kleinster Partikel. Sie bestehen aus einzelnen, gewebten Kunststofftextil-Filtertüchern, die in Rahmen gespannt sind. Diese einzelnen Filterrahmen werden hintereinander aufgereiht und zusammengespannt. In diese Kammerfilterpressen wird mit Pumpen die grob vorgereinigte Suspension gefördert. Steigt der Druck an, haben sich die Filterplatten zugesetzt, und der Flüssigkeitsstrom wird auf die nächste Kammerfilterpresse umgeleitet. Zwischenzeitlich wird die volle Kammerfilterpresse durch Lösen der Kammerverspannung geöffnet. Dann werden die Filterrahmen von vorne nach hinten geöffnet, anschliessend vorgezogen und einzeln gerüttelt. Dabei fällt der gefilterte Feststoff von den Platten auf ein darunter befindliches Förderband ab. Dieser Vorgang erfolgt oft automatisiert und prozessgesteuert in bezug auf das:

- Öffnen der Kammern
- Rütteln der Filterrahmen
- Zusammensetzen und Spannen der Kammer

Der Filtervorgang ist diskontinuierlich und kann nur durch prozessgesteuerte, hintereinandergeschaltete Kammerfilterpressen kontinuierlich gestaltet werden. Die zeitlichen Abläufe müssen genau abgestimmt sein mit genügend Reserve für Unvorhersehbares und Wartung.

Bild 18.8-7 Schema einer Separationsanlage für einen Hydroschildvortrieb

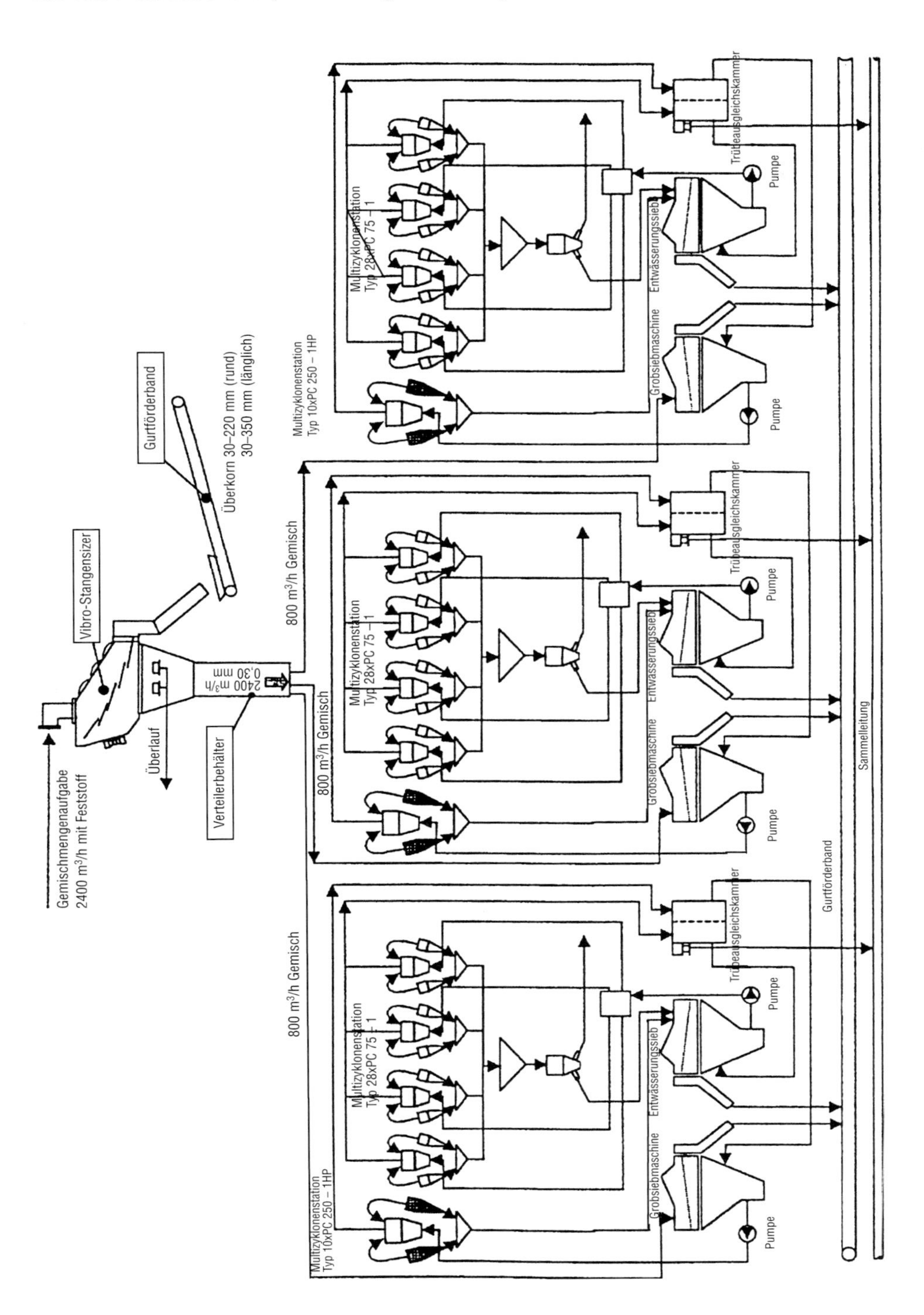

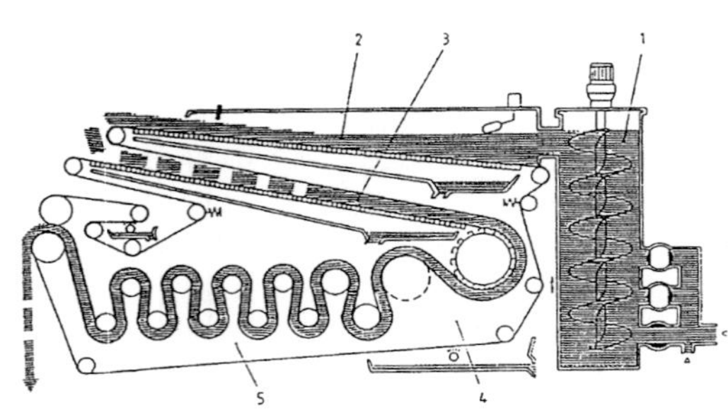

1. Flockung und Mischer
2. Schwerkraftentfeuchtung
3. Stabilisierung
4. Vorpressung
5. Scher-Druck-Walkpressung

Bild 18.8-8 Funktionsweise einer Bandfilterpresse

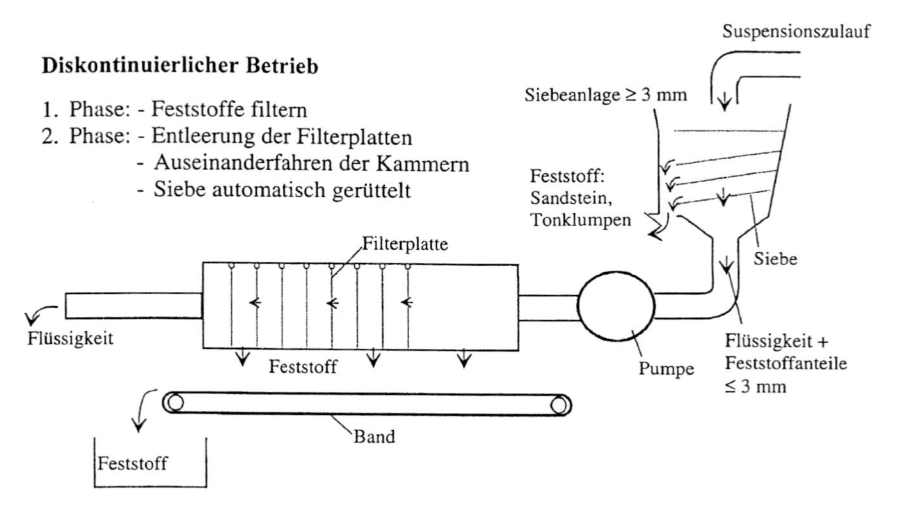

Bild 18.8-9 Funktionsweise einer Kammerfilterpresse

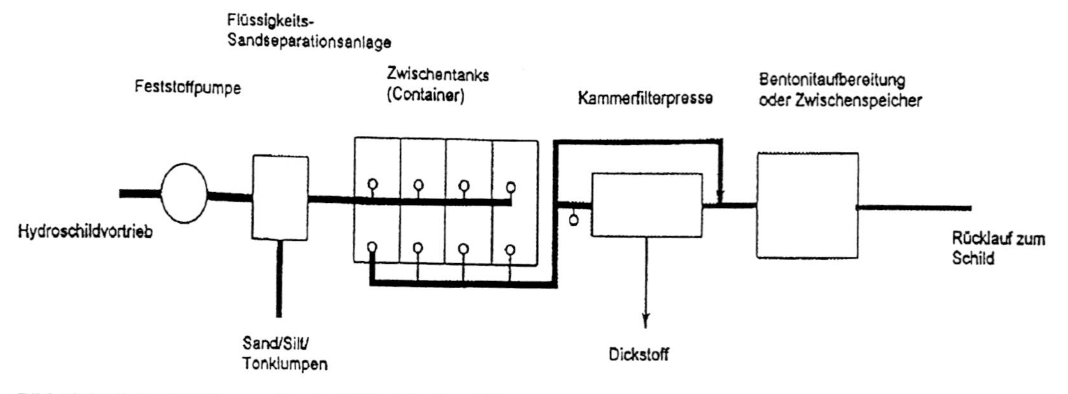

Bild 18.8-10 Feststoffseparation bei Flüssigkeitsschilden

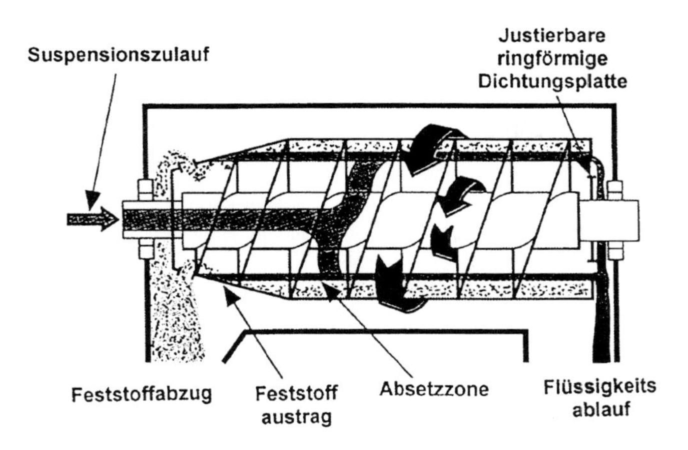

Bild 18.8-11 Funktionsweise einer Zentrifuge

Ein Gesamtanlagekonzept für einen Hydroschildvortrieb ist in Bild 18.8-10 dargestellt.

Die Wirkungsweise einer **Zentrifuge** ist in Bild 18.8-11 dargestellt. Der Verschleiss der mit sehr hoher Geschwindigkeit drehenden Zentrifugenteile kann sehr hoch sein. Daher sind solche Anlagen sehr wartungsintensiv. Der Zentrifuge wird meist eine Sandseparationsanlage vorgeschaltet, um grobe Bestandteile, die möglicherweise zu erhöhtem Verschleiss führen, vorher aus dem Kreislauf zu entfernen. Mittels Zentrifugen lassen sich die Schluffanteile bis auf 5 μm senken. Die Effizienz der Anlage zur Separation von kolloidalen Tonpartikeln wird durch Vorschaltung eines Flockungsreaktionsbeckens und Zugabe von z. B. polymeren Flockungsmitteln wesentlich verbessert.

18.9 Tübbingerektor

Zum Versetzen des Tübbingrings ist im Schutz des Schildmantels meist ein Tübbingerektor in die Maschine eingebaut (Bild 18.9-1).

Die Tübbingversorgung erfolgt über den Nachläufer meist in der oberen Ebene des Querschnitts. Die Transportflüsse sind im Bereich des Nachläufers horizontal getrennt (Bild 18.9-2).

Der Erektor besteht aus den Grundelementen Fahrträger, Grundrahmen, Drehrahmen mit Teleskoprohren und Traverse mit Greifkopf. Alle Bewegungen des Erektors sind hydraulisch angetrieben, die Ansteuerung soll sehr feinfühlig erfolgen können. Für die Aufnahme der einzelnen Segmente sind Vakuumsaugplatten angeordnet. Man verwendet meist Saugplatten mit drei Kammern für das Versetzen der Normal- und Flankentübbinge. Die Aufnahmeplatte ist mit zusätzlichen Zentrierkonen versehen (Bild 18.4-1). Die sicherheitstechnischen Anforderungen verlangen redundante Systeme. Der Erektor wird meist mit einem Gegengewicht ausgerüstet.

Der Tübbingerektor muss auf die maximale Leitleistung der Schildmaschine ausgelegt werden. Der Tübbingeinbau eines Rings sollte innerhalb von 20 – 30 Minuten möglich sein.

Die ersten Versuche zum roboterisierten Versetzen der Tübbinge wurden bereits vorgenommen [18-17].

18.10 Bohrtechnik für die punktuelle Vorauserkundung und zur Herstellung von Injektionsschirmen

In den meisten Schilden sind Bohr- und Injektionssysteme um den Umfang des Schneidrades angeordnet. Die Bohrachsen verlaufen oft unter einem Winkel von 5 – 10° zur Schildachse. Jeder Kanal wird mit einem Kugelschieber verschlossen und hat in seinem Verlauf meist einen zusätzlichen Notschieber.

Hinter dem Kugelventil wird vor dem Bohren eine Stopfbuchse mit aufblasbaren Schlauchmanschetten angebracht. Nach dem Aufsetzen des Bohrgestänges werden diese Manschettenschläuche aufgeblasen. Dann wird das Kugelventil geöffnet und das Bohrgestänge zur Ortsbrust durchgeschoben; der Bohrvorgang kann beginnen. Die Bohrachsen sollten möglichst kegelförmig ausserhalb der Tunneltrasse angeordnet werden, damit verlorenes

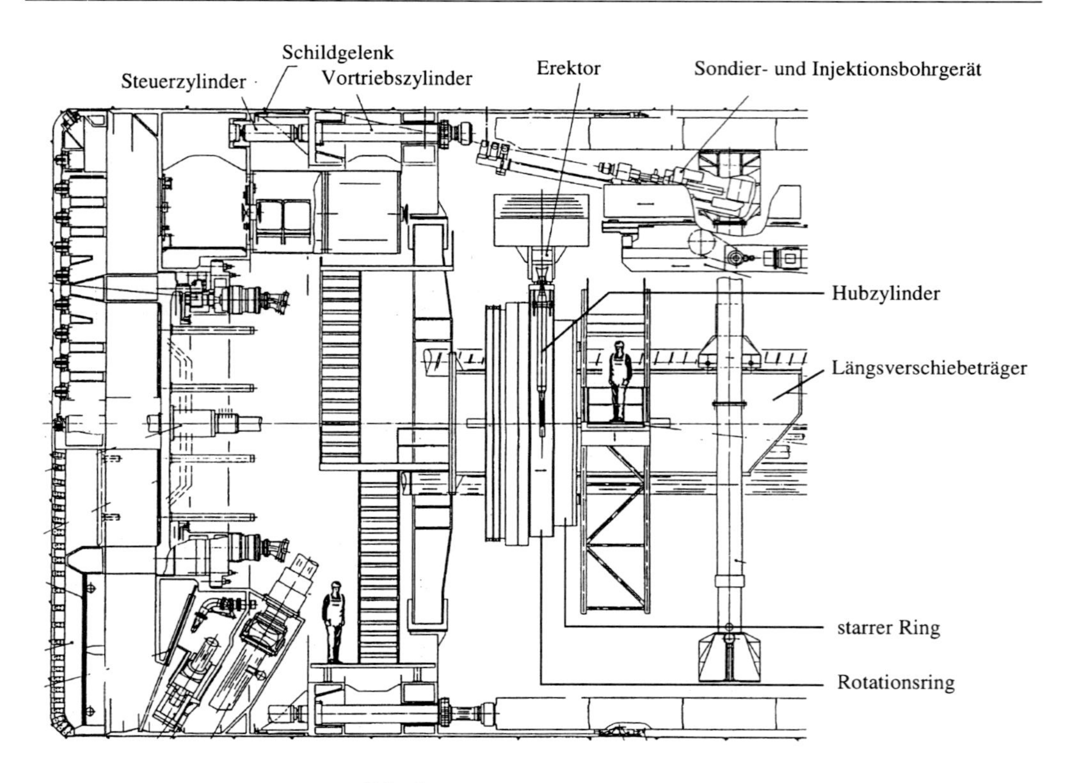

Schnitt

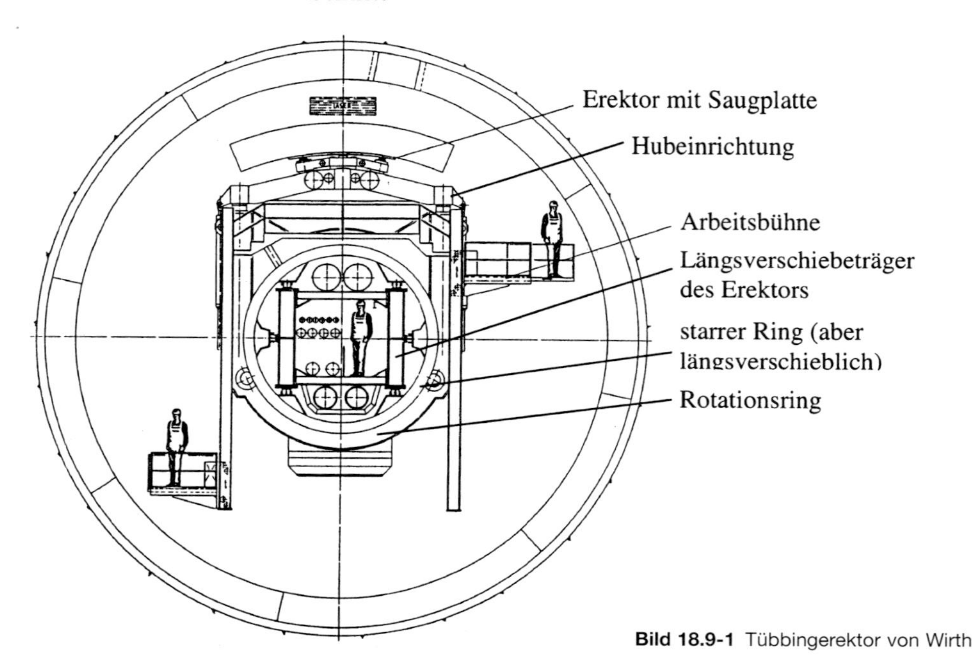

Bild 18.9-1 Tübbingerektor von Wirth

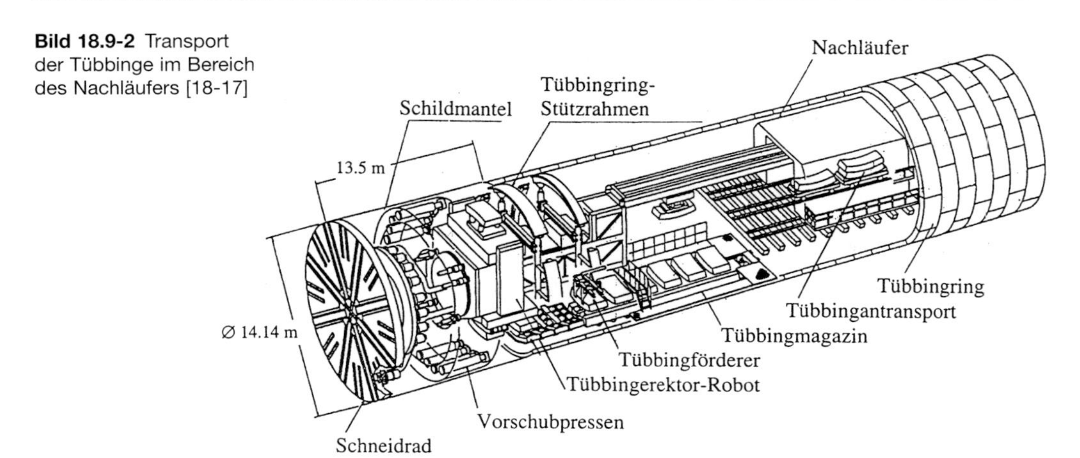

Bild 18.9-2 Transport der Tübbinge im Bereich des Nachläufers [18-17]

Bohrgestänge den weiteren Vortrieb des Schneidrads nicht beeinträchtigt. Die Bohrgeräte werden meist mit einer Adaptereinrichtung am Erektor befestigt. Mittels des Erektors kann das Gerät in die kegelförmig angeordneten Arbeitspositionen geschwenkt werden.

Die Bohrungen können zur punktuellen Vorerkundung oder für Schirminjektionen genutzt werden.

Die Schirminjektion zur Stabilisierung in schwierigen geologischen Zonen erfolgt nach dem Bohrvorgang meist mittels eines Manschettenrohrs, das nach dem Zurückziehen des Bohrgestänges eingeführt wird.

18.11 Nachläufersysteme

Der konzeptionelle Entwurfsablauf von Nachläufersystemen wurde bereits im Abschnitt 15.9 „Tunnelbohrmaschinen (TBM)“ beschrieben. Der Nachläufer beim Schildvortrieb ist wesentlich kürzer als beim TBM-Vortrieb. Das liegt daran, dass die Auskleidung direkt im Schutz des Schildmantels eingebaut wird. Die gesamten Sicherungsmassnahmen gegenüber dem TBM-Vortrieb und damit ebenfalls die maschinellen Einrichtungen entfallen.

Bei den Nachläufersystemen im Schildvortrieb muss man folgende Unterscheidungen machen:

- Trocken- und Dickstofförderung
- Flüssigkeitsförderung

Das Schutterkonzept bei der Trocken- und Dicksstofförderung ist vergleichbar mit dem des TBM-Vortriebs.

Die Nachläufer bestehen aus einzelnen Portalwagen, die als Stahlrahmenkonstruktion ausgebildet sind. Diese Portalrahmenwagen stellen gleichzeitig die Transport- und Montageeinheit dar. Die Rahmen und Installationen werden zum Teil in transportfähigen Grössen vormontiert und bleiben beim Transport zur Baustelle im jeweiligen Rahmen. Die Leitungsübergänge werden nach dem Zusammenbau miteinander verbunden.

Die Radsätze sind meist als breite Doppelspurkranzsätze ausgebildet, die die Tübbinge direkt befahren, dann werden sie mit einem Gummimantel ausgestattet oder auf einem Gleis geführt. Die Spurkränze erlauben über Drehgestelle eine Anpassung an die Kurvenradien der Tunnelachse. Die hier beschriebenen technischen Konzepte basieren im wesentlichen auf den Systemen der Firma Herrenknecht.

18.11.1 Konzeptioneller Aufbau eines Nachläufers für Flüssigkeitsschilde

Ein solcher Nachläufer (Bild 18.11-1) besteht meist aus zwei oder mehr Einzelwagen. Die Wagen dienen hauptsächlich folgenden Zwecken und Infrastrukturen:

- Leistungsversorgung der Vortriebsmaschine und der Nebenaggregate (Erektor, Bohrgeräte etc.)
- Trafos, E-Motoren, Hydraulik-Pumpen, Hydraulik-Öltanks
- Notstromaggregat

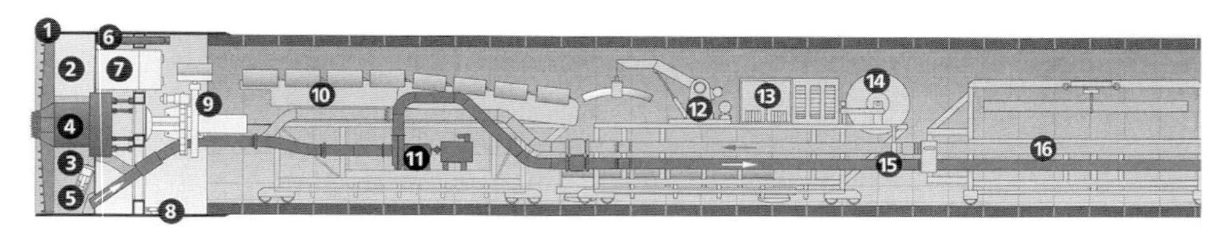

1 Schneidrad
2 Druckluftblase
3 Bentonitsuspension
4 Antrieb
5 Steinbrecher
6 Vortriebszylinder
7 Druckluftschleuse
8 Steuerzylinder / Schildschwanz
9 Tübbingerektor
10 Tübbingband
11 Förderpumpe
12 Tübingkran
13 Schaltschrank
14 Kabeltrommel
15 Förderleitung
16 Speiseleitung

Bild 18.11-1 Flüssigkeitsschild mit Nachläufer [18-18]

- Tübbingzuführung mit Hebe- und Dreheinrichtungen sowie Förderbändern
- Magazin und Werkstattcontainer
- Verpressmörtelbereitstellung und Verpressaggregat
- Bentonitsuspensionsversorgung und Pumpe für den Speisekreislauf
- Förderpumpe und Leitungen zum Abtransport des Erdstoff-Flüssigkeitsgemischs
- Steuerkabine
- Versorgungsleitungstrommeln zum Verlängern von Elektro-, Wasser- und Druckluftleitungen
- Teleskoprohre zum kontinuierlichen Vorfahren während des Vortriebs und zur abschnittsweisen Verlängerung der Förder- und Rücklaufleitung
- Luttenspeicher

Der erste Nachläufer dient im wesentlichen zur Leistungsversorgung der Vortriebsmaschine, Tübbingzufuhr und Magazinierung, Bereitstellung und Zufuhr von Verpressmörtel bzw. Bentonitsuspension, Aufstellung der Steuerkabine und Installation für Förder- und Speisekreislauf, sowie zu diversen Hilfsfunktionen.

Der Unterbau der Nachläufer wird meist als offenes Portal ausgeführt und ist unter der ganzen Länge auf der Tunnelsohle durchfahrbar bzw. begehbar.

Unter- und Oberdeck bzw. Mitteldeck der tragenden Konstruktion gliedern sich in containerähnliche, selbsttragende Stahlrahmenmodulkonstruktionen, die miteinander verschraubt sind.

Diese Module sind auf die jeweilige Transportart zur Baustelle abgestimmt und stellen gleichzeitig Transport- und Montageeinheiten dar. Die Installationen bleiben bei Transport und Montage in den jeweiligen Rahmenmodulen. Die Rahmenmodule sowie die Leitungsübergänge werden dann auf der Baustelle zusammengefügt.

Radsätze und Schienenverlängerung

Die Radsätze der Nachläufer sind meist mit breiten Doppelspurkranzrädern ausgebildet.

Die Überbreite zwischen den Spurkränzen erlaubt über Drehgestelle eine Anpassung an die aufzufahrenden Kurvenradien der Trasse. Die Lenkung selbst erfolgt hydraulisch über integrierte Zylinder. Um die optimale Lastverteilung zu garantieren, ist bei grossen Nachläufern der erste Radsatz oft sechsachsig ausgeführt und somit dreifach pendelnd gelagert, während der zweite Radsatz meist vierachsig ausgeführt und somit doppelt pendelnd gelagert ist. Die Radlasten z. B. beim Hydroschild für die 4. Röhre Elbtunnel betragen:

- Radlasten vorn, 6-Achser: ca. 200 bis 220 t
- Radlasten hinten, 4-Achser: ca. 110 t

Wird der Nachläufer schienengeführt, findet die Schienenverlängerung vorn am Nachläufer unter dem Unterdeck statt. Die Vorlegestösse werden dort mit je einem Kran links und rechts in Position abgelassen. Am Ende nach dem letzten Radkasten werden die Vorlegestösse durch den Verlegekran angehoben und mit je einer doppelten Einschienenlaufkatze unter dem Oberdeck entlang bis nach vorn transportiert. Das Übergangsstück der Kranbahn zwischen den Nachläufern ist gelenkig gelagert, um Kurvenfahrten zu ermöglichen.

Bei sehr hohen Lasten kann man für den Nachläufer statt Radsätzen auch sehr erfolgreich Schreitwerke verwenden (Herrenknecht, 4. Elbröhre Hamburg).

Bei kleineren TVMs mit kleineren Radlasten wird das Laufwerk direkt auf den Tübbingen geführt. In diesem Fall werden die Räder mit einer Hartgummibereifung ausgerüstet und seitlich Leitschienen angeordnet, die ein Verrollen verhindern.

Hydraulische Fördereinrichtung

Die Förder- und Speiseleitungen durchqueren oft das Erektorzentrum im unteren Bereich auf dem Höhenniveau der Förderpumpe. Um die Flexibilität für die Kurvenfahrt zu gewährleisten, werden die Leitungsübergänge als elastische Saug- und Druckschläuche ausgeführt.

Die Förderpumpstation befindet sich meist auf dem Unterdeck. Die Verrohrung der Förderleitung wird aus Stahlrohr ausgeführt, und der Hauptleitungsstrang wird durch Kompensatoren von den Pumpenvibrationen isoliert. Absperrorgane und eine Reinigungsöffnung am Saugstutzen sind erforderlich.

Zum Wechseln des Pumpengehäuses ist an der Decke eine Kranbahn vorzusehen, durch die das Gehäuse bis zur Tunnelmitte befördert und auf ein Fahrzeug in der Tunnelsohle abgelassen, bzw. das Austauschgehäuse übernommen werden kann. Der Antriebsmotor der Förderpumpe ist mit der Pumpe als Einheit auf einem gemeinsamen Grundrahmen befestigt. Der Elektroschrank befindet sich in unmittelbarer Nähe.

Förder- und Speiseleitung werden übereinander innerhalb des Containerrasters nach hinten geführt. Zur Verlängerung von Förder- und Speiseleitung ist je ein Teleskoprohr installiert. Der Hub beträgt meist die Rohrlänge + 2 m Reservelänge.

Die vordere Aufhängung der Leitungen befindet sich auf dem ersten und die hintere Aufhängung auf dem letzen Nachläufer. Der Hub der Teleskoprohre ist so ausgelegt, dass eine Tübbingbreite immer ganz zu Ende gefahren werden kann, bevor ein neuer Stoss von z. B. 6 m in Förder- bzw. Speiseleitung eingebaut werden muss.

Hydraulikanlage

Die Hydraulikkomponenten für die Gesamtanlage befinden sich oft auf dem Unterdeck in einer zentralen Hydraulikstation. Die Motor-Pumpeneinheiten für den Schneidradantrieb und die Hydroantriebe für Erektor, Vortriebspressen usw. bis hin zur Hilfshydraulik sind meist getrennt angeordnet. Aus Feuerschutzgründen sollten die zentrale Hydraulikstation oder besser die Hydrauliktanks von den Motoren örtlich getrennt sein. Der hydraulische Kühl- und Filterkreislauf wird auf einem separaten Grundrahmen in Verlängerung der Tanks plaziert.

Alle hydraulischen Druck- und Rücklaufleitungen werden in der Tunnelachse durch das Erektorzentrum geführt. Beim Übergang zwischen Erektor und Nachläufer sind durchhängende Schläuche vorzusehen.

Elektrische Anlagen und Steuerstand

Die Schaltschränke der elektrischen Hauptverteilung befinden sich meist im Mitteldeck über den Motoren der Hydraulikzentrale. Die Energieeinspeisung erfolgt von der Stirnseite über Kupferschienen, wo jeweils einer der Transformatoren plaziert ist.

In der Hauptverteilung sollte sich neben dem Hauptschalter eine Blindstromregelanlage zur Verbesserung des Leistungsfaktors auf $\cos \varphi = 0{,}9$ befinden. Motoren über 30 kW werden eine über Stern-Dreieck-Kombination gestartet. Der Isolationswiderstand wird kontinuierlich vom Isolationswächter überwacht. Die Werte zum Ein- und Abschalten der Warnsignale sind einstellbar.

Die Steuerkabine befindet sich vorne auf dem Mittel- oder Oberdeck. Eine Längsseite ist meist ganzflächig mit den Bedientableaus versehen, zusammen mit einer Pultleiste. Die anderen Kabinenseiten sind zur vollständigen Einsicht in den Maschinenbereich mit Fensterscheiben auszustatten. Die Schaltschränke sollten klimatisiert sein. Folgende Bedienfelder werden meist im Steuerstand in Kompaktbauform installiert:

- Vortriebspressensteuerung mit Weg- und Druckanzeige; automatische Schildfahrt ist möglich
- Förderkreislauf Steuerung, Anzeige für Durchfluss, Drehzahl, Stromaufnahme die Bedienelemente für Speise- und Förderpumpe werden ebenfalls eingebaut
- Steuerung für Schneidradantrieb sowie Hilfsantriebe

Zudem muss Platz für das Vermessungssystem und eine mögliche seismische Vorauserkundung vorgesehen werden.

Zur Erfassung der Messdaten für die Vortriebssteuerung sind im System ca. 60 Messstellen anzuordnen. Die Steuerkabine sollte schallgedämpft, klimatisiert und vibrationsarm auf dem Nachläufer installiert sein.

Tübbingtransport
Die Zufuhr der Tübbinge erfolgt auf der Tunnelsohle meist mittels Gleisflachbettwagen.

Zwischen den beiden Nachläufern liegt normalerweise der Übernahmepunkt, wobei die Tübbinge angehoben werden und somit das Transportfahrzeug sofort für die Rückfahrt freigegeben wird. Dann erfolgt das Drehen des Tübbings um 90° in Querlage, damit er durch den Liftschacht bis zum Oberdeck angehoben werden kann. Dort verschiebt die Tübbingkranlaufkatze den Tübbing längs und legt ihn auf dem Versetztisch ab.

Das Tübbingmagazin wird meist als schräge Treppenrampe ausgeführt und kann mehrere Tübbingelemente aufnehmen. Der Tübbingtransport erfolgt durch einen Versetztisch, der hydraulisch angetrieben wird. Dieser ist als Hubtisch ausgebildet, der Tübbinge zum Umsetzen und Transport anheben kann. Zudem kann er abgesenkt werden, damit der leere Versetztisch unter den magazinierten Tübbingen zurücksetzen kann. Der Versetztisch bringt den jeweiligen Tübbing auf den Gabeln der Übergabeeinrichtung zum Erektor. Dazu verfügt er über eine teleskopierbare Plattform als Tübbingträger.

Die Übergabeeinrichtung ist gabelförmig, mit geschützten Auflageleisten für die Tübbinge. Der Raum zwischen den Gabeln ist ausreichend gross gehalten, damit der Erektor mit seinen Vakuumschalen den Tübbing übernehmen kann. Die Übergabeeinrichtung hat einen eigenen Hydraulikantrieb für ihre Längsbewegung in Richtung Erektorübergabepunkt.

Der Schlussstein muss wegen seiner Grösse meist getrennt transportiert werden. Am Entladepunkt übernimmt ein Deckenlaufkran den Stein und transportiert ihn nach vorn auf einen in der Sohle geführten Zufuhrtisch. Dieser führt den Stein unter den Erektor an den Übergabepunkt.

Verpress- und Bentonitanlage
Der Mörtelbehälter steht meist auf dem Mittel- oder Oberdeck des ersten Nachläufers hinter der Vortriebsmaschine und wird mit einem Doppelschneckenrührwerk ausgerüstet. Der Antrieb des Rührwerks erfolgt hydraulisch.

Man verwendet, je nach Durchmesser des Schildes, zwischen vier und acht Verpressmörtelzufuhrleitungen zur Ringraumverpressung durch den Schildschwanz. Diese werden durch das Erektorzentrum geführt. Die dazugehörige Steuereinheit befindet sich auf demselben Deck unter dem Steuerstand.

Der Bentonitsuspensionstank zur Reinigung der Verpressleitung während Stillstandszeiten befindet sich hinter dem Mörtelbehälter.

Direkt unter dem Behälter steht die Pumpstation für die Suspension und daneben die zugehörige Steuereinheit. Die Füllung beider Behälter erfolgt durch eine Steigleitung von den Fahrzeugen bzw. Wagen in der Tunnelsohle.

Ringbaupodest
Die Ringbauzone ist durch zwei hydraulisch betätigte Teleskopausleger zu erreichen. Beide sind vorn am Mitteldeck angebracht. Durch die dreiachsige Bewegungsfreiheit kann jeweils ein halber Ring verschraubt werden. Der Fahrkorb ist für eine Person und Steuerpult, Werkzeug und Schraubmaterial ausgelegt. Einstiegsebene ist das Mitteldeck, das erreicht werden kann, wenn die Körbe ganz zurückgezogen sind. Dabei ist der ganze Arbeitsbereich des Erektors freigegeben.

Ventilation
Die Sekundärventilation arbeitet saugend. Die Luft wird vom Schild abgesaugt und bis ans Ende des letzten Nachläufers geblasen. Die Austrittsöffnung überlappt mit der gegenüberliegenden Austrittsöffnung der Frischluftzufuhr. Zwischen den Nachläufern muss ein flexibles Luttenstück angebracht werden, das sich den Bewegungen der Kurvenfahrt anpassen kann. Der schallgedämpfte Antriebsventilator befindet sich auf dem Nachläufer-Mitteldeck.

Datenerfassung
Bei jedem Neustart sollten die für das Programm relevanten Treiber resistent in den Speicher des PC geladen werden. Nach dieser Installation wird das eigentliche Auswertungsprogramm gestartet. Softwaremässig werden folgende Betriebszustände erfasst:

- Vortrieb
- Ringbau
- Stillstand

Dem PC wird im Steuerstand der Betriebszustand-Vortrieb mitgeteilt. Solange dieses Signal einen High-Pegel führt, werden sämtliche angeschlossenen Messwertaufnehmer im Zehnsekundentakt aufgenommen und auf der Festplatte des PC hinterlegt.

Während der Ringbauzeit (Signalisation über eine weitere Taste im Steuerstand) erfolgt nur eine Protokollierung der benötigten Zeit. Es werden keine Messwerte auf der Festplatte archiviert.

Alle aufzuzeichnenden Messwerte werden auf dem PC in einer Art Prozessvisualisierung graphisch dargestellt. Dabei werden die einzelnen Bildschirminhalte nach Funktionsgruppen unterteilt, z. B.:

- Bildschirmseite 1 — Schneidrad
- Bildschirmseite 2 — Förder- und Speisepumpe Flüssigkeitsdruck
- Bildschirmseite 3 — Vortrieb
- Bildschirmseite 4 — Nachlaufbetriebe

Auf den verschiedenen Bildschirmen wird der jeweilige Status der Maschinen angezeigt (Vortrieb, Ringbau, Stillstand).

Für jeden aufgefahrenen Ring wird ein Ringprotokoll mit den zuvor definierten Werten erstellt. Die Ausgabe des Protokolls erfolgt automatisch. Zu diesem Zweck werden die zuvor im Zehnsekundentakt protokollierten Daten gemittelt und in einem Langzeitarchiv hinterlegt. Die Momentanwerte werden, je nach Kapazität des Rechners, nach zehn Ringen rückwirkend gelöscht. Die Mittelwertdateien der Ringe bleiben erhalten. Die graphische Auswertemöglichkeit des Langzeitarchives ist meist integriert.

Automatisches Ringraumhinterfüllsystem

Das System ist, je nach Grösse des Tunnels, mit bis zu vier Dickstoffpumpen mit jeweils zwei Ausgängen pro Pumpe ausgebaut. Die Dickstoffpumpen werden über Elektromotoren mit Hydraulikaggregaten gespeist. Die Injektionsstellen und die Ausgänge der Dickstoffpumpen sind durch Förderschläuche verbunden. Die Geschwindigkeit des Förderkolbens der Dickstoffpumpen kann hydraulisch variiert werden. Kurz vor dem Ausgang jeder Injektionsstelle sitzt ein Druckaufnehmer, der die Drucksignale für die Steuerung erfasst und an die speicherprogrammierbare Steuerung weitergibt. Jeder Förderkolben ist zusätzlich mit einem Indikator ausgestattet, der die Aufnahme und Protokollierung der Hübe des Förderkolbens pro Vortrieb ermöglicht.

Über die im Steuertableau angeordneten Potentiometer wird die Hubgeschwindigkeit der Förderkolben hydraulisch verändert. Durch die Mengenregelung der hydraulischen Aggregate besteht die Möglichkeit, die Verpressmenge in jedem Stutzen der Vortriebsgeschwindigkeit der Tunnelvortriebsmaschine anzupassen. Die Signale der installierten Druckaufnehmer in den Injektionsstellen werden zur Freigabe der jeweiligen Stelle benutzt. Die Ein- und Ausschaltpunkte können über ein im Steuertableau integriertes Bedienpanel verändert werden.

Folgende Werte werden hierbei in der Regel vom System unterstützt:

- Grenzwert 1 (GW 1)
  - Minimaler Arbeitsdruck innerhalb der Injektionsleitungen
  - Diese Druckgrenze ist der absolute Minimaldruck im Ringraum, unter den der Mörteldruck nicht abfallen darf.
  - Fällt der Druck im Ringraum unter diesen vorgewählten Druck ab, wird ein Alarmsignal an die Steuerkabine der Tunnelvortriebsmaschine gegeben. Das Signal kann zum automatischen Vortriebsstop der Maschine verwendet werden.
- Grenzwert 2 (GW 2)
  - Einschaltpunkt der Injektionsstelle bei Unterschreiten des Grenzwertes
  - Die Injektionsanlage soll so arbeiten, dass der Druck im Ringraum nicht unter diesen vorgewählten Druck GW 2 abfällt (Arbeitsbereich der Injektionsanlage über GW 2).
- Grenzwert 3 (GW 3)
  - Ausschaltpunkt der Injektionsstelle bei Überschreiten des Grenzwertes
  - Bei Überschreiten dieses Grenzwertes wird die Injektionsstelle deaktiviert, so dass ein Arbeitsbereich, der zwischen GW 2 und GW 3 liegt, erreicht wird.
- Grenzwert 4 (GW 4)
  - Maximal zulässiger dynamischer Druck an der Injektionsstelle
  - Bei Erreichen dieser Druckbegrenzung wird die Verpressstelle sofort abgeschaltet und muss wieder manuell aktiviert werden.

Folgende Betriebszustände des Ringraumhinterfüllsystems sollten möglich sein:

- Handbetrieb und
- Automatikbetrieb

Im Modus Handbetrieb besteht die Möglichkeit, jede Injektionsstelle einzeln anzuwählen und über einen Schalter im Steuertableau zu starten. Die Verpressmengen, d. h. die Hubgeschwindigkeit der Förderkolben, wird über jeweils einen Potentiometer pro Injektionsstelle im Steuertableau geregelt. Im Handbetrieb werden die Grenzwerte GW 1 und GW 4 fortlaufend ausgewertet.

Im Modus Automatikbetrieb werden alle Injektionsstellen über einen Schalter im Steuertableau aktiviert. Die Hubgeschwindigkeit der Förderkolben wird, wie beim Handbetrieb, über jeweils einen Potentiometer pro Injektionsstelle geregelt; sie ist hierbei der Vortriebsgeschwindigkeit manuell anzupassen. Die Hubgeschwindigkeit sollte so gewählt werden, dass ein kontinuierlicher Mörtelfluss in der Leitung vorherrscht und dadurch Druckspitzen vermieden werden, welche zum Abschalten des Systems führen.

Im Automatikbetrieb werden alle vier Grenzwerte berücksichtigt. Bei Unterschreitung des GW 2 wird die dazugehörige Injektionsstelle automatisch aktiviert. Bei Überschreitung des GW 3 wird die Injektionsstelle automatisch deaktiviert und bleibt so lange in diesem Zustand, bis GW 2 wieder unterschritten wird.

Folgende Funktionen sollten über Funktionstasten angewählt werden können:

- Ringraumverpressdruck der Injektionsstellen
- Hubzahl der Injektionsstellen (Dieser Wert wird am Ende eines Vortriebs automatisch auf Null zurückgesetzt.)
- Gesamthubzahl
- Verpressmenge an den einzelnen Injektionsstellen pro Ring
- Gesamtverpressmenge pro Ring (Dieser Wert wird am Ende eines Vortriebes automatisch auf Null zurückgesetzt.)
- Grenzwerteingabe (Zusätzlich wird im Steuertableau eine Meldung aktiviert, ob der Vortrieb von der Steuerkabine aus gestartet wurde.)

Der letzte Nachlaufwagen dient im wesentlichen der allgemeinen Leitungsverlängerung sowie dem Abbau der Gleisvorlegeträger und aller Leitungsübergänge zum Tunnel, ferner als Lagerplatz, Werkstatt und Aufenthaltsraum.

Rohrverlängerung

Speise- und Förderleitung werden während des Vortriebs jeweils über ein Teleskoprohr verlängert. Der Hub beträgt z. B. ca. 8 m für die jeweils neu einzubauenden 6-m-Rohre und zusätzlich nochmals ca. 2 m Hub gemäss der Tübbingbreite. Dadurch kann immer ein Ring zu Ende gebaut werden, bevor ein neues Rohrstück eingebaut werden muss.

Jedes Teleskoprohr ist unabhängig gelenkig aufgehängt. Die hinteren Aufhängungen fahren separat auf der Nachläuferlänge und werden über Hydrogetriebemotoren mittels einer Kette bewegt. Über der ganzen Hublänge befindet sich ein Arbeitspodest. Dahinter liegt das Rohrlager. Dieses Lager wird über einen Deckenkran von den Fahrzeugen in der Tunnelsohle beladen. Die einzubauenden Rohre werden von einem Kran bewegt.

Versorgung mit Luft und Wasser

Die Versorgung mit Druckluft geschieht über eine Schlauchrolle mit Drehdurchführung. Es können meist ca. 10 m Schlauch abgerollt werden, bevor an der Tunnelwand die Druckluftleitung verlängert werden muss. Die Rolle sitzt auf einer Konsole auf dem Mittel- oder Oberdeck. Für den Betrieb ist eine einstellbare Ablaufsperre vorhanden. Das Zurückholen des Schlauches ist motorisiert.

Die Wasserversorgung erfolgt gleichermassen mit einer Schlauchtrommel. Die Nennweite beträgt zwischen ∅ 100 – 200 mm.

Werkstatt- und Personencontainer

Das Mittel- oder Oberdeck des letzten Nachläufers trägt meist die Container. Die Container sind mit Schiebefenstern und Türen versehen. Beleuchtung und Lüftungsöffnungen sind vorhanden. Mehrere 220 Volt-Steckdosen sind im Raum verteilt. Der Werkstattcontainer enthält zusätzlich 380 Volt-Anschlüsse. Der Personalcontainer ist mit Sandwichplatten isoliert. Der Werkstatt-Stahlcontainer hat einen Holzfussboden und ist für das Aufstellen von Werkbänken und Regalen geeignet. Die Länge der Normcontainer beträgt ca. 6,00 m.

Luttenspeicher

Der Luttenspeicher mit Austrittsdiffusor befindet sich auf dem Oberdeck. Die Speicherkapazität der Kassette beträgt 100 m.

Beim Austausch mit einer gefüllten Wechselkassette verbleibt der Diffusor auf dem Grundrahmen. Die elektrisch angetriebene Absenkvorrichtung senkt die leere Kassette ab ins Unterdeck. Dort wird sie über den zentralen Ladeschacht auf einen LKW oder Gleiswagen abgelassen, bzw. die neue Kassette wird angehoben.

Notstromdieselgenerator

Der Notstromdieselgenerator versorgt beim Verlängern des Hochspannungskabels alle Kontroll- und Sicherheitsfunktionen mit elektrischer Energie. Bei Ausfall des Speisenetzes erfolgt der automatische Start der Anlage. Für Probelauf und Wartung ist jedoch ein manueller Start möglich. Die Einspeisung des Notstroms erfolgt in die Hauptverteilung. Beleuchtung und Steuerung sowie Anzeigen etc.

werden automatisch von Netz- auf Notbetrieb umgeschaltet.

Hochspannungskabeltrommel

Die Hochspannungskabeltrommel ist am Ende des letzten Nachlaufwagens installiert. Die Aufnahmekapazität beträgt ca. 300 m. Im Zentrum integriert liegen die Schleifringüberträger für die Hochspannung. Die Trommel hat eine einstellbare Ablaufbremse und zum Aufwickeln einen motorisierten Antrieb. Nach der Trommel erfolgt die Einspeisung über eine Mittelspannungsschaltanlage in die Trafos.

18.11.2 Konzeptioneller Aufbau eines Erdschild-Nachläufers

Bild 18.11-2 zeigt den konzeptionellen Aufbau eines Erdschild-Nachläufers.

In das Nachläufersystem für eine EPB-Schildmaschine sind alle notwendigen Vorrichtungen für den Schildbetrieb sowie den Einbau der Tübbinge installiert. Das Nachläufersystem ist analog wie beim Hydroschild aufgebaut, jedoch sind die Abtransportsysteme auf die Dickstoffförderung abgestimmt. Das Nachläufersysstem besteht aus folgenden Hauptelementen:

- Leistungsversorgung der Vortriebsmaschine und der Nebenaggregate (Erektor, Bohrgeräte etc.)
- Trafos, E-Motoren, Hydraulikpumpen, Hydraulik-Öltanks
- Notstromaggregat
- Tübbingzuführung mit Hebe- und Dreheinrichtungen sowie Förderbändern
- Magazin und Werkstattcontainer
- Verpressmörtelbereitstellung und Verpressaggregat
- Nachläuferband mit Beladeeinrichtungen für Gleis-, LKW oder Streckenbandtransport
- Steuerkabine
- Versorgungsleitungstrommeln zum Verlängern von Elektro-, Wasser- und Druckluftleitungen
- Luttenspeicher

Die Aggregate und Geräte sind links und rechts von dem in der Mitte angeordneten Lichtraumprofil des Nachläufers plaziert. Dieser Lichtraum dient dem Materialfluss sowie zum Antransport der Tübbinge zum Erektor und Abtransport des Ausbruchmaterials mit Gleis-, LKW- oder Förderbandbetrieb.

Das Nachlaufsystem besteht meist aus offenen Portalwagen, deren Radsätze mit Pendel-Fahrwerken ausgerüstet sind und die direkt auf den Tübbingen oder auf einer Schienentrasse laufen. Werden Nachläufer mit Radsätzen verwendet, die direkt auf der Tübbingauskleidung laufen, müssen spezielle Führungsprofile installiert werden, um ein spurgetreues Fahren in der Geraden sowie in Kurvenradien sicherzustellen. Dadurch wird eine Verrollung des Nachläufers verhindert, um den Verkantungen der Transporteinrichtungen entgegenzuwirken. Werden die Tübbingringe von den Radsätzen direkt befahren, sollten diese ihre Lasten über zwei Tübbingringe abgeben. Die Radsätze sollten mit einem elastischen Belag versehen sein. Der Nachläufer wird vom Schild gezogen.

Da die meisten Nachläufereinrichtungen bereits beim Flüssigkeitsschild geschildert wurden, werden diese beim EPB-Schild nur noch aufgezählt. Ganz spezielle Einrichtungen des EPB-Schildes werden ergänzend beschrieben. Ein solches Nachläufersystem kann wie folgt aufgebaut sein:

- Auf dem Nachläufer Nr. 1 sind meist die folgenden Aggregate und Geräte installiert:

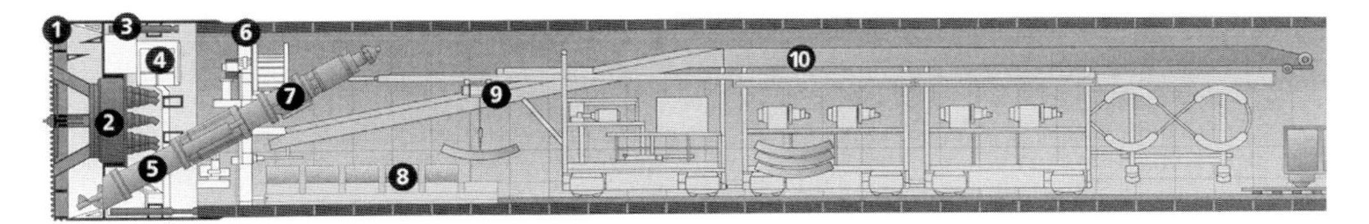

1 Schneidrad in Erddruckkammer
2 Antrieb
3 Vortriebszylinder
4 Druckluftschleuse
5 Förderschnecke
6 Tübbingerektor
7 Schneckenschieber
8 Tübbingförderer
9 Tübbingkran
10 Förderband

Bild 18.11-2 Erddruckschild mit Nachläufer [18-18]

- E-Motorpumpen des Hydraulikaggregats für den Hauptantrieb und die Vorschubpressen
- Steuerstand, meist klimatisiert
- Tübbingladekran
- Fasspumpenstation für Hauptlagerschmierung
- Fettpumpe für Bürstendichtung (wenn keine Gummidichtung verwendet wird)
- Aufnahme für Förderband (Übergabe vom Schneckenförderer der Maschine auf den offenen Bandtransport im Nachläuferbereich)

• Auf dem Nachläufer Nr. 2 sind meist die folgenden Aggregate und Geräte installiert:
  - Hydrauliktank mit Filter und Kühlkreislauf
  - E-Motorpumpen des Hydraulikaggregats für den Schneckenantrieb, den Erektor und die Hilfseinrichtungen
  - Konditionierungsschaumanlage (falls erforderlich)
  - Mörtelpumpe für Ringspaltverpressung
  - Beim Transport mittels Gleisbetrieb: Kranbahn für Gleislegerkran und Schleppgleis mit hydraulischer Hebeeinrichtung für Gleisverlängerung
  - Ladeförderband

• Auf dem Nachläufer Nr. 3 sind meist die folgenden Aggregate und Geräte installiert:
  - Elekroschränke mit Haupt- und Unterverteilung
  - Transformator
  - Mittelspannungsschaltanlage
  - Ladeförderband

• Auf dem Nachläufer Nr. 4 sind meist die folgenden Aggregate und Geräte installiert:
  - Ladeförderband mit Beladestelle für den Tunneltransport
  - Luttenspeicher mit Wechselsystem sowie Hebezeug für die Ersatzlutte
  - Hauptstromkabelrolle und Aufnahmeeinrichtung zum Abbau der Nachläuferschienen (falls Tübbinge nicht direkt befahren werden)

Im Folgenden werden nur die Steuereinrichtungen und die verschiedenen Möglichkeiten des Materialtransports näher beschrieben.

Steuer- und Überwachungssysteme

Zur professionellen und kontrollierten Durchführung des Erddruckvortriebs ist die Überwachung der verschieden abhängigen und unabhängigen Systeme unumgänglich. Für den Vortrieb eines Erddruckschildes sollten folgende Informationen erfasst und möglichst interaktiv prozessorientiert verarbeitet werden:

• Überwachung und Steuerung des direkten Abbaus und des Stützdrucks in der Abbaukammer während des Vortriebs:
  - Erddruck an verschiedenen Stellen in der Abbaukammer und in der Förderschnecke, möglichst in grafischer Darstellung
  - Geschwindigkeit, Richtung und Steuerung des Schneckenförderes
  - Geschwindigkeit, Richtung und Steuerung des Bohrkopfes
  - Geschwindigkeit und Steuerung der Agitatoren zur Homogenisierung des Erdbreis in der Abbaukammer
  - Druckanzeige und Steuerung der Vortriebspressen
  - Vortriebsgeschwindigkeit

• Überwachung und Steuerung der Sekundär-Aggregate und Abläufe:
  - Förderbandsteuerung
  - Füllhöhe beim Materialumschlag mit Abschalteinrichtung des Förderbandes und Vortriebs
  - Überschneidersteuerung
  - Öldruckanzeigen der verschiedenen Kreisläufe sowie Druckanzeige des Kühlkreislaufs
  - Hauptlagerschmierung
  - Notschalter
  - Verschluss des Schneckenförderes
  - Druck und Menge der Schildschwanzfettverpressung, nur bei Schildschwanzbürstendichtung (Druck und Menge sollten direkt mit der Vortriebsgeschwindigkeit gekoppelt werden, sonst gelangt Verpressmörtel zwischen die Bürsten bzw. ins Innere)
  - Erektorsaugplattenunterdruck
  - Ringspaltverpressung – Druck, Menge, Zeit

• Überwachung und Steuerung der Motoren und Pumpen sowie der Beleuchtung:
  - Vortriebspumpen – Ölstand, Öltemperatur, Filterverschmutzung, Steuerspannung
  - Schmierpumpe für Hauptlager
  - Leckagekreislauf
  - Bohrkopfantriebsmotoren
  - Schneckenantriebsmotoren
  - Erektorantrieb und Saugnäpfe
  - Filterstation für die restlichen Kreisläufe

Die Steuerung sollte prozessorientiert aufgebaut sein, so dass Fehlmanipulationen, die einerseits zu Problemen in der Abbaukammer oder Förderung und andererseits zu Schäden an der Maschine führen, weitgehend vermieden werden. Daher sollte der Start der Maschine sukzessiv am besten menügeführt erfolgen, so dass nacheinander die richtigen Aggregate in Betrieb gesetzt werden, um einen störungsfreien Betrieb zu ermöglichen.

Zum Transport des Dickstoff- sowie Trockenmaterials im Tunnel stehen folgende Möglichkeiten zur Verfügung, die grossen Einfluss auf die Art und Grösse der Materialübergabenachläufer haben:

- gleisgebundener Zugtransport
- Transport mittels LKW
- Förderbandtransport

Beim gleisgebundenen Betrieb wird das Versorgungsgleis meist in den beiden vorderen Nachläuferwagen im unten geschlossenen Stahlrahmen gelegt. Dies ist Teil der Nachlaufkonstruktion. Das Versorgungsgleis wird im hinteren, offenen Nachläuferbereich über ein Schleppgleis an das Tunnelgleis angeschlossen. Der durch die Schnecke im Schild abgeworfene Boden gelangt auf dem über dem Nachläufergerüst liegenden Förderband zur Abwurfstelle. Der Schutterzug fährt langsam unter der Abwurfstelle entlang und wird beladen. Ein solches Abwurfband hat, je nach Länge und Kapazität des Zuges, eine Länge von ca. 40 m bei einer Zuglänge von ca. 35 m.

Der Nachläufer ist so ausgebildet, dass der Schutterzug Plattformwagen mitführt, die mit Tübbingen für jeweils einen Ring beladen sind. Der leere Zug mit den Tübbingwagen unterfährt die Übergabestation des Nachläufers bis zum ersten Wagen hinter der Lok. Die Tübbingplattformwagen werden abgehängt und können somit während des Beladens der Schutterwagen mit Abbaumaterial durch sukzessives Vorziehen des Zuges entladen werden. Wird zusätzlich ein verschiebbares Schleppband verwendet, wird das Material vom Nachläuferband auf dieses abgegeben. Mit dem Schleppband wird dann der stehende Zug gefüllt.

Beim LKW-Transport, falls dies überhaupt im Tunnelquerschnitt aufgrund des Sohlausbaus bzw. der Sohlkrümmung möglich ist, braucht man meist eine Zwischensilobatterie. Diese ist erforderlich, wenn während eines Vortriebhubs mehr Material als die entsprechende Ladekapazität eines LKWs anfällt. Der Nachläufer ist etwas kürzer.

Der Förderbandtransport im Tunnel zum Abtransport des Ausbruchs gehört heute zu den effizientesten Lösungen. Der gesamte Teil der Nachläuferkonstruktion zum Beladen des Zuges oder LKWs entfällt, dadurch wird der Nachläufer kürzer und billiger. Durch die Förderbandanlage lassen sich die Materialflüsse optimal in An- und Abtransport trennen. Der Abtransport des Abbaumaterials erfolgt kontinuierlich und ohne Unterbrechung durch LKW- oder Wagenwechsel. Die Leistung ist synchron zur Ausbruchförderung aus der Maschine. Ferner sind Bänder sehr robust und haben nur wenige Elemente, die instandgehalten werden müssen. Bei Betriebsstörungen des Bandes kann man allerdings keinen Ersatzzug oder -LKW einsetzen. Die Gesamtwirtschaftlichkeit des Bandtransportes ist im allgemeinen sehr gut. Allerdings ist eine Bandspeicheranlage erforderlich, wenn man mit einem kontinuierlichen Streckenband arbeitet (s. Kapitel 10.2). Kurze, hintereinander geschaltete Bänder mit dem jeweiligen Abwurf auf das Folgeband werden heute aus folgenden Gründen kaum mehr angewendet:

- zusätzliche Staubentwicklung und Materialverluste,
- jedes Band benötigt einen Antrieb,
- erhöhter Wartungsbedarf.

18.12 Spezialschildkonstruktionen

18.12.1 Universal- bzw. Kombinationsschilde

Müssen bei einem Projekt grosse Bereiche unterschiedlicher Bodenarten durchörtert werden, die für unterschiedliche Maschinenkonzepte geeignet sind, so bietet sich eine Maschine aus umrüstbaren Komponenten an. Eine solche Maschine kann von einem Flüssigkeitsschild auf einen Erddruckschild umgerüstet werden, z. B. bei grossräumiger geologischer Änderung von Sand auf Ton.

Mit solchen Kombinationsschilden lassen sich dann die unterschiedlichen, grösseren Vortriebsstrecken mit der jeweils optimalen Betriebsmethode auffahren. Bei sehr heterogenen Böden sind solche Maschinen, bedingt durch die dauernden Änderungen des Vortriebs, aus technischen und wirtschaftlichen Gründen nicht optimal einsetzbar. Die Kombinationsschilde werden heute konstruktiv meist wie folgt umgesetzt:

- Die Aggregate für mehrere Betriebsarten sind im Schild integriert.
- Die unterschiedlichen Aggregate sind als montagefreundliche Baukastenmodule zusammengestellt und werden bei Änderung der Vortriebsart ausgewechselt.

Der Schild mit den integrierten Aggregaten lässt sich wegen des Platzbedarfs der unterschiedlichen Doppelaggregate meist nur bei relativ grossen Schilden realisieren. Der Vorteil dieser Schilde besteht jedoch darin, dass relativ schnell von einer auf die andere Betriebsart umgestellt werden kann. Dies wirkt sich kostengünstig auf den baubetrieblichen Ablauf aus. Diese Art des Schildes wendet man an, wenn sich beide Vortriebsarten nur in einigen wenigen Komponenten unterscheiden, wie beim kombinierten Erddruck-Flüssigkeitsschild mit einem Schneidrad, das für beide Betriebsarten

Umbauphase I - Hydroschild

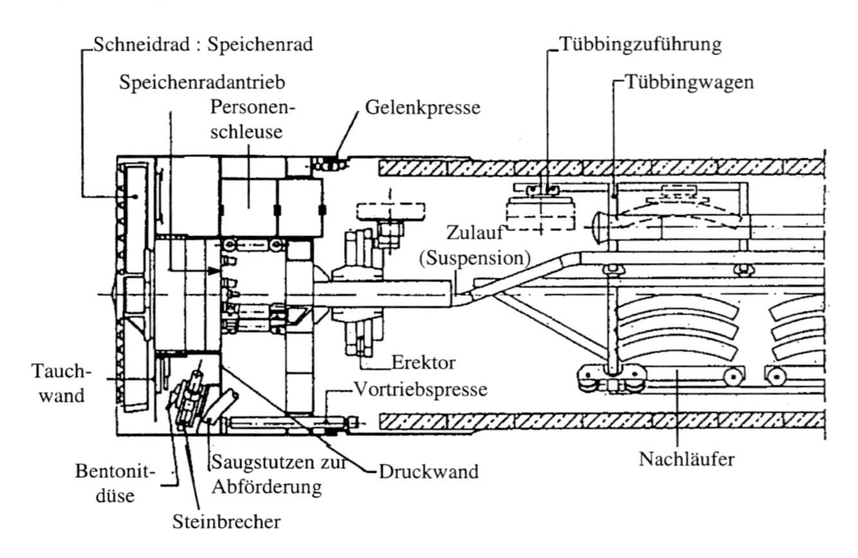

Umbauphase II - Erddruckschild

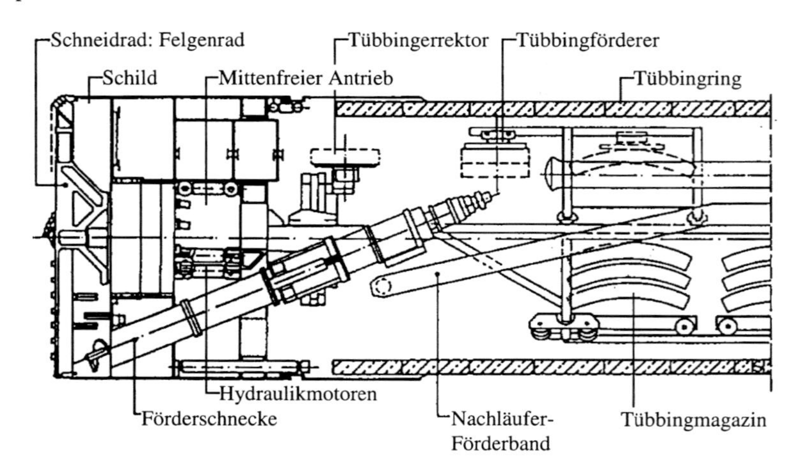

Bild 18.12-1 Mixschild [18-7]

Bild 18.12-2 Polyschild [18-25]

Umbauphase I - Flüssigkeitsschild

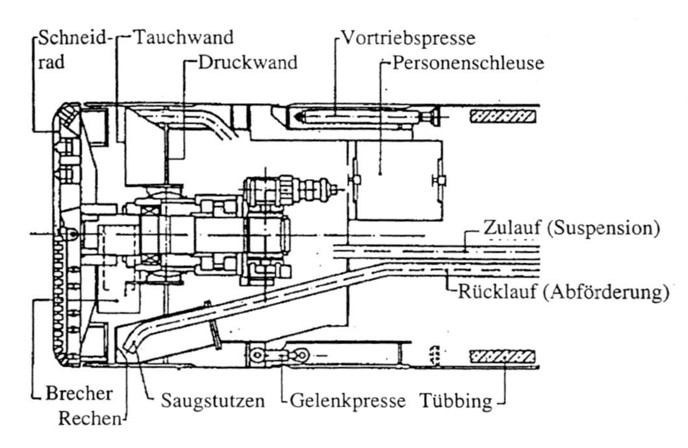

Umbauphase II - Erddruckschild

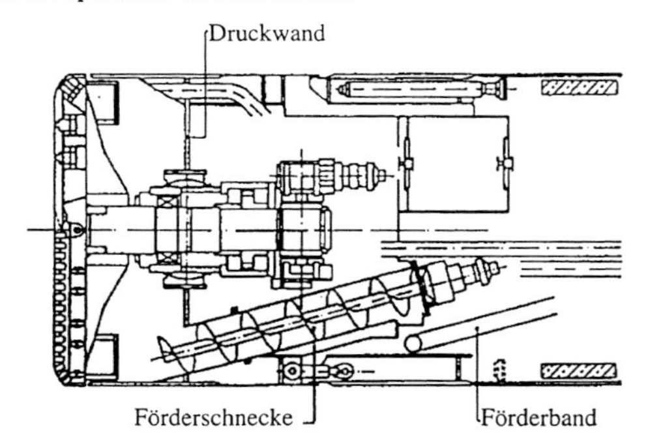

Umbauphase III – Offener Schild

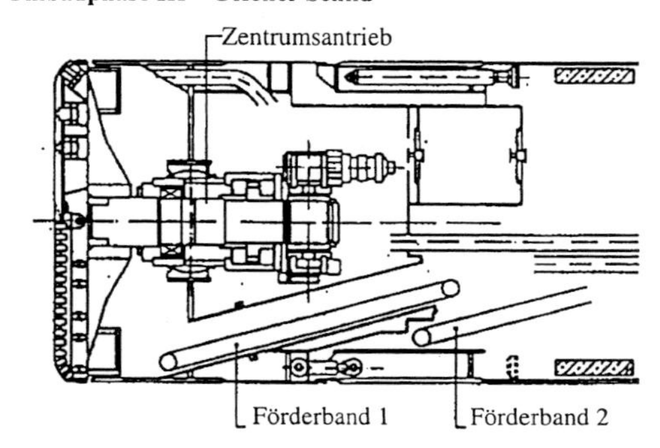

einsetzbar ist. Der Materialaustrag aus der Kammer ist jedoch unterschiedlich. Die Aggregate zum Einbau der Tübbinge (Sicherung) bleiben bei beiden Schilden gleich.

Die Kombinationsschildmaschinen im Baukastensystem sind sehr wirtschaftlich, da die Aggregate aus Modulen zusammengesetzt werden können, die man auch in anderen Maschinen wiederverwenden kann. Heute werden Schildmaschinen von den Herstellern nach Beendigung des Vortriebs zur Wiederverwendung der Maschinenbauaggregate zurückgekauft.

Die Basismaschine muss für die modulare Umrüstung konzipiert sein, damit der Umbau innerhalb von 2 -3 Wochen abgeschlossen werden kann.

Zur Zeit verwendet man hauptsächlich folgende Systeme:

Mixschild

Dieses System basiert auf dem Hydroschildkonzept. Die Maschine kann zum Erddruck- wie auch zum Druckluftschild umgerüstet werden (Bild 18.12-1).

Polyschild

Dieses System basiert auf dem Slurry-Shield, der auch durch Demontage der Flüssigkeitsförderung zum Erddruckschild mit Schneckenförderung oder zum offenen Schild mit Bandförderung umgerüstet werden kann (Bild 18.12-2).

Im Bereich des Nachläufers sind meist zwei parallele Fördersysteme anzuordnen, um die Umrüstzeit zu minimieren.

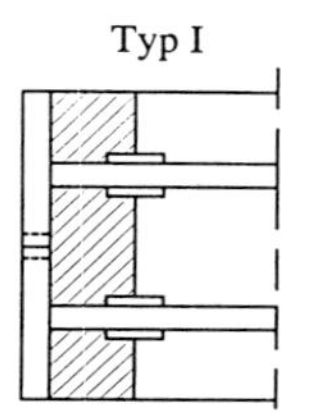

Schneidräder in einer Ebene mit einer Kammer. Zeigerförmige Schneidräder um 90° versetzt

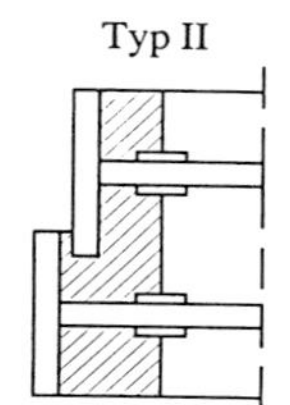

Schneidräder hintereinander versetzt mit einer Kammer

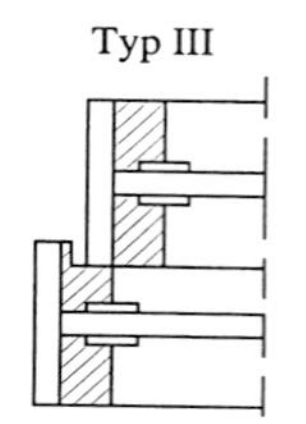

Schneidräder hintereinander versetzt mit unabhängigen Kammern

Bild 18.12-3 Doppelschneidkopf-Schilde [18-19, 18-20]

18.12.2 Multiface-Schild

Multiface-Schilde wurden in Japan mehrmals für das Auffahren von grossen Doppelquerschnitten (Bild 18.12-3) oder Bahnhofprofilen (Bild 18.12-4) eingesetzt. Der Querschnitt von Multibrustschilden setzt sich aus zwei oder mehreren nebeneinander liegenden und sich teilweise überschneidenden Kreisen zusammen. Die günstige Querschnittsgeometrie hat beachtliche statische Vorteile, da die Stützenreihen unterhalb des Schnittpunktes der Kreise angeordnet werden.

Die Dreifachschneidkopf-Schildmaschine wird nach dem Durchfahren des Bahnhofbereiches noch im Bahnhof vor der Einfahrt in den einröhrigen Tunnelabschnitt zur Einfachschneidkopf-Schildmaschine umgebaut. Der Vortrieb bis zum nächsten Bahnhof erfolgt mit Einfachschneidkopf-Schildmaschine; im Zugangsschacht des nächsten Bahnhofs wird die Maschine dann wieder zur Dreifachschneidkopf-Schildmaschine (Bild 18.12-4) umgerüstet. Der Einsatz dieser Maschinen kommt in Betracht, wenn eine ganze U-Bahnlinie mit mehre-

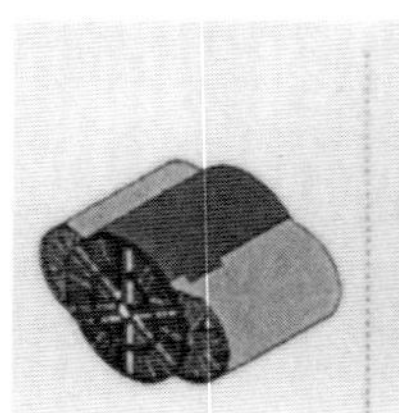

Vortrieb Bahnhofsbereich

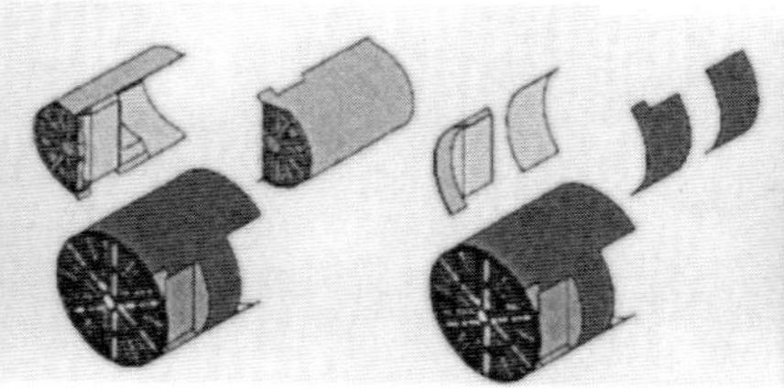

Umbauphase:
- Abbau der beiden seitlichen Schilde
- Ergänzung des Mittelschildes

Vortrieb Tunnelbereich

Bild 18.12-4 Dreifachschneidkopf-Schild [18-19]

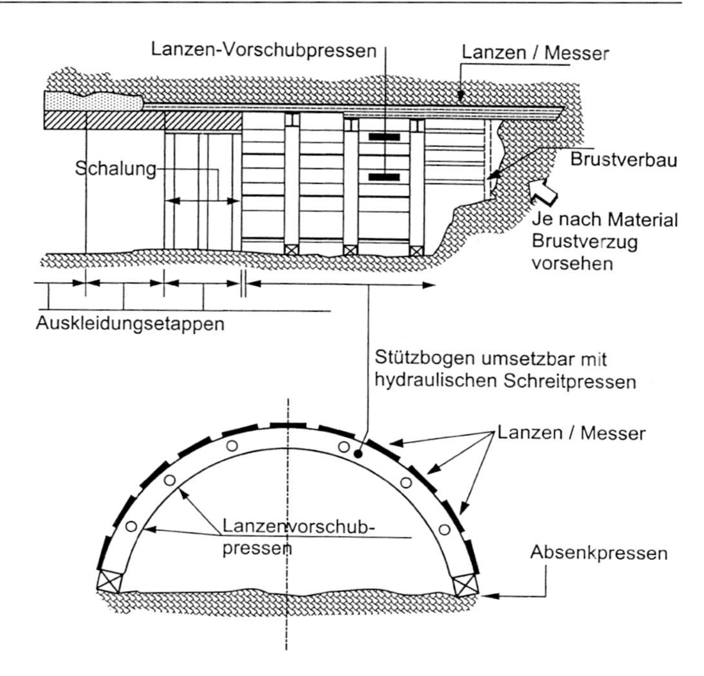

Bild 18.12-5 Prinzip des Lanzen- oder Messervortriebes

ren Bahnhöfen aufgefahren wird. Die Wirtschaftlichkeit ihres Einsatzes muss projektspezifisch abgewogen werden. Besonders hinsichtlich des Zeitplans kann die Auffahrung von Bahnhof und Tunnelstrecke mit einfacher Schildmaschine vorteilhafter sein, wenn die Bahnhöfe konventionell in offener Bauweise mit Vorlauf bzw. parallel zum Tunnelvortrieb hergestellt werden. In der Vorlaufphase der Herstellung der Bahnhöfe kann die Einfachschneidkopf-Schildmaschine hergestellt und auf der Baustelle zusammengebaut werden. Während des Vortriebs der einzelnen Streckenabschnitte erfolgt im Vorlauf die zeitlich hintereinander gestaffelte Herstellung der Bahnhöfe.

18.12.3 Messerschilde

Die Messerschilde unterscheiden sich von den Schildmaschinen, die einen kontinuierlichen, geschlossenen Mantel aufweisen, durch einen aufgelösten Messerschildmantel. Die bohlenartigen, in Längsrichtung angeordneten Messer werden auf Stütz- und Bogenrahmen geführt. Die Messer werden in Vortriebsrichtung einzeln oder in Gruppen vorgeschoben (Bild 18.12-5, Bild 18.12-6)

Der Einsatzbereich dieser Schilde ergibt sich aus folgenden Gesichtspunkten:

- Einsatz in Lockergesteinen bzw. Lockergesteinsstrecken von Felstunneln
- Verbesserung der Arbeitssicherheit durch vorauseilende Sicherung
- Mechanisierung der Sicherung und damit Verbesserung der Vortriebsleistung in nicht standfestem Lockergestein
- Der Messerschild braucht sich beim Vorschub nicht auf die hintere Auskleidung abzustützen

Auf den Schildmantel wirkt der Gebirgsdruck. Beim Vorpressen einzelner bohlenartiger Messer oder Messergruppen mittels Vorschubpressen werden Widerstände aus Mantelreibung und Spitzenwiderstand geweckt. Die Pressen stützen sich auf die Schildkonstruktion ab. Die Messer werden meist um einen Hub nacheinander vorgeschoben. Dann wird der Stützrahmen umgesetzt.

Der Bodenabbau erfolgt oft mit Teilschnittmaschinen (Bagger, Teilschnittfräskopf). Die optimale Länge liegt zwischen 100 und 300 m. Die Methode des Messervortriebs eignet sich nicht zum Auffahren von langen Tunnel. Bei längeren Vortriebsstrecken (über 1000 m) sollte man den Einsatz von Schildmaschinen aus technischen, baubetrieblichen und wirtschaftlichen Gründen überprüfen. Die Vortriebsleistung von Messerschilden ist meist geringer als bei Vortriebsschildmaschinen, bedingt

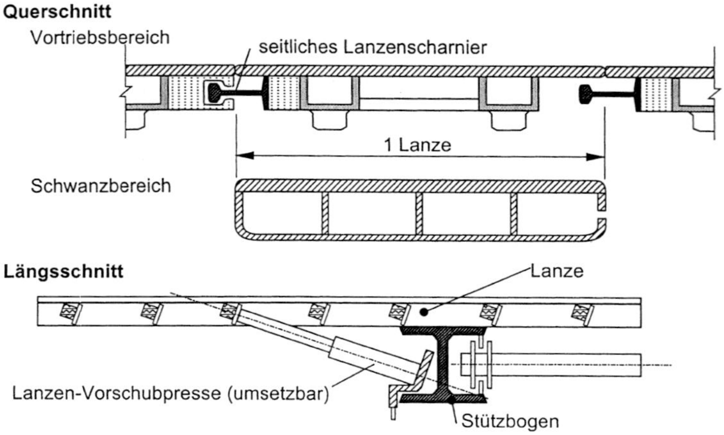

Bild 18.12-6 Lanzen / Messer

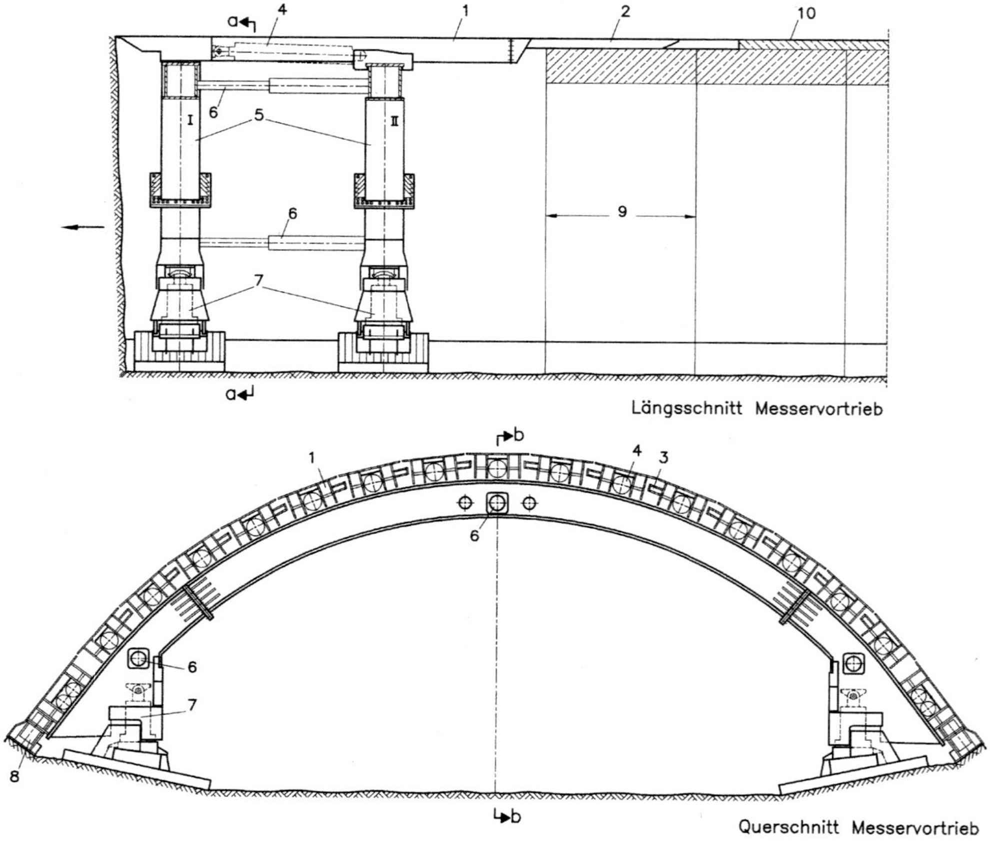

1 Messer
2 Messerschwanz
3 Abstützung zwischen den Messern
4 Messervorschubpresse
5 Stützrahmen
6 Rahmenvorschubpresse
7 Rahmenstützzylinder
8 Messerstützpresse
9 Fertigausbauabschnitt
10 Hohlraumverfüllung

Bild 18.12-7 Messervortriebseinrichtung „System Walbröhl“ im Längs- und Querschnitt [18-21]

Bild 18.12-8 Messervortriebseinrichtung „System Walbröhl" in der Ansicht [18-21]

durch den Zeitaufwand zum Vorschub der Messer und Abbau der Ortsbrust.

Die Ortsbruststützung erfolgt oft durch den natürlichen Erdkeil oder, wenn erforderlich, durch vorauseilende Stabilisierungsverfahren (siehe Abschnitt 9.6.1).

Aufbau und Funktionsweise des „Systems Walbröhl"

Die Messervortriebseinrichtung „System Walbröhl" für die geschlossene Bauweise besteht im wesentlichen aus (Bild 18.12-7):

- einem Schildmantel, der aus einzelnen Messern gebildet ist, die über hydraulische Pressen individuell vortreibbar sind, und
- zwei hydraulisch abgestützten, aus der Stützstellung in eine Schreitstellung absenkbaren Rahmen, die über parallel zur Tunnelachse angeordnete hydraulische Pressen untereinander verbunden sind.

Zwischen den einzelnen Messern sind scharnierartige Abstützvorrichtungen angeordnet, die nach beendetem Messervorschub wirksam sind, so dass der Schildmantel in diesem Zustand eine mittragende Einheit bildet.

Wegen der mittragenden Funktion des Messermantels ist in diesem Zustand zu seiner Stützung nur ein Rahmen erforderlich, so dass der andere Rahmen abgesenkt und um ein Schrittmass in Richtung Ortsbrust vorgeschoben werden kann.

Während des Vortriebs der Messer ist die mittragende Funktion des Schildmantels aufgehoben, um die für Kurvenfahrten oder Richtungskorrekturen notwendige Relativbeweglichkeit der einzelnen Messer in Umfangsrichtung zu ermöglichen.

Schildmantel

Der Schildmantel besteht aus einer dem Profilumfang entsprechenden Anzahl von Messern, wobei folgende Messertypen unterschieden werden:

- das **Firstmesser**, dem zentrale Bedeutung für die Steuerung des Messerschilds zukommt,
- die sich dem Firstmesser rechts und links anschliessenden **seitlichen Messer**,
- die **untersten Seitenmesser** rechts und links, in die hydraulische Pressen zur Abstützung des Schildmantels auf der Tunnelsohle integriert sind.

Die Messer haben meist eine Nutzbreite von 1,00 – 1,20 m. Das unterste Messer je Seite hat eine Breite von 1,60 – 1,80 m. Die Messerlänge beträgt, je nach Länge des Nachläuferbereichs für den Ausbau, ca. 10 – 13 m. Der Schildbereich ohne Ausbau hat meist eine Länge von ca. 8 m bei einem maximalen Stützrahmenabstand von ca. 3,50 m.

Für den Vorschub ist jedes Messer mit einer eigenen hydraulischen Presse ausgestattet. Die Reaktionskraft der vorschiebenden Messerpressen wird über die benachbarten, in Ruhe befindlichen Pressen in den Schildmantel eingeleitet und über die Boden- und Mantelreibung aufgenommen.

Stützrahmen

Für die Stützung des Schildmantels werden zwei schreitende Rahmen (Bild 18.12-7) vorgesehen, die über hydraulische Pressen auf Fussplatten auflagern. Untereinander sind die Rahmen durch parallel zur Tunnelachse angeordnete hydraulische Pressen verbunden.

Das Umsetzen der Stützrahmen erfolgt in einem Schreitvorgang. Nachdem alle Messer in die Ortsbrust vorgetrieben sind und der Schildmantel seine mittragende Funktion erreicht hat, wird zunächst – in Vortriebsrichtung gesehen – der hintere Rahmen II aus der Stützstellung in die Schreitstellung abgesenkt. Mit Hilfe der hydraulischen Pressen zwischen den Rahmen wird der hintere Rahmen II um ein Schrittmass in Richtung Ortsbrust verschoben und in Stützstellung mittels hydraulischer Fusspressen kraftschlüssig mit der Messerschale in Kontakt gesetzt. Anschliessend schreitet in gleicher Weise der vordere Rahmen I vor.

Hydraulikanlage

Die Bedienung aller installierten hydraulischen Pressen erfolgt zentral von einem Steuerstand aus. Die Hydraulikstation besteht aus einer Hochdruckpumpe und entsprechenden Vorratstanks. Aus Gründen des Umweltschutzes verwendet man biologisch verträgliche Hydrauliköle. Die Druckkraft pro Vorschubpresse liegt zwischen 500 – 3000 kN. Die Pressen zur Radialsteuerung pro Messer können mit ungefähr 200 kN ausgelegt werden.

Steuerung und Umfangsstützung des Schildmantels

Der Messerschild kann in bezug auf Höhen- und Seitenlage präzise gesteuert werden, so dass Kurven mit grosser Genauigkeit aufgefahren werden können. Die erforderliche Richtungsänderung der einzelnen Messer für eine Kurvenfahrt ergibt sich allgemein aus der vektoriellen Addition einer radialen Bewegung sowie einer Umfangsverschiebung der Messer, wobei die Beträge der Vektoren für die einzelnen Messer von deren Position im Schildmantel abhängen.

In der Praxis wird der vorstehend beschriebene Steuervorgang durch vorgewählte Einstellungen sowie Zwangsführungen vereinfacht.

Zur Steuerung in radialer Richtung dienen höhenveränderliche Zwischenlager der Messer auf dem Obergurt des Stützrahmens I (Bild 18.12-7). Die Veränderung der Lagerhöhe erfolgt zentralgesteuert über hydraulisch verschiebbare Keilflächen. Die erforderliche Höhenänderung der einzelnen Messerlager wird in Abhängigkeit von der Messerposition im Schildmantel sowie dem aufzufahrenden Kurvenradius voreingestellt.

Jedes Messer ist mit den Nachbarmessern an zwei Stellen, die in etwa im Stützbereich der Rahmen liegen, über seitlich angeordnete, scharnierartige Vorrichtungen verbunden. Die Funktion dieser scharnierartigen Vorrichtungen ist folgende:

- Beim Vortrieb bewegt sich das vorwandernde Messer aus den entsprechenden Aufnahmevorrichtungen der Nachbarmesser heraus, so dass die für Kurvenfahrten oder Richtungskorrekturen erforderliche Relativbeweglichkeit des Messers in bezug auf die Nachbarmesser möglich ist.
- Wenn die Messer des Schilds um eine Vortriebslänge vorgeschoben sind, greifen die scharnierartigen Vorrichtungen derart ineinander, dass keine Relativbeweglichkeit der Messer untereinander in Umfangsrichtung möglich ist. In diesem Zustand stützen sich die Messer gegenseitig ab, und der Schildmantel erhält eine mittragende Funktion.

Eine Umfangssteuerung des Messermantels vollzieht sich demnach wie folgt:

- Zunächst wird das Firstmesser vorgeschoben und mit Hilfe der an den Messern rechts und links des Firstmessers fest installierten hydraulischen Steuerpressen in Richtung der Kurve verschoben.
- Für den Fall einer Rechtskurve wird die links des Firstmessers installierte Presse ausgefahren und das Firstmesser um den entsprechenden Betrag nach rechts verschoben. Beim anschliessenden Vorschub des rechts vom Firstmesser befindlichen Messers bewirken die scharnierartigen Vorrichtungen, dass dieses Messer nach rechts gedrückt wird und sich automatisch parallel zum Firstmesser ausrichtet.
- In gleicher Weise werden alle links des Firstmessers befindlichen Messer während des Vor-

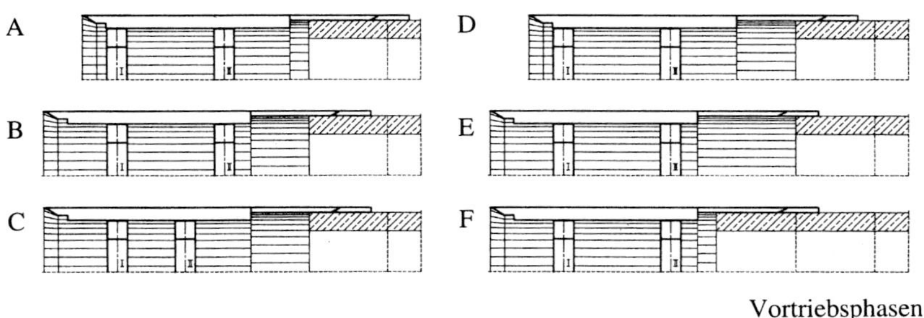

Phase A: Ausgangsstellung
Phase B: Messervorschub
Phase C: Stützrahmen II umsetzen
Phase D: Stützrahmen I umsetzen
Phase E: Vorschub der Messer, Ausbruch der Ortsbrust
Phase F: Auskleidung des Gewölbes

Bild 18.12-9 Vortriebsphasen beim Messervortrieb [18-21]

schubs nach rechts in eine parallele Lage zum Firstmesser gezogen.

In der zuvor beschriebenen Weise machen alle Messer beim Vorschub die vom Firstmesser eingeleitete Steuerbewegung mit.

Vortriebsphasen

Der Schreitvorgang (Bild 18.12-9) erfolgt in folgenden Phasen:

Phase A – Grund- bzw. Ausgangsstellung des Systems

Phase B – Alle Messer sind um eine Vortriebslänge vorgetrieben. In diesem Zustand greifen die seitlich an den Messern angeordneten scharnierartigen Abstützvorrichtungen ineinander. Dadurch wird die Relativbeweglichkeit der einzelnen Messer untereinander aufgehoben, und die Messer werden in Umfangsrichtung abgestützt. Auf diese Weise erhält der Messermantel eine mittragende Funktion. Die Stützung des Messermantels auf der Tunnelsohle erfolgt über die in den beiden untersten Seitenmessern installierten hydraulischen Pressen.

Phase C – Der hintere Stützrahmen II wird aus der Stütz- in die Schreitstellung abgesenkt. Hierbei lagert sich der Rahmen während des Absenkvorgangs über seitlich angebrachte Nocken auf die untersten Seitenmesser auf, so dass die Fussplatten vom Boden abgehoben werden können. Der Stützrahmen II wird mit Hilfe der zwischen den Stützrahmen angeordneten hydraulischen Pressen auf den untersten Seitenmessern gleitend um ein Schrittmass in Richtung Ortsbrust verschoben. Anschliessend werden die hydraulischen Fusspressen ausgefahren, und der Rahmen II wird so wieder in Stützstellung gebracht.

Phase D – Der vordere Stützrahmen I wird in die Schreitstellung abgesenkt, um ein Schrittmass in Richtung Ortsbrust verschoben und durch Ausfahren der Fusspressen wieder in Stützstellung gebracht.

Phase E – Dann erfolgt erneut der Vorschub der Messer und der Ausbruch der Ortsbrust.

Phase F – Im Schutz der Messerschwänze wird die Auskleidung des Tunnels, z. B. in Ortbeton, eingebracht. Nach dem anschliessenden Versetzen der Rahmen kann ein neues Vortriebsspiel beginnen.

Die Vortriebslänge der Messer beträgt zwischen 1,00 und 1,50 m. Die Betonieretappe hat meist eine Länge von 2 – 3 m.

Tunnelauskleidung

Für die Auskleidung des Tunnels im Schutz des Schildschwanzes bietet das Messervortriebsverfahren breitgefächerte Möglichkeiten.

Neben dem Ausbau in Ortbeton – bewehrt oder unbewehrt – sowie der Ausführung in Spritzbeton kommen auch Fertigteile wie Betontübbinge und Stahlelemente zur Anwendung.

Kosten

Die Investitionskosten für die gesamte Installation des Messervortriebs setzen sich aus den Kosten für die eigentlichen Messer, die Stützbögen mit eventuell dem Brustverzug und die Pressenvorrichtung samt Hydraulik zusammen.

Als grobe Anhaltswerte können folgende Einheitskosten angesetzt werden:

reiner Stahlbau: 5000,– sFr./t, resp. 3125,– €/t
Stahlbau einschliesslich
Hydraulik und Steuerung
(komplett): 10000,– sFr./t, resp. 6250,– €/t

Beispiele

Als spezielles Beispiel eines solchen Vorgehens sei die Ausführung des Poststollens unter den Gleisen des Bahnhofs Cornavin in Genf angeführt. Die technischen und baubetrieblichen Daten sind wie folgt:

- Überdeckung First bis Gleise 3,2 m
- Gesamt-Ausbruchquerschnitt 34 m²
- Kalotte 11 m²
- Kalotte Vortriebsleistung (2 x 8 Std.) 0,5 m/AT
- Einbaubogenabstand 0,6 – 1,0 m
- Messerpressenkraft 450 kN
- Unterstützungspressen 1000 kN

Als weiteres Beispiel kann der Einsatz eines Messerschildes beim Bau von zweispurigen Strassentunneln gelten (Aeschertunnel N20.1 Nordwest Umfahrung Zürich, Tunnel Prau Pulté Umfahrung Flims), die von der Firma Zschokke Locher ausgeführt wurden.

- Messerschildvortriebsquerschnitt (Kalotte) 55 m²
- Hauptschildlänge 8 m
- Messerlänge 13 m
- maximaler Stützrahmenabstand 3,4 m
- Vortriebslänge der Messer 1,25 m
- Betonieretappe 2,5 m
- Gewicht der Vortriebsausrüstung (Messermantel und Stützrahmen) 200 – 250 t
- Vorschubpressen pro Messer ca. 2500 kN
- Pressen zur Radialsteuerung pro Messer ca. 200 kN
- Stützpressen der Rahmen pro Fusspunkt ca. 6000 kN
- Schreitpressen ca. 1500 kN

Die Pressenkräfte ergeben sich aus dem effektiven Überlagerungsdruck, den Reibungskräften aus dem Messer und dem Grundbruchwiderstand der Schneide. Diese müssen projektspezifisch ermittelt werden. Die Vortriebsleistung hängt von den geologischen Verhältnissen ab. Der Zyklus ist wie folgt:

In den Vortriebsbereichen:

- Messervortriebe
- Kalottenausbruch
- möglicherweise Vorausinjektionen am Ausbruchrand

Im Schwanzbereich:

- Gewölbebeton etappenweise herstellen (armieren / Schalung einfahren / betonieren)

Die durchschnittliche Leistung eines Arbeitstages im Zweischichtbetrieb kann mit einer Betonierabschnittslänge oder zwei Vortriebsphasen angesetzt werden. Bei einer Vortriebsetappenlänge von 1,25 m bzw. Betonieretappenlänge von 2,50 m sollte eine Leistung von 2,5 m/Arbeitstag erreicht werden.

Ist eine Ortsbrustsicherung erforderlich, z. B. bei rolligem Bodenmaterial, verringert sich die Vortriebsleistung. Dann wird meist in der ersten Schicht der Vortrieb mit Messervortrieb, Kalottenausbruch etc. durchgeführt, und in der zweiten Schicht die Ortsbrust mit z. B. Injektionen oder GFK-Ankern gesichert. Dann wird nur die Hälfte der Vortriebsleistung erbracht. Zudem muss beim wahrscheinlichen Auftreten von Findlingen der zusätzliche Zeitaufwand für deren Beseitigung berücksichtigt werden.

In einzelnen Fällen kann bei grösseren Tunnelquerschnitten auch die Belgische Bauweise mit Messervortrieb kombiniert in Frage kommen. Ein Beispiel dazu ist der Strassenbahntunnel Zürich-Milchbuck (Tunnel für die Verkehrsbetriebe der Stadt Zürich). Grundsätzlich lag der Tunnel in der Molasse, jedoch mit äusserst geringer bis fast keiner Felsüberdeckung im Scheitel. Daher wählte man diese Vortriebsart.

Besondere Bedingungen bei Messervortrieben

Erschwerend können wasserführende Untergrundverhältnisse werden, besonders wenn siltig-sandiges Material vorliegt. In solchen Fällen ist meist eine Vordrainage erforderlich. Von Fall zu Fall ist abzuklären, ob Filterbrunnen oder der Einsatz einer Wellpoint-Anlage zweckmässig sind.

Vorteile der Messerschilde

- relativ geringe Investitionskosten
- Wiederverwendbarkeit grosser Teile des Schildes für andere Querschnitte
- einfache Hindernisbeseitigung an der Ortsbrust
- einfache, relativ unempfindliche Aggregate

Nachteile der Messerschilde

- nicht im Grundwasser einsetzbar
- nur auf kurzen Vortriebsstrecken wirtschaftlich

18.13 Start-, Ziel- und Zwischenbaugrube

Zum Anfahren einer TVM am Tunnelportal bzw. Starttunnel oder im Startschacht bedarf es zusätzlicher Hilfs- und Widerlagerkonstruktionen. Diese Widerlagerkonstruktionen sind erforderlich, um die Vorschubkräfte der Maschine aufzunehmen und einzuleiten. Bei den TVMs muss man die Anfahrbauhilfsmassnahmen wie folgt unterteilen:

- **Gripper-TBM**: Diese Maschinen müssen vorgängig vor dem Portal oder im Schacht zusammengebaut werden. Dann wird die Maschine in den konventionell erstellten Start-Tunnelabschnitt eingeschoben. Falls nicht ausreichend Platz vor dem Tunnelportal oder im Schacht vorhanden ist, wird die Maschine in dem erweiterten Starttunnel zusammengebaut. Als Starttunnel wird meist der Tunnelabschnitt genutzt, der im Rahmen des Auffahrens der nichtstandfesten Lockergesteinsstrecke eines Felstunnels vorgängig erstellt wird. In diesem Bereich kann dann die Gripper-TBM ihren Vortrieb aufnehmen, indem sie sich seitlich gegen das erstellte Tunnelgewölbe verspannt. Dazu ist es erforderlich, dass der umgebende Boden oder Fels diese Verspannkräfte der Maschine mit relativ geringer Überlagerung aufnehmen kann. Andernfalls muss die vorgängig erstellte Auskleidung des Tunnels entsprechend dimensioniert werden, bzw. die Werkzeuganpresskräfte müssen für eine geringe Strecke reduziert werden, bis die Gebirgstragfähigkeit die volle Gripperkraft aufnehmen kann.
- **Schildmaschinen**: Diese Maschinen haben am Schildschwanz Vorschubpressen in Tunnellängsrichtung, um der Maschine den genügenden Anpressdruck zum Bohren zu verleihen. Für diese Art von Maschinen kann man zwei verschiedene Anfahrsituationen unterscheiden:
  – Anfahren im Portalbereich eines Tunnels
  – Anfahren aus einem Schacht

Das Anfahren einer Schildmaschine im Portalbereich des Tunnels ist vergleichbar mit dem einer Gripper-TBM. Allerdings sind zur Aufnahme der Pressenkräfte in Tunnellängsrichtung aus dem Schildschwanzbereich mehrere Tübbingringe erforderlich, die sich an einer Widerlagerkonstruktion abstützen. Diese Widerlagerkonstruktion kann wie folgt aufgebaut werden:

- Man erstellt vor dem ersten Tübbingring einen bewehrten, kompakten Abstützringbalken um den Tunnelquerschnitt im Portalbereich. Diesen Abstützringbalken verankert man rückwärts in den Berghang, z. B. mit Litzenankern.
- Vor dem Portal wird eine Hilfs-Fachwerkstahlkonstruktion zur Aufnahme der Kräfte aus den Anfahrtübbingringen errichtet. Die Kräfte werden in Fundamente abgeleitet.

Das Anfahren der Schildmaschine im Schacht kann mit folgenden Hilfskonstruktionen umgesetzt werden (Bild 18.13-1):

- Herstellen der Schachtwand mittels Spund-, überschnittener Bohrpfahl- oder Schlitzwand
- Herstellen des Dicht- und Ausfahrblocks vor der Ausfahrschachtwand, falls dies wegen der Standfestigkeit und der Grundwasserverhältnisse erforderlich ist. Ein Anfahrblock ist im Lockergestein – mit oder ohne Grundwasser – immer erforderlich, um während des Aufbrechens der Schachtwand und des Ausfahrens der Maschine keinen Grundbruch zu bekommen und um Setzungen gering zu halten. Beim Ausfahren einer Schildmaschine aus einem Felsschacht ist aus Standsicherheitsgründen möglicherweise keine Verfestigungsinjektion erforderlich, bei Grundwasser und geklüfteten Fels sind jeodch meist Abdichtungsinjektionen notwendig.
- Sichern der Anfahrwand mit verankerten Ring- oder Aussteifungsbalken
- Aufbrechen der Stirnwand zur Herstellung der Einfahrtsöffnung zum Anfahren der Maschine gegen den Dichtungsblock

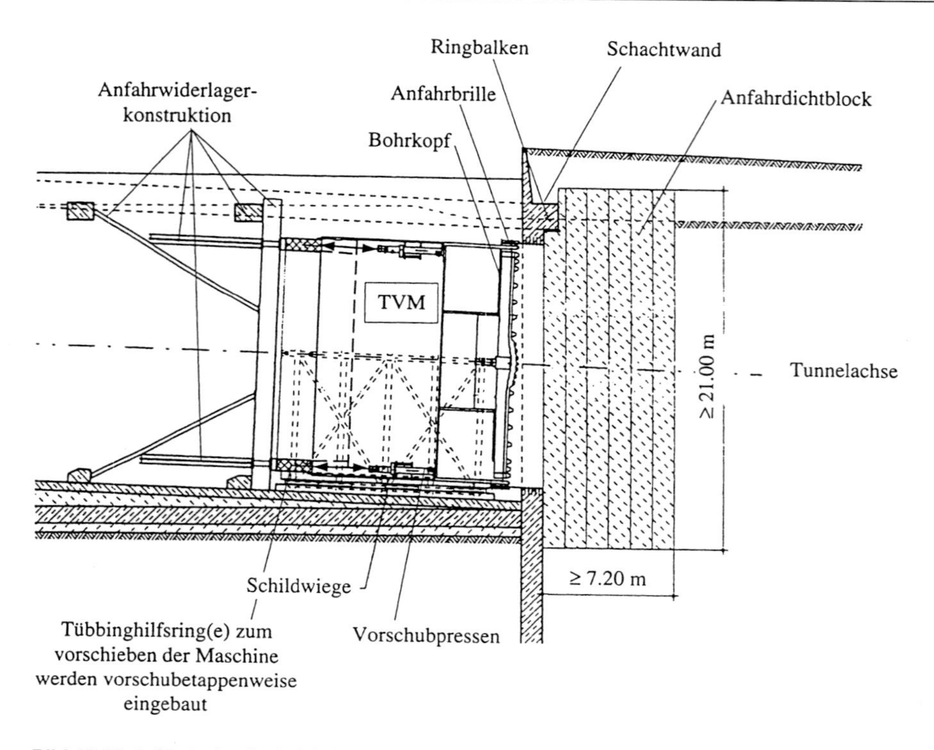

Bild 18.13-1 Startschacht Anfahrkonstruktion 4. Röhre Elbtunnel, Hamburg

- Beim Vortrieb im Grundwasser muss eine Anfahrbrille mit Wasserdichtring installiert werden (Bild 18.13-2). Die Installation der Schildbrille an der Einfahrtsöffnung erfolgt in Ringschüssen, die auf der Rückseite mittels aufgeschweissten Kopfbolzendübeln in der Schachtwand verankert werden. Die einzelnen Ringschüsse werden in die aufgebrochene Stirnwand eingesetzt, ausgerichtet und mit dem vorigen Ringschuss verschweisst sowie temporär befestigt und ausgesteift, dann werden sie mit Beton eingegossen. Die Schildbrille ist meist mit zwei Neopren-Dichtringen ausgerüstet. Der erste dient zum Abdichten der Schildmaschine, die einen grösseren Durchmesser als die nachfolgenden Tübbingringe aufweist. Der zweite, nachträglich aufschraubbare Dichtring hat einen kleineren Durchmesser als die Schildmaschine und muss montiert werden, wenn der Schildschwanz noch in der ersten Dichtung sitzt, um die kleineren Tübbingringe, die im Schildschwanz montiert werden, zu dichten. Diese Dichtung muss bei Grundwasser sehr sorgfältig installiert werden, um das Ausspülen von Erdreich und mögliche Setzungen oder einen Grundbruch zu verhindern. Statt einer zweiten Profildichtung kann man einen aufblasbaren Dichtschlauch verwenden. Diese Konstruktion ist baubetrieblich in bezug auf die Arbeitsabläufe vorteilhafter.
- Montage der Maschine im Schacht auf einer vormontierten Schlittenkonstruktion aus Stahl oder Beton (Schildwiege).
- Installation der Widerlagerkonstruktion aus Stahl zur Aufnahme der Vortriebspressenkräfte. Eine solche temporäre Bauhilfsmassnahme als Widerlagerkonstruktion ist in Bild 18.13-1 dargestellt.
- Die Installation des ersten Tübbinghilfsrings erfolgt zwischen Schildschwanz und Widerlagerkonstruktion. Dieser Tübbinghilfsring muss verschraubt werden. Die Vortriebspressen stützen sich auf diesem Ring ab. Dann baut man weitere Tübbingringe ein, bis der Bohrkopf in die Einfahrbrille einfährt.

Bild 18.13-2 Anfahrbrille [18-22]

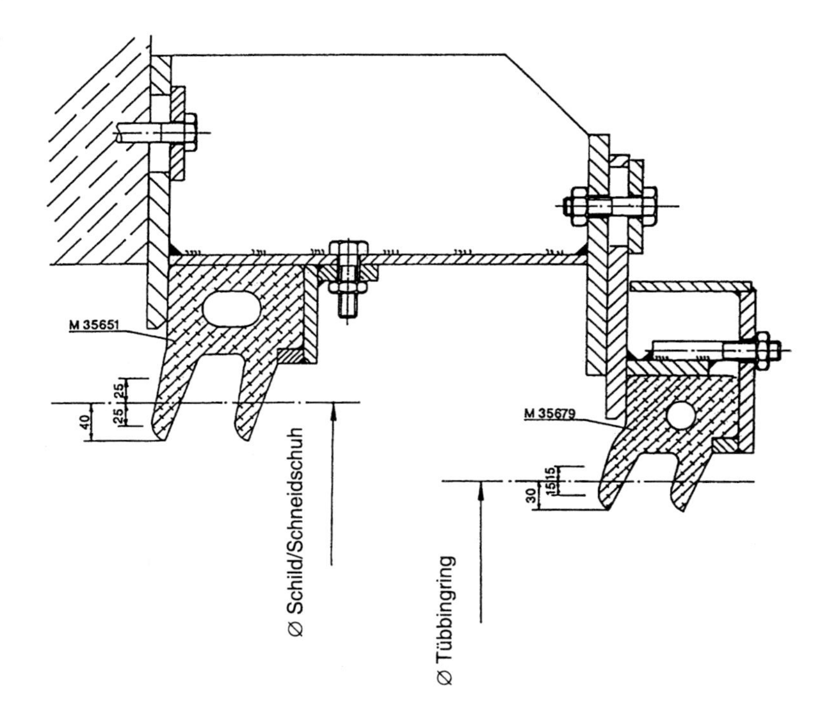

- Durchfahren der geöffneten Startschachtwand und des Anfahrblocks ausserhalb der Baugrube
- Sukzessive Installation der Nachläufer mit progressivem Bohrfortschritt im Schacht

Der Zielschacht muss analog zum Startschacht ausgelegt werden. Zur Abdichtung des Durchfahrbereichs der Maschine ist meist ein Injektionsdichtkörper erforderlich.

Muss, wie im U-Bahnbau, die Maschine mehrere Streckenabschnitte durchfahren, so muss sie nach Erreichen des Zwischenschachtes oder des Bahnhofes durch den Schacht oder durch das Bahnhofsbauwerk gezogen werden zur Anfahrwand am Ende. Zu diesem Zweck installiert man einen Rutschschlitten am Boden des Bahnhofsbauwerks. Die Stahlkonstruktion zur Ausbildung der Gleitfläche wird meist nur für eine Länge von zwei Maschinenlängen vorgehalten und umgesetzt. Je nach Grösse kann die Maschine mit Zugstangen und Hohlkolbenpressen gezogen werden. Meistens wird sie jedoch auf Ortsbeton- oder abmontierbaren und umsetzbaren Streifenfundamenten vorgeschoben, die an der Oberfläche mit einer verankerten Flachstahlgleitschiene ausgerüstet sind. Diese Schiene, die den Reibungskontakt mit dem Schild herstellt, wird zur Verminderung der Reibung intensiv mit Fett geschmiert. Hinter dem Schildschwanz werden über die gesamte Bahnhofslänge auf den Vorschubstreifenfundamenten Bodentübbinge verlegt und verschraubt (Bild 18.13-3). Diese Bodentübbinge dienen dann einerseits für die Vortriebspressen der Schildmaschine als Vorschubwiderlager zur Überwindung der Reibungskräfte; andererseits dienen sie für den Nachläufer – der auf der Auskleidung läuft – als Fahrbahn. Zum Einfahren in den nächsten Vortriebsabschnitt ist dann eine weitere, wiederverwendbare Widerlagerkonstruktion erforderlich, wie sie bereits beschrieben wurde. Nach dem Durchschieben der TVM durch den Bahnhof kann die wiederverwendbare Schlitten- und Gleitkonstruktion, einschliesslich der Hilfstübbinge, demontiert und im nächsten Bahnhof, falls erforderlich, wiederverwendet werden. Eine weitere Möglichkeit zum Verschieben einer kleineren TVM besteht darin, die Maschine auf einem Luftkissen zu bewegen. Dazu wird eine Stahlplatte mit Bockkonstruktion (Schlitten) zum standsicheren Aufnehmen der Maschine hergestellt. Im Bereich der Bockkonstruktion, die auch als zwei parallele Linienlager für die Maschine

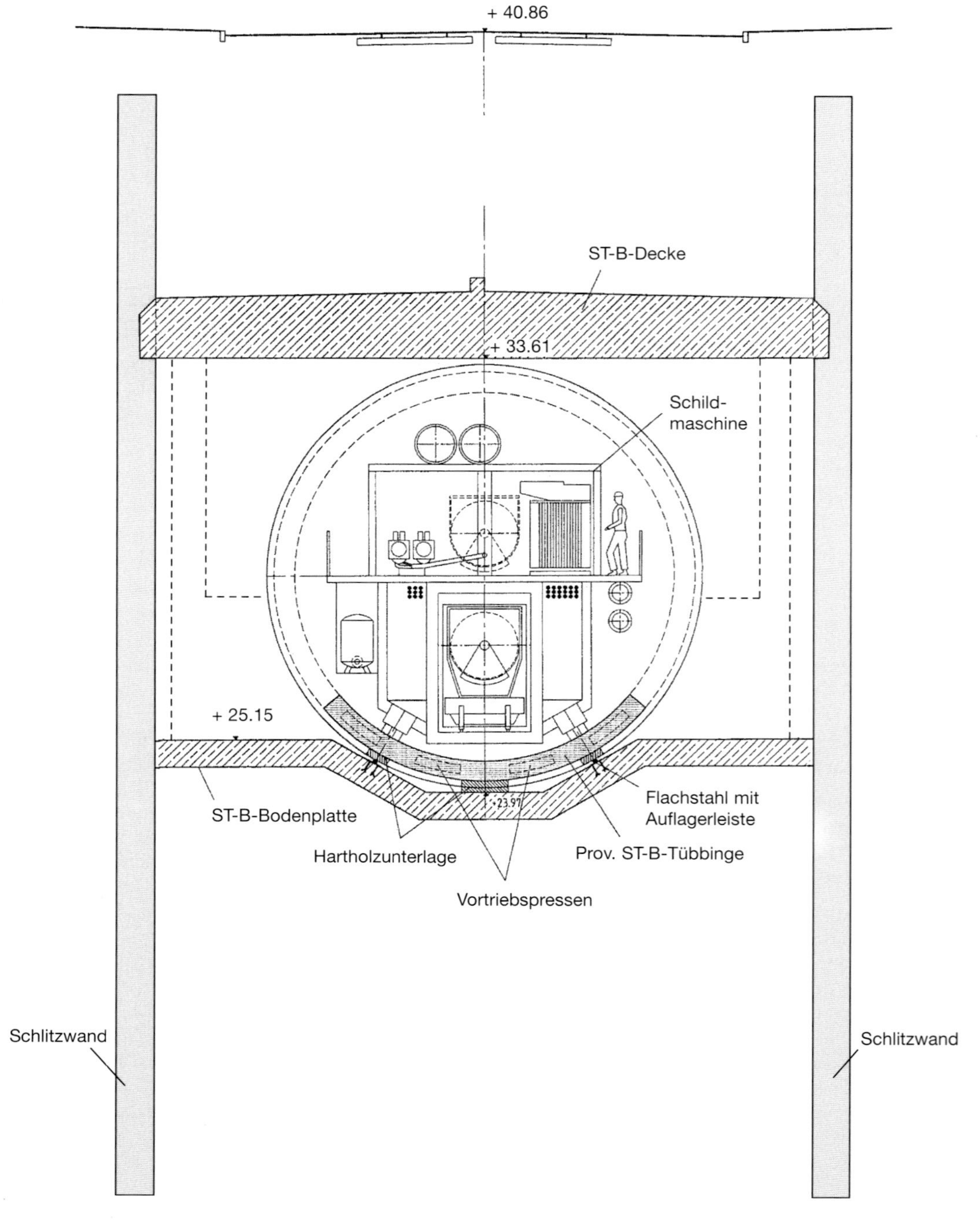

Bild 18.13-3 Vorschub einer TVM mittels Sohltübbingen und Vorschubpressen durch einen Bahnhof

Bild 18.13-4 Vorschub einer TVM mittels Zugstangen durch einen Bahnhof

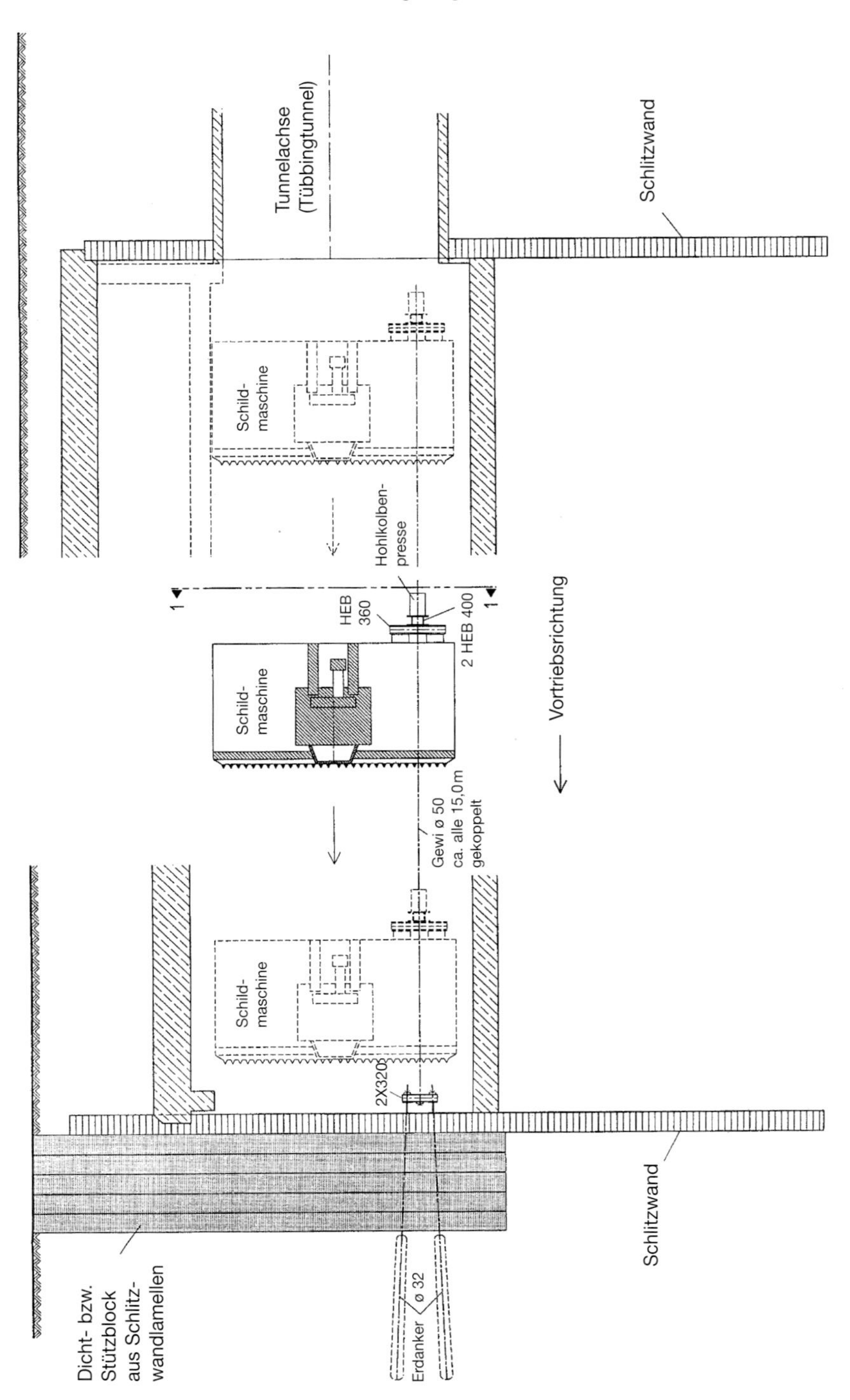

betrachtet werden kann, werden konzentriert Druckluftventile in die Blechplatte sowie, mit einer geringeren Verteilungsdichte, über den Rest der Luftkissenplatte eingeschraubt. Die Maschine wird auf diesen Schlitten aufgeschoben, und die Ventile werden über eine parallel geschaltete Druckluftversorgung beaufschlagt. Die Druckluft muss einen aerodynamischen Staudruck erzeugen, der grösser ist als die lokale Flächenpressung unter der Platte. Der Untergrund muss für diesen Vorschub entsprechend genau, glatt und reibungsarm vorbereitet werden. Der Luftgleitschlitten wird mit Zugstangen und Hohlkolbenpressen gezogen. Die Zugstangen werden an den Litzenankern, die an der Anfahrwand im Boden verankert sind, zurückgehängt (Bild 18.13-4). Die Anker sollten wegen der relativen Bohrgenauigkeit ausreichend ausserhalb des ausgefrästen Tunnelprofils liegen.

Die Dicht- und Anfahrblöcke vor der Schachtwand haben meist folgende Doppelfunktion (Bild 18.13-1):

- Einerseits sollen sie die Dichtigkeit des Schachtes sichern, nachdem die Schachtwandöffnung zum Durchfahren der Maschine abgebrochen oder durchfräst wurde.
- Anderseits soll der Anfahrblock die Stützwirkung der geöffneten Wand übernehmen. Dies erfolgt durch die räumliche Bogenwirkung, die sich im Anfahrblock ausbilden muss, bis die Maschine eingefahren ist und mit dem Schneidrad die Ortsbruststützung übernehmen kann. Zur Übernahme der Ortsbruststützung ist es erforderlich, dass die Widerlagerkonstruktion ausreichend bemessen wurde. Die Bogenwirkung des Anfahrblocks ist im wesentlichen horizontal. Der Anfahrblock muss so ausgebildet werden, dass die beidseitigen horizontalen Auflagerkräfte des Anfahrblocks von den seitlichen Schachtwänden aufgenommen werden oder ins seitliche Erdreich eingeleitet werden.

Die Dicht- und Anfahrblöcke können für Schächte aus HDI-Erdbeton, Spund-, überschnittenen Bohrpfahl- oder Schlitzwänden wie folgt hergestellt werden:

- Der Dichtblock kann mittels HDI-Verfahren unter Verwendung von Zementsuspension injiziert werden.
- Der Dichtblock wird bei einer Schlitzwand mittels Schlitzwandgreifer oder bei einer Bohrpfahlwand mit einem Bohrgerät ausgehoben (Bild 18.13-1). Die Dichtwandlamellen müssen allerdings in mehreren Lagen vor der eigentlichen Schlitzwand oder Bohrpfahlwand hergestellt werden. Die Ausbildung des Anfahrblockgewölbes erfolgt unbewehrt mit einer Betonfestigkeit von meist unter 5 N/mm^2. Allerdings muss auf die mögliche Umläufgkeit um die einzelnen Lamellenlagen geachtet werden.
- Die Anfahrwand kann als Doppelwand hergestellt werden, die mit schweren Trägern verstärkt wird (Bild 18.13-5). Vor der eigentlichen Schachtwand wird eine zweite Schlitzwand gelegt. Die eingestellten Träger bilden ein Einfeldsystem, das unten elastisch gelagert ist und oben eine verschmierte Schneidenlagerung aufweist, nachdem die Innenschachtwand zum Durchfahren der Maschine aufgebrochen wurde. Diese Träger in der sekundären Schlitzwand übernehmen die Tragfunktion der eigentlichen Schachtwand, nachdem diese zum Durchfahren der Schildmaschine geöffnet wurde und der Anpressdruck der Maschine noch nicht zur Stützung der Ortsbrust mit der zweiten Schutzwand in Kontakt ist. Diese zweite sekundäre Schlitzwand besteht aus einer Schlitzdichtwand, in die Träger eingestellt werden, die mit einem adhäsiven Fett ganzflächig vorbehandelt wurden, so dass sie mit dem abbindenden Dichtwandbeton keinen Verbund eingehen. Zur Sicherstellung, dass kein Verbund entsteht, können diese Träger in gewissen zeitlichen Abständen während des Erhärtens mit einem Rüttler vibriert werden. Die Träger werden gezogen, nachdem die Schildmaschine in der Einfahrbrille sitzt und sich kraftschlüssig gegen Widerlagerkonstruktion und Anfahrwand verspannt hat, um die Stützung zu übernehmen.

18.14 Sicherheitsanforderungen

Die besonderen Anforderungen hinsichtlich TÜV, Arbeitssicherheit, Druckluftverordnung, Brandschutz etc. die in einem Sicherheitsplan für die Baustelle festgelegt werden, sollen hier nicht behandelt werden (siehe Kapitel 23 „Sicherheitsmanagement im Untertagebau").

Jedoch ist es erforderlich, auf einige Besonderheiten zur Reduzierung der Grossbrandgefahr einzugehen (Brand Grosser Belt Tunnel). Die Wahrscheinlichkeit, dass ein Brandfall eintritt, ist extrem gering. Im Fall eines Brandes kann jedoch ein hohes Gefahrenpotential entstehen, weil grosse

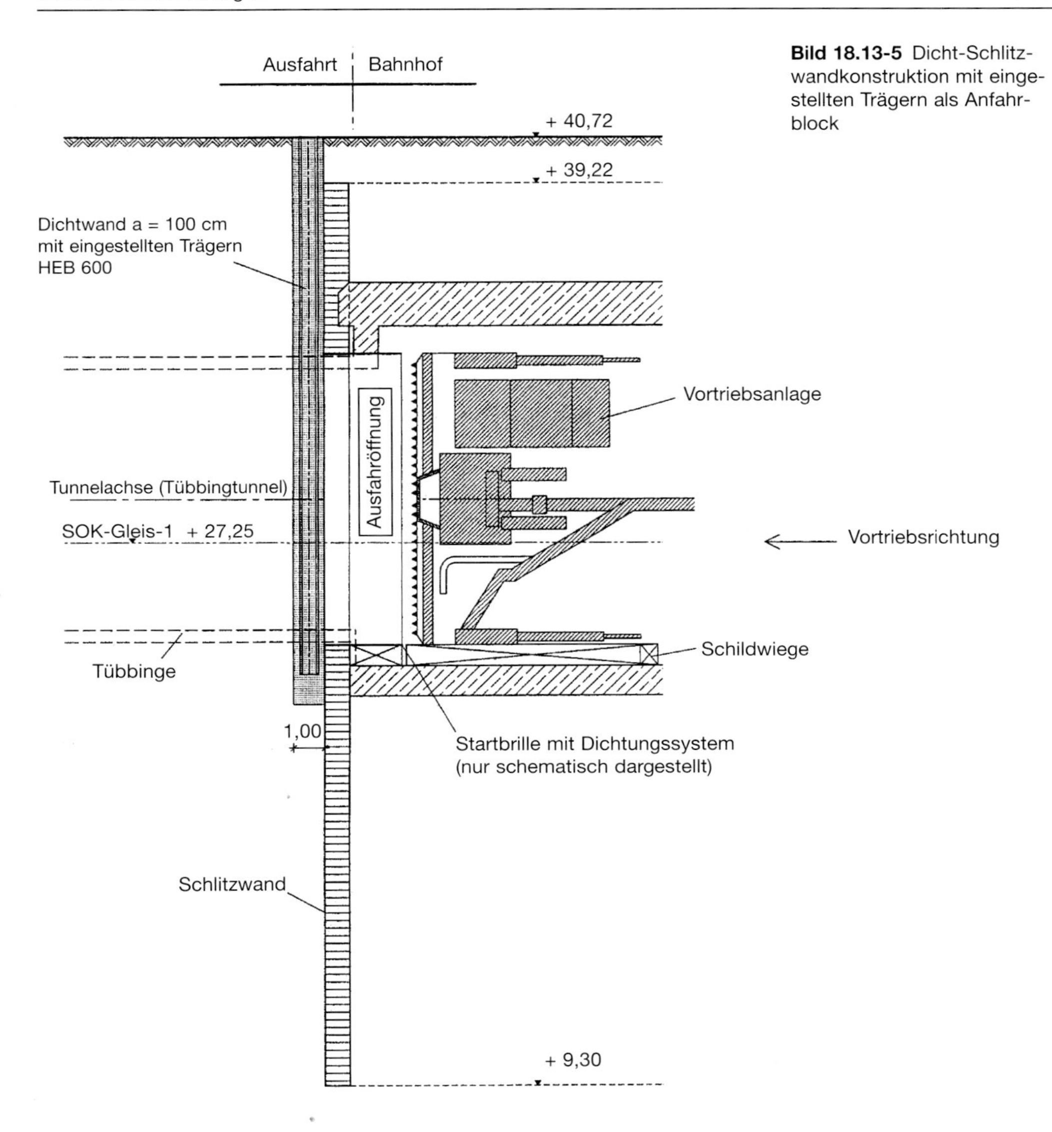

Bild 18.13-5 Dicht-Schlitzwandkonstruktion mit eingestellten Trägern als Anfahrblock

Mengen hocherhitztes Hydrauliköl und, was den Antrieb der Motoren anbelangt, gewaltige elektrische Spannungen freigesetzt würden.

Daher sind konstruktive Massnahmen erforderlich, die das Gefahrenpotential verringern:

- mehrere kleine bis mittelgrosse, räumlich getrennte Öltanks
- Öltanks nicht im Bereich der Elektromotoren
- automatische Volumenverlustdetektoren für die Hydrauliköltanks
- Feuerlöscheinrichtung – nach Möglichkeit fest installierte Spraysysteme mit Trockenlöschmitteln in den kritischen Bereichen sowie verschiebbare Handlöschsysteme
- Brand- und Rauchschutz für das Bedienungspersonal: Masken, Anzüge, Atemgeräte, Schutzcontainer, im Nachläufer erreichbar

18.15 Entwicklungstendenzen

Der Vortrieb ist hinsichtlich der Steuerung des Schneidkopfes, der Druckregulierung der Bentonitstützsuspension oder des Erdbreis zur Stabilisierung der Ortsbrust, der Steuerung der Vortriebspressen und der Förderung des Abraums weitgehend automatisiert [18-23]. Die Überwachung dieser Vorgänge erfolgt zentral in einer Steuerkabine. Hier werden die Soll-Ist-Abweichungen hinsichtlich des Schildes zur Tunnelachse überprüft. In einem gewissen Umfang können die Abweichungen durch ein Softwareprogramm über eine Ausgleichsgradiente korrigiert und die Pressen am Umfang entsprechend gesteuert werden.

Das Verlegen der Betontübbinge wird meist noch manuell gesteuert. Hier gibt es noch gute Ansätze zur Automatisierung mittels Sensoren und Prozesssteuerung. In bezug auf Einzelprojekte wurde aus Kostengründen diese Möglichkeit nicht zur vollen Anwendungsreife für den rauhen Untertagebetrieb entwickelt. Zu diesem Automatisierungskreis gehört auch der Transport und die Verschraubung der Tübbinge [18-24].

Die Zielsetzung der weiteren Entwicklung im Tunnelbau mittels Tunnelvortriebsmaschinen wird die systematische Risikominimierung und Automatisierung sein, um die Bauweise terminlich wie auch wirtschaftlich optimal durchzuführen. Bei der Risikominimierung steht im Vordergrund:

- Verbesserung der Baugrundvorerkundung mittels geophysikalischer Methoden
- Verbesserung der Robustheit der Maschine hinsichtlich Abbau und Förderung von komplexen und heterogenen Böden in einem weiten Spektrum bodenmechanischer Eigenschaften
- Vereinfachung und zeitliche Verkürzung der Wartung der Maschinen durch intelligente Lösungen hinsichtlich Zugänglichkeit und Austauschmöglichkeit von Verschleissteilen, Abbauwerkzeugen etc. unter atmosphärischen Bedingungen

Durch diese Massnahmen werden folgende wirtschaftliche Vorteile erreicht:

- geringere Ausfallzeiten durch hohe Erkundungswahrscheinlichkeit (Findlinge, Hindernisse, Kieslinsen, Störzonen etc.)
- geringere Wartungs- und Reparaturzeiten
- Verringerung der gesamten Mannschaftsstunden
- Verringerung der Gefahren für die Mannschaft
- Minimierung der Nachtragskosten durch terminlich pünktlichere Durchführung der Baumassnahme

Die Anstrengungen zur Automatisierung und Roboterisierung werden sich verstärken auf folgende Bereiche:

- Expertensystemsteuerung mit vollautomatischer Korrektur (Pressen, Schneidrad etc.) während des Vortriebs mittels Soll-Ist-Vergleich der Vermessungsdaten mit der Soll-Gradiente
- automatische Expertensystemsteuerung der Vortriebsgeschwindigkeit, Fördermenge, Bentonitmenge, Konditionierungsmittel, Ortsbruststützung etc.
- automatischer, roboterisierter Transport und Ausbau der Tunnelschale sowie Korrektur möglicher ungewollter Abweichungen mittels Expertensystem

Alle Expertensysteme sollten dem verantwortlichen Personal interaktiv Lösungen anbieten sowie die computerunterstützte manuelle Steuerung ermöglichen. Expertensysteme können unter wirtschaftlichen Gesichtspunkten nicht das gesamte Erfahrungspotential einer erfahrenen Tunnelmannschaft integrieren, um allen möglichen Störfällen und Situationen gerecht zu werden. Daher werden die Anforderungen an die Qualifikation der Tunnelexperten auf der Baustelle bei TVM-Vortrieben weiter steigen.

Alle Entwicklungsmassnahmen zur Effizienzsteigerung mittels Automatisierung und Roboterisierung müssen unter dem Kosten-Nutzen-Aspekt betrachtet werden.

Die Bauindustrie betreibt aus Kostengründen oft nur projektbezogene Entwicklungen und keine zukunftsorientierte, systematische Innovationen. Aus den Erfahrungen abgewickelter Projekte werden die Probleme eingegrenzt und Lösungen entwickelt. Um jedoch für die anstehenden grossen Aufgaben übergeordnete Synergieeffekte nutzen zu können, müssen – national, möglicherweise international – Bauherren, Bauindustrie, Maschinenhersteller und die Forschungsinstitute der Hochschulen zusammenwirken. Nur durch eine z. B. nationale konzertierte Entwicklung, unter Bereitstellung von Forschungsmitteln, lassen sich diese Aufgaben terminlich pünktlicher und volkswirtschaftlich kostengünstiger abwickeln.

18.16 Fehlerquellen beim Tunnelvortrieb mittels Schildmaschine

Aufgrund der weltweit ständig fortschreitenden, bauverfahrenstechnischen Entwicklung werden Bauprozesse zunehmend komplexer. Wegen einer damit verbundenen erhöhten Fehleranfälligkeit steigt zwangsläufig das Risiko des Auftretens von Bauschäden. Neben dem hohen betriebswirtschaftlichen Schaden ist zu berücksichtigen, dass dadurch auch Menschen gefährdet werden können. Im folgenden (Tabelle 18.16-1) sollen die häufigsten Fehlerquellen, welche im Tunnelvortrieb mittels Schildmaschine zu Bauschäden führen können, aufgelistet werden.

Tabelle 18.16-1 Fehlerquellen beim Tunnelvortrieb mittels Schildmaschine

Schaden	Fehlerquelle
Bodeneinbruch an der Ortsbrust	– Fehlerhafte Berücksichtigung der Baugrund- und Grundwasserverhältnisse (z. B. Ansatz unzutreffender Bodenkennwerte, Nichtbeachtung jahreszeitlicher Grundwasserschwankungen) – Unzureichende Sicherungs- und Entwässerungsmassnahmen an der Ortsbrust (z. B. unzureichende Ortsbrustabstützung, insbesondere bei Stillstandszeiten) – Zu grosse Abschlagslängen bei offenen Schilden – Falsche und unzureichende Ortsbrustwiderstandskräfte
Ausbläser an der Ortsbrust	– Zu hohe Luftdrücke – Falsche Beurteilung der Durchlässigkeit des Bodens
Beschädigung der Tübbinge	– Steuerfehler (z. B. zu spätes oder ruckartiges Gegensteuern, zu enge Kurvenradien, unzureichende Entlastung der Steuerpressen) mit einhergehenden Abplatzungen an einzelnen Tübbingen – Falsche Einpressdrücke und Einpressmengen zur Injizierung des Ringspaltes. Dabei kann es zu Abplatzungen in den Nut- und Federringfugen kommen. – Zu hohe Pressdrücke (z. B. aufgrund falsch eingestellter Überdruckventile) – Fehlerhafte Lastansätze / Bemessungsfehler (z. B. unzureichende Berücksichtigung von Zwängungsbeanspruchung, u. a. in den Kurven) – Überschreitung der zulässigen Toleranzen (z. B. Nichtbeachtung der Verformungen des Vortriebsschildes und der Herstellungs- und Versetztoleranzen der Tübbinge) – Transport- und Einbaufehler mittels Erektor (z. B. Anstossen der Tübbinge beim Transportieren und Versetzen mit einhergehendem Abplatzen der Kanten) – Zwängungen durch zu enge Kurvenfahrt (z. B. Korrekturkurven) im Schildschwanzbereich – Materialfehler

Tabelle 18.16-1 Fehlerquellen beim Tunnelvortrieb mittels Schildmaschine (Fortsetzung)

Schaden	Fehlerquelle
Lageabweichung des Tunnels	– Steuerfehler (z. B. zu schnelles oder zu spätes Gegensteuern) – Hindernisse – Vermessungsfehler (z. B. unzureichende Nullmessungen, Messungen während verschiedener Bauphasen mit und ohne gespannte Hydraulikpressen, fehlerhafte Standortwahl für das Vermessungsgerät, unzureichende Trennung der Vermessungsgeräte von den Baugrubenwänden, Streuung bzw. Beugung des Laserstrahls) – Fehlerhafte Berücksichtigung der Baugrundverhältnisse beim Steuern – Aufschwimmen und Verformen der Tübbingringe im noch nicht erhärteten Ringspaltmörtel (Ringreformer kann Abhilfe bringen)
Undichtigkeit der Schildschwanzdichtung	– Zu steife Kunststoffdichtungen bei Einbauabsätzen zwischen benachbarten Tübbingen im Ring – Zu hoher Verpressdruck des Injektionsmörtels – Unzureichender Fettdruck bei Bürstendichtungen – Abnützung und Beschädigung der Dichtung
Überschwemmung des Startschachtes	– Unzureichende Ableitung von Oberflächenwasser – Fehlerhafte Einschätzung von Hochwasserständen – Unzureichende Wasserhaltung – Beschädigung der Brillenwand
Undichte Tübbingfugen	– Schadhafte Dichtungsrahmen – Unzureichende Berücksichtigung der Konvergenzverdrehungen in den Längsfugen – Zu gering dimensionierte Profile zur Erzeugung einer ausreichenden Rückstellfederwirkung während der gesamten Lebensdauer unter Berücksichtigung der Verformungen (Konvergenzwinkel) – Einbaufehler beim Versetzen der Tübbinge, besonders beim Einschieben des konischen Schlusssteins

19 Tübbingauskleidung

19.1 Berechnung von Tunnelröhren mit Tübbingauskleidung

Die Berechnung und Ausführungsplanung von Tunnelbauwerken ist nicht vergleichbar mit normalen Hoch-, Brücken-, Tief- oder Ingenieurbauwerken, da der Untergrund infolge des Verbundes mit dem Bauwerk einen wesentlichen Teil des Tragwerks bildet. Die Bestimmung der mechanischen, elastischen und plastischen Kennwerte des Bodens ist, bedingt durch seine Heterogenität, weiten Schwankungen und nicht den statistisch engen Grenzen der qualitätsüberwachten Werkstoffe wie Stahl oder Beton unterworfen [19-1].

Im Hinblick auf die Unsicherheiten der Eingangswerte hinsichtlich Belastung sowie des Bodenkörpers als Teil der Tragstruktur des Tunnels ist eine „verfeinerte" Rechnung im allgemeinen nicht angebracht. Wichtiger ist vielmehr, Parameteruntersuchungen aufgrund von Gefährdungsbildern durchzuführen, die die möglichen Risiken und Gefährdungssituationen während des Baus und des späteren Betriebes berücksichtigen.

Die notwendigen Berechnungen ergeben sich u. a. aus der Variation der Kenngrössen des Bodens. Zudem sollte eine systematische Risikoanalyse durch ein Team von Geologen, Bodenmechanikern, Statikern, Bauverfahrenstechnikern etc. wie folgt vorgenommen werden:

- systematische Analyse der „in situ"-Untersuchungen sowie des daraus abgeleiteten Bodenmodells unter Berücksichtigung der einschlägigen, lokalen Erfahrungen in bezug auf die Bodenverhältnisse sowie ausgeführter Tunnelbauten
- mögliches Gefährdungspotential simulieren und untersuchen
- mögliche Bauverfahren für die Untersuchung der Interaktion Boden-Bauverfahren-Bauwerk festlegen
- physikalische Berechnungsmodelle aufstellen
- Berechnung sicherheitsrelevanter Kriterien durch Variation von Parametern unter Beachtung obiger Punkte
- Auswahl der möglichen Bauverfahren

Besonders wichtig sind dabei die geologisch-bodenmechanischen und geophysikalischen Voruntersuchungen sowie deren Auswertung und Interpretation durch Fachleute. Bei der Interpretation der Ergebnisse muss man sich darüber im klaren sein, dass die Bodenuntersuchungen oft nur punktuelle, lokale Erkenntnisse mit einem relativ grossen Rasterabstand im Bereich des Bauwerks darstellen.

Mehrere einfache Berechnungsabläufe mit Variation der Parameter im wahrscheinlichsten Streubereich sind informativer und aussagekräftiger als einzelne, komplizierte FEM-Berechnungen. Während der Bauausführung sind ständige Kontrollmessungen notwendig, um Abweichungen von den Annahmen zu erkennen. Zudem werden zusätzliche Informationen für zukünftige, ähnliche Projekte gewonnen.

Heute erfolgen bergmännische Tunnelvortriebe meist mittels Spritzbetonbauweise (Neue Österreichische Tunnelbauweise) oder mit Tunnelvortriebsmaschinen. Bei der Spritzbetonbauweise werden ingenieurgeologische Konzepte mit handwerklichen Arbeitsmethoden kombiniert. Die Planung eines solchen Tunnels kann nicht wie im Hochbau erfolgen. Die Voruntersuchungen dienen zur Festlegung der prinzipiellen Ausbaumassnahme. Das Verfahren mittels Spritzbeton und Ausbaubögen, Ankern etc. ist sehr adaptiv und beinhaltet Spielraum für Varianten.

Für einen maschinellen Schildvortrieb mit vorgefertigter Fertigteil-Tübbingauskleidung ist eine Adaption an veränderte Gegebenheiten während des Bauablaufs nicht mehr möglich. Hier muss die Ausführungsplanung für das Maschinen- und Tübbingauskleidungskonzept verbindlich und äusserst gründlich durchgeführt werden. Daher ist es beson-

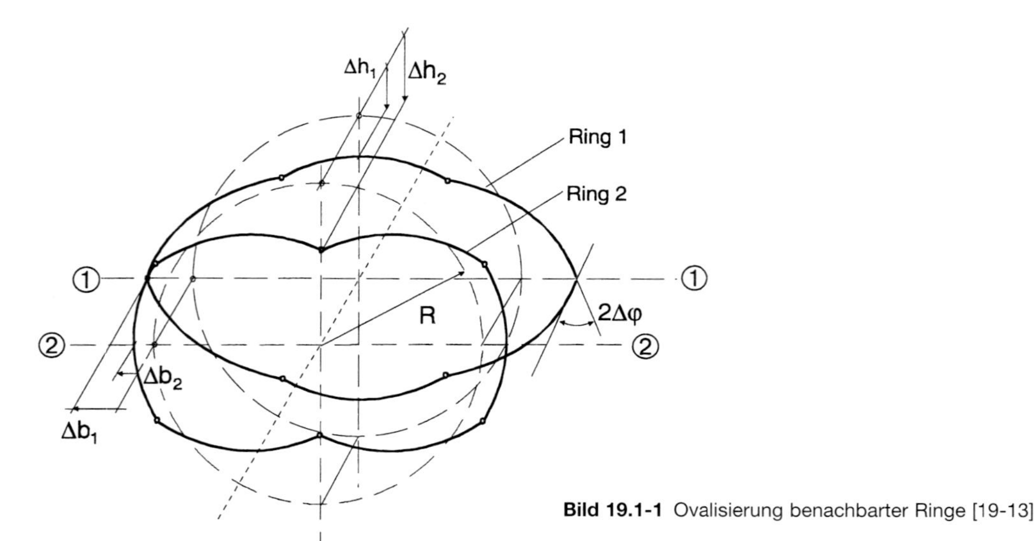

Bild 19.1-1 Ovalisierung benachbarter Ringe [19-13]

ders wichtig, die Einwirkungen auf die Tübbingauskleidung im Bau wie auch im Endzustand zu untersuchen. Die Stabilität der Ortsbrust während des Vortriebs muss für alle möglichen ungünstigen Fälle untersucht werden, um die notwendigen technischen Vorkehrungen und Lösungen zu erarbeiten.

Die statische Berechnung kann im wesentlichen mit folgenden Verfahren durchgeführt werden:

- Berechnung mit gebetteten Stabwerken
- Berechnung mit Finiten Elementen (FEM) sowie Boundary Elementen

Die gebettete Stabwerksmethode hat sich bei flachliegenden Tunnel im Lockergestein für die Bemessung der Auskleidung schildvorgetriebener Tunnel bewährt. Zur Berechnung von Tunnelröhren mit Tübbingauskleidung nach der gebetteten Stabwerkstheorie sind zahlreiche Veröffentlichungen gemacht worden [19-2] bis [19-10].

Tabelle 19.1-1 enthält eine chronologische Auflistung einiger wichtiger Veröffentlichungen zur Entwicklung dieser Berechnungsmethode. Die Veröffentlichungen enthalten ausreichende Angaben zur Berechnung und Dimensionierung der Auskleidung, jedoch sind folgende Ansätze für die sehr grossen Tunneldurchmesser unzureichend berücksichtigt:

- Aufbau der Koppelung während des Eintretens der Verformung zu benachbarten Ringen durch Versatz der Längsfugen und Nut- und Federausbildung der Ringfuge
- Längskräfte, die durch den Vortrieb eingetragen werden, können nicht permanent als statisch eingeprägte Kräfte angesetzt werden
- Beschränkung der Drehwinkel in den Längsfugen zur Sicherstellung der langfristigen Dichtigkeit

Die Einzelringe der Auskleidung bestehen, je nach Grösse des Tunneldurchmessers, meist aus mehreren gleichen Tübbingen, zwei Anschlusstübbingen zum Schlussstein sowie einem Schlussstein. Die Kopplung der Einzelringe wird durch die Ausbildung der Ringfuge, z. B. als Nut- und Federfuge oder als glatte, ebene Fuge, beeinflusst und gestaltet.

Bei der glatten, ebenen Ringfuge erfolgt quasi keine Kopplung durch den Nachbarring. Alle Lastfälle werden von dem durch Längsfugenmomente gelenkig gekoppelten, elastisch gebetteten Stabzug abgetragen. Die Längsfugendrehmomentgelenkwiderstände ergeben sich aus der Drehfedersteifigkeit der Betongelenktheorie [19-14]. Diese Drehfedersteifigkeit wiederum ergibt sich aus den nichtlinearen Momenten-Drehwinkel-Beziehungen. Die Ringbiegesteifigkeit des Tübbingrings kann erhöht werden (bis hin zur fast kontinuierlichen Biegesteifigkeit des Rings) durch Ausbildung der Ringfuge als Nut- und Federfuge mit Versatz der Längsfuge um einen halben Stein, bzw. ein Vielfaches eines halben Steins, zum benachbarten Ring (Bild 19.1-1).

In den Endbereichen eines Tübbingsteines sind in der Ringfuge Kaubitstreifen [19-15] und/oder

Tabelle 19.1-1 Chronologische Entwicklung zur Berechnung der Tunnel mit Tübbingauskleidung im Lockergestein [19-13]

	Autor	Thema / Problematik	Jahr
1	Bull A. [19-2]	Elastisch gelagerter Kreisring, Erddruckansätze	1944
2	Duddeck H., Schulze H. [19-3]	Elastisch gelagerter Kreisring, neue Erddruckansätze	1964
3	Windels R. [19-4], Hain H. [19-5]	Theorie 2. Ordnung des elastisch gelagerten Kreisrings	1966/68
4	Hain H., Falter B. [19-6]	Theorie 2. Ordnung des elastisch gebetteten Kreisrings unter Berücksichtigung von Momentengelenken	1975
5	Melder V. [19-7]	Ansätze zur Koppelung der versetzt angeordneten Ringe - Längsfugensteifigkeit - Elastische Ringfugenkoppelung unter Ansatz der Kaubits (durch das Kriechen des visko-elastischen Materials ist der Ansatz des kurzzeitigen elastischen Verhaltens unzureichend)	1975
6	Duddeck H. [19-8], [19-10] Ahrens H., Lux K. H., Lindner E. [19-9]	Empfehlungen zur Dimensionierung von Tunnel bzw. schildvorgetriebenen Tunnel in Lockergestein - Einwirkungen - Ersatzbettungsansätze kr, kt - Bettungsverlauf für $h < 2d$, $2d \leq h \leq 3d$ - Lasten, Erddruckansätze, Vorverformungen - Nachweise	1982-86
7	Baumann T. [19-11]	Konstruktive Gestaltung der Längsfuge (siehe auch Leonhard/Reimann)	1992
8	Versuche: Wayss + Freitag / Materialprüfanstalt für Bauwesen, München Dywidag / U-Bahn - Nürnberg / Dywidag Materialprüfanstalt München Wesertunnel / IBMB - TU Braunschweig ARGE 4. Röhre Elbtunnel / STUVA Köln [19-12]	Klärung des Tragverhaltens: - Längsfugen - Längsfugen - Längsfugen und Ringfugen - Längsfugen und Ringfugen, Kombinationsverhalten, Abscheren, Gesamtringverhalten	 1972 1989 1992 1996-97

Sperrholzstreifen in die Nut und Feder an den Flanken eingelegt. Dabei ergeben sich je Stein zwei Koppelstellen. Die Ovalisierung des Tunnelquerschnitts (Bild 19.1-1) weckt nach einer gewissen Anfangsverformung (Schlupf) eine Kopplung der benachbarten Ringe (Bild 19.1-2) und erhöht somit die Ringbiegefestigkeit des Tübbingringes in drei Stufen wie folgt:

- Die Toleranz zwischen Nut und Feder von ca. 6 – 7 mm zum Einbau der Ringe ermöglicht einen Schlupf von 3 – 4 mm, bis der Kaubitstreifen in die Flanken gedrückt wird. Bis zu dieser Verformung (Anspringen der Koppelung) trägt das System als Einzelring.
- Nach dem Anspringen der Koppelfedern an den diskreten Endbereich der Tübbinge können über das Modell der Kaubitfeder im Nut- und Federbereich Querkräfte übertragen werden.
- Nachdem die Kaubitfeder ihren maximalen Dehnweg ($\Delta d = \varepsilon \cdot d$) erreicht hat, ca. 1,5 – 2,0 mm bei 3 mm Materialstärke, bildet sich im Kaubitstreifen, bedingt durch die Reibung auf der Aussenseite des Materials, ein dreidimensionaler Spannungszustand aus, der zu einem quasi hydrostatischen Zustand im Material führt. Es kommt zur „harten Kopplung" – zwischen dem Beton der Nut und dem Beton der Feder.

Bei weiterer Verformung des „hart" gekoppelten Systems nehmen die Verformungen nur wenig zu, weil das System nun sehr biegesteif ist. Dadurch können bei zunehmender Verformung die Koppelungsquerkräfte sehr stark ansteigen. Dies führt dann sehr schnell zum Versagen der unbewehrten Nut und Feder.

Die Grösse der Koppelkräfte steht im direkten Zusammenhang mit der Gesamtverformung der Tunnelröhre. Legt man die Biegelinien (Bild 19.1-1) zweier nebeneinander liegender Tunnelringe übereinander, so treten die grössten Differenzen im Bereich der versetzt liegenden Längsfugen auf (Längsfuge Ring 1 = Tübbingmitte Ring 2). Je grösser die Gesamtverformung ist, desto grösser sind die Differenzen.

Zur experimentellen Bestimmung der Querkrafttragfähigkeit der Nut und Feder wurden bei der STUVA in Köln [19-12] für die bei der 4. Elbröhre Hamburg verwendeten Tübbinge Versuche durchgeführt (Tabelle 19.1-1).

Für eine allgemeine Aussage sind weitere systematische Teilversuche zur Bestimmung von allgemeinen Bemessungsgrundsätzen bei der Variation von Nutflanken und Federverhältnissen, der Bewehrung im Bereich der Nutflanke, der Betonfestigkeit, der Faserarmierung etc. notwendig.

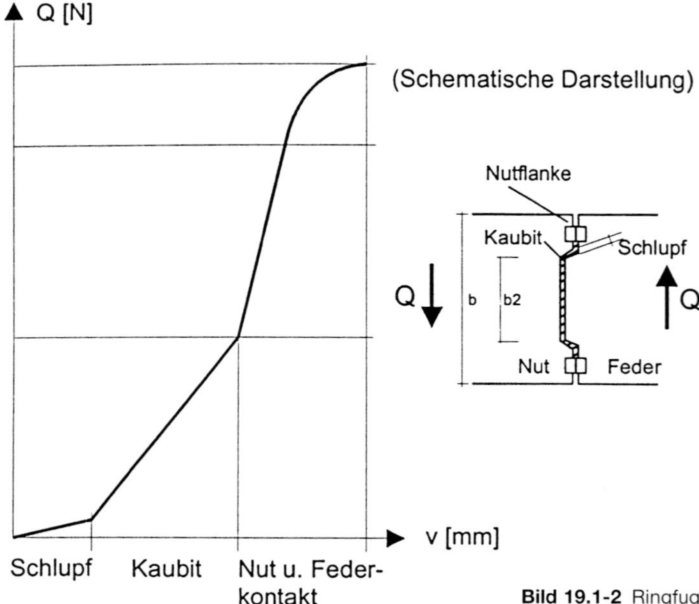

Bild 19.1-2 Ringfugenkopplungsfeder [19-13]

Bild 19.1-3 Längsfugendrehfeder [19-13]

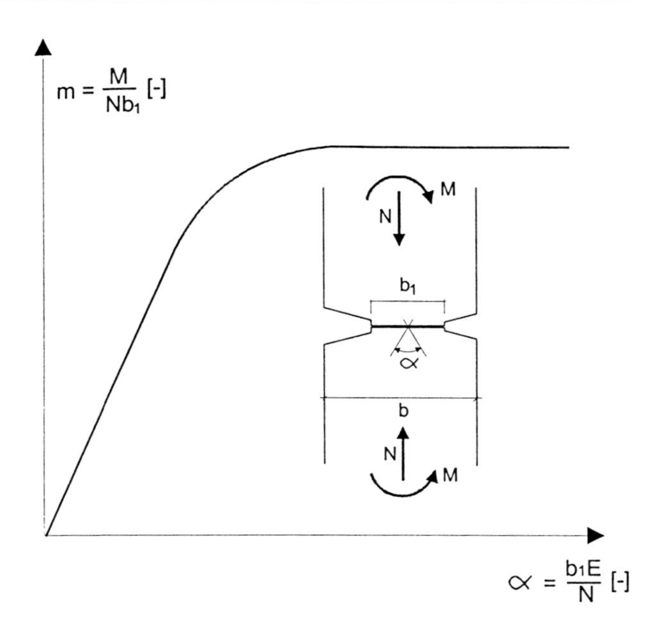

Der generelle Ansatz, die Kopplung der versetzt angeordneten Ringe durch Reibungskräfte zu erfassen, die sich nach dem Coulombschen Gesetz in der Ringfuge durch die eingeleiteten Längskräfte der Vortriebspressen ergeben, ist aus folgenden Gründen unzulässig:

- Die Temperaturdifferenz (Flachtunnel) zwischen Einbau unter Tage (ca. 20 °C) und fertiger Röhre im Winterbetrieb (–6 °C) kann Dehnungen erzeugen, die die eingeprägten Längskräfte (wirken wie eine Vorspannung) aus dem Bauzustand des Vortriebs aufheben.
- Die Entspannung der durch die Vorschubpressen vorgespannten Röhre gegenüber dem Verpressmörtel und Erdreich an der Aussenseite erfolgt durch:
  - Kriechen der Röhre entlang der Reibungskräfte des Erdreichs
  - Reduzierung der Verbundspannung zwischen Röhre und Verpressmörtel bei Verwendung von Bürstenschildschwanzdichtungen durch die permanente Abgabe von umweltverträglichen Fetten auf die Aussenhaut der Tübbinge
  - Überschreitung der aufnehmbaren Verbund- bzw. Zugspannungen im Verpressmörtel dort, wo sich der volle Verbund herstellen lässt, z. B. bei Verwendung von Neoprenschildschwanzdichtungen

Mit dieser Reibungskopplung lassen sich sehr grosse Querkräfte aufnehmen. Dieser Ansatz ist jedoch zu unsicher und wird schon während der Bauphase meist abgebaut.

Die Formgebung der Längsfuge – ebene oder gekrümmte (zylindrische) Kontaktfläche – ergibt sich aus der statischen Untersuchung (Tabelle 19.2-1). Sind die Druckkräfte sowie Drehwinkel in den Längsfugen gross, verhalten sich zylindrische Fugenausbildungen in bezug auf Betonabplatzungen günstiger. Bei kleineren Druckkräften, wie sie bei Tunnelbauwerken mit geringer Überdeckung auftreten, empfiehlt sich die ebene Fugenausbildung, da Versuchsergebnisse auch bei grösseren Verdrehwinkeln ein günstigeres Verhalten bestätigen [19-11].

In der Längsfuge (Bild 19.1-3) wird der von der Rotation abhängige, nichtlineare Drehwiderstand angesetzt. Die Einschnürung in der Längsfuge bestimmt den Verdrehwiderstand. Je grösser der Verdrehwiderstand ist, desto geringer sollte die Einschnürung im Verhältnis zur Kontaktfläche sein. Bei starker Verdrehung im Bereich der bewehrten Kontaktfläche entsteht ein dreidimensionaler Spannungszustand im Bereich des kurzen eingeschnürten Halses, der sehr hohe Druckspannungen aufnehmen kann. Die Einschnürung dient ferner aus konstruktiven Gründen zur Unterbringung der Dichtungsprofile.

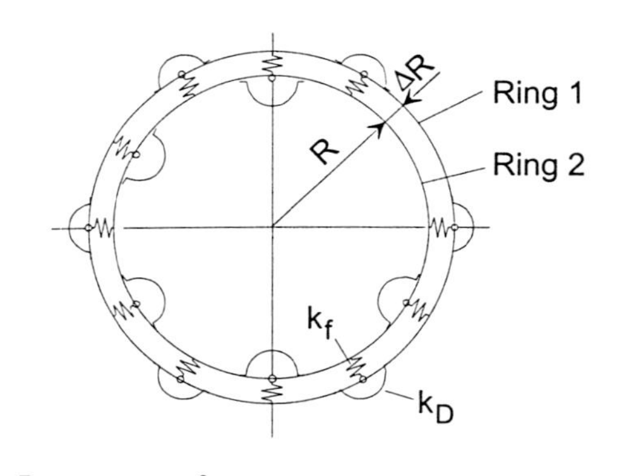

$\Delta R_{lim=0}$ = 0

k_f = Ringfugenkoppelungsfeder (Lage der Kaubitstreifen)

k_D = Längsfugendrehfeder

Bild 19.1-4 Modell der Ringkopplung [19-13]

Die Kopplung benachbarter Tübbingringe zum Nachweis der statischen Gebrauchs- und Tragfähigkeit, durch Ansatz der reinen elastischen Kaubitcharakteristik in Form von Ersatzstäben und Federn ohne Verformungsbegrenzung in den Fugen, wird als eine nicht ausreichende statische Modellierung beurteilt. In einem solchen Fall bildet das Kaubit ein fiktives Tragwerkselement, das jedoch aufgrund seiner rheologischen Beschaffenheit und der viskosen, elastischen Eigenschaften (in einem Kurzzeitversuch verhält es sich elastisch, fliesst jedoch längerfristig) zur harten Kopplung übergeht, mit möglicher Schädigung der Nutflanken und der damit einhergehenden Wasserundichtigkeit.

Zur statischen Berechnung und Dimensionierung wird meist der durch Momentengelenke (Bild 19.1-3) gekoppelte, elastisch gebettete Kreisring zugrunde gelegt (Bild 19.1-4). Dabei verwendet man jeweils zwei halbe Kreisringe, die jeweils um einen halben Tübbingstein versetzt und durch Federelemente oder kurze Stabelemente (Bild 19.1-2) verbunden sind.

Die nichtlinearen Federn für die Verdrehsteifigkeit der Längsfuge sowie die nichtlineare Kopplung der benachbarten Ringe verlangen eine Berechnung, die eine Überlagerung von Lastfällen ausschliesst. Daher müssen Lastkombinationen berechnet werden.

Bei Tunneln mit geringer Überdeckung (< 1∅) überwiegt die horizontale Belastung; zudem ist im Firstbereich nur eine geringe bzw. keine Bettung anzusetzen. Die Röhre ovalisiert sich in vertikaler Richtung. Bei einer Überdeckung zwischen 1∅ und 2∅ überwiegt die Auflast, und die Röhre ovalisiert in horizontaler Richtung bei umlaufender Bettung.

Im Lastfall Bauzustand sollte das interaktive System Tunnelvortriebsmaschine und Tübbingauskleidung in den einzelnen Betriebsphasen analysiert werden:

- Vortrieb und Verpressmörtelinjektion
- Kurvenvortrieb (Einsatz einseitiger Vortriebspressen)
- Tübbingverlegung und Stillstand

19.2 Konstruktive Ausbildung der Tübbinge

Die Betontübbinge gehören heute zu den Standard-Auskleidungselementen [19-16] im schildvorgetriebenen Tunnelbau. Die Tübbinge sind so gestaltet, dass im Schutz des Schildes eine wasserdichte Schale montiert werden kann. Die senkrecht zur Ringfuge angeordneten Längsfugen entkoppeln die Versetzungsgenauigkeiten in Längs- und Ringfuge. Nur der Schlussstein wird aus konstruktiven Gründen konisch ausgeführt, sowie aus Passgründen die Flanken der benachbarten Tübbinge. Die Tübbingabmessungen ergeben sich aus statischen wie auch aus konstruktiven Gründen. Zum maschinellen Versetzen der Tübbinge benötigt man mindestens vier Teile, da diese meist über den Nachläufer herangebracht, gedreht und in die richtige Position geführt werden müssen. Üblicherweise findet man meist Ringteilungen ab fünf aufwärts. Bei grossen Durchmessern (z. B. 4. Röhre Elbtunnel: Innendurchmesser $\varnothing_i$ = 12.35 m) werden bis zu neun Teile verwendet (Bild 19.2-1). Die Tübbingeinteilung muss mit der Presseneinteilung abgestimmt sein (Bild 18.4-1). Aus baubetrieblichen Gründen sollte keine Presse auf einer Längsfuge stehen.

Die Ringbauzeit [19-17] steigt jedoch mit der Anzahl der Elemente. Aus statischer Sicht beeinflusst die Anzahl der Elemente, und damit die Anzahl der Längsfugen, die Steifigkeit des elastisch gebetteten Ringes, bedingt durch den reduzierten Drehwiderstand der Momentgelenke. Falls der Ring nicht zu weich wird, kann dadurch eine Reduktion der Bewehrung erreicht werden. Da die

Form	Statische Gesichtspunkte	Baupraktische Gesichtspunkte
glatt, ohne Nut und Feder	– überwiegend symmetrische Lasten – grosse Überdeckung, damit grosse Normalkräfte und relativ kleine Biegemomente in biegeweicher Schale	– fast keine Abplatzungen – lagegenauer Einbau wird erschwert, wenn keine zusätzlichen Zentriersteckbolzen (z.B. aus Kunststoff) verwendet werden
mit Nut und Feder	– bei asymmetrischen Lasten – relativ grosse Biegemomente in fast biegesteifer Schale durch Koppelung mit benachbarten Ringen bei Versatz der Längsfuge um eine halbe Tübbinglänge	– Abplatzungen beim Einbau – lagegenauer Einbau wird erleichtert (Einbaugeschwindigkeit)

Tabelle 19.2-1 Ringfugenformen [19-13]

Tübbinge mechanisch bewegt werden (Erektor, Hebegeräte etc.), verwendet man heute Tübbingelemente bis zu 20 Tonnen.

Die Tübbingringbreite beeinflusst die Schild- und Hublänge der Vortriebspressen; sie wird ihrerseits beeinflusst durch das baupraktische Platzangebot hinter der Maschine zum Drehen der Elemente in die Versetzposition. Eine grössere Tübbingringbreite verringert die Gesamtlänge der Fugen (weniger Ringfugen) und vergrössert die Vortriebsleistung durch die geringere Anzahl von Ringbauunterbrechungen. Die Tübbingringbreite hängt somit vom Innendurchmesser des Tunnels sowie von der maschinellen Ausstattung ab und liegt zwischen 1,50 m ($\varnothing_i$ = 7,00 m) und 2,00 m ($\varnothing_i$ = 12,60 m).

Die Formgebung der Tübbingringfugen ergibt sich aus statischen und baupraktischen Gesichtspunkten (Tabelle 19.2-1). Zur Vermeidung von Abplatzungen und zum Ausgleich von Toleranzen werden beim Verlegen Hartholzplättchen oder Kaubitstreifen in die Fuge eingelagert; sie dienen als Kontaktfläche für die Krafteinleitung.

Die Formgebung der Längsfuge wird meist aus statischen Gründen bestimmt. Die Verschraubung der Tübbinge in Längs- und Ringrichtung erfolgt als Montagehilfe zum Anpressen der Dichtprofile [19-18]. Nur in den Endbereichen des Tunnels ist eine permanente Verschraubung notwendig, um ein Aufatmen des Tunnels durch die Rückstellwirkung der Dichtprofile zu verhindern. Heute verwendet man meist kurze Schrägschrauben, die mittels Dübeln gesetzt werden und in einer Dübeltasche stecken (Bild 19.2-1). Die Verschraubung in Ringrichtung erfolgt meist in gegenseitiger Richtung, um die Abtriebskräfte in der Fuge durch die paarweise Schraubenkraft per Stein aufzuheben. Die Tübbinge werden in Längsrichtung ebenfalls meist mit Schrägschrauben vor Kopf von der Maschine aus verschraubt. Diese Montagehilfen können dann am Ende des Nachläufers ausgebaut und wiederverwendet werden.

Der Fugenspalt ausserhalb der Kontaktfläche zwischen den Tübbingen wird wie folgt bestimmt:

- Sicherstellung der Rotationsfähigkeit der Längsfuge, damit die Ecken bei Verformungen nicht anschlagen
- Feuersicherheit der Gummidichtung in den Längs- und Ringfugen fordert möglichst kleine Fugen
- Verringerung des Abschlagens der Aussenecken in den Längs- und Ringfugen beim Montieren, so dass der Stein im Bereich der geschützteren Feder oder am Dichtungsprofil anstösst

Der äussere Fugenspalt (Bild 19.2-1) ausserhalb der Kontaktfläche ist zur Erfüllung der genannten Kriterien 5 – 6 mm weit. Am äusseren Rand wird meist ein Schaumstoffstreifen aufgeklebt, um das Eindringen von Feststoffen – besonders beim Verpressen des Ringspaltes – zu verhindern und die Dichtungsprofile [19-19] zu schützen sowie die Rotationsfähigkeit der Fugen zu erhalten.

Die Dichtungsprofile müssen so ausgelegt sein, dass sie langfristig genügend Rückstellreserven aufweisen, um Lastverformungen, Temperaturdifferenzen sowie Kriechen des Tunnels in Längsrichtung aufnehmen können.

Die Anforderungen an die Herstellgenauigkeit der Tübbinge sind gross. Die präzisen Einzelformen werden mit Toleranzen von ± 0.2 mm hergestellt. Die genaue Masskontrolle der fertigen Tübbinge mit Toleranzen im Bereich von ± 0.5 mm gehört zu den Qualitätssicherungsmassnahmen.

Tübbingringeinteilung

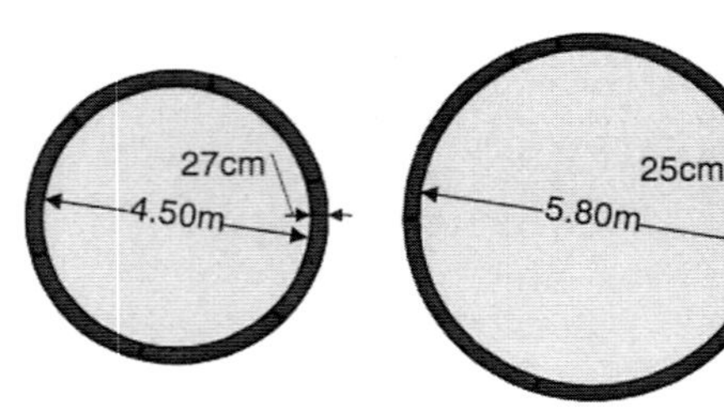

Anschluss-Stollen Glatt, Zürich
Anzahl Tübbinge: 6
∅ aussen: 5,04 m
Ringbreite: 1,60 m

Chungho-Tunnel, Taipei
Anzahl Tübbinge: 6
∅ aussen: 6,30 m
Ringbreite: 1,00 m

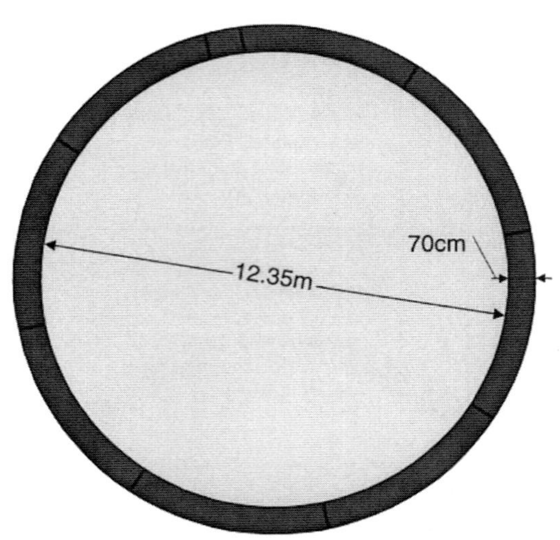

4. Röhre Elbtunnel, Hamburg
Anzahl Tübbinge: 9
∅ aussen: 13,75 m
Ringbreite: 2,00 m

Ausbildung der Tübbingfugen (4. Elbröhre Hamburg)

Längsfuge

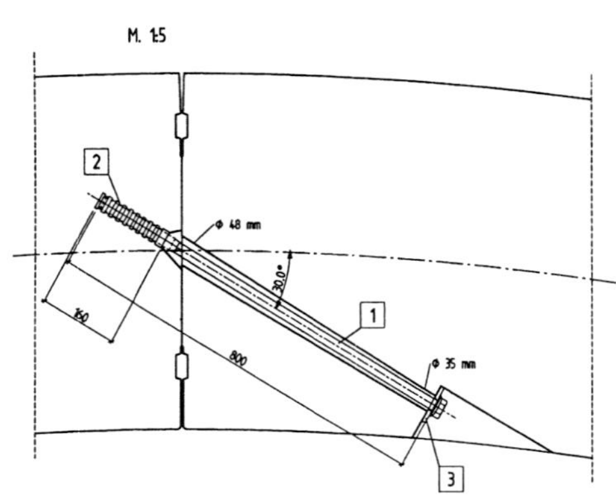

Ringfuge

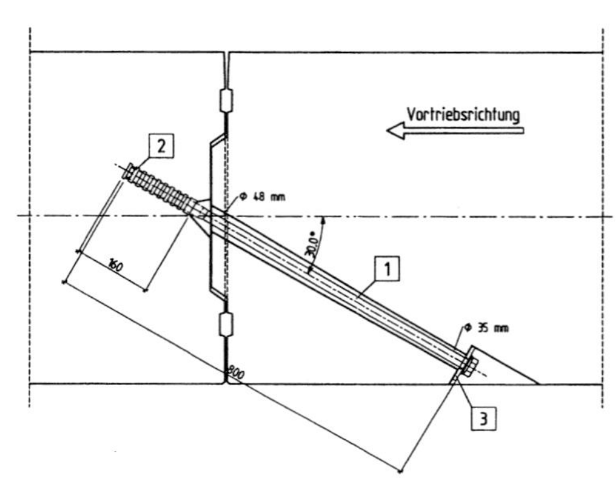

1 Sechskantschraube ø25mm
2 Kunststoffschraubdübel
3 Unterlegscheibe

Bild 19.2-1 Tübbingringeinteilung und Ausbildung von Tübbingfugen

19.3 Herstellung von Tübbingen

Die Tübbingherstellung kann mit einer industriellen Massenproduktion verglichen werden. Daher sind die Herstellungsprozesse zu optimieren, um ein Kostenminimum bei gleichzeitiger Sicherstellung hoher Qualität zu erreichen. Bei mittellangen bis langen Tunnel kann die Herstellung und Lieferung der vorgefertigte Tübbinge bis zu 30 % der Kosten eines Projektes ausmachen. Je nach Art der Tübbingfertigungsanlage beträgt das Verhältnis zwischen Inventar und Lohnkosten ungefähr 1 zu 3. Daher ist ein erhebliches Einsparungspotential im Bereich der Lohnkosten durch Halbautomatisierung von immer wiederkehrenden Herstellungsabläufen und Prozessen vorhanden. Zur Vorfertigung solch grosser Stückzahlen sind aus der Fertigteilherstellungstechnik folgende Fertigungsprozesse bekannt:

- feste Einzelschalungen
- Longline-Schalungen
- Batterieschalungen
- Karussellumlauf der Schalungen

Bei den ersten drei Fertigungsprozessen, die als statische Herstellverfahren bezeichnet werden können, sind die Schalungen an einem Ort fest installiert. Die Zulieferung von Bewehrungskörben und Beton erfolgt zu den einzelnen, fixen Schalungspositionen.

Bei den festen Einzelschalungen erfolgen der Einbau und die Erhärtung am gleichen Ort. Dieses Herstellverfahren wird hauptsächlich bei der Segmentbrückenbauweise im Kontaktverfahren eingesetzt. Es erlaubt weitgehende Flexibilität bei geometrischen Änderungen unter Beibehaltung wesentlicher Querschnittsabmessungen, benötigt aber relativ viel Platz.

Auch das Longline-Verfahren ist von der Segmentbrückenbauweise im Kontaktverfahren bekannt. Es ist in schalungstechnischer Hinsicht wesentlich aufwendiger durch Vorhaltung von feldweiser Schalung, zudem ist es geometrisch erheblich unflexibler.

Die Batterieschalungen sind aus dem Hochbau zur vertikalen Herstellung von Wandelementen bekannt. Die Fertigung und Erhärtung erfolgt an einem Standort.

Zur Tübbingherstellung hat sich weitgehend das Umlaufverfahren – auch Karussellproduktionsverfahren (Bild 19.3-1) genannt – durchgesetzt. Bei diesem Umlauf-Herstellverfahren werden die einzelnen Schalungen gemäss dem Fliessbandprozess zu den einzelnen Arbeitsstätten verschoben. Nach bisherigen Erfahrungen in der Praxis hat sich dieser Prozess zur Tübbingherstellung gegenüber den statischen Verfahren durch folgende Vorteile ausgezeichnet:

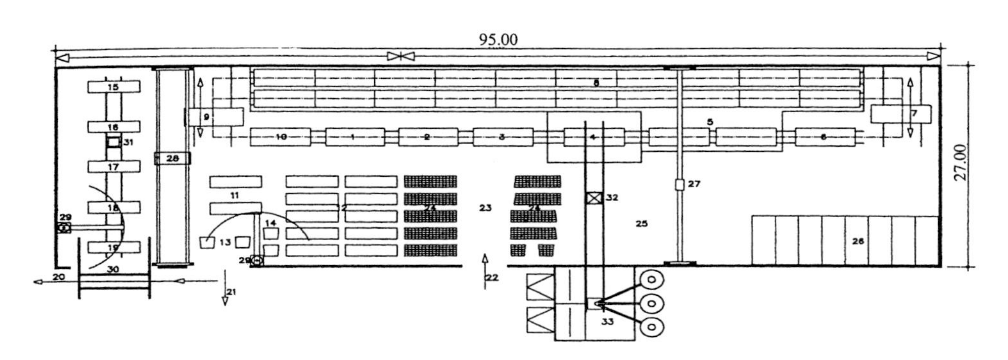

1 Vorbereiten der Schalung
2 Einlegen Bewehrung, Schliessen der Schalung
3 Endkontrollen
4 Betonieren
5 Vorlagerung (max. 2 Stunden)
6 Oberflächenbearbeitung
7 Verschiebung zur Härtekammer
8 Härtekammer (2 Linien)
9 Verschiebung zur Arbeitslinie
10 Entschalen
11 Oberflächenversiegelung Tübbinge
12 Zwischenlager 24 h Tübbinge
13 Oberflächenversiegelung + Ausrüstung Schlusssteine
14 Zwischenlasger 24 h Schlusssteine
15 Überarbeitung Tübbinge
16 Überarbeitung + Vermessung Tübbinge
17 Vermessung Tübbinge
18 Ausrüstung Tübbinge
19 Ausrüstung Tübbinge
20 Verlad und Abtransport Tübbinge
21 Verlad und Abtransport Schlusssteine
22 Anlieferung Bewehrung + Kleinmaterial
23 Materialumschlag
24 Lager Bewehrung
25 Lager Klein- und Verbrauchsmaterial
26 Büro, Werkstatt, Labor, Sanitär, etc.
27 Einträger Laufkran 5 to
28 Zweiträger Laufkran 15 to
29 Schwenkkran
30 Wende- und Verladevorrichtung Tübbinge
31 Hubwagen
32 Kübelbahn (Betonverteilung)
33 Betonzentrale

Bild 19.3-1 Tübbingkarussellfertigungsanlage Wesertunnel, Ceresola Tunnelbautechnik AG [19-20]

- höhere Produktivität
- weniger Arbeitskräfte
- geringere Gerätevorhaltung (z. B. Vibratoren)
- geringerer Platzbedarf

Bei der Konzeption der Tübbingherstellung muss man, wegen der unterschiedlichen Qualitätsanforderungen, die folgenden Tübbingbauweisen unterscheiden:

- einschalige Bauweise: mit Dichtungsrahmen vollabgedichtete Tübbinge
- zweischalige Bauweise: Tübbinge ohne Fugenabdichtung

Die wesentlichen Vor- und Nachteile der beiden Bauweisen sollen nochmals kurz zusammengefasst werden:

- Einschalige Bauweise
  - der Tübbing erhält eine Dreifachfunktion: Sicherung, Dichtung und Ausbau
  - Vortrieb im Grundwasser ist möglich
  - aufgrund der Dichtfunktion bestehen sehr hohe Anforderungen an die Herstell- und Versetzgenauigkeit der Tübbinge
- Zweischalige Bauweise
  - der Tübbing hat nur Sicherungsfunktion
  - kann nur im trockenen Fest- und Lockergestein eingesetzt werden, wenn kein Fugendichtbänder erforderlich werden
  - Genauigkeitsanforderungen bei der Herstellung sind aufgrund der fehlenden Dichtfunktion geringer als bei der einschaligen Bauweise
  - Einbauvorgang ist wegen der fehlenden Dichtungen etwas schneller
  - zusätzliche Isolierung und Innengewölbe sind erforderlich

Bei der Planung einer Tübbingfertigung sind folgende Einflussfaktoren zu berücksichtigen:

- Menge der herzustellenden Tübbinge
- Anforderungen an die Genauigkeit und Qualität
- Terminrahmen
- Platzverhältnisse auf der Baustelle

Bei der Planung der Herstellung müssen die Fertigungsstandorte sorgfältig geprüft werden. Im Prinzip muss man zwischen der Neuerrichtung einer Fabrikation auf der Baustelle und der Produktion in einem Fertigteilwerk mit zusätzlicher Produktionserweiterung unterscheiden. Die Vor- und Nachteile einer Fertigungsanlage vor Ort sind:

- geringe Transportkosten
- hohe Investitionskosten in Betonanlage, Biegewerkstatt und Produktionsanlage
- Lernkurve beim Personal, bis die neue Produktion effizient läuft

Die Vor- und Nachteile der Herstellung in einem bestehenden Fertigteilwerk können wie folgt sein:

- Bei ausreichender Kapazität kann die vorhandene Infrastruktur (wie Betonanlage) genutzt werden, jedoch ist eine separate Anlage aufgrund der permanenten zyklischen Produktion wünschenswert.
- Die Bewehrung kann möglicherweise in einer zentralen Schneid- und Biegeanlage hergestellt werden.
- Zentrale, eingespielte Qualitätsüberwachung und zentrales Betonlabor können genutzt werden.
- Erfahrenes Personal ist vorhanden.
- Die Transportkosten sind höher.

Für die Herstellung werden folgende Teilfertigungsanlagen benötigt:

- Karussellsystem mit fahrbaren Stahlschalungen auf einer schienengebundenen Produktionsstrasse mit sequentiell folgenden Arbeitsbereichen
- Schneid- und Biegeanlage sowie Bewehrungskorbinstallationsplatz
- Betonmischanlage mit Materialsilos
- Dampfbehandlungsanlage nach dem Wärmerückstauverfahren
- Lagerplatz
- Neutralisationsanlage zur Entsorgung von mit Bindemitteln kontaminiertem Abwasser

Beim Karussellsystem sind die Einzelarbeitsgänge wie folgt:

- Schalungen von Betonresten reinigen
- Schalungen mit Schalöl einsprühen
- Bewehrungskörbe mit Abstandhaltern, Einbauteilen und Aussparungskörpern einlegen
- Schalungsseitenteile schliessen (wenn nicht bereits vor dem Einlegen der Bewehrungskörbe geschlossen)
- Betonieren der Tübbinge und Verdichten mittels Aussenrüttlern am Rütteltisch (zum schnelleren Verteilen des Betons eignen sich ein oder zwei Innenrüttler)
- Betonoberflächen sehr sorgfältig abziehen, z. B. mittels in Rollrichtung entgegengesetzt drehender Nivellier- und Glättwalzen
- seitliche Schalungdeckel schliessen

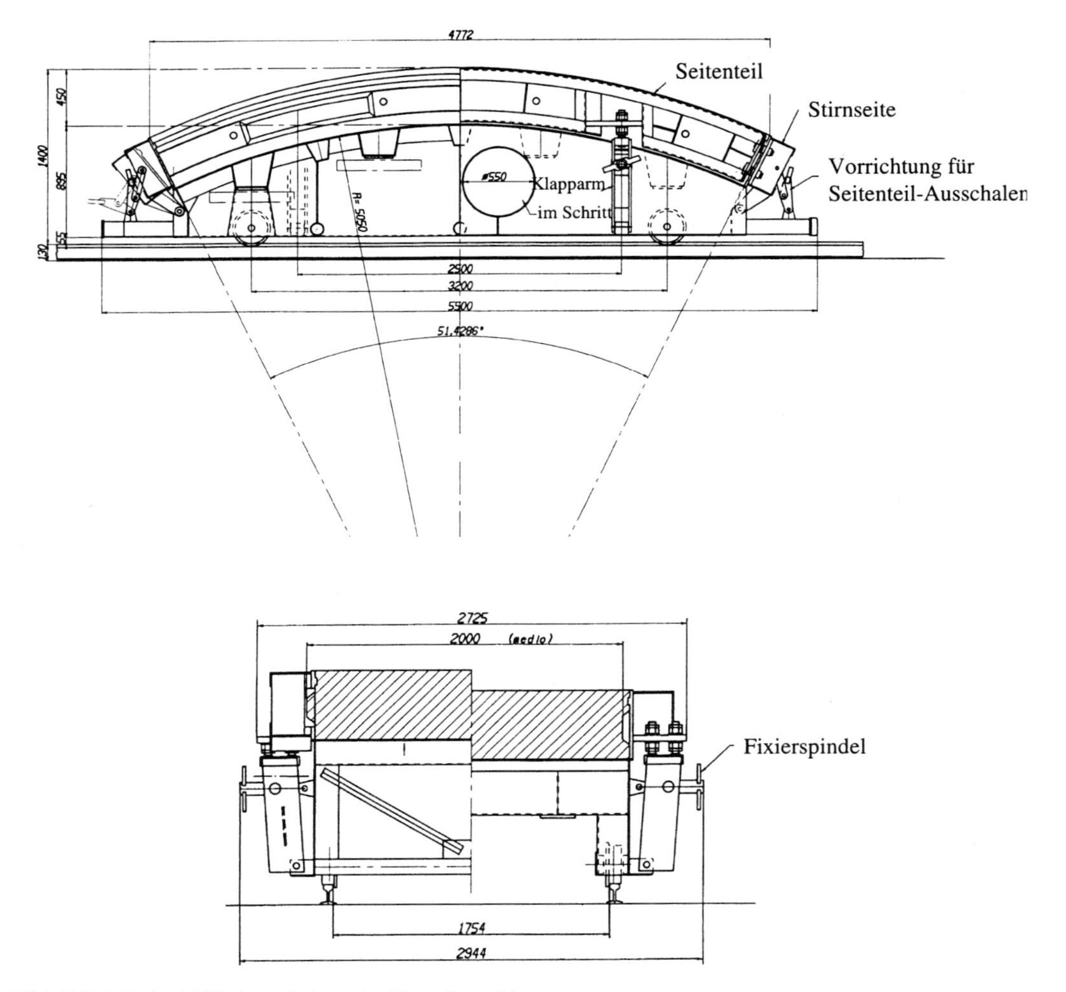

Bild 19.3-2 Umlauf-Tübbingschalung der Firma Bernold

- Verschiebung und Behandlung in der Dampfanlage
- Herausschieben aus dem Dampfkanal
- Öffnen der Schalungen, Herausheben und Nachbehandlung der Tübbinge
- Überprüfung der Masshaltigkeit der Tübbinge (bei einschaliger Bauweise jeden, bei zweischaliger Bauweise stichprobenartig jeden z. B. vierten Tübbing)
- Lagerung der Tübbinge

Beim einschaligen Ausbau mit wasserdichten Profilabdichtungsbändern werden sehr hohe Anforderungen an die Massgenauigkeit der fertigen Tübbinge gestellt. Diese aussergewöhnliche Massgenauigkeit lässt sich nur mit massiven, CNC-gefrästen Stahlschalungen erreichen. Die klappbaren Schalungsteile müssen so massiv, robust und verformungsunempfindlich sein, dass die Genauigkeit der Schalung über die gesamte Fertigungszeit möglichst unverändert bleibt. Daher sollten solche Schalungen (Bild 19.3-2) von Spezialschalungsfirmen (wie z. B. Bernold) hergestellt werden, damit die gewünschte Qualität bei einigen tausend Tübbingen unverändert bleibt. Die Schalungswagen sind schienengebunden und mit einem Fahrwerk ausgerüstet. Damit lassen sich die Schalungen auf der Karussellanlage zu den jeweiligen Arbeitsbereichen verschieben.

Die übliche Tübbingherstellung erfolgt, infolge der hohen Massgenauigkeit an den Ring- und Längsfugen der Tübbinge, liegend mit der Aussenseite nach oben. Dadurch können mittels präziser Schalung höchste Genauigkeiten erzielt werden, da die Genauigkeit weitestgehend von der Schalung bestimmt wird und nicht durch mögliche Setzung des Betons während der Verdichtung und Hydratation. Unvermeidlich sind natürlich zusätzliche Schwindverkürzungen, die jedoch durch die Bewehrung und Betonrezeptur gering gehalten werden können. Beim Bau des Kanaltunnels wurden die Segmente trotz der Problematik der Massgenauigkeit vertikal hergestellt. Diese Herstellungsweise hat natürlich grosse Vorteile beim Transport und bei der Lagerung sowie der Beanspruchung der Tübbinge während des Hebens und Transportierens. Allerdings muss das schwierige Problem der geringen zulässigen Toleranz der Tübbingbreite während des vertikalen Betonierens in bezug auf Füllhöhe der Schalung bzw. Absacken während des Verdichtens und der Hydratation gelöst werden. Andernfalls kann es durch Versatz der Tübbinge in Längsrichtung zu Überbeanspruchungen durch die Pressen in den Tübbingstirnseiten und zu Dichtigkeitsproblemen kommen.

Die Bewehrung muss mit grosser Genauigkeit in Armierungslehren hergestellt werden. Die Bewehrungskörbe sollten möglichst verschweisst werden. Sie werden mit Abstandhaltern ausgerüstet.

Die Betonanlage befindet sich in der Karussellanlage meist oberhalb der Betonierstation der Umlaufanlage. Dadurch kann der Beton über ein Vorsilo anschliessend direkt in die Schalung gegossen werden. Oft wird der Beton über eine Dampfanlage, die durch eine Messsonde gesteuert wird, innerhalb weniger Sekunden vor dem Betonieren auf die gewünschte Temperatur vorgewärmt. Dadurch erhält man einen sogenannten Warmbeton.

Gemäss der Systematik [19-21] der technologischen Erhärtung von Beton unterscheidet man:

- normale Betonerhärtung bei Umgebungstemperaturen zwischen 5 und 30 °C
- Dampfbehandlung: hohe Betonerhärtungstemperaturen liegen zwischen 30 und 100 °C
- Dampfdruckerhärtung: höhere Betonerhärtungstemperaturen liegen zwischen 100 und 200 °C

Die Dampfanlage mit den Dampfkanälen dient zur Schnellerhärtung der Fertigteile. Als Wärmemedium wird gesättigter Wasserdampf mit Temperaturen bis zu 110 °C verwendet. Dabei steigt die Betontemperatur während der Einwirkzeit des Dampfes von 4 – 5 Stunden auf die Tübbinge auf 70 – 80 °C.

Die Dampfdruckhärtung kommt heute wegen betontechnologischer Probleme meist nicht mehr in Betracht.

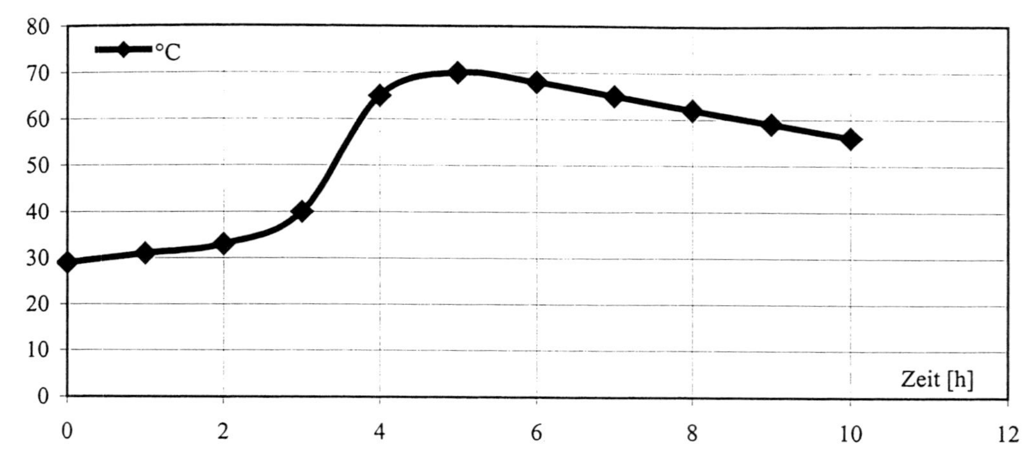

Bild 19.3-3 Temperaturverlauf des Tübbingbetons beim Wärmerückstauverfahren [19-21]

Für Dampfanlagen sind folgende Installationen notwendig:

- Boiler (Dampfkessel)
- Dampfspeicher
- Druckregulierung und Leitungssysteme usw.
- Dampftunnel

Das Wasser muss, bevor es in den Boiler fliesst, entkalkt werden. Ferner sind Temperatursonden im Dampfkanal und im Betonmischer zur Steuerung der Anlage notwendig. Beim Wärmerückstauverfahren (Bild 19.3-3) wird der Frischbeton mit ca. 60 °C warmem Dampf oder Anmachwasser auf eine Temperatur von ca. 35 °C gebracht. Nach dem Betonieren wird das Element sofort in den Dampfkanal geschoben, damit es nicht abkühlt. Die Tübbinge verweilen dann ca. fünf Stunden im Dampfkanal, in dem die Betontemperatur auf ca. 70 °C steigt. Durch diese Massnahme wird der Abbindeprozess beschleunigt, so dass die Tübbinge nach Verlassen des Dampfkanals mit einem Vakuumhebegerät aus der Schalung gehoben werden können. Wird der Frischbeton nicht vorgewärmt, müssen die Tübbing eine Vorlagerzeit erhalten, bis sie in den Dampfkanal eingeschoben werden können.

Der dampfbehandelte Beton sollte nachbehandelt werden, damit er während der Abkühlphase nicht zuviel Wasserdampf verliert. Wird dies versäumt, kann es zum frühzeitgen Austrocknen mit Nachteilen hinsichtlich der weiteren Festigkeitsentwicklung kommen. Daher sollte die Oberfläche mit einer weitgehend wasserundurchlässigen Schicht versiegelt werden. Bei der Singapore Metro wurde zu diesem Zweck eine Epoxydemulsion aufgetragen. Diese hat folgende Vorteile:

- Es entstehen keine Mikrorisse an der Oberfläche.
- Die Dauerhaftigkeit wird erhöht.
- Die Chlorit- und Sulphatpermeabilität ist geringer.

Danach erfolgt die Masskontrolle der Tübbinge. Durch Einsatz von photogrammetrischen Messinstrumenten können die Messungen rationell durchgeführt werden. Die Schalung sowie die fertigen Tübbinge müssen kontrolliert werden. Bei den Tübbingen werden folgende Kontrollen durchgeführt:

- Ebenheit von Ring- und Längsfuge
- Parallelität der Seiten
- Winkel der Längsfugenseiten
- Abmessungen

Für diese Messung und deren Auswertung sind besondere Programme erforderlich, damit die Ergebnisse schnell erzielt werden und widerspruchsfrei sind.

19.4 Versetzen der Tübbinge im Tunnel

Das Versetzen der Tübbinge beginnt im allgemeinen mit dem Sohlelement. Zum Versetzen wird ein Erektor verwendet. Dieses mechanisch-hydraulisch getriebene Versetzgerät befindet sich am hinteren Fortsatz der Vortriebsmaschine und ist dort meist starr an den Schildrahmen bzw. -mantel angeschlossen. Die Steuerung erfolgt meist noch manuell, es werden jedoch halb- und vollautomatische Einheiten erprobt. Die exakte Steuerbarkeit des Versetzgerätes ist besonders wichtig für den genauen und beschädigungsarmen Ringbau. Dazu sind eine steife, mechanische Konstruktion und eine dreidimensionale stufenlose Regulierung des Versetzkopfes in bezug auf Weg und Geschwindigkeit notwendig. Die Zentrierung und das Heben der Tübbinge erfolgt mittels Zentrierkonen und meist dreifachen Saugkissen. Damit ist eine ausreichende Redundanz gegen Ausfall einer Saugkammer sowie zum Heben und Versetzen des meist kleineren Schlusssteins vorhanden.

Zum Aussteifen grosser, relativ weicher Tübbingringe verwendet man oft einen Ringformer, um die geometrische Form bis zum Ansteifen bzw. Erhärten des Ringspaltverpressmörtels zu sichern.

20 Steuerung von Vorschubpressenkräften und Setzungen sowie Vortriebsrichtung

20.1 Nachweis der Ortsbruststabilität

20.1.1 Einführung

Die verschiedenen Arten der aktiven Stützung der Schildmaschinen an der Ortsbrust wurden im Kapitel Schildmaschinen (Tabelle 18.1-1) erläutert. Zur Erzeugung eines ausreichenden Anpressdrucks an der Ortsbrust müssen die Vorschubpressen und Druckaggregate der Vortriebsanlage ausreichend bemessen werden. Die Pressenvorschubkraft hängt von folgenden Faktoren ab:

- dem erforderlichen Anpressdruck der Schneidwerkzeuge, um eine hohe Abbauleistung zu erzielen
- der notwendigen Kraft zur setzungsarmen Stützung der Ortsbrust und zur Überwindung der Mantelreibung
- der notwendigen Reserve zur einseitigen Verlagerung der Steuerkräfte (Kurvenfahrt)

Die mechanische Stützungsmethode zur Kontrolle der Setzungen ist am schwierigsten einzustellen. Dagegen kann mit dem Erd- und Hydroschild aktiv und kontrolliert die Ortsbruststützung sichergestellt und die Setzungen begrenzt werden. Sobald Grundwasser vorhanden ist, muss der Arbeitsraum im Notfall bei allen Stützarten zur Hindernisbeseitigung oder für Reparaturmassnahmen begehbar sein. Daher ist zur Zeit die Druckluftmethode [20-1] unumgänglich, entweder:

- als reine Druckluftstützung oder
- als Suspensionsstützung mittels Luftkissen und/oder kombinierter Druckluftmethode für Notfälle

Der Druckluftbereich sollte sich möglichst nur auf den Bereich der Arbeitskammer des Schildes beschränken, um ein Arbeiten in normaler Atmosphäre hinter der Maschine zu ermöglichen und um die Verlustoberfläche zu minimieren. Die Schleuseneinrichtungen werden in die Vortriebsmaschine verlegt; somit wird nur der Schildbereich unter Überdruck gesetzt. Der vorhandene Druck entspricht dabei dem zur Fernhaltung des Grundwassers an der Ortsbrust notwendigen Überdruck. Die Vorteile der Druckluft wie auch Flüssigkeitsstützung sind wie folgt:

- Der Druck kann schnell auf wechselnde Wasserstände eingestellt werden.
- Grundwasserströme werden nicht beeinflusst.
- Primärsetzungen durch Grundwasserabsenkungen werden verhindert.
- Durch genaue Regulierung der Stützkraft der Ortsbrust werden Setzungen an der Erdoberfläche weitgehend verhindert.

Die reine Druckluftstützung lässt sich nur in Böden mit geringer Durchlässigkeit sicher und wirtschaftlich einsetzen [20-1]. Die Einsatzgrenze liegt bei einer Wasserdurchlässigkeit von $< 10^{-4}$ m/s. Das Risiko der Aufbruch- und Ausbläsergefahr ist sehr hoch, besonders bei nicht im voraus erkannten Störungen mit erhöhter Durchlässigkeit. Daher wendet man die mit einem Druckluftkissen gesteuerte Flüssigkeitsstützung an.

Wichtig ist, dass sich bei einer Suspensionsstützung der Filterkuchen [20-2] schnell als Membrane entwickelt. Bei stark granularen Böden mit relativ grossen Poren kann die Bentonitsuspension tief in die Poren fliessen; somit bildet sich der Filterkuchen überhaupt nicht oder sehr spät aus. Aus diesen Gründen kann man der Suspension Polymer beimischen. Diese Polymere wirken wie Textilfasern, die die Poren mit einem „Filz“ verstopfen und damit die Durchlässigkeit herabsetzen. Durch zusätzliches Beimischen von Sägemehl und Feinsand (der Feinsandanteil kann durch Verringerung der Feststoffseparation hochgehalten werden) werden dann diese Poren künstlich weiter verringert.

In jedem Fall müssen für den Notfall auch in solchen Böden Massnahmen getroffen werden, um eine Begehung des Arbeitsraums unter Druckluft zu ermöglichen (Tabelle 20.1-1). Für Reparaturarbeiten im Arbeitsraum ist die Methode der zeitweisen „Dichtung“ der Ortsbrust mittels polymer-

Tabelle 20.1-1 Massnahmen zur Stabilisierung der Ortsbrust und zur Verringerung der Durchlässigkeit bei Drucklufteinsatz in Notfällen [20-3]

	Massnahme	Skizze	Einsatzbereich	Bedingungen
1	Ausbildung eines polymerverstärkten Bentonitsuspensionskuchens	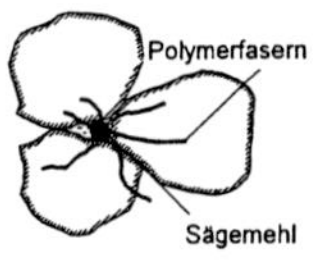 Polymerfasern Sägemehl	Sand, kiesiger Sand	Polymerisierter, mit Sägemehl und Sand stabilisierter Bentonitsuspensionskuchen kann Luft für gewisse Zeit sperren
2	Dichtwanderstellung vor dem Schneidrad aus Bentonit-Zement-Sandgemisch oder anderen Bau- und Dichtstoffen	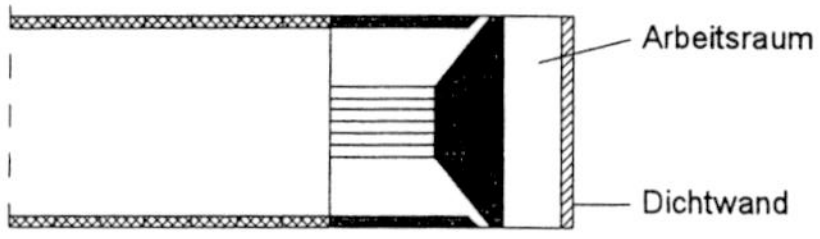 Arbeitsraum Dichtwand	Kiese, die nicht nach (1) zu dichten sind	hydraulisch ausfahrbares Schneidrad wenn erforderlich mit Injektionsschirm (4)
3	Erstellung von Injektionskörpern innerhalb der Tunnelspur zum sicheren Warten des Schneidraums durch Einfräsen und Dichten der Maschine in diesem Block	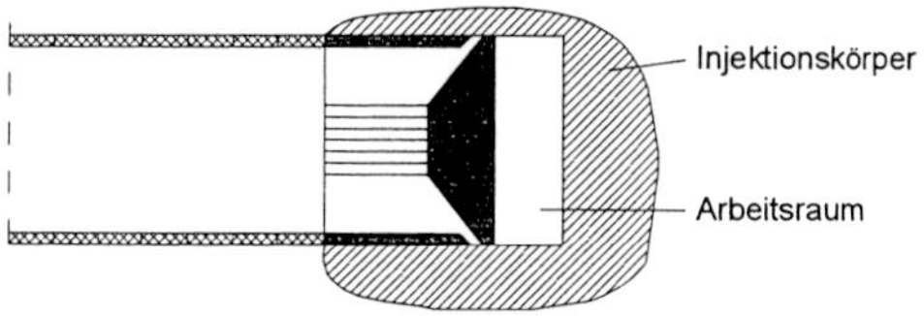 Injektionskörper Arbeitsraum	Zur geplanten systematischen Kontrolle sowie zum Austausch von Werkzeugen	hydraulisch ausfahrbares Schneidrad
4	Injektionsschirm vor dem Schild zur Erhöhung der Umläufigkeit mit Versiegelungsmembrane aus polymerverstärkter Bentonitsuspension	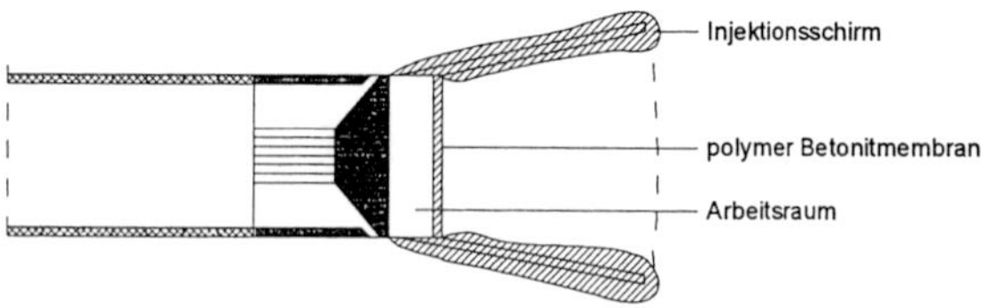 Injektionsschirm polymer Betonitmembran Arbeitsraum	Kiesige Sande, Wassersandlinsen etc., bei denen Massnahme (1) nicht mehr ausreichend und (2) noch nicht notwendig ist	Injektionsbohrungen von – je nach Bedingungen – 10–20 m

verstärkter Bentonitsuspensionsmembrane sehr kostengünstig und effizient. Die polymerverstärkte Suspension wird in einer Arbeitspause, z. B. am Wochenende, eingepumpt und steht dann 24 – 28 Stunden unter Druck. Damit bildet sich eine relativ dichte Membrane, in der, nach dem Ersatz der Suspensions- durch eine Druckluftstützung, mehrere Stunden gearbeitet werden kann. Wenn die Verluste zu hoch werden und ein Austrocknen des Kuchens zu befürchten ist (dies kann anhand der gemessenen Luftmenge, die nachgepumpt werden muss, überprüft werden), wird die Kammer nochmals 1 – 4 Stunden geflutet, um die Membrane zu reaktivieren. Dann erfolgen die weiteren Arbeiten.

Bei Stillstandzeiten der Maschine ist eine mechanische Stützung der Ortsbrust durch verschliessbare Segmente im Schneidrad oder durch von hinten ausfahrbare Platten zwischen den Speichen möglich und wegen der zeitlich eingeschränkten Wirkung der Membrane zweckmässig.

20.1.2 Nachweise zur Berechnung des notwendigen Stützdrucks sowie der Aufbruch- und Ausbläsersicherheit der Ortsbrust

Zur Berechnung kann man FEM oder sehr vereinfachte bodenmechanische Bruchmodelle [20-4, 20-5, 20-6] heranziehen. Die FEM-Berechnungen verlangen Angaben über jede Bodenschicht hinsichtlich Luft- bzw. Wasserdurchlässigkeit sowie alle relevanten bodenmechanischen Kennwerte, um räumlich sinnvolle Ergebnisse zu ermöglichen. Für die Ermittlung der Wasser- und Luftdurchlässigkeit des Baugrundes sollten möglichst Feldversuche durchgeführt werden [20-1].

Meist ist jedoch aufgrund der Variationsbreite der Bodenkennwerte ein vereinfachtes bodenmechanisches Bruchmodell [20-2, 20-6] ausreichend. Zur Überprüfung der FEM-Berechnung sollte es unentbehrlich sein, Näherungslösungen anzuwenden.

Die Näherungsrechnung erfolgt in zwei Schritten:

- Zuerst errechnet man den notwendigen Stützdruck, um das Gleichgewicht an dem Bodenkeil herzustellen, unter Berücksichtigung des mittels Bruchmodell berechneten Vertikaldrucks oberhalb des Erdkeils. Mit diesem Ansatz soll das Gleichgewicht unter Beachtung ausreichender Sicherheitsbeiwerte im Boden erhalten bleiben und die Spannungsumlagerungen sowie Setzungen klein gehalten werden.
- Im zweiten Schritt muss die Aufbruch- und Ausbläsersicherheit am First der Maschine geprüft werden. Zu diesem Zweck wird theoretisch von einer undurchlässigen Membrane ausgegangen. Der Nachweis wird durch Vergleich der äusseren Wasserdruckspannung, die mit einem Sicherheitsbeiwert faktorisiert wird, mit dem von innen wirkenden Luftdruck geführt. Dieser Spannungsnachweis soll die Ausbläsersicherheit gewährleisten.

Wenn unter Luftdruck gearbeitet wird, ist zu bedenken, dass durch das Strömen der Luft durch das Erdreich die Feinteile aus den Poren gespült werden. Zudem trocknet jener Teil des Erdreichs aus, der sich nicht im Grundwasser befindet. Somit nehmen der Luftverlust und die Gefahr von Ausbläsern stetig zu, in Abhängigkeit von der Zeit an der jeweiligen beaufschlagten Stelle.

20.2 Ermittlung der erforderlichen Vorpresskräfte

20.2.1 Allgemeines

Beim Schildvortrieb müssen folgende Widerstände überwunden werden:

- Reibungswiderstände an der Aussenseite des Schildmantels
- Eindringwiderstand an der Ortsbrust:
  - Schneidschuhwiderstand bei offenen Schilden mit Teilschnitteinrichtung (TSM)
  - Brustwiderstand des Bohr- oder Schneidrades bei Vollschnittmaschinen (VSM)

Die erforderliche Vorschubkraft F der Pressen muss bei der Geradeausfahrt mindestens folgende Widerstände überwinden:

$$F > W_M + \sum_{i=1}^{3} W_{Si} \ [kN] \qquad (20.2\text{-}1)$$

F ≡ resultierende Vorschubpressenkraft
W_M ≡ Schildmantelreibung
W_{Si} ≡ Brustwiderstände $1 \leq i \leq 3$
- W_{S1} ≡ Schneiden-/Schneidwiderstand
- W_{S2} ≡ Anpressdruck des Schneidrads/der Werkzeuge
- W_{S3} ≡ Flüssigkeits-, Erdbrei- oder Druckluftstützdruck

Zur Auslegung der Vorschubpressen muss noch die Reserve für die exzentrische Verlagerung der Pres-

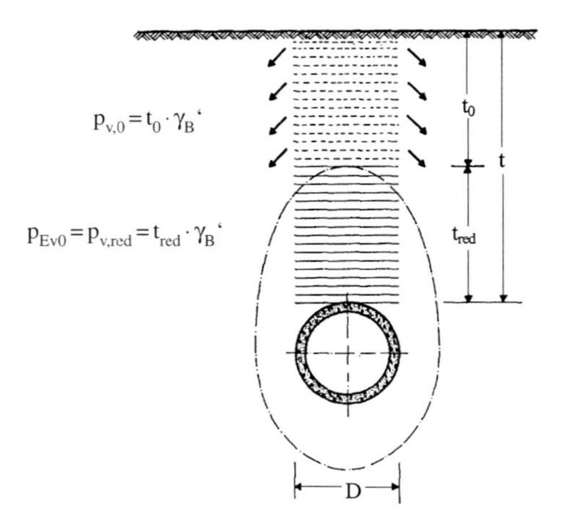

Bild 20.2-1 Gewölbebildung über dem „Hohlraum"

senkräfte für die erforderlichen Kurvenfahrten berücksichtigt werden.

Der primäre Spannungszustand im Boden wird durch den Vortrieb verändert. Es stellt sich im Schildmantelbereich ein sekundärer Spannungszustand ein, verursacht durch:

- Materialabbau an der Ortsbrust
- Ringspalt infolge Überschnitt durch die Vortriebsmaschine

Aufgrund des Überschnitts entstehen zwangsläufig Auflockerungen und Setzungen des Bodens um die Tübbingauskleidung entlang der Strecke. Die Setzungsmulde quer zur Tunnelspur wird als Gausssche Glockenkurve beschrieben. Vor der Ortsbrust entsteht, je nach Stützsystem, ein trichterförmiger Bereich, wenn die Ortsbrust nicht ausreichend gestützt wird. Dies führt zu Auflockerungen und Setzungen.

20.2.2 Einwirkungen

Zur Berechnung der resultierenden Vortriebspressenkraft müssen die Widerstände während der Schildfahrt ermittelt werden. Die Einwirkungen auf die TVM setzen sich wie folgt zusammen:

- vertikale Einwirkungen auf den Schildmantel
- horizontale Einwirkungen auf den Schildmantel
- Einwirkungen auf die Ortsbrust

Diese Einwirkungen verursachen Widerstände beim Vortrieb der TVM. Diese Widerstände resultieren aus Mantelreibungskräften und Brustwiderstand. Die Mantelreibungskräfte ergeben sich aus den äusseren vertikalen und horizontalen Einwirkungen, die Kohäsion und Reibung erzeugen. Der Brustwiderstand ergibt sich einerseits aus dem erforderlichen Anpressdruck für Schneidwerkzeuge und andererseits aus dem erforderlichen Stützdruck zur Stabilisierung der Ortsbrust bzw. zur Minimierung der Setzungen an der Oberfläche.

Die wirksame Belastung auf die Tübbingauskleidung, auf den Schildmantel der TVM oder auf den Gleitkeil der Ortsbrust kann man mit Hilfe der Finite-Elemente-Methode berechnen. Voraussetzung ist jedoch, dass man realistische bodenmechanische „in situ"-Paramter gewonnen hat, die das mechanische und rheologische Verhalten des Bodens ausreichend beschreiben [20-4, 20-5, 20-6].

Die Einwirkungen auf den Schildmantel und auf die Ortsbruststützung können auch mit der Silotheorie von Terzaghi, einem vereinfachten mechanischen Bruchmodell, ermittelt werden. Es wird angenommen, dass sich der Boden über dem Tunnel im Bereich der Wendepunkte der Setzungsmulde zwischen zwei vertikalen Ebenen nach unten bewegt. Der umliegende Boden im Bereich dieses rechteckigen Trichterquerschnitts entlang der Tunnelspur sowie um den Siloschacht vor der Ortsbrust befindet sich in Ruhe (Bild 20.2-4). Infolge der Reibung in den Scherflächen kommt es zur Aktivierung von Schubwiderständen im Boden, die mittragend wirken (Bild 20.2-1). Dabei bildet sich ein Stützgewölbe im Boden aus. Es wird eine Abminderung der vertikalen Erdlast durch eine Lastumlagerung in die seitlichen Bodenkörper beobachtet.

Voraussetzung für die Bildung der entlastenden Scherkräfte ist jedoch eine hinreichend grosse Scherverschiebung in den angenommenen Scherflächen, die, je nach Dichte des Überlagerungsbodens, eine beträchtliche Grösse erreichen kann. Durch verfahrenstechnische Massnahmen wird jedoch angestrebt, die Verformungen im Hinblick auf ihre Auswirkungen auf die Geländeoberfläche kleinzuhalten. Hierdurch werden auch die Scherverschiebungen reduziert, so dass nur ein Bruchteil des Wandreibungswinkels mobilisiert wird. Die Hälfte des Wandreibungswinkels wird bei ca. 10 % des maximalen Verschiebungsweges aktiviert (Bild 20.2-2). Aufgrund dieser Tatsache erfolgt eine rechnerische Abminderung des Wandreibungswinkels δ:

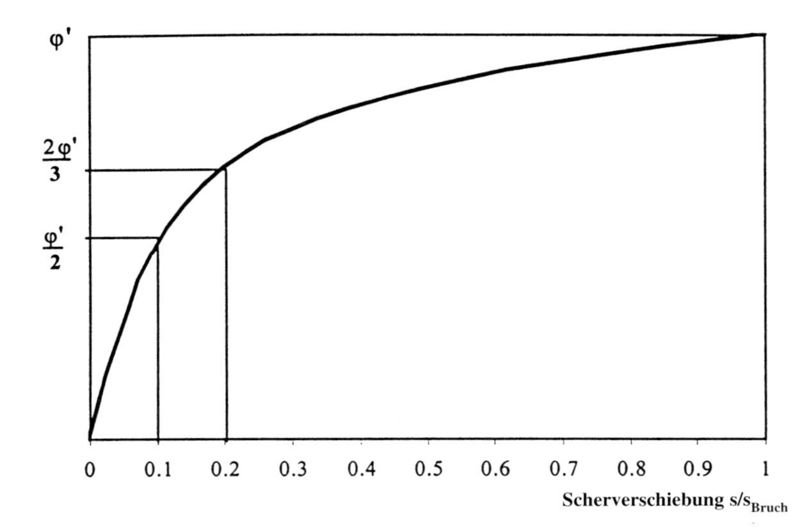

Bild 20.2-2 Mobilisierter Wandreibungswinkel

$$\delta = \frac{1}{2} \cdot \varphi' \quad \text{(nach ATV A 161, [20-7])} \qquad (20.2\text{-}2)$$

Aus Bild 20.2-2 erkennt man, dass man die folgenden Ansätze nur für den Bruchzustand benutzen sollte:

Terzaghi: $\delta = \varphi'$ (20.2-3)

Houska: $\delta = \frac{2}{3} \cdot \varphi'$ (20.2-4)

Da der Vortrieb mittels TVM möglichst setzungsarm (Gebrauchszustand) erfolgen sollte, ist der Ansatz der ATV A 161 durchaus sinnvoll.

Die Ableitung des wirksamen vertikalen Erddrucks erfolgt nach dem sehr vereinfachten Bruchmodell (Bild 20.2-3).

$$\begin{aligned}
&\sum V = 0 : A \cdot \sigma_z - A \cdot (\sigma_z + d\sigma_z) + A \cdot dg - \tau \cdot U \cdot dz = 0 \\
&dg = \gamma_B' \cdot dz \\
&-A \cdot d\sigma_z + A \cdot \gamma_B' \cdot dz - \tau \cdot U \cdot dz = 0 \\
&\frac{d\sigma_z}{dz} = \gamma_B' - \tau \frac{U}{A} \\
&\tau = c + \sigma_z \cdot K \cdot \tan\delta \\
&\frac{d\sigma_z}{dz} = \gamma_B' - \frac{U}{A} \cdot (c + \sigma_z \cdot K \cdot \tan\delta)
\end{aligned} \qquad (20.2\text{-}5)$$

Daraus folgt:

$$\sigma_z(z) = \frac{A}{U} \cdot \frac{\gamma_B' - \frac{U}{A} \cdot c}{K \cdot \tan\delta} \cdot \left\{1 - e^{-\frac{U}{A} \cdot K \cdot \tan\delta \cdot z}\right\} \qquad (20.2\text{-}6)$$

$$\sigma_x(z) = K \cdot \sigma_z(z) \qquad (20.2\text{-}7)$$

γ_B'	=	wirksame Bodendichte [kN/m³]
φ'	=	wirksamer innerer Reibungswinkel [°]
c	=	Kohäsion [kN/m²]
δ	=	Wandreibungswinkel [°]
τ	=	$c + \sigma_z \cdot K \cdot \tan\delta$ [kN/m²]
K	=	Erddruckbeiwert [-]
D	=	äusserer Schildmanteldurchmesser [m]
A	=	Grundfläche des Bruchkörpers [m²]
U	=	Umfang der wirksamen Wandreibung [m]
r_0	=	A/U: hydraulischer Radius [m]

Für z = t erhält man die Belastung im Firstbereich der Tunnelauskleidung bzw. der TVM:

$$p_{Evo} = \sigma_z(t) \qquad (20.2\text{-}8)$$

$$p_{Eh} = \sigma_x(t + D/2) \qquad (20.2\text{-}9)$$

Entlang der Tunnelspur kann man aufgrund des Setzungsverlaufs (Bild 20.2-4) die Bereiche I und II unterscheiden.

Der Bereich I stellt den Verlauf der Setzungen hinter der Ortsbrust dar. In diesem Bereich ist der Tunnelquerschnitt durch den Schildmantel und den

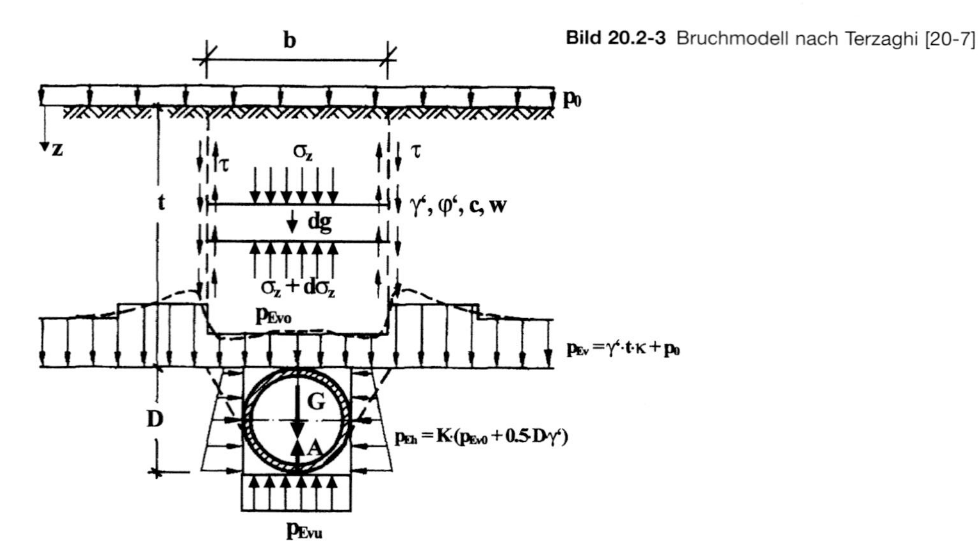

Bild 20.2-3 Bruchmodell nach Terzaghi [20-7]

Tübbingausbau gestützt. Daher liegen die Erddruckkoeffizienten zwischen K_a und K_0. Der Bereich II charakterisiert das Verhalten der Ortsbrust vor dem Schneidrad. Die Erddruckkoeffizienten liegen bei der aktiven Stützung der Ortsbrust zwischen $> K_a$ und $< K_p$. Der entsprechende Stützdruck ergibt sich aus der interaktiven Verformungsmessung an der Oberfläche.

Die Einwirkung auf den Schildmantel kann aus Bild 20.2-5 entnommen werden.

Entlang der Tunnelachse im Bereich I (Bild 20.2-5) bildet sich in Querrichtung eine glockenförmige Setzung. In Längsrichtung ist die Setzung für die hier getroffene Annahme konstant. Daher sind die Relativverschiebungen eines Elementes der Länge l

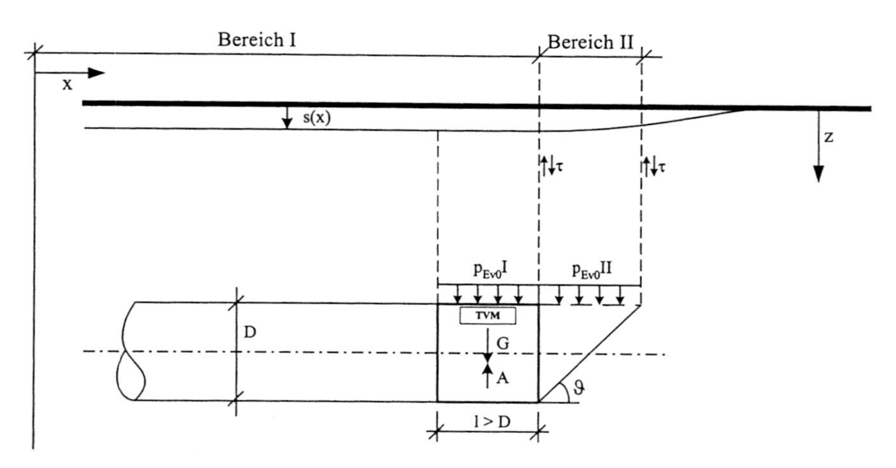

Bereich I: Belastung des Schildmantels $K_a < K \leq K_0$
Verformungen begrenzt daher $K \leq K_0$

Bereich II: Ortsbruststabilität $K_a < K < K_p$
Stabilität / Verformungsbegrenzung daher $K < K_p$

Bild 20.2-4 Setzungen entlang der Tunnelspur

Bereich I

Vertikaler Erddruck in Tunnellängsrichtung zur Ermittlung der Mantelreibung des Schildes:

$A = b \cdot 1m \qquad [m^2]$

$U = 2 \cdot 1m \qquad [m]$

$r_0 = A/U = b/2 \qquad [m]$

$$p^{I}_{Ev0} = \frac{\gamma_B' \cdot b - 2c}{2K \cdot \tan\delta} \cdot (1 - e^{-(2t/b) \cdot K \cdot \tan\delta})$$

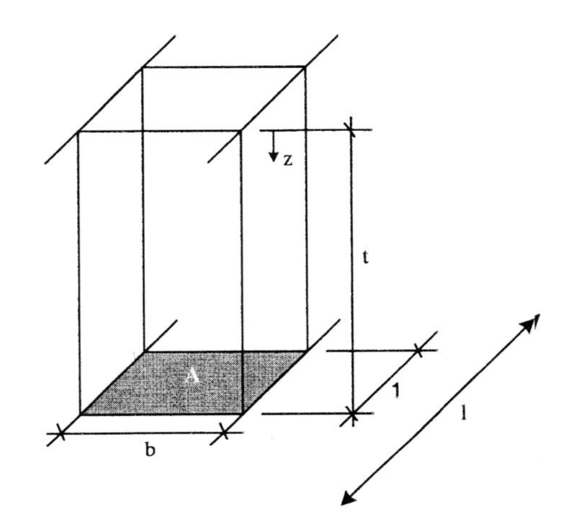

Bereich II

Wirksamer vertikaler Erddruck vor der Ortsbrust zur Ermittlung des erforderlichen Stützdruckes:

ϑ = Gleitwinkel $\qquad [°]$

$l_1 = D \cdot \cot\vartheta \qquad [m]$

$A = D \cdot l_1 = D^2 \cdot \cot\vartheta \qquad [m^2]$

$U = 2 \cdot D \cdot (1 + \cot\vartheta) \qquad [m]$

$r_0 = A/U = D \cdot \cot\vartheta / 2 \cdot (1 + \cot\vartheta) \qquad [m]$

$$p^{II}_{Ev0} = \frac{r_0 \cdot \gamma_B' - c}{K \cdot \tan\delta} \cdot (1 - e^{-(t/ro) \cdot K \cdot \tan\delta})$$

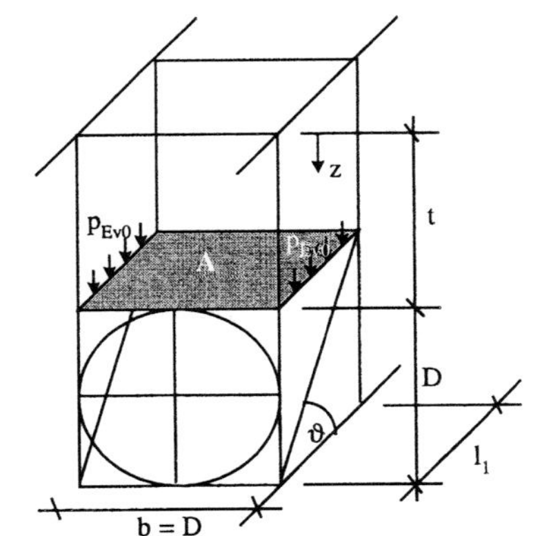

Bild 20.2-5 Wirksamer vertikaler Erddruck Silodruck

in Längsrichtung theoretisch null, und es treten nur Reibungswiderstände τ entlang der beiden Aussenflächen der Länge 1 auf. Es gilt daher mit r_0:

$$r_0 = \frac{A}{U} = \frac{b}{2}$$

$$p^{I}_{Ev0} = \frac{\gamma_B' \cdot b - 2 \cdot c}{2 \cdot K \cdot \tan\delta} \cdot \left\{1 - e^{-\frac{2t}{b} \cdot K \cdot \tan\delta}\right\} \qquad (20.2\text{-}10)$$

Die ideale wirksame Breite b ergibt sich aus bruchmechanischen Überlegungen (Bild 20.2-6). Näherungsweise kann man eine seitliche Gleitfläche entlang der Tunnelröhre und des Schildes von $\vartheta = 45 + \varphi'/2 \sim 60°$ (für Lockergestein) annehmen [20-7]. Damit ergibt sich eine wirksame Breite von:

$$b = D \cdot \sqrt{3} \qquad (20.2\text{-}11)$$

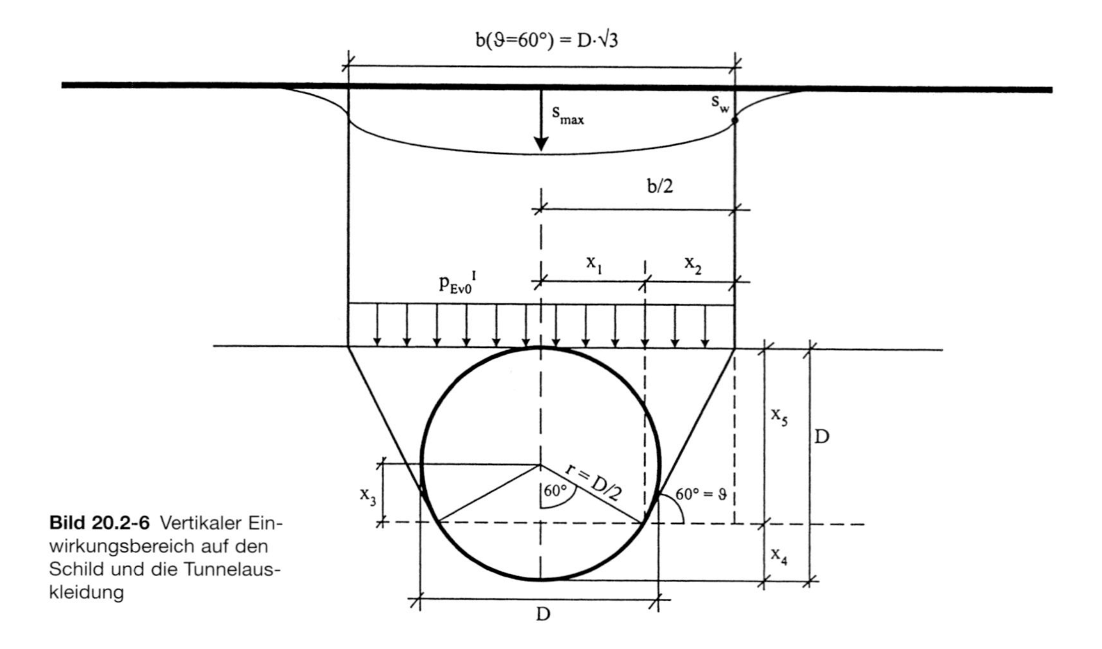

Bild 20.2-6 Vertikaler Einwirkungsbereich auf den Schild und die Tunnelauskleidung

Wenn man die Breite b variiert, z. B. von $b = D$ bis $b = D \cdot \sqrt{3}$, und in die Gleichung 20.2-10 einsetzt, erkennt man, dass einerseits bei zunehmendem b der Faktor vor der Klammer grösser wird und andererseits die e⁻-Funktion mit zunehmendem b auch einen grösseren Wert liefert. Damit vergrössert sich der Subtrahend in der Klammer, jedoch unproportional geringer als der linear wachsende Faktor vor der Klammer. Es liegt somit die grössere Belastungsbreite auf der richtigen Seite zur Berechnung der Widerstände. Die stützende Wirkung wird damit bei diesem vereinfachten Bruchmodell geringer.

20.2.2.1 Vertikaler Erddruck im Lockergestein

In der internationalen Fachwelt werden aufgrund der Vielfalt von Böden und der Erfahrungen verschiedene Ansätze zur Ermittlung der vertikalen Scheitelbelastung sowie der horizontalen Kämpferbelastung verwendet. Diese reflektieren neben der Streubreite unterschiedlicher Böden auch verschiedene Vortriebseinrichtungen.
Um diese Erfahrungsstreubreiten aufzuzeigen, werden hier der Ansatz nach ATV (D) und der Ansatz nach SIA (CH) dargestellt, die im Rohrvortrieb verwendet werden, aber übertragbar sind.

ATV A 161 [20-7]:

Gemäss ATV wird die vertikale Erdlast als gleichmässig verteilte Flächenlast angesetzt und ergibt sich zu (Bild 20.2-7):

$$p_{Ev0} = \gamma_B' \cdot t \cdot \kappa \qquad (20.2\text{-}12)$$

mit $b = D \cdot \sqrt{3}$ und $\delta = \varphi'/2$

$$\text{und} \quad \kappa = \frac{1 - e^{-2 \cdot \frac{t}{b} \cdot K \cdot \tan\delta}}{2 \cdot K \cdot \tan\delta \cdot \frac{t}{b}} \qquad (20.2\text{-}13)$$

SIA 195 [20-8]:

Der Kennwert des vertikalen Erddrucks kann wie folgt ermittelt werden:

$t < 3D$: $\quad p_{Ev0} = \gamma_B' \cdot t \qquad (20.2\text{-}14)$

$t > 3D$: Abminderung infolge Gewölbebewirkung gemäss Bild 20.2-8 und Bild 20.2-9

Die Vorgabe bis 3D keine Abminderung zu berücksichtigen liegt auf der sicheren Seite, sollte aber projektspezifisch überprüft werden.

p_{Ev0} : Kennwert des vertikalen Erddrucks / Silodrucks [kN/m²]

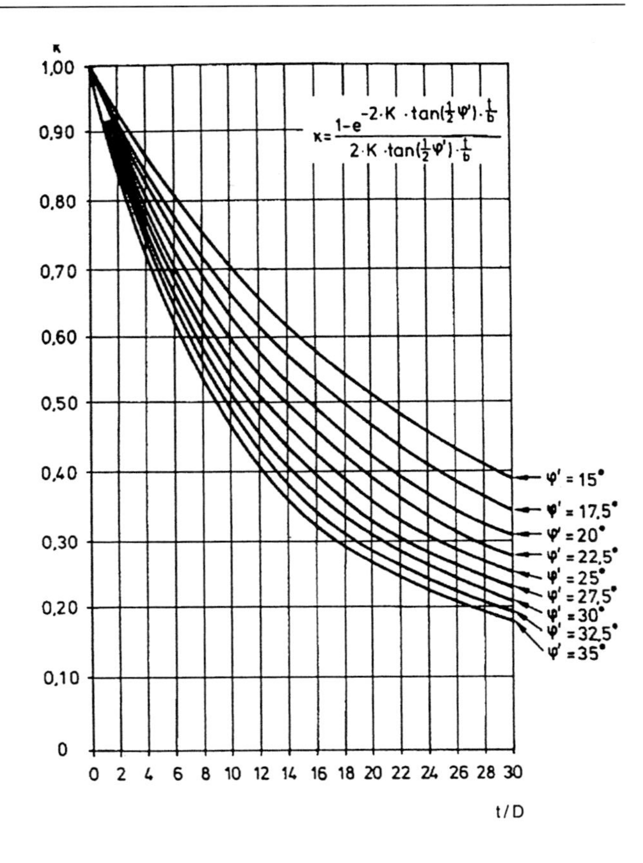

Bild 20.2-7 Abminderungsfaktor κ für K = 0.5 und c = 0, nach ATV A 161 [20-7]

t	:	Überlagerungshöhe	[m]
D	:	Schilddurchmesser	[m]
γ_B	:	Dichte des Bodens	[kN/m³]
γ_B'	:	wirksame Dichte unter Auftrieb (unterhalb des Grundwasserspiegels)	[kN/m³]
φ'	:	effektiver Reibungswinkel	[°]
c	:	Kohäsion	[kN/m²]
G	:	Eigengewicht der TVM	[kN]
A	:	Auftrieb der TVM	[kN]
l	:	Länge des Schildmantels	[m]

Die gewählten Bodenkennwerte basieren auf geologischen Untersuchungen und praktischen Erfahrungen. In Japan z. B. wird zum Teil mit einem Wert von K = 1 gerechnet.

20.2.2.2 Seitlicher Erddruck im Lockergestein

Die seitliche Erdlast p_h auf den Schildmantel sind nach ATV (D) und nach SIA (CH) identisch.

SIA 195 [20-8] und ATV A 161 [20-7]:

Der seitliche Erddruck beträgt (ATV):

$$p_{Eh} = \gamma_B' \cdot t \cdot \kappa \cdot K \qquad (20.2\text{-}15)$$

bzw. in Höhe der Schildkämpfer

$$p_{Eh} = \left(p_{Ev0} + \frac{D}{2} \cdot \gamma_B' \right) \cdot K \qquad (20.2\text{-}16)$$

mit den Erddruckverhältnissen: K = 0,3 – 0,5 in Kämpferhöhe des Tunnels.

In Gebieten mit eiszeitlicher Vorprägung ist bezüglich der obengenannten Erddruckbeiwerte Vorsicht geboten. Die Böden können überkonsolidiert sein und damit die K-Werte bedeutend grösser.

Der Kennwert des horizontal wirkenden Erddrucks gemäß SIA kann folgendermassen ermittelt werden:

$$p_{Eh} = \left(p_{Ev0} + \gamma_B' \cdot \frac{D}{2} \right) \cdot 0,5 \qquad (20.2\text{-}17)$$

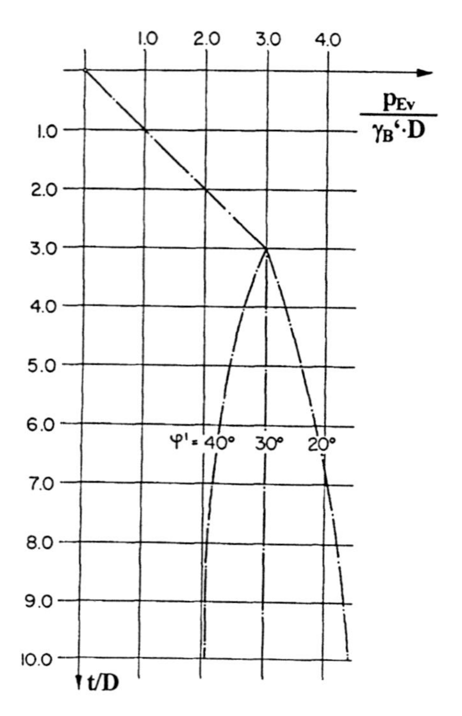

Bild 20.2-8 Erdauflast p_{Ev0}, c=0 – lockere Lagerung [20-8]

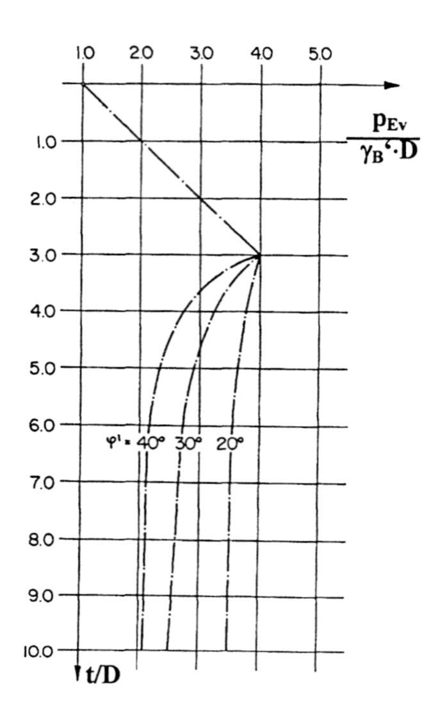

Bild 20.2-9 Erdauflast p_{Ev0}, c=0 – dichte Lagerung [20-8]

20.2.2.3 Wasserdruck, Verkehrslasten und ständige Zusatzlasten

Der Bemessungswert des Wasserdrucks beträgt in der Tiefe t_w unterhalb des Grundwasserspiegels:

$$p_w = \gamma_w \cdot t_w \quad (20.2\text{-}18)$$

p_w:	Wasserdruck	[kN/m²]
γ_w:	Raumlast des Wassers	[kN/m³]
t_w:	Tiefe unterhalb des Grundwasserspiegels	[m]

Ist der Wasserdruck Leiteinwirkung, so ist die Tiefe t_w in extremer Grösse anzusetzen. Ist der Wasserdruck Begleiteinwirkung, ist t_w als vorsichtig gewählter Erfahrungswert anzusetzen.

Für Einwirkungen auf den Schildmantel infolge Bebauungs- und Verkehrslasten kann überschläglich eine Druckausbreitung von 2:1 angesetzt werden.

20.2.2.4 Stützung der Ortsbrust

Die Stabilität der Ortsbrust kann näherungsweise durch ein einfaches räumliches Bruchkörpermodell (Bereich II – Bild 20.2-5) untersucht werden. Die gesuchte Grösse ist entweder der erforderliche Scherfestigkeitsparameter oder die Stützkraft S der Ortsbrust. Im gewählten Bruchkörpermodell werden die Auflast V_z und die Seitenlast H_y bestimmt. Die Prüfung der Standsicherheit erfolgt nach der klassischen Felleniusregel $\tau_{vorh} \leq \tau_{zul}$. Wenn $\tau_{vorh} > \tau_{zul}$, ist eine Stützung der Ortsbrust erforderlich. Der Standsicherheitsnachweis erfolgt über die Beziehung $S_{erf} \leq S_{vorh}$, d. h.der vorhandene resultierende Ortsbruststützdruck muss grösser sein als der erforderliche Ortsbruststützdruck.

Die Ermittlung der Standsicherheit von S_{erf} erfolgt aus einer Gleichgewichtsbetrachtung am Gleitkeil vor der Ortsbrust (Bild 20.2-10). Die Schwierigkeit liegt in der Wahl der Grösse des Ersatzkörpers und des zutreffenden Seitendruckkoeffizienten K. Zur

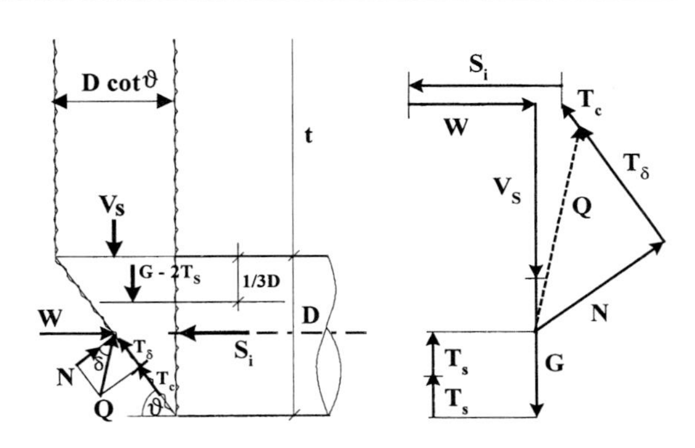

Bild 20.2-10 Gleichgewicht am vereinfachten Gleitkeil

Festlegung des kubisch gewählten Bruchkörpers vor der Ortsbrust mit Grundfläche A und Umfang U wird eine dem Schildkreis eingeschriebene Quadratöffnung angenommen. Das geometrische Bruchgebilde ist somit bestimmt durch den Gleitwinkel ϑ, d. h. die Neigung des fiktiven Gleitkörpers (geneigter Ortsbrustgleitkörper). Bei der Wahl des grundsätzlich unbestimmten Seitendruckkoeffizienten K wird auf die Erfahrung zurückgegriffen. Da die Setzungen im Bereich II (Bild 20.2-5) an der Oberfläche durch die applizierte Ortsbruststützkraft aktiv minimiert werden können, liegt K zwischen K_a und K_p. Es erscheint angemessen, für den Seitendruckkoeffizienten einen Wert von ca. K = 1,0 zu wählen. Kleinere oder gegebenenfalls auch grössere Werte von ca. 0,7 bis 1,5 sind nicht auszuschliessen.

Die Spannungen σ_x, σ_z ergeben sich nach Bild 20.2-5:

$$\sigma_z = \frac{A}{U} \cdot \frac{\gamma' - \frac{U}{A} \cdot c}{K \cdot \tan\delta} \cdot \left\{1 - e^{-\frac{U}{A} \cdot K \cdot \tan\delta \cdot z}\right\} \quad (20.2\text{-}19)$$

$$\sigma_x = K \cdot \sigma_z \quad (20.2\text{-}20)$$

Für z = t erhält man die Einwirkungen auf den Gleitkeil der Ortsbrust zu:

$$p_{Ev0} = \sigma_z(t) \quad (20.2\text{-}21)$$

$$p_{Eh} = \sigma_x(t + D/3) = \sigma_z(t + D/3) \cdot K \quad (20.2\text{-}22)$$

Zur Ermittlung von p_{Eh} setzt man den Seitendruckkoeffizienten K_0 in der Höhe des Gleitkeils ein. Daraus kann man die horizontalen Einwirkungen auf die dreieckförmigen Seitenflächen des Gleitkeils ermitteln.

Die Stützdruckberechnung unter Berücksichtigung unterschiedlicher Stützmedien während verschiedener Betriebszustände eines Hydroschildes kann aus Bild 20.2-11 entnommen werden.

Es gelten folgende Beziehungen am Gleitkeil:

Querschnitt und Umfang des Bruchkörpers:

$$A = D^2 \cdot \cot\vartheta \quad (20.2\text{-}23)$$

$$U = 2 \cdot D \cdot (1 + \cot\vartheta) \quad (20.2\text{-}24)$$

Resultierende Vertikalkraft auf dem Gleitkeil:

$$Vs = \sigma_z(t) \cdot A = \sigma_z(t) \cdot D^2 \cdot \cot\vartheta \quad (20.2\text{-}25)$$

Querschnittsfläche des Gleitkeils:

$$A_s = \frac{D^2}{2} \cdot \cot\vartheta \quad (20.2\text{-}26)$$

Schräge Gleitfläche:

$$A_G = \frac{D^2}{\cos\vartheta} \quad (20.2\text{-}27)$$

Eigengewicht des Gleitkeils:

$$G = A_s \cdot D \cdot \gamma' = \frac{D^3}{2} \cdot \gamma' \cdot \cot\vartheta \quad (20.2\text{-}28)$$

Seitlicher Gleitwiderstand an den Dreiecksflächen:

$$T_s = A_s \cdot \sigma_z(t + D/3) \cdot \tan\delta \cdot K \quad (20.2\text{-}29)$$

Bruchmodell: **Gleichgewicht:**

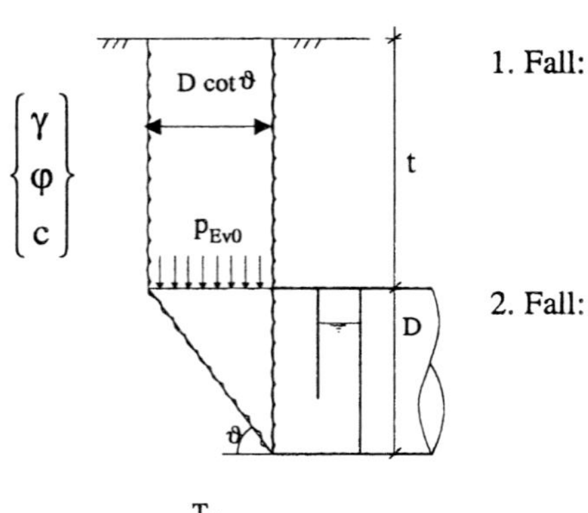

1. Fall:

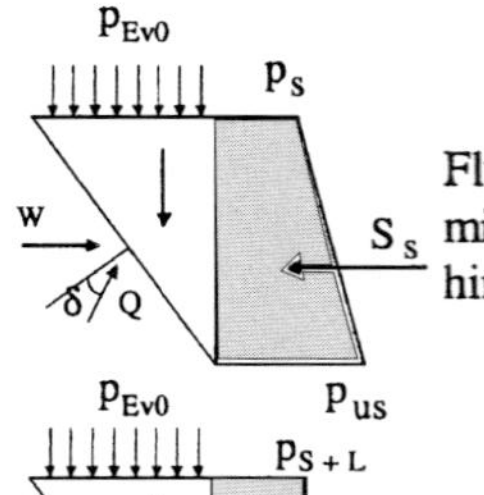

Flüssigkeitsstützung mittels Luftkissen hinter der Tauchwand

2. Fall:

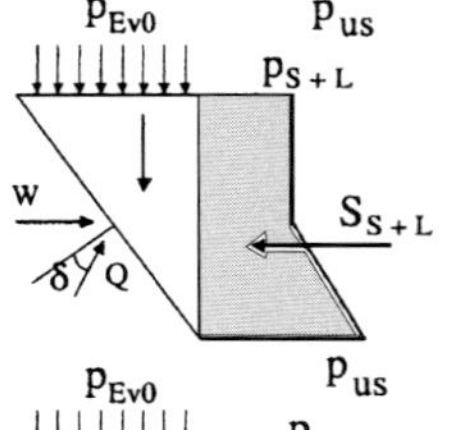

Kombinierte Luft- und Flüssigkeitsstützung

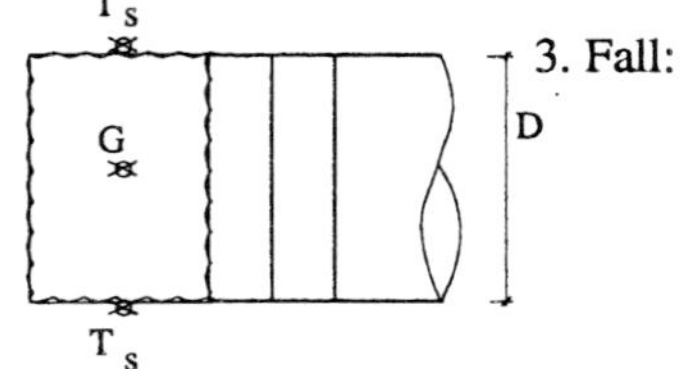

3. Fall:

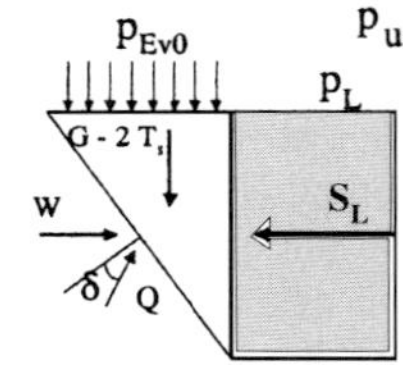

Temporäre Luftstützung mittels Stützmembrane

Silowirkung:

$$p_{Ev0} = \frac{A\gamma - U \cdot c}{U \cdot K \cdot \tan\delta}\left(1 - e^{\left(-t\frac{U}{A}K \tan\delta\right)}\right)$$

K = Erddruckbeiwert

$$V_s = p_{Ev0} \cdot D^2 \cdot \cot\vartheta$$

$$U = 2D \cdot (1 + \cot\vartheta)$$

$$A = D^2 \cdot \cot\vartheta$$

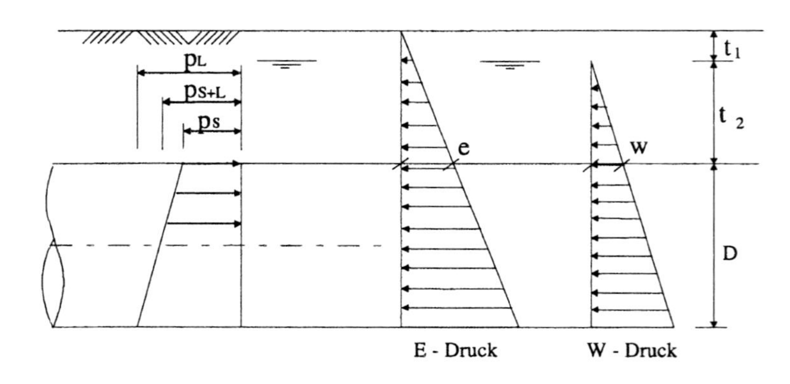

Ortsbruststandsicherheit:

$S_i(K_p) \geq S_i(K) \geq S_i(K_a)$

$K_p \equiv$ passiver Erddruck

$K_a \equiv$ aktiver Erddruck

Ausbläsersicherheit:

$p_L \leq \gamma_W (t_2 + D)\gamma_3$

$\gamma_3 \geq 1{,}1$

Bild 20.2-11 Nachweis zur Sicherung der Ortsbrust für einen Hydroschild in verschiedenen Betriebszuständen [20-3]

$$T_s = \frac{D^2}{2} \cdot \cot\vartheta \cdot \tan\delta \cdot \sigma_z (t + D/3) \cdot K \quad (20.2\text{-}30)$$

Widerstände in der geneigten Gleitfläche:

$$T_G = T_\delta + T_C \quad (20.2\text{-}31)$$

$$T_G = N \cdot \tan\delta + c \cdot A_G \quad (20.2\text{-}32)$$

$$\vec{Q} = \vec{N} + \vec{T}_\delta \quad (20.2\text{-}33)$$

$$T_C = c \cdot \frac{D^2}{\cos\vartheta} \quad (20.2\text{-}34)$$

Wasserdruckkraft:

$$W = \frac{D^2 \cdot \pi}{4} \cdot t_w \cdot \gamma_w \quad (20.2\text{-}35)$$

Daraus lässt sich die resultierende Stützkraft rechnerisch oder zeichnerisch ermitteln (Bild 20.2-10). Die Ermittlung der theoretischen Ortsbruststützdruckverteilung kann aus Bild 18.5-4 – Erddruckschilde, Bild 18.6-2 – Flüssigkeitsschilde und Bild 18.7-1 – Druckluftschilde entnommen werden.

Die Grösse der Stützkraft wird weitgehend von den zulässigen Setzungen gesteuert. Daher kann K theoretisch zwischen dem aktiven und passiven Erddruckbeiwert variieren. Diese erforderliche Ortsbruststützung kann mechanisch und/oder durch Erdbrei- bzw. Flüssigkeitsstützung erfolgen.

Bei einer Luftdruckstützung müssen die Bedingungen gemäss Bild 20.2-11 erfüllt sein, um das Wasser aus dem Schneidraum fernzuhalten. Das bedeutet, dass beim Luftdruckschild das Wasser durch die Luft gestützt wird. Dies gilt auch weitgehend bei der temporären Membrandichtung der Ortsbrust. Die Stützung des Erdkeils muss dann mechanisch erfolgen.

20.2.3 Mantelreibung am Schildmantel

20.2.3.1 Ermittlung des Mantelreibungswiderstandes

Der anstehende Boden über dem Schild lagert sich u. a. infolge des Überschnitts um. Auf den Schild, wie auch auf den mittels Tübbingen ausgekleideten Tunnel, wirkt näherungsweise die Belastung aus dem Bruchmodell. Bedingt durch die Bewegung

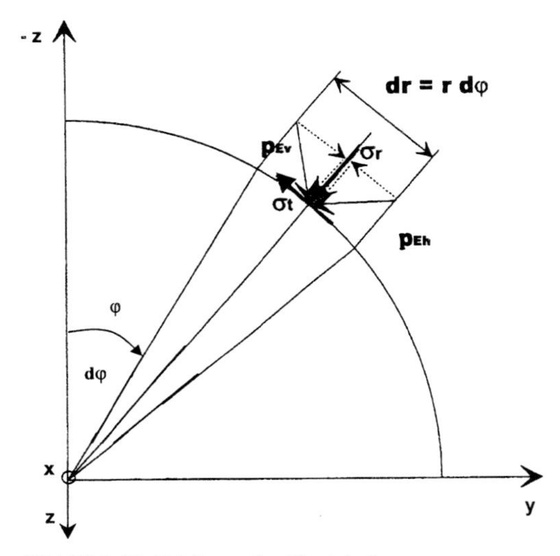

Bild 20.2-12 Ableitung der Mantelreibung

des Schildes während des Vorpressens werden die Coulombschen Reibungskräfte an der Oberfläche erzeugt. Diese Reibungskräfte ergeben sich aus der Integration der Mantelreibung über die Oberfläche des Maschinenschildes. Dabei ist zu beachten, dass der Wasserdruck bei Grundwasser keine Reibungskräfte erzeugt. Der wirksame Erddruck wird dann mit der Dichte γ' des Bodens unter Wasser ermittelt.

20.2.3.2 Ermittlung der Mantelreibung

Auf den Schildmantel wirken folgende Lasten bzw. Lastkomponenten ein (Bild 20.2-12):

$$\sigma_r(\varphi) = p_{Ev} \cdot \cos(\varphi) + p_{Eh} \cdot \sin(\varphi) \quad (20.2\text{-}36)$$

$$\sigma_t(\varphi) = -p_{Ev} \cdot \sin(\varphi) + p_{Eh} \cdot \cos(\varphi) \quad (20.2\text{-}37)$$

Der Erddruck kann als äussere radiale Belastung $\sigma_r(\varphi)$ auf den Schild zerlegt werden (20.2-36). Nach Gleichung 20.2-36 legen sich die kartesischen Komponenten der vertikalen und horizontalen Erdlasten sichelartig (Bild 20.2-13) um den Schild.

Beim Vorschub mit der Geschwindigkeit v erfolgt eine Verschiebung des Schildmantels in x-Richtung. Dabei entsteht in Vorschubrichtung die Schildmantelreibung τ_x durch die Einwirkung σ_r

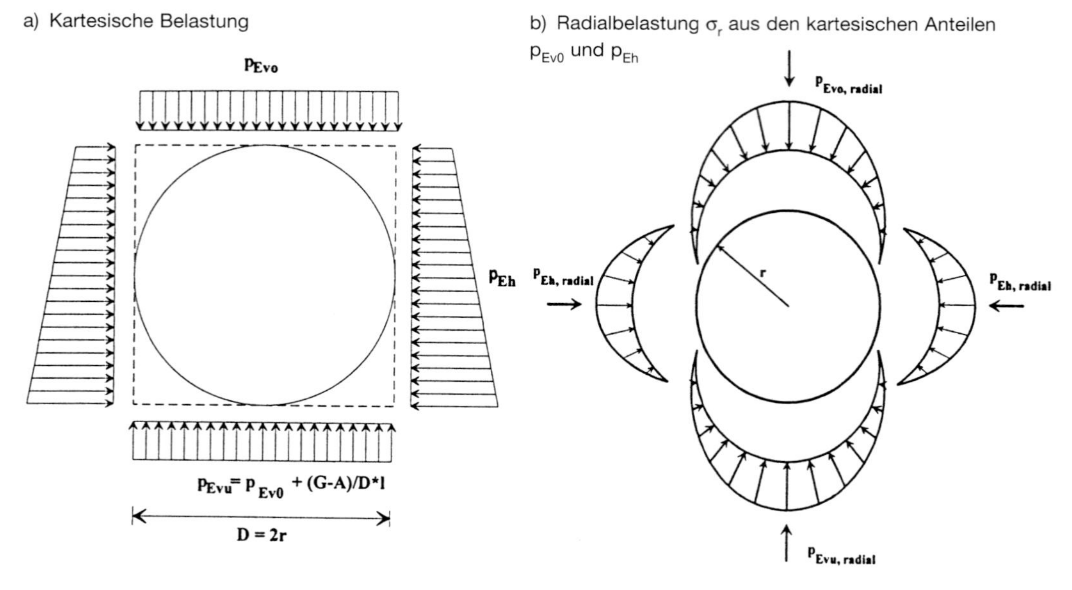

Bild 20.2-13 Erddruck als äussere Belastung auf den Schild

senkrecht zum Schildmantel. Die Komponente $\sigma_t(\varphi)$ leistet somit keinen Beitrag zur Reibung. Die Reibungsspannung ergibt sich zu:

$$\tau_x(\varphi) = |\sigma_r(\varphi)| \cdot \tan(\delta) \cdot \frac{\vec{v}}{|\vec{v}|} \qquad (20.2\text{-}38)$$

$\tau_x(\varphi)$	=	wirkende Schildmantelreibung (Längsrichtung)	[kN/m²]
σ_r	=	radiale wirksame Erddruckspannung	[kN/m²]
δ	=	Aussenwandreibungswinkel	[°]
$\tan(\delta)$	=	Reibungsbeiwert Stahl-Boden	[-]
r	=	Schildaussenradius	[m]
G	=	Gewicht der TVM	[kN]
A	=	Auftrieb der TVM	[kN]
l	=	Schildlänge	[m]
D	=	Schilddurchmesser	[m]
$K_a \leq K \leq K_0$	=	Erddruckkoeffizient	[-]

Die Ermittlung der Mantelreibungskraft basiert auf dem Reibungsgesetz:

$$W_R = \int_0^{2\pi} |\vec{\tau}_x(\varphi)| \cdot l \cdot r \cdot d\varphi \quad [\text{kN}] \qquad (20.2\text{-}39)$$

Tabelle 20.2-1 Reibungsbeiwerte μ [20-9, 20-10]

Material	μ: Haftreibung	μ: Gleitreibung
Stahl auf Kies oder Sand	0,4 bis 0,6	0,2 bis 0,4
Stahl auf Schluff/Ton	0,2 bis 0,4	0,1 bis 0,3

Tabelle 20.2-2 Richtwerte für Mantelreibung w_M [20-11]

Bodenart	Mantelreibung [kN/m²]
Kies, Sand	8,4 ± 2
Lehmiger Sand	9,3 ± 1
Lehm	7,3 ± 1
Lehm, Steine	5,7 ± 4

Die resultierende Reibungskraft ergibt sich zu:

$$
\begin{aligned}
W_R &= \int_0^{2\pi} \sigma_r(\varphi) \cdot \tan(\delta) \cdot l \cdot r \cdot d\varphi \\
&\cong \left(p_{Ev_o} \cdot \frac{2}{3} \cdot \frac{D\pi}{2} + 2 \cdot p_{Eh} \cdot \frac{2}{3} \cdot \frac{D\pi}{2} + p_{Ev_U} \cdot \frac{2}{3} \cdot \frac{D\pi}{2} \right) \cdot \tan(\delta) \cdot l \\
&= \frac{2}{3} \cdot \frac{D\pi}{2} \cdot l \cdot \tan(\delta) \cdot \left(p_{Ev_o} + 2 \cdot K \cdot \left(p_{Ev_o} + \frac{D}{2} \cdot \gamma' \right) + p_{Ev_o} + \frac{G - A}{D \cdot l} \right) \\
W_R &= \frac{2}{3} \cdot D \cdot \pi \cdot l \cdot \tan(\delta) \cdot \left(p_{Ev_o} + K \cdot \left(p_{Ev_o} + \frac{D}{2} \cdot \gamma' \right) + \frac{G - A}{2 \cdot D \cdot l} \right)
\end{aligned}
\qquad (20.2\text{-}40)
$$

Welcher Wert für K einzusetzen ist, ist aufgrund der geologischen Verhältnisse von Fall zu Fall zu bestimmen. Es sind die folgenden Fälle zu unterscheiden:

Geradeauspressen:

Es kann $K_a \leq K \leq K_0$ gesetzt werden.

Kurve in der Raumachse:

Diese kann gewollt oder ungewollt angesteuert werden. Es erhöht sich der Erdwiderstand auf der Kurvenaussenseite. Dieser Tatsache wird durch die Erhöhung des Erdruckkoeffizienten im betroffenen Bereich Rechnung getragen, es gilt: $K_0 < K < K_p$.

$$K_a = \tan^2\left(45° - \frac{1}{2}\varphi'\right), \quad K_p = \tan^2\left(45° + \frac{1}{2}\varphi'\right).$$

K_S = vertikaler Scheiteldruckbeiwert
K_{S0} = vertikaler Sohlendruckbeiwert
$K_l \wedge K_r$ = Seitendruckbeiwert (links und rechts)

Folgende Fälle muss man unterscheiden:

a) Schild liegt oben oder unten an:
$(K_S \vee K_{S0}) \leq K_P \rightarrow K_l = K_r = K_a \wedge (K_{S0} \vee K_S) = 1$

b) Schild liegt seitlich rechts oder links an:
$(K_l \vee K_r) \leq K_P \rightarrow K_S = K_{S0} = K_a \wedge (K_r \vee K_l) = 1$

Für den allgemeinen Ansatz der reibungserhöhenden Einwirkung der Fehlsteuerung sollten die Mantelreibungskräfte zwischen 20 – 30 % erhöht werden.

Richtwerte für den Mantelreibungsbeiwert $\mu = \tan\delta$ (siehe Tab. 20.2-1):

Da durch das Vorpressen Spannungsumlagerungen erfolgen (Auflockerungen), ist in der Regel nicht die Haftreibung massgebend, allerdings beim Anfahren nach längeren Stillstandszeiten.

Richtwerte für die Mantelreibung w_M (siehe Tab. 20.2-2).

Daraus ergibt sich die resultierende Mantelreibungskraft zu:

$$W_R = w_M \cdot U \cdot l \quad [kN] \qquad (20.2\text{-}41)$$

20.2.3.3 Reduktion der Mantelreibung

Zur Reduzierung des Reibungswiderstandes können folgende Massnahmen getroffen werden:

- Überschnitt / Ringspalt zwischen Schildaussenmantel und Boden
- Schmierung der Mantelfläche, z. B. mittels Bentonitsuspension im Felstunnelbau
- Minimierung von Fehlsteuerung (dadurch vermindert man den durch Gegensteuerung entstandenen erhöhten Anpressdruck, verbunden mit erhöhter Reibung)

Der Überschnitt reduziert die Mantelreibung nur bei standfesten Böden. Bei nicht standfesten Böden ist die Wirkung minimal.

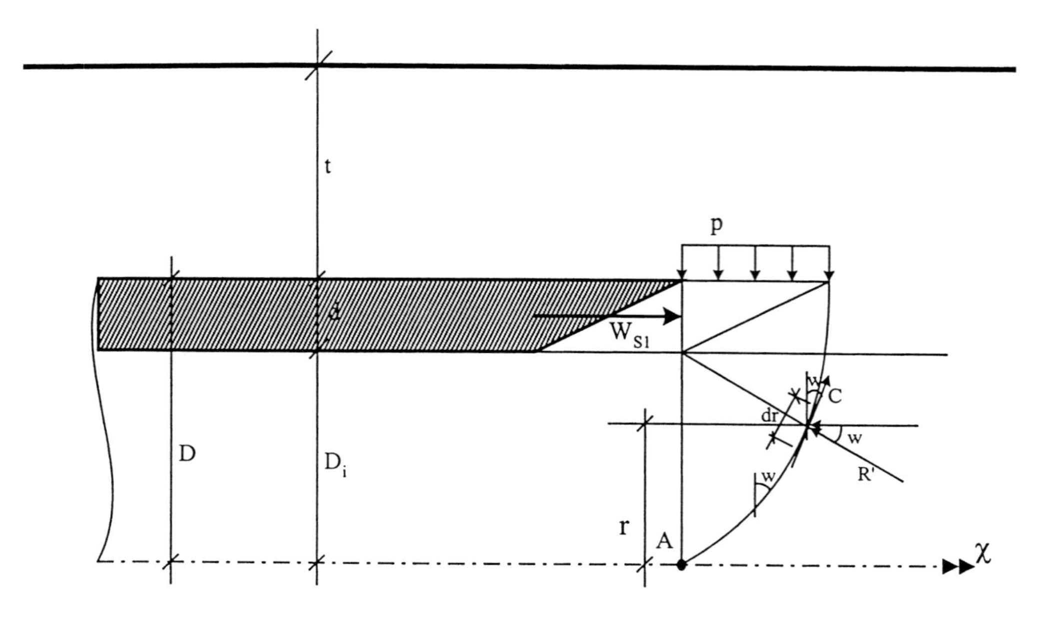

Bild 20.2-14 Schneidewiderstand W_{S1} am Schneidschuh nach Weber [20-11]

20.2.4 Brustwiderstand

20.2.4.1 Allgemeines

Der Brust- oder auch Eindringwiderstand wird durch die Bauart des Schneidrades bzw. Bohrkopfes geprägt. In Abhängigkeit von Form und Funktionsweise des Bohr- und Schneidkopfes können folgende Widerstände unterschieden werden:

- Schneidschuhwiderstand bei offenen Vorpressschilden (mit TSM)
- Brustwiderstand beim Schildvortrieb

20.2.4.2 Schneidschuhwiderstand

Bei offenen Schneidschuhschilden, wie sie bei offenen Teilschnittmaschinen üblich sind, bildet sich während des Vorpressens, neben der Mantelreibung entlang des Schildes, am Schneidschuh der Schneidenwiderstand W_{S1} aus. Im Schneidschuhbereich bildet sich eine grundbruchähnliche Fliesszone aus. Folgender Ansatz von Weber [20-11] kann angewandt werden:

$$W_{S1} = (\gamma_B' \cdot t \cdot \tan(\varphi') + c) \cdot N_c \cdot D \cdot \pi \cdot d \qquad (20.2\text{-}42)$$

t = Überdeckungshöhe
d = Schneiden-/ Schneidschuhdicke
φ' = innerer Reibungswinkel
w = Gleitkreisneigung
K_i = Erddruckbeiwert mit i = (a v 0 v p)
γ_B' = Dichte des Bodens
N_c = Grundbruchtragfähigkeitsbeiwert – Kohäsion
D = Schneidschuhdurchmesser

Eine empirische Abschätzung des Schneidenwiderstandes ergibt sich aus dem Spitzenwiderstand:

$$W_{S1} = D \cdot \pi \cdot d \cdot p_{S1} \text{ mit } p_{S1} > \gamma_B' \cdot t \cdot K_P \qquad (20.2\text{-}43)$$

D = äusserer Schilddurchmesser [m]
d = Schneidendicke [m]

Der Spitzenwiderstand ist abhängig vom Baugrund (empirische Werte).

Der optimale Schneidschuhwinkel unter dem Aspekt der Minimierung des Schneidenwiderstandes ergibt sich zu:

$$\alpha_{opi} = 45° - \frac{\varphi'}{2} \qquad (20.2\text{-}44)$$

φ′	0	2½	5	7½	10	12½	15	17½	20	22½
N_c	5,1	5,8	6,5	7,3	8,3	9,5	11,0	12,7	14,8	17,5

φ′	25	27½	30	32½	35	37½	40	42½	45
N_c	20,7	24,9	30,1	37,0	46,1	58,4	75,3	99,2	134

Tabelle 20.2-3 Grundbruchtragfähigkeitsbeiwert N_c in Abhängigkeit vom inneren Reibungswinkel

Tabelle 20.2-4 Spitzenwiderstand p_{S1} abhängig vom Baugrund [20-12]

Bodenart	**Spitzenwiderstand p_{S1} [kN/m²]**
Felsähnlicher Boden	12000
Kies	7000
Sand, dicht gelagert	6000
Sand, mitteldicht gelagert	4000
Sand, locker gelagert	2000
Mergel	3000
Tertiärton	1000
Schluff, Quartärton	400

20.2.4.3 Schneidrad- und Stützmediumwiderstand

Es ist zwischen offenen und geschlossenen Schilden zu unterscheiden. Der Anpressdruck beim offenen Schildvortrieb im Vollschnitt besteht aus der Reaktion der Ortsbrust auf die Abbauwerkzeuge (Speichenrad oder Bohrkopf).

Bei geschlossenen Schilden entspricht die Vorschub- und Ortsbrustanpresskraft der erforderlichen Stützkraft des Mediums zwischen Ortsbrust und Druckkammer und der Anpresskraft des Schneidrades zur Erzeugung der optimalen Schneidleistung für die Werkzeuge. Folgende Medien werden eingesetzt:

- Suspension
- abgebautes Material (Erdbrei)
- Druckluft

Die Druckregulierung in der Abbaukammer muss die Einflüsse aus der Bodenabförderung berücksichtigen.

Die auf die Ortsbrust aufgebrachten resultierenden Kräfte müssen gleich/grösser der erforderlichen Ortsbruststützkraft sein.

Die Anpresskraft des Schneidrades zur Erzeugung der Anpresskraft für die Werkzeuge ist:

$$W_{S2} = \frac{D^2 \cdot \pi}{4} \cdot p_1 \qquad (20.2\text{-}45)$$

Die Stützkraft des Mediums (Bild 20.2-11) sowie (Bild 18.5-4, Bild 18.6-2, Bild 18.7-1) zwischen Ortsbrust und Druckkammerwand ist:

$$W_{S3} = \iint p_2(\varphi) \cdot r \cdot d\varphi \cdot dr \qquad (20.2\text{-}46)$$

p_1 = Schneidrad-/ Bohrkopf-Anpressdruck
p_2 = Anpressdruck des Stützmediums zur Stützung der Ortsbrust
p_2 = $\{|p_2| p_2 = p_s \vee p_2 = p_{S+L} \vee p_2 = p_E \vee p_2 = p_L\}$
p_S = Stützflüssigkeit
p_{S+L} = Stützflüssigkeit mit Luftpolster
p_E = Erdbreistützung
p_L = Luftstützung

Der Brustwiderstand bzw. die Ortsbruststützkraft der TVM setzt sich zusammen aus:

$$W_B = W_{S2} + W_{S3} \qquad (20.2\text{-}47)$$

Die verschiedenen Widerstände beim Vortrieb einer Schildmaschine sind in Bild 20.2-15 dargestellt. Die gesamten Pressenkräfte F sollten um mindestens 20 – 30 % höher – je nach erforderlichen Korrektur- bzw. Trassierungsradius – ausgelegt werden.

Der Brustwiderstand, den die Maschine durch die Pressenkräfte überwinden muss, ist identisch mit der erforderlichen Ortsbruststützkraft S_i (Bild 18.5-4, 18.6-2, 18.7-1 und 20.2-11).

$$S_i(K) \le W_B$$

Die Aufteilung der erforderlichen Stützkraft auf das Schneidrad und das Stützmedium hängt von der Stützungsart ab.

Der von der Maschine erzeugte Brustwiderstand – man müsste hier richtiger sagen: die resultierende Kraft vom Schild auf die Ortsbrust – sollte sich in dem in Bild 20.2-16 dargestellten Intervall befinden:

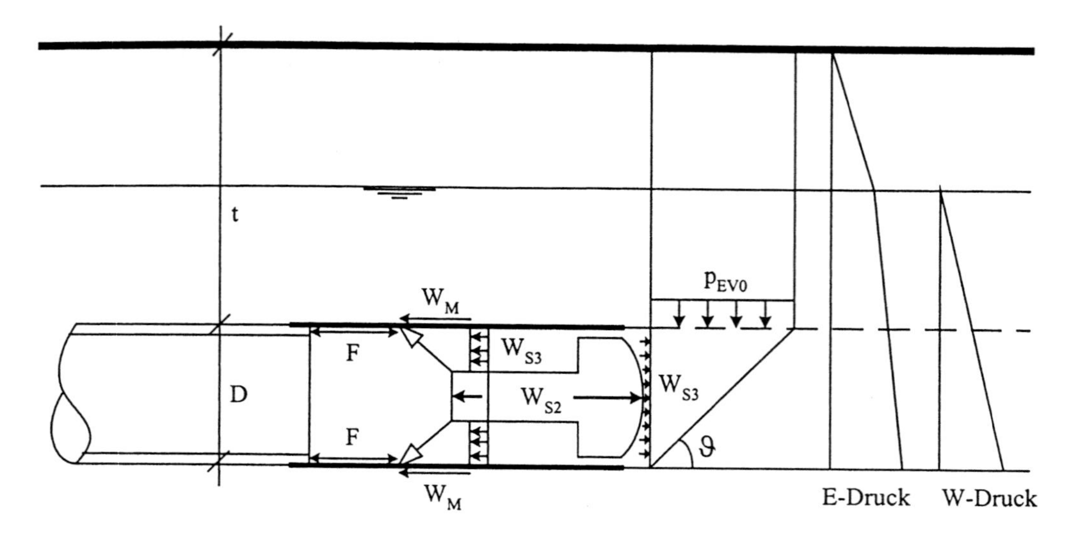

Bild 20.2-15 Zusammensetzung des Brustwiderstands und der erforderlichen Vortriebskraft

Folgende Grenzen sind zu berücksichtigen (Bild 20.2-17):

- grösser als der aktive vertikale Silodruck auf den Ortsbrustkeil, um Setzungen zu vermeiden
- kleiner als der passive vertikale Silodruck auf den Ortsbrustkeil, um Hebungen auszuschliessen

Die jeweilig wirkende Erddruckkraft ergibt sich aus der Relativbewegung des Bohrkopfes gegenüber dem Boden. Die Ermittlung des Erdgegendrucks erfolgt über Messwertgeber. Über den Hydraulikdruck in den Steuerpressen wird die resultierende Kraft gemessen. Die Aufteilung des erforderlichen Vortriebsdruckes in die Komponenten Stützmedium und Anpressdruck des Schneidrades bzw. -werkzeugs sollte über getrennte Messungen an den Systemen erfolgen.

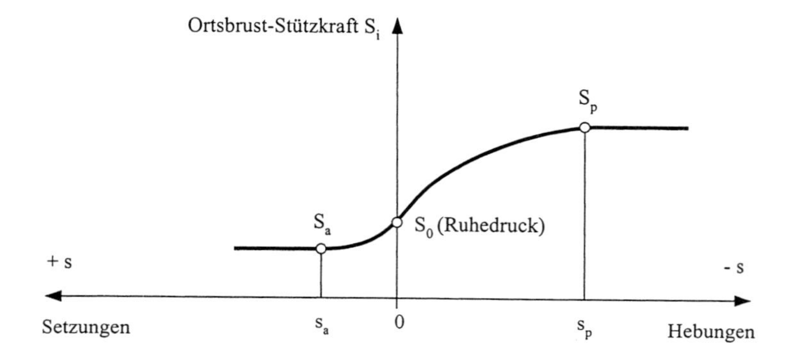

Bild 20.2-16 Abhängigkeit der Ortsbruststützkraft von der Deformation

Bild 20.2-17 Resultierende Kraft vom Schild auf die Ortsbrust für verschiedene Intervalle

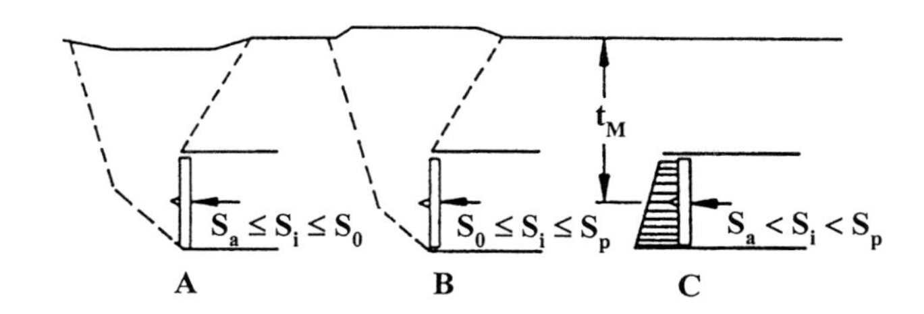

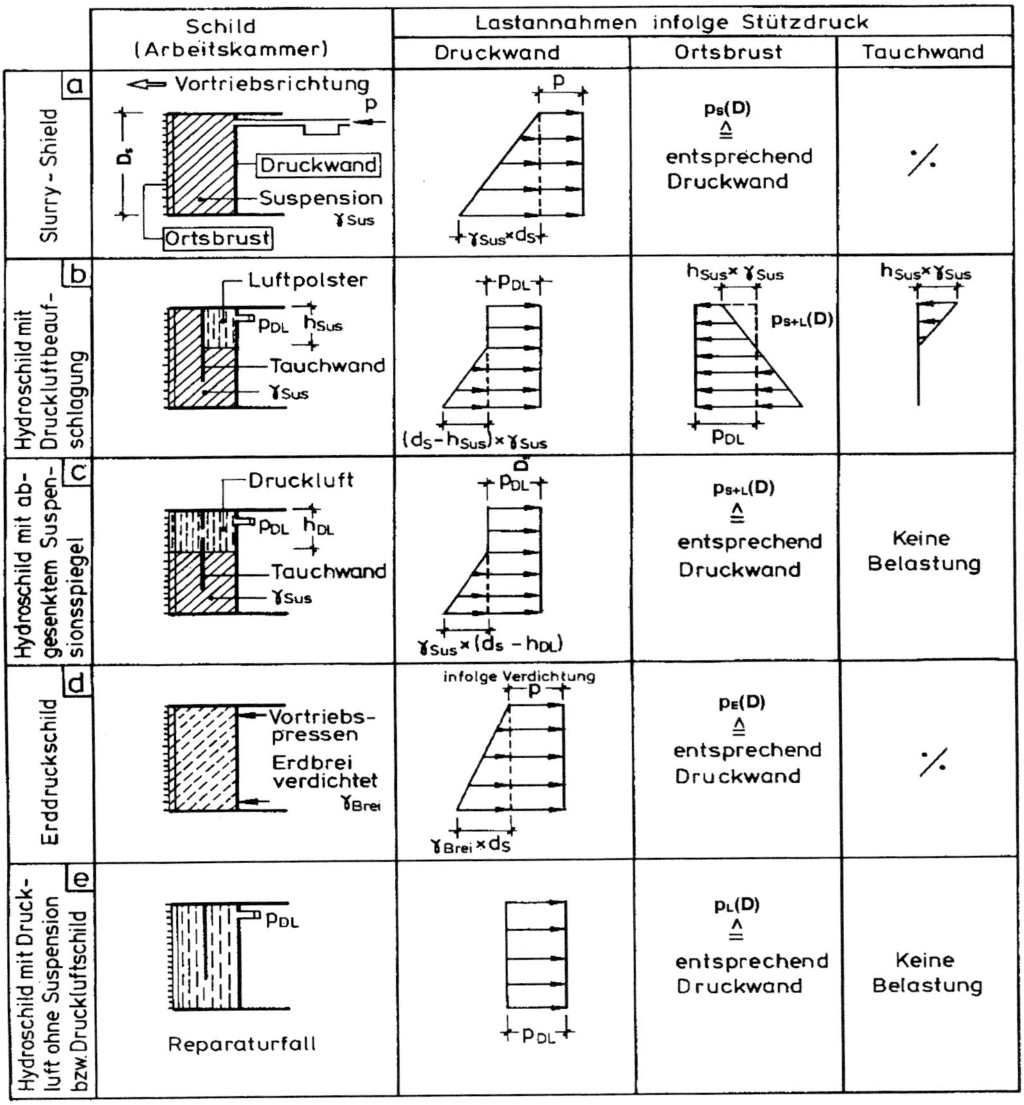

	Schild (Arbeitskammer)	Lastannahmen infolge Stützdruck		
		Druckwand	Ortsbrust	Tauchwand
a Slurry-Shield	⇐ Vortriebsrichtung; p; D_s; Druckwand; Suspension; γ_{Sus}; Ortsbrust	p; $\gamma_{Sus} \times d_s$	$p_S(D)$ ≙ entsprechend Druckwand	./.
b Hydroschild mit Druckluftbeaufschlagung	Luftpolster; p_{DL}; h_{Sus}; Tauchwand; γ_{Sus}	p_{DL}; $(d_S - h_{Sus}) \times \gamma_{Sus}$	$h_{Sus} \times \gamma_{Sus}$; $p_{S+L}(D)$; p_{DL}	$h_{Sus} \times \gamma_{Sus}$
c Hydroschild mit abgesenktem Suspensionsspiegel	Druckluft; p_{DL}; h_{DL}; Tauchwand; γ_{Sus}	D_s; p_{DL}; $\gamma_{Sus} \times (d_s - h_{DL})$	$p_{S+L}(D)$ ≙ entsprechend Druckwand	Keine Belastung
d Erddruckschild	Vortriebspressen; Erdbrei verdichtet; γ_{Brei}	infolge Verdichtung p; $\gamma_{Brei} \times d_s$	$p_E(D)$ ≙ entsprechend Druckwand	./.
e Hydroschild mit Druckluft ohne Suspension bzw. Druckluftschild	p_{DL}; Reparaturfall	p_{DL}	$p_L(D)$ ≙ entsprechend Druckwand	Keine Belastung

Bild 20.2-18 Ortsbruststützdruck [20-14]

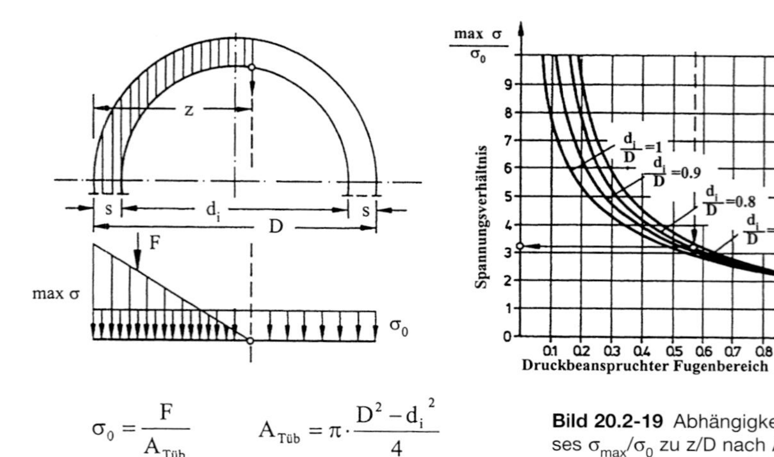

Bild 20.2-19 Abhängigkeit des Spannungsverhältnisses σ_{max}/σ_0 zu z/D nach ATV A 161 [20-7]

Der Ortsbruststützdruck und seine Verteilung auf die jeweiligen Stützkomponenten können aus der Zusammenstellung des Bildes 20.2-18 entnommen werden. Wichtig ist, dass die resultierende Druckkraft aus dem Stützmedium während des Betriebs folgende Randbedingungen erfüllt:

- 10-20 % höher als der anstehende Grundwasserdruck,
- so hoch, dass der verbleibende Anpressdruck auf die Werkzeuge zum rationellen Abbau genügt.

Bei den **Erddruck- und Flüssigkeitsschilden** lassen sich flexibel höhere Kräfte auf das Stützmedium einstellen. Dies kann wie folgt erreicht werden:

- Erddruckschilde: durch Reduzierung der Schneckenförderung und Veränderung der Konsistenz des Erdbreis und/oder durch Variation des Anpressdrucks bzw. der Vortriebsgeschwindigkeit
- Flüssigkeitsschilde:
  - a) durch Erhöhung des Luftpolsterdrucks bei Hydroschilden oder
  - b) durch Erhöhung des Flüssigkeitsdrucks beim Slurry-Shield

Beim **Druckluftschild** ist die Höhe des Drucks des äusseren Wasserspiegels an der Schildunterseite massgebend. Eine Reserve von 10 % ist erforderlich, um Schwankungen auszugleichen. Mittels Luftdruck kann nur der Wasserdruck gestützt werden, falls keine luftundurchlässige Membrane erzeugt werden kann.

Mit Erd- und Flüssigkeitsdruck lässt sich beim Vortrieb das Gleichgewicht der Ortsbrust relativ sicher aufrecht erhalten. Wenn man, z. B. für Reparaturarbeiten oder zur Findlingsbeseitigung, an die Ortsbrust gelangen muss, kann man nach Aufbau einer Membrane aus Bentonitsuspension auch für kurze Zeit eine Stützung gegen Erd- und Wasserdruck mittels Luftdruck erreichen.

20.2.5 Aufnehmbare Vorpresskräfte

Die erforderlichen Vorpresskräfte unterliegen folgenden Randbedingungen:

- maximale zulässige Randspannungen der Tübbinge (max. Druckkraft, Exzentrizität)
- maximale Anzahl und Druckkraft der Pressen, aus geometrischen wie auch technischen Gründen

Die zulässige Vorpresskraft für die Tübbinge ergibt sich aus folgenden Kriterien:

- kleinster Querschnitt im Pressenschuh-Tübbingkontaktbereich
- maximale Exzentrizität der Vortriebskraft zur Korrektur von Fehlsteuerungen und Fahren von geplanten Kurven

Die maximale vorhandene Randspannung infolge der Exzentrizität der Vorschubkraft F (Bild 20.2-15) kann in Abhängigkeit des Spannungsverhältnisses σ_{max}/σ_0 zu z/D nach ATV A 161 aus Bild 20.2-19 ermittelt werden.

Die maximal vorhandene Randspannung muss kleiner sein als die zulässige Randspannung. Statt einer linearen Verteilung wird nach prEN 1916 eine parabolische Verteilung angenommen.

Die obere Grenze der maximalen Pressenkräfte ergibt sich aus der Produktepalette der Hersteller sowie aus der Grösse und geometrischen Anordnung der Pressen.

20.3 Setzungen und Hebungen

Bei allen Vortrieben der geschlossenen Bauweise wird eine möglichst setzungsfreie Ausführung angestrebt. Nun ist es jedoch ausserordentlich schwierig, dass dies vollkommen gelingt.

Bei offenem Schild mittels Schneidschuh und TSM entstehen im Bereich des Schneidschuhes laufend Auflockerungen, die sich in engeren und weiteren Grenzen halten. Durch den ungestützten Ausbruch der Ortsbrust führt dies zu Auflockerungen und Störungen der natürlichen Lagerungsverhältnisse um den Hohlraum herum. Durch diese Spannungsumlagerungen entstehen Bodenbewegungen und damit Setzungen an der Oberfläche. Wird dem Materialabbau an der Brust infolge wechselnder Verhältnisse nicht die notwendige Aufmerksamkeit geschenkt, so kann es zum Einfliessen von Material in das Schildinnere und, in der Folge, zu Setzungen an der Oberfläche kommen.

Die Gefahr von Setzungen ist bei geschlossenem Schild relativ gering, da der notwendige Druck an der Ortsbrust gezielt gesteuert werden kann. Werden zu geringe Brustwiderstandskräfte von der Maschine auf die Ortsbrust aufgebracht, kann es zu Setzungen kommen. Werden jedoch zu hohe Brustwiderstandskräfte von der Maschine auf die Ortsbrust übertragen, so entstehen Hebungen.

Die Ermittlung der Setzungen kann nach Peck [20-15] erfolgen. Aus statistischen Auswertungen vieler Vortriebe mit unterschiedlichen Schildtypen, unter Berücksichtigung bodenabhängiger Richtwerte, entstand die Beziehung zwischen Tunneldurchmesser, Überdeckungshöhe und Setzungen. Die Form der Setzung wird als Gausssche Glockenkurve angenommen:

$$s(x) = s_{max} e\left(\frac{-x^2}{2w^2}\right) \qquad (20.3\text{-}1)$$

$s(x)$	=	Oberflächensetzungen im Abstand x von der Tunnelachse
w	=	Wendepunkt der Senkung
b_S	=	theoretische Breite der Senkung
s_{max}	=	maximale Oberflächensetzung
s_W	=	Setzung im Wendepunkt
s_F	=	Firstsenkung im Tunnel
A_S	=	Senkungsvolumen
A_t	=	Tunnelverkleinerungsvolumen

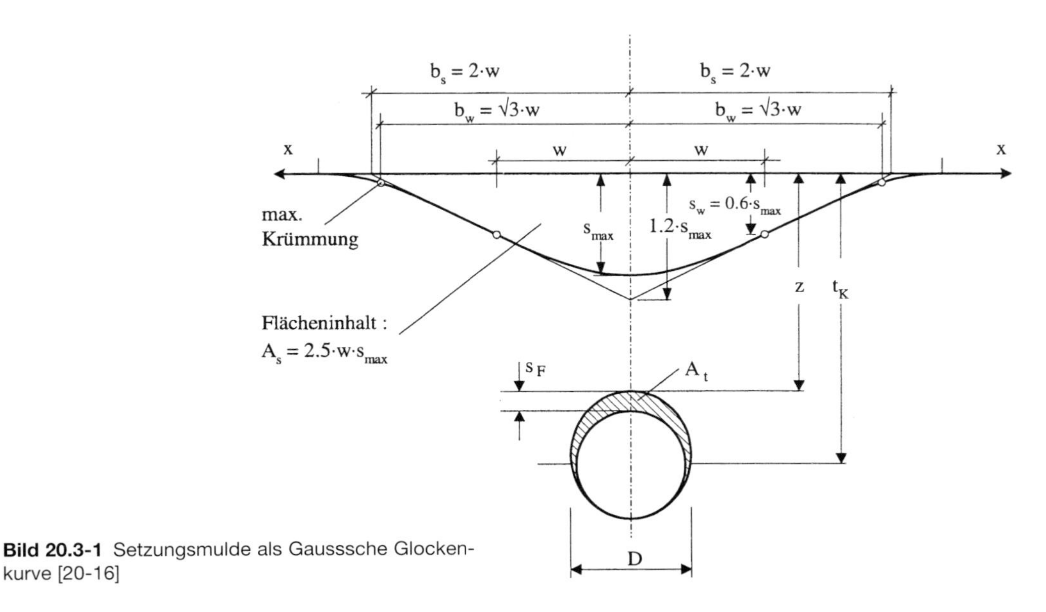

Bild 20.3-1 Setzungsmulde als Gausssche Glockenkurve [20-16]

Das Kriterium zur Schadensbegrenzung an bestehenden Gebäuden und Infrastrukturen ist in der Regel nicht das Totalmass der Setzungen, sondern meist die Differenzsetzungen. Die Differenzsetzungen verursachen unterschiedliche Verformungen in den Tragwerkskonstruktionen, Leitungssystemen wie auch Verkehrsflächen und damit zusätzliche Kräfte.

Neben der Endsetzung nach Fertigstellung muss die sukzessive Entstehung der Setzung während des Bauablaufs berücksichtigt werden, die immer Differenzsetzungen erzeugt. Daher muss die zulässige Setzung nach der Sensitivität der vorhandenen Infrastruktur wie folgt begrenzt werden:

- Totalsetzung
- Differenzsetzung (oft auch maximale Neigung der Setzungsmulde)

Die zusätzlichen Massnahmen, um unvermeidliche Restsetzungen bei einem setzungsarmen Vortrieb auszugleichen, wurden in Kapitel 9.6.3 erläutert. In der Regel begrenzt man die maximale Neigung der Setzungsmulde wie folgt:

- verformungsfähige Infrastruktur: $\varphi = {}^{1}/_{500}$
- verformungsempfindliche Infrastruktur: $\varphi = {}^{1}/_{1000}$

Die Neigung der Setzungsmulde ermittelt man aus der Differentiation der Gaussschen Setzungskurve:

$$\varphi(x) = \frac{ds(x)}{dx} \qquad (20.3\text{-}2)$$

Die maximale Setzungsneigung im Abstand x_0 von der Tunnelachse ergibt sich aus:

$$\varphi_{max}(x_0) \Rightarrow \frac{d\varphi(x_0)}{dx} = \frac{d^2s(x_0)}{dx^2} = 0 \text{ und } \frac{d^3s(x_0)}{dx^3} < 0 \qquad (20.3\text{-}3)$$

20.4 Vermessung und Steuerung

20.4.1 Überblick

Um die Lage und die Richtung einer Tunnelbohrmaschine bezüglich einer projektierten Tunnelachse kontinuierlich zu verfolgen, werden computerunterstützte vermessungstechnische Methoden eingesetzt.

Die vermessungstechnische Steuerung einer TBM mit konventionellen Mitteln ist arbeitsintensiv und erfordert besonders während der Fahrt um Kurven kontinuierliche Messungen und Berechnungen. Es liegt deshalb nahe, die Lage der TBM mit einem computergesteuerten Vermessungssystem automatisch und periodisch zu bestimmen (z. B. Systeme von WILD LEITZ, KERN, ZED, CAP, DYWIDAG-LEICA). Nach einem Messzyklus liegt somit ihre aktuelle Lage vor, welche automatisch mit der projektierten Tunnelachse verglichen wird. Unter Beücksichtigung verschiedener Parameter lassen sich die für die TBM-Steuerung erforderlichen Korrekturgrössen berechnen.

Die computergesteuerten Vermessungsinstrumente sind je nach Typ auch manuell manipulierbar. Die Funktionen können über die Tasten des Computers aufgerufen werden. Davon sind einige softwaremässig zu Abläufen zusammengefasst, die eine Automatisierung des Systems erlauben.

Um eine Maschine überhaupt steuern zu können, müssen durch ein geeignetes Vermessungssystem zunächst folgende Daten vorliegen:

- Position der Referenzebene oder des Schildschneidenmittelpunktes
- Richtung der Maschinenachse, bezogen auf das Koordinatensystem oder die Trassierung
- Längsneigung zum vorgegebenen Höhensystem oder der Gradiente
- Verrollung

Je nach Ort und Maschinentyp werden diese Daten manuell ermittelt oder durch automatische Sensoren erfasst.

20.4.2 Vermessungstechnische Methoden zur Kontrolle der Fahrt

- **Bestimmung der Achse:** Für die Absteckung der Achse werden beinahe ausschliesslich Polygonzüge verwendet. Teilweise werden mit genauen Vermessungskreiseln direkt die Azimute der Strecken gemessen.
- **Bestimmung der Höhe:** Die Höhe der Achspunkte wird meistens nivelliert.
- **Spurdiagramme:** Auf einem an der TBM befestigten Diagramm (Spurdiagramm) muss der Laserstrahl bei richtiger Lage einen bestimmten Punkt treffen.
- **Motorisierte Theodoliten:** Computergesteuerte, mit Hilfe von Motoren um ihre Achse drehbare Theodolite sind zusätzlich mit Laser und Distanzmesser ausgerüstet. Mit einem einzigen Messgerät können so beliebige, entsprechend

signalisierte Punkte automatisch angezielt und alle Komponenten eines räumlichen Vektors gemessen werden.

- **Bestimmung der Lage der TBM:** Von einer als bekannt vorausgesetzten Theodolitstation werden nach ausgewählten Punkten der TBM Vektoren gemessen und daraus die Koordinaten dieser Punkte berechnet, um die daraus errechnete Ist-Lage mit ihrer Soll-Lage bezüglich der Tunnelachse zu vergleichen.

20.4.3 Messsysteme für die Kontrolle der Fahrt

Es werden drei verschiedene Messkonzepte angewendet [20-17]:

- konventionelle Messsysteme mit festem Laser und Spurdiagrammen
- Messsysteme mit computergesteuertem, motorgetriebenem Theodolit mit Laser und Distanzmesser anstelle des festen Lasers
- automatische Messsysteme mit computergesteuertem, motorgetriebenem Theodolit mit Laser und Distanzmesser und mit einem System zum automatischen Anzielen von Punkten für die Messung von Horizontalrichtungen und Vertikalwinkeln

21 Baulüftungen von Untertagebauwerken

21.1 Allgemeines

Alle Untertagearbeiten sind ständig mit Frischluft zu versorgen. Dies ist nicht nur aus arbeitshygienischen, sondern auch aus wirtschaftlichen und technischen Gründen notwendig. Dabei hat die Gesundheit der Beschäftigten den grössten Stellenwert. Im Tunnel wird die Einsatz- und Leistungsfähigkeit von Menschen und Geräten durch Staub, Gase und Temperaturen stark beeinflusst. Bei ungenügender Lüftung erhöht sich z. B. durch eingeschränkte Sichtweite die Unfallgefahr, die Leistung der Mitarbeiter nimmt ab, zudem müssen die Geräte öfters gewartet werden, mit dem einhergehenden Ausfall im Bereich der Mechanik, Elektrik und Elektronik.

Neben der Frischluftversorgung soll die Belüftung die Verdünnung und Ableitung folgender Schadstoffe sicherstellen, die während des Vortriebs und des Ausbaus entstehen:

- Sprengschwaden
- Dieselmotoremissionen
- Staub
- weitere Schadstoffe aus dem Arbeitsprozess (Schwarzdeckeneinbau etc.)
- Erdgas und Radon-Zerfallsprodukte

Die Schadstoffe in der Tunnelluft (Gase, Staub und Temperatur) werden ausgelöst durch:

- Sprengvortrieb (toxische Sprenggase, Steinstaub)
- Teil- und Vollschnittmaschinen (Gesteinsstaub)
- Schutterung und Transport des Materials mittels Dieselfahrzeugen (Abgase von Verbrennungsmotoren sowie Steinstaub)
- Gase und erhöhte Temperatur aus Gesteinsklüften

Daher müssen die Arbeitsstellen unter Tage ausreichend mit Frischluft versorgt werden, um den herabgesetzten Sauerstoffgehalt der Luft zu ergänzen und den Staubanteil pro Liter Luft auf zulässige Werte zu reduzieren. Dies wird erreicht, indem Frischluft zugeführt und die belastete Tunnelluft dadurch verdünnt und/oder entstaubt wird. Die gesundheitsschädlichen Schadgase wie auch Staubkonzentrationen müssen unter den zulässigen MAK-Werten bleiben. Unter dem Maximalen Arbeitsplatzkonzentrationswert (MAK-Wert) ist die höchstzulässige Durchschnittskonzentration von gas-, dampf- und staubförmigen Arbeitsstoffen in der Luft zu verstehen, die bei dem statistischen Durchschnittsmenschen keine Gesundheitsgefährdung hervorruft. Die Einwirkungen beziehen sich auf einen Arbeitstag von 8 Stunden und eine Wochenarbeitszeit von 42 Stunden. Neben den MAK-Werten sind bei einzelnen Stoffen auch Kurzzeitwerte definiert. Für diese Kurzzeitgrenzwerte (KZG) sind die zeitliche Begrenzung, die Häufigkeit und die Dauer in Minuten pro Schicht festgelegt. Massgebend beim Staub ist der lungengängige Feinstaub in der Atemluft; die zulässige Feinstaubbelastung wird stark durch den Quarzgehalt beeinflusst. Die maximale Belastung der Tunnelluft ist in Vorschriften (Berufsgenossenschaft in Deutschland, SUVA in der Schweiz) niedergelegt.

Der Staubanfall sollte möglichst bereits am Entstehungsort durch folgende baubetriebliche Massnahmen reduziert werden:

- Nassbohren der Sprenglöcher
- Staubniederschlag durch Besprühen des Haufwerks mit Wasser
- Nassspritzverfahren im Dichtstromverfahren, NATS, etc.
- Staubschild hinter dem Bohrkopf von Tunnelbohrmaschinen
- Absaugung am Schrämkopf und an den Materialübergabestellen oder separater Absaugstollen in der Ortsbrust (bei TSM-Vortrieb)
- Verwendung von Entstaubungsanlagen bei TBM- und TSM-Vortrieb sowie bei Brecheranlagen unter Tage

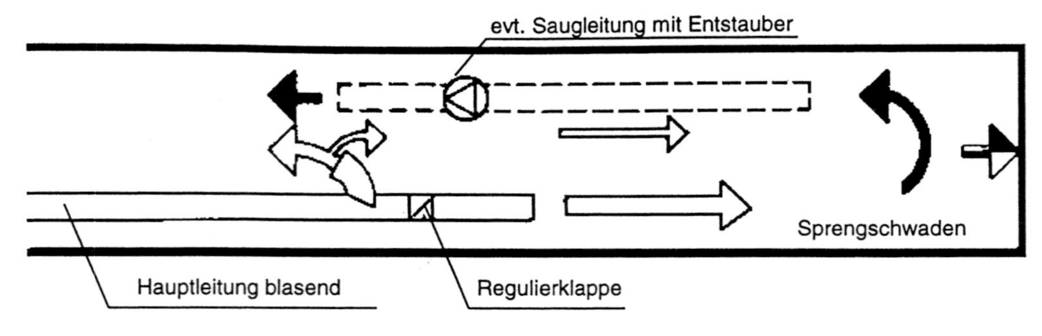

Sprengvortrieb

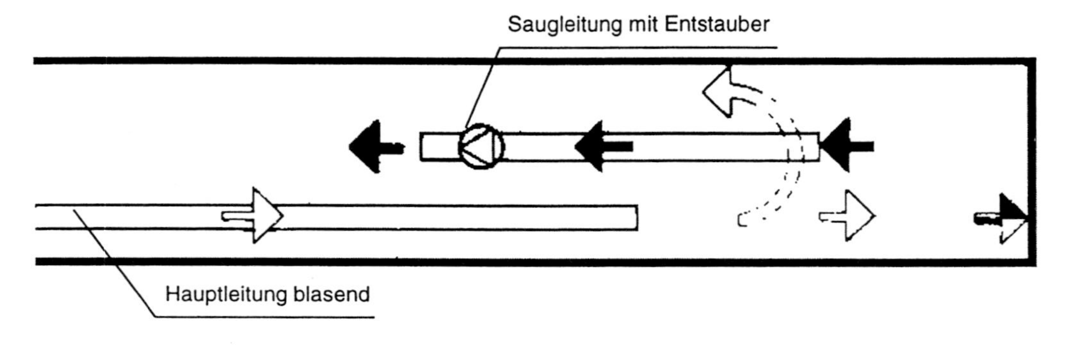

Mechanischer Abbau

Bild 21.2-1 Blasende Lüftung [21-2]

Neben dem Staubanfall können in seltenen Fällen auch im Tunnelbau natürliche Gase wie im Kohlebergbau anfallen. Aus dem Inneren der Erde kann Gas aufsteigen, dies kann u.a. in folgenden Gesteinsarten auftreten:

- in porösen Zonen der Molasse
- in manchen Mergelzonen an der Alpennordseite

21.2 Lüftungssysteme

Die Baulüftung ist eine reine Bauhilfsmassnahme, die jedoch bereits bei der Planung [21-1; 21-9; 21-10] berücksichtigt werden sollte. Dies ist besonders wichtig bei kleinen Schächten und Stollen.

Als Belüftungssystem kommen je nach Projekt und baubetrieblichen Anforderungen heute folgende Betriebsweisen in Betracht:

- blasende Lüftung
- Umluftsysteme

Als weitere Betriebsweisen zur Baulüftung werden folgende Systeme angewandt, aus baubetrieblichen und wirtschaftlichen Gründen jedoch relativ selten:

- saugende Lüftung mit Zusatzlüftung vor Ort
- reversierbare Lüftung mit Zusatzlüftung vor Ort
- Sauglüftung mit Ventilator vor Ort (Lutte wird blasend betrieben)

Bei der **blasenden (drückenden) Lüftung** (Bild 21.2-1) wird die Frischluft mit dem Ventilator angesaugt und über eine Rohrleitung (Lutte) von draussen zu den Arbeitsstellen unter Tage geblasen. Die verunreinigte Luft strömt schadstoffverdünnt durch den Hohlraumquerschnitt nach aussen. Die Arbeitsstellen vor Ort werden mit Frischluft versorgt, während rückwärtige Arbeitsstellen im Rückstrom schadstoffbelasteter Luft liegen. Die blasende Lüftung lässt sich unter folgenden baubetrieblichen Bedingungen effizient anwenden:

- Die Belegschaft vor Ort verlässt den Tunnel vor der Sprengung oder begibt sich in einen Frischluftstrom oder in einen belüfteten Container, bis die Sprengschwade vorbeigeströmt ist.
- Die Stäube beim mechanischen Vortrieb mit Teilschnittmaschinen (TSM) oder Tunnelbohrmaschinen werden vor Ort erfasst und mit geeigneten Entstaubungsanlagen ausgeschieden.
- Durch Dieselmotoren angetriebene Lade- und Transportgeräte müssen bei der Auslegung der Lüftung berücksichtigt werden. Die damit verbundene, grössere Luftmenge verdünnt zusätzlich die Sprenggase.

Die ausreichende Luftmenge zur Verdünnung der Sprengschwade und damit auch der mineralischen Stäube ergibt sich praktisch wie folgt:

- Die ausreichende Frischluftmenge wird aufgrund der eingesetzten Dieselgeräte (quasi alle Geräte mit Dieselantrieb ausgerüstet) bestimmt.
- Bei elektrisch betriebenen Geräten ergibt sich die ausreichende Frischluftmenge aus der geforderten mittleren Luftströmung im freien Profil.

Bei nicht ausreichender Verdünnung müssen Entstauber eingesetzt werden, insbesondere bei quarzhaltigem Gestein. Dies ist besonders der Fall beim mechanischen Vortrieb (TBM) mit sehr hohen Leistungen und Spritzbetonsicherung und/oder Spritzbetonauskleidung.

Beim Schrägschachtausbruch von unten nach oben wird grundsätzlich blasend belüftet. Die zurückgedrängten Sprengschwaden müssen am Schachteingang unten abgesaugt werden, falls sie nicht direkt ins Freie geleitet werden können (Bild 21.2-2).

Umluftsysteme (Bild 21.2-3) werden hauptsächlich bei langen Tunneln eingesetzt. Die Umluftsysteme beziehen sich auf den gesamten Tunnel oder auf Teilbereiche. Sie sind durch ihre Wirtschaftlichkeit in bezug auf ihre weitestgehend verlustfreie Luftführung und die Umwälzung sehr grosser Luftmengen charakterisiert. Dabei wird meist über eine zweite Tunnelröhre, einen Seitenstollen, Schacht oder Vortriebsstollen ein Umluftsystem eingerichtet. Der Luftstrom kann unter Einbezug von Querschlägen bzw. Verbindungsstollen und „Wettertüren" sowie mit Zusatzlüftungen für die einzelnen Arbeitsstellen so geführt werden, dass die mit Gasen und Stäuben angereicherte Abluft Personen an anderen Arbeitsstellen oder in zu begehenden bzw. zu durchfahrenden Untertagestrecken nicht gefährdet.

Schnitt

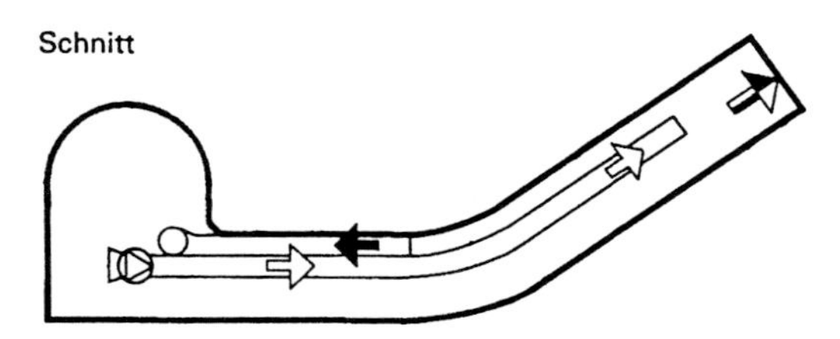

Grundriss

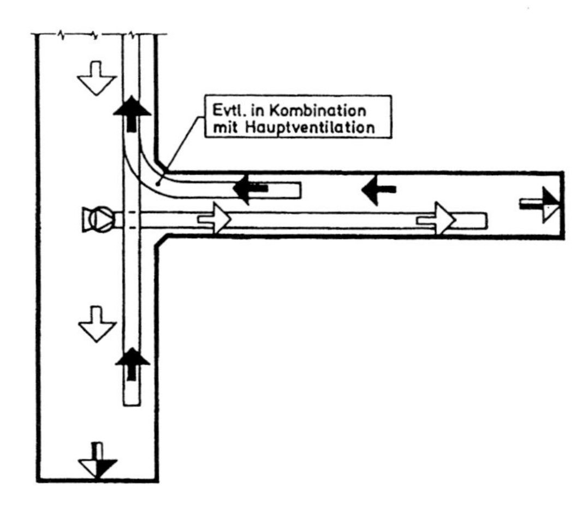

Bild 21.2-2 Belüftung beim Schachtausbruch [21-2]

Beim Einsatz von Teilschnittmaschinen kann die Umluft über Pilotstollen und Abluftschächte geführt werden. Diese Lösung sollte bei Tunnelquerschnitten von über 25 m^2 angeordnet werden, damit klare Anströmverhältnisse an der Tunnelbrust aufrechterhalten werden können. Die in den Pilotstollen einströmenden Stäube lassen sich Entstaubern zuführen.

Bei der **saugenden Belüftung** (Bild 21.2-4) wird die Luft an den Arbeitsstätten abgesaugt. Die verstaubte, belastete Luft wird durch eine Lutte nach aussen geführt. Die Frischluft zieht durch die Sogwirkung von der Ortsbrust durch den Hohlraum nach. Bei sehr langen Lutten muss man darauf achten, dass die Luftgeschwindigkeit (turbulente Strömung) so gross ist, dass der Staub sich nicht ablagern kann. Um ein Zusammenklappen der Kunststofflutte zu verhindern, sollte der Axialventilator mobil an der Ortsbrust angeordnet werden. Diese Art der Frischluftzufuhr wird heute bei Tunneln aus baubetrieblichen Gründen selten eingesetzt, da der Energie- und Unterhaltsaufwand erheblich ist.

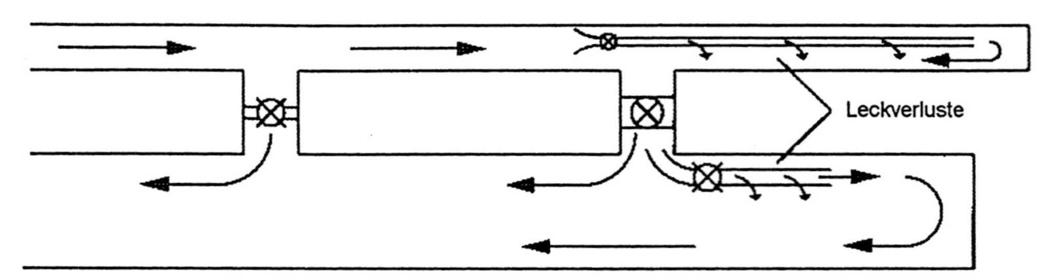

Umluftsystem Tunnel mit Seitenstollen: Lüftung über Querschläge, Seitenstollen ist Frischluftträger für Tunnel

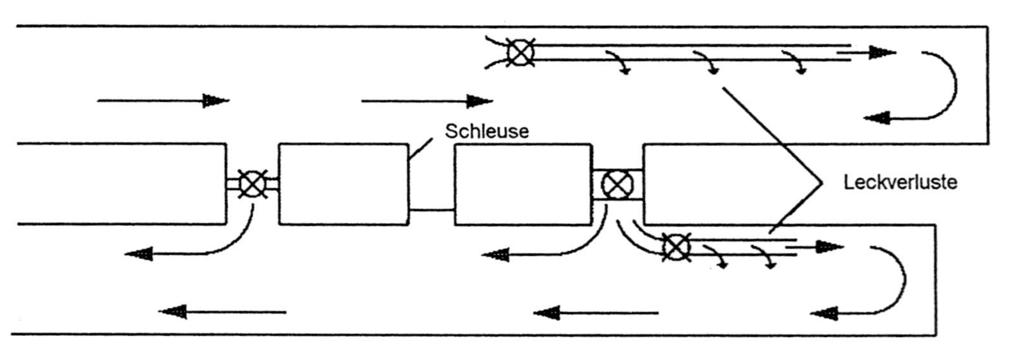

Umluftsystem zweier paralleler Tunnel mit Lüftung über die Querschläge

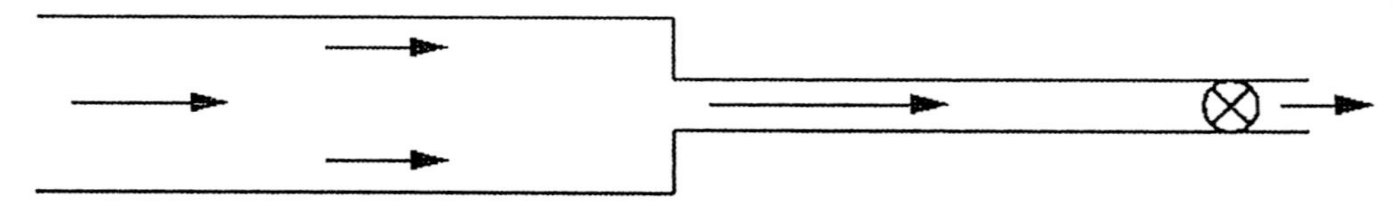

Umluftsystem über vorgängig erstellten Pilotstollen

Bild 21.2-3 Umluftsystem [21-1]

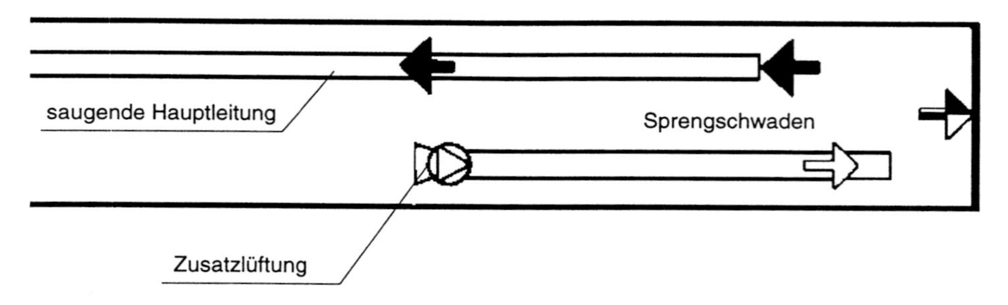

Bild 21.2-4 Saugende Belüftung [21-2]

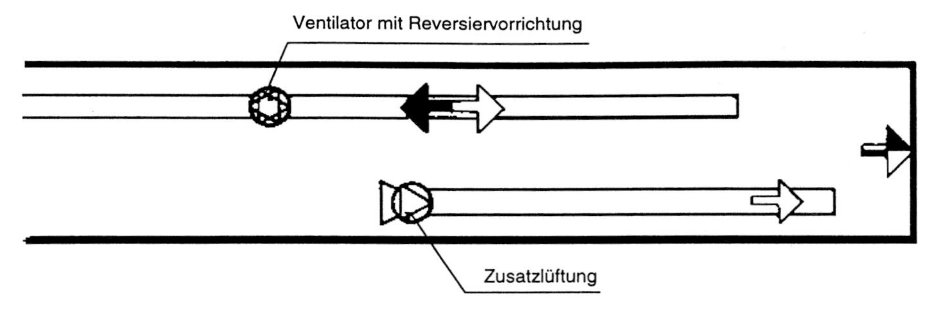

Bild 21.2-5 Reversierbare Belüftung [21-2]

Die beim Sprengen oder beim mechanischen Abbau anfallenden Gase und Stäube werden an ihrem Entstehungsort abgesaugt. Sie sind so abzuleiten, dass die Belegschaft an anderen Arbeitsstellen oder beim Begehen bzw. Durchfahren bereits ausgebrochener Strecken nicht gefährdet wird. Weil die Absaugöffnung vom Betriebsablauf her immer einigen Abstand von der Ortsbrust haben muss und dadurch die Saugwirkung dorthin verlorengeht, müssen die Sprengschwaden vor Ort mit einer blasenden Zusatzlutte aufgewirbelt und zur Ansaugstelle hin geblasen werden.

Kombinierte Lüftungen nutzen die saugende Entlüftung zur Entfernung der belasteten Luft und führen über eine blasende Belüftung Frischluft zu.

Reversierbare Lüftung kann von drückend (blasend) auf saugend oder umgekehrt umgeschaltet werden. Die reversierbare Lüftung (Bild 21.2-5) saugt die Sprengschwaden nach dem Sprengen ab, bringt in den anderen Vortriebsphasen aber Frischluft an die Ortsbrust (drückend, blasend). Sie eignet sich nur für einige hundert Meter lange Ausbruchstrecken, weil nur dann die Lutte im Absaugbetrieb mit so hoher Luftgeschwindigkeit betrieben werden kann, dass keine Staubablagerungen entstehen, die im Frischluftbetrieb sonst wieder zum Arbeitsort gelangen. Mit zunehmender Luttenlänge bedingt der Druckverlust eine Reduktion der Strömungsgeschwindigkeit.

21.3 Lüftungs- und Entstaubungsmassnahmen beim Einsatz von TSM und TBM

21.3.1 Lüftungsanlagen

Der Einsatz von Teilschnittmaschinen mit einem mit Rundschaftmeisseln besetzten Schrämkopf bzw. Tunnelbohrmaschinen mit einem mit Disken ausgerüsteten Bohrkopf zum Abbau des Gesteins im Tunnelvortrieb erzeugt durch die schrämende und zermahlende Wirkung der Rundschaftmeissel bzw. der Disken eine hohe Feinstaubkonzentration an der Ortsbrust. Daher müssen hier besondere Massnahmen zur kontrollierten Entstaubung der Luft bzw. für die unschädliche Abführung getroffen werden.

Bei Teilschnittmaschinen (Bild 21.3-1) werden folgende Verfahren angewendet:

- saugende Lüftung (Umluftsystem), d. h. Abblasen der belasteten Ortsbrustluft über den Pilotstollen und, bei grösseren Tunnelquerschnitten, eventuell Abführen über einen Schacht mit Entstaubungsanlage;
- saugende Lüftung mit separater, mobiler Zusatzspiralabsauglutte oder einer in der TSM integrierten Absaugvorrichtung, mit nachgezogenem Entstauberschlitten (wird meist nur bei Querschnitten bis zu 25 m^2 ausgeführt, weil bei grösseren Querschnitten schwierig beherrschbare aerodynamische Verhältnisse zur Stauberfassung entstehen).

Bei der TBM (Bild 21.3-2) wird, ähnlich wie bei der TSM, die drückende Lüftung mit einer auf der TBM oder dem Nachläufer installierten Zusatzabsauglutte mit Entstauber kombiniert. Hinter dem Bohrkopf befindet sich der Staubschild der Maschine. Er trennt den Abbauraum vom bereits aufgefahren Tunnel. Der Staub wird aus diesem geschlossenen Abbauraum mittels Zusatzabsauglutte (Blech) mit leichtem Unterdruck abgezogen. Dadurch strömt die Frischluft über das Förderband der Materialentnahme in den Abbauraum, und die Staubluft wird aus diesem durch die Blechlutte abgezogen und über den Entstaubungs-

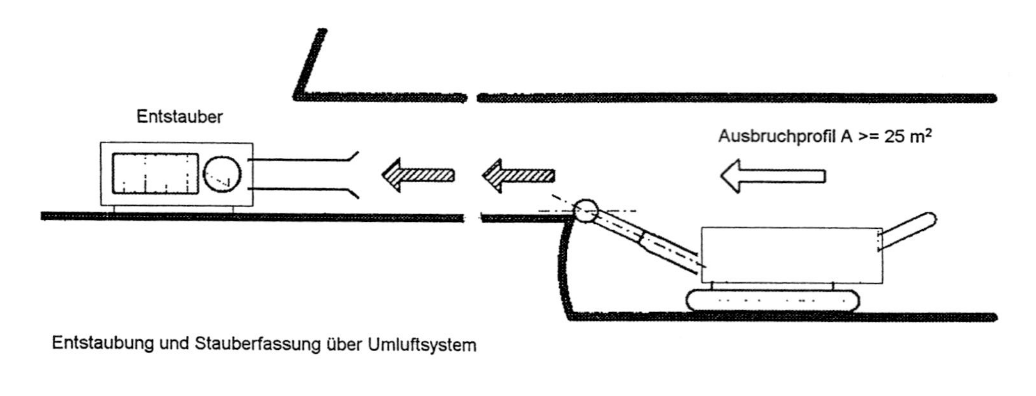

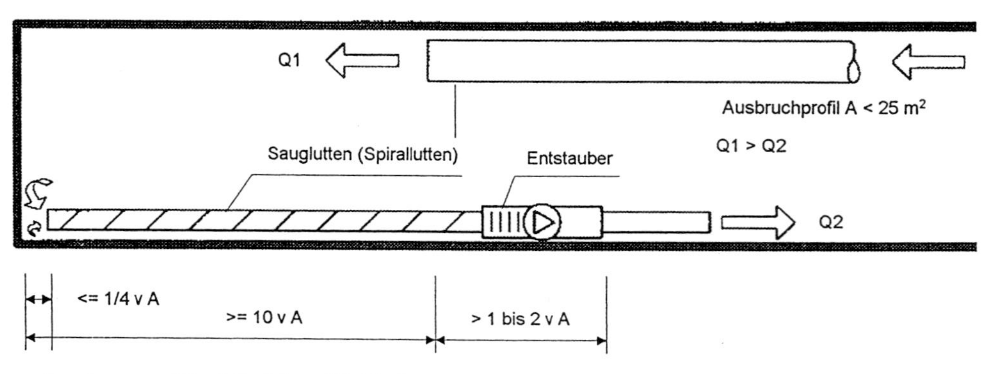

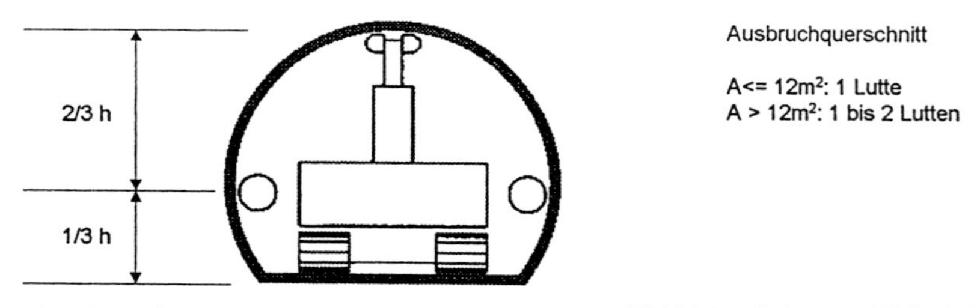

Bild 21.3-1 Lüftung bei Teilschnittmaschinen [21-1]

filter geführt und entstaubt. Dadurch ergibt sich eine günstige Luftführung im Staubraum und zum Entstauber. Der Entstauber ist in der Regel auf der Nachläuferkonstruktion hinter der TBM installiert. Der Vortrieb wird mittels blasender (drückender) Lüftung mit Frischluft versorgt. Dabei überlappen sich im Nachläuferbereich der Frischluftaustritt aus der blasenden Frischluftlutte und der Abluftaustritt aus der Sauglutte des Entstaubers. Die Frischluftlutte auf dem Nachläuferbereich wird, zur Erhöhung der Robustheit, in einer Blechkonstruktion ausgeführt. Für die Frischluftlutte des Tunnels befindet sich der Luttenspeicher mit ca. 50 – 100 m Kunststofflutte auf dem Nachläufer. Hier wird der Luttenstrang des Tunnels verlängert und am Tunnelquerschnitt befestigt.

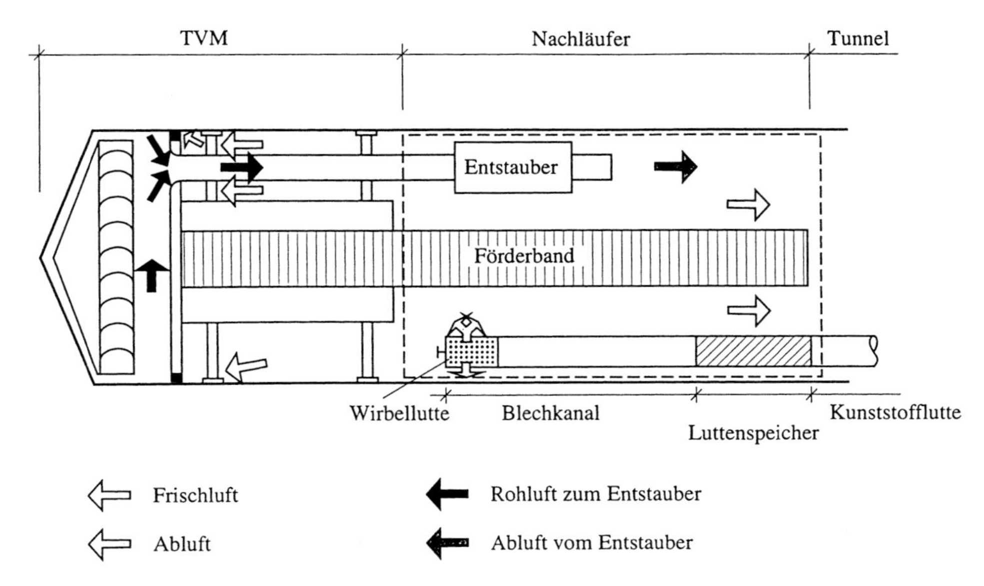

Bild 21.3-2 Lüftung bei Tunnelbohrmaschinen [21-3]

21.3.2 Entstaubungsanlagen

Bei einigen Bauverfahren und Bauabläufen entstehen Konzentrationen von Mineralstäuben, die sich alleine durch Verdünnung nicht mehr wirtschaftlich unter die zulässige Grenzwerte absenken lassen. Sicherheit und Arbeitshygiene können in solchen Fällen durch geeignete Stauberfassung und eine Staubausscheidung mittels Entstauber gewährleistet werden. Zu solchen Bauabläufen zählen:

- mechanischer Abbau mittels TBM oder TSM
- umfangreiche Spritzbetonarbeiten (besonders Trockenspritzverfahren)
- Sprengvortrieb mit elektrischer Traktion und blasender Lüftung
- Einsatz von Brecheranlagen unter Tag

Die aus dem Entstauber austretenden Reststäube und Sprenggase sind mit Frischluft auf die zulässigen Grenzwerte zu verdünnen. Die Frischluftverteilung ist bei Sprengvortrieben so zu regulieren, dass die zur Brust geführte Frischluftmenge kleiner ist als der Luftdurchsatz durch die Entstaubungsanlage. Entstaubungsanlagen in Sprengvortrieben sind daher nur vertretbar, wenn andere, einfachere Systeme nicht möglich sind.

Man unterscheidet folgende Entstaubungsprinzipien:

- Trockenentstaubung
- Nassentstaubung

Trockenentstauber arbeiten auf der Basis der Filtertechnik. In der Praxis werden folgende Trockenentstaubersysteme verwendet:

- Schlauchfilter
- Taschenfilter
- Lamellenfilter

In Bild 21.3-3 ist ein Schlauch-Jetfilter mit einer Leistung von 600 m^3/min für eine TBM dargestellt. Das Rohgas (staubtragende Luft) wird von einem Ventilator aus dem Abbauraum der TBM, der durch ein Staubschild zum aufgefahrenen Tunnel abgeschlossen ist, abgesaugt und den Filterschläuchen des Schlauch-Jetfilters zugeführt. Der Staub lagert sich an den Aussenflächen der Schläuche ab. Die Luft tritt durch den Filterstoff in das Innere der Schläuche ein und wird zum Reinluftkanal weitergeleitet. Die Reinigung der Filterschläuche erfolgt durch Druckluftstösse, die in periodischen Abständen abgegeben werden; dabei werden die Filterschläuche von dem angesammelten Staub befreit. Die Druckluftimpulse werden über Schnellöffnungsventile abgegeben. Die abgefallenen Staubagglomerate fallen in den darunter befindlichen Staubsammelkanal. Von dort wird der Staub meist

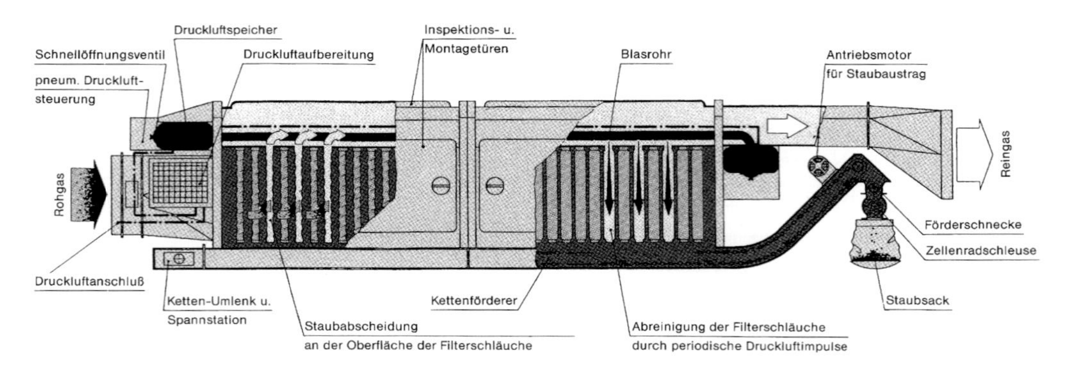

Bild 21.3-3 Entstaubungsanlage (Schlauch-Jetfilter) [21-4]

mittels eines Kettenförderers in den Staubsack ausgetragen.

Die Wirkungsweise eines Kompaktfilters ist in Bild 21.3-4 dargestellt. Diese Filter arbeiten im Saugverfahren als Aufsatzfilter. Die staubhaltige Luft strömt in die Filterkammer. Das Rohgas durchströmt die Filtertaschen, wo der Staub zurückgehalten wird. Das gereinigte Gas gelangt nun auf die Reingasseite und wird mittels Ventilator ausgeblasen. Die Reinigung erfolgt ähnlich wie beim Jetfilter.

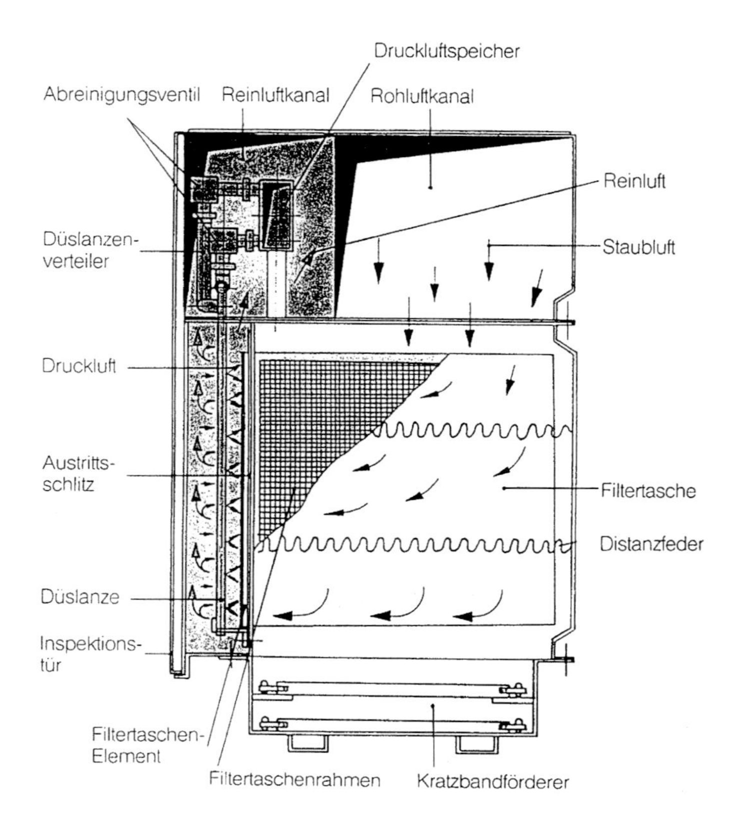

Bild 21.3-4 Kompaktfilter [21-4]

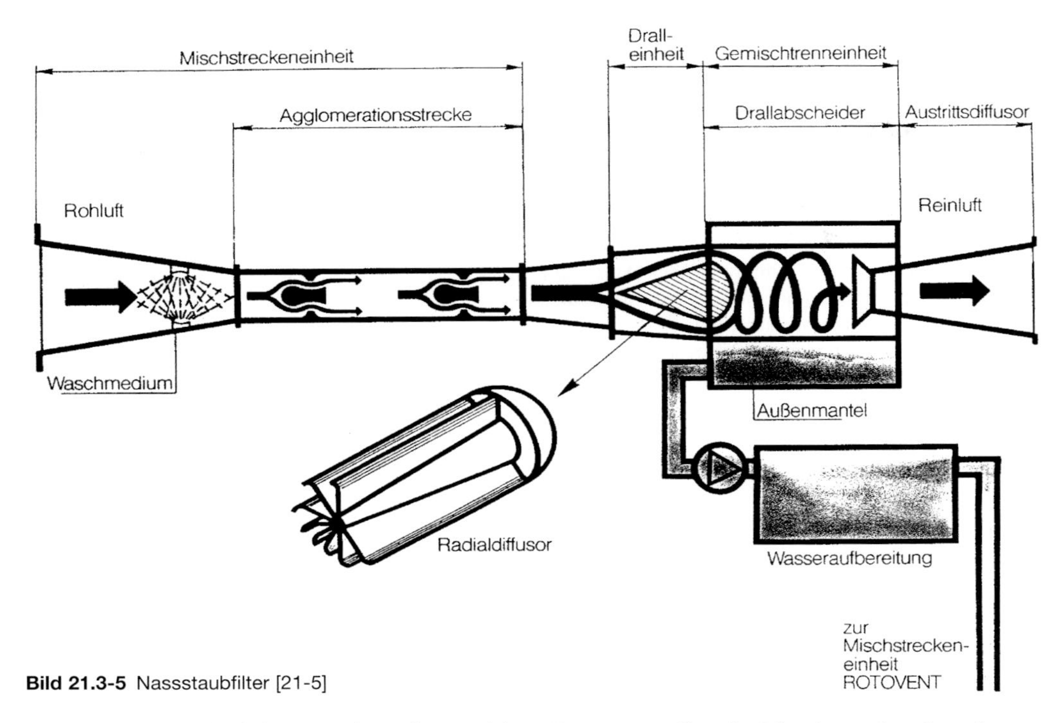

Bild 21.3-5 Nassstaubfilter [21-5]

Zum Filtern von Spritzbetonstäuben eignen sich Trockenfilter in der Regel nicht, da die Filtermatten sehr schnell verkrusten.

Die Nassstaubfilter arbeiten auf der Basis der Wasserbindung des Staubes und eignen sich besonders zur Abscheidung von Spritzbetonstäuben. Diese Entstaubungsanlagen benötigen einen Anschluss an die Wasserversorgung. Der mit Feuchtigkeit gebundene Staub muss meist noch eingedickt werden. Bild 21.3-5 stellt das Prinzip des Nassentstaubers „RotoVent" dar. Die Entstaubungsanlagen kommen als mobile und stationäre Anlagen zum Einsatz.

Wenn die verdünnte, aber kontaminierte Tunnelluft in der Nähe von Wohngebieten in die Umgebung abgegeben wird, sind je nach Umweltanforderungen Entstaubungsanlagen erforderlich.

Je grösser die Durchsatzleistung ist, desto grösser sind die erforderlichen Filterflächen. Folgende Richtwerte für eine Vordimemsionierung [21-1] gelten:

- bei 4 % Quarzgehalt im Feinstaub > max. 2,0 mg/m^3-Tunnelluft nach Filterung oder Verdünnung
- bei 20 % Quarzgehalt im Feinstaub > max. 0,4 mg/m^3-Tunnelluft nach Filterung oder Verdünnung

Der notwendige Luftdurchsatz ist abzustimmen auf:

- Grösse des Ausbruchquerschnitts
- Staubanfall
- Staubraumausbildung
- Benetzung des Schuttergutes

Der Staub ist grundsätzlich nahe am Entstehungsort abzusaugen. Konzentrierte Staubquellen sollen durch technische Massnahmen direkt erfasst werden. Die Staubausbreitung kann durch Trennwände, Schotts und Einhausungen vermindert bzw. dort erfasst werden. Die Absaugwirkung lässt sich durch folgende Massnahmen verbessern:

- Absaugöffnung möglichst nahe an der Staubquelle anordnen
- möglichst glatte Blechlutten beim Entstauber einsetzen
- für ausreichend grosse Luftgeschwindigkeit in der Absauglutte zur Verhinderung der Staub-Sedimentation (20 m/s) sorgen

Beim Abtransport des Staubs ist darauf zu achten, dass der Staub nicht erneut in die Tunnelluft gelangt (z. B. bei der Bandübergabe).

21.4 Installation in der Vortriebszone

21.4.1 Blasende Belüftung

Der Luftstrahl aus der Lutte hat eine grosse Reichweite im Tunnel bzw. Stollen (Bild 21.4-1), wenn er in Wandnähe austritt und sich nach einigen Luttendurchmessern Lauflänge an die Wand anlegen kann. Bei zu kleinem Wandabstand besteht aber die Gefahr, dass sich der Strahl mit noch zu hoher Geschwindigkeit in der Wandrauhigkeit verfängt und vorzeitig nach unten abgelenkt wird. Ein kompakter, runder Strahl ist günstiger als ein z. B. durch ein breitbandiges Schutzgitter aufgerissener Strahl. Die Grösse der Strahlgeschwindigkeit hat einen geringen Einfluss auf die Reichweite a, ausser dass eine hohe Geschwindigkeit bodennahe Staub- und Gasschichten besser aufwirbeln kann. Die Mindestgeschwindigkeit soll über 5 m/s liegen, besser sind 10 m/s und mehr.

Ausblasöffnungen von Stahllutten, heute nur noch selten oder für besondere Zwecke eingesetzt, sind beim Sprengvortrieb mit einem Schutzkorb abzudecken. Bei Kunststofftextillutten sind die vordersten 200 m der Lutte mit dem Vortrieb mitzunehmen.

21.4.2 Saugende Belüftung

Zusätzlich zur saugenden Hauptlutte ist zur Spülung der Vortriebszone eine blasende Zusatzventilation zu installieren (Bild 21.4-2), deren Förderleistung ca. 70 % der Leistung der Sauglüftung betragen soll; die Ausströmgeschwindigkeit soll um 20 m/s liegen. Die Ansaugstelle der blasenden Zusatzventilation darf nicht von Sprengschwaden erreicht werden, was mindestens 50 m Versetzung zur Ansaugstelle der saugenden Lüftung verlangt.

Die Ansaugöffnung der Saugleitung soll 50 bis 100 m + 5D hinter der Brust liegen. Ansaugöffnungen von Stahllutten sind beim Sprengvortrieb mit einem Schutzkorb abzudecken. Der Schutzkorb kann auch als Einströmkonus ausgebildet werden.

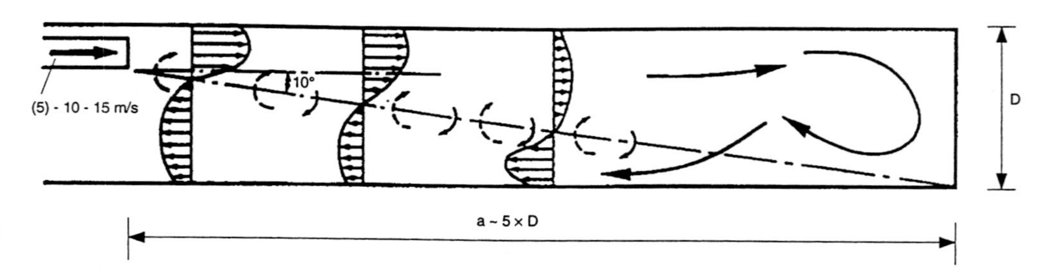

Bild 21.4-1 Reichweite des Luftstrahls [21-1]

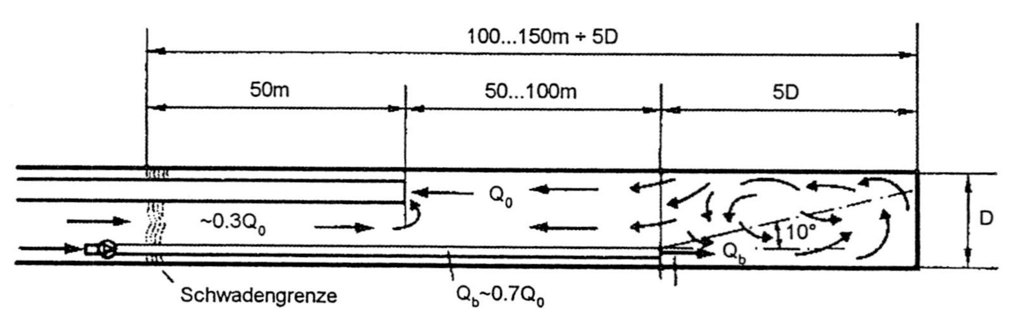

Bild 21.4-2 Anordnung der Zusatzventilatoren [21-2]

21.5 Installation der Baulüftung im Portalbereich

Im Portalbereich darf es zu keinem Kurzschluss zwischen Abluft und angesaugter Frischluft kommen. Daher wird der Axialventilator bzw. die Ansaugöffnung vor dem Tunnelportal meist oberhalb des Transportlichtraumprofils auf einer Stahlrahmenkonstruktion angeordnet. Das Luttenstück vor dem Tunnelportal (um die Abluft aus dem Tunnel von der Ansaugluft an der Ansaugsaugöffnung der Lutte zu trennen) muss vor Steinschlag, Schneerutschungen und Eisbildung geschützt werden. Liegen die Portale in bebauten Gebieten, wird die Lage der Ausblasöffnung der Abluft massgeblich durch Geruchs-, Staub- und Lärmimmissionsbestimmungen beeinflusst [21-6].

21.6 Lutten

21.6.1 Luttentypen und Luttenmaterial

Heute verwendet man hauptsächlich Kunststofflutten. Diese bestehen aus einem Gewebe, das mit Kunststoff beschichtet ist. Das Material muss schwer entflammbar und selbsterlöschend, reissfest, verrottungsbeständig und, wegen Erdgasgefahr, antistatisch sein. Kunststofflutten sind an den Luttenenden mit Ringen aus Federstahl, Rohrstahl oder elastischen Drahtseilen versehen, die durch Kunststoff- oder Stahlmanschetten zusammengehalten werden. Die Qualität der Luttenverbindung ist entscheidend für die Verminderung von Leckverlusten. Für die blasende Lüftung (Überdruckbetrieb) unterscheidet man folgende Luttentypen [21-1]:

- **Faltlutten** mit je einem Endring an einem Luttenelement, die in einem Luttenspeicher kompakt gespeichert werden können. Der Durchmesserbereich liegt zwischen 300 und 3000 mm.
- **Bügellutten** sind mit zusätzlichen Bügeln im Abstand von 0,5 – 2,0 m ausgerüstet. Dadurch falten sie sich nach Ausschalten des Ventilators nicht zusammen.
- **Schachtlutten** sind mit mindestens zwei Drahtseilen pro Luttenelement ausgerüstet, um die Hängekräfte aufzunehmen.
- **Wirbellutten** sind spezielle Elemente von ca. 2 – 5 m, aus denen eine freie, wählbare Luftmenge lokal entweichen kann. Die Wirbellutten werden zur örtlichen Verdünnung von Gasen und Stäuben sowie zur Belüftung des Maschinenbereichs eingesetzt.
- **Spirallutten** sind aus dem gleichen Material wie die Faltlutten, jedoch mit einer durchgehenden Spirale verstärkt. Durch die gewellte Oberfläche der Spiralringvorspannung weisen sie einen relativ ungünstigen Reibungskoeffizienten für die Luftströmung auf. Daher werden sie nur für kurze Strecken bis zu 150 m, für enge Radien oder als Sauglutte für Entstauber verwendet. Diese Lutten lassen sich beschränkt auch im Unterdruckbereich als Sauglutte einsetzen.

Heute verwendet man Stahllutten fast nur noch im Maschinen- und Nachläuferbereich von TBM-Vortrieben. Folgende Blechrohre werden für diesen Zweck benötigt:

- Flanschrohre werden an beiden Enden mit einem verschraubbaren Flansch geliefert.
- Falzrohre werden aus Stahlblechen von ca. 50 – 70 cm spiralförmig gerollt. Die Bleche sind mit einem Falz verbunden. Diese Rohre werden mit einem aufreissbaren (wie bei Betonschalungsrohren) oder mit einem nicht aufreissbaren Falz geliefert. Beim Sprengvortrieb sollte man wegen der Druckwelle nur Rohre mit nicht aufreissbarem Falz verwenden.

Die Flanschrohre werden mit einem Flanschdichtungsring abgedichtet. Die Falzrohre werden meist mit einer flexiblen Manschette abgedichtet und verbunden. Diese Kunststoffmanschette wird mit zwei Spannringen jeweils an den Enden der gestossenen Rohre an diese angepresst. Diese Spannringe sind gegenüber den Flanschverbindungen sehr montagefreundlich.

21.6.2 Installation der Lutte

Besonders bei der Bemessung von Stollenquerschnitten ist auf den Platzbedarf der baubetrieblichen Abwicklung Rücksicht zunehmen. Bei der Festlegung des Minimalprofils [21-1] ist zu beachten:

- Zwischen Lutte und dem Lichtraumprofil der Maschinen und Geräte sollte ein Abstand > 20 cm vorgesehen werden.
- Der minimale bzw. optimale Luttenquerschnitt ergibt sich aus den technischen Bedürfnissen der Lüftung und der Wirtschaftlichkeit des Baulüftungssystems.

Bei grossen Tunnelquerschnitten mit rückwärtigen Betriebsstätten zur Betonauskleidung des Tunnels mittels Schalungswagen sind besondere Massnah-

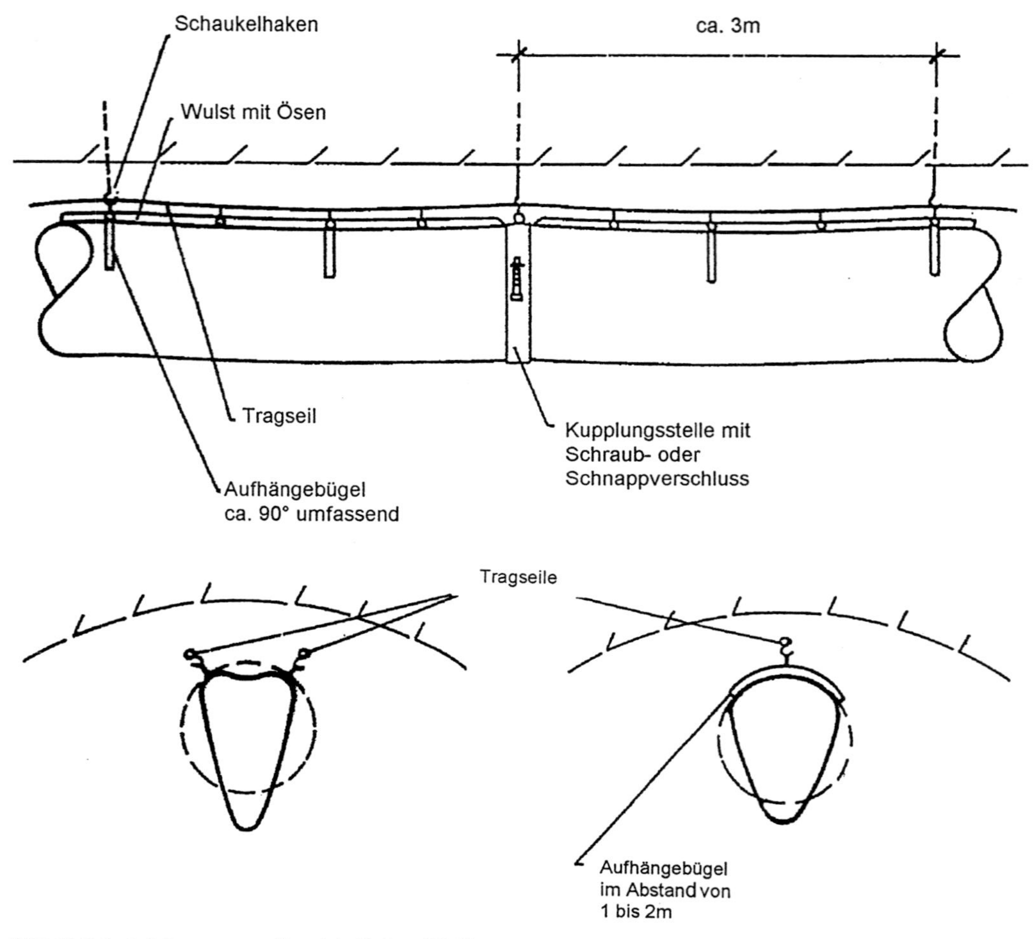

Bild 21.6-1 Aufhängung von Kunststofflutten [21-2]

men zum Umhängen der Lutte an den Schalwagen sowie an die fertige Betonauskleidung vorzusehen. Um in solchen Fällen den Aufwand gering zu halten, besonders bei Tunneln mit abgehängter Decke, empfiehlt sich ein Umluftsystem.

Bei einem Vortrieb mit Spritzbetonauskleidung ist eine seitlich verschiebbare, aufgehängte Lutte vorzusehen.

Die Kunststofftextillutten sind an gespannten Tragseilen aufzuhängen (Bild 21.6-1).

Die Aufhängeabstände sind so zu wählen, dass die Lutte nicht überbeansprucht und ein Einreissen vermieden wird. Die Lutten sollen so aufgehängt werden, dass auch in Stillstandszeiten ein Restquerschnitt zur Minderung der Wucht des Anfahrschwalls offen bleibt. An kritischen Stellen sind die Lutten durch Aufhängematten oder Tragsättel zu schützen.

Beim Sprengvortrieb wird das vorderste Luttenstück beim Verlängern des Luttenstrangs wegen der permanenten Sprengeinwirkung und der damit verbundenen Beschädigungen zweckmässigerweise immer wieder zuvorderst eingesetzt.

Die Aufhängung soll ein möglichst einfaches und rasches Auswechseln von beschädigten Luttenelementen ermöglichen.

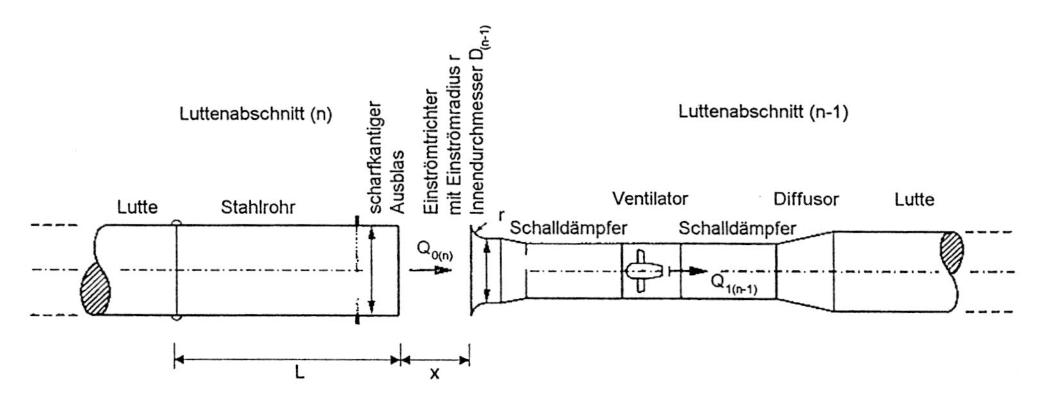

Bild 21.7-1 Kopplung von Lutten mit Ventilator und Schalldämpfer [21-1]

21.7 Ventilatoren

Zur Baulüftung im Tunnelbau verwendet man folgende Ventilatortypen [21-1]:

- Axialventilatoren
- Radialventilatoren

Axialventilatoren sind Geräte, die in der Verlängerung des Luttenrohrs angeordnet sind. Der Luftstrom verläuft parallel zur Laufradachse. Das Laufrad besteht aus einer Nabe, die durch Streben an dem äusseren Mantelrohr des Axialventilators befestigt ist. In der Nabe befindet sich der elektrische Antriebsmotor, der das Laufrad des Axialventilators antreibt. Das Laufrad besteht meist aus mehreren Laufradschaufeln, die in bezug auf die zu erbringende Leistung im Anstellwinkel verstellbar sind. Die Axialventilatoren können wie folgt aufgebaut sein:

- einfaches Laufrad
- Laufrad mit Nachleit- bzw. Vorleitrad
- 2fach bzw. 3fach polumschaltbare Motoren

Axialventilatoren lassen sich durch Verstellen der Schaufelwinkel, durch Verändern der Drehzahl oder auch durch Parallel- oder Serienschaltung von mehreren Ventilatoren leicht an veränderte Verhältnisse anpassen.

Durch den Einsatz von Vor- oder Nachleiträdern, die aus festen Schaufeln bestehen, oder durch gegenläufige Laufräder wird der Drall der Luftströmung reduziert und damit der Wirkungsgrad erhöht. Der Wirkungsgrad liegt bei Axialventilatoren höher als bei Radialventilatoren.

Zur Reduktion des Anfahrschwalls können folgende Schutzmassnahmen ergriffen werden:

- Ventilatoren mit polumschaltbaren Motoren werden mit reduzierter Drehzahl angefahren.
- Das Anfahren und Regeln erfolgt mittels Frequenzmotor.
- Anfahrausblasöffnungen in der Nähe des Ventilators werden allmählich geschlossen.

Radialventilatoren werden auf Tunnelbaustellen wegen ihrer Grösse und ihres gegenüber Axialventilatoren höheren Energieverbrauchs kaum eingesetzt.

Zur Minderung der Geräuschemissionen der Ventilatoren sind Schalldämpfer zu installieren. In der Regel werden diese vor und nach dem Ventilator montiert.

Bei der Installation sind, neben den Angaben des Herstellers, folgende Regeln zu beachten:

- Beim unmittelbaren Ansaugen aus dem Freien ist vor dem Ventilator ein Schutzgitter vor dem Einströmtrichter zu installieren.
- Zwischen Ventilator und Lutte ist ein konisches Übergangsstück einzubauen.
- Ventilatoren im Arbeitsbereich sind aus arbeitshygienischen Gründen mit einem Schalldämpfer auszurüsten.
- Ventilatoren müssen jederzeit für Kontrollen und Unterhaltsarbeiten zugänglich sein.

21.8 Dimensionierung der Lutte und des Ventilators

Die Luftmenge einer Tunnelbaustelle ergibt sich aus den Anforderungen der Arbeitshygiene. Diese sind in EU-Richtlinien bzw. in den Dokumenten der nationalen Berufsgenossenschaften oder Unfallversorgungsanstalten festgelegt. In diesen Verordnungen sind die notwendigen Luftmengen für die Beschäftigten wie auch für die Verdünnung der Abgasluft nach Geräteleistung etc. berücksichtigt.

Die SUVA z. B. verlangt [21-7] die Erfüllung folgender Bedingungen, die als grobe Richtwerte für die Einhaltung der MAK-Werte gelten:

- Atemluft mindestens 20 Vol.- % Sauerstoff
- Abbau durch Sprengen:
  - Lüftungspause nach dem Sprengen mindestens 15 min
  - Strömungsgeschwindigkeit im grössten ausgebrochenen Profil > 0,30 m/s
  - 4 m^3/min Frischluft pro DINPS bei Dieselmotoren mit Partikelfilter
  - Sprengschwade an der Sprengstelle direkt absaugen
- Sprengfreier Abbau:
  - 1,5 m^3/min Frischluft pro Person
  - 4,0 m^3/min Frischluft pro DINPS bei Dieselmotoren

Die erforderliche Luftmenge vor Ort wird für den jeweiligen Vortrieb unter Berücksichtigung obiger Einheitsansätze, multipliziert mit den jeweiligen spezifischen Geräteleistungen der sich gleichzeitig im Tunnel befindenden Geräte bzw. Personen, ermittelt.

In der Lüftungsberechnung muss der Nachweis erbracht werden, dass das Baulüftungssystem in allen vorgesehenen Bauphasen die erforderliche Luftmenge vor Ort bereitstellt. Die Berechnung ermöglicht in einfacher Weise die Bestimmung folgender Werte [21-1]:

- optimaler bzw. minimaler Luttenquerschnitt
- Anzahl und Standort der Ventilatoren
- Ventilatorkennwerte
- Energiekosten der Ventilation

Bei der Dimensionierung des Lüftungssystems (Ventilatorenleistung, Lutte) muss die Dichtigkeit der Lutte berücksichtigt werden. Neue und sorgfältig verlegte Luttenleitungen weisen Undichtigkeitsflächen zwischen 5 – 10 mm^2/m^2-Luttenfläche auf. Während des Betriebs ist es unvermeidlich, dass die Lutte ständig beschädigt wird. Ohne permanente Wartung steigen die Undichtigkeitsflächen auf 20 – 60 mm^2/m^2-Luttenfläche, entsprechend müssen die Ventilatorleistungen ausgelegt werden, um die Arbeitsstellen, und im besonderen die Ortsbrust, mit ausreichender Frischluftmenge zu versorgen. Besonders bei sehr langen Tunneln ist daher eine Luttenwartung zu empfehlen, damit die Ventilatorenleistungen in wirtschaftlichen Grenzen bleiben (Vereina Tunnel, Schweiz).

Man kann folgende Luttengüteklassen [21-1] unterscheiden:

- Luttengüteklasse S:
  Neue Lutten, nur sehr geringe Verluste, regelmässig gewartet, meist Luttenspeicher erforderlich (Undichtigkeit ca. 5 mm^2/m^2)
- Luttengüteklasse A:
  Neue Lutten, nur geringe Verluste (Undichtigkeit ca. 10 mm^2/m^2)
- Luttengüteklasse B:
  Gebrauchte Lutten mit höheren Verlusten, etwas höhere Porosität des Luttenrohrs (Undichtigkeit ca. 20 mm^2/m^2)

Die Förderleistung der Lutte und des Ventilators wird bestimmt durch:

- Reibungsverluste
- Leckmenge
- Luftdichte am Lutteneinsatzort

Der Rohrreibungskoeffizient λ hängt von der Oberflächenbeschaffenheit und der Undichtigkeit der Lutte ab. Bei flexiblen Kunststofflutten wird dies durch die Aufhängung mitbeeinflusst. Folgende Faktoren bestimmen die Ventilatorleistung:

- Der Druckverlust wächst bei einer dichten Lutte potenziell mit dem Luttendurchmesser, bei undichten Lutten der Klasse B wächst der Druckverlust sogar mit der sechsten Potenz.
- Der grösste Ventilatorleistungsanteil wird durch erhöhte Luftgeschwindigkeiten beeinflusst.

Eine zu klein gewählte Lutte erhöht die Ventilatorleistung unverhältnismässig und kann bei Luttenlängen über 1000d (d = Luttendurchmesser) zu nicht mehr beherrschbaren Drücken führen (Bild 21.8-1). Bis zu Luttenlängen von 1000d wächst der Leistungsbedarf der Lutten mit relativ geringen Leckmengen fast linear. Bei grösseren Längen wird der quadratische Anteil stärker bemerkbar. Dies führt bei Leckmengen von wesentlich über

$20\ mm^2/m^2$ zu erforderlichen Leistungen, die nicht mehr beherrschbar sind.

Die erforderliche **Ventilationsleistung** [21-6] setzt sich aus den statischen Druckverlusten der Leitung, den dynamischen wie auch den Ansaug- und Ausblasverlusten, dem Gitterverlust am Ansaugbereich und anderen Verlusten durch Querschnittsänderungen zusammen.

Die Lutten müssen wie folgt bemessen werden:

- Der Querschnitt muss zur Förderung der erforderlichen Luftmenge ausreichen.
- Unter Betriebsdruck darf kein Weiterreissen einer Beschädigung eintreten.
- Der zulässige Innen- oder Betriebsdruck der Lutte darf nicht überschritten werden.

Die erforderlich Luftmenge und der statische Druck am Lüfter (Ventilator) werden mittels Berechnungsdiagrammen (Bild 21.8-1) ermittelt. Für die Ventilatorleistung ist jedoch der zu überwindende Gesamtdruck massgebend. Dieser Gesamtdruck setzt sich zusammen aus dem statischen Druckverlust, den dynamischen Druckverlusten und der Summe der Einzelverluste.

Die Berechnung kann, unter Vernachlässigung der Kompressibilität der Luft, nach folgendem Konzept erfolgen [21-1, 21-8].

Kontinuitätsgleichung:

$$Q_1 = Q_0 + \Delta Q\left(f^0, u, p\right) \qquad (21.8\text{-}1)$$

Q_1	=	erforderliche Ventilatorsaugleistung	$[m^3/s]$
Q_0	=	erforderliche Luftmenge am Luttenende	$[m^3/s]$
$\Delta Q\ (f^0, u, p)$	=	Leckverlustmenge	$[m^3/s]$
f^0	=	Undichtigkeit der Lutte	$[mm^2/m^2]$
u_0	=	Luftaustritts-geschwindigkeit	[m/s]
u_1	=	Lufteintritts-geschwindigkeit	[m/s]
p_0	=	Druck am Luttenende	[Pa]
p_1	=	statischer Druck am Ventilator	[Pa]
d	=	Durchmesser der Lutte	[m]
L	=	Luttenlänge	[m]
D	=	Durchmesser des Tunnels	[m]

Der Gesamtdruck am Ventilator ergibt sich aus der Bernoullischen Gleichung (Bild 21.8-1):

$$p_{vent} = \frac{\rho}{2}u_1^2 + \sum_i \zeta_i \frac{\rho}{2}u_i^2 + p_1$$
$$p_1 = p_0 + \frac{\rho}{2}u_0^2 + \Delta p\ \left(\lambda, L/d, f^0, u_i\right) \qquad (21.8\text{-}2)$$

$\Delta p\ (\lambda, L/d, f^0, u_i)$	=	Druckverlust entlang der Lutte
$\frac{\rho}{2}u_0^2$	=	dynamischer Druckverlust am Luttenende
$\frac{\rho}{2}u_1^2$	=	dynamischer Druckverlust am Luttenanfang
$\sum_i \zeta_i \frac{\rho}{2}u_i^2$	=	Einzelverluste aus Eintritts-, Schutzgitter-, Krümmungs-, Verengungs- und Erweiterungsverlusten
p_1	=	Reibungsverluste der Luttenwand, Leckverluste durch Undichtigkeit und Ausblasverlust (dieser statische Verlust am Ventilator wird mit Hilfe der Diagramme ermittelt).

Die Berechnung von p_1 mit Hilfe der Diagramme wird wie folgt durchgeführt:

Ventilatorenleistung:

$$\left(\Pi_0 = \frac{p_o}{\frac{\rho}{2}u_0^2}; \frac{L}{d}; f^0(S;A;B)\right) \Rightarrow \omega = \frac{Q_1}{Q_0} \qquad (21.8\text{-}3)$$

$Q_1 = \omega\ Q_0$

Statischer Druck am Ventilator:

$$\left(\Pi_0 = \frac{p_0}{\frac{\rho}{2}u_0^2}; \frac{L}{d}; f^0(S;A;B)\right) \Rightarrow \Pi_1 = \frac{p_1}{\frac{\rho}{2}u_0^2} \qquad (21.8\text{-}4)$$

$p_1 = \Pi_1 \frac{\rho}{2}u_0^2$ — Der zulässige Luttendruck $p_{zul.\ Lutte}$ darf nicht überschritten werden.

$p_1 \leq p_{zul.\ Lutte}$

Mittels dieser Kenngrössen p_{vent} und Q_1 sowie der Ventilatorenkennlinie werden die optimalen Betriebsbedingungen ermittelt. Mittels Ventilatoren- und Luttenkennlinie kann man die Dimensionierung vornehmen.

Die elektrische Anschlussleistung des Ventilators ergibt sich aus [21-1]:

$$N = \frac{Q_1}{\eta_{vent}} \frac{p_{vent}}{\eta_{Motor}} 10^3 \quad [KW] \qquad (21.8\text{-}5)$$

η_{vent}	=	Ventilatorwirkungsgrad
η_{Motor}	=	Motorenwirkungsgrad

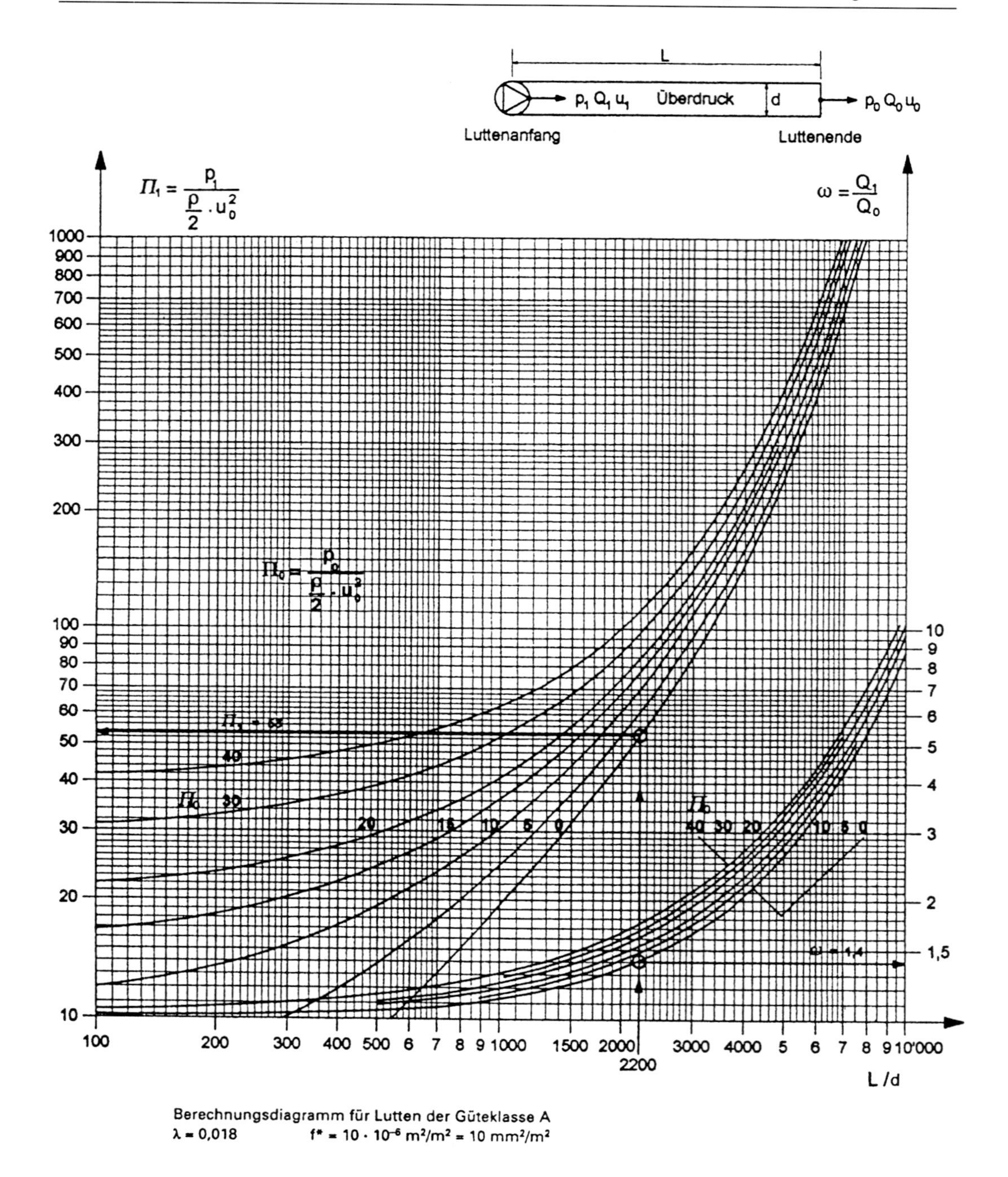

Bild 21.8-1 Berechnungsdiagramm für Lutten der Güteklasse A nach SIA 196 [21-1]

Bei der Luttenberechnung sind folgende praktische Aspekte zu beachten:

- Materialtransport mittels Elektroantrieb: Luttenklasse S oder A anstreben, da kaum zusätzlicher Leckluftbedarf im rückwärtigen Bereich entsteht.
- Materialtransport mittels Dieselantrieb: Luttenklasse B, oder zusätzlich abschnittsweise Wirbellutten erforderlich zur Verdünnung der Abgase.

Falls bei sehr langen Vortrieben der zulässige Druck der Lutte überschritten wird oder wenn die Ventilatoren zu hohe und damit unwirtschaftliche Leistungen erbringen müssen, ist das Koppeln von Luttensträngen eine wirtschaftliche Lösung. Bei gekoppelten Einzelventilatoren sinken die Förderdrücke gegenüber seriengeschalteten Lüftern, die im Portalbereich angeordnet sind, stark ab. Diese Art der Kopplung wirkt sich bei Dieselantrieb günstig aus, da der Mehrluftstrom der Lutte n gegenüber der Lutte n+1 zur Verdünnung der Dieselabgase führt. Bei der Kopplung von Luttensträngen sollte man auf folgende Punkte achten (Bild 21.7-1):

- Die Lutte n kann durch den Ventilatordruck des Stranges n+1, z. B. beim Anfahren, zusammengezogen werden. Dies kann man verhindern, wenn man die letzten 5d der Ausströmöffnung der Lutte n aus Stahlblech ausbildet.
- Bei nicht richtig abgestellten Ventilatorleistungen kann durch den Ventilator n+1 Tunnelluft angesaugt werden. Die Austrittmengen sollten überprüft werden.

21.9 Instandhaltung

Um das einwandfreie Funktionieren des Lüftungssystems während der Bauzeit zu gewährleisten, müssen regelmässige Kontroll-, Instandhaltungs- und Instandsetzungsarbeiten durchgeführt werden. Auftretende Leckstellen und bauablaufbedingte Mängel müssen frühzeitig behoben werden. Diese Kontroll- und Instandhaltungsmassnahmen sollten im Rahmen des PQM bzw. QM in Form von Arbeitsanweisungen festgelegt werden. Es sind folgende Kontrollen und Massnahmen durchzuführen:

- tägliche Prüfung der Lutten im Abbau- und Arbeitsbereich auf Leckstellen
- monatliche Überprüfung des gesamten Leitungssystems unter Beachtung folgender Schwerpunkte:
  - Leckstellen und undichte Verbindungen feststellen und reparieren
  - Aufhängungen und Befestigungen überprüfen
  - Staub- und Wassersäcke feststellen und entfernen
  - Wetterkreisläufe bei den Ansaugstellen überprüfen
  - Luftmengenüberschuss bei Zwischenventilatoren überprüfen
  - Entstaubungsanlage regelmässig entleeren und Filterwirkung prüfen
- monatliche oder bedarfsweise Messungen der Frischluftmenge an den Arbeitsstellen:
  - permanente Messung im Bereich von Nachläufersystemen
  - periodische Messung bzw. nach ca. 400 m Vortrieb bei Vortrieben ohne Nachläufersysteme

Die Mengen- und Druckmessungen werden an definierten Messquerschnitten durchgeführt. Diese Messstellen sollen wie folgt angeordnet werden:

- im Abstand von mehreren hundert Metern
- mindestens am Luttenende bzw. anfang
- mindestens $30 \cdot d$ (d = Durchmesser der Lutte) vom Ventilator oder anderen Störstellen entfernt
- bei Vortrieben mittels Nachläufer im Bereich des Luttenendes, um die Frischluftzufuhr permanent zu steuern

Die Ventilatoren und die Entstaubungsanlage sind regelmässig gemäss den Herstellerangaben zu warten. Die Entstaubungsanlage ist zudem ständig auf ihre Wirksamkeit zu überprüfen. Dies betrifft folgende Elemente:

- Filter auf Leckstellen überprüfen und regelmässig reinigen
- Zuluftkanäle auf Ablagerungen überprüfen
- Staubsammlung und Abtransport bis zur Entsorgungsstelle auf ausreichende Sicherheit gegen erneutes Freisetzen in die Umwelt überprüfen
- Wasserzufluss und Düsenzustand bei Nassentstauber überprüfen

Nur bei einer sorgfältigen Durchführung der Instandhaltungs- und Instandsetzungsarbeiten ist ein ordnungsgemässer Betrieb der Baulüftung möglich, um die Erfüllung der arbeitshygienischen Anforderungen zu gewährleisten.

Die Aufhängungen der Lutten sollten ein einfaches und rasches Auswechseln von beschädigten Luttenelementen ermöglichen.

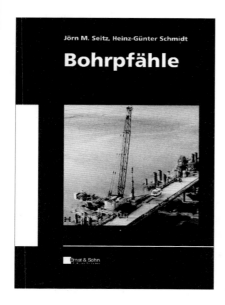

22 Vorbereitung und Logistik einer Tunnelbaustelle

22.1 Arbeitsvorbereitung

Nach der Auswahl der Bauverfahren, die bereits bei der Kalkulation zur Erstellung des Angebotspreises weitestgehend festgelegt wurden, beginnt, nach Beauftragung durch den Auftraggeber, die baubetriebliche Arbeitsvorbereitung (Bild 22.1-1).

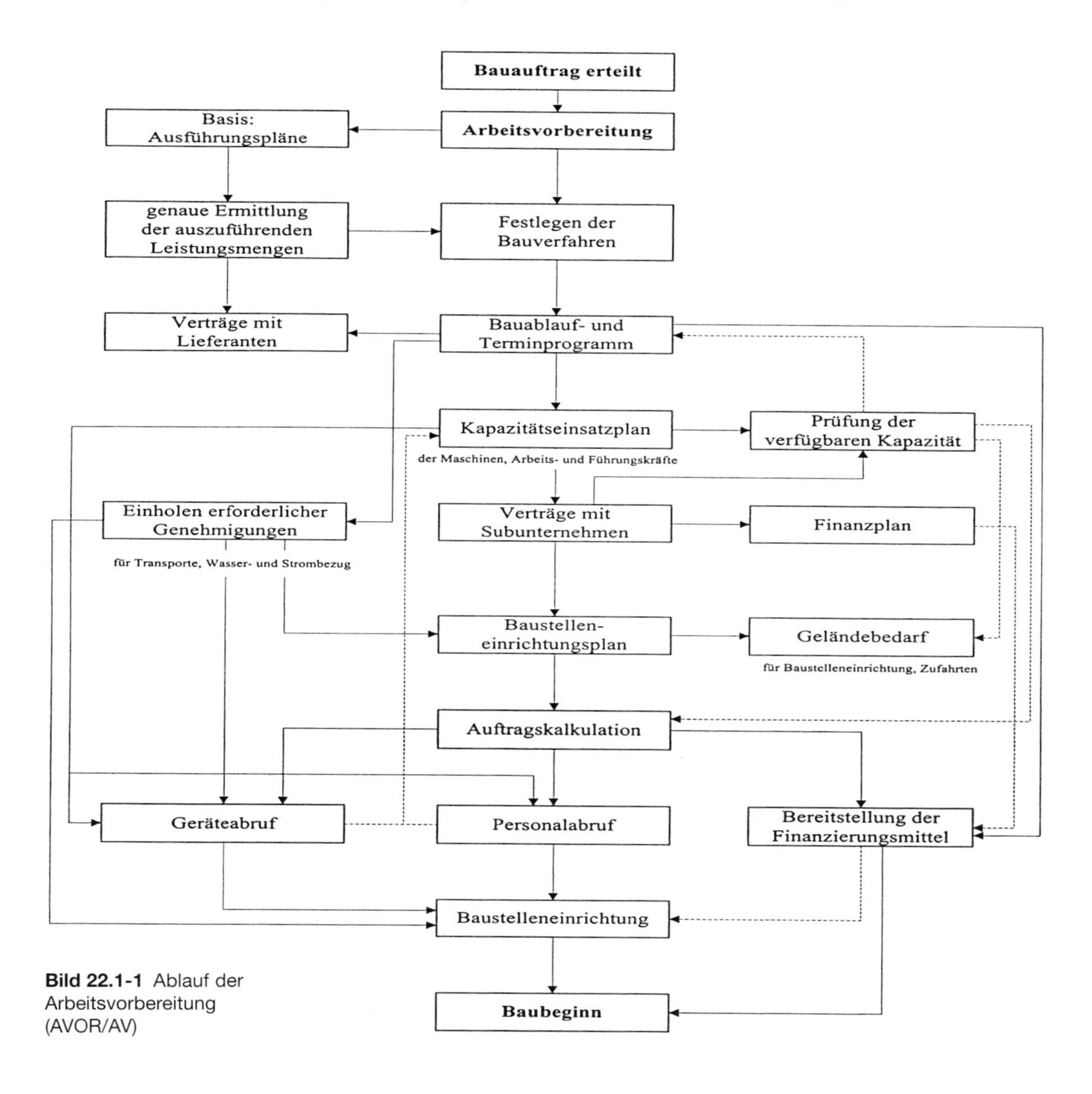

Bild 22.1-1 Ablauf der Arbeitsvorbereitung (AVOR/AV)

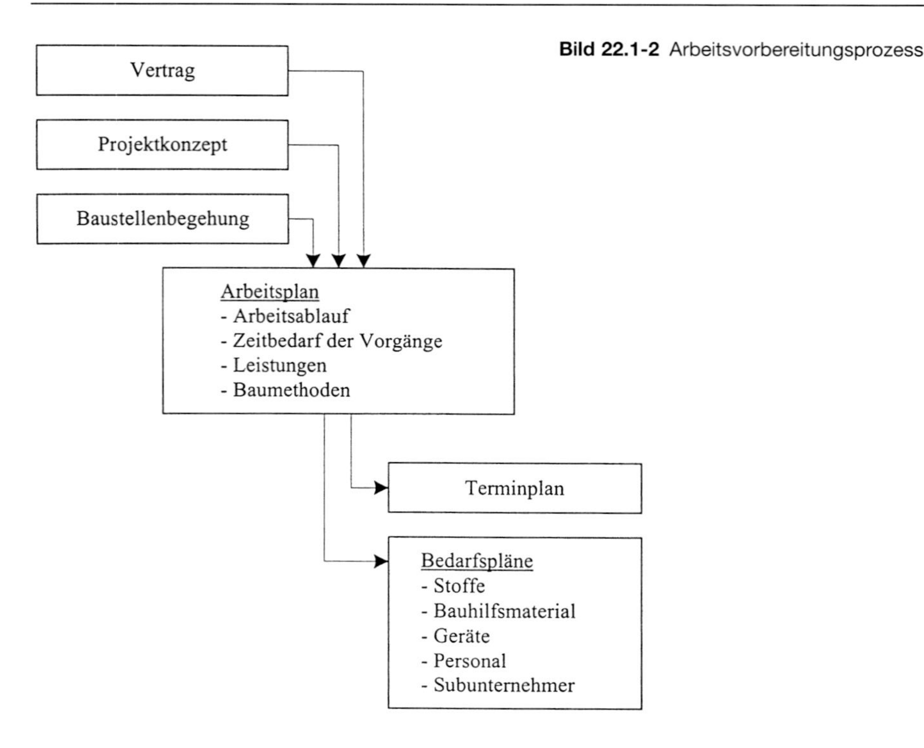

Bild 22.1-2 Arbeitsvorbereitungsprozess

Zur Durchführung der Arbeitsvorbereitung sind die vertraglichen Unterlagen, die Kalkulation und die Baustellenbegehung unumgänglich (Bild 22.1-2).

Die verschiedenen Massnahmen- und Aufgabengruppen zur Durchführung der Arbeitsplanung und Arbeitssteuerung auf der Baustelle sind in Bild 22.1-3 dargestellt.

Im nachfolgenden sind die einzelnen Massnahmen als Checkliste aufgeführt:

- Termin- und Ablaufplanung
- Arbeitskräftebedarf
  - Anzahl der Arbeitskräfte: Maximum, Minimum, Durchschnitt
- Organigramm
- Sollbauleistung
- Cash flow
  - Herstellkosten
  - Zahlungsplan
  - Vorfinanzierung
- Baustellen-Einrichtungsplan
  - Übersichtsplan
  - Zufahrten
  - technische Installation
  - Wohnlager, Büro, Kantine
  - Verkehrsbeschränkungen
  - Versorgungsanschlüsse, Infrastruktur
  - Verkehrsphasenpläne
- Geräteliste
  - Bereitstellungsplan
  - Detailliste für Partneranfragen / Miete / Leasing
  - Vorschlag für Geräteinvestitionen
- Ausführungskalkulation
  - EDV-Aufbereitung
  - Einzelkosten der Teilleistungen (Kostenarten)
  - Gemeinkosten
  - (Kostenschlüssel, Zuordnung zu Kostenarten)
- spezifische Baustellenkennwerte
  - wesentliche Leistungsansätze
  - spezielle Aufwandswerte
  - Materialkosten
- Controlling der Baustelle
  - mittels BAS oder – einfacher und übersichtlicher – nach dem Jobmodell auf der Basis der Ausführungskalkulation

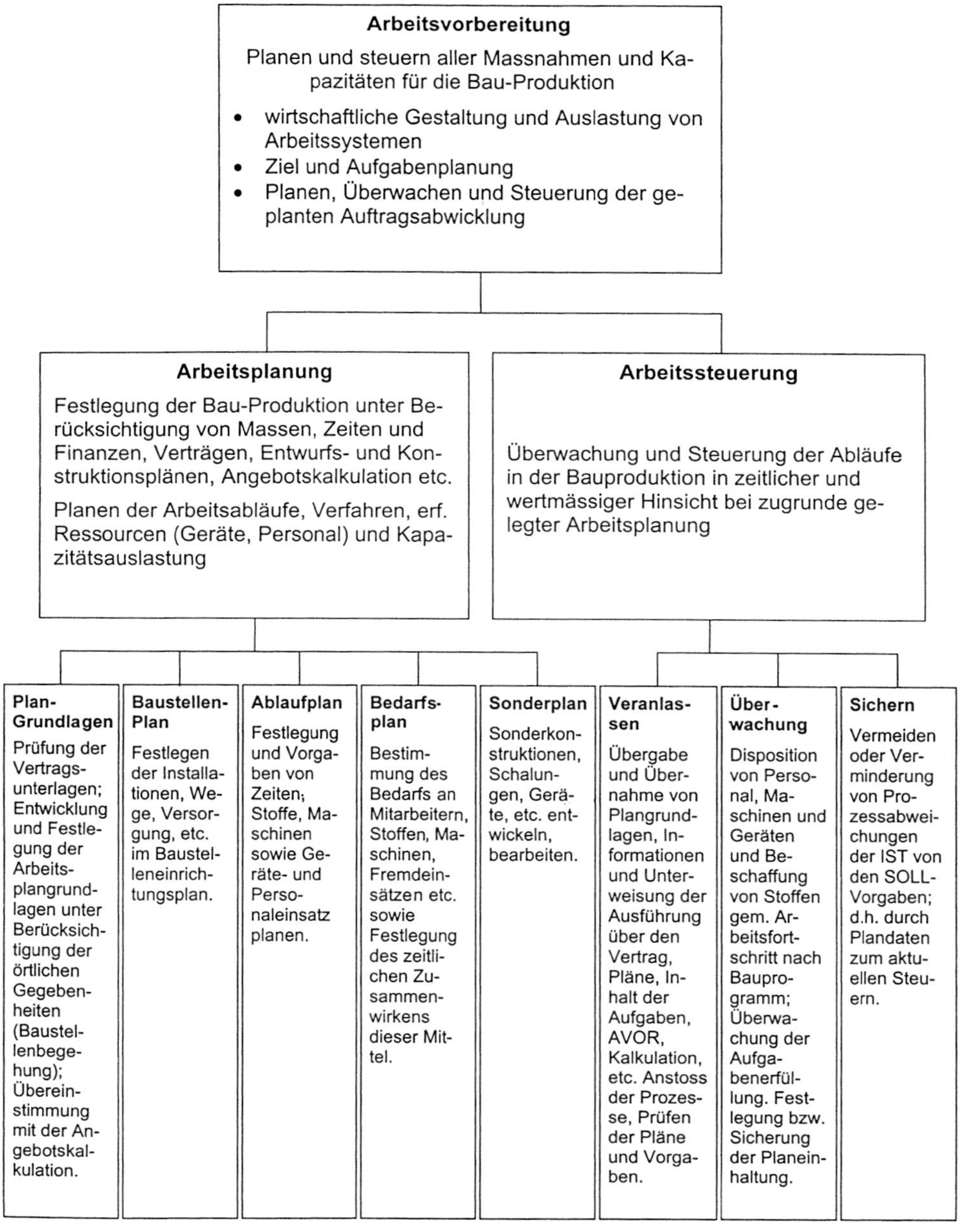

Arbeitsvorbereitung

Planen und steuern aller Massnahmen und Kapazitäten für die Bau-Produktion

- wirtschaftliche Gestaltung und Auslastung von Arbeitssystemen
- Ziel und Aufgabenplanung
- Planen, Überwachen und Steuerung der geplanten Auftragsabwicklung

Arbeitsplanung

Festlegung der Bau-Produktion unter Berücksichtigung von Massen, Zeiten und Finanzen, Verträgen, Entwurfs- und Konstruktionsplänen, Angebotskalkulation etc.

Planen der Arbeitsabläufe, Verfahren, erf. Ressourcen (Geräte, Personal) und Kapazitätsauslastung

Arbeitssteuerung

Überwachung und Steuerung der Abläufe in der Bauproduktion in zeitlicher und wertmässiger Hinsicht bei zugrunde gelegter Arbeitsplanung

Plan-Grundlagen
Prüfung der Vertragsunterlagen; Entwicklung und Festlegung der Arbeitsplangrundlagen unter Berücksichtigung der örtlichen Gegebenheiten (Baustellenbegehung); Übereinstimmung mit der Angebotskalkulation.

Baustellen-Plan
Festlegen der Installationen, Wege, Versorgung, etc. im Baustelleneinrichtungsplan.

Ablaufplan
Festlegung und Vorgaben von Zeiten, Stoffe, Maschinen sowie Geräte- und Personaleinsatz planen.

Bedarfsplan
Bestimmung des Bedarfs an Mitarbeitern, Stoffen, Maschinen, Fremdeinsätzen etc. sowie Festlegung des zeitlichen Zusammenwirkens dieser Mittel.

Sonderplan
Sonderkonstruktionen, Schalungen, Geräte, etc. entwickeln, bearbeiten.

Veranlassen
Übergabe und Übernahme von Plangrundlagen, Informationen und Unterweisung der Ausführung über den Vertrag, Pläne, Inhalt der Aufgaben, AVOR, Kalkulation, etc. Anstoss der Prozesse, Prüfen der Pläne und Vorgaben.

Überwachung
Disposition von Personal, Maschinen und Geräten und Beschaffung von Stoffen gem. Arbeitsfortschritt nach Bauprogramm; Überwachung der Aufgabenerfüllung. Festlegung bzw. Sicherung der Planeinhaltung.

Sichern
Vermeiden oder Verminderung von Prozessabweichungen der IST von den SOLL-Vorgaben; d.h. durch Plandaten zum aktuellen Steuern.

Bild 22.1-3 Aufgabenstellungen der AVOR/AV einer Baustelle

- Formularwesen
  - Leistungsermittlung
  - Belegschaftsstand
  - Stundennachweis/Tag
  - Feld-Aufnahmeblätter
  - Aufmassblätter
  - Massensummenblätter
  - Materialein- und Ausgang

  - Plankontrollisten
  - Monatsbericht mit Termin- und Kostenkontrolle sowie Auftragsentwicklung
  - Nachtragsforderungen
  - Vortriebsdiagramm
  - Betonierdiagramm
  - Baustellenbericht
  - Bautagebuch
  - Stundenlohnbericht
  - Stundenkarten
- Bauleitungsbericht
- Betriebsplan (Bergamt) – länderspezifisch
- SIGEPLAN oder Sicherheitsplan
- Genehmigungspläne für Installationen
- Taktpläne
- Materialauszug
  - Massenauszug
  - Preisanfragen
  - Preisspiegel
- Subunternehmer
  - Anfragen
  - Preisspiegel
- Betriebsanmeldungen – länderspezifisch
  - Tiefbaugenossenschaft / SUVA
  - Arbeitsamt
  - Finanzamt
  - Allgemeine Ortskrankenkasse
  - Zusatzversorgungskasse
  - Statistisches Landesamt
  - Unbedenklichkeitsbescheid
  - Arbeitsamt
  - BII-Baustelle
- Versicherungen
  - Haftpflicht und Bauwerksversicherung
  - Maschinenbruch
  - Bank / Hermes
  - Bürgschaften / Garantien

22.2 Einrichtung einer Baustelle

22.2.1 Allgemeines

Die Besonderheit der Bauproduktion, im Gegensatz zur stationär produzierenden Industrie, ist, dass an dem jeweiligen Entstehungsort des neuen Bauwerks die gesamte Infrastruktur zur Errichtung des Bauwerks jedesmal neu aufgebaut werden muss (mobile Industrie). Daher ist es notwendig, für jede Tunnelbaustelle eine projektspezifische, individuelle Baustelleneinrichtung zu planen und zu errichten. Diese Baustelleneinrichtung wird abgestimmt auf:

- die Art der Tunnelbaustelle (Sprengvortrieb, TBM, offene Tunnelbauweise etc.)
- die vorhandene öffentliche Infrastruktur (Stadt, Gebirge, Ausland etc.)
- die Erbringung der Leistung durch eigene Mannschaft oder Subunternehmer
- die Baustoffversorgungsmöglichkeiten
- die Bauzeit etc.

Für jede Baustelle muss man sicherstellen, dass alle Randbedingungen einbezogen werden, um eine wirtschaftliche Optimierung zu erzielen. Für die effiziente Baustellenvorbereitung können folgende Checklisten für die Baustelleninstallationen verwendet werden:

- Baugelände (siehe Tab. 22.2.-1)
- Transportverhältnisse (siehe Tab. 22.2-2)
- Versorgung der Baustelle (siehe Tab. 22.2-3)
- Installations- und Lagerflächen:
  - Bestimmung der verfügbaren Flächen
  - je nach Bedarf ergänzende notwendige Flächen (Mieten)
  - erforderliche Massnahmen wie Roden, Planieren, Boden stabilisieren, Gründen etc.

22.2.2 Baustelleneinrichtungsplan/ Installationsplan

Die Zweckzuweisung bestimmter Flächen des Baugeländes ist erforderlich für die optimale Gliederung der Betriebsabläufe, die notwendige Trennung der Materialflüsse sowie die Arbeits- und Fertigungsabläufe. Die abhängigen Abläufe sollen auf dem kürzesten Weg und ohne gegenseitige Behinderung möglich sein. Zudem ist die Baustelleneinrichtungsplanung zur Aufrechterhaltung der allgemeinen Ordnung und für das Zusammenwirken der verschiedenen Unternehmer (Bauhauptgewerbe, technischer Ausbau) bei komplexen Bauvorhaben notwendig. Der Baustelleneinrichtungsplan (Massstab 1:500, 1:200) legt die Flächennutzung auf dem Baugelände fest (Bild 22.2-1).

Der Baustelleneinrichtungsplan kann umfassen:

- Bauwerk und Nebenanlagen
  - geplante und vorhandene Bauwerke
  - Büros, Kantine, Wohnanlagen
  - geplante und vorhandene Aussenanlagen
  - Freiflächen
  - zu schützende Bereiche (z. B.: Bäume)
- Beschaffenheit des Baugeländes
  - Grenzen

Tabelle 22.2-1 Checkliste Baugelände

Lage:	Grenzen / Anlieger / Verkehrswege
Verhältnisse über Terrain:	Freileitungen / Terrainneigung usw.
Bodenverhältnisse:	geologische Verhältnisse / Bodenarten / Lagerung / Grundwasser (höchster u. tiefster Stand / Strömung) usw.
Unterirdische Leitungen:	elektrische Kabel / Telefon / Gas / Wasser / Abwasser etc.
Hydrologische Verhältnisse:	Wasserstände / Fliessgeschwindigkeit / Wassertemperatur / zeitlicher Verlauf von Hoch- und Niederwasserstand
Klimatische Verhältnisse:	Temperaturverlauf Sommer / Winter / Niederschlagsmengen / Frostperiode / Schneeverhältnisse / Lawinengefahr etc.

Tabelle 22.2-2 Checkliste Transportverhältnisse

Öffentlicher Verkehr:	nächste Bahnstation / Umschlagsmöglichkeit (Rampe/Kran) / Seilbahntransporte
Zufahrtsstrassen:	öffentliche Strassen: Befahrbarkeit / Breite / Durchfahrtshöhe und Breite bei Hindernissen / Tragkraft von Brücken / notwendige Behelfsmassnahmen Baustrassen (zwischen öffentlichen Strassen und Baugelände): Länge / Breite / notwendiger Ausbaustandard
Wasserzufahrt:	Umschlagsmöglichkeit: Land / Wasser; Art der Befahrbarkeit / Schutzmöglichkeit bei Flüssen etc.

Tabelle 22.2-3 Checkliste Versorgung der Baustelle

Stromversorgung / Kommunikation:	nächste Anschlussmöglichkeit / Hoch- oder Niederspannung / Kapazität des Anschlusses (KVA) / Länge und Art der Zuleitung / notwendige Trafos / Telefon / Funk
Wasserversorgung:	möglicher Wasseranschluss mit ∅ und Kapazität des vorhandenen Netzes / Druckverhältnisse / separate eigene Wasserversorgung ab öffentlichem Gewässer / evtl. zusätzlich notwendige Einrichtungen: Pumpen, Druckerhöhungsanlage, Reservoir etc.
Abwasser:	Anschlussmöglichkeit an vorhandenes Netz: Leitungslänge / Kapazität / eigene Abwasseranlage (Fäkalientank / Kläranlage / Neutralisation etc.)
Baustoffe:	Eigengewinnung von Baustoffen / Recycling

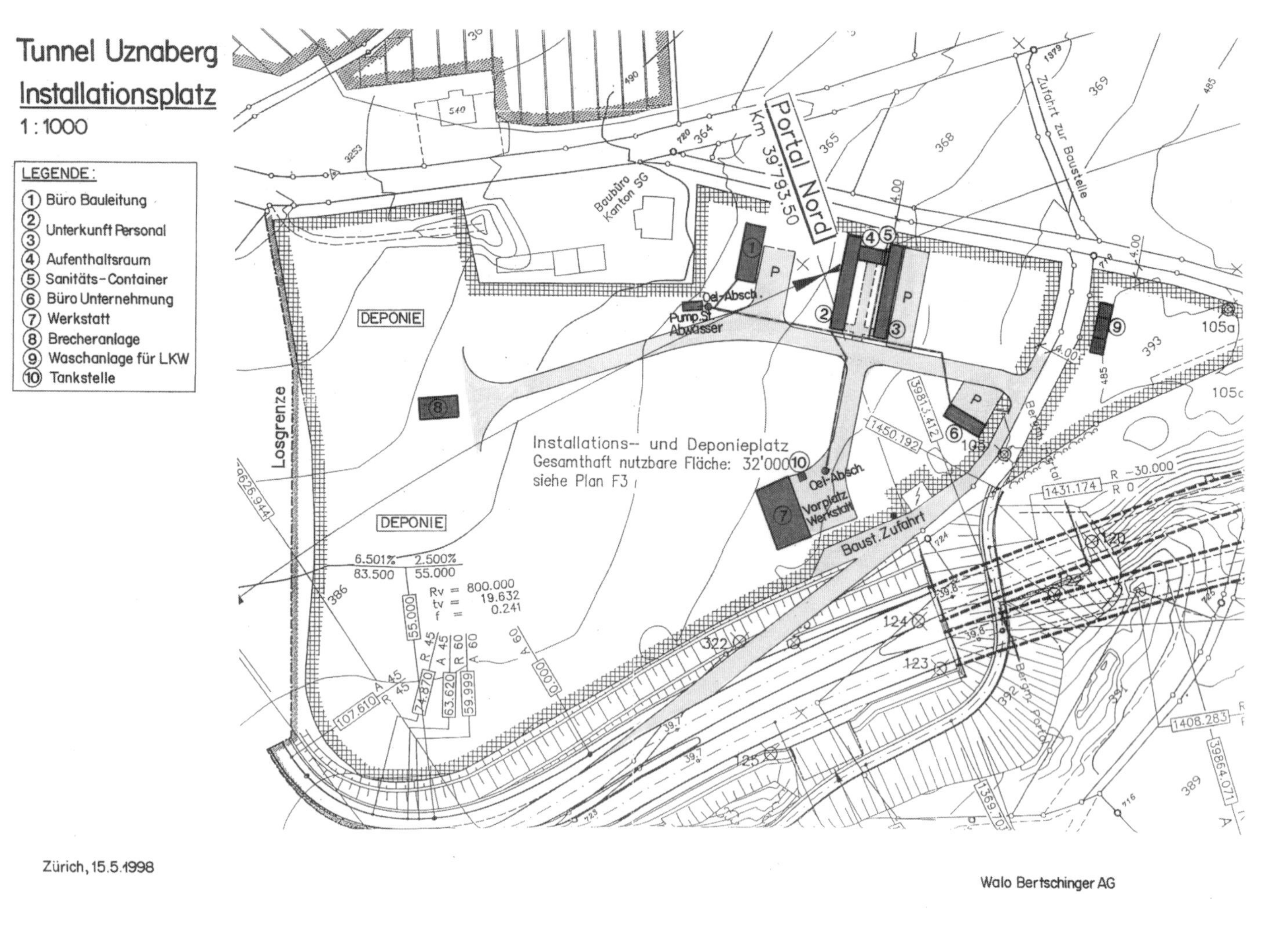

Bild 22.2-1 Baustelleneinrichtungsplan des Tunnels Uznaberg (Photo-CD, Bild 0002) [22-1]

- Hindernisse
- Grundwasser, Wasserläufe
- Belange der Nachbarn
- Verkehrsverhältnisse
  - Anbindung an öffentliche Strassen
  - Strassensperrung, Umleitung
  - Beschilderung, Beleuchtung
  - Fussgängerwege, Schutzeinrichtungen
- Zufahrten auf das Baugelände
  - Baustellenstrassen und -wege, Wendemöglichkeiten
  - Entladestellen
  - Reifenwaschplatz
  - Parkplätze
  - Abmessungen, Belastbarkeit
- Baufeldumschliessung
  - Baustellenzaun, -tore, -türen
  - Beleuchtung
  - Hauptbriefkasten
  - Wegweiser
- Baufeldeinrichtungen
  - Allgemeinbeleuchtung
  - Bauschild
  - zentrale Hygieneeinrichtungen
  - zentrale Sanitätsstelle
  - zentrale Notrufstelle
  - zentrale Feuermeldestelle
  - zentrale Informationsstelle (schwarzes Brett)
- Ver- und Entsorgungseinrichtungen der Baustelle
  - Hauptanschlüsse für Elektroversorgung
  - Hauptanschlüsse für Telekommunikation
  - Hauptanschlüsse für Wasserversorgung
  - Hauptanschlüsse für Abwasserentsorgung
  - Lage der Neutralisationsanlage
  - Entsorgung von Bauschutt, Abfällen, Schadstoffen usw.
- Kanäle, Leitungen, Kabel
  - geplante und vorhandene Kanäle und Schächte
  - geplante und vorhandene Leitungen
  - geplante und vorhandene Kabel
  - geplante und vorhanden Freileitungen
- Lagerflächen
  - Lagerflächen für Baustoffe und Bauhilfsstoffe
  - Lagerflächen für Aushub- und Verfüllmaterial
  - Flächen für Zwischenlagerungen
- Betriebsflächen der Baustelle
  - Betonmischanlage
  - Baustoffrecyclinganlage
  - Werkstätten
  - Fahrzeugwaschplätze
  - Gerätabstellplätze
  - Baugruben, Einschnitte, Böschungen, Verbau

22.2.3 Planung der Baustelleneinrichtung

Um die Baustelle als Produktionsstätte effizient und wirtschaftlich zu gestalten, müssen die Infrastruktur- und Produktionseinrichtungen sorgfältig auf die Produktion und Leistung abgestimmt und dimensioniert werden.

Die Planung und Dimensionierung der Baustelleneinrichtung umfasst:

- die Versorgungseinrichtungen
  - Verkehrserschliessung
  - Wasser
  - Abwasser
  - Elektroversorgung
  - Kommunikationssysteme
  - Heizung
  - Druckluft
  - Tankanlage
- die Gebäude und mobilen Container
  - Büros
  - Werkstätten
  - Magazine
  - Unterkünfte
- die Baustoff- und Bauhilfsstoffproduktionsanlagen
  - Betonmischanlage
  - Eisenbiegeplatz
  - Schalungsvorbereitung
  - Lagerflächen
  - Baustoffrecyclinganlage
- die Baugeräteausrüstung
  - Transportgeräte auf der Baustelle
  - bauverfahrensspezifische Arbeitsgeräte (je nach Baustelle angepasst)

Die Dimensionierung der Betriebseinrichtungen sollte u. a. folgende Aspekte berücksichtigen:

Versorgungseinrichtungen

- Brauchwasserversorgung
  - Ort der Einspeisung
  - vorhandener Druck
  - notwendige Lieferleistung

- Bedarfsrechnung
- Rohrleitungsdurchmesser
- Pumpengrössen
- Behältergrössen
- Leitungen bis in den Baubereich für Schlauchanschlüsse
- Tunnelbau: Kalotte – Strosse
- Wasserleitungsführungskonzept
- PVC- oder Pipelinerohre
- Berechnung der Druckerhöhungen
- Rohrleitungssystem oder Tankwagen

- Trinkwasserversorgung
  - Checkliste wie bei Brauchwasserversorgung
  - Berücksichtigung von Unterkünften, Werkstätten, Kantine, Büros
- Abwasser
  - anfallende Wassermenge aus Bergwasser, Werkstattwasser
  - Fäkalien
  - Entsorgung
  - Öl- und Wasserabscheider
  - Klärbecken
  - Neutralisationsanlage
  - Kanalanschluss
  - Regenerierung für Brauchwasser
  - Schlammsaugwagen
  - Drainagen
  - Rohrdurchmesser
  - Pumpengrössen
- elektrotechnische Planung
  - System, Stromverteilerpläne
  - Überprüfung der Stromlieferverträge
  - Kabelberechnung
  - Trafoauswahl
  - Batterieladestation
  - Notstromgeneratoren
- Beleuchtung
  - Aussenbeleuchtung
  - Treppenturmbeleuchtung bei Schächten
  - mobile Halogenmaste für Nachtarbeiten
  - Kopflampen, Ladestation
  - Notsystem für Beleuchtung im Tunnel
  - Portalbeleuchtung
- Pressluftversorgung
  - Konzept, Reserven
  - Installation im Tunnel oder Portal
  - Wirtschaftlichkeit: Schrauben-, Kolbenkompressoren
  - mobile Einheiten mit Dieselmotor
  - Betriebsstellen hinter dem Vortrieb
  - Berechnung der Rohrleitungen
  - Kalotten-, Strossenversorgung
  - Kühlsysteme
  - Nutzung der Abluftwärme

Betriebs- und Infrastrukturgebäude:

- Werkstätten
  - Magazine
  - Platzbedarf
  - Hebezeuge
  - autarke oder halbautarke Werkstattausrüstung
  - Beheizung
  - Geräteabstellplatz
  - Waschplatz mit Entsorgung
  - Ersatzteillager
  - Abbauwerkzeug- und Schneidrollenreparatur für TBM, TSM und Bohrgeräte
- Bürocontainer/-gebäude
  - Konzept des Büros
  - Kopiergeräte
  - EDV
  - Telefonanlage / Telefax / Internet
  - Mobiltelefone/Sprechfunk
- Container
  - Polier
  - Werkstattcontainer
  - Kleinwerkzeugcontainer / Werkzeugboxen
  - Elektrocontainer
  - WC, Duschen
  - Trockenraum
  - Sanitätscontainer
  - Küche
  - Kantine (Aufenthalt)
  - Wohnlager oder Fremdeinmietung
  - Heizungssystem
  - Materiallagercontainer für empfindliche und teuere Geräte und Stoffe

Baustoffproduktionsanlagen

- Ortbetonmischanlage für Nassspritzbeton und Ortbeton
  - Eigen- oder Fremdbeton
  - Wirtschaftlichkeit
  - System der Anlage
  - Leistungen: Spitzen, Gleichzeitigkeitsfaktor, Durchschnitt
  - Reserven
  - Beheizung
  - Kies-Sandlager
  - Steinmehllager
  - Zementsilos
  - Ortbetontransport

- Trockenspritzbeton
  - Trockensilo
  - Umfüllstation in Silofahrzeuge
- Sonstiges
  - Ausbruchmaterialaufbereitung
  - Kiesaufbereitung
  - Injektionsanlagen
  - Fertigteil-, Tübbingproduktion
  - Eisenbiegeeinrichtung

Baugeräteausrüstung der Baustelle:

- Vortriebsgeräte
  - Bohrwagenauswahl
  - Kalotten-, Strossen- oder Vollvortrieb
  - Auffahrung, Querschläge, Nischen
  - Ankerbohrwagen
  - Baggerbetrieb
  - TBM/TSM-Vortrieb
  - Nachläufersystem
  - Zeitstudien
  - Bohrmeter-Garantie
  - Ersatzteile
  - Verschleissteile
  - Meisselverbrauch
  - Service
  - Ankersysteme im Vortriebsablauf
  - typisiertes Kleingerät (Bohrhämmer, Abbauhämmer)
  - Sohlreinigungskozept (Bagger, Meisselhämmer, Fräsen)
  - Hebebühne für Montagen, Vermessung, Spritzbeton
  - Radlader oder Bagger zum Laden
  - Antriebsmotoren
  - Ketten
  - Felsreifen
  - Schaufeln etc.
- Sprenggerät (nur beim Sprengvortrieb im Tunnelbau)
  - Sprengstoffart
  - Zündersystem
  - Sprengstoffbunker
  - Tages- und Wochenbedarf an Sprengstoff
  - Behältergrösse
  - Transport
- Schutterbetrieb
  - Vortriebs- und Schutterkonzept
  - Zeitstudien
  - Pneubetrieb, Gleisbetrieb oder Transportbänder
  - Dumper- oder Zuggrösse
  - Diesel-kW
  - Anzahl der Fahrzeuge
  - Fahrzeuggeometrie
  - Transportkapazität
  - Steigungen, Allrad
  - Wirtschaftlichkeitsuntersuchungen
  - Verhältnisse auf Kippe
  - Fahrlader
  - Service (Werkstattgrösse)
  - Arbeitsablauf bei 2 Röhren
  - Zwischendeponie im Tunnel oder ausserhalb des Tunnels
  - Kalottenvorlauf
  - Abstimmung auf Ladegeräte
  - Gerätebeschaffung
  - Abschmierwagen
  - Beton- und Spritzbetontransport
- Fuhrpark
  - Versorgung und Entsorgung im Tunnel
  - Spritzbeton
  - Personal
  - Werkstatt
  - Reifenwechsel
  - Schmierstoffe
  - Tankwagen
  - Gerätetransport
  - Hebezeuge
  - Tieflader für Trafos / Kompressoren
  - Tieflader für Baumaterial
- Spritzbeton
  - Eigenherstellung, Fremdbeton
  - Trocken-, Nassspritzen
  - Beheizung
  - Deponierung des Rückpralls
  - Standort
  - Transport
  - Kostenvergleich Fertigspritzgut
  - Transportmischer in Abhängigkeit vom Dosiersystem
  - mobiler Spritzarm
  - Dosierung (pulverförmig oder flüssig)
  - Eignungsprüfungen
- Schalungen
  - Zusammenstellung Konzept und System
  - Festlegung der technischen Anforderungen
  - Blocklängen
  - Gewölbe: Fullround / integrierter oder nichtintegrierter Schalwagen
  - Querschläge, Nischen
  - Sohlgewölbe, Sockel
  - Auswahl: System / eigene oder Fremdbereitstellung

  - Abnahmen
- Betoniergerät
  - Betoneinbringung
  - Betonierverteilung, Mastverteiler
  - Pumpenauswahl
  - Rüttlersysteme
  - Stromversorgung
  - Kabeltrommel
  - Gerüste
  - Laboreinrichtung
- Gerüste
  - Profilierung
  - Isolierung
  - Bewehrung (falls bewehrte Schale)
  - für Ausbesserungen und Kosmetik
  - Firstverpressung
  - Nachbehandlung
- Druckluftinstallation
  - Einrichtung bei Druckluftvortrieb
    - Dimensionierung
    - Luftverbrauch
    - Kompressoren und Windkessel
    - Notstromaggregat
    - Material-, Personal-, Krankenschleuse
    - Druckwand, Drucktor
    - Einrichtung für allgemeine Druckluftversorgung
    - Luftverbrauch
    - Kompressoren und Windkessel
- Deponie
  - Art und Ort der Deponie
  - Steigungen
  - Pistenzustand
- Lüftung
  - gesetzliche Bestimmungen
  - Lüftungsberechnung und Konzept
  - Querschlagabstände
  - Kalottenlänge
  - Diesel-kW
  - Wirtschaftlichkeitsuntersuchung
  - Dimensionierung
  - mobile Luttenstation
  - Notstromaggregat
  - Luttenauswahl
  - Schalldämpfer
  - Staubabsaugung/Entstaubung
- Vermessung (unter Berücksichtigung von Fremdbüros)
  - Vermessungskonzept
  - Vermessungsgerät
  - Überprofilmessung
  - geotechnische Messungen
  - EDV-Ausrüstung, Software
  - Lasersysteme
  - Lärmpegelmessung
  - Konvergenzmessungen

22.2.4 Versorgungseinrichtungen

22.2.4.1 Verkehrserschliessung

Bei der Verkehrserschliessung der Baustelle muss unterschieden werden zwischen dem vorhandenen öffentlichen Strassennetz, Baustrassen zum Anschluss des Baugeländes an das öffentliche Strassennetz und Baustrassen innerhalb des Baugeländes.

Das öffentliche Strassennetz ist vorgegeben und nicht veränderbar. Es kann also im Rahmen der Arbeitsvorbereitung lediglich eine Rolle bei der Überlegung spielen, ob z. B. der Antransport grossformatiger Maschinen- oder Schalungsteile möglich ist, oder ob eine zuverlässige Versorgung mit Transportbeton zu jeder Tageszeit gewährleistet ist. Dies kann zu unterschiedlichen Ergebnissen bei der Planung der Baustelleneinrichtung führen.

Beim Anschluss an das öffentliche Strassennetz ist zu berücksichtigen, dass eine möglichst reibungslose Ein- und Ausfahrt gewährleistet wird. Das bedeutet, dass Baustellenfahrzeuge nach Möglichkeit nicht eine Hauptstrasse überqueren oder als Linksabbieger in sie einfahren bzw. von ihr abbiegen sollen.

Die Baustrasse kann angelegt werden als:

- Umfahrt
  Eine Umfahrt oder Ringstrasse mit einer aufgeweiteten Anbindung (Ein- und Ausfahrt) an eine an das Baugelände angrenzende öffentliche Strasse stellt die verkehrstechnisch beste Lösung dar. Sie erlaubt Einbahnstrassenverkehr auf dem Baugelände und vermindert damit die gegenseitige Behinderung der Transportfahrzeuge und die Unfallgefahr.
- Durchfahrt
  Ist das Baugelände von zwei Seiten von öffentlichen Strassen begrenzt, kann eine Durchfahrt angelegt werden. Diese erlaubt ebenfalls Einbahnstrassenverkehr und hat gegenüber der Umfahrt eine geringere Länge. Nachteilig ist die zweifache Anbindung an das öffentliche Strassennetz.

- Stichstrasse
  Ist eine Um- oder Durchfahrt zu aufwendig oder aus räumlichen Gründen nicht möglich, so wird eine Stichstrasse gewählt. Nachteilig ist die erforderliche Wendemöglichkeit, besonders bei Lastwagen mit Anhängern, für die ein Wendekreis mit einem Durchmesser von mindestens 20 – 24 m erforderlich ist.

Linienführung von Baustrassen

Die Linienführung von Baustrassen sollte so gewählt werden, dass möglichst folgende Bedingungen erfüllt werden:

- Heranführen der LKW-Transporte möglichst nahe an ihren Bestimmungsort
- Erreichen des Schwenkbereiches von Kränen und Hebezeug, um ein problemloses Abladen von Geräten und Baustoffen zu ermöglichen
- Einhalten eines gewissen Abstandes zum Bauwerk, um Lager- und Bearbeitungsflächen zwischen Bauwerk und Baustrasse freizuhalten
- ausreichende Sicherheitsabstände zu Maschinen, Gerüsten, Unterkünften und Baugruben

Längsprofil von Baustrassen

Als Strassenlängsneigung können für Lastkraftwagen angesetzt werden:

- bei normalen Verhältnissen 5-10 %
- bei extremen Geländeverhältnissen (Hochgebirge, Baugrubenrampen) bis zu 15 %
- auf kurzen Rampen bis über 40 %

Querschnittgestaltung von Baustrassen

Für mittlere Baustellen sind im allgemeinen einspurige Baustrassen ausreichend, wenn an Entladestellen – und bei grosser Länge auch an Zwischenpunkten – Ausweichmöglichkeiten geschaffen werden. Die erforderliche Breite liegt zwischen etwa 3,50 m und 4,25 m im Normalbetrieb. An den Ausweichstellen müssen Baustrassen auf mindestens eine Fahrzeuglänge einschliesslich Hänger ausgelegt sein.

Bei grösseren Baustellen mit starkem Zulieferverkehr können zweispurige Baustrassen erforderlich werden. In diesem Fall beträgt die notwendige Breite 5,50 bis 6,00 m. Nur auf diese Weise können, trotz baustellenbedingter Unebenheiten der Strasse, relativ hohe Geschwindigkeiten in beiden Richtungen realisiert werden.

Strassenaufbau

Der Aufbau der Baustrasse wird der Verkehrsbelastung und der vorgesehenen Nutzungsdauer angepasst. Im allgemeinen wird man sich mit einer Schotterauffüllung von 15 bis 20 cm Stärke begnügen, die nach Abschluss der Bauarbeiten mit geringen Mitteln ausgebaut werden kann und eine Weiterverwendung des Schottermaterials ermöglicht.

Bei langgezogenen Baustrassen oder wenn grosse Verkehrsflächen erforderlich sind, wird vielfach eine Bodenverbesserung durch Bodenstabilisierung durchgeführt, um die Tragfähigkeit zu erhöhen und die Böden wasserunempfindlich zu machen. Hierbei wird die oberste Bodenschicht (15 bis 20 cm) mit Kalk oder Zement vermischt und damit so weit verbessert, dass der anstehende Boden nach der Verdichtung den Baustellenverkehrsbelastungen über längere Zeit standhalten kann. Für sehr kurzfristige Verkehrsbelastung, bzw. um die Überfahrt einzelner schwerer Geräte über weiche Böden zu ermöglichen, verwendet man vorgefertigte Elemente aus Stahl, Holz oder Beton. Hierbei kommen insbesondere sogenannte Baggermatratzen zum Einsatz. Diese bestehen aus Weich- oder Hartholzprofilen in einem Stahlrahmen (U-Profil) mit Abmessungen von 3,00 bis 5,00 m Länge und 0,80 bis 1,20 m Breite. Sie werden mit einem Kran oder Bagger verlegt und ergeben eine verbesserte Lastenverteilung, die ein Befahren auch wenig tragfähiger Böden ermöglicht. Wenig geeignet für Baustrassen sind Betonstrassen oder bituminöse Strassendecken, wegen der hohen Kosten für die Herstellung und den späteren Abbruch.

22.2.4.2 Wasserversorgung

Auf der Baustelle besteht, je nach Qualitätsanforderungen, Trinkwasser- und/oder Brauchwasserbedarf. Hierbei dient das Brauchwasser zur Eigenherstellung von Beton und Mörtel sowie zur Nachbehandlung von Beton, zur Reinigung der Schalungen vor dem Betonieren und zum Waschen und Reinigen von Gräten, Bauteilen und Baustoffen.

Ist eine Versorgung aus dem öffentlichen Netz möglich, so werden meistens alle Qualitätsanforderungen erfüllt. Es ist wichtig, den Bedarf überschlägig zu ermitteln, um eine ausreichende Versorgung mit genügenden Druckverhältnissen sicherzustellen. Bei erheblichem Wasserbedarf oder bei nicht ausreichender Versorgung durch das

Netz erweist sich eine Eigenversorgung aus einem offenen Gewässer oder aus einem Grundwasservorkommen durch Abteufen eigener Brunnen als zweckmässig.

Zur Dimensionierung der Versorgungsquelle, der Versorgungsleitung und eventueller Zusatzeinrichtungen, Pumpanlagen oder Vorratsbehälter ist eine Wasserbedarfsermittlung erforderlich. Diese kann mit folgenden Verbrauchswerten durchgeführt werden:

Trink- und Brauchwasserbedarf je beschäftigte Person:

- bei Tagesunterkünften:
  ca. 20 – 30 Liter je Mann und Tag
- bei Wohn- und Schlafunterkünften:
  ca. 40 – 70 Liter je Mann und Tag
  (dies kann bis zu 150 l/Tag und Mann steigen)

Beton- und Mörtelanmachwasserbedarf:

- Beton:
  100-200 Liter/m^3
- Mörtel:
  200-250 Liter/m^3
- Kiesaufbereitung waschen:
  1000-3000 Liter/m^3
- Kühlwasser für Vortriebsgeräte, z. B. TBM:
  ~ 100 Liter/m^3 fest Fels

Sonstiger Brauchwasserbedarf

Zur Felsreinigung sowie für die Nachbehandlung von Beton, das Feuchthalten der Schalung und die Reinigung von Geräten und Fahrzeugen kann überschlägig auf den zuvor ermittelten Wasserbedarf ein Zuschlag von 20 – 25 % gerechnet werden.

Berücksichtigung von Wasserverlusten

Der errechnete Gesamtwasserbedarf wird um etwa 10-20 % vergrössert.

Für die Dimensionierung der Leitungen kann der maximale stündliche Bedarf mit dem 1,5fachen des durchschnittlichen stündlichen Bedarfs angesetzt werden.

Bei der Dimensionierung der Wasserversorgung einer Betonmischanlage muss die Forderung, dass die Wasserabmessvorrichtung in der Lage sein muss, eine Wassermenge vom 1,5fachen des Nenninhaltes des Mischers innerhalb von 20 Sekunden gleichmässig zuzugeben, erfüllt sein. Bei einem 500-Liter-Mischer und einem Wasserbedarf von 200 Liter je m^3 Beton bedeutet dies eine erforderliche Leistung von 5 Litern pro Sekunde oder 18 m^3 in der Stunde. Um eine zu grosse Auslegung der Zuleitung für den Spitzenbedarf zu vermeiden, empfiehlt sich die Anordnung eines Tanks vor der Mischanlage.

Einen besonderen Brauchwasserbedarf haben Wasch-, Sieb- oder Trennanlagen für Zuschlagstoffe auf einer Baustelle. So ist für eine Kiesaufbereitung (Waschen) ein Bedarf von 1 bis 3 m^3 Wasser je m^3 Kies anzusetzen.

22.2.4.3 Abwasserversorgung

Die Baustellenbetriebe müssen die gültigen Gewässerschutzgesetze und die dazu erlassenen Vorschriften strikt einhalten. In Gebieten mit vorhandener Kanalisation und Kläranlage sind die Abwässer an das bestehende Netz anzuschliessen. In Gebieten ausserhalb, z. B. bei Hochgebirgsbaustellen, sind Massnahmen zu ergreifen, um den Gewässerschutz zu gewährleisten. Das hat in den letzten 20 Jahren dazu geführt, dass bei solchen Baustellen vollbiologische Kleinkläranlagen eingesetzt werden. Die heute üblichen Kompaktanlagen (z. B. Metoxy) lassen sich auf Lastwagen wie Baustellencontainer transportieren, sind schnell versetzt und wieder demontiert.

Bei Gerätewaschplätzen auf Baustellen sind Ölabscheider vorzusehen.

Nachgeschaltet zu den Betonieranlagen sind für die Betonwaschwässer Neutralisationsanlagen (mit pH-Messung) vorzusehen, bevor die Wässer der Vorflut zugeleitet werden.

Das anfallende Gebirgswasser im Tunnel wird meist kontaminiert durch:

- Sand und Staub des Ausbruchmaterials
- evtl. chemische Zusatzmittel im Spritzbeton sowie ausgewaschenen alkalischen Zementleim

Diese Verschmutzungen müssen entfernt bzw. die chemische Kontamination muss neutralisiert werden, um die Gebirgsbäche nicht nachhaltig zu schädigen. Das gleiche kann für saure Bergwässer notwendig sein, die während des Vortriebs angestochen werden.

Die Gerätewaschanlage ist für die Instandhaltung notwendig. Fahrzeuge, die von der Baustelle auf das öffentliche Strassennetz fahren, müssen eine Radwaschanlage durchfahren.

22.2.4.4 Stromversorgung

Auf der Baustelle wird elektrische Energie in der Form von Kraft- und Lichtstrom hauptsächlich für den Antrieb von Geräten und Maschinen, Beleuchtung, Sicherheitsbeleuchtung sowie Heizung benötigt. Es ist zwingende Vorschrift, dass die Einrichtung, Änderung oder Instandhaltung elektrischer Anlagen nur von Elektrofachleuten vorgenommen werden darf. Diese Anforderung resultiert aus den grossen Gefahren, die bei unsachgemäss geplanten oder ausgeführten elektrischen Installationen entstehen.

Die Elemente der elektrischen Einrichtung einer Baustelle sind:

Transformator
Transformatoren werden benötigt, wenn auf der Baustelle sowohl Hoch- als auch Niederspannung eingesetzt wird, beispielsweise bei TBMs, Bohrjumbos, Wasserhaltungsanlagen, Mischanlagen oder Feldfabriken.

Baustromverteiler
Man unterscheidet zwischen dem Anschluss- und Verteilerschrank. Der Anschlussschrank enthält die Zählertafel, die Hauptsicherungen, den Fehlerstromschutzschalter und die Anschlussklemmen für die beweglichen Verbindungsleitungen zu den Verteilerschränken. Der Verteilerschrank enthält Sicherungen, Fehlerstromschutzschalter, Anschlussklemmen für die beweglichen Verbindungsleitungen und Steckdosen zum Anschluss einzelner Geräte.

Leitungen
Für oberirdische Überbrückungen kurzer Strecken werden gummigeschützte Leitungen verwendet. Kabel werden üblicherweise unterirdisch verlegt, Freileitungen über Masten geführt.

Drehstromerzeuger
Der Drehstromerzeuger ist erforderlich, wenn entweder aus Standortgründen ein Netzanschluss nicht möglich oder nicht ausreichend ist und eine Eigenversorgung mit Generator- und Dieselmotor installiert werden muss, oder aber als Notstromversorgung, wenn bei Ausfall des öffentlichen Versorgungsnetzes eine Gefährdung des Personals, Schäden am Bauwerk oder Ausfall von Arbeitszeit eintreten könnten. Eine solche Notstromversorgung ist üblich bei Grundwasserabsenkungsanlagen, bei Schildvortrieb unter Druckluft und bei Sicherheitsbeleuchtungen.

Stromlieferungsverträge für Baustellen sind für die Energieversorgungsunternehmen kurzfristige Verträge. Weiter werden Geräte und Maschinen auf Baustellen normalerweise mit grösseren, ablaufbedingten Unterbrechungen betrieben, so dass sich ein sehr ungünstiges Verhältnis zwischen installierter Leistung und tatsächlich abgenommener elektrischer Arbeit ergibt. Die elektrische Energie muss daher auf Baustellen gegenüber stationären Betrieben mit vergleichbaren Anschlusswerten verhältnismässig teuer bezahlt werden.

Batterieladestation
Bei Gleisbetrieb mit Akku-Loks sind Batterien zu warten und zu laden. Die Tendenz in der Praxis geht heute eindeutig in Richtung Dieselantrieb. Die Wartung der Dieselfahrzeuge ist meist einfacher, und die Beschaffung und der Unterhalt der teuren Batterien mit oft begrenzter Haltbarkeit entfällt. Ferner ist eine Batterieladestation für die Helm-Tunnellampen vorzusehen.

22.2.4.5 Beleuchtung

Eine Baustellenbeleuchtung ist in zweifacher Hinsicht erforderlich, einmal zur Beleuchtung des Arbeitsplatzes und zum anderen als Absperrungs- und Sicherheitsbeleuchtung.

Die Arbeitsplatzbeleuchtung erfolgt punktförmig im Einsatzbereich einzelner Arbeitskolonnen, oder aber grossflächig zur Ausleuchtung der Ortsbrust und des Sicherungseinbaus sowie im Bereich der Eisenverlegung und des Betonausbaus, ferner im Schwenkbereich von Kränen, Lagerflächen oder wichtigen Bereichen der Baustelleneinrichtung. Je nach Arbeitsintensität wird auch der Grad der Ausleuchtung unterschiedlich sein.

Die Absperrungs- und Sicherheitsbeleuchtung ist entlang des gesamten aufgefahren Tunnels erforderlich, ferner zur Sicherung von Baugruben, Einrichtungsflächen, entlang grösserer Baustrassen und bei Verkehrsregelungen durch Verkehrszeichen oder Lichtsignalanlagen an Engstellen.

22.2.4.6 Kommunikationssysteme im Tunnelbau

Wie auf jeder Baustelle benötigt man, neben der selbstverständlichen Telefon- bzw. Funktelefonausrüstung mit der Verbindungung zum öffentlichen Netz, aus folgenden Gründen Baustellenkommuni-

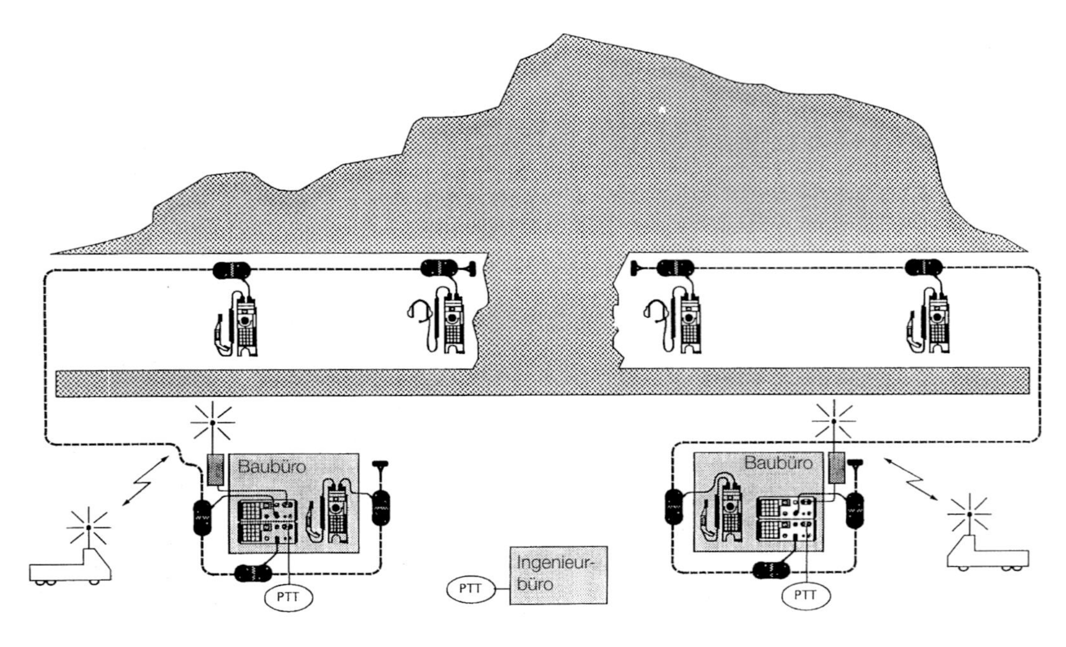

Bild 22.2-2 Drahtgebundenes Kommunikationssystem, Awitel von Siemens [22-2]

kationssysteme, die die einzelnen Arbeitsstätten und mobilen Fahrzeuge innerhalb und ausserhalb des Tunnels miteinander verbinden:

- zur Überwachung des Zugbetriebs etc.
- zur zeitsparenden Weitergabe von Informationen und Anweisungen,
- zur Anforderung von Versorgungsfahrzeugen
- zur schnellen Mobilisierung von Rettungsdiensten

Bei Tunnelbaustellen muss die Kommunikation auf die Erschwernisse des Untertagebaus ausgerichtet werden. Heute verwendet man im Tunnel folgende Systeme:

- flexible, drahtgebundene Kommunikationssysteme
- Antennenfunksysteme
- Strahlungskabel mit Verstärker

Die Anforderungen an solche Systeme sind:

- robust, unempfindlich und einfach zu bedienen
- kostengünstig in der Anschaffung und einfach im Unterhalt
- erweiterbar während des Baufortschritts durch eigenes Personal
- einfache temporäre Installationen

Das **drahtgebundene Kommunikationssystem** besteht aus einem induktiven Feldkabel (Bild 22.2-2). An dieses Kabel können an jeder beliebigen Stelle Teilnehmerstationen angeschlossen werden. Die maximale überbrückbare Distanz liegt je nach Kabel zwischen 5 – 10 km. Die heute verwendeten indukiven Koppeleinheiten der Teilnehmerstationen ermöglichen ein sehr schnelles Ankoppeln an ein zweiadriges Feldkabel. Zu diesem Zweck zieht man die zwei Adern des verdrillten Kabels leicht auseinander und legt sie über die beiden Kernstücke in die Nuten der Koppeleinheit. Mit diesem System kann man Einzelgespräche, Rundrufe, Gruppen- und Kollektivrufe sowie Prioritätsrufe durchführen. Dieses in sich geschlossene System kann über eine Basisstation an andere Kommunikationskreise des gleichen Systems im Selbstwahlverfahren angehängt werden; es kann auch mit dem öffentlichen Netz verbunden werden.

Der Nachteil dieses Systems besteht darin, dass keine Gespräche von mobilen Geräten geführt werden können. Anderseits kann mit diesem flexiblen Koppelungssystem an jeder Stelle der Strecke eine mobile Teilnehmerstation angehängt werden.

Das **Antennenfunksystem** wird im Tunnel im Bereich freier Strahlstrecken eingesetzt. Die im

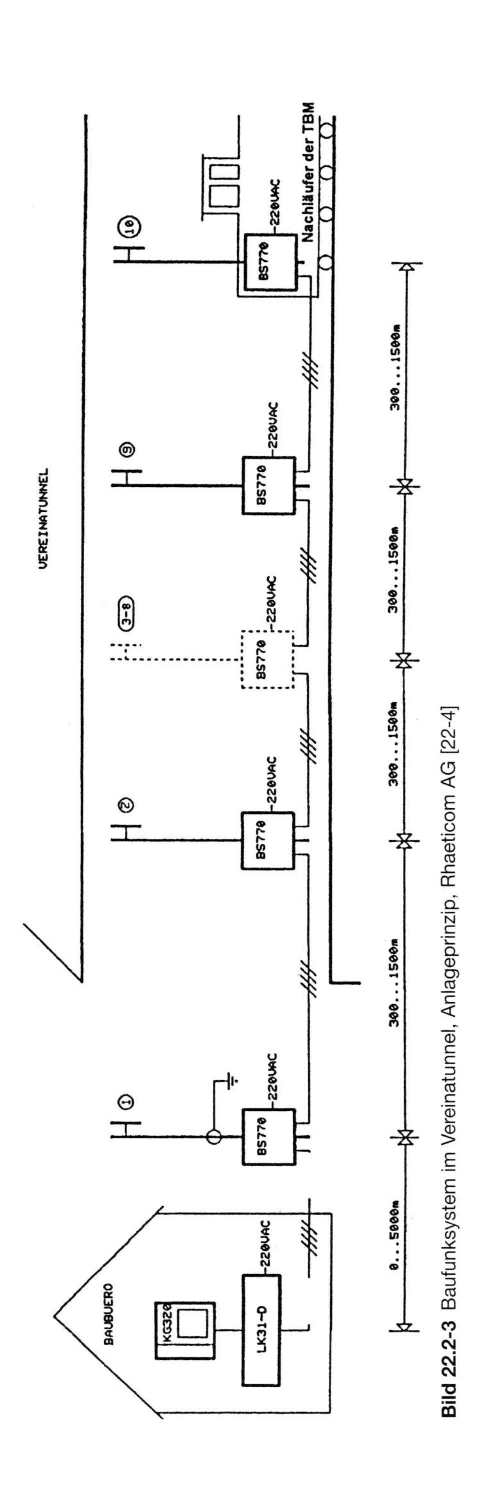

Bild 22.2-3 Baufunksystem im Vereinatunnel, Anlageprinzip, Rhaeticom AG [22-4]

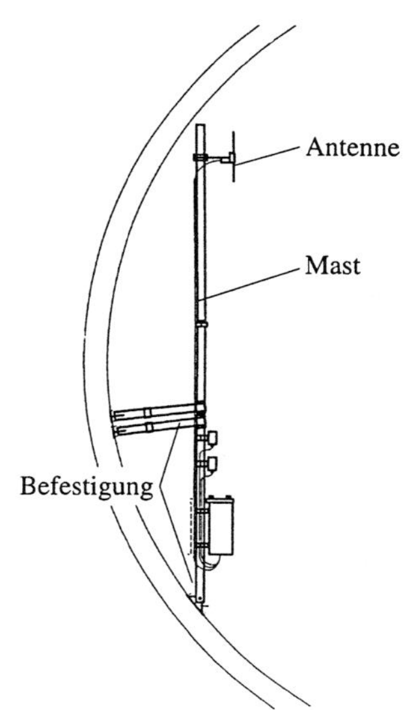

Bild 22.2-4 Sende- und Empfangsantenne im Vereinatunnel, Rhaeticom AG [22-4]

Gleichwellenbetrieb arbeitende Basisstation ist in Linie über eine Vier-Draht-Telefonleitung mit der Steuereinheit verbunden. Im Sendebetrieb arbeiten alle Sender gleichzeitig im gesamten Tunnel. Auch dieses System kann mit laufendem Baufortschritt weiter ausgebaut werden. Die Sender (Bild 22.2-3, Bild 22.2-4) im Tunnel sollen sich weitgehend in ihrer Reichweite überschneiden, damit der gesamte Tunnel abgedeckt wird. Die Reichweite ohne Hindernisse beträgt ca. 1 km. Wenn Funkanlagen im Freien installiert werden, müssen Blitzschutz-Massnahmen getroffen werden. Im Tunnel werden die Antennen am besten im oberen Drittel der Röhre angeordnet. Dieses System wurde im Vereina-Tunnel angewendet [22-3]. Mit diesem System lassen sich mittels mobiler Handsprechgeräte ortsunabhängig zu jeder Zeit die notwendigen Gespräche führen. Auch mit diesem System kann man Einzelgespräche, Rundrufe, Gruppen- und Kollektivrufe sowie Prioritätsrufe durchführen.

Das **Strahlkabel-Kommunikationssystem** ist besonders flexibel im Untertageeinsatz (Bild 22.2-5). Dieses Kommunikations-Funksystem basiert auf einem sogenannten Strahlkabel, das als Antenne dient. In Abständen von ca. 300 m werden Signalverstärker zwischen das Strahlkabel geschaltet. Diese Verstärker ermöglichen die einwandfreie Übertragung von Signalen. Ferner können mit diesem System über separate Kanäle Sprache, Daten und Videobilder übertragen werden. Beim hoch-

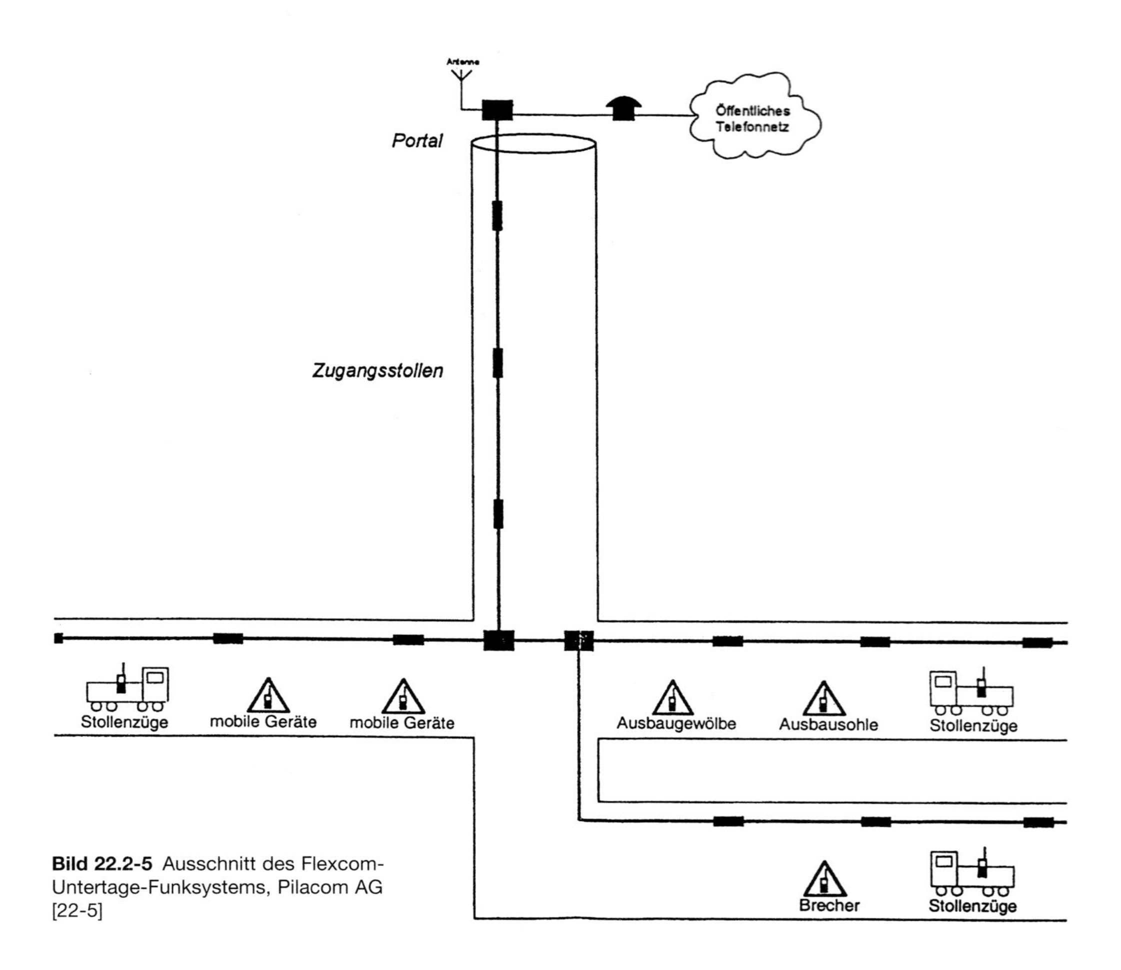

Bild 22.2-5 Ausschnitt des Flexcom-Untertage-Funksystems, Pilacom AG [22-5]

mechanisierten Tunnelbau bieten solche multifunktionalen Systeme grosse Vorteile; man kann mittels mobiler Handsprechgeräte ortsunabhängig zu jeder Zeit die notwendigen Gespräche führen. Auch mit diesem System kann man Einzelgespräche, Rundrufe, Gruppen- und Kollektivrufe sowie Prioritätsrufe durchführen. Es ist sehr einfach zu installieren und erweiterbar.

Auf fast allen Baustellen werden Telefaxgerät als Kommunikations- und Datenaustauschmittel zwischen Baustelle und Zentrale oder Lieferanten eingesetzt. Dies dient nicht nur der schnellen Nachrichtenübermittlung, sondern hat gegenüber dem Telefongespräch auch den vertragsrechtlichen Vorteil der Schriftform.

Mittels eines Telefon- oder besser ISDN-Anschlusses können über Internet E-mails und Dateien übermittelt werden. Mit der entsprechenden Infrastruktur lassen sich vor Ort Pläne ausdrucken und Korrespondenz, Berichte etc. ohne Verzögerung empfangen und versenden.

22.2.4.7 Druckluftversorgung

Die Druckluft ist ein Energieträger mit relativ schlechtem Wirkungsgrad. Sie wird durch Kompressoren erzeugt, die durch Elektromotoren oder Verbrennungsmotoren angetrieben werden. Es gibt verschiedene Kompressorsysteme. Die gebräuchlichsten im Bauwesen sind:

- der **Kolbenkompressor** mit selbsttätigen Ventilen (sehr verbreitet und zuverlässig),
- der **Schraubenkompressor**, der sich durch kontinuierliche und stossfreie Drucklufterzeugung sowie geringe Geräuschentwicklung auszeichnet.

Jedem Kompressor ist ein Luftkühler sowie ein Wasserabscheider zugeordnet, um Kondensationswasser vor dem Arbeitsgerät aufzufangen und dieses vor dem Einfrieren zu schützen. Werden mehrere Kompressoren zu einer Kompressorenstation zusammengefasst, ist es vorteilhaft, jedes Gerät durch einen separaten Schieber an das Gesamtsystem anzuschliessen, um im Reparaturfalle nur das betreffende Gerät abkoppeln zu können.

Hinter dem Kompressor ist ein Vorratskessel als Puffer (Windkessel) erforderlich, um Druckschwankungen am Druckluftwerkzeug abzumindern und um die Anzahl der Ein- bzw. Ausschaltvorgänge des Kompressors zu reduzieren. Mit Druckluft werden vor allem Bohrmaschinen mit pneumatischen Bohrstützen, Pickhämmer, Winden sowie Spritzbetonmaschinen im Dünnstromverfahren angetrieben. Druckluftwerkzeuge sind nahezu wartungsfrei (ausser Spritzbetonmaschinen), langlebig, unempfindlich gegen Nässe, robust und leicht. Die Geräuschentwickung ist meist sehr hoch und muss wirkungsvoll durch Schalldämpfung gemindert werden, was allerdings einen Leistungsverlust zur Folge hat.

Je nach Grösse der Baustelle erfolgt die Druckluftversorgung über:

- fahrbare Einzelkompressoren (Elektro- oder Dieselantrieb),
- Druckluftversorgungsnetz (stationärer Kompressor, Windkessel, Leitungsnetz).

Fahrbare Einzelkompressoren

Auf Baustellen, wo die Druckluft von einer Arbeitsstelle zur anderen verschoben wird, eignen sich fahrbare Kompressoreneinheiten mit einer Leistung von 3 – 20m^3/min.

Druckluftversorgungsnetz

Das Druckluftnetz besteht aus einer Kompressorenstation mit Windkesseln mit ein bis mehreren Kompressoren sowie dem Druckluftleitungsnetz mit Schiebern und Abzweigungen. Das Leitungsnetz besteht aus Stahldruckrohren mit den gebräuchlichen ∅ 4“, 6“, 8“. Die Feinverteilung erfolgt dann mit Druckluftschläuchen von ∅ 2“, 1“ oder 3/4“ mit direktem Anschluss an die Verbraucherstelle. Der Leitungsdruck beträgt im allgemeinen 6 bar.

22.2.4.8 Baulüftungsinstallationen

Heute werden mehrheitlich Kunststofflutten zur Versorgung des Tunnels mit Frischluft verwendet (s. Kapitel 21). Sie werden meist drückend, d. h. blasend verwendet. Die gebräuchlichen Durchmesser gehen von 40 bis über 200 cm. Die Lutten- und Ventilatordimensionierung ist gemäss Kapitel 21 Baulüftung vorzunehmen. Bei Schachtinstallationen werden auch heute noch aus Stabilitäts-, Sicherheits- und Befestigungsgründen Blechlutten oder Kunststoffschachtlutten, die mit zwei Hängedrahtseilen ausgerüstet sind, verwendet.

Die Einspeisung der Frischluft oder das Absaugen der Sprenggase erfolgt mit (in der Regel) Axialventilatoren, die bezüglich Leistung auf das Gesamtkonzept abzustimmen sind.

Die Luttenkontrolle im Betrieb der Lüftung soll sicherstellen, dass keine Knicke und Verengungen die dimensionierte Leistung abmindern. Eine entsprechende Reserve ist sinnvollerweise in der Grunddisposition vorzusehen.

22.2.5 Bauten der Baustelle

Aus der Notwendigkeit, Menschen und Materialien gegen Witterungseinflüsse zu schützen, ist für die Dauer der Bauzeit eine Reihe von Hilfsgebäuden innerhalb der Baustelleneinrichtung vorzuhalten, z. B. Baracken, Bauwagen oder Container.

Baracken ermöglichen grössere Raumeinheiten. Ihre Kosten für Abschreibung, Verzinsung und Reparatur sind geringer als bei Bauwagen und Containern. Nachteilig ist, dass erhöhte Transportkosten und zusätzliche Kosten für Laden und Abladen sowie Auf- und Abbau entstehen. Dementsprechend wird man bei längeren Ausführungszeiten Baracken vorsehen, bei kurzfristigen Bauzeiten bzw. zur Abdeckung eines kurzfristigen Spitzenbedarfes auf einer Grossbaustelle dagegen Bauwagen oder Container.

Baracken werden meist bei Bauzeiten von mehr als 10 bis 12 Monaten kostengünstiger. Neben diesen wirtschaftlichen Überlegungen wird die Entscheidung natürlich auch davon bestimmt, was der Bauunternehmung bei Übernahme des Auftrages an eigenen Einrichtungsgegenständen gerade zur Verfügung steht.

Man unterscheidet grundsätzlich:

- Büros
- Werkstätten
- Magazine
- Unterkünfte für Menschen für Arbeitspausen, Freizeit und Übernachtung

22.2.5.1 Büros, Werkstätten, Magazine

Auf grösseren Baustellen sind, neben den Büroräumen für die Bauleitung des ausführenden Unternehmens, oftmals Räume für das kaufmännische Personal sowie ein Konstruktionsbüro erforderlich. Eine Abschätzung der erforderlichen Bürofläche ist nach der Zahl der Angestellten möglich, wobei ein Platzbedarf von ca. 5 – 7 m^2 pro Person angenommen werden soll.

Heute kann man Container zu Büromodulen zusammenfassen und somit ein Büro für eine Grossbaustelle errichten. Bürocontainer können auch platzsparend mehrstöckig (zwei bis drei Container übereinander) aufgestellt werden.

Container können schnell und flexibel errichtet werden. Sie sind jedoch nur in Normbreiten erhältlich.

22.2.5.2 Baustellenwerkstatt

Eine Werkstatt sollte mindestens einen Stand für Fahrzeuge und sonstige Baugeräte (Bohrgeräte, Schuttergeräte, Bagger, TSM) haben, darüber hinaus Räume für Werkstattpersonal und die Lagerung von Ersatzteilen und Schmierstoffen. Unmittelbar neben der Werkstatt sind im Freien Abstellplätze vorzusehen, die nach Möglichkeit befestigt sein sollten und auf denen Reparaturen von Baumaschinen oder grösseren Konstruktionsteilen vorgenommen werden können. Grössere Baustellenwerkstätten werden meist in leicht montierbaren Stahlblechhallen untergebracht.

Beim TBM-Vortrieb ist eine Spezialwerkstatt für die Diskeninstandsetzung vorzusehen.

22.2.5.3 Magazin

Das Magazin dient zur Lagerung von Kleingeräten und Werkzeugen sowie von Bauhilfs- und Nebenstoffen wie Nägeln, Bindedraht, Kleineisenteilen usw., für Arbeitsschutzkleidung und Vermessungsgeräte. Das Magazin sollte nahe den Einsatzschwerpunkten auf der Baustelle liegen, um Verlustzeiten bei der notwendigen Versorgung zu vermeiden. Die Ausgabe in einem Magazin muss kontrolliert werden, entweder durch einen eigens hierfür eingesetzten Magaziner oder aber durch den Polier. In diesem Falle muss das Magazin in unmittelbarer Nähe der Polierbude angeordnet werden. Im übrigen müssen gegebenenfalls ein Baustoffmagazin, z. B. für Zement, Einbauteile etc., sowie ein Treibstoffmagazin bzw. eine Tankanlage mit besonderen Anforderungen an Sicherheitsbestimmungen vorgehalten werden. Auf Tunnelbaustellen mit Sprengvortrieb muss ein Sprengstoffmagazin eingerichtet werden. Für Sprengstoffmagazine sind besondere Sicherheitsbedingungen einzuhalten.

22.2.5.4 Unterkünfte

Die Anforderungen an Unterkünfte sind meist durch Gesetze geregelt.

Unterkünfte sollen aus Sicherheitsgründen nicht in unmittelbarer Nähe von Gerüsten, Baukranen und Aufzügen aufgestellt werden.

22.2.5.5 Tagesunterkünfte

Sie dienen als Aufenthaltsmöglichkeit für die Arbeiter während der Arbeitspausen. Die Bodenfläche soll mindestens 0,75 m^2 je Arbeiter betragen.

Die Unterbringung der Poliere erfolgt meist in Poliercontainern oder -baracken in unmittelbarer Nähe ihrer Tätigkeit auf der Baustelle, um eine permanente Überwachung der Arbeiten zu erleichtern.

22.2.5.6 Wohn- und Schlafräume in Baubaracken

Die Räume müssen eine mittlere Höhe von mindestens 2,3 m haben. Wände, Dächer und Fussböden müssen wetterdicht sein. Für jeden Arbeiter ist in den Schlafräumen ein Luftvolumen von mindestens 10 m^3 und in den Aufenthaltsräumen für die Freizeit eine Bodenfläche von mindestens 1 m^2 vorzusehen. Des weiteren sind Fensterflächen von mindestens $^1/_{10}$ der Fussbodenfläche, höchstens sechs Bettstellen pro Raum und getrennte Schlafräume je Schicht einzuplanen. Eine Mindesteinrichtung der Räume ist erforderlich; Trinkwasser muss ebenfalls vorhanden sein.

22.2.5.7 WC- und Duscheinrichtungen

Vor Baubeginn müssen Aborte errichtet werden. Ausserdem sind Waschstellen bzw. Duschen erforderlich.

22.2.5.8 Sanitätscontainer

Grosse Baustellen, besonders in abgelegenen Gebieten, benötigen eine Erste-Hilfe-Einrichtung für eine Sofortversorgung nach Unfällen. Bei Baustellen mit mehr als 50 Mitarbeitern ist ein Sanitätsraum erforderlich.

22.2.5.9 Baustellenkantine

Grossbaustellen, besonders in abgelegenen Gebieten, benötigen eine Kantine, um die Mitarbeiter rationell und schnell mit Essen und Erfrischungen zu versorgen.

22.2.5.10 Dimensionierung von Sozialeinrichtungen der Baustelle

Für die überschlägige Dimensionierung können folgende Angaben genutzt werden:

- Unterkunft
  6 m² je Arbeiter
- Kantine (mit Küchenanteil und Magazin für Lebensmittel)
  2 – 2,5 m² je Arbeiter
- Tagesaufenthaltsraum
  1 m² je Arbeiter
- Sanitäranlagen, Waschräume
  0,2 m² je Arbeiter bzw. 1 Waschplatz je 5 Arbeiter
- WC
  ca. 3 m² pro WC bzw. 1 WC je 15 Arbeiter

22.2.6 Lager- und Bearbeitungsanlagen

Zur Herstellung und Errichtung des Bauwerkes werden Roh- sowie Halbfertigprodukte zur Baustelle geliefert; zu ihnen gehören folgende Gruppen:

- Baustoffe
- Bauhilfsstoffe
- Einbauteile

Diese müssen meist kurzfristig zwischengelagert werden:

- zum Einbau bzw.
- zur Weiterverarbeitung.

Daher sind Lagerflächen für diese Materialien wie auch Einrichtungen zur Weiterverarbeitung vorzusehen. Zu diesen Einrichtungen zählen u. a.:

- Betonmischanlagen
- Baustahlbiegeplatz

22.2.6.1 Lager

Lagerflächen können erforderlich sein für u. a. folgende Baustoffe, Bauhilfsstoffe und Einbauteile:

- Baustahl
- Baustahlmatten
- Stahleinbauteile
- Schal- und Rüstmaterial
- Stahlträger und Einbaubögen
- Rohre
- Fertigteile
- Kies, Sand
- Zement

Lagerflächen sollten eine Zufahrt haben, im Schwenkbereich eines Kranes und, nach Möglichkeit, in geringer Entfernung von der Verwendungsstelle liegen. Die Lagerung der Materialien muss so erfolgen, dass sie gegen übermässige Verschmutzung gesichert sind (z. B. Lagerung von Bewehrungsstahl auf Kanthölzern oder in Boxen) und vom Kran leicht aufgenommen werden können.

22.2.6.2 Zimmermannsplatz (falls erforderlich)

Aus wirtschaftlichen Gründen wird man bei grösseren Schalungsvorbereitungsarbeiten anstreben, Schalelemente in einer zentralen Werkstatt zu fertigen und in Teilen oder komplett auf die Baustelle zu transportieren. Hierdurch besteht die Möglichkeit einer witterungsunabhängigen Fertigung durch eingearbeitete Kolonnen. Da im Strassentransport die zulässigen Abmessungen durch eine Breite von 2,50 m und eine Höhe von 3,50 – 4,00 m begrenzt sind und darüber hinaus der Umbau von Schalungsteilen oder die örtliche Anpassung an die Gegebenheiten auf der Baustelle erforderlich ist, wird man auf einen Zimmerplatz auf der Baustelle nicht verzichten können.

Die Bearbeitungsfläche besteht aus einem Reissboden zum Anzeichnen und Zusammenbau der Schalungs- und Rüstungsteile und einem daneben liegenden maschinellen Arbeitsbereich, der – je nach Umfang der Arbeiten – mit Kreissäge, Werkbank, Bandsäge und Dickenhobel ausgerüstet sein sollte. Dieser Bereich ist nach Möglichkeit gegen Witterungseinflüsse zu sichern. Die Bearbeitungsflächen werden durch einen Dielenbelag auf Lagerhölzern mit darunterliegenden Fundamenten gegen aufsteigende Feuchtigkeit und Verschmutzung geschützt.

Im Tunnelbau verwendet man Holzschalungen für Nischen, Durchschläge und relativ kurze Tagbautunnel sowie im Portalbereich. Für die Hauptröhre bei langen Tunneln verwendet man meist robuste Stahlschalungen.

22.2.6.3 Betonstahlbearbeitungsflächen

Üblicherweise wird der Betonstahl heute in zentralen Anlagen geschnitten und gebogen, da diese wesentlich schneller und damit wirtschaftlicher arbeiten.

Der Betonstahl wird heute nur noch auf abgelegenen Baustellen vor Ort bearbeitet. Dies erfordert folgende Einrichtungen:

- Stahllager in Boxen, nach Durchmesser getrennt
- Schere, stationär oder verfahrbar
- Lagerfläche für geschnittenen Stahl und Abfall
- Biegemaschine mit Biegetischen
- Lagerfläche für gebogenen Stahl
- evtl. Flechtplatz zur Herstellung von Bewehrungskörben

Je nach Abmessungen des zur Verfügung stehenden Geländes kommt eine Längs- oder Querentwicklung in Frage, wobei auch hier wiederum auf den Fertigungsfluss zu achten ist.

Die Anordnung der gesamten Anlage ist entsprechend dem Fertigungsfluss zum Bauwerk hin auszurichten; das Stahllager und die Lagerflächen für den gebogenen Stahl müssen im Schwenkbereich des Krans liegen. Zur Vereinfachung des Abladevorgangs sollte das Stahllager möglichst direkt mit dem LKW angefahren werden können.

22.2.6.4 Beton-Mischanlage

Für die normalerweise auf Baustellen anzutreffenden Betonmischanlagen sind folgende Angaben für die Anordnung im Einrichtungsplan erforderlich:

- Platzbedarf des Mischers einschliesslich Beschickeraufzug und Waagen
- Radius und Öffnungswinkel des Zuteilsterns, Aufteilung der Boxen mit Angabe der Körnungen
- Platzbedarf, Anordnung und Fassungsvermögen des Zementsilos

Für die Aufstellung der Mischanlage sind Detailzeichnungen für die Verankerung und Anordnung der Aussparungen, die Höhenlage des Mischers, die Anordnung der Beschickergrube, der Waage und der Zementschnecke zwischen dem Zementsilo und der Zementwaage erforderlich. Stammen die einzelnen Elemente einer Anlage alle vom gleichen Hersteller, so werden die für den Aufbau erforderlichen Detailzeichnungen mitgeliefert.

Entscheidend für die Auswahl einer Mischanlage ist in der Regel der Leistungswert in m^3 Festbeton pro Stunde.

Vertikale Mischanlagen (Turmanlagen) können eine erheblich grössere Leistung erbringen.

Da zum Einbau des Betons grosse Massen zu bewegen sind, ist die Betonmischanlage möglichst in der Nähe des Verbrauchschwerpunktes anzuordnen, um die Transportwege so klein wie möglich zu halten.

Dabei braucht nur der Mischerauslauf im Schwenkbereich des Krans zu liegen. Es ist darauf zu achten, dass Zuteilstern bzw. Silos durch Lastkraftwagen angefahren werden können, um den Zement und die Zuschlagstoffe zu entladen.

Die Leistung und damit die Grösse der einzusetzenden Aufbereitungsanlage ergibt sich aus den vorgesehenen Betonierabschnitten. In diesen ist die in einer Schicht oder Stunde erforderliche Leistung in m^3 fertig verdichtetem Beton festgelegt, nach der die Mischanlage dimensioniert werden muss.

Ergeben sich für einzelne Etappen Betonierleistungen, die wesentlich über der erforderlichen Durchschnittsleistung liegen, so empfiehlt sich der Ein-

Tabelle 22.2-1 Kranübersicht

Kranarten	Auslegersysteme
Mobil- und Autokran	Nadelausleger
Turmdrehkrane fahrbar oder ortsfest	Waagebalkenausleger
Portalkran	Knickausleger
Scherbühnen	Laufkatzenausleger
Die anderen Systeme finden im Tunnelbau kaum Anwendung	Teleskopauslegerkran

satz von zusätzlichem Transportbeton. Hierdurch werden Geräte zur Abdeckung des Spitzenbedarfs, die nur geringfügig ausgenutzt würden, eingespart.

Der Betontransport ab Werk zur Baustelle erfolgt entweder mit Betontransportmulden oder Fahrmischern. Diese haben eine Ladekapazität von 3,0 – 6,5 m^3 Beton für Mulden und von 5 – 8 m^3 für Fahrmischer. Entweder kann der Beton direkt mit Rutschen eingebracht werden, oder die Weiterverteilung muss via Betonumschlaggerät erfolgen. Auch eine Kombination mit Betonpumpen ist möglich.

Auf sehr grossen Baustellen erfolgt die Betonherstellung (wenn die Platzverhältnisse es erlauben) meist auf der Baustelle. Die Gründe dafür sind:

- Reduzierung des Strassentransports – keine Staus / just in time delivery,
- Nutzung internationaler Beschaffungsmärkte für Zement (economies of scale) zur Kostenreduzierung.

Zu bemerken ist zudem noch, dass die Betonmischanlage wie auch die Materialsilos im Gebirge ausreichend gegen Gefriertemperaturen isoliert werden müssen.

22.2.7 Transportgeräte auf der Baustelle

Zum Transport von Aushub, Ausbruch- und Baumaterial über kürzere oder grössere Distanzen benötigt man effiziente, angepasste, leistungsfähige Transporteinrichtungen.

Als Transportgeräte verwendet man:

- Lastwagen / Dumper / Spezialfahrzeuge
- Förderbänder
- Betonpumpen
- gleisgebundene Beförderungsmittel (Züge)
- Elevatoren
- Kräne und Hebezeug

Dazu einige Hinweise:

Lastwagen / Dumper dienen als flexibel einsetzbare Fahrzeuge zum Transport diverser Materialien wie Aushub, Ausbruch, Beton, Kies-Sand etc.

Förderbänder in verschiedenen Längen transportieren loses Material wie Aushub, Ausbruch, Betonzuschlagstoffe, Beton.

Mit Förderbändern lassen sich grosse kontinuierliche Leistungen bei relativ geringen Unterhaltskosten erzielen; sie sind deshalb in Kombination mit TSM und TVM ideal einsetzbar.

Elevatoren: Eimerförderbänder und Senkrechtförderer mit Wellenkantenbändern werden zum stetigen Transport von Ausbruchmaterial aus Schächten verwendet. Elevatoren und Förderbänder lassen sich in idealer Weise kombinieren, ohne dass das Material umgeladen werden muss.

Betonpumpen werden zum Füllen der Schalungen mit Transportbeton verwendet. Man unterscheidet Betonpumpen mit und ohne Knickausleger zum Verteilen des Betons. Neben den Betonpumpen für Ortbeton werden auch Nass- und Trockenspritzgeräte für Spritzbeton eingesetzt.

Gleisgebundene Beförderungsmittel dienen zum Transport von Aushub- und Ausbruchmaterial sowie von Sicherungsmaterial und Beton.

22.2.7.1 Hebezeuge

Zu den Baugeräten mit ausschliesslich vertikaler Lastbewegung gehören:

- einfache Seilzüge (Flaschen- und Kettenzüge)
- Baumaterialaufzüge für Schächte
- Bauaufzüge für Personal bei grösseren Höhenunterschieden
- hydraulische Pressen zum Heben extrem schwerer Lasten
- Schrauben- oder Bockwinden, insbesondere für den Gerüstbau

- Hebebühnen (Kombination von Arbeitsebene und Hebefunktion)

22.2.7.2 Krane

Krane werden nach mehreren Gesichtspunkten klassifiziert, z. B. nach dem Konzept des Unterwagens, des Auslegers, der Beweglichkeit, der Aufbaumöglichkeit usw. Die Kombinationsmöglichkeit der verschiedenen Bausysteme führt zu einer grossen Zahl von Krantypen (Tabelle 22.2-1).

Kranarten

Der **Portalkran** entspricht einem Brückenkran, dessen Kranbrücke mit seitlichen Querrahmenstützen aufgeständert ist und der mit einem Schienen- oder Radfahrwerk als Ganzes verfahren werden kann. Der Portalkran kann z. B. bei schweren Lasten in Eisenbiegewerkstätten, und Fertigteilwerken, auf Tunnel- und Rohrvortriebsbaustellen im Bereich der Schächte und über schmalen Baugruben eingesetzt werden.

Der **Turmdrehkran** ist das am häufigsten eingesetzte Hebegerät. Er besteht aus einem Unterwagen (fahrbarer Kran) bzw. Fundament (ortsfester Kran) und einem Mast mit angesetztem Ausleger, über den die Lasten durch das Lastseil vertikal bewegt werden. Durch die Schwenkmöglichkeit des Auslegers um die Mastachse, das Verfahren der Laufkatze am Ausleger sowie durch Verfahren des gesamten Kranes wird eine horizontale Beweglichkeit ermöglicht. Die Schwenkbewegung des Kranauslegers kann zusammen mit einer Drehbewegung des Kranturmes oder, bei feststehendem Turm, durch einen oben angebrachten Drehkranz mit entsprechender Motoreinrichtung erfolgen.

Hier sind zwei Systeme zu unterscheiden:

- Das System mit **beweglicher Kransäule** hat die Vorteile, dass Drehkranz, Ballast und Motorwinde beim Aufbau nicht um die Höhe des Kranturmes angehoben werden müssen. Hierdurch kann der Kran einfach aufgebaut sowie an- und abtransportiert werden.
- Das System mit **feststehender Säule** hat den Ballast und den Drehkranz in Höhe des Auslegers. Der Turm wird weniger durch Biege- und Drillmomente, und der Drehkranz weniger durch Kippmomente belastet. Gegenüber einem Kran mit beweglicher Kransäule können grössere Hubhöhen erreicht werden.

Bei den Auslegern von Turmdrehkranen unterscheidet man:

- Nadelausleger
- Waagebalkenausleger
- Knickausleger

Bei Nadelauslegern sind die Neigung sowie die Höhe des Auslegerpunktes durch ein spezielles Auslegerseil veränderlich und können damit horizontale sowie vertikale Lastbewegungen durchführen. Der Nadelausleger wird auch als Wippausleger bezeichnet. Der Nadelausleger mit Gegengewicht und Auslegerseil-Umlenkbock ist meist über einen Drehkranz an dem nichtdrehbaren Turm befestigt. Das Hubseil ist an der Auslegerspitze geführt. Zur Positionierung der Last muss der gesamte Nadelausleger mittels Auslegerseil bewegt werden. Bei gleicher Turmhöhe kann der Nadelausleger gegenüber dem Waagebalkenausleger grössere Höhen erreichen. Er hat eine gute Beweglichkeit in Baulücken und eine einfache Seilführung. Nachteilig ist, dass die Last nicht bis zum Turm herangeführt werden kann. Der Nadelausleger wird nur mit einer Normalkraftkomponente beansprucht.

Der Waagebalkenausleger ist an der höchsten Spitze der Kransäule über einen Drehkranz befestigt und muss zusätzlich noch einen Momentenlastanteil aufnehmen.

Der Knickausleger entspricht dem Waagebalkenausleger. Er ermöglicht eine schnelle und einfache Hubvergrösserung durch Abknicken des Auslegers auch unter Last.

Waagebalken- und Knickausleger werden auch als **Laufkatzenausleger** bezeichnet. Die Last wird horizontal entlang des Auslegers mit Hilfe einer auf dem Ausleger angehängten Laufkatze bewegt. Vorteile dieser Krantypen sind, dass sehr exakte horizontale und vertikale Lastbewegungen möglich sind, und dass eine nicht drehbare Kransäule beim ortsfesten Kran gegen das Bauwerk ausgesteift werden kann, wodurch grössere Lasten und Höhen möglich sind. Des weiteren kann die Last unmittelbar bis an den Turm herangeführt werden.

Der Aufstellort des Turmdrehkrans wird aus bauablaufbedingten und sicherheitstechnischen Grundsätzen gewählt.

Technische Grundsätze zur Kranaufstellung:

- Erreichbarkeit aller Lagerplätze
- Vermeidung langer Fahrwege für den Kran

- Bestreichung kranintensiver Bereiche gegebenenfalls mit mehreren Kranen
- Hubkraft ≥ max.-Last

Sicherheitsbestimmungen:
Sicherheitsabstände zu Gebäuden, öffentlichen Verkehrswegen und Gerüsten sind einzuhalten. Beim Aufbau und Betrieb der Krane ist auf eine sichere Gründung zu achten. Sie können standortfest auf Fundamenten aufgeschraubt bzw. fahrbar auf einem Unterwagen aufgestellt werden. Fahrbare Turmkrane laufen meist auf Schienen. Der Auf- und Abbau von Turmdrehkranen muss wirtschaftlich durchgeführt werden. Schwerere Kräne werden in der Regel mit Hilfe eines Autokrans aufgebaut.

Der **Mobilkran** kann als Universal-Seilbagger mit entsprechender Zusatzeinrichtung angesehen werden. Er hat einen Motor sowie einen gemeinsamen Führerstand für Fahr- und Kranbewegungen. Im Tiefbau wird er wirtschaftlich in Baustellenbereichen eingesetzt, in denen Kettenantrieb erforderlich ist.

Der **Autokran** ist eine auf einem LKW aufgebaute Krananlage mit drehbarem Kranturm, Führerkabine, Ausleger und Gegengewicht. In der Regel müssen zusätzliche Stützfüsse beim Autokran ausgefahren werden, um dem Fahrzeug eine breite Abstützbasis zu geben. Schwere Autokrane mit teleskopierbaren Seilzugauslegern oder hydraulisch ausfahrbaren Auslegern sind für Tragfähigkeiten über 2500 tm entwickelt worden. Die Tragfähigkeit eines Autokranes ist abhängig:

- vom Arbeitsbereich
- vom Gegengewicht
- von der Abstützungsart/-möglichkeit
- von der Auslegerlänge/-verlängerung
- vom Ausladungsradius

Autokrane sind auf öffentlichen Strassen verhältnismässig schnell von Baustelle zu Baustelle verschiebbar und werden bei Montagen vorgefertigter Teile, also bei kurzfristig hohen Lastbewegungen, wirtschaftlich eingesetzt.

Die Aufstellung muss möglichst nahe am tatsächlichen Einsatzort erfolgen. Damit wird die Baustelleneinrichtung nicht unwesentlich beeinflusst. Bei Autokränen muss die Baupiste für das Fahrzeug vorbereitet sein.

Mobil- und Autokräne werden auf der Baustelle temporär für die Montage von TBM und TVM sowie von Nachläufersystemen verwendet.

Leistung eines Kranes

Die Arbeit eines Kranes verläuft häufig taktweise. Der einzelne theoretische Arbeitstakt t_S (Spielzeit) setzt sich zusammen aus:

- der Zeit für das Anschlagen der Last
- Hub-, Dreh- und Verfahrzeit der Last zum Abschlagort
- der Zeit für das Lösen der Last
- der Rückfahr-, Senk- und Drehzeit des Lasthakens

Als Mengeneinheit einer „Kranleistung“ kann die nutzbare Hubkraft angesetzt werden, die der zulässigen Hublast L_{max}, vermindert um die Lasthalterung L_0 (Lasthaken, Betonkübel usw.), entspricht (Lasten in Tonnen). Die theoretische Grundleistung Q_T eines Kranes beträgt mit den vorgenannten Annahmen:

$$Q_T = (L_{max} - L_0) \cdot \frac{3600}{t_S} \quad [t/h] \qquad (22.2\text{-}1)$$

Für die Bestimmung der technischen Nutzleistung eines Kranes müsste die Spielzeit t_S in Sekunden genauer untersucht werden. Hierbei stellen sich viele Schwierigkeiten heraus. Die nutzbare Hubkraft ist des öfteren nicht ausgenutzt, da sperrige und leichte Gegenstände bewegt werden müssen. Die Festlegung durchschnittlicher Ausfallzeiten ist kaum möglich, zumal diese von den Kranführern oft nicht beeinflusst werden können. Die zeitliche Anforderung an den Kran sind vorher meist nicht genau festlegbar.

Aus diesen Gründen wird die Kranleistung häufig nach der theoretischen Grundleistung ermittelt, mit einem Sicherheitsfaktor versehen und mit dem erforderlichen, grob abgeschätzten Bedarf in Einklang gebracht. In der Regel wird die Krankapazität nach unterschiedlichen Erfahrungsformeln festgelegt.

Bestimmung der erforderlichen Anzahl Turmdrehkrane

Es gibt verschiedene Bemessungsansätze, die alle verschiedene Vor- und Nachteile aufweisen.

Krananzahl über die Spielzeiten:
Das massgebende Kranspiel muss abgeschätzt werden. Daraus kann man die Grundspielzeit pro Stunde und, mittels eines Geräteausnutzungs- bzw. Behinderungsfaktors, die Dauerleistung des Krans bestimmen. Aus der Dauerleistung kann dann die Anzahl der benötigten Krane ermittelt werden.

Tabelle 22.2-2 Diagramm zur Ermittlung der Grundspielzeiten t_S von Kranen [22-6]

Zeit	Einheit	Bewegung	Wert
t_H	[s/m]	Hub- bzw. Senkzeit des Hakens (Mittelwert)	1 - 5
t_s	[s/α°]	Schwenkzeit des Krans	0.1 - 0.2
t_F	[s/m]	Fahrzeit des Krans	2 - 3
t_K	[s/m]	Fahrzeit der Laufkatze	1 - 3
t_v	[s/α°]	Zeit für das Verstellen des Auslegers (15-85°)	1
t_A	[s]	Zeit für das Anschlagen der Last bzw. Füllen des Betonkübels	30 - 180
t_E	[s]	Zeit für das Entleeren des Kübels bzw. Abhängen von Lasten	30 - 300

Es gilt:

$$Q_D = \frac{3600}{t_S} \cdot \eta \cdot M = Q_N \cdot \eta \qquad (22.2\text{-}2)$$

Q_D = Dauerleistung des Krans [fm³/h, m³/h, t/h, Stk/h]
t_S = Grundspielzeit [s]
η = Geräteausnutzungsfaktor [-]
M = geförderte Menge [fm³, m³, t, Stk]

Die Leistungsbemessung unter Berücksichtigung der massgebenden Kranspiele hängt stark von den zu treffenden Annahmen ab und ist daher sehr unsicher. Die Fehlermöglichkeiten sind dabei:

- Festlegung des massgebenden Kranspiels:
  Die Kranspielzeiten nehmen bei längeren Fahrstrecken des Krans bzw. der Laufkatze exponentiell zu, so dass das berechnete Kranspiel nicht tatsächlich massgebend ist.
- Bestimmung der Dauerleistung:
  ist sehr unsicher; der Geräteausnutzungsfaktor η liegt zwischen 0,5 und 0,8.

Kranzahl mittels Beschäftigtenkennzahlen (Kennzahlenmethode):
Aus der Kenntnis der Anzahl der erforderlichen Arbeitskräfte kann überschlägig der Bedarf an Kranen abgeleitet werden. Das Ergebnis einer solchen Abschätzung kann jedoch nur als grober Richtwert dienen. Diese Methode kann z. B. bei einem Tagbautunnel angewandt werden.

Krananzahl über die Baustoffmengen (Kennzahlenmethode):
Aus der Bauzeit können, unter Annahme einer durchschnittlichen Baustoffmenge pro Monat, die durch Kräne befördert werden muss, die Kranleistung und der Kranbedarf ermittelt werden.

Krananzahl über die Kranzeiten für die massgebenden Verrichtung:
Die Berechnung der erforderlichen Kranzeiten erfolgt anhand von Aufwandswerten (evtl. aus der Nachkalkulation) für das Hauptmengengerüst. Über einen Zuschlag für sonstige Arbeiten und für Wartezeit und Stillstände können die benötigten Kranstunden errechnet werden. Unter Annahme einer monatlichen Kranarbeitszeit ergeben sich die benötigten „Kranmonate", und über die geplante Bauzeit der Bedarf an Kranen.

Für die Baustelleneinrichtung müssen Kräne zum Materialumschlag über die gesamte Bauzeit vorgehalten werden.

22.2.7.3 Bauaufzüge

Im Tunnelbau werden Bauaufzüge zum Material- und Personentransport im Bereich von Zugangsschächten zu den Tunnelvortrieben verwendet. In Tabelle 22.2-3 werden die verschiedenen Systeme dargestellt.

Sicherheitsbestimmungen für Bauaufzüge ohne Schachtgerüst

- Die Fahrbahn des Aufzuges ist an der unteren Ladestelle – mit Ausnahme der Zugangsseite – in einer Entfernung von 2 m rundherum abzuschranken.
- Schutzdächer sind über der unteren Ladestelle, dem Triebwerk, dem Bedienungsstand und jenem Bereich zu errichten, in dem die

Tabelle 22.2-3 Arten von Bauaufzügen [22-7]

Typ	Traglast	Eigenschaften
Schrägaufzüge	bis 200 kg	stationär, steckbar, bis 20 m Höhe oder fahrbar, teleskopierbar, bis 30 m Höhe
Schnellbau-Materialaufzüge	bis 1500 kg	senkrecht, bis 100 m, leichte Ausführung mit Seilantrieb, schwere Ausführung mit Zahnstangenantrieb
Personen- und Materialaufzüge	bis 4500 kg oder 30 Personen	Zahnstangenantrieb mit ein oder zwei Fahrkörben

Abschrankung an der unteren Ladestelle näher als 2 m an der Fahrbahn des Aufzuges liegt.

- Sämtliche Fahrbahnzugänge sind durch eine nicht wegnehmbare Absperrung, z. B. schwenkbare oder verschiebbare Schranken, zu sichern.
- Zur Verständigung des Maschinisten ist beim Bedienungsstand eine elektrische Klingel anzubringen, die von jeder Ladestelle aus betätigt werden kann.
- Bei den Ladestellen muss sich das Fördergerät sicher aussetzen lassen.
- Das Mitfahren von Personen während des Materialtransports ist verboten; bei jeder Ladestelle ist eine Warntafel anzubringen.

22.3 Energieumsetzung auf der Baustelle

Folgende Energiearten bzw. -formen werden heute auf Tunnelbaustellen vorwiegend verwendet:

- elektrische Energie
- Verbrennungsmotoren
- Druckluft
- Hydraulik
- Dampf

22.3.1 Elektrische Energie

Elektrische Energie mit 220 V / 380 V ist die bedeutendste Energie auf den meisten Baustellen. Elektrizität kann u. a. für folgende Aufgaben verwendet werden:

- Heben und Fördern von Lasten
- Pumpen von Wasser
- Betonieren: Beton pumpen, rütteln, abziehen
- Bohren
- Schleifen
- Schweissen

Auf Baustellen wird ein **3-Phasen-Wechselstrom** verwendet. Zwischen zwei Phasen sind jeweils 220 V Spannung. Zur Entnahme von 220 V Strom werden nur zwei Phasen, bei 380 V werden drei Phasen benutzt.

Der **Anschlusswert** für eine Baustelle ist so zu ermitteln, dass alle benötigten Verbraucher gleichzeitig in Betrieb sein können. Transformator und Anschlussschrank werden in der Nähe der Hochspannungsleitung installiert, die Verteilerschränke werden möglichst zentral aufgestellt. Je Arbeitsbereich können mehrere Verteilerschränke erforderlich sein.

Elektrische Geräte müssen abgesichert werden. Die Absicherung gegen Überlastung wird von einer trägen Sicherung übernommen, die kurzzeitig eine 5- bis 7fach grössere Strommenge zum Anlaufen übertragen kann und bei einer Überlastung mit einer entsprechenden Trägheit reagieren darf. Die Absicherung gegen Stromschlag erfolgt durch sogenannte FI-Schalter. Sie haben zwei Funktionen: ein Teil des Schalters misst ständig die zu- und abfliessende Strommenge; bereits bei einer kleinen Differenz (je nach Typ verschieden, jedoch maximal 0,5 A) unterbricht der andere Teil die Stromzufuhr sofort.

Allgemein zeichnen sich elektrische Antriebsmotoren durch folgende Vorteile aus:

- geringe Störanfälligkeit und kaum Wartungsbedarf
- guter Wirkungsgrad
- grosser nutzbarer Drehmomentbereich

Heute werden frequenzumschaltbare Elektroantriebe weitestgehend auch bei Tunnelvortriebsmaschinen verwendet, da sie, im Gegensatz zu den hydraulischen Antrieben, die elektrische Energie mit geringen Verlusten in Antriebsleistung umsetzen. Die Steuerung dieser Antriebe wirkt auf den

Frequenzumrichter, der den Motor mit einer Frequenz einspeist, die der gewünschten Geschwindigkeit entspricht. Beim Umschalten gewährleistet der Frequenzumrichter den progressiven Geschwindigkeitswechsel und die Präzision durch die Frequenzrampe. Dieses Konzept macht den Motor geräuscharm. Die Frequenzumrichtertechnik ist gekennzeichnet durch Messen, Steuern und Regeln. Dies lässt sich durch die hochentwickelte Starkstrom-Halbleitertechnik realisieren.

Die heutigen frequenzgesteuerten Elektromotoren sind sehr robust. Der komplexe elektronische Aufbau macht die Reparatur bei auftretenden Problemen jedoch aufwendig.

22.3.2 Ermittlung des elektrischen Leistungsbedarfs

22.3.2.1 Leistungsaufnahme der einzelnen Verbraucher

Wirkungsgrad

Bei den auf den Typenschildern der Baugeräte angegebenen Leistungen handelt es sich um die am Wellenstumpf abgegebene Leistung P_{ab}. Die zugeführte Leistung P_{zu} muss daher grösser sein und ist um den Wirkungsgrad des Motors zu erhöhen. Es gilt:

$$\eta = \frac{P_{ab}}{P_{zu}} \qquad (22.3\text{-}1)$$

η = Wirkungsgrad [-]
P_{ab} = abgegebene Leistung [kW]
P_{zu} = zugeführte Leistung [kW]

Bei den Motoren liegt η zwischen 0,6 und 0,9. Für die **Bemessung** kann mit $\boldsymbol{\eta = 0{,}80 - 0{,}85}$ gerechnet werden.

Leistungsfaktor

Bei induktiven Verbrauchern (Elektromotoren, Transformatoren) tritt eine Phasenverschiebung um den Winkel φ zwischen Strom und Spannung auf, da das Magnetfeld in der Spule bei wechselnder Stromrichtung immer wieder auf- und abgebaut werden muss, bevor ein Stromfluss eintreten kann. Die Spannung eilt dem Stromfluss voraus.

Das Produkt zwischen Strom und Spannung ergibt dann nur eine scheinbare Leistung. Die Scheinleistung kann in die Komponenten Blind- und Wirkleistung zerlegt werden. Nur die Wirkleistung ist in mechanische Arbeit, Wärme oder Licht umsetzbar.

Merksatz

„Die Blindleistung kann mit der Verpackung einer Ware verglichen werden: sie ist zwar nötig, aber eigentlich hat man keinen Nutzen von ihr.“
Zitat nach [22-8].

Es gilt:

$$\cos\varphi = \frac{P_W}{P_S} \qquad (22.3\text{-}2)$$

$\cos\varphi$ = Leistungsfaktor [-]
P_W = Wirkleistung [kW]
P_S = Scheinleistung [kW]

Der Leistungsfaktor liegt für Motoren unter Vollast bei rund 0,8 bis 0,9 und sinkt bei nachlassender Belastung. Durch Parallelschaltung von induktiven Widerständen (Motoren etc.) mit kapazitiven Widerständen (Kondensatoren) kann eine Verbesserung des Leistungsfaktors erreicht werden (Blindstromkompensation). Auf Baustellen lässt sich ohne Blindstromkompensator kaum $\cos\varphi > 0{,}7$ erreichen, meist liegt der Leistungsfaktor zwischen 0,5 – 0,7.

Gleichzeitigkeitsfaktor

Da nicht alle Verbraucher gleichzeitig und dauernd eingeschaltet sind, ist der tatsächliche Leistungsbedarf geringer als die Summe der für die einzelnen Geräte ermittelten Leistungsaufnahmen.

Tabelle 22.3-1 Überschlägige Ansätze für Gleichzeitigkeitsfaktoren [22-9]

	Gleichzeitigkeitsfaktor
einzelne Baumaschinen oder Anlagen mit mehreren Motoren	0,75 – 0,85
Kleine Baustellen mit voneinander unabhängigen Verbrauchern	0,60 – 0,75
Grossbaustellen mit Sprengvortrieb	0,55 – 0,70
Grossbaustellen mit Tunnelvortriebsmaschine	0,85 – 0,95

	Gleichzeitigkeitsfaktor
Turmdrehkran	0,3 – 0,4
Bauaufzug	0,5
Mischanlage	0,50 – 0,75
Pumpen zur Wasserhaltung	0,8 – 1,0
Tischkreissäge	0,4
Schweissgeräte	0,5
Zimmerei, Eisenbiegerei, Werkstätte	0,5
E-Installation Unterkunft, Bauleitung	0,5
Heizung, saisonal	0,8 – 1,0
Beleuchtung	1,0
Tunnelvortriebsmaschine (TVM)	1,0

Tabelle 22.3-2 Gleichzeitigkeitsfaktoren für einzelne Baugeräte (Richtwerte)

Bei überschlägigen Verfahren können Fehler auftreten, wenn es sich um einseitig zusammengesetzte Geräteparks handelt. Deshalb ist eine Zusammenstellung der einzelnen Leistungswerte mit gezielter Gewichtung vorzunehmen.

Leistungsbedarf

Für die Dimensionierung der für das Baustellennetz notwendigen Einrichtungselemente muss der Bedarf an elektrischer Leistung P_{ges}, der sogenannte Anschlusswert, ermittelt werden. Dabei sind folgende Aufgaben erforderlich:

- Leistungsaufnahme der Verbraucher von elektrischer Energie in kW. Diese entspricht der Summe der z. B. in der BGL [22-11] aufgeführten Motorleistung für die auf der Baustelle eingesetzten Geräte. Man unterscheidet hierbei den Leistungsbedarf für Baustellenmotoren P_{mot} und den Leistungsbedarf für Lichtstrom und Wärme $P_{Li + Wä}$ als Summe der jeweiligen Verbraucher auf der Baustelle. Bei der Leistungsaufnahme der Motoren müssen der Wirkungsgrad η und der Leistungsfaktor cos φ berücksichtigt werden.
- Der Wirkungsgrad η gibt das Verhältnis der abgegebenen Leistung zur zugeführten Leistung an und liegt bei Elektromotoren in einer Grössenordnung von etwa 0,80 bis 0,85.
- Der Leistungsfaktor cos φ ergibt sich aus der Phasenverschiebung von Strom gegenüber der Spannung und liegt bei ca. 0,60.
- Da nicht alle Verbraucher gleichzeitig eingeschaltet sind, ist die tatsächlich benötigte Leistung kleiner als die durch Summierung aller Verbraucher ermittelte Leistungsaufnahme. Dies wird über den Gleichzeitigkeitsfaktor a berücksichtigt, der das Verhältnis vom tatsächlichen zum theoretisch möglichen Leistungsbedarf darstellt. Für den Gleichzeitigkeitsfaktor kann normalerweise angenommen werden:

a = 0,4 bis 0,5	für Grossbaustellen
a = 0,6 bis 0,75	für sonstige Baustellen
a = 0,75 bis 0,85	für Einzelgeräte mit mehreren Motoren, wie z. B. Kräne.
a > 0,9	für TVM (volle Leistung der Hauptaggregate mit cosφ = 0,9 und η = 0,85.

Mit diesen Angaben kann der erforderliche Leistungsbedarf, der für die Bemessung der übrigen Elemente der elektrischen Einrichtung massgebend ist, ermittelt werden.

$$P_{ges} = a \cdot \left(\sum P_{mot} / (\eta \cdot \cos\varphi) + \sum P_{Li+Wä} \right) \text{ [kW]} \quad (22.3\text{-}3)$$

22.3.2.2 Elektrisches Installationskonzept

Am Beispiel einer fiktiven Tunnelbaustelle soll die installierte elektrische Leistung zwischen TBM Vortrieb und konventionellem Vortrieb verglichen werden. Grundlage des Beispiels ist der Bau eines einspurigen Bahntunnels mit folgenden Grunddaten:

- Tunnellänge: 9500 m
- Tunneldurchmesser: 7,70 m

Die Ver- und Entsorgung erfolgt per Zug mit Diesellokantrieb. Infolge nicht auszuschliessenden gasführenden Schichten im Gebirge wurde die minimale Luftströmungsgeschwindigkeit zur Dimensionierung der Lüftung mit 0,5 m/s angenommen. Mit der Verwendung von S-Lutten (Neu-

TBM Vortrieb: Installierte Leistung, Energieverbrauch (Baustelle fiktiv, Bahntunnel)

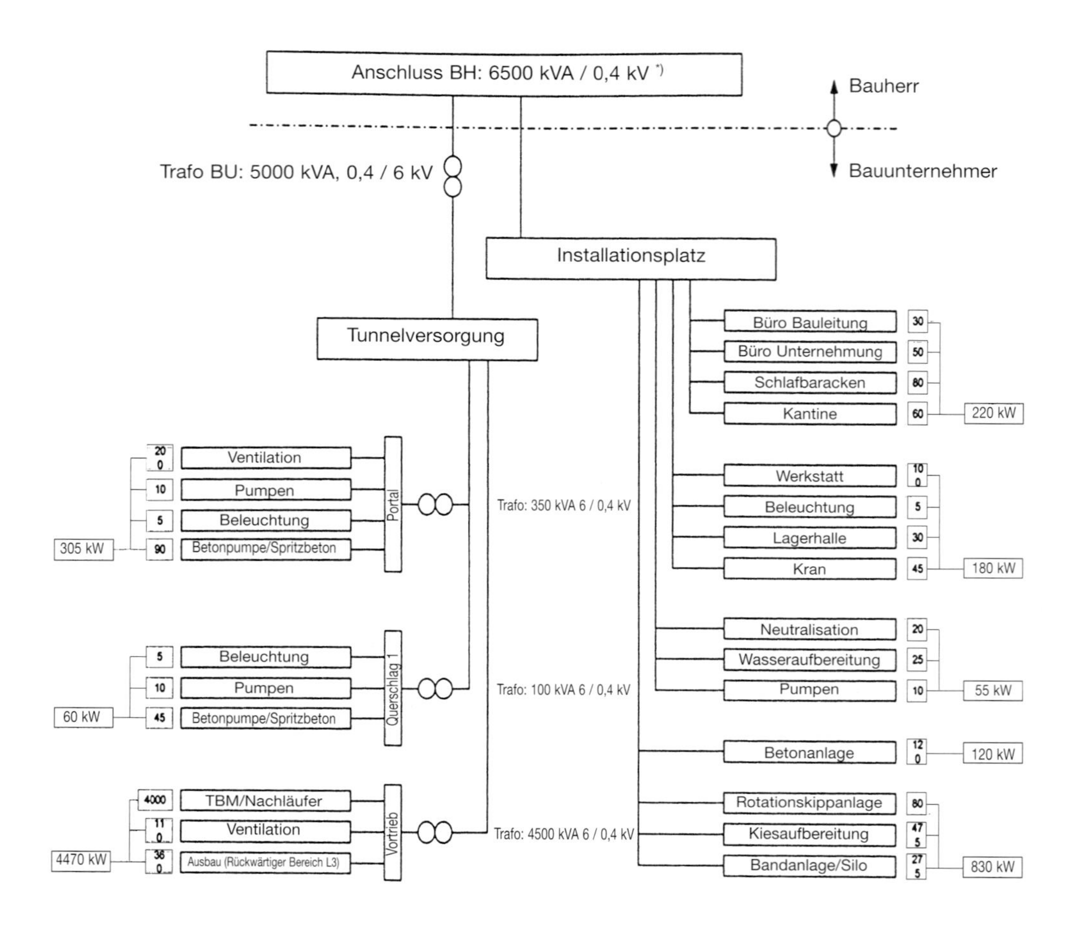

Bild 22.3-1 Elektroschema beim TBM-Vortrieb

*) Umrechnungsfaktor Scheinleistung [kVA] = Wirkleistung [kW] / 0,85 bis 0,95

entwurf SIA 196 aufgrund von Messungen im Vereina-Tunnel) und unter Berücksichtigung der Leckluftmenge, d. h. die massgebende Strömungsgeschwindigkeit muss mindestens im Portalquerschnitt eingehalten werden, kann die theoretische Leistung der Ventilatoren auf das angegebene Mass von 200 kW reduziert werden (bei der Berechnung mit herkömmlichen Lutten der Klasse A würde die erforderliche Leistung beim TBM Vortrieb bei ca. 1500 kW liegen). Damit das Haufwerk im Sprengvortrieb mit der Bahn effizient transportiert werden kann, muss im Tunnel ein Brecher eingesetzt werden.

Der Energiebedarf auf dem Installationsplatz kann bei beiden Vortriebsverfahren als identisch angenommen werden.

Die effektiven, maximal auftretenden Leistungsspitzen (kurzfristig) werden zwischen 0,55 bis 0,70 der installierten Leistung betragen. Massgebend ist hierbei der Anteil der Grundlast (Installationen, Kompressoren ohne Vollast). Die Angaben in kW sind die Verbrauchsleistungen, die bezogen werden. Die Angabe in kVA ist die bereitgestellte Leistung (Scheinleistung) der Transformatoren. Die Differenz basiert bei induktiven Verbrauchern auf

Konventioneller Vortrieb: Installierte Leistung, Energieverbrauch (Baustelle fiktiv, Bahntunnel)

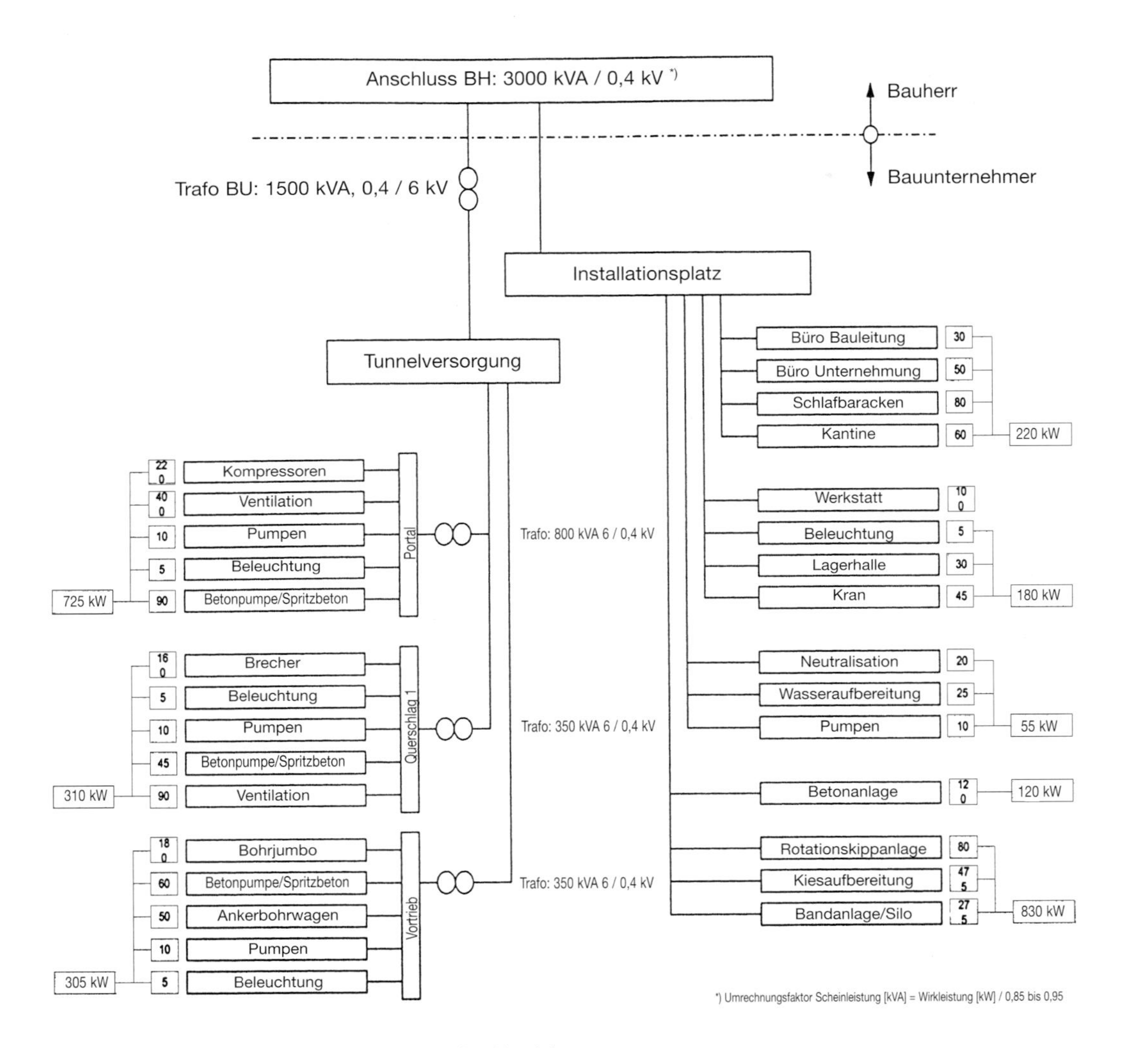

Bild 22.3-2 Elektroschema beim konventionellen Vortrieb

der Phasenverschiebung zwischen Spannung und Stromstärke (Blindleistung). Der Umrechnungsfaktor variiert: Scheinleistung [kVA] = Wirkleistung [kW] / 0,85 bis 0,95.

22.3.3 Verbrennungsmotoren

Ein weiterer Teil der erforderlichen Energie wird durch Verbrennungsmotoren geliefert. Für den Betrieb sind der entsprechende Kraftstoff und ein gewisser Wartungsaufwand vorzusehen, der von Bauart und Betriebsbedingungen abhängt. Leistungseinbussen durch dünne Höhenluft sind zu beachten.

Es wird unterschieden zwischen Zwei- und Viertakt-Motoren sowie Diesel- oder Benzinantrieb. Verbrennungsmotoren sind robuste und dauerhafte Aggregate und finden in fast allen Baumaschinen Anwendung. Gegenüber den Elektromotoren haben sie den Vorteil der Netzunabhängigkeit. Als Nachteile sind zu nennen:

- höhere thermische Verluste und schlechterer Wirkungsgrad
- höherer Wartungsaufwand und hoher Verschleiss

Folgende Verbrennungsmotoren werden gebaut:

Benzinmotor
- relativ günstig in der Anschaffung
- hoher Treibstoffverbrauch, ca. **200-300 g/kWh**
- die Abgase enthalten CO → nicht in geschlossenen Räumen einsetzbar

Dieselmotor
- teurer in der Anschaffung
- günstiger Treibstoffverbrauch, ca. **135-200 g/kWh**
- wenig CO, aber Schwefelverbindungen im Abgas; weniger giftig

Heute müssen bei allen Verbrennungsmotoren im Untertagebau Schadstoffrückhaltefilter in die Auspuffanlagen eingebaut werden, d.h. Benzinmotoren müssen mit Katalysatoren und Dieselmotoren mit Partikelfilter ausgerüstet sein.

22.3.4 Ermittlung des Druckluftbedarfes

Für den Zeitpunkt der Spitzenleistung ergibt sich der Druckluftbedarf als Summe aller pneumatisch betriebenen Geräte unter Berücksichtigung der Leistungsverluste und der Gleichzeitigkeit des Einsatzes.

Der Druckluftbedarf auf der Baustelle ergibt sich aus der Geräteliste der Baustelle, wobei die voraussichtlichen Einsatzzeiten der Geräte anhand des Bauablaufplanes berücksichtigt werden müssen. Die hieraus gewonnene Summe des Druckluftbedarfs muss durch eine Reihe von Faktoren korrigiert werden, um die erforderliche Kompressorleistung festlegen zu können. Die Formel für den Druckluftbedarf lautet:

$$Q = \prod_{i=1}^{4} K_i \cdot \sum Q_m = K \cdot \sum Q_m \quad [\mathrm{m^3/min}] \qquad (22.3\text{-}4)$$

Dabei entspricht:

Q = Gesamtluftbedarf in m³ pro Minute
K = Korrekturfaktor = $K_1 \cdot K_2 \cdot K_3 \cdot K_4$
Q_m = Luftbedarf der einzelnen Verbraucher in m³ pro Minute

Der Gesamtkorrekturfaktor K setzt sich aus vier Einzelkorrekturfaktoren zusammen:

K_1: Abweichung des effektiven Arbeitsdruckes von demjenigen, den der Maschinenhersteller angibt (meist 6 bar):
K_1 = 0,8 bei 5 bar; 1,0 bei 6 bar; 1,2 bei 7 bar

K_2: Berücksichtigung des Verschleisses von Geräten und Werkzeugen:
K_2 = 1,05 bei gut erhaltenen Geräten;
K_2 = 1,10 bei älteren Geräten

K_3: Berücksichtigung des Ausnutzungsgrades. Dieser wird mit zunehmender Anzahl von Geräten, die von einer Kompressoranlage versorgt werden, kleiner:
K_3 = 0,8 bis 1,0 bei bis zu 5 Geräten,
K_3 = 0,65 bis 0,8 bei bis zu 10 Geräten in Werkstätten und
K_3 = 0,7 bis 0,9 im Stollen / Tunnel

K_4: Berücksichtigung der Verluste durch undichte Leitungen,
K_4 = 1,2 bis 1,3 bei Leitungen in gutem Zustand

Die Druckluftversorgung geschieht meist durch einen fahrbaren Kompressor mit Elektro- oder Dieselmotorantrieb. Bei grösseren, zusammenhängenden Bauobjekten mit einem hohen Druckluftbedarf, wie z. B. im Tunnel- oder Stollenbau, wird man eine stationäre Kompressoranlage einsetzen, die die einzelnen Verbrauchsstellen über ein Rohrleitungsnetz mit Druckluft versorgt.

Druckluftverbrauch Q_m einiger Geräte:

- Pick- und Abbauhämmer:
  5 – 10 kg Gewicht 0,8 – 1,0 m³/min
  11 – 20 kg Gewicht 0,8 – 1,2 m³/min
  21 – 40 kg Gewicht 0,2 – 4,0 m³/min
- Bohrhämmer
  15 – 25 kg Gewicht 0,2 – 4,0 m³/min
- Drehschlagbormaschinen
  80 – 110 kg Gewicht 8 – 10 m³/min
  ca. 150 kg Gewicht 11 – 12 m³/min
- Spritzbetongeräte mit E-Motor (Leistung 3 – 4 m³/h) 5 – 8 m³/min
- Durckluftmotoren je PS
  < 5 PS 0,75 – 1,0 m³/min
  > 5 PS 0,5 – 0,75 m³/min

22.3.5 Hydraulik

Die Hydraulik als Kraft hat sehr grosse Bedeutung. In vielen Baumaschinen werden hydraulische

Kraftübertragungen durch Öl eingesetzt, wegen des Korrosionsschutzes, der Schmierfähigkeit und der fast gleichbleibenden Zähigkeit bei Kälte und Hitze sowie der Elastizität des Antriebs. Im Bauwesen wird sowohl die statische wie auch die dynamische Hydraulik verwendet.

Statische Hydraulik

Generell bestehen statische Hydrauliksysteme aus einem Ölvorrat, einer Hydraulikölpumpe, einem Steuerblock und Arbeitszylindern. Zur Kraftübertragung wird nur ein kleiner Teil des Ölvorrates in den Arbeitszylinder gepumpt.

Der Arbeitszylinder ist das zentrale Bauteil der statischen Hydraulik. Trotz seiner kompakten Bauweise kann er meist in beiden Richtungen grosse Kräfte ausüben. Die statische Hydraulik wird z. B. beim Hydraulikbagger zur Schaufelbewegung und bei allen hydraulischen Pressarbeiten eingesetzt.

Dynamische Hydraulik

Bei der dynamischer Hydraulik werden grössere Teile des Ölhaushalts ständig mit grossen Geschwindigkeiten bewegt, und die kinetische Energie wird zu Antriebszwecken benutzt. Bei dynamischen Hydrauliksystemen erfolgt die Bewegung des Öls z. B. mit Flügelrädern. Die dynamische Hydraulik kommt vor allem bei folgenden Antriebssystemen zur Anwendung:

- Turbokupplungen
- Drehmomentwandler
- Lastschaltgetriebe

Hydroantriebe können grosse Kräfte und Drehmomente nahezu verschleissfrei übertragen (Tunnelbohrmaschinen, Schildmaschinen). Die Hydroantriebe sind durch weiches, ruckfreies Anfahren unter hoher Last gekennzeichnet. Das Anfahren erfolgt stufenlos durch die selbständige Wandlung des Drehmomentes. Zudem sind sie sehr verschleissarm durch die Kraftübertragung mittels Öl. Der Energieverlust durch die hohe Fliessgeschwindigkeit des unter Druck stehenden Öls ist relativ hoch. Ca. 30 – 40 % der zugeführten Energiemenge werden in Wärmestrahlung umgewandelt und stehen nicht als nutzbare Leistung zur Verfügung. Daher werden für die grossen Motoren der TVMs oft frequenzgesteuerte Elektromotoren eingesetzt, die eine den Hydraulikmotoren vergleichbare Flexibilität aufweisen. Die frequenzgeregelten Elektromotoren sind technisch jedoch meist aufwendiger; dies betrifft auch das Know-how bei Reparaturen.

22.3.6 Dampfenergie

Die Dampfenergie, die früher als Antriebsenergie grosse Bedeutung hatte, ist von der Elektrizität und dem Verbrennungsmotor verdrängt worden. Gründe dafür sind:

- das hohe Gewicht von Dampfmotoren,
- der schlechte Wirkungsgrad.

Dampf wird vereinzelt zum Zweck der Wärmeübertragung und Reinigung wie folgt benutzt:

- Heizung von Betonzuschlagstoffen zum Betonieren bei tiefen Temperaturen,
- Beschleunigung des Abbindeprozesses von Beton bei der Tübbingherstellung,
- Reinigung mit Dampfstrahlgeräten.

22.4 Baustelleneinrichtungen des konventionellen Vortriebs

Zur Ausführung von Tunnelprojekten ist eine ausreichende baubetriebliche Infrastruktur notwendig, um die effiziente und wirtschaftliche Bauausführung zu gewährleisten. Der Umfang der notwendigen Installationen und Logistik richtet sich nach der Art und Grösse des Projektes. Bei einer Untertagebaustelle lässt sich die Baustelleneinrichtung (Bild 22.2-1) wie folgt unterteilen:

- Installationen über Tag:
  - allgemeine Infrastruktur
  - technische Ausseninstallationen
- Installationen unter Tag:
  - technische Installationen des Vortriebs (Ausbruch, Schutterung)
  - technische Installationen der Versorgung (Strom, Wasser, Druckluft, Baulüftung)
  - Transportsysteme (Ausbruch, Beton und Spritzbeton, Einbaumaterial etc.)
  - Ausbau (Schalungssysteme oder, bei Spritzbetonausbau, Spritzbetonsystem)

22.4.1 Installationen über Tag

22.4.1.1 Allgemeine Infrastruktur

Diese Installationen unterscheiden sich kaum von denen anderen Baustellen. Zu den Einrichtungen gehören je nach Grösse und Lage der Baustelle:

- Büros für die Bauführung und Bauleitung
- eine gute Kantine

- einwandfreie Unterkünfte bei langen Anfahrtswegen der Belegschaft
- im Gebirge Lawinenschutz für Ausseninstallationen

Belegschaftsgrössen von 20 – 300 Mann sind keine Seltenheit. Ist eine solche Baustelle abseits im Gebirge einzurichten, so gehören auch Freizeiträume zur Infrastruktur.

22.4.1.2 Technische Ausseninstallationen

Da die heutigen Untertagebaustellen geräteintensiv ausgestattet sind, muss die Betriebssicherheit und Einsatzbereitschaft der Geräte permanent aufrechterhalten werden. Hierbei sind zu berücksichtigen:

- **Werkstatt:** Diese ist dem umfangreicheren Gerätepark anzupassen (Bohrjumbos, Dumpers oder Loks und Wagenmaterial, Spritzmaschinen, TSM, Schuttergeräte etc.).
- **Tankanlage für Dieselfahrzeuge**
- **Batterieladestation:** Bei Gleisbetrieb mit Akku-Loks sind Batterien zu warten und zu laden. Die Tendenz geht heute eindeutig in Richtung Dieseltraktion. Die Wartung ist einfacher, und die Beschaffung der teuren Batterien entfällt. Ferner ist eine Batterieladestation für die Helm-Tunnellampen vorzusehen.
- **Versorgung (Druckluft, Wasser, Strom):** Eine ausreichende Versorgung für Spitzenwerte muss sichergestellt werden. Die Versorgung ist umfangreicher als bei einer normalen Tiefbaustelle.
- **Betonmischanlage:** Die Herstellung des Spritz– und Normalbetons für grosse Projekte erfolgt meist auf der Baustelle. Die Betonmischanlage wie auch die Materialsilos müssen im Gebirge ausreichend gegen Gefriertemperaturen isoliert werden.
- **Deponie und Materialkippe:** Je nach Ort und Lage ist eine definitive oder provisorische Deponie für das Ausbruchmaterial vorzusehen. Bei Gleistransport sind spezielle Anlagen für den Umschlag des Materials vorzusehen und zu unterhalten.
- **Lagereinrichtungen:** Besonders für abgelegene Baustellen ist im Winter das „just in time"-Belieferungskonzept nicht umsetzbar. Es müssen Lager vorgesehen werden für:
  - Verbrauchsmaterialien wie Diesel, Schmierstoffe, Ersatzteile etc.
  - permanente Einbaumaterialien wie Zement, Zuschlagstoffe etc.
- **Kräne zum Materialumschlag:** Zum Materialumschlag werden meist leistungsfähige Turmdrehkräne verwendet. Für den Tübbingtransport von der schachtnahen Anlieferung zum Schachtboden eignen sich Portalkräne wegen ihrer konstanten Traglast besonders. Für Montage von Spezialgeräten werden temporär meist Mobilkräne eingesetzt.
- **Separations– und Kläranlagen:** Das anfallende Gebirgswasser im Tunnel wird meist durch Sand und Staub des Ausbruchmaterials sowie durch chemische Zusatzmittel für den Spritzbeton etc. kontaminiert. Diese Verschmutzungen müssen entfernt bzw. die chemische Kontamination muss neutralisiert werden, um die Gebirgsbäche nicht nachhaltig zu schädigen. Das gleiche kann für saure Bergwässer notwendig sein, die während des Vortriebs angestochen werden.
- **Gerätewaschanlage:** Diese ist für die Instandhaltung notwendig. Fahrzeuge, die sich von der Baustelle auf das öffentliche Strassennetz begeben, müssen zuerst durch eine Radwaschanlage fahren.
- **Ventilatoren der Baulüftung:** Im Tunnelportalbereich werden die Installationen der Tunnellüftung angebracht. Die Lüftungsventilatoren sind so anzuordnen, dass einerseits der Baustellenverkehr nicht behindert wird und andererseits optimal frische Luft angesaugt werden kann. Ein Kurzschluss mit der Tunnelabluft oder der Abluft von Dieselaggregaten im Bereich der Baustelleneinrichtung muss vermieden werden.

Es sei hier besonders angemerkt, dass die Festlegung einer Deponie in der Projektierung frühzeitig und unter Einbezug aller umweltrelevanten Faktoren erfolgen muss.

22.4.2 Installationen unter Tage

Ein kritisches und leistungsbeeinflussendes Logistikelement der Installationen unter Tag ist die **Versorgung** und **Entsorgung**:

- Einspeisung von
  - Strom (HS 4000/6000 kW)
  - Druckluft (6 bar)
  - Brauchwasser
- Belüftung / Versorgung mit Frischluft und Abzug von Sprenggasen

- Wasserhaltung (Vorhaltung von Unterwasserpumpen und fest installierten Förderleitungen zum Abpumpen von anfallendem Bergwasser beim Vortrieb)
- Abtransport des Ausbruchs
- Transport von Spritzbeton, Anker, Ausbaubögen, Beton usw.

Bei Baustellen in besonders gefährdeten Gebirgsbereichen (z. B. durch Lawinen) werden wichtige Teile der Ausseninstallationen unter Tag gelegt (Planung Gotthard-Basistunnel).

22.5 Baustelleneinrichtungen des TBM-Vortriebs

22.5.1 Installations-Übersicht

Wie beim konventionellen Vortrieb lassen sich die Installationen unterteilen in:

- Installationen über Tag:
  - allgemeine Infrastruktur
  - technische Installationen
- Installationen unter Tag:
  - TBM und Nachläufer
  - Versorgung (Strom, Druckluft, Wasser, Baulüftung)
  - Transportsystem (Ausbruch, Beton und Spritzbeton, Einbaumaterial etc.)
  - Ausbau-Schalungssysteme

22.5.2 Installationen über Tag

Diese sind im Aufbau (Bild 22.6-1) denjenigen beim konventionellen Vortrieb ähnlich. Grundsätzlich kann man feststellen, dass bei einer Untertagebaustelle mit maschinellem Vortrieb weniger gewerbliches Personal erforderlich ist, dafür werden mehr Führungskräfte und Spezialisten (qualifizierte Fachkräfte) benötigt. Damit ergeben sich in bezug auf die allgemeine Infrastruktur qualitativ veränderte Anforderungen an die erforderlichen Büros, Kantinen und Unterkünfte.

Technische Installationen

Der maschinelle Vortrieb verlangt eine gut ausgestattete Werkstatt, um Reparaturen der komplizierten Maschinen (TBM, Nachläufer) ausführen zu können. So sind für das Aufarbeiten der Rollenmeissel einer Vollschnittmaschine Spezialwerkzeuge erforderlich.

Der Grundaufbau der technischen Installationen eines maschinellen Vortriebs über Tag ist mit dem des konventionellen Vortriebs vergleichbar.

Folgende Elemente gehören zur technischen Ausseninstallation eines TBM-Vortriebs:

- Werkstatt
- Dieseltankanlage bei Diesel– und Pneubetrieb und/oder Batterieladestation (bei Gleisbetrieb mit Akku-Antrieb
- Versorgungseinrichtungen zur Herstellung und Aufbereitung von Druckluft, Wasser und Strom
- Deponie und/oder Materialzwischenkippe
- Installationen für Beton- und/oder Spritzbetonherstellung
- Tübbingfabrikationsanlage (nur bei Tübbingausbau)
- Lagereinrichtungen für permanente Einbaumaterialien
- Lagereinrichtungen für Hydrauliköl, Diesel, Schmierstoffe, Ersatzteile
- Ventilatoren der Baulüftung
- Separations– und Kläranlage für Tunnelwasser (Absetzanlage, pH-Wert-Kontrolle etc.)
- Gerätewaschanlage

22.5.3 Installationen unter Tag

Die TBMs werden in transportfähigen, schnell montierbaren Einzelteilen auf die Baustelle geliefert. Die Grösse der Elemente richtet sich nach folgenden Kriterien:

- geometrische Abmessungen aufgrund der Lichtraumprofile der Transportwege und Grösse der Transportfahrzeuge
- Gewichtsbegrenzungen nach der zulässigen Belastung der Infrastrukturbauwerke der Transportwege (Achslasten, Gesamtlasten des Schwerfahrzeuges)

Die entsprechenden Transportrouten sind bereits bei der Werkstattplanung der Maschine zu überprüfen (Polizei, Kantonale Tiefbauämter, Strassenbauverwaltungen oder, bei Eisenbahntransporten, die entsprechenden Bahngesellschaften). Bei sehr abgelegenen Baustellen müssen möglicherweise für untergeordnete Brücken bei ungenügender Tragfähigkeit temporäre Verstärkungen vorgesehen werden. Dies ist beim TBM-Einsatz bereits bei der Angebotsbearbeitung zu berücksichtigen, andernfalls können für den Unternehmer erhebliche Kosten auftreten, verbunden mit zeitlichen Verzögerungen durch die notwendige Verstärkung der Bauwerke (Genehmigungszeit, Arbeitsaufwand).

Die Montage der gesamten Vortriebseinheit mit Nachläufer ist eine umfangreiche Arbeit, die genügender Zeit bedarf. Folgende Montagezeiten sollte man, wenn keine genauere Planung vorliegt, berücksichtigen:

- Unter günstigen Verhältnissen kann z. B. eine Stollen-TBM mit Antransport in einem oder mehreren Teilen in ca. 2 – 3 Wochen einsatzbereit gemacht werden.
- Bei grossen Maschinen sind einschliesslich Nachläufer 2 – 3 Monate erforderlich.

Zur Montage sind mindestens ein leichterer und ein bis zwei sehr schwere (1000 – 2000 tm) Autokräne temporär auf der Baustelle vorzuhalten.

Baustromversorgung

Eine Tunnelbaustelle mit TBM-Vortrieb erfordert eine besonders zuverlässige und abgesicherte Stromversorgung. Der gesamte Gesteinslöseprozess ist von der elektrischen Energie abhängig. Die hohen Anschlusswerte sind erforderlich für den Antrieb des Bohrkopfes mittels frequenzgeregelten Elektromotoren mit einer sehr hohen Effizienz oder für die Elektropumpen der Hydraulikmotoren, die allerdings durch den relativ hohen Wärmeverlust der Hydraulikölmotoren einen geringeren Wirkungsgrad besitzen. Ferner sind relativ hohe Anschlusswerte für die Installationen am Nachläufer erforderlich. Zu diesen gehören die Antriebe für das Ladeförderband, die Entstaubungsanlage sowie die Antriebe für andere Fördereinrichtungen wie Tübbingtransport, Bohrgeräte, Bogenversetzeinrichtungen etc. Wird zum Abtransport des Ausbruchs eine Transportbandanlage mit Bandspeicher verwendet, sind die entsprechenden Anschlusswerte zu berücksichtigen.

Druckluft- und Brauchwasserversorgung

Auch ein maschineller Vortrieb braucht eine Druckluft– und Brauchwasserversorgung. Diese ist den maschinellen Verhältnissen angepasst und unterscheidet sich in ihrem Aufbau nicht grundlegend von der eines konventionellen Vortriebes. Jedoch sind zur Kühlung der TBM-Antriebsmotoren grosse Wassermengen erforderlich.

Baulüftung im maschinellen Vortrieb

Den speziellen Aspekten der Entstaubung im maschinellen Vortrieb ist besondere Beachtung zu schenken.

Die Staubentwicklung im Bohrkopfbereich wird durch den Staubschild am Eindringen in den Arbeitsraum der Belegschaft unterbunden. Der Staub wird aus diesem Bereich abgesaugt (meist über der Bandaufgabe im Bohrkopf) und der Entstaubungsanlage zugeführt, die auf dem Nachläufer montiert ist. Bei den Bandübergaben sind Saugstellen des Entstaubers anzuordnen.

Die Frischluftzufuhr richtet sich nach den jeweiligen Vorschriften der Berufsgenossenschaften, den STUVA- bzw. EU-Richtlinien, der installierten Leistung und der Anzahl von Personen, die am Arbeitsprozess im Tunnel beteiligt sind. Die Dimensionierung wird durch die zulässigen MAK-Werte gesundheitsschädlicher Stoffe bestimmt. Diese werden durch die Transportsysteme (Gleisbetrieb oder Pneubetrieb) sowie durch zusätzliche Arbeitsstellen im Rückliegerbereich beeinflusst.

Neben den genannten Untertageinstallationen sind folgende allgemeine Versorgungs- und Entsorgungseinrichtungen vorzusehen:

- Nachläufer mit allen erforderlichen logistischen Einrichtungen (siehe Abschnitte 15.9 und 18.11)
- Wasserhaltung
- Abtransport des Ausbruchmaterials
- Transport von Spritzbeton, Anker, Ausbaubögen etc.

22.6 Gesamtinstallationen beim Schildvortrieb

Die Installationen für einem Schildvortrieb können in folgende Teilbereiche gegliedert werden:

- Ausseninstallationen
- Schachtinstallationen
- Abbau- und Transportinstallationen
- Tübbingherstellung

22.6.1 Ausseninstallationen

Vorzusehen sind (Bild 22.6-1):

- Hebegeräte (meist Portal- oder Autokräne) zum Ablassen der Tübbinge
- Strom / Druckluft / Wasserversorgung
- Baubüro
- Werkstatt
- Magazine
- Umkleidebaracke (Container)
- Lagerplatz / Umschlagplatz mit Umzäunung

Bild 22.6-1 Zimmerbergtunnel-Baustelleninstallation (Photo-CD, Bild 0001) [22-10]

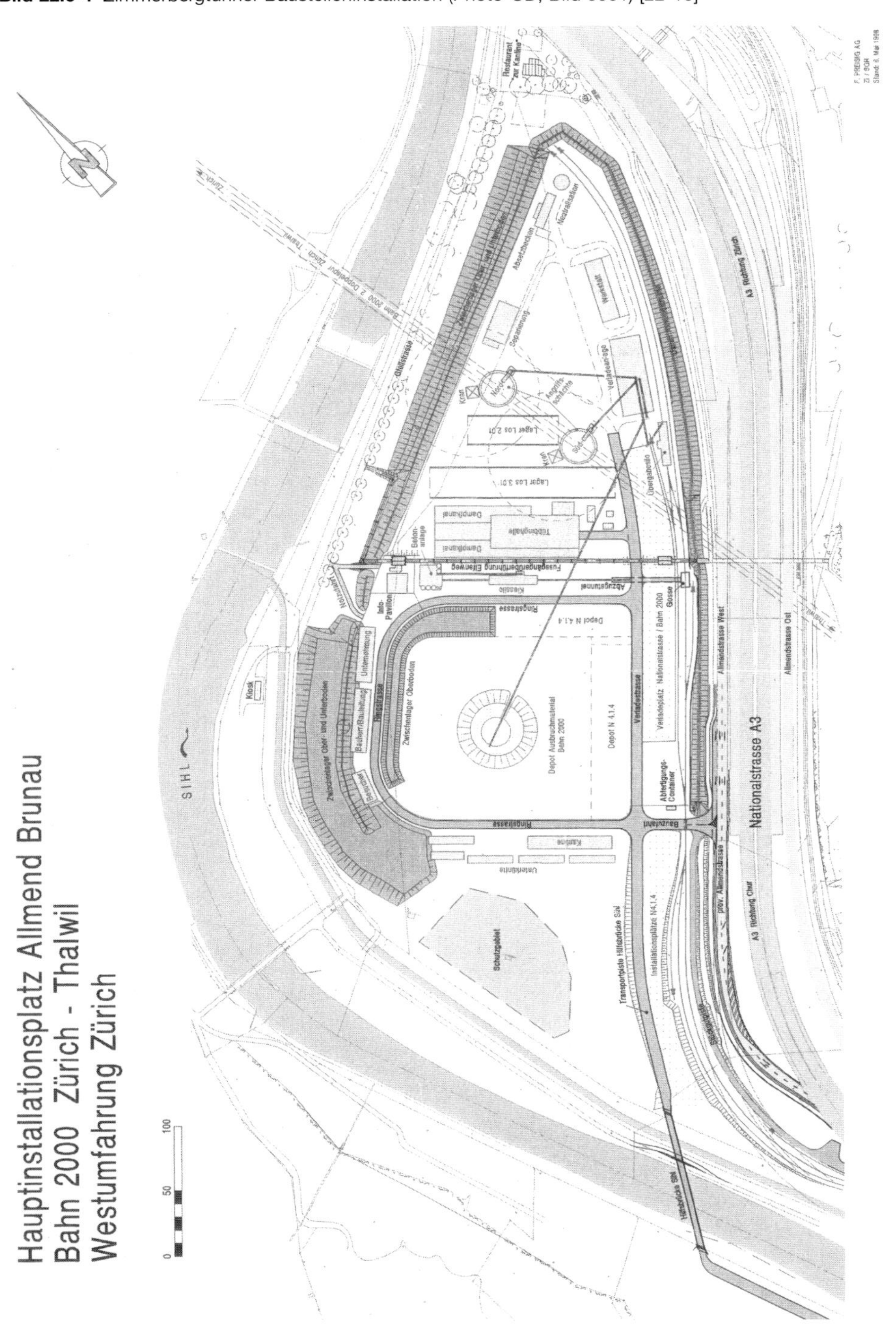

- Bentonitaufbereitungsanlage
- Separationsanlage bei Flüssigkeitsförderung
- Zwischenlager für Abbaumaterial (möglicherweise Verladestation)
- Förderbänder zum Transport des Ausbruchmaterials
- Elevatoren zum vertikalen Fördern des Ausbruchmaterials
- Tübbingproduktion

22.6.2 Schachtinstallationen

Dazu gehören:

- Schachtumschliessung (Spundbohlen, Rühlwand, Schlitz- oder Bohrpfahlwände etc.) mit Aussteifung
- Schildwiege mit Widerlagerkonstruktion zum Montieren und Anfahren der Vortriebsmaschine
- Anfahrbrille sowie Dichtkörper hinter der Schlitzwand zum Einbauen der Dichtbrillenkonstruktion im Grundwasser
- Zugangsmöglichkeit (Treppenturm / Leitern / Fahrstuhl)
- Pumpen für Wasserhaltung / Pumpensumpf
- Ventilation
- Materialumschlagsmöglichkeiten (Schachtfuss / Schachtkopf) / Elevatoren oder Senkrecht-Wellenkantenbänder
- diverse Versorgungsleitungen / Kabel
- Vermessungs- und Videoeinrichtung

22.6.3 Im Tunnel: Abbau und Transportgeräte sowie Unterstützungseinrichtungen

- Schildmaschine
- Abbau mittels TSM oder VSM
- Beladebänder oder Förderleitungen
- Nachläufersystem mit:
  - Tübbingtransporteinrichtung
  - Elektro-Hydraulikmotoren
  - Hydrauliköltanks für die Hydrauliksysteme
  - Transportbändern für den Aushub sowie Beladeeinrichtung für die Schutterfahrzeuge
  - bei Flüssigkeitsförderung Kreiselpumpe und Förderleitungen sowie Teleskoprohr
  - Feuerlösch- und Erste-Hilfe-Einrichtung
  - Steuerkabine mit Steuereinrichtung
  - Mörtelvorratsbehälter und Mörtelpumpe zur Ringspaltinjektion
  - Staubfilter, falls erforderlich (Erddruck- und Flüssigkeitsschilde benötigen keine)
  - Gleise und Rollwagen oder Pneubetrieb oder Förderbandtransport
- Verlängerungseinrichtungen für die Versorgungseinrichtungen (Elektro, Wasser, etc.)
- Lüftungslutten
- Zieltafeln für die Vermessung

22.7 Zusammenfassung

Der Erfolg einer Baustelle wird stark beeinflusst durch eine effiziente und wirtschaftliche Baustelleneinrichtung – **gut installiert ist halb gebaut**. Die Planung kann mit Hilfe der angegebenen Checklisten wesentlich erleichtert werden. Jede Baustelleneinrichtung muss auf die spezifische Art und die besonderen Abläufe der Baustelle abgestellt werden. Die Baustelleneinrichtung muss den operativen Baubetrieb optimal mit den notwendigen Serviceleistungen unterstützen. Für eine geordnete Abwicklung und einen optimalen Versorgungsprozess müssen die Unterstützungsbetriebe, Lagerplätze, Transportwege, Geräte, Büros etc. in einem Baustelleneinrichtungsplan dargestellt werden. Im Baustelleneinrichtungsplan müssen auch die Anforderungen aus dem Sicherheitsplan berücksichtigt werden.

23 Sicherheitsmanagement im Untertagebau

23.1 Baustellenumfeld

Baustellen zählen zu den gefährlichsten Arbeitsbereichen mit einer hohen Unfallrate. Rund 7,5 % aller Erwerbstätigen in der EU arbeiten im Baugewerbe. Auf sie entfallen 15 % aller und 30 % aller tödlichen Arbeitsunfälle. Bezogen auf die geleisteten Arbeitsstunden ist die Zahl der Unfälle auf dem Bau doppelt so hoch wie die Durchschnittszahl aller Gewerbezweige. Der Bau zählt aus der Sicht des Arbeitschutzes zu den Risikosektoren.

Dies liegt sicher nicht daran, dass die Bauarbeiter weniger sicherheitsbewusst sind als andere Arbeitnehmer. Die Ursachen ergeben sich aus den Besonderheiten des Bauens:

- Jedes Bauvorhaben ist nach Zweck, Form, Umfang, Bauweise und Örtlichkeit anders geartet, d. h. ein Unikat.
- Jede Baustelle wird praktisch als eine neue Produktionsstätte mit neuen Arbeitsplätzen und neu organisierten Arbeitsabläufen aufgebaut.
- Die Verhältnisse auf der Baustelle ändern sich ständig. Verschiedene Arbeitsgruppen müssen gleichzeitig vor-, neben- und übereinander arbeiten.
- Ferner ist die Struktur der Bauwirtschaft durch eine heterogene Betriebsstruktur der einzelnen Unternehmen geprägt, die sehr unterschiedliche Massnahmen zur Schulung und Durchsetzung von Arbeitssicherheitsmassnahmen durchführen.
- Durch den freien Verkehr von Personen und Dienstleistungen sind heute auf Grossbaustellen Arbeitskräfte aus unterschiedlichen EU-Ländern tätig. Dies hat zur Folge, dass sich durch die unterschiedlichen Sicherheitsgepflogenheiten und Sprachbarrieren Risiken für die Arbeitssicherheit entwickeln.

Besonders Untertagearbeiten beinhalten ein besonders hohes Risiko. Zu den genannten Faktoren kommen noch:

- Helligkeitsprobleme (trotz Beleuchtung)
- Konzentration von beweglichen Maschinen auf engem Raum
- Gefährdungspotential durch das meist heterogene Gebirge (siehe Klassifizierung des Gebirges)

Die Erfahrung zeigt, dass sich das Unfallpotential nicht nur über die Prämienstruktur steuern lässt.

Mängel in der Bauvorbereitung haben wesentlichen Einfluss auf das Unfallgeschehen. Statistiken aus England und Belgien belegen, dass mehr als die Hälfte der tödlichen Unfälle auf Entscheidungen zurückzuführen sind, die **vor Baubeginn** getroffen werden. Ein grosser Teil der Unfallursachen lässt sich in die Planungsphase zurückverfolgen. Es zeigt sich insbesondere, dass bei der Vorbereitung der sicherheitstechnischen Einrichtungen und Arbeitsschutzmassnahmen oftmals folgende Unzulänglichkeiten auftreten:

- In der Planungsphase werden Risiken und Gefahren nicht angemessen durchdacht, bzw. unzureichend funktionstüchtige Schutzmassnahmen geplant.
- Sicherheitsmassnahmen werden nicht fachgerecht ausgeschrieben.
- Schutzmassnahmen werden nicht angemessen bauvertraglich geregelt.
- Sicherheitseinrichtungen auf der Baustelle stehen nicht rechtzeitig in erforderlicher Menge und/oder Qualität zur Verfügung.

Aus diesen Gründen wurde auf europäischer Ebene mit der Baustellenrichtlinie 92/57/EWG [23-1] ein neuer Ansatz für den Arbeitsschutz am Bau gewählt. Unter bestimmten Voraussetzungen – dies gilt besonders für Untertagebauwerke – müssen Bauherren künftig bereits in der Planungsphase Koordinatoren für die Sicherheit und den Gesundheitsschutz als besondere Sachverständige benennen. Als Planungsinstrument dient der Sicherheits-

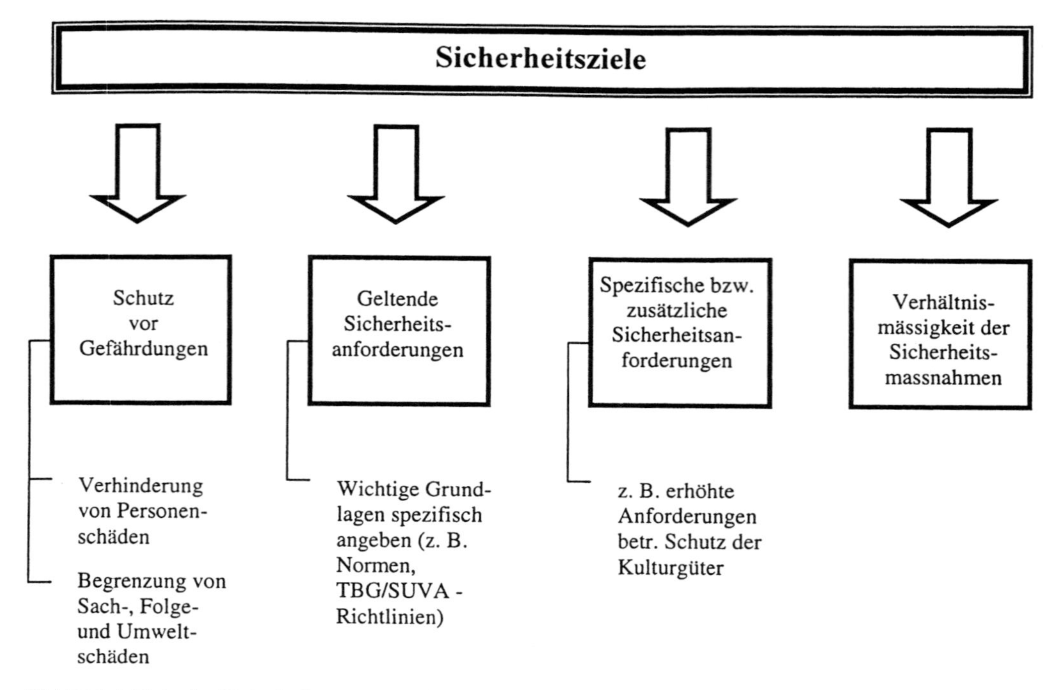

Bild 23.1-1 Ziele des Sicherheitsmanagements

und Gesundheitsschutzplan, der wiederum die Grundlage für die späteren Arbeiten bildet.

Im deutschsprachigen Raum ist dieses Instrument mit sehr unterschiedlicher Intensität umgesetzt worden:

- **In Deutschland** haben die Berufsgenossenschaften einen Muster-SIGEPLAN (SI = Sicherheit, GE = Gesundheit) [23-2] als bauübliche Planungs- und Lenkungsmassnahme geschaffen, und der Hauptverband der Deutschen Bauindustrie hat zur Gefährdungsbeurteilung für Untertagearbeiten [23-3] Checklisten zum Erkennen, Beurteilen und Beseitigen von Gefährdungen entwickelt. Der SIGEPLAN sowie die Checklisten für die Gefährdungsbeurteilungen setzen die EU-Richtlinie in nationale Arbeitspapiere um.
- **In der Schweiz** hat man eine weitgehende, integrale Gesamtlösung entwickelt, den sogenannten „Integralen Sicherheitsplan" gemäss der SIA Norm 465 Sicherheit von Bauten und Anlagen [23-4]. Dieser umfasst die gesamten Phasen eines Bauwerks sowie die unterschiedlichen Gefährdungs- und Sicherheitsrisiken, die auf ein Bauwerk einwirken und von einem Bauwerk ausgehen. Dieser Ansatz geht weit über die Anforderungen der EU-Richtlinie hinaus.

Die Sicherheitsziele dieser Instrumente sind in Bild 23.1-1 dargestellt.

23.2 Der Integrale Sicherheitsplan der Schweizer Bauindustrie

23.2.1 Begriff und Ziele

Die Richtlinie SIA 465 – **Sicherheit von Bauten und Anlagen** – ist seit Ende 1997 in Kraft. Die Richtlinie will eine **ganzheitliche Sicherheitsbetrachtung** fördern und das systematische Vorgehen zur Erfüllung der rechtlichen Anforderungen sowie die Verantwortlichkeiten für die Sicherheitsplanung und für die Umsetzung der Sicherheitsmassnahmen aufzeigen. Die ganzheitliche Sicherheitsbetrachtung erfasst die Zusammenhänge zwischen dem Gesamtsystem, den Lebensphasen eines Bauwerks, den Gefährdungen, den Schutzzielen sowie den Sicherheitsmassnahmen. Die Sicherheitsanforderungen gehen in folgenden Punkten weiter als die EU-Richtlinie:

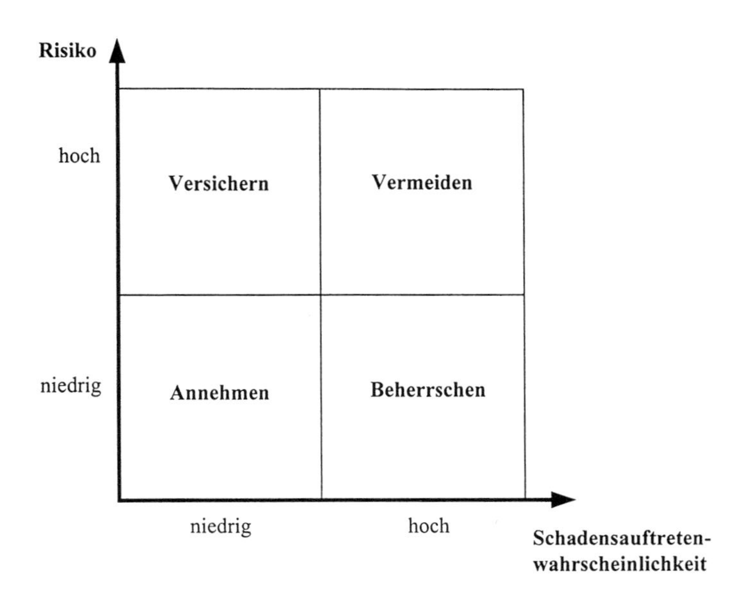

Bild 23.2-1 Risikoportfolio-management von Gefahren

- Erweiterung des Sicherheitsbegriffs von der Tragwerksicherheit auf die Sicherheit von Gesamtsystemen
- Erweiterung der Ermittlung von Gefahren nach der Norm SIA 160 auf eine ganzheitliche Ermittlung von Gefährdungen
- Erweiterung der Sicherheit zum Schutz von Leib und Leben auf den Schutz von Personen, Umwelt, Sache und Nutzung
- Erweiterung der Planung und Umsetzung der Sicherheit auf alle Phasen des Lebenszyklus, d. h. Erstellungs-, Nutzungs-, Abbruch- und Entsorgungsphase

Die Richtlinie vermittelt nicht nur Denkansätze, sondern zeigt auch die notwendigen Planungs- und Umsetzungsprozesse unter Berücksichtigung der Wirtschaftlichkeit auf.

Sie ist, bedingt durch den ganzheitlichen Systemansatz, sehr komplex und wird nur für Grossprojekte, komplizerte Projekte und Projekte mit einem hohen Gefahrenpotential wirtschaftlich sinnvoll anwendbar sein. Die Grundsätze gelten jedoch für jedes Projekt. Um den formalen Aufwand in Grenzen zu halten, sollte bei kleineren und mittleren Projekten nur die Arbeitssicherheit in der Bauphase im Mittelpunkt stehen. Die Tragwerkssicherheit muss für alle Phasen den einschlägigen Normenwerken entsprechen.

Bauwerke sind in allen Phasen mit Gefahren verbunden. Die Phasen umfassen:

- Erstellungsphase mit Bauplanung und Bauausführung
- Nutzungsphase mit Überwachung und Instandhaltung sowie Instandsetzung und Umbau
- Abbruch- bzw. Rückbau- und Entsorgungsphase

Bauten und Anlagen können einerseits durch Umwelt, Sachen und Personen gefährdet werden, andererseits können sie Personen, Sachen und Umwelt gefährden.

Die Gefahren sind verschieden und werden nach ihrer Art in einzelne **Bereiche** eingeteilt:

- technische Sicherheit
- physische Sicherheit
- Unfallverhütung und Gesundheitsschutz
- Umweltsicherheit

Durch den integralen Sicherheitsplan wird gewährleistet, dass alle vier Bereiche der Sicherheit bereits ab der Planungsphase und während **aller Phasen des Bauwerkes** systematisch behandelt werden.

Darüber hinaus dient der Sicherheitsplan den Verantwortlichen als **Führungsmittel**, aus dem hervorgeht, mit welchen **Gefahren** ein Bauwerk während seiner Phasen verbunden ist und mit welchen **Sicherheitsmassnahmen** diesen begegnet wird.

Die Schutzziele müssen angeben, in welchem Umfang das Gesamtsystem, bestehend aus Bauwerk, Anlagen, Personen, Umwelt und Sachen, vor Gefährdungen geschützt werden soll. Die erforderlichen Sicherheitsmassnahmen zur Erreichung der Schutzziele ergeben sich aus:

- der Beachtung aller rechtlichen Grundlagen
- der Beachtung des Stands der Technik und Erfahrung

Die Schutzziele werden durch den verantwortlichen Sicherheitskoordinator festgelegt.

Den Gefährdungen kann man mit folgenden Sicherheitsmassnahmen begegnen (Bild 23.2-1):

- Vermeiden durch ereignisverhindernde Massnahmen
- Beherrschen durch ereignis- oder schadenmindernde Massnahmen
- Versichern der finanziellen Auswirkung des Risikos
- Hinnehmen der Gefährdung

Die EG-Richtlinie „Sicherheit und Gesundheitsschutz auf Baustellen“ wurde in der Schweiz unter der Trägerschaft der SUVA zum Projekt „Integrale Sicherheitspläne im Bauwesen“ weitreichend ausgebaut.

Folgende **Ziele** stehen im Vordergrund:

- Förderung integraler Sicherheitspläne als Führungsmittel
- Bereitstellung von Hilfsmittels für die am Bau Beteiligten
- Unterstützung bei der Erarbeitung der Sicherheitspläne
- Unterstützung bei der Durchsetzung der Sicherheitsmassnahmen
- Erfahrungsauswertung
- Bereitstellen von Beispielen
- Informationsvermittlung
- Schulung und Weiterbildung

Der integrale Sicherheitsplan sollte in das Qualitätsmanagement im Bauwesen und in die Ausschreibungsunterlagen einfliessen.

23.2.2 Konzept der Integralen Sicherheit

23.2.2.1 Sicherheitsplanung

Die Sicherheitsanforderungen sind durch Gesetze, Vorschriften und Normen gegeben. Spezifische Sicherheitsanforderungen werden durch den Bauherrn und den Benutzer gestellt. Das zwingt zu einer **systematischen Sicherheitsplanung** in allen Phasen des Bauprojektes. Die möglichen Gefahren, die in den verschiedenen Lebensphasen eines Bauwerks auftreten, sollen durch optimale Massnahmen reduziert werden. Die Massnahmen werden im Sicherheitsplan in der jeweiligen Phase festgehalten. Der Planungsprozess wird wie folgt durchgeführt:

- Das System, bestehend aus Bauwerk, Anlagen, Personen, Umwelt und Sachen, ist für jede Phase getrennt zu beschreiben.
- Für jede Phase müssen die Schutzziele festgelegt werden.
- Für jede Phase müssen die massgebenden Gefährdungen ermittelt und die Risiken bewertet werden.
- Die Sicherheitsmassnahmen zur Erfüllung der Schutzziele sind phasenbezogen zu planen.

Die Sicherheitsplanung ist ein rollender Prozess, der die einzelnen Phasen begleitet. Sie ist so zu dokumentieren, dass die getroffenen Entscheidungen über Schutzziele, Sicherheitsmassnahmen und verbleibende Risiken nachvollziehbar sind.

23.2.2.2 Umsetzung der Sicherheitsplanung

Die Sicherheitsmassnahmen werden phasenbezogen wie folgt umgesetzt:

- Erstellungsphase: Der Unternehmer muss die geplanten Sicherheitsmassnahmen umsetzen, und die Bauleitung muss dies überwachen.
- Nutzungsphase: Der Betreiber muss die Sicherheitsmassnahmen realisieren, überwachen, verbessern und den Veränderungen anpassen.
- Abbruch- und Entsorgungsphase: Der Eigentümer muss sicherstellen, dass die notwendigen Sicherheitsmassnahmen von den Unternehmern eingehalten werden.

Zur Umsetzung der geplanten Sicherheitsmassnahmen eignen sich Prüfpläne, Überwachungspläne, Arbeitsanweisungen, Checklisten, Ablaufschemata etc.

Der Wirtschaftlichkeit des Bauwerks kommt während des gesamten Nutzungszyklus grösste Bedeutung zu. Soweit keine zwingenden Rechtsvorschriften bestehen, ist unter Berücksichtigung des Kosten- und Nutzenverhältnisses zu beurteilen und zu entscheiden, ob Sicherheitsmassnahmen notwendig sind.

Die **Erfahrung** zeigt deutlich: Werden Sicherheitsmassnahmen konkret ausgeschrieben, werden sie auch durchgesetzt, im Gegensatz zu globalen, allgemein geforderten und dementsprechend unpräzisen Sicherheitsmassnahmen.

In Deutschland existieren seit 1986 Leistungsbeschreibungen für sicherheitstechnische Einrichtungen und Massnahmen [23-5]. Seit 1988 erarbeitet die Bayrische Bau-Berufsgenossenschaft ein Standardleistungsbuch für die Erfassung der Sicherheitspositionen in den Ausschreibungen.

Die SUVA-Kommission bemüht sich, dass die Sicherheitsanforderungen ihren Niederschlag auch in Musterausschreibungstexten finden.

23.2.2.3 Aufgaben und Verantwortung der Beteiligten

Der Bauherr und/oder Eigentümer ist für die Gewährleistung der Sicherheit an seinem Eigentum verantwortlich. Der nichtsachverständige Bauherr ist durch die beteiligten Fachleute unaufgefordert zu beraten. Der Bauherr muss die Verantwortung für die Sicherheit in den einzelnen Phasen selbst wahrnehmen, oder er muss diese an Fachleute (möglicherweise in jeder Phase an einen anderen) verantwortlich delegieren.

Der vom Bauherrn beauftragte Gesamtleiter ist normalerweise mit der Planung und Ausführung beauftragt und folglich für die Sicherheit in dieser Phase verantwortlich. Der Gesamtleiter ist somit als Sicherheitskoordinator zuständig für die Planung der Sicherheit. Er muss den Bauherrn über die verbleibenden Risiken unterrichten.

Die Spezialisten, z. B. Architekten und Fachingenieure, sind im Rahmen ihrer Aufträge für die Sicherheit des Bauwerks und der Anlagen zuständig und wirken bei der Sicherheitsplanung mit.

Die Bauleitung wirkt bei der Sicherheitsplanung (Arbeitssicherheit etc.) für Bau- und Installationsarbeiten mit. Vor Ausführungsbeginn überprüft die Bauleitung die vom Unternehmer vorgesehenen Sicherheitsmassnahmen, ferner überwacht sie deren Einhaltung.

Die Unternehmer sind verantwortlich für die Arbeitssicherheit ihrer Beschäftigten. Sie müssen die geplanten und ihnen übertragenen Sicherheitsmassnahmen umsetzen und alle gesetzlichen Sicherheitsvorschriften einhalten.

Der Betreiber ist verantwortlich, dass die geplanten Sicherheitsmassnahmen in der Nutzungsphase verwirklicht werden.

Es ist zu empfehlen, die Verantwortung der Beteiligten vertraglich festzuhalten.

23.2.3 Integraler Sicherheitsplan nach SIA 465 für die Bauphase

23.2.3.1 Ziel und Zweck

Bei Bauprojekten kommt der Sicherheit in der Bauausführungs- und Betriebsphase eine grosse Bedeutung zu. Der Bauherr als Werkeigentümer überträgt die Planung und die Durchführung der Sicherheit einem Sicherheitskoordinator bzw. Fachleuten. Jeder am Bauprojekt Beteiligte ist im Rahmen seines Auftrags bzw. seiner Aufgabe für die Sicherheit verantwortlich.

Zu den rechtlichen Grundlagen für die Aufrechterhaltung der Sicherheit gehören z. B. SIA-Normen, das Umweltschutzgesetz, die Störfallverordnung, das Arbeits- und Unfallversicherungsgesetz, ISO-Normen, EG-Richtlinien „Sicherheit und Gesundheitsschutz auf Baustellen“, EG-Richtlinien „Bauprodukte“ u. a. Die Vielfalt der rechtlichen Grundlagen und die Komplexität der Bauprojekte stellen für die Bauausführung eine grosse Herausforderung dar. Für die **Bauausführung** sind eine **integrale** Betrachtung im Sinne einer gesamtheitlichen und umfassenden Sicherheit und die Dokumentation der relevanten Sachverhalte im **Integralen Sicherheitsplan** (IS-Plan Bau) von grosser Bedeutung. Der Aufbau eines integralen Sicherheitsplans für die Bauphase eines Bauprojektes ist in Bild 23.2-2 dargestellt.

Ziel und Zweck des Integralen Sicherheitsplanes in der Erstellungsphase lassen sich wie folgt angeben:

- Der IS-Plan-Bau dient den am Bauprojekt Beteiligten als **Kommunikationsmittel** bezüglich Sicherheit.
- Durch den IS-Plan-Bau sollen **konzeptionelle** sowie **bauliche Massnahmen** bezüglich Sicherheit rechtzeitig in das Bauprojekt einfliessen können.
- Aus dem IS-Plan-Bau soll hervorgehen, welche **Gefahren** während der Bauphase vorhanden sind und durch welche **Massnahmen** ihnen begegnet wird. Er dient als Führungsmittel, das den Verantwortlichen erlaubt, kritische Situationen rechtzeitig zu erkennen und Massnahmen optimal festzulegen.

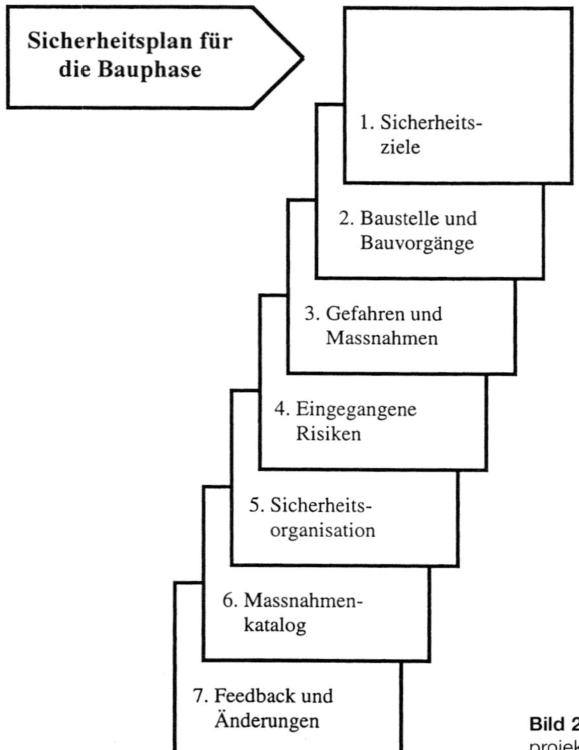

Bild 23.2-2 Gliederung eines IS-Plans für ein Bauprojekt

- Die für die **Betriebsphase** vorgesehenen Sicherheitsmassnahmen (Fluchtwege, Rettungsorganisation usw.) sollen im IS-Plan-Bau berücksichtigt werden, damit diese während der Bauphase bereits eingesetzt bzw. angewendet werden können (Beispiel Gotthard-Strassentunnel: Integration eines Sicherheits- resp. Fluchtstollens, ebenso lawinensichere Zugänge zur Baustelle).
- Der IS-Plan-Bau dient als Grundlage für **Projektierung, Ausschreibung** sowie **Realisierung** der Sicherheitsmassnahmen.

Sicherheitsziele für die Bauphase eines Bauprojektes sind der Schutz der gefährdeten Personen vor Unfällen und Gesundheitsschäden sowie der Schutz der gebauten und natürlichen Umwelt vor schädlichen Einwirkungen. Diese Ziele gelten als erreicht, wenn alle Massnahmen gegen Gefährdungen getroffen werden, die nach geltenden rechtlichen Grundlagen notwendig, nach dem Stand der Technik und der Erfahrung anwendbar sowie den gegebenen Verhältnissen angemessen sind. Die Massnahmen müssen dem **Grundsatz der Verhältnismässigkeit** entsprechen.

23.2.3.2 Baustelle und Bauvorgänge als System

Die Baustelle und die damit verbundenen Vorgänge sollen als System abgegrenzt und näher beschrieben werden. Die Beschreibung soll in Kurzform erfolgen und nur die für die Sicherheit relevanten Sachverhalte wie folgt beinhalten:

- **Standort und Erschliessung der Baustelle** sind anzugeben und in Baustelleneinrichtungsplänen darzustellen.
- **Beschreibung und Dauer des Bauvorhabens** Die wesentlichen Daten bezüglich Grösse der Baustelle, Investitionskosten, Dauer der Bauausführung, Anzahl der Baustellenbeschäftigten usw. sind anzugeben.

Tabelle 23.2-1 Vorgangs-Gefahren – Übersicht [23-4]

Vorgänge	Gefahren										
	G_1	G_2	G_3	G_4	G_5	G_6	G_7	G_8	G_9	...	G_i
Vorgang V_1	x		x		x			x	x		x
Vorgang V_2	x	x		x	x		x	x			
Vorgang V_3		x	x		x	x	x	x	x		x
Vorgang V_4											
Vorgang V_k			x		x			x	x		x

- **Komponenten der Baustelleneinrichtung**
  sind zu beschreiben und in Baustelleneinrichtungsplänen festzuhalten. Es ist sinnvoll, in diesen die relevanten Sachverhalte betreffend unmittelbare Umgebung (Strassen, Leitungen, Eisenbahn, Überbauung usw.) zu vermerken.
- **Bauetappen, Bauvorgänge und Bauwerkskomponenten**
  Die Gliederung der Vorgänge soll sich möglichst an die Ausschreibungsunterlagen halten. Aus der Beschreibung soll ersichtlich werden, wie das Bauwerk erbaut werden soll, d. h. nach welchem Bauvorgang welcher Zustand erreicht wird (Tragwerk, Ausbau, Installationen, Betriebseinrichtungen, Ver- und Entsorgung).
- **Natürliche sowie gebaute Umwelt und Bevölkerung**
  Zur natürlichen Umwelt gehören: Boden, Grundwasser, Gewässer, Tiere, Pflanzen sowie Hangrutschungen, Lawinen, Regen, Nebel, Frost, Schnee usw. Zur gebauten Umwelt gehören: Gebäude, Verkehrswege, Leitungen etc. Die Bevölkerung sowie die Nachbarbebauung können durch die Baumassnahmen durch Immissionen (Staub, Lärm etc.), Vibrationen, ausgelöste Hangrutsche, Beeinträchtigung der Infrastruktur etc. direkt betroffen werden.

23.2.3.3 Gefahrenübersicht

Während der Bauvorgänge können einzelne oder auch mehrere Gefahren gleichzeitig auftreten. Es empfiehlt sich, die relevanten Gefahren in einer Vorgangs-Gefahren-Tabelle (Tabelle 23.2-1) aufzulisten. Daraus soll ersichtlich werden, welche Gefahren bei welchem Vorgang (Installationen, Phasen der Tunnelarbeiten) als relevant betrachtet wurden.

Die Festlegung der Sicherheitsmassnahmen soll sich auf die einzelnen Gefahren beziehen und gemäss der Vorgangs-Gefahren-Tabelle erfolgen.

23.2.3.4 Arbeitssicherheit bei Untertagearbeiten

Das Konzept der Arbeitssicherheit sollte im Untertagebau hierarchisch auf präventiven und ausmassvermindernden Massnahmen beruhen. Das Ziel dieses abgestuften Vorgehens ist es, das Eintreten von Ereignissen mit möglichst hoher Wahrscheinlichkeit zu vermeiden. Tritt doch ein Ereignis auf, so müssen Massnahmen zur Bekämpfung bereitstehen, um das Ausmass der Auswirkungen auf Personen, Bauwerke und Umwelt möglichst gering zu halten.

Dabei sollten folgende Massnahmen adäquat berücksichtigt werden:

- Vorauserkundungskonzept (Seismik und Bohrungen)
- Messkonzept (Verformungen, Wassermengen, Gas)
- Baulüftung und Kühlung bei tiefen Tunnel
- Einsatz von Partikel- und Rauchgasfiltern bei Verbrennungsmotoren
- Installation von Selbstrettungseinrichtungen und Brandbekämpfungsmitteln

Neben der technischen Arbeitssicherheit am Arbeitsplatz und an den Geräten ist es erforderlich, das Personal für verschiedene Gefahrensituationen zu schulen.

Für grössere Ereignisse sollten Rettungspläne ausgearbeitet werden. Zu diesen gehören im besonderen Ereignisse wie:

- Niederbrüche und Verbruch
- Wasser- und Schlammeinbruch
- Gasaustritt und Explosionen
- Brandfälle im Tunnel
- Elektrounfälle
- Ausfall der Lüftung

Diese Rettungspläne sollten ausreichend Aufschluss darüber geben, wie beim Eintreten eines Ereignisses trotz präventiver Massnahmen seine Bewältigung angegangen werden soll. Hierzu gehören die Alarmauslösung, die Mobilisierung eigener sowie externer Kräfte wie z. B. Feuerwehr, Sanitäter etc., Evakuierungs- und Bekämpfungsmassnahmen. Der Einsatz sowie die Verfügbarkeit und Mobilisierungszeit von Spezialgeräten muss vorher festgelegt und erkundet werden. Das Personal sollte, soweit erforderlich, für solche Ereignisse geschult werden.

23.2.3.5 Gefährdungsbilder und Sicherheitsmassnahmen

Für die betrachtete Gefahr werden mögliche Gefährdungsbilder kurz beschrieben. Für das jeweilige Gefährdungsbild sind die Sicherheitsmassnahmen festzulegen. Bei einem **vorläufigen** Sicherheitsplan können Gefährdungsbilder und Sicherheitsmassnahmen mittels Stichworten in einer Tabelle festgehalten werden. Diese dient als Übersicht für einen **späteren und detaillierten** Sicherheitsplan. Für die praktische Arbeit empfiehlt sich folgende Struktur:

- **Gefährdungsbild XY-1**
  Kurzbeschreibung des Gefährdungsbildes XY-1 mit kurzen Sätzen,
  anschliessend kurze Beschreibung der dazugehörenden Sicherheitsmassnahmen (z. B. kursive Schrift)
- **Gefährdungsbild XY-2**
  Kurzbeschreibung des Gefährdungsbildes XY-2 mit kurzen Sätzen,
  anschliessend kurze Beschreibung der dazugehörenden Sicherheitsmassnahmen (z. B. kursive Schrift)
- **usw.**

Zu den Sicherheitsmassnahmen gehören z. B. konzeptionelle, bauliche, technische, organisatorische (Abläufe, Reihenfolge der Arbeiten, Anweisungen) und personelle Massnahmen, Überwachung von Abläufen und Bauteilen sowie schadenmindernde Massnahmen (Risikoüberwachung, Alarmierung, Evakuierung usw.).

Die wesentlichen Aspekte der Risikoüberwachung sollten bereits bei der Festlegung der Sicherheitsmassnahmen behandelt werden. Dies betrifft insbesondere Risikoindikatoren wie z. B. Temperatur, Schneehöhe, Windgeschwindigkeit, Verformungen und Wassereinbruch sowie Warn- und Alarmwerte. Durch die Risikoüberwachung soll sichergestellt werden, dass die Drohung einer Gefahr frühzeitig erkannt werden kann und entsprechende, den Schaden mindernde Notmassnahmen getroffen werden können.

Als Restgefahren bezeichnet man alle unbekannten, subjektiv unerkannten und vom Betroffenen unberücksichtigten Gefahren sowie Gefahren infolge falscher oder mangelhaft ausgeführter Massnahmen. Diese Restgefahren können hauptsächlich durch Überwachung aller unvorhergesehenen Änderungen bzw. Veränderungen unter Kontrolle gehalten werden.

23.2.4 Eingegangene Risiken

Aus Kostengründen ist es nicht möglich, alle Risiken zu eliminieren, daher müssen gewisse Risiken akzeptiert werden. Die eingegangenen Risiken müssen zusammengestellt werden, und die Risikoträger, wie z. B. Bauherr, Unternehmer und Dritte, sind anzugeben. In der Regel genügt die qualitative Angabe der Risiken und der Risikoträger. Gegebenenfalls sind die eingegangenen Risiken bezüglich möglicher Schäden sowie Eintretenshäufigkeit näher zu beschreiben. Dies ergibt nicht nur einen Überblick über die Grösse der eingegangenen Risiken, sondern hilft auch bei der Entscheidung, ob Risiken auf Versicherungen übertragen werden sollen. Für die Bauphase sind die Bauwesen- und Haftpflichtversicherung von Bedeutung.

Um den Sicherheitsplan nicht zu überladen, sollte die Risikoüberwachung mit einem separaten „Überwachungsplan der eingegangenen Risiken" (Tabelle 23.2-2) geregelt werden.

Personenschäden, vor allem schwere Verletzungen und Todesfälle, lassen sich nicht beheben, höchstens deren finanzielle Auswirkungen lindern. Die mögliche Schadensbehebung bezieht sich

Tabelle 23.2-2 Überwachungsplan der eingegangenen Risiken [23-4]

Risikoart	**Risikoträger**				**Risikoüberwach.**			**Risikobewertung**		
	UN	BH	VS	DR	PL	UN	SO	SK	SM	SG
Regenfälle	x		x			x		**H**		
Hochwasser	x		x			x	x		**M**	
Schneefälle	x		x			x	x	**H**		
Risse/Nachbarobj.		x	x		x			**H**	**S**	
Anprall von LW		x							**M**	**S**
Sabotage/Krimin.		x	x			x	x	**H**	**M**	

Risikoträger: UN = Unternehmer, BH = Bauherr, VS = Versicherung,
DR = Dritte
Risikoüberwachung: PL = Planer, UN = Unternehmer, SO = Sicherheitsorganisation
Riskobewertung: SK = klein (z. B. Sachschaden bis 100000.– sFr./ 62500.– €)
SM = mittel (z. B. 0,1 bis 4 Mio. sFr./ 0,625 bis 2,5 Mio. €, Verletzte)
SG = gross (z. B. über 4 Mio sFr./ 2,5 Mio. €, Personenschäden/Tote)
Häufigkeit des Ereignisses
– H = häufig (1 × pro weniger als 10 Jahre)
– M = mittel (1 × pro 10 bis 100 Jahre)
– S = selten (1 × pro mehr als 100 Jahre)

hauptsächlich auf Sach-, Folge- und Umweltschäden. Es ist wichtig aufzuzeigen, welche Konsequenzen der Schaden nach sich zieht, d. h. in welcher Zeitspanne und wie dieser Schaden zu welchen Kosten behoben werden kann.

23.2.5 Sicherheitsorganisation und Notmassnahmen

Die Sicherheitsmassnahmen sind zu planen, durchzusetzen, und ihre Anwendung ist zu überwachen. Die Risiken sind zu überwachen, und im Bedrohungsfall Notmassnahmen zu ergreifen. Dies setzt voraus, dass die damit verbundenen Aufgaben festgelegt und die betroffenen Personen diesbezüglich trainiert wurden.

Die Zuständigkeit und Verantwortung für die Aufgaben betreffend die Sicherheit sind festzulegen (Sicherheitskoordinator). Der Planer erhält eine Schlüsselrolle, da er das Projekt und seine kritischen Stellen kennt. Er soll deshalb im Sicherheitsplan die projektspezifischen Gefahren angeben und Sicherheitsmassnahmen, sofern diese eindeutig gegeben und planerisch lösbar sind, festlegen. Gegebenenfalls muss der Planer Fachleute hinzuziehen und von ihnen sowie vom Unternehmer Lösungen zur Gefahrenbewältigung verlangen. Der Unternehmer seinerseits beurteilt die vom Planer aufgezeigten Gefahren und legt die zu treffenden Sicherheitsmassnahmen fest. Er ist für alle Massnahmen zur Unfallverhütung und Gesundheitsvorsorge verantwortlich, die gemäss den Vorschriften für die Arbeitssicherheit bei Bauarbeiten einzuhalten sind. Die Organisation der Risikoüberwachung ist kurz zu beschreiben.

Entsprechend den möglichen Gefährdungen bzw. der drohenden Gefahr ist die Alarm- und Rettungsorganisation festzulegen. Es empfiehlt sich, diese Organisation stufenweise – nach dem Schadensausmass – aufzubauen. Dabei soll zwischen der internen (Baustelle) und externen (Feuerwehr, Chemiewehr, Polizei usw.) Organisation unterschieden werden. Für besondere Gefahren ist ein Notmassnahmenplan auszuarbeiten. Die SIA 465 ist in der Schweiz nicht verpflichtend anzuwenden.

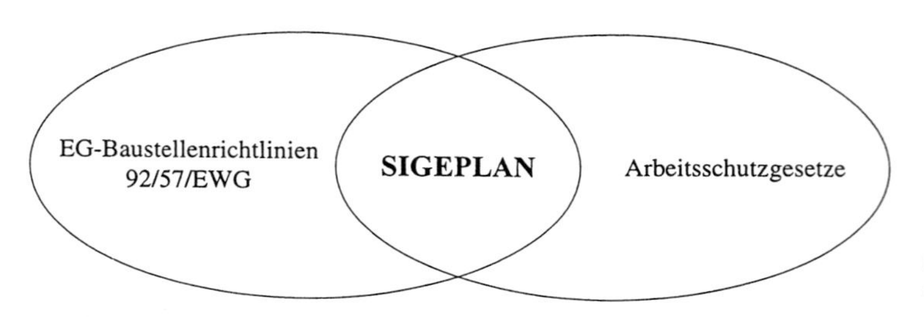

Bild 23.3-1 Rechtliche Grundlagen des SIGEPLAN

23.3 Der SIGEPLAN der deutschen Bau-Berufsgenossenschaften

23.3.1 Einleitung

Im Gegensatz zum Integralen Sicherheitsplan hat man beim SIGEPLAN auf das zur Zeit in der Bauwirtschaft gravierendste Sicherheitsproblem der Arbeitssicherheit fokussiert.

Der SIGEPLAN [23-2] und die ergänzenden Dokumente zur Gefährdungsbeurteilung von Untertagebauarbeiten [23-3] sollen die Sicherheit in der Bauphase erhöhen. Diese Planungsunterlagen sollen einerseits die EG-Baustellenrichtlinie 92/57EWG und anderseits die Verpflichtung der Arbeitgeber zur Gefährdungsbeurteilung der Arbeitsplätze gemäss Arbeitsschutzgesetz von 1996 erfüllen (Bild 23.3-1). Im folgenden werden beide sich ergänzenden Elemente, die als Instrumente des Sicherheitsmanagement auf der Baustelle dienen, beschrieben.

Mit der frühzeitigen Planung der Sicherheitseinrichtung und -massnahmen sowie deren Berücksichtigung bei der Ausschreibung kann der Bauherr folgende Vorteile erzielen:

- die Gefährdung für alle am Bau Beteiligten minimieren,
- die Gefährdung, die von der Baustelle auf unbeteiligte Dritte ausgeht, minimieren,
- Störungen im Bauablauf vermeiden,
- die Qualität der geleisteten Arbeit erhöhen,
- durch gemeinsam genutzte Sicherheitseinrichtungen Kosten sparen.

Die Gefährdungsbeurteilung soll vorausschauend durchgeführt werden, damit vorbeugende Massnahmen rechtzeitig veranlasst und überwacht werden können. Dies stärkt die Mitarbeitermotivation, verringert bzw. eliminiert Störfaktoren in den Arbeitsabläufen und reduziert damit die Kosten.

Der SIGEPLAN soll so einfach wie möglich erstellt werden, damit er als leicht verständliches, überschaubares und effizientes Hilfsmittel genutzt werden kann.

23.3.2 Sicherheitplanung

Zur Planung und Umsetzung des SIGEPLANS ist ein Sicherheitskoordinator festzulegen.

Der SIGEPLAN soll in der Planungsphase so konzipiert werden, dass er auf einer Übersichtszeichnung die Schwerpunkte und Besonderheiten des Arbeitsschutzes des jeweiligen Projektes auf den ersten Blick klar aufzeigt. Der SIGEPLAN dient als Grundlage zur Planung der Sicherungs- und Arbeitsschutzmassnahmen in folgenden Bauunterlagen:

- Baustelleneinrichtungsplan: Lage und Ort der permanenten Massnahmen
- Arbeitzykluspläne: z. B. Schutzvorrichtungen beim Sprengvortrieb
- Terminplan: Dauer der jeweiligen Schutzmassnahmen

Der SIGEPLAN (Bild 23.3-2) muss folgende Minimalbedingungen erfüllen:

- Der SIGEPLAN soll in der Vorbereitungsphase des Projektes erstellt und in der Ausführungsphase dem Arbeitsfortschritt und Änderungen angepasst werden.
- Die für die jeweilige Baustelle zutreffenden Bestimmungen müssen aufgeführt werden. Die Wechselwirkung Baubetrieb und Produktion oder Verkehr muss berücksichtigt werden, falls relevant (z. B. Instandsetzung eines Bahntunnels).
- Spezifische Massnahmen bei gefährlichen Arbeiten müssen angegeben werden, z. B. Verschüttetwerden beim Niederbruch im Tunnel, plötzlicher Bergwassereinbruch.

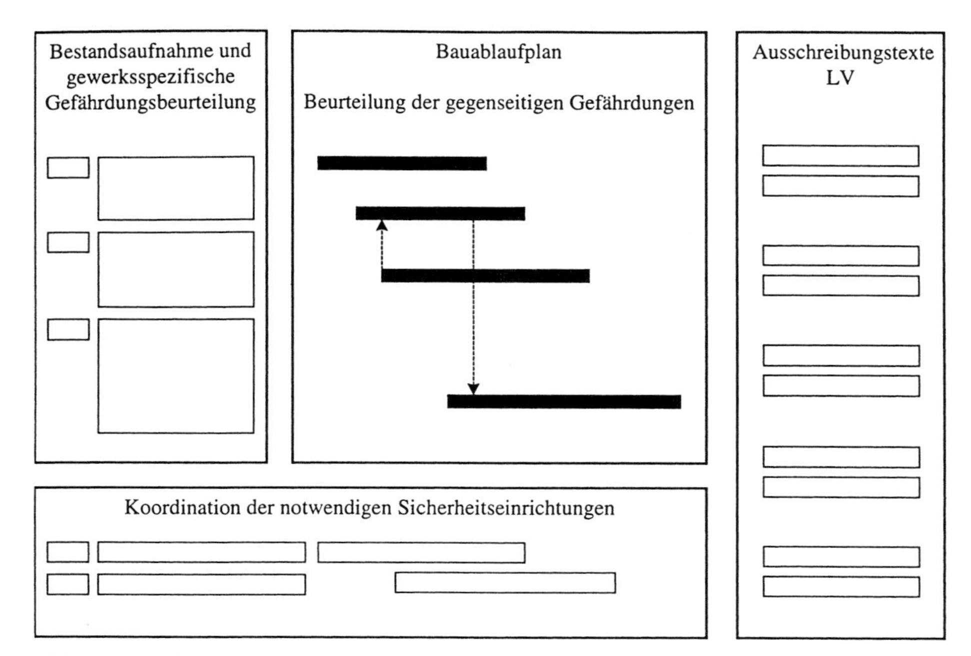

Bild 23.3-2 SIGEPLAN [23-2]

Der SIGEPLAN [23-2] soll nach dem Leitfaden der Berufsgenossenschaften erstellt werden. Der schematische Aufbau des SIGEPLAN ist in Bild 23.3-2 dargestellt; er gliedert sich in folgende Hauptelemente:

- Im linken Planteil sind die zu erwartenden Gefährdungen während des Baustellenbetriebs mit den dazugehörigen Lösungen, gegliedert nach Gewerken, aufgeführt.
- Im zentralen, mittleren Planteil dominiert der Bauablaufplan mit den Gefährdungen, die sich aus den zeitlichen Abhängigkeiten der verschiedenen Arbeiten ergeben.
- Im unteren Teil wird die erforderliche Koordination der notwendigen Sicherheitseinrichtungen sowie deren Standzeit eingetragen.
- Im rechten Planteil sind folgende Eintragungen vorzunehmen:
  - Hinweise auf Ausschreibungstexte zum Arbeitsschutz
  - Positionen des Leistungsverzeichnisses
  - Hinweise auf andere Pläne, Anweisungen und Bestimmungen

Der erwähnte SIGEPLAN-Leitfaden dient als Hilfsmittel zur systematischen und zügigen Bearbeitung des Sicherheitskonzepts für Baustellen. Im Mittelpunkt des SIGEPLAN-Leitfadens [23-2] und der modular aufgebauten Arbeitsblätter „Gefährdungsbeurteilung für Untertagearbeiten“ [23-3] stehen Gefährdungskataloge und Checklisten, in denen gewerkebezogen:

- mögliche Gefährdungen mit den entsprechenden Bestimmungen aufgeführt sind,
- praktikable Lösungen zur Abwendung von Gefahren vorgeschlagen werden,
- Hinweise auf mögliche Ausschreibungstexte angeboten werden.

Der SIGEPLAN soll in fünf Schritten ausgearbeitet werden (Bild 23.3-3):

- Studium der Baugenehmigung, Baubeschreibungen, Pläne und Gutachten durch den Sicherheitskoordinator
- Beurteilung gegenseitiger Gefährdung aus örtlicher und zeitlicher Nähe unter Beachtung und Nutzung der Checklisten [23-2, 23-3]
- Übernahme des Bauablaufplans in den SIGEPLAN, mit zentralem Balkendiagramm

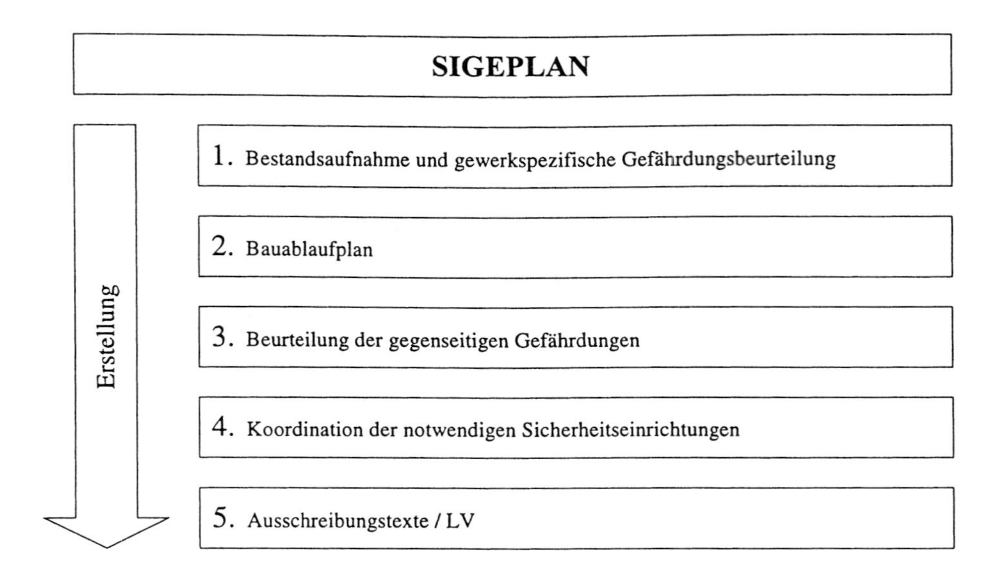

Bild 23.3-3 SIGEPLAN in 5 Schritten [23-2]

für die zeitliche Planung der Sicherheitsmassnahmen

- Planung der Baustelleneinrichtung unter Berücksichtigung der mittels Checklisten identifizierten Gefahren und der dort festgelegten Sicherheitsmassnahmen
- Koordinierung der Sicherheitsmassnahmen während des Bauablaufs
- Ausschreibung notwendiger und wichtiger Schutzmassnahmen im Leistungsverzeichnis ausschreiben

Bild 23.3-4 Hauptgliederungspunkte des Leitfadens eines SIGEPLANS [23-2]

23.3.3 Umsetzung des Sicherheitsplans

Der SIGEPLAN muss als baubetriebliches Planungs- und Führungshilfsmittel (Bild 23.3-4) verstanden werden, das:

- einerseits die Umsetzung notwendig erkannter Sicherheits- und Arbeitsschutzmassnahmen sicherstellt und
- andererseits die wöchentliche bzw. monatliche Kontrolle im Rahmen des Baustellen-Controllings erzwingt.

Der SIGEPLAN sollte Bestandteil des projektbezogenen Qualitätsmanagements sein und unter Verantwortung des Projektmanagements umgesetzt werden.

Der SIGEPLAN und der Katalog „Gefährdungsbeurteilung für Untertagebauten" stellen ein übersichtliches und einfaches Element dar, um flexibel für jede Baustellengrösse eine dem Gefährdungsgrad und der Komplexität angepasste wirtschaftliche Sicherheitsplanung vorzunehmen. Die Benutzung der Checklisten „Gefährdungsbeurteilung für Untertagearbeiten" ist für den Unternehmer verpflichtend. Die Richtlinie 92/57EWG muss in nationales Recht umgesetzt werden.

23.4 Zusammenfassung

Die heutigen Anforderungen an das Baustellenmanagement verlangen eine integrale Umsetzung von:

- Projektmanagement
- Qualitätsmanagement und
- Sicherheits- und Gesundheitsmanagement.

Diese Managementelemente sollten in einem baustellenbezogenen Projekt-Qualitäts-Managementhandbuch integriert werden.

Bei aller Betonung der Notwendigkeit der Sicherheits- und Gesundheits-Planungselemente muss vor Übereifer gewarnt werden. Zu detaillierte Vorgaben behindern die Einhaltung und Überwachung während der Bauphase. Die richtige, praktische Konzentration auf die wesentlichen Punkte, analog zum Qualitätsmanagement, muss gefunden werden, um eine erfolgreiche Umsetzung auf der Baustelle zu erreichen.

24 Projektabwicklungsformen als Schlüssel zu Innovation, Risikomanagement sowie Kostenoptimierung

24.1 Bauwirtschaftliche Veränderungen

Das Zusammenwachsen Europas zu einem gemeinsamen Wirtschaftsraum prägt durch zwei wesentliche Entwicklungen auch den Baumarkt und insbesondere den Untertagebau. Einerseits sind dies die grossen nationalen und internationalen Verkehrsprojekte, mit denen aus nationalen Verkehrsnetzen ein internationales Netzwerk aufgebaut wird, andererseits ist es die Privatisierung grosser Infrastrukturunternehmen wie Bahnen und Energieversorger.

Bei diesen Betrieben führt die Privatisierung zur Konzentration auf ihre Kernkompetenzen, nämlich auf Bereitstellung, Betrieb und Erhaltung von Infrastrukturanlagen. Damit verbunden ist eine Reduzierung der Aufgaben des Baupersonals auf das Projektmanagement sowie die Instandhaltung und Instandsetzung der baulichen Anlagen. Dadurch fokussieren sich die Bauherren auf die Sicherstellung der funktionalen und technischen Aspekte, sowie auf den finanziellen und rechtlichen Rahmen und auf die Bereitstellung eines effizienten Projektmanagements zur erfolgreichen Projektdurchführung. Neubauabteilungen für Grossprojekte, deren Auslastung nach Abschluss eines Projekts unsicher ist, haben dort keinen Platz mehr. Planung und Projektleitung für Neubaumassnahmen werden deshalb weitgehend durch Outsourcing bereitgestellt.

Auf der anderen Seite stehen die Unternehmen der Bauwirtschaft trotz überwiegend regional geprägten Baumärkten verstärkt in einem überregionalen Wettbewerb. Die heutige Struktur der Unternehmen weist kaum konkurrenzunterscheidende Merkmale auf. Das Leistungsangebot der verschiedenen Bauunternehmen ist für den Kunden kaum differenzierbar. Daher können Unternehmen aus der Sicht der Bauherren ohne Einbussen ausgetauscht werden. Das Entscheidungsmerkmal für den privaten Bauherrn ist oft nur der niedrigste Angebotspreis; die öffentlichen Bauherren sind in der Regel sogar verpflichtet, im „Hard-Money-Vergabeverfahren" den billigsten Anbieter zu beauftragen. Dadurch sind die Unternehmen einem verstärkten Preisdruck ausgesetzt. Sie müssen ihre allgemeinen Geschäftskosten permanent senken und wegen des niedrigen Preisniveaus vermehrt Billiganbieter als Subunternehmer engagieren. Hierdurch wird die Qualität der Ausführung langfristig sinken, weil in den Unternehmen bewährtes Know-how verloren geht.

Die heutigen Wettbewerbsformen im Tunnelbau beruhen in der Regel auf Leistungsverzeichnissen und reinem Preiswettbewerb und werden von Einzelleistungsträgern ausgeführt. Dies ermutigt die Bauunternehmen nicht, die Kompetenz zur Integration von Planung- und Ausführungsleistungen synergetisch zusammenzuführen und hat zur Folge, dass zur Erlangung der Kostenführerschaft aus betriebswirtschaftlichen Gründen das Personal in den Servicebereichen der Unternehmen zur Kostenreduzierung abgebaut werden muss. Daher ist in den Unternehmen derzeit kaum Kapazität vorhanden, Kernkompetenzen zu entwickeln und konkurrenzunterscheidende Innovationen voranzutreiben (Bild 24.1-1).

Diese Situation wird sich weiter zuspitzen. Einerseits werden auf der Seite der Netzbetreiber die Bauabteilungen reduziert, um sich auf Kernkompetenzen zu konzentrieren; andererseits bauen die Bauunternehmer ihre Kompetenzen ab, um im Preiswettbewerb besonders erfolgreich zu sein. Diese Entwicklung wird unweigerlich zu einem Know-how-Verlust in der Bauwirtschaft führen. Daher müssen Wege gesucht werden, um eine verstärkte Zusammenarbeit zwischen Planenden und Ausführenden in einer möglichst frühen Projektphase sicherzustellen [24-1]. Die Lösung liegt sowohl in der Integration von Planung und Ausführung zu einer Komplettlösung, als auch in der Berücksichtigung der Unterhaltsaspekte. Dieser Ansatz wird es den Unternehmen ermöglichen, ihr Know-how innovativ und konkurrenzunterschei-

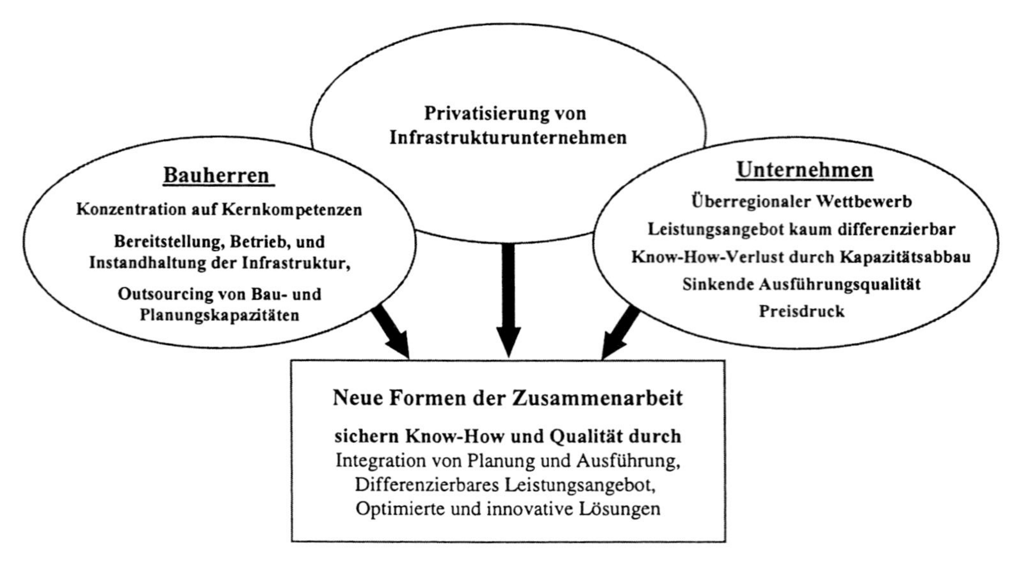

Bild 24.1-1 Entwicklungstendenzen im Tunnelbau

dend weiterzuentwickeln und durch Kooperationen für den Bauherrn optimierte Lösungen zu erarbeiten.

In fast allen exportabhängigen Volkswirtschaften der Industrieländer wird von der standortgebundenen Industrie – zu der die Bauwirtschaft als entscheidender Faktor gehört – erwartet, dass sie die exportierende Industrie in ihrer Wettbewerbsfähigkeit durch die Bereitstellung kostengünstiger Infrastrukturen unterstützt. Daher muss das bis heute unzureichend genutzte Potential der Zusammenarbeit in der Bauindustrie in Zukunft ausgeschöpft werden.

Ein Blick in andere Branchen, insbesondere in die Investitionsgüterindustrie, zeigt, dass es für ein Hochlohnland erfolgversprechende Lösungsansätze zur Steigerung der Wettbewerbsfähigkeit gibt, unter anderem durch Nutzung des in der Integration von Planung und Ausführung liegende Potentials.

In den verschiedenen Ländern werden neue Konzepte der Zusammenarbeit erprobt, z. B.:

- US Army Corps of Engineers, Portland District: Stratgy for Partnering in Public Tunnel Projects
- CII – Construction Industry Institute, University Austin Texas: Model for Partnering Excellence
- Schweiz – SBV und SIA durch das Modell SMART

Im europäischen Baumarkt führt diese Entwicklung von der bisher meist praktizierten Vergabe von Einzelleistungen hin zur vermehrten General- oder Totalunternehmervergabe und möglicherweise zum Systemanbieterkonzept.

Im folgenden wird anhand von grundsätzlichen Überlegungen dargestellt, wie man auch im Untertagebau zu einer besseren Integration von Planung und Ausführung bei weitgehender Entlastung des Bauherrn kommen kann. Dabei müssen die Anbieter ihre Kompetenzen intern oder durch Kooperationen konkurrenzunterscheidend ausbauen und den Ideen- und Lösungswettbewerb nutzen, um dem Bauherrn eine optimale Lösung anzubieten.

24.2 Einflüsse und Grundvoraussetzungen für die richtige Wahl der Vertragsform zur schnellen und kostenoptimalen Realisierung von Projekten

24.2.1 Projektabwicklungsformen

Die Investitionsvorhaben des Bauherrn sind mit Risiken verbunden. Der Bauherr sucht die für seine Bedürfnisse am besten abgestimmte Organisationsform, die seine Risiken optimal abgrenzt und mindert. Folgende Risiken bestehen für den Bauherrn:

- Investitionsrisiko
- Kostenrisiko

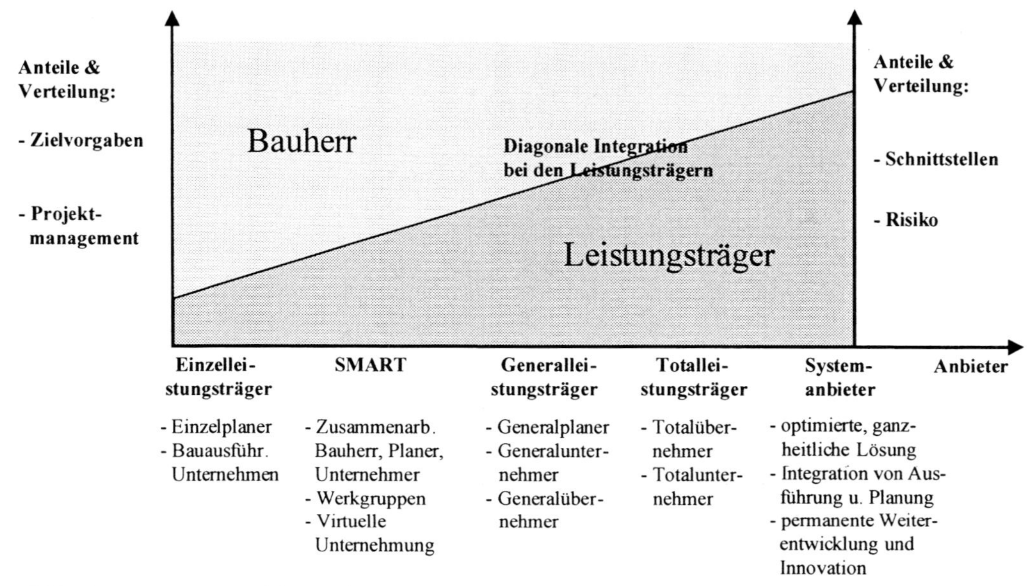

Bild 24.2-1 Formen der Projektorganisation

- Qualitätsrisiko
- Terminrisiko

Das Investitionsrisiko bleibt beim Bauherrn. Termin-, Kosten- und Qualitätsrisiko lassen sich je nach Projektorganisationsform [24-2, 24-3] und Vertragsgestaltung vermindern und auf andere Projektpartner übertragen. Der Bauherr muss abgestimmt auf die Art des Projektes, die Komplexität, die zur Verfügung stehenden Mittel und auf Grund der eigenen Organisation die für ihn geeignete Projektorganisationsform wählen.

Die Aufgaben und die Organisation des Projektmanagements verteilen sich im wesentlichen auf den Bauherrn und die Leistungsträger, unter denen wir Planer, bauausführende Unternehmen und Betreiber zusammenfassen wollen. Man unterscheidet dabei wie folgt:

- Die bekannten Projektorganisationsformen in der Bauwirtschaft sind (Bild 24.2-1):
  - **Einzelleistungsträger-Organisation:** Der Bauherr führt bei dieser traditionellen Organisationsform Planung und Ausführung mit Einzelplanern und Einzelunternehmen durch. Die Ausschreibung erfolgt auf der Basis eines detaillierten Leistungsverzeichnisses und einer bauherrnseitigen Ausführungsplanung.
  - **Generalleistungsträger-Organisation:** Darunter verstehen wir sowohl Generalplaner als auch Generalunternehmer. Die Integration erfolgt innerhalb der Planung oder nur in der Ausführung. Der Generalplaner erbringt für den Bauherrn komplette Planungsleistungen über alle Fachplanungen und Planungsphasen. Der Generalunternehmer realisiert alleinverantwortlich gegenüber dem Bauherrn die schlüsselfertige Erstellung des nutzungsbereiten Bauwerks unter Übernahme von Kosten-, Termin- und Qualitätsgarantien. Die Ausschreibung erfolgt meist auf Basis eines Leistungsverzeichnisses und einer Ausführungsplanung oder eines Leistungsprogramms und von Genehmigungsplänen.
  - **Totalleistungsträger-Organisation,** womit eine weitere Stufe der Integration erreicht wird. Der Totalunternehmer vereinigt die Funktionen des Generalplaners und des Generalunternehmers. Aufgrund eines Vorentwurfs werden für den Bauherrn sämtliche Planungs- und Bauausführungsleistungen auf der Basis Funktionaler Ausschreibung von einem einzigen Auftragnehmer schlüsselfertig erbracht.

- Die neuen Formen der Zusammenarbeit sind (Bild 24.2-1):
  - Das von SBV-Schweizer Baumeisterverband und SIA vorgeschlagene **Smart-Konzept** ist zwischen Einzelleistungsträger und Generalunternehmer angesiedelt. Die Planung wird im Auftrag des Bauherrn unter Einbezug von Unternehmern erstellt. Die Ausschreibung der zusammengehörenden Einzelleistungen erfolgt in Werkgruppen auf der Basis der ausführungsreifen Planung.
  - Zur Zeit entwickeln das IBB-Institut Bauplanung und Baubetrieb der ETH Zürich das neue **Integrationsmodell Systemanbieter Bau (SysBau)**. Dieser Ansatz basiert auf der ständigen Fortentwicklung eines Systemkonzepts. Die Komplettlösungen aus Planung, Ausführung und allenfalls Betrieb sind auch im Hinblick auf den Unterhalt und die Nutzung optimiert.

Für ein konkretes Projekt stellt sich nun die wichtige Frage, welche der beschriebenen Organisationsformen die geeignetste ist. Diese Frage sollte anhand folgender Kriterien entschieden werden:

- Bauherrenorganisation zur wirtschaftliche Abwicklung
- Gestaltungsmöglichkeit, Individualität und Änderungsmöglichkeiten
- optimierte Lösung durch Konkurrenz der Ideen
- Preiswettbewerb
- besondere Risiken, wie z. B.: erhöhtes Finanzierungs-, Baugrund- und Genehmigungsrisiko
- Risikoverteilung
- Kosten- und Terminsicherheit
- rasche Realisation

Eine Projektbeurteilung anhand dieser Kriterien gibt wesentliche Hinweise für die Wahl der geeignetsten Projektorganisation. Die Projektorganisations- und Ausschreibungsform sollte so gewählt werden, dass einerseits Synergien zwischen Planenden und Ausführenden für die optimale Projektgestaltung genutzt werden, und andererseits das Risiko demjenigen zugewiesen wird, der es am besten kontrollieren und damit am wirtschaftlichsten tragen kann.

Zur Beurteilung, welche Projektabwicklungsform im Untertagebau zur erfolgreichen Durchführung des Projekts am geeignetsten ist, sind die folgenden Aspekte von grösster Bedeutung:

- Globales Baugrundrisiko: Kann das Baugrundrisiko hinreichend und früh genug abgeklärt werden, damit die Leistungen eindeutig beschrieben werden können?
- Genehmigungsverfahren: Kann das Plangenehmigungsverfahren (Projekt) ausreichend früh durchgeführt und abgeschlossen werden, damit die Auflagen bekannt sind?
- Finanzierung: Wann kann die Finanzierung und die Zustimmung des Entscheidungsträgers erfolgen?
- Projektart: Handelt es sich um ein Standardprojekt oder um ein Projekt mit hohem Innovationspotential?

Im weiteren werden die folgenden Projektformen auf ihre Eignung für die genannten Hauptmerkmale untersucht:

- Die erste, im Untertagebau am häufigsten verwendeten Organisationsform ist die des Einzelleistungsträgers in Kombination mit der Ausschreibung auf Basis eines ausgearbeiteten Leistungsverzeichnisses.
- Die zweite Möglichkeit stellt das Generalunternehmermodell dar mit der Ausschreibung auf der Basis eingeschränkter Funktionalausschreibung mit Leistungsprogramm und Vorgaben in bezug auf Angaben der Ausbruchklassen und des Abrechnungssystems.
- Als dritte Variante kommt der Totalunternehmer mit Funktionaler Ausschreibung in Frage. Dieses Verfahren wurde im Untertagebau bisher jedoch nur in wenigen Fällen angewendet.

24.2.2 Die Einzelleistungsträgerorganisation

Stellvertretend für die Projektabwicklungsformen mit Leistungsverzeichnis soll zunächst der „traditionelle“ Fall der Ausschreibung mit Leistungsbeschreibung und Leistungsverzeichnis sowie Vergabe an Einzelleistungsträger betrachtet werden. Bei dieser Projektorganisationsform ist der Planungs- und Ausführungsprozess strikt getrennt (Bild 24.2-2).

Konzeptphase

In der Konzeptphase werden folgende Vorstudien erstellt:

- Vorentwurf und Konzept- bzw. Machbarkeitsstudie

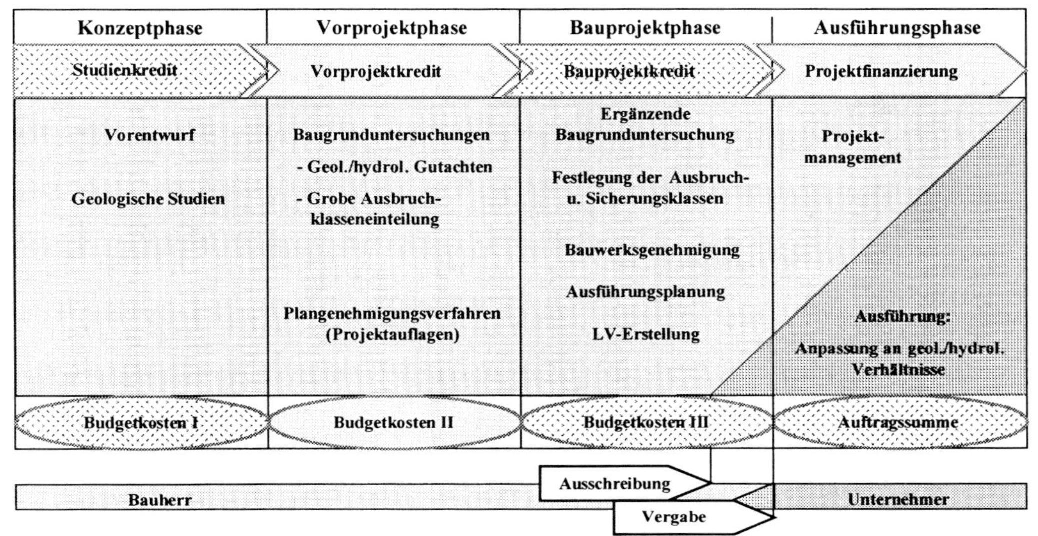

Bild 24.2-2 Projektphasen Einzelleistungsträger

- Geologische Studie
- Budgetkosten I

Die Konzeptphase wird aufgrund eines Projektkredits durchgeführt. Aus diesen Untersuchungen werden der Finanzbedarf und mögliche Finanzierungsformen ermittelt. Ferner werden die Budgets für die folgenden Planungsphasen festgelegt. Nach Genehmigung der Konzeptstudie folgt das Vorprojekt. Nach Abschluss der Konzeptphase sollte das Projekt in bezug auf die verschiedenen Eignungskriterien überprüft werden, damit möglichst zu diesem Zeitpunkt die Entscheidung über die Projektform gefällt werden kann.

Vorprojektphase

In der anschliessenden Vorprojektphase werden folgende Projektaufgaben gelöst:

- Baugrunduntersuchungen
  - Intensive Baugrunduntersuchungen vor Ort
  - Erstellen des geologischen und hydrologischen Gutachtens
  - Grobe Ausbruch-Klasseneinteilung
- Projekt-Genehmigungsverfahren
  - Erster Schritt in diesem Genehmigungsprozess ist das Planbewilligungsverfahren. In diesem verwaltungsrechtlichen Verfahren wird mittels Stellungnahme und der Möglichkeit von Einsprüchen ein Plangenehmigungsbeschluss erwirkt, mit dem die Rechtsgrundlage für die Durchführung eines Projekts geschaffen wird. Mit diesem Beschluss sind die wesentlichen Genehmigungsauflagen für die weitere Planung und Ausführung festgelegt. Diese enthalten insbesondere die Gewährleistung der Umweltverträglichkeit und des Schutzes der Interessen Dritter. Die Leistungsbeschreibung der Vorprojektplanung wird durch die Genehmigungsauflagen ergänzt und dient damit als Grundlage für die – Ausführungsplanung.
  - Aufgrund der Veränderungen aus den Genehmigungsauflagen werden die Budgetkosten II ermittelt.

Bauprojektphase

Die wesentlichen Aufgaben in der Bauprojektphase sind die Ausführungsplanung auf Basis der Vorprojektplanung und der Auflagen aus dem Planbewilligungsverfahren und die Erstellung des Leistungsverzeichnisses. In dieser Phase werden ergänzende Baugrunduntersuchungen nötig, um offene Fragen für das Aufstellen des Leistungsverzeichnisses zu klären und die erforderliche Baubewilligungsverfahren für einzelne Bauwerke durchführen zu können.

Im Leistungsverzeichnis werden Vortriebsverfahren und die zugehörige Sicherung sowie die Einteilung des Bauwerks in Ausbruchsklassen festgeschrieben. Der Bauherr gibt damit das Bauverfahren, die Konstruktion und den Bauablauf weitestgehend vor.

Vor der Ausschreibung der Leistungen muss in einem zweiten Schritt des Genehmigungsverfahrens die Prüfung der Ausführungsplanung auf Übereinstimmung mit den Auflagen aus dem Planbewilligungsverfahren sowie eine technische Prüfung von Konstruktionen und Gebäuden durch den Bauherrn und entsprechende Fach- bzw. Aufsichtsbehörden erfolgen, sofern diese nach den Baugesetzen erforderlich ist. Spätestens zu diesem Zeitpunkt muss die Finanzierung des Projektes durch die Zustimmung des Entscheidungsträgers gesichert sein. Den Abschluss dieser Bauprojektphase bilden die Ausschreibung und Vergabe der jeweiligen Leistungen an den Bauunternehmer.

Bauausführungsphase

Der Bauunternehmer führt die einzelnen Arbeiten durch. Er ist für die richtige Wahl der Geräte und Abläufe auf der Grundlage der vorgegebenen Bauverfahren sowie für die richtige Behandlung des Baugrundes verantwortlich. Bei veränderten geologischen Verhältnissen entscheidet der Bauherr in bezug auf Änderungen der Ausbruch- bzw. Sicherungsklasse, wenn nicht der Unternehmer Sicherheitsbedenken anmeldet.

Vor- und Nachteile für den Bauherrn

Die Vorteile bei diesem Verfahren sind:

- Der Bauherr kann Planung und Ausführung individuell an die in bezug auf Preis, Qualität und Leistungsfähigkeit besten Firmen vergeben.
- Grosse Flexibilität in bezug auf Planungsänderungen bis zur sukzessiven Vergabe. Dies ist besonders dann wichtig, wenn die Unabwägbarkeiten in der Geologie, Genehmigung und Finanzierung die gesamte Projektplanungsphase überziehen.
- Der Preiswettbewerb der Anbieter kann voll genutzt werden.

Als Nachteile stehen dem gegenüber:

- Der Bauherr trägt hauptsächlich das finanzielle und terminliche Risiko und er ist für die gesamte Schnittstellenkoordination verantwortlich.
- Die sequentielle Abarbeitung aller Planungsphasen vor der Ausführung lässt keine beschleunigte Projektabwicklung zu, woraus sich meist eine lange Projektdauer ergibt.
- Ferner kann der Bauherr das Know-how des Unternehmers nur in bezug auf die Ausführung, nicht aber für die Projektoptimierung nutzen. Es entsteht eine Wissenslücke bei dem Übergang von der Planungs- in die Ausführungsphase. Der Unternehmer braucht bei den meisten Projekten eine relativ lange Anlaufzeit, um alle Ausführungsentscheidungen und deren Hintergründe zu verstehen. Dies wird nur partiell durch die Bauleitung ausgeglichen.
- Der Unternehmer ist aufgrund des reinen Preiswettbewerbs interessiert, möglichst Nachtragsforderungen zu stellen, um seine oft enge Gewinnspanne zu verbessern.

Vor- und Nachteile für den Unternehmer

Die Vorteile für den Unternehmer sind bei diesem Verfahren, dass er kein Risiko aus Abweichungen der Leistungsbeschreibung von den örtlichen Verhältnissen trägt und im Fall des Einheitspreisvertrags alle ausgeführten Leistungen vergütet werden.

Der Nachteil für ihn besteht darin, dass er erst zum Ende der Bauprojektphase in den gesamten Projektablauf einbezogen wird und seine Leistung nur im reinen Preiswettbewerb anbieten kann, weil zu diesem Zeitpunkt kaum noch Spielraum für Optimierungen durch den Unternehmer besteht.

Es ist den Anbietern nur im Rahmen von Sondervorschlägen möglich, Alternativen zur Planung des Bauherrn zu entwickeln. Den Anbietern steht im Regelfall nur ein Teil der Informationen, die der Bauherr besitzt, zur Verfügung. Dies ist meist zu wenig, um einen adäquaten und risikoausgeglichenen Entwurf vorzulegen. Zumeist ist auch der Angebotszeitraum zu kurz und das Optimierungspotential zu gering, um dem Bauherrnentwurf, der über einen langen Zeitraum ausgearbeitet wurde, eine qualitative Alternative gegenüberstellen zu können.

Um den unterschiedlichen Informationsstand von Planern und Ausführenden zu beseitigen, sind Zusammenarbeitsformen vorteilhaft, die eine frühzeitige Integration von Planung und Ausführung ermöglichen. Dazu ist es erforderlich, trotz eindeutiger Vorgaben des Bauherrn genügend Gestaltungsspielraum zu geben, um einen Ideenwettbewerb zu ermöglichen.

Solche Zusammenarbeitsformen sind die im folgenden dargestellten General- und Totalunternehmermodelle.

24.2.3 Gesamtleistungsträgerorganisation mit Ausschreibung auf der Basis einer eingeschränkten Funktionalausschreibung

Als zweite Variante der im Untertagebau verwendeten Formen der Projektabwicklung soll nun die Vergabe auf Basis der Genehmigungsplanung und einem darauf aufbauenden Bauprogramm/Leistungsprogramm mit einer pauschalierenden Leistungsbeschreibung an einen Generalunternehmer betrachtet werden [24-4] (Bild 24.2-3).

Konzeptphase

Die Konzeptphase ist mit derjenigen der zuvor betrachteten Einzelleistungsträgerorganisation identisch.

Vorprojektphase

In der anschliessenden Vorprojektphase werden folgende Projektaufgaben vom Bauherrn gelöst:

- Baugrunduntersuchungen (siehe ELT-Organisation);
- Projekt-Genehmigungsverfahren (siehe ELT-Organisation);
- Präqualifikation der Generalunternehmer;
- Aufgrund der Veränderungen aus den Genehmigungsauflagen werden die Budgetkosten II ermittelt (siehe ELT-Organisation).
- Vorbereitung der Ausschreibungsunterlagen für den beschränkten Ideenwettbewerb (Preis-Leistungswettbewerb) der prä-qualifizierten Unternehmen in Form einer eingeschränkten Funktionalausschreibung auf der Basis der Genehmigungsplanung. Die Baubeschreibung muss eine klare Risikoverteilung mit klaren Vorgaben über Ausbruchklassenverteilung und vorhersehbare Störfälle enthalten.
- Spätestens zu diesem Zeitpunkt muss die Finanzierung des Projektes durch die Zustimmung des Entscheidungsträgers gesichert sein.
- Ausschreibung der Bauaufgaben und beschränkter Ideenwettbewerb der Unternehmer

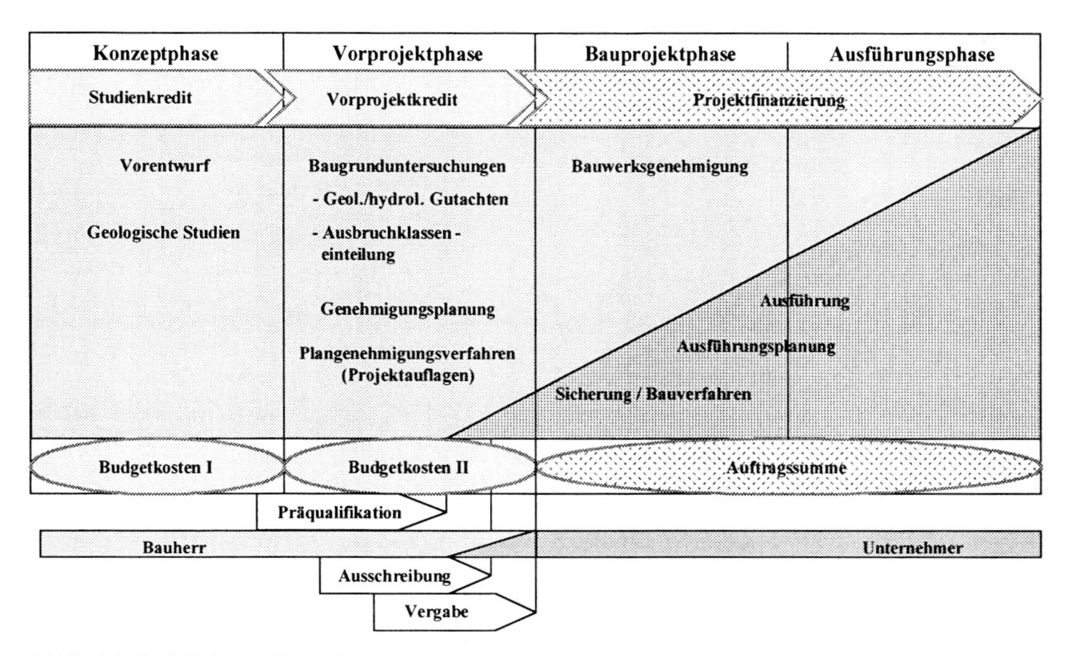

Bild 24.2-3 Projektphasen Generalunternehmer

in bezug auf die Optimierung von Ausbruch-, Sicherungs- und Ausbaumethode innerhalb der baubetrieblichen Prozesskette. Die Unternehmer müssen im Wettbewerb ihre Lösung, die Pauschaleinheitspreise und Termine ermitteln.

- Der Bauherr ermittelt mit Hilfe eines qualifizierten Bewertungsgremiums die für ihn optimale Lösung und beauftragt den Generalunternehmer.

Eine Etappierung der Finanzierung kann bei dieser Projektabwicklungsform nur noch die ersten beiden Projektphasen umfassen, da mit Beginn der Bauprojektphase die Finanzierung des Gesamtprojekts feststehen muss. Der Bauherr kann allerdings durch die Vergabe der Leistung als Gesamtpreisvertrag eine weitestgehende Kostengarantie vertraglich vereinbaren.

Für die Beschreibung der Baugrundverhältnisse bedeutet dieses Ausschreibungsverfahren, dass den Anbietern zu diesem frühen Zeitpunkt sehr detaillierte und exakte Informationen zur Verfügung gestellt werden müssen. Es muss zudem möglich sein, Zusatzinformationen durch Erkundungen vor Ort durch den Bauherrn beschaffen zu lassen oder auf andere Informationsquellen zurückzugreifen.

Im Interesse der Wirtschaftlichkeit muss vermieden werden, dass der Unternehmer wegen Unsicherheiten im Baugrund erhöhte Risikozuschläge in sein Angebot einrechnet. Deshalb ist es sinnvoll, wenn der Bauherr aufgrund der Baugrunderkundungen eine Klassifizierung von Ausbruch und Sicherung vornimmt. Der Unternehmer kann innerhalb dieser Klassifizierung Vortriebsverfahren und Sicherung optimieren.

Bauprojekt- und Ausführungsphase

Die beiden Phasen können bei dieser Projektform parallel durchgeführt werden. Dadurch entsteht ein sogenanntes „Fast Track Project", das Beschleunigungspotential enthält. Die Ausführungsplanung ist bei diesem Verfahren Teil der Leistung des Unternehmers. Folgende Aktivitäten sind nun interaktiv miteinander vernetzt:

- Ausführungsplanung
- Bauwerksgenehmigung (Prüfung)
- Bauausführung

Während der Ausführungsplanungs- und Bauwerksgenehmigungsphase erfolgt gleichzeitig die Arbeitsvorbereitung und Baustelleneinrichtung. Diese Parallelisierung wird in allen Phasen der Ausführung fortgesetzt. Der Unternehmer trägt die Verantwortung für die Übereinstimmung seiner Ausführungsplanung mit den Anforderungen des Bauherrn einerseits und den Genehmigungsauflagen und der Ausführung andererseits. Der Prüfungsprozess der Ausführungsplanung mit den Prüfinstanzen, Prüfkompetenzen und der Zeitdauer eines Prüfungszyklus muss mit dem Unternehmer klar vereinbart sein.

Um für diese Art der Projektabwicklung geeignete Anbieter zu finden, ist es im Vorfeld der Ausschreibung erforderlich, eine Präqualifikation durchzuführen. Potentielle Anbieter müssen in diesem Verfahren zeigen, dass sie über die Kompetenz verfügen, ein solches Projekt eigenverantwortlich zu planen, zu koordinieren und auszuführen. Kriterien für die Auswahl sind technisches Know-how und Erfahrungen mit ähnlichen Projekten sowie finanzielle Bonität. Dieses Verfahren bedeutet für den Bauherrn, dass er seine Tätigkeit auf Vorplanung und qualifizierte Überwachung sowie die Schaffung des rechtlichen und finanziellen Rahmens für die Durchführung des Projekts reduzieren kann.

Vor- und Nachteile für den Bauherrn

Der Bauherr hat folgende Vorteile:

- Weitestgehende Kosten- und Termingarantie ab der Vergabe.
- Er hat nur noch einen Ansprech- und Vertragspartner.
- Durch die Vergabe von Ausführungsplanung und Ausführung an einen Anbieter ist eine Parallelisierung dieser Vorgänge möglich. Dies kann die Ausführungszeit verkürzen und geringere Finanzierungskosten ergeben.
- Er kann Projektoptimierung durch Wettbewerb von Ideen nutzen.
- Der Informationsverlust zwischen Vorprojekt und Bauprojekt- und Ausführungsphase wird durch Integration von Ausführungsplanung und Bauausführung wesentlich verringert.
- Wesentlich geringeres Nachtragspotential und einfachere Abrechnung.

Nachteilig für den Bauherrn ist, dass die Baubeschreibung und Baugrundgutachten mit Vorgaben über Ausbruchklassen sehr früh sorgfältig festgelegt werden müssen. Spätere Änderungen verursachen meist erhebliche finanzielle Folgen, wenn diese nicht durch pauschale Eventualpositionen vorgegeben wurden.

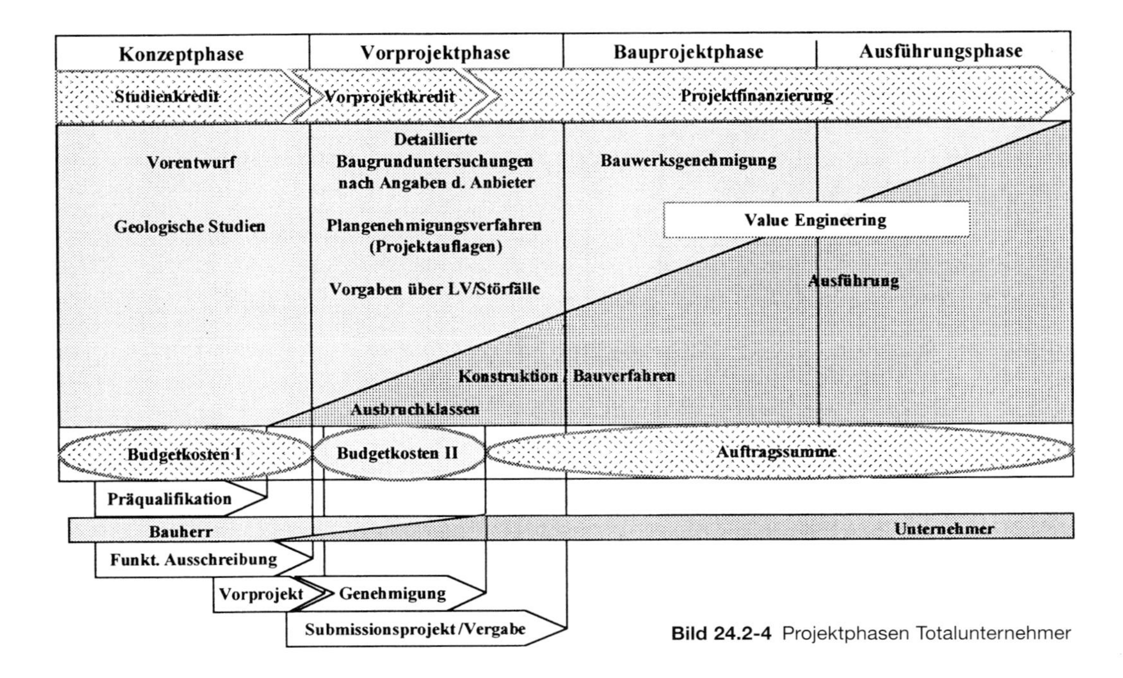

Bild 24.2-4 Projektphasen Totalunternehmer

Vor- und Nachteile für den Unternehmer

Der Unternehmer hat die Chance, durch Integration von Planung und Ausführung seine Ideen und sein Know-how frühzeitig einzubringen und nicht nur im reinen Preiswettbewerb anzubieten. Da er einen erheblichen Teil des Projektmanagements übernimmt, kann er einen schnellen und störungsfreien Projektablauf erreichen.

Als nachteilig kann der Umstand angesehen werden, dass seine Risiken zunehmen. Dem kann begegnet werden durch:

- eindeutige Genehmigungsprozeduren und Transparenz aller Genehmigungsauflagen,
- detaillierte Vorgaben im Baugrundgutachten mit Ausbruchsklassenverteilung und Störfallszenarien.

24.2.4 Totalleistungsträgerorganisation mit Ausschreibung auf der Basis einer Funktionalausschreibung

Die Totalleistungsträger-Projektabwicklungsform (Bild 24.2-4) integriert weitestgehend die Aufgaben des Generalplaners und des Generalunternehmers. Die Ausschreibung erfolgt funktional auf der Basis einer Leistungsbeschreibung mit Bauprogramm/Leistungsprogramm. Diese Projektform ermöglicht umfangreiche Synergien zwischen Planung und Ausführung. Daher ist diese Projektform am geeignetsten bei Projekten, die in bezug auf Konstruktion, Sicherung, Ausbruchart und Baumethode in verschiedenen Lösungsvarianten ausgeführt werden können und somit ein mehrdimensionales Optimierungspotential aufweisen.

Es ist möglich, den Planungs- und den Bauausführungsprozess solcher Projekte teilweise zu parallelisieren und damit erhebliche Zeitvorteile zu gewinnen. Solche „Fast Track"-Projekte erfordern natürlich ein besonders präzises, vorausschauendes und vorausplanendes Projektmanagement. Eines der Erfolgsgeheimnisse liegt in der interaktiven Planung zwischen geologischer und hydrologischer Erkundung und Interpretation, Tragwerksplanung und baubetrieblichem Konzept. Die Planung muss so koordiniert werden, dass sie dem parallel laufenden Bauprozess alle Planungsunterlagen für die jeweilige Bauphase termingerecht zur Verfügung stellt. Dies ist eine der schwierigsten Herausforderungen für die Ingenieure.

Konzeptphase

Die Konzeptphase ist mit derjenigen der zuvor betrachteten Einzelleistungsträgerorganisation identisch. Jedoch findet am Ende der Konzeptphase die Präqualifikation der Totalunternehmer statt.

Vorprojektphase

Die Ausarbeitung einer Vorprojektplanung [24-5] wird bereits von den Anbietern der Totalunternehmerleistung durchgeführt, wobei in einem mehrstufigen Entscheidungsprozess vom Vorprojekt zum Submissionsprojekt die Zahl der Anbieter stufenweise reduziert wird. Die Entscheidung für einen Anbieter fällt also bereits vor Abschluss der Vorprojektphase. Deshalb muss auch die Finanzierung schon zu diesem Zeitpunkt gesichert sein.

In der Vorprojektphase werden folgende Projektaufgaben vom Bauherrn gelöst:

- Baugrunduntersuchungen (siehe ELT-Organisation).
- Vorbereitung der Ausschreibungsunterlagen für den Ideenwettbewerb (Preis-Lösungswettbewerb) der präqualifizierten Unternehmen in Form einer Funktionalausschreibung. Die Baubeschreibung sollte eine klare Baugrundbeschreibung mit tunnelbautechnischen Interpretationen und bemessungstechnischen Parametern enthalten. Zudem sollte die Risikoverteilung mit klaren Vorgaben über Ausbruchklassenverteilung und vorhersehbare Störfälle enthalten sein.
- Ausarbeitung je eines Vorentwurfs durch die präqualifizierten Unternehmen im Ideenwettbewerb unter Berücksichtigung der besonderen Anforderungen des Bauherrn. Jedes Unternehmen kann vom Bauherrn zusätzliche Bodenerkundungen anfordern.
- Jeder Unternehmer muss seinen Vorentwurf mit Deckelpreis gemäss dem Gliederungskonzept der Ausscheidungsjury vorlegen.
- Danach erfolgt das Projekt-Genehmigungsverfahren (siehe ELT-Organisation).
- Parallel zum Genehmigungsprozess werden meist zwei Unternehmen mit der Ausarbeitung des Submissionsprojekts beauftragt, unter Berücksichtigung der Genehmigungsauflagen. In diesem Stadium müssen die Unternehmen ihren Gesamtpreis und Termine unter Wettbewerbsbedingungen verbindlich vorlegen.
- Spätestens zu diesem Zeitpunkt muss die Finanzierung des Projektes gesichert sein.
- Der Bauherr ermittelt mit Hilfe eines qualifizierten Bewertungsgremiums die für ihn optimale Lösung und beauftragt den Totalunternehmer.

Eine weitere Variante des Verfahrens, die hauptsächlich in angelsächsischen Ländern erfolgreich angewandt wird, ist folgende:

Nach dem Ideenwettbewerb mit Deckelpreis entscheidet sich der Bauherr für einen Totalunternehmer und beauftragt ihn mit der Ausarbeitung der Genehmigungsplanung. Zur weiteren Kostenoptimierung vereinbart der Bauherr mit dem Totalunternehmer ein „Value Engineering". Damit werden Anreize geschaffen, weitere Verbesserungen im Projekt durchzuführen, bei denen beide durch Aufteilung der Einsparungen einen finanziellen Anreiz erhalten.

Während der Vorprojektphase finden die Baugrunderkundungen statt. Diese können während des Entscheidungsprozesses kontinuierlich verfeinert werden, wenn die Anbieter weitere Informationen benötigen. Der Bauherr sollte möglichst vor dem Ideenwettbewerb, spätestens aber vor dem Submissionsprojekt, ein Konzept erarbeiten, wie die vertragliche Fortschreibung ermöglicht wird, falls die angetroffenen Baugrundverhältnisse von den Erkundungen abweichen, z. B. durch Definitionen von Störfällen, die als Einheitspauschalen im Wettbewerb angeboten werden. Das Störfallkonzept wurde z. B. am Elbtunnel in Hamburg umgesetzt, um derartige Ereignisse zu bewerten.

Im Submissionsprojekt ist das vom Anbieter gewählte Bauverfahren mit wesentlichen Festlegungen und detaillierten Beschreibungen der auszuführenden Leistungen bereits enthalten. Der Unternehmer muss also die geologischen Bedingungen eigenverantwortlich in ein Vortriebs- und Sicherungskonzept und entsprechende Klassifizierungen umsetzen, wie das z. B. beim Projekt Glattstollen der Stadt Zürich praktiziert wurde. Er hat also viel Freiraum und trägt die gesamten Risiken bei der Interpretation der Erkenntnisse aus der Baugrunderkundung.

Bauprojekt- und Ausführungsphase

Die beiden Phasen können bei dieser Projektform parallel durchgeführt werden und entsprechen weitgehend dem Generalunternehmermodell. Fällt die Entscheidung für einen Unternehmer – wie beim angelsächsischen Modell – bereits nach dem Ideenwettbewerb, dann kann ab diesem Zeitpunkt das Projekt als „Fast Track Project", abgewickelt werden. Folgende Projektaufgaben sind nun interaktiv miteinander verzahnt:

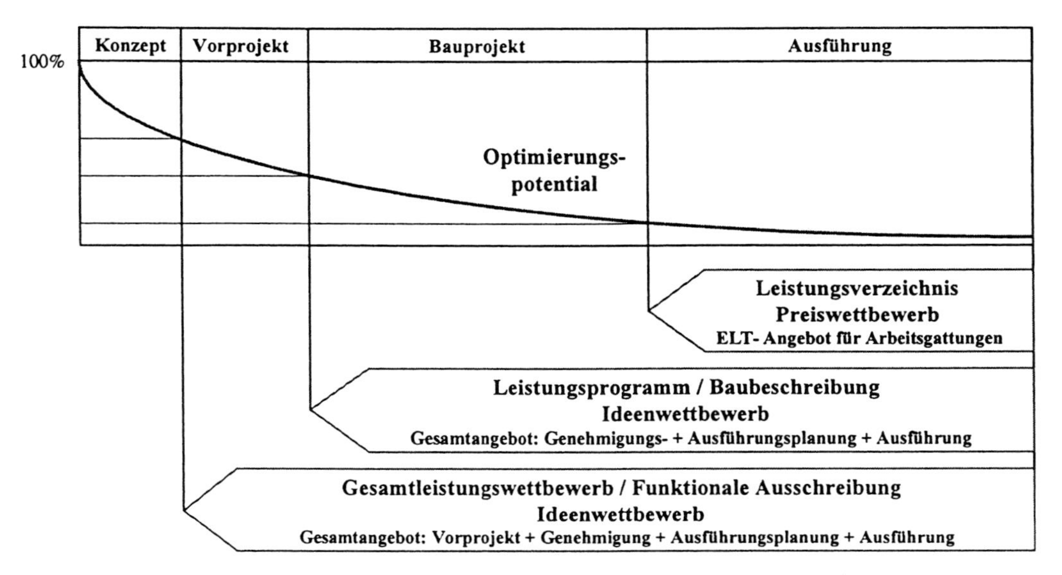

Bild 24.2-5 Wettbewerbsverfahren und Optimierungspotential

- Ausführungsplanung
- Value Engineering, falls es angewendet wird
- Bauwerksgenehmigung (Prüfung)
- Bauausführung

In dieser Projektform kann parallel, aber zeitlich versetzt zur Genehmigungs- mit der Ausführungsplanung begonnen werden. Man beginnt dabei mit den Bereichen, die voraussichtlich nur geringe Veränderungen durch das Genehmigungsverfahren erfahren. Während der Ausführungsplanungs- und Bauwerksgenehmigungsphase erfolgt gleichzeitig die Arbeitsvorbereitung und Baustelleneinrichtung. Diese Parallelisierung wird in allen Phasen der Ausführung fortgesetzt. Der Unternehmer trägt die volle Verantwortung für die richtige Interpretation der Baugrunderkundung und das daraus abgeleitete Bauverfahren. Ein unabhängiger Sachverständiger des Bauherrn überprüft die Vorschläge des Bauunternehmers aus tunnelstatischen Gesichtspunkten unter Beachtung der Auflagen des Bauherrn. Dies bringt für den Unternehmer im allgemeinen eine gewaltige Risikoausweitung, die eine hohe Kompetenz und in vielen Fällen auch kompetente Kooperationspartner verlangt. Der Unternehmer trägt ferner die Verantwortung für die Genehmigungsplanung.

Dieses Verfahren bedeutet für den Bauherrn, dass er seine Tätigkeit auf Vorplanung und qualifizierte Überwachung sowie die Schaffung des rechtlichen und finanziellen Rahmens für die Durchführung des Projekts reduzieren kann.

Vor- und Nachteile

Die beim Generalunternehmermodell angeführten Vor- und Nachteile gelten auch in diesem Fall. Hervorzuheben ist, dass sich der Bauherr bei diesem Verfahren auf die wesentlichsten Bauherrenaufgaben beschränkt, nämlich die grundlegenden Parameter des Projekts zu definieren, den rechtlichen und finanziellen Rahmen für die Durchführung des Projekts zu schaffen und eine hochqualifizierte Projekt- und Bauleitung zu engagieren.

Der Unternehmer hat praktisch weitgehende Freiheit, im Ideenwettbewerb eine Lösung für die Bauaufgabe des Bauherrn zu entwickeln, und kann so seine Kompetenzen und sein Know-how optimal in das Projekt einbringen. Damit verbunden ist eine weitreichende Risikoverschiebung im Rahmen der Baugrundinterpretation und des Genehmigungsverfahrens. Diese Baugrundrisikoübertragung liegt allerdings noch in einer Grauzone, die durch die elementare Risikophilosophie im allgemeinen von beiden beeinflusst wird. Der Baugrund ist Eigentum des Bauherrn, die richtige Behandlung des

Baugrundes ist Aufgabe des Unternehmers. Die Problematik dieser Risikoverteilung liegt darin, das der Bauherr nur die Bodenuntersuchungen zur Verfügung stellt, jedoch die Interpretation bezüglich Ausbruchklassen nicht selbst vornimmt. Der Unternehmer hat nur ein Recht auf Nachträge, wenn andere Bodenarten oder Böden mit anderen Kennwerten angetroffen werden als in den Bodengutachten untersucht wurden.

24.2.5 Zusammenfassung

Zusammenfassend ist festzustellen (Bild 24.2-5), dass die Ausschreibung mit Leistungsverzeichnis und Vergabe an Einzelleistungsträger vor allem für Projekte geeignet ist, bei denen:

- eine sukzessive Entwicklung in bezug auf Abklärung der Baugrundrisiken, die Sicherstellung der Finanzierung und der Genehmigung sowie die Berücksichtigung der Auflagen eine relativ lange Zeit erfordert, wie dies z. B. bei den Projekten der NEAT [24-6] der Fall ist. Daraus resultiert oft, dass die Ausführungsplanung soweit fertiggestellt ist, dass keine andere Projektform sinnvoll ist;
- das Projekt so einfach ist, dass ein Ideenwettbewerb keine unterschiedlichen Akzente setzt;
- der Preiswettbewerb voll genutzt werden soll.

Die Funktionale Ausschreibung [24-7] mit Leistungsbeschreibung bzw. Leistungsprogramm und Vergabe an einen Generalunternehmer bzw. Totalunternehmer ist besonders bei Projekten vorteilhaft, bei denen

- Finanzierung und Genehmigung des Projekts gesichert sind;
- die Baugrundverhältnisse zügig abgeklärt werden können;
- die Anforderungen und die Randbedingungen sehr früh feststehen und nach Auftragsvergabe keine wesentlichen Änderungen mehr auftreten;
- die technische und wirtschaftliche Optimierung durch den Ideenwettbewerb der Anbieter erfolgen soll;
- der Bauherr nach Auftragsvergabe weitreichende Termin- und Kostengarantien haben möchte;
- eine schnelle Bauausführung erfolgen soll;
- der Bauherr nur ein minimales Projektmanagement betreiben will oder kann.

Für funktionale Leistungsbeschreibungen eignen sich Schildvortriebe mit einer im Schild eingebauten Tunnelauskleidung über die gesamte Bauwerkslänge besonders. Beim Schildvortrieb müssen nur die unterschiedlichen Bodenverhältnisse an der Ortsbrust differenziert werden, die Leistungsveränderungen ergeben.

Bei der Spritzbetonbauweise müssen für die wechselnden geologischen Verhältnisse unterschiedliche Ausbruchs- und Sicherungsklassen berücksichtigt werden. Daher eignet sich diese Bauweise zur Zeit noch für die Einzelleistungsträger-Projektorganisation und Ausschreibung nach Leistungsverzeichnis oder nach dem Generalunternehmermodell mit eingeschränkter Funktionalausschreibung.

Speziell für den Untertagebau bieten sich beim Einsatz Funktionaler Ausschreibungen vielfältige Möglichkeiten für den Unternehmer, sich durch sein spezifisches Know-how in Konstruktion und Ausführung Wettbewerbsvorteile zu verschaffen und wirtschaftlichere Lösungen anzubieten. Andererseits kann der Bauherr durch die grössere Verantwortung des Unternehmers bei der Funktionalen Ausschreibung seine Sicherheit vergrössern und sich auf seine Kernkompetenzen als Bauherr konzentrieren.

24.3 Gestaltung der Ausschreibung und Risikomanagement als Schlüssel zur konfliktarmen Abwicklung von Projekten

24.3.1 Risikomanagement

24.3.1.1 Verteilung von Genehmigungs- und Baugrundrisiko

Wesentlich für eine konfliktarme Projektabwicklung ist die ausgewogene Verteilung der Risiken auf die Projektbeteiligten (Bild 24.3-1). Im Rahmen des Risikomanagements sollten die Risiken so verteilt werden, dass der Vertrag weitestgehend von spekulativen Elementen entlastet wird [24-8, 24-9]. Der Bauherr zahlt nur so viel, wie wenn die tatsächlichen Baugrundverhältnisse von Anfang an bekannt gewesen wären. Damit zahlt er für das fertige Bauwerk den tatsächlichen Geldwert dessen, was vertraglich gebaut wurde. Der Auftragnehmer erleidet bei unerwarteten Abweichungen keinen Schaden. Dadurch entfallen spekulative Zuschläge weitestgehend.

Die meist signifikantesten Risiken im Untertagebau sind einerseits das Genehmigungsrisiko und andererseits das Baugrundrisiko, die hier näher betrach-

Bild 24.3-1 Projektrisiken

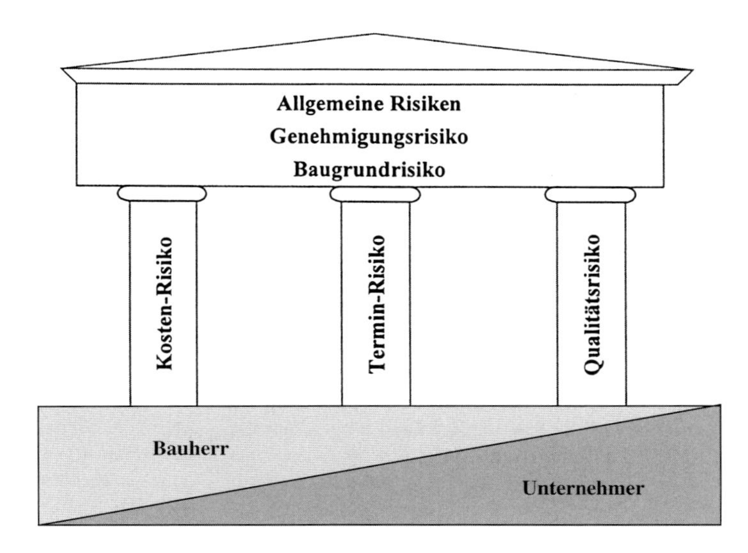

tet werden sollen. Das Baugrundrisiko ist insofern so bedeutend, als der Ausbruch und die Sicherungsmassnahmen (die direkt von der Interaktion des Baugrundes abhängen) je nach Ausbruchquerschnitt 50 – 60 % der Baukosten betragen. Der Vertrag sollte so gestaltet werden, dass unvorhersehbare Änderungen vertraglich gefasst werden können; er sollte auch bei geänderten örtlichen Verhältnissen fortschreibungsfähig sein.

24.3.1.2 Genehmigungungsrisiko

Beim Genehmigungsrisiko sind in der Praxis zwei Fälle zu unterscheiden:

- Bei der Vergabe an einen Generalunternehmer liegen Ausschreibung und Vergabe in der Regel zeitlich nach der Planbewilligung.
- Bei der Vergabe an einen Totalunternehmer liegt die Vergabe oft vor der endgültigen Planbewilligung, da die Erstellung des Vorprojekts als Bewilligungsgrundlage zur Leistung des Totalunternehmers gehört.

Im ersten Fall ist das Planbewilligungsverfahren abgeschlossen; ein Genehmigungsrisiko besteht nur für den Fall, dass Bauwerksbewilligungen erforderlich sind. Im zweiten Fall muss die Ausschreibung ein Störfallszenario mit Pufferzeiten und Eventualpositionen enthalten.

Da der Unternehmer in der Regel keinen oder nur geringen Einfluss auf den Ablauf des Bewilligungsverfahrens und die erforderlichen Entscheidungen hat, müssen die Beschaffung der Genehmigungen und deren kostenmässige und terminliche Konsequenzen im Verantwortungsbereich des Bauherrn liegen. Dies gilt besonders dann, wenn für die Genehmigung ein Referendum erforderlich wird. Die Planungssicherheit liegt in der Zuständigkeit und Verantwortung des Bauherrn.

Falls die Beauftragung des Unternehmers aus Zeit- und Beschleunigungsgründen vor der letztinstanzlichen Abklärung erfolgt, ist es für die Kostensicherheit beider Seiten wichtig, eine Bewertung der aus dem Genehmigungsverfahren entstehenden Risiken vorzunehmen. Dies kann mit Hilfe eines Störfallkonzepts geschehen. Der Bauherr ist gut beraten, Eventualpositionen zur Abdeckung der möglichen Auflagen vorzusehen.

Im Fall der Verzögerung des Genehmigungsverfahrens ist zu prüfen, welche Auswirkungen diese auf den Projektablauf hat. Sind davon Leistungen betroffen, die auf dem kritischen Weg liegen, kann der Unternehmer eine Terminverlängerung geltend machen. Auch eine Änderung der Auflagen aus dem Bewilligungsverfahren kann zu Nachforderungen des Unternehmers führen, wenn diese von den vorher getroffenen Annahmen abweichen.

Die endgültige Vergabe an den Unternehmer sollte möglichst am Ende oder kurz vor Ende des Genehmigungsverfahren erfolgen, um alle kostenrelevanten Auflagen zu kennen.

Die Situation bei Baubewilligungen für einzelne Bauwerke ist grundsätzlich ähnlich. Allerdings liegt es weitgehend im Handlungspielraum des Unternehmers, dieses Verfahren durch einen bewilligungsfähigen Entwurf unter Beachtung der Auflagen, Spezifikationen und Normen zu vereinfachen und zu beschleunigen. Da diese Bewilligungen auf der Grundlage von gesetzlichen und technischen Vorschriften erteilt werden, fehlt die Unsicherheit aus dem politischen Entscheidungsprozess, der mit dem Planbewilligungsverfahren verbunden ist.

Für den Unternehmer ist es wichtig, das der Prüfungsprozess durch den Bauherrn sowie die Fach- und Aufsichtsbehörden in bezug auf die zeitliche Prüfdauer und die Prüfungsinhalte klar geregelt ist, damit keine Behinderungen des Projektablaufs entstehen. Ferner muss vom Unternehmer verlangt werden, das er einen Prüfungsterminplan mit der logischen Reihenfolge der Unterlagen vorlegt, damit die Prüfer sich kapazitätsmässig darauf einstellen.

Erstellt der Unternehmer die Ausführungsplanung, so liegt es in seiner Verantwortung, dass die Vorprojektplanung und die Auflagen aus den Genehmigungsverfahren in der Ausführungsplanung so umgesetzt werden, dass aus dem Prüfungsprozess durch Bauherrn sowie Fach- und Aufsichtsbehörden keine Behinderungen des Projektablaufs resultieren.

24.3.1.3 Baugrundrisiko

Das wesentlichste Risikoelement stellt der Baugrund [24-10, 24-11] dar. Das Baugrundrisiko lässt sich in zwei Zuständigkeitsbereiche unterteilen, die jedoch voneinander abhängig sind:

- die Erkundung der Baugrundverhältnisse, deren Beschreibung und Interpretation;
- die sachkundige Behandlung des Baugrunds.

Das Baugrundrisiko erwächst vor allem aus Abweichungen der tatsächlich angetroffenen Baugrundverhältnisse von den prognostizierten Verhältnissen. Abweichungen sind in folgenden Bereichen möglich:

- Boden- und Felsklassen und daraus resultierend Ausbruch- und Sicherungsmassnahmen
- Mächtigkeit, Schichtung und Tragfähigkeit der Boden- und Felsschichten
- Verlauf, Häufigkeit, Grösse und Füllungen von Klüften und Störzonen
- Quellfähigkeit gewisser Gesteinsarten
- Lage und Aggressivität des Grundwassers
- Austritt gefährlicher Gase

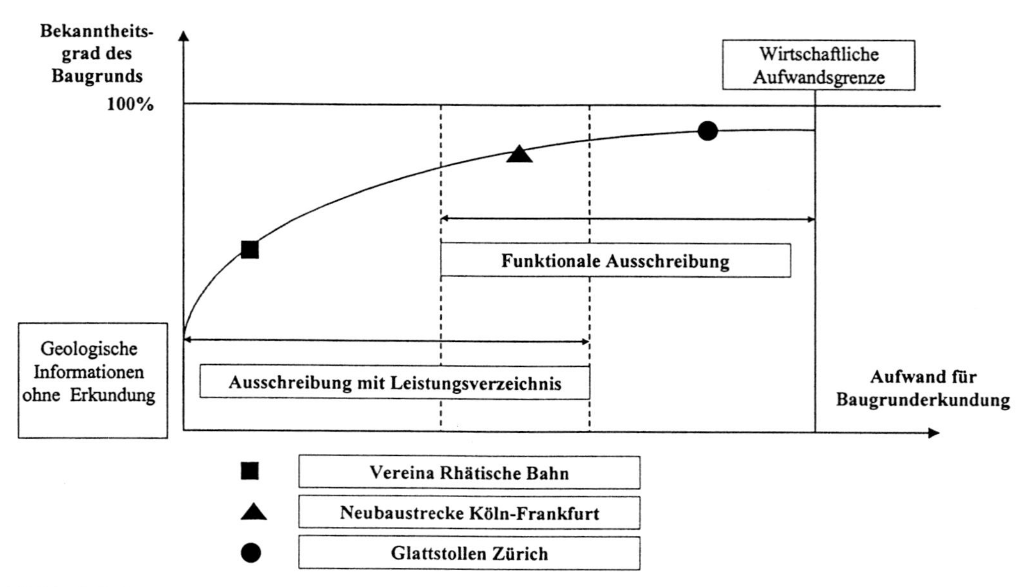

Bild 24.3-2 Baugrunderkundung

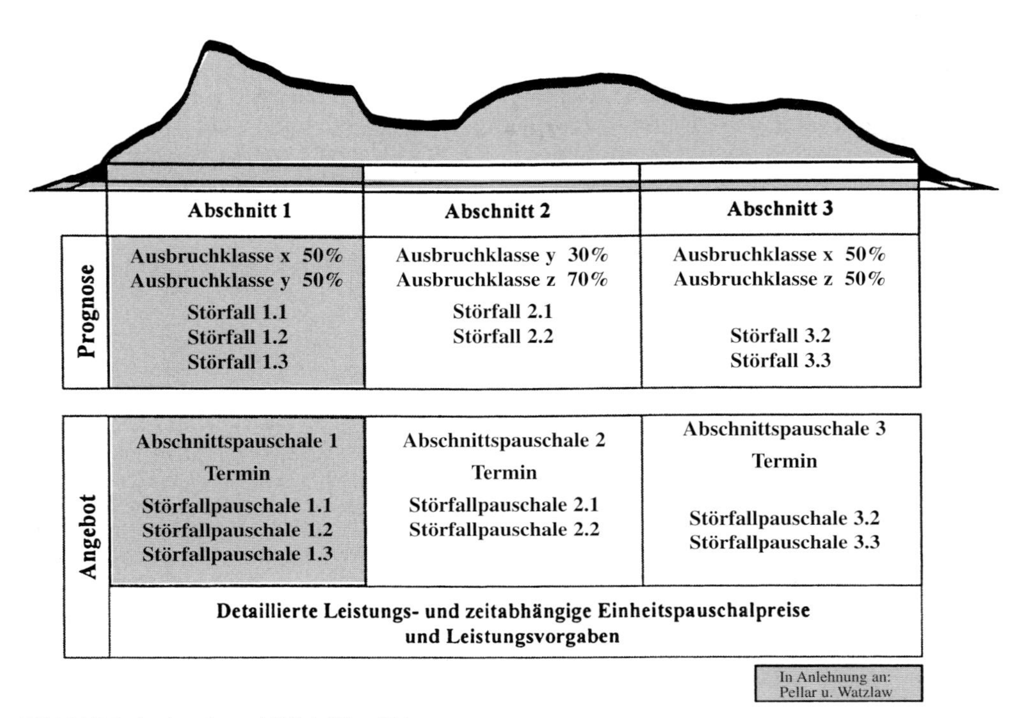

Bild 24.3-3 Ausbruch- und Störfallklassifizierung

- Temperatur
- Kontamination des Bodens
- Fremdkörper im Boden (Leitungen, Anker, Pfähle, ganze Bauwerke usw.)

Grundlage dieser Prognosen sind die Erkundungen des Baugrunds (Bild 24.3-2) und die daraus zu ziehenden Schlüsse.

Aus zwei Gründen muss der Bauherr die Erkundung des Baugrunds vornehmen. Erstens muss die Erkundung im Vorfeld der Ausschreibung erfolgen, zweitens hat er in der Regel als einziger eine Rechtsgrundlage, diese Arbeiten durchzuführen. Dies gilt insbesondere bei sehr grossen und komplexen Projekten, bei denen durch ein umfangreiches Variantenstudium der Zeitraum der Baugrunderkundung mehrere Jahre umfassen kann. Es liegt im Einflussbereich des Bauherrn, das Baugrundrisiko durch möglichst exakte Erkundung zu minimieren. Der Bauherr übernimmt durch die Bereitstellung des Baugrundes und der Baugrunderkundung die Verantwortung für die Richtigkeit der Herkunft und der Beschreibung der geologischen und hydrologischen Daten.

Der Bauunternehmer ist verantwortlich für die sachgerechte Behandlung des Baugrunds, also dafür, dass beim Vortrieb und der Sicherung alle Massnahmen getroffen werden, die nötig sind, um das Bauwerk sicher und entsprechend den Anforderungen herzustellen. Im Vorfeld muss jedoch die Festlegung des Bauverfahrens und eine Klassifizierung der Vortriebs- und Sicherungsmassnahmen, die erheblichen Einfluss auf die Risikoverteilung hat, erfolgen.

Eine ausführliche Betrachtung dieser Umsetzung und deren Konsequenzen erfolgt bei der nachfolgenden Behandlung der Ausschreibungsgestaltung.

24.3.2 Ausschreibungsgestaltung

Die Risikoverteilung und Risikoeingrenzung werden weitreichend durch die Ausschreibung gestaltet. Beim Leistungsverzeichnis, wo der Auftraggeber die Umsetzung der Prognosen in Ausbruchklassen, Ausbrucharten und Bauverfahren vornimmt, übernimmt er das Risiko. Bei der Funktionalen Ausschreibung erfolgt die Umsetzung der Prognosen ganz oder teilweise durch den Unternehmer; daher übernimmt er weitreichend das damit verbundene Risiko. Es ist festzustellen, dass es nicht ausreicht, wenn der Bauherr die Verantwortung für die Richtigkeit der Baugrundbeschreibung übernimmt. Mit der Wahl des Geländes hat der Bauherr die Baugrundverhältnisse vorgegeben und ist damit auch für die Konsequenzen aus den Abweichungen zwischen anstehendem Baugrund und der Prognose verantwortlich.

Mit dieser Verantwortung für die Baugrundverhältnisse ist deren Interpretation verbunden. Der Bauherr sollte den Anbietern alle faktischen und interpretativen Daten zur Verfügung stellen, also selbst eine Klassifizierung hinsichtlich Ausbau und Sicherung vornehmen, und entsprechende Parameter für die Bemessung festlegen. Bei der Funktionalausschreibung mit Leistungsprogramm muss die Ausschreibung so gestaltet werden, dass die Vergleichbarkeit der Angebote für den Bauherrn gesichert [24-12] und für den Unternehmer eine klare Planungs- und Kalkulationsgrundlage gegeben wird, um im Rahmen eines Ideenwettbewerbs seinen Vorschlag auszuarbeiten. Dazu gehört eine Einteilung der Tunnelbauwerke in Teilabschnitte (Bild 24.3-3) mit vergleichbaren Baugrundverhältnissen. Die Einteilung erfolgt in Normal- und Sonderabschnitte; in diesen Teilabschnitten wird die prozentuale Verteilung der Ausbruchklassen mit der dazugehörigen Streubreite angegeben. Auch der angebotene Gesamtpreis ist nach diesen Abschnitten und Ausbruchklassen zu gliedern und damit eine Preistransparenz hinsichtlich der geologischen Verhältnisse zu schaffen.

Mit dieser Klassifizierung wird eine klare Kalkulationsgrundlage gegeben und die Vergleichbarkeit der Angebote sichergestellt. Im Rahmen dieser Bauwerksgliederung kann der Unternehmer Materialien, Sicherungstechnik, Bauverfahren und Bauablauf unter Berücksichtigung der Bauherrnvorgaben für eine hinsichtlich Kosten und Bauzeit optimierte Lösung festlegen. Der Bieter sollte, neben der Angabe der Teilpauschalen für die Teilabschnitte, den Gesamtpreis und Fixtermin angeben. Um die Vergleichbarkeit der Angebote sicherzustellen und bei Abweichungen in der Praxis einen Abrechnungsmodus als Grundlage zu haben, sollten je Ausbruchklasse und für jeden Sonderbereich folgende Angaben gemacht werden:

- Vortriebsleistungen in m/AT, falls der Querschnitt unterteilt ist in Kalotte, Strosse und Sohle separat;
- Abrechnungspreise sollten aufgeteilt werden in leistungsbezogene Ansätze, Pauschalen und zeitbezogene Elemente, z. B.:
  - leistungsbezogene Preise: Ausbruch- sowie Sicherungspreis enthalten Löhne, Materialien und Betriebskosten der Geräte pro ausgeschriebener Klasse (alternativ zur Baustelleneinrichtungspauschale kann AVS und Schlussrevision in die Leistungspreise eingerechnet werden). Diese Preise werden als Einheitpreispauschale in sFr./m bzw. €/m verrechnet;
  - Baustelleneinrichtungspauschale (Baustelleneinrichtung sowie AVS für Leistungsgeräte über die theoretische Bauzeit sowie Schlussrevision; dazu ist es erforderlich, die Baustelleneinrichtungs- und Geräteliste mit den eingerechneten Kosten detailliert anzugeben);
  - Umstellungspauschalen beim Wechsel von einer zur anderen Ausbruchs- bzw. Sicherungsklasse;
  - zeitbezogene Preise: Vorhaltung der Baustelleneinrichtung, Gemeinkosten, falls die Bauzeit durch Änderungen die der Bauherr zu vertreten hat, verlängert wird.

Diese Werte können als Grundlage für die mengen- und zeitabhängige Bewertung veränderter Ereignisse angewendet werden, die noch im Rahmen der für die Angebotsgestaltung angenommen Prognose liegen. Dies dient zur Vereinfachung der Abrechnung.

Ziel der Klassifizierung ist es, die aus der Unsicherheit über die Baugrundverhältnisse resultierenden spekulativen Elemente in den Angeboten zu minimieren. Zur Fortschreibungsfähigkeit des Vertrages ist es erforderlich, dass ergänzend zu dieser Klassifizierung Regelungen für Abweichungen und Änderungen festgelegt werden, um z. B. während der Ausführung auftretende Differenzen zur Baugrundbeschreibung bewerten zu können. Eine Möglichkeit, diese Abweichungen zu bewerten, ist ein auf die Klassifizierung von Ausbruch und Sicherung bezogenes Störfall-Konzept.

Abweichungen von in den jeweiligen Tunnelabschnitten anhand der prognostizierten Baugrundverhältnisse festgelegten Fällen werden als Störfälle betrachtet. Störfälle können beispielsweise das Auftreten härterer Gesteinsschichten bei einem Bohr- oder Schrämvortrieb sein oder Nachankerungen bei unerwarteten Verformungen, Findlinge im

Lockergestein beim Schildvortrieb, usw. Die Wahrscheinlichkeit des Auftretens solcher Störfälle und deren Folgen sind mittels einer Risikonanalyse zu bewerten. Die Konsequenzen solcher Störfälle werden in der Regel zusätzliche Kosten für Ausbruch oder Sicherung, Kosten für Verfahrensumstellungen oder Beschleunigungskosten sein. Die Kosten eines Störfalls können im Angebot entweder als Gesamtpreis oder nach differenzierten zeit- und leistungsabhängigen Pauschalen ausgewiesen werden.

Der Vorteil eines solchen Störfall-Konzepts besteht darin, dass für mögliche Abweichungen eine entsprechende Vergütung festgelegt ist. Damit ist eine schnelle und weitgehende konfliktfreie Entscheidung auf der Baustelle gewährleistet. Spekulative Risikozuschläge in der Kalkulation des Unternehmers entfallen, und der Bauherr bezahlt nur das, was ausgeführt wurde.

24.3.3 Vertragsgestaltung

Die Fortschreibungsfähigkeit des Vertrags, die auch bei auftretenden Veränderungen gesichert sein soll, ist eines der wichtigsten Elemente zur schnellen, fairen und konfliktfreien Abwicklung des Projektes im Untertagebau. Zur Gestaltung dieser Aufgabe reicht das Kopieren von Arbeitsgattungen aus Standardleistungsverzeichnissen / Normenpositionskatalogen nicht aus; für diese Aufgabe ist Kreativität und vorausschauendes Denken erforderlich. Diese Anforderungen werden weitreichend durch das vorgestellte Konzept der abschnittsweisen Klasseneinteilung und Störfälle erfüllt. Im Vertrag müssen einfache Regeln angegeben werden, wie die Zeitverlängerung oder -verkürzung bei dynamischen Verschiebungen der Ausbruchklassen oder beim Eintreten von Störfällen aus den kalkulatorischen Angaben ermittelt wird. Die Mehr- oder Mindervergütungen sollten abschnittsweise erfolgen, damit die Änderung der Berechnungsgrundlage eindeutig dem jeweiligen Abschnitt zugeordnet werden kann. Eine Anpassung der Vergütung nach oben oder unten erfolgt erst, wenn ein bestimmter Abweichungswert, z. B. 10 %, über- oder unterschritten ist.

Ein weiteres vertragliches Element zur wirtschaftlichen Ausführung ist die Schaffung von Anreizen für Verbesserungsvorschläge während der Bauzeit. Dies kann in Form des Value Engineering's erfolgen, das in angelsächsischen Ländern erfolgreich angewendet wird und die Aufteilung der Einsparung zwischen Bauherrn und Unternehmer regelt. Im Vertrag sind der Entscheidungsprozess und die Rollenverteilung vorzugeben, wie bei Abweichungen von den prognostizierten Ausbruchklassen vor Ort vorzugehen ist. Dies beugt Streitigkeiten und Verzögerungen im Bauablauf vor.

24.3.4 Entscheidungskonzept vor Ort

Voraussetzung für die erfolgreiche Umsetzung der Vertragsbedingungen ist ein kompetentes und qualifiziertes Projektmangement auf der Baustelle. An die örtliche Bauleitung/Bauüberwachung werden qualitativ sehr hohe Anforderungen gestellt. Sie müssen nach dem Mehr-Augen-Prinzip die Vorschläge des Unternehmers diskutieren und bewerten, um die laufenden Anpassungen der Ausbruchs- und Sicherungsmassnahmen an die tatsächlichen Verhältnisse gemäss dem baubetrieblichen Fortschritt anzupassen. Das Personal muss in der Lage sein, sowohl die geologischen und hydrologischen wie auch die baubetrieblichen Aspekte kompetent zu beurteilen.

Im Falle eines GU/TU-Vertrags kann hierzu eine baubegleitende Prüfinstanz in Form eines unabhängigen Ingenieurs oder Expertengremiums vorgesehen werden, die von beiden Seiten anerkannt ist und im Falle von Streitigkeiten Entscheidungsbefugnis hat. Die Auswahl dieser unabhängigen Instanz kann beispielsweise vom Auftraggeber nach Vorschlägen des Auftragnehmers erfolgen.

Eine der häufigsten zu treffenden Entscheidungen wird die Festlegung der anstehenden Ausbruch- und Sicherungsklassen sein. Die Entscheidung wird aufgrund der geologischen und hydrologischen Verhältnisse im Zusammenhang mit geotechnischen Messergebnissen, tunnelstatischen Untersuchungen und mit gewonnen Erfahrungswerten abgerundet. Der Vorschlag zur Klasseneinordnung sollte beim GU- und TU-Vertrag vom Unternehmer kommen und dem Bauherrn zur Genehmigung vorgelegt werden. Falls es nicht zur Einigung kommt, ist aus Sicherheitsgründen die höhere Ausbruchs- und Sicherungsklasse zu verwenden und kurzfristig eine Entscheidung des Prüfers bzw. des Expertengremiums für die Abrechnung herbeizuführen.

Bei grossen Baustellen ist ein baubegleitendes Schlichtungsgremium nützlich, um Streitfragen schon in der Bauphase weitgehend zu lösen.

24.3.5 Zusammenfassung

Es hat sich gezeigt, dass sich Funktionale Leistungsauschreibungen für Baumassnahmen mit Schildvortrieb, wo der unmittelbare Einfluss der Baugrundverhältnisse auf Ausbruch und Sicherung weniger ausgeprägt ist, mit diesem Verfahren sehr erfolgreich abwickeln lassen. Bauwerke in Spritzbetonbauweise, bei denen auf die wechselnden geologischen Verhältnisse flexibler und schneller reagiert werden muss, um eine permanente Optimierung auf der Baustelle zu erreichen, könnten nach dem vorgestellten Konzept risiko- und konfliktarm erfolgreich abgewickelt werden. Insgesamt müssen diese Methoden von guten und neugierigen Ingenieuren weiterentwickelt werden.

24.4 Kooperationen zur Entfaltung von Innovation und Synergien zwischen Planung und Ausführung zwecks Kostenoptimierung des Projekts

24.4.1 Neue Anforderungen erfordern neues Denken

Für den Erfolg der vor uns liegenden Infrastrukturprojekte wird es auch entscheidend sein, neue Formen der Zusammenarbeit zwischen den verschiedenen Projektbeteiligten zu finden. Die traditionelle Aufgabentrennung zwischen Bauherr, Planer und ausführenden Unternehmern ist gerade vor dem Hintergrund enger Termin- und Kostenvorgaben nicht mehr optimal [24-13]. Es müssen Wege gefunden werden, um eine Komprimierung und Parallelisierung von bisher nacheinander in Planung, Genehmigung, Ausschreibung und Ausführung ablaufenden Prozessen zu erreichen. Erfüllt das Projekt die Grundvoraussetzungen und möchte der Bauherr die möglichen Synergien, die sich durch eine Funktionale Ausschreibung ergeben, nutzen, muss er von vornherein die Prozesse und Abläufe darauf abstellen.

Für den Bauherrn bedeutet dies ein Reengineering der Projektorganisation, die weitreichende Delegation von Aufgaben an die ausführenden Unternehmer und die Konzentration auf seine wichtigsten Funktionen. Diese liegen in der Schaffung des funktionalen, technischen, rechtlichen und wirtschaftlichen Rahmens für die Realisierung und die Formulierung seiner Anforderungen an die Projekte zur Erreichung der Projektziele, der Risikoreduzierung und Verteilung und Vergleichbarkeit der Ideenlösung sowie eine darauf abgestimmte Überwachung der Projektabwicklung.

Auf der anderen Seite sind Unternehmer gefragt, die über entsprechende Kompetenz, Zuverlässigkeit und Bonität verfügen und die bereit sind, einen Teil der bisher von Bauherrn getragenen Aufgaben synergetisch durch Zusammenführen von Planung und Ausführung zu übernehmen. Dadurch werden im allgemeinen optimierte Lösungen erreicht. Ferner wird das Problem des Wissensverlustes, das bei getrennter Planung und Ausführung auftritt, weitestgehend gelöst, und Planung und Ausführung werden im Sinne eines umfassenden Innovationsmanagements einer ganzheitlichen Verantwortung zugeführt. Dadurch ergibt sich für den Bauherrn ein wesentlich geringeres Konfliktpotential. Die Nachträge werden reduziert und die Abrechnung wesentlich vereinfacht.

24.4.2 Kooperation zum Aufbau von Systemangeboten im Tunnelbau

Diese Formen des Gesamtleistungswettbewerbs stellen hohe Anforderungen an die Bauunternehmen. Gerade der Anspruch, auch im Tunnelbau Synergiebarrieren zwischen Planung, Ausführung und Nutzung zu überwinden, kann von einem Unternehmen allein nur schwer verwirklicht werden. Insbesondere die KMU's können die geforderten Leistungserweiterungen nicht oder nur unter hohen und risikobehafteten Anstrengungen erbringen.

Ein Ausweg zur Lösung dieser Problematik ist in einem gezielten Ausbau von Kooperationen bzw. strategischen Allianzen zu finden [24-13]. Verschiedene Unternehmen mit unterschiedlichen, komplementären Kernkompetenzen verknüpfen ihre Leistungsvorsprünge in wettbewerbsrelevanten Teilbereichen des Tunnelbaus zum Angebot wettbewerbsfähiger Gesamtleistungen. Welche Leistungen am Markt frei eingekauft, selbst erbracht oder langfristig durch Kooperationen gesichert werden sollten, muss im Rahmen strategischer Make-or-Buy-or-Cooperate-Überlegungen (Bild 24.4-1) entschieden werden.

Zum erfolgreichen Aufbau von Systemanbieterleistungen im Segment Tunnelbau ist es unbedingt erforderlich, schnittstellenübergreifendes Know-how zu erarbeiten. Die übergreifende Nutzung des innerhalb einer Kooperation vorhandenen komplementären Know-hows erlaubt, ganzheitliche

Chancen:

- Verknüpfung komplementärer Kernkompetenzen
- Schnelle und effiziente Ausarbeitung ganzheitlicher Lösungsansätze
- Ermöglichen Entwicklung der Unternehmungen vom Bauleistungsanbieter zum Systemanbieter

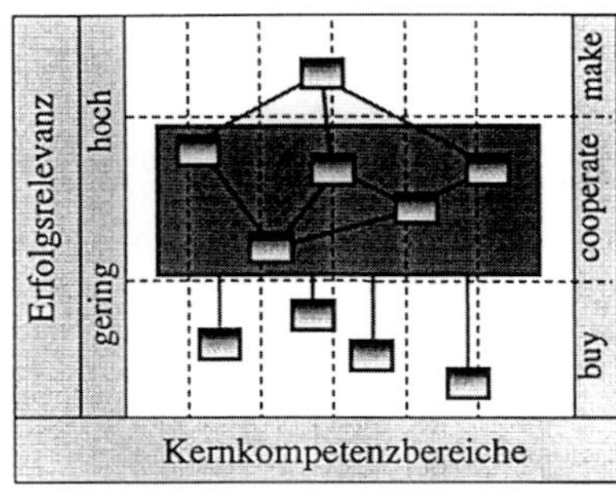

Kompetenzportfolio

Anforderungen:

- Langfristige, projektübergreifende Zusammenarbeit
- Interessengleichrichtung als Voraussetzung eines innovationsfördernden Ressourcenaustausches
- Zweckmässige Zusammenstellung des kooperationsinternen Kompetenzportfolios

Bild 24.4-1 Kooperation als Ergebnis strategischer Make-or-Buy-or-Cooperate-Überlegungen

Lösungsansätze schnell und effizient zu erarbeiten. Aufwendungen zum Aufbau und zur Pflege geeigneter technischer und wirtschaftlicher Lösungen verteilen sich auf mehrere Partner. Risiken werden dividiert, Chancen multipliziert. Der Unternehmer kann die bisher vom Bauherrn wahrgenommenen Aufgaben in seine Leistung integrieren und erhält damit die Chance, wesentlich früher Einfluss auf das Projekt zu nehmen. Damit schafft er für sich einen Spielraum, innerhalb dessen er seine Kompetenz und sein spezifisches Know-how zur Optimierung des Gesamtprojekts nutzen kann. Er kann sich dabei vom Bauleistungsanbieter zum Bautechnologie-und Baumanagementunternehmen und zum Systemanbieter entwickeln.

Kooperationsbestrebungen zur Erarbeitung eines Systemangebots im Tunnelbau müssen einen langfristigen Charakter haben. Der Anspruch des gegenseitigen Lernens zur Erzielung eines grösstmöglichen Innovationspotentials lässt sich nur über eine projektübergreifende Zusammenarbeit verwirklichen. Es besteht nur dann ein Interesse, sich über einen Austausch vorhandener Ressourcen gegenseitig zu stärken, wenn alle Partner hiervon einen längerfristigen Vorteil erwarten dürfen. Nur mit einer langfristigen Perspektive der Zusammenarbeit wird sich der Anspruch des gegenseitigen Lernens und Vertrauens umsetzen lassen. Kooperationen sollten durch die Verknüpfung vielfältiger Kernkompetenzen die Bereitstellung eines tiefen und breiten Leistungsangebotes im Bereich Tunnelbau ermöglichen. Bei der Zusammmenstellung eines Kooperationsportfolios ist zur Erreichung eines maximalen Innovationspotentials auf eine sinnvolle Ergänzung verschiedener Kernkompetenzen zu achten.

Kooperationen von Partnern unterschiedlicher Kernkompetenzen ermöglichen die übergreifende Nutzung eines vorhandenen Know-how-Portfolios. Integrale Baulösungen lassen sich somit schnittstellenübergreifend erarbeiten. Unterschiedliche, komplementäre Kernkompetenzen sowohl im Bereich der Herstellung als auch im Angebot von Tunnelunterhaltungen oder -Sanierungen werden innerhalb des definierten Zielsegmentes zu einem Gesamtleistungsprogramm auf hohem Niveau zusammengefügt.

Für den Bauherrn ergeben sich insgesamt geringere Gesamtprojektkosten, verbunden mit einer hohen Kosten-, Termin und Qualitätssischerheit. Kürzere Projektdauer reduziert seine Aufwendungen zur Vorfinanzierung. Weniger Schnittstellen in der Projektabwicklung vereinfachen das Vertragsmanagement und reduzieren vorhandene Fehlerquellen in der Zusammenarbeit.

24.5 Zusammenfassung

In Zukunft werden neben der traditionellen Einzelleistungsträger-Projektform vermehrt andere Zusammenarbeitsformen gewählt werden, um eine Integration zwischen Planung und Ausführung bei komplexen Grossprojekten zu erreichen. Dadurch wird man den bei weitem unterschätzten Informationsverlust zwischen Planenden und Ausführenden beseitigen, Synergien zwischen Planung und Ausführung zur Optimierung des Projektes erreichen und die nationale Kompetenz im Tunnelbau vernetzen. Heute gibt es verständliche Widerstände bei Bauherrn, Planern und teilweise Unternehmern. Alle Beteiligten stehen nun der Herausforderung gegenüber, sich von bekannten Projektformen, Rollenverteilungen und Zuständigkeiten mit all ihren Vor- und Nachteilen zu lösen und neue, teilweise unbekannte Wege zu gehen. Nicht alle Projekte werden auf diesem Weg zur Effizienzsteigerung auf Anhieb erfolgreich sein. Doch die Erfolgspotentiale und Chancen im Rahmen neuer Zusammenarbeitsformen mit einer fairen Risikoverteilung sollten genutzt werden. Es ist erforderlich, das Forschung und Praxis zusammenarbeiten, um optimale Randbedingungen und Prozessabläufe zu entwickeln, zu erproben und zu verbessern.

Literaturverzeichnis

Kapitel 1

[1-1] *Rziha F.*: Lehrbuch der gesammten Tunnelbaukunst. Berlin, 1874.

[1-2] *Maidl B.*: Handbuch des Tunnel- und Stollenbaus. Band 2, Verlag Glückauf, Essen, 1988.

Kapitel 2

[2-1] *Bülow K., Hohl R, u. a.*: Die Entwicklungsgeschichte der Erde. Band 1+2. Verlag Werner Dausien, Hanau/Main, 1971.

[2-2] *Löw S.*: Geologische Problemzonen und Störungen im Gebirgstunnelbau, SIA-FGU D0149, Überwindung von geologisch bedingten kritischen Ereignissen im Tunnelbau. Zürich, 1998.

[2-3] *Deutsche Gesellschaft für Geotechnik/Arbeitskreis Tunnelbau*: Empfehlungen des Arbeitskreises „Tunnelbau“ ETB. Verlag Ernst & Sohn, Berlin, 1995.

[2-4] *Smoltczyk U.*: Baugrundgutachten. Grundbau Taschenbuch, Teil 1. 4. Aufl, S. 52, Verlag Ernst & Sohn, Berlin, 1992.

[2-5] *DIN 4020*: Geotechnische Untersuchungen für bautechnische Zwecke. Ausgabe: 1990.

[2-6] *DIN 4021*: Baugrund; Aufschluss durch Schürfe und Bohrungen sowie Entnahme von Proben. Ausgabe: 1990.

[2-7] *Stump Bohr AG*, Nänikon-Uster (CH): Technische Dokumentationen.

[2-8] *Pinkel R., Berli S.*: Anwendung der modernen Tiefbohrtechnik in der Schweiz. Bulletin schweizerischen Vereinigung der Pertroleum. Geologie und Ingenieur, Vol. 61, Nr. 138, S. 45-66, Juni 1994.

[2-9] *Girmscheid G.*: Neue horizontale Injektionsmethoden. Bautechnik 73 (1996), Heft 1, S. 15-22.

[2-10] *Peterson G.*: Zielgenaues Bohren. Nobel-Hefte April-Sept. 1986, S. 55-62.

[2-11] *Foralith AG Bohr- und Bergbautechnik*, Gossau (CH): Technische Unterlagen Seilkernsysteme.

[2-12] *Brückl E., Stötzner U.*: Geophysik und die geologisch – geotechnische Vorerkundung von Felsbauten. Felsbau 13 (1995), Heft 5, S. 256-261.

[2-13] *Cremer S.*: Forschung für die 4. Röhre des Elbtunnels. Tunnel (1996), Heft 4, S. 66 – 68.

[2-14] *Schulze E.*: Strukturerkundung von Fels mittels Potentialverfahrens. Felsbau 13 (1995). Heft 5, S. 278 – 284.

[2-15] *Watzlaw W., u. a.*: Einsatz der Geophysik bei der Erkundung von Tunnelstrassen. Felsbau 13 (1995), Heft 5, S. 291 – 295.

[2-16] *Raetzo H.*: Geophysikalische Messungen zur Beurteilung von Rutschungen. Schweizer Ingenieur und Architekt. (1995), Heft 48, S. 1109 – 1111.

[2-17] *Corin L., Dethy B., Halleux L., Richter T.*: Bohrlochradar – Grundlagen und Anwendung im Festgestein. Felsbau 13 (1995) Heft 5, S. 285 – 290.

[2-18] *Girmscheid G.*: Schildvorgetriebener Tunnelbau im heterogenen Lockergestein, ausgekleidet mittels Stahlbetontübbingen. Teil 1: Geophysikalische Baugrunderkundungsmethoden. Bautechnik 74 (1997), Heft 1, S. 1-10.

[2-19] *Gaertner H., Bauer M., Seitz R.*: Reflexiosseismische Erkundung des Nahbereichs für Verkehrsbauten. Felsbau 13 (1995), Heft 5, S. 266 – 271.

[2-20] *N.N.*: Ingenieur- und Umweltgeophysik. Firmenprospekt DMT – Institut für Lagerstätte, Vermessung und Angewandte Geophysik, Bochum.

[2-21] *N.N.*: Geophysik und Geodäsie. Firmenprospekt DMT – Institut für Lagerstätte, Vermessung und Angewandte Geophysik, Bochum.

[2-22] *Frei W.*: Zeitgemäße Refraktionsseismik. Felsbau 13 (1995), Heft 5, S. 262 265.

[2-23] *Verbeek N. H., McGee T. M.*: Characteristics of high-resolution marine reflexion profiling sources. Journal of Applied Geophysics 33 (1995), S. 251 – 269.

[2-24] *McGee T. M.*: High resolution marine reflexion profiling for engineering and environmental purposes. Part A: Acquiring analogue seismic signals. Journal of Geophysics 33 (1995), S. 271 – 285.

[2-25] *McGee T. M.*: High resolution marine reflexion profiling for engineering and environmental purposes. Part B: Digitizing analogue seismic

signals. Journal of Geophysics 33 (1995), S. 287 – 296.

[2-26] *N.N.*: Sonic Soft Ground Probing (SSP). SSP 202 System Description. Produkt- und Verfahrensprospekt der Firma Amberger Measuring Technique Ltd., Regensdorf (CH), 1995.

[2-27] *Sattel G., Sander F., Amberg F., u. a.*: Tunnel Seismic Prediction, TSP – some case histories. Produktbeschreibung tttsp der Firma Amberger Measuring Technique Ltd., Regensdorf (CH), 1995.

[2-28] *N.N.*: Prediction Ahaed TSP 202 System. Catalog 94/95 der Firma Amberger Measuring Technique Ltd., Regensdorf (CH), 1995.

[2-29] *Chabot J.D., Wegmüller M.*: Einflüsse des Bergwassers auf die Dauerhaftigkeit von Bauwerken. IBETH Projekt 085/93, ETH Zürich, 1997.

[2-30] *DIN 4030-1*: Beurteilung betonangreifender Wässer, Böden und Gase; Grundlagen und Grenzwerte. Ausgabe: 1991.

[2-31] *SIA Empfehlung 199*: Erfassen des Gebirges im Untertagebau. Ausgabe 1998.

[2-32] *DS 853.* Eisenbahntunnel planen, bauen und instandhalten. Deutsche Bundesbahn, DB-Zentralamt München, 1993.

[2-33] *Ö Norm B 2203:* Untertagebauarbeiten.

Kapitel 3

[3-1] *Rabcewicz L.*: Stollen- und Tunnelbau, Hütte Taschenbuch der Bautechnik, Band 2, Berlin, 1970.

[3-2] *Lauffer H.*: Gebirgsklassifizierung für den Stollenbau. Geologie und Bauwesen 24 (1958), S. 46-51, 1958.

[3-3] *Deutsche Gesellschaft für Geotechnik/Arbeitskreis Tunnelbau*: Empfehlungen des Arbeitskreises „Tunnelbau“ ETB. Verlag Ernst & Sohn, Berlin, 1995.

[3-4] *SIA Norm 198*: Untertagebau. Ausgabe 1993.

[3-5] *Ö Norm 2203:* Untertagebauarbeiten.

Kapitel 4

[4-1] *Maidl B.*: Handbuch des Tunnel- und Stollenbaus. Band 1, 2. Auflage, Verlag Glückauf, Essen, 1994.

[4-2] *SIA Norm 198*: Untertagebau. Ausgabe 1993.

[4-3] *Deutsche Gesellschaft für Geotechnik/Arbeitskreis Tunnelbau*: Empfehlungen des Arbeitskreises „Tunnelbau“ ETB. Verlag Ernst & Sohn, Berlin, 1995.

[4-4] *ARGE Engelbergbasistunnel*, Stuttgart (D).

Kapitel 5

[5-1] *Striegler W.:* Tunnelbau. Verlag für Bauwesen, Berlin, 1993.

[5-2] *Gehring K.*: Classification of Drillability, Cuttability, Borability and Abrasitivity in Tunneling. Felsbau 15 (1997), Nr. 3, S. 183-191.

[5-3] *Read M., Blöchlinger R., Hofer D.*: Girsbergtunnel. Semesterarbeit am Institut für Bauplanung und Baubetrieb, ETH Zürich, Sommer 1998.

Kapitel 6

[6-1] *Atlas Copco*: Technische Unterlagen.

[6-2] *Sintzel M.*: Projekt Gotthard Strassentunnel. ETH Zürich Institut Bauplanung und Baubetrieb, Zürich, 1972.

[6-3] *Tamrock*, Tampere (Finnland): Technische Unterlagen.

[6-4] *Feistkorn E.*: Stahl, Hartmetall und Diamanten. Dynamit Nobel AG Troisdorf (D), Nobel Hefte, Heft 3, 1997.

[6-5] *Dynamit Nobel AG*, Troisdorf (D): Nobel Hefte, Firmenheft, Heft 1/2 1996.

[6-6] *Wennmohs K.H.*: Elektronik und computergestütztes Bohren im Tunnelbau. Nobel-Hefte, Heft 1/2, 1996, S. 14-22.

[6-7] *Olofsson S. O.*: Applied Explosives Technology for Construction and Mining, Edition 2, Publisher Applex (S), 1997.

[6-8] *Maidl B.*: Handbuch des Tunnel- und Stollenbaus. Band 1, 2. Auflage, Verlag Glückauf, Essen, 1994.

[6-9] *Petzhold J.O.*: Untersuchung des Desensibilisierungsverhalten von Emulsionssprengstoffen unterschiedlicher Sensibilisierungsart und Konsequenzen für die bergbauliche Praxis. TU-Berlin, Fachbereich 16 Bergbau und Geowissenschaften, Dissertation, Berlin, 1994.

[6-10] *Petzhold J.O*: Sprengstoffe und Zündmittel für die Anforderungen des Tunnelbaus heute. Nobel Hefte, Heft 1/2, 1996, S. 3-13.

[6-11] *Dynamit Nobel AG*, Troisdorf (D): Technische Unterlagen.

[6-12] *Dynamit Nobel AG*, Trosidorf (D): Nobel Hefte, Heft 2/3, 1994.

[6-13] *Nitro Nobel*, Schweden: Technische Unterlagen, Nonel.

[6-14] *Meili P.*: Sprengtechnik. Vorlesungsunterlagen, Institut für Bauplanung und Baubetrieb, Zürich, 1995.

[6-15] *Salzgitter GmbH*, Salzgitter (D): Technische Unterlagen.

[6-16] *GHH GmbH*, Oberhausen (D): Technische Unterlagen.

[6-17] *AC-Eickhoff*, Bochum (D): Technische Unterlagen.

[6-18] *Schaeff GmbH & Co.*, Langenburg (D): Technische Unterlagen.

[6-19] *ROWA Engineering AG*, Wangen SZ (CH): Technische Unterlagen.

Kapitel 7

[7-1] *Caterpillar Perfomance Handbook*. Edition 26. Herausgeber: Caterpillar Peoria „ Illinois, USA, 1995.

[7-2] *Liebherr AG*: Technisches Handbuch Erdbewegung. Ausgabe 1995. Liebherr-International AG, Bulle (CH).

[7-3] *Liebherr AG*, Rothrist (CH): Technische Unterlagen.

[7-4] *Wirth-Howden GmbH*, Erkelenz (D): Technische Unterlagen.

[7-5] *Voest Alpine*, Zeltweg (A): Technische Unterlagen.

[7-6] *N.N.*: U-Bahntunnelvortrieb mit schweren Teilschnittmaschinen. VGE compress 1/98, bauma 98.

[7-7] *Maidl B.*: Handbuch des Tunnel- und Stollenbaus. Band 2, Verlag Glückauf, Essen, 1988.

[7-8] *Striegler W.*: Tunnelbau. Verlag für Bauwesen, Berlin 1993.

Kapitel 8

[8-1] *Maidl B.*: Handbuch für Spritzbeton. Verlag Ernst & Sohn, Berlin, 1992.

[8-2] *SIKA AG*, Zürich (CH): Technische Unterlagen.

[8-3] *Rombold & Gfröhrer GmbH*, Hirschlanden (D): Technische Unterlagen Spritzbeton.

[8-4] *Porr Tunnelbau, Sika & al.* New Austrian Torkret System (NATS). Brochure Edition 04.1997. Wien.

[8-5] *Torkrete*, Essen (D): Technische Unterlagen.

[8-6] *Schürenberg GmbH*, Essen Weidkamp (D): Technische Unterlagen.

[8-7] *Meyco Equipment MBT AG*, Winterthur (CH): Technische Unterlagen.

[8-8] *DMT-Gesellschaft für Forschung und Prüfung GmbH*, Essen (D): Technische Unterlagen.

[8-9] *Eckardstein K. E.*: Das Nassspritzen von Beton im Dichtstromverfahren. Tunnel (1991), Heft 6, S. 302-308.

[8-10] *Maidl B.*: Handbuch des Tunnel- und Stollenbaus, Band I. Konstruktionen und Verfahren. Verlag Glückauf GmbH, Essen 1984.

[8-11] *Lancy Mix Jet*, Latresne (F): Technische Unterlagen – Tubaflow V6.65.

[8-12] *Laich SA*, Avegno (CH): Technische Unterlagen.

[8-13] *Österreicherischer Betonverein*: Richtlinie Spritzbeton. Wien, 1998.

[8-14] *Sika Chemie*, Zürich: Sika im Tunnelbau – Informationsschrift. 1991.

[8-15] *N.N.*: ASTM C403 test method: American Society for Testing Material, Philadelphia (USA).

[8-16] *MBT-Master Builder Technologie*, Zürich (CH): Technische Unterlagen.

[8-17] *Guthoff K.*: Einflüsse automatischer Düsenführung auf die Herstellung von Spritzbeton. Dissertation. Technisch-wissenschaftliche Mitteilungen des Instituts für Konstruktiven Ingenieurbau, Ruhr-Universität Bochum 1991, Heft 7.

[8-18] *Handke D.*: Kriterien zur Beurteilung und Verminderung der Staubentwicklung bei Spritzbetonarbeiten im Tunnelbau. Dissertation. Technisch-wissenschaftliche Mitteilungen des Instituts für Konstruktiven Ingenieurbau, Ruhr-Universität Bochum 1987, Heft 3.

[8-19] *G. Brux, R. Linder, G. Ruffert*: Spritzbeton, Spritzmörtel, Spritzputz : Herstellung, Prüfung und Ausführung. Verlag Rudolf Müller, Köln-Braunsfeld, 1981.

[8-20] *Ammon C.*: Spritzbeton und seine Eigenschaften.Vertiefte Untersuchungen von speziellen Eigenschaften; Wiederverwendung von Rückprall: Einfluss der Liegezeit des Trockengemisches auf die Qualität des Spritzbetons. Arbeitsbericht Institut für Bauplanung und Baubetrieb, ETH Zürich, Zürich, 1985.

[8-21] *Diecken U. v.*: Möglichkeiten zur Reduktion des Rückpralls von Spritzbeton aus verfahrenstechnischer und betontechnologischer Sicht. Dissertation. Technisch-wissenschaftliche Mitteilungen des Institutes für Konstruktiven Ingenieurbau, Ruhr-Universität Bochum 1990, Heft 2.

[8-22] *Stecher A., Girmscheid G.*: Spritzbetonmanagement. Leistung- und Kostenevaluation. Forschungsbericht, Institut für Bauplanung und Baubetrieb, ETH Zürich, 1999.

[8-23] *Hahlhege R.*: Zur Sicherstellung der Qualität von Spritzbeton im Trockenspritzverfahren. Dissertation, Ruhr-Universität Bochum, 1986.

[8-24] *Cornejo G.*: Spritzbeton und seine Eigenschaften. Schwinden von Spritzbeton. Forschungsbericht Institut für Bauplanung und Baubetrieb, ETH Zürich, Zürich, 1995.

[8-25] *Hefti R.*: Spritzbeton und seine Eigenschaften. Einfluss der Nachbehandlung auf die Spritzbetonqualität. Arbeitsbericht Institut für Bauplanung und Baubetrieb, ETH Zürich, Zürich, 1988.

[8-26] *Hodel N.*: Spritzbeton und seine Eigenschaften. Vertiefte Untersuchungen von speziellen Eigenschaften: Einfluss von tiefen Temperaturen auf die Qualität des Spritzbetons. Arbeitsbericht Institut für Bauplanung und Baubetrieb, ETH Zürich, Zürich, 1986.

[8-27] *Müller T.*: Spritzbeton und seine Eigenschaften. Vertiefte Untersuchungen von speziellen Eigenschaften: Einfluss von tiefen Temperaturen auf die Qualität des Spritzbetons Teil II. Arbeitsbericht Institut für Bauplanung und Baubetrieb, ETH Zürich, Zürich, 1988.

[8-28] *Seith O.*: Spritzbeton und seine Eigenschaften. Spritzbeton bei hohen Temperaturen: Einfluss von hohen Temperaturen auf die Qualität des Spritzbetons. Arbeitsbericht Institut für Bauplanung und Baubetrieb, ETH Zürich, Zürich, 1995.

[8-29] *Dramix*: Tunneling the world. N.V. Bekaert S.A., Zwevegem, Belgien, 1996.

[8-30] *Schubert W., Woitz B.*: Controllable Ductile Support System for Tunnels in Squeezing Rock. Felsbau 16 (1998), Nr. 4, S. 224-227.

[8-31] *Egger H.R.*: Einsatz von Spritzbetonmaschinen. Sonderdruck Spritzbetonbauweise auf Baustellen unter Tage. Tiefbau-Berufsgenossenschaft, München, 1979.

[8-32] *Nagamani Siaken G.*: Die Automatisierung der Düsenführung zur Auftragung von Spritzbeton. Mitteilung der Ruhr Universität, Institut für Kunstruktiven Ingenieurbau, Bochum, Nr. 96-8, 1996.

[8-33] *Girmscheid G.*: Tunnelbau im Sprengvortrieb. Rationalisierung durch Teilroboterisierung und Innovation. MBT Equipment, Winterthur, 1997.

[8-34] *Hentschel H.*: Vereinatunnel – Beide Vortriebe mit hoher Geschwindigkeit auf der Zielgeraden. Tunnel (1996), Heft 4.

[8-35] *Rabcewicz L. v.*: Die Ankerung im Tunnelbau ersetzt bisher gebräuchliche Einbaumethoden. Schweizerische Bauzeitung 75 (1957), S. 123/31.

[8-36] *Ischebeck*, Ennepetal (D): Technische Unterlagen.

[8-37] *Codan Gummi A/S*, Oslo, Norwegen: Technische Unterlagen.

[8-38] *SpannStahl AG*, Dywidag-Technik, Hinwil (CH): Technische Unterlagen.

[8-39] *Ørsta Stålindustri AS*, ¥rsta (N): Technische Unterlagen.

[8-40] *Atlas Copco*: Technische Unterlagen.

[8-41] *Linder R.*: Spritzbeton im Felshohlraumbau. Bautechnik (1963), Heft 10.

[8-42] *N.N.:* DIN 18551: Spritzbeton, Herstellung und Prüfung.

[8-43] *N.N.:* DIN 18314: Spritzbetonarbeiten: Allgemeine technische Vorschriften (VOB Teil C).

[8-44] *N.N.:* SIA 191 – Boden- und Felsanker.

[8-45] *N.N.:* ÖN B 4455 – Anker für Fest- und Lockergestein.

[8-46] *N.N.:* DIN 21521 – Gebirgsanker für den Berg- und Tunnelbau.

[8-47] *N.N.:* Tunnel- und Stollenausbau – Technische Unterlagen. Bochumer Eisenhütte Heintzmann, Bochum (D).

Kapitel 9

[9-1] *Dittrich R., Duda H.*: Unterfahrung des Postgebäudes Dortmund-Hörde im Zuge des Stadtbahn-Bauloses 13 in Dortmund. Tunnelbaukongress Düsseldorf, 1981.

[9-2] *Bernold AG*, Walenstadt (CH): Technische Unterlagen.

[9-3] *Ischebeck*, Ennepetal (D): Technische Unterlagen.

[9-4] *Willich GmbH & Co.*, Dortmund (D): Technische Unterlagen.

[9-5] *Mai International GmbH*, Feistritz (A): Technische Unterlagen MAI-PUMP.

[9-6] *Atlas Copco & Colla International*, Monticelli Terme, Parma, Italy: Technische Unterlagen Jet Groutting.

[9-7] *Amberg*, Regensdorf (CH): Technische Unterlagen.

[9-8] *Keller GmbH (D)*: Technische Unterlagen.

[9-9] *Casagrande AG*, Rümlang-Zürich (CH): Technische Unterlagen.

[9-10] *Raabe E.W., Wehmeier J., Sondermann W.*: Moderne Injektionstechniken für Vortriebssicherung, Bebauungs- und Grundwasserschutz. Sonderdruck Baugrundtagung 1990, Karlsruhe. Verlag Wehlmann Essen, Keller Grundbau, Offenbach (D).

[9-11] *Spring D.*: Injektionstechnik im Untertagebau. Diplomarbeit am Institut für Bauplanung und Baubetrieb, ETH Zürich, 1998.

[9-12] *Esters K., Kalthoff D., Stewering T.*: Auffahren von Tunnel- und Hohlraumbauwerken im Lockergestein unter sensibler Bebauung. Taschenbuch für den Tunnelbau 1991, Verlag Glückauf, Essen, 1991.

[9-13] *GKN Keller GmbH*, Offenbach (D): Solcrete Jet Grouting. Produktinformation, 1985.

[9-14] *Kovari K., Amstad Ch., u. a.*: Die bergmännische Unterfahrung eines Bahndammes unter Anwendung des Jet-Grouting Verfahrens. Strasse und Verkehr, Zürich, Heft 12, 1991.

[9-15] *Marti AG-Bauunternehmung*, Bern (CH): Technische Unterlagen.

[9-16] *Vollenweider U.*: Schwierigkeiten beim Schildvortrieb im Lockergestein. Erfahrungen beim Bau des N3-Quartentunnels. 1988.

[9-17] *Thuro K., Brugger B., Winkler F.*: Ungewöhnliche geologische Verhältnisse und deren Bewältigung beim Vortrieb des Tunnels Füssen. Felsbau Nr. 6 (1997), S. 512.

[9-18] Baudendistel M.: Auffahren einer Verbruchstrecke im Kaiserautunnel. 1987.

[9-19] *Raabe E.W., Esters K.*: Injektionstechniken zur Stillsetzung und zum Rückstellen von Bauwerksetzungen. Sonderdruck Baugrundtagung 1996, Nürnberg. Verlag Wehlmann Essen, Keller Grundbau, Offenbach (D).

[9-20] *N.N.*: Taschenbuch für den Tunnelbau 1985, Verlag Glückauf, Essen, 1985.

Kapitel 10

[10-1] *ROWA Engineering AG*, Wangen SZ (CH): Technische Unterlagen.

[10-2] *SBS Fördertechnik*, Duisburg (D): Technische Unterlagen.

[10-3] *Waagner Biro Binder AG*, Gleisdorf (A): Technische Unterlagen.

[10-4] *Lewin Fördertechnologie*, Dortmund (D): Technische Unterlagen.

[10-5] *Lehner A.*: Der Einfluss der Arbeitszeitdisposition und der Lohngestaltung auf die Vortriebskosten im Tunnelbau. Dissertation, TU Wien, Wien, 1990.

[10-6] *SIG Schweizerische Industrie Gesellschaft*. Bau- und Bergmaschinen, Neuhausen am Rheinfall (CH): Technische Unterlagen.

[10-7] *Karl-H. Mühlhäuser GmbH & Co.*, Michelstadt (D): Technische Unterlagen.

[10-8] *Salzgitter GmbH*, Salzgitter (D): Technische Unterlagen.

[10-9] *Atlas Copco*: Technische Unterlagen.

[10-10] *Müller H.*: Der Felsbau. Band 3 Tunnelbau. Verlag F. Enke, Stuttgart, 1973.

[10-11] *Stemkowski R.*: Kosten- und Leistungsanalyse im maschinellen Tunnelbau. Dissertation, TU Wien, Wien, 1996.

[10-12] *Schweizerischer Baumeister Verband SBV*: Leistungswerte Untertagebau, Zürich.

[10-13] *Kühn G.*: Die Mechanik des Baubetriebs. Teil 1 – Transport Mechanik. Bauverlag, Wiesbaden, 1974.

[10-14] *Bauer H.*: Baubetrieb I. Springer Verlag, Berlin, 1994.

[10-15] *Caterpillar Perfomance Handbook*. Edition 26. Herausgeber: Caterpillar Peoria „ Illinois, USA, 1995.

[10-16] *Liebherr AG*: Technisches Handbuch Erdbewegung. Ausgabe 1995. Liebherr-International AG, Bulle (CH).

[10-17] *Eugel J.*: Der Fahrwiderstand des Rollmaterials im Baubetrieb. Dissertation, TU-Berlin, 1931.

Kapitel 11

[11-1] *SIKA AG*, Zürich (CH): Technische Unterlagen.

[11-2] *Christian Veder Kolloquium*: Bauen im Grundwasser. Geotechnische Probleme im innerstädtischen Bereich. Beiträge zum 9. Christian Veder Kolloquium am 7. und 8. April 1994 in Graz. Inst. für Bodenmechanik und Grundbau, TU Graz, 1994.

[11-3] *Kutzner C.*: Injektionen im Baugrund. Ferdinand Enke Verlag, Stuttgart, 1991.

[11-4] *Schröter W., Lautenschläger K.H., u. a.*: Chemie – Fakten und Gesetze. Buch- und Zeit-Verlagsgesellschaft, Köln, 1969.

[11-5] *Spring D.*: Injektionstechnik im Untertagebau. Diplomarbeit am Institut für Bauplanung und Baubetrieb, ETH Zürich, 1998.

[11-6] *Keller M.*: Erfahrungen mit dem Jetting bei Stollen und Schachtbauten im Grundwasser. 1988.

[11-7] *Welte D.*: Anwendung der organischen Geochemie für die Erdölexploration. Westdeutscher Verlag, 1976.

[11-8] *Girmscheid G.*: Spezialtiefbau. Vorlesungsunterlagen zu den Vorlesungen an der Eidgenössisch Technischen Hochschule Zürich ETH.

[11-9] *Jessberger H.-L.*: Mechanisches Verhalten von gefrorenem Boden. Taschenbuch für den Tunnelbau, Verlag Glückauf, Essen, 1981.

[11-10] *Arz P., Schmidt H. G., Seitz J., Semperich S.*: Grundbau. Sonderdruck aus dem Beton-Kalender 1994, Verlag Ernst & Sohn, Berlin, 1994.

[11-11] *Huder J.*: Technologie des gefrorenen Bodens. Mitteilungen der Schweizerischen Gesellschaft für Boden- und Felsmechanik No. 100, Frühjahrstagung 1979.

[11-12] *Szádecky B.*: Verwendung der Schockvereisung beim Wiener U-Bahn-Bau, Hauszeitschrift der Firma Mayreder, Kraus + Co., Wien, Nr. 1/1988.

[11-13] *Jessberger H.-L., Jordan P.*: Statische und thermische Berechnungen von Frostkörpern. Vortrag im Haus der Technik, Essen, 18. 03. 1986.

Kapitel 12

[12-1] *Girnau G., Haack A.*: Tunnelabdichtungen: Dichtungsprobleme bei unterirdisch hergestellten Tunnelbauwerken. Untersuchungsauftrag des Ministers für Wohnungsbau und öffentliche Arbeiten des Landes Nordrhein-Westfalen an die STUVA, Alba Buchverlag, Düsseldorf, 1969.

[12-2] *Haack A.*: Abdichtungen im Untertagebau, Teil 3. Tunnelbau 1983, S. 240/66, Deutsche Gesellschaft für Erd- und Grundbau, e.V., 1983.

[12-3] *N.N.*: Dokumentation österreichischer Strassentunnelbauten, Teil 2: Zusammenfassender Bericht zu den Einzeldokumentationen und internationaler Vergleich. Herausg.: Bundesministerium für Bauten und Technik, Abteilung Strassenforschung, Wien, 1981.

[12-4] *Lieb R.*: Untersuchungen über die Struktur der Werkkosten im Untertagebau. Zürich, 1996, unveröffentlicht.

[12-5] *Maidl B.*: Handbuch des Tunnel- und Stollenbaus. Band I: Konstruktionen und Verfahren, 2. Auflage, Verlag Glückauf GmbH, Essen, 1994.

[12-6] *Haack A.*: Abdichtungen im Untertagebau, Teil 1. Tunnelbau 1981, S. 275/323, Deutsche Gesellschaft für Erd- und Grundbau, e.V., 1981.

[12-7] *Kirschke D.*: Drainage und Abdichtung bergmännisch aufgefahrener Tunnel. Tunnelbau 1992, S. 113/71, Deutsche Gesellschaft für Erd- und Grundbau, e.V., 1992.

[12-8] *Emig K.-F.*: Abdichtung von Tunnelbauten in offener Baugrube. Tunnelbau 1978, S. 108/56, Deutsche Gesellschaft für Erd- und Grundbau, e. V., 1978.

[12-9] *N.N.*: DS853 – Bau und Instandsetzung von Tunnelbauten, Deutsche Bundesbahn, Frankfurt.

[12-10] *Ruckstuhl F.*: Tunnelabdichtungen im Nationalstrassenbau. Schweizer Ingenieur und Architekt Nr. 50 (1987), S. 1448/50.

[12-11] *Girmscheid G.*: Baubetriebswissenschaft und Bauverfahrenstechnik, Teil 2: Tunnelbau. Vorlesungsunterlagen zu den Vorlesungen an der Eidgenössisch Technischen Hochschule Zürich ETH, WS 1996/97.

[12-12] *Cappelletti R.*: Wegleitung – Entscheidungsfindung für flexible Abdichtungssysteme. Fachtagung zu Abdichtungsfragen im Tunnel- und Ingenieurbau, Sarnen, 1995.

[12-13] *Härig S., Günther K., Klausen D.*: Technologie der Baustoffe: Handbuch für Studium und Praxis. Verlag C. F. Müller, Karlsruhe, 1991.

[12-14] *Schreyer J.*: Abdichtung einschaliger Tunnel. Tunnelbau 1990, S.237/61, Deutsche Gesellschaft für Erd- und Grundbau, e.V., 1990.

[12-15] *Klawa N., Haack, A.*: Tiefbaufugen, Fugen- und Fugenkonstruktionen im Beton- und Stahlbetonbau. Verlag Ernst & Sohn, Berlin, 1990.

[12-16] *Zwicky P.*: Tunnelabdichtungen im Vergleich. Fachtagung zu Abdichtungsfragen im Tunnel- und Ingenieurbau, Sarnen, 1995.

[12-17] *Amann P.*: Unterlagen zur Vorlesung Grund- und Felsbau. Vorlesung an der Eidgenössisch Technischen Hochschule Zürich ETH, WS 1995/96.

[12-18] *Girmscheid G.*: Baubetrieb AK I. Vorlesungsunterlagen. Institut für Bauplanung und Baubetrieb, ETH Zürich, 1999.

[12-19] *Wittke W.*: Injektionsverfahren zur Abdichtung von Fels- und Lockergestein unter Verwendung von Zementpasten. Tunnelbau 1985, S. 203/34, Deutsche Gesellschaft für Erd- und Grundbau e.V., 1985.

[12-20] *Maidl B.*: Verfestigung und Abdichtung von Lockergestein mit Injektionsmitteln auf der Basis von Polyurethan, Teil 1. Tunnelbau 1986, S.287/306, Deutsche Gesellschaft für Erd- und Grundbau e.V, 1986.

[12-21] *Maidl B.*: Verfestigung und Abdichtung von Lockergestein mit Injektionsmitteln auf der Basis von Polyurethan, Teil 2. Tunnelbau 1987, S.195/209, Deutsche Gesellschaft für Erd- und Grundbau e.V., 1987.

[12-22] *Stein D.*: Einflüsse auf die Beschaffenheit des Grundwassers bei der Lockergesteinsinjektion mit Polyurethan- und Organomineralharzen. Tunnelbau 1990, S. 73/91, Deutsche Gesellschaft für Erd- und Grundbau e.V., 1990.

[12-23] *Göbl P.*: Tunnelabdichtung mit Folien, glasfaserverstärkten Kunstharzbeschichtungen, PUR-Schaum und leca-Spritzbeton. Berg- und hüttenmännische Monatshefte 125, 1980.

[12-24] *Kirschke D.*: Neue Tendenzen bei der Drainage und Abdichtung bergmännisch aufgefahrener Tunnel. Bautechnik 74, Heft 1, Verlag Ernst & Sohn, 1997.

[12-25] *SIKA AG*, Zürich: Technische Unterlagen.

[12-26] *ROWA Engineering AG*, Wangen SZ (CH): Technische Unterlagen.

[12-27] *Zwicky P.*: Erfahrungsbericht – Tunnelabdichtung Schweiz 1960–1995. Ingenieurbüro für Abdichtungstechnik, Sarnen (CH), 1996.

[12-28] *N.N.*: DIN 18195 – Bauwerksabdichtungen und Stoffe, Teil 1–10.

[12-29] *N.N.*: DIN 18336 – Abdichtungsarbeiten, VOB, Teil C.

[12-30] *N.N.*: ZTV-Tunnel, Teil 1.

Kapitel 13

[13-1] *N.N.*: Taschenbuch für den Tunnelbau 1998. DGGT, Deutsche Gesellschaft für Geotechnik, 22. Jahrgang, Verlag Glückauf GmbH, Essen, 1998.

[13-2] *Bernold AG*, Walenstadt (CH): Technische Unterlagen.

[13-3] *PERI GmbH*, Weissenhorn (D): Technische Unterlagen.

[13-4] *N.N.*: DIN 4420 – Arbeits- und Schutzgerüste.

[13-5] *N.N.*: DIN 4421 – Traggerüste.

[13-6] *N.N.*: DIN 4422 – Fahrbare Arbeitsbühnen.

Kapitel 14

[14-1] *Gebhard K., Bielecki R.*: Planung und Entwurf der vierten Röhre des Neuen Elbtunnels. Tunnel: Chancen und Grenzen moderner Technik. Heft 32, S. 24 – 26, Studiengesellschaft für unterirdische Verkehrsanlagen, STUVA, Köln, 1988.

[14-2] *Girmscheid G.*: Schildvorgetriebener Tunnelbau in heterogenem Lockergestein, ausgekleidet mit Stahlbetontübbingen. Teil 2: Aspekte der Vortriebsmaschinen und Tragwerkplanung, Bautechnik 74, Heft 2, 1997.

[14-3] *Kogoh M., Okimot, I.*: World Largest Shield Tunnel for Trans-Tokyo Bay Highway – 14,14 m Diameter Pressurized Shurry Shield. Weltneuheiten im Tunnelbau. Heft 36, S. 78 – 85,

Studiengesellschaft für unterirdische Verkehrsanlagen, STUVA, Köln, 1995.

[14-4] *Anheuser L.*: Specifie Problems of very large Tunneling Shields. RETC Proceedings, chapter 30, page 467 – 477, San Francisco, 1995.

[14-5] *Deutscher Ausschuss für unterirdisches Bauen (DAUB); Österreichische Gesellschaft für Geomechanik (ÖGG) und Arbeitsgruppe Tunnelbau der Forschungsgesellschaft für das Verkehrs- und Strassenwesen, Fachgruppe für Untertagbau Schweizerischer Ingenieur- und Architekten Verein (SIA-FGU)*: Empfehlungen zur Auswahl und Bewertung von Tunnelmaschinen. Tunnel, Heft 5, S. 20-35, 1997 sowie Taschenbuch für den Tunnelbau 1998.

[14-6] *Ditz W., Becker C.*: Kriterien zur Auswahl und Bewertung von Tunnelvortriebsmaschinen – Eine Empfehlung des DAUB. Weltneuheiten im Tunnelbau. Heft 36, S. 102-109, Studiengesellschaft für unterirdische Verkehrsanlagen, STUVA, Köln, 1995.

Kapitel 15

[15-1] *Wirth GmbH*: Tunnelbohrtechnik von Wirth. Technische Unterlagen, Erkelenz (D), 1995.

[15-2] *Pircher W.*: Die Überwindung von Störzonen beim Frässvortrieb des 22 km langen Druckstollens Strossen-Ambach. Sonder Tunnel, S. 73 ff., 1987.

[15-3] *Wirth GmbH*, Erkelenz (D): Technische Unterlagen.

[15-4] *Herrenknecht AG*, Schwanau (D): Technische Unterlagen.

[15-5] *Hamburger H., Weber W.*: Tunnelvortrieb mit Vollschnitt- und Erweiterungsmaschinen für grosse Durchmesser im Felsgestein. Taschenbuch des Tunnelbaus 1993. Verlag Glückauf, Essen, 1993.

[15-6] *Maidl B., Herrenknecht M., Anheuser L.*: Maschineller Tunnelbau im Schildvortrieb. Ernst & Sohn, Berlin, 1995.

[15-7] *Gehring K.*: Classification of Drillability, Cuttability, Borability and Abrasitivity in Tunneling. Felsbau 15 (1997), Nr. 3, S. 183-191.

[15-8] *Suana M., Peters T.*: The Cerchar Abrasivity Index and ist relation to rock minaralogy and petrography. Rock Mechanics, Vol. 15/1, 1982.

[15-9] *Szlavin J.*: Relationship between some physical properties of rock determined by laboratory tests. Int. J. Rock. Mech. Sci. and Geochem. Abstr. 2, S. 57-66, 1974.

[15-10] *White C.G.*: A rock drillability index. Quarterly of the colorado science of mines 64, 1969.

[15-11] *Lieslerud A.*: Hard Rock Tunnel Boring, Prognosis and Costs. Auszug aus Tunneling and Underground Space Technology, Vol. 3, Pergamo Press No. 1, S. 9-17, 1988.

[15-12] *SIA Empfehlung 198/1*: Tunnel- und Stollenbau im Fels mit Vollvortriebsmaschienen. Ausgabe 1985.

[15-13] *Stemkowski R.*: Kosten- und Leistungsanalyse im maschinellen Tunnelbau. Dissertation, TU Wien, Wien, 1996.

[15-14] *ROWA Engineering AG*, Wangen SZ (CH): Technische Unterlagen.

Kapitel 16

[16-1] *Weber W.*: Auffahren unterschiedlicher Streckenabschnitte durch Hinterschneidtechnik – Die Entwicklung einer neuartigen Tunnelvortriebsmaschine. Tunnels & Tunneling BAUMA Special Issue, S. 74-80, März 1995.

[16-2] *Wirth GmbH*: Hinterschneidtechnik. Technische Informationen B252 d-e 1.0394, Erkelenz (D), 1994.

Kapitel 17

[17-1] *Thalmann C.*: Beurteilung und Möglichkeiten der Wiederverwendung von Ausbruchmaterial aus dem maschinellen Tunnelvortrieb zu Betonzuschlagstoffen. Dissertation, ETH Zürich, 1996.

[17-2] *Thalmann C.*: Tunnelhaufwerk – Lästiges Entsorgungsmaterial oder potentieller Betonzuschlag? Tunnel, Heft 1, S. 23 – 34, 1997.

[17-3] *N.N.*: Zement Taschenbuch 1979/80. Bauverlag Wiesbaden, 1979.

[17-4] *Röthlisberger B., Fromm J.*: Tunnelausbruch Vereina und Gotschna. Schweizer Ingenieur und Architekt, Nr. 19 (1998), S. 14 ff.

Kapitel 18

[18-1] *Sievers W.*: Entwicklungen im Tunnelbau. Beton 34, 1984.

[18-2] *Girmscheid G.*: Schildvorgetriebener Tunnelbau in heterogenem Lockergestein, ausgekleidet mit Stahlbetontübbingen. Teil 2: Aspekte der Vortriebsmaschinen und Tragwerkplanung, Bautechnik 74 (1997), Heft 2.

[18-3] *Herrenknecht M.*: Innovation und zukünftige Entwicklungen beim maschinellen Tunnelvortrieb. Weltneuheiten im Tunnelbau. Heft 36, S. 136 – 142, Studiengesellschaft für unterirdische Verkehrsanlagen, STUVA, Köln, 1995.

[18-4] *Dywidag AG*: Baustelle Wandersmanntunnel. Neubaustrecke Köln-Frankfurt, 1999.

[18-5] *Maidl B., Herrenknecht M., Anheuser L.*: Maschineller Tunnelbau im Schildvortrieb. Ernst & Sohn, Berlin, 1995.

[18-6] *Girmscheid G.*: Neue horizontale Injektionsmethoden. Bautechnik 73 (1996), Heft 1, S. 15 – 22.

[18-7] *Herrenknecht AG*, Schwanau (D): Technische Unterlagen.

[18-8] *Babendererde S.*: Stand der Technik und Entwicklungstendenzen beim maschinellen Tunnelvortrieb im Lockerboden, Forschung + Praxis 33, 1990.

[18-9] *Kavasaki Heavy Industries Ltd.*, Tokyo: Prospekt S. 24, Okt. 1998.

[18-10] *Krause T.*: Schildvortrieb mit flüssigkeits- und erdgestützter Ortsbrust. Mitteilung des Instituts für Grundbau und Bodenmechanik, TU-Braunschweig, 1987, Heft 24.

[18-11] *Maidl U.*: Erweiterung der Einsatzbereiche der Erddruckschilde durch Bodenkonditionierung mit Schaum. Dissertation, Ruhr-Universität Bochum, Bochum, 1995.

[18-12] *Arz P., Schmidt H. G., Seitz J., Semperich S.*: Grundbau. Sonderdruck aus dem Beton-Kalender 1994, Verlag Ernst & Sohn, Berlin, 1994.

[18-13] *Hoechst AG*: Technische Dokumentation: Rohre aus Hostalen GM 5010 Teil 2. Dimensionierung von Hostalen-Rohren für den hydraulischen Feststofftransport.

[18-14] *Anheuser L.*: Tunnelvortriebsanlagen mit flüssigkeitsgestützter Ortsbrust. Bautechnik 64 (1987), Heft 11, S. 361-370.

[18-15] *Anheuser L.*: Beispiele zur Bewältigung schwieriger Vortriebsphasen bei Schilden mit flüssigkeitsgestützter Ortsbrust. Tunnel: Chancen und Grenzen moderner Technik. Heft 32, S. 43 – 47, Studiengesellschaft für unterirdische Verkehrsanlagen, STUVA, Köln, 1988.

[18-16] *Anheuser, L.*: Der neue Tunnel unter dem St. Clair River. Tunnel 4 (1995), S. 8 – 17.

[18-17] *Kogoh M., Okimoto I.*: World Largest Shield Tunnel for Trans-Tokyo Bay Highway – 14.14 m Diameter Pressurized Slurry Shield. Weltneuheiten im Tunnelbau. Heft 36, Studiengesellschaft für unterirdische Verkehrsanlagen, STUVA, Köln, 1995.

[18-18] *Herrenknecht AG*, Schwanau (D): Prospekt: Der Durchbruch. 1998.

[18-19] *Matsumoto Y., Uchida S., Koyama Y., Arai T.*: Multi-circular face shield driven tunnel. Tunnels and Water, Serrano (ed.), S. 511-518, Rotterdam: Balkema, 1988.

[18-20] *N.N.*: DOT-Double-O-Tube shield. Mitsubishi Tunneling Machines. Mitsubishi Heavy Industries. LTD. Tokyo.

[18-21] *Walbröhl H.*, Bonn (D): Technische Unterlagen.

[18-22] *Phoenix AG*, Hamburg (D): Dichtungsprofile im Tunnelbau-Firmenkatalog, 1995.

[18-23] *Schwenzfeier A., Piquerau G.*: Shield Monitoring Ten Years French Experience. Weltneuheiten im Tunnelbau, Heft 36, S. 169 – 174, Studiengesellschaft für unterirdische Verkehrsanlagen, STUVA, Köln, 1995.

[18-24] *Kaneko Y., Muraki H.*: Innovation in Tunnelconstruction by 13.94 m Diameter Shield Maschine – Kanda River Regulation Project. Weltneuheiten im Tunnelbau. Heft 36, S. 160 – 168, Studiengesellschaft für unterirdische Verkehrsanlagen, STUVA, Köln, 1995.

[18-25] *VOEST Alpine*, Zeltweg (A): Technische Unterlagen.

Kapitel 19

[19-1] *Duddeck H.*: Risiko- und Sicherheitsanalyse beim Hohlraum – und Felsbau. Tunnel: Chancen und Grenzen in der Technik. Heft 32, S. 106 – 110, Studiengesellschaft für unterirdische Verkehrsanlagen, STUVA, Köln, 1987.

[19-2] *Bull A.*: Stresses in the Linings of Shielddriven Tunnels. ASCE Papers, S. 1363 ff., Nov. 1944.

[19-3] *Schulze H, Duddeck H.*: Spannungen in schildvorgetriebenen Tunneln. Beton- und Stahlbeton 59 (1964), Heft 8, S. 169ff.

[19-4] *Windels R.*: Spannungstheorie zweiter Ordnung für den teilweise gebetteten Kreisring. Die Bautechnik 43 (1966), Heft 8, S. 265ff.

[19-5] *Hain H.*: Zur Stabilität elastisch gebetteter Kreisringe und Kreiszylinderschalen. Habilitationsschrift TU Hannover. Mitt. d. Inst. f. Statik der TU Hannover, Nr. 12, 1968.

[19-6] *Hain H., Falter B.*: Stabilität von biegesteifen oder durch Momentgelenke geschwächten und auf der Aussenseite elastisch gebetteten Kreisringen unter konstantem Außendruck. Straße-Brücke-Tunnel (1975), Heft 4, S. 98 – 105.

[19-7] *Meldner V.*: Zur Statik der Tunnelauskleidung mit Stahlbetontübbings. Festschrift „100 Jahre Wayss & Freytag", S. 231-237, 1975.

[19-8] *Deutsche Gesellschaft für Erd- und Grundbau e. V. Essen*: Empfehlungen zur Berechnung von schildvorgetriebenen Tunneln. Neufassung 1973. Die Bautechnik 50 (1973), S. 253ff.

[19-9] *Ahrens H., Lindner E., Lux K.-H.*: Zur Dimensionierung von Tunnelausbauten nach den „Empfehlungen zur Berechnung von Tunneln im Lockergestein (1980)", Die Bautechnik (1982), Heft 8, S. 260 – 273 und Heft 9, S. 303– 33, 1982.

[19-10] *N.N.*: Empfehlungen für den Tunnelausbau in Ortbeton bei geschlossener Bauweise im Lockergestein. Bautechnik (1986), Heft 10, S. 331 – 338.

[19-11] *Baumann T.*: Tunnelauskleidung mit Stahlbeton-Tübbingen. Vorträge Betontag 1991, S. 294310, Hrsg.: Deutscher Beton-Verein, Wiesbaden, Verlag Brühlsche Universitätsdruckerei, Gießen, 1991.

[19-12] *Bielecki R., Schreyer J.*: Eignungsprüfungen für den Tübbingausbau der 4. Röhre des Elbtunnels, Hamburg. Tunnel (1996), Heft 3, S.32ff.

[19-13] *Girmscheid G.*: Schildvorgetriebener Tunnelbau in heterogenem Lockergestein, ausgekleidet mit Stahlbetontübbingen. Teil 2: Aspekte der Vortriebsmaschinen und Tragwerkplanung, Bautechnik 74, Heft 2, 1997.

[19-14] *Leonhardt F., Reimann H.*: Betongelenke. Der Bauingenieur 41 (1966), Heft 2, S. 4956 und Heft 175 DafSt, 1966.

[19-15] *Kaubit Chemie Dinklage*: Prüfbericht Nr. 85/2/95 – Kompressionsversuche an Kaubitstreifen, Dinklage, 1995.

[19-16] *Baldauf H., Timm U.*: Betonkonstruktionen im Tiefbau. (Abschn: Betonbauweise beim Schildvortrieb, S. 353 – 394). Verlag Ernst & Sohn, Berlin, 1988.

[19-17] *Distelmeier H.*: Montage von Stahlbetontübbings bei Tunnelbauten mit Schildvortrieb. Beton- und Stahlbetonbau (1975), Heft 5, S. 120 – 125.

[19-18] *Phoenix AG*, Hamburg (D): Dichtungsprofile im Tunnelbau-Firmenkatalog, 1995.

[19-19] *Grabe W., Glang S.*: Dichtungsprofile im Tunnelbau – Anforderungen, Prüfungen und praktische Erfahrungen. Erzmetall 44 (1988), Heft 12, S. 615 – 619.

[19-20] *Ceresola Tunnelbautechnik AG*, Magden (CH): Technische Unterlagen, 1997.

[19-21] *Altner W., Reichel W.*: Betonschnellerhärtung. Grundlagen und Verfahren. Beton Verlag, Düsseldorf, 1981.

Kapitel 20

[20-1] *Arz P., Schmidt H.G., Seitz J., Semperich S.*: Grundbau. Sonderdruck aus dem Beton-Kalender 1994, Verlag Ernst & Sohn, Berlin, 1994.

[20-2] *Janscscez S., Steiner W.*: Face Support for large Mix-Shield in heterogeneous ground conditions. Tunneling 94, Institut of Mining and Metalurgy and the British Tunneling Society, London, 1994.

[20-3] *Girmscheid G.*: Schildvorgetriebener Tunnelbau in heterogenem Lockergestein, ausgekleidet mit Stahlbetontübbingen. Teil 2: Aspekte der Vortriebsmaschinen und Tragwerkplanung, Bautechnik 74, Heft 2, 1997.

[20-4] *Gudehus G.*: Erddruckermittlung (Silodruck). Grundbau Taschenbuch, Teil 1. 4. Aufl, Hrsg. Smoltczyk U., Verlag Ernst & Sohn, Berlin, 1992.

[20-5] *DIN 1055, Teil 6*: Lastenannahmen für Bauten – Lasten in Silozellen. Beuth Verlag, Berlin, 1987.

[20-6] *Rombach G.*: Differences in Pressure Coefficient between Plane and Cylindrical Conditions. Paper FIP Working Group Silo Design. Karlsruhe, 1987.

[20-7] *ATV-Regelwerk*: Abwasser-Abfall, Arbeitsblatt A161: Statische Berechnung von Vortriebsrohren. Januar 1990.

[20-8] *SIA Norm 195*: Pressvortrieb. Ausgabe 1984.

[20-9] *Scherle M.*: Rohrvortrieb Teil 2. Bauverlag, Wiesbaden/Berlin, 1977.

[20-10] *Herzog M.*: Die Pressenkräft bei Schildvortrieb und Rohrverpressung im Lockergestein. Baumaschinen + Bautechnik 32, (1985), S. 310-317.

[20-11] *Weber W.*: Experimentelle Untersuchungen in rolligen Böden zur Dimensionierung von Pressbohranlagen. Dissertation. Wissenschaftlicher Bericht aus der Arbeit des Institutes für Baumaschinen und Baubetrieb der Rheinisch-Westfälisch Technischen Hochschule Aachen, RWTH Aachen, 1981.

[20-12] *Herzog M.*: Die Pressenkräfte bei Schildvortrieb und Rohrverpressungen im Lockergestein. Baumaschine + Bautechnik 32, 1985.

[20-13] *N.N.*: Spundwand Handbuch. Herausgeber: Hoesch Estel Hüttenverkaufskontor GmbH, Dortmund (D).

[20-14] *Maidl B., Herrenknecht M., Anheuser L.*: Maschineller Tunnelbau im Schildvortrieb. Ernst & Sohn, Berlin, 1995.

[20-15] *Peck R.B.*: Deep excavation and tunneling in soft ground. State of the Art Report. Proceedings of the 7th ICSMFE, S. 255-284, Mexico, 1969.

[20-16] *BBLP Drill Company Limited*: Report on Settlement Analysis if HDD Tunnels in Taipei, 1994.

[20-17] *Veramess Engeneering*, Aarau (CH): Technische Unterlagen.

Kapitel 21

[21-1] *SIA Empfehlung 196*: Baulüftung von Untertagebauten. Ausgabe 1998.

[21-2] *SIA Empfehlung 196*: Baulüftung von Untertagebauten. Ausgabe 1983.

[21-3] *Herrenknecht AG*, Schwanau (D): Technische Unterlagen.

[21-4] *Hölter GmbH*, Gladbeck (D): Technische Unterlagen.

[21-5] *Turbofilter GmbH*, Essen (D): Technische Unterlagen.

[21-6] *Dokumentation SIA 19*: Lüftung im Untertagebau. Richtlinien für die Bemessung von Baulüftungen. Zürich, 1976.

[21-7] *SUVA Form 1484.d*: Richtlinien für die Bemessung und den Betrieb der künstlichen Lüftung bei der Durchführung von Untertagarbeiten, SUVA, 1987.

[21-8] *Haerter A., Burger R.*: Lüftung im Untertagebau, Grundlagen für die Bemessung von Baulüftungen. Mitteilung Nr. 39 des Instituts für Strassen-, Eisenbahn- und Felsbau, ETHZ, 1978.

[21-9] *N.N.*: TBG-Heft – Die Belüftung von Baustellen unter Tage.

[21-10] *N.N.*: TBG-Heft – Belüftungseinrichtungen im Tunnelbau – Bemessung.

[21-11] *N.N.*: TBG-Unfallverhütungsvorschriften – Bauarbeiten.

Kapitel 22

[22-1] *Walo Bertschinger AG*, Zürich (CH): Plan Installationsplatz Tunnel Uznaberg.

[22-2] *Siemens AG*, Zürich (CH): Technische Unterlagen Awitel Tunneltelefon.

[22-3] *Schwarz O., Steffen P.*: Vereina Tunnel. Schweizer Ingenieur und Architekt, Nr. 29 (1996).

[22-4] *Rhaeticom AG*, Celerina/Schlarigna (CH): Technische Unterlagen Funkanlage im Vereinatunnel.

[22-5] *Pilacom AG*, Kriens (CH): Technische Unterlagen Flexcom Untertage Funksystem.

[22-6] *Hüster F.*: Leistungsberechnung der Baumaschinen. Werner Verlag, Düsseldorf, 1992.

[22-7] *Fleischmann H.D.*: Bauorganisation: Ablaufplanung, Baustelleneinrichtung, Arbeitsstudium, Bauausführung. S. 74, Verlag Werner, Düsseldorf, 1994.

[22-8] *Wallnig R., Wallnig G.*: Elektrotechnik für Baufachleute. S. 130, Bauverlag, Wiesbaden, 1987.

[22-9] *Seeling R.*: in BMT Baumaschinentechnik 6 (1979), S. 295.

[22-10] *ARGE Zschokke/Locher*, Zürich (CH): Plan Hauptinstallationsplatz Allmend Brunau, Bahn 2000 Zürich-Thalwil, Westumfahrung Zürich.

[22-11] *N.N.*: BGL – Baugeräteliste 1991. Bauverlag, Wiesbaden, 1991.

Kapitel 23

[23-1] *N.N.*: Richtlinie 92/57/EWG des Rates über die auf zeitlich begrenzte oder ortsveränderliche Baustellen anzuwendenen Mindestvorschriften für die Sicherheit und den Gesundheitsschutz. Brüssel, 1992.

[23-2] *N.N.*: SIGEPLAN – Leitfaden zur Erstellung eines Sicherheits- und Gesundheitsschutzplanes. Arbeitsgemeinschaft der Bau-Berufsgenossenschaften, Frankfurt am Main, Tiefbau-Berufsgenossenschaft, München, Abruf-Nr. 631, 1998.

[23-3] *N.N.*: Gefährdungsbeurteilung für Untertagebauarbeiten – Gefährdungen erkennen, beurteilen, beseitigen. Hauptverband der Deutschen Bauindustrie e.V., Bundesfachabteilung Unterirdisches Bauen im Hauptverband der Deutschen Bauindustrie e.V., Berlin, 1998.

[23-4] *SIA 465*: Sicherheit von Bauten und Anlagen. Schweizer Ingenieur- und Architekten-Verein, Zürich, 1997.

[23-5] *Girmscheid G., Sintzel M.*: Integrale Sicherheitspläne im Bauwesen. Vorlesungsunterlage Institut für Bauplanung und Baubetrieb, ETH-Hönggerberg, Zürich, 1998.

Kapitel 24

[24-1] *Construction Industry Institute*: Model for Partnering Excellence, Research Summary 102-1, 1996.

[24-2] *Brandenberger J., Ruosch E.*: Projektmanagement im Bauwesen, Baufachverlag, 1996.

[24-3] *Girmscheid G.*: Projektmanagement und Logistik als Schlüssel zur raschen Realisierung von Bauprojekten, UBS-Outlook-Workshop Bauwirtschaft, Zürich, 1998.

[24-4] *Eschenburg K. D.*: Projektsteuerung bei Vergaben an Generalunternehmer – am Beispiel der Neubaustrecke Köln-Rhein/Main, Bauingenieur, 73 (1998), Nr. 7/8-Juli/August 1998.

[24-5] *VSGU, Verband Schweizerischer Generalunternehmer*: Empfehlungen für die Ausschreibung und Durchführung von Gesamtleistungswettbewerben im Bauwesen, August 1995.

[24-6] *Märki A., Schaad M., Moser R., Zbinden P.*: Vertragsplanung AlpTransit Gotthard – Ein Ergebnis von Risikoanalyse und Projektplanung, Felsbau 16 (1998) Nr. 5.

[24-7] *DAUB, Deutscher Ausschuss für Unterirdisches Bauen e.V.*: Funktionale Leistungsbeschreibung für Verkehrstunnelbauwerke – Möglichkeiten und Grenzen für Vergabe und Abrechnung, Tunnel Ausgabe 4/97.

[24-8] *DAUB, Deutscher Ausschuss für Unterirdisches Bauen e.V.*: Empfehlungen zur Risikoverteilung in Tunnelbauverträgen, Tunnel Ausgabe 3/98.

[24-9] *International Tunneling Association (ITA)*: Empfehlungen zur vertraglichen Risikoverteilung, Übersetzung Prof. Duddeck, Braunschwein, 1991.

[24-10] *Eschenburg K.D., Heiermann, W.*: Verteilung des Baugrundrisikos bei funktionaler Leistungsbeschreibung, Felsbau 16 (1998) Nr.5.

[24-11] *Purrer W.*: Ausgewogene Verteilung des Baugrundrisikos im Hohlraumbau – Der österreichische Weg, Felsbau 16 (1998) Nr. 5.

[24-12] *Pellar A. „Watzlaw W.*: Neues Vertragsmodell für konventionelle Tunnelvortriebe, Felsbau 16 (1998) Nr. 5.

[24-13] *Girmscheid G.*: Restrukturierung von Bauunternehmungen – Chance für die Zukunft, Einführungsvorlesung, ETH Zürich, 24. 06. 1997.

[24-13] *Girmscheid G.*: Unternehmerische Restrukturierungsstrategien, Bauindustrie im Umbruch – Wie weiter? SBI/Gruppe der Schweizerischen Bauindustrie und IBB, 1998.

Stichwortverzeichnis

A

Abbaueinrichtungen von Schildmaschinen 450
Abbaufähigkeit 34
Abbaukammer 464
Abbauwerkzeuge 414, 454
Abbindebeschleuniger 172
Abdichtung 297, 337
Abdichtungsaufbau 351
Abdichtungssysteme 338
Abrasivität 150
Abrollgeschwindigkeit 416
Absaugrohre 144
Abschirmung 251
Abschlagtiefe 97, 103
Abschlauchmethode 290
Abschnittslängen 377
Absperrmassnahmen 292
Abstützplatten 397
Abstützringbalken 499
Abwasserversorgung 576
aggressive Bergwässer 171
Agitatoren 465
Alkali-Aggregat-Reaktion 444
alternierendes Umsetzen 369
Anfahrbauhilfsmassnahmen 499
Anfahrblöcke 504
Anfahrbrille 500
Anfahrkonstruktion 500
Anker 208
Ankerbohrgerät 405
Ankerbohrung 78
Ankersetzgeräte 217
Ankersetzsystem 219
Ankersetztechnik 215, 216
Ankerstabmaterial 209
Ankersysteme 209
Anpresskraft des Schneidrades 539
Anpresskräfte 412 ff
Anpressschild 410
Ansaugstutzen 468
Anschlussleistung des Ventilators 561
Anschlussprofil 377
Anschlusswert 589
Antennenfunksystem 578
Antrieb des Bohrkopfes 400
Antrieb 451
Anzahl der Lösegeräte 278
Anzahl Turmdrehkrane 587
Applikationsphasen 182
Applikationssystem 167
Arbeitsbereiche 48
Arbeitssicherheit 198, 607
Arbeitsvorbereitung 565
Arbeitsvorbereitungsprozess 566
Arbeitszeitmodelle 274
Arbeitszyklus einer Teleskopschild-
maschine 411
Asphalt 350
Aufbereitung von TBM-Ausbruchmaterial 444
Aufgabenstellungen der AVOR 567
aufgespritzte Abdichtung 351 f
Aufhängung von Kunststofflutten 558
Auflockerungen 525
Auflockerungsdruck 42, 249
Aufreissleistung 132
Auftragstechnik 181, 183
Auftriebskräfte 369
Aufwandswerte 276
Aufweitungs-TBM 396, 406 f
Ausbaubögen 220
Ausbaumassnahmen 42
Ausbauwiderstand 42
Ausbruch durch Bagger 131
Ausbrucharten 46 f
Ausbruchklassen 46, 630
Ausbruchklassifizierung 35
Ausbruchsicherungsklassen 46
Ausnutzungsgrad der TSM 149
Ausnutzungsgrad 422 ff
Ausschreibungsgestaltung 629
Ausseninstallationen 598
Aussenkelly 397, 403
Aussenkranz 119

Autokran 587
Axialventilator 557, 559

B

Bandberechnung 263
Bandfilterpresse 476
Bandförderanlage 471
Bandförderung 287
Bandspeicheranlage 262, 471
Bandumlenktrommel 263
Bauaufzüge 588
Baubewilligungen 628
Baugerätekosten 275
Baugrubensicherung 65
Baugrundmodell 9
Baugrundrisiko 626 ff
Baugrundseismik 10
Baulüftungen 547
Baulüftungsinstallationen 581
Bauschutt 442
Baustelleneinrichtung 233, 245, 257, 321, 335
Baustelleneinrichtungsplan 568
Baustellenkantine 583
Baustellenwerkstatt 582
Baustoff 442
Baustrasse 574
Baustromverteiler 577
Bauten der Baustelle 581
Belastung im Firstbereich 527
Beleuchtung 577
Benetzungssysteme 161
Bentonitsuspensionsversorgung 482
Berechnung der HDI-Leistungen 245
Bergschlag 41
Bergwasser 9, 28, 337
Bergwasseranfall 289
Bergwassermessungen 30
Betonanlage 520
Betonieren 369
Betonieretappen 380
Betonierfenster 369
Betonier-Rhythmus 368
Betonier-Tagesleistung 380
Betonierwagen 377
Betonitmischanlage 474, 518, 584
Betonstahlbearbeitungsflächen 584
Betonstahlmattenverlegegerät 219
Betonverflüssiger 173
Betonverteiler 373, 376
Betonverteilungskarussell 369
Betonzusätze 190
Betriebsbereitschaft 405
Betriebsformen 274
Betriebszeit 275
Beurteilung des Gebirges 30
beweglicher Bohrkopf 412
Bewegungsfreiheitsgrade der Teilschnitt-maschine 146
Bewehrungswagen 375
Biegeanlage 518
Bindemittel 171
Bitumenbahnen 350
Bitumenemulsionen 350
Bitumenlösungen 350
bituminöse Dichtungsbahnen 349
blasende Belüftung 556
blasende Lüftung 548
blasende Zusatzventilation 556
Bodenfeuchtigkeit 342
Bogenversetzvorrichtung 404
Bohrarm 75
Bohrbarkeit 73, 419
Bohrbild 78
Bohren 73
Bohrer 73
Bohrgerät 231
Bohrjumbos 77
Bohrklassen 49, 419
Bohrkopf 397, 399
Bohrkopfanpresskraft 412
Bohrkopfantrieb 400
Bohrkopfantriebskranz 400
Bohrkopfdrehzahl 416
Bohrkopflagerung 400, 402
Bohrkopfmantel 403
Bohrkosten 309
Bohrkrone 15, 74
Bohrlafette 75, 398
Bohrleistung 77, 309
Bohrlochabstände 122
Bohrlochanordnung 308
Bohrlöcher 73
Bohrlochkalibrierungsverfahren 18, 27
Bohrlochspülung 74
Bohrmaschinen 74
Bohrprogramm 12
Bohrverfahren 11, 16
Bohrwagen 75
Bohrzeit 149
Bohrzyklus 405
Brauchwasserbedarf 576
Brechdrehmoment 400

Brecheranlage 128
Brennbarkeitsklassen 360
Brennereinbruch 100
Bruchkörperbildung 249
Bruchmodell 525
Brustwiderstand 526, 538 f
Bruttobohrleistung 149
Bügellutten 557
Bündeltechnik 86
Bunkerzüge 270
Büros 582

C

California-Weiche 271
Cerchar Abrasivity Index 417
Checkliste Arbeitsvorbereitung 566
Checkliste Baugelände 569
Checkliste Transportverhältnisse 569
Checkliste Versorgung der Baustelle 569
Claquagen 308
computergestütztes Bohren 100
Container 486

D

Dampfanlage 520
Dampfbehandlung 520
Dampfbehandlungsanlage 518
Dampfenergie 595
Darstellung der geologischen Verhältnisse 31
Datenerfassung 484
Dauerhaftigkeit 192
Delvo-Stabilisator 174
Detonation 79
Detonationsintervalle 88
Dichtigkeit 192
Dichtigkeitsanforderungen 343
Dichtprofile 515
Dichtstromförderung 163 ff
Dichtungsblock 499
Dichtungselemente 347
Dichtungskonzepte 346
Dickstoffkolbenpumpe 465
Dickstoffförderpumpe 473
Dickstoffförderung 471 f
Differenzsetzungen 544
Dilatationsrohrelemente 197
Dilatationsstreifen 197
Dimensionierung der Lutte 560
Dimensionierung des Nachläufers 427
Disken 399
Diskenböcke 416
diskontinuierliche Förderung 471
Doppelkernrohr 14
Doppelspurkranzsätze 481
Dosierung von Abbindebeschleuniger 172 f
drahtgebundenes Kommunikationssystem 578
Drainage 338, 353
Drainagehalbschalen 290
Drainagemassnahmen 290
Drainagesysteme 356
Drainmatten 355
Drainrohre 355
Drehfedersteifigkeit 510
Drehstromerzeuger 577
Drehzahl des Bohrkopfes 416
Dreiphasen-Jetting 237
Drift 462
Drilling Rate Index 419
druckhaft 44
Druckluftanlage 470
Druckluftpolstersteuerung 466
Druckluftschilde 469
Druckluftversorgung 581
Druckluftversorgungsnetz 581
Dumper 280
Dumperbetrieb 471
Dumpertransporte 271
Dünnstromförderung 162
Dünnstromverfahren 158 ff
Duplex-Verfahren 237
Durchlässigkeit 320
Durchmesser einer Säule 247
Düsen 246, 321
Düsenabstand zur Wand 187 ff
Düseneigenbewegungen 182
Düsenstrahlaustrittsgeschwindigkeit 246
Düsenstrahlparameter 246
Düsenstrahlverfahren (HDI) 233

E

ebene Fuge 510
echter Gebirgsdruck 40 f
Eigenfeuchte der Zuschläge 186
Eigenfeuchte der Zuschlagstoffe 190
Einbau von Stahlbögen 222
Einbruch 96 f, 109, 119
Einbruchschüsse 97
Eindringfähigkeit der Suspensionen 294
Eindringtiefe 415

Eindringvermögen der akustischen Wellen 23
Eindringwiderstand 525
eingegangene Risiken 608
eingeschränkte Funktionalausschreibung 621
Einheitspreis 326
Einphasen-Jetting 237
Einsatzbereiche von Tunnelvortriebs-maschinen 388
Einsatzzeit 150, 275, 423 ff
einschalige Auskleidung 361
einschalige Bauweise 518
einschalige Tunnelauskleidung 361
Einteilung der Tunnelvortriebsmaschinen 386
Eintretenswahrscheinlichkeit 37
Einzelkompressoren 581
Einzelleistungsträgerorganisation 618
Einzelringe 510
elektrische Anlagen 483
elektrische Energie 589
elektrischer Leistungsbedarf 590
elektrischer Zünder 89
elektrisches Installationskonzept 591
Elektromagnetik 19
elektronische Zünder 90
Elektroschema beim konventionellen Vortrieb 593
Elektroschema beim TBM-Vortrieb 592
Emulsionen 293
Emulsionssprengstoffe 83 f
Entscheidungskonzept vor Ort 631
Entstauber 551
Entstaubungsanlage 144, 553
Entwicklung der Bohrtechnik 78
Entwicklungstendenzen 506
Erddruckschilde 462
Erdschild-Nachläufer 487
Erektor 399
Erschütterungswellen 91
Erstinjektion 256
Erweiterung des Einbruchs 110
Expertensystem 506
Explosion 79

F

Fächerbohrungen 251
Fahrlader 125 f, 279
Fahrladerbetrieb 272
fallender Vortrieb 289
Faltlutten 557
Fasern 176
Faserzugabe 196
Fehlerquellen beim Tunnelvortrieb mittels Schildmaschine 507
Felgenspeichenrad 451
Fertigungsstandorte 518
Festigkeit 192
Festigkeitsentwicklung 192, 299
Feststoffeinpresstechnik 233
Feststoffeinpressverfahren 235
Feststoffseparationsanlage 476
fiktive Gleitkörper 533
Filterkuchen 523
Firstmesser 495
Firststollen 62
Flachwasserseismik 22
flash set 172
Fliessgeschwindigkeit 474
Flugasche 176
Flüssigkeitsförderung 471 ff
Flüssigkeitsschilde 465
Folgeinjektionen 256
Folienabdichtung 349
Folienbefestigung 358
Folienverlegung 359
Förderbandtransport 411, 489
Fördermaschinentypen 158
Fördermenge 319
Förderpumpe 482
Förderschnecke 472
Fördertechnik 470
Fortschreibungsfähigkeit des Vertrages 630
freie Stützweite 43
Frischbetondruck 381
Frischluftversorgung 547
Frontschild 410
Frostkörper 330
Fugenspalt 515
Fünf-Stoff-System 169
Fussladung 79

G

Ganghöhe 472
Gasaustritt 41
Gasphase 79
gebettete Stabwerksmethode 510
Gebirgsbeschreibung 34
Gebirgsvorerkundung 6
gebräch 44
Gefährdungsbilder 35, 37, 38, 608
Gefährdungssituationen 509
Gefahrenpotential 505

Gefahrenübersicht 607
Gefrierschirme 223, 257
Gefrierverfahren 328
Geländebegehung 10
gelatinöse Sprengstoffe 83
Gelenkschilde 394
Genehmigungsrisiko 626 f
Geoelektrik 19
Geologie 5
Geologische Problemzonen 6
Geomagnetik 19
Geophysik 9
geophysikalische Gebirgsvorerkundung 17
geotechnische Untersuchungen 8
Gesamtkosten Injektionsarbeit 310
Gesamtleistungsträgerorganisation 621
Gesteinseigenschaften 34
Gesteinsfestigkeit für Normalbeton 443
Gesteinstypen mit kritischen Eigenschaften 7
Gewölbeschalwagen 374
GFK-Anker 215
Gitterträger 221
Gleisbetrieb 268
Gleisförderung 283
gleisgebundener Zugtransport 489
Gleitkeil 533
Glimmer 443
Grad der Dichtigkeit 344
Gravimetrie 18
Greiferbohrungen 11
Greiferbrecher 474
Gripperschuhe 412
Gripper-TBM 389, 396 f
Gripper-TBM-Nachlaufsystem 428
Gripperverspanndruck 412
Grossbohrlochdurchmesser 103
Grossbohrlocheinbruch 100 ff
Grossbrandgefahr 504
Größtkorn 170
Grundbruch Kalottenfuss 39
Grundleistung 277
Grundwasser 343
Grundwasserabsenkung 292
grundwasserführende Störzonen 250
Grundwasserschutzzonen 300
Guillotineverschluss 474
Gurtzug 265

H

Handhabungssicherheit 87
Härtestabilisation 356
Hartholzplättchen 515
Haubenschilde 394
Haufwerkcharakteristik 125
Hauptabdichtung 339, 346
Hauptabdichtungsarten 337
Hauptklüftung 34
Hauptlager 403
HDI-Gewölbeschirm 239
HDI-Querschotte 324
HDI-Schirme 223
HDI-Verfahren 235
Hebezeuge 585
Hebungskurve 253
Helferladungen 96
Helferlöcher 116
Helferreihen 105
Helferschüsse 96
Herstellgenauigkeit der Tübbinge 515
Herstellung von Tübbingen 516
herstellungsbedingte Fehler im Spritzbeton 204
Hilfs-Fachwerkstahlkonstruktion 499
Hinterschneidtechnik 435
Hochdruckinjektionsverfahren 319
Hochdruckpumpen 322
Hochleistungsspritzbeton 177
Hochleistungsspritzsysteme 167
Hochspannungskabeltrommel 487
Hohlraumauskleidung 337, 361
Hohlraumsicherung 240
Hosenträgerbefestigungen 358
Hublänge 422
Hufeisenprofilschalung 368
Hummerscherenlader 140
Hydratations-Steuerungssystem 174
Hydraulik 594
Hydraulikanlage 483, 496
Hydraulikbagger 127, 128
hydraulische Fördereinrichtung 483
hydraulische Förderung 161
Hydroantriebe 595
Hydrojetschild 466
Hydrologie 31
hydrologische Vorerkundung 28
Hydroschild 467
Hydroschildsystem 466

I

Igelbildung 176
Imlochhammerverfahren 227
ingenieurgeologische Untersuchungsmethoden 10

Injektion 231
Injektionen mit Bentonit-Zementmischungen 296
Injektionen mit Mikrozementen 295
Injektionen mit Standardzementen 293
Injektionsanker 212
Injektionsbohranker 226
Injektionsdruck 308
Injektionserfolg 251
Injektionslanzen 458
Injektionsleistung 309
Injektionsmenge 309
Injektionsmittel 293
Injektionsmörtel 458
Injektionssäulen 232
Injektionssicherung 250
Injektionsstoffe 235
Injektionssuspension 237
Injektionstechnik 233
Injektionsverfahren 292
Injektionszwiebeltechnik 250
Innenkelly 397, 403
Installationen über Tag 595, 597
Installationen unter Tage 596 f
Instandhaltung 563
integraler Sicherheitsplan 602
integrierte Schalwagen 375
integrierter Gewölbeschalwagen 376
interdisziplinäre Zusammenarbeit 51
ISDN-Anschluss 580

J

Jetpfähle 241
Joystick 77

K

Kalottenausbau 371
Kalottenausbruch 48
Kalottenvortrieb 58 f
Kammerfilterpressen 476
Kammern 54
Kanaldielen 224
Karussellproduktionsverfahren 517
Karussellsystem 518
Kaubitstreifen 510 ff
Kavernen 54
Kavernen-Auskleidung 381
Keileinbruch 101
Kernbohrkronen 14
Kernbohrverfahren 11
Kernfang-Innenrohrsystem 15
Kettenlader 279
Kippeinrichtungen 270
Klassifizierung des Ausbruchmaterials 442
Klassifizierung nach Gefährdungsbildern 35
Klassifizierung nach Sicherungsmassnahmen 35
Klassifizierung nach Stehzeit 35
Klebeanker 212
Kluftfaktor 419
Kolbenpumpe 164
Kombinationsschilde 489
Kommunikationssysteme 577
Kompaktfilter 554
Konditionierungsmittel 472
Konsistenzzahl 462
konstruktive Ausbildung der Tübbinge 514
kontinuierliche Förderung 471
konventionelle Injektionsverfahren 308
konventioneller Vortrieb 68
konventionelles Trockenspritzsystem (TS) 155
konventionelles Trockenspritzverfahren 157
Kooperationen 632
Koordinatoren für die Sicherheit 601
Kopplung der Einzelringe 510
Kornform-Einfluss 443
Kornverteilungskurven 169 f
Kosten 498
Krane 586
Kranzschüsse 96
Kreiselpumpen 474
kritische Strömungsgeschwindigkeit 473
Kugelschieber 479
Kühlwasseranlage 454
Kunststoffabdichtungen 350
Kunststoffdichtungsbahnen 349
Kunststofflutten 557
kunststoffmodifizierte Mörtel 348
Kunststoffzusätze 178
kurvengängige Streckenbänder 263

L

Ladeband 129
Laden 92
Ladungskonzentration 102, 104 f
Ladungsmenge 96
Lager 583
Lamellenfilter 553
Längsfuge 513
Längsfugendrehfeder 513

Längsgelenk 412
Langzeitverzögerer 174
Lastkraftwagen 282
LCPC-Brechbarkeits-Index 442
Leistung eines Kranes 587
Leistung 273
Leistungbeschreibungen für sicherheitstechnische Einrichtungen und Massnahmen 605
Leistungsbedarf 591
Leistungsberechnung 273
Leistungsversorgung 481
Leistungswerte 276, 325
Leitgerät 277
Leitleistung 471
Leitungen 54, 577
Litzen-Anker 212
LKW-Transport 489
Lockergesteinsbeschreibung 31
Lockergesteinscharakteristik 31
Lockermaterialeinbruch 38
Lokberechnung 284
Los-Angeles-Verfahren 442
Lösungen 293
Luftdurchlässigkeit 469
Luftdurchsatz 555
Luftgleitschlitten 504
Luftkissen 501
Luftmenge 186 ff
Luftpolster 467
Lüftung bei Teilschnittmaschinen 552
Lüftung bei Tunnelbohrmaschinen 553
Lüftungsanlagen 551
Lüftungssysteme 548
Luftzugabe 166
Lutten 557
Luttenberechnung 563
Luttenmaterial 557
Luttenspeicher 482 ff
Luttenspeicher 552
Luttentypen 557

M

Machbarkeitsprognose 8
Magazine 582
makroskopische Beschreibung des Bohrgutes 442
MAK-Wert 547
Mannschaftsgrösse 309
Mantelreibung 535
Mantelreibungskräfte 526
Mantelverpressung 254
Maschinenförderband 400
Maschinenkonzepte 447
Massgenauigkeit 519
Masskontrolle der Tübbinge 521
Massnahmenkatalog 243, 327
Mastwurfknoten 89
Materialbewirtschaftung 170
Materialbewirtschaftungskonzepte 439 f
Materialbewirtschaftungsprozess 444
Materialbilanz von Spritzbeton 177
Materialflüsse 144, 426
Materialströme 259
Materialverbrauch 360
Materialzwischensilo 471
mechanische Anker 209
mechanischer Vortrieb 131
Mehr-Augen-Prinzip 631
Meisselanpresskraft 136
Meisselverbrauch 150
Meisselverschleiss 151
Meisselwechselzeiten 149
Membranschild 466
Menge 273
Messergruppen 493
Messerpressen 496
Messerschilde 393, 493
Messervortriebseinrichtung 495
Messsysteme 545
Metallabdichtungen 353
Mikropfähle 232, 241 ff
Mindestantriebsdrehmoment 414
Mindestüberlappung der Säulen 241
Mindestverzögerung 87
Mineralien 5
Mineurkabel 89 ff
Mischkörper 160
Mittelstollen 65
Mixschild 491
Mobilkran 587
modifiziertes Trockenspritzsystem (NATS) 155, 158
Momentanzünder 88
Mörtel 293
Mörtelverbundanker 211
Multiface-Schilde 394, 492

N

nachbrüchig 44
Nachdichtung 346

Nachläufer für Flüssigkeitsschilde 481
Nachläufer 144, 424
Nachläufersysteme 481
Nassentstauber 145
Nassentstaubung 553
Nassspritzbetonrezeptur 179
Nassspritzdüse 166
Nassspritzverfahren 161, 167
Nassstaubfilter 555
naturfeuchte Zuschlagstoffe 157
Nenndrehmoment 400
Nettozeitbedarf zum Bohren 17
Neutralisationsanlage 322, 518
Niederbrechen von Kluftkörpern 40
Niederbrechen von Steinen 39
Noppenbahnen 290
Notdruckluftstützung 469
Notmassnahmen 609
Notstromaggregat 481
Notstromdieselgenerator 486
Notverschluss 473
Nut- und Federfuge 510
Nutzleistung 277

O

ofentrockene Zuschläge 157
Ortbetonauskleidung 362
Ortsbrust mit Druckluftbeaufschlagung 391 f
Ortsbrust mit Erddruckstützung 393
Ortsbrust mit Flüssigkeitsstützung 391 ff
Ortsbrust mit mechanischer Stützung 392
Ortsbrust mit mechanischer Teilstützung 391
Ortsbrust ohne Stützung 391 f
Ortsbrustgleitkeil 243
Ortsbrustinstabilität 38
Ortsbruststabilisierung 248 ff
Ortsbruststabilität 523
Ortsbruststützkeil 243
Ortsbruststützkraft S_i 539
Ovalisierung des Tunnelquerschnitts 512

P

Packer 230, 256
Paralleleinbrüche 100
Paramentstollenausbruch 48
Paramentvortrieb 60
partielle Abdichtung 338
partielle Profilschalung 363
Partikelfilter 594
Penetration 413, 419 ff
Permeabilität des Erdbreis 465
Pfandbleche 224
Pflichtenheft 425
Pfropfenförderung 162 ff
Phänomen Gebirgsverhalten 36
Pilgerschrittverfahren 239
Pilotstollen 144, 316
Pilot-TBM 407
Pizeometer 251
Plandarstellung der Geotechnik 32 f
Planung der Baustelleneinrichtung 571
pneumatische Förderung 161
Polymerlatex 175
Polyschild 491
Polyurethane 296
Polyurethanschaum 248
Portalkran 586
Portalwagen 481
Potentialverfahren 18
Preise der Hauptinjektionsmittel 302
Pressendruckkraft 464
Pressenkräfte 498
Pressenvorschubkraft 523
Probesäule 248
Produktionsketten 277
profilgenaues Sprengen 124
Profilgenauigkeit 91
profilgerechtes Sprengen 119
Profilschüsse 115
Projektabwicklungsformen 615
projektbezogene Klassifizierung 50
Prüfcharakteristiken von Folien 351
Pumpendrücke 246
Pumpensümpfe 290
Punktlast-Index 442

Q

Qualitätsanforderungen 243
Qualitätskontrolle 326
Quelldruck 42

R

Radarverfahren 19
Radialbelastung 536
Radialventilatoren 559
Radlader 125 ff
Radsätze 482
Rammkernbohrverfahren 11

Rammsondierungen 11
Räumschlitzen 399
Raupenlader 125 ff
Rechen 468, 474
Reduktion der Mantelreibung 537
Reflexionsseismik 20
Refraktionsseismik 20
Reibungsanker 213
Reibungslaschen 221
Reibungswiderstände 525
Reparaturbahnhof 329
Restgefahren 608
reversierbare Belüftung 551
Rezepturen 177
Ringbaupodest 484
Ringbiegesteifigkeit 510
Ringformer 521
Ringfuge 510
Ringfugenkopplungsfeder 512
Ringkopplung 514
Ringraum 238
Ringraumhinterfüllsystem 485
Ringspalt 408
Ringspaltverpressung 458
Rinnen 289
Rippern 131
Risikoanalyse 509
Risikoeingrenzung 629
Risikomanagement 626
Risikominimierung 506
Risikoportfoliomanagement 603
Risikoüberlegungen 9
Risikoverteilung 629
Rissausbreitung 124
Rock Quality Designation (RQD) 389
Rohrschirme 223, 229
Rohrschirmetappe 232
Rohrschirmgewölbe 228
Rohrverlängerung 486
roll-over boom 217
Roll-over-Einrichtung 77
Rombold-Spritzsystem 157
Rotary-Spülbohrungen 12
Rotationsbohrungen 10
Rotationskernbohrungen 13
Rotordruckkammermaschine 160
Rotormaschine 159, 163
Rotorschlauchpumpe 164
RQD-Index 389
Rücklaufentsorgung 322
Rücklaufsicherung 430
Rücklaufsuspension 243
Rückprall 184
Rückschneidekrone 74
Rundschaftmeissel 135
Rutschschlitten 501

S

Sanitätscontainer 583
saugende Belüftung 549, 550, 556
Säulenformen 239
Säulenrasterabstand 241
Schächte 54
Schachtinstallationen 600
Schachtlutten 557
Schachtwand 499
Schadensausmass 37
Schadensbilder Aussehen 205
Schadensbilder Durchlässigkeit 207
Schadensbilder Frostbeständigkeit 207
Schadensbilder Haftung 206
Schadensbilder Schwinden 207
Schadstoffe 547
Schaftladung 79
Schalungskosten 381
Schalungslänge 379
Schalungsversetzwagen 377
Schalwagensysteme 362
Scherverschiebungen 526
Schichtbetrieb 274
Schichtsilikate 443
Schiessdraht 94
Schildmantel 456, 495
Schildmantelgripper 410
Schildmantelkonstruktion 456
Schildmantelreibung 413, 525
Schildmaschinen 390
Schildschwanzdichtung 456
Schild-TBM 397, 408
Schildvortriebsmaschinen 447
Schildwiege 500
Schirmgewölbesicherung 223
Schlagbohrungen 10
Schlagphase 79
Schlagsondierung 10
Schlauchfilter 553
Schlauch-Jetfilter 554
Schleppband 471
Schleppbänder 262
Schleppkraft 473
Schleusenanordnungen 470
Schliesszeitpunkt 332

Schlitzdichtwand 504
Schnecke 463
Schneckenbohrverfahren 10 f
Schneckenmaschine 159
Schneckenwellenförderer 226
Schneidarme 437
Schneidrad 451
Schneidradintegriertes seismisches Messverfahren (SSP) 25
Schneidradlagerdichtungen 454
Schneidradlagerung 453
Schneidrollenhalter 400
Schneidschuhwiderstand 538
Schöpfwerke 399
Schrägeinbrüche 97 f
Schrägschächte 430
Schrägschrauben 515
Schrämarmbeweglichkeit 138
Schrämklassen 48
Schrämkopfmotor 138
Schrämleistung 141
Schreitkonstruktion 373
Schreitvorgang 496
Schreitwerke 364, 372, 482
Schuttergeräte 125
Schuttern 125
Schutterung 430
Schutterwagen 269
Schutterwagenzüge 471
Schutterzüge 268
Schutzrohr 229
Schwanzblech 365, 378
Schwindverhalten 193
Sedimentation 475
Seilkernbohrverfahren 14
seismische Tomographie 22
seismische Verfahren 18
Seitenkipplader 125
Seitenlader 126
seitliche Messer 495
Seitlicher Erddruck 531
selbsttragende Schalungen 376
Selektionskriterium 302
Senkrechtförderer 266
Senkungskurve 253
Separationstechnik 475
sequentielles Umsetzen 369
Serienschaltung 89, 94
Setzungen 38, 526, 543
Setzungsmulde 526
Setzungs-Rückstelldecke 257
Sicherheit 360
Sicherheitplanung 610
Sicherheitsanforderungen 504, 604
Sicherheitskoordinator 604 f, 610
Sicherheitsmanagement 601
Sicherheitsmassnahmen 608
Sicherheitsorganisation 609
Sicherheitsplan 568
Sicherheitssprengstoffe 81
Sicherheitsziele 602
Sicherungsarten in Lockergesteinsstrecken 64
Sicherungsmassnahmen 42, 153
Sickerwasser 342
SIGEPLAN 568, 602, 610
Sika Shot 154, 292
Silica-fume-Technologie 178
Silikastaub 176
Silikazemente 176
Silotheorie von Terzaghi 526
Siphonierung 356
Site Sensitized Emulsion-System 83
Slurry-Shield 467
smooth blasting 106 f, 123
SN-Anker 227
Sohlgewölbeschalung 372
Sohlschalungswagen 371
Sohlschüsse 114
Sohltübbing 399
Soilfracturing 253
Solevereisung 329
Sondierbohrgerät 405
Sondierstollen 10
Sonic Soft Ground Probing (SSP) 26
Speichenrad 451
Sperrmittel 254
Spezialschildkonstruktionen 489
spezifische Bohrlochlänge 97
Spiesse 223 ff
Spirallutten 557
Sprengausweis 80
Sprengen 79
Sprengerschütterungen 73, 122
Sprengkapsel 85
Sprenglochabstand 105 f
Sprengschema 96, 101, 118
Sprengschwaden 83, 549
Sprengstoffbedarf 102, 118 f
Sprengstoffe 79 ff
Sprengstoffkategorien 82
Sprengstoffkennwerte 80
Sprengstofflochmesser 83
Sprengvorgang 95
Sprengvortrieb 71

Sprengwirkung 93 f
Sprengzyklus 71
Spritzbeton in druckhaftem Gebirge 197
Spritzbeton 153 f
Spritzbetonkernbauweise 60 f
Spritzbetonroboter 200
Spritzbetonschale 154
Spritzbindemittel 171
Spritzflächenneigung 185
Spritzmanipulatoren 199
Spritzmaschinen 199
Spritzmörtel 155
Spritzverfahren 155
Spritzwinkel 185
Spülbohrung 236
Spüldüsen 468, 474
Spurabstand 414
Stabilisatoren 174
Stabilitätsverlust der Ortsbrust 463
Stahlausbaubögen 221
Stahlfaserbündelchen 195
Stahlfasern 176
Stahlfaserspritzbeton 195
Stahllutten 557
Standardbohrgestänge 229
standfest 44
Startbaugrube 499
Starterpistole 85, 94
Statischer Druck am Ventilator 561
Staubanfall 145
Staubbindemittel 173
Staubentwicklung 189
Staubkonzentrationen 547
Staubschild 399, 403
Stehzeit 42
steigender Vortrieb 289
Sternprofil 221
Stetigförderer 259
Steuer- und Überwachungssysteme 488
Steuercomputer 432
Steuerkabine 433, 483
Steuerpressen 460
Steuerstand 483
Steuerung prozessorientiert 489
Steuerung 431
Steuerungssysteme 145
Stickstoffvereisung 329
Stirnabschalung 377
Stirnschalung 365
Stollen 54
Stollenschalungen 363
Stopfbuchse 479
Störfallanalyse 34
Störfälle 630
Störfallkataloge 26
Störfall-Konzept 631
Störzonen 6
Strahlenergie des Düsenstrahls 245
Strahlformer 160
Strahlgeschwindigkeiten 246
Strahlkabel-Kommunikationssystem 579
Streckenbänder 260 f
Strecken-Verzugsbleche 224
Stromversorgung 577
Stützdruckberechnung 533
Stützflüssigkeit 466
Stützkraft des Mediums 539
Stützmedium 463
Stützmethoden der Ortsbrust 447
Stützmittel 153
Stützplatten 452
Stützrahmen 493, 496
Stützsystem der Ortsbrust 450
Stützung der Ortsbrust 249, 532
Superverflüssiger 173
Suspensionen 293, 319
Suspensionsmischungen 239
Swellex-Anker 214
Systemangebote 632
Systemankerung 209, 218

T

Tagbruch 38, 249
Taschenfilter 553
Tauchwand 467
TBM 401
- Antriebsmotoren-Charakteristik 401
- Abbaumaterial 440
- Bruttoleistung 418
- Nettoabbauleistung 418
- Nettovortriebsleistung 418
- Planungsaspekte 433
technische Ausseninstallationen 596
technische Grundleistung 277
Teilausbruch 47, 58
Teilfertigungsanlagen 518
Teilroboterisierung der Bohrtechnik 78
Teilschnittmaschine 132, 391, 447
Teleskoparm 139
teleskopierbare Schalungssysteme 365
Teleskopierrahmenkonstrukion 366
Teleskoprohr 475

Teleskopschild 394, 410
Teleskopschild-TBM 409
Telleranker 358
Temperatureinwirkungen 194
Temperaturmessbohrungen 334
theoretische Leistung 277
thermische Kennwerte 330
Thixschild 466
Totalleistungsträgerorganisation 623
Totalsetzung 544
Trägerflüssigkeit 474
Trägergerät 76, 321
Tragrollenstationen 264
Tragwirkung der Anker 209
Tragwirkung des Jetschirmes 240
Transformator 577
Transport 489
Transportgeräte 585
Transportsysteme 259
Trennflächenkörper 34
Triplex-Verfahren 238
Trockenentstaubung 553
Trockenfilter 145
Trockenförderung 470 f
Trockensandeinblasung 458
Trockenspritzbetonrezeptur 179
Trockenspritzdüse 160
Trockenspritzverfahren 155, 167
Trommelrad 451
TSM 133
– Einsatzbereich 134
– Entstaubungsmassnahmen 144
– Gesteinslöseprozess 136 f
– Knickausleger 139
– Ladevorrichtungen 139
– Längs- und Querschneidkopf 134
– Leistungsberechnung 146
– Leistungsgrenzen 149
– Meisselabstand 136
– Meisselanordnung 138
– Nettobohrleistung 146
– Schneidkopf 134
– Schrämarm 138
– Schrämkopfmeissel 135
– Sonderausführung 142
– Staubentwicklung 136
– Trägergerät 140
– Vortriebssequenzen 142
Tübbingauskleidung 509
Tübbingerektor 479
Tübbingfertigungsanlage 516
Tübbingherstellung 518 ff
Tübbingplattformwagen 489
Tübbing-Randspannung 543
Tübbingringbreite 515
Tübbingtransport 484
Tübbingzuführung 482
Tunnel 53
Tunnelausbruchmaterial 439
Tunnelauskleidung 498
Tunnel-Auskleidungen 371
Tunnelbagger 125
Tunnelbohrmaschinen 389, 395 ff
Tunnelbohrmaschinen mit Schild 390
Tunneldrainage 354
Tunnelnutzung 343
Tunnelsohlenausbau 371
Tunnelvortriebsmaschinen 68, 383
Tunnelzemente 171
Tunnelzwischendecken 378
Tunnelzwischendeckenausbau 371
Turboinjektordüse 166
Turmdrehkran 586

U

Übergabebrücke 128
Überschneideinrichtungen 412
Überwachungsplan der eingegangenen Risiken 608
Ultraschall Bohrlochsondierung 10
ultrasonic borehole imaging 12
Umläufigkeit 251
Umlauf-Tübbingschalung 519
Umluftsysteme 549 f
Umsetzphase 404
Umsetzzeit 149
Universalladegeräte 125 f
Universalschilde 393
universeller Vortrieb 56, 68
Unterfangung der Schirmgewölbe 241
Unterfangungssäulen 241
Untergrundbeschaffenheit 180
Unterkünfte 582
Unterwasserpumpen 290

V

Vakuumhebegerät 521
Vakuumsaugplatten 479
Value Engineering 625, 631
Ventilation 484
Ventilatoren 559

Ventilatorleistung 560
Verbrennungsmotoren 593
Verbruch 252
Verbundanker 211
Verbundschicht 153
Verdichtungskriterien 184
Verfestigung 298
Verfestigungen von Tragbrüchen 252
Verkehrserschliessung 574
verklebte Isolierung 340
Verlegetechnik von Abdichtungsfolien 356
Vermessung 544
Verpressaggregat 482
Verpressbentonitanlage 484
Verschleiss 416
Verschleissbeiwert 417
Verschleissklassen 417
Verschleissklassen 49
Verschleisskosten 417
Versetzen der Tübbinge 521
Versicherungen 608
Versiegelung 153, 172
Versinterungsproblematik 29
Versorgung 486
Versorgungsleitungstrommel 482
Verspannebene 390
Verspannplatten 404
Verspannung 95
Verteilerblock 86
Vertikal-Brechersystem 445
Vertikaler Erddruck 530
Vertragsgestaltung 631
Verzögerung 88
Verzögerungsintervall 106
Vollabdichtung 340
Vollausbruch 47 f, 56
vollmechanisierte Bohr- und Setzgeräte 217
Vollquerschnittsschalung 363 f
Vollschnitteinrichtung 450
Vollschnittmaschinen 391
Vorabdichtung 290, 346
Vorauserkundung 479
Vordimensionierung von TBMs 421
Vorhaltedauer 150, 423 ff
Vorhaltezeit 275
Vorpfändung 223
Vorpresskräfte 525
Vorschubkraft 413, 525
Vorschubpressen 460
Vorschubpressenkräfte 412
Vorschubrahmenkonstruktion 365
Vorschubzylinder 397, 403
Vortriebsklassen 46
Vortriebsklassifizierungssysteme 36
Vortriebsleistung 498
Vortriebsmethoden 67
Vortriebsmethoden im Fels 64
Vortriebsphasen 497
Vortriebsverfahren 68
Voruntersuchungen 509

W

W/Z-Wert 177 f
W/Z-Wert des Trockenspritzbetons 161
Wahl einer Abdichtung 341
Warmbeton 520
Wärmeenergie 331
Waschtrommeln 445
Wasserdruck 532
Wassereinbruch 41
Wasserhaltung 289
wasserinduzierte Salzanreicherung im Beton 29
Wasserinfiltration 337
Wasserkonditionierung 30
wasserundurchlässiger Beton 347
Wasserverhältnisse 34
Wasserversorgung 575
WC- und Duscheinrichtungen 583
Wellenkantenförderband 266
Wellenkantenförderung 266
Werkstätten 582
Wettertüren 549
Widerlagerkonstruktion 500
Windkessel 470, 581
Wirbellutten 557
Wurfform 97
Wurfsequenzen 106
Wurfwinkel 105

Z

Zähigkeit des Gesteins 421
Zeiteinheit 274
Zeitzünder 88
Zellenräder 473
Zementgehalt 186, 190
Zementsuspensionen 232
Zentrierkonen 479
Zentrifuge 479
Zertrümmerungsbohrungen 10
Ziehgeschwindigkeit 319 f

Ziehgeschwindigkeit des Düsenstrahls 238
Zielbaugrube 499
Zielschacht 501
zulässige Vorpresskraft 542
Zünddrähte 88
Zünder 84 f, 92
Zünderkombination 122
Zündkreis 93
Zündkreisprüfer 94
Zündmaschine 89 ff
Zündmittel 84
Zündschlauch 84 ff
Zündstoffe 79 ff
Zündsysteme 84
Zündversager 94
Zündverteilung 85
Zündvorgang 94
zurückziehbare Bohrkrone 230
Zusatzabsauglutte 551
Zusatzmittel 172, 293
Zusatzstoffe 172 ff
Zuschlagstoffe 170
Zwangsventilationspause 94
Zweikammermaschine 158
Zweiphasen-Jetting 237
zweischalige Bauweise 362, 518
zweischalige Tunnelauskleidung 361
Zwischenbaugrube 499